APRESENTAÇÃO

Prezado aluno,

Este livro contém atividades e textos destinados ao estudo introdutório da Química. As atividades aqui propostas estão estruturadas de modo a possibilitar que vocês, alunos, discutam em grupo e apresentem interpretações para fenômenos simples que são importantes para o entendimento da Química.

A realização dos experimentos aqui propostos não requer equipamentos sofisticados e pode ser desenvolvida numa sala de aula comum. O objetivo é promover uma integração entre teoria e prática, usando os experimentos como forma de interrogar a natureza e gerar discussões sobre os fenômenos de interesse da Química.

A sua participação nas discussões é fundamental, pois aprender Química é, de certa forma, aprender a dialogar com e sobre a Química. Então, **não tenha medo de errar**! Ao expressar seu pensamento e submeter suas opiniões à crítica construtiva dos colegas e do professor, você terá oportunidade de aprimorar suas concepções sobre a Química e se aproximar cada vez mais do mundo da ciência. Afinal, essa é a forma como a ciência tem se desenvolvido ao longo da História. Hipóteses e teorias, hoje consideradas válidas, poderão, no futuro, parecer tão ingênuas quanto os erros que cometemos. Por isso, não há que se temer os erros, mas aprender a conviver com eles, percebendo-os como uma etapa no caminho da aprendizagem da Química.

Os autores

CONHEÇA SEU LIVRO

A obra

O conteúdo desta obra foi dividido em 3 partes. A primeira parte contendo 9 capítulos, a segunda com 6 capítulos e a terceira com 5 capítulos.

Ao longo das 3 partes são tratados temas fundamentais para a construção de uma base conceitual que possibilita uma visão ampla, interdisciplinar e contextualizada da Química.

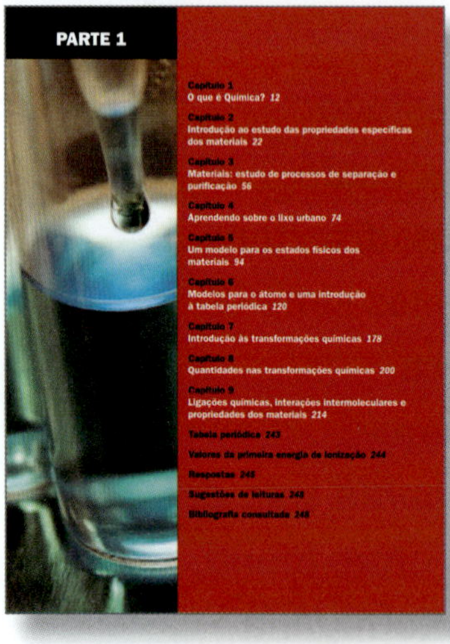

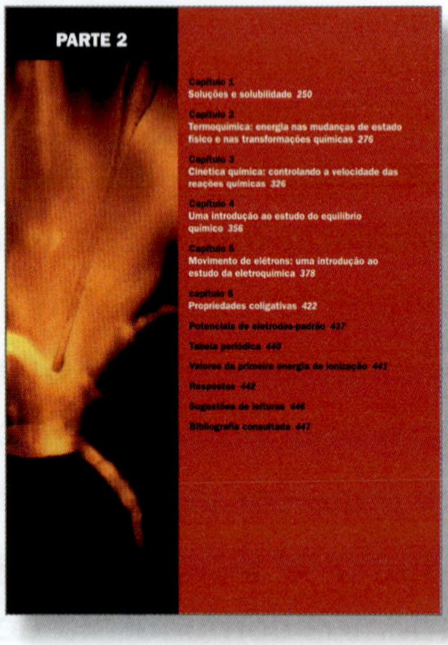

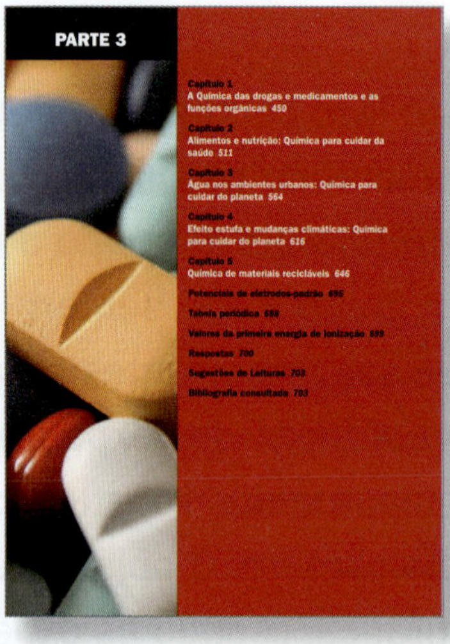

Capítulos

Os temas são desenvolvidos ao longo de cada capítulo, conforme as seções apresentadas a seguir.

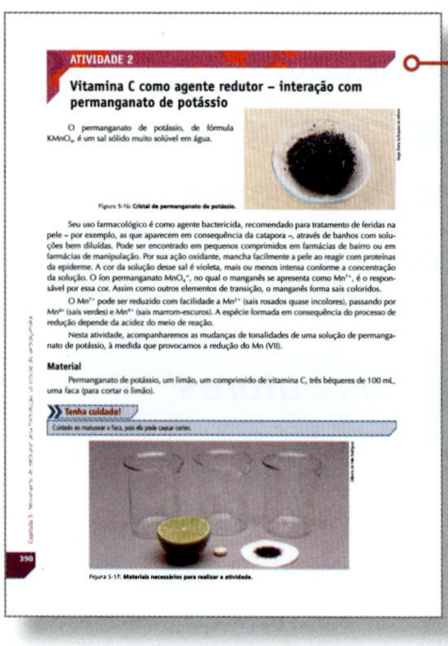

Atividades

Esta seção propõe atividades (experimentais, de pesquisa, elaboração de texto, raciocínio lógico, entre outras) acompanhadas de questões que promovem o diálogo dos alunos com os fenômenos em foco.

PARTE 1

QUÍMICA

Eduardo Mortimer e Andréa Machado

VOLUME ÚNICO

Eduardo Fleury Mortimer
Professor Titular da Faculdade de Educação da Universidade Federal de Minas Gerais.
Bacharel e Licenciado em Química pela Universidade Federal de Minas Gerais.
Mestre em Educação pela Universidade Federal de Minas Gerais.
Doutor em Educação pela Universidade de São Paulo.
Pós-doutorado na Washington University, em St. Louis, EUA.
Pesquisador do CNPq na área de Educação em Ciências.

Andréa Horta Machado
Professora Adjunta do Colégio Técnico da Universidade Federal de Minas Gerais.
Bacharel e Licenciada em Química pela Universidade Federal de Minas Gerais.
Mestre e Doutora em Educação – Metodologia de Ensino de Química, pela Faculdade de Educação da Universidade Estadual de Campinas – SP.

Voaz **é um nome criado a partir da palavra "voar" mais o sufixo "az" e expressa a ideia de alguém capaz de voar – o aluno alçando voo rumo ao conhecimento e à aprendizagem.**

PROJETO VOAZ

editora scipione

editora scipione

Gerente Editorial e de Conteúdos Didáticos: Elizabeth Soares
Responsável Editorial: José Roberto Miney
Editores: Daniela Teves Nardi e Geisa Gimenez (Estagiária)
Coordenador Digital: Roberto Matajs
Gerente de Arte e Criação: Marisa Iniesta Martin
Supervisor de Arte: Sérgio Yutaka Suwaki
Editores de Arte: Didier D. C. Dias de Moraes (Coord. Programação Visual) e Edson Haruo Toyota (Coord. de Arte)
Editoração Eletrônica: AVITS Estúdio Gráfico Ltda.
Gerente de Revisão: Hélia de Jesus Gonsaga
Equipe de Revisão: Ana Paula Chabaribery, Célia da Silva Carvalho, Claudia Virgilio e Tatiana Martins Santana
Supervisor de Iconografia: Sílvio Kligin
Equipe de Iconografia: Vanessa Manna, Rosa André, Maria Magalhães de Alencastro e Mazé Almeida
Tratamento de Imagem: Cesar Wolf e Fernanda Crevin
Gerente de Tecnologia: Ricardo Falzetta
Guilherme Paes Molina (Analista de Tecnologia Educacional)
Programação Visual de Capa: Aeroestúdio
Programação Visual de Miolo: Conexão Editorial
Fotos da Capa: Steve McAlister/Photographer's Choice/Getty Images, Charles D Winters/Photo Researchers/Getty Images e FotografiaBasica/Vetta/Getty Images
Ilustrações: Antonio Robson, AVITS, Ivan Coutinho, Luis Moura, Paulo César Pereira, KLN e MW Editora e Ilustração Ltda.

Av. Otaviano Alves de Lima, 4400
6º andar e andar intermediário ala "B"
Freguesia do Ó – CEP 02909-900 – São Paulo – SP
Tel.: 4003-3061
www.scipione.com.br / atendimento@scipione.com.br

Dados Internacionais de Catalogação na Publicação (CIP)
(Câmara Brasileira do Livro, SP, Brasil)

Mortimer, Eduardo Fleury

Projeto VOAZ Química / Eduardo Fleury Mortimer, Andréa Horta Machado. – 1. ed. – São Paulo: Scipione, 2012. (Coleção Projeto VOAZ)

1. Química (Ensino Médio) I. Machado, Andréa Horta. II. Título.

12-05187 CDD-540.7

Índice para catálogo sistemático:
1. Química : Ensino Médio 540.7

2017
ISBN 978 85 262 8974 1 (AL)
ISBN 978 85 262 8975 8 (PR)
Cód. da obra CL 738281
1ª edição
5ª impressão

Impressão e acabamento: A.R. Fernandez

Uma Publicação Abril EDUCAÇÃO

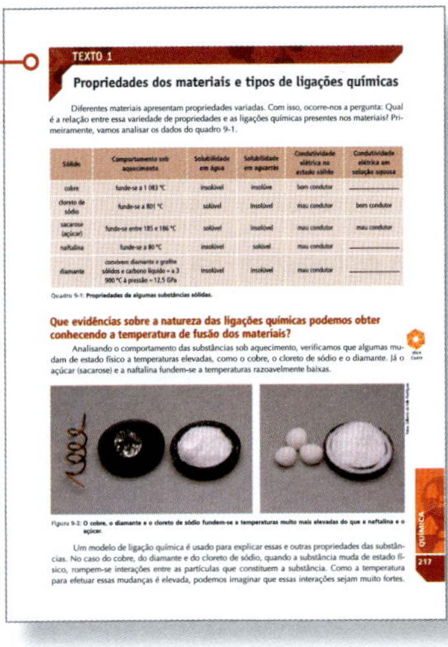

Textos

Os textos apresentados nesta seção podem esclarecer as questões levantadas nas atividades, apresentar aspectos teóricos e conceituais ou trazer informações mais amplas e contextualizadas retiradas de periódicos ou de páginas da internet.

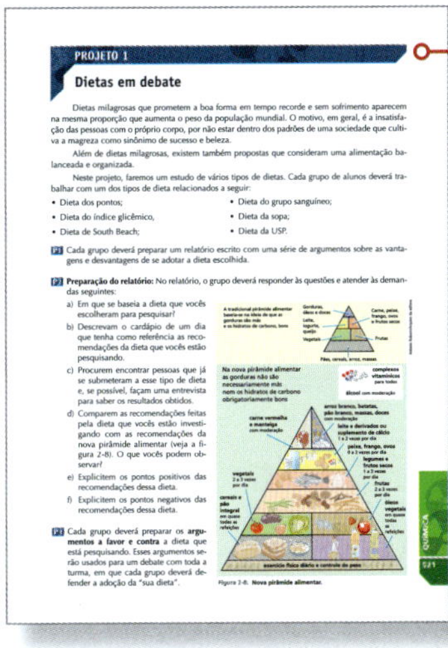

Projetos

Propõe aos alunos o desenvolvimento de projetos relacionados ao tema estudado no capítulo. Os projetos têm como objetivo trabalhar o tema de forma mais ampla e contextualizada. Têm um caráter de atividade integradora, pois promovem a interação do conhecimento químico com outras áreas do conhecimento.

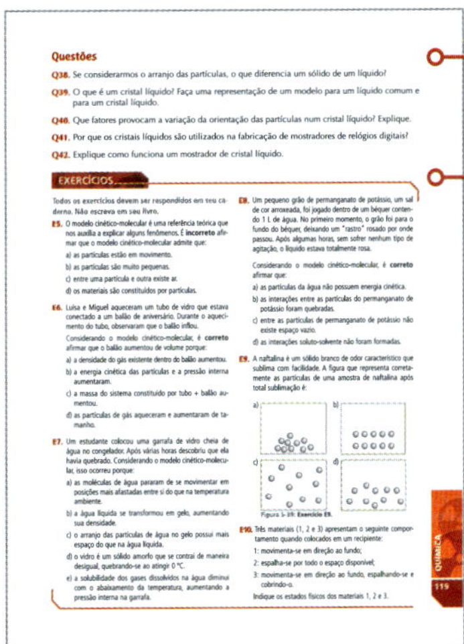

Questões

Esta seção traz questões relacionadas ao que foi abordado no texto ou atividade. Muitas vezes são propostas para ajudar o aluno a compreender o texto, envolvendo respostas mais diretas; em outras, são questões que buscam fazer com que o aluno utilize conceitos abordados para pensar um pouco mais para elaborar as respostas.

Exercícios

Exercícios de baixa complexidade, diretamente relacionados ao que foi abordado no Texto ou Atividade.

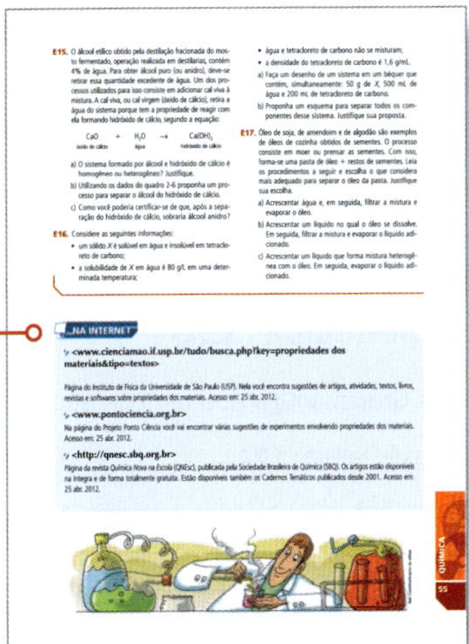

Na internet

Esta seção traz sugestões de páginas da internet que se referem ao conteúdo estudado no capítulo.

objeto digital

Objeto digital

Conteúdos digitais relacionados aos principais assuntos abordados (acesse: www.redetria.com.br).

dica Enem

Dica Enem

Dicas de como se sair bem no Enem (acesse: www.redetria.com.br).

SUMÁRIO

PARTE 1

Capítulo 2 | Termoquímica: energia nas mudanças de estado físico e nas transformações químicas 276

Capítulo 3 | Cinética química: controlando a velocidade das reações químicas 326

Capítulo 4 | Uma introdução ao estudo do equilíbrio químico 356

Capítulo 5 | Movimento de elétrons: uma introdução ao estudo da eletroquímica 378

Capítulo 6 | Propriedades coligativas 422

Ivan Coutinho/Arquivo da editora

PARTE 1

CAPÍTULO 1

O que é Química?

objeto digital

dica Enem

O que é Química? O que ela estuda? Que tipos de fenômenos essa ciência pretende investigar e explicar? Por que e para que estudar Química no Ensino Fundamental e Médio?

Provavelmente você já se fez uma dessas perguntas, mesmo que não a tenha formulado exatamente desse modo. Gostaríamos de iniciar a discussão dessas questões logo nas primeiras aulas sem, entretanto, esgotar o assunto. Acreditamos que algumas das respostas virão ao longo deste curso.

Neste primeiro capítulo, em vez de dar as respostas, vamos convidá-lo, com a realização de algumas atividades, a iniciar coletivamente um processo de elaboração de respostas, ainda que provisórias, a essas e outras questões. Para isso, sua participação é fundamental tanto nas situações que vão envolver o debate de ideias ou a realização de trabalhos em pequenos grupos quanto nos momentos de discussão ou de apresentação em sala de aula.

Peter Menzel/SPL/Latinstock

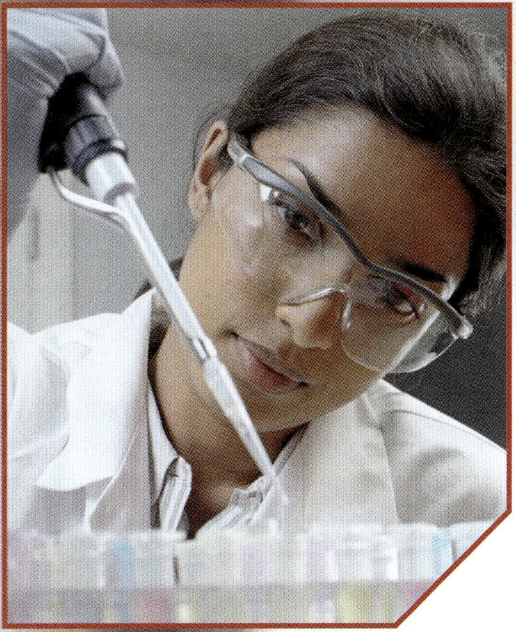

Figura 1-1: **A Química está presente em várias atividades do nosso dia a dia.**

ATIVIDADE 1

Elaborando e debatendo ideias sobre a Química

A1 Escreva em seu caderno as ideias que a palavra "química" lhe sugere quando você a lê ou a escuta.

A2 Forme um grupo com alguns colegas e apresente suas ideias a eles. Tentem identificar as opiniões comuns e as diferentes entre os componentes do grupo. Escrevam, no caderno, um resumo dos resultados dessa discussão.

A3 O texto da figura 1-2 foi retirado de uma propaganda de creme repelente de mosquitos. Leiam-no atentamente. Em seguida, analisem-no criticamente enfatizando a relação entre as expressões "totalmente natural" e "sem química". Lembrem-se de que criticar significa examinar para evidenciar qualidades e/ou defeitos.

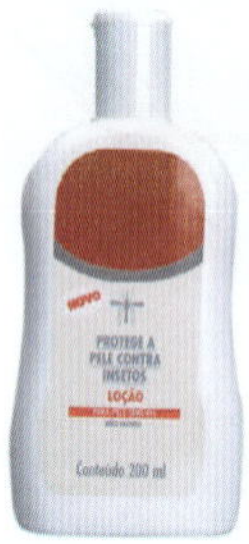

Gilberto do Vale Rodrigues

Figura 1-2: Creme repelente.

Sem química nem mosquitos

Este creme repelente é totalmente natural, feito à base de citronela, uma planta originária da Indonésia, que tem um óleo do qual os insetos nem chegam perto. Além de repelente, o creme contém hidratantes e filtro solar.

A4 Deem exemplos de materiais utilizados na fabricação de automóveis.

A5 Tendo em vista os exemplos que você e seus colegas de grupo forneceram na questão anterior, indiquem quais materiais são obtidos diretamente da natureza.

A6 Ainda com base nos exemplos dados na questão A4, indiquem quais materiais são obtidos com a transformação de recursos naturais não renováveis.

A7 Leiam o texto 1 deste capítulo, anotando no caderno suas dúvidas, concordâncias e discordâncias para uma discussão em classe.

PROJETO 1

Pesquisando, selecionando, organizando e apresentando informações

Neste projeto você e seus colegas de grupo deverão pesquisar, selecionar e organizar informações que os auxiliem a responder questões, identificar, informar e apresentar dados, e realizar atividades relacionadas a um dos seguintes temas:

Tema 1: O que faz um químico?

- Quais são as áreas de atuação de um químico?
- Em que tipos de instituições esses profissionais podem trabalhar?
- Que conhecimentos básicos uma pessoa deve adquirir para atuar profissionalmente como química?

Tema 2: Químicos brasileiros

- Identifiquem um químico brasileiro que esteja atuando na universidade ou na indústria.
- Informem sua área de atuação.
- Apresentem uma breve biografia desse profissional, destacando sua trajetória e sua atividade profissional atual.
- Enviem um *e-mail* a ele e perguntem como ele se interessou pela Química.

Laura Doss/Corbis/Latinstock

Figura 1-3: Os químicos podem atuar em diversas áreas.

Tema 3: Investigando o processo de fabricação do pão francês

- Quais são os ingredientes utilizados na fabricação do pão francês?
- De que o fermento é constituído?
- Qual é a função do fermento?
- Procurem uma representação para a transformação que ocorre com o fermento durante a fabricação do pão.
- Existe diferença entre o fermento químico e o biológico? Em caso afirmativo, qual?
- Algum aditivo químico pode ser utilizado? Em caso afirmativo, com qual objetivo?
- Identifiquem um fenômeno que ocorre no processo de fabricação do pão francês.

Raul Junior/Ed tora Abril

Figura 1-4: Pães franceses.

Tema 4: Investigando o processo de fabricação do ferro

Marcos Rosa/Editora Abril

Figura 1-5: **Trabalhadores em siderúrgica.**

- Qual a constituição do minério do qual se extrai o ferro?
- Quais são as principais propriedades e aplicações desse metal?
- O que é o ferro-gusa?
- Qual o significado, do ponto de vista socioeconômico, da exploração do minério de ferro?
- Que problemas ambientais a exploração do minério de ferro pode acarretar?
- Procurem uma representação (na forma de equação química) para a transformação que ocorre no processo de obtenção do ferro metálico.
- Identifiquem um fenômeno que ocorre no processo de fabricação do ferro.

Tema 5: Processos de Produção Mais Limpa (P+L)

- O que é Produção Mais Limpa?
- Identifiquem um processo de produção que tenha sido reorganizado pela metodologia da Produção Mais Limpa e que tenha relação com a Química, no todo ou em parte.
- Como era o processo antes da reorganização?
- O que foi alterado nesse processo para que ele se tornasse uma Produção Mais Limpa?
- Identifiquem um fenômeno que ocorre nesse processo.

Tema 6: A Química sustentável ou Química verde

- O que é a Química sustentável?
- Listem os princípios da Química verde.
- Identifiquem um processo de produção que leve em conta os princípios da Química verde.
- Identifiquem a constituição de um dos produtos envolvidos no processo identificado no item anterior.
- Identifiquem as propriedades desse produto.
- Identifiquem um fenômeno que ocorre nesse processo.

Tema 7: Ciclo de vida de uma embalagem

- O que é o ciclo de vida de uma embalagem?
- Selecionem uma embalagem de um produto e construam seu ciclo de vida.
- Identifiquem as propriedades que caracterizam os materiais que deram origem a essa embalagem.
- Representem, utilizando equações químicas, pelo menos uma das transformações envolvidas na obtenção do material que constitui essa embalagem.
- Identifiquem um fenômeno que ocorre no ciclo de vida dessa embalagem.

Orientações para realização do projeto

Depois de coletar as informações, vocês deverão apresentar, de acordo com o cronograma definido com seu professor, um resumo dos dados obtidos em sala de aula. Considerem as seguintes orientações:

P1 Façam um rascunho do plano de trabalho e apresentem-no para o professor.

P2 Realizem o trabalho de campo, ou seja, a coleta de informações necessárias, com o objetivo de responder às questões que foram formuladas.

P3 Organizem as informações obtidas e planejem uma forma de apresentá-las aos colegas. Lembrem-se de que a discussão em sala tem como objetivo a socialização das informações que cada grupo obteve durante o desenvolvimento do trabalho. Portanto é fundamental que a apresentação seja organizada e clara. É importante também que cada grupo tenha cuidado para que ela não seja cansativa. Para isso, abordem os aspectos que vocês compreenderam melhor e escolham estratégias que despertem o interesse de seus colegas pelo assunto.

TEXTO 1

Química: bicho de sete cabeças?

"Não saco nada de Física / Literatura ou Gramática / Só gosto de Educação Sexual / E eu odeio Química, Química, Química!"

RUSSO, Renato, "Química", 1981.

Purestockx/Other Images

A música "Química", escrita pelo compositor Renato Russo e gravada pelo grupo Legião Urbana em 1987, talvez sintetize o sentimento de parte considerável dos estudantes em relação à Química estudada nas escolas de Ensino Fundamental e Médio. Em tempos de "geração saúde", a química é considerada uma grande vilã. Cada vez é mais comum encontrarmos o chamado "produto natural", cujo rótulo tem a informação: "Não contém produtos químicos". É frequente ainda ouvirmos frases como: "Não coma isso, é pura química!".

Por que a palavra "química" é usada nesses contextos? Será que a Química realmente contribui para envenenar as pessoas em nossa sociedade industrial? Será essa ciência um bicho de sete cabeças, que chega a tirar o sono dos estudantes em véspera de prova?

Gilberto do Vale Rodrigues

Figura 1-6: **Propaganda de pão "sem química".**

Comendo e respirando química

Podemos afirmar que a Química é uma ciência constituída de três aspectos básicos: os **fenômenos**, as **teorias e modelos** e as **representações**.

Triângulo 1

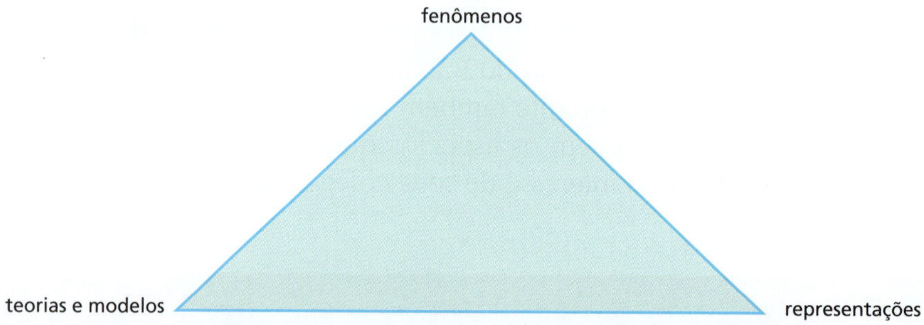

Figura 1-7: **Aspectos a serem considerados na compreensão da Química.**

Por fenômenos químicos entendemos os fatos relacionados aos materiais e às suas transformações. Eles tanto podem ocorrer na natureza como ser produzidos em uma situação artificial de laboratório ou em escala industrial. Falar sobre os produtos vendidos em um supermercado ou sobre o consumo de gasolina de um automóvel é tratar de fenômenos químicos. As relações sociais que se estabelecem por meio da Química comprovam sua presença em nosso dia a dia.

Marco de Bari/Editora Abril

Alexandre Tokitaka/Editora Abril

Figura 1-8: **Fenômenos de interesse da Química podem ser observados em um posto de gasolina e em um supermercado.**

O que nos mantém vivos é o conjunto de substâncias químicas que constituem os alimentos que consumimos diariamente – como aminoácidos, carboidratos, lipídios, sais minerais e vitaminas –, sejam eles obtidos diretamente da natureza ou não. Diversas substâncias químicas são produzidas continuamente em nossas células, que são sofisticados "laboratórios" de síntese. As plantas, a base de nossa alimentação, também fabricam substâncias químicas. Com o gás carbônico, a água e a luz solar, elas sintetizam substâncias que fazem parte da constituição de alimentos, como verduras e frutas, e produzem o oxigênio, elemento essencial à vida.

Mari Queiroz/Editora Abril

Figura 1-9: **Alimentos que contêm aminoácidos, carboidratos, lipídios, sais minerais e vitaminas.**

Ao discutirmos as questões preliminares, pudemos constatar que, no dia a dia, utilizamos um número considerável de diferentes materiais. O repelente de mosquitos do anúncio (figura 1-2), por exemplo, tem como princípio ativo um produto natural: um óleo extraído da citronela por intermédio de técnicas desenvolvidas pelos químicos. Esse óleo é constituído de uma ou mais substâncias químicas.

Gilberto do Vale Rodrigues

Gilberto do Vale Rodrigues

Sérgio Dotta Jr./Arquivo da editora

Figura 1-10: **a) Planta de citronela.**
b) Extração do óleo de citronela.
c) Óleo de citronela.

QUÍMICA

Entretanto a maioria dos materiais que utilizamos não são obtidos diretamente da natureza, mas sim por meio de transformações de recursos naturais não renováveis. É o caso de vários metais (ferro, alumínio, manganês etc.) e dos derivados de petróleo (combustíveis, plásticos, fios e fibras sintéticas, borrachas, tintas etc.).

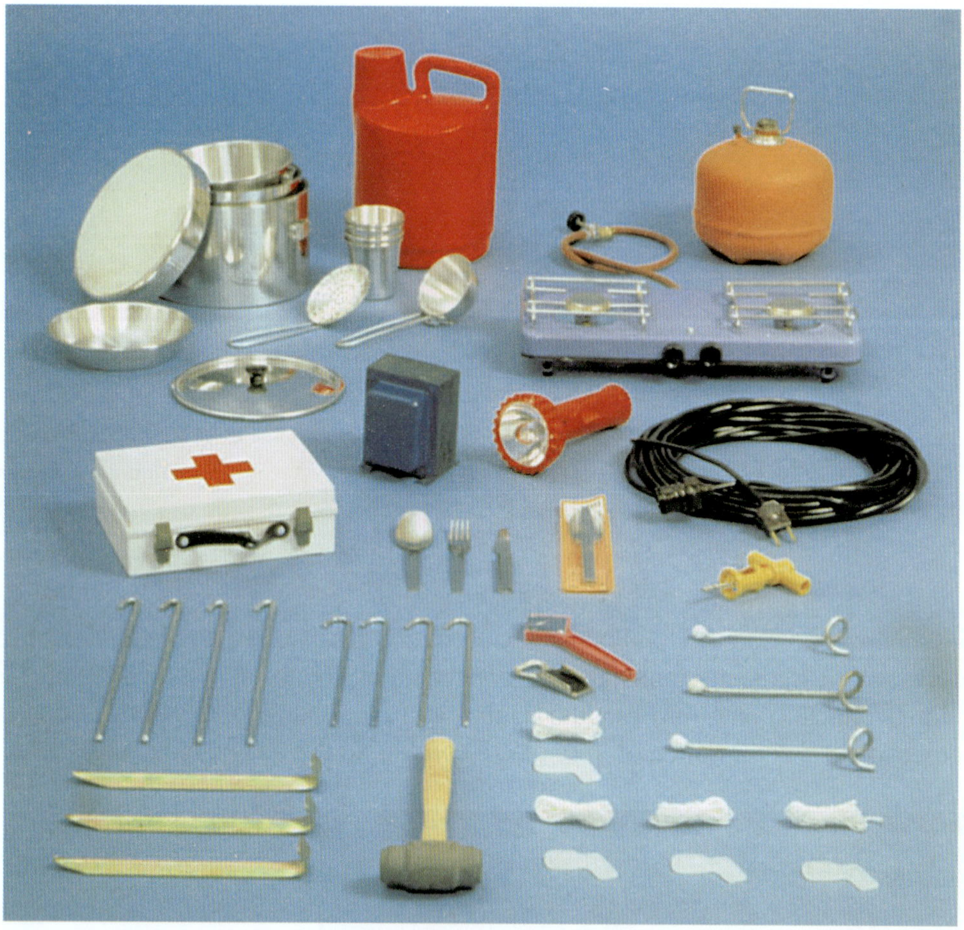

José Carlos de Moraes/Editora Abril

Figura 1-11: **A obtenção de objetos de metal e plástico envolve transformações de recursos naturais não renováveis.**

Teorias e modelos: sobre o diálogo dos químicos com os fenômenos

Para entender os fenômenos que ocorrem à nossa volta, o químico dispõe de teorias e modelos muito úteis, que podem ser usados para entender as propriedades dos materiais e permitir a descoberta de novos fenômenos. Além de fornecer as bases para a interpretação da realidade física, as teorias e os modelos possibilitam ao ser humano compreender aspectos do mundo de forma totalmente nova, com a vantagem de lhe fornecer indicações dos principais caminhos a seguir. Muitas substâncias novas sintetizadas em laboratório envolvem o planejamento do processo de síntese com o auxílio de ferramentas teóricas.

Para expressar fenômenos e teorias e divulgá-los a outros cientistas e ao público em geral, foi necessário elaborar uma linguagem da Química, o que gerou uma série de **representações**. Essa linguagem, às vezes, toma de empréstimo termos do dia a dia, com alterações de seu significado. Palavras como "substância", "reação", "equilíbrio" têm, para um químico, significados distintos daqueles que normalmente usamos. O químico se utiliza também de símbolos, fórmulas e equações químicas para representar substâncias e fenômenos.

Ao longo deste curso, você terá oportunidade de compreender melhor essas explanações iniciais e de aprender a dialogar usando as representações dos químicos.

O que a Química estuda?

A Química tem como objetos de investigação as **propriedades**, a **constituição** e as **transformações** das substâncias e dos materiais. A figura a seguir representa as inter-relações entre os focos de interesse da Química.

Triângulo 2

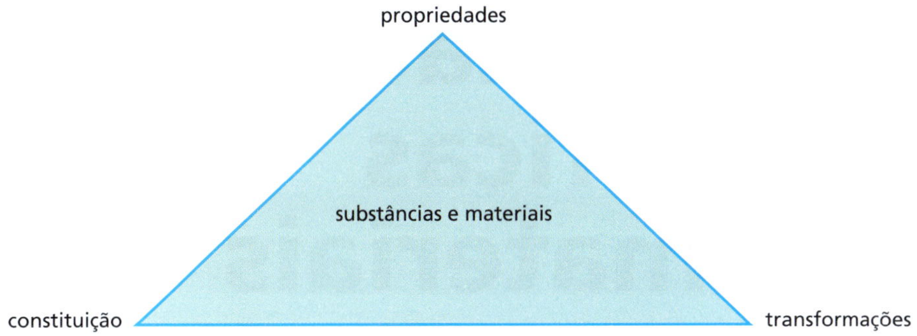

Figura 1-12: **Focos de interesse da Química.**

O conhecimento das substâncias e dos materiais diz respeito a suas propriedades, como dureza, ductibilidade, temperaturas de fusão e ebulição, solubilidade, densidade e outras, passíveis de ser medidas e que possuem uma relação direta com o uso que se faz dos materiais. Para compreender o comportamento dos materiais, alguns conhecimentos químicos são importantes: aqueles que envolvem os diversos modelos para o átomo e como esses átomos interagem para formar moléculas e íons, e ainda como essas moléculas, átomos e íons se agrupam para formar as substâncias e os materiais que conhecemos. Esses conhecimentos oferecem subsídios para a compreensão, o planejamento e a execução das transformações dos materiais. Estabelecer inter-relações entre esses três aspectos nos parece fundamental para que se possam compreender vários tópicos de conteúdo da Química.

Vivemos em uma época na qual tem sido muito comum o uso de materiais sofisticados, destinados a atividades cada vez mais específicas. A sociedade tecnológica exige das ciências dos materiais respostas precisas e específicas às suas demandas. A Química, ciência importante na concepção de novos materiais, pode oferecer respostas a essa diversidade de demandas, pelo conhecimento sobre a constituição, as propriedades e as transformações das substâncias.

A produção e a utilização dos materiais têm, entretanto, provocado diversos problemas ambientais. Essa é uma preocupação recente e representa um desafio também para os químicos.

Nossa proposta de Química para o Ensino Médio busca contemplar aspectos conceituais fundamentais que permitam a compreensão da constituição, das propriedades e das transformações dos materiais, destacando as implicações sociais relacionadas à sua produção e uso.

Esperamos que as atividades e os textos propostos neste livro motivem seu interesse pelo estudo dessa ciência.

NA INTERNET

<www.sbq.org.br>

A Sociedade Brasileira de Química (SBQ) reúne os químicos brasileiros ligados à pesquisa. Você vai encontrar 13 divisões científicas que constituem a SBQ e as publicações: *Química Nova* e *Química Nova na Escola*. Acesso em: 25 abr. 2012.

CAPÍTULO 2

Introdução ao estudo das propriedades específicas dos materiais

Como vimos no capítulo 1, a Química estuda os materiais, naturais ou sintéticos, e as transformações que eles possam sofrer.

Neste capítulo, vamos discutir algumas questões relacionadas ao modo de utilização dos diferentes materiais para estabelecer relações entre o uso de materiais e suas propriedades.

Pixmann/Alamy/Other Images

Sergio Ranalli/Pulsar Imagens

Martin Land/SPL/Latinstock

Gabor Nemes/kino.com.br

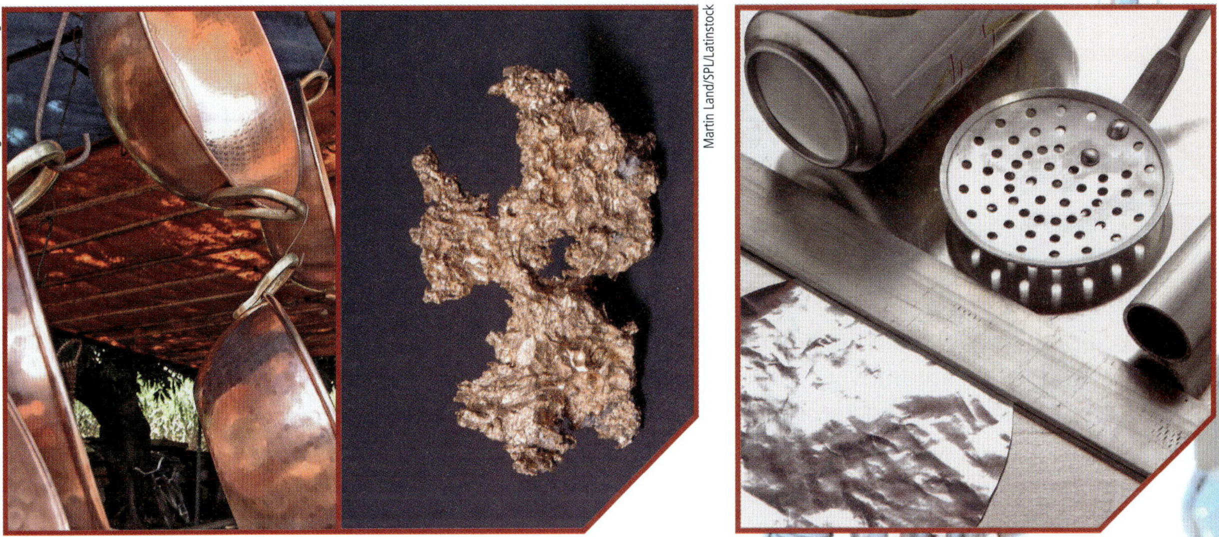

Figura 2-1: **O modo como usamos os materiais está diretamente relacionado às suas propriedades.**

ATIVIDADE 1

Definindo critérios para a seleção de materiais

A1 Acetona, água, ferro, gás de cozinha, gasolina, gesso, hidrogênio, tecido sintético elástico, oxigênio, ouro, papelão, plástico duro (polipropileno), vidro comum e vinagre constituem exemplos de materiais diferentes com características distintas.

a) Suponham que vocês sejam encarregados de selecionar materiais para a fabricação de para-choques de automóveis. Entre os materiais relacionados acima, quais poderiam ser utilizados com essa finalidade?

b) Indiquem os materiais mais adequados, mencionando os critérios que vocês consideraram nesta seleção.

c) Classifiquem a lista de acordo com os seguintes critérios:

- materiais que possuem massa;
- materiais que ocupam espaço.

A2 Critérios como "possuir massa" e "ocupar espaço" podem ser utilizados na classificação ou diferenciação de materiais? Por quê?

A3 Propriedades específicas dos materiais são aquelas que permitem diferenciá-los. Relacionem alguma propriedade específica que vocês conheçam.

TEXTO 1

Uso de materiais e suas propriedades

Na primeira questão da atividade 1, ao justificar o uso de materiais para uma finalidade determinada – no caso, a fabricação de para-choques de automóveis –, você pôde associar, a cada critério utilizado na escolha, uma propriedade do material.

Car Culture/Corbis/Latinstock

Figura 2-2: **Para escolher materiais adequados para a fabricação de para-choques de automóveis, você deve ter considerado as propriedades dos materiais.**

Em A2, você constatou que algumas propriedades, como massa e volume, são comuns a todos os materiais. Essas particularidades são conhecidas como **propriedades gerais** (ou **não características**) e não permitem diferenciar os materiais.

Ao discutir a atividade A1, você pôde reconhecer alguns exemplos de **propriedades específicas dos materiais**, como o **estado físico**, a **tenacidade** (resistência a impactos e a alongamentos), a **resistência à oxidação** e a **solubilidade em água**. Essas propriedades não são comuns a todos os materiais relacionados. O custo de produção, mesmo não constituindo uma propriedade, é um critério normalmente considerado tanto por quem produz o objeto quanto por quem o adquire. As ligas de ouro, por exemplo, atendem a todos os critérios necessários para a fabricação de para-choques de automóveis, mas tornariam o produto muito mais caro.

EXERCÍCIOS

E1. Cite quatro materiais diferentes que podem ser usados para fabricar panelas. Em seguida, indique as propriedades comuns a esses materiais.

E2. Indique as vantagens e desvantagens de cada um dos materiais citados no exercício anterior no que diz respeito ao:

a) gasto de energia no cozimento dos alimentos, fator relacionado ao tempo necessário para aquecer a panela;

b) tempo necessário para que a panela esfrie.

E3. Indique as propriedades específicas que justificam o uso dos seguintes materiais:

a) vidro na fabricação de para-brisas de automóveis;

b) cobre na fabricação de fios elétricos;

c) aço inoxidável na fabricação de talheres;

d) borrachas na fabricação de pneus de automóveis.

TEXTO 2

A importância das propriedades específicas dos materiais

Na discussão suscitada pelas questões da atividade 1 e pelos exercícios do texto 1, você pôde reconhecer que o modo como usamos os materiais está intimamente relacionado às suas propriedades específicas. Além disso, você constatou que essas propriedades são importantes na diferenciação ou identificação de materiais.

As propriedades específicas que reconhecemos com os órgãos dos sentidos, como o **estado físico**, a **cor**, o **odor**, a **transparência**, o **brilho** etc. são conhecidas como **propriedades organolépticas**.

Desde crianças aprendemos a distinguir materiais e objetos que fazem parte de nossa vida cotidiana pelas propriedades organolépticas. Portanto uma maneira simples de distinguir objetos de cobre daqueles de alumínio é pela cor característica de cada um desses dois metais. Entretanto muitas vezes deparamos com materiais que não podem ser reconhecidos apenas por essas propriedades. Se você precisasse distinguir dois líquidos incolores, sabendo que um deles é água pura e o outro água com veneno, certamente não se arriscaria a beber ou cheirar os líquidos para diferenciá-los.

PhotoDisc

Figura 2-3: **Com os nossos sentidos, somos capazes de reconhecer as propriedades organolépticas dos materiais.**

Gilberto do Vale Rodrigues

Figura 2-4: **Como diferenciar dois líquidos incolores desconhecidos sem correr nenhum risco?**

O mais adequado nessa situação seria usar, como critério de diferenciação entre os líquidos, **propriedades físicas** como a **densidade**, a **solubilidade**, a **temperatura de fusão** e a **temperatura de ebulição**. Essas propriedades estão associadas a valores medidos, o que garante maior precisão na identificação ou diferenciação de materiais.

Por exemplo, o ouro puro tem densidade equivalente a 19,3 g/cm³. Uma liga de ouro e cobre apresentaria um valor menor de densidade, uma vez que a densidade do cobre é quase a metade da densidade do ouro.

Existe um conjunto de propriedades físicas, conhecidas como propriedades mecânicas, diretamente relacionadas à aplicação de determinados materiais. Assim, pode-se dizer que o ferro apresenta resistência ao impacto superior àquela oferecida pelo vidro.

Alexandre Tokitaka/Editora Abril

Figura 2-5: O ferro apresenta maior resistência a impactos que o vidro.

Sabemos também que certos tipos de vidro podem oferecer maior resistência ao impacto que outros. A tenacidade é uma propriedade que diz respeito à forma ou facilidade com que um corpo se quebra ou se dobra e está relacionada à resistência de um material. Portanto a tenacidade passa a ser uma propriedade importante na escolha do tipo de vidro quando a resistência for um dos aspectos considerados. Esse tipo de vidro é normalmente utilizado em carros que transportam valores (dinheiro, por exemplo), já que é bem mais resistente a impactos do que o vidro comum. Mas seu uso em carros de passeio, em razão da violência urbana, tem aumentado consideravelmente.

a — Alexandre Santana/Editora Abril; b — Heloisa Bortz/Editora Abril; c — Fábio Mangabeira/Editora Abril

Figura 2-6: O mesmo material pode também apresentar propriedades mecânicas diferentes.
a) Vidro blindado e vidro comum. b) Vidro comum estilhaçado por um tiro. c) Vidro blindado com marcas de tiros.

As propriedades mecânicas podem ser indicadas por valores, que podem ser medidos desde que se estabeleçam condições para isso. No exemplo da resistência de vidros ao impacto, poderíamos determinar essa resistência soltando um objeto de forma e peso determinados sobre pedaços de vidro de mesma forma e tamanho. A altura-limite da qual o objeto caísse sem que o vidro se quebrasse seria definida como sua resistência ao impacto. Usando vidros diferentes, poderíamos determinar uma escala de resistência ao impacto para uma mesma espessura e diferentes tipos de vidros ou para diferentes espessuras de um mesmo tipo de vidro. Quanto maior a altura da qual fosse solto o objeto, maior a resistência do vidro. Poderíamos ainda variar o peso do objeto e manter a altura da qual ele é solto.

EXERCÍCIO

E4. Proponha um teste para medir as seguintes propriedades mecânicas:

a) a resistência de cabos de aço à tração;

b) a resistência de estampas de tecido à lavagem.

Ivan Coutinho/Arquivo da editora

dica Enem

Densidade: propriedade geral ou específica?

A densidade é uma propriedade utilizada na identificação dos materiais e nos procedimentos de separação de misturas. Os densímetros dos postos de gasolina, por exemplo, possibilitam ao consumidor comprovar a qualidade do álcool que está sendo vendido. Se o combustível estiver fora das especificações, com maior quantidade de água que o permitido, a diferença será indicada pelo densímetro.

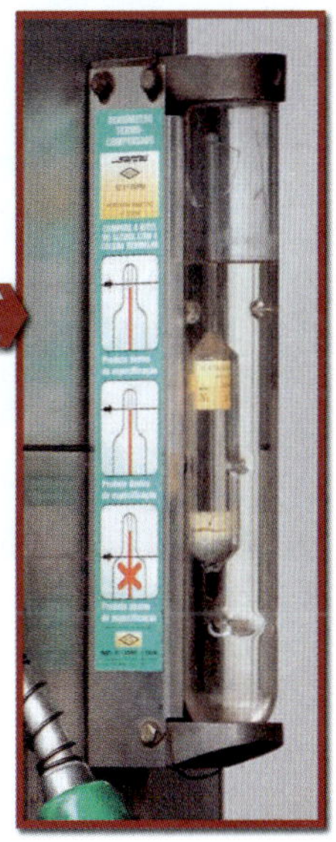

Marco de Bari/Editora Abril

Figura 2-7: **Os densímetros dos postos de gasolina indicam se o álcool está dentro das especificações ou se tem mais água do que o permitido.**

As cooperativas de leite usam um recurso semelhante para constatar se houve adulteração.

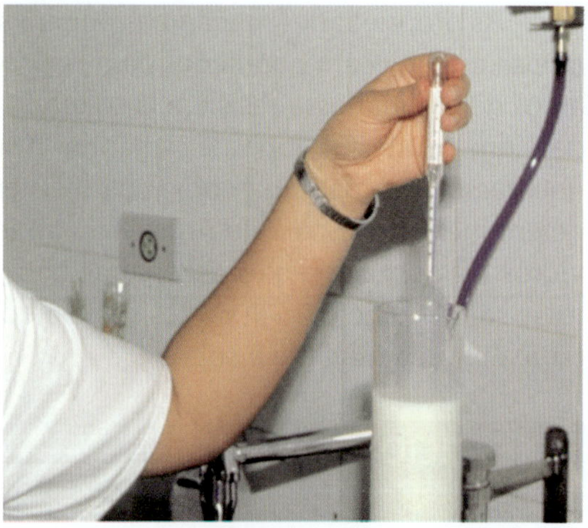

Hiroto Yoshioka/Editora Abril

Figura 2-8: **Nas cooperativas de leite, os densímetros são utilizados para verificar se o leite não foi adulterado.**

Quase todas as atividades mineradoras usam essa propriedade para separar minérios. Os garimpeiros movimentam a bateia em círculos para separar o ouro do cascalho. Com isso, o cascalho, menos denso, desloca-se para as extremidades da bateia, enquanto o ouro, mais denso, deposita-se no centro.

Gladistone Campos/Editora Abril

Figura 2-9: **Com o movimento da bateia, o cascalho, de menor densidade, afasta-se para as bordas da bateia, enquanto o ouro, de maior densidade, permanece no centro.**

Empresas recicladoras de plásticos originados da coleta seletiva de lixo usam a água para separar os objetos mais densos, que afundam, dos menos densos, que flutuam.

Neste capítulo, vamos discutir essa propriedade dos materiais e várias de suas aplicações.

Alan Towse; Ecoscene/Corbis/Latinstock

Figura 2-10: **Plástico sendo reciclado em empresa recicladora.**

ATIVIDADE 2

Determinando a densidade de materiais

Vocês vão receber um bloco de madeira cuja massa, em gramas (g), deverá ser determinada.

Material

Gilberto do Vale Rodrigues

Figura 2-11: Seu grupo vai determinar a densidade de um desses blocos de madeira.

O que fazer

A4 Indiquem em um desenho as medidas que deverão ser efetuadas para a determinação do **volume** desse objeto.

A5 Determinem as medidas assinaladas na atividade A4 e, com base nos valores encontrados, calculem o volume do pedaço de madeira. Que unidade deverá ser utilizada para indicar corretamente a medida efetuada?

A6 Construam no caderno um quadro, identificando o número da amostra, a medida de sua massa em g e a medida do seu volume em cm^3. O quadro deve ter um número de linhas que permita anotar todas as medidas encontradas pelos seus colegas e relacionadas no quadro pelo professor.

A7 Construam no caderno outro quadro identificando, na primeira coluna, o número da amostra, na segunda, a soma de sua massa com seu volume ($m + V$), na terceira, o produto de sua massa com seu volume ($m \times V$) e, na quarta coluna, a razão entre sua massa e seu volume (m/V). Façam os cálculos necessários para preencher o quadro.

Questões

Q1. Em qual das três operações matemáticas resolvidas foi obtido aproximadamente o mesmo valor para todos os blocos de madeira?

Q2. Esse valor constante corresponde a uma propriedade conhecida como **densidade**. Observando os valores obtidos nos quadros (atividades A6 e A7), tentem explicar por que massa e volume são chamados de propriedades gerais dos materiais, enquanto a densidade é conhecida como propriedade específica.

Q3. No quadro 2-1 estão relacionadas oito medidas de massa e volume que foram efetuadas com pedaços de ferro de tamanhos diferentes. Calculem a densidade (em g/cm^3) de cada pedaço usando a relação *m/V*. Copiem o quadro 2-1 em seu caderno, colocando em uma quarta coluna o valor da densidade (*d* em g/cm^3) de cada amostra.

Q4. As massas de duas das amostras relacionadas no quadro 2-1 foram medidas em balanças descalibradas. Quais são elas? Justifiquem.

Q5. Determinem o valor médio da densidade do ferro. Desprezem as medidas que vocês indicaram no item anterior.

Amostra n.º	Massa (*m* em g)	Volume (*V* em cm^3)
1	79,0	10,0
2	156,0	20,0
3	118,0	15,0
4	255,0	25,0
5	235,0	30,0
6	316,0	40,0
7	320,0	35,0
8	39,0	5,0

Quadro 2-1: **Valores de massa e volume para pedaços de ferro com tamanhos diferentes.**

ATIVIDADE 3

Densidade e flutuação dos objetos

Construam no caderno um quadro com quatro colunas. Na primeira linha, indiquem os títulos de cada coluna: **Objeto**, **Classificação**, **Teste** e **Justificativa**. Na coluna dos objetos, escrevam o nome dos que serão usados na atividade. Para cada objeto **classificado**, vocês deverão **justificar** o critério de seleção. Deixem a coluna de **teste** em branco. Ela será preenchida posteriormente.

Seu professor vai selecionar alguns objetos para esta atividade. Relacionamos a seguir exemplos de alguns objetos que podem ser utilizados. Vocês deverão classificá-los em dois grupos: aqueles que, na sua opinião, vão **flutuar** quando colocados num recipiente com água e aqueles que, na mesma situação, vão **afundar**.

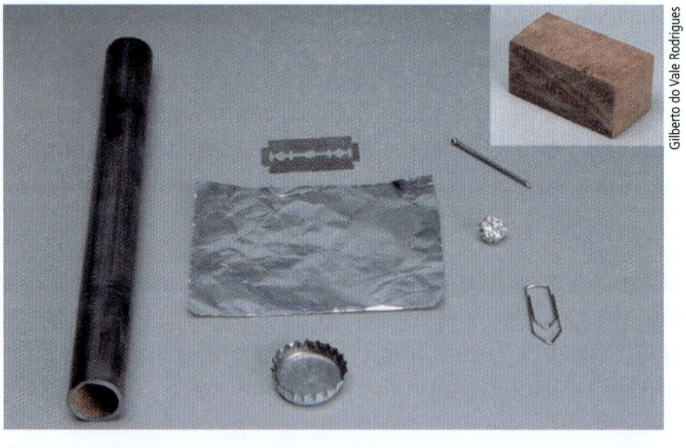

Gilberto do Vale Rodrigues

Figura 2-12: **Objetos que podem ser utilizados no teste de flutuação.**

Testando as classificações

Agora vocês vão testar, com o professor, a classificação de cada objeto colocando um de cada vez dentro de uma vasilha de vidro com água. Anotem no espaço apropriado do quadro o resultado de cada teste.

A8 Comparem as justificativas apresentadas no quadro com os resultados obtidos pelos testes. Quais não foram confirmadas?

A9 Vocês seriam capazes de formular uma regra geral que permitisse prever quais objetos flutuariam e quais afundariam na água, tendo em vista o comportamento dos seguintes objetos: blocos de madeira (pequeno e grande), clipe de metal e pedaço de cano de ferro? Justifiquem.

A10 Anotem a justificativa geral apresentada pelo professor, após a discussão da atividade A9. Em que ela difere da sugerida por vocês?

A11 A tampinha de metal, a lâmina de barbear, a folha e a bolinha de papel-alumínio são feitas de materiais mais densos que a água e, no entanto, flutuaram. Isso pode acontecer sob certas condições. Por exemplo, a lâmina de barbear pode flutuar se for colocada paralelamente à superfície da água com cuidado. Tentem analisar cada caso, apresentando justificativas que conciliem o fato observado com a justificativa geral dada em A10.

A12 Como a forma dos objetos influi para que eles flutuem ou não? Discuta com seus colegas de grupo para responder.

EXERCÍCIOS

E5. A figura a seguir ilustra três balões numa sala cheia de ar. Os gases usados para encher os balões foram os seguintes: hidrogênio (d = 0,0899 g/L), nitrogênio (d = 1,25 g/L) e oxigênio (d = 1,43 g/L). As densidades dos gases foram determinadas à pressão de 1 atm e à temperatura de 20 °C.

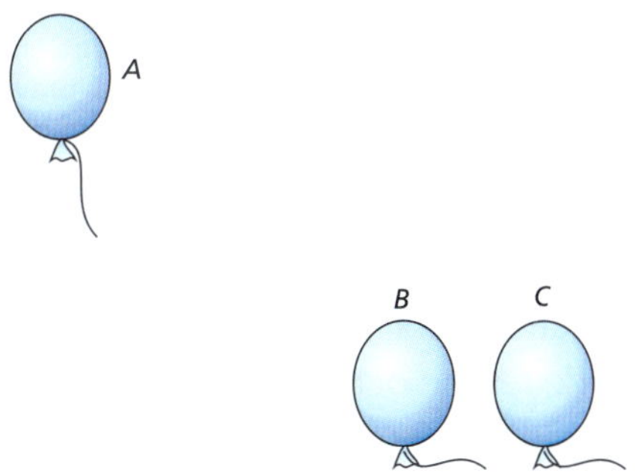

Figura 2-13: **Exercício E5.**

a) Considerando a densidade do ar 1,20 g/L, identifique o gás do balão *A*. Justifique.

b) Indique em um desenho as posições de cada um dos balões se a sala estivesse cheia de gás carbônico (d = 1,98 g/L).

E6. A densidade do tetracloreto de carbono (CCl_4), a 20 °C, é 1,6 g/cm³ e a da água, 1,0 g/cm³. Os dois líquidos são imiscíveis. Com base nessas informações, desenhe:

a) um tubo de ensaio contendo 1 mL de tetracloreto de carbono e 10 mL de água;

b) outro tubo contendo 10 mL de tetracloreto de carbono e 1 mL de água.

Explique os desenhos.

E7. Desenhe uma bola de ferro e outra de borracha que tenham massas iguais. Explique seu desenho.

E8. Na figura, os blocos *A* e *B* possuem massas iguais. Qual é o mais denso? Justifique sua resposta.

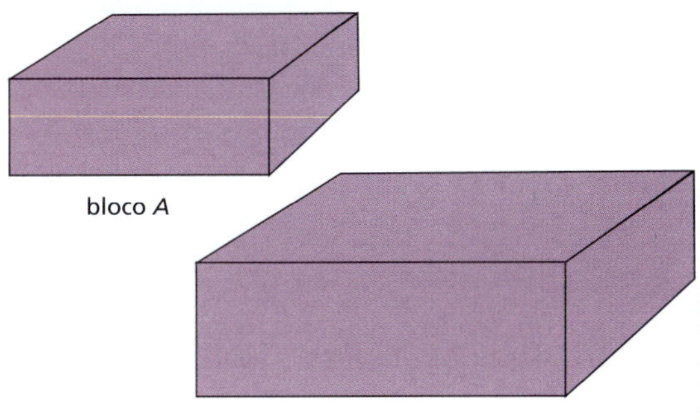

Ilustrações: AVITS/Arquivo da editora

Figura 2-14: **Exercício E8.**

E9. Uma empresa foi contratada para içar um navio. Pesquisando as características da embarcação, ela constatou que, em sua construção, foram gastas 320 toneladas (t) de aço de densidade igual a 8,0 g/cm³. A empresa decidiu içar o navio bombeando ar para seu interior.

a) Supondo que o navio seja feito apenas de aço, calcule o volume mínimo de ar necessário para que ele volte a flutuar. Considere a massa do ar desprezível e a densidade da água igual a 1,0 g/cm³. Registre todos os cálculos.

b) Considerando a densidade do ar igual a 1,20 g/L, qual o valor da massa do ar encontrado no item anterior?

E10. Um cliente forneceu 40 g de ouro para um ourives fazer uma pulseira com uma liga cuja massa fosse de 80% de ouro e 20% de cobre. Ao receber a pulseira, o cliente mediu seu volume e encontrou 3,5 cm³. O ourives foi honesto ou não? Justifique sua resposta por intermédio de cálculos. (Dados: a densidade do ouro é de 20,0 g/cm³ e a do cobre, de 10,0 g/cm³.)

TEXTO 3

Por que os objetos flutuam ou afundam na água?

Na atividade 3 tivemos oportunidade de explicar por que determinados objetos flutuam na água enquanto outros afundam. Vimos que os mais densos que a água afundaram e os menos densos flutuaram. Mas você pode não ter percebido esse fato de imediato quando fez a atividade. A seguir, discutiremos algumas ideias que podem ter sido sugeridas para prever a flutuação ou não dos objetos.

É muito comum supormos que objetos pesados afundem e objetos leves flutuem. Ao observar o que acontece com eles quando colocados em água, entretanto, vimos que isso nem sempre é verdade. O bloco grande de madeira, objeto relativamente pesado, flutuou enquanto o alfinete, objeto relativamente leve, afundou.

Gilberto do Vale Rodrigues

Figura 2-15: A massa isoladamente não serve como critério para prever se os objetos flutuam ou não.

Isso mostra que a massa, isoladamente, não é critério para prever a flutuação ou não dos objetos. Afinal, navios enormes, com toneladas de materiais, flutuam nas águas de mares e rios. Por que isso acontece? Para algumas pessoas, a flutuação nesse caso estaria associada ao fato de que nos rios e mares há grande quantidade de água. Essa ideia também pode ter lhe ocorrido durante a atividade. Assim, poderíamos supor que objetos que não flutuaram no recipiente em que foi feita a prova flutuariam num recipiente maior, como uma piscina. Mas isso também não se mostrou verdadeiro. Portanto a quantidade de água não tem influência sobre a flutuação.

Quais variáveis são importantes na flutuação?

Se a massa isoladamente não é critério para prever se os objetos afundam ou flutuam na água e se a quantidade de água não tem influência sobre a flutuação, que variáveis estariam envolvidas nessa questão?

Para melhorar nossa explicação e as previsões sobre o comportamento dos objetos quando colocados em água, vamos discutir um processo que chamamos de **separação de variáveis**.

Objetos de mesma massa podem ter comportamento diferente em relação à flutuação, o que também ocorre com objetos de mesmo volume. No caso dos objetos de mesma massa, os que flutuam têm maior volume do que os que afundam. Assim, blocos de madeira, que flutuam, têm maior volume, portanto são bem maiores do que blocos de chumbo de mesma massa, que afundam. No caso de objetos com o mesmo volume, os que afundam têm maior massa do que os que flutuam. Finalmente, comparando objetos de um mesmo material, pode-se concluir que, independentemente de sua massa e de seu volume, eles têm o mesmo comportamento em relação à flutuação. É o que acontece com os blocos de um mesmo tipo de madeira: todos flutuam. Por um raciocínio semelhante, concluímos que todos os parafusos de ferro, apesar de possuírem massa e volume diferentes, afundam na água.

EXERCÍCIO

E11. Com base no que você acabou de ler no parágrafo anterior e nas informações do quadro 2-2, responda às perguntas a seguir.

Objeto	Flutuação	Massa	Volume
bloco de madeira	sim	m_1	V_1
bloco de chumbo	não	m_1	V_2
bloco de borracha	sim	m_2	V_3
bloco de ferro	não	m_{13}	V_3

Quadro 2-2: Exercício E11.

a) Você pode afirmar que V_1 é maior, menor que V_2 ou igual a ele? Justifique sua resposta.

b) Você pode afirmar que m_2 é maior, menor que m_3 ou igual a ele? Justifique sua resposta.

Tudo isso nos leva a concluir que o fato de um objeto flutuar ou não depende do material de que é feito, e não de sua massa ou de seu volume isoladamente. No entanto já obtivemos uma pista importante: no caso dos objetos de mesmo volume, os que afundam têm massa maior que os que flutuam; no caso dos de mesma massa, os que afundam têm volume menor que os que flutuam. Ou seja, a flutuação depende de uma propriedade que relaciona **massa** e **volume**.

Densidade: propriedade específica dos materiais

Analisando as medidas de massa e volume e as relações que estabelecemos entre essas duas grandezas, para os objetos de mesmo material, concluímos que a propriedade que relaciona a massa e o volume é a densidade. Essa propriedade é constante, a uma dada temperatura, para objetos feitos de um mesmo material, independentemente de sua massa, de seu volume ou de sua forma.

Assim, um prego de ferro possui a mesma densidade que uma barra de ferro. Portanto, a densidade é uma propriedade específica, muito útil para a identificação dos materiais, já que cada tipo de material possui uma densidade diferente. Por sua vez, massa e volume são propriedades gerais e não servem, isoladamente, para identificar os materiais.

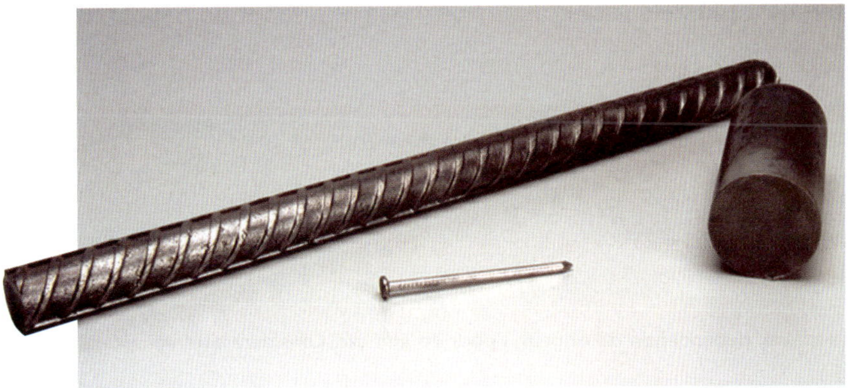

Gilberto do Vale Rodrigues

Figura 2-16: **A densidade de um prego de ferro é igual à de uma barra de ferro. A densidade depende da relação entre a massa e o volume dos objetos e é a mesma para os que são feitos de um mesmo material.**

A unidade utilizada para representar a densidade é o grama por centímetro cúbico (g/cm^3), ou seja, podemos expressar a densidade (d) de um material por meio da relação entre sua massa (m) e por unidade de volume (V):

$$d = \frac{m}{V}$$

Além de ser útil para cálculos, essa fórmula expressa a ideia de que, com a densidade, podemos comparar as massas do mesmo volume de diferentes materiais. Se construíssemos cubos de diferentes materiais (madeira paraju, ferro, chumbo e alumínio), com volume igual a 1 cm^3, constataríamos que esses cubos têm massas diferentes. O de madeira pesaria 0,6 g, o de ferro, 7,9 g, o de chumbo, 11,3 g, e o de alumínio, 2,7 g. Ou seja, com a densidade, podemos comparar as massas, num mesmo volume, de materiais diferentes. Por isso essa propriedade também é chamada de **peso específico**.

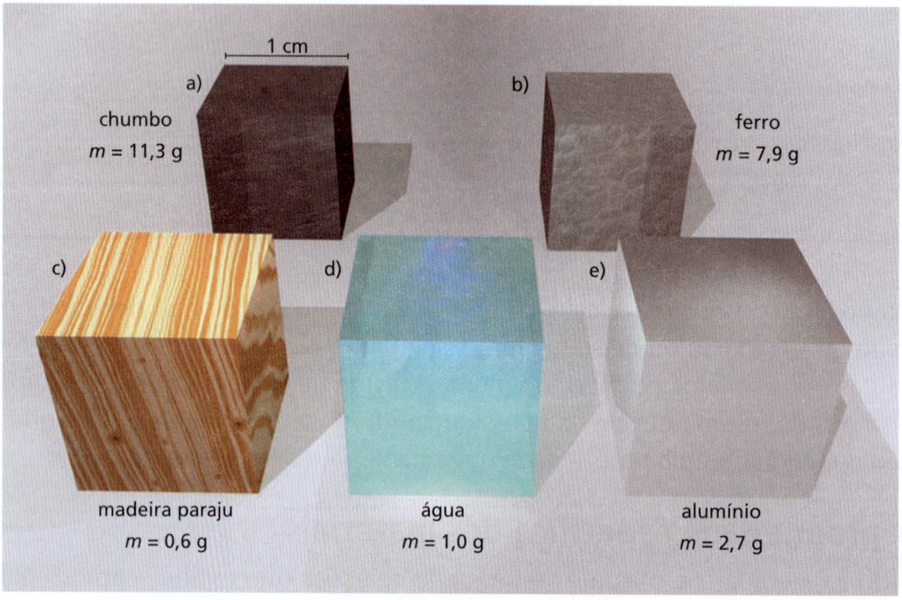

Figura 2-17: **A densidade permite comparar as massas, num mesmo volume, de materiais diferentes. Por isso ela também é chamada de peso específico. a) Cubo de chumbo. b) Cubo de ferro. c) Cubo de madeira paraju. d) Cubo imaginário de água. e) Cubo de alumínio.**

Questão

Q6. A comparação entre massas de objetos de diferentes materiais que têm o mesmo volume também é útil para explicar a flutuação. Copie em seu caderno o quadro 2-3 colocando uma coluna a mais para a **Massa dos materiais**. Complete essa coluna com base nos dados do parágrafo anterior.

Material	Densidade (g/cm^3) a 25 °C	Massa (g)	Volume (cm^3)	Flutuação na água
ferro	7,9	//////////////////////////	1,0	não
água	1,0	//////////////////////////	1,0	---
madeira paraju*	0,6*	//////////////////////////	1,0	sim

Quadro 2-3: ***Madeiras têm densidade variável, dependendo da origem, época do ano etc. Considere este valor uma média.**

Se compararmos a massa de um objeto que afunda na água com a de um volume de água igual ao do objeto, perceberemos que a do objeto é maior. De acordo com os dados do quadro 2-3, um cubo de ferro de volume igual a 1 cm^3 tem 7,9 g de massa, valor superior ao da massa de um cubo de água de mesmo volume, que é 1,0 g. Ao ser imerso na água, o cubo de ferro desloca um volume de água igual ao seu. Entretanto a água deslocada equivale a 1,0 g, valor menor que o da massa do cubo. Isso significa que os objetos que flutuam são menos densos que a água, ou seja, a massa deles é menor do que a do volume de água deslocada por eles.

Questões

Q7. Discuta com seus colegas as informações fornecidas anteriormente. Em seguida, proponham um procedimento experimental para medir a densidade de objetos cujos materiais são mais densos que a água, mas que tenham uma forma irregular (por exemplo, porcas, parafusos, pedras etc.).

Q8. Seria possível usar esse mesmo procedimento para medir a densidade de um objeto cujo material é menos denso que a água? O que você poderia fazer nesse caso?

Pela explicação dada anteriormente, concluímos que é possível prever a flutuação dos objetos com base no conceito de densidade. Objetos mais densos que a água afundam; os menos densos flutuam. Como a densidade da água é 1,0 g/cm^3, deduzimos que os objetos de densidade maior que 1,0 g/cm^3 afundam e os de densidade menor flutuam. O mesmo raciocínio é válido no caso de outros líquidos. Basta comparar a densidade do líquido com a do objeto. Se o objeto for mais denso que o líquido, afunda; se for menos denso, flutua.

Sérgio Dotta Jr./Arquivo da editora

Figura 2-18: Um objeto menos denso que a água flutua. Um mais denso afunda.

Como explicar os comportamentos da lâmina de barbear, do papel-alumínio e da tampinha de garrafa em relação à flutuação?

Neste momento, é importante explicar por que alguns objetos flutuam, embora constituídos de materiais mais densos que a água. No teste de flutuação, pudemos constatar que há duas situações nesses casos.

A primeira é dos objetos que, em razão da sua forma, não conseguem vencer o que chamamos de **tensão superficial da água**. É o caso dos muito finos, como a lâmina de barbear e a folha de papel-alumínio. No entanto, ao vencerem essa tensão, a lâmina e o papel vão ao fundo e não voltam mais à superfície espontaneamente, uma vez que são mais densos que a água. Não temos condições de, no momento, dar uma explicação satisfatória para o fenômeno da tensão superficial, pois essa justificativa envolve conceitos ainda não estudados. Por enquanto, basta sabermos que tensão superficial é uma propriedade específica de líquidos e que seu valor varia de líquido para líquido. Essa tensão, e não a densidade do líquido, impede que certos objetos muito finos penetrem a superfície da água. No entanto, assim que rompem a tensão superficial, esses objetos afundam por serem mais densos que a água. É o que ocorre com a lâmina de barbear quando imersa em água na posição vertical.

Tenha cuidado!

A lâmina pode causar cortes. Segure-a como indicado.

Figura 2-19: Dependendo de sua forma, alguns objetos não vencem a tensão superficial da água e permanecem na superfície, mesmo sendo mais densos que o líquido.

A segunda situação a ser abordada pode ser exemplificada pela tampinha de garrafa ou por um navio de ferro e aço. Os dois objetos têm formas que proporcionam maior volume de líquido deslocado. Isso equivale a considerar que o objeto tem aumento de volume, sem haver aumento correspondente de massa. Podemos imaginar, por exemplo, que o navio é uma casca de ferro cheia de ar, cujo volume tem massa muito pequena. Com isso, sua densidade média diminui, tornando-se menor que a da água. Consideramos a densidade média porque esses objetos são, na verdade, constituídos de dois materiais: o ferro (no caso do navio), mais denso que a água, e o ar, menos denso que a água. Ou seja, para flutuar, esses objetos devem ter formas especiais, como a de barco ou a de um objeto oco. Isso permite um aumento de volume a ser preenchido pelo ar, o que diminui a densidade média do conjunto. Quando um desses objetos afunda, o espaço antes ocupado pelo ar é preenchido pela água, e a densidade média se aproxima novamente da densidade do material mais denso. É o caso dos navios, que, depois que afundam, nunca mais voltam à tona, a não ser que sejam içados.

Figura 2-20: O navio é uma casca de ferro cheia de ar, cujo volume tem massa muito pequena. Com isso, sua densidade média diminui, tornando-se menor que a da água.

Concluímos que a forma dos objetos tem influência na flutuação apenas em algumas situações. Entretanto o fato de um objeto ser cúbico, esférico, grande, pequeno etc. não vai, necessariamente, influenciar na flutuação.

A densidade é, portanto, uma propriedade útil. Com ela, podemos reconhecer materiais (a mineralogia a emprega na identificação de minerais), verificar a autenticidade de objetos feitos com materiais nobres, explicar a flutuação de objetos pesados (como os navios) e separar materiais com densidade diferente (como o ouro e o cascalho).

Outra importante consideração é que o valor da densidade de cada material depende da temperatura em que ela foi medida. Assim, todos os valores de densidade a que nos referimos são os medidos à temperatura ambiente. Com o aumento da temperatura, a maioria dos materiais sofre um processo de dilatação, que ocasiona o aumento de seu volume. Consequentemente a densidade diminui. A mudança de estado físico também provoca alterações na densidade dos materiais. Por exemplo, a água no estado gasoso é menos densa que no estado líquido, e o gelo e a água líquida, embora constituídos da mesma substância – água – não têm a mesma densidade. Isso é importante porque, apesar de a densidade ser uma propriedade específica dos materiais, uma mesma substância pode apresentar diferentes valores de densidade, dependendo do estado físico e da temperatura em que se mede a densidade.

No capítulo 5, teremos oportunidade de elaborar um modelo para explicar esses fatos. Por enquanto, basta salientar que os valores de densidade devem ser fornecidos com o valor das temperaturas em que foram medidos.

TEXTO 4

A densidade das misturas

Ao contrário das substâncias puras, as misturas não apresentam densidade característica. A densidade de uma determinada mistura (água e sal, água e álcool, ouro e cobre etc.) varia com a composição, isto é, com a proporção de cada componente que a constitui.

No entanto, para uma determinada composição fixa, tem-se uma densidade determinada. Vejamos o exemplo do quadro 2-4:

Composição (volume de etanol em 100 cm^3 de mistura com água)	Densidade de mistura (g/cm^3)
10,0	0,99
20,0	0,98
30,0	0,97
40,0	0,95
50,0	0,93
92,0	0,83
96,0	0,81
99,0	0,80

Quadro 2-4: **Relação entre a composição e a densidade da mistura de água e etanol a 25 °C.**

O exemplo permite evidenciar que **a densidade de uma mistura varia** e que **seu valor está entre os valores de densidade dos componentes**. No caso da mistura de água e etanol, os valores de densidade estarão entre a densidade do etanol (d_{etanol} = 0,79 g/cm^3) e a da água ($d_{água}$ = 1,0 g/cm^3), valores medidos à temperatura de 25 °C.

Além dessa constatação, é possível notar que **a densidade de uma mistura assume valores mais próximos do componente em maior proporção**. Por exemplo, consultando o quadro 2-4, verificamos que uma mistura constituída de 70% de água e 30% de etanol tem densidade equivalente a 0,97 g/cm^3. Portanto seu valor está mais próximo da densidade da água, o componente em maior proporção.

Já uma mistura constituída de 8% de água e 92% de etanol tem densidade equivalente a 0,83 g/cm^3, valor próximo ao da densidade do etanol, o componente em maior proporção nesse caso.

TEXTO 5

A densidade de líquidos e o controle de qualidade de alguns produtos

Ao contrário dos sólidos, que têm forma própria, líquidos e gases assumem a forma do recipiente que os contêm. Nesse sentido, a determinação da densidade de líquidos e gases envolve o uso de procedimentos diferentes.

No caso dos líquidos, usa-se normalmente um densímetro, que é um aparelho constituído por uma escala e um peso na extremidade inferior.

A densidade é um dos parâmetros utilizados pelos produtores para o controle da qualidade do leite. O leite é constituído principalmente por água, gordura, vitaminas, proteínas, enzimas, lactose e substâncias minerais. O quadro 2-5 apresenta a composição média do leite de vaca. A densidade do leite varia entre 1,023 g/mL e 1,040 g/mL, a 15 °C. O valor médio é 1,032 g/mL. A densidade da gordura do leite é aproximadamente 0,927 g/mL.

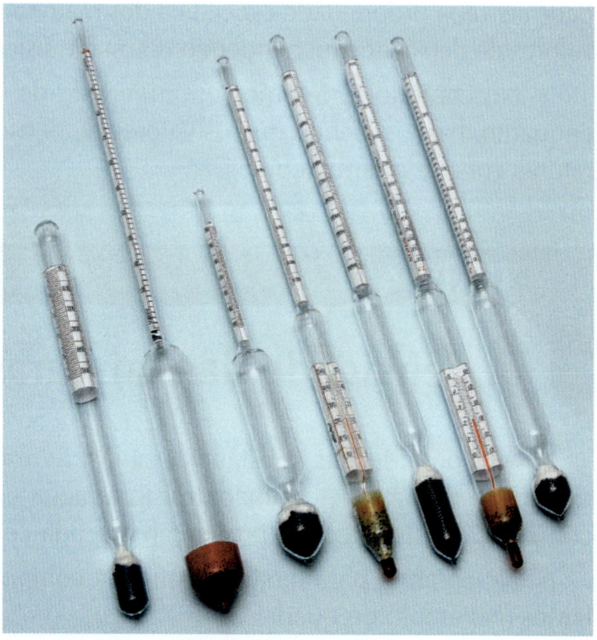

Sérgio Dotta Jr./Arquivo da editora

Figura 2-21: Exemplos de densímetros.

Constituinte	Teor (g/kg)	Variação (g/kg)
água	873	855 |—| 887
lactose	46	38 |—| 53
gordura	39	24 |—| 55
proteínas	32,5	23 |—| 44
substâncias minerais	6,5	5,3 |—| 8,0
ácidos orgânicos	1,8	1,3 |—| 2,2
outros	1,4	-----

Quadro 2-5: Composição média do leite de vaca.

dica Enem

A determinação da densidade é feita com o termolactodensímetro, que é um densímetro com a escala adequada à variação de densidade do leite, acoplado a um termômetro, pois as medidas de densidade devem ser feitas a 15 °C ou com a indicação da temperatura em que foram realizadas.

A densidade abaixo do mínimo indica adição de água no leite e poderá indicar também problemas de saúde da vaca, ou mesmo nutricionais. Contudo a densidade depende do conteúdo de gordura e sólidos não gordurosos, porque a gordura do leite tem densidade menor que a da água, ao passo que nos sólidos não gordurosos ela é maior. O teste indicará alteração da densidade somente quando mais do que 5 a 10% de água for adicionada ao leite. Densidade acima do normal pode indicar que houve desnatamento ou, ainda, que qualquer outro produto corretivo foi adicionado.

Avits/Arquivo da editora

Figura 2-22: Termolactodensímetro.

Questão

Q9. Qual dos leites apresenta a maior densidade: o integral ou o desnatado? Justifique.

No caso dos combustíveis líquidos mais usados – álcool, gasolina e *diesel* – há uma legislação específica que recomenda os níveis de densidade aceitos em cada caso. Outra recomendação importante a ser seguida pelos postos é testar o combustível antes do descarregamento, para assegurar a sua qualidade.

No Brasil, casos de adulteração de combustíveis têm sido constantemente noticiados pela imprensa. Essas adulterações envolvem a adição, à gasolina, de mais álcool do que o permitido por lei, de água e de outros solventes.

Em São Paulo, 7,9% da gasolina não corresponde a padrão da Agência Nacional do Petróleo, Gás Natural e Biocombustíveis (ANP)

O índice de gasolina em não conformidade com as especificações da ANP na cidade de São Paulo é de 7,9%, mais que o dobro da média nacional, de 3,4%, diz a Agência. A informação é baseada nas 1 215 amostras de gasolina coletadas pela Agência na capital paulista entre fevereiro e abril. Do total, 97 apresentaram irregularidades. A mais comum, segundo a ANP, é a adição de álcool além do permitido (23%) e a mistura de outras substâncias químicas.

Em relação aos outros combustíveis analisados – *diesel* e álcool –, a média nacional de não conformidade em abril foi de 1,7% e 2,7%, respectivamente. Na cidade de São Paulo, a média tanto para o *diesel* quanto para o álcool é de 1,5%.

Para ampliar a fiscalização e reduzir os percentuais, principalmente em relação à gasolina, a prefeitura de São Paulo, a ANP e a Polícia Civil do Estado firmaram ontem acordo para combater adulteração de combustíveis, sonegação fiscal e outras irregularidades. A ideia é ampliar a periodicidade da fiscalização. "O ideal seria que cada posto fosse fiscalizado a cada três ou quatro meses", disse o prefeito Gilberto Kassab.

Segundo o secretário de Habitação de São Paulo, Orlando Pereira, o acordo prevê a criação de um grupo de trabalho com engenheiros do Contru e auditores da ANP.

RODRIGUES, Márcio. Em SP, 7,9% da gasolina não corresponde a padrão da ANP. *Folha online*, São Paulo, 18 abr. 2007. Disponível em: <www1.folha.uol.com.br/fsp/dinheiro/fi1805200726.htm>. Acesso em: 25 abr. 2012.

A Agência Nacional do Petróleo, Gás Natural e Biocombustíveis (ANP) regula as especificações para combustíveis de boa qualidade. A densidade é um dos parâmetros mais usados na aferição da qualidade dos combustíveis. Segundo a ANP, os valores de densidade recomendados para a gasolina comum, o óleo *diesel* e o álcool são:

- Gasolina comum:
  Densidade mínima a 20 °C: 0,7350 g/cm^3;
  Densidade máxima a 20 °C: 0,7650 g/cm^3;
  Porcentagem de álcool anidro: 22%.
- *Diesel*:
  Densidade mínima a 20 °C: 0,8200 g/cm^3;
  Densidade máxima a 20 °C: 0,8500 g/cm^3.
- Álcool etílico hidratado carburante:
  Densidade mínima a 20 °C: 0,8075 g/cm^3;
  Densidade máxima a 20 °C: 0,8110 g/cm^3.

ATIVIDADE 4

Determinação do teor de álcool na gasolina

A gasolina vendida nos postos de combustível no Brasil contém álcool etílico (etanol). Nesta atividade, vamos determinar o volume de álcool adicionado à gasolina.

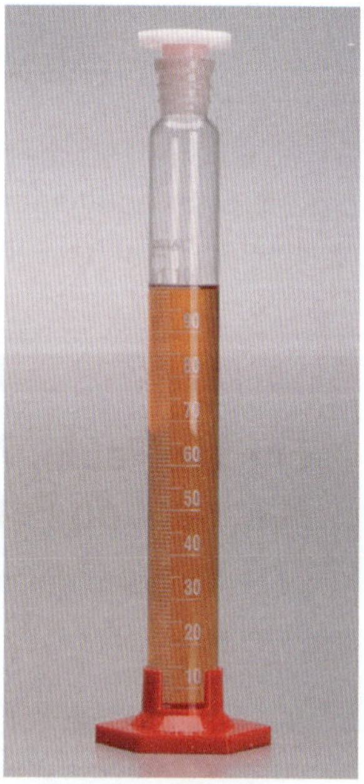

Carol do Valle/Editora Abril

Figura 2-23: Amostra de gasolina.

Questões preliminares

Q10. Observem a figura 2-23. Por que não conseguimos distinguir os componentes na mistura de gasolina e álcool vendida nos postos?

Q11. Ao adicionar gasolina à água, obtemos um sistema em que é possível reconhecer os componentes porque um dos líquidos flutua, não se misturando com o outro. Por isso chamamos essa mistura de sistema heterogêneo.

a) Qual líquido vocês esperam que flutue, gasolina ou água?

b) A ordem em que os líquidos foram adicionados tem alguma influência sobre qual fica embaixo e qual fica em cima?

c) Que propriedade dos materiais determina qual líquido fica embaixo e qual fica em cima?

Material

Uma proveta de 100 mL, um bastão de vidro, gasolina e água.

Tenha cuidado!

Atenção! Gasolina e álcool são inflamáveis. Evite o contato da pele com vapores.

O que fazer

A13 Na proveta, coloquem 50 mL de água. A seguir, adicionem a gasolina até que a mistura atinja a marca de 100 mL. Anotem suas observações.

A14 Com o bastão de vidro, agitem vigorosamente os líquidos no interior da proveta até misturar as duas fases líquidas. A seguir, determinem e anotem o novo volume da fase "gasolina" e da fase "água".

Questões

Q12. Por que o volume de gasolina diminui?

Q13. Determinem o volume de álcool presente nos 50 mL de gasolina.

Q14. Determinem a porcentagem (volume/volume) de álcool presente na gasolina (volume de álcool/volume total de gasolina usado no experimento).

Q15. Proponham uma forma de separar as duas fases líquidas obtidas depois do experimento e, em seguida, apliquem-na.

Q16. Seria possível separar o álcool da água? Como?

Para responder às questões a seguir, pesquisem em jornais, revistas, livros e na internet.

Q17. Por que o álcool é adicionado à gasolina?

Q18. A quantidade de álcool adicionada tem sido constante? Quem determina essa quantidade?

Q19. Descrevam sucintamente como o álcool combustível é obtido.

Q20. Descrevam sucintamente como a gasolina é obtida.

Q21. Citem as vantagens e desvantagens do uso de:

a) álcool como combustível;

b) gasolina como combustível.

Q22. O álcool combustível é constituído principalmente de etanol (C_2H_5OH) e pertence a uma família de compostos químicos cujo nome genérico é "álcool". Qual(is) o(s) componente(s) principal(is) da gasolina? A que família de compostos químicos ele(s) pertence(m)?

Q23. Quais foram os jornais, revistas, livros e páginas da internet consultados?

EXERCÍCIO

E12. As ilustrações da figura 2-24 representam densímetros como os usados em postos de gasolina. Esses instrumentos têm por finalidade indicar se o álcool combustível está ou não adulterado pela adição de outras substâncias.

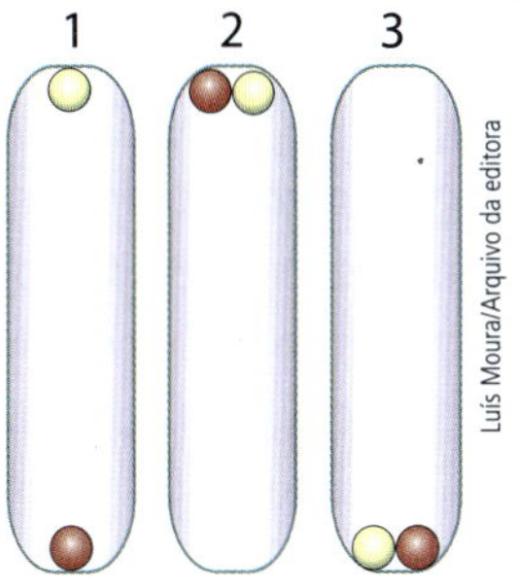

Figura 2-24: Representação de densímetros.

O primeiro dos densímetros representados contém etanol puro ($d_{etanol} = 0,8\ g/cm^3$). Dos dois restantes, um está cheio de etanol e água ($d_{água} = 1,0\ g/cm^3$) e o outro, de etanol e gasolina ($d_{gasolina} = 0,7\ g/cm^3$), não necessariamente nessa ordem.

Com base nas informações, responda:

a) Qual a constituição da mistura 2? Justifique sua resposta.

b) Qual a constituição da mistura 3? Justifique sua resposta.

c) Quais os valores possíveis de densidade da bola escura (vermelha)? Justifique sua resposta.

d) Quais os valores possíveis de densidade da bola clara (amarela)? Justifique sua resposta.

TEXTO 6

Temperaturas de fusão e de ebulição: propriedades específicas?

Iniciamos neste capítulo o estudo das propriedades que nos permitem identificar os materiais. Você pôde constatar que a massa e o volume de um determinado material podem assumir valores diversos (por exemplo, a massa de um prego e a de uma barra grande feitos de ferro). Entretanto o quociente entre a massa e o volume determina um valor específico do material. A massa e o volume são, portanto, propriedades gerais, pois não nos permitem reconhecer o material. Já o quociente entre massa e volume define a densidade, propriedade que nos possibilita identificar o material, pois cada um apresenta um valor característico. O ferro puro tem densidade 7,9 g/cm^3 a 25 °C, valor válido para qualquer pedaço de ferro, um prego ou uma barra grande.

Na atividade a seguir, vamos observar o comportamento de alguns materiais quando aquecidos ou resfriados para estudar a relação entre a variação de temperatura e a mudança de estado físico.

Você lembra o que é uma mudança de estado físico? Para compreendermos alguns conceitos relacionados a essas mudanças, vamos analisar o que acontece com a água. Essa substância ocorre, nas condições climáticas do nosso planeta, nos três estados físicos: sólido, líquido e gasoso.

Bruno Alves/Editora Abril

Figura 2-25: **Nas condições climáticas da Terra, é possível encontrar água nos três estados físicos: sólido, líquido e gasoso.**

Você já observou que uma pedra de gelo "derrete" ao ser retirada da geladeira. Cientificamente não usamos a expressão "derreter", mas "fundir". Na **fusão**, o material passa do estado sólido para o líquido. O processo inverso, do estado líquido para o sólido, é chamado de **solidificação**. Ao aquecer a água para preparar café, você pode observar outra mudança de estado físico, chamada no dia a dia de "fervura". Cientificamente essa mudança é conhecida como **ebulição**. Na ebulição, o material passa do estado líquido para o gasoso. Note que os líquidos podem evaporar em qualquer temperatura e nesse caso denominamos o processo de **evaporação**. O nome do processo inverso, do estado gasoso para o líquido, depende do estado físico do material à temperatura ambiente. Quando a água, substância líquida, à temperatura ambiente, passa do estado gasoso para o líquido, o processo é chamado de **condensação**. Você já deve ter observado a condensação da água no ar quando os vidros de um carro fechado ficam embaçados, principalmente num dia chuvoso. Se a mudança do estado gasoso para o líquido envolve um material gasoso à temperatura ambiente, o processo é chamado de **liquefação**.

Agostinho de Paula

Fotos: Monica Vendramini

Figura 2-26: **Vários fenômenos que observamos são processos de mudança de estado físico.**

Um exemplo de aplicação desse conhecimento é o oxigênio líquido obtido do ar. O processo para a obtenção é conhecido como **liquefação fracionária**. O termo "fracionário" refere-se ao fato de que o oxigênio é uma das frações que podem ser obtidas pelo processo, pois o ar é composto de uma mistura de gases.

Para que ocorram a fusão e a ebulição, é necessário **fornecer energia** ao material, o que geralmente se consegue aquecendo-o. Para que ocorram a solidificação e a liquefação, é preciso **retirar energia** do material, o que normalmente se consegue resfriando-o.

Alguns materiais podem passar diretamente do estado sólido para o gasoso. Esse processo é chamado de **sublimação**. A naftalina é um exemplo de material que sublima à temperatura ambiente. É por isso que as bolinhas de naftalina (figura 2-26), colocadas junto às roupas para evitar o ataque de traças, vão diminuindo de tamanho, deixando um cheiro forte nas roupas. O processo inverso é chamado de **ressublimação**.

EXERCÍCIO

E13. Reproduza o diagrama ao lado no seu caderno e complete com o nome dos processos de mudança de estado físico indicados pelas setas.

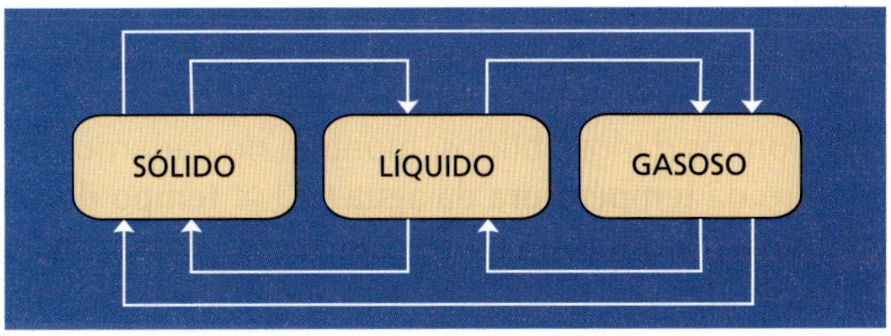

Figura 2-27: Exercício E13.

ATIVIDADE 5

Investigando a água sob aquecimento

Vamos observar o que acontece com a água líquida sob aquecimento. Antes de começar a experiência, forme um grupo com alguns colegas. Em seguida, discutam e respondam às questões preliminares.

Questões preliminares

Q24. Em qual temperatura vocês esperam que a água comece a ferver? Por quê?

Q25. Quando isso ocorre, vocês esperam que a temperatura continue subindo ou permaneça constante? Por quê?

Material

Béquer de 250 mL, termômetro de laboratório, lamparina (ou bico de gás, ebulidor, trempe de fogão), tripé e tela de amianto[1] (no caso de ser usada uma lamparina ou um bico de gás).

Tenha cuidado!

Cuidado ao acender a lamparina ou o bico de gás. Esteja atento para não sofrer queimaduras durante o aquecimento

[1] As telas de amianto não são mais fabricadas com o disco central em amianto, pois este é um material cancerígeno. Ele foi substituído por cerâmica. O nome, no entanto, foi mantido.

O que fazer

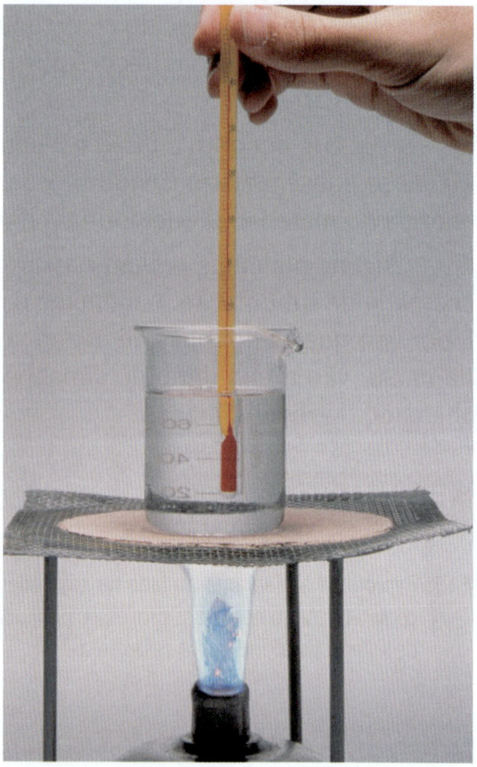

Figura 2-28: **Montagem para o aquecimento da água.**

A15 Leiam as instruções antes de começar a experiência.

A16 Coloquem água até a metade do béquer. Meçam a temperatura do sistema com um termômetro e anotem-na em seu caderno. O valor dessa temperatura corresponderá ao tempo inicial (zero minuto).

A17 Coloquem o béquer sobre o tripé com a tela de amianto e iniciem o aquecimento acendendo a lamparina (ou o bico de gás, ou ligando o ebulidor). Anotem a temperatura de 2 em 2 minutos (min). Se seu sistema de aquecimento for o bico de gás ou o ebulidor, anotem de 30 em 30 segundos (s).

Observação: façam a leitura com o termômetro um pouco abaixo da superfície do líquido e nunca encostado no fundo do recipiente.

A18 Com os dados obtidos, montem no caderno um quadro da **temperatura da água** (ºC) × **tempo de aquecimento** (minutos) enumerando as medidas. Observem e anotem as modificações na água à medida que a temperatura for se elevando até atingir o ponto de fervura. Fiquem atentos ao aparecimento de bolhas.

A19 Quando a água entrar em ebulição, façam mais dez leituras.

Construção do gráfico temperatura × tempo de aquecimento para a água

A20 Construam um gráfico **temperatura da água** (em ºC) × **tempo de aquecimento** (em min) numa folha de papel milimetrado (ou papel quadriculado) com os dados do quadro montado na atividade A18. Assinalem o tempo (*t*) no eixo horizontal (abscissa) e a temperatura (*T*) no eixo vertical (ordenada). Usem uma escala apropriada, de modo que se aproveite a maior parte possível do papel. Seu gráfico deverá conter o título (temperatura da água × tempo de aquecimento) e a escala em que foi construído. Identifiquem, no gráfico, as regiões correspondentes ao aquecimento do líquido e à transformação dele em vapor.

Questões

Q26. De que são constituídas as bolhas que se formam no interior da água durante o aquecimento, antes da fervura (ebulição)? O que o aparecimento dessas bolhas evidencia?

Q27. De que são constituídas as bolhas que sobem para a superfície da água durante sua ebulição?

Q28. Quando a água entrou em ebulição, o que vocês observaram com relação à temperatura do sistema?

Q29. Comparem o que vocês observaram sobre a temperatura do sistema com a resposta em Q24. Sua expectativa foi confirmada pela experiência? Como vocês explicam o fato observado?

Q30. Comparem o que vocês observaram sobre a temperatura do sistema com a resposta dada em Q25. Sua expectativa foi confirmada pela experiência? Como vocês explicam o fato observado?

Q31. Outros líquidos puros, como a glicerina, teriam comportamento igual ao da água (temperatura constante durante a ebulição)? Justifiquem sua resposta.

Q32. Dá-se o nome de **temperatura de ebulição** à temperatura constante na qual um líquido puro se transforma em gás. No caso da água, o valor tabelado é 100 °C, à pressão atmosférica de 1 atm, que é a pressão atmosférica ao nível do mar. Com base nisso, respondam:

a) O valor obtido experimentalmente coincide com o valor tabelado? Como vocês explicam esse fato?

b) Se a medida tivesse sido feita no alto do Pico da Bandeira (aproximadamente 2 900 metros de altitude), o valor da temperatura de ebulição seria maior, menor do que o observado ou igual a ele? Expliquem.

Q33. Se usássemos o dobro da quantidade de água, que alterações poderiam ocorrer:

a) no tempo necessário para que a água entrasse em ebulição?

b) na temperatura de ebulição?

ATIVIDADE 6

Investigando o comportamento da água e de uma mistura de água e sal sob resfriamento

Questões preliminares

Q34. A que temperatura vocês esperam que a água se congele? Por quê?

Q35. Durante o congelamento da água, vocês esperam que a temperatura continue a diminuir ou permaneça constante? Justifiquem.

Q36. Qual a temperatura de fusão do gelo?

Q37. Durante a fusão do gelo, vocês esperam que a temperatura continue a aumentar ou permaneça constante? Justifiquem.

Q38. Respondam às questões Q34 e Q35 considerando que agora vocês têm uma mistura de água e sal. Expliquem.

Material

Dois tubos de ensaio; um béquer de 250 mL; gelo picado (o suficiente para fazer a montagem experimental); um pacote de sal de cozinha.

O que fazer

A21 Leiam atentamente o procedimento antes de iniciar a experiência.

A22 Construam dois quadros no caderno: **temperatura da água** (em °C) × **tempo de resfriamento** (em min) e **temperatura da água com sal** (em °C) × **tempo de resfriamento** (em min). Enumerem os dados obtidos.

A23 Para observar o comportamento da água sob resfriamento, preparem a montagem experimental colocando no recipiente dois tubos de ensaio vazios com a abertura para cima. Em seguida, adicionem, alternadamente, uma camada de gelo picado e uma de sal de cozinha até encher o recipiente.

Fotos: Gilberto do Vale Rodrigues

Figura 2-29: a) Montagem para o resfriamento da água. b) Temperatura da água sem sal. c) Temperatura da água com sal. (Notem que a temperatura está abaixo de zero, mas a água com sal não congelou.)

A24 Introduzam no recipiente, no lugar dos tubos vazios, dois tubos de ensaio, um contendo água até metade de sua capacidade e outro, uma solução diluída de sal.

Observações: para preparar a solução, coloquem uma colher rasa (de chá) de sal em um dos tubos de ensaio com água até um terço de sua capacidade e, em seguida, agitem o sistema; coloquem o tubo com água e o tubo com solução diluída de sal no lugar dos tubos vazios colocados anteriormente.

A25 Utilizando os quadros construídos em A22, anotem as temperaturas de cada um dos sistemas, de 30 em 30 s, até que a mistura de água e sal atinja −10 °C (dez graus Celsius negativos).

Observações: façam as leituras de temperatura com o termômetro no meio do líquido e nunca encostado no fundo do tubo; anotem as alterações observadas nos dois sistemas (água e mistura) e as temperaturas em que elas ocorreram.

Construção das "curvas de resfriamento" da água pura e da água com sal

Utilizando outra folha de papel milimetrado (ou papel quadriculado), construam os dois gráficos – de **temperatura × tempo de resfriamento** – para a água e para a mistura de água com sal, com os dados dos quadros construídos em A22. Dividam a folha ao meio e, em uma das metades, construam o gráfico da água pura e, na outra, o gráfico da água com sal. Assinalem o tempo (*t*) no eixo horizontal (abscissa) e a temperatura (*T*) no eixo vertical (ordenada). Adotem uma escala apropriada, de modo que se aproveite ao máximo o papel, mas tentem usar a mesma escala nos dois gráficos para facilitar a comparação. Lembrem-se de que cada gráfico deve conter o título e a escala em que foi construído.

Questões para discussão

Q39. Vocês devem ter percebido que o recipiente de vidro, no qual se misturaram gelo e sal, ficou "suado" quando se acrescentou gelo a ele. Vocês já devem ter observado esse fenômeno ao colocar água gelada em um copo de vidro. De que são constituídas as gotículas que embaçam o vidro? Como elas são formadas?

Q40. Como variou a temperatura durante o resfriamento da água?

Q41. Como variou a temperatura durante o resfriamento da água com sal?

Q42. Qual era o estado físico da água pura quando:

a) a temperatura começou a diminuir pela primeira vez?

b) a temperatura permaneceu constante?

c) a temperatura começou a diminuir pela segunda vez?

Q43. Observem o gráfico obtido para o resfriamento da água e identifiquem as regiões onde ocorrem:

a) resfriamento do líquido;

b) mudança de fase;

c) resfriamento do sólido.

Q44. O que vocês puderam observar em relação à temperatura do sistema enquanto a água congelava?

Q45. Comparem essa observação com as respostas às questões Q34 e Q35. Sua expectativa foi confirmada pela experiência? Como vocês explicam o fato observado?

Q46. Considerem outros líquidos puros, como o álcool absoluto: eles teriam comportamento igual ao da água? Justifiquem.

Q47. Dá-se o nome de **temperatura de solidificação** à temperatura constante em que um líquido puro se transforma em sólido. No caso da água, o valor tabelado corresponde a 0 °C e coincide com o da **temperatura de fusão**, temperatura constante em que um sólido puro se transforma em líquido.

a) O valor obtido experimentalmente para a temperatura de solidificação da água coincide com o valor tabelado? Tentem explicar as causas de possíveis diferenças.

b) Por que a temperatura de fusão é igual à temperatura de solidificação para um mesmo material?

Q48. Na primeira parte desta atividade, discutimos que a temperatura de ebulição da água varia com a pressão atmosférica. Assim, nos locais de maior altitude, essa temperatura é menor que o valor tabelado para o nível do mar, 100 °C. Por que isso não ocorre com a temperatura de fusão e de solidificação, cujo valor tabelado é o mesmo independentemente da altitude?

Q49. Se fosse utilizado o dobro da quantidade de água, descrevam as modificações que poderiam ocorrer:

a) no tempo necessário para toda a água se solidificar;

b) na temperatura de solidificação.

Q50. Observando como variou a temperatura no resfriamento da mistura de água e sal, vocês poderiam dizer qual a temperatura de solidificação dessa mistura? Justifiquem.

Q51. Comparando o gráfico de resfriamento da água com o da mistura de água e sal, o que vocês podem observar? Como vocês explicam a diferença de comportamento entre os dois?

Q52. A temperatura é uma propriedade geral ou específica? E as temperaturas de ebulição, fusão e solidificação? Expliquem.

Q53. Respondam às questões a seguir.

a) Qual a diferença de comportamento entre uma substância (no caso, a água) e uma mistura (no caso, água e sal) em relação à temperatura de solidificação?

b) Essa diferença poderia ser observada em relação às temperaturas na qual ocorrem outras mudanças de estado (temperatura de ebulição, por exemplo)?

c) Qualquer substância vai se comportar como a água nas mudanças de estado, ou seja, apresentar temperatura constante? Expliquem.

Nem todas as misturas se comportam, nas mudanças de estado, da mesma forma que a mistura de água e sal, investigada no experimento, ou seja, nem todas apresentam temperatura de solidificação ou de fusão variáveis. A própria mistura de água e sal, quando composta de 23 g de sal para cada 100 g de solução (23% em massa de NaCl), funde-se a −21,1 °C. A esse tipo de mistura, que se comporta como uma substância pura na fusão/solidificação, dá-se o nome de **mistura eutética**.

Esse mesmo comportamento é observado em algumas misturas líquidas, que também apresentam temperaturas de ebulição constante. Por exemplo, a mistura de 94,7 g de etanol (álcool etílico) e 5,3 g de água (94,7% em massa de etanol) entra em ebulição a 78,2 °C. A esse tipo de mistura, que se comporta como uma substância pura na ebulição, dá-se o nome de **mistura azeotrópica** ou simplesmente **azeótropo**.

Q54. Com base nas respostas da questão anterior, e considerando a existência de misturas eutéticas e azeotrópicas, como vocês poderiam conceituar substância pura e mistura?

Solubilidade: propriedade específica?

Até o momento, estudamos a densidade e as temperaturas de fusão e de ebulição, propriedades que permitem identificar os materiais. Vocês aprenderam que cada material tem um valor característico para cada uma dessas propriedades. A água tem densidade igual a 1,0 g/cm³ a 20 °C, congela-se a 0 °C e entra em ebulição a 100 °C à pressão de 1 atmosfera (atm). Vimos também que a especificação da temperatura da substância, no caso da densidade, e da pressão atmosférica, no caso da temperatura de ebulição, é fundamental. A densidade dos materiais varia com a temperatura assim como a temperatura de ebulição varia com a pressão atmosférica a que está submetido o material. Belo Horizonte, por exemplo, onde o ar é mais rarefeito, está situada a uma altitude de aproximadamente 850 m acima do nível do mar, e a pressão atmosférica é inferior a 1 atm. Por isso o valor da temperatura de ebulição da água em Belo Horizonte é, aproximadamente, 98 °C.

Vamos estudar agora a solubilidade, propriedade que, a exemplo das estudadas até o momento, está relacionada a uma série de materiais com os quais convivemos.

Ivan Coutinho/Arquivo da editora

TEXTO 7

A Terra tem solução?

Atualmente, muito se tem falado sobre a Terra e sobre a maneira como a espécie humana vem se relacionando com ela. Como o conhecimento químico pode nos ajudar a conhecer um pouco mais nosso planeta?

De que a Terra é constituída?

PhotoDisc

Figura 2-30: **O conhecimento químico nos ajuda a compreender um pouco a constituição da Terra.**

Na superfície da Terra, além da crosta, existem oceanos, lagos e rios, que, com a água retida em fendas e fissuras do solo e das rochas próximas à superfície, constituem a **hidrosfera**.

Apesar de ocupar dois terços da superfície terrestre, a hidrosfera representa apenas 0,025% da massa total da Terra. A água é, sem dúvida, o recurso da hidrosfera mais importante para o homem. Mas os oceanos, que ocupam 70,8% da superfície do planeta, com profundidade média de 4 quilômetros (km), constituem importante fonte de recursos vitais. Eles atuam como coletores de muitos materiais dissolvidos dos continentes que, através do tempo, deram origem a uma imensa solução com 3,5% em peso de sólidos dissolvidos. Essa solução é homogênea, o que torna a composição dos oceanos praticamente constante. Sódio e cloro, os dois elementos que constituem o sal de cozinha (NaCl), são os mais abundantes e, com o magnésio, enxofre, cálcio e potássio, constituem 99,5% da massa total dos sólidos dissolvidos no mar. Cada quilômetro cúbico (km^3) de água do mar contém ainda quantidades significativas de outros 64 elementos, como zinco, com 11,3 t, cobre e estanho, com 3,4 t cada um, prata, com 240 quilos (kg), e até ouro, com 430 g.

Figura 2-31: **A hidrosfera é uma parte importante da constituição da Terra.**

Apesar dessa variedade, poucos elementos da água do mar são aproveitados comercialmente. Os aproveitados são o cloro e o sódio, recuperados como cloreto de sódio por evaporação natural da água do mar em reservatórios rasos; o bromo, recuperado pela adição de anilina, que precipita o tribromo anilina, e o magnésio, recuperado pela adição de uma solução de hidróxido de cálcio, precipitando o hidróxido de magnésio ($Mg(OH)_2$).

Nossa vivência com a dissolução de materiais, em geral, envolve sólidos – como o açúcar e o sal – dissolvidos em líquidos, na maioria das vezes a água. Por isso normalmente atribuímos a ideia de solução apenas às líquidas, nas quais o **soluto** é sólido, o **solvente**, um líquido, e a solução formada também é líquida. Os oceanos, por exemplo, são soluções líquidas. No entanto convivemos com outro tipo de solução – a gasosa – à qual normalmente não damos muita atenção. A atmosfera é uma solução, pois é uma mistura homogênea de gases apresentando composição uniforme de fácil amostragem. Ela envolve todo o planeta, como um invólucro gasoso, que contribui com apenas 0,0001% de sua massa total. Três gases, nitrogênio (N_2), oxigênio (O_2) e argônio (Ar), constituem 99,9% do volume total da atmosfera. O oxigênio, o nitrogênio e os gases nobres são os principais gases recuperados da atmosfera, mas em quantidades relativamente pequenas.

Figura 2-32: **A água do mar tem uma grande quantidade de substâncias dissolvidas, mas poucas são aproveitadas comercialmente, como o cloreto de sódio nas salinas. Na foto, salina em Cabo Frio (RJ).**

Questões

Q55. Com base no que você acabou de ler, escreva um pequeno texto descrevendo o que é uma solução.

Q56. Você seria capaz de dar um exemplo de solução sólida?

Q57. Considerando que a água do mar é uma solução e, com base nas informações do texto, responda:

a) Qual é o solvente nessa solução?

b) Qual o soluto em maior quantidade?

Q58. Sabemos que o sal de cozinha é solúvel em água e o óleo de cozinha não. O sal de cozinha é solúvel em óleo à temperatura ambiente? Justifique sua resposta baseando-se em alguma experiência que você já tenha vivenciado.

Q59. Leia a notícia a seguir, sobre vazamento de óleo de um navio petroleiro, e depois responda à questão proposta.

Técnicos investigam vazamento de óleo em Niterói

Técnicos do Plano de Emergência da Baía de Guanabara investigam desde o início da manhã deste domingo o acidente que provocou o derramamento de cerca de 2 mil litros de óleo na Baía de Guanabara, no Rio.

O óleo vazou do navio Saga Mascote, com bandeira de Nassau (Bahamas), que bateu num dique seco quando fazia manobra para atracar no estaleiro Enavi-Renave, na Ilha da Conceição, perto da Praça do Pedágio da Ponte Rio-Niterói, no início da madrugada de ontem.

O óleo se espalhou por três praias de Niterói, deixando poluídas as orlas de Icaraí, Boa Viagem e Flechas.

TÉCNICOS investigam vazamento de óleo em Niterói. Folha online, *São Paulo, 4 set. 2005. Disponível em: <www1.folha.uol.com.br/folha/cotidiano/ult95u112693.shtml>. Acesso em: 25 abr. 2012.*

Tasso Marcelo/AE

Figura 2-33: Quando vaza no mar, o óleo se espalha rapidamente.

Normalmente a mancha de óleo se espalha rapidamente pela superfície do mar. Procure explicar por que isso ocorre considerando sua experiência com água e óleo na cozinha.

Q60. Localize, na tabela periódica, os elementos citados no texto 7. Em seguida, indique o símbolo de cada um e a coluna a que pertencem.

ATIVIDADE 7

Solubilidade

Discutimos alguns conceitos importantes para entender o fenômeno da solubilidade. Vocês já devem ter percebido, por experiência própria, que alguns materiais são solúveis em determinados solventes, mas não em outros.

Nesta atividade, além do próprio fenômeno, interessa-nos a propriedade conhecida pelo mesmo nome: a solubilidade.

Observem o gráfico de solubilidade em **água** × **temperatura** para alguns sais.

dica Enem

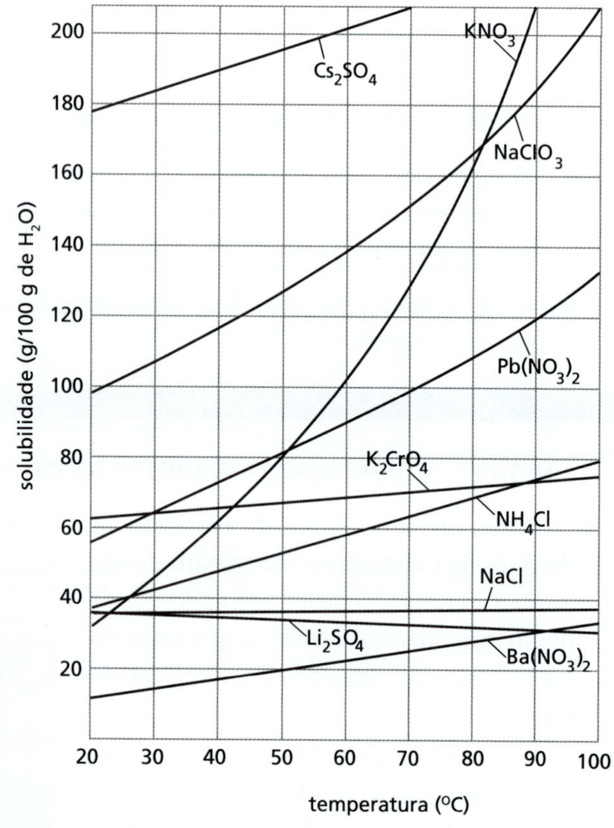

Figura 2-34: Gráfico de solubilidade em água × temperatura para alguns sais.

A26 Reproduzam o quadro 2-6 no caderno e preencham-no com os dados do gráfico da figura 2-34.

Material	Solubilidade na temperatura indicada (em g/100 g de água)			
	20 °C	40 °C	60 °C	80 °C
NaCl (cloreto de sódio)	//////////////////////	//////////////////////	//////////////////////	//////////////////////
$Pb(NO_3)_2$ (nitrato de chumbo)	//////////////////////	//////////////////////	//////////////////////	//////////////////////
KNO_3 (nitrato de potássio)	//////////////////////	//////////////////////	//////////////////////	//////////////////////
Cs_2SO_4 (sulfato de césio)	//////////////////////	//////////////////////	//////////////////////	//////////////////////

Quadro 2-6: Variação da solubilidade de alguns materiais em função da temperatura.

A27 Com base nas informações do quadro 2-6 e no gráfico de **solubilidade** × **temperatura**, respondam:

a) Em qual dos sais o efeito da temperatura sobre a solubilidade é mais acentuado?

b) Em que temperatura a solubilidade do nitrato de chumbo é igual à do nitrato de potássio?

c) Em que temperatura a solubilidade do cloreto de sódio é igual à do nitrato de potássio?

d) À temperatura de 20 °C, qual dos sais relacionados no quadro 2-6 é mais solúvel em água? Qual é menos solúvel?

e) À temperatura de 60 °C, qual dos sais relacionados no quadro 2-6 é mais solúvel em água? Qual é menos solúvel?

f) Se vocês resfriarem até 20 °C uma solução saturada de nitrato de chumbo, que foi preparada a 80 °C, usando 100 g de água, qual a massa de nitrato de chumbo que ficará insolúvel e decantará no fundo do béquer?

A28 A solubilidade é uma propriedade específica? Expliquem.

TEXTO 8

Fatores que afetam a solubilidade

Ao responder às questões sobre o gráfico da solubilidade em função da temperatura de alguns sais em água, você observou que, a uma mesma temperatura, a quantidade de cada um dos sais que pode ser dissolvida em 100 g de água é diferente. Essa é uma evidência de que a solubilidade depende da natureza das substâncias envolvidas.

Os materiais também não se dissolvem igualmente em todos os solventes como no caso do sal de cozinha em relação à água e ao óleo. Se formos dissolvendo, a uma determinada temperatura, sal de cozinha (soluto) numa quantidade de água (solvente) em um recipiente, veremos que, depois de uma certa quantidade de sal, não é mais possível dissolvê-lo. Se tentarmos adicionar mais sal ao sistema, não conseguiremos dissolvê-lo. Isso será evidenciado pela presença do soluto no fundo do recipiente, que, mesmo depois de agitado, não se dissolverá. A quantidade de soluto que foi possível dissolver é chamada de **solubilidade** do material naquela temperatura e a solução formada, de **solução saturada**.

Gilberto do Vale Rodrigues

Figura 2-35: **A quantidade de material influencia na solubilidade.**

Pode ser constatado que a solubilidade do sal aumenta quando a temperatura sobe. Esse fenômeno é comum em muitos sais sólidos solúveis em água.

No entanto pode-se observar que um refrigerante aberto, deixado fora da geladeira, perde o gás (gás carbônico, CO_2) muito mais rapidamente do que se estivesse dentro da geladeira. Isso acontece porque a solubilidade dos gases em água geralmente diminui com o aumento da temperatura.

Para definirmos a solubilidade como uma propriedade dos materiais, é importante destacar que a estamos considerando em relação a um solvente e a uma determinada temperatura. O gráfico que analisamos apresentava a solubilidade de diferentes sais em água a várias temperaturas. Se mudássemos o solvente, certamente os valores seriam alterados.

A solubilidade de um soluto qualquer é normalmente representada em gramas do soluto por litro de solução (g/L) para uma determinada temperatura. Esse valor expressa quantos gramas (g) do soluto é possível dissolver em um litro (L) da solução até o seu limite de saturação.

Questões

Q61. Como você poderia definir a solubilidade?

Q62. Que fatores afetam a solubilidade de uma substância?

Q63. Um aluno dissolveu um pouco de bicarbonato de sódio ($NaHCO_3$) em água num recipiente, obtendo uma solução diluída. Em seguida, guardou essa solução em um armário. Uma semana depois, observou novamente a solução. É possível que tenha surgido bicarbonato de sódio no fundo do recipiente? Justifique.

Q64. Suponha que você tenha uma amostra de sal de cozinha sólido (NaCl). Uma parte de sua amostra será submetida à fusão e outra parte, dissolvida em água. Ao final, você obterá dois sistemas líquidos. Que diferenças existem entre os dois sistemas resultantes da fusão e da solubilização do sal de cozinha?

EXERCÍCIOS

O quadro 2-7 contém informações sobre propriedades de algumas substâncias. Consulte-o sempre que necessário.

Substância	Temperatura de fusão (°C)	Temperatura de ebulição (°C)	Densidade (g/mL)	Solubilidade
água	0,0	100,0	1,00 (a 25 °C)	------
álcool etílico	−117,3	78,5	0,79 (a 25 °C)	solúvel em clorofórmio e água
benzeno sólido	5,5	80,1	1,00 (a 5 °C)	solúvel em clorofórmio
benzeno líquido	5,5	80,1	0,90 (a 6 °C)	solúvel em clorofórmio
gelo	0,0	100,0	0,92 (a 0 °C)	------
hidróxido de cálcio	580,0	decompõe	2,24 (a 25 °C)	insolúvel em água e álcool
oxigênio	−218,4	−183,0	------	solúvel em água
tetracloreto de carbono	−23,0	76,5	1,59 (a 25 °C)	solúvel em clorofórmio

Quadro 2-7: Propriedades de algumas substâncias.

E14. Cada um dos frascos I e II contém apenas água ou benzeno, ambos líquidos incolores. Colocam-se os frascos numa geladeira e, após certo tempo, nota-se que no frasco I há uma camada de sólido na superfície e no frasco II uma no fundo. Observe a figura e responda:

Qual dos frascos contém benzeno? Como você chegou a essa conclusão?

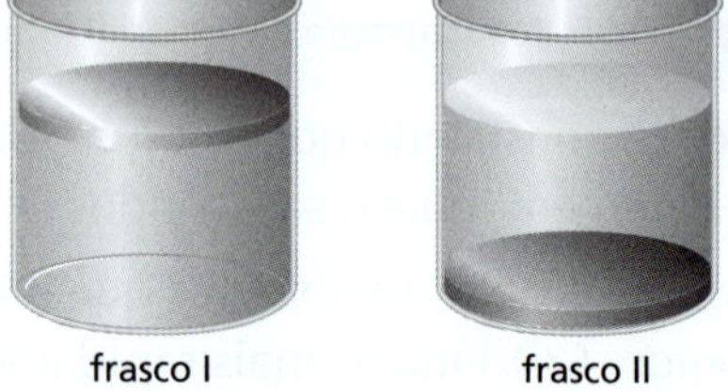

Avits/Arquivo da editora

Figura 2-36: Exercício E14.

E15. O álcool etílico obtido pela destilação fracionada do mosto fermentado, operação realizada em destilarias, contém 4% de água. Para obter álcool puro (ou anidro), deve-se retirar essa quantidade excedente de água. Um dos processos utilizados para isso consiste em adicionar cal viva à mistura. A cal viva, ou cal virgem (óxido de cálcio), retira a água do sistema porque tem a propriedade de reagir com ela formando hidróxido de cálcio, segundo a equação:

$$\underset{\text{óxido de cálcio}}{CaO} + \underset{\text{água}}{H_2O} \rightarrow \underset{\text{hidróxido de cálcio}}{Ca(OH)_2}$$

a) O sistema formado por álcool e hidróxido de cálcio é homogêneo ou heterogêneo? Justifique.

b) Utilizando os dados do quadro 2-6 proponha um processo para separar o álcool do hidróxido de cálcio.

c) Como você poderia certificar-se de que, após a separação do hidróxido de cálcio, sobraria álcool anidro?

E16. Considere as seguintes informações:

- um sólido *X* é solúvel em água e insolúvel em tetracloreto de carbono;
- a solubilidade de *X* em água é 80 g/L em uma determinada temperatura;
- água e tetracloreto de carbono não se misturam;
- a densidade do tetracloreto de carbono é 1,6 g/mL.

a) Faça um desenho de um sistema em um béquer que contém, simultaneamente: 50 g de *X*, 500 mL de água e 200 mL de tetracloreto de carbono.

b) Proponha um esquema para separar todos os componentes desse sistema. Justifique sua proposta.

E17. Óleo de soja, de amendoim e de algodão são exemplos de óleos de cozinha obtidos de sementes. O processo consiste em moer ou prensar as sementes. Com isso, forma-se uma pasta de óleo + restos de sementes. Leia os procedimentos a seguir e escolha o que considera mais adequado para separar o óleo da pasta. Justifique sua escolha.

a) Acrescentar água e, em seguida, filtrar a mistura e evaporar o óleo.

b) Acrescentar um líquido no qual o óleo se dissolve. Em seguida, filtrar a mistura e evaporar o líquido adicionado.

c) Acrescentar um líquido que forma mistura heterogênea com o óleo. Em seguida, evaporar o líquido adicionado.

NA INTERNET

<www.cienciamao.if.usp.br/tudo/busca.php?key=propriedades dos materiais&tipo=textos>

Página do Instituto de Física da Universidade de São Paulo (USP). Nela você encontra sugestões de artigos, atividades, textos, livros, revistas e *softwares* sobre propriedades dos materiais. Acesso em: 25 abr. 2012.

<www.pontociencia.org.br>

Na página do Projeto Ponto Ciência você vai encontrar várias sugestões de experimentos envolvendo propriedades dos materiais. Acesso em: 25 abr. 2012.

<http://qnesc.sbq.org.br>

Página da revista *Química Nova na Escola* (QNEsc), publicada pela Sociedade Brasileira de Química (SBQ). Os artigos estão disponíveis na íntegra e de forma totalmente gratuita. Estão disponíveis também os Cadernos Temáticos publicados desde 2001. Acesso em: 25 abr. 2012.

Ivan Coutinho/Arquivo da editora

CAPÍTULO 3

Materiais: estudo de processos de separação e purificação

A separação de misturas é tarefa essencial tanto num laboratório químico como em várias atividades humanas relacionadas com a obtenção de materiais. Em um laboratório, os produtos obtidos de reações químicas normalmente estão misturados. Portanto separar esses produtos torna-se parte da atividade cotidiana do químico.

O grau de pureza dos produtos a serem separados depende do uso que vamos fazer deles. Nas atividades de nosso curso, vamos usar reagentes comerciais, mais baratos justamente por apresentarem mais impurezas. Se estivéssemos fazendo análises químicas num laboratório para determinar, por exemplo, o teor de ferro num minério de ferro, teríamos que usar reagentes com maior grau de pureza, geralmente os mais caros. Em princípio, quanto maior o grau de pureza, mais caro é o reagente, porque passou por processos mais sofisticados de separação de impurezas.

No capítulo 2 usamos água de torneira para determinar a temperatura de fusão e ebulição. Naquela atividade, consideramos pura a água potável. Se estivéssemos no laboratório analisando o teor de ferro, teríamos que usar água destilada, que passa por um processo de evaporação seguido de condensação e se livra de muitas impurezas. No entanto, se a água destilada é considerada pura para algumas análises de laboratório, poderá não ser para outras. Isso porque ela contém, ainda que em proporções muito pequenas, grande variedade de sais minerais dissolvidos. Em certos casos, como na análise de traços (pequenas quantidades) de algumas substâncias em amostras de minerais, de água etc. e em laboratórios de biologia molecular, a água é considerada pura quando passa repetidamente por processos de destilação e de deionização (retirada de sais minerais dissolvidos).

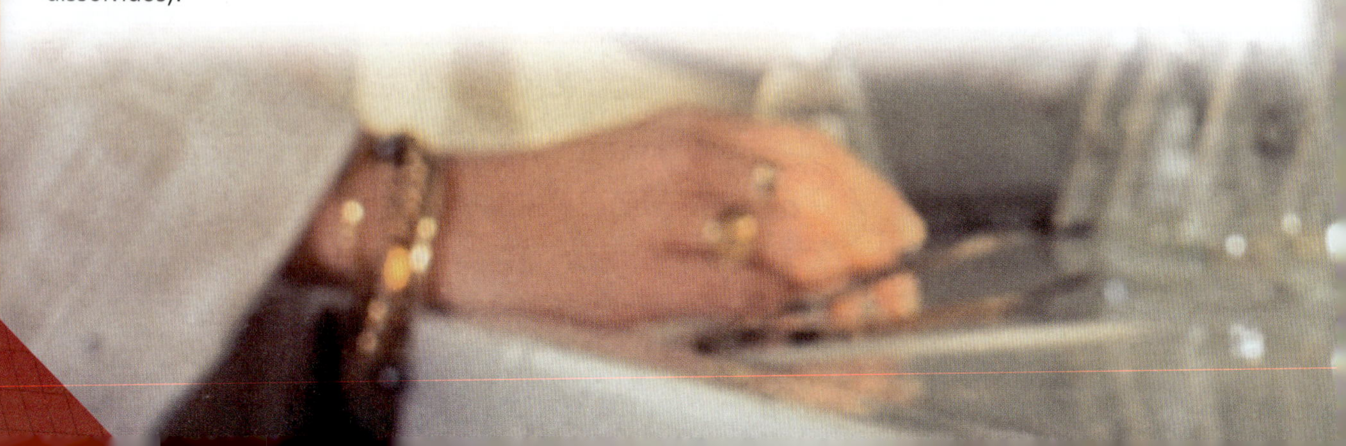

Sérgio Dotta Jr./Arquivo da editora

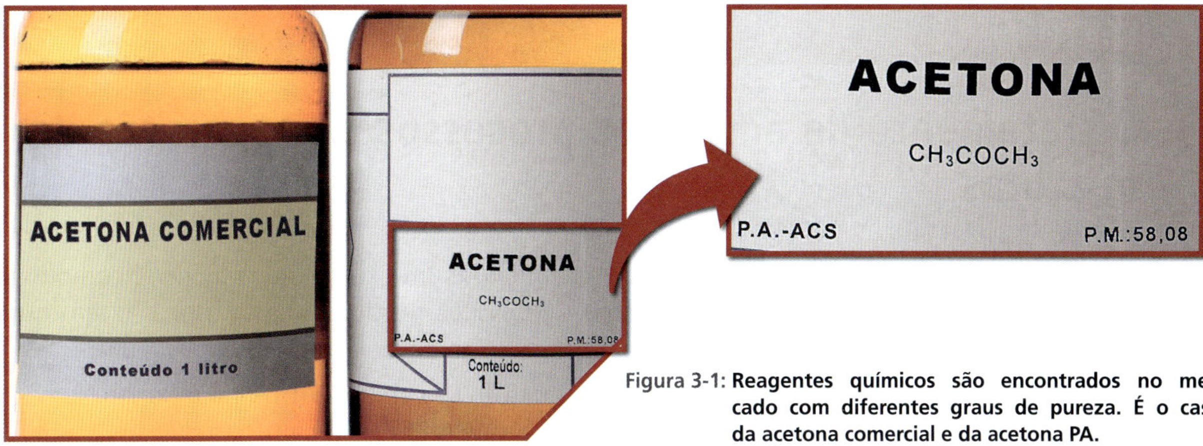

Figura 3-1: **Reagentes químicos são encontrados no mercado com diferentes graus de pureza. É o caso da acetona comercial e da acetona PA.**

Figura 3-2: **A atividade de purificação de substâncias é parte do trabalho cotidiano do químico.**

Philippe Plailly/Eurelios/SPL/Latinstock

TEXTO 1

O tratamento de água e os processos de separação de misturas

A obtenção da água potável em estações de tratamento é um exemplo de atividade complexa de separação de misturas. A água de rios ou lagoas tem muitos resíduos sólidos, por isso tem que passar por uma série de processos para que esses resíduos sejam removidos.

No Rio de Janeiro, a Estação de Tratamento de Águas do Rio Guandu (ETA Guandu) abastece a região metropolitana. Nessa estação, o primeiro processo que ocorre é a captação das águas. Ela é feita por meio de barragens, uma para elevar o nível da água, e outra para reter os sólidos flutuantes. A seguir a água entra na estação propriamente dita, por dois túneis.

Figura 3-3: Vista aérea da ETA Guandu, no estado do Rio de Janeiro.

O primeiro processo por que passa a água dentro da estação de tratamento é a adição do sulfato de alumínio – $Al_2(SO_4)_3$ – para formação de flocos com a sujeira da água. Esse produto é obtido por uma reação química entre óxido de alumínio (Al_2O_3) e ácido sulfúrico (H_2SO_4). Para melhorar a eficiência desse processo, é utilizada uma substância conhecida como polieletrólito, cuja finalidade é aumentar os pesos dos flocos.

Os flocos formados são consequência da aglutinação provocada pelas substâncias coagulantes com as partículas coloidais – partículas com dimensões entre 1 e 1 000 nanômetros (nm) – que provocam o aspecto barrento na água bruta. Dessa forma, inicia-se um processo de separação das impurezas da água, que é realizado em uma unidade denominada **floculador**.

A seguir, a água passa por decantadores, onde as partículas floculadas sedimentam pela ação da gravidade. Neste ponto, calhas introduzidas nos decantadores conduzem a água clarificada para filtros de areia e carvão mineral. Os flocos que não decantaram ficam retidos nesses filtros.

Após a passagem pelos filtros, a água torna-se totalmente límpida e daí chega a um grande reservatório de contato, onde será efetuada a aplicação de cloro para a desinfecção, permanecendo o tempo necessário para a total eliminação de bactérias e outros microrganismos patogênicos que não tenham sido eliminados nos processos anteriores de tratamento.

Após a desinfecção com cloro, tem-se a adição de cal virgem (óxido de cálcio, CaO) para eliminação da acidez da água, protegendo as tubulações e os equipamentos. Finalmente há a fluoretação, que consiste na adição de flúor e auxilia na prevenção da cárie dentária.

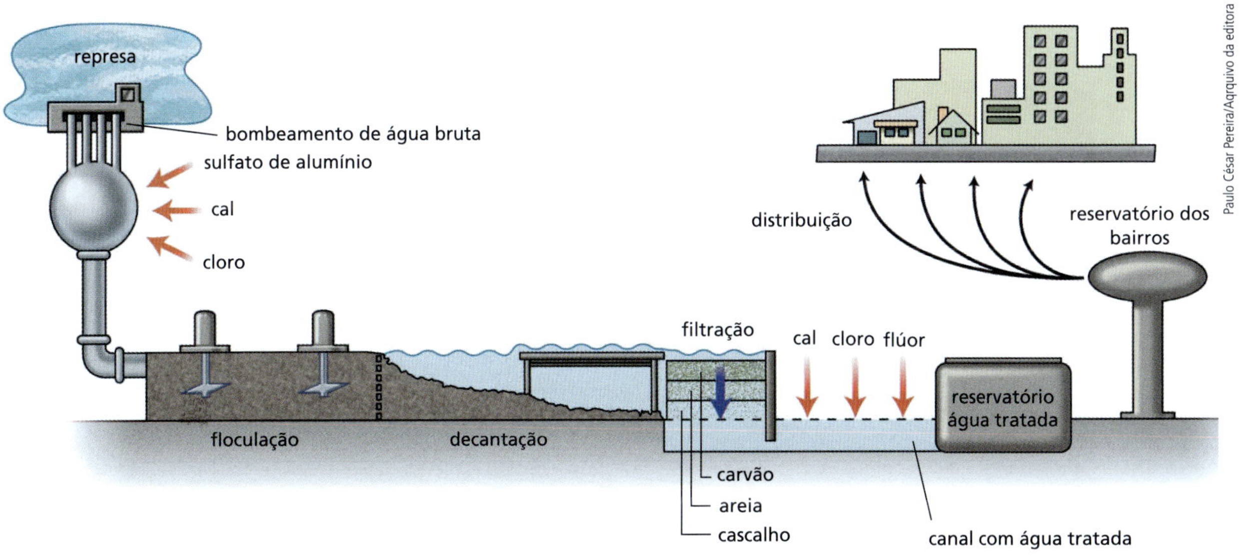

Figura 3-4: **Etapas do tratamento: Floculação – estágio de formação dos flocos; decantação – fase em que os flocos afundam separando-se da água; filtração – etapa em que os flocos que não afundaram no decantador são retidos; adição de substâncias: cloro, cal virgem e flúor.**

A Estação de Tratamento de Água (ETA) do Rio Guandu, no estado do Rio de Janeiro, produz cerca de 43 mil litros de água por segundo. Isso significa mais de 3,7 bilhões de litros de água saindo diariamente da ETA Guandu para abastecer os municípios do Rio de Janeiro, Baixada Fluminense e Itaguaí, atendendo a um padrão de qualidade internacional.

Para tratar tamanha quantidade de água, gasta-se uma média diária de 120 toneladas de coagulantes (sulfato de alumínio ou cloreto férrico ou ainda sulfato ferroso oxidado), 20 toneladas de cal virgem, 15 toneladas de cloro e 200 kg de polieletrólito, além da adição de 7 toneladas de ácido fluossilícico. Além disso, a ETA Guandu tem um consumo de energia de cerca de 25 mil MWh por mês, o que representa o consumo de energia de uma cidade de 600 mil habitantes.

Questões

Q1. De acordo com o texto 1, indique os processos de separação de misturas envolvidos no tratamento de água. Consulte o texto 3 se necessário.

Q2. Por que é necessário filtrar a água em nossa residência, mesmo depois de ela ter passado por um processo de filtração na estação de tratamento?

Q3. Considerando o processo de tratamento de água descrito no texto 1, elabore um argumento que justifique a necessidade de economizarmos a água que utilizamos em nossas casas.

TEXTO 2

O tratamento de esgotos e os processos de separação de misturas

O tratamento de esgotos é um tipo de atividade que envolve a separação de misturas, com o intuito de obter água com níveis aceitáveis de contaminação para ser lançada em rios, lagoas ou oceano.

Klaus Werner/Abril Imagens

Figura 3-5: **O tratamento de esgotos também envolve diversos processos de separação de misturas.**

No Brasil, a ausência de tratamento sistemático de esgotos domésticos e industriais tem gerado sérios problemas ambientais. Segundo a Organização Mundial de Saúde (OMS), em relatório de 2000, apenas 28,2% do esgoto gerado no Brasil é tratado, enquanto 66% do esgoto gerado na Europa e 90% na América do Norte são tratados.

São Paulo possui diversas estações de tratamento de esgotos, situadas na capital do estado e no seu entorno. A Estação de Tratamento de Esgotos São Miguel, por exemplo, situa-se à margem do Rio Tietê, nas proximidades do km 25 da Rodovia Ayrton Senna. Essa estação de tratamento atende basicamente o extremo leste do município de São Paulo, e ainda parte das cidades de Guarulhos, Arujá, Ferraz de Vasconcelos e Itaquaquecetuba.

Essa estação de tratamento entrou em operação em 1998 e atende uma população de 720 mil habitantes, removendo 90% da carga orgânica dos esgotos que trata.

De forma geral, numa estação de tratamento, o esgoto passa primeiramente por um **gradeamento**, no qual ocorre a remoção de sólidos grosseiros, pois o material de dimensões maiores do que o espaçamento entre as barras é retido. O gradeamento tem por função proteger as unidades subsequentes da estação, como as bombas e tubulações, bem como reter os sólidos maiores para que não estejam presentes nos processos posteriores.

Em seguida, ocorre a **desarenação**, que é a remoção de areia dos esgotos por sedimentação. Os grãos de areia, em razão de suas dimensões e densidade, vão para o fundo do tanque, enquanto a matéria orgânica, de sedimentação bem mais lenta, permanece em suspensão, seguindo para as unidades seguintes. O objetivo da desarenação é evitar abrasão nas bombas e tubulações, impedir a obstrução em tubulações e facilitar o transporte do líquido.

Após esses processos, ocorre o que se chama **tratamento primário**, que consiste na remoção de sólidos sedimentáveis que estão em suspensão, materiais flutuantes (óleos e graxas) e parte da matéria orgânica em suspensão.

Nesse processo de tratamento primário, os esgotos fluem vagarosamente através dos decantadores, permitindo que os sólidos em suspensão, que apresentam densidade maior do que a do líquido circundante, sedimentem gradualmente no fundo. Uma parte significativa desses sólidos em suspensão é compreendida por matéria orgânica. Essa massa de sólidos, denominada **lodo primário bruto**, pode ser adensada no poço de lodo do decantador, onde ocorre a diminuição da umidade. A seguir o lodo pode ser enviado diretamente para a digestão. Nesse processo de digestão, bactérias anaeróbias reduzem a carga orgânica dos esgotos.

Já o **tratamento secundário** tem por objetivo remover a matéria orgânica dissolvida e a matéria orgânica em suspensão não removida no tratamento primário. Normalmente isso é feito pela adição de microrganismos que aceleram os mecanismos de degradação, favorecendo a decomposição rápida dos poluentes orgânicos.

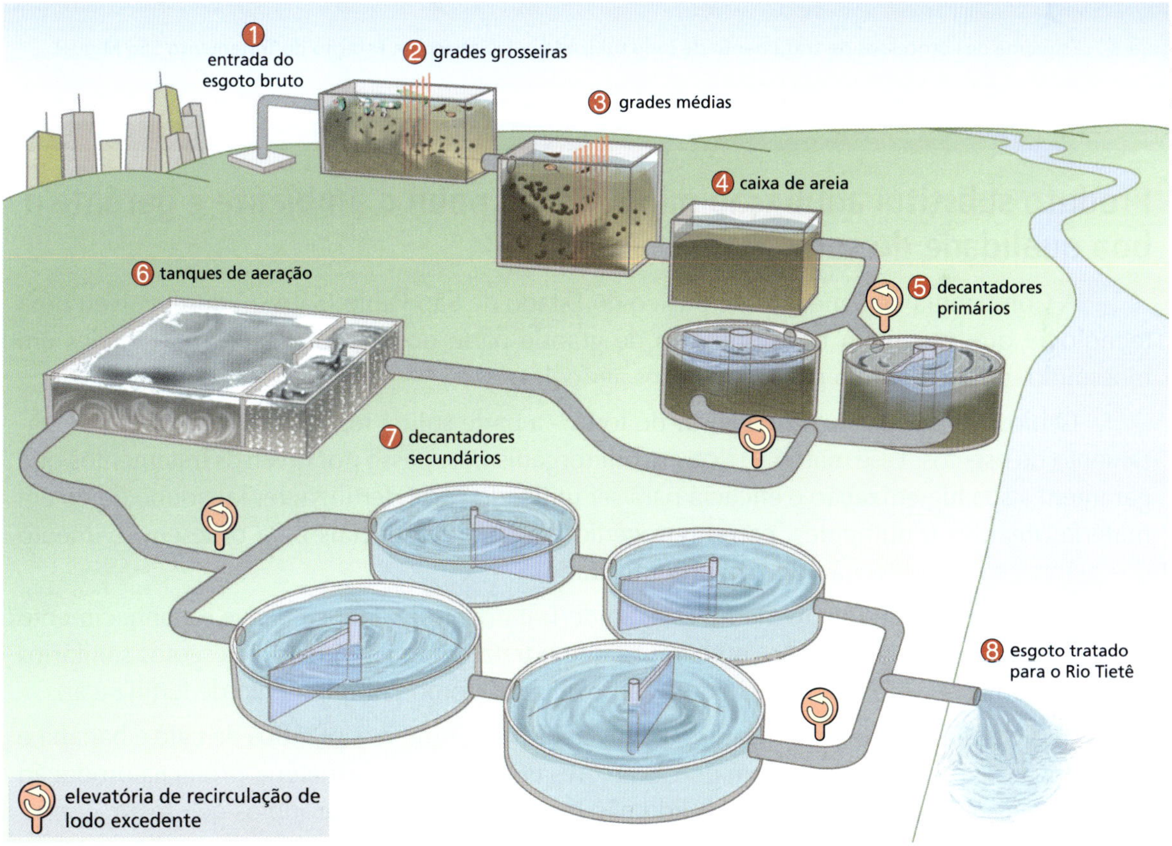

dica Enem

Figura 3-6: Esquema dos processos de tratamento de esgotos utilizado pela Sabesp na Estação de Tratamento São Miguel.

Ao longo desses processos é obtido um lodo contaminado, que também necessita ser tratado. Atualmente, na maioria das estações de tratamento do Brasil, esse lodo é prensado e enviado sob a forma de tortas para os esgotos sanitários. Em estações de tratamento mais modernas, no entanto, esse lodo é tratado e convertido em adubo para a agricultura.

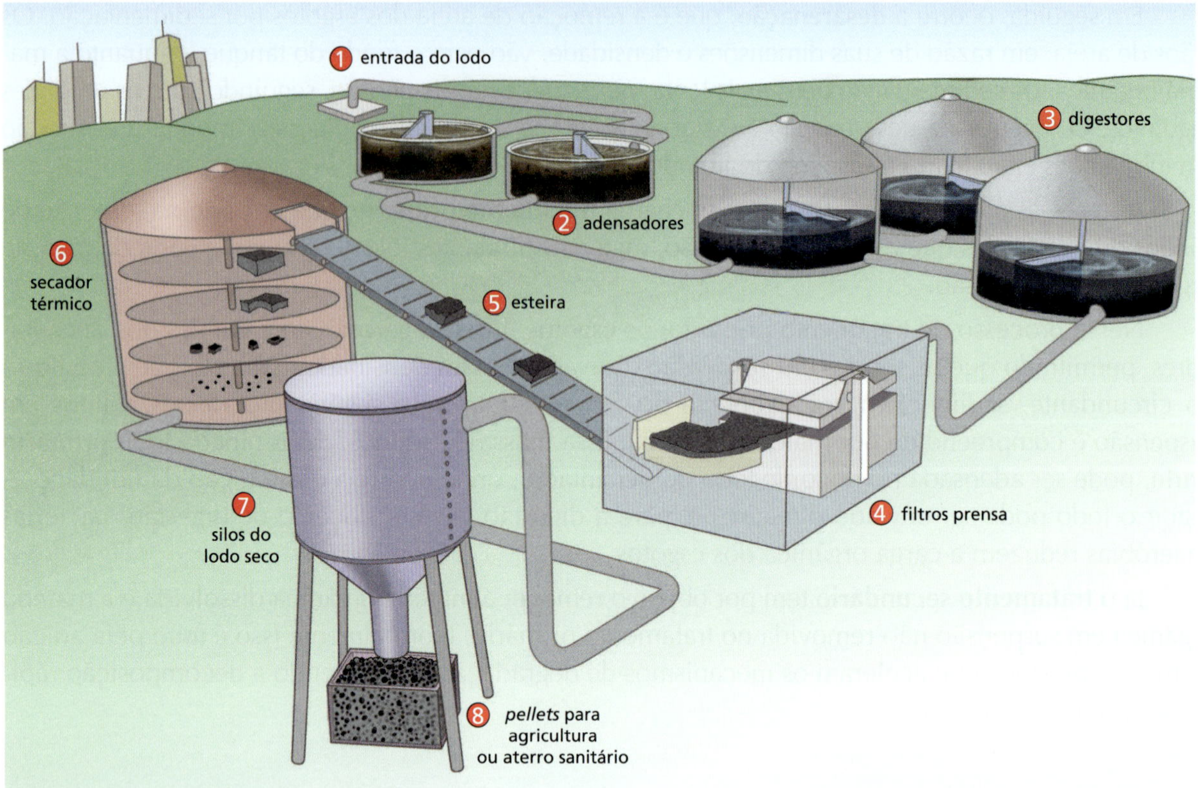

Figura 3-7: **Esquema dos processos de tratamento de lodo utilizado pela Sabesp na Estação de Tratamento São Miguel.**

dica Enem

Produto substitui adubação mineral, não polui o ambiente e garante a boa qualidade do solo

A Companhia de Saneamento Básico do Estado de São Paulo (Sabesp) desenvolveu uma tecnologia que permite a transformação de grande parte do esgoto tratado nas cidades em biossólido, um rico adubo para plantações agrícolas.

O biossólido é produzido a partir do lodo – a parte sólida resultante do processo de tratamento de esgotos. Esse material, rico em microrganismos, passa por diversos tratamentos que garantem a sua higienização e eficácia para ser utilizado como fertilizante. Tal adubo é rico em matéria orgânica e nutrientes, como nitrogênio e fósforo, essenciais para o desenvolvimento das plantas e para obtenção de boa produtividade.

O produto foi desenvolvido na Estação de Tratamento de Franca e teve reconhecimento oficial. A partir desta aprovação, entende-se que o tratamento adequado de esgotos sanitários não gera somente resíduos, mas produtos aproveitados como complemento de fertilização.

O biossólido pode ser utilizado para diversos fins, como nos plantios de café e banana e por fábricas de papel, fazendo com que as árvores utilizadas como matéria-prima na produção cresçam mais rápido. O uso do biossólido não é recomendado em produtos que sejam consumidos crus ou em contato direto com o solo, como batata, cenoura e hortaliças.

O biossólido pode substituir a adubação mineral e não polui o ambiente, repondo a matéria orgânica da terra e mantendo-a sempre em equilíbrio.

SABESP. *Produto substitui adubação mineral, não polui o ambiente e garante a boa qualidade do solo.* Disponível em: <www.sabesp.com.br/CalandraWeb/CalandraRedirect/?temp=4&proj=sabesp&pub=T&db=&docid=43EEED2EEA46430D832571B1006D1B4E>. Acesso em: 8 maio 2009.

Questões

Q4. Indique os processos de separação de misturas envolvidos no tratamento de esgotos. Consulte o texto 3, se necessário.

Q5. Por que não é recomendável utilizar o biossólido em produtos que sejam consumidos crus ou que tenham contato direto com o solo, como batata, cenoura e hortaliças?

Q6. Existe tratamento de esgotos na sua cidade? Qual porcentagem do esgoto produzido é tratada?

Óleo de cozinha usado pode contaminar água, solo e atmosfera

Batata frita, coxinha, pastel. São muitas as frituras gostosas que vão à mesa do brasileiro. Muita gente não sabe, porém, o que fazer com o óleo usado para preparar essas delícias. O resultado é que, na maioria das vezes, esse óleo é jogado na pia, no ralo ou mesmo no lixo comum. O despejo indevido de óleo na rede de esgotos ou nos lixões contamina água, solo e facilita a ocorrência de enchentes. O consumidor consciente pode evitar que isso aconteça reutilizando o óleo para fazer sabão – ou procurando alguma empresa ou entidade que reaproveite o produto.

A reportagem do Instituto Akatu ouviu cientistas, ambientalistas e técnicos das companhias de tratamento de lixo e de esgoto da cidade de São Paulo. Uma conclusão é consensual: hoje não existe um modo de descarte ideal para o óleo usado. Seja misturado ao lixo orgânico, seja jogado no ralo, na pia ou na privada, o produto vai custar caro ao meio ambiente.

Um retrato do que pode acontecer no caso de ir parar no esgoto está na cidade de São Paulo. O óleo que não fica retido no encanamento – fato que pode atrair pragas – é tratado e separado da água em uma das cinco estações de tratamento da Sabesp (Companhia de Saneamento Básico do Estado de São Paulo). O problema é que apenas 68% do esgoto coletado na capital paulista é efetivamente tratado.

O óleo que chega intacto aos rios e às represas da cidade fica na superfície da água e pode impedir a entrada da luz que alimentaria os fitoplânctons, organismos essenciais para a cadeia alimentar aquática. Além disso, quando atinge o solo, o óleo tem a capacidade impermeabilizá-lo, dificultando o escoamento de água das chuvas, por exemplo. Tal quadro é propício para as enchentes.

Segundo a assessoria de imprensa da Sabesp, a melhor forma de descartar o óleo seria colocá-lo em um recipiente vedado, para que não haja riscos de vazar, e jogá-lo junto com o lixo comum. Mas essa opinião não encontra eco entre especialistas.

Lirany Guaraldo Gonçalves, professora do Departamento de Tecnologia de Alimentos e do Laboratório de Óleos e Gorduras da Universidade Estadual de Campinas (Unicamp), contesta essa forma de descarte. "O óleo dificilmente se decompõe, ele pode contaminar o solo e, consequentemente, os lençóis freáticos", diz. Para ela, o ideal é procurar um posto de coleta próximo e fazer a doação dos resíduos. "A solução para esse assunto não existe, o que existem são alguns caminhos", ressalta.

A opinião é compartilhada por Alexandre D'Avignon, professor da Universidade Federal do Rio de Janeiro (UFRJ) e membro do Centro de Estudos Integrados sobre Meio Ambiente e Mudanças Climáticas. Ele ressalta que a decomposição do óleo, assim como de todo material orgânico, emite metano na atmosfera – esse gás de efeito estufa (GEE) contribui para o superaquecimento terrestre. Portanto, quanto mais o cidadão evitar o descarte do óleo no lixo comum, mais estará contribuindo para a preservação da atmosfera do planeta.

INSTITUTO AKATU. *Óleo de cozinha usado pode contaminar água, solo e atmosfera.* Disponível em: <http://akatu.org.br/Temas/Residuos/Posts/oleo-de-cozinha-usado-pode-contaminar-agua-solo-e-atmosfera>. Acesso em: 24 abr. 2012.

Reaproveitando o óleo de cozinha: receita para fabricação de sabão de erva-doce

Tenha cuidado!

Esta atividade deve ser realizada com a supervisão do professor ou de um adulto. No passo 2 do Modo de preparo é utilizada água fervente. Peça ajuda de um adulto, tomando cuidado ao manipulá-la. Cuidado também ao manipular a soda cáustica (hidróxido de sódio – NaOH). Evite o contato com a pele. Se isso ocorrer, lave-a com água em abundância. Em caso de ingestão, **não** provoque vômito e beba grandes quantidades de água. Procure imediatamente um médico.

Ingredientes

- 5 L de óleo usado e coado
- 1 copo americano de fubá
- 500 mL de detergente líquido de coco
- 1 L de soda cáustica líquida
- 1 L de água fervente
- essência de erva-doce

Modo de preparo

1. Em um balde grande, adicione o óleo coado, junte o fubá, o detergente, a soda cáustica e mexa bem.
2. Depois de misturados, acrescente a água fervente e a essência de erva-doce. Continue mexendo por 40 minutos sem parar.
3. Coloque a massa na fôrma e deixe descansar por dez dias (até endurecer). Caso for colocar em um único recipiente, corte no formato desejado antes de a barra endurecer completamente.

Questões

Q7. O texto afirma que "o óleo que chega intacto aos rios e às represas da cidade fica na superfície da água [...].". Explique por que isso acontece.

Q8. Ainda no texto é dito que "a melhor forma de descartar o óleo seria colocá-lo em um recipiente vedado, para que não haja riscos de vazar, e jogá-lo junto com o lixo comum.". No próprio texto são apresentados dois contra-argumentos relacionados a essa ideia. Quais são esses contra-argumentos?

Q9. Os nutricionistas recomendam que a ingestão de frituras seja restrita. Procure informações sobre essa questão, em revistas, jornais, internet, e depois pesquise qual o consumo diário de frituras em sua casa. Indique as fontes de pesquisa que utilizou.

Q10. Proponha alternativas para diminuir o consumo de frituras em sua casa e apresente-as a sua família.

Ivan Coutinho/Arquivo da editora

ATIVIDADE 1

Purificando a água

Gilberto do Vale Rodrigues

Nesta atividade, vocês vão tentar simular processos usados no tratamento de água para livrá-la de barro e outras impurezas insolúveis. Reúna-se com seu grupo e procurem conseguir uma amostra de água barrenta. Discutam com outros grupos como e onde as amostras foram obtidas.

Figura 3-8: **Nesta atividade, vocês vão pensar em procedimentos que podem tornar límpida a água barrenta.**

A1 Discuta com seu grupo quais procedimentos podem ser utilizados para obter:

a) água límpida (sem barro); b) água potável; c) água destilada.

A2 Demonstrem os procedimentos possíveis de realizar em sala de aula ou no laboratório, se sua escola possuir um.

Muitos mananciais de água subterrânea são alimentados por águas das chuvas que se infiltram nos solos. Sabe-se que a água das chuvas, ao se misturar com o solo, fica barrenta. No entanto a água dos mananciais é, geralmente, límpida e potável.

Delfim Martins/Pulsar

Figura 3-9: **A água da chuva infiltra-se nos solos alimentando mananciais subterrâneos.**

Juca Martins/Olhar Imagem

Figura 3-10: **Nascente do Rio Tietê, em Salesópolis (SP), 2006. A água dos mananciais é límpida.**

A3 Pesquisem em livros, jornais, revistas e na internet informações sobre o processo pelo qual a água da chuva é purificada até chegar ao manancial. Descrevam esse processo com detalhes, usando desenhos ou colagens para ilustrá-lo. Citem os meios de comunicação consultados.

A4 Construam um purificador de água tendo por base as informações pesquisadas no item anterior e usem-no para purificar a amostra de água barrenta.

TEXTO 3

Sistemas, fases, misturas e processos de separação

Sistemas abertos, fechados e isolados

Chamamos de **sistema** tudo aquilo que isolamos do universo com finalidade de estudo. Para um biólogo, um sistema pode ser uma região inteira – como a Amazônia – ou uma única planta. O sistema mais simples para um químico é uma reação química que se processa, por exemplo, num tubo de ensaio. Nesse caso, chamamos as paredes do tubo de **fronteira do sistema**, e a região em volta dele, de **vizinhança**.

João Ramid/Editora Abril · Deco Imagens II/Alamy/Other Images · Ricardo Benichio/Editora Abril

Figura 3-11: **Um sistema pode incluir toda uma região ou ser o conteúdo de um simples tubo de ensaio.**

Um sistema pode ser aberto, fechado ou isolado. O **sistema aberto** pode trocar materiais e energia com a vizinhança. Por exemplo, quando adicionamos um pedaço de zinco a um tubo de ensaio sem tampa contendo ácido clorídrico concentrado, ocorre uma reação química que produz gás hidrogênio. Como o sistema é aberto, o gás se desprende para a atmosfera fornecendo materiais para a vizinhança. Ao colocarmos a mão no tubo de ensaio, percebemos que ele se aquece durante a reação. Como o tubo não está isolado, a energia produzida no sistema passa para a vizinhança.

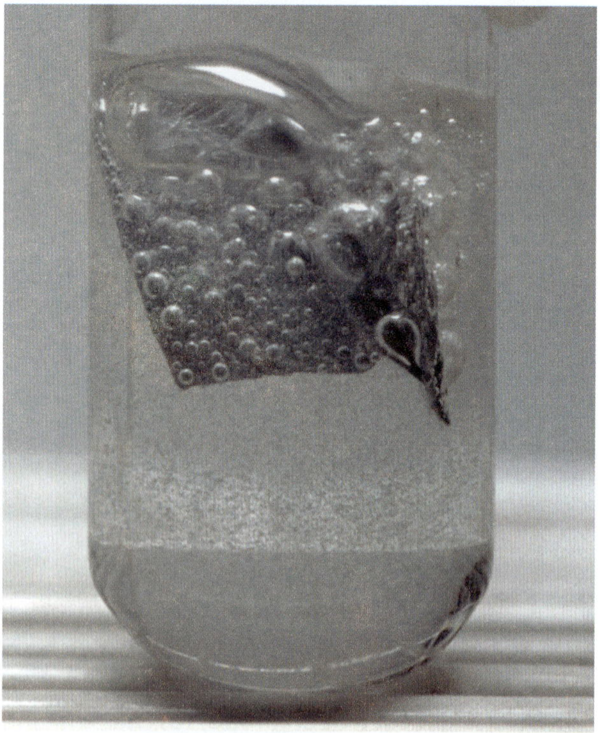

Gilberto do Vale Rodrigues

Figura 3-12: **Um sistema aberto pode trocar matéria e energia com o ambiente. Zinco imerso no ácido clorídrico.**

Se taparmos o tubo de ensaio com uma rolha e introduzirmos por ela uma sonda (tubo de pequeno diâmetro), poderemos coletar o gás produzido em outro recipiente. O conteúdo do tubo de ensaio, da sonda e do recipiente constituem um **sistema fechado**, pois não há troca de materiais com a vizinhança. Poderíamos obter um sistema fechado simplesmente tapando o tubo de ensaio com uma rolha. Nesse caso, entretanto, não seria um procedimento seguro, pois, se houver produção de grande quantidade de gás, a pressão no interior do tubo aumenta muito, projetando a rolha ou fazendo o tubo explodir.

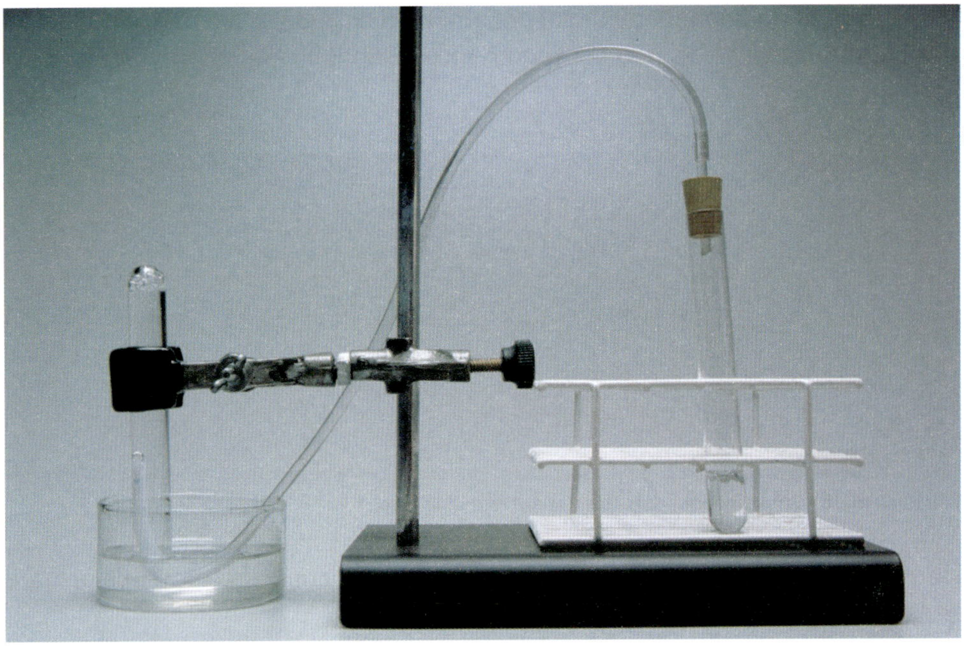

Figura 3-13: **Um sistema fechado não troca materiais com a vizinhança.**

Gilberto do Vale Rodrigues

O sistema descrito no parágrafo anterior, apesar de fechado, continuaria a ceder calor para a vizinhança, fato facilmente notado encostando-se a mão no tubo. Para que se tornasse isolado, seria necessário envolver o tubo com algum material isolante térmico. Um dos mais simples, porém pouco eficaz, é o jornal.

Figura 3-14: **Um sistema isolado não troca calor com o ambiente.**

Gilberto do Vale Rodrigues

Portanto um **sistema isolado** é aquele que não troca materiais nem calor com a vizinhança. O exemplo mais comum é a garrafa térmica, que pode manter os líquidos (como café) quentes por muitas horas. É impossível, entretanto, obter um sistema que seja isolado perfeitamente. O problema está na eficiência do isolamento, ou seja, por quanto tempo o sistema pode permanecer isolado. A maioria dos sistemas isolados funciona eficientemente por algumas horas.

Figura 3-15: **A garrafa térmica funciona como um sistema isolado por apenas algumas horas.**

Fabio Mangabeira/Editora Abril

Componentes e fases de um sistema, sistemas homogêneos e heterogêneos

Um bom exemplo para iniciar a discussão sobre este tema é o do sistema composto por um copo com água e uma pedra de gelo. Supondo que a água e o gelo sejam puros, o sistema é composto por um único componente: a água. No entanto há duas fases distintas: a líquida e a sólida.

Figura 3-16: **O sistema água e gelo apresenta um componente e duas fases.**

David Crockett/Alamy/Other Images

Portanto os **componentes** de um sistema são as substâncias nele presentes e as **fases**, os aspectos dos componentes que podemos distinguir. No sistema da água e do gelo, há um componente e duas fases (**bifásico**).

Se dissolvermos certa quantidade de sal em um copo de água, a situação é outra. O sistema terá uma única fase (**monofásico**), pois não conseguiremos distinguir o sal dissolvido, e dois componentes: a água e o sal.

Figura 3-17: **O sistema água e sal apresenta dois componentes e uma fase.**

Se jogarmos água numa panela com óleo de cozinha, veremos o óleo flutuar na água. Nesse caso, o sistema é bifásico e tem dois componentes.

Fotos: Gilberto do Vale Rodrigues

Figura 3-18: **O sistema água e óleo tem dois componentes e duas fases.**

Todo sistema que apresenta uma única fase é **homogêneo**. Já os sistemas com mais de uma fase, como os bifásicos, trifásicos e polifásicos, são heterogêneos. **Sistemas heterogêneos** com dois ou mais componentes são, normalmente, denominados **misturas heterogêneas**. É o caso do sistema água e óleo. Apesar de comum, a expressão "misturas heterogêneas" não é adequada, pois água e óleo não se misturam.

Com base nesse raciocínio, concluímos que uma **mistura** deve ser constituída de dois ou mais componentes que estejam, de alguma forma, unidos. Quando retira ouro do cascalho e da areia do fundo dos rios usando a bateia, o garimpeiro está separando os componentes de um sistema heterogêneo, pois é possível distinguir o ouro da areia ou cascalho. Se o ouro e a areia estivessem estreitamente misturados, não seria possível a separação por esse processo.

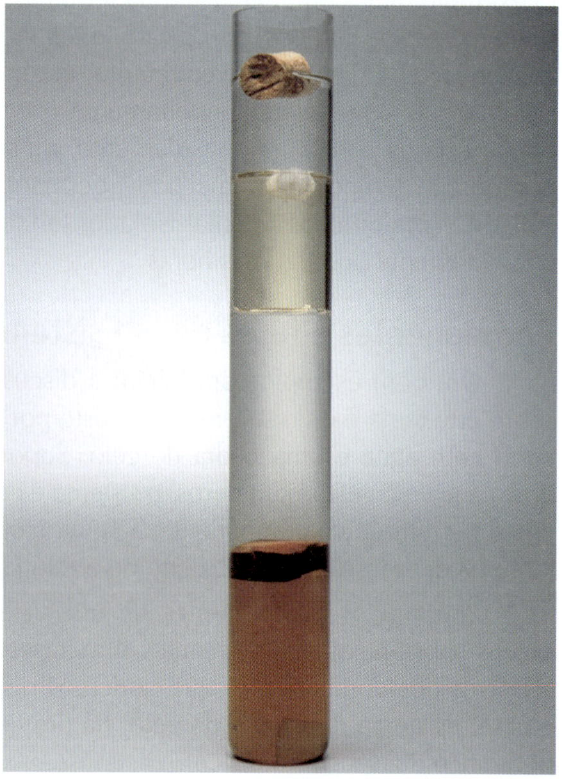

Figura 3-19: **Um sistema pode ser constituído de várias fases.**

Os sistemas homogêneos com mais de um componente são chamados de **misturas homogêneas**. É o caso do sal dissolvido em água. O termo **solução** também é usado para designar esse tipo de sistema, principalmente quando se trata de uma mistura líquida.

Vejamos que processos podemos empregar para separar os componentes de sistemas heterogêneos e de misturas homogêneas.

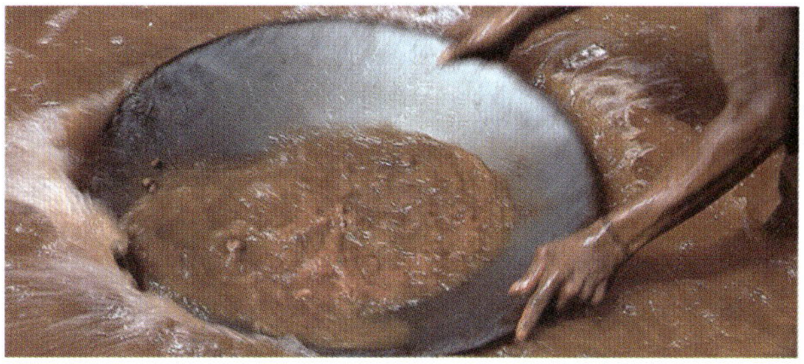

Ana Catarina/Pulsar

Figura 3-20: **Ouro e cascalho constituem um sistema heterogêneo.**

Separação dos componentes de misturas homogêneas e de sistemas heterogêneos

Para obter ouro do aluvião, o garimpeiro gira a bateia impulsionando a areia para as bordas, enquanto o ouro permanece no centro (fig. 3-20). A separação é possível porque os materiais reagem de modo diferente a uma ação mecânica (girar a bateia). Os processos que empregam ações mecânicas para separar os componentes de um sistema heterogêneo são chamados de processos mecânicos de separação.

No caso da mistura homogênea de água e sal, não é possível a separação pelo emprego da ação mecânica. Para separar os componentes dessa mistura, será necessário alterar o estado físico de uma das substâncias, transformando, por exemplo, a água em vapor. Como as mudanças de estado são chamadas de transformações físicas, empregamos a expressão processo físico para designar esse tipo de separação.

Do exposto nos dois parágrafos anteriores, concluímos que empregamos **processos mecânicos de separação** para obter os componentes de um sistema heterogêneo e **processos físicos de separação** para obter os componentes de uma mistura homogênea.

A separação dos componentes de um sistema é tarefa comum em vários tipos de trabalho: no processo pelo qual se obtém o sal da água do mar, no tratamento de águas destinadas ao consumo público, na eliminação de partículas de poeira expelidas pelas chaminés de fábricas e até no preparo de um cafezinho (fig. 3-21).

Para um químico, é uma tarefa fundamental, pois garante a obtenção de substâncias puras. Muitas vezes, o químico gasta mais tempo de seu trabalho separando e purificando os produtos obtidos em uma reação do que propriamente fazendo a reação acontecer.

Vejamos alguns exemplos mais comuns de processos mecânicos e de processos físicos de separação.

Sergio Dutti/Abril Imagens

Egberto Nogueira/Abril Imagens

Jorge Butsuem/Abril Imagens

Figura 3-21: **a) Salina. b) Estação de tratamento de água. c) Filtro de café.**

Separando os componentes de um sistema heterogêneo: exemplos de processos mecânicos de separação

Filtração

É um processo empregado para separar um sólido de um líquido ou de um gás. Coar café com filtro de pano ou de papel para separar o pó do líquido, filtrar água em recipientes caseiros cujos elementos filtrantes são velas de porcelana porosa com carvão ativado em seu interior e aspirar pó com aparelhos específicos que utilizam filtro de pano são exemplos de processos de filtração observados no dia a dia.

No laboratório, usam-se filtros de papel de diferentes porosidades, empregados de acordo com o tamanho dos grãos sólidos que serão separados.

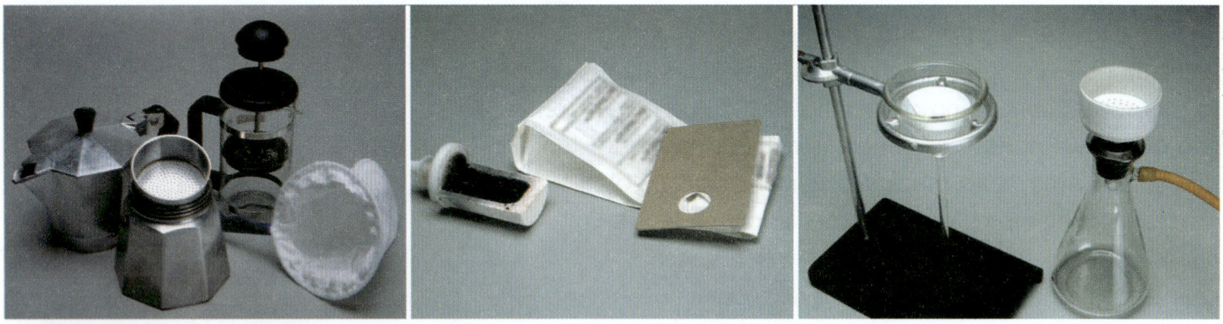

Fotos: Gilberto do Vale Rodrigues

Figura 3-22: Diferentes tipos de filtros são empregados para diferentes finalidades.

Decantação

É usada para separar um sólido de um líquido ou de um gás, como na separação de partículas lançadas pelas chaminés das fábricas ou na de líquidos que não se misturam.

Figura 3-23: No laboratório, funis de decantação são muito usados para separar líquidos imiscíveis de densidades diferentes.

No caso do sólido e do líquido, o procedimento consiste em deixar o sistema em repouso até que o sólido, normalmente mais denso, deposite-se no fundo. Após a decantação, pode-se aspirar o sólido do fundo, como se faz, por exemplo, no tratamento das águas de piscinas. Esse método é muito empregado nas estações de tratamento de água para abastecimento de cidades.

A câmara de poeira (ou chicana) é usada na indústria para separar partículas sólidas em suspensão em um gás. No interior dessa câmara, há uma série de paredes em zigue-zague que formam um obstáculo à passagem da mistura. À medida que o gás percorre a câmara, as partículas sólidas vão se depositando nas paredes. Ao sair da câmara, o gás tem menor quantidade de partículas.

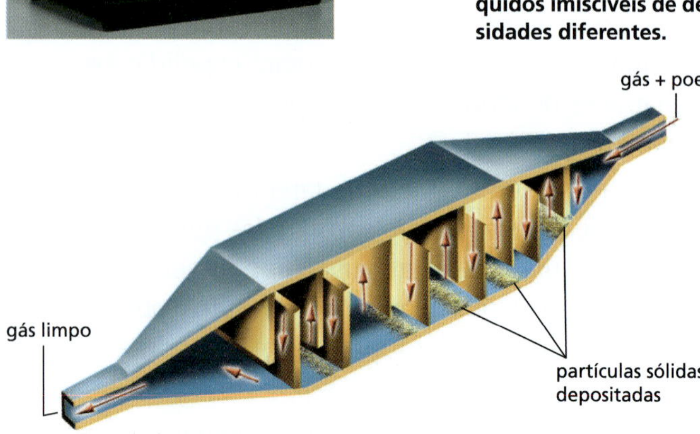

Paulo César Pereira/Arquivo da editora

Figura 3-24: Esquema de uma câmara de poeira.

Levigação

Este processo consiste em passar uma corrente de água por um sistema heterogêneo composto por sólidos de diferentes densidades. Ao flutuar, os sólidos menos densos são arrastados pela água, que, entretanto, não consegue arrastar os mais densos. É uma técnica muito usada na atividade de mineração.

Haroldo Palo Jr./kino.com.br

Figura 3-25: A levigação é empregada em minerações.

Peneiramento

Da mesma forma que a levigação, o peneiramento é usado na separação dos componentes de um sistema heterogêneo constituído de materiais sólidos. Como normalmente têm granulações (tamanho dos grãos) diferentes, os componentes são separados com o auxílio de uma peneira, que retém os grãos maiores. As peneiras são muito utilizadas em construção civil para separar a areia do cascalho. Há vários processos industriais que empregam a mesma técnica. Um bom exemplo é a separação de britas de diferentes tamanhos, empregada nas pedreiras.

Sergio Dotta Jr./Arquivo da editora

Figura 3-26: Peneiras também são usadas para separar materiais sólidos de tamanhos diferentes.

Separando os componentes de uma mistura homogênea: exemplos de processos físicos de separação

Para separar os componentes de uma mistura homogênea, consideramos os seguintes fatos: as substâncias apresentam propriedades físicas bem definidas e sua temperatura se mantém constante durante a mudança de estado. Assim, se aquecermos uma mistura de água e sal, quando essa mistura atingir a temperatura de ebulição (um pouco superior à temperatura de ebulição da água), o estado físico da água começa a mudar de líquido para vapor. Se tivermos um dispositivo apropriado (um aparelho de destilação), poderemos coletar a água num recipiente obtendo, separadamente, os dois componentes da mistura.

Destilação

Normalmente, este processo é utilizado para separar misturas homogêneas, também chamadas de soluções, constituídas de duas ou mais substâncias líquidas ou de sólidos totalmente dissolvidos em líquidos. Por meio do aquecimento da solução, é possível separar o componente cuja temperatura de ebulição é menor com o auxílio de um destilador de laboratório. Esse componente se vaporiza primeiro e se condensa ao entrar em contato com as superfícies frias do condensador e pode ser armazenado em outro recipiente.

A destilação também é empregada na fabricação de bebidas destiladas, como a cachaça, e na fabricação do álcool etílico (etanol, álcool de uso doméstico). Em uma mistura de várias substâncias diferentes (frações), usa-se a destilação fracionada. É o que acontece com o petróleo, do qual se obtém, por destilação, gasolina, querosene, óleo *diesel*, gás etc. Nesse caso, usa-se uma coluna de destilação. Diferentes alturas da coluna correspondem a diferentes temperaturas. Assim, em cada parte da coluna, ocorre a destilação de uma das frações. As que evaporam mais rápido (mais voláteis) são destiladas na parte alta e as menos voláteis, na parte mais baixa.

Delfim Martins/Pulsar Imagens

Figura 3-27: Colunas de destilação para fabricação do etanol, em Sertãozinho (SP), 2003.

Existem misturas que não podem ser separadas por processos de destilação, uma vez que apresentam temperatura de ebulição constante, que pode ser menor ou maior que a de cada um dos componentes. Essas misturas são chamadas de misturas azeotrópicas ou simplesmente azeótropos.

Um exemplo importante é a mistura contendo 94,7% de álcool etílico e 5,3%, em massa, de água. Essa mistura muda do estado líquido para o de vapor como se fosse uma substância pura, mas só que a 78,2 °C, temperatura inferior às temperaturas de ebulição do álcool etílico (78,5 °C) e da água (100 °C). Essa peculiaridade torna a obtenção de álcool anidro (álcool etílico puro, isento de água) difícil. Uma solução para essa destilação é adicionar cal virgem à mistura azeotrópica. Nesse caso, a água reage com a cal formando o hidróxido de cálcio, o que torna possível a destilação do álcool anidro. Outra saída é adicionar benzeno (um solvente), que forma com a água um azeótropo com temperatura de ebulição igual a 69,4 °C, inferior à temperatura de ebulição do azeótropo álcool etílico e água. Assim, ao destilar a mistura, isola-se em primeiro lugar o azeótropo benzeno e água e, em seguida, o álcool anidro.

As misturas sólidas que se comportam de forma semelhante à mistura azeotrópica são chamadas de eutéticas. Um exemplo é a liga com 40% de cádmio e 60% de bismuto, que se funde a 140 °C.

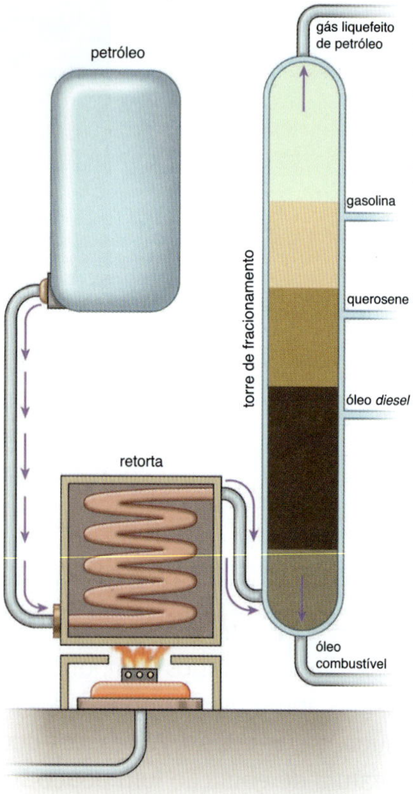

Paulo César Pereira/Arquivo da editora

Figura 3-28: Esquema de uma torre de destilação fracionada de petróleo.

Liquefação

Esta técnica é utilizada para isolar os componentes de uma mistura gasosa. Aumentando a pressão do sistema gasoso e/ou diminuindo sua temperatura, alcança-se a temperatura de liquefação de um dos gases componentes da mistura, que se separa na forma de líquido. Esse processo é empregado para obter nitrogênio do ar atmosférico.

Dissolução

Empregada para separar uma mistura de sólidos, em que um é solúvel num determinado solvente e o outro não. É o caso de uma mistura de hidróxido de potássio e carbonato de cálcio. Como o hidróxido é bastante solúvel em água (o que não acontece com o carbonato), ao adicionar essa substância ao sistema, o hidróxido se dissolve. Por intermédio de uma filtração, separa-se o carbonato, o componente que não se dissolve. Em seguida, é só evaporar o solvente para obter o hidróxido de potássio puro.

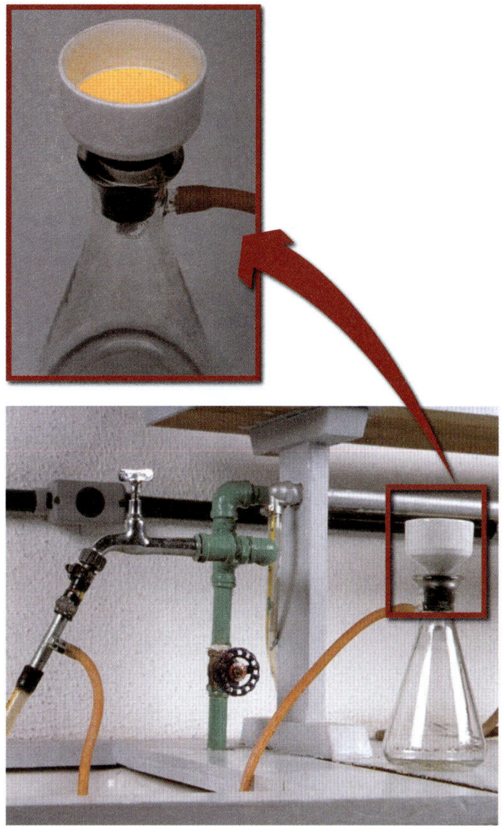

Fotos: Gilberto do Vale Rodrigues

Figura 3-29: Dispositivo de filtração a vácuo utilizado na recristalização.

Recristalização

Técnica usada na purificação de substâncias cuja solubilidade aumenta com a temperatura. Aquece-se uma solução saturada até que todo o sólido se dissolva. Em seguida, filtra-se a solução com um dispositivo de filtração a vácuo. Com o resfriamento, o sólido recristaliza-se sem as impurezas que continha. Por esse processo, pode-se obter cristais puros de várias substâncias.

Questões

Q11. Qual a diferença entre componentes e fases de um sistema? Exemplifique.

Q12. Cite a diferença entre um sistema aberto e um fechado e dê exemplos.

Q13. Qual a diferença entre um sistema fechado e um isolado? Cite exemplos.

Q14. Indique a diferença entre um sistema homogêneo e um heterogêneo e exemplifique.

Q15. Seria conveniente utilizar a expressão "mistura heterogênea" para designar o sistema constituído de água e areia? Justifique.

Q16. Indique o melhor processo que pode ser empregado para separar os componentes dos sistemas a seguir, explicando cada caso e a propriedade que permitiu a separação.

a) água e óleo

b) sal e areia

c) álcool etílico e éter

d) oxigênio do ar atmosférico

e) sal de cozinha, iodeto de chumbo (insolúvel em água) e água

Q17. Explique por que não é possível separar os componentes de uma mistura azeotrópica por destilação.

CAPÍTULO 4

Aprendendo sobre o lixo urbano

dica Enem

Uma das atividades que envolve a separação de misturas é o reaproveitamento do lixo doméstico. Como essa é uma questão muito discutida e de grande importância na vida das pessoas, vamos tratá-la neste capítulo, à parte.

Produzir lixo é inevitável. Todas as atividades humanas envolvem, em maior ou menor grau, a produção de lixo. A humanidade vive ciclos de desenvolvimento. A partir do final da Segunda Guerra Mundial, inauguramos um ciclo em que o consumo é muito valorizado e tudo termina sendo classificado como lixo. No entanto, chegamos ao máximo do desperdício e da irresponsabilidade na exploração dos recursos do planeta. Por isso, temos que pensar em opções conscientes sobre formas de produção mais limpa, sobre o consumo e sobre como fazer com que o lixo seja de novo matéria-prima para produção. Este capítulo é sobre essas novas opções na produção e consumo de bens materiais e no tratamento do lixo. As estações de tratamento, que preveem a separação do lixo doméstico e o processamento dos resíduos orgânicos (sob a forma de compostagem para obtenção do composto orgânico usado como adubo) e dos outros materiais (latas, plásticos, papéis etc.), não são a melhor opção para tratamento do lixo, pois envolvem a separação depois que todo o lixo já está misturado.

Muito mais adequada é a estratégia de coleta seletiva. Nela, depois de separado, o lixo é coletado por classes de materiais, permitindo a obtenção de materiais recicláveis mais limpos e de um composto orgânico sem tantos resíduos, como cacos de vidro, restos de plástico etc.

No Brasil já é comum esse tipo de coleta em estabelecimentos como *shoppings*, escolas, edifícios, condomínios e residências. Muitas cidades brasileiras já contam com vários pontos de coleta seletiva, com contêineres específicos para cada tipo de material: plástico, vidro, metal e papel. Apesar disso, o número de postos de coleta seletiva ainda é insuficiente. Podemos melhorar muito quanto às formas de organização da coleta seletiva e campanhas de conscientização da população em relação a essa questão. A implantação de programas de coleta seletiva depende de um esforço de toda a população, que tem de se conscientizar da importância de sua participação efetiva no programa.

No entanto, não podemos considerar a coleta seletiva como solução para o problema do lixo, porque ela é, na verdade, uma estratégia para lidar com o lixo que já foi produzido. É importante pensarmos em estratégias que reduzam a produção de resíduos, não só domésticos, mas provenientes de todas as atividades humanas.

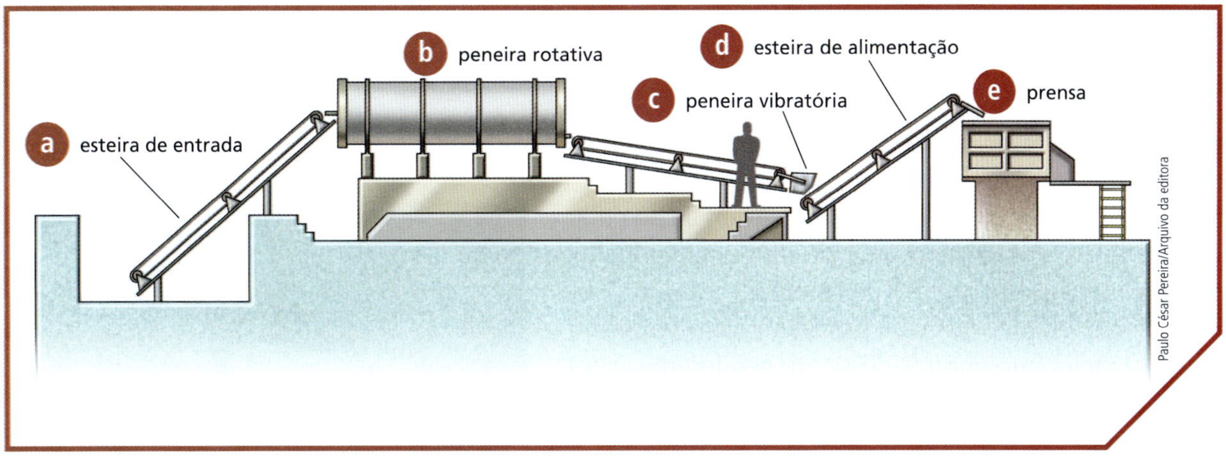

Figura 4-1: **Esquema de funcionamento básico de uma unidade de separação e prensagem de latas. a) As latas são colocadas na esteira de entrada. b) Depois, passam por uma peneira rotativa, que faz a separação de pedras e outros contaminantes menores. c) Em seguida, passam por uma peneira vibratória, na qual são feitas a separação de outros contaminantes e a inspeção visual do material. d) A esteira de alimentação tem uma dupla função, alimentar a prensa e separar as latas de alumínio das de aço. e) O material é prensado e está pronto para ser vendido.**

Figura 4-2: A coleta seletiva facilita o reaproveitamento do lixo.

TEXTO 1

O que é o lixo urbano?

Os problemas com o lixo se agravam a cada dia. Muitas vezes, comportamo-nos de forma individualista, sem nos preocupar com a sociedade em que vivemos. Por exemplo, diversas pessoas jogam papel no chão. O raciocínio por trás desse ato geralmente é: "O que é que tem? É só um papelzinho.".

É dessa forma que acabamos transformando a cidade em uma grande lixeira. E parte do dinheiro que pagamos em impostos acaba sendo gasto para limpar a sujeira que nós mesmos fazemos.

Nossa relação com o lixo revela os valores que possuímos, como a relação com o consumo e o desperdício, e a impressão de que os recursos naturais são inesgotáveis. Revela ainda a relação com as autoridades, quando delegamos a outros a responsabilidade pelo destino do lixo que nós mesmos produzimos. Tendo consciência, então, de que tudo o que consumimos vai gerar alguma quantidade de lixo, a preocupação deve ter início na hora de comprarmos as coisas.

É importante, para podermos agir de forma responsável em relação ao lixo, compreender melhor como funciona sua cadeia de produção e destino. Apesar de estarmos chamando a atenção para a inadequação de posturas individualistas, é importante lembrarmos que a maioria das ações que podemos exercer sobre essa questão são individuais. Assim, é você quem irá decidir o que vai comprar, em que quantidade, como coletar o lixo e encaminhá-lo ao seu destino final. No entanto, suas decisões têm um limite, que é estabelecido por quem detém o poder de produção e comercialização dos bens de consumo. Essas pessoas tomam decisões que afetam o seu consumo, a não ser que você se recuse sistematicamente a consumir produtos fora dos padrões que você idealiza, o que na prática é muito difícil. Não bastam, portanto, apenas ações individuais conscientes para que a questão do lixo seja solucionada. É necessário também pressionar o poder público, os produtores e os comerciantes para assumir a sua parte. O poder público deve promover políticas que favoreçam o funcionamento consciente de toda a cadeia de produção e destino do lixo. E os produtores e comerciantes devem considerar a geração de lixo e as formas de diminuí-la.

Ana Araújo/Abril Imagens

Figura 4-3: **Ao praticar este tipo de ação, a pessoa não está levando em conta a coletividade.**

L. C. Leite/AE

Figura 4-4: **É pela soma das ações individuais que a cidade se torna um lugar sujo.**

Agência O Globo

Figura 4-5: **Praia poluída por garrafas plásticas, Rio de Janeiro (RJ).**

Fazemos parte de um sistema construído para que o caminho da produção de bens, desde a matéria-prima, passando pelas etapas de produção industrial até o consumo final e descarte, seja linear, ou seja, o bem que adquirimos é usado, vira lixo, é enterrado e sai de nossas vistas, encerrando o ciclo. Para que esse **sistema linear** perdure, é necessário consumir mais matérias-primas, o que significa degradar o planeta.

Figura 4-6: Sistema linear de produção de bens e lixo.

O ideal é a adoção de um **sistema circular**, em que o lixo seja reaproveitado e seus materiais façam parte do ciclo novamente. Nesse sentido, a **tecnologia de reciclagem** é peça fundamental na economia de recursos naturais, pois visa aprimorar a taxa de reciclagem de materiais, a qualidade dos materiais reciclados e a viabilidade econômica e ambiental dos processos industriais envolvidos.

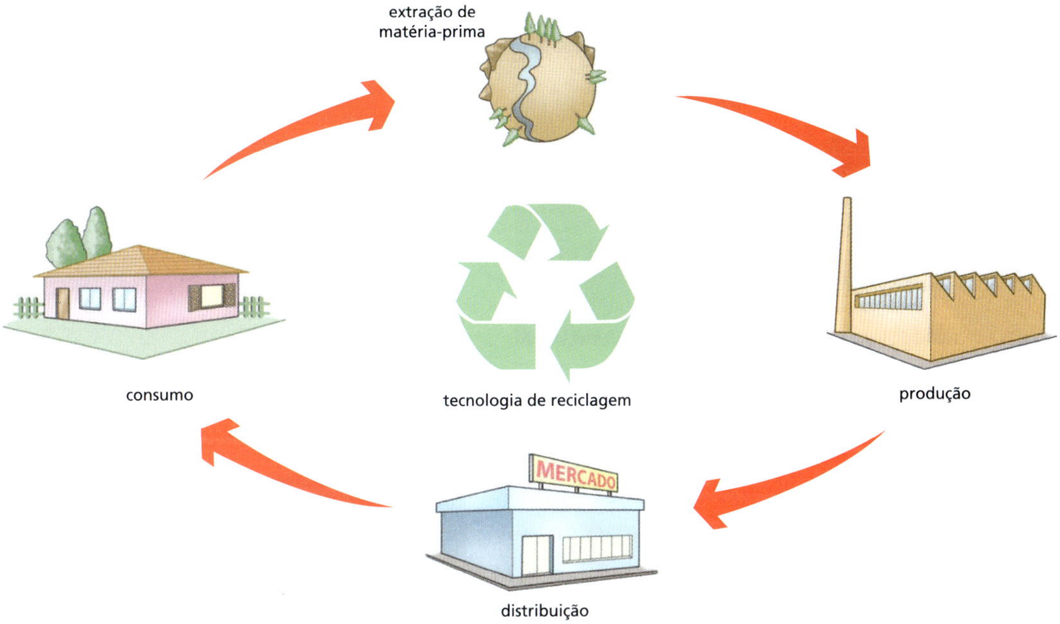

Ilustrações: Antonio Robson/Arquivo da editora

Figura 4-7: Sistema circular de produção de bens e lixo.

A seguir, apresentamos uma série de atividades que visam sensibilizá-los para esse problema atual e preocupante. As questões que trataremos são complexas, envolvendo não só o conhecimento químico mas, principalmente, valores e comportamentos.

Acreditamos que um bom caminho para começarmos a mudar a situação atual é rever nossos hábitos e necessidades, assumindo a responsabilidade que nos é devida para a preservação do planeta.

Denny Cesare/Futura Press

Figura 4-8: A mudança dos hábitos individuais pode mudar a paisagem urbana em que vivemos.

ATIVIDADE 1

Planejando um acampamento selvagem

A maioria da população brasileira (cerca de 75%) vive hoje em cidades. Mas nem todas as áreas urbanas dispõem de serviços de coleta de lixo ou de rede de esgotos. Os moradores dessas regiões, normalmente situadas na periferia, lutam para ter acesso a esses benefícios. A existência de serviços básicos faz com que a população desenvolva um modo de vida que, normalmente, desconsidera o destino do lixo. A sensação que a maioria das pessoas tem é de que todo o lixo produzido pode simplesmente ser descartado. Afinal ele normalmente é levado pelo coletor de lixo para um lugar tão distante de nossas casas que não o vemos, dando-nos a sensação de que o problema foi resolvido. Da mesma forma, basta apertar a válvula da descarga para os dejetos irem por um esgoto. Geralmente não nos preocupamos em saber para onde vai esse esgoto, se ele irá poluir algum rio ou lagoa.

Marcos Bakker/Abril Imagens

Figura 4-9: A coleta de lixo feita nos centros urbanos faz com que não nos preocupemos com o seu destino.

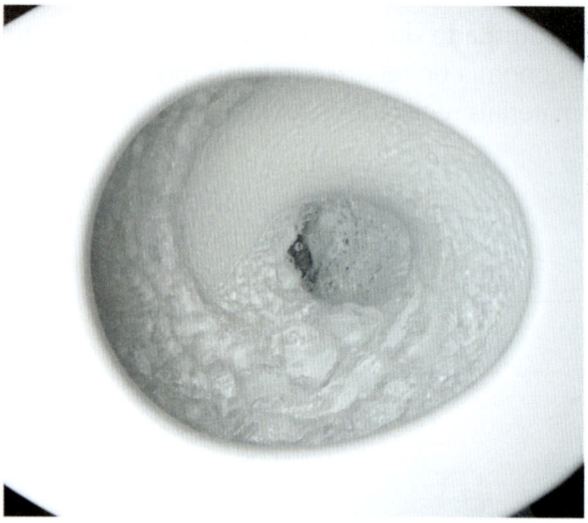

Sérgio Dotta Jr./Arquivo da editora

Figura 4-10: Para onde vai o esgoto de nossas casas?

Nesta atividade, vamos planejar um acampamento. O objetivo é sensibilizar o grupo para o destino de nosso lixo e de nossos dejetos. Imagine que você vai acampar com sua classe num parque nacional, área preservada que dispõe de lugares diferentes, nos quais vocês podem observar a fauna e a flora e pelos quais podem caminhar. Você deverá discutir com seu grupo como vocês devem se comportar para deixar o parque exatamente como o encontraram, sem lixo ou dejetos.

As quatro tarefas a seguir pretendem orientá-los no planejamento desse acampamento. Leiam-nas com atenção antes de executá-las.

Jacek/kino.com.br

Figura 4-11: O que fazer para usufruir e preservar o ambiente?

A1 Façam uma lista de materiais necessários para passar três dias no acampamento, incluindo a bagagem individual e a coletiva.

A2 Elaborem uma lista das atividades que deverão ser desenvolvidas no acampamento. Não se esqueçam de pensar sobre como cozinhar e tomar banho e, claro, sobre o que fazer com o lixo e os dejetos.

A3 Façam um plano detalhado descrevendo a rotina dos três dias de acampamento.

A4 Criem um quadro com três colunas. Na primeira, escrevam os materiais que seu grupo planejou levar para o acampamento; na segunda, indiquem os que podem permanecer no local e os que devem ser recolhidos e, na terceira, justifiquem cada escolha considerando as propriedades dos materiais.

TEXTO 2

Mostre-me teu lixo e eu te direi quem és

O conhecimento das características básicas do lixo produzido por uma cidade, como sua composição quantitativa e qualitativa, é muito importante para determinar como coletá-lo, transportá-lo, acondicioná-lo e tratá-lo. Conhecer nosso próprio lixo pode nos ajudar a refletir sobre o que consumimos e o que descartamos.

Você já pensou na possibilidade de conhecer um pouco seu comportamento e o de outras pessoas por meio de uma análise do lixo que produzem?

Lixo do Rio se "sofistica" com Plano Real

O Plano Real, lançado em 1994, mudou a quantidade e a composição do lixo recolhido na cidade do Rio de Janeiro entre 1993 e 1996 – sobretudo em regiões pobres e favelas. A conclusão, baseada em exames dos detritos do município, é da Comlurb, estatal carioca encarregada da limpeza pública.

As mudanças, de acordo com a empresa, refletem alterações nos padrões de consumo da população que, em consequência do crescimento da renda causado pela estabilidade econômica, estaria consumindo mais e, principalmente a partir do ano passado, melhores produtos.

Segundo a Comlurb, em dezembro de 1996 foram recolhidas, em média, 7 700 toneladas/dia de lixo na cidade, 26% a mais que no mesmo mês de 1993, quando foram retiradas 6 100 toneladas diárias das ruas do Rio de Janeiro.

O salto foi maior no ano passado, quando a média de detritos recolhidos na cidade subiu 16,7% em relação a 1995. Estudos feitos pelo centro de pesquisas da empresa detectaram que, no período, aumentou em 20% a participação da matéria orgânica formada, em 70% de sua composição, por restos de alimentos no lixo dos cariocas.

Em 1993, 40,6% dos detritos recolhidos pela Comlurb eram orgânicos; em 1995, já na fase pós-Real, 45,43%; no ano passado, 48,81%, mostram os números. Segundo o diretor industrial da Comlurb, José Bulus, o aumento da matéria orgânica, em 1995, ocorreu em todas as áreas e se baseou em produtos de primeira necessidade: feijão, arroz, macarrão etc.

Mas os dados recolhidos em 1996 já indicaram, segundo a empresa, uma dose de sofisticação no padrão de consumo dos cariocas, incluindo favelas e os bairros populares. No complexo da Maré, grupo de favelas na zona norte da cidade, por exemplo, a quantidade de matéria orgânica – que subira de 56,32% em 1993 para 64,31% em 1995 – caiu para 54,52% no ano passado. Isso, porém, não indicaria um recuo nas compras, mas uma alteração – para melhor – na sua qualidade, segundo a Comlurb.

"Os favelados, antes, compravam muitos produtos 'xepados', ou seja, restos de feira, ou de qualidade inferior, que se deterioravam mais", afirmou Bulus.

No mesmo período, aumentou a presença de vidros e plásticos no lixo da Maré. A proporção de vidro, entre 1993 e 1996, subiu de 2,69% para 4,55%, e a de plástico, de 10,82% para 14,17%.

"Estamos achando nos lixos das favelas uma grande quantidade de coisas que não encontrávamos antes, como frascos de remédios", contou Bulus. Segundo a Comlurb, também se destacaram, no crescimento dos detritos dos favelados, as garrafas de bebidas, especialmente as esportivas [...].

COSTA, Wilson. Lixo do Rio se "sofistica" com Plano Real. *Folha de S.Paulo*, 17 mar. 1997. Disponível em: <www1.folha.uol.com.br/fsp/dinheiro/fi170328.htm>. Acesso em: 25 abr. 2012.

Tendência de mudança na qualidade se mantém

Os primeiros estudos do lixo recolhido no Rio em 1997 indicam que a tendência de mudança na qualidade, com maior presença de vidro, papel e alimentos melhores, se manteve, segundo a Comlurb.

No exame dos detritos recolhidos nos bairros da Penha (zona norte) e Campo Grande (zona oeste), aumentou, do ano passado para os primeiros dias do ano, a proporção de cascas de frutas, legumes e verduras. No geral, o aumento da matéria orgânica foi de 61% para 63% (Penha) e de 56% para 58% (Campo Grande).

Na Tijuca, Méier e Maré (zona norte), o perfil é diferente. Ali, aumentou a quantidade de embalagens de comida pronta ou semipronta. A subida na proporção de frascos de vidro no Méier, Penha, Tijuca e Maré foi reforçada com embalagens de maionese, requeijão e perfumes, ao lado das de remédios e bebidas esportivas.

O plástico aumentou nos mesmos bairros, com o crescimento na proporção de embalagens de iogurtes, margarinas, óleos comestíveis, macarrão, feijão, arroz, pães, biscoitos e materiais de limpeza.

Na Penha, Tijuca, Campo Grande e Maré, cresceu, nos primeiros dias de 1997, a presença de caixas de leite longa-vida, achocolatados, cereais, molhos de tomate, geleias e caixas de produtos de limpeza.

TENDÊNCIA de mudança na qualidade se mantém. *Folha de S.Paulo*, 17 mar. 1997. Disponível em: <www1.folha.uol.com.br/fsp/dinheiro/fi170329.htm>. Acesso em: 25 abr. 2012.

Para pensar

O texto "Lixo do Rio se 'sofistica' com Plano Real" ilustra como a composição do lixo pode ser usada como indicador de mudanças nos hábitos de consumo das pessoas. Você já pensou sobre a composição quantitativa e qualitativa do lixo de sua casa? Haveria uma maneira de determinar essa composição? Discuta essas questões com seu grupo e formule algumas respostas antes de prosseguir nesta atividade.

As atividades a seguir propõem alguns procedimentos que podem resultar em respostas a essas questões. Se você comparar suas respostas com essas atividades, provavelmente encontrará semelhanças.

ATIVIDADE 2

Determinando a composição do lixo doméstico

Nesta atividade, vamos discutir critérios para separar materiais encontrados no lixo doméstico e estudar sua composição e as possibilidades de reaproveitamento. As partes A e B devem ser feitas individualmente.

PARTE A Elaborando critérios para separar materiais encontrados no lixo

Recipientes para coleta seletiva de lixo, com suas cores características, têm se incorporado, cada vez mais, à paisagem dos grandes centros urbanos. Nesses recipientes coletam-se, separadamente, materiais descartados no lixo.

Observando esses recipientes de coleta seletiva, vocês encontrarão algumas pistas para desenvolver esta atividade.

Carol do Vale/Abril Imagens

Figura 4-12: Lixo selecionado.

A5 Observe o lixo doméstico de sua residência e relacione os objetos encontrados, tendo o cuidado de descrever de que materiais são feitos. É importante usar luvas de látex para manipular o lixo.

Fabio Cabral/Abril Imagens

Figura 4-13: O lixo coletado em diferentes residências pode ter composição variada.

A6 Reproduza o quadro 4-1 no caderno. Preencha, inicialmente, a primeira e a segunda colunas com os dados obtidos por meio da observação da amostra de lixo doméstico.

Objeto	Material	Uso	Propriedades e aspectos associados ao uso
garrafa de refrigerante	plástico	recipiente para líquido	impermeabilidade, resistência a choque, passível de moldagem, baixo custo

Quadro 4-1: Relação entre propriedade e uso dos materiais e objetos encontrados no lixo.

A7 Discuta com seu grupo os resultados que você obteve. Com os dados dos outros quadros, elaborados por seus colegas, complete o seu.

A8 A análise dos dados obtidos permite verificar que vários objetos encontrados no lixo são do mesmo tipo de material; ou seja, pode haver vários frascos diferentes, mas todos de vidro. Com base nos dados, complete as outras colunas do quadro 4-1 descrevendo os materiais encontrados no lixo, seu uso e que propriedades estão associadas à sua utilização.

PARTE B Coletando o lixo doméstico seletivamente para determinar sua composição qualitativa e quantitativa aproximada

A coleta seletiva e a pesagem dos diferentes materiais que compõem o lixo são estratégias que permitem determinar a composição do lixo doméstico de cada residência.

Coletar seletivamente o lixo envolve separar os materiais que podem e os que não podem ser reaproveitados. Esse tipo de coleta aumenta a eficiência dos processos de reciclagem, diminuindo o volume final de lixo destinado aos aterros sanitários e lixões. O aterro sanitário é o local onde o lixo é compactado no solo na forma de camadas, periodicamente cobertas com terra ou outro material inerte.

Marcelo Carnaval/Editora Abril

Figura 4-14: **Aterros sanitários e lixões são destinos comuns para o lixo no Brasil.**

A9 O quadro 4-1 apresenta um conjunto de informações que servem como critérios para distinguir tipos de material. De acordo com esses critérios, colete seletivamente o **lixo não orgânico** – reciclável – de sua residência durante uma semana. Esse lixo não vai conter restos de comida, cascas de vegetais, papéis higiênicos, fraldas, guardanapos ou papéis engordurados.

Como o objetivo da atividade é determinar a composição qualitativa e quantitativa do lixo, você deverá usar sacos de lixo de 20 litros (L) ou recipientes de volume conhecido (por exemplo, latões de 50 L) para coletar os tipos de material. Lembre-se de usar luvas na hora de manipular o lixo. Seria ótimo se as pessoas de sua residência colaborassem, uma vez que todo o lixo produzido nessa semana deverá ser coletado seletivamente. Alerte-os para o fato de que devem depositar os diferentes materiais no saco ou recipiente que você selecionou. **Lembre-se: não é necessário coletar o lixo orgânico!**

A10 Ao final dessa semana, pese e estime o volume de cada tipo de material diferente coletado. Construa um quadro no caderno com as seguintes colunas:

Tipo de material	Massa (kg)	Volume (L)	Densidade (kg/L)

Quadro 4-2: **Título das colunas. Em cada linha do quadro, deverão ser indicados o tipo do material coletado, sua massa, seu volume e sua densidade.**

Procure um estabelecimento comercial que tenha uma balança e pese nela os materiais coletados. Caso tenha usado recipientes como latões, primeiro pese-os vazios e depois cheios. Em seguida, subtraia a massa dos recipientes vazios da massa dos cheios. Discuta com seu professor uma forma de estimar o volume de sacos de lixo e/ou recipientes parcialmente cheios.

A11 Com os dados de massa e volume indicados no quadro 4-2, determine a densidade de cada fração de lixo coletada seletivamente e preencha a última coluna.

Questões

Q1. Qual dos tipos de lixo coletado apresenta menor densidade? Justifique considerando a constituição dos materiais.

Q2. Calcule a massa (m_{total}) e o volume total (V_{total}) do lixo coletado. Construa um quadro no seu caderno com as seguintes colunas:

Tipo de material	Porcentagem em massa $(m_{material} \times 100\%)/m_{total}$	Porcentagem em volume $(V_{material} \times 100\%)/V_{total}$

Quadro 4-3: **Porcentagem em massa e em volume de cada tipo de material coletado durante uma semana.**

Calcule a porcentagem, em massa e em volume, de cada fração do lixo coletado em relação à massa e ao volume total de lixo coletado na semana e preencha o quadro 4-3 em seu caderno.

Q3. Calcule a massa diária de lixo produzida por morador ($m_{diária/morador}$) de sua residência, dividindo a massa total coletada (m_{total}) pelo número de residentes ($N_{residentes}$) de sua casa e pelo número de dias (N_{dias}) em que a coleta foi realizada.

Observação: $\left(m_{\text{diária/morador}} = \frac{m_{total}}{(N_{residente} \times N_{dias})}\right)$

Q4. Calcule o volume diário de lixo produzido por morador ($V_{diário/morador}$) de sua residência, dividindo o volume total coletado (V_{total}) pelo número de residentes (N_R) de sua casa e pelo número de dias (N_{dias}) em que a coleta foi realizada.

Observação: $\left(V_{\text{diária/morador}} = \frac{V_{total}}{(N_{residente} \times N_{dias})}\right)$

Q5. Trace um perfil de consumo para a sua família. Indique o produto mais consumido em sua casa. Quais as razões para o uso desse produto? O que você acha que poderia ser feito para diminuir a produção de lixo associado ao consumo desse tipo de produto?

PARTE C Discutindo com a classe os dados obtidos e possíveis diferenças na composição dos lixos

A12 Esta parte da atividade deve ser feita em grupos. Reúnam os dados obtidos (quadro 4-3) de cada componente do grupo e construam um quadro coletivo. Aproveitem o momento e discutam as semelhanças e diferenças entre os padrões de consumo da família de cada um. Todos consomem os mesmos tipos de produto? Na mesma quantidade? O que causa algumas diferenças?

A13 Calculem a média aritmética simples da massa e do volume usando o quadro construído pelo grupo. Com os resultados, organizem outro quadro que contenha os dados de porcentagem em massa e em volume de todos os grupos da sala.

A14 Observem o quadro novo e discutam os diferentes padrões de consumo.

A15 Façam uma estimativa da massa e do volume total de lixo doméstico não orgânico produzidos diariamente em sua cidade. Para isso, pesquisem dados sobre o número de habitantes e calculem a média da massa e volume de lixo por habitante, com base nos dados de massa e volume obtidos por toda a classe.

A16 Considerem o quadro a seguir:

UF	Município	População urbana 2007 (habitantes)	Resíduos Sólidos Urbanos (RSU) (toneladas/dia)	RSU coletados por habitante (kg/hab./dia)
DF	Brasília	2 325 910	3 675	1,58
GO	Anápolis	312 126	198	0,64
GO	Catalão	66 890	54	0,80
GO	Cristalina	29 233	23	0,80
GO	Goiânia	1 221 644	1 200	0,98
MS	Campo Grande	706 319	530	0,75
MS	Dourados	168 025	92	0,55
MS	Maracaju	25 394	15	0,60
MS	Naviraí	39 292	24	0,61
MT	Cáceres	63 549	35	0,55
MT	Colíder	20 522	11	0,56
MT	Cuiabá	501 511	311	0,62
MT	Juína	29 734	24	0,80

ASSOCIAÇÃO BRASILEIRA DE EMPRESAS DE LIMPEZA PÚBLICA E RESÍDUOS ESPECIAIS. Panorama dos resíduos sólidos no Brasil 2007. Disponível em: <www.abrelpe.org.br/noticia_destaque_panorama.php>. Acesso em: 20 maio 2009.

Quadro 4-4: **Amostragem dos municípios da macrorregião Centro-Oeste com dados de coleta de Resíduos Sólidos Urbanos (RSU).**

O quadro anterior mostra a quantidade de resíduos sólidos urbanos, normalmente lixo, coletados em alguns municípios da região Centro-Oeste do Brasil.

O que vocês podem dizer da coleta de lixo por habitante nas cidades grandes e pequenas? Como vocês poderiam explicar esse fato?

Construction Photography/Corbis/Latinstock

Renata Ursaia/Editora Abril

Daniel Augusto Jr./Pulsar Imagens

Figura 4-15: O lixo coletado numa cidade tem origem e composição variadas.

ATIVIDADE 3

Mudança nos padrões de consumo e de produção de lixo

PARTE A O lixo também tem história

A palavra "lixo" tem provavelmente origem latina (*lix* = "cinza") e está associada a uma época na qual a maior parte dos resíduos de cozinha era aproveitada: restos de comida serviam para alimentar animais domésticos e cinzas de fogões, para fazer sabão. Hoje o lixo de nossas casas é formado por muitos outros materiais.

O objetivo desta atividade é conhecer os padrões de consumo e produção de lixo de sua comunidade em épocas passadas e verificar como esses padrões mudaram com o tempo. Para isso, vocês entrevistarão pessoas mais velhas (seus avós, por exemplo).

Para que a entrevista seja bem-sucedida, é importante fazer um planejamento. Isso não significa que todas as perguntas devam ser preestabelecidas, mas que você e seu grupo devem estar atentos a algumas informações que podem surgir durante a conversa. Se for possível, e se o entrevistado permitir, utilizem um pequeno gravador para registrar a conversa ou mesmo uma filmadora. Outra opção é anotar as principais informações no caderno. Seria interessante que vocês entrevistassem mais de uma pessoa para obter e comparar mais dados.

A17 Comecem a entrevista explicando a atividade que vocês estão desenvolvendo. Em seguida, peçam ao entrevistado que conte, por exemplo, que diferenças ele percebe nos materiais das embalagens dos produtos atuais em relação às dos antigos. Perguntem também o que se fazia com restos de comida e como o lixo era coletado antigamente.

A18 Com as informações obtidas das entrevistas, organizem painéis (com pequenos textos, imagens e quadros) para ilustrar a mudança dos hábitos e suas consequências em relação à quantidade e à qualidade de lixo produzido atualmente. Outra opção é produzir um pequeno documentário em vídeo.

Kevin Taylor/Alamy/Other Images

Dewitt/Alamy/Other Images

Figura 4-16: **Lixo antigo encontrado no ambiente.**

PARTE B Praticando o consumo consciente

Vocês devem ter notado, ao fazer as entrevistas na parte A desta atividade, que os hábitos de consumo mudaram muito nas últimas décadas. Quantos produtos eram vendidos sem embalagem e passaram a ser vendidos embalados? A criação do supermercado exigiu que as embalagens desempenhassem a tarefa de vender o produto e, como tal, deveriam conter todas as informações relevantes, algo que anteriormente não era fornecido ou era fornecido belo balconista. Dessa forma, as embalagens representam uma quantidade razoável de lixo produzido, podendo chegar a 30% do seu volume total.

A prática do consumo consciente implica, portanto, mudar padrões. Isso pode ser feito por meio das seguintes atitudes:

- diminuir o consumo de bens supérfluos;
- reduzir o desperdício;
- utilizar menos embalagens;

Como o consumo de embalagens é inevitável, apesar de poder ser reduzido, é necessário que se faça uma coleta seletiva para minimizar o impacto desse lixo no ambiente.

A19 Considerando as três atitudes indicadas como importantes na prática do consumo consciente, discutam com seus familiares uma forma de diminuir o consumo de embalagens quando alguém da família for ao supermercado. Relatem as medidas que vocês adotaram.

ATIVIDADE 4

Ciclo de vida das embalagens

A ideia de ciclo de vida de produtos tem inspiração no desenvolvimento de uma concepção ecológica dos produtos, principalmente por uma área de conhecimento denominada ***ecodesign***.

O *ecodesign* busca assegurar que a fabricação de um produto envolva o uso racional de energia, de água e de matérias-primas. Nesse âmbito tem se tornado comum a realização de análises do ciclo de vida dos produtos – do "berço" ao "túmulo" – por parte das indústrias. Tais análises têm por objetivo avaliar os impactos ambientais relacionados a um produto ou serviço desde a sua concepção mercadológica, planejamento, extração e uso de matérias-primas, gasto de energia, transformação industrial, transporte e consumo até seu destino final.

Nesta atividade cada grupo vai pesquisar informações relacionadas ao ciclo de vida de embalagens para entender como são produzidas – ou seja, de onde vêm – e para onde vão quando descartadas. Para a pesquisa, usem livros, revistas e páginas da internet. Não se esqueçam de indicar as fontes utilizadas no trabalho.

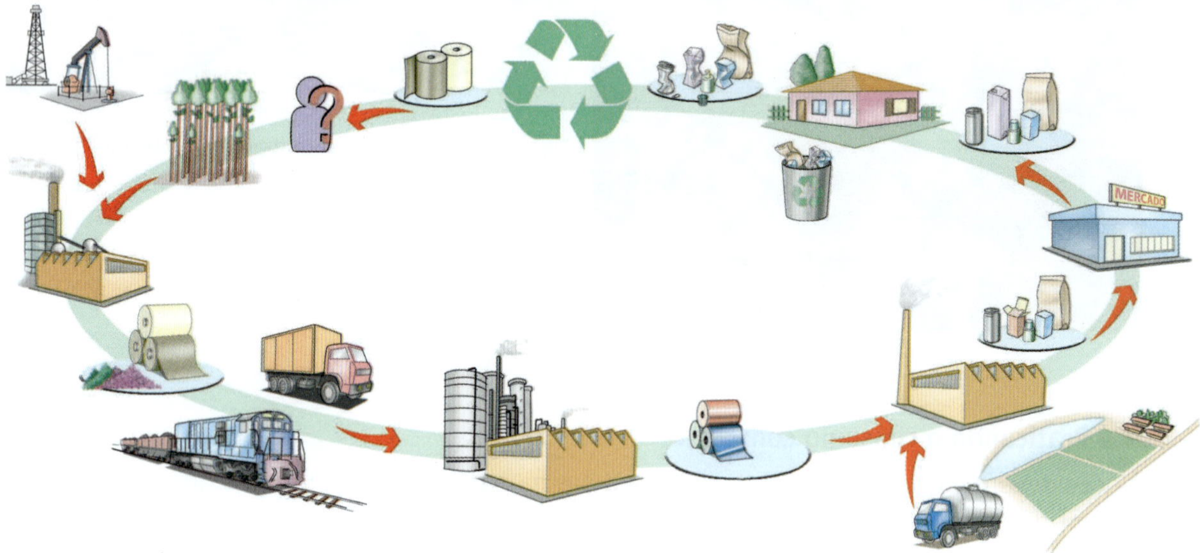

Antonio Robson/Arquivo da editora

Figura 4-17: **O ciclo de vida dos produtos – de onde vêm e para onde vão.**

A20 Façam uma visita a um supermercado procurando observar embalagens dos mais variados tipos. Selecionem aquelas que acharem mais interessantes e, principalmente, aquelas que despertem sua curiosidade com relação à constituição. Recolham amostras de embalagens que vocês utilizaram em sua casa para socializar com seu grupo em sala de aula. Ao final, seu grupo deverá escolher uma das embalagens para ser o tema de seu trabalho nas próximas etapas.

A21 Cada grupo irá responder às seguintes questões relacionadas com a embalagem selecionada:

a) Qual o material (ou materiais) de que a embalagem é constituída?

b) Qual a origem de cada material que constitui a embalagem?

c) Quais os processos de transformação envolvidos desde a matéria-prima (ou matérias-primas) até a obtenção da embalagem em sua forma final?

d) Quais as propriedades dos materiais que constituem a embalagem e que relações essas propriedades têm com seu uso?

e) A maioria dos processos que vocês listaram envolve a utilização de calor e/ou eletricidade. Procurem obter informações a respeito de que tipo de energia é usado na fabricação da embalagem, como ela é obtida e que tipo de impacto ela provoca no ambiente.

f) Para a realização dos processos descritos até aqui, pode haver a necessidade de transporte. Procurem obter informações sobre que tipo de transporte é utilizado e os impactos que esse transporte causa no ambiente.

A22 Todo processo de fabricação de embalagem envolve entradas (de materiais e de energia) e saídas (produtos e emissões para o ar, a água e/ou para o solo), as quais chamaremos de **trocas**. Isso engloba tudo o que é trocado com o ambiente. Construam um diagrama, como o da figura 4-18, que represente as trocas ocorridas na produção da embalagem que vocês escolheram.

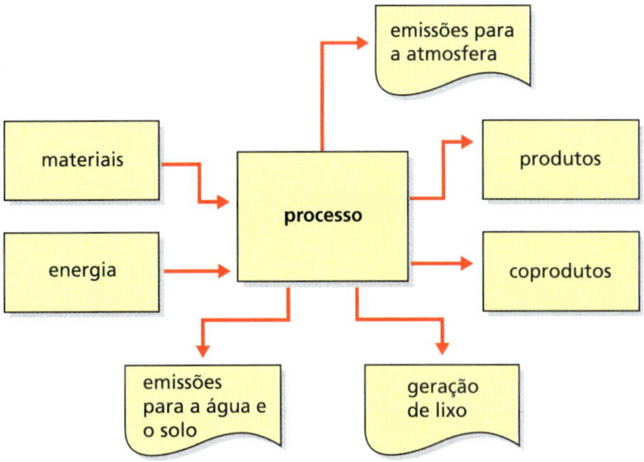

Figura 4-18: **Diagrama de trocas em um processo.**

A23 Construam um esquema para o ciclo de vida da embalagem escolhida. O diagrama a seguir é um exemplo de representação do ciclo de vida de uma caneta.

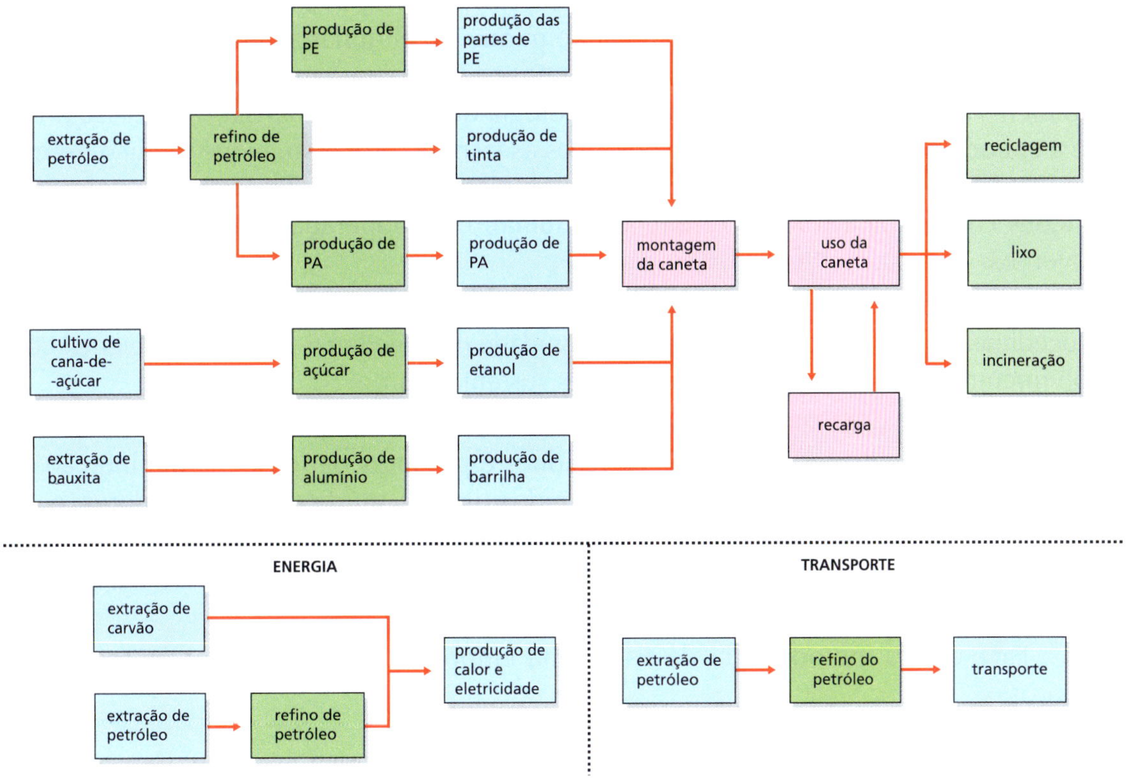

Figura 4-19: **Exemplo de diagrama de ciclo de vida de uma caneta. PA e PE são diferentes tipos de plásticos utilizados na fabricação da caneta.**

A24 Elaborem comentários sobre aspectos sociais, econômicos e ambientais relacionados ao ciclo de vida da embalagem que vocês escolheram. Procurem obter dados sobre os tipos de trabalho envolvidos e os impactos ambientais para a comunidade que vive no entorno da fábrica que a produziu.

A25 Elaborem reflexões sobre o consumo consciente da embalagem que vocês escolheram. O que vocês poderiam fazer para diminuir o consumo desse tipo de embalagem?

A26 O que seu grupo aprendeu com este trabalho? A que conclusões vocês chegaram?

TEXTO 3

Produção Mais Limpa (P+L)

O processo de produção de materiais envolve várias fases em que são gerados resíduos. Você acabou de determinar o ciclo de vida de uma embalagem e viu como um simples invólucro de produto envolve um processo complexo, com impacto ambiental em praticamente todas as suas fases.

A ideia de uma produção mais limpa surgiu a partir da constatação de que apenas o controle de emissões – para o ar , para a água e/ou para o solo – era insuficiente para garantir a qualidade ambiental. Para atividades que geravam grandes quantidades de substâncias poluidoras, mesmo com a implantação de sistemas para tratar os efluentes – resíduos líquidos ou gasosos produzidos por indústrias ou resultantes dos esgotos domésticos urbanos –, não se conseguia alcançar os padrões ambientais desejados.

Historicamente, a preocupação com os poluentes gerados nos processos de produção surgiu na década de 1950, época em que a conduta adotada era diluir e dispersar os poluentes. Na década de 1970, começaram a ser utilizadas as chamadas "técnicas de fim de tubo", que são sistemas de controle ambiental que lidam com os poluentes após terem sido produzidos. Já nos anos 1990, teve início a preocupação em diminuir ou eliminar a geração de poluentes em todas as fases do processo de produção. É nesse contexto que surgiram as propostas de Produção Mais Limpa (P+L), caracterizada por uma metodologia que permite analisar o processo produtivo desde a entrada de insumos, passando por todas as fases do processo, o que inclui o treinamento dos funcionários. O conceito tem sido amplamente aplicado e foi desenvolvido pelo Programa das Nações Unidas para o Meio Ambiente (Pnuma), em cooperação com uma rede de agências e governos.

Na perspectiva da P+L, a poluição é considerada desperdício ou ineficiência do processo. Tal procedimento surgiu, portanto, como oportunidade de conciliar a proteção ambiental com o desenvolvimento econômico, gerando atividades sustentáveis.

Os objetivos da P+L envolvem a racionalização do uso de matérias-primas e insumos; a eliminação ou redução da geração de resíduos e produtos perigosos; a diminuição do impacto ambiental no processo produtivo e também dos riscos à saúde dos trabalhadores; o aumento da ecoeficiência das empresas, resultando em maior competitividade e maiores ganhos econômicos. Ao implantar essa metodologia, a empresa estará melhorando sua produtividade, a qualidade do seu produto e a imagem que tem perante o público.

Para usar a metodologia da P+L, uma empresa deve considerar os seguintes procedimentos:

- aplicação dos princípios da prevenção e da precaução;
- análise do ciclo de vida do produto, do "berço" ao "túmulo";
- *ecodesign* de produtos;
- responsabilidade continuada do produtor;
- direito público de acesso à informação sobre processos produtivos e produtos;
- cooperação e controle democrático;
- responsabilidade e transparência;
- avaliação externa independente.

Questão

Q6. Uma empresa fabricante de papel resolveu adotar uma série de medidas, apresentadas a seguir:

a) Implantar um aperfeiçoamento contínuo dos processos, produtos e serviços, sempre visando atender às expectativas de clientes, colaboradores, comunidade e fornecedores.

b) Garantir, de forma sustentada, o suprimento de madeira plantada para as suas unidades industriais, evitando a agressão aos ecossistemas naturais associados.

c) Reduzir os impactos ambientais relacionados a efluentes hídricos, resíduos sólidos e emissões atmosféricas para prevenir a poluição.

d) Realizar e promover a reciclagem de fibras celulósicas na cadeia produtiva.

e) Agir com responsabilidade social nas comunidades onde a empresa atua.

f) Atender à legislação e normas referentes ao produto, meio ambiente, saúde e segurança.

g) Assegurar o crescimento pessoal e profissional dos seus colaboradores, buscando a melhoria contínua das condições de trabalho, segurança e saúde.

Comente como cada uma das ações adotadas pela empresa se relaciona com a metodologia da P+L.

ATIVIDADE 5

Outros tipos de lixo existentes no ambiente urbano

Para planejar o serviço de limpeza pública, é necessário conhecer as características do lixo, que variam dependendo das principais atividades da cidade (comercial, turística, industrial etc.), do clima, da cultura e dos hábitos da população. Dentro de uma cidade, a composição do lixo pode variar de bairro para bairro, de ano para ano e até de residência para residência. Entretanto é possível classificar o lixo de acordo com sua origem.

Nesta atividade, propomos que você e seus colegas de grupo pesquisem informações sobre a produção e o destino de outros tipos de lixo de sua cidade, como o hospitalar, o comercial e o industrial.

Figura 4-20: **Corredor de um hospital.**

Figura 4-21: **Legumes em um supermercado.**

Figura 4-22: **Operários trabalhando em indústria.**

A27 Planejem uma visita a um hospital, a um estabelecimento comercial ou a uma indústria. Seu professor vai determinar que tipo de instituição cada grupo deverá visitar. Solicitem aos responsáveis do local visitado permissão para entrevistar funcionários e fotografar ambientes. Se vocês tiverem os meios necessários, poderão produzir um vídeo da visita.

Algumas informações que devem ser pesquisadas:

a) Que tipo de lixo a instituição visitada produz?

b) Como e onde esse lixo é descartado?

c) Qual o destino do lixo produzido?

d) Existe algum problema de contaminação relacionado ao tipo de lixo produzido?

ATIVIDADE 6

Destinos finais do lixo

O destino dos resíduos descartados pelas populações é um grave problema social e ambiental. Há diferentes formas de dar um destino definitivo ao lixo coletado. Muitas vezes, ele é depositado em terrenos naturais, os famosos lixões, sem qualquer cuidado ou técnica especial, representando sérios riscos sanitários e ambientais para as pessoas. Mesmo quando localizados distantes da área habitada, os lixões contaminam as águas, o solo e o ar. Além disso, constituem ambiente propício para ratos, moscas, baratas e outros animais transmissores de doenças.

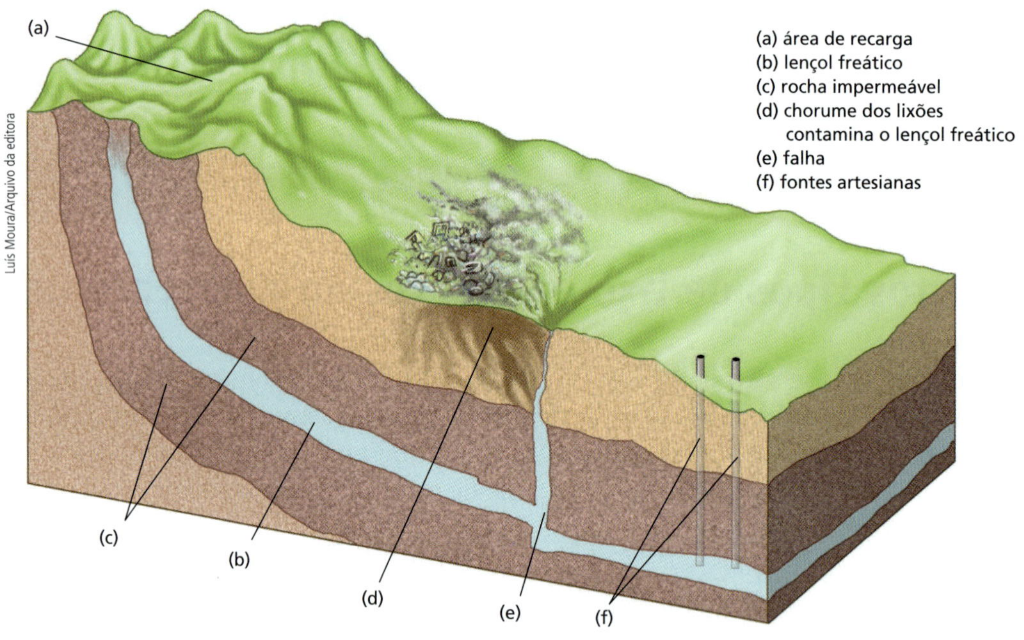

Figura 4-23: Os lixões podem contaminar o lençol freático.

Outra forma de dar destino ao lixo coletado são os chamados **aterros sanitários**. Nesses locais, o lixo é compactado no solo em camadas periodicamente cobertas com terra ou outro material inerte. Um sistema de drenagem de efluentes líquidos deve constituir a base do aterro sanitário.

Normalmente, o lixo doméstico tem certa quantidade de água, proveniente da umidade e da matéria orgânica em decomposição. Quando a água circula pelos lixões e aterros sanitários, várias substâncias poluentes são dissolvidas nela. Essa água extremamente poluída é o **chorume** e sua composição depende de fatores como: tipo de resíduos depositados sobre o solo, forma como o aterro foi construído, sua posição em relação ao lençol freático, solo da região, quantidade de oxigênio presente, umidade etc. Só para ter uma ideia, o chorume é 100 vezes

Figura 4-24: Os aterros sanitários são uma forma de se acondicionar o lixo.

mais poluente do que o esgoto. Ao passar pelo solo, pode arrastar nitratos, fosfatos, metais pesados e microrganismos e contaminar os lençóis freáticos. Para que isso não aconteça, é preciso impermeabilizar o solo com uma camada de polietileno de alta densidade (Pead), sobre uma camada de solo compactado, evitando-se assim que o líquido vaze para o solo. O chorume deve ser tratado e/ou recirculado, para evitar a poluição do ambiente.

Outra medida que deve ser aplicada nos aterros sanitários é a instalação de um sistema de drenagem de gases que possibilite a coleta do **biogás**, que é uma opção de fonte de energia renovável. O biogás é um material formado pela decomposição de resíduos, sendo constituído em maior proporção por metano (CH_4), e também por gás carbônico (CO_2) e água em estado de vapor (H_2O), entre outros. Um aterro sanitário deve ser coberto para evitar a infiltração de águas de chuva em seu interior. Deve ainda possuir um sistema de monitoramento ambiental (topográfico e hidrogeológico) e pátio de estocagem de materiais.

A relação entre a quantidade de lixo produzida e a necessidade de dar um destino definitivo para ele constitui a questão principal de todo o problema. Esse é um tema tratado mundialmente. À medida que as populações vão crescendo e se expandindo, depositar o lixo em aterros sanitários vai se tornando uma solução pouco recomendada porque as áreas disponíveis estão diminuindo. As grandes cidades têm enfrentado muitas dificuldades para dar destino definitivo às toneladas de lixo que produzem por dia.

dica Enem

Usina de biogás gera hidrogênio e metano a partir do lixo doméstico

O tratamento de lixo é uma tarefa essencial para a manutenção da saúde da população e do meio ambiente. Melhor ainda seria se esse lixo pudesse ser transformado em energia, o que baratearia o custo do seu tratamento, além de diminuir a exigência de exploração de outros recursos energéticos.

Pois esta é justamente a proposta dos engenheiros do Instituto Nacional de Ciências Avançadas e Tecnologia (Aist), do Japão. Eles acabam de inaugurar a primeira usina de biogás do mundo capaz de gerar hidrogênio e metano a partir de lixo doméstico.

Instituto Nacional de Ciências Avançadas e Tecnologia (Aist),do Japão

Figura 4-25: **Usina de biogás gera hidrogênio e metano a partir do lixo doméstico.**

A pequena usina, em escala piloto, utiliza um processo de fermentação em duas etapas para transformar lixo orgânico doméstico em gases que poderão ser utilizados de diversas formas, seja para a geração direta de calor, produção de energia elétrica ou, no futuro, até mesmo para abastecer veículos movidos a células de combustível a hidrogênio.

Os dois estágios do processamento – solubilização e fermentação do hidrogênio e fermentação do metano – conseguiram reduzir o tempo total de processamento de 25 para apenas 15 dias, com uma recuperação de energia de até 55%.

A solubilização e fermentação do hidrogênio utilizam uma complexa microflora isolada pelos pesquisadores como um estágio preliminar à fermentação do metano, derivando hidrogênio e metano de lixo orgânico sólido que contenha um alto teor de água.

USINA de biogás gera hidrogênio e metano a partir do lixo doméstico. Disponível em: <www.inovacaotecnologica.com.br/noticias/noticia.php?artigo=010115040913>. Acesso em: 25 abr. 2012.

A28 Planejem uma visita a um dos locais onde o lixo de sua cidade é depositado. Solicitem aos responsáveis do lugar visitado permissão para entrevistar funcionários e fotografar ambientes. Se vocês tiverem os meios necessários, poderão produzir um vídeo da visita.

Algumas informações que devem ser pesquisadas:

a) Qual o origem desse lixo, ou seja, de quais cidades ele vem? É apenas lixo doméstico ou inclui outros tipos?

b) Quais os processos pelos quais passa o lixo desde sua chegada ao local?

c) Qual o destino do gás produzido?

d) Este local possui proteção adequada (impermeabilização do solo) para evitar a contaminação dos lençóis freáticos pelo chorume?

e) Quantas pessoas trabalham no local e quais funções exercem?

f) Este local é público ou privado? Procure se informar sobre o custo mensal envolvido na manutenção e gerenciamento do local.

ATIVIDADE 7

Como manter uma cidade limpa

Uma das atribuições mais importantes e dispendiosas da administração de uma cidade é a coleta do lixo produzido pela comunidade. Para essa atividade, é preciso contar com uma infraestrutura que envolve a compra e a manutenção de veículos especiais e de lixeiras públicas, a contratação de trabalhadores para a coleta domiciliar e a varrição de ruas, o planejamento do destino definitivo do lixo, a idealização de campanhas para conscientizar a população a não sujar os locais públicos etc. Manter a cidade limpa custa caro para a prefeitura, ou seja, para todos nós!

A29 Nesta atividade, você e um grupo de colegas devem pesquisar informações para responder a algumas questões. Para isso, sugerimos que visitem órgãos públicos responsáveis pela coleta de lixo e entrevistem coletores de lixo e garis. Na sala de aula, discutam com os colegas as informações obtidas. A seguir, propomos um roteiro de questões que podem orientar seu trabalho:

a) Há coleta regular de lixo doméstico?

b) Como é feita a coleta?

c) Todos os bairros dispõem desse serviço?

d) Quantos trabalhadores estão envolvidos nessa atividade, quais são suas tarefas, condições de trabalho, normas de segurança e salário?

e) Quais são os equipamentos e veículos usados na coleta e no armazenamento?

f) Há varrição de rua?

g) Quantos trabalhadores estão envolvidos nessa atividade, quais são suas tarefas, condições de trabalho, normas de segurança e salário?

h) Quais são os equipamentos e veículos usados na coleta e no armazenamento?

i) Há lixeiras públicas?

j) Há investimentos em campanhas educativas sobre o lixo para a população?

k) Há alguma legislação específica sobre lixo?

l) Quanto cada residência recolhe de imposto de limpeza urbana? Procure essa informação, por exemplo, na guia de recolhimento do Imposto Predial e Territorial Urbano (IPTU) de sua residência. Algumas cidades fornecem esse tipo de informação.

ATIVIDADE 8

O lixo como fonte de renda

O lixo não é apenas dor de cabeça. Para muitos, ele é uma forma de obter renda e sustento. É o caso dos catadores e as pessoas que trabalham em indústrias de reciclagem.

No entanto, o Brasil ainda é um país de contrastes nesse quesito. Enquanto a porcentagem de latas de alumínio recicladas é a maior do mundo (96,5%), a reciclagem de papel e garrafas de vidro ainda deixa a desejar (50% e 46%, respectivamente). Você já pensou por que isso ocorre?

A30 Esta atividade é realizável nas cidades em que o lixo gera renda e emprego. Se este não for o seu caso, tente assim mesmo responder às questões seguintes escolhendo uma grande cidade e pesquisando na internet.

a) Os catadores de recicláveis da sua cidade têm alguma forma de organização? Como funciona essa organização?

b) Quais as condições de trabalho dos catadores? Para responder a essa questão, procurem se informar sobre a rotina dos catadores, quantas horas trabalham, quantos quilômetros percorrem, se possuem um carrinho especial para a coleta etc.

c) Que quantidade de material reciclado a organização dos catadores consegue reciclar por dia? Ou, no caso de não existir essa organização, qual a quantidade diária que um catador recolhe? Para onde leva o lixo que é recolhido?

d) Qual o destino final (comercial ou industrial) dos recicláveis em sua cidade?

A31 Esta atividade é realizável nas cidades em que os materiais recicláveis são processados industrialmente. Se este não for o seu caso, tente assim mesmo responder às questões seguintes escolhendo uma grande cidade e pesquisando na internet.

a) Que tipos de indústrias de reciclagem de materiais provenientes do lixo existem na sua cidade?

b) Selecionem uma dessas indústrias e agendem uma visita. Se houver mais de um tipo de indústria, seu professor vai determinar que tipo de instituição cada grupo deverá visitar. Solicitem aos responsáveis do local visitado permissão para entrevistar funcionários e fotografar ambientes. Se vocês tiverem os meios necessários, poderão produzir um vídeo da visita.

c) Respondam às seguintes questões relacionadas à visita realizada no item b.

- Qual o origem do material reciclado pela indústria?
- Quais os processos pelos quais o material passa desde sua chegada ao local?
- Qual o destino do produto final?
- Quantas pessoas trabalham no lugar e quais funções exercem?
- Este local é público ou privado? Procure se informar sobre o custo mensal envolvido na manutenção e gerenciamento deste local.

NA INTERNET

<www.rebea.org.br>

Na página da Rede Brasileira de Educação Ambiental (Rebea) você vai encontrar documentos, *links* para outros *sites* e a possibilidade de acessar a *Revista Brasileira de Educação Ambiental*. Acesso em: 25 abr. 2012.

<www.cempre.org.br>

A página do Compromisso Empresarial para Reciclagem (Cempre), associação sem fins lucrativos, é voltada para a reciclagem e conscientização sobre o lixo. Nela você vai encontrar fichas técnicas sobre materiais recicláveis, publicações especializadas em lixo e notícias relacionadas ao trabalho de reciclagem e gerenciamento de resíduos sólidos. Acesso em: 25 abr. 2012.

CAPÍTULO 5

Um modelo para os estados físicos dos materiais

Até o momento, estudamos algumas propriedades dos materiais e vimos como eles se comportam nas mudanças de estado físico. Essas propriedades foram úteis tanto na identificação dos materiais quanto na escolha dos processos de separação de misturas. No entanto nossa análise se limitou a descrever os materiais, suas propriedades e como eles se comportam nos vários fenômenos observados. Algumas questões sobre esse comportamento, entretanto, ficaram sem explicação, uma vez que as respostas obtidas não foram completas do ponto de vista da Química. Ainda não conseguimos responder total e satisfatoriamente a questões como:

Por que alguns materiais são mais densos que outros?

Por que a temperatura permanece constante nas mudanças de estado físico das substâncias?

Por que a temperatura de ebulição dos líquidos é afetada pela pressão atmosférica?

Por que as substâncias são solúveis em certos solventes e insolúveis em outros?

Não podemos responder a essas questões apenas descrevendo os fenômenos envolvidos. Para isso, seria necessário recorrer a uma área do conhecimento químico, até agora não estudada, cujo objetivo é propor modelos para explicar os fenômenos e a constituição dos materiais.

Nesta atividade, vamos discutir critérios que nos permitam classificar os materiais como sólidos, líquidos ou gasosos. Em seguida, vamos propor um modelo para explicar a constituição dos materiais, verificando como ele nos ajuda a entender as propriedades dos sólidos, líquidos, gases e materiais coloidais. Vamos convidá-lo a exercer sua capacidade de propor seus próprios modelos para explicar os fenômenos da natureza que foram observados.

Solte sua imaginação e não se preocupe se seus modelos não coincidirem com os científicos. O objetivo é apenas propiciar-lhe oportunidade de confrontar suas próprias ideias sobre a constituição dos materiais com aquelas construídas pela ciência ao longo da História.

pérolas negras

Sergio Pitamitz/Corbis/Latinstock

Figura 5-1: Materiais diferentes são constituídos de formas diferentes.

United Archives GmbH/Alamy/Other Images

fotomicrografia de cristais de sal na cozinha (NaCl)

Andrew Syred/SPL/Latinstock

ampliação: 450 X

ATIVIDADE 1

Classificando os materiais em sólidos, líquidos ou gasosos

O que fazer

A1 Defina, com suas palavras, sólido, líquido e gás.

A2 Forme um grupo com seus colegas e discutam a elaboração de critérios gerais que permitam classificar qualquer material.

A3 Construam, no caderno, um quadro com duas colunas. Na primeira, indiquem os **Materiais ou objetos** (sólidos, líquidos, gasosos e outros) e, na segunda, os **Critérios para a classificação desses materiais** elaborados no item anterior.

A4 Classifiquem os materiais e objetos relacionados a seguir em sólidos, líquidos ou gasosos, justificando de acordo com os critérios adotados no quadro construído no item anterior. Caso vocês queiram sugerir outras classificações, poderão fazê-lo.

Materiais e objetos: água, açúcar, algodão, ar, banha, barra de chocolate, bloco de madeira, bolhas que desprendem de um refrigerante, esponja de aço para limpeza, farinha, gás de cozinha, gasolina, giz, iogurte, limalha de ferro, massa de modelar, mel, moeda, mola, neblina, nuvem, parafuso de ferro, plástico de encapar cadernos, serragem, tecido de algodão, vidro e xampu.

ATIVIDADE 2

Construindo um modelo para os materiais gasosos

Antes de aprofundar a discussão sobre os estados físicos da matéria e decidir sobre o(s) critério(s) de classificação, vocês irão fazer algumas experiências simples e propor um modelo para explicar os resultados obtidos. Os modelos serão muito úteis na compreensão de como a matéria se constitui.

À medida que vocês forem estudando, cada vez mais entenderão o significado da palavra "modelo". Por enquanto, basta pensar que modelo é uma imagem da realidade que construímos para nos ajudar a entendê-la. Portanto deve haver aspectos comuns entre ele e a realidade para que uma possível transformação na natureza seja representada por alguma modificação no modelo. Isso não significa que o modelo tenha de ser uma cópia da realidade. Ele deve apenas representá-la.

> Um modelo é uma representação da realidade que construímos para nos ajudar a entendê-la.

PARTE A Um modelo para os materiais gasosos

A seguir vocês irão fazer três experimentos simples. Vocês deverão executá-los e, em seguida, responder a algumas perguntas em uma folha do caderno, que será recolhida posteriormente por seu professor.

Material

Uma seringa descartável (grande) daquelas vendidas em farmácias (sem agulha), um balão de látex (do tipo balão de aniversário), um erlenmeyer de 250 mililitros (mL), uma lamparina, um kitasato, uma mangueira de látex para conectar a seringa ao kitasato, uma garra de madeira.

Seringa com ar

A5 Comprimam o ar que está dentro da seringa. Observem o sistema antes de comprimir e depois da compressão. Anotem as mudanças observadas.

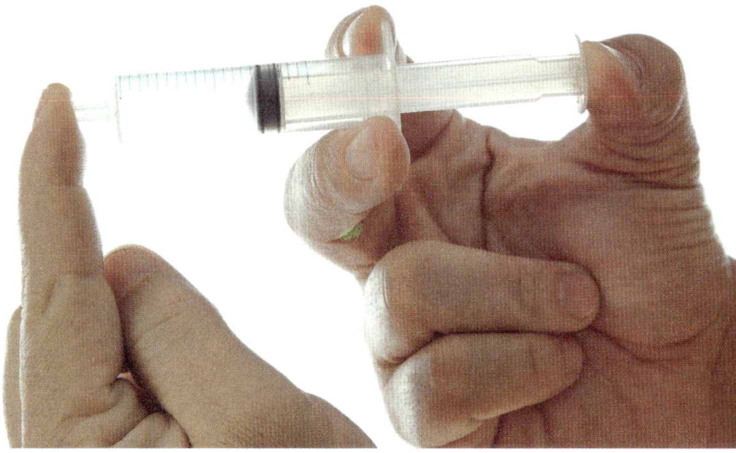

Sérgio Dotta Jr./Arquivo da editora

Figura 5-2: **Vocês devem comprimir o ar dentro da seringa.**

Vácuo em um frasco

Um kitasato cheio de ar, bem fechado, está conectado a uma grande seringa, que funciona como uma bomba de vácuo, como mostra a figura a seguir.

Gilberto do Vale Rodrigues

Figura 5-3: **Kitasato cheio de ar.**

A6 Puxem o êmbolo da seringa removendo assim parte do ar contido no frasco. Obstruam o tubo de látex que liga a seringa ao frasco para obter vácuo parcial dentro do frasco. Se vocês puxarem o êmbolo lentamente, o processo ocorre quase sem variação de temperatura. Façam esse procedimento e soltem, de repente, a obstrução do tubo de látex. O que ocorre com o êmbolo da seringa? Anotem na folha no caderno.

Aquecimento de um erlenmeyer cheio de ar

Tenha cuidado!

Ao manipular a lamparina ou qualquer sistema de aquecimento, esteja atento para evitar queimaduras.

A7 Conectem o balão de látex à boca do erlenmeyer. Em seguida, com o auxílio de uma garra de madeira, segurem o erlenmeyer e aqueçam-no com a lamparina. Observem o sistema antes do aquecimento e depois de algum tempo de aquecimento. O que ocorre com o balão? Anotem na folha no caderno.

Sérgio Dotta/Arquivo da editora

Figura 5-4: Modelo para montagem do experimento.

Questões

Q1. Se vocês determinarem a massa do ar nos sistemas iniciais – dentro da seringa, do kitasato com a seringa e do erlenmeyer com o balão – antes (m_1) e depois (m_2) da compressão, do vácuo e do aquecimento, em cada caso, m_1 será maior que m_2, menor ou igual? Justifiquem a resposta em cada caso.

Q2. Se vocês determinarem a densidade do ar nos sistemas iniciais – dentro da seringa, do kitasato com a seringa e do erlenmeyer com o balão – antes (d_1) e depois (d_2) da compressão, do vácuo e do aquecimento, em cada caso, d_1 será maior que d_2, menor ou igual? Justifiquem a resposta em cada caso.

Q3. Discuta com seus colegas de grupo e proponham um modelo (para cada caso) para o ar dentro da seringa, do kitasato com a seringa e do erlenmeyer com o balão, antes e depois da compressão, do vácuo e do aquecimento. Esse modelo deverá explicar o fato de o ar comprimir-se sob pressão, poder ser retirado do kitasato e dilatar-se sob aquecimento. Reproduzam os desenhos da seringa, do kitasato com a seringa e do erlenmeyer com o balão no caderno e desenhem o modelo. Justifiquem o modelo escolhido e listem suas características, explicando-as.

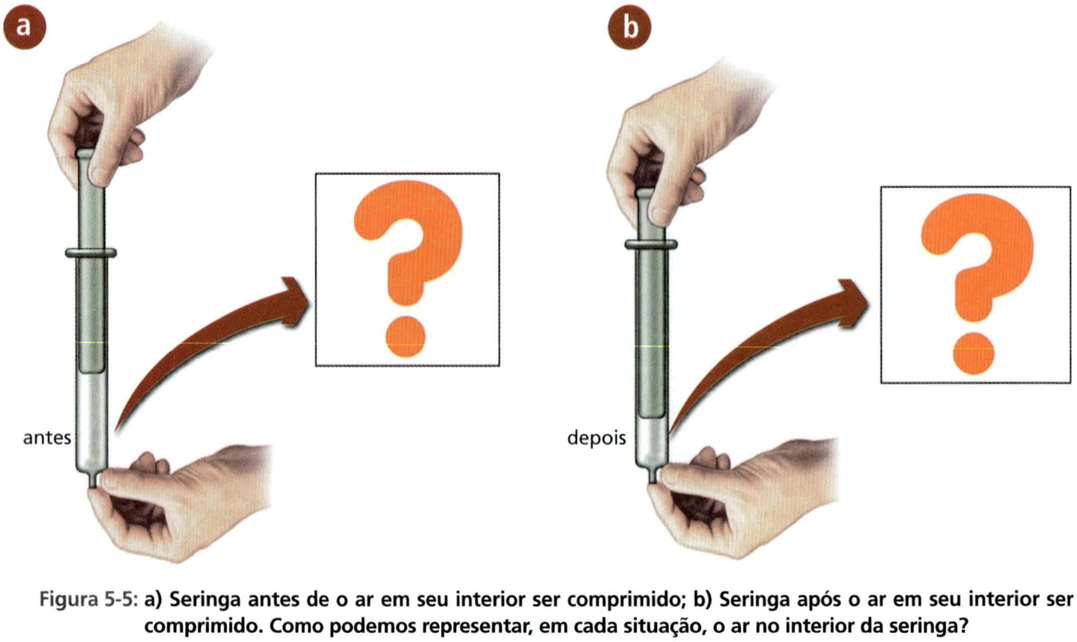

Paulo César Pereira/Arquivo da editora

Figura 5-5: a) Seringa antes de o ar em seu interior ser comprimido; b) Seringa após o ar em seu interior ser comprimido. Como podemos representar, em cada situação, o ar no interior da seringa?

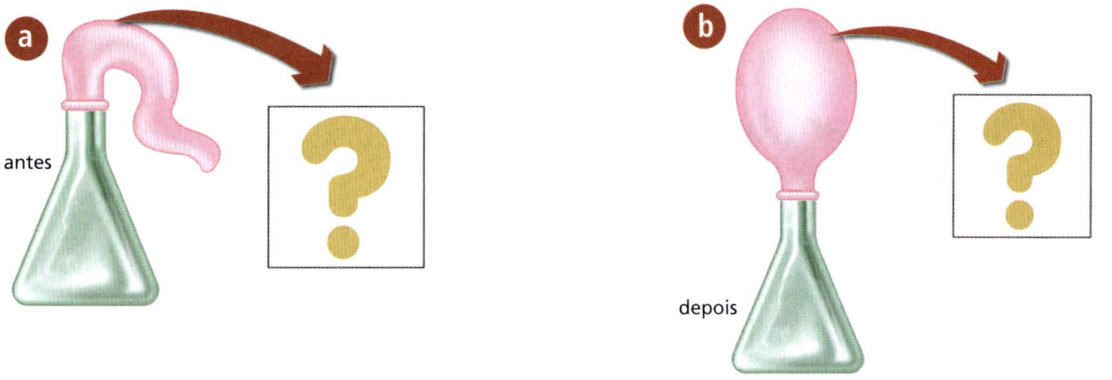

Figura 5-6: **a) Balão antes do aquecimento do ar em seu interior;**
b) Balão depois do aquecimento. Como podemos representar, em cada situação, o ar no interior do erlenmeyer e do balão?

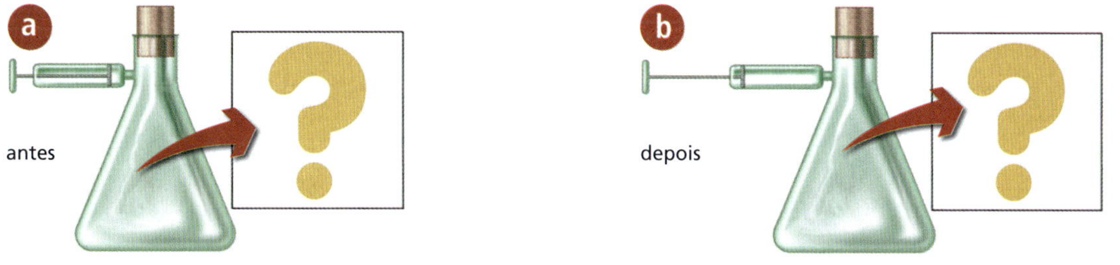

Figura 5-7: **a) Kitasato antes da experiência; b) Kitasato depois da experiência. Como podemos representar, em cada situação, o ar no interior do frasco?**

Q4. Após o debate com toda a classe, caso necessário, reformulem seus modelos e representem-nos no caderno desenhando a seringa, o kitasato com a seringa e o erlenmeyer com o balão antes e depois da compressão, do vácuo e do aquecimento. Façam os comentários que julgarem necessários.

PARTE B Por que o cheiro se espalha?

Nesta atividade vamos imaginar que um botijão de gás de cozinha esteja vazando e o gás se espalhando pelo ambiente em que ele está instalado. Chamamos esse fenômeno de **difusão**. Mais uma vez, vamos pedir a vocês que proponham um modelo para o comportamento do gás antes e depois de ele vazar.

O que fazer

A8 Vocês já devem ter observado que, quando o gás escapa do botijão, seu cheiro se espalha por todo o ambiente. Como vocês explicam esse fato?

A9 Discuta com seus colegas de grupo e proponham um modelo para o gás logo que sai do botijão e depois de se espalhar pela cozinha. No caderno, reproduzam esquematicamente a figura 5-8 e desenhem o modelo. Justifiquem o modelo escolhido e listem suas características, explicando-as.

Figura 5-8: **Atividade A9.**

A10 Após o debate com a classe, caso necessário, reformulem seu modelo e desenhem-no novamente no caderno. Façam os comentários que acharem necessários.

A11 Tentem explicar, com o auxílio do modelo escolhido, o fato de que o gás se espalha mais rapidamente num dia quente do que num dia frio.

ATIVIDADE 3

De que tamanho são as partículas?

Até aqui obtivemos evidências de que os materiais são constituídos por partículas e espaços vazios. Essas partículas se movimentam e a esse movimento está associada uma energia chamada **energia cinética**. Mas qual é a ordem de grandeza dessas partículas?

Para discutir essa questão, vamos propor uma atividade em que você responderá, individualmente, a algumas questões.

A12 Suponha que você pegou um grão de permanganato de potássio ($KMnO_4$) de massa igual a 0,005 g e o dissolveu em 50 mL de água em um béquer (solução 1). Numa etapa posterior, você transferiu 5 mL da solução 1 para outro béquer aumentando o volume final para 50 mL com a adição de água (solução 2). Em seguida, transferiu 5 mL da solução 2 para um terceiro béquer aumentando o volume novamente para 50 mL com água (solução 3).

a) Reproduza o quadro 5-1 em seu caderno. Com base na descrição deste procedimento, complete-o para as soluções 2 e 3.

Solução	Volume final (mL)	Massa de $KMnO_4$ (g)	Intensidade de cor
1	50	0,005	intensa

Quadro 5-1: Massas de permanganato de potássio em diferentes soluções.

b) Se você isolasse 1 mL da solução 3, qual seria a massa de permanganato de potássio retirada do sistema?

c) Sabendo que em 0,005 g de $KMnO_4$ há $1{,}9 \times 10^{20}$ partículas de permanganato, calcule o número de partículas existentes na massa de $KMnO_4$ que você retirou do sistema quando isolou 1 mL da solução 3.

d) A partir do número de partículas existentes em 1 mL da solução 3, o que você pode concluir sobre o tamanho dessas partículas?

TEXTO 1

A construção de um modelo para os materiais a partir do comportamento de gases

Começamos a construir nosso modelo investigando o comportamento dos gases. A hipótese de que um gás seja constituído de partículas muito pequenas que se movimentam no espaço vazio é um modelo interessante para explicar algumas propriedades apresentadas pelos gases. Assim é possível comprimir o ar numa seringa porque as partículas, no estado gasoso, estão bastante afastadas. Ao comprimir o êmbolo da seringa, as partículas do gás (no caso estudado, o ar) ficam mais próximas entre si, diminuindo o espaço vazio entre elas.

Da mesma forma, ao aquecermos um tubo de ensaio com um balão, as partículas de ar distanciam-se umas das outras por causa do aumento da temperatura, que provoca o aumento da energia cinética e consequente aumento do movimento das partículas.

Com esse mesmo modelo, buscamos explicar por que um gás se espalha rapidamente pelo ambiente. Suas partículas estão suficientemente separadas e possuem energia cinética, relacionada ao movimento. Desse modo, a tendência do gás é difundir-se pelo ambiente. O movimento ao acaso das partículas do ar também colabora para essa difusão.

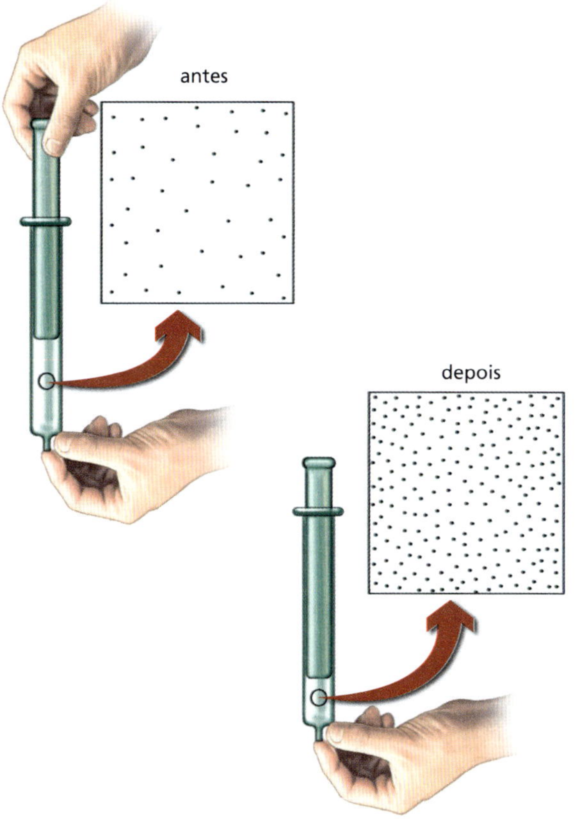

Figura 5-9: **Modelo para o ar sendo comprimido na seringa.**

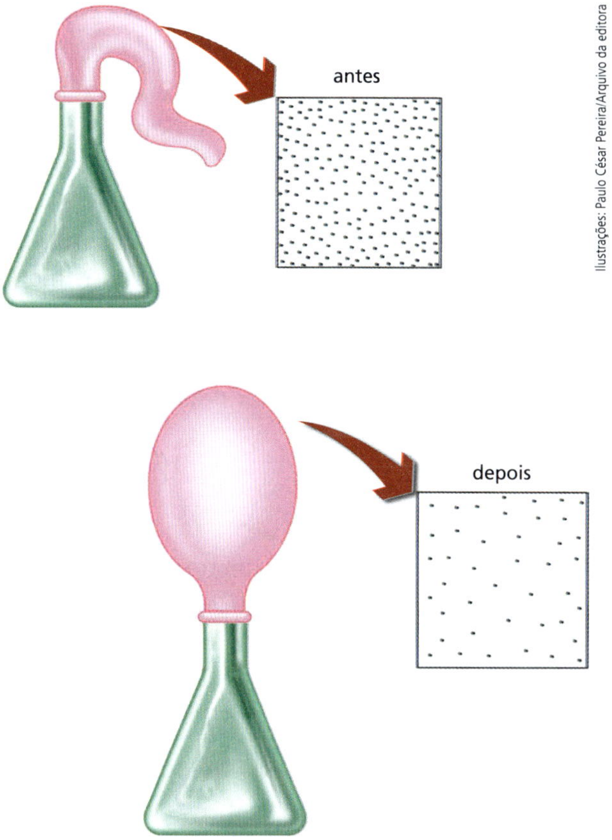

Figura 5-10: **Modelo para a dilatação do ar no balão.**

Ilustrações: Paulo César Pereira/Arquivo da editora

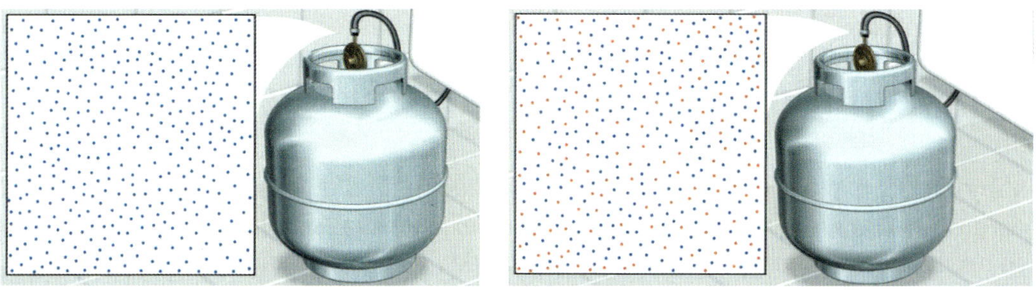

Figura 5-11. **Modelo para a difusão do gás pela cozinha.**

A partir da atividade 3 concluímos que as partículas que constituem os materiais são infinitamente pequenas. Apesar de a atividade envolver o permanganato de potássio em água, usando um material sólido em outro líquido, as conclusões são válidas para grande parte dos materiais conhecidos, inclusive os gases.

Podemos sistematizar esse modelo, que é conhecido como **modelo cinético-molecular** ou **modelo de partículas**, dizendo que:

- os materiais gasosos são constituídos por partículas infinitamente pequenas, que se movimentam continuamente no espaço vazio, por possuírem energia cinética;
- essas partículas praticamente não interagem, o que significa que não existem forças atrativas ou repulsivas significativas entre elas.

Dessa forma, num gás podemos considerar que as partículas existem individualmente, pois não há interação significativa entre elas. Como essas partículas são muito pequenas para serem visíveis, geralmente um gás é invisível. Nos gases existe uma grande distância entre as partículas, o que explica por que os materiais gasosos podem ser facilmente comprimidos e dilatados.

A energia cinética das partículas é diretamente proporcional à temperatura. Em primeiro lugar isso implica que quanto maior a temperatura, maior é a energia cinética das partículas. Em segundo lugar, que as partículas sempre estão em movimento, mesmo a temperaturas muito baixas, pois essas temperaturas são diferentes de zero kelvin (K). A **escala Kelvin** de temperatura, na qual o 0 °C equivale a 273 K, é chamada **escala de temperatura absoluta**, pois a temperatura nessa escala é sempre positiva. No zero dessa escala, cessaria todo o movimento das partículas. Portanto, teoricamente, o chamado "zero absoluto" não pode ser atingido.

Quando aquecemos um material gasoso, o movimento de suas partículas aumenta, e quando resfriamos, ele diminui. É por isso que, num dia quente, o gás se espalha mais rapidamente que num dia frio.

Questões

Q5. Descreva as principais características do modelo de partículas para o estado gasoso.

Q6. Que aspecto do modelo cinético-molecular está associado ao movimento das partículas de um gás?

Q7. Quando você descasca uma mexerica, as pessoas à sua volta sentem o cheiro da fruta.

a) Como você explica o fenômeno de o cheiro se espalhar?

b) Por que o cheiro seria menos perceptível no inverno?

Q8. Elabore um modelo para explicar por que a sopa esfria quando a sopramos.

ATIVIDADE 4

Construindo um modelo para sólidos e líquidos

Vamos tentar explicar o comportamento dos sólidos e dos líquidos pelo modelo construído para os materiais gasosos. Para isso, vocês irão fazer algumas experiências simples e propor um modelo para explicar os resultados. Lembrem-se de que devem considerar algumas características do modelo construído para os materiais gasosos e procurar características que diferenciem os sólidos, os líquidos e os gases.

PARTE A A dilatação de um líquido (álcool ou mercúrio) em um termômetro

Nesta atividade vocês usarão um termômetro de laboratório para analisar a dilatação da coluna de mercúrio ou álcool. A seguir, irão propor um modelo para explicar o comportamento do mercúrio ou do álcool antes e depois da dilatação.

Material

Um termômetro de laboratório.

O que fazer

A13 Segurem firmemente por algum tempo o bulbo do termômetro de laboratório. Observem o que ocorre com a coluna do líquido e, em seguida, registrem o que observaram.

A14 Como vocês explicam o que observaram?

A15 Discuta com seus colegas e proponham um modelo para o líquido no interior do termômetro antes e depois da dilatação e que explique o fato de o mercúrio ou o álcool dilatar-se sob a ação do calor da mão. Reproduzam esquematicamente os desenhos do termômetro, conforme o modelo escolhido, no caderno. Justifiquem o modelo escolhido e listem as características dele.

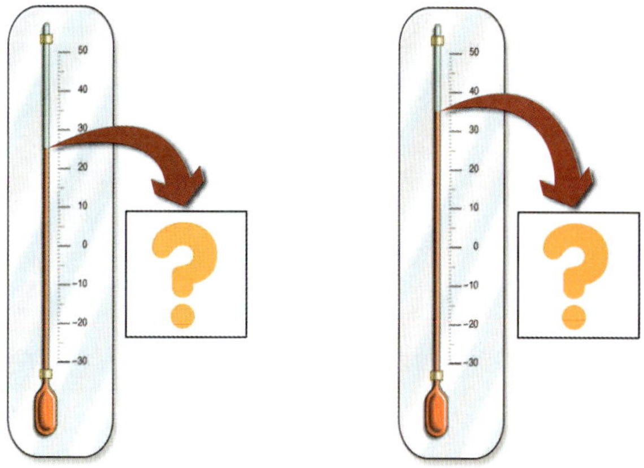

Paulo César Pereira/Arquivo da editora

Figura 5-12: Representações do termômetro. Como podemos representar, em cada situação, o mercúrio no interior do termômetro?

A16 Após o debate com a classe, caso necessário, reformulem seu modelo e representem-no novamente no caderno. Façam os comentários que considerarem necessários.

PARTE B Aquecimento da cânfora até a fusão

No capítulo 2, estudamos o fenômeno de fusão e ebulição dos materiais sólidos e líquidos. Nesta atividade, vamos aquecer a cânfora, contida num tubo de ensaio, até fundi-la. A seguir, vocês irão propor um modelo que explique o comportamento da cânfora nos estados sólido, líquido e gasoso.

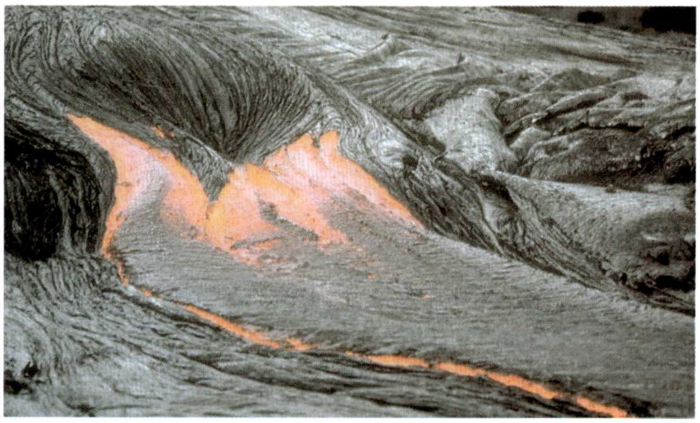

USGS

Figura 5-13: Lava vulcânica fundida.

StockFood/Latinstock

Figura 5-14: Cânfora em estado sólido.

Antes de iniciarmos o experimento, é conveniente relembrarmos a definição de fusão e ebulição. Tanto a fusão quanto a ebulição são fenômenos em que ocorrem mudanças de estado físico das substâncias.

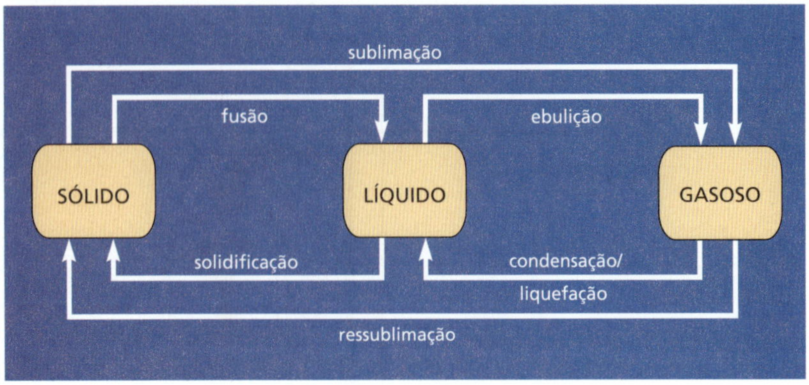

Figura 5-15: **Quadro esquemático das mudanças de estado físico.**

Material

Cânfora (uma colher de chá), um tubo de ensaio, uma garra de madeira e uma lamparina.

Tenha cuidado!

Atenção: Evite inalar os vapores durante o aquecimento. Cuidado ao manipular fogo e recipientes quentes! Aqueça o tubo de ensaio vagarosamente. Não aqueça direcionando a boca do tubo para você, nem para outras pessoas.

O que fazer

A17 Coloquem uma colher de chá de cânfora dentro do tubo de ensaio. Prendam-no com a garra de madeira e aqueçam-no na lamparina até que toda a cânfora tenha se fundido. Observem e anotem as observações.

Figura 5-16: **A fusão da cânfora.**

A18 Elaborem uma explicação para o fato observado.

A19 Se vocês continuassem a aquecer a cânfora líquida, o que poderia acontecer?

A20 Discutam com seus colegas de grupo e proponham um modelo para explicar o comportamento da cânfora nos estados sólido, líquido e gasoso. Justifiquem o modelo escolhido e listem suas características.

A21 Após o debate com a classe, caso necessário, reformulem seu modelo e representem-no novamente no caderno.

ATIVIDADE 5

Usando o modelo de partículas para explicar a solubilidade

No capítulo 2, estudamos algumas propriedades específicas dos materiais, entre elas a solubilidade. A dissolução é um fenômeno muito comum em nossas vidas. Por exemplo, quando adoçamos uma limonada, o açúcar adicionado é dissolvido na água. Para apressar o processo, agitamos a solução com uma colher. Será que a dissolução do açúcar ocorreria sem a agitação? Para responder a essa pergunta, vamos fazer uma experiência com o sulfato de cobre ($CuSO_4$), um sólido colorido.

Observando a dissolução do sulfato de cobre em água

Nesta atividade, vamos tentar utilizar o modelo de partículas para explicar o fenômeno da dissolução. Para isso, vocês irão fazer algumas experiências simples e propor um modelo para explicar os resultados. Lembrem-se de algumas características do modelo discutidas nas atividades anteriores.

Material

Dois cristais de sulfato de cobre ($CuSO_4$), um copo com água até a metade e outro com aguarrás (mistura de hidrocarbonetos vendida em lojas de tinta e muito usada como solvente).

O que fazer

Tenha cuidado!

Atenção: A aguarrás é tóxica e deve ser manipulada em local ventilado. Não inale os vapores e evite o contato com a pele.

A22 Adicionem um dos cristais de sulfato de cobre ($CuSO_4$) ao copo com água e outro cristal ao copo com aguarrás.

A23 Deixem os copos em repouso durante 5 min. Observem e descrevam o que ocorreu com os sistemas $CuSO_4 + H_2O$ e $CuSO_4$ + aguarrás:

a) 10 s após a adição do soluto;

b) 5 min após a adição do soluto.

Questões para discussão

Q9. Se vocês deixarem o sistema $CuSO_4 + H_2O$ em repouso por mais tempo, o que esperam observar?

Q10. Se vocês deixarem o sistema $CuSO_4$ + aguarrás em repouso por mais tempo, o que esperam observar?

Q11. Usem o modelo de partículas, levando em consideração o movimento e a interação entre as partículas, para tentar explicar a diferença entre o que foi observado e descrito em A23.

Q12. Se a água evaporar, ou se o sistema for aquecido de modo que provoque sua ebulição, o que esperam obter após a completa vaporização do líquido? Expliquem.

Q13. Suponham que vocês pesem, em conjunto mas sem misturar as substâncias, a massa de uma porção de açúcar e de um copo com água obtendo um valor (m_1) correspondente ao conjunto açúcar + copo com água. Se vocês adicionarem quantidade igual de açúcar ao copo com água, agitarem e pesarem novamente o copo, obterão um novo valor (m_2). A nova massa é maior, menor que a primeira ou igual a ela? Justifiquem a resposta.

TEXTO 2

Estados físicos dos materiais e modelo de partículas

objeto digital

Neste capítulo, discutimos uma série de fenômenos com o objetivo de compreender um modelo para a constituição dos materiais e, por meio dele, explicar algumas propriedades desses materiais nos diferentes estados físicos.

Inicialmente, procuramos estabelecer critérios para classificar os materiais em um dos três estados físicos. Vários critérios poderiam ser apresentados, como: o sólido é duro, o líquido é mole e o gás não pode ser apalpado; o líquido esparrama-se e o sólido não; o líquido molha e o sólido não; podemos mergulhar a mão em um líquido, mas não em um sólido; podemos segurar com facilidade um sólido nas mãos, mas não um líquido, muito menos um gás; o sólido se parece com uma pedra, o líquido com a água e o gás com o ar.

Todos esses critérios, embora úteis para lidar com materiais sólidos, líquidos e gasosos no dia a dia, estão relacionados apenas à sensibilidade de cada um de nós. Por isso não são muito precisos e podem conduzir a algumas dificuldades de classificação. Por exemplo, qual o critério para classificar um material como duro ou mole? Um tecido de algodão e um plástico para encapar caderno, apesar de "moles", são materiais sólidos. Os sólidos em forma de pó, como areia ou açúcar, se esparramam e nem por isso deixam de ser classificados como sólidos.

Fotos: Gilberto do Vale Rodrigues

Figura 5-17: **a) Apesar de moles, plásticos e tecidos são materiais sólidos; b) Embora se esparramem, açúcar e areia também são sólidos.**

Para evitar essas dificuldades, poderíamos propor um critério de classificação que também é baseado na experiência sensível, porém é mais objetivo que os anteriores. Nessa classificação, utilizamos o volume e a forma como critérios para definir se um objeto é sólido, líquido ou gasoso. Assim um objeto de forma definida e volume constante (para uma determinada temperatura) é classificado como sólido. Uma pedra, por exemplo, tem forma e volume definidos, desde que sua temperatura não varie. O mesmo podemos dizer de uma barra de ferro. A restrição em relação à temperatura é muito importante porque os materiais variam de volume quando sua temperatura varia.

Segundo esse critério, um líquido também tem volume constante, à semelhança de um sólido, mas sua forma não é definida, pois depende da forma interna dos recipientes. Por exemplo, 1 L de água pode adquirir a forma do interior de uma garrafa de refrigerante, de um saco plástico ou de um jarro.

Figura 5-18: **Os líquidos assumem a forma interior dos recipientes que os contêm.**

No entanto sempre se tratará de 1 L de água, pois seu volume não varia quando o transferimos de um recipiente para outro a uma temperatura constante. A coluna de mercúrio ou de álcool de um termômetro é um exemplo disso. Sabemos que o mercúrio ou o álcool da coluna dos termômetros "sobem" quando a temperatura aumenta. Isso ocorre porque os líquidos normalmente se dilatam (isto é, aumentam de volume) com o aumento da temperatura.

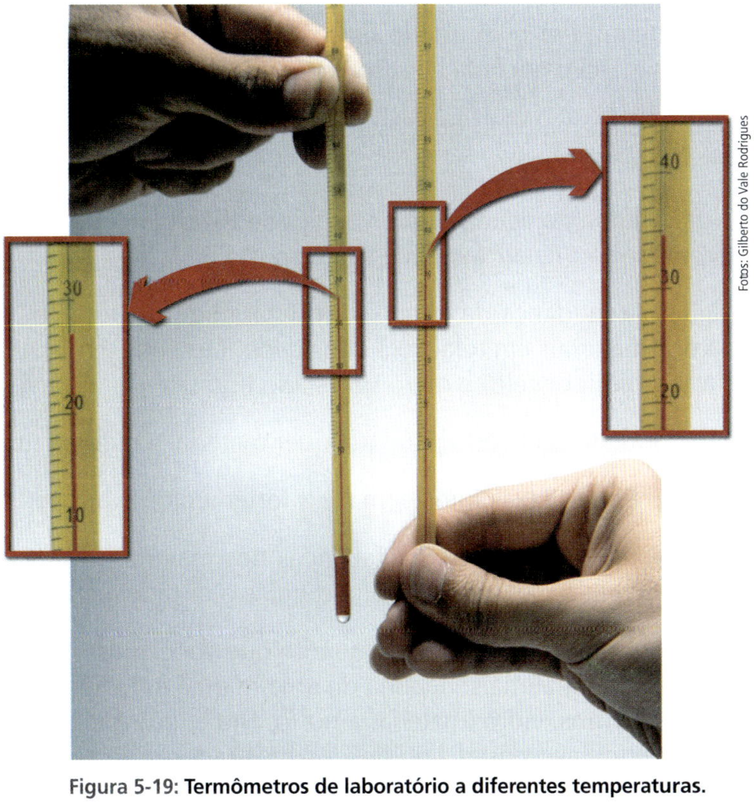

Fotos: Gilberto do Vale Rodrigues

Figura 5-19: **Termômetros de laboratório a diferentes temperaturas.**

O mesmo critério estabelece que os gases não têm volume constante nem forma definida. Assim conseguimos comprimir e descomprimir o ar contido numa seringa e, dessa forma, variar seu volume. Da mesma maneira, um gás que escapa de um botijão tende a se espalhar por todo o ambiente onde se localiza, aumentando de volume.

A aplicação dos critérios de volume e forma permite a classificação de um grande número de materiais como sólidos, líquidos ou gases. No entanto é preciso ter alguns cuidados. Sabemos, por exemplo, que um sólido em forma de pó, como a areia ou o açúcar, pode adquirir a forma de um recipiente. Isso nos obriga a classificá-lo como líquido? Não, porque, se examinarmos um único grão do pó, concluiremos que ele tem forma definida.

Questões para discussão

Q14. Construa e preencha um quadro em seu caderno com quatro colunas, no qual você vai sistematizar os critérios para classificar os materiais nos diferentes estados físicos. Na primeira coluna, indique os estados físicos (sólido, líquido e gasoso), na segunda o primeiro critério descrito no texto (sensorial), na terceira, o segundo critério (forma e volume). Na quarta coluna você deverá indicar as características de cada estado físico, considerando o modelo de partículas que você construiu ao longo deste capítulo.

Estado físico	Critério 1 (sensorial)	Critério 2 (forma e volume)	Modelo de partículas

Quadro 5-2: **Critérios para classificação dos estados físicos.**

Q15. Utilize o modelo de partículas para descrever como as partículas se movimentam em cada um dos estados físicos.

Q16. Use o modelo de partículas para explicar por que os sólidos e líquidos têm volume constante e os gases não.

Q17. Utilize o modelo de partículas para explicar por que os sólidos têm forma própria e os líquidos e gases não.

Q18. Para um mesmo material, em qual estado físico as partículas têm mais movimento? Como a quantidade de energia está associada aos movimentos das partículas? Explique.

Q19. Considerando um mesmo material, qual estado físico apresenta maior densidade? Qual apresenta menor densidade? Explique.

Q20. Sabemos que o gelo flutua na água. O que você pode dizer da densidade da água em relação ao gelo? É maior, menor ou igual? Explique sua resposta.

Q21. Sabe-se que a água, na mudança de estado sólido para líquido, tem um comportamento diferente da maioria dos materiais em relação à densidade. Desenhe, em seu caderno, um modelo para a água no estado sólido (gelo) e outro no estado líquido.

Q22. O modelo da água pode ser utilizado para qualquer material sólido ou líquido? Por quê?

Q23. Em qual estado físico as partículas interagem mais fortemente? Explique.

Q24. Faça comentários sobre as seguintes características dos materiais: forma e volume dos materiais; organização, energia e movimento das partículas e distância entre elas.

Q25. Segundo cada um dos critérios indicados no quadro que você construiu (quadro 5-2), discuta o estado físico dos seguintes materiais: neblina de uma manhã fria, "fumaça" no banheiro durante um banho quente, nuvens, vidro (material amorfo, isto é, que não possui arranjo geométrico regular entre suas partículas), cristal líquido dos mostradores de relógio (as partículas desse material estão orientadas no espaço).

TEXTO 3

Ampliando a classificação dos materiais: coloides

O critério da forma e do volume tem limitações típicas de todo julgamento baseado na observação de propriedades macroscópicas dos materiais: constata as propriedades, mas não as explica.

A introdução do modelo cinético-molecular, ou de partículas, nos ajuda a explicar propriedades que os materiais possuem nos diferentes estados físicos e, dessa forma, a ter mais cuidado com as classificações baseadas nos critérios de forma e volume. Isso é importante porque o modelo cinético-molecular não nos ajuda a classificar os materiais, pois todas as características desse modelo baseiam-se na existência de partículas e espaços vazios ou na sua organização, aspectos que não são visíveis. No entanto, a partir desse modelo, é possível classificar os materiais tendo como referência o tamanho das partículas.

A classificação dos materiais em sólidos, líquidos e gases se aplica, primeiramente, às substâncias puras. Mas também pode aplicar-se a misturas, desde que sejam soluções, ou seja, tenham as partículas constituintes com dimensões atômicas até 1 nm (nanômetro), que corresponde a 10^{-9} m (metros), ou um milionésimo de milímetro.

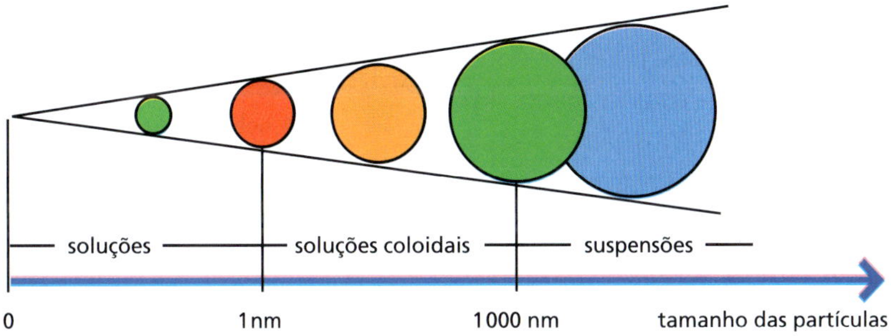

Figura 5-20: **Tamanho das partículas e a classificação das misturas.**

Para misturas constituídas por partículas maiores, existe uma classe de materiais chamada coloides ou **materiais em suspensão coloidal**. Elas não devem ser classificadas como sólidos, líquidos ou gases.

Figura 5-21: **Gelatinas e geleias são exemplos de coloides.**

Uma nuvem, por exemplo, não tem forma definida nem volume constante, o que nos levaria a classificá-la como um gás. No entanto sabemos que ela é constituída, entre outras coisas, de gotículas de água no estado líquido e, em alguns casos (como nas nuvens de tempestade), de pedacinhos de gelo em suspensão no ar. Assim não é conveniente classificá-la como gás.

A utilização do modelo de partículas permite, portanto, analisar as situações de partículas em suspensão coloidal, como nos exemplos das nuvens e da neblina. Na realidade, não se trata de gases, pois nestes as partículas não interagem a ponto de formarem aglomerados visíveis. Logo, apesar de possuírem forma e volume variados, esses materiais não são gases, e sim aerossóis; neles as gotículas, no estado líquido, estão em suspensão no ar, que está no estado gasoso. Neste caso o ar seria considerado a **fase de dispersão**, ou seja, aquela que se encontra em maior quantidade. As gotículas de água são consideradas a **fase dispersa**, ou seja, aquela que se encontra em menor quantidade.

Uma maria-mole pode ser considerada uma espuma sólida, na qual um gás está em suspensão num sólido. O leite, a maionese e a manteiga são considerados emulsões, pois tanto a fase dispersa como a fase de dispersão estão no estado líquido.

A classificação dos diversos tipos de sistemas coloidais está baseada no estado físico das fases dispersa e de dispersão. No quadro 5-3, a seguir, apresentamos essa classificação.

Renata Xavier/Editora Abril

Figura 5-22: **A neblina e as nuvens são exemplos de coloides sob a forma de aerossol. Região da Serra Fluminense (RJ).**

Coloide	Fase dispersa	Fase de dispersão	Exemplo
aerossol líquido	líquido	gás	neblina, desodorante
aerossol sólido	sólido	gás	fumaça, poeira
espuma	gás	líquido	espuma de sabão e de combate a incêndio
espuma sólida	gás	sólido	poliuretano
emulsão	líquido	líquido	leite, maionese, manteiga
emulsão sólida	líquido	sólido	margarina, opala, pérola
sol	sólido	líquido	tinta, pasta de dente
sol líquido	sólido	sólido	vidro e plástico pigmentado

JAFELICCI JUNIOR, Miguel; VARANDA, Laudemir Carlos. O mundo dos coloides. *Química nova na escola*. n. 9, maio 1999.

Quadro 5-3: **Classificação dos coloides de acordo com as fases dispersa e de dispersão.**

Nas discussões sobre o modelo de partículas, estabelecemos um critério para a classificação dos materiais. Isso nos permitiu diferenciar materiais (como o vidro), que, apesar de possuírem forma própria e volume definido, não apresentam arranjo ordenado de suas partículas. A solução mais indicada para classificar o vidro é chamá-lo de **sólido amorfo**.

O termo "sólido" refere-se às propriedades de forma definida e volume constante, e "amorfo" designa que o vidro não apresenta estrutura cristalina com partículas organizadas segundo um arranjo geométrico. Os sólidos que, a exemplo de um cristal de quartzo, apresentam arranjo bem-ordenado, são chamados **sólidos cristalinos**.

Dex Image/Alamy/Other Images

Figura 5-23: **O vidro é um sólido amorfo.**

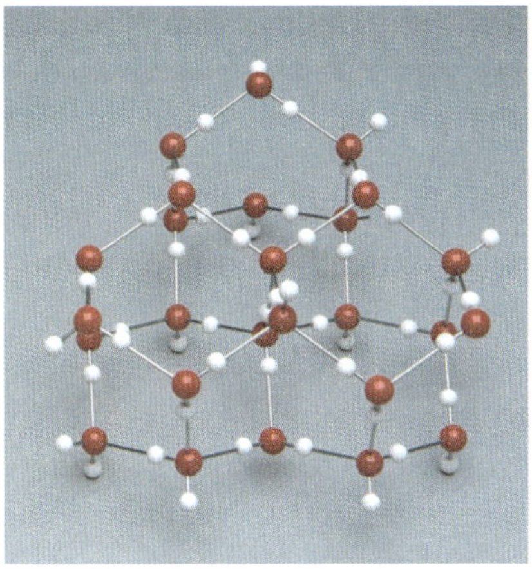

Gilberto do Vale Rodrigues

Figura 5-24: **Nos sólidos cristalinos, as partículas estão organizadas segundo arranjos geométricos.**

Claudio Larangeira/Editora Abril

Figura 5-25: **O quartzo é um sólido cristalino.**

Concluindo, verificamos que a classificação dos materiais em sólidos, líquidos e gasosos é limitada, não se aplicando a todos os materiais indistintamente. A partir do modelo de comportamento das partículas foi possível estabelecer critérios que nos permitiram entender situações diferentes, como a dos sólidos amorfos e dos sólidos cristalinos e a das suspensões coloidais e soluções.

Questões

Q26. Por que alguns materiais não podem ser classificados como sólidos, líquidos ou gases?

Q27. O que são coloides? Dê exemplos.

Q28. O que é um sólido cristalino? Dê exemplos.

Q29. O que significa dizer que o vidro é um sólido amorfo?

TEXTO 4

Aplicação do modelo de partículas aos sólidos e líquidos

A aplicação desse mesmo modelo aos sólidos e líquidos não é óbvia. Afinal, se alguns sólidos são aparentemente impenetráveis, seria o sólido realmente constituído de partículas e espaços vazios? Para responder positivamente a essa questão, tivemos de discutir algumas características para a distribuição das partículas no sólido. Ao contrário do que ocorre com um gás, cujas partículas estão totalmente desordenadas e em constante movimento, o sólido possui partículas aglomeradas, que estão em constante movimento vibratório em torno de sua posição, não se deslocando. Dizemos que as partículas de um sólido não apresentam movimento de translação.

Nos sólidos cristalinos, essas partículas estão ordenadas em um retículo cristalino. Esse retículo é formado por células unitárias que correspondem a uma figura geométrica (como um cubo ou um paralelogramo), e as partículas estão nos vértices desses sólidos geométricos. Esse arranjo geométrico ordenado se repete por todo o cristal.

A maioria dos plásticos, material muito utilizado atualmente, apresenta um comportamento interessante: ora aproxima-se do estado sólido, ora do estado líquido. Um plástico rígido, com o aumento da temperatura, pode se tornar flexível e elástico. Essa mudança, chamada **transição vítrea**, ocorre a uma determinada temperatura, que depende da composição do material. Abaixo dessa temperatura, o plástico é rígido e se comporta como um sólido. Acima, torna-se viscoso, porque escoa como um fluido, e elástico, porque tende a recuperar sua forma original. As gomas de mascar são um exemplo interessante de material com essa propriedade. Como a transição vítrea nesses materiais ocorre a uma temperatura superior à ambiente, mas inferior à do corpo humano, a goma é dura na temperatura ambiente, mas amolece na boca.

A atração entre as partículas no sólido é intensa, e os espaços vazios são bem menores que nos gases. É por isso que temos a impressão de impenetrabilidade em relação aos sólidos. De maneira semelhante, esse modelo explica por que os sólidos têm forma própria e não se "esparramam" como os líquidos. Como estão limitadas a posições fixas, as partículas não podem se deslocar e "rolar umas sobre as outras", como acontece com os líquidos.

O modelo para o estado líquido é intermediário entre os dois modelos, de gases e sólidos. Podemos imaginar que, no processo de fusão de um sólido, algumas de suas partículas passam a vibrar com muita intensidade, por causa do aumento de temperatura, e se deslocam de suas posições. Mesmo que isso ocorra com apenas algumas partículas, todo o retículo se rompe. Apesar disso, as partículas ainda mantêm uma atração entre si formando pequenos aglomerados, que, no entanto, podem "rolar" uns sobre os outros dando ao líquido a propriedade de "esparramar" e de adquirir a forma do recipiente em que ele está.

À medida que um líquido é aquecido, aumenta o movimento das partículas. Quando esse aquecimento atingir a temperatura suficiente para provocar a mudança do estado líquido para o gasoso, o processo de enfraquecimento de atrações entre partículas chega ao máximo, e as partículas deixam o líquido individualmente passando a constituir o material no estado gasoso. É necessário fornecer energia ao líquido para que as interações entre as partículas sejam desfeitas. Assim o aquecimento de um líquido em ebulição não provoca o aumento da temperatura, pois toda a energia é gasta no rompimento das interações interpartículas. O mesmo ocorre com o processo de fusão.

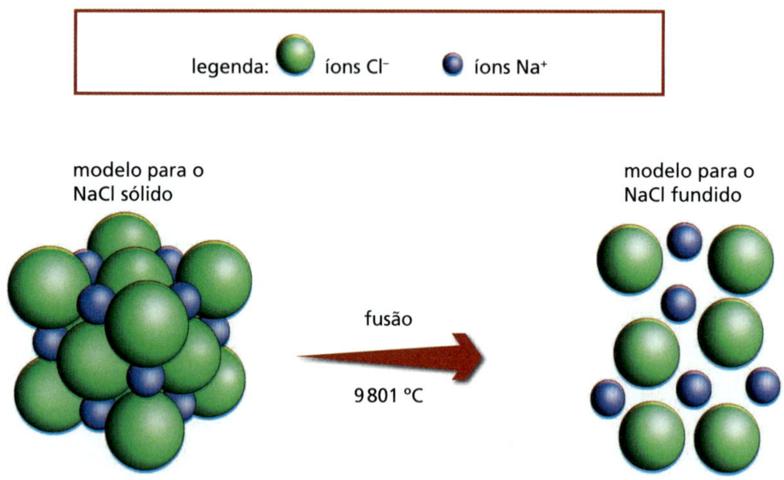

Figura 5-26: **Na fusão, são enfraquecidas interações entre as partículas.**

A temperatura de ebulição de uma substância depende da pressão atmosférica. Quanto maior a pressão atmosférica, maior a temperatura de ebulição. Como o modelo de partículas nos ajuda a compreender isso?

A passagem das partículas do meio líquido para o meio gasoso envolve, além da quebra da interação entre as partículas, o rompimento de uma "barreira" causada pelas partículas da atmosfera.

Assim, quanto maior a quantidade de partículas da atmosfera na superfície do líquido – algo diretamente proporcional à pressão atmosférica – maior será essa "barreira" e, portanto, maior a energia necessária para que a ebulição aconteça. Isso se traduz em um aumento na temperatura de ebulição do líquido com o aumento da pressão atmosférica.

Assim a interação entre partículas, muito fraca no estado gasoso e muito forte no estado sólido, tem valor intermediário no estado líquido. A atração não é suficientemente forte para impedir o deslocamento das partículas, mas é forte o bastante para mantê-las em fase condensada.

Em resumo, o aumento de temperatura provoca, em média, aumento da energia cinética das partículas, que se traduz num aumento de seu movimento. Isso gera um enfraquecimento da interação entre as partículas. Assim, num sólido, a interação é forte e o movimento é pequeno, somente de vibração em torno de posições fixas. Dizemos que o estado sólido é uma fase condensada porque as partículas estão muito próximas umas das outras.

No líquido, aumenta o movimento, mas não o suficiente para que não exista interação entre as partículas. As partículas no líquido podem se mover; isso explica por que os líquidos não têm forma própria e assumem a forma dos recipientes em que eles estão. Um líquido também é uma fase condensada, pois a distância média entre suas partículas não é muito diferente daquela do sólido, quando se trata do mesmo material.

No gás, o movimento das partículas é muito rápido e a interação entre elas, muito fraca. Assim as partículas não se aglomeram e se deslocam individualmente, e existe grande espaço entre elas. Isso explica por que os gases se difundem com rapidez e por que podem ser comprimidos. Convivemos com esse tipo de fenômeno diariamente. Por exemplo, o cheiro de uma pessoa perfumada que entra numa sala é rapidamente percebido pelos presentes. O aroma é provocado por partículas da substância que constitui o perfume, e o fato de se espalhar rapidamente é uma evidência de que os gases se difundem. O mesmo raciocínio explica por que sentimos o cheiro de comida pronta e quente, mesmo estando longe da cozinha.

Questões

Q30. Represente o modelo de partículas para os estados físicos sólido, líquido e gás. Explicite, em cada caso, as características relativas à organização das partículas, espaços entre as partículas, movimentação das partículas e arranjos possíveis.

Q31. Leia atentamente o texto a seguir.

> *A água é uma substância líquida na temperatura ambiente. Nesse estado físico, suas partículas estão em movimento. Quando colocada em ambiente de baixa temperatura (abaixo de 0 °C), a água congela, ou seja, suas partículas param e acomodam-se em arranjos hexagonais formando assim o gelo.*

Identifique no texto um erro conceitual e explique o que está errado.

Q32. Algumas rochas apresentam fendas ou porosidades que permitem a infiltração de água. Nos países de clima frio, observa-se que essas rochas, no inverno, fragmentam-se em várias partes. Utilizando seus conhecimentos sobre o modelo de partículas, explique por que isso acontece.

Q33. O que é transição vítrea? Dê exemplos de materiais que passam por esse processo.

Q34. Suponha que você acidentalmente grudou goma de mascar em seu cabelo. Como você poderia retirar a goma sem cortar o cabelo? Explique.

TEXTO 5

Pressão, densidade, dissolução e o modelo de partículas

O modelo cinético-molecular possibilita-nos explicar alguns fenômenos que ocorrem com os materiais. A pressão é um desses fenômenos. Imagine um gás em um recipiente cúbico: as partículas desse gás estão colidindo aleatoriamente entre si e com as paredes desse cubo. A definição de pressão é "a força normal (perpendicular à área), exercida por unidade de área". Do ponto de vista cinético-molecular, a **pressão** pode ser compreendida como a força exercida pelas partículas ao se colidirem com uma unidade de área.

As unidades mais usuais para pressão são o milímetro de mercúrio (mmHg) e a atmosfera (atm). Neste caso, 1 atm é equivalente a 760 mmHg, mas essas não são unidades do Sistema Internacional (SI). Nesse sistema a unidade recomendada para medidas de pressão é o pascal (Pa), que equivale a $kg/(m \cdot s^2)$ ou, sinteticamente, N/m^2. Pode-se dizer que 1 atm equivale a $1{,}013 \times 10^5$ Pa.

Com o modelo de partículas, podemos explicar também a variação da densidade nas mudanças de estado. A ordem de grandeza da distância média entre as partículas é a mesma nos sólidos e líquidos. Geralmente, no estado líquido os materiais são menos densos que no estado sólido, o que pode ser explicado por um pequeno aumento da distância média entre as partículas durante o processo de fusão do sólido. Essa diferença de densidade não é, no entanto, muito acentuada e existem algumas exceções.

Por exemplo, a água no estado sólido é menos densa que no estado líquido. A explicação desse fato será dada no capítulo 9, quando já teremos avançado em nossos estudos. Neste momento uma boa aproximação é considerar que a distância média entre as partículas no gelo é maior que na água líquida. Essa propriedade da água (o gelo ser menos denso que a água líquida) é essencial para a vida no planeta. Se o gelo fosse mais denso que a água líquida, a camada de gelo que cobre oceanos e lagos das regiões frias não se formaria na superfície e sim no fundo, matando as formas de vida lá existentes.

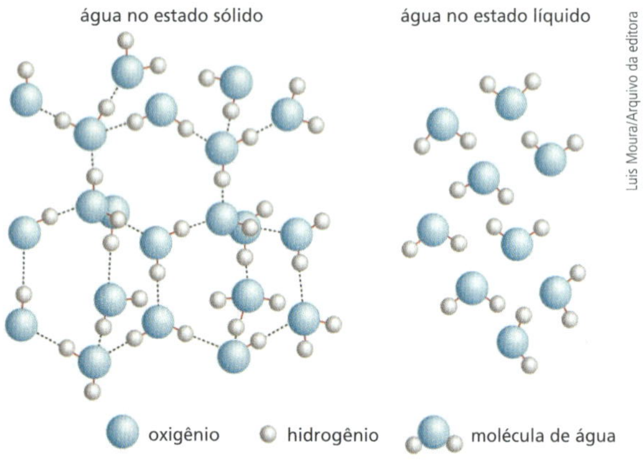

Figura 5-27: Modelo de partículas para a água nos estados sólido e líquido.

Figura 5-28: O gelo flutua na água.

Já os gases apresentam distâncias médias entre suas partículas cerca de 10 vezes maiores que nos sólidos e líquidos. Isso explica a baixa densidade dos gases, pois o aumento dos espaços vazios faz com que tenhamos um menor número de partículas e, portanto, menor massa em um grande volume. Isso provoca a diminuição da densidade. Da mesma forma, a densidade dos gases pode variar muito por processos de compressão. Já nos sólidos e líquidos, a variação de volume e, consequentemente, de densidade, ocorre principalmente pela variação da temperatura, que dilata ou contrai sólidos e líquidos. Os sólidos e líquidos também podem sofrer compressão, embora muito pequena. A variação de densidade é muito maior para um gás submetido ao aquecimento que para líquidos ou sólidos.

Dissolução e o modelo de partículas

Outra situação que pode ser explicada com o modelo de partículas é a difusão de um sólido em um líquido. Vimos, na atividade 5, que, ao colocarmos um cristal de sulfato de cobre ($CuSO_4$) no copo com água, em repouso, a cor azul, característica do sulfato de cobre, vai se espalhando espontaneamente pelo líquido, sem que seja necessária qualquer agitação.

O mesmo não se observa, no entanto, quando se coloca um cristal de sulfato de cobre num copo contendo aguarrás.

Figura 5-29: **O sulfato de cobre não se dissolve na aguarrás e a cor não se difunde por todo o líquido.**

O modelo de partículas permite explicar a diferença entre os resultados obtidos com aguarrás e água e por que o sulfato de cobre tende a se espalhar na água.

Entretanto, para explicarmos a dissolução, é necessário ainda considerar que existem interações entre as partículas do soluto, que chamaremos **interação soluto-soluto**, e interações entre as partículas do solvente, que chamaremos **interação solvente-solvente**.

Para que ocorra a dissolução, não basta que as partículas estejam em movimento, é necessário que se forme uma nova interação entre as partículas do solvente e as do soluto, que chamaremos **interação soluto-solvente**. Lembre-se de que toda quebra de interação requer que se forneça energia ao sistema e que, na formação de novas interações, há liberação de energia pelo sistema. Portanto a energia liberada na formação das interações soluto-solvente tem de compensar energeticamente a quebra das interações soluto-soluto. Como as partículas de aguarrás não interagem com as de sulfato de cobre, a dissolução não ocorre nesse caso. Já as partículas de água interagem com as de sulfato de cobre, e essa interação soluto-solvente compensa energeticamente a quebra das interações soluto-soluto, o que torna possível a dissolução. A natureza de todas essas interações é elétrica e será estudada em capítulos posteriores.

Este modelo das interações soluto-solvente é parcial, pois não leva em conta uma propriedade das substâncias – a entropia – que será estudada no capítulo 2 da parte 2, sobre Termoquímica. No entanto, ele pode ser considerado uma boa explicação para a dissolução neste momento.

Fotos: Sérgio Dotta Jr./Arquivo da editora

Figura 5-30: **O sulfato de cobre se dissolve em água, e a cor se espalha espontaneamente por todo o líquido.**

QUÍMICA

Para explicar por que o sulfato de cobre se espalha por toda a água, mesmo sem agitação, recorreremos ao movimento das partículas. As partículas do líquido estão em movimento constante e, ao interagir com as partículas do sólido, contribuem para que estas últimas se espalhem por todo o líquido.

Essa experiência é uma importante evidência de que as partículas de um líquido se deslocam em movimento de translação. No caso do exemplo estudado, trata-se de uma solução colorida de um sólido em um líquido. Existem, no entanto, várias soluções incolores, que apresentam o aspecto de líquidos puros, mas que contêm materiais sólidos dissolvidos. É o caso da água do mar, na qual vários sais estão dissolvidos.

Se deixarmos certa quantidade de água do mar evaporar-se, veremos que restará, no fim, uma quantidade de material sólido. Isso é uma evidência de que a água do mar, apesar de ter a aparência de líquido puro, é uma solução.

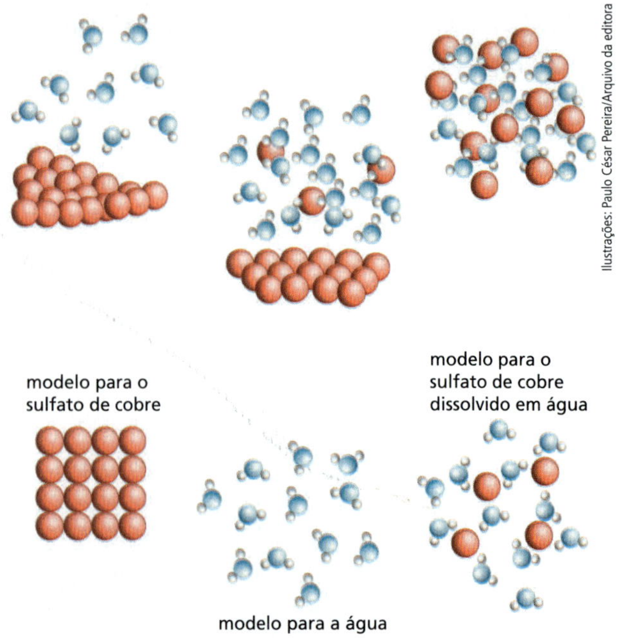

Figura 5-31: Modelo para a difusão da cor do sulfato de cobre pela água.

Questões

Q35. Em seu livro *Um cientista na cozinha*, Hervê This escreve "A panela de pressão é uma antimontanha". A que o autor está se referindo?

Q36. Observe os modelos propostos para a dissolução do sal em água e comente-os.

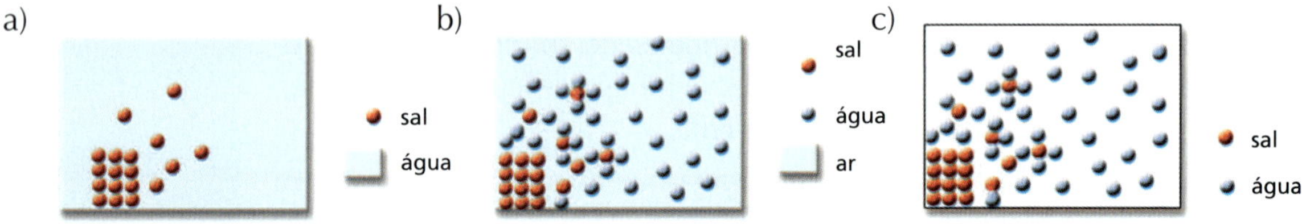

Figura 5-32: Modelos para dissolução do sal em água.

Q37. Douglas realizou um experimento para estudar o comportamento de um sólido quando interage com dois solventes diferentes. Para seu experimento, utilizou o sal de cozinha (cloreto de sódio, NaCl) sólido. Observe o quadro 5-4, preenchido por Douglas com dados experimentais por ele obtidos:

Solubilidade do sal de cozinha	Observações
em água à temperatura ambiente	totalmente solúvel após 10 min
em água quente	totalmente solúvel após 5 min
em tetracloreto de carbono	insolúvel

Quadro 5-4: Questão Q37.

Utilizando o modelo de partículas, explique os resultados do experimento.

EXERCÍCIOS

No início deste capítulo, comentamos que algumas questões discutidas nos capítulos sobre propriedades dos materiais ficaram sem resposta satisfatória. Nossa expectativa é que a construção de um modelo de partículas para explicar os fenômenos que ocorrem com os materiais ajude a aprofundar essas respostas. Com base nos conhecimentos adquiridos ao longo deste capítulo, responda:

E1. Por que alguns materiais são mais densos que outros?

E2. Por que a temperatura permanece constante nas mudanças de estado físico das substâncias?

E3. Por que a temperatura de ebulição dos líquidos, a exemplo da água, é afetada pela pressão atmosférica?

E4. Por que as substâncias são solúveis em certos solventes e insolúveis em outros?

TEXTO 6

Como funciona um mostrador de relógio digital?

Para respondermos a essa pergunta, temos que nos deter nas propriedades do material que constitui os mostradores – os cristais líquidos.

A figura 5-34 ilustra um modelo de partículas para os três estados da matéria. Segundo esse modelo, um dos critérios que diferenciam os sólidos dos líquidos é o fato de que os primeiros têm suas partículas arranjadas em posições fixas, o que faz com que essas partículas possuam apenas o movimento de vibração. É por isso que os sólidos têm forma própria. Já em um líquido, as partículas não têm posições fixas, ou seja, estão livres para se movimentar, individualmente ou em grupo, umas em relação às outras; isso faz com que os líquidos adquiram a forma do recipiente em que estiverem.

Nos modelos da figura 5 34, usamos pequenas molas para representar as interações entre as partículas no sólido. Lembre-se de que essas interações são de natureza elétrica e de que as molinhas não existem na realidade, apenas representam as interações. No líquido, as molinhas continuam a ser indicadas, pois também há interações entre as partículas, só que não suficientemente fortes para manter as partículas em posições definidas. No gás, não indicamos mais as molinhas, pois as partículas são individuais, não existindo interação entre elas. Note que a distância entre as partículas é muito maior do que no sólido e no líquido.

Os cristais líquidos são materiais que apresentam algumas propriedades de materiais líquidos, como o fato de suas moléculas poderem deslocar-se livremente. Por essa razão,

Fernando Lemos/Strana/Abril Imagens

Figura 5-33: **Mostrador de relógio digital.**

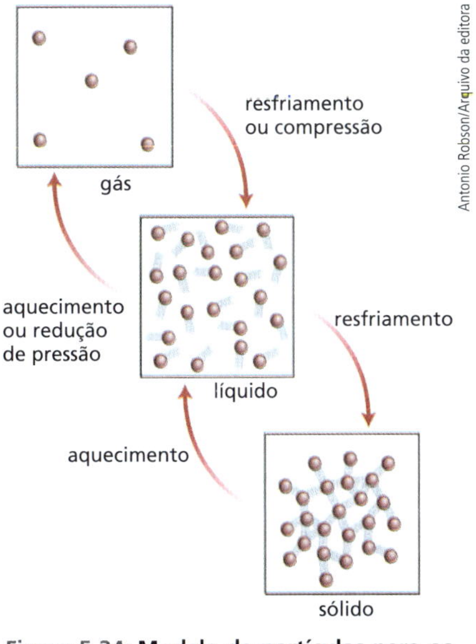

Antonio Robson/Arquivo da editora

Figura 5-34: **Modelo de partículas para os estados físicos.**

apresentam-se sob a forma líquida, adquirindo a forma do interior do recipiente em que estiverem. No entanto esses materiais também apresentam uma propriedade dos sólidos cristalinos: suas moléculas estão organizadas, pois assumem certa orientação no espaço. Na figura 5-35, estão ilustrados dois modelos, um para o líquido comum e outro para o cristal líquido.

A orientação das partículas no cristal líquido pode variar com a temperatura ou com a intensidade de um campo elétrico aplicado ao material.

Quando a orientação das partículas varia, algumas propriedades ópticas do cristal líquido podem variar, como veremos a seguir. É por isso que eles são utilizados na fabricação de telas de computadores e mostradores de calculadoras e relógios digitais.

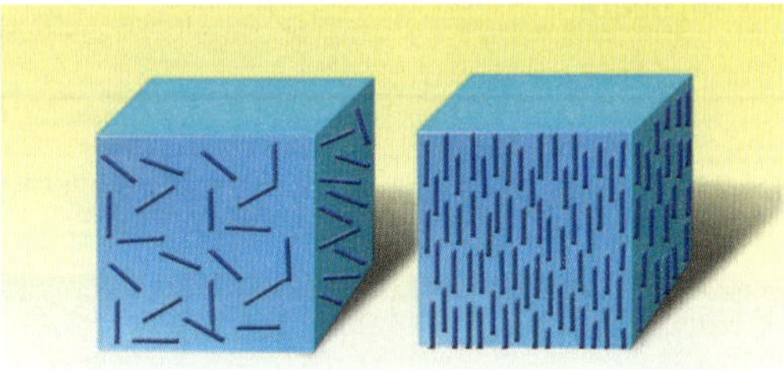

Figura 5-35: Modelos para um líquido comum e para um cristal líquido.

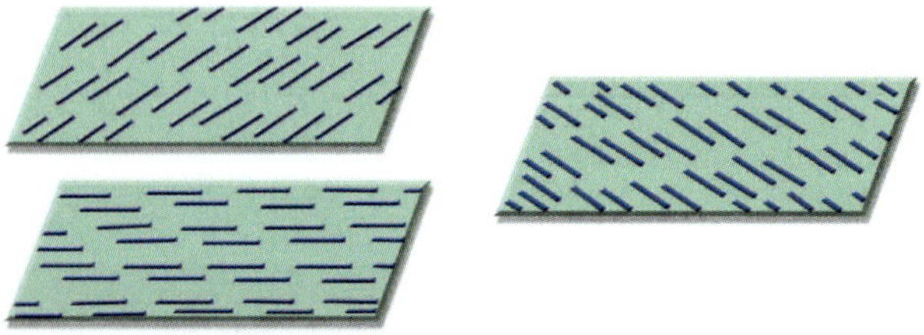

Figura 5-36: Diferentes orientações das moléculas num cristal líquido.

Os mostradores de relógios digitais

Os cristais líquidos são amplamente utilizados em mostradores de relógios e calculadoras, sendo controlados eletricamente. A aplicação de um campo elétrico provoca uma mudança na orientação das moléculas do cristal líquido, o que afeta as propriedades ópticas de uma de suas camadas.

O cristal líquido é colocado entre duas placas de vidro encobertas por material transparente e condutor de eletricidade. Num mostrador de relógio ou de calculadora, a luz que atinge a superfície passa, em primeiro lugar, por uma fina camada de material polarizador, que permite a passagem apenas de raios de luz cuja vibração se dá numa determinada direção. Quando não há voltagem aplicada no material condutor, a luz polarizada passa pela camada de cristal líquido, é refletida no fundo do dispositivo e emerge novamente através da placa que cobre o dispositivo. A superfície aparece, então, brilhante. A aplicação de um campo elétrico ao material condutor provoca a mudança na orientação das partículas de cristal líquido. Consequentemente, a luz polarizada não passa através da camada de cristal líquido e as áreas do mostrador em que foi aplicado o campo elétrico aparecem mais escuras.

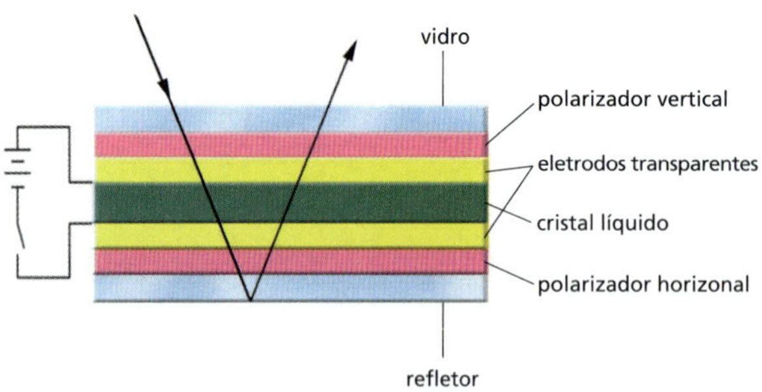

Figura 5-37: Estrutura típica de um mostrador de cristal líquido.

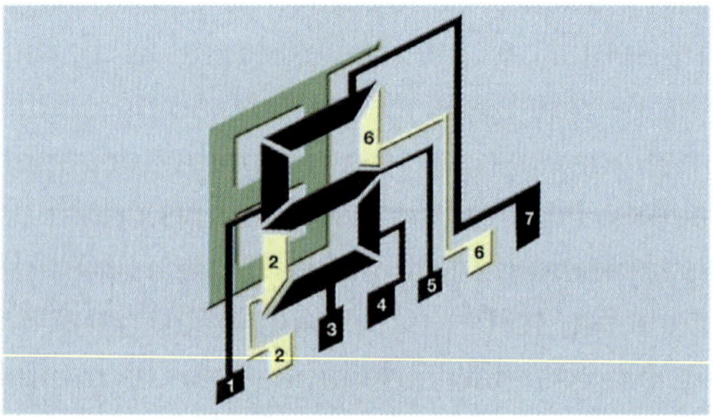

Ilustrações: Antonio Robson/Arquivo da editora

Figura 5-38: Segmentação das áreas do mostrador para formar numerais.

A aplicação do campo elétrico às áreas apropriadas do mostrador pode formar letras, números ou outras figuras. A figura a seguir apresenta a estrutura de um mostrador numérico, que é dividido em sete áreas. Pela aplicação da voltagem nos segmentos apropriados, pode-se formar qualquer numeral. O numeral 5, por exemplo, é formado pela aplicação da voltagem nos segmentos 1, 3, 4, 5 e 7.

Questões

Q38. Se considerarmos o arranjo das partículas, o que diferencia um sólido de um líquido?

Q39. O que é um cristal líquido? Faça uma representação de um modelo para um líquido comum e para um cristal líquido.

Q40. Que fatores provocam a variação da orientação das partículas num cristal líquido? Explique.

Q41. Por que os cristais líquidos são utilizados na fabricação de mostradores de relógios digitais?

Q42. Explique como funciona um mostrador de cristal líquido.

EXERCÍCIOS

Todos os exercícios devem ser respondidos em seu caderno. Não escreva em seu livro.

E5. O modelo cinético-molecular é uma referência teórica que nos auxilia a explicar alguns fenômenos. É **incorreto** afirmar que o modelo cinético-molecular admite que:

a) as partículas estão em movimento.

b) as partículas são muito pequenas.

c) entre uma partícula e outra existe ar.

d) os materiais são constituídos por partículas.

E6. Luísa e Miguel aqueceram um tubo de vidro que estava conectado a um balão de aniversário. Durante o aquecimento do tubo, observaram que o balão inflou.

Considerando o modelo cinético-molecular, é **correto** afirmar que o balão aumentou de volume porque:

a) a densidade do gás existente dentro do balão aumentou.

b) a energia cinética das partículas e a pressão interna aumentaram.

c) a massa do sistema constituído por tubo + balão aumentou.

d) as partículas de gás aqueceram e aumentaram de tamanho.

E7. Um estudante colocou uma garrafa de vidro cheia de água no congelador. Após várias horas descobriu que ela havia quebrado. Considerando o modelo cinético-molecular, isso ocorreu porque:

a) as moléculas de água pararam de se movimentar em posições mais afastadas entre si do que na temperatura ambiente.

b) a água líquida se transformou em gelo, aumentando sua densidade.

c) o arranjo das partículas de água no gelo possui mais espaço do que na água líquida.

d) o vidro é um sólido amorfo que se contrai de maneira desigual, quebrando-se ao atingir 0 °C.

e) a solubilidade dos gases dissolvidos na água diminui com o abaixamento da temperatura, aumentando a pressão interna na garrafa.

E8. Um pequeno grão de permanganato de potássio, um sal de cor arroxeada, foi jogado dentro de um béquer contendo 1 L de água. No primeiro momento, o grão foi para o fundo do béquer, deixando um "rastro" rosado por onde passou. Após algumas horas, sem sofrer nenhum tipo de agitação, o líquido estava totalmente rosa.

Considerando o modelo cinético-molecular, é **correto** afirmar que:

a) as partículas da água não possuem energia cinética.

b) as interações entre as partículas do permanganato de potássio foram quebradas.

c) entre as partículas de permanganato de potássio não existe espaço vazio.

d) as interações soluto-solvente não foram formadas.

E9. A naftalina é um sólido branco de odor característico que sublima com facilidade. A figura que representa corretamente as partículas de uma amostra de naftalina após total sublimação é:

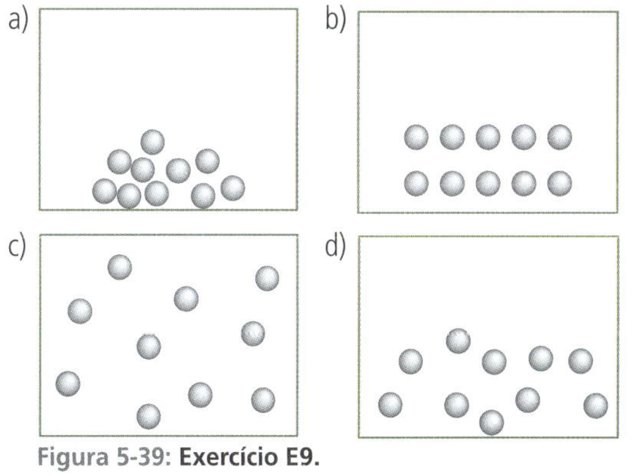

Figura 5-39: Exercício E9.

E10. Três materiais (1, 2 e 3) apresentam o seguinte comportamento quando colocados em um recipiente:

1: movimenta-se em direção ao fundo;

2: espalha-se por todo o espaço disponível;

3: movimenta-se em direção ao fundo, espalhando-se e cobrindo-o.

Indique os estados físicos dos materiais 1, 2 e 3.

CAPÍTULO 6

Modelos para o átomo e uma introdução à tabela periódica

No capítulo 5, construímos o modelo de partículas para explicar as propriedades de sólidos, líquidos e gases. Esse modelo pode ser designado, genericamente, como um modelo atomista.

O modelo de partículas que construímos é limitado e não explica muitas propriedades que os materiais apresentam. A condutividade elétrica de materiais como metais e soluções, por exemplo, não pode ser explicada recorrendo-se apenas à ideia de que a matéria seja constituída por partículas e espaços vazios. Serão necessários modelos mais sofisticados para a explicação dessa e de outras propriedades. Nosso modelo, no entanto, revelou-se útil na explicação dos estados físicos dos materiais, e ao mesmo tempo nos ensinou a respeito da própria noção de modelo.

Uma das principais conclusões a que chegamos é de que nunca devemos enxergar um modelo como uma cópia da realidade. Um modelo é apenas uma representação, uma aproximação do que ocorre na realidade. Ao mesmo tempo, cada modelo é útil na explicação de certas propriedades e transformações que a realidade apresenta. Se algumas transformações ou propriedades não puderem ser explicadas por um modelo, ele deve ser substituído ou modificado. Isso não impede que ele continue sendo usado nas situações mais simples.

Até agora, não empregamos a palavra átomo porque na ciência moderna esse termo tem um sentido muito preciso. Já a palavra partícula, que estamos empregando, é mais genérica e pode ser aplicada a toda uma classe de corpos submicroscópicos, inclusive aos próprios átomos. Ao continuarmos nosso curso de Química, aprenderemos a empregar esse termo com mais precisão.

			K = 39	Rb = 85	Cs = 133	—	—
			Ca = 40	Sr = 87	Ba = 137	—	—
			—	?Yt = 88?	?Di = 138?	Er = 178?	—
			Ti = 48?	Zr = 90	Ce = 140?	?La = 180?	Th = 231
			V = 51	Nb = 94	—	Ta = 182	—
			Cr = 52	Mo = 96	—	W = 184	U = 240
			Mn = 55	—	—	—	—
			Fe = 56	Ru = 104	—	Os = 195?	—
Typische Elemente			Co = 59	Rh = 104	—	Ir = 197	—
			Ni = 59	Pd = 106	—	Pt = 198?	—
H = 1	Li = 7	Na = 23	Cu = 63	Ag = 108	—	Au = 199?	—
	Be = 9,4	Mg = 24	Zn = 65	Cd = 112	—	Hg = 200	—
	B = 11	Al = 27,3	—	In = 113	—	Tl = 204	—
	C = 12	Si = 28	—	Sn = 118	—	Pb = 207	—
	N = 14	P = 31	As = 75	Sb = 122	—	Bi = 208	—
	O = 16	S = 32	Se = 78	Te = 125?	—	—	—
	F = 19	Cl = 35,5	Br = 80	J = 127	—	—	

Figura 6-1: **Alguns fenômenos necessitam de novos modelos para serem compreendidos. Aqui vemos a tabela periódica de Mendeleev em 1869 e *pellet* de material radioativo (plutônio).**

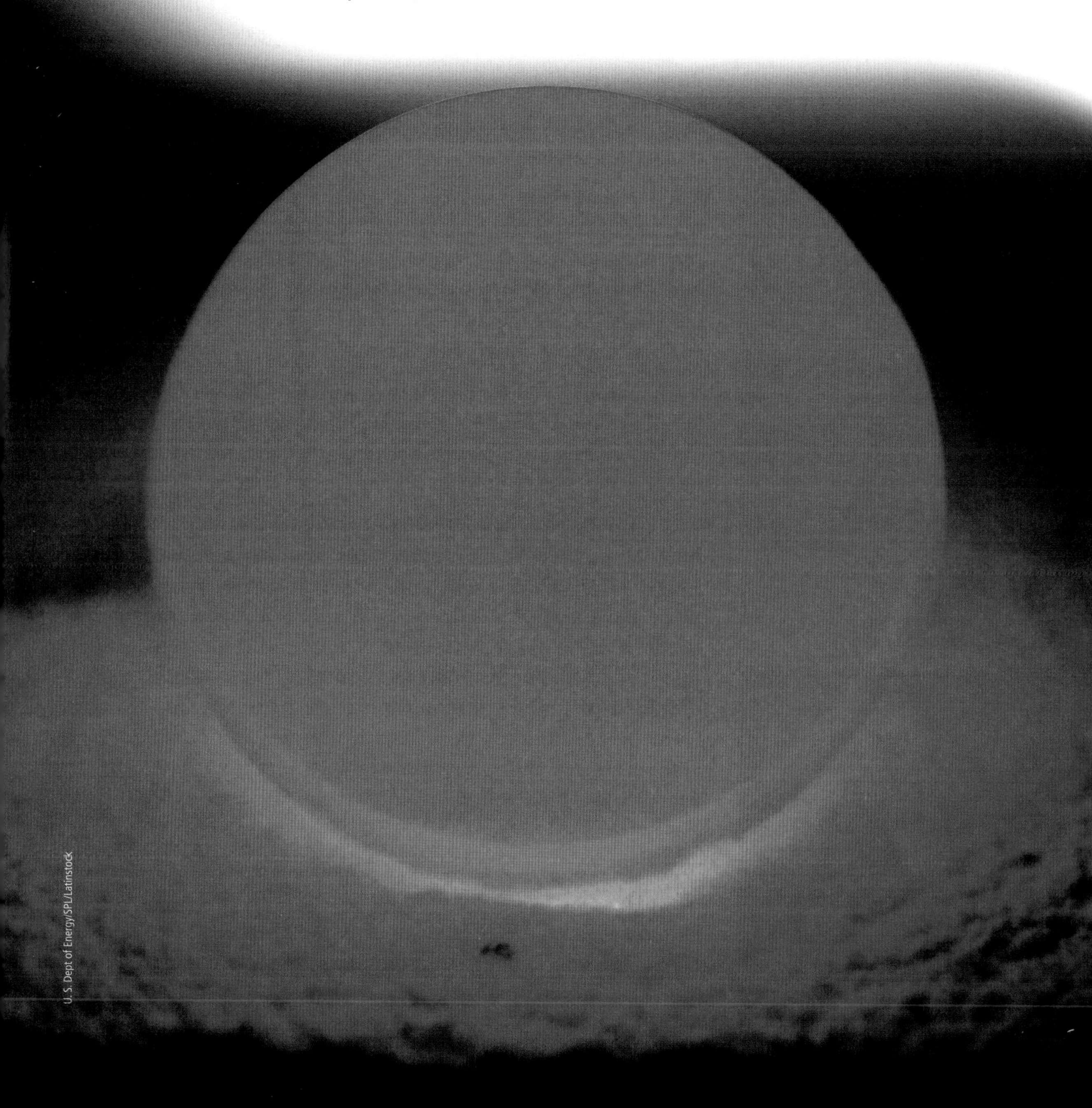

TEXTO 1

A ideia de átomo: da Grécia antiga aos tempos atuais

A ideia da existência de átomos remonta à Grécia antiga, onde Leucipo (480?-430? a.C.), Demócrito (460?-370? a.C.) e Epicuro (341?-270? a.C.) argumentavam que a matéria seria constituída por átomos (palavra que significa, em grego, indivisível) e espaços vazios. Essa ideia, entretanto, não prevaleceu e ficou, de certa forma, marginalizada durante 2 mil anos.

Figura 6-2: **Demócrito e Epicuro eram atomistas: acreditavam que a matéria seria constituída por átomos e espaços vazios.**

Figura 6-3: **Aristóteles não era atomista: acreditava que as menores partículas da matéria seriam grãos de matéria.**

Figura 6-4: **Em 1803, Dalton retomou a hipótese atômica.**

A concepção filosófica que prevaleceu até o século XVI foi proposta por Aristóteles (384-211 a.C.). Para esse filósofo grego, a matéria seria contínua. Assim, Aristóteles negava a existência de átomos e espaços vazios entre eles. Isso não significava que ele não admitia que a matéria poderia ser divisível. Na sua concepção de matéria, haveria um limite para essa divisibilidade, o que o levava a pensar na existência de partículas. Essa teoria das menores partículas – ou mínimos naturais, como eram chamadas por Aristóteles – não pode ser confundida com o atomismo de Leucipo, Demócrito e Epicuro. Para Aristóteles, as menores partículas seriam grãos de matéria, que exibiriam todas as suas propriedades – poderiam se dilatar, fundir-se etc.

Como tivemos oportunidade de discutir, as partículas do ar não se dilatam quando aquecidas. A dilatação observada é consequência do aumento da separação média entre as partículas que compõem o material. Portanto, em um modelo atomista, nem todas as propriedades dos materiais podem ser atribuídas às partículas, como queria Aristóteles.

Apesar de suas ideias terem sido marginalizadas por longo tempo, Leucipo, Demócrito e Epicuro estavam mais próximos da concepção que acabou prevalecendo na ciência moderna – a de que a matéria é constituída por átomos e espaços vazios.

A partir do Renascimento, no século XVI, o atomismo foi retomado por uma corrente de pensamento que teria grande sucesso na Física: o mecanicismo, segundo o qual o mundo funcionava como uma grande máquina, precisa e exata. Gassendi (1592-1655) e Mersenne (1588-1648), filósofos que influenciaram Galileu, foram os primeiros a retomar a hipótese de que a matéria seria constituída por partículas (os átomos). Gerações posteriores de físicos e filósofos importantes como Galileu (1564-1642), Newton (1643-1727) e Boyle (1627-1691) usaram essa hipótese atomista na explicação de propriedades dos materiais.

Em 1803, John Dalton (1766-1844) retomou a hipótese atômica para explicar o comportamento dos diversos gases da atmosfera e das misturas gasosas. Assim como Leucipo, Demócrito e Epicuro, Dalton acreditava que a matéria seria constituída por átomos indivisíveis e espaços vazios.

Durante todo o século XIX, no entanto, a hipótese atômica enfrentou adversários ferrenhos, tanto na Química como na Física. A falta de evidências experimentais para sua existência tornava os átomos suspeitos, numa atmosfera impregnada pela crença na verdade dos fatos e pela desconfiança em relação a hipóteses teóricas. O atomismo, porém, se revelou um caminho frutífero na Química e na Física, e ao final do século XIX toda a comunidade científica rendia-se à hipótese atômica, já bem diferente da proposta originalmente por Dalton.

A ciência do século XX tornou a realidade atômica observável. Várias tecnologias foram desenvolvidas para possibilitar essa observação. Métodos como a difração de raios X permitem determinar a posição e a distância entre as partículas num arranjo cristalino.

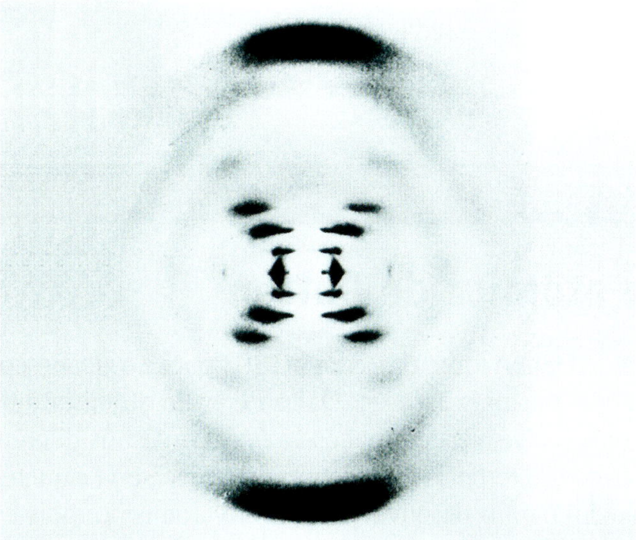
SPL/Latinstock

Figura 6-5: **Com a difração de raios X, podem-se determinar a posição e a distância entre partículas num arranjo cristalino. Nesta imagem aparece a difração de raios X da molécula de DNA feita em 1953, a qual ajudou Watson e Crick a propor o primeiro modelo da estrutura do DNA.**

Apenas na década de 1980 foi desenvolvida uma tecnologia que permite "ver" os átomos de um material. A microscopia de tunelamento fornece imagens de átomos isolados e planos inteiros de átomos na superfície de um material.

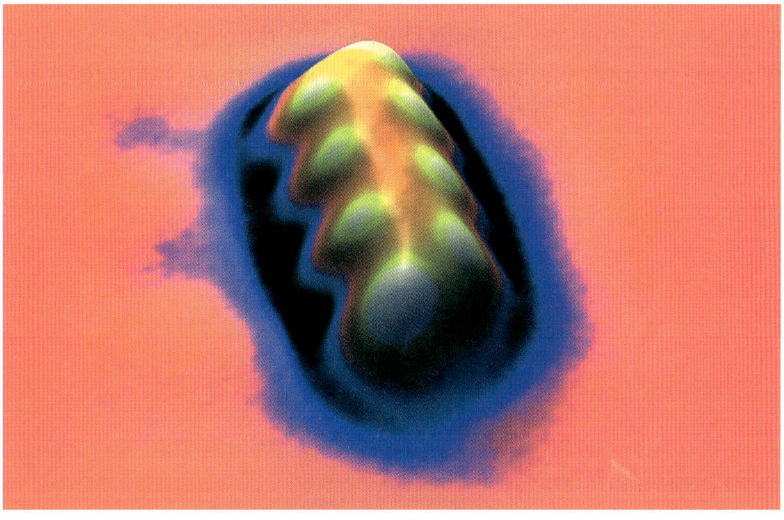
Hopkinson,Lutz e Eigler/STIv Image Gallery

Figura 6-6: **Imagem, obtida por um microscópio de tunelamento, de uma molécula composta por 8 átomos de Césio (Cs) e 8 átomos de Iodo (I), depositada sobre a rede cristalina do Cobre (Cu).**

Existem ainda vários aparelhos, designados pelo nome genérico de espectrômetros, que dão acesso a diferentes níveis da realidade atômica. Essa realidade, no entanto, não se apresenta simples e precisa como os mecanicistas acreditavam. O átomo não é uma esfera, como pensavam, mas uma entidade que tem um padrão de comportamento difuso e gera muitas controvérsias sobre sua própria natureza.

Essas são algumas das razões pelas quais procuramos dar à noção de modelo um caráter limitado e bem definido.

Tek Image/SPL/Latinstock

Figura 6-7: **Os aparelhos chamados espectrômetros possibilitam acesso ao mundo dos átomos.**

TEXTO 2

A hipótese atômica de Dalton

A hipótese atômica de Dalton foi retomada em 1803 para explicar o comportamento dos diversos gases da atmosfera e das misturas gasosas. Dalton era um atomista e acreditava que a matéria seria constituída por átomos indivisíveis e espaços vazios. E mais: os diferentes elementos químicos seriam constituídos por átomos diferentes e cada tipo de átomo seria caracterizado por um **peso atômico**. Essa ideia foi essencial para o desenvolvimento do atomismo, pois criou uma entidade a ser procurada pelos adeptos desse programa de pesquisa. Assim, quem acreditasse em átomos teria que procurar pelos seus pesos atômicos e foi o que fizeram muitos cientistas que na época aderiram ao atomismo, como Berzelius (1779-1848).

Dalton usou a hipótese atômica na explicação das leis ponderais da Química, então recentemente formuladas por Lavoisier (1743-1794) e Proust (1754-1826). Essas leis serão estudadas nos capítulos seguintes.

A hipótese atômica de Dalton foi alvo de muitas polêmicas, tendo adeptos fervorosos e opositores ferrenhos. Os cientistas que a aceitavam reconheciam seu valor para explicar um grande número de fatos e para raciocinar em termos de fórmulas e pesos das substâncias, algo reconhecido mesmo por alguns de seus opositores, que no entanto duvidavam da existência dos átomos. A oposição à hipótese atômica naquele período não estava relacionada apenas à interpretação dos fatos ou à ausência de evidências para a existência de átomos, mas envolvia aspectos ligados à natureza do conhecimento científico e aos métodos utilizados pelos cientistas da época. No decorrer daquele século, a Química foi adquirindo uma identidade que a distinguia de outros campos experimentais, em parte por influência da hipótese atômica de Dalton.

Principais ideias de Dalton sobre os átomos

- Os átomos são esféricos, maciços e indivisíveis.
- Átomos de um mesmo elemento químico (ainda que esta ideia não fosse formulada como tal) têm o mesmo peso atômico.
- Átomos combinam-se em proporções fixas e definidas, normalmente em números pequenos, por exemplo: 1:1; 2:1; 3:2 etc.

ATIVIDADE 1

Evidências para a natureza elétrica na constituição dos materiais

Até agora, consideramos que a matéria é constituída por átomos que se movimentam no vazio. Consideramos também o átomo como uma partícula homogênea, sem nos preocuparmos em discutir se poderia, ele próprio, ser constituído por outras partículas. Esse modelo foi útil para explicar diversas propriedades de sólidos, líquidos e gases, como a compressão e a dilatação. Ele é insuficiente, no entanto, para explicar algumas propriedades dos materiais, como o fato de alguns deles conduzirem eletricidade.

Fotos: Gilberto do Vale Rodrigues

Figura 6-8: **A condutividade elétrica dos materiais não pode ser explicada por nosso modelo de partículas.**

Nesta atividade vamos estudar alguns outros fenômenos que evidenciam a natureza elétrica dos materiais e propor um modelo para a estrutura do átomo que explique esses fenômenos.

Material

Folha de papel, régua de plástico, papel toalha, canudinho de refresco, suporte com garra, linha, pente e bastão de vidro.

Figura 6-9: **Materiais necessários para a atividade.**

O que fazer

A1 Peguem a folha de papel e recortem-na em pedaços bem pequenos. Aproximem a régua de plástico dos pedaços de papel, sem tocá-los. Observem e registrem o que ocorreu.

A2 Atritem a régua com o papel toalha e aproximem-no do papel picado, sem tocá-lo. Observem e registrem o que ocorreu.

A3 Amarrem o canudinho de refresco com a linha e prendam-no ao suporte com garra, de modo que o canudinho possa girar livremente. Atritem o canudinho com o papel toalha. Atritem um bastão de vidro contra um pedaço de papel toalha e aproximem-no da extremidade do canudinho que foi atritada. Observem e registrem o que ocorreu.

A4 Repitam esse procedimento usando um pente que vocês tenham acabado de passar num cabelo limpo no lugar do bastão de vidro. Observem e registrem o que ocorreu.

Questões para discussão

Q1. Em quais experimentos vocês constataram que houve atração entre os materiais?

Q2. Em quais experimentos vocês constataram que houve repulsão entre os materiais?

Q3. Por que é necessário atritar o material (por exemplo, o pente com o cabelo ou o bastão de vidro com o papel toalha) para que esse fenômeno de repulsão e de atração apareça?

Q4. O que esses fenômenos sugerem em relação à constituição da matéria?

Q5. Considerando que os materiais sejam constituídos por dois tipos de partículas com cargas elétricas opostas – positiva e negativa –, desenhem como as cargas se distribuem:

a) no canudinho e no bastão de vidro antes de eles terem sido atritados com o papel toalha no experimento do item A3.

b) no canudinho e no bastão de vidro depois de terem sido atritados com o papel.

c) no canudinho e no pente no experimento do item A4, depois de terem sido atritados.

Q6. Proponham um modelo para o átomo que seja coerente com as observações e hipóteses discutidas nesta atividade.

TEXTO 3

Cargas elétricas nos materiais

Na atividade 1 vocês realizaram uma experiência de atritar objetos de materiais diferentes e observaram que, após o atrito, eles passam a atrair ou repelir uns aos outros. Esse comportamento é uma evidência importante para discutirmos a existência de cargas elétricas na matéria.

Ao atritar dois objetos de substâncias diferentes, inicialmente neutros, ou seja, com quantidade de elétrons igual à de prótons, haverá a transferência de cargas negativas, os elétrons, de um para o outro. Dessa forma, um cede elétrons, ficando eletrizado positivamente, e o outro recebe elétrons, ficando eletrizado negativamente.

A eletrização por atrito é mais intensa entre objetos feitos de materiais isolantes do que entre condutores. Nos materiais isolantes, as cargas elétricas em excesso permanecem na região atritada. Nos materiais condutores há a tendência de a carga se espalhar por todo o material e parte dela ser perdida para o ambiente.

Para saber o que se eletriza positivamente ou negativamente, normalmente se recorre a uma lista de materiais, conhecida como **série triboelétrica**, que dispõe os materiais na seguinte ordem: daqueles que durante a eletrização por atrito ficam positivos até os que ficam negativos. Isso significa que se atritarmos um material da parte superior da série, por exemplo a pela humana seca, com uma camisa de fibra sintética, a pela humana ficará eletrizada positivamente e a fibra sintética ficará eletrizada negativamente. Quanto mais distantes estiverem uns dos outros na lista, mais intenso será o efeito.

Veja a série triboelétrica ao lado:

	Materiais	
+	pele humana seca	
	couro	
	pele de coelho	
	vidro	
	cabelo humano	
	fibra sintética	
	lã	
	chumbo	
	pele de gato	
	seda	
	alumínio	
	papel	
	algodão	
	aço	
	madeira	
	âmbar	
	borracha dura	
	níquel e cobre	
	latão e prata	
	ouro e platina	
	poliéster	
	filme PVC	
	poliuretano	
	polietileno (fita adesiva)	
	polipropileno	
	vinil (PVC)	
	silicone	
	teflon	−

Quadro 6-1: Série triboelétrica.

Questão

Q7. Usando a série triboelétrica do texto 3, relacione, aos pares, todos os materiais que foram atritados na atividade 1 e diga qual a carga elétrica em cada um.

A eletrização em nosso dia a dia

dica Enem

Num dia seco, seu corpo pode ficar eletrizado e você tomar um pequeno "choque" elétrico ao tocar alguns objetos se estiver usando roupas de poliéster. Isso ocorre por causa do atrito das roupas de poliéster com a pele seca. Nesse caso, as roupas adquirem carga negativa (−) e a pele, carga positiva (+).

Se sua pele é muito seca, é aconselhável que você não use roupas de poliéster, mas de algodão. O algodão, por estar na região central da série triboelétrica, é um material que não conseguirá arrancar elétrons de sua pele. Pessoas de pele úmida raramente tomam "choques" ao tocarem objetos.

Fenômeno semelhante ocorre com nosso cabelo quando está seco e é atritado com pentes feitos de plástico duro. Nesse caso, o cabelo adquire carga elétrica positiva (+). Como cargas de mesmo sinal se repelem, os fios de cabelo secos, todos positivos, repelem-se e o cabelo fica todo eriçado.

Já o pente fica com excesso de cargas negativas e, assim, atrairá objetos com carga elétrica positiva, como o cabelo. Também atrairá materiais sem carga elétrica alguma, como pequenos pedaços de papel.

TEXTO 4

Evidências para um novo modelo atômico

Na atividade 1, foram realizados experimentos que evidenciaram a natureza elétrica da matéria. Isso permite a construção de um modelo para o átomo como uma partícula constituída por cargas positivas e negativas.

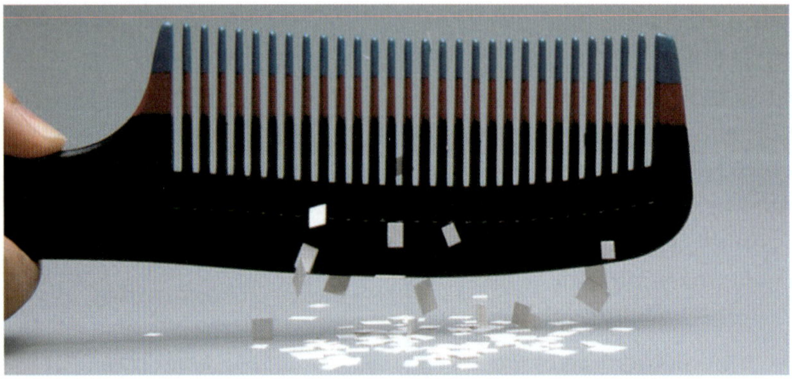

Gilberto do Vale Rodrigues

Figura 6-10: **Vocês observaram na atividade 1 que o material do pente atraiu os pedaços de papel.**

Ao longo do século XIX, vários cientistas começaram a investigar fenômenos relacionados à eletricidade e à emissão de luz pela matéria em determinadas condições. O fascínio que fenômenos elétricos e luminosos exerciam sobre os cientistas na época era enorme.

No final do século XIX, mais precisamente entre 1895 e 1900, várias descobertas relacionadas ao estudo desses fenômenos ajudaram a desvendar a estrutura do átomo. Na época, a Química já havia desenvolvido conhecimentos sobre a estrutura molecular da matéria com base na hipótese atômica. O interesse pela luz e pela eletricidade levaria os físicos da época à comprovação da existência do átomo, que até então era apenas uma ideia frutífera sem consenso, mesmo no âmbito da Química.

O interesse por descargas elétricas em tubos com ar à baixa pressão remonta aos experimentos de Faraday (1791-1867), em 1833. Essas descargas foram chamadas por E. Goldstein (1850-1930), em 1876, de raios catódicos. Assim, os tubos de raios catódicos, conhecidos como ampolas de Crookes, começaram a fazer parte da paisagem dos laboratórios científicos da época.

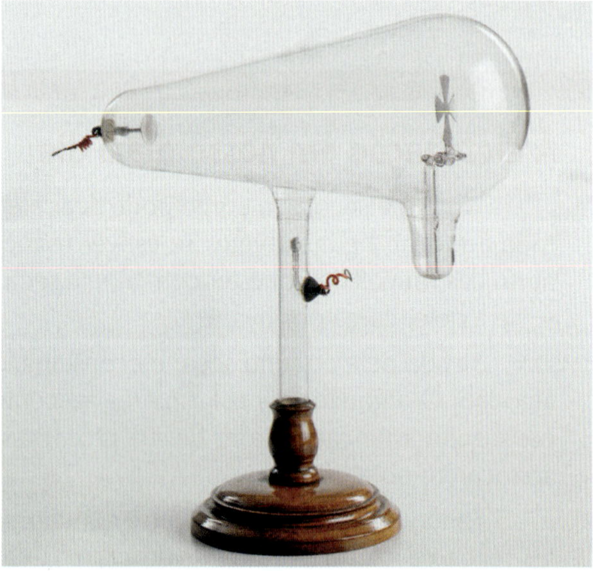

DK Limited/Corbis/Latinstock

Figura 6-11: **A ampola de Crookes.**

Esses raios eram produzidos no catodo de um tubo com ar à baixa pressão, atingiam a parede do tubo no lado oposto, produzindo incandescência, viajavam em linha reta e eram desviados por um ímã. Conhecer essas características não impediu a grande polêmica sobre a natureza dos raios catódicos: seriam ondas ou partículas? Em 1895, Jean Perrin (1870-1942) demonstrou que esses raios eram partículas com carga elétrica negativa. Em 1897, J. J. Thomson (1856-1940) comprovou a natureza corpuscular dos raios catódicos, isto é, o fato de serem partículas. Ele mediu não só a velocidade das partículas, mas também a relação entre sua carga e sua massa. Ao mesmo tempo, demonstrou que essas partículas eram as mesmas, qualquer que fosse a composição do catodo, do anticatodo ou dos gases que estivessem dentro do tubo. Isso mostrava que os raios catódicos eram, na verdade, um componente universal de toda a matéria. O nome **elétron**, que havia sido sugerido por G. J. Stoney (1826-1911) em 1894 para designar os raios catódicos, acabou por ser adotado.

A descoberta dos raios X

Na noite de 8 de novembro de 1895, Wilhelm C. Röntgen (1845-1923) estava trabalhando com uma válvula de Hittorf que tinha coberto totalmente com uma cartolina negra. A sala estava inteiramente às escuras. A certa distância da válvula havia uma folha de papel, usada como tela, tratada com platinocianeto de bário. Para seu espanto, Röntgen viu-a brilhar, emitindo luz. Alguma coisa devia ter atingido a tela para que ela reagisse dessa forma. A válvula de Röntgen, entretanto, estava coberta por uma cartolina negra e nenhuma luz ou nenhum raio catódico poderia ter escapado dali. Surpreso e perplexo com o fenômeno, Röntgen decidiu pesquisá-lo mais a fundo. Virou a tela, de modo que o lado sem platinocianeto de bário ficasse voltado para a válvula; mesmo assim, a tela continuava a brilhar. Ele então afastou a tela para mais longe da válvula e o brilho persistiu. Depois, colocou diversos objetos entre a válvula e a tela e todos pareceram transparentes. Quando sua mão escorregou em frente à válvula, ele viu os ossos na tela. Descobrira "um novo tipo de raio", conforme ele mesmo explicou em sua primeira publicação sobre o assunto.

SEGRÈ, E. *Dos raios X aos* quarks. Brasília: Editora da UnB, 1980. p. 20-1.

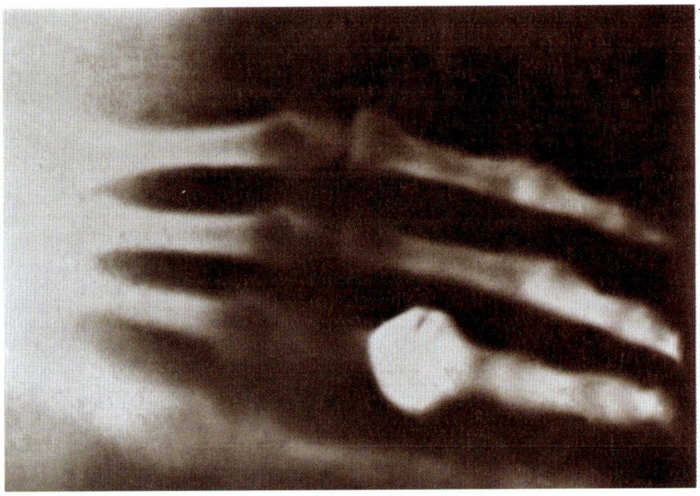
SPL/Latinstock

Figura 6-12: **Imagem da mão da esposa de Röntgen, feita por ele logo após sua descoberta dos raios X, em 1895.**

A descoberta dos raios X despertou grande interesse na época e logo chegou ao conhecimento de Henri Becquerel (1852-1908), físico francês da terceira geração de uma família de cientistas. O interesse pela luz e pelos fenômenos de fosforescência e fluorescência estava arraigado na família Becquerel. Ao ouvir falar da descoberta dos raios X, ele imaginou que todos esses fenômenos poderiam estar relacionados entre si. No início de 1896, Becquerel retomou suas experiências usando um sal de urânio – que, como toda substância radioativa, é fosforescente – que já havia estudado com o pai. Em 24 de fevereiro, ele relatou os resultados à Academia Francesa de Ciências.

A descoberta da radioatividade

Cobri uma [...] chapa fotográfica [...] com duas folhas de papel negro grosso, tão grosso que a chapa não ficou manchada ao ser exposta ao Sol durante um dia inteiro. Coloquei sobre o papel uma camada da substância fosforescente e expus tudo ao Sol por várias horas. Quando revelei a chapa fotográfica, percebi a silhueta da substância fosforescente em negro sobre o negativo [...] A mesma experiência pode ser feita com uma lâmina de vidro fina colocada entre a substância fosforescente e o papel, o que exclui a possibilidade de uma ação química resultante de vapores que poderiam emanar da substância quando aquecida pelos raios solares. Portanto podemos concluir dessas experiências que a substância fosforescente em questão emite radiações que penetram no papel que é opaco à luz [...].

BECQUEREL, H. Comptes-rendus de l'Académie dês Sciences, Paris, 122, 420, 1896.
In: SEGRÈ, E. *Dos raios X aos* quarks. Brasília: Editora da UnB, 1980. p. 29.

Figura 6-13: **Becquerel contribuiu de forma importante para a descoberta da radioatividade, mostrando que a atividade radioativa do urânio penetra papéis opacos à luz para deixar sua imagem numa chapa fotográfica.**

Ao repetir as experiências anteriores, Becquerel deparou com um problema que lhe revelaria algo ainda mais interessante. Como o Sol não apareceu em Paris por alguns dias, ele colocou as amostras de urânio sobre as chapas fotográficas envoltas em papel opaco à luz, dentro de uma gaveta escura. Quando revelou as chapas fotográficas, no lugar de imagens muito deficientes, como esperava, encontrou silhuetas muito nítidas do sal de urânio. Imediatamente, deu-se conta de que havia descoberto algo muito importante: o sal de urânio emitia raios capazes de penetrar no papel negro, tivesse ou não sido exposto previamente à luz do sol. Estava descoberta a radioatividade. Ao contrário dos raios X, os "raios de Becquerel" não causaram grande furor na época. O desenvolvimento das pesquisas em radioatividade, por Marie (1867-1934) e Pierre Curie (1859-1906) e por Rutherford (1871-1937) e Soddy (1877-1956), acabaram, no entanto, levando à descoberta de que os átomos radioativos eram instáveis e se desintegravam emitindo radiações que foram nomeadas por Rutherford como alfa, beta e gama. Essas emissões se revelariam uma poderosa "sonda" para o estudo da estrutura do átomo.

Os três tipos de raios – alfa, beta e gama – distinguem-se por suas trajetórias em um campo magnético perpendicular à direção do movimento das partículas. Os raios alfa são carregados positivamente. Os raios beta são elétrons, muito mais leves e carregados negativamente. Os raios gama são análogos aos raios X. Como são neutros, não são desviados pelo campo magnético.

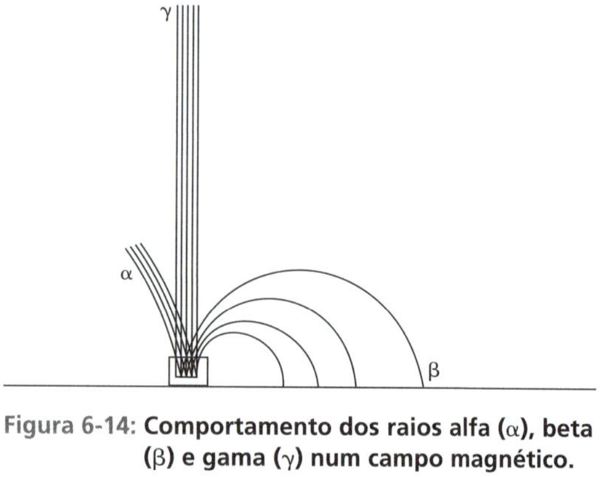

Figura 6-14: **Comportamento dos raios alfa (α), beta (β) e gama (γ) num campo magnético.**

Marie Curie, nome que passou a adotar depois de desposar o físico francês Pierre Curie, era polonesa, de nome de solteira Maria Sklodowska. Na impossibilidade de frequentar a Universidade de Varsóvia, por ser mulher, ela mudou-se para Paris em 1891, onde começou a estudar Ciências Físicas na Universidade de Sorbbone. Ela licenciou-se em 1893 em Ciências Físicas e um ano mais tarde em Matemática. Em 1895, casou-se com Pierre Curie. Nesse mesmo ano Pierre tornou-se doutor em Ciências Físicas, defendendo tese sobre as propriedades magnéticas de corpos a diferentes temperaturas, pressões e intensidade de campos magnéticos. Em setembro de 1897 nasceu Irene, a primeira filha do casal e em dezembro desse mesmo ano Marie começou a trabalhar na sua tese sobre os "raios de Becquerel". Em 1898, Pierre abandonou seu trabalho pessoal com cristais para ajudar sua mulher. Durante dois anos o casal foi trabalhar em um hangar abandonado da Escola de Física e Química, processando toneladas de pechblenda para obter o material radioativo que procurava. Apesar das condições de trabalho adversas, o casal trabalhou com afinco no projeto:

"Nós estávamos, nesta época, inteiramente absorvidos pelo novo domínio que tínhamos pela frente, graças a uma descoberta um tanto inesperada. Nos sentíamos muito felizes, apesar de nossas condições de trabalho. Nosso dia se esvaía no laboratório, e muitas vezes acontecia de almoçarmos ali mesmo. No nosso hangar tão pobre reinava uma grande tranquilidade [...] Nós vivíamos com uma preocupação única, como num sonho." (CURIE, Marie, 1923).

Em 18 de julho de 1898, Pierre e Marie anunciaram a descoberta de um novo elemento radioativo, o polônio. Em 26 de dezembro, em colaboração com Gustave Bémont (1857-1932), eles anunciaram a descoberta de outro elemento radioativo, o rádio. Em 25 de junho de 1903, Marie defendeu sua tese sobre as pesquisas realizadas com substâncias radioativas diferentes do urânio e do tório. Em 10 de dezembro desse mesmo ano, Pierre e Marie Curie, associados a Henri Becquerel, receberam o prêmio Nobel de Física pela descoberta da radioatividade natural. Ela se tornou a primeira mulher a receber tal honraria.

Edgar Fahs Smith Collection/University of Pennsylvania Library

Figura 6-15: Litografia de uma caricatura do casal Marie e Pierre Curie, que desenvolveu pesquisas sobre a radioatividade.

Em outubro de 1904 Pierre Curie foi nomeado professor de Física da Sorbonne e em dezembro desse mesmo ano nasceu a segunda filha do casal, Eva. Em 1906, Pierre Curie morreu atropelado por uma carruagem. Nesse mesmo ano Marie Curie tornou-se a primeira mulher a ensinar na Sorbonne. Em 1911 ela recebeu seu segundo prêmio Nobel, agora de Química, por haver isolado o rádio metálico e determinado sua massa atômica.

De 1914 a 1918, Marie Curie, com sua filha Irene, se encarregou de equipar viaturas radiológicas, chamadas de "as pequenas Curies", e de formar seu pessoal para atuar no fronte da Primeira Guerra Mundial. Ela se envolveu por completo com o esforço de guerra de sua pátria de adoção, ajudando em diversas frentes e equipando mais de duzentas salas de radiologia, nas quais foram atendidos mais de um milhão de feridos.

Depois da guerra, ela finalmente pôde assumir o posto de Diretora do Laboratório de Física e Química do Instituto do Rádio, posto para o qual havia sido nomeada em 1914 e do qual manteve-se à frente até sua morte, em 1934. Durante esses anos ela percorreu vários países do mundo, inclusive o Brasil, que visitou em 1928. Sua morte foi causada por leucemia, contraída nos heroicos anos de pesquisa com as substâncias radioativas.

TEXTO 5

O modelo atômico de Thomson

Depois da descoberta dos elétrons, como partícula universal pertencente a todos os átomos, e da descoberta da radioatividade, a ideia de Dalton de que o átomo seria indivisível caiu por terra. Um dos primeiros a pensar num átomo constituído por elétrons e cargas positivas foi Lord Kelvin (1824-1907). Em 1903, J. J. Thomson recuperou o modelo proposto por Lord Kelvin, em que as partículas com carga negativa, denominadas elétrons, se encontravam incrustadas numa esfera de carga positiva.

Sue Wilson/Alamy/Other Images

Figura 6-16: **Na analogia ao modelo de Thomson, a massa do panetone corresponderia à esfera com carga positiva uniformemente distribuída, enquanto as passas seriam os elétrons.**

Thomson propôs, como imagem para seu modelo, um pudim de passas, sobremesa típica do Natal inglês, à época. Preferimos aqui utilizar a imagem do panetone. Nessa analogia, a massa do panetone corresponderia àquilo que Thomson descreveu como a esfera contendo a carga positiva uniformemente distribuída. As passas seriam os elétrons incrustados nessa esfera.

Principais características do modelo de Thomson

- Os átomos são esféricos e o volume total do átomo é igual ao volume da esfera.
- A carga positiva está uniformemente distribuída na esfera.
- Os elétrons se movem nessa esfera sob o efeito de forças eletrostáticas.

EXERCÍCIOS

E1. A ideia de átomo remonta à Grécia antiga. Duas linhas diferentes de pensamento existiam. Uma delas associada ao filósofo Aristóteles, e outra associada aos filósofos Leucipo, Demócrito e Epicuro. Explicite essas duas linhas de pensamento.

E2. Descreva o modelo atômico proposto por Thomson.

E3. Qual a diferença entre raios X e radioatividade?

E4. Como foram descobertos os raios X?

E5. Explique como foi descoberta a radioatividade.

E6. O que são partículas alfa?

E7. Em 1987, catadores encontraram, na cidade de Goiânia, uma cápsula dentro de um cilindro de metal de um aparelho hospitalar usado em tratamentos de radioterapia. Desconhecendo o sinal que indicava a presença de material radioativo, eles abriram o cilindro e a cápsula. O dono do ferro-velho que comprou as peças, fascinado pela fosforescência do material encontrado – césio 137 –, espalhou esse material entre vizinhos e amigos, provocando um desastre radioativo de graves consequências. Com base nas informações do texto 4 e em outras informações que você deverá pesquisar, responda:

a) Que sinal indica presença de material radioativo?

b Se você encontrasse esse sinal em um dispositivo qualquer abandonado num ferro-velho, que providências deveria tomar?

c) Supondo que você encontrasse um material sem nenhuma indicação de que fosse radioativo, que características desse material evidenciariam a sua radioatividade? Que providências você deveria tomar nesse caso?

TEXTO 6

Um modelo para a estrutura do átomo: o modelo de Rutherford

A partir de 1909, Geiger (1882-1945) e Marsden (1889-1970), dois estudantes que trabalhavam sob a orientação de Rutherford, começaram a realizar experimentos em que um feixe de partículas alfa, com massa relativamente grande e com carga positiva, interagia com uma lâmina muito fina de metal – geralmente ouro. A trajetória das partículas, depois da interação com o metal, era observada por meio da cintilação produzida pela partícula alfa num anteparo fluorescente de sulfeto de zinco.

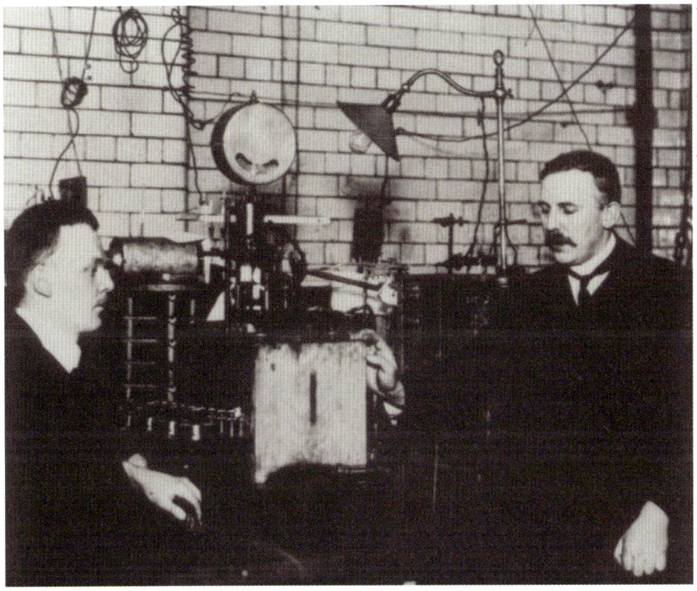

Prof. Peter Fowler/SPL/Latinstock

Figura 6-17: **Geiger e Rutherford, trabalhando com os instrumentos para detecção e contagem das partículas alfa (α), em seu laboratório na Universidade de Manchester, em 1908.**

O modelo atômico aceito na época era o de Thomson, em que as partículas com carga negativa, denominadas elétrons, se encontravam incrustadas numa esfera de carga positiva, como passas num panetone. Nesse modelo a carga positiva encontrava-se uniformemente distribuída pela esfera.

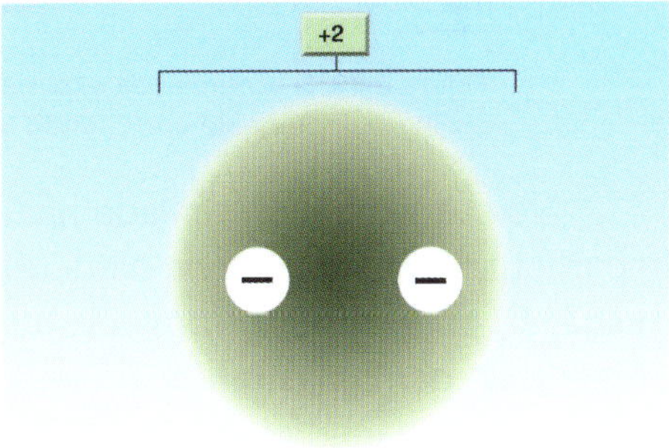

Antonio Robson/Arquivo da editora

Figura 6-18: **Representação do átomo de hélio segundo o modelo de Thomson.**

Com base nos conhecimentos já disponíveis sobre a força de interação coulombiana (força elétrica) que ocorre entre partículas carregadas, era possível calcular sob quais ângulos as partículas alfa seriam desviadas ao atravessar a folha de ouro, de acordo com o previsto pelo modelo de Thomson.

A força coulombiana expressa a interação que ocorre entre partículas carregadas. É diretamente proporcional às cargas das partículas que interagem (q_1 e q_2) e inversamente proporcional ao quadrado da distância entre elas (r^2), e seu módulo pode ser expresso pela relação:

$$F = k\frac{q^1 \cdot q^2}{r^2} \text{ em que } k = 9 \times 10^9 \frac{N \cdot m^2}{C^2}$$

Para cargas de sinais opostos, essa força é atrativa; para cargas de mesmo sinal, é repulsiva. O fato de ser inversamente proporcional ao quadrado da distância entre as partículas indica que a repulsão ou a atração serão tanto mais fortes quanto mais próximas estiverem as partículas.

No modelo de Thomson, a carga positiva estava uniformemente distribuída pelo átomo. Uma das consequências desse modelo era que a interação coulombiana entre as partículas alfa e o átomo não seria muito forte; afinal, estando a carga positiva distribuída por todo o átomo, seu valor, em qualquer região do átomo com a qual a partícula alfa interagisse, era muito pequeno. O fato de a interação ser fraca significava que as partículas alfa não sofreriam desvios significativos ou seriam desviadas em ângulos muito pequenos.

Geiger e Marsden haviam calculado teoricamente esses ângulos e encontrado o valor máximo de 0,01° (grau). Presumia-se que uma lâmina muito fina de ouro fosse constituída de aproximadamente trezentos planos atômicos, ou seja, planos de átomos enfileirados. Se a partícula alfa interagisse efetivamente com um átomo em cada plano e essas interações fossem todas no sentido de desviar a partícula numa única direção, seria obtido o ângulo máximo de 3° para o desvio de uma partícula.

Surpreendentemente, o resultado observado, como consequência da interação com as lâminas de ouro, indicava que pelo menos uma porcentagem muito pequena de partículas alfa sofria desvios sob ângulos muito grandes, algumas chegando até a voltar.

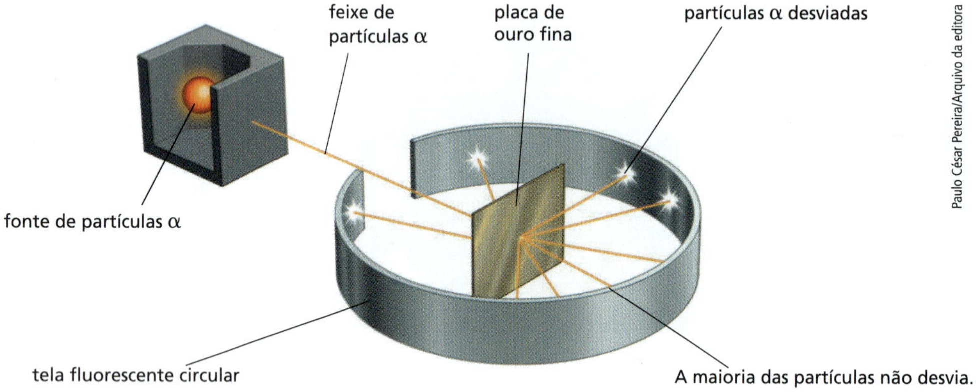

Paulo César Pereira/Arquivo da editora

Figura 6-19: O esquema da experiência de Geiger e Marsden. Um feixe de partículas alfa atinge a folha de ouro, sendo detectado o desvio de sua trajetória no anteparo fluorescente.

No esquema representado na figura 6-19, podemos identificar uma fonte de radiação que emite partículas alfa. O feixe de partículas é dirigido a uma lâmina de ouro muito fina. O ouro, bastante maleável, pode ser transformado numa lâmina de espessura muito pequena. Era possível contar o número de partículas que exibiam cada tipo de comportamento depois de atravessar a lâmina de ouro, pois o aparato estava envolto por um anteparo constituído por um papel banhado em solução de sulfeto de zinco, que cintila ao ser atingido por uma partícula alfa. Os pesquisadores procuraram detectar as partículas alfa que atravessavam a lâmina, confirmando que a maioria das partículas alfa detectadas atravessava a lâmina sem sofrer desvios significativos.

Como já dissemos, porém, os pesquisadores começaram a perceber que um número muito pequeno de partículas sofria desvios significativos, sendo que algumas eram totalmente refletidas.

Para explicar esse resultado inesperado, Rutherford idealizou um modelo para o átomo, análogo ao modelo do sistema planetário. Nele, o átomo é constituído por duas regiões diferentes: núcleo e eletrosfera.

No núcleo estariam concentradas praticamente toda a massa e a carga positiva do átomo, o que explicaria o fato de algumas partículas alfa – também com carga positiva – serem refletidas; afinal, só as partículas que interagissem diretamente com o núcleo sofreriam repulsão.

Rutherford suspeitou da existência dos nêutrons muito antes de serem detectados experimentalmente. Ele imaginou que deveria haver uma outra partícula com a mesma massa do próton, porém sem carga elétrica. Rutherford foi levado a essa conclusão porque o resultado da soma das massas dos prótons era muito menor do que a massa total do átomo.

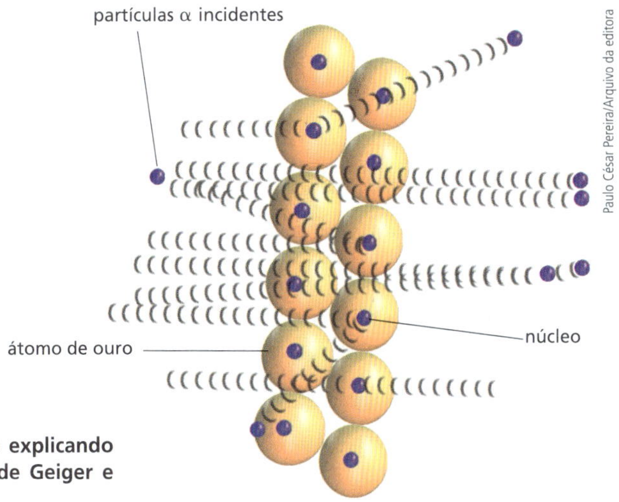

Figura 6-20: **Ilustração do modelo atômico explicando os resultados da experiência de Geiger e Marsden.**

A contagem das partículas permitiu observar que o número das partículas que sofriam grandes desvios ao interagir com a lâmina de ouro era muito pequeno. Cálculos teóricos permitiram estabelecer a relação entre o número de partículas refletidas e o número total emitido, chegando-se à conclusão de que o volume do núcleo era **muito menor** que o volume total do átomo.

Para que possamos imaginar a diferença de tamanho entre o núcleo atômico e o átomo, fazemos a seguinte comparação: o núcleo atômico, quando comparado ao átomo, é como uma pulga no centro de um estádio de futebol, como o Maracanã.

Essa comparação deve ser levada em conta para que possamos interpretar corretamente as representações normalmente feitas do átomo. Isso significa compreender que, dada a impossibilidade prática de representar os constituintes do átomo nas escalas corretas, o núcleo é sempre superdimensionado.

No modelo proposto por Rutherford, os elétrons eram representados descrevendo órbitas circulares em torno do núcleo, de forma análoga aos planetas em órbita do Sol.

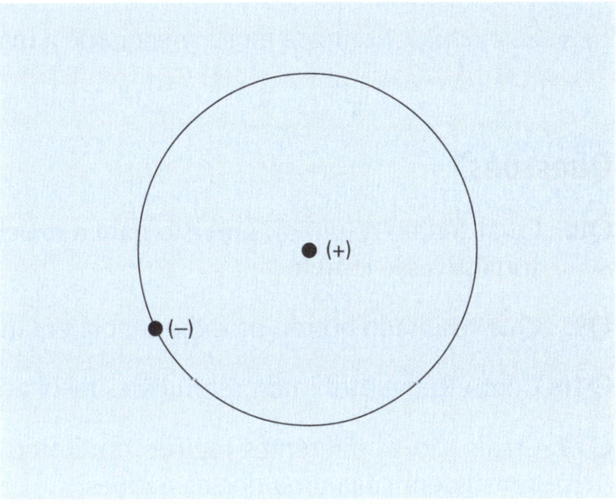

Figura 6-21: **Representação do átomo de hidrogênio, de acordo com o modelo de Rutherford.**

Já tivemos a oportunidade de usar o conceito de átomo para explicar algumas propriedades dos materiais. No primeiro modelo que construímos – o modelo das partículas –, caracterizamos o átomo como um tipo de partícula em movimento no espaço vazio. Esse modelo mais simples do átomo é suficiente para explicar algumas propriedades, como a compressibilidade e a difusão dos gases. Para explicarmos outras propriedades dos materiais, como a condutividade elétrica, temos, porém, que lançar mão de um outro modelo – o de Rutherford –, que admite a existência de partículas menores que constituem o átomo e de duas regiões distintas no átomo: a eletrosfera, região mais externa do átomo, onde ficam os elétrons, e o núcleo, região central onde ficam os prótons, as partículas com cargas positivas. Isso significa admitir que o átomo não é indivisível – como a palavra de origem grega indica –, mas que apresenta outras partículas na sua estrutura.

Hoje sabe-se que existe uma grande variedade de partículas que podem ser encontradas em diferentes regiões de um átomo, mas para o estudo da Química, num nível elementar, podemos nos restringir a três delas:

- os **elétrons**, presentes na eletrosfera, são partículas de carga negativa e massa muito pequena em relação às outras partículas;
- os **prótons**, presentes no núcleo atômico, são partículas de carga positiva e massa muito maior que a dos elétrons;
- os **nêutrons**, também presentes no núcleo atômico, são partículas sem carga elétrica e massa equivalente à dos prótons.

As propostas para a existência dessas partículas foram sendo elaboradas na tentativa de explicar resultados de experimentos feitos ao longo do século XIX e início do século XX. Em 1911, já se conhecia a existência de elétrons e prótons, mas não se tinha uma ideia precisa sobre como essas partículas se distribuíam no átomo. Como resultado dos experimentos realizados desde 1909 por Geiger e Marsden, sob a sua supervisão, Rutherford foi capaz de elaborar esse novo modelo para o átomo, introduzindo ideias que seriam preservadas em modelos posteriores – a existência do núcleo atômico e da eletrosfera.

Principais características do modelo de Rutherford

- Os átomos são constituídos por um núcleo, de carga positiva, e pela eletrosfera, de carga negativa.
- O volume do núcleo atômico é da ordem de 10 mil vezes menor que o volume do átomo.
- Praticamente toda a massa de um átomo situa-se no seu núcleo.
- Os elétrons, de massa muito menor que a massa do núcleo, são os constituintes da eletrofera.

Questões

Q8. Qual seria o resultado previsto para a experiência de Geiger e Marsden, se o modelo de Thomson estivesse correto?

Q9. Que resultado obtido na experiência era inesperado?

Q10. Como Rutherford interpretou esses resultados inesperados?

Q11. Quais são as diferentes regiões do átomo segundo o modelo de Rutherford e que partículas constituem cada uma dessas regiões?

Q12. A realização da experiência de Geiger e Marsden exigia um esforço enorme dos pesquisadores. Eles tinham que se habituar à escuridão do ambiente onde estava o aparato experimental para poderem enxergar a cintilação produzida pelas partículas alfa ao se chocar contra o anteparo de sulfeto de zinco. Os pesquisadores deveriam ajustar o aparelho para observar as cintilações para cada ângulo para o qual as partículas alfa eram desviadas pela lâmina de ouro e contar cada cintilação produzida manualmente. Os esforços desses pesquisadores resultaram no desenvolvimento de métodos mais modernos de contagem de partículas radioativas, que culminaram no desenvolvimento do contador Geiger, que recebeu esse nome em homenagem ao aluno de Rutherford.

Faça uma pesquisa sobre o contador Geiger e tente obter um esquema que explique seu funcionamento.

TEXTO 7

Elementos químicos e a tabela periódica

A ideia de que as substâncias são constituídas por uns poucos elementos é muito antiga. Aristóteles, por exemplo, falava na existência de quatro elementos: água, ar, terra e fogo. Os elementos aristotélicos não tinham o mesmo sentido de hoje.

Figura 6-22: **Gravura em cobre do século XVII com os símbolos dos quatro elementos: terra, água, ar e fogo.**

A ideia de elemento foi sendo alterada com o tempo. Lavoisier, por exemplo, definia substância elementar como aquela que não podia ser decomposta por meio dos processos químicos conhecidos na época. Alguns dos "elementos" no sistema de Lavoisier, como a soda cáustica, foram decompostos posteriormente, quando os químicos começaram a usar a eletrólise. O mesmo critério usado por Lavoisier foi adotado durante todo o século XIX, apesar de não permitir afirmar com segurança que substâncias eram realmente elementares. O desenvolvimento de técnicas de decomposição das substâncias possibilitou que algumas delas, anteriormente consideradas elementares, viessem a ser decompostas.

Só após a descoberta dos prótons foi possível formular um novo critério para a identificação de elementos químicos, que os relacionava a um modelo do átomo. Segundo esse novo critério, átomos de um mesmo elemento químico possuem o mesmo número de prótons no seu núcleo. Esse número passou a ser designado como **número atômico**, uma vez que é usado para identificar os elementos químicos. Como o núcleo é constituído por prótons e nêutrons, é possível haver diferentes átomos classificados como um mesmo elemento químico. A diferença estaria no número de nêutrons. Esses diferentes tipos de átomos de um mesmo elemento químico são conhecidos como **isótopos**. No quadro 6-2, citamos alguns exemplos de isótopos.

Elemento químico	Isótopos	Número de prótons	Número de nêutrons
hidrogênio	hidrogênio comum	1	0
	deutério	1	1
	trítio	1	2
cloro	cloro 35	17	18
	cloro 37	17	20

Quadro 6-2: **Alguns isótopos.**

O número de massa (A) de um isótopo qualquer é dado pela soma do número de prótons (igual ao número atômico, Z) com o número de nêutrons (N). Essa relação pode ser expressa pela fórmula:

$$A = Z + N$$

Como a maioria dos elementos químicos ocorre sob a forma de mais de um isótopo, o cálculo da massa atômica do elemento deve levar em consideração a abundância de cada isótopo, pois cada um tem massa diferente. Isso explica por que as massas atômicas relacionadas na tabela periódica não são números inteiros.

Tomando como exemplo o cloro, existem dois isótopos. Se somarmos $Z + N$ para cada isótopo, poderemos verificar que são isótopos de números de massa 35 e 37. Normalmente, esses isótopos são indicados pela notação:

$$^{35}Cl \text{ e } ^{37}Cl$$

Sabe-se que 75,8% do cloro existente na natureza ocorre sob a forma de ^{35}Cl e 24,2% sob a forma de ^{37}Cl. Para calcular a massa atômica do cloro, multiplica-se a massa de cada isótopo pela sua abundância, soma-se e divide-se por 100. Essa operação é chamada de **média ponderada**. No caso do cloro, tem-se:

$$\frac{(35 \times 75{,}8) + (37 \times 24{,}2)}{100} = 35{,}48 \text{ u}$$

em que **u** é a unidade de massa atômica, estabelecida atribuindo-se ao isótopo ^{12}C a massa 12. Dessa forma, todas as massas são obtidas pela comparação com esse padrão.

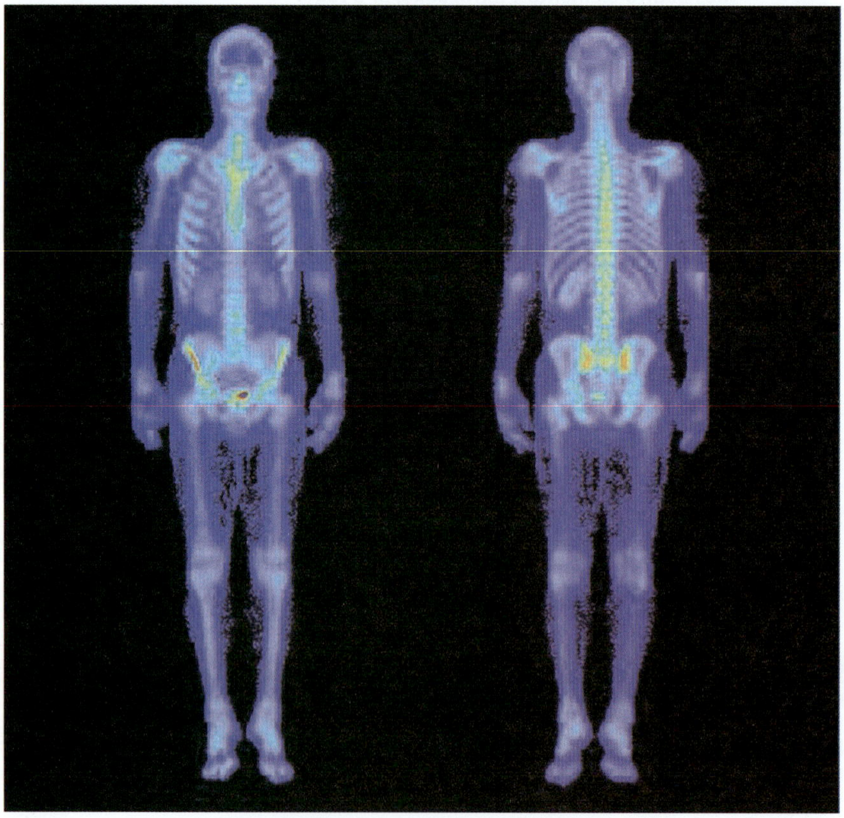

SPL/Latinstock

Figura 6-23: Uso de isótopos radioativos na Medicina para a criação de contraste em imagens médicas. Na imagem, os isótopos radioativos se acumulam nos ossos da pessoa, sendo feita uma imagem da radiação gama emitida, permitindo a detecção de possíveis tumores.

dica Enem

A diferença entre o valor calculado e o valor constante da tabela periódica deve-se ao fato de que a massa atômica de cada isótopo não é exatamente igual ao número de massa. Nos dados de massa atômica apresentados em tabelas periódicas, essas diferenças são levadas em consideração.

Atualmente, são conhecidos mais de cem elementos químicos, mas nem todos são naturais. A partir de 1940, começaram a ser obtidos, artificialmente, elementos com números atômicos maiores que 92 – os elementos transurânicos. O plutônio e o netúnio foram encontrados na natureza, em quantidades muito pequenas.

Apesar do número relativamente grande de elementos, muitos deles apresentam propriedades semelhantes. Durante o século XIX, ocorreram várias tentativas de agrupar os elementos de acordo com essas propriedades em comum. A questão-chave para essa organização era o critério a ser utilizado.

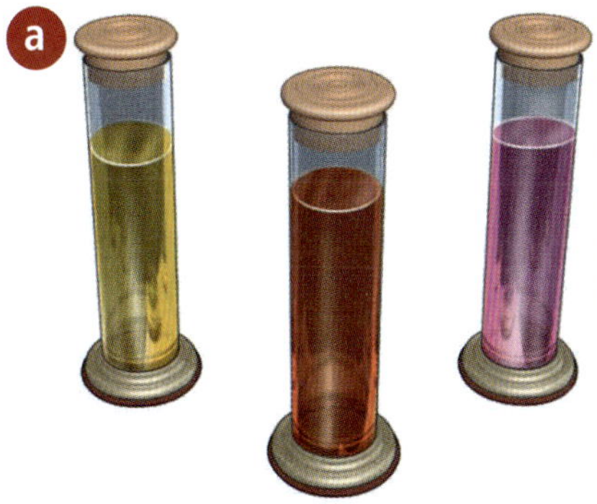

Paulo César Pereira/Arquivo da editora

Figura 6-24: **a) Em 1829, Johann W. Döbereiner (1780-1849) observou que certos elementos químicos podiam ser agrupados, sempre em grupos de três, por possuírem propriedades semelhantes – as Tríades de Döbereiner. Ele identificou, por exemplo, que o cloro, o bromo e o iodo apresentavam comportamentos químicos comparáveis (atualmente, são elementos da família dos halogênios). Outras tríades seriam formadas pelo enxofre, selênio e telúrio (calcogênios) e pelo cálcio, estrôncio e bário (metais alcalinoterrosos).**

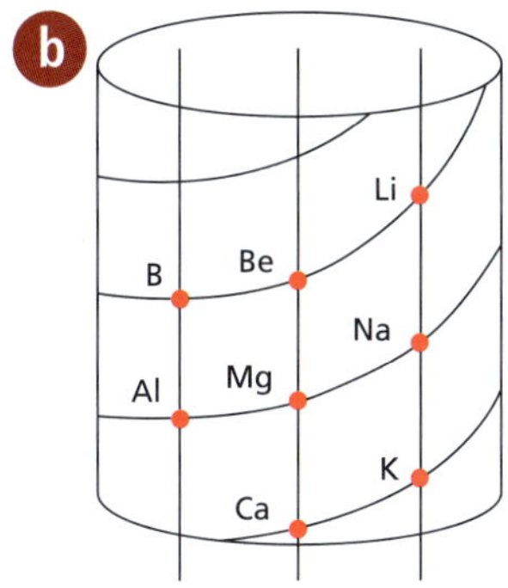

Figura 6-24: **b) Em 1863, Alexandre de Chancourtois (1820-1886), cientista francês, classificou os elementos então conhecidos numa ordem hierárquica crescente de seus pesos atômicos. Classificação conhecida como Parafuso Telúrico.**

c

Newlands (1863)

						H
Li	Be	B	C	N	O	F
Na	Mg	Al	Si	P	S	Cl
K	Ca	Cr	Ti	Mn	Fe	(Co,Ni)
Cu	Zn	Y	In	As	Se	Br
Rb	Sr	(La,Ce)	Zr	(Nb,Mo)	(Ru,Rh)	Pd
Ag	Cd	U	Sn	Sb	Te	I
Cs	(Ba,V)					

Figura 6-24: **c) Também em 1863, Alexander Reina Newlands (1838-1898), químico inglês, usando uma ordem crescente de pesos atômicos, organizou grupos de sete elementos, ressaltando que as propriedades eram repetidas no oitavo elemento, daí ser sua periodicidade chamada de "Lei das Oitavas". Newlands associou a "Lei das Oitavas" à sequência das notas musicais.**

Uma forma de organizar os elementos é a **tabela periódica**, que tem sua origem na proposta feita por Mendeleev (1834-1907), em meados do século XIX. Eram conhecidos aproximadamente 60 elementos naquela época. Mendeleev tinha um grande conhecimento das propriedades físicas e químicas desses elementos e organizou a tabela colocando-os em ordem crescente de seus pesos atômicos. Agrupou os elementos que possuíam propriedades semelhantes, uns debaixo dos outros. Por isso, a tabela ficou conhecida como tabela periódica, uma vez que as propriedades se repetiam periodicamente. O número de elementos conhecidos não era suficiente para que Mendeleev preenchesse todos os espaços da tabela, obrigando-o a deixar alguns deles em branco. Da forma como estava organizado, o quadro de Mendeleev permitiu prever as propriedades dos elementos ainda não conhecidos e forneceu um verdadeiro "mapa da mina" para suas descobertas.

No quadro 6-3 apresentamos a comparação entre as propriedades previstas por Mendeleev para o elemento químico germânio (chamado por ele de ekasilício, por estar na mesma coluna do silício) e aquelas que foram encontradas depois que o elemento foi descoberto.

ADS

Figura 6-25: **Mendeleev organizou os elementos no arranjo que hoje conhecemos como tabela periódica.**

Propriedade	Previsão de Mendeleev (1871)	Observado depois da descoberta (1886)
massa atômica	72	72,60
densidade ($g \cdot mL^{-1}$)	5,5	5,47
volume molar (mL)	13	13,2
calor específico ($cal \cdot g^{-1} \cdot °C^{-1}$)	0,073	0,076
fórmula do óxido	EsO_2	GeO_2
densidade do óxido ($g \cdot mL^{-1}$)	4,7	4,703
volume molar do óxido (mL)	22	22,16
fórmula do cloreto	$EsCl_4$	$GeCl_4$
ponto de ebulição do cloreto	$<$ 100 °C	86 °C
densidade do cloreto ($g \cdot mL^{-1}$)	1,9	1,887
volume molar do cloreto (mL)	113	113,35

Quadro 6-3: **A confirmação das previsões de Mendeleev.**

O quadro atual alterou o critério de organização dos elementos em função da mudança na própria definição de elemento químico, que passou a ser caracterizado pelo número atômico. Assim, os elementos, na tabela atual, são organizados em ordem crescente de número atômico. A tabela apresenta **períodos** (faixas horizontais) e **grupos** (colunas). Os elementos presentes num mesmo grupo da tabela têm propriedades semelhantes, que os distinguem dos outros grupos. Alguns desses grupos apresentam nomes especiais. Por exemplo, a coluna 1 (ou 1A) agrupa os chamados **metais alcalinos**. A coluna 2 (ou 2A) agrupa os chamados **metais alcalinoterrosos**. A coluna 16 (ou 6A) agrupa os chamados **calcogênios**. A coluna 17 (ou 7A) é conhecida como coluna dos **halogênios**. E, finalmente, a coluna 18 (ou 8A) contém os chamados **gases nobres**.

Com exceção dos gases nobres (muito pouco reativos), os elementos situados nas extremidades esquerda e direita da tabela são muito reativos, e por isso não são normalmente encontrados na forma elementar, mas combinados, formando compostos. O sódio e o cloro são encontrados, por exemplo, como cloreto de sódio, o principal componente do sal de cozinha.

A tabela periódica (a seguir e no final do livro) é uma importante fonte de informações para o químico, pois sintetiza uma série de propriedades dos elementos. Recorrer à tabela periódica é uma maneira de não ter que memorizar as informações que ela fornece. O importante é saber consultá-la para extrair essas informações, quando necessário.

Apresentamos também o quadro 6-4, em que destacamos alguns nomes de elementos químicos em latim, o que explica os seus símbolos.

- Os elementos de **números atômicos** 113, 114, 115 e 116 não constam na tabela porque, apesar de relatados por pesquisadores, até meados de 2005 não haviam sido referendados pela Iupac/Iupap (*International Union of Pure and Applied Chemistry/International Union of Pure and Applied Physics* ou, em português, União Internacional de Química Pura e Aplicada/União Internacional de Física Pura e Aplicada).
- As **massas atômicas** relativas são listadas com arredondamento no último algarismo. As massas atômicas entre parênteses representam valores ainda não padronizados pela Iupac.
- As **cores nos símbolos** dos elementos indicam o estado físico a 25 °C e a 1 atm de pressão: **azul** – estado líquido; **roxo** – estado gasoso; **preto** – estado sólido; **cinza** – estado físico desconhecido.
- A classificação dos elementos boro, silício, germânio, arsênio, antimônio, telúrio e polônio em **semimetais** ou **metaloides** não é reconhecida pela Iupac.
- **Observação**: As cores utilizadas nesta tabela não têm significado científico; são apenas recursos visuais pedagógicos.

Metais
Não metais
Gases nobres

	1 1A	2 2A	3 3B	4 4B	5 5B	6 6B	7 7B	8 8B	9 8B	10 8B	11 1B	12 2B	13 3A	14 4A	15 5A	16 6A	17 7A	18 0 ou 8A
1	1,01 1 H hidrogênio																	4,00 2 He hélio
2	6,94 3 Li lítio	9,01 4 Be berílio											10,81 5 B boro	12,01 6 C carbono	14,01 7 N nitrogênio	16,00 8 O oxigênio	19,00 9 F flúor	20,18 10 Ne neônio
3	22,99 11 Na sódio	24,31 12 Mg magnésio											26,98 13 Al alumínio	28,09 14 Si silício	30,97 15 P fósforo	32,07 16 S enxofre	35,45 17 Cl cloro	39,95 18 Ar argônio
4	39,10 19 K potássio	40,08 20 Ca cálcio	44,96 21 Sc escândio	47,87 22 Ti titânio	50,94 23 V vanádio	52,00 24 Cr crômio	54,94 25 Mn manganês	55,85 26 Fe ferro	58,93 27 Co cobalto	58,69 28 Ni níquel	63,55 29 Cu cobre	65,41 30 Zn zinco	69,72 31 Ga gálio	72,64 32 Ge germânio	74,92 33 As arsênio	78,96 34 Se selênio	79,90 35 Br bromo	83,80 36 Kr criptônio
5	85,47 37 Rb rubídio	87,62 38 Sr estrôncio	88,91 39 Y ítrio	91,22 40 Zr zircônio	92,91 41 Nb nióbio	95,94 42 Mo molibdênio	(97,91) 43 Tc tecnécio	101,07 44 Ru rutênio	102,91 45 Rh ródio	106,42 46 Pd paládio	107,87 47 Ag prata	112,41 48 Cd cádmio	114,82 49 In índio	118,71 50 Sn estanho	121,76 51 Sb antimônio	127,60 52 Te telúrio	126,90 53 I iodo	131,29 54 Xe xenônio
6	132,91 55 Cs césio	137,33 56 Ba bário	SÉRIE DOS LANTANÍDIOS 57/71	178,49 72 Hf háfnio	180,95 73 Ta tântalo	183,84 74 W tungstênio	186,21 75 Re rênio	190,23 76 Os ósmio	192,22 77 Ir irídio	195,08 78 Pt platina	196,97 79 Au ouro	200,59 80 Hg mercúrio	204,38 81 Tl tálio	207,21 82 Pb chumbo	208,98 83 Bi bismuto	(208,98) 84 Po polônio	(209,99) 85 At astato	(222,02) 86 Rn radônio
7	(223,02) 87 Fr frâncio	(226,03) 88 Ra rádio	SÉRIE DOS ACTINÍDIOS 89/103	(261,11) 104 Rf rutherfórdio	(262,11) 105 Db dúbnio	(266,12) 106 Sg seabórgio	264,12 107 Bh bóhrio	(277) 108 Hs hássio	(268,14) 109 Mt meitnério	271 110 Ds darmstádtio	272 111 Rg roentgenium	277 112 Cn copernício						

SÉRIE DOS LANTANÍDIOS

138,91 57 La lantânio	140,12 58 Ce cério	140,91 59 Pr praseodímio	144,24 60 Nd neodímio	(144,91) 61 Pm promécio	150,36 62 Sm samário	151,96 63 Eu európio	157,25 64 Gd gadolínio	158,93 65 Tb térbio	162,50 66 Dy disprósio	164,93 67 Ho hólmio	167,26 68 Er érbio	168,93 69 Tm túlio	173,04 70 Yb itérbio	174,97 71 Lu lutécio

SÉRIE DOS ACTINÍDIOS

(227,03) 89 Ac actínio	232,04 90 Th tório	231,04 91 Pa protactínio	238,03 92 U urânio	(237,05) 93 Np netúnio	(244,06) 94 Pu plutônio	(243,06) 95 Am amerício	(247,07) 96 Cm cúrio	(247,07) 97 Bk berquélio	(251,08) 98 Cf califórnio	(252,08) 99 Es einstênio	(257,10) 100 Fm férmio	(258,10) 101 Md mendelévio	(259,10) 102 No nobélio	(262,11) 103 Lr laurêncio

Legenda: massa atômica relativa: 1,01; número atômico: 1; símbolo: H; nome: hidrogênio

Os dados contidos nesta tabela periódica estão de acordo com as recomendações de 2005 da Iupac e da Iupap.

Figura 6-26: **Tabela periódica.**

Elemento	Símbolo	Nome em latim
antimônio	Sb	*stibium*
cobre	Cu	*cuprum*
ouro	Au	*aurum*
ferro	Fe	*ferrum*
chumbo	Pb	*plumbum*
mercúrio	Hg	*hydragyrum*
potássio	K	*kalium*
prata	Ag	*argentum*
sódio	Na	*natrium*
estanho	Sn	*stannum*
tungstênio	W	*wolfram*

Quadro 6-4: **Origem dos símbolos de alguns elementos químicos.**

Questões

Consulte a tabela periódica sempre que for preciso e resolva as questões a seguir.

Q13. Que elementos possuem propriedades semelhantes às do cloro?

Q14. Que elementos possuem propriedades semelhantes às do carbono?

Q15. Indique o nome e o número atômico (Z) dos elementos Ca, F, Fe, K, Na, O, N, Mg, Mn, S, Co, Cu, C, Cl.

TEXTO 8

Os antecedentes do modelo de Bohr

No final do século XIX, os conhecimentos da Física clássica estavam bem estabelecidos. Avanços significativos em várias áreas – mecânica, termodinâmica, eletricidade e eletromagnetismo – tinham possibilitado a compreensão de diversos fenômenos e o desenvolvimento de novas tecnologias. A invenção da máquina a vapor, a utilização da e letricidade nas indústrias e residências, a invenção de motores, o telégrafo, tudo isso estava contribuindo para mudar o modo de vida das pessoas.

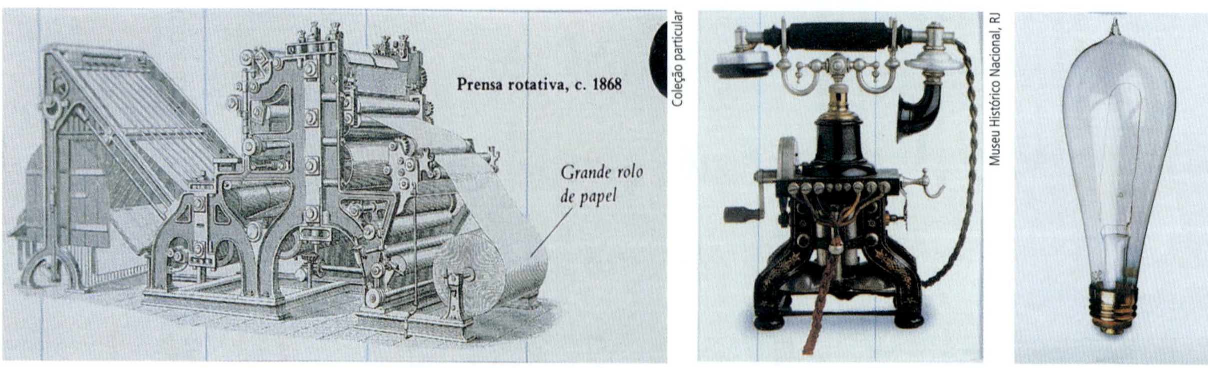

Coleção particular / Museu Histórico Nacional, RJ / Museu Thomas Edison, Beaumont, Texas

Figura 6-27: **No final do século XIX, várias invenções mudaram o modo de vida das pessoas: a prensa rotativa (1865), o telefone com fio (1876) e a lâmpada de rosca de Edison (1879).**

Sintetizando esse aparente esplendor e calmaria na área científica, o cientista inglês Lord Kelvin havia afirmado que "não havia nenhuma nuvem no céu claro da Física". O trabalho de alguns cientistas no início do século XX – dentre eles Einstein (1879-1955) e Planck (1858-1947) – viria, no entanto, a formar pesadas nuvens de tempestade que logo desabaria, acabando com a calmaria da Física clássica do século XIX.

Figura 6-28: **Lord Kelvin.**

Figura 6-29: **Einstein.**

Figura 6-30: **Planck.**

Como vimos no modelo de Rutherford, no centro do átomo há um núcleo cuja massa é aproximadamente igual à massa total do átomo e cuja carga, positiva, é igual ao número atômico, Z. Em torno desse núcleo, quando o átomo é neutro, há um número de elétrons também igual a Z. Esse modelo apresentava, no entanto, desde o início, uma série de problemas para explicar a estabilidade do átomo. Essa questão já havia sido salientada pelo próprio Rutherford. Se os elétrons estivessem estacionários, sem movimento, não seria possível imaginar um arranjo estável, pois não haveria o que os impedisse de cair no núcleo, já que estavam sob a influência da atração coulombiana. Afinal, o núcleo tem carga positiva e os elétrons, carga negativa.

Uma solução aparente seria pensar que os elétrons poderiam girar em torno do núcleo, a exemplo do que fazem os planetas em torno do Sol. Um sistema desse tipo poderia ser mecanicamente estável, como no caso dos planetas. Quando se pensa em partículas carregadas – negativamente, como os elétrons – girando em torno de um núcleo de carga oposta, surge, porém, um sério problema: para manter seu movimento circular ao redor do núcleo, os elétrons deveriam estar constantemente acelerados. De acordo com a teoria eletromagnética clássica, todos os corpos carregados acelerados irradiam energia na forma de radiação eletromagnética (discutiremos, mais adiante, o que é radiação eletromagnética. Por enquanto, basta pensar que a luz é um tipo de radiação eletromagnética). Ao emitir esse tipo de energia, o elétron perderia energia mecânica e se moveria em uma trajetória espiral até atingir o núcleo. Dessa maneira, apesar de todo o sucesso em interpretar fatos experimentais, o modelo atômico de Rutherford já havia nascido com um sério problema, pois não conseguia explicar a estabilidade do átomo.

Em 1913, apenas dois anos após a proposição do modelo atômico por Rutherford, Niels Bohr (1885-1962) forneceu uma solução bastante razoável para esse problema. Antes de conhecer a solução proposta por Bohr, e para melhor entendê-la, vamos estudar um pouco a luz e as outras formas de radiação eletromagnética.

Fotos: ADS

Figura 6-31: **Niels Bohr.**

TEXTO 9

A luz emitida pelas substâncias e a radiação eletromagnética

dica Enem

No nosso cotidiano, lidamos com várias formas de radiações eletromagnéticas, mesmo que não as chamemos por esse nome. A luz visível emitida pelo Sol ou pelas lâmpadas artificiais, que é responsável por tudo o que conseguimos enxergar, é um exemplo de radiação eletromagnética.

Photodisc

Figura 6-32: **A luz visível emitida pelo Sol é uma forma de radiação eletromagnética.**

Quando aquecemos um alimento no forno de micro-ondas, usamos uma outra forma de radiação – as micro-ondas. Quando você sintoniza seu rádio na estação preferida, logo ouvirá o locutor dizer: "você está ligado na 93.8", por exemplo. Esse número expressa a frequência, em MHz (megahertz), da radiação eletromagnética, nesse caso, "ondas de rádio". Ao sintonizarmos o televisor nos canais, na verdade estamos sintonizando uma frequência de ondas eletromagnéticas.

D. Hurst/Alamy/Otherimages

Divulgação/Abril Imagens

Johnny Greig Cut-Outs/Alamy/Otherimages

Figura 6-33: **Micro-ondas, rádio e televisor estão relacionados a diferentes formas de radiação eletromagnética.**

Se você for a um hospital "tirar uma chapa (ou radiografia)", estará interagindo com outra radiação eletromagnética, os raios X. Ao comprar um protetor solar, você poderá observar, no rótulo, que ele oferece proteção para "raios UVA e UVB". Esses "raios" também são uma forma de radiação eletromagnética, conhecida como ultravioleta, que é emitida pelo Sol, mas que não é visível.

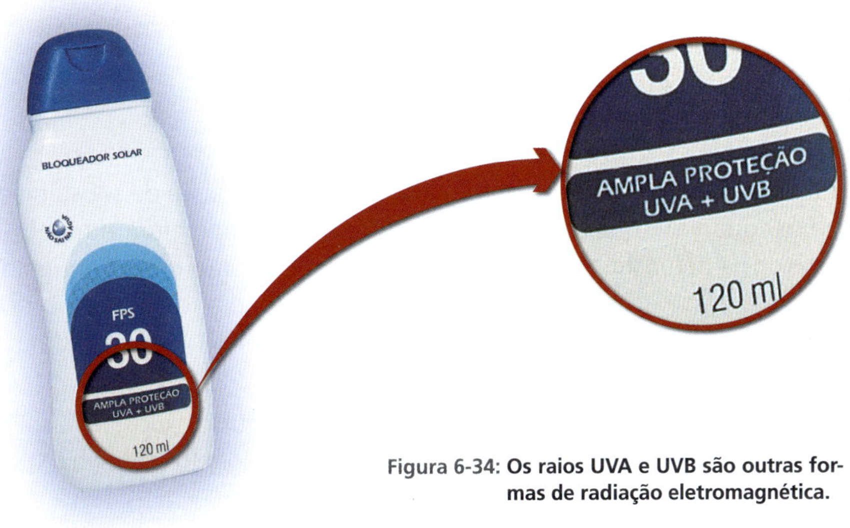

Thomas Kremer/Editora Abril

Figura 6-34: **Os raios UVA e UVB são outras formas de radiação eletromagnética.**

O que fez com que os físicos tratassem todos esses "raios", aparentemente tão diferentes, como um único tipo de radiação, chamada de radiação eletromagnética?

Até o começo do século XIX, a teoria mais aceita sobre a natureza da luz era aquela que a considerava como um fluxo de pequenas partículas. Essa teoria – chamada de **teoria corpuscular da luz** – havia sido elaborada por Newton, sendo publicada no seu livro *Óptica*, em 1704.

No começo do século XIX, Thomas Young (1773-1829) proporia uma outra teoria para explicar a natureza da luz. Partindo de uma analogia com as ondas do mar, ele considerava a luz como uma onda.

Fotos: Pixtal

Figura 6-35: **Newton.**

Figura 6-36: **Young.**

Figura 6-37: **Maxwell.**

Young usou sua teoria para explicar de maneira convincente alguns fenômenos luminosos, como a polarização e a interferência, que não eram explicados pela teoria corpuscular. O francês Augustin Fresnel (1788-1827) também deu grandes contribuições para o estabelecimento do caráter ondulatório da luz. A polêmica sobre a natureza da luz, no entanto, não se encerraria aí, pois no começo do século XX Einstein recorreria novamente a uma teoria corpuscular da luz para explicar o efeito fotoelétrico – uma propriedade que certas frequências da luz têm de arrancar elétrons de uma chapa metálica.

Ainda no século XIX, Maxwell (1831-1879) havia conseguido um modelo matemático bastante elaborado para explicar fenômenos elétricos e magnéticos, criando uma teoria unificada que ficaria conhecida como **eletromagnetismo**. As equações de Maxwell, que expressam o comportamento dos fenômenos eletromagnéticos, são semelhantes às que haviam sido determinadas para expressar o comportamento das ondas de luz. Maxwell mostrou que a luz podia ser representada por uma onda eletromagnética e, do mesmo modo, que as ondas eletromagnéticas deveriam apresentar os mesmos fenômenos descritos para as ondas de luz, como refração, reflexão, difração etc. A teoria de Maxwell era tão abrangente que permitia a previsão da existência de outras radiações eletromagnéticas, com frequências diferentes da frequência da luz. Hertz, em 1888, nove anos depois da morte de Maxwell, descobriu as ondas de rádio, confirmando as previsões da teoria eletromagnética. Desde essa época, todas essas formas de radiação – luz, ondas de rádio, ultravioleta, infravermelho, posteriormente raios X, raios beta, micro-ondas etc. – começaram a ser tratadas, unificadamente, como radiações eletromagnéticas.

ATIVIDADE 2

O teste da chama

O teste da chama é uma atividade muito usada na identificação de substâncias químicas. Sabe-se que os átomos, quando aquecidos a uma determinada temperatura, emitem luz de frequência bem definida, que é característica para cada tipo de átomo. Como cada frequência diferente de luz visível corresponde a uma cor característica, esse teste permite a identificação dos tipos de átomos presentes numa amostra de solução qualquer simplesmente pela cor que a chama adquire em contato com essa solução.

Nesta atividade, vamos realizar o teste de chama para algumas substâncias. Posteriormente, tentaremos explicar os resultados obtidos recorrendo a um outro modelo atômico: o modelo de Bohr.

Material

Quatro latas de refrigerante, um prego, areia suficiente para encher uma lata de refrigerante de 350 mL, uma rolha, uma régua, quatro béqueres (para colocar cada uma das quatro soluções a seguir), seringa ou conta-gotas ou proveta de 10 mL, álcool comercial, 25 mL de cada uma das seguintes soluções: HCl (ácido clorídrico), $BaCl_2$ (cloreto de bário), $CaCl_2$ (cloreto de cálcio) e $SrCl_2$ (cloreto de estrôncio).

Tenha cuidado!

Atenção: Cuidado ao manipular o HCl e o álcool. Faça isso somente sob a supervisão de seu professor.

O que fazer

A5 Peguem as quatro latas de refrigerante e façam 250 furos em cada uma delas. Para evitar que a lata amasse, coloquem areia em seu interior e tampem com a rolha. Com o auxílio do prego, façam os furos na parede lateral da lata, a partir da altura de 2 cm da base (meçam essa altura com a régua).

A6 Construam, no caderno, um quadro com duas colunas: **Nome das substâncias** e **Cor resultante da queima da substância na chama**. Esse quadro receberá os dados observados neste experimento.

A7 Adicionem 3 mL (aproximadamente 60 gotas) de etanol (álcool etílico 95%) dentro de cada lata.

A8 Coloquem, sobre a tampa da primeira lata, próximo à abertura, algumas gotas de solução de HCl (ácido clorídrico). Nas outras três latas adicionem, usando o mesmo procedimento, soluções de $BaCl_2$ (cloreto de bário), $CaCl_2$ (cloreto de cálcio) e $SrCl_2$ (cloreto de estrôncio).

Sérgio Dotta Jr./Arquivo da editora

Figura 6-38: Exemplo de lata perfurada.

A9 Indiquem a substância que está sobre a tampa das latas, anotando seu nome num pedaço de papel e colocando-o na frente da lata.

A10 Inflamem o conteúdo das quatro latas, jogando um palito de fósforo aceso, **com muito cuidado**, em seu interior. Observem o que ocorre e anotem no quadro no caderno.

TEXTO 10

A natureza ondulatória da luz e o espectro eletromagnético

No teste de chama realizado na atividade 2, observamos que cada substância, quando aquecida, emite luz de cor diferente. Essa cor é característica para cada substância, e no caso dos testes realizados está relacionada a uma propriedade dos átomos que constituem a substância.

Se a luz for tratada como uma radiação eletromagnética, cada cor corresponderá a uma frequência de onda específica. Para entendermos melhor esse aspecto, vamos estudar algumas propriedades das ondas.

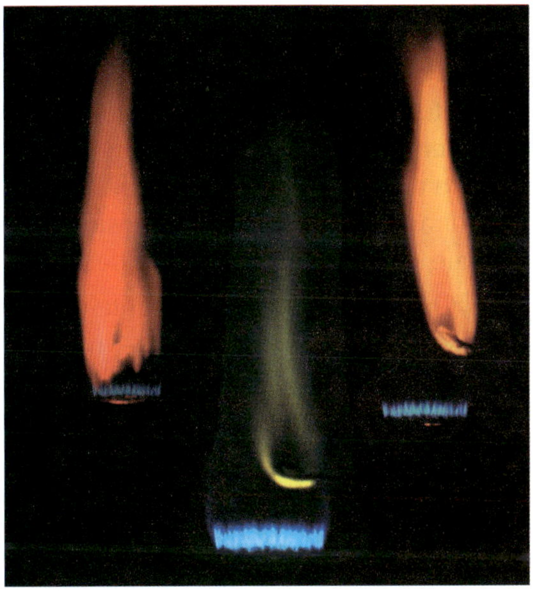

Gilberto do Vale Rodrigues

Figura 6-39: **Cada uma das substâncias da experiência realizada emitiu uma cor diferente quando aquecida.**

Se você jogar uma pedra na superfície de uma piscina cuja água esteja parada, observará a formação de ondas a partir do ponto em que a pedra caiu.

Photodisc

Figura 6-40: **Quando uma pedra cai na superfície da água, formam-se ondas.**

Podemos representar uma onda da seguinte maneira:

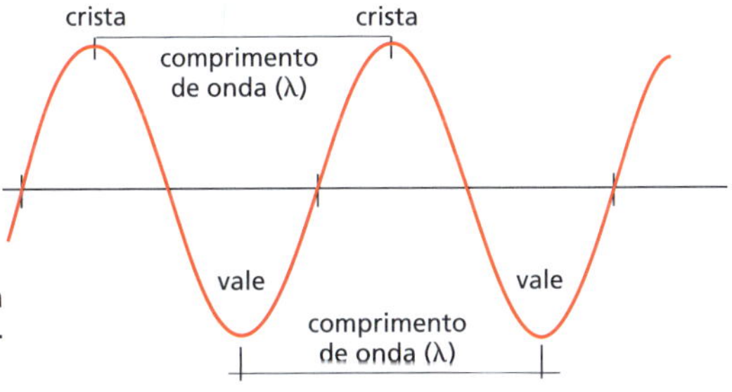

Figura 6-41: **Representação de uma onda, destacando o comprimento de onda (λ).**

A distância entre duas cristas ou dois vales é chamada de **comprimento de onda**. Quanto maior essa distância, maior será seu comprimento de onda.

A onda é uma forma de propagação de energia sem que ocorra transporte de matéria. Você pode observar isso colocando uma rolha de cortiça numa cuba com água e observando o que acontece quando você produz uma onda, batendo em um ponto da superfície da água com um lápis. A rolha vai se deslocar verticalmente quando as ondas passarem por ela. Em termos de sua posição média, no entanto, a rolha não sofrerá deslocamento horizontal.

Além do comprimento de onda, existe uma outra grandeza importante para caracterizar uma onda: a frequência. Já comentamos que, ao sintonizar seu rádio numa estação, na verdade você estará sintonizando as ondas de rádio numa determinada frequência da radiação eletromagnética. Para entendermos o que é uma frequência, vamos retomar o exemplo da rolha na cuba. Se contarmos o número de vezes que a rolha sobe em um segundo, teremos determinado a frequência dessa onda. Em outras palavras, podemos considerar a **frequência** como o número de vezes que uma crista, ou um vale, de uma onda passa por determinado ponto, por segundo.

Outra observação importante é que, quanto maior a distância entre duas cristas adjacentes – maior o comprimento de onda –, menor será a frequência. Representando a frequência pela letra grega υ (*ni*), o comprimento de onda pela letra grega λ (*lambda*) e a velocidade da onda pela letra *v*, podemos expressar essa relação matematicamente.

$$\upsilon = \frac{\nu}{\lambda}$$

Em 1900, Max Planck propôs uma relação simples entre energia e frequência da radiação emitida pela matéria que funcionava para todas as frequências. Planck propôs que átomos vibrando em um metal aquecido poderiam absorver e emitir energia eletromagnética apenas em certas quantidades discretas, que eram iguais ou múltiplas da quantidade determinada pela equação:

$$E = h\upsilon$$

em que υ representa a frequência da radiação emitida ou absorvida e ***h*** é uma constante, atualmente conhecida como constante de Planck, cujo valor é:

$$h = 6{,}626 \times 10^{-34}\ \text{J} \cdot \text{s}$$

A hipótese quântica de Planck estabelece que a energia pode ser absorvida ou emitida apenas como a quantidade representada por $h\upsilon$ (chamada de *quantum*) ou múltiplos inteiros desse valor. Assim, a energia pode ter valores iguais a $h\upsilon$, 2 $h\upsilon$, 3 $h\upsilon$, mas **não** pode ter valores iguais a 2,5 $h\upsilon$ ou 4,02 $h\upsilon$. De acordo com as teorias da Física clássica, não existiriam limites da quantidade de energia que um sistema pode absorver ou emitir – a energia varia continuamente. Na teoria quântica, ao contrário, faz-se a previsão de que as mudanças de energia ocorrem apenas em quantidades discretas, o que significa dizer que as variações de energia são descontínuas.

Planck e outros cientistas de sua época tiveram dificuldades em aceitar a teoria quântica, que mudava completamente a maneira de ver os fenômenos em escala atômica. Essa teoria, no entanto, abriria um novo caminho para entender o átomo, com a proposta de Niels Bohr de um modelo para o átomo.

De acordo com a fórmula de Planck, a energia da radiação eletromagnética é diretamente proporcional à frequência e inversamente proporcional ao comprimento de onda.

$$E \propto \frac{\nu}{\lambda}$$

Desse modo, radiações com alta frequência e, portanto, pequeno comprimento de onda – por exemplo, os raios X – terão muita energia. Ao contrário, radiações com baixa frequência e, portanto, grande comprimento de onda – por exemplo, as ondas de rádio – terão pouca energia.

No caso da radiação visível, cada cor que você observou no teste de chama corresponde a uma frequência de radiação eletromagnética característica. As frequências das cores que observamos correspondem a apenas uma pequena faixa de radiações que já foram detectadas. Todas as cores que conhecemos estão situadas nessa pequena faixa, conhecida como a região do visível no espectro eletromagnético. O conjunto de todas as radiações eletromagnéticas conhecidas é o que denominamos **espectro eletromagnético**. Uma forma de representar esse espectro é colocar os vários tipos de radiação em ordem decrescente de comprimento de onda (e, portanto, crescente de frequência e energia).

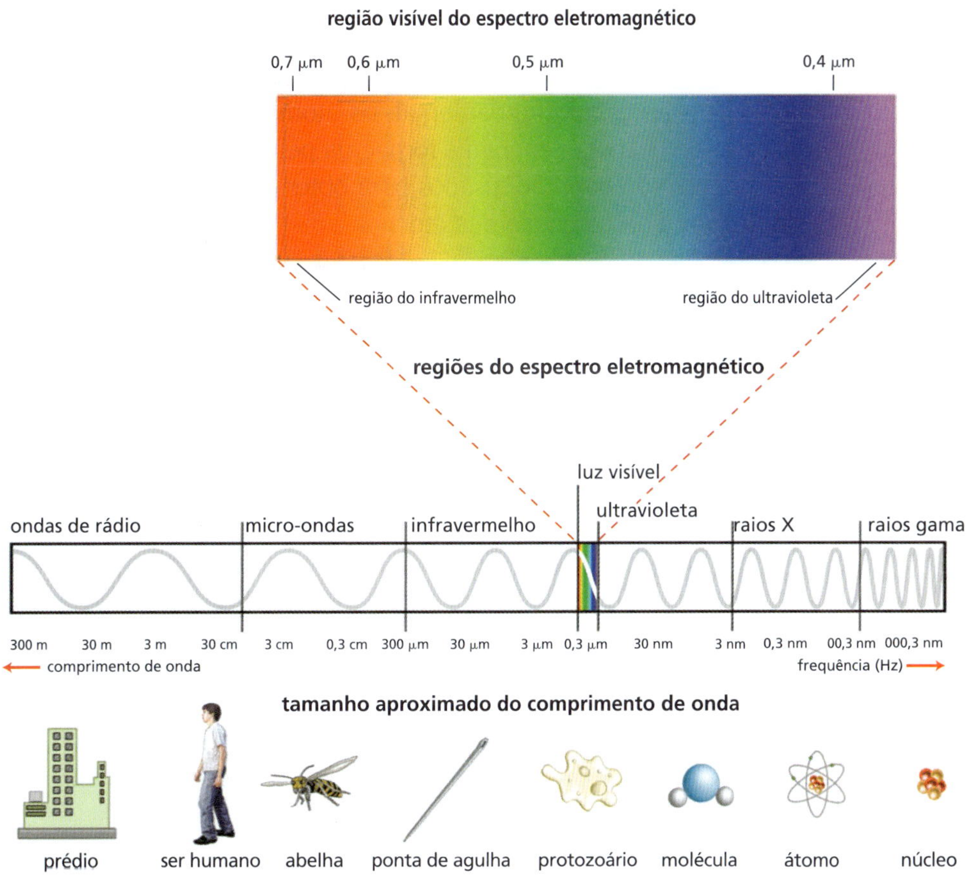

Figura 6-42: **Espectro eletromagnético.**

Questões

Q16. Indique o comprimento de onda e calcule a frequência de cada uma das cores que você observou no teste de chama. Dado: velocidade da luz: 3×10^8 m/s.

Q17. Indique a cor que corresponde à maior energia. Justifique sua resposta.

Q18. Indique a cor que corresponde à menor energia. Justifique sua resposta.

Q19. Localize a radiação de micro-ondas no espectro eletromagnético (figura 6-42) e indique se ela corresponde a uma energia maior ou menor que a da região visível.

Q20. Localize os raios X no espectro eletromagnético (figura 6-42) e tente explicar por que não devemos nos expor a grandes quantidades dessa radiação.

TEXTO 11

Interação entre radiação e matéria, os espectros atômicos e o modelo de Bohr

Com o teste de chama, aprendemos que cada substância emite luz em determinadas frequências. A cor que predomina nesse teste é característica de um dos átomos que constituem a substância. Se tivéssemos um prisma ou uma rede de difração, poderíamos decompor a luz emitida e observar que, na verdade, mais de uma frequência de radiação é emitida por cada substância. A esse conjunto de frequências, que caracteriza determinado átomo, dá-se o nome de **espectro de emissão** desse átomo.

O espectro de emissão de um átomo pode ser observado quando se fornece energia para os átomos. Ao receber energia, saem do seu estado fundamental, que é o de menor energia, e entram num estado excitado. Quando voltam ao estado fundamental, os átomos emitem radiação de frequência característica. No caso do teste de chama, a energia é fornecida pela chama. No caso dos espectrômetros, aparelhos que vimos no início do capítulo, usados para obter os espectros, essa energia pode ser fornecida por um feixe de luz, uma descarga elétrica etc.

No final do século XIX, já podiam ser obtidos os espectros de átomos, como o hidrogênio e o hélio. O espectrômetro é o equipamento típico usado para obter esses espectros. A energia fornecida por meio de uma descarga elétrica através de um gás monoatômico excita os átomos desse gás, que emitem luz. A luz é então colimada, ou seja, é produzido um feixe de luz por uma fenda. Atravessando um prisma ou uma rede de difração, o feixe de luz é decomposto em um espectro de comprimentos de onda, que é então gravado em uma chapa fotográfica, como mostra a figura a seguir.

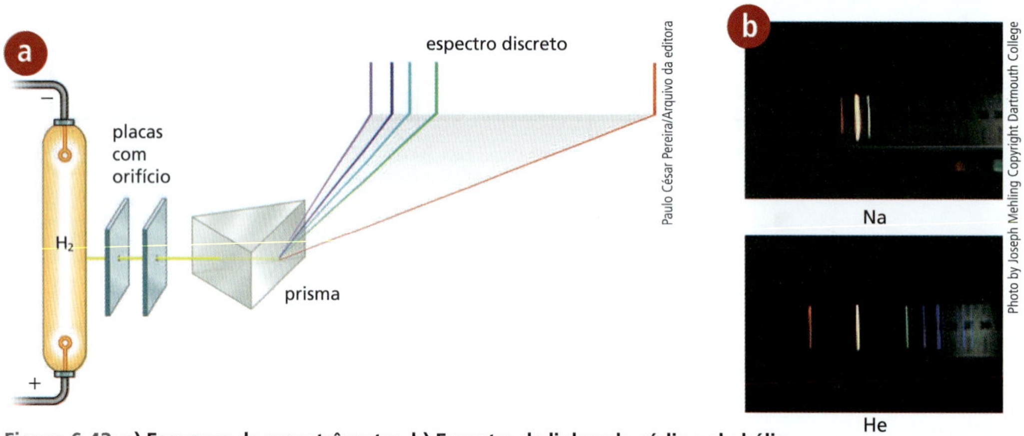

Figura 6-43: a) Esquema de espectrômetro. b) Espectro de linhas do sódio e do hélio.

Espectrômetros

Atualmente, há uma grande variedade de espectrômetros, que são usados para determinar a estrutura molecular das substâncias e dos materiais. Cada tipo de espectrômetro permite observar uma determinada faixa de frequências do espectro eletromagnético (por exemplo, ultravioleta, infravermelho etc.) que corresponde a algum tipo de perturbação nessa estrutura. O princípio do espectrômetro é fornecer energia na forma de radiação, que irá interagir com o material e provocar uma perturbação no seu estado, normalmente aumentando sua energia. Quando o material voltar ao seu estado fundamental, ele emite radiação, que será detectada, fornecendo informações sobre sua estrutura.

Um exemplo de espectro bastante conhecido é o arco-íris. É obtido quando a luz do sol atravessa as gotículas de água, que funcionam como um prisma. Esse tipo de espectro é contínuo. Ao contrário, a radiação eletromagnética emitida por átomos livres gera um espectro descontínuo, constituído por um conjunto de comprimentos de ondas discretos. Isso faz com que o espectro seja composto por um conjunto de linhas.

Divulgação/Editora Abril

Figura 6-44: **O arco-íris é um exemplo de espectro obtido quando a luz atravessa as gotículas de água. Cataratas do Iguaçu, Foz do Iguaçu (PR), 2006.**

Qual é a relação entre esses espectros e os modelos atômicos que estamos estudando?

No modelo atômico de Rutherford, o elétron no átomo de hidrogênio poderia ter qualquer energia, determinada por sua distância em relação ao núcleo. Portanto era de esperar que o espectro atômico obtido fosse contínuo.

Bohr, desde 1911, já estava trabalhando para resolver o problema da instabilidade do átomo no modelo de Rutherford. Ele praticamente já havia proposto seu modelo e preparava um memorando sobre o assunto em 1912, para discuti-lo com Rutherford, mas não havia ainda analisado o espectro do hidrogênio. No início de 1913, o estudante Hans Marius Hansen (1886-1956) perguntou a Bohr o que o seu modelo tinha a dizer sobre esse espectro. Bohr respondeu que nada sabia sobre o assunto e Hansen aconselhou-o a dar uma olhada na fórmula de Balmer (1825-1898) para o espectro de hidrogênio.

"Logo que vi a fórmula de Balmer, tudo se tornou claro para mim", diria Bohr muitos anos mais tarde.

A fórmula de Balmer permitia associar o comprimento de onda – e, portanto, a frequência – de cada linha do espectro do hidrogênio a dois números inteiros positivos. O modelo que viria a ser apresentado por Bohr em 1913 concordava de maneira precisa com esses dados empíricos (experimentais), obtidos por Balmer para o espectro de hidrogênio.

Bohr apresentou seu modelo por meio de postulados porque não tinha uma explicação para a estabilidade do átomo. Ele parte da constatação de que o átomo é estável e apresenta uma possível solução para o problema da estabilidade por meio do postulado 3 (a seguir). Naquele momento não era possível para Bohr provar o que estava postulando, mas observações empíricas realizadas posteriormente confirmaram a correção do modelo, e, portanto, dos postulados.

Apresentamos a seguir os postulados de forma simplificada para facilitar sua compreensão.

Postulados de Bohr

1. Um elétron, em um átomo, se move em uma órbita circular estável em torno do núcleo sob influência da atração coulombiana entre o elétron e o núcleo. Esse movimento está de acordo com as leis da mecânica clássica.
2. No lugar de um número infinito de órbitas possíveis, como previsto pela mecânica clássica, o elétron só pode se mover em órbitas determinadas, que podem ser associadas a números inteiros. Essas órbitas privilegiadas são chamadas estados estacionários.
3. Um elétron que se move em um desses estados estacionários não emite radiação eletromagnética, apesar de estar constantemente acelerado. Sua energia total, portanto, permanece constante.
4. Quando um elétron muda de uma órbita ou estado estacionário de energia total E_i para uma outra, de energia total E_f, menor do que E_i, emite radiação eletromagnética. A radiação emitida tem frequência igual à diferença de energia das órbitas ($E_i - E_f$) dividida por uma constante, conhecida como constante de Planck (h).

Resumindo, poderíamos afirmar que o elétron no átomo de hidrogênio, segundo o modelo de Bohr, pode estar em níveis de energia bem determinados, que correspondem a números inteiros. Esses números inteiros são os mesmos que apareciam na fórmula de Balmer. Dizemos que, no modelo de Bohr, a energia dos elétrons é **quantizada**, o que corresponde a dizer que ela só pode apresentar determinados valores discretos.

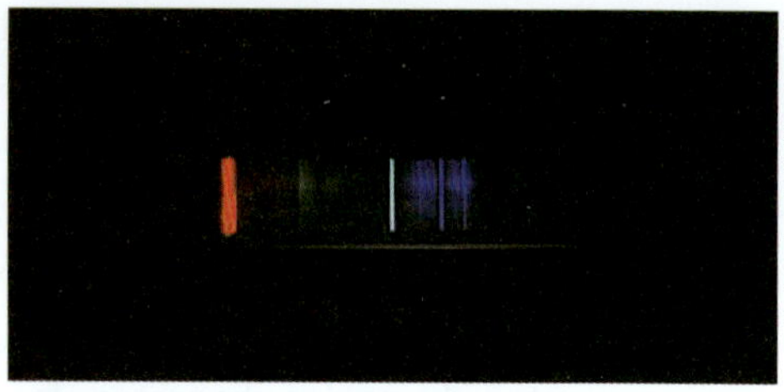

Figura 6-45: **Espectro do hidrogênio.**

Para compreender o significado da quantização da energia, vamos fazer uma analogia com uma escada. Os níveis de energia do elétron no átomo de hidrogênio corresponderiam aos degraus de uma escada. Ao subirmos ou descermos uma escada, só podemos parar nos degraus; não há como ficar entre dois degraus.

Quando fornecemos energia ao átomo de hidrogênio, os elétrons podem saltar para níveis de maior energia. Ao retornarem ao estado fundamental, eles emitirão essa energia. Segundo o modelo de Bohr, só são possíveis certos níveis, correspondentes aos estados estacionários; assim, a radiação emitida tem frequência bem característica, constituindo o espectro de linhas.

Nas figuras ao lado, apresentamos a correspondência das transições entre os níveis de energia do átomo de hidrogênio com as linhas do espectro atômico.

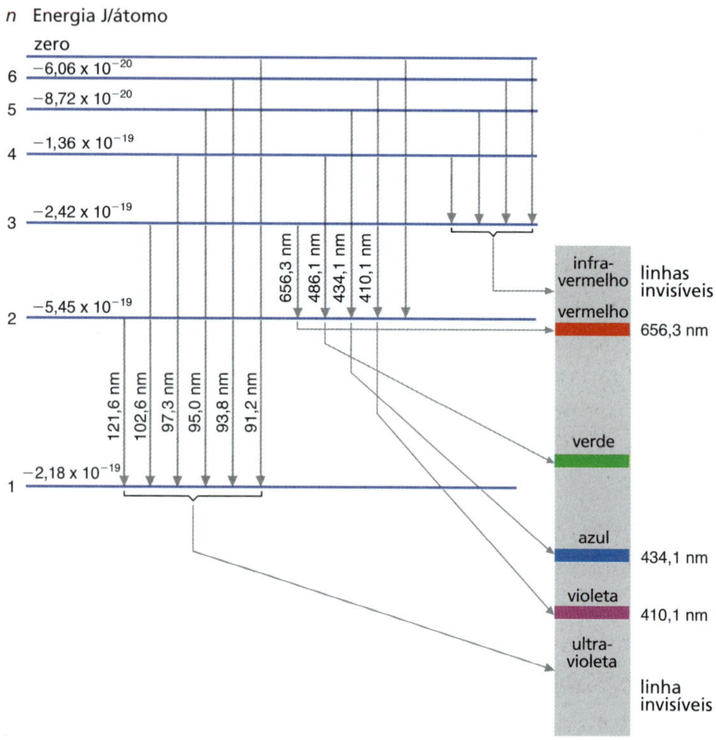

Figura 6-46: **Relação entre as linhas do espectro de hidrogênio e os níveis de energia segundo o modelo de Bohr.**

Questão

Q21. A partir da ilustração da figura 6-46 e usando a fórmula de Planck, $E = h\nu$, calcule a energia que corresponde a cada linha do espectro atômico do hidrogênio e indique a transição entre níveis a que corresponde cada linha. Dados: constante de Planck, $h = 6{,}626 \times 10^{-34}$ J · s e frequência expressa em hertz (s^{-1}).

EXERCÍCIOS

E8. Leia a frase a seguir: "O espectro visível da luz solar, que corresponde ao conhecido arco-íris, vai da radiação vermelha à violeta, mais energética.".

Agora, responda em seu caderno:

a) Existem radiações eletromagnéticas não visíveis? Dê dois exemplos.

b) Qual a radiação mais energética: a infravermelha ou a ultravioleta?

E9. O que é um espectro descontínuo?

E10. A que corresponde uma linha (ou raia) de um espectro descontínuo?

E11. Descreva o modelo proposto por Bohr.

ATIVIDADE 3

Átomos neutros e íons

Em um átomo neutro (carga elétrica total nula), o número de cargas positivas é igual ao de cargas negativas, ou seja, o número de prótons é igual ao de elétrons. Nem sempre, porém, os átomos são neutros. Quando um átomo ou grupo de átomos apresenta cargas positivas ou negativas, eles passam a ser chamados de **íons**. Os íons são átomos ou grupos de átomos que possuem número de elétrons diferentes do número de prótons.

As transformações químicas e biológicas que observamos no cotidiano, e que são objeto de estudo nas diversas atividades do nosso curso, envolvem transformações apenas na região mais externa do átomo, onde ficam os elétrons – a **eletrosfera**. O núcleo atômico permanece inalterado nessas transformações. Assim, a formação de íons positivos – **cátions** – se refere à perda de elétrons pelo átomo, ao passo que a formação de íons negativos – **ânions** – se refere ao ganho de elétrons pelo átomo.

Em um cátion ou ânion de um elemento químico qualquer, o número de prótons permanece o mesmo. No cátion o íon possui carga elétrica positiva porque o átomo perdeu elétrons. No ânion a carga é negativa porque o átomo neutro recebeu elétrons.

Questões

Responda (individualmente, em seu caderno) as questões a seguir.

Q22. Consultando a tabela periódica, determine, para os elementos Na, Na^{+}, Ca, Ca^{2+}, Al, Al^{3+}, C, N, O, O^{2-}, Cl, Cl^{-}, Fe, Fe^{2+}, Fe^{3+}, Cu, Cu^{2+}, Zn, Zn^{2+}, Ne:

a) a coluna da tabela periódica a que pertencem;

b) o número atômico (Z);

c) o número de prótons;

d) o número de elétrons.

Q23. O que você pode afirmar sobre a relação entre o número de prótons e o número de elétrons em:

a) átomos neutros; b) cátions; c) ânions?

Q24. Consultando a tabela periódica determine, para os isótopos ^{1}H, ^{3}H, ^{12}C, ^{14}C, ^{16}O, ^{18}O, ^{23}Na, ^{107}Ag, ^{109}Ag:

a) a coluna da tabela periódica a que pertencem;

b) o número atômico;

c) o número de massa;

d) o número de prótons;

e) o número de elétrons;

f) o número de nêutrons.

Ivan Coutinho/Arquivo da editora

ATIVIDADE 4

Energia de ionização, níveis de energia e a tabela periódica

Já discutimos anteriormente a formação de íons monoatômicos (íons formados por um átomo). Para que os íons positivos sejam formados, é necessário fornecer energia ao átomo. Essa energia é conhecida como **energia de ionização**, que é a energia necessária para a remoção de um elétron de um átomo no estado gasoso. A quantidade de energia pode ser expressa para um único elétron retirado de um único átomo; nesse caso, a unidade da energia de ionização é o elétron-volt (eV). Quando se considera a quantidade de energia necessária para retirar um mol de elétrons de um mol de átomos, a energia de ionização é expressa em quilojoule por mol (kJ/mol). O mol é uma grandeza usada pelos químicos para a quantidade de matéria e será discutida nos capítulos posteriores.

É comum nos referirmos à energia de ionização associada ao elétron que está sendo removido do átomo. Assim, dizemos "primeira energia de ionização para o magnésio" quando nos referimos à energia necessária para a retirada do elétron mais energético de um átomo de magnésio, ou seja, o elétron que ocupa o "degrau mais alto da escada". A segunda energia de ionização diz respeito à energia necessária para retirar o segundo elétron mais energético, e assim por diante.

No quadro 6-5, listamos as 12 energias de ionização necessárias à retirada dos 12 elétrons do magnésio, a partir da primeira energia de ionização. Lembrem-se de que o magnésio tem número atômico (*Z*) igual a 12, o que significa que o átomo neutro tem 12 prótons e 12 elétrons.

O elétron-volt (eV) é uma unidade de medida de energia definida como a energia adquirida por um elétron quando é acelerado por uma diferença de potencial elétrico de um volt (V).

Ordem de energia de ionização	Valor de energia de ionização (eV)
1.ª	7,6
2.ª	15,0
3.ª	80,1
4.ª	109,3
5.ª	141,3
6.ª	186,8
7.ª	225,0
8.ª	328,1
9.ª	266,0
10.ª	367,5
11.ª	1 761,8
12.ª	1 962,7

Quadro 6-5: **Sucessivos valores de energia de ionização, em elétron-volts (eV), para os 12 elétrons do átomo de magnésio.**

Questões

Q25. Usando o quadro 6-5, construam um gráfico do valor de energia de ionização em função da ordem de ionização para as 12 sucessivas energias de ionização do átomo de magnésio. Usem o eixo das abscissas – eixo *x* – para a ordem de energia de ionização e o eixo das ordenadas – eixo *y* – para os valores de energia de ionização.

Q26. Expliquem por que os valores de energia de ionização aumentam sucessivamente.

Q27. Entre que valores de energia de ionização ocorrem as maiores variações?

Q28. Considerando a existência de níveis de energia, conforme o modelo atômico de Bohr, expliquem o que vocês constataram na questão Q27.

Q29. Considerando as respostas das questões Q27 e Q28, façam a previsão para o número máximo de elétrons no primeiro e no segundo níveis de energia.

Q30. Considerando as respostas às questões Q27, Q28 e Q29, desenhem uma representação para o átomo de magnésio, indicando os níveis de energia por círculos concêntricos ao núcleo.

Q31. Localizem o magnésio na tabela periódica e indiquem a linha e a coluna às quais pertence.

ATIVIDADE 5

Modelo de Bohr e as variações de energia de ionização e dos raios atômicos ao longo da tabela periódica

Um dos grandes feitos do modelo proposto por Niels Bohr foi fornecer explicação para a variação de propriedades dos elementos químicos ao longo das colunas e períodos da tabela periódica.

Nesta atividade, vamos construir gráficos para a variação da energia de ionização e do raio atômico ao longo de uma coluna e de um período da tabela periódica e explicar essas variações em termos do modelo de Bohr.

PARTE A Primeira energia de ionização dos vinte primeiros elementos químicos

No quadro 6-6, listamos a primeira energia de ionização para os vinte primeiros elementos da tabela periódica (números atômicos de 1 a 20).

Questões

Q32. Façam um gráfico dos valores de energia de ionização em função do número atômico (*Z*) para os vinte primeiros elementos, apresentados no quadro 6-6. Usem o eixo das abscissas (*x*) para o número atômico e o eixo das ordenadas (*y*) para os valores de energia de ionização.

Q33. Observando o gráfico que vocês fizeram, descrevam:

a) como varia a energia de ionização ao longo do segundo e do terceiro períodos da tabela periódica;

b) como varia a energia de ionização ao longo da primeira e da segunda colunas da tabela periódica.

Q34. Considerando o modelo atômico de Bohr, tentem explicar o que vocês constataram na questão Q33(a).

Q35. Considerando o modelo atômico de Bohr, tentem explicar o que vocês constataram na questão Q33(b).

Elemento	Número atômico (*Z*)	Primeira energia de ionização (eV)
H	1	13,6
He	2	24,6
Li	3	5,4
Be	4	9,3
B	5	8,3
C	6	11,3
N	7	14,5
O	8	13,6
F	9	17,4
Ne	10	21,6
Na	11	5,1
Mg	12	7,6
Al	13	6
Si	14	8,2
P	15	10,5
S	16	10,4
Cl	17	13
Ar	18	15,8
K	19	4,3
Ca	20	6,1

Quadro 6-6: **Primeira energia de ionização dos vinte primeiros elementos químicos.**

PARTE B Raios atômicos dos vinte primeiros elementos químicos (com exceção dos gases nobres)

O raio atômico é uma propriedade que não pode ser determinada para átomos isolados. É possível medir a distância média entre os núcleos de dois átomos, em moléculas ou cristais, tomando a metade desse valor como o do raio atômico. As tabelas não exibem valores de raio atômico para os gases nobres de menor número atômico, uma vez que os compostos de gases nobres são raros e produzidos artificialmente.

O valor do raio atômico pode ser expresso em angstrons (Å), mas essa não é uma unidade do Sistema Internacional (SI). Os valores dos raios atômicos apresentados no quadro 6-7 são apresentados em picômetros (pm), que é a unidade do SI para raios atômicos.

1Å = 100 pm

Elemento	Número atômico (*Z*)	Raio atômico (pm)
H	1	78
Li	3	152
Ba	4	111
B	5	80
C	6	77
N	7	75
O	8	73
F	9	71
Na	11	186
Mg	12	160
Al	13	143
Si	14	118
P	15	110
S	16	103
Cl	17	99
K	19	227
Ca	20	197

Quadro 6-7: **Raios atômicos dos vinte primeiros elementos químicos (com exceção dos gases nobres).**

Questões

Q36. Façam um gráfico dos valores de raio atômico em função do número atômico (*Z*) para os vinte primeiros elementos, apresentados no quadro 6-7. Usem o eixo das abscissas para o número atômico e o eixo das ordenadas para os valores de raio atômico.

Q37. Observando o gráfico, descrevam:

a) como varia o raio atômico ao longo do segundo e do terceiro períodos da tabela periódica.

b) como varia o raio atômico ao longo da primeira e da segunda colunas da tabela periódica.

Q38. Considerando o modelo atômico de Bohr, tentem explicar o que vocês constataram na questão Q37(a).

Q39. Considerando o modelo atômico de Bohr, tentem explicar o que vocês constataram na questão Q37(b).

TEXTO 12

O modelo de Bohr e a explicação das propriedades periódicas

A proposta de Mendeleev de um quadro, contendo os elementos químicos, que evidenciasse a periodicidade de suas propriedades – a tabela periódica – foi uma das grandes contribuições para a sistematização dos conhecimentos da época sobre propriedades físicas e químicas das substâncias formadas pelos elementos químicos. Como já comentamos, o trabalho de Mendeleev foi tão preciso que permitiu antecipar propriedades de elementos que eram ainda desconhecidos, para os quais o químico russo deixou lugares não preenchidos em sua tabela.

Apesar de toda essa precisão, esse foi um trabalho baseado apenas no conhecimento empírico, disponível na época, sobre as propriedades das substâncias. Na época de Mendeleev, não era possível explicar a razão da periodicidade das propriedades físicas e químicas dos elementos. Os primeiros modelos propostos para a estrutura dos átomos – o modelo de Thomson e o modelo de Rutherford – também não preencheram essa lacuna.

Na atividade 4 mostramos evidências de que existem níveis de energia no átomo. O gráfico obtido nessa atividade, construído utilizando-se os sucessivos valores de energia de ionização, em eV, para os 12 elétrons do átomo de magnésio, deve ser semelhante ao da figura 6-47. Note que a linha que une os valores de energia de ionização serve apenas para indicar a tendência na sua variação, pois não tem sentido pensar nessa propriedade para alguma coisa intermediária entre dois elementos químicos.

A partir desse gráfico você pode perceber que existem diferenças mais marcantes entre a segunda e a terceira energias de ionização e, depois, entre a 10.ª e a 11.ª energias de ionização. Para que você entenda o que está ocorrendo, precisa imaginar que os primeiros elétrons a saírem dos átomos, aqueles que correspondem à primeira e à segunda energias de ionização, são os elétrons mais energéticos do magnésio. Esses elétrons são mais fracamente ligados ao núcleo que os outros. Por isso um pequeno valor de energia fornecida é suficiente para retirá-los do átomo.

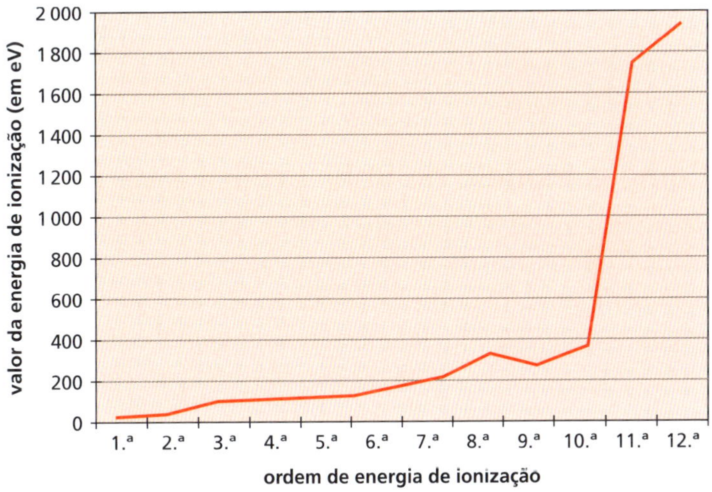

Figura 6-47: **Gráfico de sucessivos valores de energia de ionização para os 12 elétrons do magnésio.**

Ao passarmos para o terceiro elétron, notamos um aumento considerável no valor de energia necessária para retirá-lo do átomo. Isso é uma evidência de que esse terceiro elétron se encontra a uma distância muito menor do núcleo que os dois primeiros. Se você usar a fórmula da força coulombiana:

$$F = k\frac{q_1 \cdot q_2}{r^2}$$

irá perceber que, do ponto de vista da carga elétrica, não haveria uma justificativa para o salto entre a segunda e a terceira energias de ionização. Uma justificativa plausível seria uma mudança na distância, do terceiro elétron ao núcleo do átomo. Estamos, portanto, diante de uma evidência de que o elétron correspondente à terceira energia de ionização deve estar num outro nível de energia. O mesmo raciocínio pode conduzir à explicação do salto observado do 10.º para o 11.º valor de energia de ionização.

Sempre lembrando que a primeira energia de ionização corresponde ao elétron mais fracamente ligado ao núcleo e, portanto, a uma maior distância deste, podemos concluir que a distribuição por níveis de energia do átomo de magnésio é 2-8-2. Isso permite que façamos uma primeira generalização quanto aos níveis de energia e à posição dos átomos na tabela periódica. O período em que um átomo se encontra sempre indica o número de níveis preenchidos pelos elétrons desse átomo. E o número da coluna, no caso das antigas colunas A, indica o número de elétrons no último nível.

Ao mostrar a existência de níveis de energia discretos para os elétrons, e que os átomos dos elementos de um mesmo período da tabela periódica possuem seus elétrons mais energéticos ocupando o mesmo nível de energia, o modelo de Bohr possibilitou explicar a periodicidade de várias propriedades atômicas, associando o comportamento físico e químico das substâncias à distribuição dos seus elétrons por níveis ou camadas.

Na atividade 5, pudemos constatar que o raio atômico diminui com o número atômico ao longo de um mesmo período e aumenta com o número atômico ao longo de uma mesma coluna da tabela periódica. Se você fez corretamente o gráfico de raio atômico *versus* número atômico para os primeiros vinte elementos químicos, obteve um gráfico semelhante ao da figura 6-48. Note que a linha que une os valores do raio atômico serve apenas para indicar a tendência na sua variação, pois não tem sentido pensar nessa propriedade para alguma coisa intermediária entre dois elementos químicos.

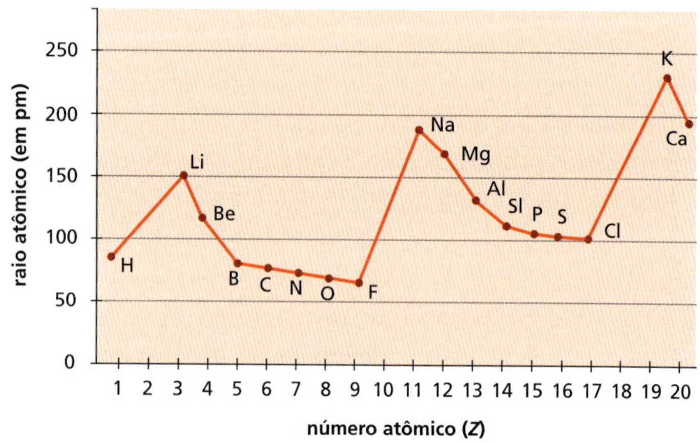

Figura 6-48: Raio atômico (em pm) *versus* número atômico (*Z*) para os primeiros vinte elementos químicos (com exceção dos gases nobres).

Como o modelo de Bohr explica a variação dessas propriedades?

Observe a tabela periódica. Ao descermos ao longo de uma de suas colunas, por exemplo as colunas 1 e 2, há um aumento no raio atômico dos elementos. De acordo com o modelo de Bohr, para cada novo período da tabela os elétrons dos átomos começam a preencher um novo nível de energia; assim, se compararmos o hidrogênio, o lítio, o sódio e o potássio, em termos de distribuição eletrônica por níveis, teríamos a representação apresentada na figura 6-49.

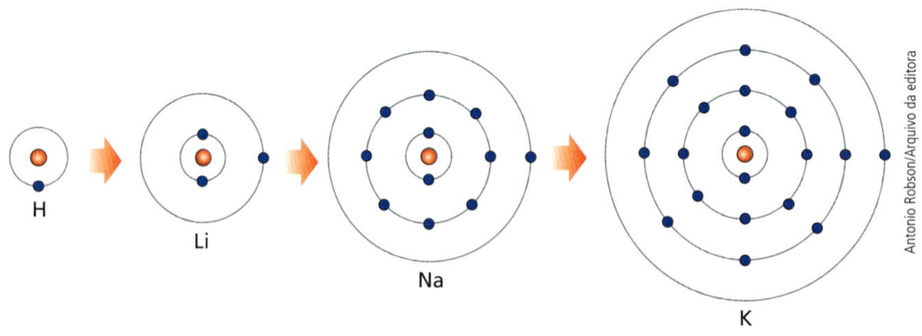

Figura 6-49: Representação para os raios crescentes dos átomos da 1.ª coluna da tabela periódica.

Como podemos explicar que, ao longo de um período, o raio atômico diminua com o aumento do número atômico, como acontece do lítio até o flúor, no segundo período da tabela, ou do sódio até o cloro, no terceiro período?

À primeira vista, isso parece surpreendente, pois o número de elétrons aumenta com o número atômico e seria razoável esperar que, quanto maior o número de elétrons, maior o raio atômico.

Como, ao longo de um período, os elétrons estão sendo distribuídos num mesmo nível de energia, poderíamos imaginar que estão ocupando uma região da eletrosfera que está, aproximadamente, à mesma distância do núcleo. Com o aumento do número atômico, aumenta o número de prótons no núcleo e, consequentemente, a carga nuclear. Dessa maneira, os elétrons que vão sendo distribuídos nesse mesmo nível são cada vez mais fortemente atraídos pelo núcleo, e o raio atômico diminui.

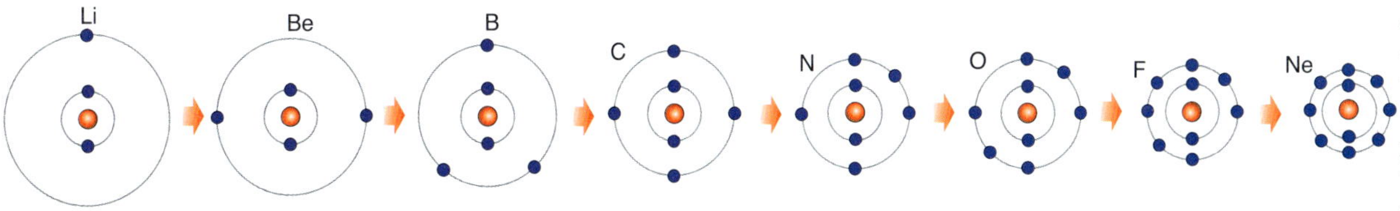

Antonio Robson/Arquivo da editora

Figura 6-50: Representações para os raios decrescentes dos átomos da segunda linha da tabela periódica.

período \ grupo	1	2	13	14	15	16	17	18
2	Li 157	Be 112	B 88	C 77	N 74	O 66	F 64	Ne
3	Na 191	Mg 160	Al 143	Si 118	P 110	S 104	Cl 99	Ar
4	K 235	Ca 197	Ga 153	Ge 122	As 121	Se 117	Br 114	Kr
5	Rb 250	Sr 215	In 167	Sn 158	Sb 141	Te 137	I 133	Xe
6	Cs 272	Ba 224	Tl 224	Pb 224	Bi 224	Po 224	At	Rn

raio atômico (pm)

- 251 – 300
- 201 – 250
- 151 – 200
- 101 – 150
- 51 – 100

Figura 6-51: Raio atômico (em pm) para os principais grupos de elementos da tabela periódica.

A partir dessa explicação para a variação do raio atômico, é bem mais fácil compreender a variação da energia de ionização ao longo de uma coluna e de um período da tabela periódica. Na atividade 5, pudemos constatar que a energia de ionização, em geral, aumenta com o número atômico ao longo de um mesmo período e diminui com o número atômico ao longo de uma mesma coluna da tabela periódica. Note que essa variação é justamente o inverso da que ocorre com o raio atômico. Se você fez corretamente o gráfico de energia de ionização *versus* número atômico para os primeiros vinte elementos químicos, obteve um gráfico semelhante ao da figura 6-52. Note que a linha que une os valores da energia de ionização é apenas para indicar a tendência na variação da energia de ionização, pois não tem sentido pensar nessa propriedade para algo intermediário entre dois elementos químicos.

Se o raio atômico aumenta ao longo de uma mesma coluna da tabela periódica, é de esperar que a energia de ionização diminua ao longo da coluna, pois os elétrons, estando cada vez mais distantes do núcleo, ficam cada vez mais fracamente ligados, sendo, portanto, necessário fornecer menos energia para arrancá-los.

A ideia é válida também para a variação da energia de ionização ao longo de um mesmo período. Se o raio atômico diminui ao longo do período, isso significa que os elétrons vão ficando cada vez mais fortemente ligados, crescendo, portanto, a energia de ionização.

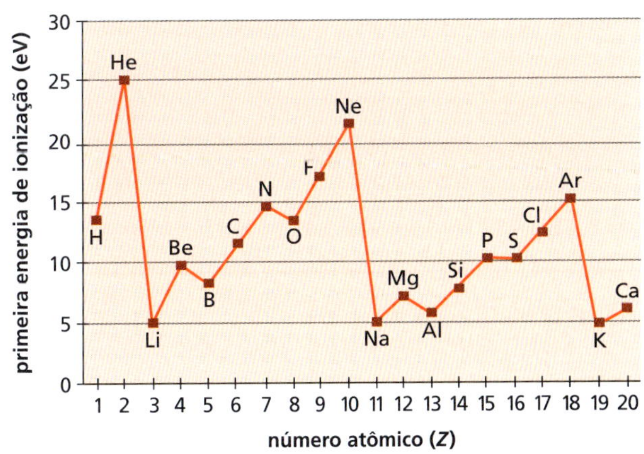

Figura 6-52: Energia de ionização (em eV) *versus* número atômico (*Z*) para os primeiros vinte elementos químicos.

Ao observar as energias de ionização para o átomo de magnésio, podemos concluir que ele possui elétrons distribuídos em três níveis de energia. Se localizarmos esse elemento na tabela periódica, vamos perceber que ele está ocupando uma posição na terceira linha. Isso coincide com o número de níveis ocupados. Ele também está localizado na coluna 2, o que corresponde ao número de elétrons existentes no último nível.

TEXTO 13

O modelo atual – comportamento dual do elétron, incerteza e orbital

O modelo de Bohr continua válido para explicar a maioria das propriedades atômicas que estudaremos no nosso curso de Química. Historicamente, no entanto, o modelo de Bohr não perdurou por muito tempo. Ao longo da década de 1920, os físicos construiriam um novo modelo para o átomo, que significaria uma verdadeira revolução científica e mostraria que a mecânica clássica definitivamente não poderia ser aplicada ao mundo subatômico. A imagem que emergiria desse esforço científico revelaria aspectos do mundo submicroscópico bastante estranhos aos nossos olhos acostumados com o mundo macroscópico.

No modelo de Bohr, a quantização de energia é introduzida como uma hipótese adicional ao modelo de Rutherford. Mantém-se, no entanto, a ideia de que os elétrons se comportam como partículas carregadas girando ao redor do núcleo atômico, o que resulta na definição de órbitas para descrever as trajetórias dos elétrons.

Na época em que Bohr propôs seu modelo já se admitia a natureza dual para a luz. Segundo essa ideia, a luz se comportaria tanto como onda quanto como partícula. Em alguns fenômenos luminosos, poderíamos explicar melhor o comportamento da luz se a tratássemos como onda e, em outros, se a tratássemos como corpúsculo (partícula). Essa ideia se tornou tão forte que Louis de Broglie (1892-1987), no início da década de 1920, pensou na possibilidade de atribuir o mesmo comportamento dual aos elétrons. Vejamos o que ele diz sobre esse assunto:

A natureza dual do elétron

"Por um lado, a teoria quântica da luz não pode ser considerada satisfatória pois define a energia de um corpúsculo de luz por uma equação contendo a frequência (υ): $E = h\upsilon$. Mas uma teoria puramente corpuscular não contém nada que nos permita definir uma frequência; portanto é somente por essa razão que somos compelidos, no caso da luz, a introduzir simultaneamente a ideia de corpúsculo e a ideia da periodicidade. Por outro lado, a determinação do movimento estável dos elétrons no átomo introduz números inteiros; e até esse ponto, os únicos fenômenos que envolvem números inteiros em Física são os da interferência e dos tons normais de vibração. Esse fato sugeriu-me a ideia de que os elétrons também não podiam ser considerados simplesmente como corpúsculos, mas que também a periodicidade lhes deve ser atribuída."

DE BROGLIE, Louis. *Les Prix Nobel en 1929*. In: SEGRÈ, Emílio. *Dos raios X aos* quarks. Brasília: Editora da UnB, 1980. p. 155.

Note que, no texto, Louis de Broglie se refere ao comportamento ondulatório em termos da "ideia de periodicidade". Por outro lado, os números inteiros de que fala – "[...] a determinação do movimento estável dos elétrons no átomo introduz números inteiros [...]" – correspondem aos níveis de energia dos elétrons no modelo de Bohr.

Figura 6-53: Louis de Broglie.

Ao associar uma onda ao elétron, que assim passaria também a ser compreendido como tendo um comportamento dual – de partícula e de onda –, Louis de Broglie "abriu as portas dos átomos" ao tratamento da mecânica ondulatória, que era então aplicada apenas aos fenômenos ondulatórios. O método matemático de quantização proposto por De Broglie não teve muito sucesso, mas sua ideia básica estimulou Erwin Schröedinger (1887-1961) a propor uma equação de ondas para o elétron, que resultaria no modelo atômico atualmente aceito.

ADS

Figura 6-54: **Erwin Schröedinger.**

Na década de 1920, houve um grande desenvolvimento da Física, que culminou com o estabelecimento da teoria da **mecânica quântica**. O modelo atômico que emergiria do esforço dessa geração de físicos iria abandonar as ideias de órbita e, por conseguinte, de trajetória para descrever o comportamento do elétron. Em quatro lugares diferentes da Europa – Göttingen, Copenhague, Cambridge e Zurique –, físicos chegariam a diferentes formulações para essa nova mecânica quântica. As formulações de Werner Heisenberg (1901-1976) – que seriam aplicadas por Wolfgang Pauli (1900-1958) ao átomo de hidrogênio – e de Paul Dirac (1902-1984) foram propostas mais ou menos na mesma época em que era desenvolvida por Erwin Schröedinger a equação de onda associada ao elétron.

Talvez por descrever o elétron como uma onda, fenômeno já bastante conhecido na época, a equação de Schröedinger tornou-se muito mais popular que as outras descrições do mesmo fenômeno. Um problema, no entanto, persistia: a solução da equação de Schröedinger, que descrevia o comportamento das partículas, resultava numa grandeza ondulatória – a função de onda ψ (psi).

Qual é o significado físico de uma onda associada a uma partícula – o elétron?

Em 1926, Max Born (1882-1970) propôs que o quadrado do módulo da função de onda ($|\psi|^2$) poderia ser interpretado como a densidade de probabilidade eletrônica, isto é, como a probabilidade de encontrar o elétron em uma região da eletrosfera. Dessa forma, a aplicação de uma equação de onda ao elétron resultaria numa **descrição probabilística** dele.

Essa descrição probabilística resulta na ideia de **orbital**, definido como a região mais provável de encontrar um elétron a uma certa distância do núcleo. Para o átomo de hidrogênio no estado fundamental, essa descrição pode ser representada como:

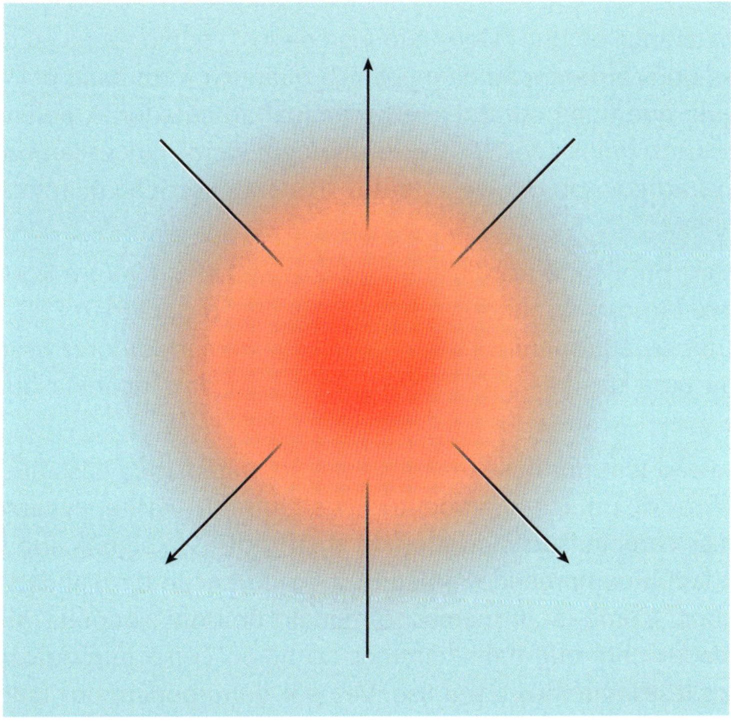

Antonio Robson/Arquivo da editora

Figura 6-55: **Representação do orbital 1*s* para o átomo de hidrogênio segundo o modelo atual.**

QUÍMICA

Note que um orbital, coerente com a ideia de uma descrição probabilística, é uma região do espaço que não tem fronteiras bem delimitadas. Há outras formas possíveis de orbitais, que correspondem a outros estados quânticos (ψ) do elétron. Normalmente, nos referimos a esses diferentes orbitais usando as letras ***s***, ***p***, ***d*** e ***f***.

É importante lembrar que, no modelo de Bohr, apenas a energia total do elétron estava quantizada (energia apenas com valores discretos), o que resultava na ideia de níveis de energia associados a um único número inteiro, chamado de **número quântico**. No modelo atual, existem quatro números quânticos associados a cada elétron, o que torna a descrição mais complexa.

Associada a toda essa complexidade, a natureza dual das partículas subatômicas resulta em uma incerteza nunca antes imaginada. Normalmente, a ideia de incerteza, na ciência, aparece associada à ausência de precisão em razão de erros causados por imperfeição de instrumentos de medida ou pelos limites da capacidade de observação humana. A incerteza associada aos elétrons e outras partículas, no entanto, é algo inerente à escala dos fenômenos quânticos. A formulação dessa incerteza se tornou um princípio, que ficou conhecido como o **Princípio de Incerteza de Heisenberg**.

A grande diferença entre o modelo de Bohr e o modelo atual é que o primeiro ainda lidava com ideias intuitivas tiradas de analogias com outras teorias clássicas, como a ideia de órbita, ao passo que o segundo suprimiu muitas dessas ideias.

As dificuldades da mecânica quântica

Em 1927, foi realizada uma Conferência Internacional de Física, em Como (Itália), e algumas semanas mais tarde se reuniria, em Bruxelas, o Conselho de Solvay. Essas duas reuniões científicas são consideradas a inauguração oficial da mecânica quântica. Para ter uma ideia das dificuldades de compreensão que a descrição probabilística e o Princípio de Incerteza causavam aos físicos da época, Einstein, durante o Conselho de Solvay, tentou de várias maneiras imaginar contraexemplos e experiências de pensamento que pudessem colocar em dificuldade a nova teoria da mecânica quântica. Nessas experiências de pensamento, Einstein recorria a experimentos físicos imaginários a partir da teoria quântica, dos quais resultavam ideias contraintuitivas acerca da realidade física.

Convicto na sua crença de que "Deus não joga dados", como escreveu em carta particular a Max Born, Einstein se opôs à descrição da mecânica quântica formulada pelo grupo da chamada Escola de Copenhague, que tinha em Bohr seu principal articulador. A polêmica iniciada nesses dois congressos se arrastou pelos anos 1930 e resultou em vários lances famosos, como a publicação, em 1935, de dois artigos sob o mesmo título: "Pode a descrição quântica da realidade física ser considerada completa?".

O primeiro deles, publicado por Einstein, Podolsky (1896-1966) e Rosen (1909-1995), resultaria num paradoxo famoso discutido até os dias atuais: o paradoxo EPR. No segundo deles, Bohr tenta desconstruir os argumentos de Einstein e seus colaboradores usando um novo argumento que se tornou uma das bases para a compreensão da mecânica quântica: a noção de complementaridade.

Toda essa discussão tem por base uma formulação matemática bastante avançada, que está muito além dos objetivos de um curso introdutório de Química. Assim, evitamos entrar em muitos detalhes sobre algumas características do modelo atual, pois isso significaria fazer simplificações que nem sempre ajudam a compreender a natureza da descrição da realidade atômica fornecida pela mecânica quântica. Como já afirmamos, o modelo de Bohr continua válido para explicar a maioria das propriedades com que trabalharemos no nosso curso introdutório de Química e na maioria das vezes nos restringiremos a seu uso. Vez por outra poderemos lançar mão da ideia de orbital, mas apenas para descrever uma região do espaço correspondente à maior probabilidade de se encontrar o elétron.

TEXTO 14

Números quânticos, distribuição eletrônica e a organização da tabela periódica moderna

Como já tivemos oportunidade de comentar, diferentemente do modelo de Bohr, no modelo atômico atual não apenas a energia total do elétron está quantizada, mas também seu *momentum* angular, seu *momentum* magnético e ainda uma quarta grandeza chamada *spin*.

Não é preciso que você se preocupe, num curso introdutório de Química, com o significado de todos esses nomes. O mais importante é lembrar que, em qualquer átomo, cada elétron, em vez de ser caracterizado apenas por um número quântico correspondente ao nível de energia, como acontecia no modelo de Bohr, passa a ser caracterizado por quatro números quânticos. Cada elétron possui um conjunto distinto de quatro números quânticos, o que significa que dois elétrons num mesmo átomo nunca terão os mesmos valores para os quatro números quânticos. Eles devem diferir em pelo menos um dos números quânticos. Essa é uma forma simples de enunciar o **Princípio de Exclusão de Pauli**, que governa a distribuição dos elétrons na estrutura atômica.

Vamos tentar dar uma ideia de cada um desses quatro números quânticos. O primeiro deles, o **número quântico principal**, a exemplo do número quântico do modelo de Bohr, está relacionado ao nível de energia do elétron. Indicamos esse número quântico pela letra ***n***, que assume valores de número inteiros, 1, 2, 3 etc., como no modelo de Bohr.

O segundo número quântico, que chamaremos de **número quântico do *momentum* angular orbital**, está relacionado aos subníveis de energia dentro de um mesmo nível. Ele é designado pela letra ***l*** e pode assumir valor que vai de **zero** até ***n* – 1**, em que ***n*** é o número quântico principal. Esse segundo número quântico pode ser associado à forma do orbital. Associamos aos valores de $l = 0$, 1, 2 e 3, respectivamente, as letras *s*, *p*, *d*, *f*. Já vimos que os orbitais *s* têm forma esférica. Já os orbitais ***p*** têm a forma aproximada de dois balões (bexigas) ligados.

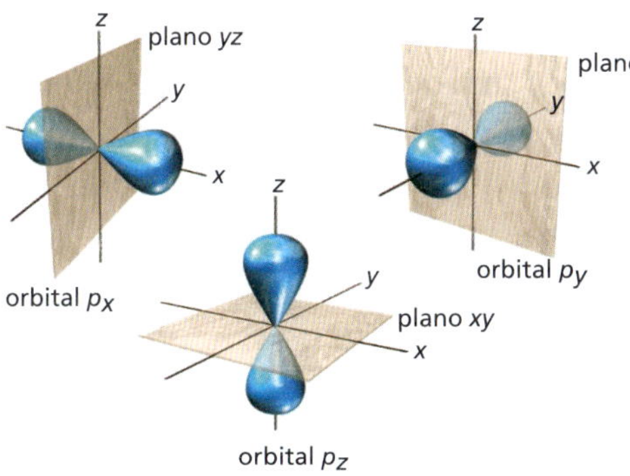

Figura 6-56: **A forma dos orbitais *p*.**

Para os orbitais pertencentes aos subníveis *d* e *f*, as formas são bem mais complicadas e não vamos descrevê-las aqui. Lembre-se de que já comentamos que a ideia de forma dos orbitais resultou da aplicação de uma equação de onda a uma partícula, que é o elétron. Na tentativa de fornecer um significado físico a essa ideia, o orbital pode ser interpretado como a região na qual é maior a probabilidade de encontrar o elétron a uma certa distância do núcleo; por isso, ele pode ser associado a uma forma espacial.

Como já dissemos, a descrição quântica do átomo, no modelo atômico atual, não é intuitiva. Um exemplo disso é que não é conveniente pensar no elétron como uma partícula "circulando" pela região definida pelo orbital. Se pensarmos na forma do orbital *p*, considerando que as suas duas regiões indicadas na figura 6-56 não têm pontos em comum, ou seja, a probabilidade de que o elétron seja encontrado entre essas duas regiões é nula, imediatamente surgiria a pergunta:

Como o elétron passa de uma região do orbital *p* para a outra?

Essa pergunta não tem sentido na descrição do comportamento do elétron feita pela mecânica quântica. O elétron não passa de uma região para outra, ele não deve ser pensado apenas como uma partícula, mas sim como uma "partícula-onda". Nesse sentido, uma resposta aproximada para essas indagações seria a de dizer que o elétron não circula no espaço descrito pelo orbital *p*. O elétron, de certa forma, é esse espaço.

O terceiro número quântico, o **número quântico magnético**, indica o orbital individual em que um elétron se encontra dentro de um certo subnível de energia. Os valores que ele pode assumir estão relacionados com o valor do número quântico orbital. Designamos o número quântico magnético pela letra ***m***, que pode variar de $-l$ até $+l$, passando pelo valor zero, no qual l é o valor do número quântico orbital. Assim, se l é igual a zero (no caso do subnível *s*), *m* também é igual a zero. Isso indica que o subnível *s* tem apenas um orbital, cujo número quântico magnético é igual a zero. Por outro lado, se l é igual a um (no caso do subnível *p*), *m* terá valores de -1, 0 e $+1$, que correspondem aos três orbitais *p* (p_x, p_y e p_z). Isso indica que o subnível *p* tem três orbitais, cujos números quânticos magnéticos são -1, 0 e $+1$, como indicado na figura 6-56.

Para concluir a apresentação dos números quânticos, o quarto entre eles é chamado de **número quântico magnético *spin***, que pode ter dois valores: $-\frac{1}{2}$ e $+\frac{1}{2}$. O *spin* do elétron muitas vezes é interpretado como o sentido da rotação do elétron em torno de seu eixo, o que não é muito adequado, pois implica assumir que o elétron é apenas uma partícula. Esse modelo implica a concepção do elétron como onda. Dois elétrons num mesmo nível, subnível e orbital necessariamente têm *spins* opostos, o que está relacionado ao Princípio de Exclusão de Pauli, que estabelece que dois elétrons num mesmo átomo não podem ter os quatro números quânticos idênticos.

Uma das consequências do Princípio de Exclusão de Pauli é a de que cada orbital comporta, no máximo, dois elétrons, um com *spin* $+\frac{1}{2}$ e outro com *spin* $-\frac{1}{2}$. O subnível *s*, portanto, comporta no máximo dois elétrons. Já o subnível *p*, para o qual $l = 1$, tem três orbitais, com números quânticos magnéticos iguais a -1, 0 e $+1$, e comporta no máximo seis elétrons. Seguindo essa lógica, para os subníveis *d* e *f*, chegaríamos à conclusão de que o subnível *d* tem cinco orbitais, com valores de *m* iguais a -2, -1, 0, $+1$, $+2$, e comporta, no máximo, dez elétrons; e que o subnível *f* tem sete orbitais, com valores de *m* iguais a -3, -2, -1, 0, $+1$, $+2$, $+3$, e comporta no máximo 14 elétrons.

A figura 6-57 sintetiza o que foi discutido até aqui, mostrando o arranjo dos níveis, subníveis e orbitais para os quatro primeiros níveis de um átomo e os correspondentes números quânticos.

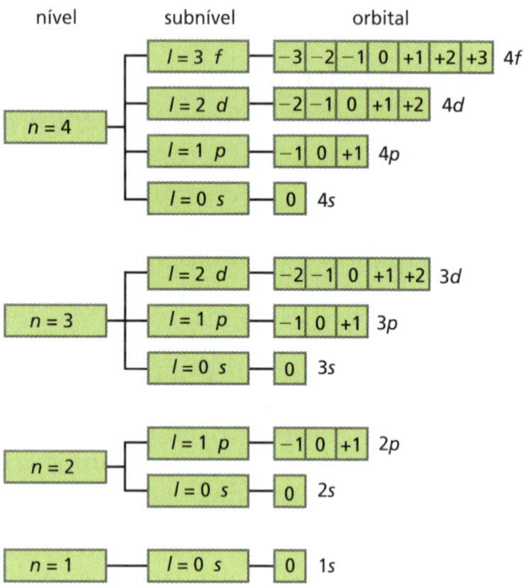

Figura 6-57: **Arranjo dos níveis, subníveis e orbitais para os quatro primeiros níveis.**

Distribuição eletrônica por níveis e subníveis

Com essas informações, podemos pensar em como distribuir os elétrons em um átomo por níveis e subníveis de energia. Essa distribuição vai ser importante porque permite entender a lógica da tabela periódica moderna e constatar que átomos de elementos, numa mesma coluna, têm configuração eletrônica semelhante para os elétrons situados no último nível de energia (**elétrons de valência**).

A ordem de energia dos níveis e subníveis corresponde aproximadamente à ordem em que foram apresentados na figura com os arranjos dos níveis, subníveis e orbitais, de baixo para cima. Devemos levar em consideração também a capacidade máxima de cada subnível: dois elétrons para o subnível *s*, seis elétrons para o subnível *p*, dez elétrons para o subnível *d* e quatorze elétrons para o subnível *f*.

Assim, se formos distribuir os elétrons do átomo neutro de **cálcio**, que tem vinte elétrons, por níveis e subníveis de energia, teremos dois elétrons ocupando o orbital do subnível 1*s*, dois elétrons no orbital do subnível 2*s*, seis elétrons nos três orbitais do subnível 2*p*, dois elétrons no orbital do subnível 3*s*, seis elétrons nos três orbitais do subnível 3*p* e, surpreendentemente, os últimos dois elétrons ocupando o orbital do subnível 4*s* e não do 3*d*, como seria de esperar se a ordem da figura com os níveis e subníveis estivesse sendo obedecida até o final da distribuição. O que acontece, nesse caso, é que há uma inversão na ordem de energia entre o subnível *d* do terceiro nível e o subnível *s* do quarto nível, de modo que o último tem energia mais baixa do que o primeiro; por isso, os dois últimos elétrons do cálcio vão ocupar o subnível 4*s* e não o 3*d*.

Note que essas inversões na ordem de energia acontecem para os elétrons mais energéticos de um átomo, chamados de elétrons de valência. Esses elétrons serão distribuídos por último. Para um átomo de estrôncio, por exemplo, que está na mesma coluna do cálcio, essa inversão na ordem de energia vai acontecer entre os subníveis 5*s* e 4*d*, mas não entre 4*s* e 3*d*. Esses últimos, no caso do estrôncio, não são elétrons de valência e, portanto, seguem a ordem de energia normalmente, ou seja, o 3*d* tem menos energia do que o 4*s*.

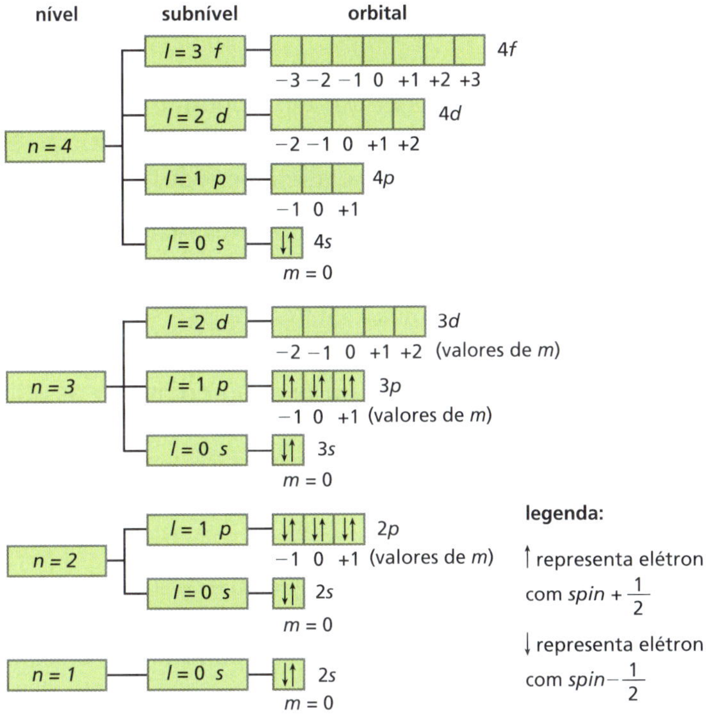

Figura 6-58: **Distribuição eletrônica do cálcio. Note que cada elétron tem um estado quântico único, determinado pelos quatro números quânticos.**

Existe um diagrama que nos ajuda a distribuir os elétrons por níveis e subníveis levando em consideração essas inversões na ordem de energia dos diferentes subníveis em que são distribuídos os elétrons de valência. É conhecido como **diagrama de Pauling** em homenagem ao ilustre químico Linus Pauling (1901-1994), que deu várias contribuições para a aplicação da mecânica quântica à Química. A figura 6-59 apresenta esse diagrama. Se você seguir a ordem dos subníveis indicada pelas linhas com setas, será capaz de fazer a distribuição eletrônica adequada para a maioria dos átomos que constituem a tabela periódica. Há algumas exceções, mas não vamos nos ater a elas. Note que você deverá se lembrar da capacidade de cada subnível, que está relacionada ao número de orbitais em cada um. Assim, os subníveis *s* têm capacidade para dois elétrons; os subníveis *p*, para seis elétrons; os *d*, para 10; e os *f*, para 14 elétrons. Usando o diagrama de Pauling e a notação adequada para escrever a distribuição eletrônica, na qual o número de elétrons em cada subnível é indicado por um número colocado como expoente à letra que indica o subnível, temos a seguinte representação para a distribuição eletrônica do átomo neutro de cálcio, que tem vinte elétrons. Lembre-se de que o número de elétrons, para qualquer átomo neutro, é igual ao número de prótons, indicado pelo número atômico do elemento químico, *Z*:

Distribuição eletrônica do cálcio → $1s^2\ 2s^2\ 2p^6\ 3s^2\ 3p^6\ 4s^2$

Se somarmos os expoentes, obteremos o número de elétrons num átomo neutro de cálcio, que é igual ao seu número atômico, $Z = 20$.

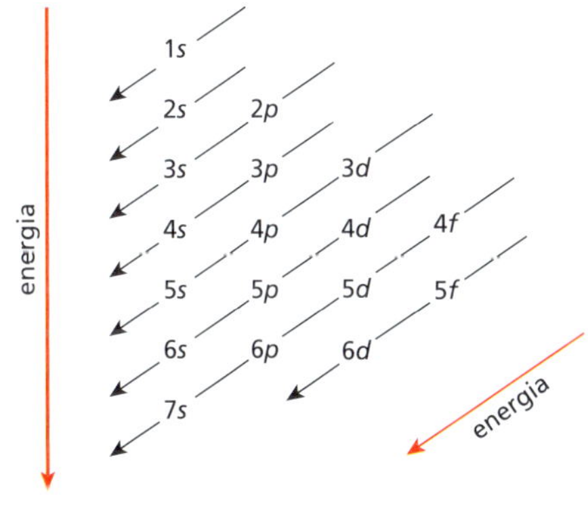

Figura 6-59: **Diagrama de Pauling para distribuição eletrônica por níveis e subníveis.**

ATIVIDADE 6

A distribuição eletrônica por níveis e subníveis e a tabela periódica moderna

Nesta atividade você vai ter a oportunidade de praticar o uso do diagrama de Pauling e, ao mesmo tempo, começar a perceber como a distribuição eletrônica por subníveis explica algumas das regularidades encontradas na tabela periódica. Faça, individualmente, em seu caderno.

A11 Localize o magnésio (Mg) e o cálcio (Ca) na tabela periódica.

a) Em que coluna estão esses elementos?

b) Faça a distribuição eletrônica por subníveis para átomos neutros desses dois elementos. Identifique os elétrons que se encontram no último subnível preenchido.

c) O que você pode constatar ao comparar os últimos subníveis preenchidos dos átomos de Mg e Ca?

d) Observe o nível de energia em que foram distribuídos os últimos elétrons do Mg e do Ca e o período (linha horizontal) em que eles se encontram na tabela periódica. O que você pode constatar?

e) Considerando que o magnésio e o cálcio formam cátions com carga +2 (Ca^{2+} e Mg^{2+}) e que, para formar esses cátions, perdem os elétrons de valência, indique o nível e o subnível dos elétrons que foram perdidos para formar esses cátions. Qual seria a distribuição eletrônica dos cátions Ca^{2+} e Mg^{2+}?

A12 Localize o sódio (Na) e o potássio (K) na tabela periódica.

a) Em que coluna estão esses elementos?

b) Faça a distribuição eletrônica para átomos neutros desses dois elementos. Identifique os elétrons que se encontram no último subnível preenchido.

c) O que você pode constatar ao comparar os últimos subníveis preenchidos dos átomos de K e Na?

d) Observe o nível de energia em que foram distribuídos os últimos elétrons do K e do Na e o período (linha horizontal) em que eles se encontram na tabela periódica. O que você pode constatar?

e) Considerando que o sódio e o potássio formam cátions com carga +1 (K^{+} e Na^{+}) e que, para formar esses cátions, perdem os elétrons de valência, indique o nível e o subnível dos elétrons que foram perdidos para formar esses cátions. Qual seria a distribuição eletrônica dos cátions Na^{+} e K^{+}?

A13 Localize o alumínio (Al) e o gálio (Ga) na tabela periódica.

a) Em que coluna estão esses elementos?

b) Faça a distribuição eletrônica para átomos neutros desses dois elementos. Identifique os elétrons que se encontram no último subnível preenchido.

c) O que você pode constatar ao comparar os últimos subníveis preenchidos dos átomos de Al e Ga?

d) Observe o nível de energia em que foram distribuídos os últimos elétrons do Al e do Ga e o período (linha horizontal) em que eles se encontram na tabela periódica. O que você pode constatar?

e) Considerando que o alumínio e o gálio formam cátions com carga +3 (Al^{3+} e Ga^{3+}) e que, para formar esses cátions, perdem os elétrons de valência, indique o nível e o subnível dos elétrons que foram perdidos para formar esses cátions. Qual seria a distribuição eletrônica dos cátions Al^{3+} e Ga^{3+}?

A14 Localize os elementos oxigênio (O) e enxofre (S) na tabela periódica.

a) Em que coluna estão esses elementos?

b) Faça a distribuição eletrônica para átomos neutros desses dois elementos. Identifique os elétrons que se encontram no último subnível preenchido.

c) O que você pode constatar ao comparar os últimos subníveis preenchidos dos átomos de O e S?

d) Observe o nível de energia em que foram distribuídos os últimos elétrons do O e do S e o período (linha horizontal) em que eles se encontram na tabela periódica. O que você pode constatar?

e) Considerando que o oxigênio e o enxofre formam ânions com carga −2 (O^{2-} e S^{2-}) e que, para formar esses ânions, ganham elétrons para completar o subnível de valência, indique o nível e o subnível dos elétrons que foram ganhos para formar esses ânions. Qual seria a distribuição eletrônica dos ânions O^{2-} e S^{2-}?

A15 Localize os elementos cloro (Cl) e bromo (Br) na tabela periódica.

a) Em que coluna estão esses elementos?

b) Faça a distribuição eletrônica para átomos neutros desses dois elementos. Identifique os elétrons que se encontram no último subnível preenchido.

c) O que você pode constatar ao comparar os últimos subníveis preenchidos dos átomos de Cl e Br?

d) Observe o nível de energia em que foram distribuídos os últimos elétrons do Cl e do Br e o período (linha horizontal) em que eles se encontram na tabela periódica. O que você pode constatar?

e) Considerando que o cloro e o bromo formam ânions com carga −1 (Cl^- e Br^-) e que, para formar esses ânions, ganham um elétron para completar o subnível de valência, indique o nível e o subnível do elétron que foi ganho para formar esses ânions. Qual seria a distribuição eletrônica dos ânions Cl^- e Br^-?

A16 Localize os elementos argônio (Ar) e criptônio (Kr) na tabela periódica.

a) Em que coluna estão esses elementos?

b) Faça a distribuição eletrônica para átomos neutros desses dois elementos. Identifique os elétrons que se encontram no último subnível preenchido.

c) O que você pode constatar ao comparar os últimos subníveis preenchidos dos átomos de Ar e do Kr?

d) Observe o nível de energia em que foram distribuídos os últimos elétrons do Ar e do Kr e o período (linha horizontal) em que eles se encontram na tabela periódica. O que você pode constatar?

A17 Localize os elementos ferro (Fe) e rutênio (Ru) na tabela periódica.

a) Em que coluna estão esses elementos?

b) Faça a distribuição eletrônica para átomos neutros desses dois elementos. Identifique os elétrons que se encontram no último subnível preenchido.

c) O que você pode constatar ao comparar os últimos subníveis preenchidos dos átomos de Fe e Ru?

d) Observe o nível de energia em que foram distribuídos os últimos elétrons do Fe e do Ru e o período (linha horizontal) em que eles se encontram na tabela periódica. O que você pode constatar?

A18 Localize os elementos praseodímio (Pr) e protactínio (Pa) na tabela periódica.

a) Em que coluna estão esses elementos?

b) Faça a distribuição eletrônica para átomos neutros desses dois elementos. Identifique os elétrons que se encontram no último subnível preenchido.

c) O que você pode constatar ao comparar os últimos subníveis preenchidos dos átomos de Pr e Pa?

d) Observe o nível de energia em que foram distribuídos os últimos elétrons do Pr e do Pa e o período (linha horizontal) em que eles se encontram na tabela periódica. O que você pode constatar?

A19 Localize os elementos neodímio (Nd) e urânio (U) na tabela periódica.

a) Em que coluna estão esses elementos?

b) Faça a distribuição eletrônica para átomos neutros desses dois elementos. Identifique os elétrons que se encontram no último subnível preenchido.

c) O que você pode constatar ao comparar os últimos subníveis preenchidos dos átomos de Nd e U?

d) Observe o nível de energia em que foram distribuídos os últimos elétrons do Nd e do U e o período (linha horizontal) em que eles se encontram na tabela periódica. O que você pode constatar?

TEXTO 15

Distribuição eletrônica, tabela periódica e elétrons de valência

Ao fazer a atividade 6, você já deve ter percebido quais são as regularidades com que iremos trabalhar neste texto. Vamos começar comparando a distribuição eletrônica do potássio, do cálcio, do ferro, do gálio e do bromo, todos situados no quarto período, com a distribuição eletrônica do argônio, que é um gás nobre e, portanto, situado na última coluna (coluna 18, antiga 8A ou 0) do terceiro período. Sempre que nos referirmos às colunas da tabela periódica, usaremos a nomenclatura que é atualmente recomendada pela União Internacional de Química Pura e Aplicada (Iupac é a sigla em inglês dessa instituição, que entre outras funções estabelece a nomenclatura a ser adotada internacionalmente). Por entender, no entanto, que a nomenclatura antiga é mais esclarecedora, ao fazer com que o número da coluna geralmente coincida com o número de elétrons no último nível, usaremos também essa nomenclatura.

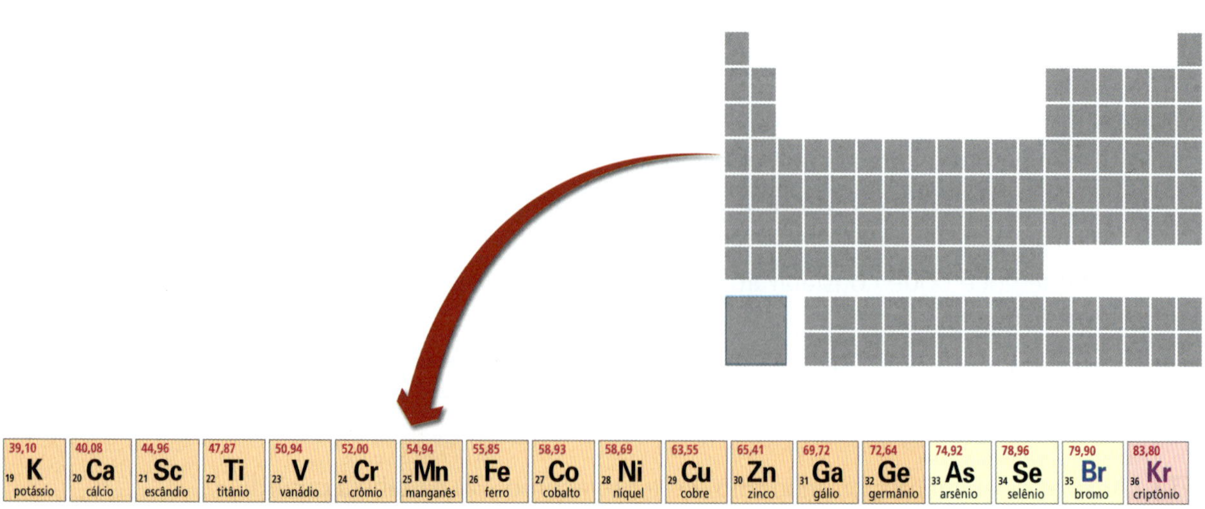

Figura 6-60: **Elementos do quarto período.**

Considerando a distribuição eletrônica do Ar ($1s^2\ 2s^2\ 2p^6\ 3s^2\ 3p^6$), podemos afirmar que todos os elementos do quarto período têm essa mesma configuração para os seus primeiros 18 elétrons e que diferem somente na configuração dos elétrons que estão sendo distribuídos depois desses primeiros 18.

Assim, podemos representar a distribuição eletrônica do potássio, por exemplo, por: [Ar] $4s^1$. Da mesma forma, podemos representar a distribuição eletrônica do ferro por: [Ar] $3d^6\ 4s^2$. Como o que interessa do ponto de vista da Química são os elétrons de valência, podemos generalizar essas regularidades para todos os elementos químicos e afirmar que a distribuição eletrônica para elementos de um mesmo período terá uma parte de sua configuração comum a todos os elementos desse período e que essa parte, chamada de **cerne da configuração**, é idêntica à do gás nobre (coluna 18, antiga 8A ou 0) do período anterior. Por outro lado, para todos os elementos químicos de um mesmo período, os elétrons mais externos estão distribuídos num nível que tem o mesmo número do período da tabela periódica onde estão localizados esses elementos. No caso dos elementos citados neste parágrafo, esse nível é de número 4 e eles estão todos situados no quarto período.

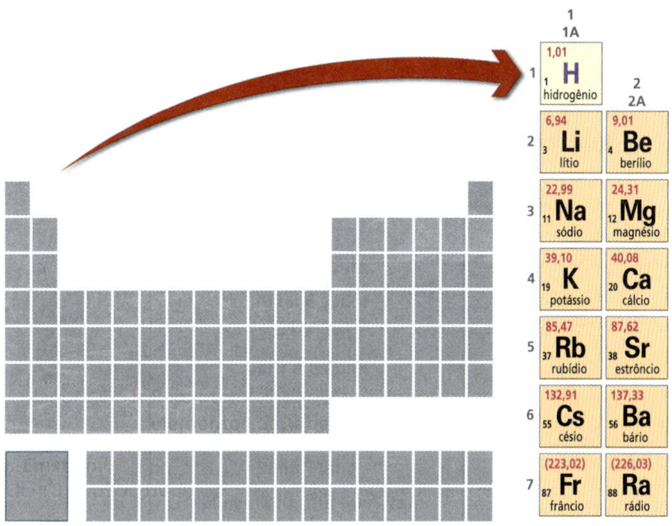

Figura 6-61: **As famílias dos metais alcalinos e metais alcalinoterrosos.**

Uma outra regularidade importante que você deve ter percebido é que, para os átomos dos elementos das colunas 1 e 2 (alcalinos e alcalinoterrosos), o último subnível a ser preenchido é o *s*. Eles diferem dos seus vizinhos em um mesmo período quanto ao número de elétrons de valência nesse subnível (um elétron para os elementos da coluna 1 e dois elétrons para os da coluna 2).

Já para os átomos dos elementos das colunas 13, 14, 15, 16, 17 e 18, o último subnível a ser preenchido é o *p*. Eles diferem de seus vizinhos quanto ao número de elétrons nesse subnível: um elétron *p* para os elementos da coluna 13 (antiga 3A), dois para os da coluna 14 (antiga 4A), três para os da coluna 15 (antiga 5A), quatro para os da coluna 16 (antiga 6A), cinco para os da coluna 17 (antiga 7A) e finalmente seis, o que indica que o subnível *p* está completo para os gases nobres situados na coluna 18.

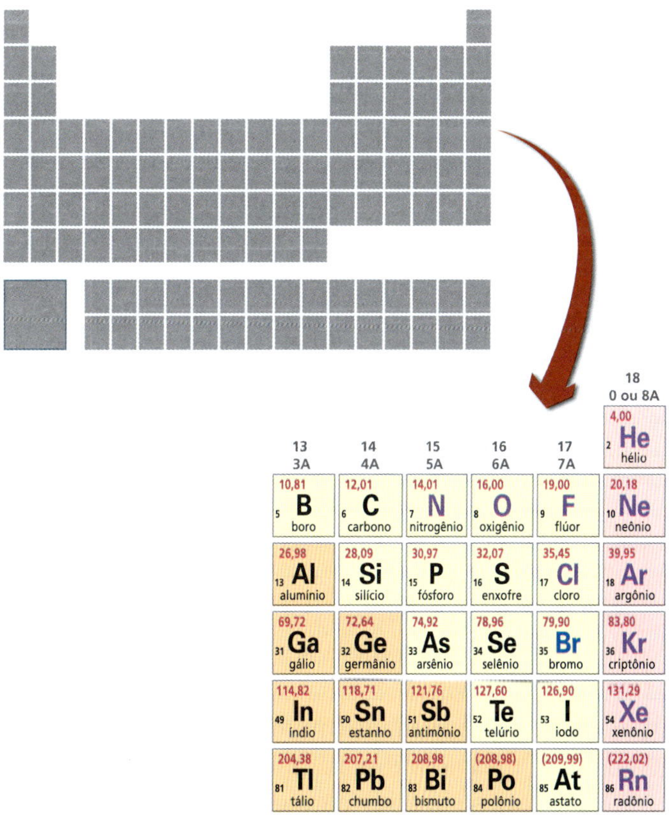

Figura 6-62: **Colunas 13, 14, 15, 16, 17 e 18.**

Note que, tanto para os elementos das colunas 1 e 2 quanto para os das colunas 13 a 18, a diferença entre seus átomos e aquele da coluna anterior ou posterior está num subnível *s* ou *p* situado no último nível de energia, que é aquele de maior energia. Por outro lado, todos os átomos de elementos situados na mesma coluna têm a mesma configuração eletrônica, nos subníveis, para os seus elétrons de valência. São esses fatos que explicam por que os elementos de uma mesma coluna, no caso das colunas 1 e 2 e de 13 a 18, têm propriedades semelhantes e por que as propriedades variam muito quando se comparam elementos de duas colunas vizinhas. Por isso esses elementos, em seu conjunto, são chamados de **elementos representativos**. A nomenclatura antiga das colunas da tabela periódica realçava esse aspecto ao numerar as colunas dos elementos representativos de 1A a 7A, e a coluna dos gases nobres com o 8A ou o número zero.

Usando o mesmo raciocínio para os elementos das colunas 3 a 12 (antigas colunas B), vamos verificar que, para os átomos desses elementos, o último subnível a ser preenchido é o *d*, e que a diferença na distribuição eletrônica entre dois átomos de colunas vizinhas (por exemplo, o manganês, da coluna 7, e o ferro, da coluna 8) não está no subnível *s* do nível mais externo ou de maior energia (nesse caso, o subnível 4*s*), mas no *d* do penúltimo nível de energia (nesse caso, o subnível 3*d*).

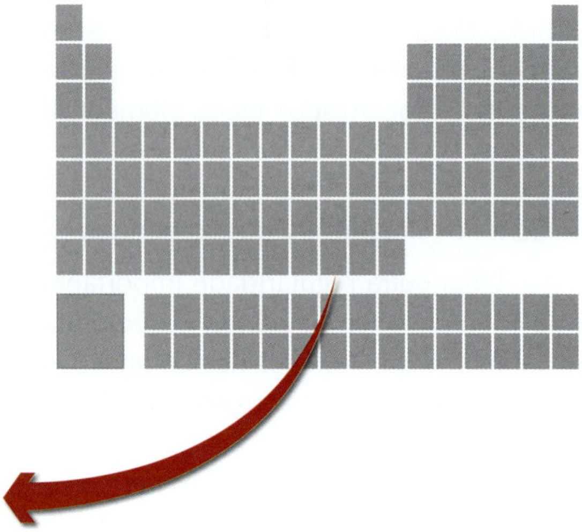

3 3B	4 4B	5 5B	6 6B	7 7B	8 8B	9 8B	10 8B	11 1B	12 2B
44,96 21 Sc escândio	47,87 22 Ti titânio	50,94 23 V vanádio	52,00 24 Cr crômio	54,94 25 Mn manganês	55,85 26 Fe ferro	58,93 27 Co cobalto	58,69 28 Ni níquel	63,55 29 Cu cobre	65,41 30 Zn zinco
88,91 39 Y ítrio	91,22 40 Zr zircônio	92,91 41 Nb nióbio	95,94 42 Mo molibdênio	(97,91) 43 Tc tecnécio	101,07 44 Ru rutênio	102,91 45 Rh ródio	106,42 46 Pd paládio	107,87 47 Ag prata	112,41 48 Cd cádmio
SÉRIE DOS LANTANÍDIOS 57/71	178,49 72 Hf háfnio	180,95 73 Ta tântalo	183,84 74 W tungstênio	186,21 75 Re rênio	190,23 76 Os ósmio	192,22 77 Ir irídio	195,08 78 Pt platina	196,97 79 Au ouro	200,59 80 Hg mercúrio
SÉRIE DOS ACTINÍDIOS 89/103	(261,11) 104 Rf rutherfórdio	(262,11) 105 Db dúbnio	(266,12) 106 Sg seabórgio	264,12 107 Bh bóhrio	(277) 108 Hs hássio	(268,14) 109 Mt meitnério	271 110 Ds darmstádtio	272 111 Rg roentgenium	277 112 Cn copernício

Figura 6-63: Colunas 3 a 12.

Diferentemente do que ocorre com os elementos representativos, os elementos numa mesma coluna nessa região da tabela (colunas 3 a 12) não terão as propriedades marcadamente diferentes em relação às colunas vizinhas. Isso ocorre porque a diferença na configuração eletrônica entre os elementos de colunas vizinhas recai sobre os elétrons mais internos, de um nível de energia menor do que o último nível. Os elementos das colunas 3 a 12, que, portanto, diferem entre si no preenchimento de um subnível *d*, interno, são chamados **elementos de transição** ou **metais de transição**, uma vez que todos são metais.

Se compararmos a configuração eletrônica dos átomos de dois elementos vizinhos situados nas séries de lantanídios ou actinídios, como o praseodímio e o neodímio, veremos que o subnível *f* é o último a ser preenchido e que a diferença em suas configurações eletrônicas recai sobre os elétrons situados nesse subnível, que está situado no antepenúltimo nível de energia (nesse caso, o 4*f*). Assim, esses elementos têm a mesma configuração eletrônica para seus elétrons situados no último nível (nesse caso, o 6*s*) e no penúltimo nível (nesse caso, 5*s* e 5*p*). Não há, portanto, nenhuma diferença entre elementos situados num mesmo período no que diz respeito aos elétrons de valência. Como era de esperar, todos esses elementos, situados nas séries de lantanídios ou actinídios, vão ter propriedades muito semelhantes e, por isso mesmo, vários deles são encontrados juntos num mesmo mineral. Esses elementos recebem o nome de elementos de transição interna. Eles estão todos situados na mesma coluna da tabela periódica (coluna 3). Como não há espaço para escrever todos nessa mesma coluna, eles são colocados à parte da tabela.

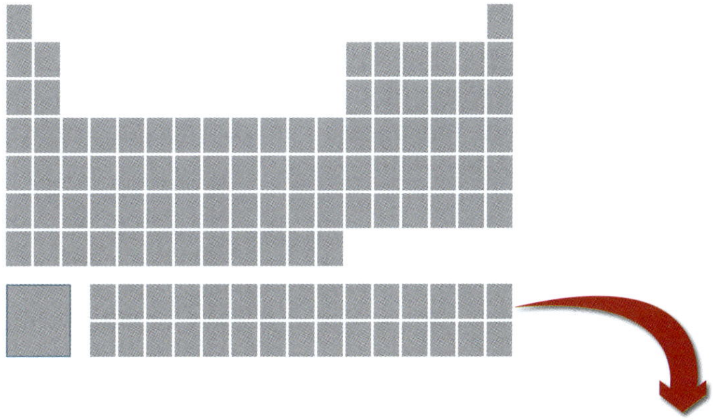

SÉRIE DOS LANTANÍDIOS

138,91	140,12	140,91	144,24	(144,91)	150,36	151,96	157,25	158,93	162,50	164,93	167,26	168,93	173,04	174,97
57 La	58 Ce	59 Pr	60 Nd	61 Pm	62 Sm	63 Eu	64 Gd	65 Tb	66 Dy	67 Ho	68 Er	69 Tm	70 Yb	71 Lu
lantânio	cério	praseodímio	neodímio	promécio	samário	európio	gadolínio	térbio	disprósio	hólmio	érbio	túlio	itérbio	lutécio

SÉRIE DOS ACTINÍDIOS

(227,03)	232,04	231,04	238,03	(237,05)	(244,06)	(243,06)	(247,07)	(247,07)	(251,08)	(252,08)	(257,10)	(258,10)	(259,10)	(262,11)
89 Ac	90 Th	91 Pa	92 U	93 Np	94 Pu	95 Am	96 Cm	97 Bk	98 Cf	99 Es	100 Fm	101 Md	102 No	103 Lr
actínio	tório	protactínio	urânio	netúnio	plutônio	americio	cúrio	berquélio	califórnio	einstênio	férmio	mendelévio	nobélio	laurêncio

Figura 6-64: Elementos de transição interna.

Podemos resumir essas observações marcando, na tabela periódica, as diferentes regiões de acordo com o último subnível a ser preenchido e no qual recai a diferença entre elementos consecutivos situados nessas regiões, conforme a figura 6-65.

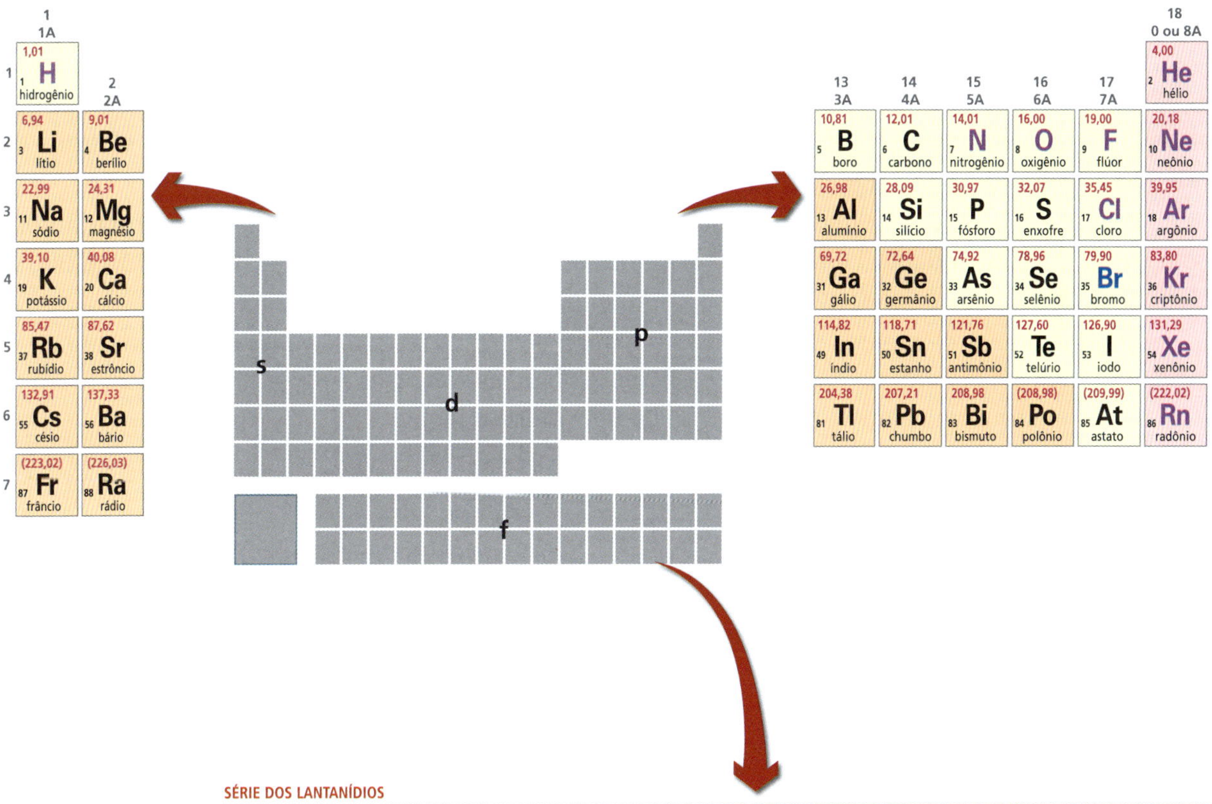

SÉRIE DOS LANTANÍDIOS

138,91	140,12	140,91	144,24	(144,91)	150,36	151,96	157,25	158,93	162,50	164,93	167,26	168,93	173,04	174,97
57 La	58 Ce	59 Pr	60 Nd	61 Pm	62 Sm	63 Eu	64 Gd	65 Tb	66 Dy	67 Ho	68 Er	69 Tm	70 Yb	71 Lu
lantânio	cério	praseodímio	neodímio	promécio	samário	európio	gadolínio	térbio	disprósio	hólmio	érbio	túlio	itérbio	lutécio

SÉRIE DOS ACTINÍDIOS

(227,03)	232,04	231,04	238,03	(237,05)	(244,06)	(243,06)	(247,07)	(247,07)	(251,08)	(252,08)	(257,10)	(258,10)	(259,10)	(262,11)
89 Ac	90 Th	91 Pa	92 U	93 Np	94 Pu	95 Am	96 Cm	97 Bk	98 Cf	99 Es	100 Fm	101 Md	102 No	103 Lr
actínio	tório	protactínio	urânio	netúnio	plutônio	americio	cúrio	berquélio	califórnio	einstênio	férmio	mendelévio	nobélio	laurêncio

Figura 6-65: **As diferentes regiões da tabela periódica, de acordo com o último subnível preenchido por ocasião da distribuição eletrônica.**

Vale a pena, ainda, comentar a **valência** dos átomos e sua relação com a distribuição eletrônica, pelo menos para os elementos representativos. O conceito de valência está relacionado à capacidade de combinação dos elementos químicos. Ele foi estabelecido no século XIX e, naquela época, indicava o **número de átomos de hidrogênio com os quais determinado elemento químico poderia se combinar**. Esse conceito foi posteriormente refinado e passou a ter a seguinte formulação:

> A valência de um elemento químico pode ser definida como o número de elétrons que o átomo desse elemento químico tende a ganhar, perder ou compartilhar quando participa de ligações químicas.

Como vimos, para os elementos situados nas colunas 1, 2 e 13, a valência é igual ao número de elétrons de valência e os átomos desses elementos tendem a perder esses elétrons de valência para formar cátions de carga +1, no caso da coluna 1 (por exemplo, Na^{+}), +2 no caso da coluna 2 (por exemplo, Mg^{2+}) e +3 no caso da coluna 3 (por exemplo, Al^{3+}).

No caso das colunas 14 a 17, a valência principal pode ser definida como o número de elétrons que o elemento tende a ganhar para completar o subnível *p* e ficar com a configuração do gás nobre situado ao final do período. No caso do carbono e dos outros elementos situados na coluna 14, esse número é igual a 4, pois a distribuição eletrônica do carbono é $1s^2\ 2s^2\ 2p^2$; portanto, faltam quatro elétrons para completar o subnível $2p$.

O carbono, porém, geralmente não tende a formar íons, mas a compartilhar esses quatro elétrons em ligações químicas covalentes, como veremos no capítulo 9. A valência do nitrogênio, de acordo com essa regra, é igual a 3, pois a distribuição eletrônica do nitrogênio é $1s^2\ 2s^2\ 2p^3$; portanto, faltam três elétrons para completar o subnível $2p$. O nitrogênio e outros elementos da coluna 15, no entanto, podem apresentar também a valência 5, quando são utilizados seus cinco elétrons de valência nas combinações que ele forma.

Por esse mesmo raciocínio, o oxigênio tem valência 2. O oxigênio tanto pode formar ânions com carga −2 (O^{2-}) quanto compartilhar dois elétrons em ligações covalentes. O oxigênio e outros elementos da coluna 16 também podem apresentar as valências 4 e 6.

Finalmente, os elementos da coluna 17, chamados de halogênios, formam ânions de carga −1, a exemplo do Cl^{-}. Podem, no entanto, apresentar também as valências 3, 5 e 7. Nesse caso, usam os seus outros elétrons de valência na formação de ligações covalentes.

Questões

Q40. Por que a distribuição eletrônica do elemento químico ferro pode ser representada por [Ar] $3d^6\ 4s^2$?

Q41. Por que os elementos químicos situados nas colunas 1, 2, 13, 14, 15, 16 e 17 são chamados de elementos representativos?

Q42. Por que os elementos químicos situados nas colunas de 3 a 12 são chamados de elementos de transição?

Q43. Por que os elementos químicos situados nas séries dos lantanídios e dos actinídios são chamados de elementos de transição interna?

Q44. Explique a valência para os halogênios e metais alcalinoterrosos. Qual(is) o(s) valor(es) possível(is) de valência para os halogênios? E para os metais alcalinoterrosos?

TEXTO 16

Metais, não metais e gases nobres

Neste texto, vamos estudar a classificação dos elementos químicos em metais, não metais e gases nobres, relacionando essa classificação com a estrutura eletrônica dos átomos correspondentes. Vamos também constatar como essas diferentes classes de elementos estão agrupadas na tabela periódica.

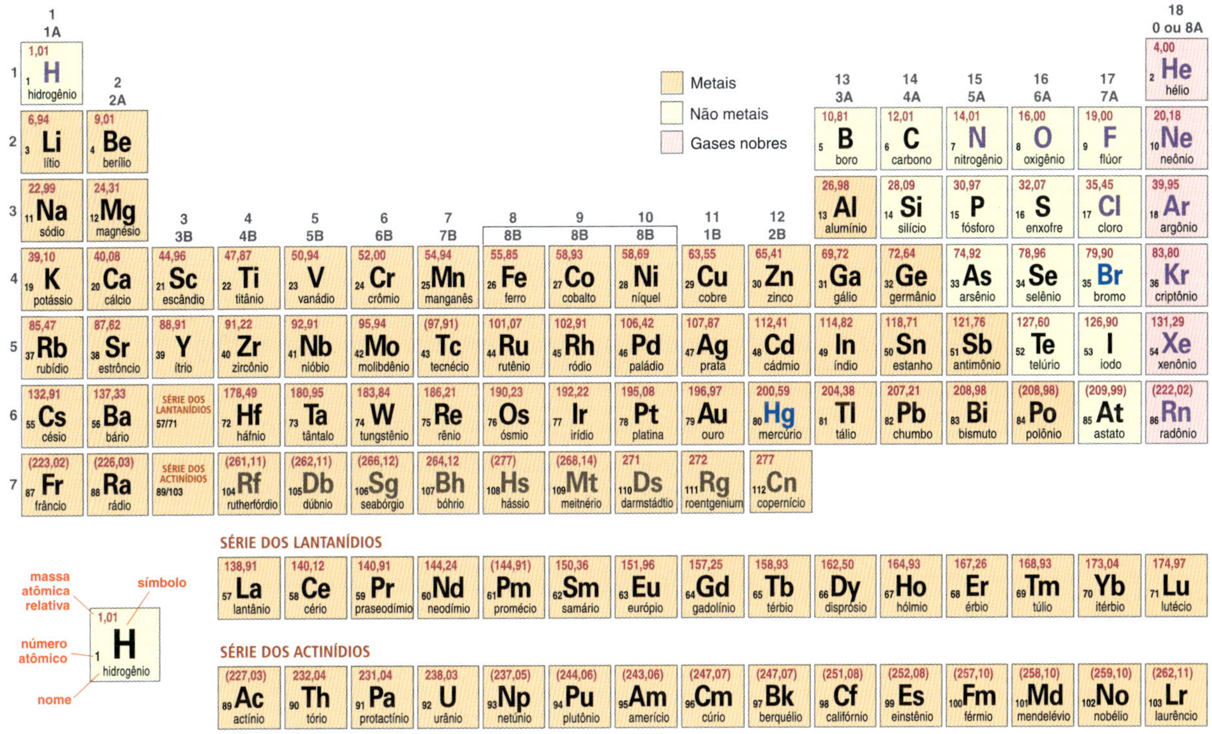

Figura 6-66: **A localização, na tabela periódica, dos metais, não metais e gases nobres.**

De maneira geral, para os elementos das colunas A, os átomos dos **metais** têm poucos elétrons na camada de valência e perdem esses elétrons com facilidade, formando cátions. Os **não metais**, ao contrário, têm mais elétrons de valência quando comparados aos metais das colunas A e tendem a ganhar elétrons e formar ânions.

Comparando a figura 6-66, que mostra a distribuição desses três diferentes grupos na tabela periódica, com a figura 6-65, que destaca os subníveis preenchidos pelos elétrons de valência dos átomos situados em cada região da tabela, pode-se constatar que, com exceção do hidrogênio, todos os elementos da região *s* e das regiões *d* e *f* são metais. A maioria dos elementos da região *p* é formada por não metais.

Entre os metais e não metais existem elementos cujas substâncias simples têm a aparência de metais, mas que exibem propriedades intermediárias entre os metais e não metais. Em algumas tabelas periódicas esses elementos são designados como semimetais e incluem o boro, o silício, o germânio, o arsênio, o antimônio, o telúrio e o astato. O mais popular entre eles é o silício, amplamente utilizado na indústria eletrônica, pois é a principal matéria-prima para a fabricação de *chip*, o principal componente de circuitos eletrônicos e dos processadores de computadores. A Iupac, no entanto, não recomenda a nomenclatura de semimetais.

A figura 6-67 mostra a tendência geral de variação para o raio atômico e a energia de ionização ao longo da tabela periódica.

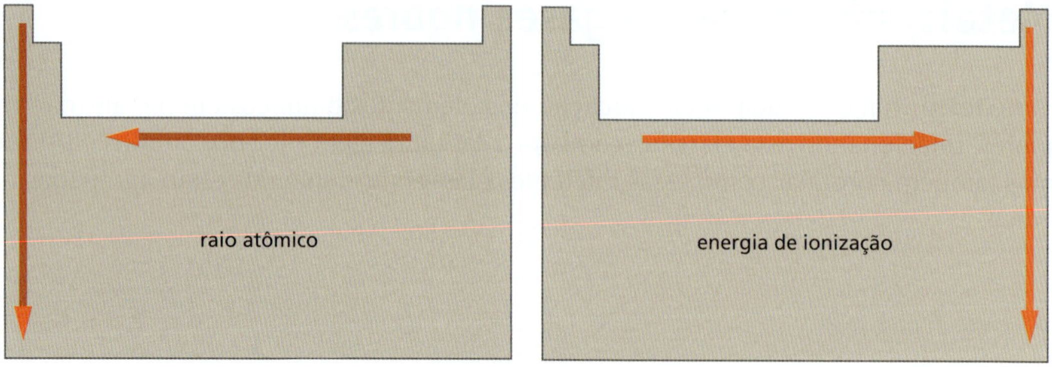

Figura 6-67: **O caráter metálico e não metálico na tabela periódica, quando comparado ao raio atômico e à energia de ionização.**

Se compararmos essas variações com as variações do caráter metálico e do caráter não metálico, veremos que, quanto mais fácil é remover um elétron de um átomo, maior é o seu caráter metálico. Isso indica que o caráter metálico é maior para elementos com maior raio atômico e menor energia de ionização. Já o caráter não metálico é mais acentuado para os átomos que ganham elétrons com facilidade e, portanto, têm maior energia de ionização e menor raio atômico.

Para caracterizar os elementos não metálicos, é útil introduzir uma outra propriedade, chamada de **eletroafinidade**, que pode ser definida como a energia liberada quando um átomo no estado gasoso ganha um elétron. Os átomos dos elementos de caráter não metálico mais acentuado têm os maiores valores de eletroafinidade e raios pequenos.

Essas observações levam à constatação de que os metais alcalinos, que estão situados na coluna 1 da tabela periódica, são os elementos de maior caráter metálico, e que os halogênios, situados na coluna 17, são os elementos de maior caráter não metálico.

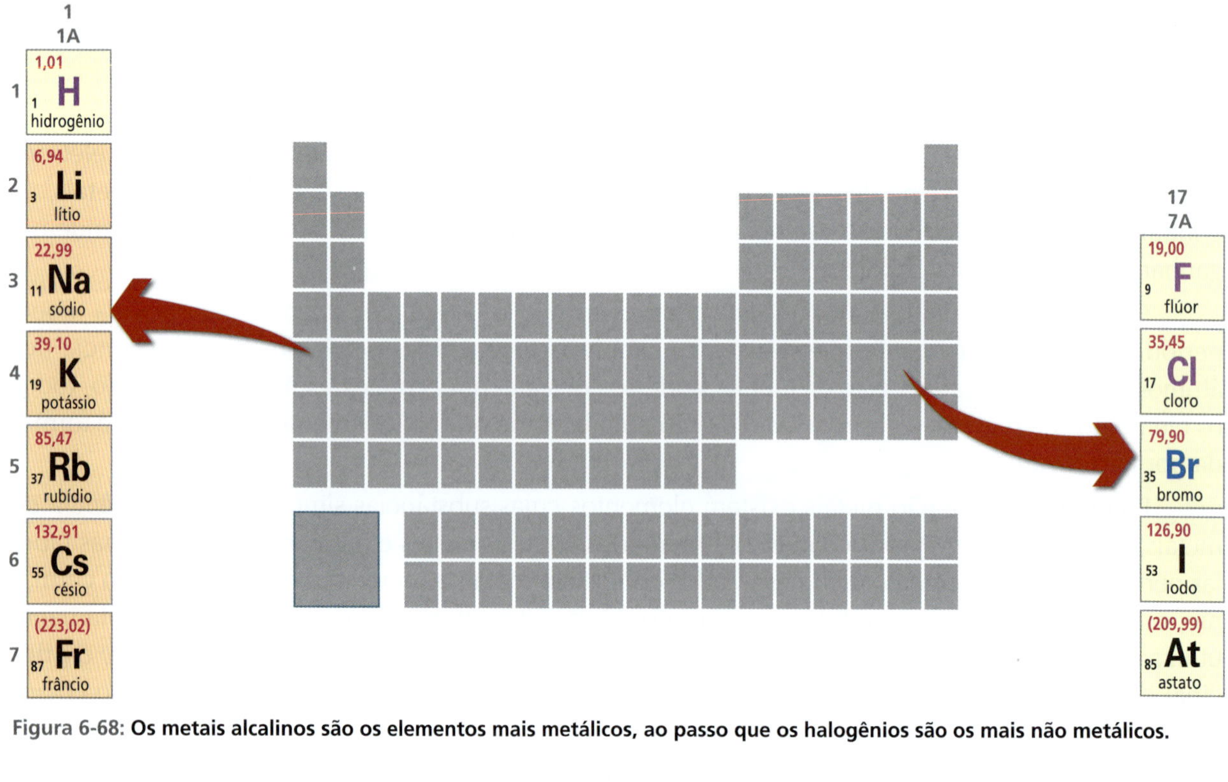

Figura 6-68: **Os metais alcalinos são os elementos mais metálicos, ao passo que os halogênios são os mais não metálicos.**

Entre todos os elementos metálicos, são raros os que ocorrem naturalmente na forma metálica, como uma substância simples de brilho característico e boa condutora de eletricidade e calor. Essa propriedade está reservada a um grupo seleto chamado de metais preciosos, como o ouro, a prata e a platina. A maioria dos metais ocorre na forma de minerais e a obtenção do metal puro envolve reações de redução (essas reações serão estudadas no capítulo 5 da parte 2) que consomem energia, seja na forma de energia elétrica (no caso, por exemplo, do alumínio e dos metais alcalinos), seja na forma de calor (no caso, por exemplo, do ferro).

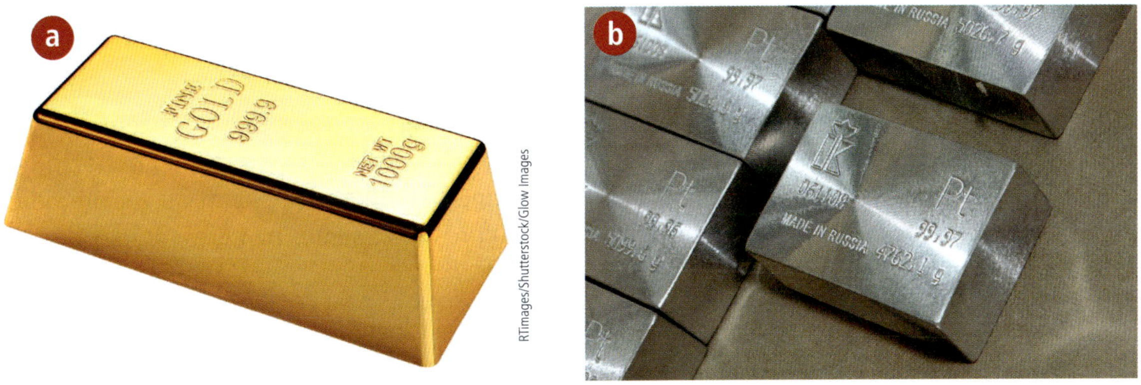
RTimages/Shutterstock/Glow Images

Ria Novosti/Science Photo Library/Latinstock

Figura 6-69: **Barra de ouro (A) e de platina (B).**

Os elementos de maior caráter metálico também não ocorrem na forma metálica. É interessante observar que os metais alcalinos e halogênios, opostos em relação ao caráter metálico, se combinam para formar sais bastante conhecidos, como cloreto de sódio (NaCl), o popular sal de cozinha, cloreto de potássio (KCl), iodeto de potássio (KI) etc. Esses sais são substâncias iônicas, formadas por cátions dos metais alcalinos e ânions dos halogênios, e são a principal fonte de compostos de sódio, potássio e cloro, que formam uma importante base da indústria química mundial, na forma de hidróxido de sódio (NaOH), ácido clorídrico (HCl), cloro (Cl_2) e sulfato de sódio (Na_2SO_4), entre outros.

Science Photo Library/Latinstock

Science Photo Library/Latinstock

Figura 6-70: **Sódio metálico (A) e lítio metálico (B).**

Os metais alcalinos são tão reativos que sódio e potássio metálico, substâncias simples desses elementos, devem ser acondicionados em querosene, pois reagem violentamente com a água produzindo hidrogênio gasoso, que é um gás inflamável. Veja, a seguir, como as reações de sódio e potássio com água podem ser representadas:

$$Na\ (s) + H_2O\ (l) \rightarrow NaOH\ (aq) + H_2\ (g)$$

$$K\ (s) + H_2O\ (l) \rightarrow KOH\ (aq) + H_2\ (g)$$

Tanto a soda cáustica (hidróxido de sódio – NaOH) como a potassa cáustica (hidróxido de potássio – KOH) são bases fortes e matérias-primas na fabricação de uma grande variedade de produtos, incluindo o sabão.

A grande maioria das substâncias simples dos elementos classificados como metais é formada por sólidos de brilho metálico característico – uma exceção bastante conhecida, e perigosa pela toxidez, é o mercúrio, um metal líquido. Em contraste, um bom número de substâncias simples dos não metais é encontrado na forma de gases. Além disso, muitos desses não metais reagem com o oxigênio do ar (O_2) – uma substância simples do também não metal oxigênio – e formam substâncias gasosas, como o gás carbônico (CO_2), o monóxido de carbono (CO), os vários óxidos de enxofre e de nitrogênio, como SO_2, SO_3, NO, NO_2 etc. A maior parte da atmosfera é formada por gases dos elementos não metálicos, e somente o nitrogênio (N_2) e o oxigênio (O_2) perfazem 99%, em volume, do ar atmosférico seco.

Muitos dos óxidos dos elementos não metálicos, como os de nitrogênio e de enxofre, são produzidos como subprodutos na queima de combustíveis derivados do petróleo, por exemplo a gasolina. Esses óxidos podem reagir com a água presente no ar, ocasionando o fenômeno conhecido como chuva ácida, que corrói estruturas metálicas e monumentos de mármore, além de ser prejudicial à saúde. As reações de formação dos ácidos sulfúrico e sulfuroso, presentes na chuva ácida, a partir dos óxidos de enxofre, podem ser assim representadas:

$$SO_2\ (g) + H_2O\ (l) \rightarrow H_2SO_3\ (aq)\ \text{(ácido sulfuroso)}$$

$$SO_3\ (g) + H_2O\ (l) \rightarrow H_2SO_4\ (aq)\ \text{(ácido sulfúrico)}$$

Além disso, o aparentemente inofensivo gás carbônico, produzido na respiração animal e consumido pelas plantas no processo de fotossíntese, tem sido produzido em excesso na queima de combustíveis fósseis, derivados do petróleo e do carvão mineral, ocasionando o aumento do efeito estufa, fenômeno de grande impacto no ambiente e que tem gerado preocupações em todo o mundo.

Assim como as bases mais fortes são compostos de metais alcalinos, os ácidos mais fortes são compostos de não metais. Os ácidos minerais mais fortes e mais usados em várias atividades industriais são os ácidos clorídrico (HCl), sulfúrico (H_2SO_4) e nítrico (HNO_3).

Situados no extremo da tabela periódica, na coluna 18, estão os gases nobres, muito pouco reativos, praticamente inertes. As substâncias simples desses gases nobres, diferentemente do que ocorre com os elementos não metálicos, como hidrogênio, oxigênio, nitrogênio, cloro etc., são formadas por átomos isolados desses elementos. Os gases nobres podem ser encontrados na atmosfera e um deles, o argônio, é relativamente abundante, perfazendo quase 1%, em volume, da composição do ar seco.

Os gases nobres praticamente não participam de reações químicas, e compostos de gases nobres foram preparados em laboratório somente a partir de 1962, mesmo assim apenas para os gases nobres mais pesados. A falta de reatividade dos gases nobres é reflexo da configuração eletrônica completa na camada de valência, da energia de ionização muito elevada e da eletroafinidade baixa dos átomos desses elementos. Todos os gases nobres têm a camada de valência completa com configurações eletrônicas do tipo ns^2np^6, com exceção do hélio, que, situado no primeiro período, tem a configuração $1s^2$. Note que *n* é um número inteiro que está relacionado ao nível de energia ao qual o subnível pertence. A energia de ionização é muito alta para esses átomos (2 372 kJ/mol, no caso do hélio) e eles também não têm afinidade por elétrons adicionais. Isso significa que eles não formam cátions ou ânions nem tendem a se combinar com outros átomos ou mesmo entre si.

objeto digital

Em síntese, podemos dizer que a reatividade dos metais está associada à perda de elétrons de valência pelos átomos de elementos metálicos, ao passo que a reatividade dos não metais está associada ao ganho de elétrons pelos átomos de elementos não metálicos. Elementos cujos átomos não ganham ou perdem elétrons com facilidade, como os gases nobres, não reagem facilmente e ocorrem na natureza na forma de substâncias simples formadas por átomos isolados. No capítulo 9, teremos oportunidade de explorar um pouco mais as propriedades de metais e de substâncias moleculares formadas por não metais, a partir dos modelos de ligação química.

Questões

Q45. Como varia o caráter metálico na tabela periódica? Como você pode relacionar essa variação com a variação do raio atômico e da energia de ionização?

Q46. Como varia o caráter não metálico na tabela periódica? Como você pode relacionar essa variação com a variação do raio atômico e da energia de ionização?

Q47. Por que é raro encontrar metais que ocorrem naturalmente na forma metálica, como uma substância simples de brilho característico e boa condutora de eletricidade e calor?

Q48. Para se obter um metal elementar a partir dos respectivos minerais, é necessário fornecer energia ao sistema. Quais as formas de energia utilizadas, respectivamente, para o alumínio e para o ferro?

Q49. Por que sódio e potássio elementares têm que ser guardados em querosene?

Q50. Muitos dos óxidos de nitrogênio e enxofre são produzidos como subprodutos da queima de combustíveis fósseis e contribuem para a chamada chuva ácida. Escreva uma equação química para a formação da chuva ácida para um óxido do nitrogênio.

NA INTERNET

<http://phet.colorado.edu/sims/hydrogen-atom/hydrogen-atom_pt.jnlp>

Nesta página do Departamento de Física da Universidade do Colorado (EUA) você vai ter acesso a um simulador de modelos atômicos para o átomo de hidrogênio. É possível testar diferentes modelos atômicos para o átomo de hidrogênio e comparar as suas previsões com os resultados experimentais. Acesso em: 25 abr. 2012.

<http://qnesc.sbq.org.br>

Página da revista *Química Nova na Escola* (QNEsc), publicada pela Sociedade Brasileira de Química (SBQ). Os artigos estão disponíveis na íntegra e de forma totalmente gratuita. Estão disponíveis também os Cadernos Temáticos publicados desde 2001. Acesso em: 25 abr. 2012.

<www.periodicvideos.com>

Esta é uma página da Universidade de Nottingham (Inglaterra) na qual você pode encontrar vídeos sobre cada um dos elementos da tabela periódica. Os vídeos estão em inglês, mas alguns deles possuem legendas em português. Acesso em: 25 abr. 2012.

Ivan Coutinho/Arquivo da editora

CAPÍTULO 7

Introdução às transformações químicas

Os materiais podem sofrer várias *transformações* que têm sido usadas pelo homem, ao longo de sua história, para produzir novos materiais, conservar alimentos, obter energia, combater doenças para melhorar a qualidade e aumentar a expectativa de vida da espécie humana.

Na história da humanidade, a construção dos primeiros instrumentos e ferramentas envolveu a transformação de pedaços de rochas em objetos para uso cotidiano. O uso do fogo teve, provavelmente, um grande impacto no modo de vida dos povos *primitivos*.

Inicialmente usado para cozinhar os alimentos e proteger do frio, tornou-se, com o passar do tempo, um importante instrumento de transformação da natureza. As tribos que soubessem obtê-lo e usá-lo certamente teriam vantagem sobre outros grupos. Com o uso do fogo, o homem chegou à obtenção de metais, o que permitiu a fabricação de objetos resistentes e duráveis, como ferramentas, armas e utensílios domésticos.

Além da obtenção de utensílios, outras transformações são conhecidas há muitos séculos, como aquelas envolvidas na fabricação de bebidas, na conservação de alimentos, na extração de corantes *vegetais*, no tratamento de peles de animais etc.

Apesar de saber transformar todos esses materiais, apenas recentemente o homem conseguiu formular explicações gerais que permitiram sistematizar o conhecimento sobre essas transformações, organizando-as em algumas classes de fenômenos. Assim, a queima de materiais combustíveis, a obtenção de metais e a produção de bebidas, inicialmente consideradas fenômenos diversos, constituem, atualmente, uma única classe de transformações: as reações químicas.

Pode-se reconhecer uma transformação por meio de suas evidências macroscópicas, que normalmente são algum tipo de alteração que ocorre no material e que, muitas vezes, nos indica que está havendo *transformação*. Assim, quando queimamos um pedaço de papel, temos uma série de evidências de que o fenômeno da combustão está ocorrendo: a chama, a produção de cinzas, a liberação de fumaça etc.

Neste capítulo, estudaremos alguns aspectos das transformações químicas, começando por discutir como reconhecê-las por meio de evidências.

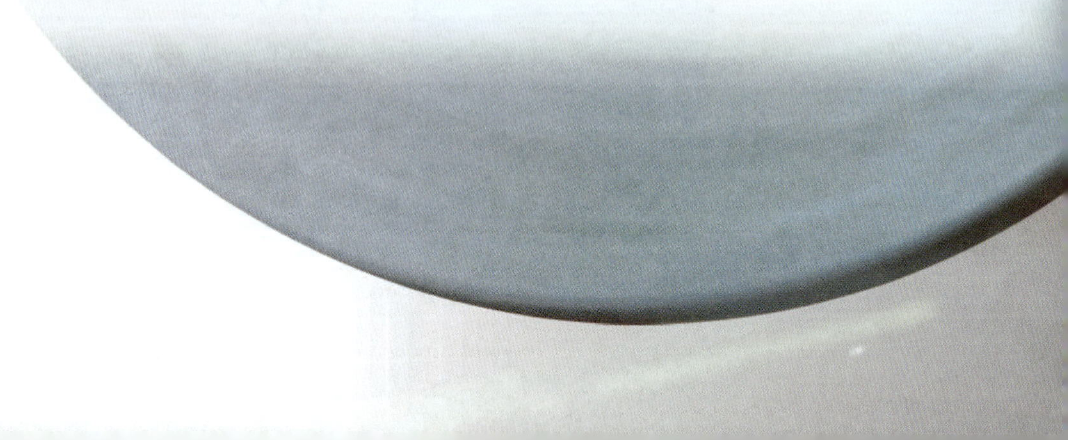

Sérgio Dotta Jr./The Next

Figura 7-1: A extração de corantes vegetais envolve transformações.

ACE Stock Limited/Alamy/Other Images

Figura 7-2: A queima do papel é acompanhada de evidências de que o fenômeno da combustão está ocorrendo.

Figura 7-3: Os materiais sofrem transformações, como o alumínio, que é resultado da transformação da bauxita.

James L. Amos/Corbis/Latinstock

ATIVIDADE 1

Como reconhecer uma transformação química?

Nesta atividade, vamos discutir alguns fenômenos, com o objetivo de analisar as características dos materiais antes e depois da transformação que sofreram, evidenciando a ocorrência ou não de reações químicas.

Vamos trabalhar com algumas reações químicas, caracterizando o sistema inicial – antes da transformação – e o sistema final – depois da transformação. Esta atividade tem a finalidade de reconhecer que evidências permitem dizer que uma reação química pode ter ocorrido. Procuraremos, também, evidenciar a produção de novos materiais como garantia de que ocorreu uma reação química.

PARTE A A reação entre ácido clorídrico e zinco

Material

Um tubo de ensaio, uma proveta de 5 mL ou um conta-gotas, pedaços de zinco (pequenos) e solução de ácido clorídrico (HCl) em uma concentração de 1 mol/L.

Tenha cuidado!

Esta experiência deve ser realizada com a supervisão de seu professor. Cuidado ao manipular o HCl, pois ele é corrosivo. O ideal é que essa reação seja realizada em ambiente bastante ventilado ou numa capela. Não inale os vapores. No caso de contato com a pele, lave com água em abundância. No caso de ingestão, **não** provoque vômito e beba grandes quantidades de água. Procure imediatamente um médico.

O que fazer

A1 Coloquem aproximadamente 2 mL (40 gotas) da solução de HCl no tubo de ensaio.

A2 Adicionem um pedaço pequeno de zinco no tubo com a solução.

Gilberto do Vale Rodrigues

Figura 7-4: Solução de HCl e pedaços de zinco. Cuidado ao manipular o HCl, pois ele é corrosivo. Não inalem seus vapores!

Questões

Q1. Descrevam as características macroscópicas do sistema inicial (solução de HCl e pedaço de zinco separados) antes da imersão do zinco na solução.

Q2. Descrevam as características macroscópicas do sistema quando vocês adicionaram o zinco à solução de HCl.

Q3. Qual a evidência de que ocorreu uma transformação?

Q4. Como vocês poderiam identificar as novas substâncias que foram formadas?

Q5. Se vocês determinassem a massa (m_i) do sistema inicial (solução de HCl e zinco separados) e a massa (m_f) do sistema final, depois que a transformação se completou, vocês acham que m_i seria maior, menor ou igual a m_f? Justifiquem.

Q6. Se a reação tivesse se passado em um sistema fechado, por exemplo num tubo de ensaio fechado com uma rolha, a resposta ao item Q5 seria a mesma? Justifiquem.

PARTE B A queima de uma fita de magnésio

Material

Uma lamparina, uma fita de magnésio e uma garra de madeira.

Tenha cuidado!

Esta experiência deve ser realizada com a supervisão de seu professor. Não aproxime os olhos ou a pele da fita de magnésio em chamas.

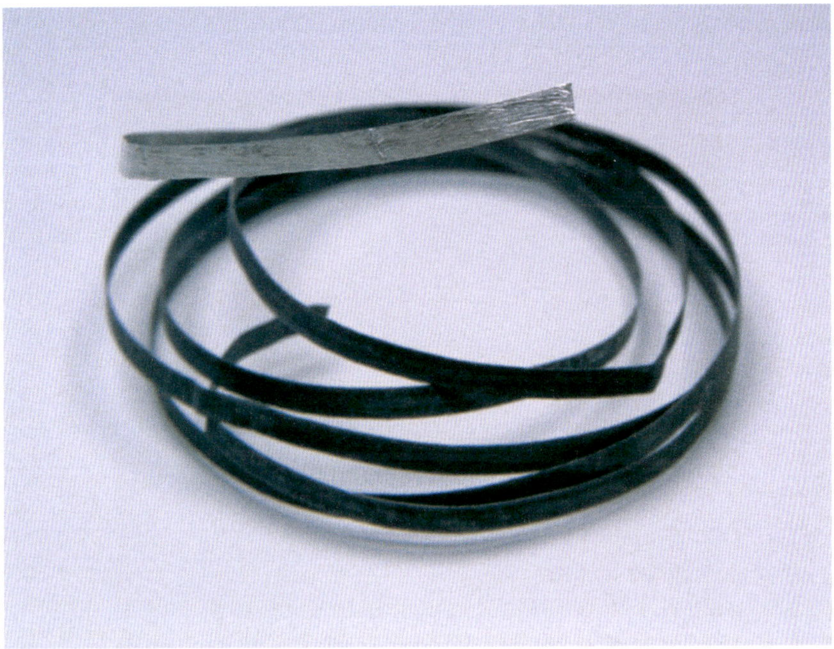

Gilberto do Vale Rodrigues

Figura 7-5: **Fita de magnésio.**

O que fazer

A3 Segurem um pedaço da fita de magnésio com a garra e aproximem-na da chama da lamparina, seguindo as orientações de precaução. Nesse procedimento, vocês devem tomar **muito cuidado**: procurem utilizar o material de proteção adequado para realizá-lo. **Se possível, usem óculos de proteção**.

Questões

Q7. Descrevam as características do sistema inicial (fita de magnésio e outro reagente que vocês imaginam que participe da reação), antes da transformação.

Q8. Descrevam as características do sistema final, após queimar a fita de magnésio.

Q9. Qual a evidência de que ocorreu uma transformação?

Q10. Como vocês poderiam identificar as novas substâncias que foram formadas?

Q11. Se vocês determinassem a massa inicial do sistema (m_i) e a massa final do sistema (m_f), depois que a transformação se completou, vocês acham que m_i seria maior, menor ou igual a m_f? Justifiquem.

Q12. Se a reação tivesse se passado em um sistema fechado, por exemplo num tubo de ensaio fechado com uma rolha, a resposta ao item Q11 seria a mesma? Justifiquem.

PARTE C Reação entre soluções de hidróxido de sódio e sulfato de cobre (II)

Material

Solução de hidróxido de sódio (NaOH) 0,1 mol/L, solução de sulfato de cobre (II) ($CuSO_4$) 0,1 mol/L, um tubo de ensaio e uma proveta de 5 mL ou um conta-gotas.

Tenha cuidado!

Cuidado ao manipular o NaOH e o $CuSO_4$. Sua ingestão pode causar danos graves e permanentes ao sistema gastrointestinal. No caso de contato com a pele, lave com água em abundância. Em caso de ingestão, **não** provoque vômito e beba grandes quantidades de água ou leite. Procure imediatamente um médico.

Figura 7-6: **Soluções de hidróxido de sódio (NaOH) e sulfato de cobre (II) ($CuSO_4$).**

O que fazer

A4 Coloquem aproximadamente 2 mL (40 gotas) de solução de NaOH 0,1 mol/L em um tubo de ensaio.

A5 Em seguida, adicionem aproximadamente a mesma quantidade da solução $CuSO_4$ 0,1 mol/L ao tubo com a solução de NaOH.

Questões

Q13. Descrevam as características do sistema inicial (soluções de NaOH e de $CuSO_4$).

Q14. Descrevam as características do sistema após a adição da solução de $CuSO_4$ à solução de NaOH.

Q15. Qual a evidência de que ocorreu uma transformação?

Q16. Como vocês poderiam identificar as novas substâncias que foram formadas?

Q17. Se vocês determinassem a massa inicial (m_i) do sistema (solução de NaOH e solução de $CuSO_4$ separadas) e a massa final (m_f) do sistema, depois que a transformação se completou, vocês acham que m_i seria maior, menor ou igual a m_f? Justifiquem.

Q18. Se a reação tivesse se passado em um sistema fechado, por exemplo num tubo de ensaio fechado com uma rolha, a resposta ao item Q17 seria a mesma? Justifiquem.

PARTE D Reação entre soluções de ácido clorídrico e hidróxido de sódio

Material

Solução de hidróxido de sódio (NaOH) 5 mol/L, ácido clorídrico (HCl) 5 mol/L, um tubo de ensaio e uma proveta de 5 mL ou um conta-gotas.

Tenha cuidado!

Esta experiência deve ser realizada com a supervisão de seu professor. Cuidado ao manipular o NaOH e o HCl. Evite contato com a pele e não inale os vapores. Em caso de contato com a pele, lave-a com água em abundância. Em caso de ingestão, **não** provoque vômito e beba grandes quantidades de água. Procure imediatamente um médico.

Figura 7-7: **Soluções de ácido clorídrico (HCl) e hidróxido de sódio (NaOH).**

O que fazer

A6 Coloquem aproximadamente 2 mL (40 gotas) da solução de NaOH 5 mol/L em um tubo de ensaio.

A7 Em seguida, adicionem aproximadamente a mesma quantidade de solução de HCl ao tubo com a solução de NaOH.

Questões

Q19. Descrevam as características do sistema inicial (solução de HCl e solução de NaOH) antes da transformação.

Q20. Descrevam as características do sistema após a adição da solução de HCl à solução de NaOH.

Q21. Qual a evidência de que está ocorrendo uma transformação?

Q22. Como vocês poderiam identificar as novas substâncias que foram formadas?

Q23. Se vocês determinassem a massa inicial (m_i) do sistema (solução de NaOH e solução de HCl separados) com a massa final (m_f) do sistema, depois que a transformação se completou, vocês acham que m_i seria maior, menor ou igual a m_f? Justifiquem.

Q24. Se a reação tivesse se passado em um sistema fechado, por exemplo num tubo de ensaio fechado com uma rolha, a resposta ao item Q23 seria a mesma? Justifiquem.

PARTE E A reação entre soluções de ácido clorídrico e hidróxido de sódio na presença de fenolftaleína

Material

Solução de hidróxido de sódio (NaOH) 5 mol/L, solução alcoólica de fenolftaleína, solução de ácido clorídrico (HCl) 5 mol/L, um tubo de ensaio e uma proveta de 5 mL ou um conta-gotas.

Tenha cuidado!

Esta experiência deve ser realizada com a supervisão de seu professor. Cuidado ao manipular o NaOH e o HCl. Evite contato com a pele e não inale os vapores. Em caso de contato com a pele, lave-a com água em abundância. Em caso de ingestão, **não** provoque vômito e beba grandes quantidades de água. Procure imediatamente um médico.

Gilberto do Vale Rodrigues

Figura 7-8: **Soluções de ácido clorídrico (HCl), hidróxido de sódio (NaOH) e fenolftaleína.**

O que fazer

A8 Coloquem aproximadamente 2 mL (40 gotas) de NaOH 5 mol/L no tubo de ensaio.

A9 Adicionem, ao mesmo tubo, 2 gotas da solução alcoólica de fenolftaleína.

A10 Em seguida, adicionem a solução de HCl 5 mol/L ao mesmo tubo, até dobrar o volume da solução.

Questões

Q25. Descrevam as características do sistema inicial (solução de NaOH, solução de fenolftaleína e solução de HCl) antes da transformação.

Q26. Descrevam as características do sistema quando vocês adicionaram gotas da solução de fenolftaleína à solução de NaOH.

Q27. Qual a evidência de que ocorreu uma transformação?

Q28. Como vocês poderiam identificar as novas substâncias que foram formadas?

Q29. Descrevam as características do sistema quando vocês adicionaram a solução de HCl à solução de NaOH contendo gotas da solução de fenolftaleína.

Q30. Qual a evidência de que ocorreu uma transformação?

Q31. Como vocês poderiam identificar as novas substâncias que foram formadas?

ATIVIDADE 2

As evidências garantem que ocorreu uma transformação química?

objeto digital

Na atividade 1, realizamos alguns experimentos nos quais o estado final de alguns sistemas era diferente do estado inicial. Nos diferentes sistemas com os quais trabalhamos, tivemos a oportunidade de observar a produção de gases, a produção de luz, a formação de precipitado, a liberação de calor e a mudança de cor.

Essas modificações são evidências de que ocorreu a produção de novos materiais naqueles sistemas. Por isso, podemos inferir que, provavelmente, aconteceu uma transformação ou reação química em cada um desses sistemas. Ao trabalhar com evidências, no entanto, sempre pode haver dúvidas se houve realmente uma transformação química.

A existência de uma evidência garante que houve produção de novos materiais numa transformação qualquer?

Poderiam ocorrer reações sem uma modificação observável no sistema?

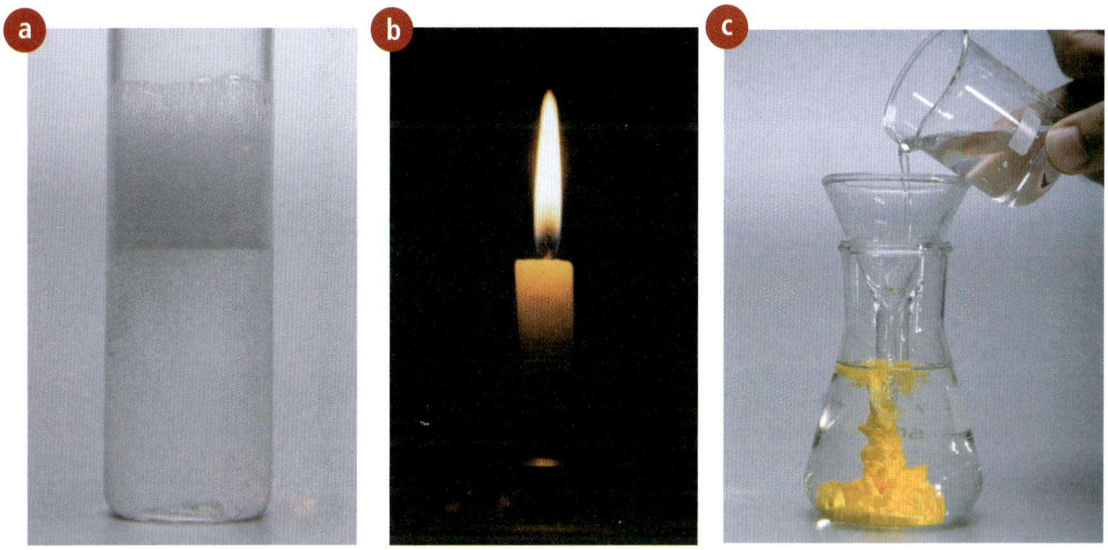

Fotos: Gilberto do Vale Rodrigues

Figura 7-9: **Evidências de transformações: a) Produção de gás; b) Produção de luz; c) Formação de precipitado.**

Evidências de transformação

Nesta atividade, vamos aprofundar um pouco essa discussão com a finalidade de delimitar melhor o papel das evidências na identificação das reações químicas.

Material

Água, uma colher (de chá), refrigerante, sal de cozinha, açúcar, meio comprimido efervescente, três copos de vidro e uma proveta de 50 mL.

Gilberto do Vale Rodrigues

Figura 7-10: **Alguns materiais que você utilizará nesta atividade.**

O que fazer

A11 Vamos trabalhar com os seguintes sistemas: 1) sal de cozinha e água; 2) refrigerante e açúcar; 3) água e comprimido efervescente. Construam, um quadro, para todos os sistemas, com as características dos componentes no estado inicial, os registros das observações durante as transformações e as características no estado final de cada sistema.

A12 Identifiquem os copos com os números 1, 2 e 3. Adicionem 20 mL de água nos copos 1 e 3 e 20 mL de refrigerante ao copo 2.

A13 Adicionem uma colher (de chá) de sal ao copo 1, uma colher de açúcar ao copo 2 e meio comprimido efervescente ao copo 3.

Questões

Q32. Ao observar as transformações ocorridas, que diferenças podem ser reconhecidas entre os sistemas 1, 2 e 3?

Q33. O gás liberado nos sistemas 2 e 3 já existia em cada um dos sistemas iniciais?

Q34. Nos sistemas observados, houve produção de novo material? Em caso afirmativo, como se pode evidenciar esse fato?

No sistema 1, ao adicionarmos sal de cozinha à água, há formação de uma solução aquosa, com algumas características diferentes dos materiais iniciais. Por exemplo: a solução de sal de cozinha é boa condutora de eletricidade, o que não ocorre com a água e o sal sólido separadamente.

Gilberto do Vale Rodrigues

Figura 7-11: A adição de sal à água forma uma solução condutora, o que não ocorre com a água e o sal sólido separadamente.

No sistema 2, ao adicionarmos açúcar ao refrigerante, observa-se um grande desprendimento de gás. Esse gás, no entanto, já estava presente no sistema inicial, dissolvido no líquido do refrigerante. Vocês já devem ter observado bolhas de gás que se desprendem quando transferimos o refrigerante de uma garrafa para um copo, ou quando abrimos um refrigerante quente. A adição do açúcar apenas acelera a liberação do gás. Uma outra forma de liberar o gás, só que mais lentamente, é deixar o refrigerante aberto por muito tempo. Sob aquecimento, o gás também é liberado mais rapidamente.

Gilberto do Vale Rodrigues

Figura 7-12: A adição do açúcar acelera a liberação do gás já existente no refrigerante.

No sistema 3, ao adicionarmos o meio comprimido efervescente à água, libera-se gás. Esse gás, no entanto, não estava presente nem no comprimido nem na água, mas foi produzido pela interação do comprimido com a água. Esse tipo de transformação, em que materiais não existentes inicialmente no sistema são produzidos, é chamado de **reação química** ou **transformação química**. A evidência para essa reação é a produção de gás.

Gilberto do Vale Rodrigues

Figura 7-13: **Neste sistema, o gás não estava presente, mas foi formado pela interação da água com o comprimido.**

Questões

Q35. Se vocês evaporarem a água do sistema 3 no seu estado final, é possível obter novamente o material do comprimido?

Q36. Esse material produziria efervescência ao ser colocado na água? Justifiquem.

TEXTO 1

As evidências e o reconhecimento de reações químicas

O reconhecimento de reações químicas está relacionado à presença de evidências que permitem diferenciar o estado final quando comparado ao estado inicial do sistema. Dentre os exemplos estudados, uma das evidências foi a produção de gás.

Há várias outras evidências para o reconhecimento de reações químicas. Por exemplo, na coagulação da caseína do leite, usando coalho, o aparecimento de coágulos do leite também é evidência de que ocorre reação.

Esses tipos de evidências são formas simples e diretas de reconhecimento de reações químicas e podem envolver um ou mais dos seguintes fenômenos: **a formação de gases**, **a mudança de cor**, **a formação de sólido**, **a liberação ou absorção de energia na forma de calor**, **a liberação de eletricidade ou luz** etc.

Não podemos ter certeza, no entanto, de que ocorreu uma reação química baseados apenas nessas evidências. Uma forma mais segura de obter informações sobre a natureza de uma transformação é o isolamento dos materiais obtidos, seguido da determinação de algumas de suas propriedades, como as temperaturas de fusão e de ebulição, a densidade etc.

Gilberto do Vale Rodrigues

Figura 7-14: **O aparecimento da caseína é uma evidência de que ocorreu uma transformação.**

A constatação de que essas propriedades são diferentes daquelas dos componentes do sistema inicial é uma forma mais segura de comprovar a ocorrência de reações químicas. Na prática, esse último procedimento só é usado quando trabalhamos com reações desconhecidas, para as quais não se tem certeza da natureza dos produtos. O conhecimento das evidências de reações químicas é uma ferramenta empírica poderosa que ajuda os químicos a ganhar tempo na caracterização das transformações.

A dissolução de açúcar em água e as mudanças de fase da água são exemplos de fenômenos em que ocorrem transformações do estado físico no qual o material se encontra. Uma característica comum a esses dois fenômenos é que não há produção de novos materiais. Além disso, é possível obter novamente o material no seu estado inicial. Ou seja, é possível obter a água no estado líquido pelo resfriamento do vapor e obter o açúcar no estado sólido pela evaporação do solvente.

Susan E. Degginger/Alamy/Otherimages

Figura 7-15: Numa transformação de estado físico não há formação de novo material.

A outra classe de fenômenos que observamos são as reações químicas. Nesse caso, há formação de novos materiais. Quando as reações são irreversíveis, a exemplo das que foram estudadas, não é possível obter novamente os materiais iniciais. Em reações reversíveis, isso é possível.

Concluindo, as reações químicas são geralmente acompanhadas de transformações físicas, que permitem evidenciar sua ocorrência. O que podemos reconhecer são as transformações físicas, pois não há uma evidência direta de que o fenômeno ocorrido caracteriza uma reação química. É o nosso conhecimento empírico acumulado que permite identificar, por meio dessas transformações físicas, os casos em que há produção de novos materiais e, portanto, reações químicas.

Questões

Q37. Dos fenômenos relacionados a seguir, quais podem ser classificados como reações químicas? Justifique, descrevendo os estados inicial e final para cada caso e citando as evidências.

a) Dissolução de permanganato de potássio ($KMnO_4$) em água.

b) Mistura de tinta azul com tinta amarela para produzir tinta verde.

c) Fusão da naftalina.

d) Formação de ferrugem.

e) Mistura de soluções bastante diluídas de NaOH e HCl.

f) Queima de uma vela.

Q38. Com base nas respostas da questão anterior e nas características das transformações discutidas, responda às perguntas que foram feitas na introdução da atividade 2:

a) A existência de uma evidência garante que houve produção de novos materiais numa transformação qualquer? Justifique sua resposta.

b) Poderiam ocorrer reações sem uma modificação observável no sistema? Justifique sua resposta.

ATIVIDADE 3

A massa é conservada nas reações químicas?

Vamos investigar algumas características de três reações químicas diferentes. Nosso objetivo é verificar se a massa do estado inicial é igual à massa do estado final ou diferente dela. A noção de **conservação da massa** é importante para a discussão do tipo de transformação envolvida numa reação química, já que devemos analisá-la considerando tanto o que se transforma como o que se conserva. A identidade de uma reação química resulta da tensão entre o que se transforma e o que se conserva na reação.

Sem essa identidade, seria impossível perceber que o sistema, depois da transformação, tem alguma relação com o sistema antes dela. Você, por exemplo, nunca é a mesma pessoa todos os dias, pois está se transformando constantemente, seja física ou mentalmente. Seus familiares e amigos, no entanto, são capazes de reconhecê-lo como a mesma pessoa, mesmo que fiquem algum tempo sem vê-lo. Isso é possível porque algo se conservou na sua aparência, apesar das mudanças. A identidade é uma característica fundamental de todos os sistemas que estão em transformação.

Nas reações químicas, como em qualquer outra transformação, também se observa essa característica. Algumas características permanecem constantes durante o processo, enquanto outras mudam. Até agora enfatizamos as mudanças que ocorrem num sistema reagente. Agora, vamos começar a nos preocupar com **o que se conserva**.

PARTE A A reação do bicarbonato de sódio[1] com o ácido clorídrico

Vamos estudar uma transformação química que envolve a interação entre o bicarbonato de sódio ($NaHCO_3$) e o ácido clorídrico (HCl) para compreender o que ocorre com a massa total antes e após a reação ocorrer. Observemos esse fenômeno em um sistema aberto e em um sistema fechado.

Reação em sistema aberto

Materiais

Quatro gramas de bicarbonato de sódio ($NaHCO_3$), água, uma garrafa PET de 600 mL, ácido clorídrico (HCl) 5 mol/L (10 mL), uma balança, um béquer de 50 mL, uma proveta de 50 mL, um tubo de ensaio pequeno (ele deve passar pela abertura da garrafa) e uma espátula ou colher de sobremesa.

Tenha cuidado!

Esta experiência deve ser realizada com a supervisão de seu professor. Cuidado ao manipular o HCl, pois ele é corrosivo. Não inale os vapores. No caso de contato com a pele, lave com água em abundância. Em caso de ingestão, **não** provoque vômito e beba grandes quantidades de água. Procure imediatamente um médico.

O que fazer

A14 Transfiram aproximadamente 2,0 g (duas colheres de sobremesa) de $NaHCO_3$ para a garrafa PET de 600 mL; em seguida, adicionem 40 mL de água.

A15 Transfiram, **com cuidado**, 5 mL do HCl 5 mol/L para o béquer de 50 mL.

[1] Para a substância representada pela fórmula $NaHCO_3$, a Iupac recomenda a nomenclatura **hidrogenocarbonato de sódio**. No entanto, esta substância é popularmente conhecida como **bicarbonato de sódio**. Em nossos textos, optamos por manter o nome popular para a substância.

A16 Pesem o béquer com a garrafa PET e anotem o valor da massa (m_{PET} + $m_{béquer}$).

A17 Transfiram o ácido para a garrafa PET, fechem a garrafa com a tampa, agitem bastante, retirem a tampa da garrafa e aguardem até a reação se completar.

A18 Pesem novamente todo o conjunto (m_{PET} + $m_{béquer}$) e anotem o valor da massa encontrada. (Observação: anotem também os valores obtidos pelos outros grupos.)

A19 Construam um quadro com os dados obtidos por todos os grupos da classe, com massa (em g) do sistema antes e depois da reação.

Figura 7-16: **Materiais de que vocês vão precisar neste experimento.**

Reação em sistema fechado

O que fazer

A20 Repitam o mesmo procedimento indicado no item A14. Em seguida, procedam da seguinte forma:

A21 Transfiram, **com cuidado**, 5 mL do HCl 5 mol/L para o tubo de ensaio.

A22 Introduzam o tubo na garrafa PET sem deixar que o ácido entre em contato com a água com $NaHCO_3$. Em seguida, **tampem a garrafa firmemente**.

A23 Pesem o conjunto e anotem o valor da massa inicial do sistema (m_i).

A24 Inclinem a garrafa PET, de modo que o ácido **escoe lentamente**; após a reação ter se processado, pesem novamente o conjunto e anotem o valor da massa final do sistema (m_f).

A25 Construam um quadro com os dados obtidos por todos os grupos da classe, com a massa (em g) do sistema antes e depois da reação.

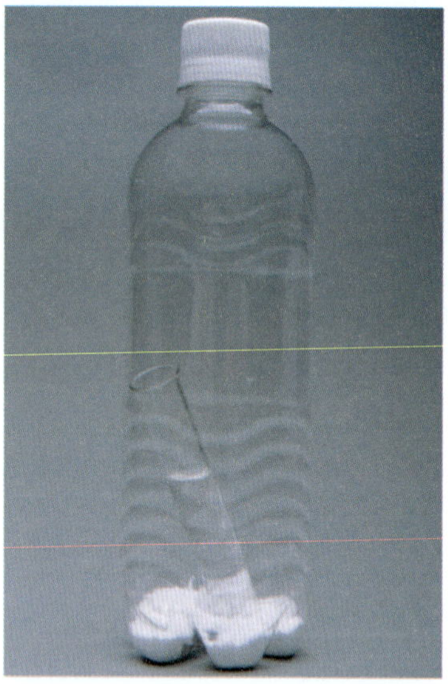

Fotos: Gilberto do Vale Rodrigues

Figura 7-17: **Vejam como o tubo de ensaio deve ficar dentro da garrafa PET para evitar o contato entre as duas soluções.**

Questões

Q39. Que evidências permitem afirmar que ocorreram reações químicas?

Q40. Comparem os valores obtidos para as massas do sistema, antes e depois da reação, nos dois casos (sistemas aberto e fechado). O que vocês podem constatar?

Q41. A que vocês atribuem a diferença observada?

Q42. Com os dados do quadro, é possível afirmar que a massa se conserva numa reação química?

PARTE B A reação entre hidróxido de sódio e sulfato de cobre (II)

Materiais

Solução de hidróxido de sódio (NaOH), solução de sulfato de cobre (II) ($CuSO_4$), água, uma balança, dois béqueres de 50 mL, dois bastões de vidro e uma colher de chá.

Tenha cuidado!

Esta experiência deve ser realizada com a supervisão de seu professor. Cuidado ao manipular o NaOH e o $CuSO_4$. Evite o contato com a pele. Se isso ocorrer, lave-a com água em abundância. Em caso de ingestão, **não** provoque vômito e beba grandes quantidades de água. Procure imediatamente um médico.

Gilberto do Vale Rodrigues

Figura 7-18: **Materiais de que vocês vão precisar neste experimento.**

O que fazer

A26 Preparem uma solução de soda cáustica (hidróxido de sódio, NaOH) em um béquer de 50 mL com **muito cuidado**, dissolvendo uma colher de chá de NaOH em 25 mL de água. Agitem o sistema utilizando um bastão de vidro ou a colher.

A27 Preparem uma solução de $CuSO_4$ no outro béquer de 50 mL, dissolvendo uma colher (de chá) de $CuSO_4$ em 25 mL de água. Agitem o sistema utilizando um bastão de vidro ou a colher.

A28 Pesem os dois béqueres contendo as soluções, juntos, e obtenham a massa inicial do sistema (m_i).

A29 Transfiram, lentamente, a solução de $CuSO_4$ para o frasco contendo soda cáustica (hidróxido de sódio, NaOH), agitando a solução resultante com um bastão de vidro.

A30 Tornem a pesar os dois frascos após a reação se completar e obtenham a massa final do sistema.

A31 Construam um quadro com os dados obtidos por todos os grupos da classe, com a massa (em g) do sistema antes e depois da reação.

Questões

Q43. Que evidências permitem afirmar que ocorreu uma reação química?

Q44. Comparando os valores obtidos para as massas do sistema, antes e depois da reação, o que se pode constatar? Vocês esperavam obter esse resultado?

Q45. Com os dados do quadro, é possível afirmar que a massa é conservada numa reação química?

Q46. Comparem essa reação com a anterior (entre o bicarbonato de sódio, $NaHCO_3$, e o ácido clorídrico, HCl). Por que não foi necessário usar um frasco fechado para constatar a conservação de massa na reação química do $CuSO_4$ com a soda cáustica?

PARTE C A queima de lã de aço

Materiais

Um pedaço de lã de aço, um béquer de 250 mL (ou vidro de relógio ou ainda um pires de xícara de chá), uma balança e uma caixa de fósforos ou um isqueiro.

Tenha cuidado!

Cuidado ao manipular o fogo.

Gilberto do Vale Rodrigues

Figura 7-19: **Alguns materiais de que vocês vão precisar neste experimento.**

O que fazer

A32 Coloquem um pedaço de lã de aço no béquer de 250 mL (ou no vidro de relógio ou pires). É importante aumentar a superfície de contato da lã de aço com o ar. Para isso, abram-na bastante antes de colocar no recipiente escolhido. Pesem o sistema e anotem a sua massa inicial (m_i).

A33 Utilizando fósforos ou o isqueiro, queimem a lã de aço **dentro** do béquer ou **sobre** o vidro de relógio ou o pires. Procurem queimar o material completamente. Pesem novamente o sistema e anotem a massa final do sistema (m_f).

A34 Construam um quadro com os dados obtidos por todos os grupos da classe, com a massa (em g) do sistema antes e depois da reação.

Questões

Q47. Que evidências permitem afirmar que ocorreu uma reação química?

Q48. Comparando os valores obtidos para as massas dos sistemas, antes e depois da queima, o que se pode constatar? Vocês esperavam obter esse resultado?

Q49. Com os dados do quadro, é possível afirmar que a massa se conserva numa reação química? Como vocês explicam os dados obtidos?

Q50. Completem a seguinte afirmação: "A massa se conserva nas reações químicas...", de modo que ela possa exprimir uma conclusão obtida com as três reações estudadas nesta atividade.

TEXTO 2

A massa é conservada nas reações químicas?

É comum a ideia de que objetos, ao serem queimados, ficam mais leves. Isso se deve ao fato de lidarmos, em nosso cotidiano, com um grande número de combustões que envolvem produtos gasosos. Por exemplo, o etanol (C_2H_5OH) tem como produtos de sua queima gases como dióxido de carbono (CO_2) e vapor de água, entre outros.

Se a reação ocorre em sistemas abertos, esses gases ficam dispersos na atmosfera. Ao contrário do que ocorre com uma vela ou um pedaço de papel, cujos produtos também incluem substâncias gasosas, a lã de aço, ao ser queimada, tem sua massa aumentada.

Fotos: Gilberto do Vale Rodrigues

Figura 7-20: **Como algumas combustões produzem gases, é comum termos a ideia de que com a queima os objetos ficam mais "leves".**

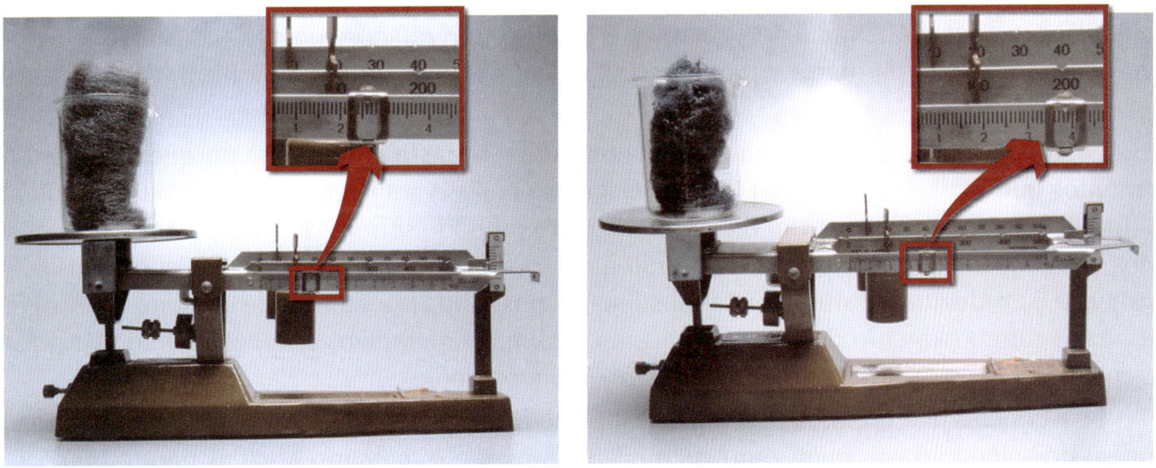

Fotos: Gilberto do Vale Rodrigues

Figura 7-21: **Em alguns casos, a massa do sistema aumenta com a combustão.**

A maioria das combustões envolve a participação do oxigênio (O_2), chamado comburente. Os produtos formados terão, em sua composição, átomos de oxigênio; por exemplo: CO_2, H_2O, CuO, FeO, Fe_2O_3 etc. Como o óxido de cobre (CuO) e os óxidos de ferro (FeO e Fe_2O_3) são sólidos, com elevadas temperaturas de fusão, a temperatura que se atinge durante a queima da lã de aço ou de um fio de cobre não é suficiente para volatilizá-los. Já o dióxido de carbono (CO_2) é uma substância gasosa e a água (H_2O) pode ser facilmente vaporizada. Assim, ambos são desprendidos para a atmosfera.

Deve-se observar que a queima do papel e de vela, assim como a queima da lã de aço, não contraria a conservação da massa nas reações químicas. A soma das massas dos reagentes é igual à soma das massas dos produtos, mas nesse caso só podemos constatar a conservação de massa em sistemas fechados, pois nessas reações estão envolvidas substâncias gasosas, sejam como reagentes ou como produtos.

O fato de que a massa é conservada nas reações químicas é importante para podermos, mais adiante, representar as reações por equações usando símbolos químicos. A conservação da massa é uma forte evidência a favor da ideia de que nas reações químicas a matéria não é criada nem destruída, mas apenas se transforma por meio do rearranjo dos átomos que a constituem. Lavoisier (1743-1794), ao anunciar esse princípio, teria dito que "na natureza nada se perde, nada se cria, tudo se transforma".

Figura 7-22: **Lavoisier, ao enunciar o Princípio de Conservação da Massa, teria dito que "na natureza nada se perde, nada se cria, tudo se transforma".**

É por isso que a conservação da massa talvez seja a principal via para passarmos do nível fenomenológico, em que podemos observar as transformações, para o atômico-molecular, em que nos valemos de modelos para tentar explicar o que está ocorrendo. As ideias que utilizamos para justificar por que a massa se conserva nas transformações – "nada saiu e nada entrou no frasco", "não se acrescentou nem se tirou nada" – podem ser reinterpretadas em termos atômico-moleculares. Assim, "não entrou nem saiu nada" pode ser traduzido para "os átomos presentes no sistema inicial são os mesmos presentes no sistema final". Ao fazer essa "tradução", estamos estabelecendo relações entre as constatações sobre a conservação (ou não) da massa e o que isso significa, em nível atômico-molecular, para a conservação dos átomos.

Uma importante consequência desta conclusão – **a massa se conserva porque os átomos dos elementos químicos envolvidos na transformação se conservam** – é que ela nos dá uma indicação do tipo de transformação que um determinado material pode sofrer. Assim, esperamos que os produtos da reação de combustão da vela serão gás carbônico (CO_2) e água (H_2O), entre outros, porque a vela é produzida a partir de uma substância, constituída por átomos de carbono e hidrogênio, que reage com o oxigênio do ar na combustão. Assim, os elementos que constituem os reagentes e os produtos são os mesmos (carbono, hidrogênio e oxigênio).

Essa conclusão é importante porque limita que produtos podem ser esperados de uma reação. O ideal dos alquimistas – obter ouro, submetendo enxofre e mercúrio a várias transformações – é impossível, pois as substâncias simples mercúrio e enxofre são formadas por átomos de elementos diferentes daqueles que formam a substância simples ouro. Eles não são constituídos por átomos do mesmo tipo.

Por outro lado, essa interpretação de que os átomos são conservados numa reação química não proíbe que se possa tentar obter, a partir do açúcar comum (sacarose), diamante e água. Afinal, açúcar é constituído por átomos de carbono, hidrogênio e oxigênio; o diamante, por átomos de carbono; e a água, por átomos de oxigênio e hidrogênio.

Se essa reação não acontece é porque há outras limitações impostas às reações químicas, que são relacionadas com as **mudanças na energia do sistema** quando esse é transformado e com a **velocidade com que a reação se processa**. Uma resposta mais completa a essas questões será fornecida em capítulos posteriores.

TEXTO 3

A representação das reações químicas

Para representarmos as reações químicas por meio de equações, temos que usar fórmulas químicas e símbolos para indicar os reagentes e os produtos da reação.

Os símbolos dos elementos nos permitem representar as substâncias por fórmulas moleculares, que indicam, normalmente, os elementos participantes na composição da substância e a quantidade de cada participante. Por exemplo, quando representamos a água por H_2O, essa fórmula indica que a molécula de água tem dois átomos de hidrogênio e um átomo de oxigênio em sua composição. Estamos usando a palavra "molécula" pela primeira vez, para indicar a composição mínima de uma substância. No capítulo 9 aprofundaremos o significado dessa palavra.

Podemos também representar o modo pelo qual os átomos estão estruturados e como estão organizados no espaço. Nesse caso, temos uma fórmula estrutural. Os átomos de hidrogênio, no caso da molécula de água, formam um ângulo de aproximadamente 105° entre si. A fórmula estrutural indica, também, que o átomo de oxigênio está ligado a dois átomos de hidrogênio.

No caso da molécula do gás carbônico (CO_2), o átomo de carbono está ligado a dois átomos de oxigênio e o ângulo entre essas ligações é de 180°, de forma que a molécula é linear.

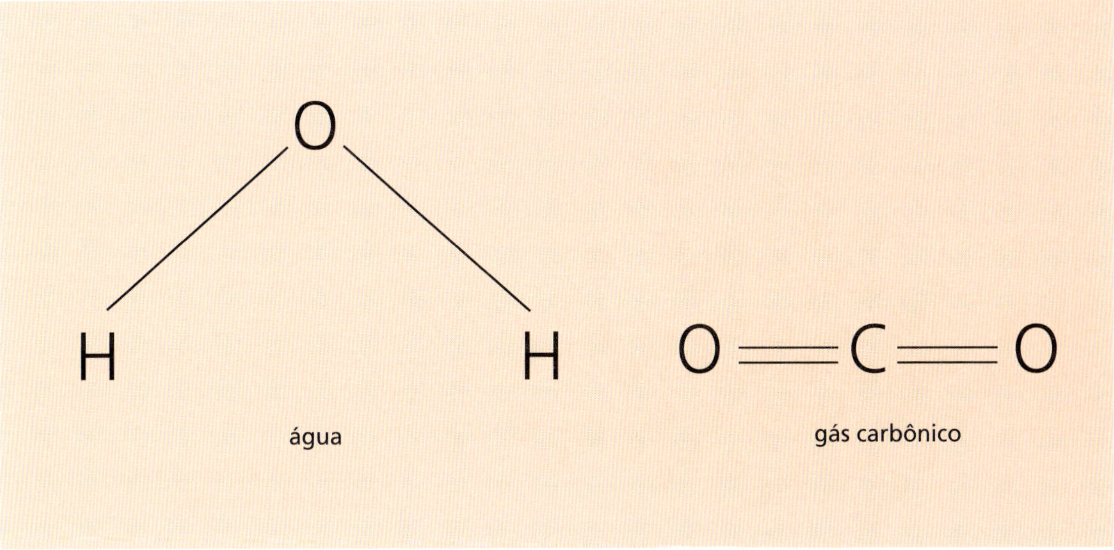

Figura 7-23: Fórmulas estruturais das moléculas de água e de gás carbônico.

Nas fórmulas estruturais, representamos cada ligação química por um traço. A existência de dois traços entre os átomos de carbono e de oxigênio, no caso da molécula de gás carbônico (CO_2), indica que existem duas ligações entre esses átomos. Mais uma vez é importante chamar a atenção para o fato de que esse tipo de representação não significa que a ligação química seja alguma coisa de natureza material. Ela é devida à **interação eletrostática** entre núcleos atômicos e eletrosferas de átomos vizinhos. Em muitas situações, cada ligação química, representada por um traço, indica a presença de dois elétrons que estão sendo compartilhados pelos átomos vizinhos.

Existem algumas substâncias para as quais o significado da fórmula molecular é diferente, pois a substância não é constituída de moléculas, mas de íons ou de cadeias tridimensionais de átomos. Por exemplo, no caso do sal de cozinha, uma substância iônica, a fórmula NaCl indica apenas a proporção na qual os elementos se combinam. Assim, não é correto representar a fórmula estrutural do NaCl colocando um traço entre o "cloro" e o "sódio", uma vez que cada íon sódio, no cristal de

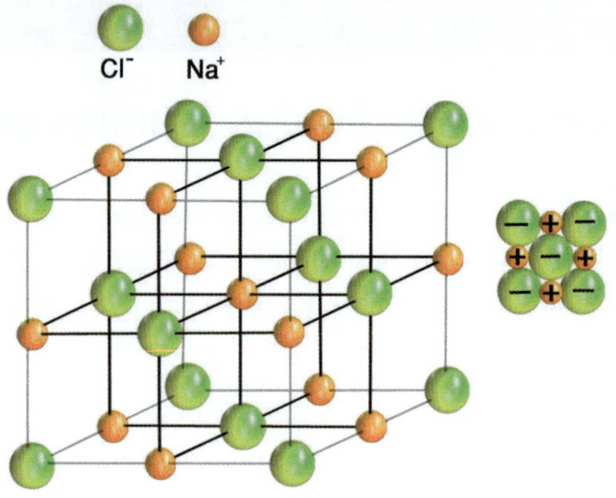

Figura 7-24: **Esquema da estrutura do cristal de cloreto de sódio (NaCl).**

NaCl, está ligado a seis íons cloreto, e cada íon cloreto está ligado a seis íons sódio. Na figura 7-24, o traço não indica um par de elétrons sendo compartilhado pelos íons cloreto e sódio, mas apenas uma atração de natureza elétrica entre os dois participantes. Outro exemplo é a substância diamante, em que cada cristal perfeito é considerado como se fosse uma enorme molécula de átomos de carbono ligados uns aos outros. Nesse caso, a fórmula é simplesmente C, mas os traços na figura significam que cada átomo de carbono está ligado a quatro outros átomos (por meio de pares de elétrons compartilhados).

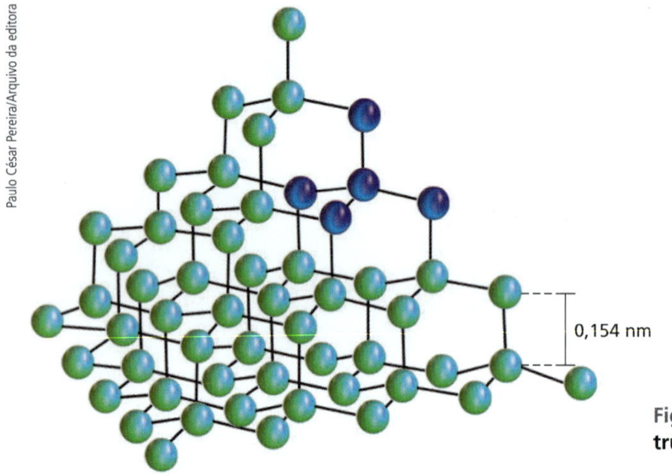

Figura 7-25: **Esquema da estrutura do diamante.**

Escrevendo equações químicas

Para representar os fenômenos por meio de equações químicas, temos que assumir uma série de pressupostos de maneira articulada e estar atentos ao fato de que a representação é uma simplificação do fenômeno. O primeiro pressuposto para escrevermos equações químicas é que os materiais são constituídos por átomos, que se conservam durante as transformações. A identidade das reações químicas vem dessa tensão entre a transformação dos materiais em novos materiais e a conservação dos seus átomos. Desse modo, o mesmo número de átomos de um determinado elemento químico existente nos reagentes deve constar também dos produtos. Isso explica o fato de a massa ser conservada numa reação química, o que pudemos constatar neste capítulo. A massa é conservada porque os átomos não são criados nem destruídos. Por isso, ao representarmos uma reação por uma equação, o número de átomos que constituem os reagentes deve ser igual ao número de átomos que constituem os produtos. A operação associada a esse princípio é chamada

balanceamento da equação química. O balanceamento é importante para a realização de cálculos para a determinação de quantidades de reagentes ou de produtos.

O segundo pressuposto, que nos permite escrever equações químicas, é o de que, nas reações, os átomos se combinam para formar substâncias diferentes das iniciais. As formas com que os átomos se combinam são determinadas pela valência dos elementos e pelo arranjo espacial dos elétrons de valência.

Na equação química, escrevemos as fórmulas dos reagentes no lado esquerdo, para representar os materiais antes de a reação ocorrer. Os produtos, por sua vez, são representados no lado direito da equação, indicando que foram formados no processo. Esse processo é indicado por uma seta, que separa reagentes e produtos e que pode conter informações adicionais sobre as condições em que a transformação ocorre.

Na atividade 3, por exemplo, trabalhamos com a reação química do bicarbonato de sódio ($NaHCO_3$) com o ácido clorídrico (HCl). Poderíamos representar esse fenômeno escrevendo simplesmente: "o bicarbonato de sódio misturado com ácido clorídrico **produz** um gás e um líquido".

A representação desse fenômeno por uma equação química envolve, inicialmente, uma simplificação, focalizando apenas um dos componentes do sistema, aquele que supomos ser o único participante da reação. Dessa forma, podemos representar, por exemplo, o bicarbonato de sódio por sua fórmula $NaHCO_3$, apesar de sabermos que o bicarbonato de sódio comercial tem várias impurezas. Também podemos indicar, na equação, o estado físico dos participantes. Isto é, no caso do bicarbonato de sódio incluímos a informação sobre seu estado, ou seja, $NaHCO_3$ (s), que significa que a substância está no estado sólido (s).

O ácido clorídrico é representado pela fórmula HCl. O ácido clorídrico puro é um gás, mas é comercializado em solução aquosa (aq). Para indicar essa situação, usamos HCl (aq).

A reação entre essas duas substâncias produz gás carbônico e outras substâncias que ficam em solução. O gás carbônico no estado gasoso (g) é representado por CO_2 (g). O cloreto de sódio, que se encontra em solução aquosa, é representado pela fórmula NaCl (aq). E finalmente a água, que se encontra no estado líquido (l), é representada por H_2O (l).

O fenômeno observado na reação entre o $NaHCO_3$ (s) e o HCl (aq) pode ser representado pela seguinte equação química:

$$NaHCO_3\,(s) + HCl\,(aq) \rightarrow CO_2\,(g) + NaCl\,(aq) + H_2O\,(l)$$

Essa equação deve ser lida da seguinte forma:

> "Bicarbonato de sódio sólido reage com ácido clorídrico em solução aquosa formando gás carbônico, cloreto de sódio, em solução aquosa, e água líquida".

É importante observar que o **sinal de mais** (+) nos reagentes significa "reage", ao passo que nos produtos significa "e". A **seta** (→), separando reagentes de produtos, significa "formando".

Quando suprimimos a informação sobre os estados físicos e sobre a existência de espécies em solução, a equação é escrita do seguinte modo:

$$NaHCO_3 + HCl \rightarrow CO_2 + NaCl + H_2O$$

e pode ser lida da mesma forma, suprimindo-se as informações correspondentes.

EXERCÍCIOS

E1. O que é uma transformação química?

E2. Qual a diferença entre uma reação química e uma equação química?

E3. As partes metálicas dos objetos (como automóveis) ficam enferrujadas bem mais rapidamente quando estão nas cidades do litoral do que nas do interior. A formação da ferrugem ($Fe_2O_3 \rightarrow nH_2O$) resulta da interação do ferro (Fe) com o oxigênio (O_2) e com água (H_2O).

a) Por que se pode afirmar que o enferrujamento é uma reação química? Justifique.

b) Por que a reação de enferrujamento ocorre mais rapidamente no litoral do que no interior?

E4. Considere a seguinte equação química:

$$N_2H_4\,(aq) + 2\,H_2O_2\,(aq) \rightarrow N_2\,(g) + 4\,H_2O\,(l)$$

As seguintes afirmativas foram feitas por alunos em relação a essa equação. Justifique cada uma delas.

a) O número de átomos dos reagentes é igual ao número de átomos do produto.

b) A massa dos reagentes é igual à massa dos produtos.

c) A reação produz uma substância simples e uma substância composta.

d) Reagentes e produtos encontram-se em estados físicos diferentes.

ATIVIDADE 4

Reversibilidade das reações químicas

Existem muitas reações químicas que são reversíveis. Isso significa que os produtos da reação também reagem entre si, formando novamente os reagentes. Para reações de interesse econômico, esse fato tem grandes implicações, já que o objetivo pode ser fazer com que a maior quantidade possível de reagentes se transforme em produtos. Muitas vezes, isso é conseguido alterando-se as condições em que a reação ocorre, por exemplo variando a pressão, a temperatura etc. No capítulo 4 do volume 2 voltaremos a estudar algumas dessas reações, com mais profundidade. Por enquanto, basta entendermos que há tanto reações químicas reversíveis quanto irreversíveis.

Fotos: Gabor Nemes/kino.com.br

Figura 7-26: Indicadores de umidade do ar são substâncias que estão participando de reações reversíveis.

Investigando uma reação reversível

Os sais solúveis de cobalto têm uma propriedade interessante de se combinarem com a água, produzindo soluções com cores diferentes da cor original do sal. Esses compostos hidratados, quando submetidos ao aquecimento ou a ambientes muito secos, perdem essa água de hidratação e retornam à cor original. Essa propriedade é usada na fabricação de indicadores de umidade do ar, popularmente conhecidos como "galinhos portugueses".

Nesta atividade, vamos investigar essa propriedade dos sais de cobalto e fabricar um indicador de umidade do ar.

Material

Um pedaço de papel branco, 20 mL de solução aquosa de cloreto de cobalto ($CoCl_2$), um secador de cabelo ou uma estufa, um recipiente com água, um ebulidor ou sistema para aquecimento da água, um conta-gotas.

Tenha cuidado!

Cuidado ao manipular água quente.

O que fazer

A35 Desenhem no pedaço de papel uma figura à sua escolha. Recortem e umedeçam com a solução aquosa de cloreto de cobalto ($CoCl_2$). Usem a estufa ou o secador de cabelo para secar o papel. Submetam o papel, depois de seco, ao aquecimento, usando o próprio secador. Observem e registrem.

A36 Aqueçam a água com o ebulidor ou outro sistema de aquecimento. Em seguida, passem o papel sobre o vapor de água. Observem e registrem.

Esse fenômeno pode ser descrito da seguinte forma:
Cloreto de cobalto hidratado, sob aquecimento, produz cloreto de cobalto anidro e água.
E pode ser representado por esta equação química:

$$CoCl_2 \cdot 6\ H_2O \rightleftharpoons CoCl_2 + 6\ H_2O$$

Observem que a maneira de representar essa reação é ligeiramente diferente daquelas descritas no texto 3. Notem que a **seta dupla** ($\rightleftharpoons$) entre os reagentes e produtos indica que a reação é reversível, ou seja, na presença de umidade, o cloreto de cobalto anidro pode voltar a se hidratar. Além disso, o **ponto** (·) colocado logo depois do $CoCl_2$ e antes das seis moléculas de água (6 H_2O) indica que, para cada molécula de $CoCl_2$, temos seis moléculas de água. Essas moléculas de água são chamadas de **água de hidratação**.

NA INTERNET

- **<www.cienciamao.if.usp.br>**

Página do Instituto de Física da Universidade de São Paulo (USP). Nela você encontra sugestões de artigos, atividades, textos, livros, revistas e *softwares* sobre reações químicas. Acesso em: 25 abr. 2012.

- **<www.teachers.tv>**

Nesta página você vai ter acesso a vários vídeos. Os vídeos estão em inglês, mas você pode utilizá-los para visualizar algumas reações. Acesso em: 25 abr. 2012.

CAPÍTULO 8

Quantidades nas transformações químicas

No estudo introdutório de reações químicas, realizado no capítulo 7, pudemos verificar que a massa se conserva nas reações químicas. O fato de que a massa de um sistema reagente não aumenta nem diminui em consequência da reação química implica que a soma das massas dos reagentes é igual à soma das massas dos produtos. Observamos também que, para que esse princípio seja verificado em reações cujos produtos ou reagentes são gasosos, a reação deve ser realizada em sistemas fechados, impedindo que os gases escapem do sistema para a atmosfera.

Naquela ocasião, no entanto, não discutimos se há alguma relação entre as quantidades das substâncias que reagem para formar os produtos. Na tentativa de descobrir essas relações, algumas perguntas podem ser formuladas, como: Todos os reagentes se transformam em produtos? Há alguma proporção ideal entre a quantidade das substâncias reagentes para a formação da maior quantidade possível de produtos?

Fotos: Sérgio Dotta Jr./Arquivo da editora

Figura 8-1: Quantidades são importantes em nossa vida.

ATIVIDADE 1

Existe uma relação entre as quantidades de reagentes para formar os produtos de uma reação química?

Nesta atividade, tentaremos responder às questões feitas na introdução do capítulo, examinando alguns dados obtidos em um experimento envolvendo a reação entre nitrato de chumbo (II) [$Pb(NO_3)_2$] e iodeto de potássio (KI).

O experimento foi escolhido para investigar essas questões porque a reação entre o $Pb(NO_3)_2$ e o KI forma um produto insolúvel em água, que se precipita na forma de um sólido amarelo. Se deixarmos o sistema em repouso, após adicionarmos os reagentes, o precipitado amarelo se deposita no fundo do tubo. Se, após isso, medirmos, com o auxílio de uma régua, a altura do precipitado formado, teremos condições de comparar a quantidade de produto formado quando se misturam diferentes quantidades de reagentes. Para que pudéssemos efetuar essa comparação, usamos em nosso experimento soluções de $Pb(NO_3)_2$ e KI numa mesma concentração (0,5 mol/L). Isso significa que, num mesmo volume dessas duas soluções, tem-se a mesma quantidade de um e de outro reagente. Voltaremos a discutir o significado dessa ideia de "mesma quantidade" no texto 1, após realizarmos esta atividade.

PARTE A Estabelecendo a relação ideal entre as quantidades de nitrato de chumbo (II) e iodeto de potássio para a formação de iodeto de chumbo (II) (precipitado amarelo)

O que foi feito

Em cinco tubos de ensaio numerados, colocaram-se diferentes volumes de KI 0,5 mol/L.

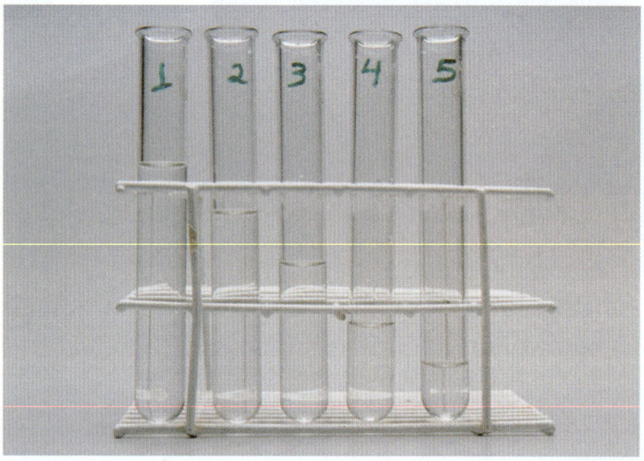

Gilberto do Vale Rodrigues

Figura 8-2: **A foto mostra os tubos de ensaio com quantidades diferentes de iodeto de potássio (KI).**

Adicionou-se aos cinco tubos o volume de solução 0,5 mol/L de $Pb(NO_3)_2$ indicado para cada tubo no quadro 8-2. Os tubos de ensaio foram deixados em repouso, por no mínimo 5 min, até que o precipitado (é comum utilizarmos a abreviatura **ppt** para nos referimos a um precipitado) estivesse depositado no fundo.

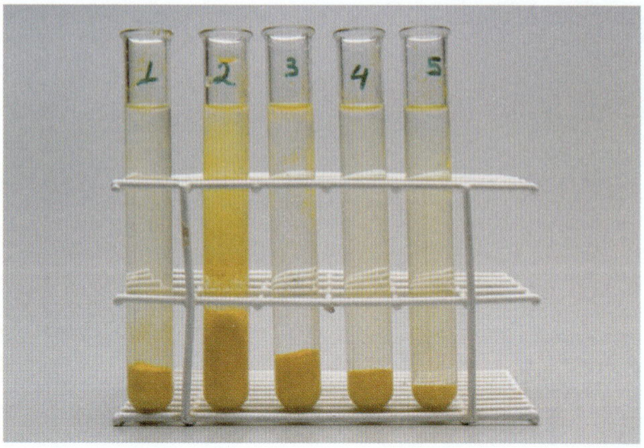

Gilberto do Vale Rodrigues

Figura 8-3: **Os cinco tubos contendo os precipitados.**

Em seguida, mediu-se a altura do precipitado nos cinco tubos, usando uma régua. Os resultados foram anotados no quadro 8-1.

Tubo	Volume da solução de KI (em mL)	Volume da solução de $Pb(NO_3)_2$ (em mL)	Altura do precipitado (em cm)
1	10	2	1,0
2	8	4	2,5
3	6	6	1,0
4	4	8	0,8
5	2	10	0,5

Quadro 8-1: **Altura do precipitado de iodeto de chumbo (II), PbI_2, em função dos volumes de iodeto de potássio, KI, e de nitrato de chumbo (II), $Pb(NO_3)_2$, utilizados no experimento.**

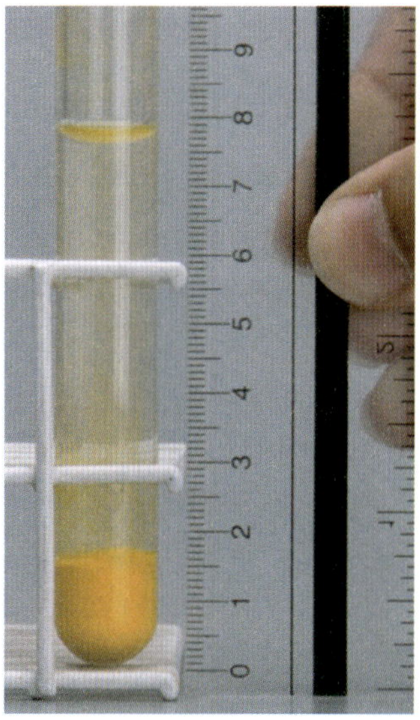

Figura 8-4: **As alturas dos precipitados foram medidas com uma régua.**

Gilberto do Vale Rodrigues

O que fazer

A1 Reproduzam o quadro 8-1 no caderno e acrescentem mais uma coluna com o título: **Relação iodeto/nitrato.**

A2 Utilizando os resultados obtidos para o experimento registrados no quadro 8-1, preencham a coluna Relação iodeto/nitrato, dividindo os volumes de cada tubo pelo menor valor. Por exemplo, no tubo 1, dividindo-se 10 mL e 2 mL por 2 mL, descobre-se que a relação iodeto/nitrato é 5/1 ou 5 : 1 (lê-se 5 por 1).

A3 Façam um gráfico, em papel milimetrado ou quadriculado, da altura do precipitado obtido em centímetros (eixo das ordenadas) em função da relação iodeto/nitrato (eixo das abscissas).

Questões

Q1. Baseando-se nos dados do quadro no caderno e do gráfico construído, que relação iodeto/nitrato possibilitou a formação da maior quantidade de precipitado amarelo?

Q2. Considerando a relação que vocês encontraram em Q1 como a relação ideal entre os volumes de KI e $Pb(NO_3)_2$, em que tubos vocês avaliam que exista:

a) KI sem reagir (em excesso)? Expliquem a resposta;

b) $Pb(NO_3)_2$ sem reagir (em excesso)? Expliquem a resposta.

PARTE B Verificando a existência de excesso de reagentes

Para verificar a existência de excesso de reagentes, retirou-se, com o auxílio de um conta-gotas, algumas gotas da solução sobrenadante (material que fica acima do precipitado) de cada tubo para verificar se ela reagia com KI e com $Pb(NO_3)_2$.

Figura 8-5: **Retiramos o sobrenadante com um conta-gotas.**

Gilberto do Vale Rodrigues

Questões preliminares

Q3. Caso o sobrenadante reaja com o KI, que reagente está em excesso?

Q4. Caso o sobrenadante reaja com o $Pb(NO_3)_2$, que reagente está em excesso?

Q5. Respondam às questões a seguir:

a) Se nenhuma reação ocorrer, há algum reagente em excesso?

b) Nesse último caso, o que vocês podem concluir sobre a proporção entre KI e $Pb(NO_3)_2$?

Foram retiradas três gotas da solução sobrenadante de cada um dos cinco tubos do experimento anterior, que foram colocadas, respectivamente, em cinco tubos de ensaio etiquetados de 1 a 5, de acordo com a numeração dos tubos da parte A. Pingamos duas gotas de solução de $Pb(NO_3)_2$ em cada um dos cinco tubos. Registramos o que foi observado na coluna **Teste com $Pb(NO_3)_2$**.

Repetimos o procedimento descrito anteriormente usando o outro conjunto de tubos numerados. Duas gotas de solução de KI foram colocadas em cada tubo de ensaio. O que foi observado está registrado na coluna **Teste com KI**.

Tubo	Teste com KI	Teste com $Pb(NO_3)_2$
1	negativo	positivo
2	negativo	negativo
3	positivo	negativo
4	positivo	negativo
5	positivo	negativo

Quadro 8-2: **Resultados para os testes com KI e $Pb(NO_3)_2$ realizados na solução sobrenadante.**

Questões

Q6. Qual foi a evidência de que ocorreu uma reação química quando se misturou KI e $Pb(NO_3)_2$?

Q7. Comparem suas respostas à questão Q2 da parte A com os resultados obtidos na parte B. Suas expectativas foram confirmadas pela experiência? Expliquem.

Q8. Tentem escrever a equação para essa reação química, levando em consideração a relação ideal que vocês obtiveram entre os reagentes. Considerem que o precipitado amarelo é iodeto de chumbo (II) (PbI_2) e que o outro produto formado, nitrato de potássio (KNO_3), se encontra na solução sobrenadante por ser solúvel em água.

Q9. Na equação que vocês escreveram na questão Q8, o número de átomos de cada elemento químico é o mesmo nos reagentes e produtos? Deveria ser? Por quê?

Q10. Reescrevam (ser for o caso) a equação química para a reação entre KI e $Pb(NO_3)_2$, levando em consideração o que foi respondido na questão Q9.

Q11. É usual, ao escrever uma equação química, indicar o estado físico dos reagentes e produtos: (s) quando no estado sólido, (l) quando no estado líquido, (g) quando no estado gasoso e (aq) quando em solução aquosa. Considerando essa informação, reescrevam a equação química para a reação entre KI e $Pb(NO_3)_2$.

Q12. Na equação obtida na questão Q10, o que indica que a relação ótima entre KI e $Pb(NO_3)_2$ é a que vocês encontraram na parte A?

Q13. Nesta atividade, vocês descobriram que existe uma relação ideal entre as quantidades de KI e de $Pb(NO_3)_2$ que reagem para formar iodeto de chumbo (II) (PbI_2) e nitrato de potássio (KNO_3). Nos tubos nos quais essa relação ideal não foi observada, sempre existiu excesso de um ou de outro reagente.

a) Qual foi a relação ideal encontrada nesse experimento?

b) Se vocês usassem outros reagentes, encontrariam alguma relação ideal? Ela seria a mesma? Explique.

Considerações finais

©Michael Nicholson/Corbis/Latinstock

Figura 8-6: Joseph Proust sugeriu, no final do século XVIII, a Lei das Proporções Definidas.

Estamos discutindo, nesta atividade, a existência de uma relação entre as quantidades de reagentes na formação dos produtos de uma reação química. Observamos que as substâncias sempre mantêm a mesma proporção ao se combinarem. Essa ideia foi sugerida no final do século XVIII por um cientista francês, Joseph Louis Proust (1754-1826), e é conhecida como **Lei das Proporções Definidas** ou **Lei de Proust**.

Proust foi capaz de mostrar que as substâncias não se combinavam numa variedade infinita de proporções, como pensava, por exemplo, Lavoisier (1743-1794), mas apenas em proporções definidas por números inteiros. Usando essa ideia, Proust foi capaz de propor uma definição para compostos químicos "verdadeiros", para diferenciá-los de soluções e ligas metálicas. Segundo Proust, esses compostos verdadeiros teriam composições definidas, independentemente da forma como teriam sido preparados. Nas palavras de Proust:

> "[...] um composto é um produto privilegiado ao qual a natureza confere proporções fixas [...].
>
> Devemos reconhecer, portanto, [...] que as características de um composto verdadeiro são invariáveis como a proporção entre seus elementos [...]."
>
> PROUST, Joseph Louis. J. de Phys., LXIII, 1806, 364 f. apud PARTINGTON, James Riddick. *A History of Chemistry*. London: MacMillan, 1964. v. 3. p. 650.

Sabe-se, hoje, que nem todas as substâncias compostas seguem a Lei de Proust, pois existem algumas para as quais as proporções entre os átomos podem variar. Para a maioria das substâncias com as quais lidamos em nosso cotidiano e para todas aquelas com as quais trabalharemos ao longo do nosso curso, no entanto, a Lei de Proust continua essencialmente válida e aplicável.

TEXTO 1

Contando átomos, moléculas e íons

Na atividade 1, você trabalhou com dados de um experimento para verificar qual é a relação ideal entre os volumes das soluções de nitrato de chumbo (II) [$Pb(NO_3)_2$] e iodeto de potássio (KI) que reagem para formar um sólido amarelo, iodeto de chumbo (II) (PbI_2) e um outro sal solúvel, nitrato de potássio (KNO_3). Poderíamos representar essa reação por meio de uma equação química:

$$Pb(NO_3)_2\ (aq) + KI\ (aq) \rightarrow PbI_2\ (s) + KNO_3\ (aq)\ \text{(equação I)}$$

Como se observou na atividade 1, a proporção ótima na reação entre KI e $Pb(NO_3)_2$ foi de 2/1. Como as soluções tinham a mesma concentração, isso nos obriga a reescrever a equação I colocando um coeficiente 2 na frente do KI, para indicar essa relação. A equação ficaria da seguinte forma:

$$Pb(NO_3)_2\ (aq) + 2\ KI\ (aq) \longrightarrow PbI_2\ (s) + 2\ KNO_3\ (aq)\ \text{(equação II)}$$

índices coeficientes

Se contarmos quantos átomos de cada tipo existem nos reagentes e nos produtos da equação II, encontraremos o mesmo número, o que não ocorre na equação I. Para efetuar essa contagem, você deve multiplicar cada átomo por seu índice, pelos índices que vêm depois do parêntese (quando for o caso) e pelo coeficiente, que é o número que vem antes da fórmula. Observe que o coeficiente ou índice é omitido quando seu valor é igual a 1. Vejamos o exemplo dessa contagem no quadro 8-3.

Tipo de átomo	Pb	N	O	K	I
reagentes	1	$1 \times 2 = 2$	$3 \times 2 = 6$	$2 \times 1 = 2$	$2 \times 1 = 2$
produtos	1	$2 \times 1 = 2$	$2 \times 3 = 6$	$2 \times 1 = 2$	$1 \times 2 = 2$

Quadro 8-3: **Conte os átomos nos reagentes e produtos nas duas equações e verifique você mesmo essa igualdade.**

A partir dessa observação, podemos concluir que haveria um outro método, bem mais rápido, para determinar a relação ideal para a reação entre soluções de $Pb(NO_3)_2$ e KI de mesma concentração. Bastaria escrever a equação química e adicionar os coeficientes necessários para que o número de átomos nos reagentes ficasse igual ao número de átomos nos produtos. Os químicos chamam esse processo de **balanceamento de equações químicas**, o que significa dizer que, após igualar o número de átomos nos reagentes e produtos, a equação está de acordo com a Lei da Conservação da Massa, ou seja, encontramos a mesma massa tanto nos reagentes quanto nos produtos.

Observe que, para podermos comparar os volumes de cada solução na atividade 1 e concluirmos que o dobro do volume de solução de KI, em relação à de $Pb(NO_3)_2$, significava o dobro da quantidade de KI em relação ao $Pb(NO_3)_2$, tivemos que usar soluções de mesma concentração em mol/L.

Se usássemos soluções com a mesma concentração em g/L, poderíamos concluir a mesma coisa?

A resposta é **não**. Como os átomos que formam as moléculas e íons têm massas diferentes, a mesma massa de duas substâncias diferentes quase nunca corresponde ao mesmo número de átomos, moléculas ou íons. Com isso, surgem alguns problemas para os químicos: Como trabalhar com equações que representam átomos, moléculas e íons se parece ser muito difícil e pouco prático "contar" essas partículas?

Sabendo que é fácil pesar as substâncias, que relação poderia ser estabelecida entre massa e número de átomos e moléculas?

A quantidade de matéria – mol

A resposta a essas questões passa pelo estabelecimento de uma unidade que expressa a grandeza **quantidade de matéria**, conhecida como **mol**. Ao longo da História o homem percebeu a conveniência de estabelecer unidades que facilitassem a medida das coisas. Essas unidades foram estabelecidas de forma mais ou menos arbitrária. Por exemplo, o sistema inglês de medida, ainda em uso na Inglaterra e nos Estados Unidos, se baseou em partes do corpo para estabelecer medidas de comprimento: fala-se em polegadas, pés, jardas, braças etc.

Para medir a quantidade de coisas também foram inventadas medidas como a dúzia, o cento etc. Essas medidas são usadas em feiras, mercados e supermercados para vender ovos, laranjas etc.

Ivania Sant'Anna/kino.com.br

Figura 8-7: **A dúzia é uma medida utilizada para medir, por exemplo, a quantidade de ovos. Para o químico, a medida mais utilizada é o mol.**

A unidade de medida dos químicos, o mol, também mede a quantidade de coisas, só que de coisas infinitamente pequenas, como átomos, moléculas, íons, elétrons etc. A definição de mol, estabelecida na 14.ª Conferência Geral de Pesos e Medidas, realizada em 1971, é a seguinte:

> Mol é a quantidade de substância de um sistema que contém tantas partículas elementares quantos são os átomos em 0,012 kg de carbono-12. Quando o mol é usado, as entidades elementares têm que ser especificadas e podem ser átomos, moléculas, íons, elétrons, outras partículas, ou grupos especificados dessas partículas.
>
> LIDE, David. R. (Ed.). *Handbook of Chemistry and Physics*. 75. ed. Boca Raton: CRC Press, 1994.

Para entendermos um pouco mais o que significa essa unidade de medida e sua relação com a massa das substâncias, vamos fazer uma analogia. Imagine que você tenha que medir a quantidade de bolinhas de poliestireno que cabe em uma garrafa de refrigerante de 2 L. Se você colocar bolinhas pequenas vai encontrar um número maior de bolinhas do que se optar por bolinhas com um diâmetro maior.

Podemos pensar o mesmo em relação aos átomos, moléculas e íons. Em uma amostra de 1 g de moléculas de hidrogênio certamente há mais moléculas do que em uma mesma massa de moléculas de água, pois esta última pesa mais que a molécula de hidrogênio.

Se quisermos comparar quantidades iguais de átomos, moléculas ou íons, devemos estabelecer uma unidade que tenha a mesma quantidade dessas partículas, mas em um número suficientemente grande para que possamos pesar essa quantidade. Essa unidade é chamada de mol, e equivale a $6{,}02 \times 10^{23}$ partículas, sejam átomos, moléculas, íons, elétrons etc.

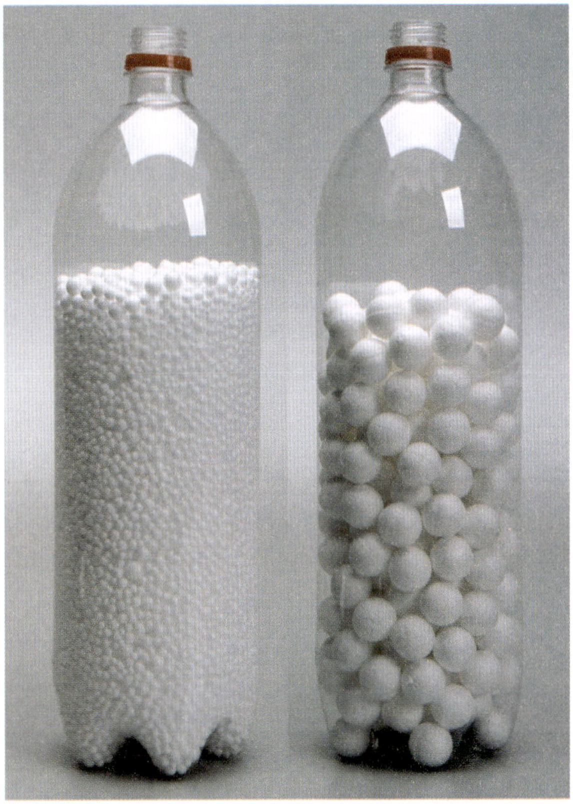

Fotos: Gilberto do Vale Rodrigues

Figura 8-8: **Na garrafa que contém bolinhas de diâmetro menor temos um maior número de bolinhas.**

Figura 8-9: **Quantidades de diferentes substâncias que correspondem a 1 mol.**

A relação entre esse número e a respectiva quantidade é conhecida como **constante de Avogadro** ($6{,}02 \times 10^{23}$/mol) em homenagem ao químico italiano Amedeo Avogadro (1776-1856), que, no início do século XIX, deu contribuições importantes para o avanço da hipótese atômica formulada por Dalton. Avogadro propôs uma hipótese que sugeria a possibilidade de "contar" átomos e moléculas.

Um mol é uma quantidade suficientemente grande para que, por exemplo, essa quantidade de átomos de hidrogênio, o mais leve de todos os átomos, pese aproximadamente 1,0 g. Analogamente, a massa de $6{,}02 \times 10^{23}$ moléculas de água é, aproximadamente, 18,0 g.

A relação entre essas massas e a respectiva quantidade é conhecida como massa molar; assim, a **massa molar** do hidrogênio atômico é igual a aproximadamente 1,0 g/mol e a massa molar da água, a aproximadamente 18,0 g/mol.

Numa publicação de 1811, Avogadro assim se referia àquilo que mais tarde se tornaria conhecido como **Hipótese de Avogadro** ou, ainda, **Lei de Avogadro**:

SPL/LatinStock

Figura 8-10: **Amedeo Avogadro, no início do século XVIII, propôs a Hipótese de Avogadro.**

> Tem de ser admitido que uma relação muito simples também existe entre os volumes de substâncias gasosas e o número de moléculas simples ou compostas que as constituem. A primeira hipótese a se apresentar em relação a isso, e aparentemente a única admissível, é a suposição de que o número de moléculas integrantes em qualquer gás é sempre o mesmo para volumes iguais ou é sempre proporcional ao volume.
>
> AVOGADRO, Amedeo, apud PARTINGTON, James Riddick. *A History of Chemistry.* London: MacMillan, 1964. v. 4. p. 214.

A possibilidade de contar átomos e moléculas foi concretizada quase cem anos depois. Em 1913, Jean Perrin publicava um livro intitulado *Les Atomes*, em que se referia a trinta maneiras diferentes de determinar a constante de Avogadro.

Não é fácil ter uma ideia de quão grande é o número de partículas contidas em um mol e quão pequenas são, portanto, as partículas que ele enumera. Escrevê-lo na forma de potências de 10 é conveniente, pois, se escrevêssemos na forma convencional, esse número seria assim representado:

$$602\ 000\ 000\ 000\ 000\ 000\ 000\ 000 = 6{,}02 \times 10^{23}$$

São tantos zeros que é muito mais fácil escrevê-los na forma de potência de 10. Na atividade 2, a seguir, vamos realizar alguns cálculos para ter uma ideia da dimensão desse número.

ATIVIDADE 2

Contando moléculas

Para ter uma ideia do tamanho do número representado pela constante de Avogadro, vamos calcular quanto tempo demoraria para "contar" as moléculas de água em um mol de água (18,0 g), o que equivale, aproximadamente, ao volume de duas colheres das de sopa.

A4 Supondo que vocês contem 1 molécula por segundo, calculem:

a) Quantas moléculas vocês contariam em uma hora?

b) Quantas moléculas vocês contariam em um dia?

c) Quantas moléculas vocês contariam em um ano?

d) Quantos anos vocês demorariam para contar as $6{,}02 \times 10^{23}$ moléculas existentes em 1 mol (18,0 g) de água?

Se vocês calcularam corretamente, terão encontrado um número que ainda não faz sentido, algo como 19 quatrilhões de anos. Ou seja, se vocês "tivessem começado a contar" quando o planeta Terra se formou, há cerca de 4,6 bilhões de anos, estariam longe, mas muito longe mesmo, de terminar essa contagem.

A5 Suponham que vocês fossem capazes de dispor essas moléculas lado a lado ao longo de uma linha. Considerem que cada molécula de água seja uma esfera de aproximadamente 10^{-10} m de diâmetro (isso é uma aproximação para facilitar os cálculos. Uma molécula de água não é esférica e é ligeiramente maior, já que cada ligação O–H mede, aproximadamente, $0{,}96 \times 10^{-10}$ m, para uma molécula de água no estado gasoso). A partir desse dado, calculem e respondam:

a) Quantas moléculas vocês seriam capazes de dispor em 1 m?

b) Quantas moléculas vocês seriam capazes de dispor em 1 km?

c) Considerando que a circunferência em torno da Terra, na linha do Equador, mede aproximadamente 40 000 km, quantas voltas seria necessário dar em torno da Terra, no Equador, para dispor todas as moléculas de água ao longo dessa linha?

Se vocês calcularam corretamente, terão encontrado um número ainda muito grande de voltas (algo próximo de 1,5 milhão) em torno da Terra.

Apesar de representar um número de dimensões difícil de imaginar, a unidade de quantidade de matéria – o mol – é uma unidade extremamente útil nos cálculos químicos. Como veremos nas atividades seguintes, o uso de quantidades expressas em mol e de concentrações expressas em mol/L permitirá a simplificação dos cálculos envolvendo quantidades de produtos e reagentes nas reações químicas.

ATIVIDADE 3

Relacionando quantidade de matéria e massa dos materiais

Nesta atividade vamos usar a grandeza quantidade de matéria, expressa por meio de sua unidade, o mol, para estudar as relações entre quantidade de matéria e massa. Como não podemos contar átomos, moléculas e íons, não precisamos nos preocupar com o número $6{,}02 \times 10^{23}$, o número de partículas (átomos, moléculas, íons etc.) em 1 mol. Vocês tiveram a oportunidade de conhecer e imaginar o que significa um número dessa dimensão na atividade 2 e no texto 1. O fundamental, porém, é que nos lembremos unicamente de que um mol de qualquer substância tem sempre a mesma quantidade de átomos, moléculas ou íons dessa substância, seja ela água, cloreto de sódio, ácido clorídrico etc.

É muito fácil saber qual é a massa, em g, de um mol de qualquer átomo, pois basta consultar a tabela periódica moderna. Como nestas as massas atômicas relativas (números puros) são expressas em relação ao isótopo de carbono-12, a massa de um mol de átomos (massa molar) equivale ao mesmo número, em g/mol.

Como calcular a massa molar das substâncias

As massas atômicas relativas do hidrogênio e do oxigênio são aproximadamente 1,0 e 16,0, respectivamente; portanto, as massas molares do hidrogênio atômico e do oxigênio atômico são aproximadamente 1,0 g/mol e 16,0 g/mol, respectivamente.

A partir dos valores de massas atômicas encontrados na tabela periódica, podemos calcular as massas molares de diferentes substâncias, ou seja, a massa de um mol de substâncias simples ou compostas, expressa em g/mol. Basta multiplicar os índices que aparecem na fórmula da substância pelas massas molares dos átomos e somar todas essas massas obtidas.

Tomemos um exemplo muito simples, a água, cuja fórmula molecular é H_2O. Se vocês consultarem a tabela periódica, encontrarão as massas atômicas relativas do hidrogênio igual a 1,0 e do oxigênio igual a 16,0.

Como o índice do hidrogênio é 2 na fórmula da água, para calcular a massa molar da água multiplicamos 1,0 g/mol por 2 e somamos a massa molar do oxigênio, 16,0 g/mol, que é multiplicada por 1, índice (omitido) do oxigênio na fórmula da água. Assim, a massa molar da água é:

$$\text{massa molar da água} = (2 \times 1{,}0 \text{ g/mol}) + 16{,}0 \text{ g/mol} = 18{,}0 \text{ g/mol}$$

Ou seja, 1 mol de moléculas de água tem a massa de 18,0 g.

Volume molar dos gases

Para definir o volume molar, vamos retomar as palavras de Avogadro para se referir à Hipótese de Avogadro, ou Lei de Avogadro:

> Tem de ser admitido que uma relação muito simples também existe entre os volumes de substâncias gasosas e o número de moléculas simples ou compostas que as constituem. A primeira hipótese a se apresentar em relação a isso, e aparentemente a única admissível, é a suposição de que o número de moléculas integrantes em qualquer gás é sempre o mesmo para volumes iguais ou é sempre proporcional ao volume.
>
> AVOGADRO, Amedeo, apud PARTINGTON, James Riddick. *A History of Chemistry*. London: MacMillan, 1964. v. 4. p. 214.

Essa hipótese viria a ser comprovada mais tarde e permitiu a definição da grandeza **volume molar**, válida para gases:

> Um mol de qualquer gás sempre ocupa, nas mesmas condições de temperatura e pressão, o mesmo volume.

As **Condições Normais de Temperatura e Pressão (CNTP)** são definidas como a temperatura de 273,15 K (0 °C) e a pressão de 101 325 pascals (Pa) ou 1 atm. A partir de 1982, a União Internacional de Química Pura e Aplicada (Iupac) definiu também as **Condições-Padrão de Temperatura e Pressão (CPTP)** que são definidas como a temperatura de 273,15 K (0 °C) e a pressão de 100 000 Pa (1 bar).

Um dos aspectos que levou a Iupac a rever esses valores é a dificuldade de definir o que é a pressão ao nível do mar (1 atm), pois esse nível pode variar. Além disso, o novo valor definido como pressão-padrão possibilita a compatibilidade com o Sistema Internacional (SI) e altera muito pouco as tabelas de dados que levam em consideração esse valor de pressão.

Como o valor da pressão-padrão foi reduzido de 101 325 Pa para 100 000 Pa, houve um aumento no volume molar dos gases. Assim, o valor recomendado atualmente pela Iupac para o volume dos gases é igual a 22,7 dm^3/mol e não mais 22,4 dm^3/mol. Como 1 dm^3 = 1 L, podemos dizer que, nas CPTP, um mol de gás ocupa um volume de 22,7 L. Essa quantidade corresponde, aproximadamente, ao volume de 11 garrafas PET (de refrigerante) de 2 L ou a um cubo de 28,3 cm de aresta.

A grandeza volume molar permite que sejam realizados cálculos estequiométricos relacionando quantidade de matéria (em mol) e volume; e massa/volume. Nunca é demais lembrar que esse volume se aplica somente aos gases. Isso porque as moléculas num gás ideal permanecem isoladas, como moléculas individuais. É por isso também que muitos gases reais vão exibir uma pequena diferença em relação a esse comportamento ideal, apresentando valores ligeiramente diferentes para, entre outros, o volume molar.

EXERCÍCIOS

E1. Usando os valores de massa atômica dos elementos que estão na tabela periódica, determinem as massas molares das seguintes substâncias:

a) nitrato de prata ($AgNO_3$);

b) cloreto de bário ($BaCl_2$);

c) cloreto de sódio (NaCl);

d) carbonato de sódio (Na_2CO_3);

e) nitrato de chumbo (II) [$Pb(NO_3)_2$].

E2. O que significa dizer que a massa molar do iodo atômico é aproximadamente 127 g/mol?

E3. Qual é a massa de meio mol de nitrato de potássio (KNO_3)?

E4. Critiquem a afirmação: "Se a massa molar de um elemento *X* é duas vezes maior que a massa molar do elemento *Y*, um mol de átomos de *Y* contém duas vezes a quantidade de matéria presente em um mol de átomos de *X*".

E5. Qual é a quantidade de matéria, em mol, contida em 25,5 g de amônia (NH_3)?

E6. Qual é a quantidade de matéria, em mol, de íons (cátions e ânions) que está contida em 2 mols de brometo de cálcio ($CaBr_2$)?

E7. A massa de 40,0 mols de uma substância é 1 200,0 g.

a) Calculem sua massa molar.

b) Sabendo que 1 mol dessa substância contém 6,0 g de átomos de hidrogênio e que o outro elemento presente é o carbono, qual é sua fórmula molecular?

E8. O óxido nitroso (N_2O), um dos primeiros compostos gasosos a ser isolado e identificado, foi o primeiro anestésico sintético a ser descoberto, sendo conhecido como gás hilariante em razão da euforia leve que causa quando inalado em baixas concentrações. Em relação ao óxido nitroso, respondam:

a) Qual é sua massa molar?

b) Se fosse possível realizar um experimento envolvendo a decomposição dessa substância, poderíamos obter dois gases: o nitrogênio (N_2) e o oxigênio (O_2). O que vocês poderiam dizer em relação ao volume desses dois gases que seriam formados? Justifiquem a resposta.

E9. Usando volumes de recipientes conhecidos (por exemplo, as garrafas de refrigerante PET têm volume de 2 L), estime o que significa, em termos reais, o volume molar de um gás nas CNTP.

E10. Considerando que vocês fossem construir um cubo de 22,7 L, calculem quanto mede uma aresta desse cubo.

ATIVIDADE 4

Relacionando quantidades em uma reação química

Nestes dois capítulos sobre as reações químicas estudamos uma série de relações que permitem fazer cálculos a partir das informações obtidas por meio de uma equação química. Vimos que a massa se conserva nas reações químicas (a Lei de Lavoisier), o que na prática significa que podemos balancear as equações químicas para obter o mesmo número de átomos nos reagentes e produtos.

Vimos também que a maioria das substâncias tem proporções fixas e definidas entre seus constituintes (a Lei de Proust), o que na prática permite atribuir fórmulas relativamente simples às substâncias.

No texto 1 deste capítulo vocês tiveram oportunidade de conhecer a grandeza quantidade de matéria, que permite relacionar a massa das substâncias com uma quantidade fixa de partículas ($6,02 \times 10^{23}$), que corresponde a um mol. Na atividade 3 vocês aprenderam a relacionar esse mesmo número fixo de partículas a um volume molar, no caso das substâncias gasosas. De posse dessas relações, estamos em condição de estabelecer uma série de cálculos envolvendo equações químicas e as quantidades de substância, em massa ou, quando for o caso, em volume. O estudo dessas relações quantitativas é conhecido como **estequiometria**.

Na atividade 1 estudamos a reação entre nitrato de chumbo (II) [$Pb(NO_3)_2$] e iodeto de potássio (KI), que produzia iodeto de chumbo (II) (PbI_2) e nitrato de potássio (KNO_3). A equação balanceada para essa reação é:

$$Pb(NO_3)_2\ (aq) + 2\ KI\ (aq) \rightarrow PbI_2\ (s) + 2\ KNO_3\ (aq)$$

Considerando essa equação química, realizem a seguinte atividade.

A6 Copiem o quadro a seguir no caderno e completem-no, considerando a quantidade de matéria, em mol, e as massas molares, em g/mol, de cada substância envolvida na equação balanceada.

Substância	$Pb(NO_3)_2$	KI	PbI_2	KNO_3
Quantidade de matéria (em mol)	//////////////////////////////	//////////////////////////////	//////////////////////////////	//////////////////////////////
Massas molares (em g/mol)	//////////////////////////////	//////////////////////////////	//////////////////////////////	//////////////////////////////

Quadro 8-4: **Dados para a quantidade de matéria (em mol) e as massas molares (em g/mol) de cada substância envolvida na equação que representa a reação entre o $Pb(NO_3)_2$ e o KI.**

A7 Copiem o quadro a seguir no caderno e completem-no, considerando a equação da reação entre $Pb(NO_3)_2$ e KI.

Substância	$Pb(NO_3)_2$	KI	PbI_2	KNO_3
Massas das substâncias envolvidas (em g)	33,12	33,2	//////////////////////////	//////////////////////////
Quantidade de matéria (em mol)	//////////////////////////	//////////////////////////	//////////////////////////	//////////////////////////

Quadro 8-5: **Dados para a massa (em g) e a quantidade de matéria (em mol), de cada substância envolvida na equação que representa a reação entre o $Pb(NO_3)_2$ e o KI.**

Se vocês realizaram corretamente os cálculos em A6 e A7, terão encontrado valores para as quantidades correspondentes às proporções ideais entre reagentes e produtos. Assim, em A7 vocês deverão ter encontrado exatamente 0,1 mol de $Pb(NO_3)_2$ reagindo com 0,2 mol de KI, já que essa reação se efetua numa relação ideal de 2 : 1.

No entanto, a maioria das informações que vocês vão receber em problemas estequiométricos não guardam a proporção exata, mas quase sempre envolvem um ou outro reagente em excesso. O reagente que não está em excesso é conhecido como **reagente limitante**. Para lidarmos com esse tipo de problema, vamos realizar agora as atividades A8 e A9.

A8 Foram realizados dois experimentos com quantidades diferentes de $Pb(NO_3)_2$ e KI. Encontrem os valores para as incógnitas *X*, *Y*, *Z*, *W* e *V* no quadro a seguir, considerando a equação da reação entre $Pb(NO_3)_2$ e KI.

Experimento	Massas das substâncias antes da reação (g)		Massas das substâncias após a reação (g)			
	$Pb(NO_3)_2$	KI	PbI_2	KNO_3	$Pb(NO_3)_2$	KI
1	*X*	176	230,5	*Y*	0	10
2	92,8	*Z*	*W*	*V*	10	0

Quadro 8-6: **Dados para as massas das substâncias antes e depois da reação que ocorre entre o $Pb(NO_3)_2$ e o KI.**

A9 Calculem a quantidade de matéria (em mol) de $Pb(NO_3)_2$ nos experimentos 1 e 2.

A10 O quadro a seguir indica as massas (em g) das espécies envolvidas na reação (*A*, *B*, *C* e *D*) representada pela equação genérica $A + B \rightarrow C + 2D$ em dois testes diferentes. Outras massas estão indicadas pelas letras *W*, *X*, *Y* e *Z*.

Teste	Massas das substâncias antes da reação (g)		Massas das substâncias após a reação (g)			
	A	***B***	***C***	***D***	***A***	***B***
1	*X*	59	68	18	0	10
2	*Y*	*W*	*Z*	54	10	0

Quadro 8-7: **Dados para as massas das substâncias antes e depois da reação genérica representada no enunciado.**

a) Calculem as massas de *W*, *X*, *Y* e *Z*. Deixem seus cálculos indicados, explicitando assim o raciocínio utilizado.

b) Demonstrem que a Lei de Lavoisier foi obedecida para o teste 2.

NA INTERNET

<www.labvirtq.fe.usp.br/applet.asp?lom=10861>

Nesta página do Laboratório Didático Virtual da Universidade de São Paulo (USP) você vai encontrar um simulador para o balanceamento de equações químicas. Acesso em: 25 abr. 2012.

<www.pontociencia.org.br>

Na página do Projeto Ponto Ciência você vai encontrar várias sugestões de experimentos envolvendo quantidades nas reações químicas. Acesso em: 25 abr. 2012.

<http://qnesc.sbq.org.br>

Página da revista *Química Nova na Escola* (QNEsc), publicada pela Sociedade Brasileira de Química (SBQ). Os artigos estão disponíveis na íntegra e de forma totalmente gratuita. Estão disponíveis também os Cadernos Temáticos publicados desde 2001. Acesso em: 25 abr. 2012.

CAPÍTULO 9

Ligações químicas, interações intermoleculares e propriedades dos materiais

O foco central de nosso estudo são os materiais. Em capítulos anteriores aprendemos sobre suas propriedades e como elas podem ser compreendidas se utilizarmos modelos e teorias. Estudamos o modelo cinético-molecular, que nos ajudou a compreender várias questões, como por que um gás pode ser comprimido ou por que o gelo é menos denso que a água líquida.

Ampliamos nossa compreensão sobre a constituição dos materiais estudando modelos para o átomo e discutindo a organização dos elementos na tabela periódica. Trabalhamos também com algumas transformações que os materiais sofrem focando nas transformações químicas e nas quantidades nelas envolvidas.

Neste capítulo tratamos novamente de algumas propriedades dos materiais. Vamos aprofundar nosso estudo sobre a constituição desses materiais e relacionar essa constituição com as propriedades, aprendendo novos modelos explicativos: os modelos de ligação química e interações intermoleculares.

Martin Baumgärtner/Mauritius/Latinstock

Derek Croucher/Alamy/Other Images

Leonardo Papini/SambaPhoto

Figura 9-1: **Diferentes tipos de substâncias fazem parte de nossa vida**

PROJETO 1

O uso dos materiais, suas propriedades e os modelos de ligação química

objeto digital

Neste projeto, você e seu grupo vão pesquisar sobre um determinado material com o objetivo de entender suas propriedades e explicá-las com base nos modelos de ligação química, além de verificar como o uso desse material, para fabricar diferentes objetos e artefatos utilizados no cotidiano urbano, industrial e rural, relaciona-se com essas propriedades. Vocês deverão também se informar sobre os processos de obtenção do material estudado, a distribuição das reservas de matéria-prima para sua obtenção no Brasil e no mundo, assim como as implicações sociais e ambientais de sua produção e uso.

O projeto deve ser desenvolvido ao longo do estudo deste capítulo. Seu professor estabelecerá o material a ser investigado pelos grupos, dentre os seguintes:

- metais: ferro e aço;
- metais: alumínio e cobre;
- vidros e tijolos refratários;
- materiais de origem vegetal: madeira, papel, fibras vegetais;
- biomateriais, catalisadores, polímeros condutores, nanomateriais;
- plásticos e borrachas;
- silício e outros materiais usados na fabricação de componentes eletrônicos.

No relatório que deve ser feito sobre o material, cada grupo deverá responder às seguintes questões:

P1 Qual é a origem do material considerado? Como ele é produzido e/ou extraído? Descrevam todas as fases do processo de extração e do processo industrial de produção. Qual é o impacto ambiental e social de sua produção e/ou extração? Quais são as reservas potenciais em uso das matérias-primas para a fabricação desse material no Brasil e no mundo e como elas se distribuem?

P2 Descrevam o funcionamento de um produto em que esse material é usado, deixando claro quais propriedades fazem com que o material seja apropriado para esse uso.

P3 Como está distribuído o consumo desse tipo de material pelos diferentes países, em termos absolutos e em termos relativos (quilograma do material por habitante – kg/hab.)? E entre os estados brasileiros? O que essa distribuição pode indicar em termos de desenvolvimento socioeconômico dos diferentes países e regiões?

P4 Quais são os principais impactos ambientais e sociais decorrentes do uso desse material? Por exemplo, em relação ao impacto ambiental, considerem o problema do consumo de energia elétrica para a produção do material, da poluição ambiental provocada pela extração de minérios etc.; quanto ao impacto social, considere, por exemplo, a possibilidade de as inovações tecnológicas, que resultam do uso do material, gerarem desemprego. Que medidas têm sido tomadas para minimizar esse impacto? Que outras poderiam ser tomadas? É possível desenvolver métodos para diminuir o descarte desse material? O material é reutilizável ou reciclável? Tem sido reutilizado ou reciclado no Brasil? Como a reutilização ou reciclagem contribuem para minimizar o impacto ambiental?

P5 Como o uso do material estudado pode contribuir, ou não, para o desenvolvimento sustentável?

P6 Selecionem, preparem e apresentem algum experimento relacionado ao material do grupo.

Não se esqueçam de indicar as fontes utilizadas na pesquisa: jornais, revistas, livros, internet etc.

TEXTO 1

Propriedades dos materiais e tipos de ligações químicas

Diferentes materiais apresentam propriedades variadas. Com isso, ocorre-nos a pergunta: Qual é a relação entre essa variedade de propriedades e as ligações químicas presentes nos materiais? Primeiramente, vamos analisar os dados do quadro 9-1.

Sólido	Comportamento sob aquecimento	Solubilidade em água	Solubilidade em aguarrás	Condutividade elétrica no estado sólido	Condutividade elétrica em solução aquosa
cobre	funde-se a 1 083 °C	insolúvel	insolúve	bom condutor	______
cloreto de sódio	funde-se a 801 °C	solúvel	insolúvel	mau condutor	bom condutor
sacarose (açúcar)	funde-se entre 185 e 186 °C	solúvel	insolúvel	mau condutor	mau condutor
naftalina	funde-se a 80 °C	insolúvel	solúvel	mau condutor	______
diamante	convivem diamante e grafite sólidos e carbono líquido ≈ a 3 900 °C à pressão ≈ 12,5 GPa	insolúvel	insolúvel	mau condutor	______

Quadro 9-1: **Propriedades de algumas substâncias sólidas.**

Que evidências sobre a natureza das ligações químicas podemos obter conhecendo a temperatura de fusão dos materiais?

dica Enem

Analisando o comportamento das substâncias sob aquecimento, verificamos que algumas mudam de estado físico a temperaturas elevadas, como o cobre, o cloreto de sódio e o diamante. Já o açúcar (sacarose) e a naftalina fundem-se a temperaturas razoavelmente baixas.

Fotos: Gilberto do Vale Rodrigues

Figura 9-2: **O cobre, o diamante e o cloreto de sódio fundem-se a temperaturas muito mais elevadas do que a naftalina e o açúcar.**

Um modelo de ligação química é usado para explicar essas e outras propriedades das substâncias. No caso do cobre, do diamante e do cloreto de sódio, quando a substância muda de estado físico, rompem-se interações entre as partículas que constituem a substância. Como a temperatura para efetuar essas mudanças é elevada, podemos imaginar que essas interações sejam muito fortes.

No caso do diamante, temos um tipo de ligação conhecida como **ligação covalente**, que é o mesmo tipo de ligação presente nas moléculas de hidrogênio, oxigênio, naftalina, sacarose, gasolina, álcool, água etc.

Essas últimas substâncias, no entanto, mudam de estado físico ou transformam-se em líquidos a temperaturas relativamente baixas, quando comparadas com o diamante.

Como explicar essa diferença?

Em todas essas substâncias (hidrogênio gasoso, oxigênio gasoso, naftalina, sacarose, gasolina, álcool, água), a ligação covalente é responsável pela formação da **molécula**. A agregação das moléculas para formar quantidades macroscópicas dessas substâncias se dá, no entanto, por **interações entre moléculas**, que são relativamente fracas. Portanto, há nessas substâncias dois tipos de interação: uma entre os átomos para formar moléculas (ligação covalente) e outra entre moléculas para formar o material (**interação intermolecular**). Essas substâncias são chamadas de **substâncias moleculares**. Como as interações entre as moléculas são fracas, as substâncias moleculares geralmente têm temperatura de fusão e de ebulição relativamente baixas. Aquelas formadas por moléculas pequenas, como nitrogênio (N_2), oxigênio (O_2), gás carbônico (CO_2), cloro (Cl_2) e metano (CH_4), geralmente são gasosas à temperatura ambiente, o que indica que suas temperaturas de ebulição são menores que a temperatura ambiente. As interações intermoleculares nessas substâncias devem ser muito fracas.

No diamante, não há formação de moléculas individuais. A agregação das partículas para formar o material é realizada pela ligação covalente entre os átomos de carbono, muito forte, o que explica a alta temperatura necessária para quebrá-la e fundir o diamante. Poderíamos pensar que, no caso do diamante, os átomos de carbono ligam-se para formar uma molécula gigante.

No caso do cobre e do cloreto de sódio, temos uma situação semelhante à do diamante, só que as ligações envolvidas são de outra natureza. No caso do cobre, também não se formam moléculas, uma vez que os átomos se ligam por meio de **ligações metálicas** para formar o material. Podemos imaginar que esse tipo de ligação também é forte, uma vez que a maioria dos metais se funde a temperaturas elevadas.

Já em relação ao cloreto de sódio, a ligação não é entre átomos, mas entre íons, que são partículas eletricamente carregadas. O cloreto de sódio também não forma moléculas, uma vez que os íons sódio e cloreto se ligam por meio de **ligações iônicas** para formar o material, um **sólido iônico**.

Questões

Q1. Identifique o tipo de ligação química ou a interação intermolecular que está sendo rompida ou formada em cada um dos processos a seguir:

a) mudanças de fase na água: líquido – vapor; líquido – sólido;

b) mudanças de fase no iodo: sólido – vapor; vapor – sólido;

c) fusão do ferro;

d) sublimação da naftalina;

e) fusão de cloreto de sódio.

Q2. Reproduza o quadro a seguir em seu caderno. Com base na leitura do texto 1, complete-o, utilizando todas as substâncias citadas no quadro 9-1. Apresentamos um exemplo para que você possa seguir.

Substância	Temperatura de fusão	Tipo de interação intermolecular ou de ligação química rompida na fusão	Intensidade da ligação química ou da interação intermolecular
açúcar (sacarose)	baixa	interação intermolecular	fraca

Quadro 9-2: Relações entre a intensidade e os tipos de interações e as temperaturas de fusão.

Que evidências sobre a natureza das ligações químicas podemos obter conhecendo a solubilidade dos materiais?

O modelo de ligações químicas também é útil para explicar as diferenças de solubilidade. Como estudamos no capítulo 5, um modelo parcial, mas que explica bem a solubilidade, considera que esse fenômeno depende da interação entre as partículas do soluto e do solvente.

No quadro 9-1, pudemos observar que o cobre e o diamante são substâncias insolúveis nos dois tipos de solventes que foram usados. Esse fato é observado na maioria dos metais como também em outros sólidos covalentes, como grafite, sílica (um componente da areia), mica etc.

Gilberto do Vale Rodrigues

Figura 9-3: **Sólidos covalentes como o diamante, a mica, a sílica (presente na areia) e a grafite são insolúveis na maioria dos solventes comuns.**

Você deve ter observado, no mesmo quadro, que o cobre e o diamante mudam de estado físico a temperaturas muito elevadas. Como já foi visto, isso evidencia que as ligações entre suas partículas são muito fortes. Para que ocorra a dissolução, essas ligações também terão que ser quebradas por meio da interação com o solvente, com a formação de um novo tipo de interação: **soluto-solvente**. No caso do cobre e do diamante, não há a formação dessas interações porque a energia necessária para quebrar a **interação soluto-soluto** é muito alta quando comparada com a liberação de energia que ocorreria na formação da interação soluto-solvente.

A temperatura de fusão do cloreto de sódio também é elevada; no entanto, ele é solúvel em água.

Como explicar esse fato?

O que favorece a dissolução do cloreto de sódio em água é a interação dos íons sódio e cloreto com as moléculas de água. A formação dessas interações entre as partículas do soluto e do solvente leva à quebra da ligação entre as partículas do cloreto de sódio. Os íons sódio e cloreto ficam **solvatados** pelas moléculas de água. Por meio do processo de solvatação, os íons ficam envoltos, interagindo com várias moléculas de água. Ela só é possível por meio da interação soluto-solvente.

A temperatura de fusão da naftalina é relativamente baixa e, no entanto, é uma substância que não é solúvel em água, mas sim em solventes orgânicos como os contidos na aguarrás.

Como explicar essa diferença?

Podemos imaginar, usando os mesmos argumentos anteriores, que não se estabelece a interação soluto-solvente entre as partículas de naftalina e água; isso ocorre apenas entre as partículas de naftalina e de aguarrás. Para explicar essa diferença, temos que pensar na natureza das partículas que formam a água, o solvente contido na aguarrás e a naftalina, o que será aprofundado posteriormente.

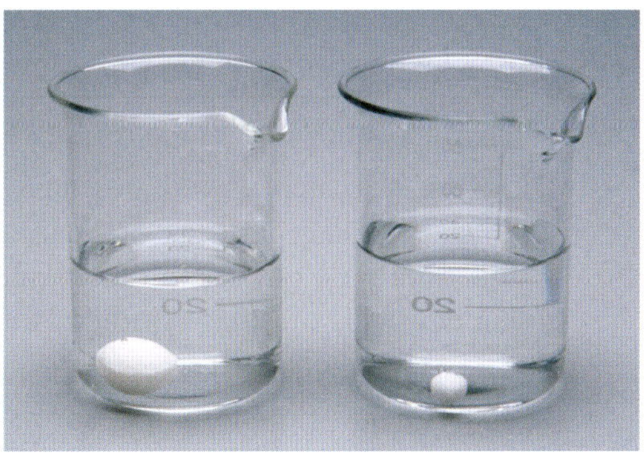

Gilberto do Vale Rodrigues

Figura 9-4: **A naftalina é insolúvel em água, mas solúvel em aguarrás, que contém um solvente orgânico.**

Questões

Q3. Desenhe um modelo que represente a solvatação do cloreto de sódio em água.

Q4. Usando as informações do texto 1, tente explicar a ocorrência ou não de solubilidade nas situações a seguir:

a) Duas paredes externas de uma casa foram pintadas com materiais diferentes: uma com cal e a outra com tinta a óleo. Depois das chuvas de verão, uma das casas permaneceu pintada, ao passo que a outra perdeu praticamente toda a tinta. Qual das casas teve a tinta removida pela ação das chuvas? Por quê?

b) Ao se adicionar água a uma mistura contendo sal de cozinha e areia, uma parte da mistura dissolveu-se e a outra, não. Identifique o componente da mistura que se dissolveu e o que não se dissolveu e explique cada caso.

Que evidências sobre a natureza das ligações químicas podemos obter conhecendo a condutividade elétrica dos materiais?

A condutividade elétrica pode ser explicada, geralmente, pela presença de cargas que podem se movimentar ao longo do material.

Por exemplo, a condutividade elétrica da solução do cloreto de sódio em água deve-se à **mobilidade dos íons** (partículas carregadas) na solução aquosa. No caso do cristal de cloreto de sódio, os íons não têm essa mobilidade, pois se encontram fixos em posições definidas num **retículo cristalino**. O retículo cristalino é um arranjo tridimensional no qual os átomos ou íons ou moléculas estão organizados no cristal. O que mantém esses íons fixos na estrutura do cristal é a força atrativa – a ligação iônica.

No caso dos metais, como o cobre, e de algumas substâncias não metálicas condutoras, como a grafite, a condutividade elétrica não é explicada pela presença de íons móveis, mas pela existência de elétrons móveis. Os elétrons na região mais externa da eletrosfera não estão fortemente presos aos núcleos, o que possibilita sua mobilidade. Eles são, portanto, as partículas responsáveis pela condutividade elétrica no caso do cobre e da grafite.

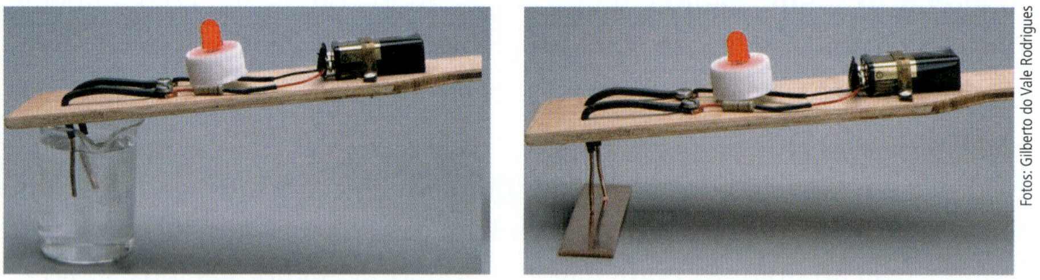

Figura 9-5: A condutividade elétrica se deve à presença de cargas que podem se deslocar no material: no da solução aquosa de NaCl (um sal iônico), essas cargas são íons. No caso do cobre, essas cargas são elétrons.

Questões

Q5. Responda às questões e faça o que se pede a seguir:

a) Observando as propriedades das substâncias sólidas relacionadas no quadro 9-1, você pode constatar que o açúcar (sacarose) e o cloreto de sódio são solúveis em água. Como você explica o fato de que o cloreto de sódio, em solução aquosa, conduz corrente elétrica e de que o açúcar, nas mesmas condições, não conduz?

b) Como você explica o fato de que o cloreto de sódio não conduz eletricidade no estado sólido, uma vez que ele é formado por partículas (íons) com cargas positivas e negativas?

c) O cloreto de sódio fundido (em estado líquido) conduz ou não corrente elétrica? Explique.

d) Desenhe modelos para o cloreto de sódio no estado sólido e no estado líquido e explique, com base nesses modelos, a ocorrência ou não de condutividade elétrica nesses materiais.

Q6. Faça o que é pedido e responda às questões:

a) Relacione alguns materiais utilizados para fazer fios condutores de eletricidade.

b) Qual é a característica comum a esses materiais?

c) Como você explica a condutividade elétrica desses materiais?

ATIVIDADE 1

Modelos de ligação química e propriedades dos materiais

Nesta atividade, vamos investigar algumas propriedades físicas e organolépticas de dez substâncias sólidas puras. Vamos agrupar as substâncias que apresentem propriedades semelhantes e explicar essas propriedades por meio dos modelos de ligação química. Para isso, testaremos a solubilidade dessas substâncias em dois solventes (água e aguarrás), assim como sua condutividade elétrica no estado sólido e em solução aquosa.

Material

Açúcar (sacarose) – $C_{12}H_{22}O_{11}$; grafite – $C_{grafite}$; alumínio – Al; cobre – Cu; iodo – I_2; quartzo – SiO_2; iodeto de potássio – KI; naftaleno – $C_{10}H_8$; ferro – Fe; cloreto de sódio – NaCl.

PARTE A Propriedades organolépticas das substâncias

Como vimos nos capítulos iniciais de nosso curso, propriedades organolépticas são aquelas que podem ser avaliadas pelos sentidos, como cor, brilho, cheiro etc.

A1 Observem as substâncias relacionadas no quadro a seguir e descrevam todas as propriedades organolépticas que vocês podem constatar ao examiná-las.

Substância	Foto da substância	Substância	Foto da substância
a) açúcar (sacarose) – $C_{12}H_{22}O_{11}$		b) grafite – $C_{grafite}$	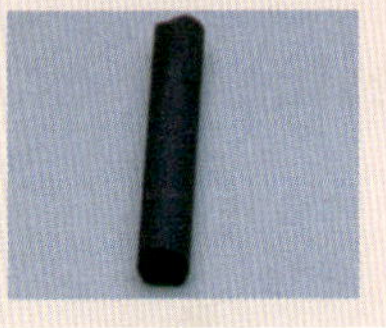
c) alumínio – Al		d) cobre – Cu	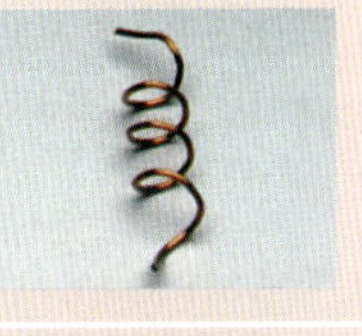
e) iodo – I_2		f) quartzo – SiO_2	
g) iodeto de potássio – KI		h) naftaleno – $C_{10}H_8$	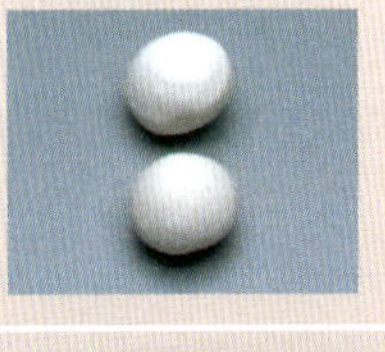
i) ferro – Fe	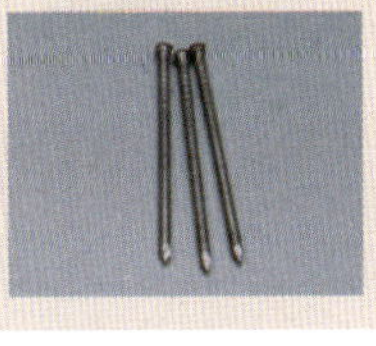	j) cloreto de sódio – NaCl	

Fotos: Gilberto do Vale Rodrigues

Quadro 9-3: **Algumas substâncias com diferentes aspectos que podem ser avaliados pelos sentidos.**

Questão

Q7. Considerando apenas as propriedades organolépticas que vocês determinaram, é possível identificar algum grupo de substâncias? Expliquem.

PARTE B Temperatura de fusão

No quadro 9-4, estão indicados os valores da temperatura de fusão das mesmas substâncias apresentadas no quadro 9-3.

Substância	Temperatura de fusão (°C)
a) açúcar (sacarose) – $C_{12}H_{22}O_{11}$	185
b) grafite – $C_{grafite}$	sublima-se a 3 825
c) alumínio – Al	659
d) cobre – Cu	1 083
e) iodo – I_2	114
f) quartzo – SiO_2	1 610
g) iodeto de potássio – KI	686
h) naftaleno – $C_{10}H_8$	80
i) ferro – Fe	1 535
j) cloreto de sódio – NaCl	801

Quadro 9-4: **Temperatura de fusão das substâncias.**

Questões

Q8. Expliquem o que ocorre com a interação entre as partículas que constituem o material durante a fusão.

Q9. Com base na resposta da questão anterior, expliquem por que algumas substâncias apresentam temperaturas de fusão elevadas, ao passo que outras apresentam valores baixos para essa propriedade.

Q10. Levando em consideração apenas o valor da temperatura de fusão e os modelos de ligação química e de interações intermoleculares, seria possível identificar algum grupo de substâncias? Expliquem.

PARTE C Condutividade elétrica no estado sólido

Material

Dispositivo para medir a condutividade elétrica dos materiais.

Fotos: Gilberto do Vale Rodrigues

Figura 9-6: **Com materiais simples, encontrados em lojas de produtos eletrônicos, vocês podem montar um dispositivo para medir a condutividade elétrica de materiais.**

O que fazer

A2 Coloquem os fios do dispositivo para medir a condutividade elétrica sobre cada substância, tomando o cuidado de não encostar um fio no outro. Se a lâmpada acender, classifiquem a substância como boa condutora de eletricidade. Caso contrário, classifiquem-na como má condutora.

A3 Construam um quadro com duas colunas, no qual serão dispostas informações sobre a condutividade elétrica das substâncias no estado sólido. Na primeira coluna, coloquem o título **Substâncias boas condutoras**; na segunda, **Substâncias más condutoras**.

Questões

Q11. Considerando os modelos de ligação química, o que explica a condutividade elétrica dos materiais no estado sólido?

Q12. Levando em consideração apenas a condutividade elétrica no estado sólido e os modelos de ligação química e de interações intermoleculares, seria possível identificar algum grupo de substâncias? Expliquem.

PARTE D Solubilidade em água (solvente polar) e aguarrás (solvente apolar)

Material

Aguarrás, água, vinte e um tubos de ensaio, uma espátula e um bastão de vidro.

Tenha cuidado!

Atenção! Nas partes D e E, trabalhe em ambiente ventilado ou utilize uma capela.

O que fazer

A4 Rotulem os tubos de ensaio de *A* a *J*.

A5 Coloquem água até a altura de 1/3 de cada tubo.

A6 Adicionem uma ponta de espátula da substância a ser testada. Usem o bastão de vidro, com cuidado, para auxiliar a dissolução.

A7 Construam um quadro com três colunas. Na primeira, coloquem o título **Substâncias solúveis em água**; nas demais, **Substâncias solúveis em aguarrás** e **Substâncias insolúveis**, respectivamente. Anote os resultados no quadro. Caso a substância seja solúvel, guardem a solução para realizar o teste da parte E.

A8 Repitam os testes anteriores, utilizando aguarrás no lugar da água. Anotem os resultados na segunda coluna do quadro construído em A7. Caso a substância seja solúvel, guardem a solução para realizar o teste da parte E.

A9 Agora adicionem água até a altura de 1/3 de um dos tubos de ensaio. Adicionem a mesma quantidade de aguarrás. Agitem. Observem e registrem.

Questões

Q13. Nos rótulos de recipientes de aguarrás está escrito:

Componentes: solventes alifáticos

Pesquisem o significado de solventes alifáticos. Não se esqueçam de indicar as fontes de pesquisa.

Q14. Tentem explicar por que água e aguarrás não são miscíveis.

Q15. Levando em consideração os modelos de ligação química, tentem explicar as diferenças de solubilidade observadas.

Q16. Considerando apenas a solubilidade em água e em aguarrás e os modelos de ligação química e de interações intermoleculares, seria possível identificar algum grupo de substâncias? Expliquem.

PARTE E Condutividade elétrica em solução aquosa e em solução de aguarrás

Material

Dispositivo para testar condutividade elétrica, um béquer de 250 mL, vidro de relógio (ou um béquer de 50 mL).

O que fazer

A10 Adicionem água ao béquer de 250 mL e testem a condutividade elétrica dessa substância, usando o dispositivo apropriado. A seguir, transfiram para o vidro de relógio (ou béquer de 50 mL) as soluções aquosas formadas na parte D e teste suas condutividades elétricas. Se o brilho da lâmpada for mais intenso do que no caso da água pura, considerem a solução como boa condutora. Caso contrário, considerem a solução como má condutora. Anotem os resultados em um quadro.

A11 Adicionem aguarrás ao béquer de 250 mL e testem a condutividade elétrica dessa substância, usando o dispositivo apropriado. A seguir, transfiram para o vidro de relógio (ou béquer de 50 mL) as soluções de aguarrás formadas na parte D e testem suas condutividades elétricas. Da mesma forma que em A10, anotem os resultados em um quadro.

Questões

Q17. Considerando os modelos de ligação química, o que explica a condutividade elétrica em solução aquosa?

Q18. Comparem o resultado obtido na parte E com o obtido na parte C, em que foi testada a condutividade elétrica das substâncias no estado sólido. O que vocês podem constatar? Como vocês explicam esse fato?

Q19. A condutividade elétrica em solução aquosa permite diferenciar entre dois grupos de substâncias que podem ser solúveis em água. Que grupos são esses? Expliquem com base nos modelos de ligação química.

PARTE F Síntese dos resultados

A12 Construam um quadro no caderno com as seguintes colunas:

Substância	Condutividade elétrica no estado sólido	Solubilidade em água	Solubilidade em aguarrás	Condutividade elétrica em solução	Aspecto da substância	Temperatura de fusão

Quadro 9-5: Propriedades das substâncias de *A* a *J*.

Preencham o quadro com os resultados anotados nos quadros anteriores.

Discussão dos resultados

A13 A partir dos resultados listados no quadro que vocês construíram em A12, tentem agrupar as substâncias que possuem propriedades semelhantes explicitando os critérios usados para classificação. Construam outro quadro com o seguinte título: **Substâncias agrupadas e critérios usados para classificação**.

Questões

Q20. Comparem o agrupamento das substâncias realizado pelo seu grupo com os de outros grupos da sala. Anotem as possíveis divergências.

Q21. É possível chegar a um critério único de agrupar as substâncias levando em consideração apenas suas propriedades?

Q22. Procurem agrupar as substâncias levando em consideração, além das propriedades investigadas, os modelos de ligação química e de interações intermoleculares. Construam um quadro no caderno com três colunas e cinco linhas. Na primeira linha, coloquem os seguintes títulos em cada coluna: **Grupo**, **Propriedades**, **Características do modelo**. Na primeira coluna, a partir da segunda linha, coloquem os seguintes títulos: **Substâncias moleculares**, **Substâncias iônicas**, **Sólidos covalentes**, **Substâncias metálicas**. Preencham o quadro, explicitando as propriedades e descrevendo as principais características do modelo de cada grupo.

Q23. Façam um resumo de como cada um dos modelos de ligação química explica as propriedades observadas para as substâncias.

TEXTO 2

Ligações químicas: as ligações covalentes

As substâncias são formadas por agrupamentos de átomos. Cada agrupamento diferente resulta em propriedades distintas. Já tivemos oportunidade de verificar que algumas substâncias diferentes apresentam propriedades semelhantes. As semelhanças entre essas propriedades podem ser explicadas por uma teoria das ligações químicas. Essa teoria nos permitirá responder às seguintes questões: O que mantém os átomos unidos? Por que persistem os agrupamentos de átomos? Por que cada tipo de agrupamento apresenta propriedades características? Para iniciar, vamos analisar o que ocorre quando dois átomos se aproximam um do outro.

O que acontece quando dois átomos se ligam? A ligação covalente

Na natureza, observa-se que as substâncias se formam porque os átomos tendem a um estado energético mais estável, de menor energia. Por exemplo, vejamos o que acontece com a energia de um sistema contendo dois átomos de hidrogênio quando esses átomos se aproximam.

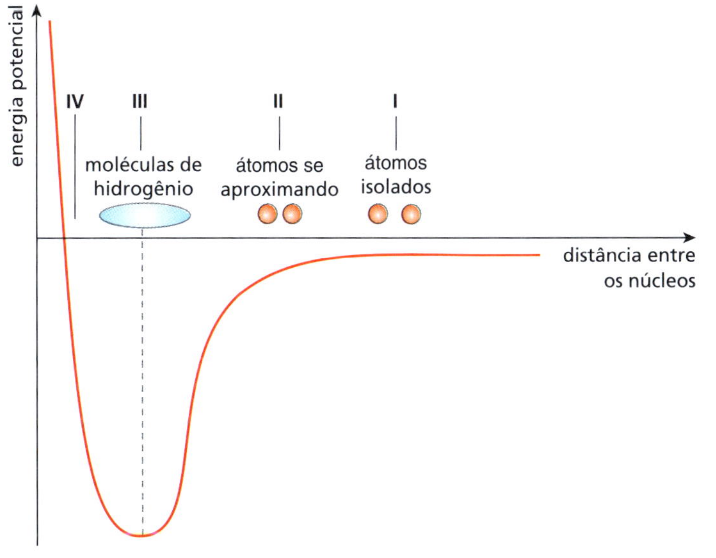

Figura 9-7: **Diagrama de energia × distância internuclear para a formação da molécula de hidrogênio.**

QUÍMICA

A figura 9-7 mostra um gráfico que apresenta, como eixo *y* (ordenadas), a energia potencial, e como eixo *x* (abscissas), a distância entre os núcleos de dois átomos de hidrogênio. Note que faremos a leitura desse gráfico da direita para a esquerda.

Quando dois átomos estão afastados (**situação I**), praticamente não existe uma interação entre eles. À medida que se aproximam, passam a atuar forças de atração entre o núcleo de cada um dos átomos e os elétrons do outro. Ao mesmo tempo, atuam forças de repulsão entre os núcleos e também entre os elétrons dos dois átomos (**situação II**).

A predominância das forças de atração faz com que os átomos de hidrogênio se aproximem cada vez mais, diminuindo a energia do sistema, até alcançarem uma distância na qual a energia é mínima (**situação III**). Nessa situação, há um equilíbrio entre as forças de atração e repulsão, e os elétrons de cada um dos átomos são atraídos igualmente pelos dois núcleos. Há, portanto, a formação do que chamamos **ligação química**. Neste caso, está sendo formada uma **ligação covalente**, mas podemos generalizar o fato de que toda ligação química se forma pela diminuição da energia do sistema. Portanto, para romper uma ligação química, deve-se fornecer energia ao sistema, enquanto sua formação libera energia. A situação III ocorre a uma certa distância entre os núcleos dos dois átomos, chamada de **comprimento de ligação**. Essa distância corresponde a 0,074 nm.

Uma maior aproximação entre os átomos (**situação IV**) provocará um aumento da energia do sistema, com consequente diminuição da estabilidade.

A situação III corresponde à formação de uma ligação química entre os átomos de hidrogênio. O resultado é a formação de uma molécula de hidrogênio (H_2). Esse tipo de ligação química se dá por compartilhamento de elétrons e, como já vimos, se chama ligação covalente. A formação de ligações covalentes entre os átomos geralmente resulta na formação de um agrupamento de átomos denominado **molécula**.

Considerando o modelo atômico, na situação I, na qual os átomos estão separados, cada elétron ocupa uma região do espaço em torno do núcleo, o orbital atômico (no caso, um orbital *s*). Na situação III, em que os átomos estão unidos por ligação covalente, os elétrons são atraídos igualmente pelos dois núcleos.

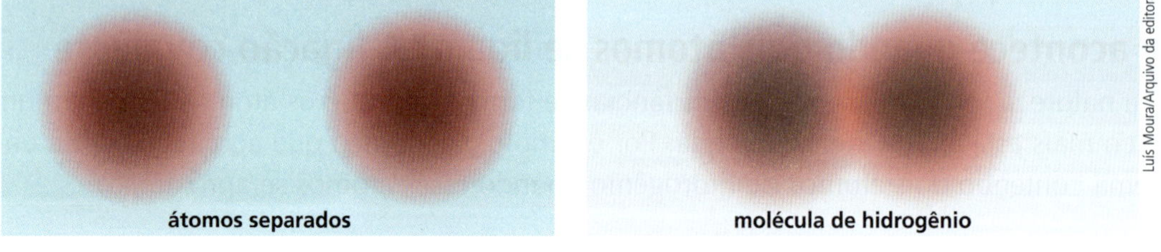

Figura 9-8: Representação para a formação da molécula de hidrogênio.

Toda vez que se forma uma ligação química, a energia do sistema diminui. Essa diminuição corresponde a uma liberação de energia do sistema para a vizinhança. A quantidade de energia liberada é conhecida como **energia de ligação**. De forma análoga, para que uma ligação química seja quebrada, é necessário fornecer energia ao sistema.

As reações químicas correspondem a rearranjos de átomos, em que algumas ligações são quebradas e outras são formadas. A quantidade de energia liberada ou consumida numa reação química vai depender do balanço entre a energia consumida para quebrar as ligações existentes nas espécies reagentes e a energia liberada na formação de novas ligações nos produtos. Frequentemente, numa reação exotérmica (que libera calor para a vizinhança), a energia liberada na formação das ligações nos produtos é maior que a consumida para quebrar as ligações nos reagentes. Numa reação endotérmica (que absorve calor da vizinhança), a energia necessária para quebrar as ligações existentes nas espécies reagentes é maior que a energia liberada na formação das ligações nos produtos.

Questões

Q24. O etanol (C_2H_5OH) é uma substância que vem sendo usada como combustível de automóveis no Brasil. O uso do etanol como combustível decorre do fato de que sua combustão libera uma quantidade considerável de energia (em forma de calor e trabalho mecânico). Na combustão completa do etanol, ocorre a reação com oxigênio e forma-se gás carbônico (CO_2) e água. Formam-se também vários outros subprodutos, resultantes da combustão incompleta.

a) Escreva a equação balanceada que representa a combustão completa do etanol.

b) Comparando a energia potencial química dos reagentes e dos produtos, o que você pode afirmar?

c) Considerando a resposta do item b, o que se pode afirmar sobre a energia de ligação dos produtos em relação à dos reagentes?

d) Considerando as respostas dos itens a e b, o que se pode afirmar sobre a estabilidade dos produtos formados em relação aos reagentes?

Q25. Os metais alcalinos não são encontrados na natureza na forma elementar, mas sim combinados com outros elementos. Quando obtidos na forma elementar, esses metais são tão reativos que não podem ser deixados expostos ao ar, pois reagem com o oxigênio. O sódio, por exemplo, é guardado em querosene para evitar o contato com o ar. A água não pode ser usada no lugar do querosene, porque o sódio reage violentamente com ela. Relacione as ideias de energia potencial química, estabilidade das substâncias e reatividade para explicar esses fatos.

A polaridade das ligações covalentes

No exemplo anterior, falamos em formação de uma molécula de hidrogênio. Nesse caso, os dois átomos são iguais; portanto, atraem igualmente os elétrons na ligação. Dizemos que eles têm a mesma **eletronegatividade**, que pode ser definida como a intensidade com que um átomo ligado atrai os elétrons da ligação química.

Nos casos em que, a exemplo da molécula de hidrogênio, os átomos possuem a mesma eletronegatividade, a ligação é chamada de **ligação covalente apolar**. Nessas situações, a nuvem eletrônica está uniformemente distribuída entre os dois núcleos. O termo "apolar" indica que não houve formação de polos carregados (figura 9-9).

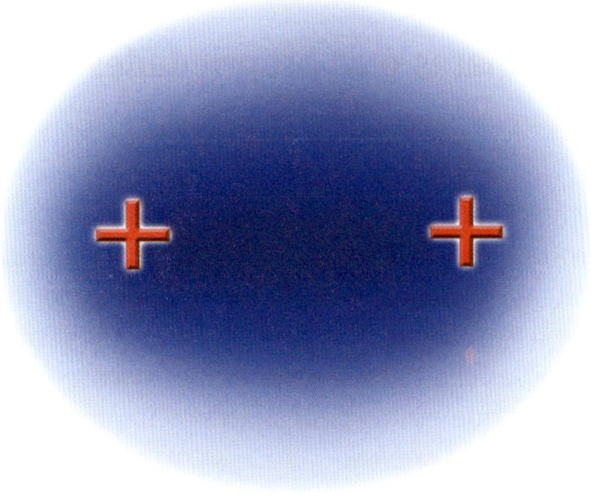

Luís Moura/Arquivo da editora

Figura 9-9: **Modelo de ligação covalente apolar.**

Vamos ver agora o que acontece quando dois átomos com eletronegatividade diferente se ligam, como na molécula de HCl. Teremos o mesmo tipo de ligação que ocorreu na molécula de H_2, mas nesse caso a nuvem eletrônica não estará uniformemente distribuída; ela estará mais densa junto ao átomo mais eletronegativo (no caso, o átomo de cloro). A região da molécula próxima ao átomo mais eletronegativo adquire uma carga parcial negativa (δ–), ao passo que a região próxima ao átomo menos eletronegativo adquire uma carga parcial positiva (δ +). A diferença de eletronegatividade entre os átomos confere, assim, um caráter polar à ligação covalente, que passa a ser chamada de **ligação covalente polar**.

Quanto maior for a diferença de eletronegatividade entre os átomos, maior será a polaridade da ligação formada.

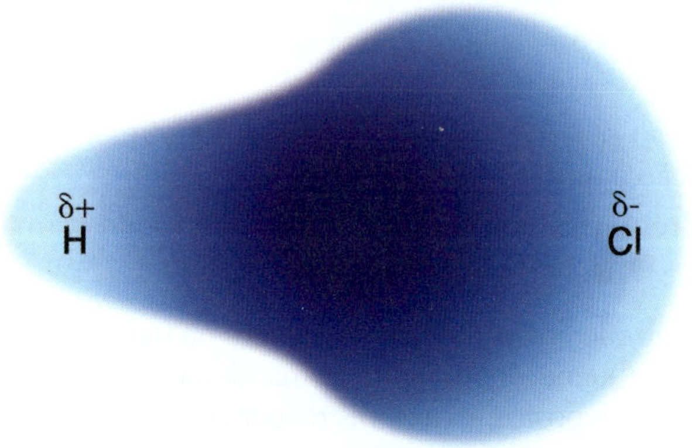

Figura 9-10: **Modelo de ligação covalente polar.**

Questão

Q26. Na atividade 1, você testou a solubilidade de algumas substâncias em solvente polar (água) e solvente apolar (aguarrás). O iodo (I_2) foi solúvel em aguarrás mas não em água, e isso é uma evidência de que ele pode ser considerado uma substância formada por moléculas apolares. Baseado nisso, faça o que é pedido:

a) Represente um modelo para a molécula de iodo, evidenciando a distribuição da nuvem eletrônica em torno dos dois núcleos dos átomos.

b) A água é uma substância formada por moléculas polares. Considerando que o átomo de oxigênio é mais eletronegativo que o átomo de hidrogênio e que o átomo de oxigênio está ligado a dois átomos de hidrogênio, represente um modelo para a molécula de água, evidenciando a distribuição da nuvem eletrônica em torno dos três núcleos dos átomos.

As interações intermoleculares e as propriedades das substâncias moleculares

Tivemos oportunidade de discutir como ocorre a formação de moléculas por meio de uma ligação covalente entre átomos. Para discutirmos as propriedades das substâncias formadas por moléculas, é necessário introduzir uma distinção importante. Apesar de as moléculas dessas substâncias serem formadas por ligações covalentes, não é o modelo de ligação covalente que explica suas propriedades físicas. Se assim fosse, seria de esperar que essas substâncias apresentassem altas temperaturas de fusão e ebulição (como o diamante) e fossem insolúveis tanto em solventes polares como apolares, uma vez que em uma ligação covalente os átomos estão fortemente ligados entre si.

Ao contrário, as substâncias moleculares apresentam temperaturas de fusão e ebulição relativamente baixas e são solúveis em solventes polares ou apolares, dependendo da sua natureza. O açúcar (sacarose), por exemplo, pode ser facilmente fundido numa chama de gás de cozinha e é bastante solúvel em água.

Portanto, existem dois tipos de substâncias formadas por ligações covalentes: as substâncias moleculares, que estudaremos agora, e os sólidos covalentes, que serão estudados a seguir.

Para compreender a natureza das substâncias moleculares, é preciso ter em mente que não são as ligações covalentes entre os átomos e sim as interações entre as moléculas que determinam suas propriedades físicas, uma vez que são essas interações as responsáveis pela agregação das partículas submicroscópicas (as moléculas) em conjuntos macroscópicos, cujas propriedades podemos investigar.

Assim, para as substâncias moleculares, é preciso introduzir a distinção entre **ligações interatômicas**, responsáveis pela formação da menor partícula da substância (a molécula), e **interações intermoleculares**, responsáveis pela agregação dessas partículas em conjuntos macroscópicos (as próprias substâncias moleculares, como as conhecemos e manipulamos).

As interações de Van der Waals

O gráfico da figura 9-11 apresenta a variação das temperaturas de fusão e de ebulição em função da massa molar para as substâncias simples formadas a partir de flúor, cloro, bromo e iodo, conhecidos como halogênios. Comparando as temperaturas de fusão e de ebulição de cada substância com a temperatura ambiente, podemos determinar o seu estado físico a essa temperatura.

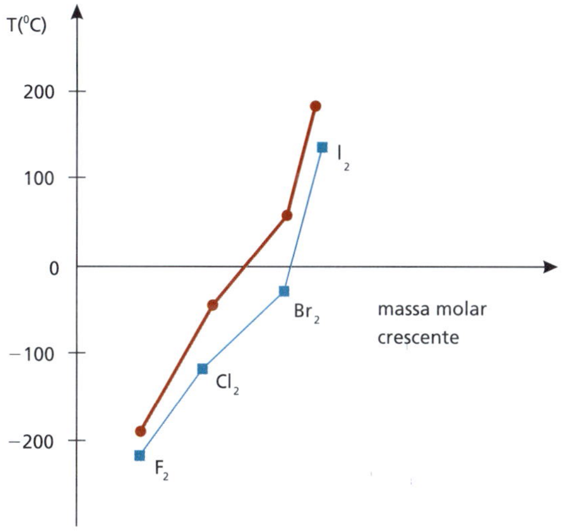

Figura 9-11: **Variação das temperaturas de fusão (▪) e ebulição (•) com a massa molar para F_2, Cl_2, Br_2 e I_2.**

Uma das informações que podemos tirar desse gráfico é que essas substâncias, quando já não estão no estado gasoso à temperatura ambiente, podem ser facilmente transformadas em gases. Isso mostra que as interações entre suas moléculas no estado sólido e no estado líquido são frágeis, podendo ser rompidas com facilidade. As forças, que mantêm unidas as moléculas num sólido desse tipo, resultam de interações muito fracas, de natureza eletrostática – do tipo dipolo-dipolo induzido – que são consequências da atração que os núcleos de uma molécula podem exercer sobre a eletrosfera da molécula vizinha, gerando polarizações eventuais. Essas interações dependem da superfície de contato entre as moléculas, de modo que, quanto maior e menos ramificada a molécula, maior a força de atração entre elas. A consequência disso é que essas interações crescem com o aumento da massa molar, como pode ser visto no gráfico.

Essas interações, que explicam as temperaturas de fusão e de ebulição de substâncias formadas por moléculas apolares, constituem uma categoria ampla de forças de atração intermoleculares chamadas de **interações ou forças de Van der Waals** em homenagem ao cientista holandês, que foi o primeiro a propor sua existência.

O fato de a intensidade das interações de Van der Waals ser proporcional à massa molar é observável para um número enorme de substâncias. Esse fato determina que o estado de agregação (sólido, líquido ou gasoso) das substâncias moleculares, a uma determinada temperatura, depende de sua massa molar. Essa relação pode ser observada, para outras substâncias, no quadro 9-6.

Substância	Massa molar (g/mol)	Estado físico a 20 °C
CO (monóxido de carbono)	28	gasoso
O_2 (oxigênio)	32	
CO_2 (dióxido de carbono)	44	
C_4H_{10} (butano)	56	
C_6H_6 (benzeno)	78	líquido
C_6H_{14} (*n*-hexano)	86	
$C_{10}H_8$ (naftaleno)	158	sólido
$C_{14}H_{10}$ (antraceno)	178	

Quadro 9-6: **Estados físicos de substâncias com diferentes massas molares.**

O fato de que as interações de Van der Waals dependam da superfície de contato entre as moléculas é observável para um grande número de substâncias orgânicas. Os hidrocarbonetos, substâncias orgânicas constituídas apenas por átomos de carbono e hidrogênio, apresentam, entre suas moléculas, apenas interações de Van der Waals. Como as cadeias orgânicas de hidrocarbonetos com uma mesma massa molar podem ser mais ou menos ramificadas, a comparação entre suas temperaturas de fusão e ebulição pode evidenciar esse fato. Observe o quadro 9-7, onde listamos três pares de substâncias orgânicas com a mesma massa molar colocando, em cada par, um composto com cadeia linear (sem ramificações) e outro com cadeia ramificada. Em cada par, os compostos de cadeia linear têm temperaturas de fusão e de ebulição maiores que os de cadeia ramificada. Pode-se explicar esse fato admitindo-se que a superfície de contato é menor entre as cadeias ramificadas quando comparadas às cadeias normais.

Substância	Fórmula molecular	Fórmula estrutural	Temperatura de fusão (°C)	Temperatura de ebulição (°C)
hexano	C_6H_{14}	$CH_3 — CH_2 — CH_2 — CH_2 — CH_2 — CH_3$	–95,3	68,7
2,2-dimetil butano	C_6H_{14}	CH_3 I $CH_3 — C — CH_2 — CH_3$ I CH_3	–99,0	49,7
heptano	C_7H_{16}	$CH_3 — CH_2 — CH_2 — CH_2 — CH_2 — CH_2 — CH_3$	–90,6	98,5
2,2-dimetil pentano	C_7H_{16}	CH_3 I $CH_3 — C — CH_2 — CH_2 — CH_3$ I CH_3	–123,8	79,2
octano	C_8H_{18}	$CH_3 — CH_2 — CH_2 — CH_2 — CH_2 — CH_2 — CH_2 — CH_3$	–56,8	125,6
2,2-dimetil hexano	C_8H_{18}	CH_3 I $CH_3 — C — CH_2 — CH_2 — CH_2 — CH_3$ I CH_3	–121,1	106,8

Quadro 9-7: **Temperaturas de fusão e ebulição em função da existência ou não de ramificações nas cadeias de alguns hidrocarbonetos.**

Existem ainda outros tipos de forças de atração entre as moléculas. Essas forças são consequência da existência de dipolos elétricos permanentes nas moléculas polares. Moléculas polares como HCl e NH_3, por exemplo, podem ser representadas como um dipolo, como está indicado na figura 9-12. Se esses dipolos estiverem alinhados, como na figura, aparece entre eles uma atração de natureza eletrostática. A esse tipo de atração dá-se o nome de **interação dipolo-dipolo**.

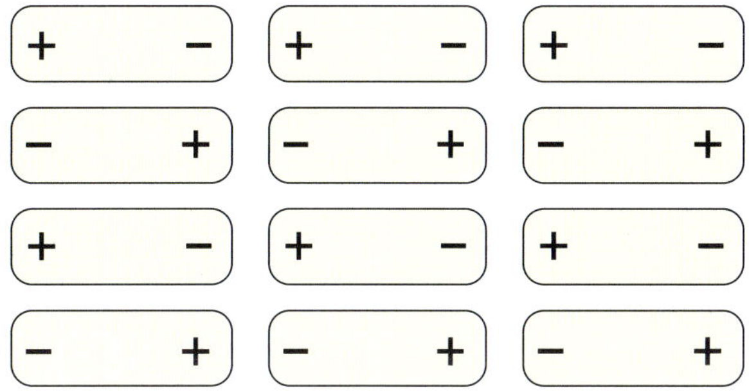

Figura 9-12: **Interação dipolo-dipolo. Os sinais positivos e negativos representam os centros das cargas positiva e negativa para o dipolo molecular resultante.**

A presença desse tipo de interação provoca um aumento nas forças de atração entre as moléculas. Em consequência, para substâncias de mesma massa molar, é razoável supor que aquelas constituídas por moléculas polares tenham temperaturas de fusão e de ebulição superiores às constituídas por moléculas apolares. Isso é realmente observado. O butano (apolar), por exemplo, é um gás à temperatura ambiente, enquanto a acetona (polar) é um líquido, apesar de suas massas molares serem bastante próximas (56 g/mol para o butano e 58 g/mol para a acetona).

As ligações de hidrogênio

Já tivemos oportunidade de examinar vários exemplos de como o estado físico das substâncias moleculares depende de sua massa molar. Essas observações nos levaram à generalização de que, quanto maior a massa molar de uma substância, maior sua temperatura de fusão e de ebulição.

Será que essa regra é observada para todas as substâncias moleculares?

Ao examinarmos o quadro 9-8, vemos que algumas substâncias fogem completamente à regra geral que acabamos de comentar. A água é o exemplo mais notável. Sua massa molar, 18 g/mol, é bem próxima da do metano (16 g/mol). O metano, no entanto, é um gás à temperatura ambiente, enquanto a água é líquida. Sua temperatura de ebulição (–162 °C) é muito inferior à da água (100 °C).

Substância	Massa molar (g/mol)	Temperatura de ebulição (°C)	Estado físico a 20 °C
CH_4 (metano)	16	–162	gasoso
H_2O (água)	18	100	líquido
C_2H_5OH (etanol)	46	78	líquido
C_3H_6O (acetona)	58	56	líquido
$C_6H_5CH_3$ (tolueno)	92	111	líquido
$C_{10}H_8$ (naftaleno)	128	218	sólido

Quadro 9-8: **Temperaturas de ebulição e estados físicos a 20 °C.**

Poderíamos argumentar que a água é formada por moléculas polares, ao passo que o metano, por moléculas apolares. Mas, mesmo quando comparada com substâncias polares de massa molar três vezes maior que a sua, como o álcool e a acetona, a água ainda apresenta uma temperatura de ebulição mais elevada.

Como explicar essa discrepância?

Na molécula de água, temos um átomo muito eletronegativo (o oxigênio) ligado a outro átomo bem menos eletronegativo (o hidrogênio). A consequência é que a nuvem eletrônica da ligação O–H é bem mais densa na região próxima ao oxigênio, de modo que a ligação está bastante polarizada. A região polarizada negativamente em uma molécula (–O–) atrai a região polarizada positivamente em uma molécula vizinha (–H). As interações resultantes, apesar de bem mais fracas que uma ligação covalente, são mais fortes que os outros tipos de interação entre as moléculas vistos até aqui, recebendo, por isso, um nome especial: **ligações de hidrogênio**. Essas ligações explicam o porquê de a água ser líquida à temperatura ambiente, apesar de sua baixa massa molar.

As ligações de hidrogênio não ocorrem apenas entre moléculas de água. Várias outras substâncias que apresentam hidrogênio ligado principalmente a oxigênio, nitrogênio ou flúor também exibem esse tipo de ligação – como o etanol, que apresenta temperatura de ebulição maior que a da acetona, apesar da massa molar menor (quadro 9-8).

As ligações de hidrogênio estudadas até agora são intermoleculares, mas esse tipo de ligação pode ocorrer também dentro de uma mesma molécula, sendo então denominada **ligação de hidrogênio intramolecular**. Essas últimas conferem, por exemplo, estruturas tridimensionais muito precisas às moléculas dos ácidos nucleicos e proteínas.

Questões

No quadro 9-9 são apresentadas as massas molares e as temperaturas de ebulição de compostos entre hidrogênio e átomos de três diferentes grupos da tabela periódica.

Fórmula do hidreto	Massa molar (g/mol)	Temperatura de ebulição (°C)
CH_4	16	–161,4
SiH_4	32	–112
GeH_4	76,6	–88,5
SnH_4	122,7	–52
H_2O	18	100
H_2S	34	–85,5
H_2Se	81	–41,5
H_2Te	129,6	–49
HF	20	19,5
HCl	36,6	–85
HBr	81	–67
HI	128	–35

Quadro 9-9: Temperaturas de ebulição para alguns hidretos.

Q27. Consulte a tabela periódica e indique o grupo a que pertencem os elementos combinados com o hidrogênio.

Q28. Construa um gráfico da massa molar (eixo das abscissas) × temperatura de ebulição (eixo das ordenadas) para os hidretos. Ligue os pontos dos hidretos de elementos pertencentes ao mesmo grupo periódico para obter três curvas.

Q29. Observando o gráfico construído e os dados do quadro 9-9, podemos enunciar uma tendência geral na variação da temperatura de ebulição em função da massa molar.

a) Qual é essa tendência?

b) Justifique essa tendência usando os modelos de interações intermoleculares.

Q30. Observando o gráfico construído e os dados do quadro 9-9, podemos verificar que duas substâncias não seguem a tendência geral enunciada em Q29(a).

a) Que substâncias são essas?

b) Explique a anomalia observada para essas substâncias usando os modelos de interações intermoleculares.

Q31. Quando se comparam as temperaturas de ebulição do grupo do CH_4 com as do grupo do HF, observa-se que esse último grupo apresenta temperaturas de ebulição mais altas, apesar de os pesos moleculares não serem muito diferentes. Use os modelos de interações intermoleculares para explicar esse fato.

As propriedades dos sólidos covalentes

A grafite e o diamante são substâncias formadas exclusivamente por átomos de carbono. As ligações entre esses átomos devem ser covalentes apolares. As temperaturas de fusão dessas substâncias são bastante elevadas, o que nos leva a crer que as ligações a serem rompidas durante o processo de fusão são muito fortes.

Na grafite e no diamante, não existem moléculas individuais, como no hidrogênio (H_2). Nessas substâncias, denominadas sólidos covalentes, todos os átomos de carbono estão ligados por ligações covalentes. É como se um pedaço de uma dessas substâncias fosse uma única e gigantesca molécula. Então, podemos concluir que, no processo de fusão dessas substâncias, são quebradas as ligações covalentes entre os átomos de carbono, que são muito fortes.

Uma grande parte das rochas e minerais é constituída por sólidos covalentes. Essas rochas e minerais, a exemplo da grafite e do diamante, têm altas temperaturas de fusão e ebulição e são insolúveis em solventes polares e apolares. Esse último fato sugere que os solventes não formam interações com os átomos que compensem energeticamente o rompimento das fortes ligações covalentes entre os átomos constituintes dessas substâncias.

Essas substâncias são, normalmente, duras e quebradiças e não conduzem corrente elétrica. A grafite é uma exceção. O exame de sua estrutura nos ajuda a entender esse comportamento. No diamante, todas as ligações entre os átomos são iguais e têm uma direção definida, resultando num retículo cristalino. Já a grafite apresenta dois tipos diferentes de ligações covalentes. Formando os planos de átomos, temos uma ligação semelhante à encontrada no diamante e em outros sólidos covalentes. Entre os planos, temos um outro tipo de ligação covalente, mais fraca, cujos elétrons têm liberdade para se movimentar por toda a estrutura. Esse modelo explica a condutividade elétrica da grafite e o fato de ela ser mais mole que o diamante; afinal, as camadas podem deslizar umas sobre as outras e se soltar facilmente. É por isso que usamos a grafite para escrever.

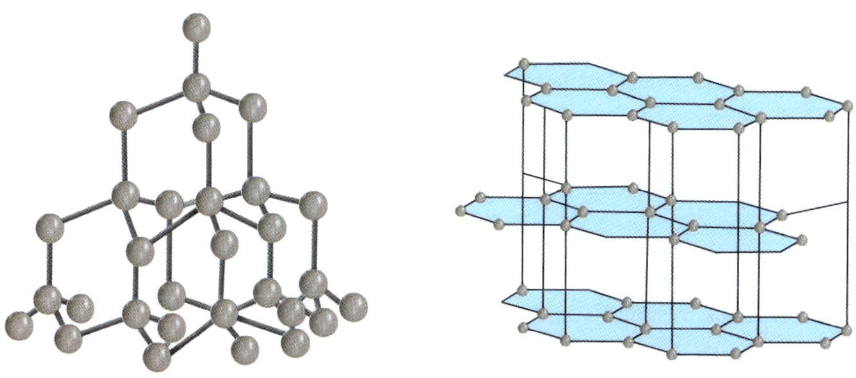

diamante

grafite

Luís Moura/Arquivo da editora

Figura 9-13: Modelo de estruturas do diamante e da grafite.

TEXTO 3

Ligações químicas: as ligações iônicas

objeto digital

Vamos considerar agora ligações entre átomos de sódio e de cloro para formar cloreto de sódio ($NaCl$). Podemos prever que a nuvem eletrônica não estará uniformemente distribuída entre os dois núcleos, pois os átomos têm eletronegatividades diferentes.

Seria essa uma ligação covalente polar?

Nesse caso, temos uma situação extrema, em que a diferença de eletronegatividade entre os dois átomos é tão grande que podemos imaginar que os elétrons da ligação se aproximam tanto do átomo mais eletronegativo (cloro) que passam a fazer, praticamente, parte dele.

Ocorre, dessa maneira, a formação de íons: o ânion cloreto, Cl^-, e o cátion sódio, Na^+. Por terem cargas opostas, existe uma força de atração, de natureza eletrostática, entre esses íons. Essa interação é chamada de **ligação iônica**.

Como a ligação iônica é baseada em atração eletrostática, um cátion Na^+ deverá interagir com os ânions Cl^- que estiverem à sua volta e vice-versa. No caso do $NaCl$, cada cátion e ânion interage com outros seis à sua volta. Um sólido iônico é, portanto, constituído por retículos cristalinos resultantes dessas interações.

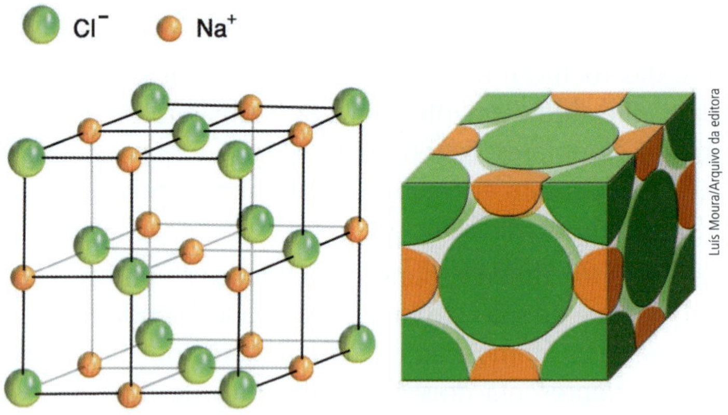

Figura 9-14: **Modelo do retículo cristalino no NaCl.**

Desse modo, os compostos iônicos não são formados por moléculas individuais, como acontece nos compostos formados por ligação covalente. Quando escrevemos $NaCl$ para designar o cloreto de sódio, estamos apenas indicando que, nos cristais desse composto, a relação sódio : cloro é de 1 : 1. Essa notação não indica a existência de moléculas individuais de $NaCl$.

Não existe uma fronteira rígida que permita dizer quando uma ligação é iônica ou covalente polar. Para muitos compostos formados por ligação covalente, o correto é falar em uma porcentagem de caráter iônico, já que em muitas situações esse caráter se manifesta. É o caso, por exemplo, do HCl, que, quando puro, apresenta-se sob a forma de um gás constituído por moléculas, mas em solução aquosa apresenta-se na forma de íons. Na maioria dos sólidos iônicos, também não temos uma ligação 100% iônica.

Uma regra pode ser usada para prever se a ligação formada entre dois átomos é iônica ou covalente. Para aplicar a regra, verifica-se se a ligação se dá entre um metal e um não metal ou entre dois não metais. No primeiro caso (metal-não metal), geralmente teremos uma ligação iônica, com o metal formando o cátion e o não metal formando o ânion; no segundo caso (não metal-não metal), teremos uma ligação covalente. Como a maioria das regras em Química, esta também tem exceções, mas funciona na maioria dos casos.

Propriedades dos compostos iônicos

As propriedades dos compostos iônicos refletem as características associadas ao modelo de um arranjo tridimensional de partículas carregadas.

As substâncias iônicas têm, normalmente, temperaturas de fusão e ebulição elevadas. Dessa maneira, a maioria delas é sólida a temperatura e pressão ambientes. Várias são solúveis em água (solvente polar), mas essa não é uma característica universal dos sólidos iônicos, pois vários são insolúveis ou pouco solúveis em água. Por exemplo, vários carbonatos, entre eles o carbonato de cálcio, $CaCO_3$. Os sólidos iônicos são insolúveis em solventes orgânicos (apolares), como aguarrás e benzeno (C_6H_6). Não conduzem corrente elétrica no estado sólido, mas o fazem em solução aquosa ou quando fundidos.

Todas essas propriedades estão relacionadas à alta energia requerida para deslocar os íons de suas posições muito estáveis no retículo cristalino e a mobilidade que os íons (partículas carregadas) adquirem em solução ou no estado líquido. A força de uma ligação iônica depende da carga dos íons. O cloreto de sódio (NaCl), em que os íons têm carga +1 e –1, funde-se a 801 °C, enquanto o óxido de magnésio, MgO, em que os íons têm carga +2 (Mg^{2+}) e –2 (O^{2-}), funde-se a 2 852 °C. Isso pode ser explicado pelo fato de que, quanto maior a carga, maior será a atração eletrostática entre os íons. No capítulo 6 discutimos o modelo de Rutherford para o átomo e vimos que a força resultante da interação entre partículas carregadas é diretamente proporcional às cargas envolvidas e inversamente proporcional ao quadrado da distância entre as partículas carregadas, ou seja:

$$F \propto \frac{q_1 \cdot q_2}{r^2}$$

A solubilidade em água é favorecida quando a energia gasta na quebra do retículo é compensada pela energia liberada na solvatação dos íons pelas moléculas de água, de modo que o sistema final (íons solvatados pela água) tem energia apenas ligeiramente diferente do sistema inicial (retículo cristalino). Esse processo de solvatação está ilustrado na figura 9-15. Nos casos em que a energia de solvatação é muito pequena, não ocorre a dissolução, o que explica por que muitos compostos iônicos são insolúveis em água.

A não condutividade no estado sólido explica-se pelo fato de os íons estarem presos em posições relativamente fixas no retículo cristalino, não apresentando mobilidade. Desde que o arranjo ordenado do estado sólido tenha sido destruído, pela fusão ou dissolução do composto, os íons podem se mover livremente. Os íons carregados em movimento passam a ser responsáveis pela condutividade das substâncias iônicas fundidas ou em solução.

A maioria das argilas tem uma composição bastante complexa que inclui sólidos covalentes ou sólidos iônicos, ou ainda uma mistura desses dois tipos. Elas são usadas na fabricação de peças de cerâmica, como vasos, panelas, telhas, tijolos refratários para a construção de fornos etc. A composição das cerâmicas é bastante variada e inclui silicatos (SiO_2 combinado com óxidos metálicos), óxidos (combinação de oxigênio e metais), carbetos (por exemplo SiC), nitretos (combinação de nitrogênio e metais) e aluminatos (combinação de alumina, Al_2O_3, com óxidos metálicos). As cerâmicas são normalmente muito duras e quebradiças e resistem a altas temperaturas, à corrosão e ao desgaste provocado por condições climáticas adversas. Como a densidade das cerâmicas é muito mais baixa que a dos metais, elas têm sido usadas na construção de peças de aeronaves e de motores de carros de corrida, em substituição aos metais, pois as peças de cerâmica pesam menos da metade das peças de metal correspondentes.

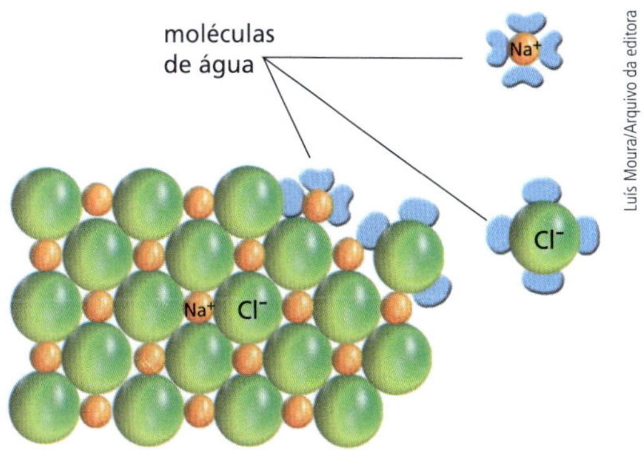

Figura 9-15: **Modelo para a solvatação dos íons de um sólido iônico.**

Questões

Q32. Com base na propriedade dos sólidos iônicos e covalentes e nos modelos de ligação química correspondentes, explique algumas das propriedades das cerâmicas.

Rubens Chaves

Figura 9-16: **As cerâmicas são usadas na fabricação de diversos objetos.**

Q33. Fluoreto de cálcio (CaF_2) e fluoreto de potássio (KF) são sólidos iônicos. O fluoreto de cálcio é formado por íons Ca^{2+} e F^- e o fluoreto de potássio, por íons K^+ e F^-. A temperatura de fusão do fluoreto de cálcio (1 360 °C) é, no entanto, bem maior que a temperatura de fusão do fluoreto de potássio (846 °C). Como você explica essa diferença?

Q34. Com base nos modelos de ligação química, explique por que não é possível fundir sal de cozinha, que é constituído principalmente por cloreto de sódio, na chama de um fogão a gás.

Q35. Explique por que o nitrato de potássio é solúvel em água, enquanto o iodeto de chumbo é insolúvel, apesar de ambos serem substâncias iônicas.

TEXTO 4

Ligações químicas: a ligação metálica

Cerca de 3/4 dos elementos do sistema periódico são classificados como metais. Podem ser encontrados dois tipos de materiais metálicos: aqueles que são formados por átomos de um mesmo elemento químico (por exemplo, o ouro) e aqueles formados por mais de um elemento. Nesse último caso, o material recebe o nome de liga metálica (por exemplo, o latão, que é uma liga de cobre e zinco).

Vimos que a ligação covalente é proveniente da atração que os núcleos dos átomos exercem sobre o par de elétrons da ligação. Nos metais, os átomos são unidos não aos pares, mas pela atração mútua entre um grande número de núcleos e um grande número de elétrons.

Tomemos como exemplo um cristal de lítio metálico. Na sua rede cristalina, cada átomo de lítio encontra-se rodeado por oito vizinhos mais próximos. Esse átomo, entretanto, possui apenas um elétron no último nível. Os elétrons do último nível são responsáveis pela formação das ligações químicas, os chamados elétrons de valência.

Assim, com apenas um elétron de valência, não é possível ao átomo de lítio formar ligações por meio de pares eletrônicos com os oito átomos vizinhos. Por outro lado, a camada de valência do lítio, com apenas um elétron, está bastante vazia, de modo que o elétron de valência de um determinado átomo de lítio tem ao seu redor oito núcleos e uma completa liberdade para mover-se nas camadas de valência de todos esses átomos. Para qualquer lugar que o elétron se mova, encontra-se sempre entre dois núcleos positivos. Sob essa circunstância, não é surpreendente que um elétron possa se mover facilmente de um lugar para outro. Cada elétron de valência está virtualmente livre para percorrer o cristal.

Essas considerações levaram os químicos a propor, para um metal, um modelo de íons positivos, distribuídos na rede cristalina, imersos num "gás" de elétrons, que não se encontram firmemente ligados a nenhum núcleo.

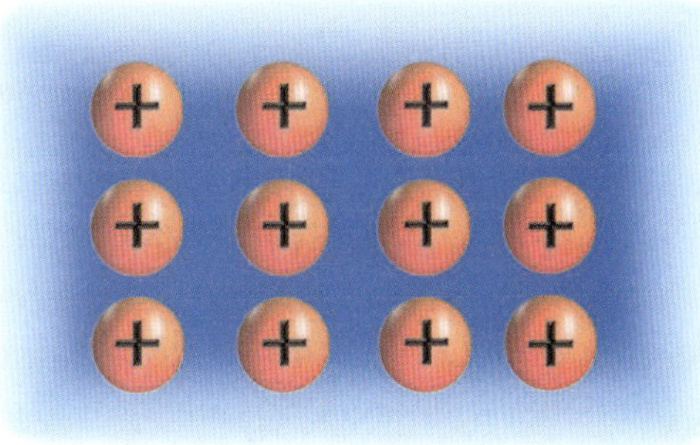

Figura 9-17: **Modelo para a ligação metálica: íons positivos imersos num "gás" de elétrons.**

A ideia de um "gás" de elétrons mais ou menos uniforme resulta em uma diferença importante entre ligação metálica e ligação covalente. Nas ligações covalentes, os elétrons estão localizados de maneira a fixar a posição dos átomos. Dizemos que as ligações possuem caráter direcional – os elétrons tendem a permanecer concentrados em determinadas regiões do espaço. Ao contrário, os elétrons de valência num metal estão dispersos quase uniformemente por meio do cristal, de modo que a ligação metálica não exerce a mesma influência direcional da ligação covalente.

As propriedades das substâncias metálicas

Figura 9-18: **Os metais podem ser facilmente transformados em lâminas e em fios.**

O modelo proposto para a ligação metálica nos ajuda a compreender várias propriedades apresentadas pelas substâncias metálicas. As ligações metálicas são caracterizadas pelo fato de que têm a mesma intensidade qualquer que seja a direção; sendo assim, não é surpreendente que muitos metais possam ser facilmente deformados sem que se destrua sua estrutura cristalina. Sob a influência de uma tensão, uma pancada, por exemplo, um plano de átomos pode deslizar sobre outro. Apesar disso, os elétrons ainda mantêm as ligações entre os planos. Isso explica as propriedades de maleabilidade e ductibilidade dos metais.

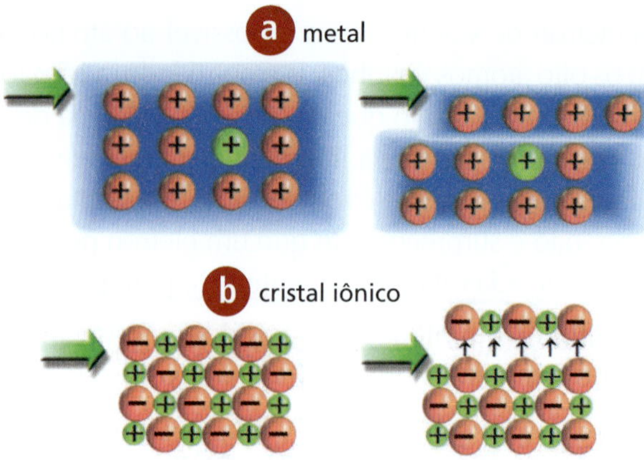

Luís Moura/Arquivo da editora

Figura 9-19: **a) Deslocamento forçado dos átomos num metal.**
b) Deslocamento num cristal iônico.

Os metais conduzem bem a eletricidade e o calor porque seus elétrons de valência estão livres para se mover no sólido. O aquecimento de uma ponta de um fio de cobre, por exemplo, aumenta a energia dos elétrons daquela região do fio. Como os elétrons têm liberdade de movimento, vão transmitindo essa perturbação para outros elétrons do metal, até que todo o metal fique aquecido. Além disso, o aquecimento do metal aumenta a vibração dos átomos e essa vibração também é transmitida na forma de onda. A condutividade elétrica é explicada de maneira semelhante. O comportamento ondulatório dos elétrons e a existência de uma banda de condução nos metais fazem com que a energia elétrica, que pode ser interpretada como uma onda eletromagnética, seja transmitida ao longo, por exemplo, de um fio metálico.

Joel Rocha/Editora Abril

Figura 9-20: **Metais são bons condutores de eletricidade, sendo, por isso, usados na fabricação de fios.**

As temperaturas de fusão dos metais variam desde valores baixos (o mercúrio é um metal líquido à temperatura ambiente) até valores muito altos (o tungstênio tem temperatura de fusão de aproximadamente 3 680 °C, sendo, por isso, usado na fabricação de materiais que devem resistir a altas temperaturas, como filamentos de lâmpadas e ferramentas de corte). Os metais não são solúveis em solventes polares ou apolares, mas podem reagir com ácidos fortes, como os ácidos clorídrico, sulfúrico e nítrico.

Charles D. Winters/Photoresearchers/Latinstock

Figura 9-21: **O mercúrio é um metal líquido.**

O arranjo cristalino dos metais é, em geral, bastante compacto. Isso explica por que os metais, geralmente, são muito densos quando comparados às substâncias moleculares, iônicas e covalentes. Como a densidade depende também da massa do átomo, os metais constituídos por átomos mais leves são bem menos densos que aqueles constituídos por átomos pesados. A densidade do alumínio (massa atômica = 27 u), a 20 °C, por exemplo, é 2,7 g · cm^{-3}. Já a densidade da platina (massa atômica = 195 u), à mesma temperatura, é 21,5 g · cm^{-3}.

Questões

No início do curso, você comparou as vantagens e desvantagens de usar panelas feitas de metal e de material cerâmico (panela de barro). Lembre-se de que a cerâmica é, normalmente, uma combinação de sólidos covalentes e iônicos.

Q36. Com base nos modelos apropriados de ligação química, responda:

a) Por que as panelas de barro demoram mais tempo a cozinhar os alimentos, mas os conservam quentes por mais tempo?

b) Por que as panelas de alumínio cozinham os alimentos mais rapidamente, mas não os conservam quentes por muito tempo?

Q37. Sabendo que o vidro é um tipo de material cerâmico, qual é o melhor copo para manter a bebida gelada por mais tempo num dia de muito sol e calor: o copo de vidro ou o copo de alumínio? Justifique usando os modelos apropriados de ligação química.

TEXTO 5

Água = H_2O?

O que significa dizer que a fórmula da água é H_2O?

Às vezes, temos a sensação de nos apropriarmos da essência da água quando a representamos por duas simples letras e um número.

A água, como solvente universal, fermentou a vida no planeta. É a única substância que, nas condições físico-químicas da terra, apresenta-se nos três estados da matéria. O gelo tem uma propriedade notável de ser um sólido menos denso que a água líquida. A maioria dos sólidos afunda nos seus líquidos. O gelo flutua na água, e isso é fundamental para a vida no planeta, pois nas regiões frias os mares se congelam apenas na superfície, preservando a vida.

Evidentemente, a água é muito mais que um simples solvente universal. Quando matamos nossa sede ou nos banhamos nas águas límpidas de um riacho, "ela representa a soma dos olhos de toda a humanidade, porque no seu circular contínuo pelo ambiente já viveu a experiência de todas as lágrimas, desceu por todas as gargantas, visitou geleiras, montanhas, rios e oceanos e vem transitando pelos nossos corpos desde a aurora do planeta" (TRANCOSO, Alfeu. Reflexões no cipó. *Estado de Minas*, 18 nov. 1994).

Vale a pena discutir, do ponto de vista científico, o significado de atribuirmos uma fórmula simples a uma substância tão importante como a água. Quando Lavoisier, em 1783, anunciou à Academia de Ciências de Paris que a água era composta por hidrogênio e oxigênio, estava propondo uma nova maneira de definir um elemento químico completamente diferente da visão aristotélica: um elemento poderia ser definido experimentalmente como qualquer substância que não pudesse ser decomposta por métodos químicos. Quando John Dalton propôs sua teoria atômica em 1803, sugeriu a interpretação de que cada elemento fosse constituído por uma única espécie de átomos. Em uma reação química, os átomos de diferentes elementos poderiam se combinar para formar moléculas (chamadas por Dalton de átomos compostos), que seriam a menor unidade da substância composta. Para Dalton, um átomo de hidrogênio combinava-se com um átomo de oxigênio para formar a molécula de água – que teria a fórmula HO. Gay-Lussac, seguindo os trabalhos de Cavendish e Priestley, verificou que dois volumes de hidrogênio se combinam com um volume de oxigênio para formar a água. Logo após a publicação desses resultados por Gay-Lussac, em 1808, Berzelius sugeriu a fórmula H_2O para a água.

A ideia de fórmula química surgiu, portanto, como uma forma de expressar as quantidades das substâncias elementares que entram numa combinação.

A partir da segunda metade do século XIX, os químicos começaram a usar as fórmulas como uma representação espacial da molécula que poderia explicar várias propriedades das substâncias. As fórmulas químicas passavam a representar não só as quantidades que se combinavam mas também o retrato da realidade molecular, permitindo antever como os átomos que constituíam a molécula estavam distribuídos no espaço e de que forma se ligavam uns aos outros. É interessante observar que, durante a segunda metade do século XIX, o esforço criativo de químicos como Kekulé, Le Bell, Van't Hoff etc., permitiu que se passasse a "enxergar" essa realidade molecular, a despeito do fato de não haver nenhuma evidência direta de que ela realmente existisse. A imaginação criativa dos químicos de então permitia que eles deduzissem essas fórmulas a partir do estudo das propriedades das substâncias. O fato de Kekulé, por exemplo, ter sido um arquiteto pode ser mais que uma feliz coincidência. Assim como os arquitetos constroem suas casas na imaginação e no papel antes que elas tomem forma na realidade, os químicos dessa época foram capazes de prever estruturas químicas que só se tornaram observáveis muitos anos mais tarde.

A teoria quântica, aplicada à Química a partir dos anos 1930, introduz um significado mais preciso à ideia de valência que tinha sido usada para explicar o poder de combinação dos elementos. O átomo é representado como sendo constituído por duas regiões de cargas diferentes: o núcleo e a eletrosfera. A ligação química passa a representar uma interação de natureza eletromagnética que ocorre entre os núcleos (carregados positivamente) e as eletrosferas (carregadas negativamente) de átomos vizinhos. O traço com que ligamos os átomos de hidrogênio e oxigênio na fórmula estrutural da água representa, na verdade, uma região do espaço ocupada por elétrons que estão sendo atraídos pelos dois núcleos vizinhos (o do oxigênio e o do hidrogênio). Ele não tem a realidade física de um elo material, apenas representa uma interação ou força elétrica que tem uma direção preferencial. Uma outra forma de representar essa ligação seria por meio de uma nuvem eletrônica. Compare as duas representações na figura 9-22. O fato de a primeira representação ser mais usual está ligado à sua simplicidade. Do ponto de vista de uma maior aproximação da realidade física da ligação química, no entanto, a segunda representação é mais conveniente.

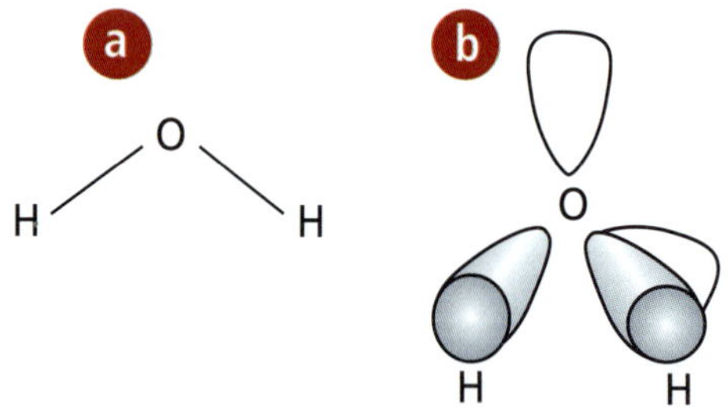

Figura 9-22: a) Representação mais usual da molécula de água.
b) Representação para a molécula de água usando orbitais.

Uma das propriedades fundamentais da água é o fato de que ela é um solvente muito melhor do que a maioria dos líquidos comuns. Essa propriedade está relacionada à polaridade da molécula de água, que pode ser explicada pela existência de um ângulo de 104,5° entre as ligações O–H. Como os átomos de oxigênio atraem os elétrons da ligação mais intensamente, aparece uma carga parcial positiva nos átomos de hidrogênio e uma carga parcial negativa no átomo de oxigênio. Se a molécula de água fosse linear – com um ângulo de 180° entre as ligações O–H –, a polaridade de uma ligação anularia a da outra, e a molécula seria apolar. É o que acontece, por exemplo, no gás carbônico, CO_2.

Sendo polar, as moléculas de água podem solvatar íons e outras moléculas polares. No processo de solvatação, representado na figura 9-23, íons positivos e negativos ficam envoltos por moléculas de água, orientadas de maneira diferente em cada caso. Os íons positivos são envolvidos pela região negativa da molécula de água, próxima ao átomo de oxigênio. Já os íons negativos são envolvidos pela região positiva da molécula de água, próxima aos átomos de hidrogênio.

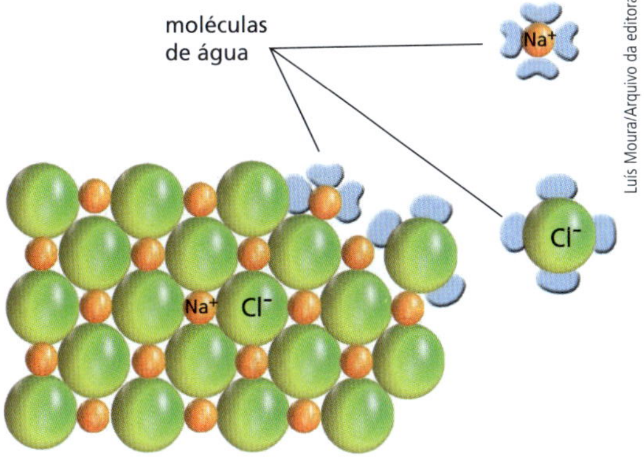

Figura 9-23: Modelo do processo de solvatação.

Como já estudamos, os átomos de oxigênio de uma molécula podem atrair os átomos de hidrogênio da molécula vizinha, formando ligações de hidrogênio. Na figura 9-22 (b), os orbitais vazados comportam dois pares de elétrons não ligantes do átomo de oxigênio, que podem formar as ligações com o hidrogênio, que está parcialmente positivo. Cada molécula de água pode, dessa forma, acomodar um número máximo de quatro ligações de hidrogênio: duas por meio dos orbitais do oxigênio e duas dos hidrogênios que vão acomodar duas outras moléculas de água. A figura 9-24 mostra como esse arranjo ocorre no gelo.

A existência desse tipo de ligação explica várias propriedades importantes da água, como o fato de que seja líquida à temperatura ambiente. Moléculas maiores que a água – como CO_2 e NH_3 (amônia) – são gasosas. A forte atração existente entre as moléculas de água, por meio das ligações de hidrogênio, explica essa propriedade incomum. Por outro lado, a notável propriedade de o gelo ser menos denso que a água líquida está relacionada ao fato de cada molécula de água formar o número máximo de quatro ligações de hidrogênio com suas vizinhas no estado sólido. No estado líquido, cada molécula, em média, pode formar 3,4 ligações de hidrogênio com suas vizinhas. Esse número fracionário se explica pelo constante deslocamento das moléculas no líquido, que quebra e forma, rapidamente, ligações de hidrogênio. Embora em qualquer instante a maioria das moléculas na água líquida esteja formando ligações de hidrogênio, a vida média de cada uma dessas ligações é da ordem de 10^{-9} s. Isso explica por que a água líquida não é viscosa. Se as ligações de hidrogênio persistissem por um tempo maior, a água tenderia a tornar-se viscosa, o que acontece, por exemplo, com a glicerina, que também forma ligações de hidrogênio entre suas moléculas.

No estado sólido, cada molécula de água passará a acomodar, no máximo, quatro ligações de hidrogênio. Como as moléculas no estado sólido geralmente não se deslocam mas apenas vibram em torno de suas posições no retículo cristalino, essas ligações de hidrogênio são duráveis. Para acomodar esse grande número de ligações, as moléculas acomodam-se em arranjos hexagonais, sobrando grandes espaços vazios no interior desses hexágonos. Isso faz com que o arranjo ocupe um volume maior, o que explica a menor densidade do gelo. Quando o gelo se funde, esses vazios desaparecem e as moléculas de água podem ficar mais próximas umas das outras, o que faz com que o volume ocupado por elas diminua, aumentando a densidade.

Por todas essas considerações, é problemático pensar na existência de moléculas individuais na água sólida e na água líquida. Essas moléculas estão constantemente ligando-se a outras, formando grupos de moléculas. Portanto, a fórmula H_2O parece ser apropriada apenas para a água no estado gasoso a baixas pressões e altas temperaturas, em que praticamente não ocorre a formação de ligações de hidrogênio e as moléculas existem individualmente. A água gasosa, sendo constituída por moléculas individuais ou agrupadas em pequeno número, não é visível e não deve ser confundida com o vapor que vemos saindo de uma chaleira com água fervente.

A "fumaça" visível é água líquida que se condensou em pequenas gotículas que permanecem em suspensão no ar. As gotículas têm dimensões visíveis, o que não ocorre com as moléculas, que são invisíveis a olho nu.

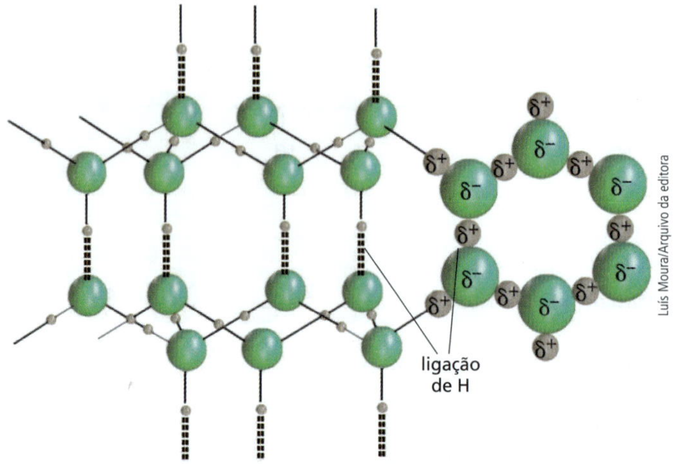

Figura 9-24: **Modelo do arranjo cristalino das moléculas de água no gelo.**

Mesmo com a ideia de que a água gasosa seja formada por moléculas individuais, não podemos deixar de considerar que essas moléculas são dinâmicas e podem trocar átomos entre si. A ideia da existência de moléculas individuais no estado gasoso tem de ser compatibilizada com a observação experimental de que, ao se misturarem, na fase gasosa, 50% de água comum (H_2O) e 50% de água pesada (D_2O – em que D representa o símbolo do deutério, um isótopo mais pesado do hidrogênio), obtém-se, depois de certo tempo, uma grande quantidade de moléculas de água com a fórmula HDO. As moléculas de água interagem dinamicamente no estado gasoso.

Todas essas considerações nos levam a concluir que a fórmula química da água – H_2O – é um importante instrumento para explicar várias de suas propriedades, inclusive aquelas mais notáveis e incomuns. A fórmula, no entanto, nada mais é que uma representação da substância. Como tal, devemos usá-la, apropriando-nos das informações que ela pode nos fornecer, mas tomando o cuidado de não confundi-la com a realidade da substância água, muito mais complexa e profunda do que aquilo que duas letras do alfabeto e um número permitem antever.

NA INTERNET

<www.diaadiaeducacao.pr.gov.br/diaadia/diadia/modules/mydownloads_08/viewcat.php?cid=14&orderby=ratingD>

Página do Portal Educacional do Estado do Paraná. Nela você vai encontrar um simulador que apresenta as interações de vários líquidos como água, acetona, ciclohexano e tetracloreto de carbono com barra de plástico, vara de vidro ou barra de ferro. Acesso em: 25 abr. 2012.

<www.pontociencia.org.br>

Na página do Projeto Ponto Ciência você vai encontrar várias sugestões de experimentos envolvendo ligações químicas e interações intermoleculares. Acesso em: 25 abr. 2012.

<http://qnesc.sbq.org.br>

Página da revista *Química Nova na Escola* (QNEsc), publicada pela Sociedade Brasileira de Química (SBQ). Os artigos estão disponíveis na íntegra e de forma totalmente gratuita. Estão disponíveis também os Cadernos Temáticos publicados desde 2001. Acesso em: 25 abr. 2012.

TABELA PERIÓDICA

- Os elementos de números atômicos 113, 114, 115 e 116 não constam na tabela porque, apesar de relatados por pesquisadores, até meados de 2005 não haviam sido referendados pela Iupac/Iupap (*International Union of Pure and Applied Chemistry/International Union of Pure and Applied Physics* ou, em português, União Internacional de Química Pura e Aplicada/União Internacional de Física Pura e Aplicada).
- As massas atômicas relativas são listadas com arredondamento no último algarismo. As massas atômicas entre parênteses representam valores ainda não padronizados pela Iupac.
- As cores nos símbolos dos elementos indicam o estado físico a 25 °C e a 1 atm de pressão: **azul** – estado líquido; **roxo** – estado gasoso; **preto** – estado sólido; **cinza** – estado físico desconhecido.
- A classificação dos elementos boro, silício, germânico, arsênico, antimônio, telúrio e polônio em semimetais ou metaloides não é reconhecida pela Iupac.
- **Observação**: As cores utilizadas nesta tabela não têm significado científico; são apenas recursos visuais pedagógicos.

Metais
Não metais
Gases nobres

	1 1A	2 2A	3 3B	4 4B	5 5B	6 6B	7 7B	8 8B	9 8B	10 8B	11 1B	12 2B	13 3A	14 4A	15 5A	16 6A	17 7A	18 0 ou 8A
1	1,01 1 H hidrogênio																	4,00 2 He hélio
2	6,94 3 Li lítio	9,01 4 Be berílio											10,81 5 B boro	12,01 6 C carbono	14,01 7 N nitrogênio	16,00 8 O oxigênio	19,00 9 F flúor	20,18 10 Ne neônio
3	22,99 11 Na sódio	24,31 12 Mg magnésio											26,98 13 Al alumínio	28,09 14 Si silício	30,97 15 P fósforo	32,07 16 S enxofre	35,45 17 Cl cloro	39,95 18 Ar argônio
4	39,10 19 K potássio	40,08 20 Ca cálcio	44,96 21 Sc escândio	47,87 22 Ti titânio	50,94 23 V vanádio	52,00 24 Cr crômio	54,94 25 Mn manganês	55,85 26 Fe ferro	58,93 27 Co cobalto	58,69 28 Ni níquel	63,55 29 Cu cobre	65,41 30 Zn zinco	69,72 31 Ga gálio	72,64 32 Ge germânio	74,92 33 As arsênio	78,96 34 Se selênio	79,90 35 Br bromo	83,80 36 Kr criptônio
5	85,47 37 Rb rubídio	87,62 38 Sr estrôncio	88,91 39 Y ítrio	91,22 40 Zr zircônio	92,91 41 Nb nióbio	95,94 42 Mo molibdênio	(97,91) 43 Tc tecnécio	101,07 44 Ru rutênio	102,91 45 Rh ródio	106,42 46 Pd paládio	107,87 47 Ag prata	112,41 48 Cd cádmio	114,82 49 In índio	118,71 50 Sn estanho	121,76 51 Sb antimônio	127,60 52 Te telúrio	126,90 53 I iodo	131,29 54 Xe xenônio
6	132,91 55 Cs césio	137,33 56 Ba bário	SÉRIE DOS LANTANÍDIOS 57/71	178,49 72 Hf háfnio	180,95 73 Ta tântalo	183,84 74 W tungstênio	186,21 75 Re rênio	190,23 76 Os ósmio	192,22 77 Ir irídio	195,08 78 Pt platina	196,97 79 Au ouro	200,59 80 Hg mercúrio	204,38 81 Tl tálio	207,21 82 Pb chumbo	208,98 83 Bi bismuto	(208,98) 84 Po polônio	(209,99) 85 At astato	(222,02) 86 Rn radônio
7	(223,02) 87 Fr frâncio	(226,03) 88 Ra rádio	SÉRIE DOS ACTINÍDIOS 89/103	(261,11) 104 Rf rutherfórdio	(262,11) 105 Db dúbnio	(266,12) 106 Sg seabórgio	264,12 107 Bh bóhrio	(277) 108 Hs hássio	(268,14) 109 Mt meitnério	271 110 Ds darmstádtio	272 111 Rg roentgenium	277 112 Cn copernício						

SÉRIE DOS LANTANÍDIOS

138,91 57 La lantânio	140,12 58 Ce cério	140,91 59 Pr praseodímio	144,24 60 Nd neodímio	(144,91) 61 Pm promécio	150,36 62 Sm samário	151,96 63 Eu európio	157,25 64 Gd gadolínio	158,93 65 Tb térbio	162,50 66 Dy disprósio	164,93 67 Ho hólmio	167,26 68 Er érbio	168,93 69 Tm túlio	173,04 70 Yb itérbio	174,97 71 Lu lutécio

SÉRIE DOS ACTINÍDIOS

(227,03) 89 Ac actínio	232,04 90 Th tório	231,04 91 Pa protactínio	238,03 92 U urânio	(237,05) 93 Np netúnio	(244,06) 94 Pu plutônio	(243,06) 95 Am amerício	(247,07) 96 Cm cúrio	(247,07) 97 Bk berquélio	(251,08) 98 Cf califórnio	(252,08) 99 Es einstênio	(257,10) 100 Fm férmio	(258,10) 101 Md mendelévio	(259,10) 102 No nobélio	(262,11) 103 Lr laurêncio

Legenda: massa atômica relativa (1,01) — símbolo (H) — número atômico (1) — nome (hidrogênio)

Os dados contidos nesta tabela periódica estão de acordo com as recomendações de 2005 da Iupac e da Iupap.

VALORES DA PRIMEIRA ENERGIA DE IONIZAÇÃO

- Metais
- Não metais
- Gases nobres

1 1A	2 2A	3 3B	4 4B	5 5B	6 6B	7 7B	8 8B	9 8B	10 8B	11 1B	12 2B	13 3A	14 4A	15 5A	16 6A	17 7A	18 0 ou 8A
1 **H** 13,598																	2 **He** 24,587
3 **Li** 5,392	4 **Be** 9,323											5 **B** 8,298	6 **C** 11,260	7 **N** 14,534	8 **O** 13,618	9 **F** 17,423	10 **Ne** 21,585
11 **Na** 5,139	12 **Mg** 7,646											13 **Al** 5,986	14 **Si** 8,152	15 **P** 10,487	16 **S** 10,360	17 **Cl** 12,968	18 **Ar** 15,760
19 **K** 4,341	20 **Ca** 6,113	21 **Sc** 6,562	22 **Ti** 6,828	23 **V** 6,746	24 **Cr** 6,767	25 **Mn** 7,434	26 **Fe** 7,902	27 **Co** 7,881	28 **Ni** 7,640	29 **Cu** 7,726	30 **Zn** 9,394	31 **Ga** 5,999	32 **Ge** 7,899	33 **As** 9,789	34 **Se** 9,752	35 **Br** 11,814	36 **Kr** 14,000
37 **Rb** 4,171	38 **Sr** 5,695	39 **Y** 6,217	40 **Zr** 6,634	41 **Nb** 6,759	42 **Mo** 7,092	43 **Tc** 7,280	44 **Ru** 7,361	45 **Rh** 7,459	46 **Pd** 8,337	47 **Ag** 7,576	48 **Cd** 8,994	49 **In** 5,786	50 **Sn** 7,344	51 **Sb** 8,608	52 **Te** 9,010	53 **I** 10,451	54 **Xe** .
55 **Cs** 3,894	56 **Ba** 5,212	**57/71**	72 **Hf** 6,825	73 **Ta** 7,550	74 **W** 7,864	75 **Re** 7,834	76 **Os** 8,438	77 **Ir** 8,967	78 **Pt** 8,959	79 **Au** 9,226	80 **Hg** 10,438	81 **Tl** 6,108	82 **Pb** 7,417	83 **Bi** 7,286	84 **Po** 8,417	85 **At** .	86 **Rn** 10,749
87 **Fr** 4,073	88 **Ra** 5,278	**89/103**															

SÉRIE DOS LANTANÍDIOS

57 **La** 5,577	58 **Ce** 5,539	59 **Pr** 5,464	60 **Nd** 5,525	61 **Pm** 5,580	62 **Sm** 5,644	63 **Eu** 5,670	64 **Gd** 6,150	65 **Tb** 5,864	66 **Dy** 5,939	67 **Ho** 6,022	68 **Er** 6,108	69 **Tm** 6,184	70 **Yb** 6,254	71 **Lu** 5,426

SÉRIE DOS ACTINÍDIOS

89 **Ac** 5,170	90 **Th** 6,307	91 **Pa** 5,890	92 **U** 6,194	93 **Np** 6,266	94 **Pu** 6,026	95 **Am** 5,974	96 **Cm** 6,020	97 **Bk** 6,230	98 **Cf** 6,300	99 **Es** 6,420	100 **Fm** 6,500	101 **Md** 6,580	102 **No** 6,650	103 **Lr** .

Legenda: 1 (número atômico) — **H** (símbolo) — 13,598 (primeira energia de ionização (ev))

CAPÍTULO 2 – INTRODUÇÃO AO ESTUDO DAS PROPRIEDADES ESPECÍFICAS DOS MATERIAIS

EXERCÍCIOS

E1 Ferro, alumínio, cobre, barro, vidro, pedra. Para fabricar panelas, os materiais devem ser resistentes ao aquecimento (alta temperatura de fusão), impermeáveis, moldáveis, ou seja, devem ser capazes de tomar a forma de uma panela.

E2. a) Vantagens: As panelas de alumínio e de cobre gastam pouca energia para ser aquecidas. Desvantagens: As panelas de vidro gastam um pouco mais de energia que as panelas de alumínio e cobre. As panelas de ferro, barro e pedra gastam muita energia para ser aquecidas.
b) Vantagens: As panelas de vidro conservam os alimentos quentes por mais tempo que as panelas de alumínio e cobre. As panelas de ferro, barro e pedra demoram a esfriar, conservando os alimentos quentes por muito mais tempo. Desvantagens: As panelas de alumínio e de cobre esfriam rapidamente, não conseguindo manter os alimentos aquecidos.

E3. a) Sólido, impermeável, facilmente moldável em tamanhos e formatos diferentes.
b) Dúctil, ou seja, é facilmente reduzido a fios e bom condutor de corrente elétrica.
c) Resistência à oxidação, tenacidade, e podem ser moldados em diversos tamanhos e formatos.
d) Pode ser moldada em diversos tamanhos e formatos, é macia o suficiente para amortecer irregularidades do piso, durável, não precisa ser maciça, o que economiza matéria-prima.

E4. a) 1. Teste de tração em dinamômetro.
2. Fixar o cabo e colocar pesos conhecidos, aumentando os valores até que o cabo se rompa. O último valor suportado antes do rompimento seria o limite de resistência do cabo.
b) Para um tecido estampado, cortar um pedaço e dividi-lo em duas amostras: uma fica como padrão; a outra é sucessivamente lavada; após cada lavagem, comparar com o padrão. Quando mostrar alteração, anotar o número de lavagens até que se observe a alteração. Fazer o mesmo para outro tecido. O que desbotar com menos lavagens será o menos resistente às lavagens.

E5. a) O balão *A* contém hidrogênio, pois esse gás é menos denso que o ar e, portanto, o balão que o contém flutua. Os balões *B* e *C* contêm ou nitrogênio ou oxigênio, pois esses gases são mais densos que o ar e, portanto, esses balões repousam no piso da sala.
b) Nesse caso, todos os balões flutuam, pois os gases hidrogênio, nitrogênio e oxigênio são menos densos que o gás carbônico.

E6. a) No tubo de ensaio: 1 mL de CCl_4 por baixo e 10 mL de água por cima.
b) No tubo de ensaio: 10 mL de CCl_4 por baixo e 1 mL de água por cima.
Independentemente da quantidade, a água sempre flutua em tetracloreto de carbono, pois a água é o material menos denso.

E7.

Figura R-1: Exercício E7.

O ferro é mais denso que a borracha, logo a bola de ferro apresentará um volume menor que a bola de borracha. A densidade é inversamente proporcional ao volume quando comparamos materiais diferentes que apresentem a mesma massa.

E8. O bloco *A* é o mais denso (possui maior densidade), pois para a mesma massa é o que apresenta o menor volume. A densidade é inversamente proporcional ao volume quando comparamos materiais diferentes que apresentem a mesma massa.

E9. a) O volume do ar (V_{ar}) é de, no mínimo, 280 m^3.
b) 336 kg.

E10. Não. O volume real (3,5 cm^3) é maior que o volume esperado (3 cm^3).

E11. a) $V_1 > V_2$, pois para objetos de mesma massa (m_1) o que flutua apresenta maior volume.
b) $m_2 < m_3$, pois para objetos de mesmo volume (V_3) o que flutua apresenta menor massa.

E12. a) A mistura 2 é constituída por etanol e água, pois, nessa mistura, a bolinha escura passou a flutuar, o que significa que a mistura ficou mais densa que a bolinha. Somente essa mistura poderia ter uma densidade maior do que a da bolinha, pois a densidade da mistura deverá ser intermediária à densidade do álcool e da água.
b) A mistura 3 é constituída por etanol e gasolina, pois, nessa mistura, a bolinha clara afundou, o que significa que a mistura ficou menos densa que a bolinha. Somente essa mistura poderia ter uma densidade menor do que a da bolinha, pois a densidade da mistura deverá ser intermediária à densidade do álcool e da gasolina.
c) Entre 0,8 e 1,0, pois ela afunda no etanol, que tem densidade igual a 0,8 e flutua na mistura 2, que tem densidade menor que 1,0.
d) Entre 0,7 e 0,8, pois ela flutuou no etanol, que tem densidade 0,8, e afundou na mistura 3, que tem densidade entre 0,7 e 0,8.

E13.

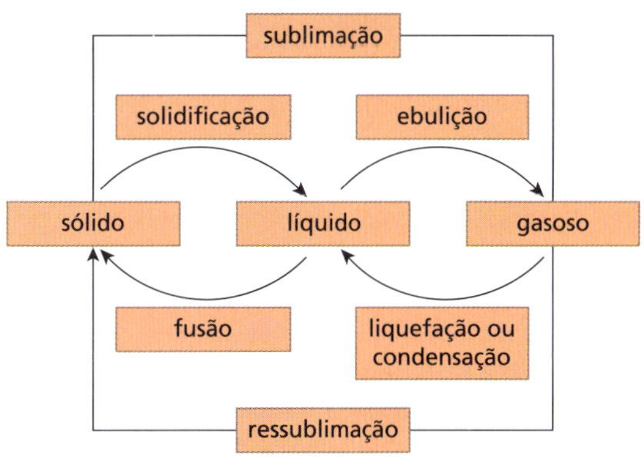

Figura R-2: Exercício E13.

E14. O frasco II contém benzeno, pois o benzeno sólido é mais denso que o líquido, por isso afunda.

E15. a) Heterogêneo, pois o hidróxido de cálcio é insolúvel em álcool.
b) Filtração, pois o filtro retém o sólido insolúvel.
c) Determinando a temperatura de ebulição do álcool.

E16. a)

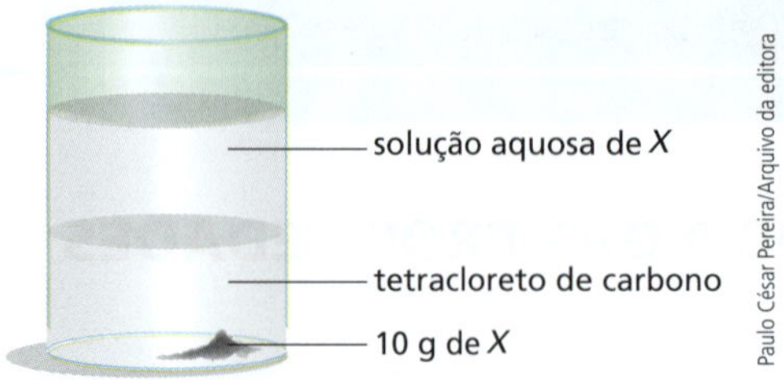

Figura R-3: **Exercício E16.**

b) Filtração, em que se separa o sólido insolúvel. Decantação, usando funil de separação, para separar as duas fases líquidas, pois é um sistema heterogêneo que pode ser separado por diferença de densidade. Destilação simples para a solução aquosa, pois é um sistema homogêneo sólido-líquido e pode ser separado, pois apresentam diferentes temperaturas de ebulição.

E17. a) Não, pois óleo e a água são imiscíveis.

b) Esse é o procedimento mais adequado, pois permite recuperar o óleo, que é o produto de interesse.

c) Não, pois ao final teríamos, novamente, "óleo + restos de sementes".

CAPÍTULO 5 – UM MODELO PARA OS ESTADOS FÍSICOS DOS MATERIAIS

EXERCÍCIOS

E1. Porque certos materiais possuem um número maior de partículas em um mesmo volume.

E2. Porque, durante a mudança de estado físico, a energia fornecida ao sistema é utilizada para promover o afastamento das partículas, caracterizando, assim, um novo estado físico.

E3. Porque para que o líquido entre em ebulição é necessário que:

1. ocorra o enfraquecimento da interação que há entre suas partículas;
2. suas partículas rompam a "barreira" formada pelas partículas do ar que estão sobre a sua superfície.

Assim, quanto mais partículas de ar houver no sistema, maior será a pressão por ele exercida (pressão atmosférica) e, consequentemente, mais energia será necessária para que o líquido entre em ebulição.

E4. Para que ocorra solubilidade, deve haver interação entre as partículas do soluto e as partículas do solvente; sendo assim, alguns solutos interagem bem com certos solventes e não interagem com outros.

E5. c **E6.** b **E7.** c

E8. b **E9.** c

E10. 1 é sólido, 2 é gasoso e 3 é líquido.

CAPÍTULO 6 – MODELOS PARA O ÁTOMO E UMA INTRODUÇÃO À TABELA PERIÓDICA

EXERCÍCIOS

E1. De acordo com as ideias de Aristóteles, a matéria seria contínua, ou seja, ele não considerava a existência de espaços vazios entre os átomos. Na sua concepção, a matéria poderia ser dividida até que se chegasse a pequenas partículas que ele denominou mínimos naturais. Esses grãos de matéria seriam a menor parte possível do material, e exibiriam todas as suas propriedades – poderiam se dilatar, se fundir etc. De acordo com o modelo sugerido por Leucipo, Demócrito e Epicuro, a matéria seria constituída por átomos e espaços vazios.

E2. O modelo atômico proposto por Thomson considera que o átomo é uma esfera de carga positiva, uniformemente distribuída pela esfera, na qual há partículas com carga negativa incrustadas, denominadas elétrons.

E3. Os raios X são radiações eletromagnéticas de origem extranuclear. A radioatividade é uma radiação de origem nuclear, ou seja, que é emitida pelo núcleo de alguns átomos.

E4. Os raios X foram descobertos por Wilhelm C. Röntgen, em 1895. Na época ele trabalhava com as chamadas válvulas de Hittorf, com as quais estudava a condutividade de gases. Numa noite, quando a válvula estava totalmente coberta com cartolina negra e a sala estava completamente às escuras, uma folha de papel tratada com platinocianeto de bário que estava a certa distância da válvula começou a brilhar, emitindo luz. Perplexo, o cientista fez vários outros testes até que sua mão escorregou em frente à válvula e ele viu os próprios ossos na tela. Descobrira "um novo tipo de raio", conforme ele mesmo explicou em sua primeira publicação sobre o assunto.

E5. A radioatividade foi descoberta por Becquerel, em 1896, quando fazia experimentos utilizando um sal de urânio que, como toda substância radioativa, é fosforescente. Ele cobria chapas fotográficas com folhas de papel negro grosso, colocando sobre o papel uma camada do sal de urânio e expunha o conjunto ao Sol por várias horas. Ao revelar a chapa fotográfica, percebia a silhueta da substância fosforescente em negro sobre o negativo. Num dia nublado, colocou amostras de urânio sobre chapas fotográficas envoltas em papel opaco à luz dentro de uma gaveta escura. Quando revelou as chapas, encontrou silhuetas muito nítidas do sal de urânio. Concluiu, então, que o sal de urânio emitia raios capazes de penetrar no papel negro, tivesse ou não sido exposto previamente à luz do Sol. Estava descoberta a radioatividade.

E6. As partículas alfa são radiações emitidas por átomos radioativos ao sofrerem decaimento. Essas partículas são positivas.

E7. a) Os símbolos a seguir devem estar em todas as embalagens e equipamentos que contenham substâncias radioativas. Sua cor e tamanho podem variar, mas geralmente são vermelho ou preto sobre fundo amarelo:

Figura R-4: **Exercício E7.**

b) Atitudes a serem tomadas ao encontrar um material com esse símbolo:

– Nunca tocar no material radioativo;

– Ficar distante da fonte e, se possível, colocar o que tiver disponível entre a pessoa e ela;

– Avisar outras pessoas e isolar a área;

– Entrar em contato com o serviço de emergência da Comissão Nacional de Energia Nuclear (Cnen) mais próximo. (A Cnen é o órgão federal, vinculado ao Ministério da Ciência e Tecnologia, que estabelece normas e regulamentos em radioproteção. É responsável pelo licenciamento, fiscalização e controle de toda atividade nuclear no Brasil.)

c) Os materiais radioativos devem ser armazenados em cápsulas blindadas que evitam a passagem da radiação. Caso um equipamento desse tipo seja encontrado sem identificação, deve-se ter os mesmos cuidados indicados na questão anterior (b).

E8. a) Sim. Dois exemplos são as micro-ondas e os raios X.

b) A radiação mais energética é a ultravioleta.

E9. Um espectro descontínuo é aquele constituído por um conjunto de comprimentos de ondas discretos. Esse espectro é composto por um conjunto de linhas.

E10. De acordo com Bohr, quando um átomo recebe energia, seus elétrons podem saltar para níveis mais energéticos. Ao retornarem ao estado fundamental, eles emitirão essa energia em frequências bem características, que constituem o espectro de linhas.

E11. De acordo com Bohr, o átomo é um núcleo pequeno e carregado positivamente, cercado por um grande espaço vazio, a eletrosfera, onde os elétrons se movem em órbitas circulares. Para apresentar seu modelo, Bohr sugere os seguintes postulados:

– Os elétrons movimentam-se em volta do núcleo em órbitas circulares.

– O elétron se move em órbitas determinadas, chamadas de estados estacionários.

– Ao se mover em um desses estados estacionários, o elétron mantém sua energia total constante.

– Quando um elétron muda de um estado estacionário mais energético para outro menos energético, ele emite radiação eletromagnética.

CAPÍTULO 7 – INTRODUÇÃO ÀS TRANSFORMAÇÕES QUÍMICAS

EXERCÍCIOS

E1. É um tipo de transformação em que materiais, não existentes inicialmente no sistema, são produzidos. É uma transformação em que há formação de novas substâncias.

E2. Quando falamos em reação química, estamos nos referindo ao fenômeno. A equação química é uma forma de representação do fenômeno.

E3. a) Porque os produtos formados apresentam propriedades diferentes das substâncias do sistema inicial. Nesse caso, a ferrugem tem coloração e textura bem diferentes do metal-base. Se fôssemos testar propriedades físicas, veríamos que também sofreram alteração, como condutividade elétrica e tenacidade.

b) Porque no litoral o ambiente é mais úmido, portanto com maior concentração de partículas de água.

E4. a) Correta, pois o balanceamento da equação garante a representação da Lei de Conservação das Massas.

b) Correta, pois essa é a Lei de Conservação das Massas.

c) Correta, pois o N_2 é uma substância simples e a H_2O é uma substância composta.

d) Correta, pois nos reagentes as substâncias estão em solução aquosa. Nos produtos há formação de um gás, que irá borbulhar na solução ao ser formado, e água em estado líquido.

CAPÍTULO 8 – QUANTIDADES NAS TRANSFORMAÇÕES QUÍMICAS

EXERCÍCIOS

E1. a) nitrato de prata – $AgNO_3$

$Ag = 1 \times 107{,}9 = 107{,}9$; $N = 1 \times 14{,}0 = 14{,}0$; $O = 3 \times 16{,}0 = 48{,}0$

$Ag + N + 3\,O = 169{,}9$ g/mol

b) cloreto de bário – $BaCl_2$: $137{,}3 + (2 \times 35{,}5) = 208{,}3$ g/mol

c) cloreto de sódio – NaCl: $23{,}0 + 35{,}5 = 58{,}5$ g/mol

d) carbonato de sódio – Na_2CO_3: $(2 \times 23{,}0) + 12{,}0 + (3 \times 16{,}0) = 106{,}0$ g/mol

e) nitrato de chumbo (II) – $Pb(NO_3)_2$: $207{,}2 + (2 \times 14{,}0) + (6 \times 16{,}0) = 331{,}2$ g/mol

E2. Significa que a massa de 1 mol de iodo atômico (ou $6{,}02 \times 10^{23}$ átomos de iodo) é igual a 127 g.

E3. Para o KNO_3, tem-se que a massa molar é $39{,}1 + 14{,}0 + (3 \times 16{,}0) = 101{,}1$ g/mol. Como 1 mol tem 101,1 g, logo 0,5 mol terá 50,55 g.

E4. Essa afirmação é falsa, pois um mol de átomos de qualquer elemento tem $6{,}02 \times 10^{23}$ átomos, independentemente de sua massa molar.

E5. Para a amônia: $14{,}0 + (3 \times 1{,}0) = 17{,}0$ g/mol. Como 1 mol de amônia tem 17,0 g, logo 25,5 g equivalem a 1,5 mol de amônia.

E6. $CaBr_2 \rightarrow Ca^{2+} + 2\,Br^-$. Portanto, para cada 1 mol de $CaBr_2$ tem-se 3 mols de íons (1 mol de Ca^{2+} e 2 mols de Br^-); logo, 2 mols de $CaBr_2$ equivalem a 6 mols de íons.

E7. a) Como 40,0 mols têm 1 200,0 g, logo 1,0 mol tem 30 g; assim, MM = 30,0 g/mol.

b) Como 1,0 g de H equivale a 1 mol, logo 6,0 g equivalem a 6 mols de átomos de H. Assim:

$(30{,}0 - 6{,}0)$ g $= 24{,}0$ g.

Como 12,0 g de C equivalem a 1 mol, logo 24,0 g de C equivalem a 2 mols de átomos de C.

Portanto, a fórmula molecular dessa substância é: C_2H_6.

E8. a) $(2 \times 14{,}0) + 16{,}0 = 44{,}0$ g/mol

b) $N_2O \rightarrow N_2 + 1/2\ O_2$. O volume do gás nitrogênio (N_2) seria o dobro do volume do gás oxigênio (O_2) nas mesmas condições de temperatura e pressão, pois essa é a relação que apresentam quanto ao número de mols, como se pode constatar na equação.

E9. O volume molar de um gás nas CNTP é 22,7 L, ou seja, esse volume corresponde ao volume de, aproximadamente, 11 garrafas PET.

E10. O volume de um cubo é calculado pelo valor de sua aresta (*a*) elevada ao cubo: $V = a^3$. Sendo assim, a aresta do cubo deverá ter, aproximadamente, 28,3 cm, ou seja, $V = (28{,}3\ \text{cm})^3 = 22{,}665\ \text{cm}^3 = 22{,}665\ \text{dm}^3 = 22{,}665$ L.

Sugestões de leituras

Livros

CANTO, E. L. *Minerais, minérios, metais:* de onde vêm? para onde vão? São Paulo: Moderna, 1996.

_________. *Plástico:* Bem supérfluo ou mal necessário? São Paulo: Moderna, 1997.

CHASSOT, A. I. *A ciência através dos tempos*. São Paulo: Moderna.

MATEUS, A. L. *Química na Cabeça*. Belo Horizonte: UFMG, 2001.

_________; MOREIRA, M. G. *Construindo com PET:* como ensinar truques novos a garrafas velhas. Belo Horizonte: Fundação Ciência Jovem, 2005.

RODRIGUES, F. L.; CAVINATO, V. M. *Lixo:* de onde vem? para onde vai? São Paulo: Moderna, 1997.

SCARLATO, F. C.; PONTIN, J. A. *Do nicho ao lixo:* ambiente, sociedade e educação. São Paulo: Atual, 1993.

SILVA, E. R.; SILVA, R. R. H. *Álcool e gasolina:* combustíveis do Brasil. São Paulo: Scipione. 1989. 72 p.

STRATHERN, P. *Bohr e a teoria quântica em 90 minutos*. Rio de Janeiro: Jorge Zahar Editor, 1999.

TOMA, H. E. *O mundo nanométrico:* a dimensão do novo século. Oficina de Textos, 2004.

Artigos

Artigos da revista *Química Nova na Escola*. Disponíveis em: <http://qnesc.sbq.org.br>. Acesso em: 25 abr. 2010.

Bibliografia consultada

ALBERTS, B. et al. *Molecular Biology of the cell*. New York: Garland, 1989.

AMATO, I. *Stuff: the materials the world is made of*. New York: Avon, 1997.

AMBROGI, A.; LISBOA, J. C. e VERSOLATO, E.F. *Unidades modulares de Química*. São Paulo: Hamburg, 1987.

ATKINS, P.; JONES, L. *Chemical principles. The quest for insight*. New York: W. H. Freeman, 1999.

_________. *Physical Chemistry*. Sixth Edition. New York: Freeman, 1998.

_________. *The 2nd Law: energy, chaos, and form*. New York: Scientific American Books, 1994.

BROWN, T. L. et al. *Chemistry, the central science*. New Jersey: Prentice-Hall, 1994.

CADERNOS Química Nova na Escola. Publicação da Sociedade Brasileira de Química.

CAMPBELL, J. A. *Por que ocorrem reações químicas*. São Paulo: Edgard Blücher.

CHEMICAL Bond approach committee. *Química*, partes I, II e III. Brasília: Editora da UnB, 1964.

CHEMICAL Education material study. *Química:* uma ciência experimental. Volumes I e II. São Paulo: EDART, 1976.

COMPANION, A. L. *Ligação química*. São Paulo: Edgard Blücher, 1975.

EMSLEY, J. *Molecules at exhibition*. Oxford: Oxford University Press, 1998.

_________. *The elements*. Oxford: Clarendon Press, 1991.

GEPEQ – Grupo de Pesquisa para o Ensino de Química. *Interação e transformação: química para o 2.º grau*. Vol. I, II e III: livro do aluno e guia do professor. São Paulo: Edusp, 1998.

GOBERT, J.P. *The conquest of water*. Princeton: Princeton University Press, 1986.

HILL, J. W.; BAUM, S. J.; FEIGL, D. M. *Chemistry and life:* an introduction to General, Organic and Biological Chemistry. 5. ed. Upper Saddle River, New Jersey: Prentice-Hall, 1997.

_________; PETRUCCI, R. H. *General Chemistry, an integrated approach*. New Jersey: Prentice-Hall, 1999.

LASZLO, H. et al. *Química de alimentos*. São Paulo: Nobel, 1986.

LEISCESTER, H. M. *Historical background of Chemistry*. New York: Dover, 1981.

LIDE, D. R. (Ed.). *Handbook of Chemistry and Physics*. 79. ed. Ohio: CRC, 1999.

LUTFI, M. *Cotidiano e Educação em Química:* os aditivos em alimentos como proposta para o ensino de Química no segundo grau. Ijuí: Ed. Unijuí, 1988.

_________. *Os ferrados e os cromados:* produção social e apropriação privada do conhecimento químico. Ijuí: Ed. Unijuí, 1992.

MALDANER, O. A. *Química 1:* construção de conceitos fundamentais. Ijuí: Ed. Unijuí, 1992.

MOL, G. de S.; SANTOS, W. L. P. dos (Coord.) et al. *Química na sociedade*. Brasília: Editora UnB, 1999.

MORTIMER, E. F. *Introdução ao estudo da Química:* propriedades dos materiais, reações químicas e teoria da matéria. 4. ed. Belo Horizonte: Foco/Cecimig, 2000.

_________; MACHADO, A. H. *Introdução ao estudo da Química:* transformações, energia e ambiente. 2. ed. Belo Horizonte: Foco/Cecimig, 2000.

O'CONNOR, R. *Fundamentos de Química*. São Paulo: Harbra, 1977.

PARTINGTON, J.R. *A History of Chemistry*. London: Macmillan, 1964.

PRIMAVESI, A. *Manejo ecológico do solo*. São Paulo: Nobel, 1982.

ROCHA-FILHO, R. C. *Grandezas e unidades de medida:* o Sistema Internacional de Unidades. São Paulo: Ática, 1988.

_________; SILVA, R. R. *Introdução aos cálculos da Química*. São Paulo: McGraw-Hill/Makron Books, 1992.

ROITT, I. et al. *Immunology*. London: Mosdy, 1993.

ROMANELLI, L. I.; JUSTI, R. S. *Aprendendo Química*. Ijuí: Ed. Unijuí, 1998.

SALTERS *Avanced Chemistry. Chemical Ideas*. Oxford: Heinemann, 1994.

_________. *Chemical storylines*. Oxford: Heinemann, 1994.

SEGRÈ, E. *Dos raios X aos* quarks*:* físicos modernos e suas descobertas. Brasília: Editora da UnB, 1980.

SISLER, Harry H. *Estrutura eletrônica, propriedades e a lei periódica*. São Paulo: Polígono, 1970.

SLABAUGH, W. H.; PARSONS, T. D. *Química geral*. São Paulo: LTC, 1982.

SNYDER, C. H. *The extraordinary Chemistry of ordinary things*. New York: John Willey, 1995.

VAN MELSEN, A.G. *From atomos to atom:* the history of the concept atom. Pittsburg: Dusquene University Press, 1952.

PARTE 2

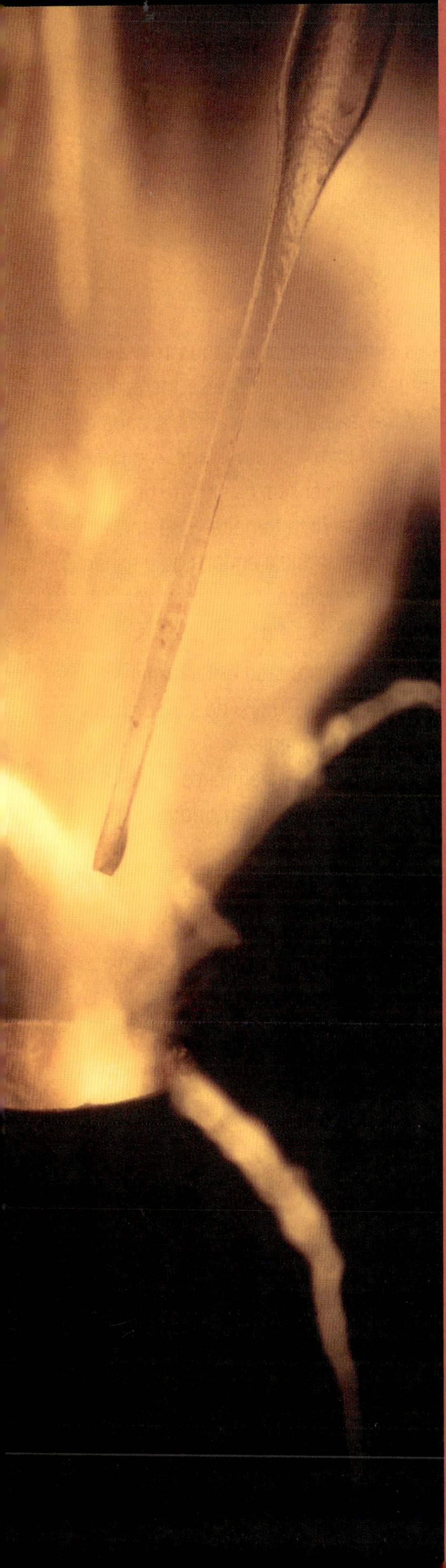

CAPÍTULO 1

Soluções e solubilidade

Na superfície da Terra, além da crosta, existem oceanos, lagos e rios, que, junto com a água retida em fendas e fissuras do solo e das rochas próximas à superfície, constituem a hidrosfera. Apesar de ocupar dois terços da superfície terrestre, a hidrosfera representa apenas 0,025% da massa total da Terra. A água é, sem dúvida, o recurso mais importante da hidrosfera para a vida no planeta e para a humanidade. A água é fonte de vida e prazer, é fundamental para a agricultura, e nos parece impossível viver sem o conforto da água potável, disponível, ao menos para uma parcela da população, ao simples abrir de uma torneira. Essa aparente facilidade, no entanto, envolve uma verdadeira indústria que capta, purifica e distribui a água, algo que não tem muito mais do que duzentos anos na História da humanidade. Essa aparente facilidade é também responsável pelo aumento do desperdício de água, o que pode acarretar problemas a médio e a longo prazos.

Outro aspecto importante sobre a água está relacionado a uma propriedade já estudada anteriormente: a solubilidade. A água é conhecida como o solvente universal. Os oceanos, que cobrem 70,8% da superfície da Terra, são um exemplo natural de uma grande solução aquosa. Com profundidade média de 4 quilômetros, eles constituem importante fonte de outros recursos vitais. Eles atuam como coletores para muitos dos materiais solúveis, que vão sendo carregados dos continentes, e que através dos tempos deram origem a essa imensa solução que tem 3,5% em massa de sólidos dissolvidos.

Um importante ponto que o estudo das soluções aquosas coloca em destaque é a necessidade de expressar a quantidade relativa de soluto dissolvida numa determinada solução – a concentração da solução. Neste capítulo, você estudará esses aspectos quantitativos da Química, usando grandezas como massa, volume e quantidade de matéria para realizar cálculos envolvendo concentração de soluções e quantidades de produtos formados em reações químicas. Será convidado a um "passeio" por um supermercado para reconhecer e entender um pouco mais as informações contidas nos rótulos das diversas soluções aí disponíveis para venda.

Aldo Pavan/Grand Tour/Corbis/Latinstock

Figura 1-1: A água é conhecida como o solvente universal. As soluções aquosas fazem parte de nossa vida.

Stephen Frink/Corbis/Latinstock

PROJETO 1

A água como produto industrial

Mike Stone/Alamy/Other Images

É tão natural abrirmos a torneira e nos deliciarmos com um banho após um dia quente e exaustivo que dificilmente pensamos no que significa, nos centros urbanos, ter a facilidade da água chegando, limpa e "pura", às nossas casas. Essa facilidade é relativamente recente na História da humanidade.

Em meados do século XVIII, no tempo da Revolução Francesa, François-Yves Besnard escrevia sobre o problema da água em Paris:

Figura 1-2: **Nem sempre temos consciência do caminho percorrido pela água até chegar às nossas casas.**

> Naquele tempo, o uso de filtros para a água era desconhecido; pessoas recém-chegadas a Paris usualmente sofriam de cólica, diarreia etc. Eu mesmo sofri bastante. Para tornar a água menos perigosa, eu tive a ideia de colocar dois jarros no meu quarto e deixar a água parada em um deles por 24 horas; no final desse período, no tempo das cheias, frequentemente era o caso de 5 cm de lama terem se depositado no fundo do jarro.
>
> BESNARD, François-Yves. *Souvenirs d'un nonagénaire,* 1880. v. 1. p. 210-1, apud GOUBERT, Jean-Pierre. *The conquest of water.* Princeton: Princeton University Press, 1986. p. 171.

É do final do século XVIII a instalação da primeira companhia privada para produzir e vender água purificada na França. Um jornal da época saudava o fato com a seguinte nota:

> Uma Companhia está sendo instalada para nos vender água do Rio Sena! A Companhia está fabricando um tipo de líquido que ela afirma ter sido purificado. O que isso prova? Que durante três quartos do ano o Sena é barrento. A água do Sena tem que ser purificada nas próprias casas se alguém deseja beber água pura, saudável. Há vinte anos nós bebíamos água sem dar muita atenção a isso; entretanto, desde que a família dos gases e a raça de ácidos e sais apareceram no horizonte, muito mais atenção tem sido dada aos pronunciamentos dos químicos. Nós começamos por analisar a água e agora nós pensamos nisso quando nós bebemos um copo de água, algo que nossos desavisados pais não faziam.
>
> MERCIER, Louis-Sébastien. *Tableau de Paris,* apud GOUBERT, Jean-Pierre. *The conquest of water.* Princeton: Princeton University Press, 1986. p. 171.

Apesar de a questão sobre a qualidade da água já fazer parte da preocupação de alguns políticos e cientistas da segunda metade do século XVI, apenas em agosto de 1778 foi iniciada a construção dessa primeira companhia de fornecimento de água tratada em Paris. Desde então, a água se tornou, mais e mais, um produto industrial fundamental para a melhoria da qualidade de vida das pessoas.

Neste projeto, cada grupo de alunos vai ser responsável por uma investigação sobre a produção de água tratada em sua cidade.

Orientações iniciais

A seguir vocês encontrarão algumas questões e exercícios para elaborar esse projeto de investigação. Esse tipo de atividade envolve trabalho em grupo por um período de tempo maior, que será determinado pelo professor. Seu grupo será solicitado a buscar diversas informações, a criar experimento, a montar uma apresentação etc. Tentem realizar o que é pedido da forma mais independente possível, procurando o professor apenas no caso em que não houver outra maneira de obter a informação necessária. Nunca deixem de consultá-lo, no entanto, no caso de preparação de experimentos que envolvam o uso e a manipulação de substâncias tóxicas ou desconhecidas por vocês.

Algumas questões e exercícios para orientar a pesquisa de seu grupo:

P1 Quando sua cidade foi fundada? Quando ela foi inaugurada já havia uma companhia de tratamento de água? Quando essa companhia foi instalada? Onde ela captava água? Qual era sua capacidade de produção? Quais eram os métodos usados, então, para purificar a água?

P2 Que porcentagem da população de sua cidade recebe água tratada em casa? Como a água tratada chega aos diferentes pontos da cidade? Quem não recebe água tratada, como faz para obter água potável? Obtenham informações para traçar um mapa ou esquema que mostre a circulação da água da estação de captação, passando pela estação de tratamento, até a distribuição doméstica. Usem sua escola como ponto de referência para mostrar a chegada da água.

P3 Pensem em uma maneira de determinar o volume de água que sai de uma torneira após 1 hora pingando. Calculem o volume de água desperdiçado em um dia com a torneira pingando. Agora, calculem o volume após um mês. Façam os cálculos do consumo total de água considerando que todos os alunos da turma têm em casa uma torneira que "pingue". O que vocês acham disso? Acham que faz diferença evitar deixar a torneira aberta enquanto escovam os dentes? E se diminuir um pouco o tempo que gastam para tomar banho? Pequenas atitudes fazem a diferença no consumo de água? Se aparecerem opiniões diferentes no grupo, anotem as diferenças e procurem chegar a uma conclusão.

P4 Qual é o custo de 1 000 L de água tratada? Quanto de água uma pessoa gasta, em média, num banho? Como vocês poderiam medir isso? O custo da água é o mesmo para pessoas que consomem quantidades diferentes de água?

P5 Que substâncias são adicionadas no tratamento da água? Qual é a função de cada uma delas? Em que quantidade são adicionadas para cada 1 000 L (ou outra quantidade qualquer) de água? Descrevam a sequência de operações pelas quais passa a água no tratamento, da captação ao produto final. Como as substâncias usadas no tratamento são adicionadas? Qual a concentração de cloro na água que chega às residências? Essa concentração permanece a mesma muitos dias após o tratamento da água? Toda a água de sua cidade é fluoretada? Se sim, qual é a concentração de flúor?

P6 Tentem reproduzir, em escala de laboratório, as diversas etapas do tratamento da água. Preparem a sequência de operações e façam uma lista do material necessário. Conversem com o professor para obter reagentes que vocês não conseguirem encontrar em depósitos de construção civil, farmácias ou lojas de piscinas.

Ao final do projeto, cada grupo deve entregar um relatório com todas as questões anteriores respondidas e marcar a apresentação de seu trabalho e de sua "estação de tratamento" com o professor.

Seu grupo receberá um desses relatórios e será o responsável pela elaboração de questões que serão dirigidas ao grupo autor do relatório no dia de sua apresentação. Essas questões serão avaliadas com o relatório e a apresentação do grupo.

TEXTO 1

Recordando o conceito de solubilidade

objeto digital

Lembrando o que foi estudado nos capítulos 2 e 5 da parte 1, a solubilidade é uma propriedade específica que depende da natureza das substâncias envolvidas (soluto e solvente) e da temperatura do sistema. Por causa da extensa utilização desse tipo de propriedade, para um grande número de substâncias o valor da solubilidade em várias temperaturas já foi determinado com grande precisão. As tabelas de solubilidade são bastante específicas: para cada substância elas fornecem um valor de solubilidade em água, álcool e outros líquidos mais comuns, em várias temperaturas.

Substância	Solubilidade (em g por 100 g de água a 20 °C)
sal comum (NaCl)	36,0
sacarose ($C_{12}H_{22}O_{11}$)	33,0
cloreto de chumbo ($PbCl_2$)	0,99
hidróxido de cálcio [$Ca(OH)_2$]	0,16
sulfato de bário ($BaSO_4$)	$2,53 \times 10^{-4}$
talco (silicato de magnésio)	≈ 0
iodo sólido (I_2)	0,016
bicarbonato de sódio[1] ($NaHCO_3$)	9,6
sulfato de cobre ($CuSO_4$)	20,7
cloreto de potássio (KCl)	7,4
éter dietílico ($CH_3CH_2OCH_2CH_3$)	222,0
parafina	≈ 0

Quadro 1-1: **Solubilidade de diferentes substâncias em g por 100 g de água a 20 °C.**

A solubilidade é normalmente definida como a quantidade máxima (em massa) de determinada substância que é possível dissolver num volume determinado do solvente. Para uma temperatura definida, a solubilidade de uma substância sólida pode ser expressa em gramas de soluto por litro de solução (g/L) ou em gramas de soluto por centímetro cúbico de solução (g/cm^3). Como você deve ter notado, a solubilidade pode apresentar as mesmas unidades de grandeza da densidade (g/cm^3). A diferença é que a densidade expressa a massa por unidade de volume para um único material (uma substância ou uma mistura). Já a solubilidade indica a quantidade, em massa, de um soluto que é possível dissolver num determinado volume de solução.

Com relação à influência da temperatura na solubilidade de uma substância, um aspecto importante merece ser destacado: observamos, na maioria das substâncias, um aumento da solubilidade com o aumento da temperatura. Essa, entretanto, é apenas uma regra geral. Com algumas substâncias, acontece exatamente o inverso, ou seja, uma diminuição da solubilidade com o aumento da temperatura. As razões desse comportamento diferente das substâncias não serão estudadas agora. Nesse momento, o importante é destacar que a solubilidade varia com a temperatura.

Um outro aspecto importante é o fato de a solubilidade não ser definida apenas para sistemas sólido-líquido. Você já pensou, por exemplo, em como os peixes respiram? O oxigênio que eles utilizam não é o que compõe a água, mas sim oxigênio gasoso, exatamente igual ao que respiramos, que se encontra dissolvido nela. Portanto, faz sentido falar em solubilidade de gases em líquidos.

Um líquido pode também ser solúvel em outro líquido. Você sabe, por exemplo, que a gasolina que movimenta parte dos veículos brasileiros atualmente é uma mistura de vários componentes, dentre eles o álcool etílico? Essa mistura é homogênea justamente pelo fato de o álcool ser solúvel na gasolina.

[1] Para a substância representada pela fórmula $NaHCO_3$, a Iupac recomenda a nomenclatura **hidrogenocarbonato de sódio**. No entanto, essa substância é popularmente conhecida como **bicarbonato de sódio**. Em nossos textos, optamos por manter o nome popular para a substância.

TEXTO 2

Formação de grutas de calcário

A formação de grutas de calcário é um dos exemplos de processos que envolvem a dissolução e a recristalização de algumas substâncias em água. Inúmeras grutas são encontradas no Brasil, principalmente na bacia do Rio de Velhas (MG) e na bacia do Rio Ribeira (SP). Nessas regiões, encontram-se belas formações de grutas calcárias, constituídas basicamente de carbonato de cálcio ($CaCO_3$). Muitas dessas grutas foram destruídas em função de o calcário ser matéria-prima para a fabricação de diversos produtos, como cimento, papel, tintas e pigmentos, pasta de dentes, fármacos etc.

Milton Shirata/Editora Abril

Figura 1-3: **A maioria das grutas em Minas Gerais é formada por calcário.**

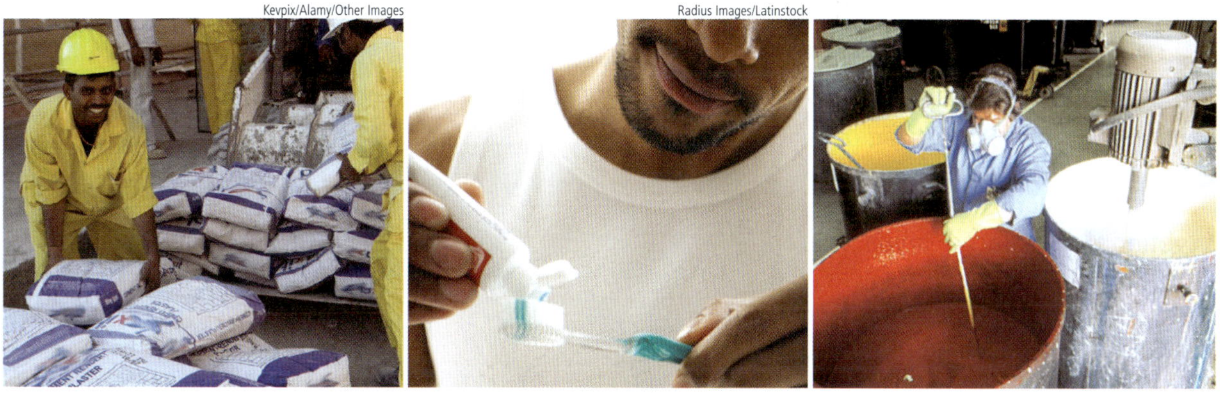
Kevpix/Alamy/Other Images Radius Images/Latinstock Eneida Serrano/Editora Abril

Figura 1-4: **O calcário é matéria-prima para a fabricação de diversos produtos.**

O calcário pode ser usado diretamente nos solos cuja acidez precisa ser corrigida: o calcário dolomítico (que contém também magnésio) é muito bom para esse fim. Em geral, as regiões calcárias são muito boas para o plantio, principalmente pela interação que esse tipo de solo tem com águas de chuva. A água pluvial não se perde por atravessar completamente as camadas do solo (como no caso dos solos de arenito) nem empoça sem penetração (como nos argilosos). Há, nos terrenos de calcário, possibilidade de formar bolsões ou reservas que, aqui e ali, vão brotar como pequenas nascentes à flor da terra.

No norte do estado de Minas Gerais há regiões, tombadas pelo Patrimônio Histórico (Peruaçu e Montalvânia), situadas em fazendas ou em áreas indígenas (reserva Xacriabá), que, além de belíssimas grutas, se constituem em sítios arqueológicos, apresentando muitos desenhos e inscrições rupestres famosos no mundo inteiro. Perto da cidade de Belo Horizonte, Cerca Grande e Santana do Riacho são também lugares de registros preciosos de nossa História antiga e de arte rupestre.

Nani Goes/Editora Abril

Figura 1-5: **Muitas das grutas calcárias de Minas Gerais são sítios arqueológicos e apresentam pinturas rupestres mundialmente famosas.**

O processo de formação das grutas é relativamente simples, embora muito lento. Em uma de suas etapas iniciais, a água das chuvas dissolve pequenas quantidades de gás carbônico (CO_2) disponível no ar atmosférico e também no solo. A solução formada, aqui representada por $CO_2 \cdot H_2O$, tem caráter ácido mais acentuado do que a água. Em contato com as rochas contendo carbonato de cálcio, transforma-se em hidrogenocarbonato de cálcio, comercialmente chamado de bicarbonato de cálcio. A equação que representa essa transformação pode ser escrita como:

$$CO_2 \cdot H_20\ (l) + CaCO_3\ (s) \rightarrow Ca(HCO_3)_2\ (aq)$$

Ao encontrar condições adequadas (espaço e temperatura, por exemplo), a solução de $Ca(HCO_3)_2$ (aq) pode transformar-se novamente em $CaCO_3$ (s), processo que pode ser representado por:

$$Ca(HCO_3)_2\ (aq) \rightarrow CaCO_3\ (s) + H_2O\ (l) + CO_2\ (g)$$

Nessa circunstância, em que o carbonato de cálcio se recristaliza lentamente, pode ocorrer a formação de cristais muito benfeitos: aragonita e calcita.

Grandes cristais agregados podem ser confundidos com quartzo (óxido de silício – SiO_2). Uma observação atenta ou alguns testes podem, contudo, ajudar na diferenciação:

- o quartzo é mais claro e translúcido que o cristal de carbonato de cálcio – a calcita;
- a calcita pode ser quebrada por golpes leves;
- fragmentos menores apresentam a geometria romboédrica e não hexagonal, como a do quartzo;
- reagem com soluções ácidas (vinagre) decompondo-se em gás carbônico e água. Uma gotinha de solução ácida na rocha provoca efervescência. A solubilidade do quartzo é insignificante em qualquer substância, a não ser em ácido fluorídrico (de manipulação extremamente perigosa).

A aragonita é instável e, na maior parte das vezes, se transforma em calcita, que apresenta a geometria romboédrica (como um paralelepípedo inclinado), e, pelo aglomerado de seus cristais, surgem lindos efeitos e grande reflexão da luz.

Figura 1-6: A calcita é um cristal formado pelo carbonato de cálcio. A diferença entre a aragonita e a calcita está no arranjo geométrico dos cátions de Ca^{2+} e dos ânions CO_3^{2-} que compõem sua estrutura cristalina.

Quando já se formaram cavidades nos terrenos, por dissolução do calcário, as águas que atravessam as rochas, impregnadas de carbonato monoácido de cálcio, afloram na parte superior dos buracos, ou através de regatos, na parte inferior. Se, por condições de temperatura, pressão e ventilação, essas "águas" forem "secando", vão ocorrer formações de estalactites (no teto) e de estalagmites (no chão).

Edson Sato/Pulsar Imagens

Figura 1-7: **As estalactites e as estalagmites são formações que ocorrem nas grutas em função da decomposição do bicarbonato de cálcio dissolvido na água levando à recristalização do calcário.**

As estalagmites se formam principalmente pela deposição de gotas que pingam da recristalização que vai ocorrendo nas estalactites. O movimento dessas "águas", a presença de outros sais dissolvidos e a existência de microrganismos no ambiente promovem as formas peculiares cujos desenhos e cores compõem raros espetáculos naturais, diferentes em cada região.

A presença do ser humano nessas grutas, embora fundamental para revelar-nos tamanhas belezas, sempre afeta o contínuo processo de sua formação. O ambiente se perturba em função dos danos físicos e das variações de temperatura, da concentração de gás carbônico, da iluminação. Quando bem cuidadas pelos órgãos públicos ou particulares, as grutas abertas à visitação apresentam passarelas especiais e iluminação controlada para que parte do dano seja minimizado.

A figura 1-8 representa, de maneira aproximada, o processo de formação das grutas de calcário, supondo um corte vertical no terreno.

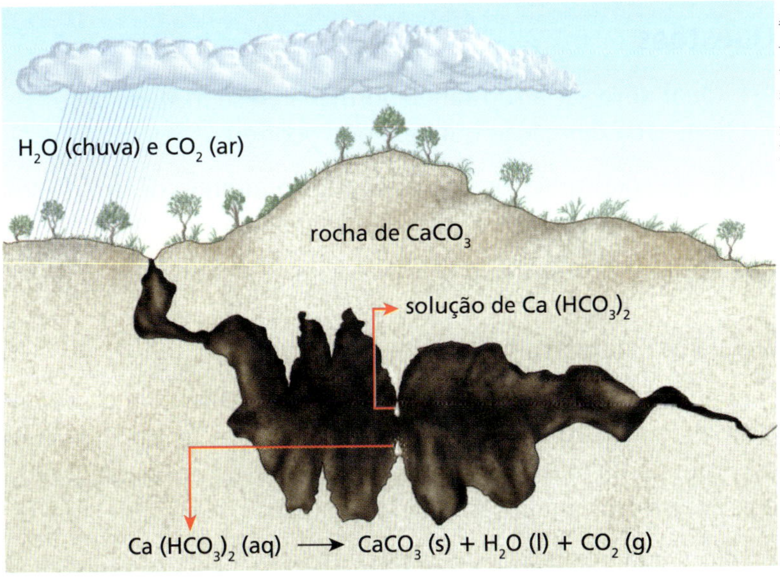

Luis Moura/Arquivo da editora

Figura 1-8: **Representação para o processo de formação das grutas de calcário, supondo um corte vertical no terreno.**

ATIVIDADE 1

Soluções: a formação de cavernas calcárias[2]

PARTE A Soprando na água de cal

"Água de cal" é o nome da solução obtida ao se colocar cal viva, nome vulgar para o óxido de cálcio (CaO), em água. Neste experimento começaremos por soprar água de cal para verificar o que ocorre.

Material

Dois béqueres de 50 mL, um béquer de 100 mL, um funil, um papel de filtro, um canudo de refresco, um bastão de vidro, uma seringa, uma balança, cal viva (óxido de cálcio – CaO), água destilada, solução de ácido clorídrico 0,1 mol/L (HCl) e solução alcoólica de fenolftaleína.

O que fazer

Tenha cuidado!

Esta experiência deve ser realizada com a supervisão de seu professor. Cuidado ao manipular o ácido clorídrico (HCl), pois ele é corrosivo. O ideal é que essa reação seja realizada em ambiente bastante ventilado ou numa capela. Não inspire os vapores. No caso de contato com a pele, lave com água em abundância. No caso de ingestão, **não** provoque vômito e beba grandes quantidades de água. Procure imediatamente um médico.

A1 Adicionem cerca de 1 g de cal viva (CaO) em 100 mL de água destilada. Agitem bem a mistura com o bastão de vidro e filtrem o excesso de cal viva com papel de filtro adaptado no funil para a obtenção de uma solução límpida e homogênea (água de cal). Com a seringa, injetem um pouco de ar dentro da solução obtida. Dividam a solução obtida nos dois béqueres de 50 mL (nomeiem-nos como béquer 1 e béquer 2).

A2 Com o canudo de refresco, soprem dentro da solução no béquer 1 e anotem os resultados.

A3 No béquer 2, adicionem algumas gotas da solução alcoólica de fenolftaleína (indicador ácido-base). Observem o que ocorre e anotem os resultados.

A4 Adicionem 20 mL de solução de HCl aos dois béqueres. Observem o que ocorre e anotem os resultados.

Questões

Q1. Qual deve ser a substância formada ao se misturar a cal viva em água? Escrevam a equação balanceada da reação química que ocorreu.

Q2. O que ocorre se soprarmos com o canudinho dentro da solução formada ao se misturar cal viva em água? Qual equação balanceada da reação química ocorreu?

Q3. Expliquem o que ocorre quando adicionamos ácido clorídrico (HCl) nos dois béqueres.

PARTE B Estalactites de sulfato de magnésio

Denominamos **estalactites** os depósitos cristalinos de carbonato de cálcio ($CaCO_3$) que crescem no teto de algumas cavernas, principalmente, devido ao gotejamento de água. Mas esse tipo de depósito não é típico apenas de ambientes subterrâneos. Também podemos ver estalactites em garagens de prédios antigos, formadas por causa de vazamentos de água nas instalações de concreto.

[2] Atividade elaborada com a colaboração de Alfredo Luiz Mateus, Luciano E. Faria e grupo Guano Speleo, do Instituto de Geociências da Universidade Federal de Minas Gerais (UFMG).

Figura 1-9: **As estalactites também podem ser vistas em garagens de prédios antigos.**

Nesta atividade vamos obter algumas estalactites de sulfato de magnésio ($MgSO_4$) usando uma solução saturada desse sal.

Material

Um béquer de 200 mL, barbante, uma garrafa PET, um bastão de vidro, uma tesoura ou um estilete, uma balança, uma lamparina (sistema de aquecimento), sulfato de magnésio ($MgSO_4$) e água destilada.

Tenha cuidado!

Cuidado ao manipular instrumentos cortantes.

O que fazer

A5 Em um béquer contendo 100 mL de água destilada, adicionem cerca de 75 g de $MgSO_4$, aquecendo a mistura até obter uma solução homogênea.

A6 Cortem o fundo de uma garrafa PET de modo que obtenham um recipiente com 3 cm de altura. Coloquem, nesse recipiente, a solução saturada de sulfato de magnésio, preparada em A5.

A7 Mergulhem um pedaço do barbante na solução, deixando a outra parte pendurada para fora do recipiente, de forma que o barbante não encoste em nada.

A8 Deixem o sistema em local com pouca movimentação e não mexam no experimento por uma semana. Após esse tempo, anotem o que aconteceu.

Figura 1-10: **Montagem do experimento.**

Questões

Q4. Qual deve ser a solubilidade aproximada do $MgSO_4$ em água? Expressem seu resultado em gramas por mililitro (g/mL).

Q5. Escrevam uma equação química para o processo de formação da estalactite do $MgSO_4$.

Q6. Utilizando equações químicas, descrevam o processo de formação de grutas calcárias.

Q7. Qual a diferença entre uma estalactite e uma estalagmite? Como elas são formadas?

PARTE C Jardim de cristais

Quando visitamos uma caverna, além de belíssimas estalactites e estalagmites, vemos ainda algumas formações cristalinas nas paredes. Algumas podem ter o formato de corais e outras formam cristais que podem se alongar contra o sentido de gotejamento.

A formação desse tipo de **espeleotema** (do grego *spelaion*: caverna e *thema*: depósitos, ou seja, deposições que são formadas exclusivamente no interior de cavernas) se dá pela exsudação da solução rica em bicarbonato de cálcio das paredes das cavernas. Essa exsudação se dá por capilaridade, o mesmo fenômeno responsável por fazer uma quantidade de água subir contra a gravidade em um papel parcialmente mergulhado em um recipiente.

Podemos reproduzir alguns desses cristais em laboratório usando brita, uma rocha calcária utilizada na construção civil em colunas de concreto. A brita também é utilizada em ruas e estradas.

Material

Uma garrafa PET, um palito de madeira (picolé), brita, uma concha, mármore, casca de ovo, vinagre.

O que fazer

A9 Coloquem algumas britas no fundo da garrafa PET e coloquem vinagre suficiente para quase cobri-las. Observem e anotem no caderno o que ocorre.

A10 Mergulhem o palito de madeira e deixem-no em pé no recipiente. Deixem o experimento em local sem muito movimento por uma semana. Após esse intervalo, verifiquem o que aconteceu e anotem os resultados.

A11 Coloquem um pouco de vinagre sobre os seguintes materiais: concha, mármore e casca de ovo. Observem e anotem os resultados. Deixem os materiais em repouso por uma semana; depois observem e anotem o que ocorreu.

Questões

Q8. Que gás foi liberado ao se adicionar vinagre aos materiais sólidos? Como vocês fariam para testar sua hipótese?

Q9. Vocês consideram que o processo ocorrido com os diferentes materiais tem alguma relação? Por quê?

Q10. Escrevam a equação química das reações que ocorreram.

ATIVIDADE 2

Compreendendo um rótulo de alvejante

A água é o solvente que entra na composição de muitos produtos comerciais à venda em supermercados. Muitas vezes, no entanto, a simples leitura dos rótulos desses produtos não revela que eles são, na verdade, soluções aquosas. Um estudo mais atento sobre a composição de produtos como alvejantes, detergentes, água mineral etc. pode ser um bom caminho para entendermos melhor as soluções aquosas e como elas estão presentes no nosso dia a dia.

Fotos: Sérgio Dotta Jr./Arquivo da editora

Figura 1-11: **Muitas soluções aquosas estão presentes no nosso dia a dia.**

Uma boa forma de termos acesso às informações sobre tais produtos é lendo seus rótulos. Os consumidores brasileiros estão se tornando cada vez mais exigentes em relação a seus direitos. Isso se aplica também ao direito à informação. A Química pode nos ajudar a compreender um pouco mais o significado das informações contidas nos rótulos, dando uma importante contribuição para nos tornarmos consumidores mais conscientes e críticos em relação aos produtos que usamos em nosso cotidiano.

Os alvejantes são produtos muito utilizados para o branqueamento de tecidos e a limpeza de pisos, paredes e sanitários. São popularmente conhecidos como "água sanitária" ou "cândida", dependendo da região do Brasil. A seguir, você e seu grupo vão trabalhar na análise de um rótulo desse produto.

Rótulo de alvejante perfumado

INSTRUÇÕES DE USO

Lavagem de roupas: para alvejar, adicione um copo (200 mL) de alvejante para cada 20 L de água, deixando de molho por 1 hora, enxágue bem e faça a lavagem normal no tanque ou na máquina. Para a remoção de manchas difíceis, adicione um copo (200 mL) de alvejante para cada porção de 5 L de água, deixe de molho por 15 minutos e faça a lavagem normal.

Observação: não use alvejante em tecidos de lã, seda, couros, roupas coloridas e roupas brancas com este sinal.

Figura 1-12: **Representação utilizada em tecidos, que significa "não utilizar alvejante".**

Limpeza do lar: para limpar pisos, azulejos, mármores e louças, adicione um copo (200 mL) de alvejante para cada porção de 10 L de água. Para remover manchas ou incrustações de pisos e paredes, use alvejante puro, enxaguando após alguns minutos. Em ralos e vasos sanitários, coloque dois copos (400 mL) de alvejante puro semanalmente.

Limpeza em geral: para lavagem e desodorização de vasilhas e utensílios, adicione uma colher de sopa (10 mL) de alvejante por 1 L de água, deixando-os mergulhados por no mínimo 10 minutos nessa solução, e enxágue em seguida. Em vasos sanitários e pias, use alvejante puro, deixando agir por 30 minutos.

Alvejante perfumado à base de cloro de uso geral – filtrado

Composição: hipoclorito de sódio, hidróxido de sódio, cloreto de sódio, água e perfume.

Teor de cloro ativo: entre 2,0% e 2,5% *p/p*.

Cuidados de conservação e precauções: mantenha o produto no frasco original. Para conservação da qualidade do produto, manter o frasco fechado protegido do Sol e do calor. Manter fora do alcance das crianças e dos animais domésticos. Não misture alvejante com produtos à base de amônia.

Questão

Q11. No texto do rótulo, ao descrevermos o modo de usar o produto, sublinhamos o termo "solução". Que significados essa palavra tem para vocês?

Em Química, a palavra "solução" tem um significado bem peculiar. Pela própria palavra, podemos imaginar que uma solução deve estar relacionada a uma propriedade dos materiais: a **solubilidade**. E está mesmo. Uma solução é um material composto por mais de uma substância, de forma que essas substâncias sejam solúveis entre si. Há, entretanto, uma outra característica importante em um material para que ele seja considerado uma solução: possuir a mesma composição, em termos das quantidades das substâncias que a compõem, em qualquer fração do material. Assim, em uma solução, as substâncias devem estar distribuídas de forma homogênea por todas as porções.

EXERCÍCIOS

E1. Escrevam a equação química que representa a formação da solução de alvejante.

E2. Utilizando bolinhas para representar as substâncias, elaborem um modelo que represente a solução de alvejante.

PARTE A Compreendendo a composição do produto: concentração percentual

Questões preliminares

Observem no rótulo do produto apresentado anteriormente as informações referentes à sua composição.

Q12. Que substâncias compõem o alvejante em questão? Quais são suas fórmulas químicas?

Q13. Qual dessas substâncias é a responsável pelo branqueamento dos tecidos?

Uma informação do rótulo está bastante clara:

Teor de cloro ativo: entre 2,0% e 2,5% *p/p*.

Esse dado é muito importante, pois está indicando a concentração do produto (cloro ativo) responsável pelo alvejamento. O cloro ativo, no entanto, não se encontra originalmente na solução, mas é formado a partir da decomposição dos hipocloritos e cloretos aí presentes (no texto 3, a seguir, trataremos da equação desse processo). O rótulo destaca, portanto, a composição da solução em termos do componente que é mais importante do ponto de vista prático e comercial. Num laboratório químico, expressaríamos a concentração dessa solução em termos dos solutos que foram adicionados à água, como a massa de hipoclorito de sódio em 100 g da solução.

A expressão da quantidade de soluto em relação à quantidade total de solução é chamada de **concentração da solução**. Há várias formas de expressar a concentração. Como nosso interesse é estudar essas formas, vamos considerar, no caso do rótulo do alvejante, o cloro ativo como se fosse o soluto e não um produto de reação.

Assim, a partir da informação oferecida pelo rótulo, sabemos que em 100 g de solução temos entre 2,0 e 2,5 g de cloro ativo. Por isso, essa forma de expressar a relação entre a quantidade de soluto e a quantidade de solução é chamada de **concentração percentual em peso por peso (*p/p*)**. Vale destacar que 100 g, 2,0 g e 2,5 g são medidas de massa e não de peso. Essas expressões, peso por peso e *p/p*, ainda são muito usadas, embora impropriamente. Talvez o mais adequado fosse substituir a expressão *p/p* por *m/m*, já que esta indica massa.

Poderíamos também expressar a relação considerando a quantidade de cloro ativo em função do volume de solução. Assim, uma solução cuja concentração é 3,0% *p/V* (peso por volume) deve ter 3,0 g de soluto para cada 100 mL de solução, o que é o mesmo que 3 kg de soluto para cada 100 L de solução. Outra forma muito comum de expressar essa relação é a concentração em gramas por litro (g/L).

PARTE B Compreendendo o modo de usar: diluição

Vamos analisar o modo de usar esse produto tendo em vista as concentrações sugeridas pelo fabricante para determinados usos.

Questões

Leiam no rótulo as instruções de uso para lavagem de roupas. Considerem que a densidade do alvejante é praticamente igual à da água (1 g/cm^3).

Q14. Façam o que é pedido:

a) Calculem a concentração percentual em peso por peso (% *p/p*) de cloro ativo presente na solução sugerida para a lavagem normal de roupas.

b) Por que é preciso saber a densidade da solução de alvejante para calcular a concentração do item a?

Q15. Calculem a concentração % *p*/*p* de cloro ativo presente na solução sugerida para a remoção de manchas difíceis.

Q16. Qual das duas soluções é mais concentrada? Por quê?

Q17. Como vocês podem explicar, do ponto de vista químico, a relação entre concentração e eficácia no alvejamento?

PARTE C Compreendendo os cuidados de conservação e as precauções necessárias

Leiam atentamente no rótulo as informações sobre cuidados de conservação e precauções. As recomendações veiculadas pelos rótulos estão diretamente relacionadas a propriedades físicas e químicas do produto. Vamos tentar compreender mais rigorosamente essas recomendações.

Questões

Q18. Por que não se deve retirar o produto do frasco original?

Q19. Observem o gráfico a seguir:

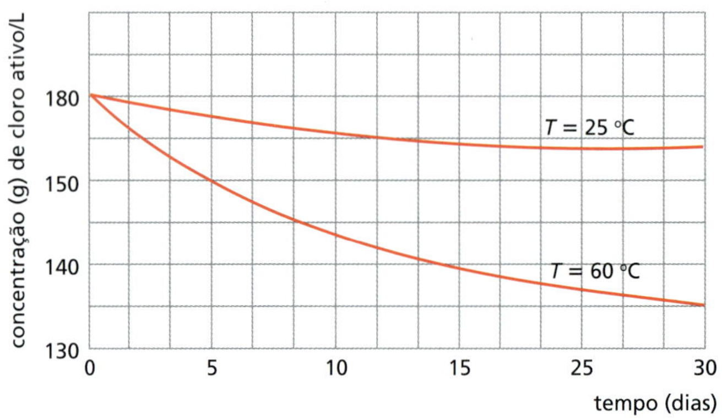

Figura 1-13: **Gráfico representando a retrogradação ou decomposição do cloro ativo em função do tempo (em dias) para duas temperaturas diferentes.**

Q20. Com base na análise do gráfico, como vocês podem explicar os efeitos do Sol e da temperatura sobre a solução alvejante?

Q21. Por que se deve manter essa solução fora do alcance das crianças e dos animais domésticos?

Q22. Recomenda-se não misturar o alvejante com produtos à base de amônia. Por quê?

Ivan Coutinho/Arquivo da Editora

TEXTO 3

Alvejantes

Os alvejantes são soluções constituídas por hipoclorito de sódio e outras substâncias, geralmente utilizadas para o branqueamento de tecidos e para a limpeza de ambientes. As soluções de hipoclorito de sódio (NaClO) podem ter concentração variada, dependendo de seu uso.

O hipoclorito de sódio existe somente em solução, pois se decompõe quando está no estado sólido.

Os alvejantes são, muitas vezes, produzidos de maneira artesanal. Industrialmente, podem ser obtidos por diferentes processos químicos, dependendo das matérias-primas disponíveis e das questões econômicas envolvidas. Uma das formas de obter o hipoclorito (ClO^-) é com a eletrólise de uma solução de cloreto de sódio (NaCl). Podemos representar esse processo pela seguinte equação:

$$Na^+ (aq) + 2\ Cl^- (aq) + H_2O (l) \rightarrow 2\ Na^+ (aq) + Cl^- (aq) + ClO^- (aq) + H_2 (g)$$

Outra forma de obter o hipoclorito é pela reação de hidróxido de sódio (NaOH) ou carbonato de sódio (Na_2CO_3) com cloro gasoso (Cl_2), como representado na equação a seguir:

$$2\ NaOH (aq) + Cl_2 (g) \rightarrow NaClO (aq) + NaCl (aq) + H_2O (l)$$

Há, ainda, a possibilidade de partir do carbonato de sódio (Na_2CO_3) e do hipoclorito de cálcio [$Ca(ClO)_2$]:

$$Na_2CO_3 + Ca(ClO)_2 \rightarrow CaCO_3 + 2\ NaClO$$

O efeito descorante da água sanitária deve-se ao cloro ativo – Cl_2 (g). Este, por sua vez, é formado a partir da decomposição dos hipocloritos e cloretos constituintes da solução. Uma equação que pode representar essa decomposição é:

$$NaClO (aq)\ \ NaCl (aq)\ \ H_2SO_4 (aq) \rightarrow Na_2SO_4 (aq)\ \ H_2O (l)\ \ Cl_2 (g)$$

O hipoclorito é uma espécie química que se decompõe com grande facilidade, principalmente na presença de luz. Por isso, essas soluções são comercializadas em recipientes plásticos opacos.

Em geral, adicionam-se, à solução de hipoclorito, carbonato de sódio (Na_2SO_3), soda cáustica (NaOH) e outras substâncias, para atribuir ao produto maior estabilidade à luz e ao calor, tornando mais lento e gradual o efeito descorante.

A temperatura também é um fator importante. A decomposição do hipoclorito é lenta à temperatura ambiente, mas se acelera sensivelmente a partir de 30 °C. Só para ter uma ideia, a uma temperatura de 60 °C uma solução de concentração 100 g/L sofre uma redução de 50% na quantidade de hipoclorito num período de sete dias.

Ao entrar em contato com sais orgânicos de amônio, formam-se as cloraminas, que são vapores irritantes para os olhos e para as vias respiratórias. Por isso, não se devem misturar soluções de hipoclorito de sódio com produtos à base de amônia.

A decomposição do hipoclorito provoca a liberação de gás cloro (Cl_2), que pode ocasionar irritação das mucosas, tosse e vômito. Por isso, deve-se manipular a água sanitária em ambiente ventilado. Se o hipoclorito entrar em contato com os olhos ou com a pele, poderá provocar danos. Caso isso ocorra, deve-se realizar a lavagem da área atingida com água, continuamente, durante 15 minutos, e consultar um médico.

Um pouco de História

Karl Wilhelm Scheele (1742-1786), um químico sueco, é considerado o descobridor do gás cloro, em 1774, ao notar, durante suas experiências, que soluções aquosas de cloro possuíam um elevado poder branqueador. Tentativas comerciais de aproveitamento dessas soluções não foram, no entanto, bem-sucedidas por causa da ação prejudicial dos ácidos clorídrico e hipocloroso, que se formavam quando o cloro era dissolvido em água. O ácido hipocloroso era o responsável pelas propriedades branqueadoras da solução.

Em 1789, o químico francês Berthollet (1748-1822) conseguiu clorar uma solução de potassa cáustica (hidróxido de potássio), formando uma solução de hipoclorito de potássio. Apesar de essa solução, pela ausência de ácido clorídrico livre, ser um branqueador melhor para tecidos, não teve maior sucesso graças ao preço da potassa cáustica.

Em 1798, o escocês Charles Tennant (1768-1838), na Inglaterra, preparou uma solução de hipoclorito de cálcio, adicionando gás cloro a uma suspensão de cal em água. No ano seguinte, ele patenteou um processo para a fabricação de cal clorada, em que o gás cloro era absorvido em cal hidratada seca.

Na França, em 1820, Antoine Germaine Labarraque (1777-1850) preparou o hipoclorito de sódio, adicionando cloro a uma solução de soda cáustica. Até hoje, esse processo é o mais utilizado em escala industrial.

ATIVIDADE 3

Compreendendo um rótulo de água mineral

As águas minerais também são soluções cujo solvente é a água. Qualquer água de nascente pode ser considerada água mineral por conter sais minerais dissolvidos. Alguns tipos de água mineral, no entanto, contêm sais que as tornam particularmente interessantes. Existem águas sulfurosas, como as encontradas em Araxá (MG), que são recomendadas para banhos.

Estâncias hidrominerais

O maior complexo de estâncias hidrominerais do Brasil está situado em Minas Gerais e inclui cidades como Caxambu (que tem 14 diferentes tipos de águas consideradas medicinais), São Lourenço e Lambari. Nessas estâncias, os turistas encontram recantos de paz e tranquilidade nas termas e balneários, onde há banhos de águas de várias espécies – gasosas, sulfurosas etc. –, ou até mesmo de lama, que fazem bem ao corpo e à mente. É cada vez mais comum a indicação de tratamentos médicos para diferentes enfermidades com águas minerais e banhos em estâncias hidrominerais, sendo a crenoterapia a técnica que utiliza águas com propriedades medicamentosas como recurso terapêutico.

Gladstone Campos/Editora Abril

Figura 1-14: O maior complexo de estâncias hidrominerais do Brasil está em Minas Gerais. Na foto, vemos uma fonte em Caxambu (MG).

A seguir, reproduzimos as informações de um rótulo de água mineral. As perguntas das partes A e B referem-se a essas informações e devem ser respondidas em grupo.

dica Enem

Rótulo de água mineral

Composição química provável (em mg/L):

Água mineral gaseificada artificialmente com gás natural.

Sulfato de bário: 0,61; sulfato de estrôncio: 0,10; sulfato de cálcio: 3,42; bicarbonato de cálcio: 106,5; bicarbonato de magnésio: 53,49; bicarbonato de potássio: 58,86; bicarbonato de sódio: 92,78; nitrato de sódio: 1,37; cloreto de sódio: 0,33; fluoreto de sódio: 0,04; óxido de ferro: 0,07; óxido de manganês: 0,24; óxido de alumínio: 0,18; óxido de silício: 16,20; gás carbônico: 2 554,20.

Características físico-químicas:

Aspecto *in natura* e após fervura: límpido e incolor; odor a frio e a quente: nenhum; temperatura da água na fonte: 20 °C; pH a 25 °C = 5,9; condutividade a 25 °C = $3{,}95 \times 10^{-4}$ mohm/cm (miliohm por centímetro); resíduo de evaporação a 180 °C = 220,0 mg/L.

PARTE A Analisando a composição química

A12 Sob que forma as diversas substâncias se encontram na água mineral?

A13 Desenhem um modelo que represente a constituição da água mineral.

A14 Pesquisem outros rótulos de água mineral e comparem sua composição química. É a mesma para todas elas? A que se deve essa diferença de composição?

A15 As concentrações aqui são expressas em mg/L. Por que a opção foi por essas unidades? Seria possível expressá-las de outra forma? Escolham algumas das concentrações e representem-nas em g/L e em % *p/V*.

PARTE B Analisando as características físico-químicas

Os dados referentes ao pH da água indicam que seu valor é 5,9.

Questões

Q23. O que a informação anterior, acerca do pH da água, significa em termos de acidez/basicidade da água?

Q24. O rótulo nos informa o valor da condutividade da água. Que espécies seriam responsáveis por essa característica físico-química?

Q25. Expliquem o significado de "**resíduo de evaporação** a 180 °C: 220,0 mg/L".

Q26. Em outra parte do rótulo analisado está escrito:

"Água mineral gaseificada artificialmente com gás natural."

Discutam essa informação considerando os conceitos de estados físicos dos materiais. Sugiram uma maneira mais adequada de fornecer a mesma informação.

PARTE C Considerações finais sobre a dissolução de gases em água

As substâncias gasosas presentes na atmosfera dissolvem-se na água e em outros líquidos em maior ou menor grau, dependendo da pressão do ar e da temperatura do ambiente.

Geralmente, se diz que a água é um líquido incolor, inodoro e insípido. Sentimos, no entanto, gostos diferentes nas águas que bebemos. Quando dizemos que a água que bebemos está "gostosa" é porque, nessa água, estão dissolvidos principalmente CO_2 e O_2, além de baixíssima quantidade de substâncias sólidas. É possível comprarmos água mineral com gás, que tem sabor diferente pela presença de maior quantidade de CO_2 dissolvido. Nesse caso, podemos perceber o quanto a solubilidade desse gás na água é afetada pela temperatura: vocês já devem ter observado que, ao abrir uma garrafa de água com gás ou de refrigerante, sem gelo, saem muito mais bolhas do que quando eles estão gelados. A pressão também é um fator fundamental a ser considerado quando se estuda a solubilidade dos gases em líquidos: ao abrir uma garrafa de refrigerante, forma-se logo uma espuma. O frasco do refrigerante é fechado na fábrica com pressão superior à ambiente. Dentro desse sistema, a quantidade de gás dissolvido no líquido é muito maior, pois sua solubilidade é favorecida pelo aumento de pressão.

ATIVIDADE 4

Estudando a concentração das soluções

Nas atividades anteriores, estudamos algumas formas de expressar a concentração das soluções. Uma diferença marcante é que as formas de expressar a concentração que foram encontradas em rótulos de produtos comerciais quase sempre usam grandezas bastante familiares, como massa e volume. Assim, você viu que a concentração de cloro ativo no alvejante foi expressa em gramas de soluto por 100 g de solução, que é conhecida como **porcentagem *p/p***. No rótulo de água mineral, as concentrações foram expressas em miligramas por litro (mg/L), o que indica que a quantidade de solutos por unidade de volume dessa solução é baixa. Já trabalhamos também com concentrações de iodeto de potássio e nitrato de chumbo em mol por litro (mol/L), outra forma possível de expressar a concentração de uma solução.

Vamos aprofundar esse estudo enfatizando agora a concentração em mol/L. Aplicaremos também o conceito de solubilidade para brincar de "detetive químico" e descobrir o conteúdo de soluções incolores não identificadas.

Já discutimos o conceito de solução e os modelos que utilizamos para explicar sua constituição, além de algumas formas de expressar sua concentração. Agora você irá discutir com seus colegas outras maneiras de expressar a concentração de uma solução.

PARTE A Concentrando e diluindo soluções

Um experimento foi realizado seguindo os passos descritos de A16 a A19. Leiam-nos com atenção e observem a figura 1-15 antes de responder às questões.

A16 Colocou-se em um béquer 4,5 g de dicromato de potássio ($K_2Cr_2O_7$), um sal laranja-avermelhado, solúvel em água, utilizado, entre outras coisas, na produção de tintas. Acrescentou-se cuidadosamente água ao béquer até que o volume total fosse de 150 mL. Agitou-se até que o sistema se tornasse homogêneo. Esse sistema foi identificado como **solução 1**.

A17 Transferiram-se 20 mL da solução 1 para outro béquer. Em seguida, o sistema foi aquecido até que o volume total da solução atingisse 10 mL. Esse sistema foi identificado como **solução 2**.

A18 Transferiram-se 20 mL da solução 1 para um terceiro béquer e, em seguida, acrescentaram-se 20 mL de água. Agitou-se até que o sistema se tornasse homogêneo. Esse sistema foi identificado como **solução 3**.

A19 Transferiram-se 20 mL da solução 3 para um quarto béquer. Em seguida, acrescentaram-se 40 mL de água à solução. Agitou-se até que o sistema se tornasse homogêneo. Esse sistema foi identificado como **solução 4**.

Questões

Q27. A solução 2 apresenta coloração mais ou menos intensa que a solução 1? Qual delas é mais concentrada? Justifiquem a resposta.

Q28. Que outro procedimento poderia ter sido realizado para tornar a solução 2 mais concentrada?

Q29. Qual é a diferença entre as cores das soluções 1 e 3? A solução 1 é mais ou menos concentrada que a solução 3? Quantas vezes? Justifiquem a resposta.

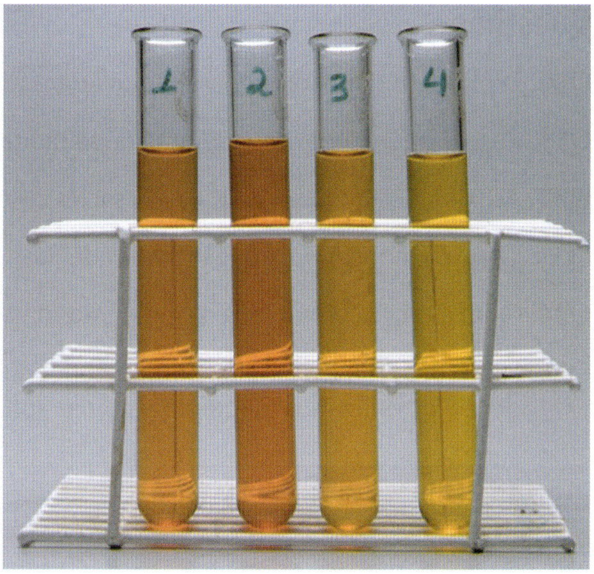

Gilberto do Vale Rodrigues

Figura 1-15: **As quatro soluções de dicromato de potássio que fizeram parte do experimento.**

PARTE B Expressando concentrações

A concentração de uma solução pode ser expressa quantitativamente se relacionarmos a quantidade de soluto dissolvida com a quantidade de solvente utilizada ou de solução obtida. Na maioria dos casos, relaciona-se a quantidade de soluto com a da solução. Dessa forma, considerando as quantidades utilizadas na preparação da solução 1, poderemos determinar sua concentração.

EXERCÍCIOS

E3. Qual é a massa de dicromato de potássio ($K_2Cr_2O_7$) utilizada na preparação da solução 1?

E4. Qual é o volume obtido na preparação da solução 1?

E5. Qual é a concentração da solução 1 se a expressarmos em g/mL, ou seja, gramas de soluto por mililitro de solução? Demonstrem o raciocínio.

E6. Qual é a concentração da solução 1 se a expressarmos em g/L, ou seja, gramas de soluto por litro de solução? Demonstrem o raciocínio.

E7. Determinem as concentrações das soluções 2, 3 e 4 em g/L.

E8. Vimos que a concentração de uma solução pode ser expressa em várias unidades diferentes. Calculem então a concentração da solução 1 em mol/L. Demonstrem o raciocínio.

E9. Construam um quadro, no caderno, com os seguintes títulos em cada coluna:

Solução	Massas do soluto (g)	Volume de solução (mL)	Concentração (g/L)	Concentração (mol/L)	Intensidade da coloração	Concentração em relação à solução 1**

* Numerem da solução de cor menos intensa até a solução de cor mais intensa.
** Indiquem quantas vezes a solução é mais ou menos concentrada que a solução 1.

Quadro 1-2: **Relação entre concentração e intensidade de coloração para diferentes soluções.**

Completem o quadro com os dados referentes às soluções 1, 2, 3 e 4.

QUÍMICA

Questões

Q30. Expliquem como ocorre a dissolução do dicromato de potássio ($K_2Cr_2O_7$) em água.

Q31. Representem, por meio de uma equação química, a dissolução do $K_2Cr_2O_7$ em água.

Q32. As soluções aquosas de $K_2Cr_2O_7$ são boas condutoras de eletricidade? Justifiquem a resposta.

Q33. Qual é a concentração (em mol/L) de íons potássio na solução 1? Demonstrem o raciocínio.

Q34. Qual é a concentração (em mol/L) de íons dicromato na solução 1?

Q35. Expliquem o que significa diluir e concentrar uma solução. Relacionem essas ideias aos procedimentos utilizados na preparação das soluções 2, 3 e 4.

EXERCÍCIO

E10. Observem a tabela nutricional abaixo apresentada no rótulo de uma bebida considerada repositor eletrolítico, cujo conteúdo da embalagem é 473 mL.

Informações nutricionais	Cada porção de 100 mL do produto contém
calorias	22,8 quilocalorias (kcal)
carboidratos	6,0 g
proteínas	0,0 g
lipídios	0,0 g
sódio	45,0 mg
potássio	10,0 mg
cloreto	42,0 mg

Quadro 1-3: **Tabela nutricional de bebida (repositor eletrolítico).**

a) O que é um repositor eletrolítico? Pesquisem em livros ou na internet. Não se esqueçam de indicar a fonte consultada.

b) Se uma pessoa beber o conteúdo total da embalagem, quantas calorias estará ingerindo?

c) Qual é a concentração de potássio em % *p/V*?

d) Qual é a concentração de cloreto em g/L?

e) De acordo com sua pesquisa, com que finalidade essas bebidas devem ser usadas?

ATIVIDADE 5

Brincando de "detetive químico": usando a solubilidade diferenciada de sais para descobrir o conteúdo de soluções incolores

Já falamos sobre concentrações de soluções e, em todos os casos, já conhecíamos as soluções de que dispúnhamos. Mas você já pensou que, em alguns casos, podemos não saber do que as coisas são feitas?

O conhecimento químico construído ao longo dos anos é um instrumento poderoso para nos dar pistas sobre esta importante questão: "De que são feitas as coisas?".

As pistas podem nos ser oferecidas pelas propriedades dos materiais ou pela mudança dessas propriedades quando ocorre uma transformação química. Como já estudamos, uma das evidências de que uma reação química ocorre é a formação de um precipitado quando misturamos duas soluções.

Você já pensou por que ocorre a formação desse precipitado? Isso está relacionado à solubilidade diferenciada das substâncias químicas. Já vimos que existem sais bastante solúveis, sais mais ou menos solúveis e sais insolúveis em água. Quando uma reação entre duas soluções aquosas forma um precipitado, isso significa que os sais reagentes eram solúveis em água e que a reação formou pelo menos um sal que é insolúvel em água. Nesse sentido, se conhecemos a solubilidade de alguns sais, podemos prever que reações poderão resultar na formação de precipitados.

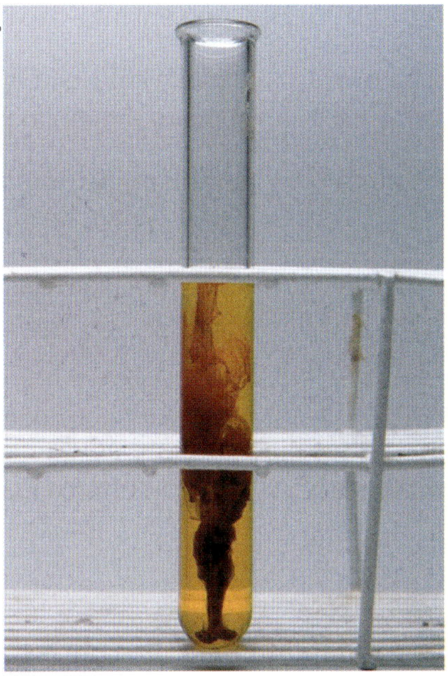

Gilberto do Vale Rodrigues

Figura 1-16: **Quando duas soluções entram em contato pode ocorrer uma reação química e ser formado um precipitado.**

PARTE A Preparando o material

Nesta atividade, vamos usar alguns conhecimentos sobre solubilidade e reações químicas para descobrir o conteúdo de alguns líquidos incolores, todos idênticos.

Material

Seis tubos de ensaio, um suporte para tubos de ensaio, um conta-gotas, 500 mL de soluções aquosas 0,1 mol/L de: nitrato de prata ($AgNO_3$), cloreto de sódio ($NaCl$), ácido clorídrico (HCl), ácido sulfúrico (H_2SO_4), carbonato de sódio (Na_2CO_3) e cloreto de bário ($BaCl_2$).

Tenha cuidado!

Atenção: evite o contato das soluções com a pele.

O que fazer

A20 Coloquem, em seis tubos de ensaio, soluções aquosas 0,1 mol/L das substâncias indicadas na lista de materiais anterior.

A21 Peçam ao professor que mude os tubos de lugar sem que vocês vejam. Depois, identifiquem cada tubo por letras de *A* a *F*. Para descobrir o conteúdo de cada solução, vocês deverão usar as seguintes informações sobre solubilidade:

Regras simples para a solubilidade de alguns sais em água à temperatura ambiente

- A maioria dos sais contendo ânions nitrato (NO_3^-) é muito solúvel.
- A maioria dos sais de íons de metais alcalinos (Li^+, Na^+, K^+, Cs^+, Rb^+) e do íon amônio (NH_4^+) é muito solúvel.
- A maioria dos sais contendo ânions cloreto (Cl^-), brometo (Br^-) e iodeto (I^-) é muito solúvel. Os sais desses ânions contendo cátions Ag^+, Pb^{2+} e Hg_2^{2+}, no entanto, são muito pouco solúveis.
- A maioria dos sais contendo ânions sulfato (SO_4^{2-}) é muito solúvel. Os sais desses ânions contendo cátions Ba^{2+}, Pb^{2+}, Ca^{2+}, Ag^+, Sr^{2+} e Hg^{2+}, no entanto, são muito pouco solúveis.
- A maioria dos sais contendo ânions sulfeto (S^{2-}), carbonato (CO_3^{2-}), cromato (CrO_4^{2-}) e fosfato (PO_4^{3-}) é pouco solúvel.
- A maioria dos hidróxidos é pouco solúvel. Os hidróxidos solúveis mais importantes são NaOH e KOH. Os hidróxidos $Ca(OH)_2$, $Ba(OH)_2$ e $Sr(OH)_2$ são ligeiramente solúveis.

Lembrem-se da reação entre carbonato de cálcio sólido e ácido clorídrico, que produz uma efervescência (bolhas) correspondente ao aparecimento de CO_2. Outros ácidos, quando reagem com carbonatos, produzem o mesmo efeito.

PARTE B Encontrando e executando o procedimento para descobrir o conteúdo dessas soluções

A22 Com base nas informações fornecidas, discuta com seus colegas e encontrem um procedimento adequado para identificar as seis soluções. Para isso, vocês podem misturar as soluções entre si, duas a duas, prevendo quais irão reagir e qual será o resultado da reação, se for o caso. Descrevam esse procedimento com detalhes, em uma folha de papel separada, para que ele possa ser realizado por outro grupo. Se necessário, sugiram quadros para prever e anotar os resultados. Escrevam, também, as equações de todas as reações que vocês esperam obter, explicitando qual é a evidência de que a reação ocorrerá.

A23 Troquem a folha em que seu grupo descreveu o procedimento em A22 com outro grupo (guardem uma cópia do seu próprio procedimento). Leiam o procedimento do outro grupo e comparem-no com o do seu grupo.

a) Que modificações vocês sugerem no seu próprio procedimento a partir dessa comparação?

b) E nos procedimentos dos colegas? Escrevam essas sugestões na folha entregue por seus colegas.

A24 Devolvam a folha do outro grupo e leiam as modificações, no seu procedimento, sugeridas por seus colegas. A partir dessas sugestões (suas e dos colegas do outro grupo), discuta com seu grupo e modifiquem o procedimento, se necessário.

A25 Executem o procedimento modificado em A24, usando os líquidos incolores identificados pelas letras de *A* a *F*, e identifiquem (nome e fórmula) as substâncias de cada tubo.

PARTE C Discutindo os resultados e refazendo o procedimento (se necessário)

A26 Transponham os resultados obtidos por seu grupo para o quadro e explicitem para a classe o procedimento adotado.

A27 Todos os grupos encontraram os mesmos resultados? A que se deve a discrepância, quando for o caso?

A28 Há discrepâncias entre os resultados obtidos e aqueles que foram previstos por seu grupo?

A29 Refaçam o procedimento ou algumas reações com base na discussão de toda a classe, se for o caso.

EXERCÍCIOS

E11. Escrevam a equação balanceada para todas as reações que ocorreram no procedimento adotado. Lembrem-se de usar os símbolos (s) para indicar um produto sólido (precipitado), (g) para produtos gasosos (bolhas) e (aq) para produtos aquosos.

E12. Calculem a massa de todos os precipitados (sólidos) formados, supondo que vocês tenham usado 10 mL de cada líquido nas reações. Lembrem-se de que a concentração de todas as soluções é 0,1 mol/L.

Vamos dar um exemplo para ajudá-los a resolver este exercício. Suponham que vocês queiram calcular a massa do carbonato de prata, Ag_2CO_3, formada a partir da reação entre nitrato de prata e carbonato de sódio. Se vocês escreveram corretamente a equação dessa reação no exercício E11, terão escrito o seguinte:

$$\underset{2\text{ mols}}{2\,AgNO_3\,(aq)} + \underset{1\text{ mol}}{Na_2CO_3\,(aq)} \rightarrow \underset{1\text{ mol}}{Ag_2CO_3\,(s)} + \underset{2\text{ mols}}{2\,NaNO_3\,(aq)} \quad \text{(equação I)}$$

Notem que, nessa reação, são necessários **2 mols** de $AgNO_3$ (aq) para reagir com **1 mol** de Na_2CO_3 (aq). Se vocês usaram 10 mL de solução 0,1 mol/L de cada reagente, qual é a quantidade de cada um, em mol?

É simples calcular essa quantidade. Uma vez que a concentração é expressa em mol/L, basta multiplicar o volume usado da solução, em L, pela sua concentração. Sabemos que 1 mL é a milésima parte de 1 litro. Então, $1\text{ mL} = 1 \times 10^{-3}\text{ L}$ e $10\text{ mL} = 10 \times 10^{-3}\text{ L} = 1 \times 10^{-2}\text{ L}$.

Portanto, as quantidades, em mol, de $AgNO_3$ (aq) e Na_2CO_3 (aq) (que são iguais, pois o volume e a concentração das soluções são os mesmos) são:

$$(0{,}1\text{mol/L}) \times (1 \times 10^{-2}\text{ L}) = 1 \times 10^{-3}\text{ mol}$$

Reparem que a dimensão do resultado é **mol** por causa do cancelamento do L do volume com o 1/L da concentração.

Usando esses valores, podemos escrever:

$$\underset{1 \times 10^{-3}\text{ mol}}{2\,AgNO_3\,(aq)} + \underset{1 \times 10^{-3}\text{ mol?}}{Na_2CO_3\,(aq)} \rightarrow Ag_2CO_3\,(s) + 2\,NaNO_3\,(aq)$$

Notem que, se não houvesse o coeficiente estequiométrico 2 para o $AgNO_3$ (aq), a quantidade de carbonato de prata formada sairia diretamente, como ocorrerá em muitas das reações. Sabemos, no entanto, que para cada 1 mol de Na_2CO_3 (aq) necessitamos de **2 mols** de $AgNO_3$ (aq). O nitrato de prata é, nesse caso, o **reagente limitante**, pois necessitamos do dobro de sua quantidade, em mol, em relação ao carbonato de sódio e temos a mesma quantidade dos dois nos 10 mL da solução 0,1 mol/L. Isso significa que todo o nitrato de prata será consumido e que sobrará metade do carbonato de sódio. Assim, podemos reescrever as quantidades certas:

$2\ AgNO_3$ (aq)	+	Na_2CO_3 (aq)	$\rightarrow$	Ag_2CO_3 (s)	+	$2\ NaNO_3$ (aq)
1×10^{-3} mol		$0{,}5 \times 10^{-3}$ mol		$0{,}5 \times 10^{-3}$ mol		1×10^{-3} mol

Observem que, pela leitura dos coeficientes estequiométricos (observe a equação I), sabemos que a quantidade de precipitado formado, no caso o carbonato de prata, Ag_2CO_3, é a mesma do carbonato de sódio usado. Há, portanto, uma sobra de carbonato de sódio, que permanece em solução, pois não havia quantidade suficiente de nitrato de prata para reagir com ele quando se misturaram 10 mL de cada um. Se tivessem sido usados 20 mL de nitrato de prata e 10 mL de carbonato de sódio, não haveria essa sobra.

Para calcular a massa de carbonato de prata formada, com base na quantidade em mol obtida, basta saber a massa molar do Ag_2CO_3. Consultando a tabela periódica, obtemos: massa molar de Ag = 107,9 g/mol; massa molar de C = 12,0 g/mol; massa molar de O = 16,0 g/mol.

Portanto, a massa molar do Ag_2CO_3 é:

$$(2 \times 107{,}9\ \text{g/mol}) + 12{,}0\ \text{g/mol} + (3 \times 16{,}0\ \text{g/mol}) = 275{,}8\ \text{g/mol}$$

Para se obter a massa de carbonato de prata formada na reação, basta multiplicar a quantidade, em mol, encontrada ($0{,}5 \times 10^{-3}$ mol) pelo valor da massa molar. A seguir, segue o cálculo da massa do precipitado formado:

$$0{,}5 \times 10^{-3}\ \text{mol} \times 275{,}8\ \text{g/mol} = 137{,}9 \times 10^{-3}\ \text{g} = 0{,}14\ \text{g}$$

Notem que a grandeza mol se cancela e a resposta é em gramas.

Imaginamos que talvez a maior dificuldade envolvida neste problema está relacionada à existência de um reagente limitante. Se pensarmos, no entanto, na nossa vida cotidiana, é muito comum encontrarmos combinações de coisas em que umas entram em maior quantidade do que outras. Suponham que vocês estejam preparando uma receita que pede duas xícaras de chá de farinha e uma xícara de leite. Se vocês tiverem 10 xícaras de farinha e 10 xícaras de leite, só poderão usar 5 xícaras de leite, pois para cada uma delas serão necessárias duas de farinha. Aqui, a farinha funciona como o reagente limitante, e o leite estará em excesso.

Acreditamos que, com esse exemplo, vocês poderão encontrar a massa de todos os outros precipitados formados.

EXERCÍCIOS

Todos os exercícios devem ser respondidos em seu caderno. Não escreva em seu livro.

E13. Calculem, quando for o caso, a quantidade (em mol) de reagente que ficou sem reagir. Lembrem-se de que isso acontece quando há, como no exemplo anterior, um reagente limitante.

E14. Calculem a concentração de todos os sais aquosos formados, supondo que vocês tenham usado 10 mL de cada reagente. Lembrem-se de que o volume final da solução é igual à soma dos volumes usados, ou seja, 20 mL.

E15. Calculem a perda de massa dos sistemas em que foi formado gás, no caso o CO_2. Essa perda corresponde à quantidade de gás carbônico formada?

PARTE D Comentários finais

Nesta atividade, o conhecimento sobre a solubilidade de alguns sais permitiu que vocês fizessem previsões sobre os produtos das reações entre esses sais. Vocês foram convidados a criar um procedimento para identificar seis líquidos incolores idênticos, contendo diferentes sais iônicos, todos na mesma concentração: 0,1 mol/L.

Além disso, usaram essa forma de expressar a concentração de soluções líquidas – concentração em mol/L – para calcular as massas dos precipitados formados, a concentração dos sais solúveis formados e a perda de massa em sistemas em que foi produzido gás carbônico. Vocês usaram soluções de concentração 0,1 mol/L.

Trabalhar com a concentração usando a grandeza quantidade de matéria – o mol – possibilitou a simplificação de muitos cálculos, pois os coeficientes das equações químicas revelam as relações entre quantidades de átomos, moléculas e íons. Portanto, a concentração em quantidade de matéria – mol/L – é a mais usada em laboratórios químicos, justamente por permitir essas facilidades nos cálculos a partir de equações químicas.

O conhecimento sobre as quantidades envolvidas em reações químicas é de extrema importância na maioria das aplicações industriais da Química. Conhecer a quantidade correta de cada reagente a se adicionar numa mistura reagente resulta em economia para a indústria, em menor desperdício e num produto mais barato para o consumidor.

Como já tivemos oportunidade de verificar em atividades anteriores, a maioria das soluções encontradas em supermercados tem suas concentrações expressas de maneiras diferentes – gramas por litro, percentagem em massa ou em volume, entre outras.

Essas formas de expressar a concentração são mais diretas e facilitam a preparação de soluções, mas não revelam, como a concentração em mol/L, a quantidade de matéria de soluto presente, apenas sua massa. Supomos que agora vocês já tenham condições de diferenciar massa e quantidade de matéria.

NA INTERNET

<www.pontociencia.org.br>

Na página do Projeto Ponto Ciência, você vai encontrar várias sugestões de experimentos envolvendo soluções. Acesso em: 26 abr. 2012.

<http://qnesc.sbq.org.br>

Página da revista *Química Nova na Escola* (QNesc), publicada pela Sociedade Brasileira de Química (SBQ). Os artigos estão disponíveis na íntegra e de forma totalmente gratuita. Estão disponíveis também os Cadernos Temáticos publicados desde 2001. Acesso em: 26 abr. 2012.

CAPÍTULO 2

Termoquímica: energia nas mudanças de estado físico e nas transformações químicas

Apesar de ser um conceito básico para o entendimento da maioria dos fenômenos de interesse da ciência, não é simples definir **energia**. A definição clássica – a capacidade de realizar trabalho – está relacionada com o uso das primeiras máquinas térmicas, em que a energia química de combustíveis, como a madeira ou o carvão, era usada para a produção de vapor, que movimentava essas máquinas.

Neste capítulo, vamos estudar as transferências de energia que estão associadas às transformações químicas e às mudanças de estado físico. Exceto pela energia nuclear, muitas formas de energia que conhecemos dependem, direta ou indiretamente, da energia luminosa que recebemos do Sol.

A fotossíntese é o processo fundamental pelo qual as plantas geram fontes de energia, na forma de alimentos ou de combustíveis, usando a luz solar. Obtemos grande parte da energia usada nos transportes como os combustíveis fósseis – o petróleo e seus derivados. Contudo, despendemos energia para produzir a maioria dos metais com base em seus minerais. Nosso corpo depende da energia dos alimentos para executar as funções vitais. A energia desempenha um papel fundamental na maioria dessas transformações, mas sua obtenção tem sido a causa de muitos problemas ambientais. A queima de combustíveis tem gerado alguns desses problemas – por exemplo, o aumento do efeito estufa e a chuva ácida.

Estudaremos alguns desses processos, focalizando as trocas de energia. O estudo desses temas envolve alguns conceitos – energia, calor, temperatura, trabalho – que estamos acostumados a usar no nosso dia a dia. Mas será que essas palavras têm o mesmo significado na ciência e na linguagem comum?

Para responder a essa pergunta, estudaremos algumas situações práticas, tentando entender os conceitos científicos e relacioná-los com os significados cotidianos. Nas três primeiras atividades, vamos procurar entender um pouco melhor esses conceitos básicos para aplicá-los ao estudo dos processos de transferência de energia nas transformações químicas.

Esperamos que, ao final deste capítulo, você possa avaliar a importância da Química para o entendimento dos processos que envolvem produção e consumo de energia.

Coleção particular

Figura 2-1: **Nas primeiras máquinas térmicas, a energia química dos combustíveis era utilizada para a produção do vapor.**

Figura 2-2: **A fotossíntese é um processo fundamental para a geração de fontes de energia.**

Gabor Nemes/kino.com.br

Marcos Peron/kino.com.br

Figura 2-3: **A queima de combustíveis tem gerado a emissão descontrolada de gases na atmosfera.**

TEXTO 1

Combustíveis e formas alternativas de energia

A conversão de energia e trabalho em calor sempre acompanhou a história do nosso planeta. O processo contrário, de converter calor e energia armazenada em trabalho, é muito mais recente e se evidencia na utilização, pelo homem, do vento para movimentar moinhos e barcos ou de animais, incluindo o próprio homem – que transformam a energia obtida da digestão dos alimentos em trabalho mecânico – para realizar trabalhos domésticos e agrícolas. A utilização do calor em grande escala para produzir trabalho, no entanto, originou-se na época da Revolução Industrial, e as mudanças na sociedade foram se tornando cada vez mais rápidas, pois a humanidade, desde então, não se limita mais aos animais ou a outros processos naturais para produzir trabalho.

O aprendizado de como produzir o fogo, e não depender mais dos incêndios naturais para obtê-lo, significou um salto qualitativo no estilo de vida dos povos primitivos. Desde então, o ser humano vem produzindo energia em abundância pela queima de combustíveis. Processos mais sofisticados pelos quais a energia de combustíveis pode ser artificialmente convertida em trabalho têm, no entanto, menos de trezentos anos.

A diferença no grau de sofisticação entre produzir calor ou trabalho a partir do mesmo combustível é evidente. Para produzir calor, é suficiente combustível, ar e a energia inicial de uma fagulha ou pequena chama. Uma vez iniciada, a combustão produz energia em abundância. Para produzir trabalho a partir de um combustível, necessitamos de equipamentos muito mais sofisticados, como um motor a explosão existente nos automóveis ou as turbinas de um avião a jato.

Embora a humanidade em seus primórdios não o soubesse, a queima da vegetação liberava energia que havia sido obtida do Sol, não muito tempo antes de sua utilização, por meio dos processos de fotossíntese. Como a demanda por energia não era muito grande, a queima da vegetação existente era suficiente. Antes mesmo da Revolução Industrial, o aumento da demanda por energia fez que o homem procurasse outra possível fonte – o carvão – na qual a energia solar havia se acumulado em eras anteriores.

Marco Antonio Sá/kino.com.br

Gábor Nemes/kino.com.br

Figura 2-4: A queima da vegetação supria inicialmente a demanda de energia; depois, o carvão passou a ser necessário.

Sérgio Dutti/Editora Abril

Figura 2-5: Ambiente desmatado.

Atualmente, o homem explora o petróleo, provavelmente constituído por remanescentes de organismos marinhos que viveram há aproximadamente 500 milhões de anos e que também capturavam a energia solar. As demandas por energia da civilização moderna nos obrigaram, porém, a cavar para além desse tempo e colher a produção de outras estrelas, como os átomos de urânio, que são cinzas de estrelas extintas e que são usados atualmente em reatores nucleares.

Marcelo Sayao/PETROBRAS/Divulgação

Cláudio Rossi/Editora Abril

Figura 2-6: Os átomos que constituem o petróleo e os átomos de urânio usados nos reatores nucleares provavelmente já constituíram animais marinhos e estrelas extintas.

Esses átomos foram formados na agonia de uma geração anterior de estrelas, quando átomos de menor massa foram violentamente lançados uns contra os outros com tanta energia que se fundiram em átomos progressivamente mais pesados. Essas estrelas antigas explodiram, espalhando esses átomos pesados pelo Universo. Alguns deles acabaram sendo incorporados durante o processo de formação da Terra. Estamos, dessa forma, cavando cada vez mais no passado para encontrar formas de energia mais poderosas e convenientes. O dia em que a humanidade conseguir realizar a fusão de hidrogênio, a exemplo do que faz o Sol para obter essa imensa quantidade de energia, terá ido ainda mais longe no tempo ao utilizar "as cinzas do *Big Bang*", já que hidrogênio e hélio foram os primeiros elementos que se formaram nessa grande explosão que, acredita-se, deu origem ao Universo.

PhotoDisc

Figura 2-7: As estrelas são a origem de átomos de urânio usados hoje como combustível em reatores nucleares.

As pessoas que vivem na sociedade contemporânea assistem à explosão do uso da energia que tem gerado impactos ambientais de resultados imprevisíveis para o futuro da vida no planeta. O aumento da concentração de CO_2 na atmosfera, resultante da queima em grande escala de combustíveis fósseis, está associado claramente ao aumento do efeito estufa, que pode resultar no aquecimento global do planeta. São usados como combustível o carvão mineral, o petróleo e o gás natural.

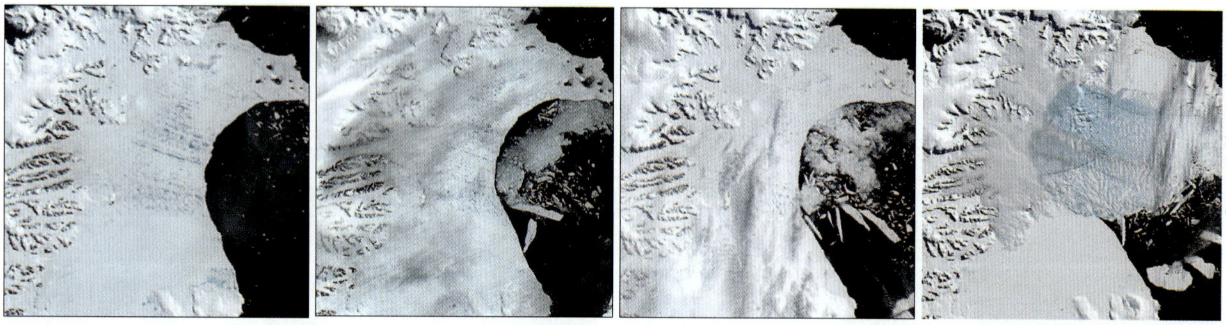

Fotos: NASA/Photoresearch/Latinstock

Figura 2-8a: Indícios do aquecimento global. As imagens mostram o derretimento de partes da Antártida. As áreas derretidas aumentam a cada ano.

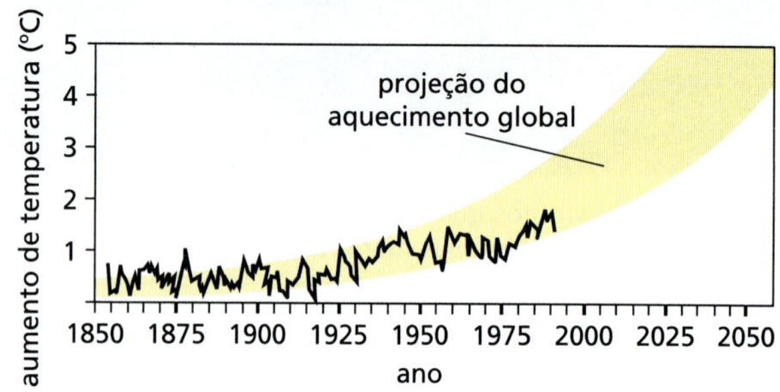

Figura 2-8b: O gráfico evidencia o aumento da temperatura global e mostra a projeção desse aumento caso não sejam tomadas medidas preventivas e corretivas.

Já a obtenção de energia nuclear, embora muito eficiente, envolve sérios riscos ambientais. Acidentes nucleares como o da Pensilvânia (EUA), em 1979, o de Chernobyl (Ucrânia), em 1986, e o de Goiânia, no Brasil, em 1987, deixaram muitos mortos e feridos ou com sequelas graves, como o câncer. Há ainda a preocupação com o risco envolvido no despejo do lixo nuclear.

Soluções alternativas à obtenção de formas de energia necessitam de muita pesquisa e desenvolvimento para que se tornem viáveis em grande escala.

Igor Kostin/Sygma Corbis Latinstock

Figura 2-9: O uso da energia nuclear precisa ser muito bem monitorado para evitar acidentes como o ocorrido em Chernobyl, o pior da História. A foto mostra as ruínas de um reator nuclear da usina.

O consumo de energia é muito desigual entre os países do mundo. Os norte-americanos, por exemplo, consomem muito mais energia do que qualquer outro povo. Essa diferença em relação a países do Terceiro Mundo, como o Brasil, é ainda maior. Quem paga o custo ambiental de tanto desperdício é todo o planeta.

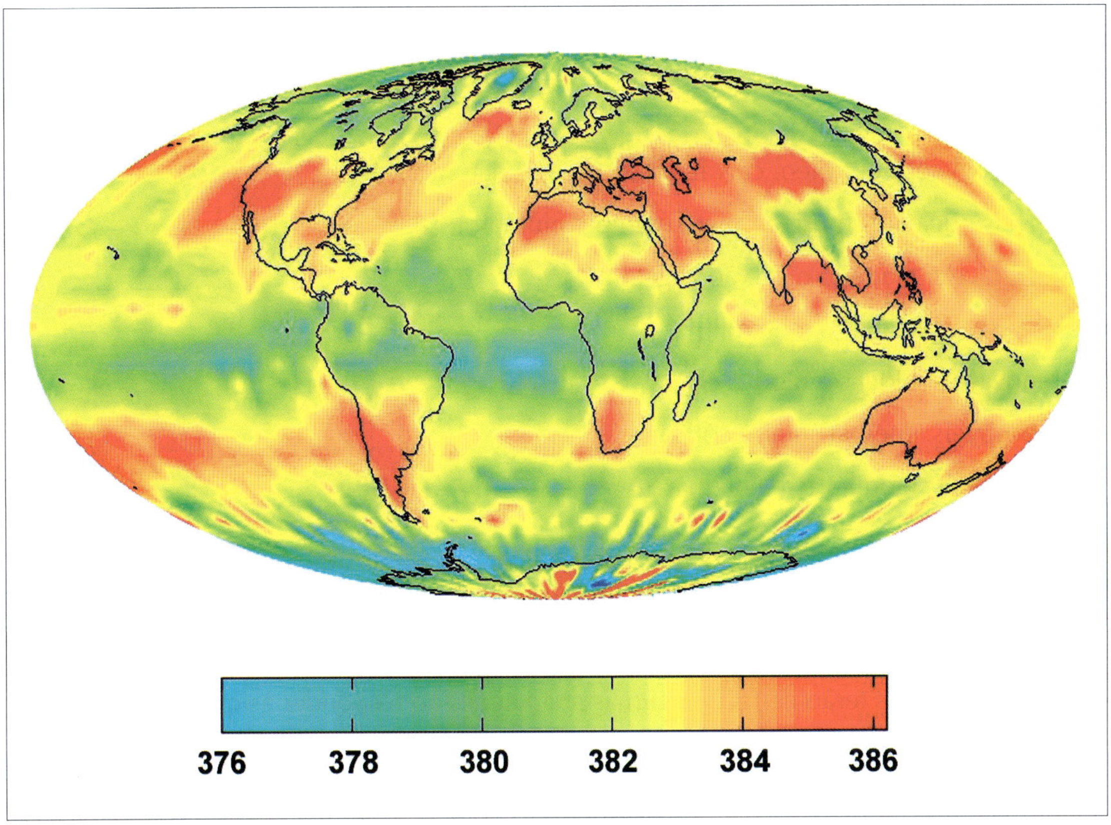

Figura 2-10a: Imagem gerada por computador mostrando a distribuição de dióxido de carbono (em ppmV) gerado por combustão de combustível fóssil (a concentração é maior nas áreas mais vermelhas e menor nas azuis).

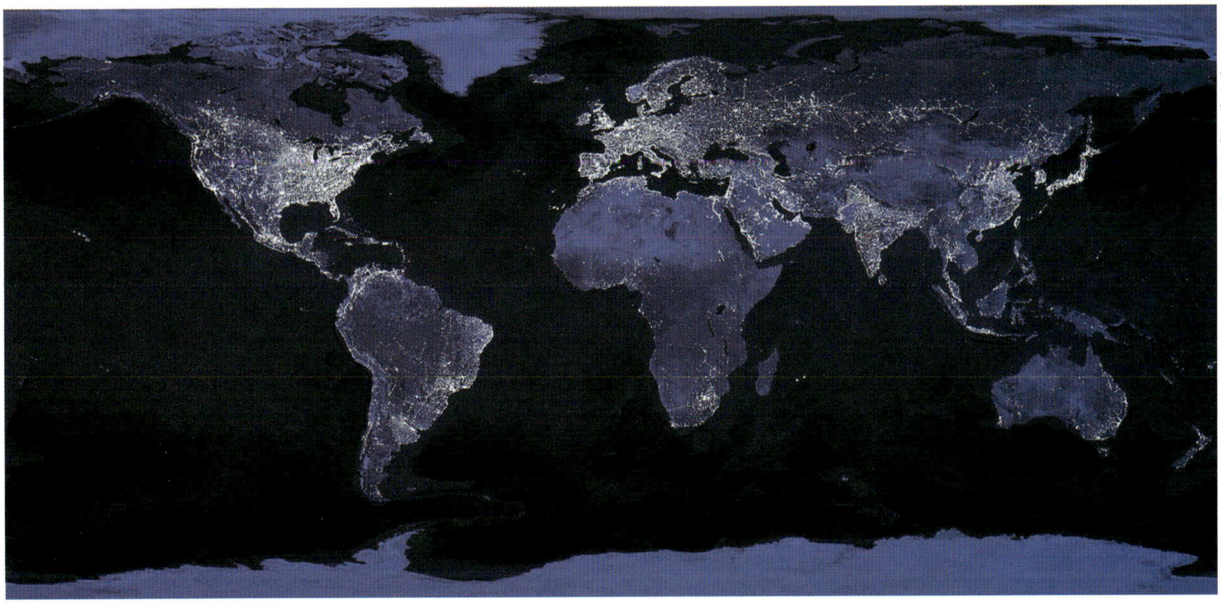

Figura 2-10b: O consumo de energia no mundo é desigual, conforme se pode observar nesta fotomontagem mostrando o planeta Terra como se fosse noite nele todo. Percebe-se claramente que os países do Hemisfério Norte consomem muito mais energia elétrica e fóssil do que os países do Hemisfério Sul.

PROJETO 1

Combustíveis fósseis e fontes renováveis de energia

objeto digital

Neste projeto, faremos um estudo dos combustíveis do ponto de vista químico, ambiental e social. Cada grupo de alunos deverá trabalhar com um dos grupos de combustíveis ou fontes de energia relacionados a seguir:

- combustíveis fósseis: petróleo, carvão mineral e gás natural;
- combustíveis nucleares (normalmente urânio e plutônio);
- fontes renováveis: madeira e carvão vegetal;
- fontes renováveis: etanol e metanol;
- fontes renováveis: biogás e biodiesel;
- fontes renováveis: energia solar e eólica;
- fontes renováveis: hidrelétrica e de marés.

P1 Cada grupo deverá preparar um relatório escrito e uma série de argumentos sobre as vantagens e desvantagens da fonte de energia ou combustível escolhido, levando em consideração eficiência energética, custos de produção, facilidade de obtenção, impacto ambiental e social decorrente da sua produção e da sua utilização. Lembrando que para as energias hidrelétrica, de marés, solar e eólica, vocês terão de fazer algumas adaptações ao responder às questões.

P2 Na preparação do relatório, o grupo deverá responder às questões e atender às demandas a seguir:

a) Qual é a origem do combustível ou fonte de energia considerada? Como esse recurso é produzido/extraído? Qual o potencial de uso desse recurso no Brasil e no mundo?

b) Descrevam todas as fases dos processos de obtenção/extração e de produção industrial do combustível ou fonte escolhida. Qual é o impacto ambiental/social de sua obtenção/produção/extração?

c) Qual é o valor energético desse recurso ou dos seus derivados por mol (em termos de variação de entalpia de combustão)? Qual é o valor energético em quilo e litro? E em reais (R$)?

d) Descrevam o funcionamento de uma máquina em que esse combustível (ou fonte de energia) é usado, deixando claros os mecanismos envolvidos na conversão de calor em trabalho (por exemplo, no motor de explosão para gasolina ou álcool, no forno de uma siderúrgica para o carvão vegetal etc.). Qual é a eficiência dessas máquinas? Quanto do calor produzido é desperdiçado?

e) Como está distribuído o consumo dessa fonte de energia ou combustível pelos diferentes países, em termos absolutos e em termos relativos (litro ou quilo de combustível por habitante)? E entre os estados brasileiros?

f) Quais são os principais impactos ambientais e sociais decorrentes do uso dessa fonte de energia ou combustível (por exemplo: em relação ao impacto social, deve-se considerar o problema dos congestionamentos no trânsito das grandes cidades, entre outros)? Que medidas têm sido tomadas para minimizar esse impacto? Que outras poderiam ser tomadas?

g) Como o uso dessa fonte de energia ou combustível pode contribuir (ou não) para o desenvolvimento sustentável?

h) Selecionem, preparem e apresentem algum experimento relacionado à fonte de energia ou combustível escolhido.

P3 Cada grupo deverá preparar os argumentos a favor e contra a fonte de energia ou combustível trabalhado. Esses argumentos serão preparados para um debate com toda a turma, em que cada grupo deverá defender o uso da "sua" fonte ou combustível e questionar o uso de uma das outras fontes. Para isso, cada grupo entregará ao professor, com alguma antecedência em relação ao dia do debate, os **argumentos contrários** ao uso de sua fonte de energia ou combustível. O professor distribuirá esses argumentos entre os outros grupos. É importante que cada grupo prepare a contra-argumentação levando em consideração os argumentos contrários que ele próprio levantou sobre a fonte de energia ou combustível analisado.

P4 O debate se iniciará com a defesa sobre o uso da fonte de energia ou combustível, seguida por uma réplica contra o seu uso, cada uma (defesa e réplica) tendo sido preparada com antecedência.

P5 Para que o debate prossiga, cada grupo deverá preparar um número razoável de perguntas que coloquem o grupo "adversário" em dificuldades na defesa do uso da fonte de energia ou combustível analisado por ele.

ATIVIDADE 1

Temperatura e termômetros

Estamos tão habituados ao uso de termômetros – principalmente os clínicos e os usados para medir a temperatura de um ambiente – que raramente questionamos como eles funcionam e quais são as ideias científicas relacionadas a esse funcionamento.

Nesta atividade, vamos tentar entender um pouco melhor o funcionamento dos termômetros, comparando um termômetro clínico com um termômetro de laboratório.

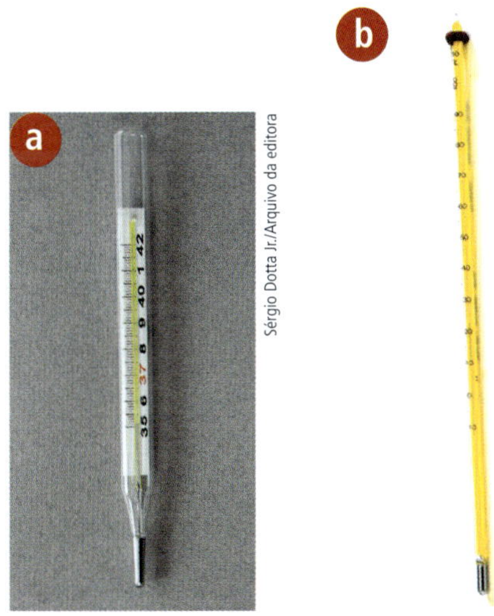

Sérgio Dotta Jr./Arquivo da editora

Art Directors & TRIP/Alamy/Other Images

Figura 2-11: **Existem diferentes tipos de termômetros. a) Termômetro clínico; b) Termômetro de laboratório.**

Material

Um termômetro clínico e um termômetro de laboratório.

O que fazer

A1 Observem atentamente a estrutura e o funcionamento dos termômetros de que dispuserem para responder às questões a seguir.

Questões

Q1. Um termômetro comum de laboratório (não digital) não precisa ser agitado para ser usado e não pode ser retirado do sistema cuja temperatura queremos conhecer. Já um termômetro clínico (que mede a temperatura do corpo humano) precisa ser agitado antes de ser usado e pode ser retirado do sistema (o corpo da pessoa) cuja temperatura se quer conhecer. Qual é a razão dessa diferença de comportamentos?

Q2. Observem e desenhem o bulbo e o capilar de um termômetro de laboratório e de um termômetro clínico.

Q3. Quais seriam as desvantagens de usar um termômetro clínico num laboratório de Química? Respondam no caderno.

TEXTO 2

Temperatura e termômetros

Como podemos afirmar que um termômetro mede a temperatura de um corpo? Com base nas observações feitas na atividade 1, você deve ter notado que, por causa de um detalhe na sua fabricação, o termômetro clínico pode ser retirado do corpo da pessoa para efetuar a leitura, enquanto o termômetro de laboratório deve, durante a leitura, permanecer em contato com o sistema no qual estamos efetuando a medida. De qualquer forma, só podemos afirmar que a temperatura lida no termômetro é a mesma temperatura do sistema porque há uma transferência de energia do sistema para o termômetro quando o primeiro está a uma temperatura mais alta, e do termômetro para o sistema na situação inversa. Por que ocorre essa transferência? Porque dois corpos, objetos ou sistemas em contato tendem a igualar suas temperaturas e atingir o estado de **equilíbrio térmico**. Nesse estado, há sempre transferência de energia do corpo, objeto ou sistema à maior temperatura para aquele à menor temperatura. O princípio que está "por trás" do funcionamento dos termômetros é conhecido como a **Lei Zero da Termodinâmica**. Uma outra maneira de formular esse princípio é a seguinte:

> Se um sistema ***A*** está em equilíbrio térmico com um sistema ***B*** e ***B*** está em equilíbrio térmico com ***C***, então ***C*** também está em equilíbrio térmico com ***A***.

Esse princípio já contém algo que é estranho à nossa visão cotidiana dos fenômenos que envolvem calor e temperatura. Esse "algo estranho" é a ideia de que a transferência de calor sempre ocorre do corpo à maior temperatura para o corpo à menor temperatura. Afinal, estamos acostumados a dizer que colocamos uma pedra de gelo numa bebida para esfriar essa bebida. Essa maneira de falar sugere que o gelo transfere "frio" para a bebida. Em ciência, ao contrário do que fazemos na vida cotidiana, não admitimos a existência desses dois processos de transferência de energia – calor e frio –, mas apenas de um deles – o calor. Isso significa que a bebida se esfria porque transfere energia para a pedra de gelo até que todo o sistema esteja a uma mesma temperatura.

Questões

Q4. Certos sistemas – nosso corpo, uma chapa elétrica, um ferro de passar roupa, uma lâmpada, uma vela etc. – aparentemente não seguem o princípio que acabamos de estudar. Esses sistemas não entram em equilíbrio térmico com o ambiente que os rodeia. Discuta com seus colegas uma possível explicação para esse fato.

Q5. Dê outros exemplos de sistemas que se comportam de forma semelhante.

Um pouco sobre termômetros

Galileu Galilei (1564-1642) foi o primeiro a associar o fato de os materiais se expandirem quando aquecidos à possibilidade de efetuar uma medida do "quão quente" está um material. A partir disso, construiu o que se pode considerar o primeiro termômetro, por volta de 1592. O instrumento construído por Galileu era simples e baseava-se na expansão do ar.

A maioria dos termômetros comuns que usamos atualmente não difere muito daqueles da época de Galileu. Basicamente, os termômetros comuns são constituídos por um bulbo de vidro contendo um líquido (usualmente álcool ou mercúrio) ligado a um longo tubo capilar cuja extremidade é selada após o ar ter sido retirado.

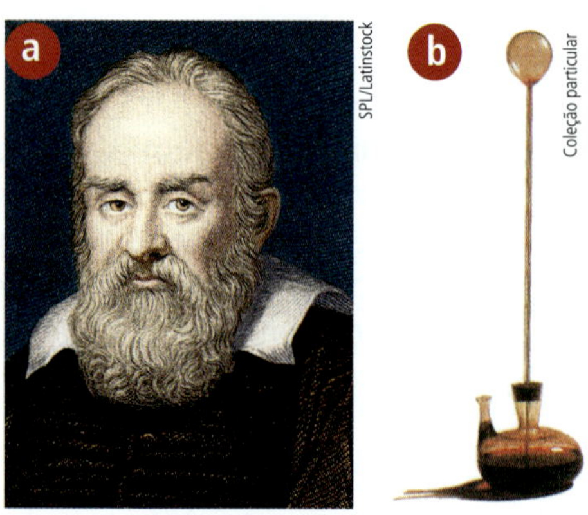

Figura 2-12: Na figura vemos Galileu (a) e o termômetro desenvolvido por ele (b).

Os termômetros clínicos são diferentes daqueles utilizados para medir a temperatura de sistemas nos laboratórios. No caso dos termômetros clínicos, após efetuar a medida da temperatura, a coluna de mercúrio não volta para o bulbo, ao contrário do que ocorre com os outros termômetros.

Por que isso ocorre?

Ao observar um termômetro clínico, você vai perceber que há um estreitamento na coluna capilar. Quando o termômetro é aquecido, o mercúrio se dilata e, pelo efeito da capilaridade, sobe. Quando a medida termina, o mercúrio não pode continuar seu caminho ascendente e, por causa do estreitamento, também não retorna ao bulbo. O estreitamento do capilar cria condições físicas para que se estabeleça um "jogo de forças" de tal forma que o peso da coluna de mercúrio não seja suficiente para vencer a tensão superficial na interface entre a parte mais larga e a parte mais estreita do capilar. Por isso, o fluxo do mercúrio cessa e a coluna permanece marcando a temperatura, como é desejável para um termômetro clínico.

A medida e o controle de temperatura são fundamentais em uma série de atividades científicas e industriais. Atualmente, existem outros tipos de instrumentos de medida de temperatura que são construídos a partir de outros princípios de funcionamento, dependendo da necessidade de seu uso. Um dos mais importantes, principalmente para o uso industrial, é o **termopar**. Esse tipo de termômetro é muito utilizado quando é preciso que se tenham controle e registro contínuos da temperatura. Seu funcionamento se baseia na medida de voltagem existente nas junções de ligas ou fios metálicos de materiais diferentes. Esses termômetros são, em geral, muito sensíveis.

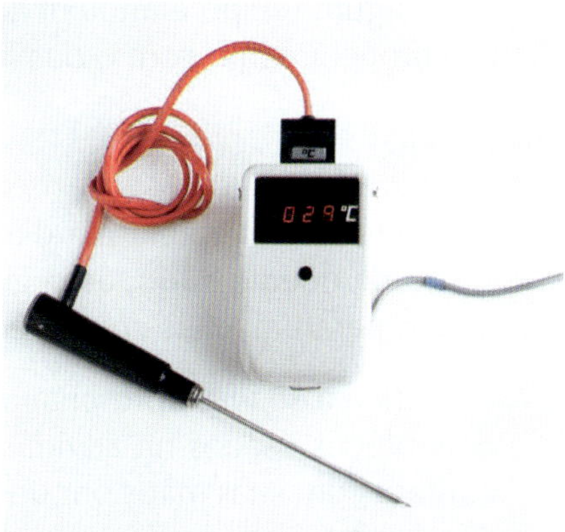

DK Limited/Corbis/Latinstock

Figura 2-13: **O termopar é um tipo de termômetro muito sensível, utilizado para controle e registro contínuos da temperatura.**

ATIVIDADE 2

Temperatura e sensação de quente e frio

Nesta atividade, vamos discutir a diferença entre a temperatura e a sensação de quente e frio. Usamos nosso corpo como um termômetro em várias situações. Os pais sabem avaliar se o leite da mamadeira do bebê está na temperatura ideal pingando algumas gotas no dorso das mãos. De maneira semelhante, eles sabem avaliar se seu filho está febril ou não colocando a palma da mão sobre a testa da criança. Essas sensações, no entanto, podem, muitas vezes, nos iludir.

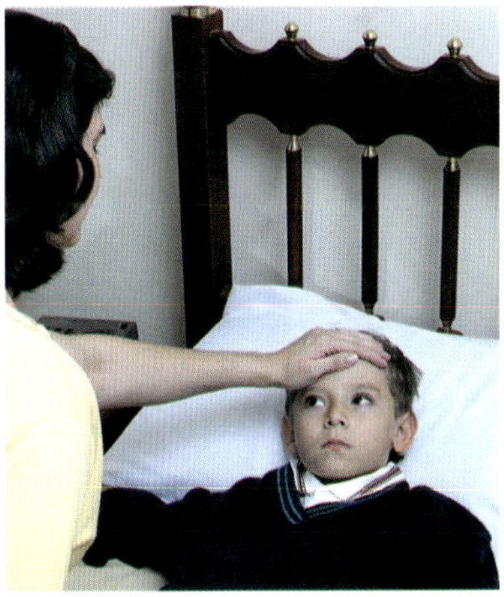

Laureni Fochetto

Figura 2-14: **As sensações de quente e frio nos ajudam a avaliar a temperatura sem utilizar termômetros, mas podemos ser iludidos.**

Nesta atividade vamos investigar se a sensação de quente e frio sempre corresponde a uma real diferença de temperatura. Respondam e anotem o que se pede no caderno.

Material

Um bloco de metal e outro de madeira (pequenos), ambos com um orifício para encaixar um termômetro; um termômetro de laboratório.

O que fazer

A2 Segurem o bloco de metal com uma das mãos e o bloco de madeira com a outra. Anotem suas observações em relação à sensação de quente e frio.

A3 Respondam à seguinte pergunta partindo das sensações que vocês tiveram: A temperatura do bloco de madeira é maior, menor ou igual à temperatura do bloco de metal? Justifiquem a resposta.

A4 Coloquem um termômetro no furo de um dos blocos. Aguardem algum tempo e anotem a temperatura. Repitam o mesmo procedimento com o outro bloco.

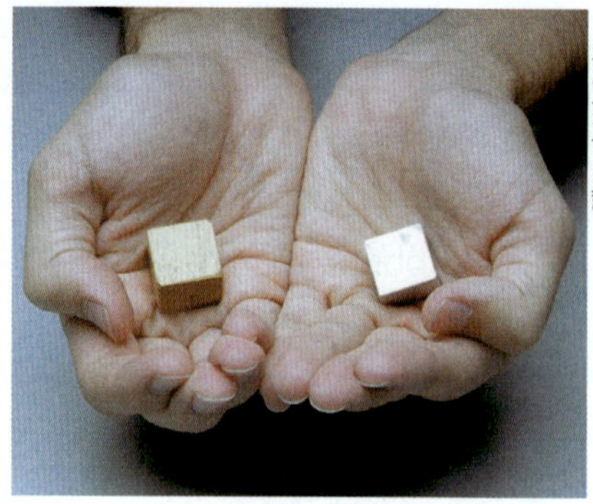

Gilberto do Vale Rodrigues

Figura 2-15: **Vocês irão segurar um bloco de madeira e um de metal. O que vocês sentem?**

Questões

Q6. Como vocês interpretam a diferença dos resultados da sensação de quente e frio, ao segurar os blocos, e das medidas de temperatura feitas com o termômetro?

Q7. O gráfico a seguir representa a variação de temperatura dos dois blocos usados na atividade se eles tivessem ficado em contato com suas mãos por um tempo suficiente para atingir a temperatura de seu corpo.

a) Considerando a variação da temperatura dos blocos em função do tempo, deduzam de que material são feitos o bloco *A* e o bloco *B*.

b) Houve aumento ou diminuição da temperatura dos blocos?

c) Qual é o valor aproximado da temperatura T_f?

d) Façam um gráfico para a situação em que dois blocos estejam a uma mesma temperatura inicial, maior que a de seu corpo. Nesse caso, o bloco de metal vai parecer mais quente ou mais frio que o de madeira?

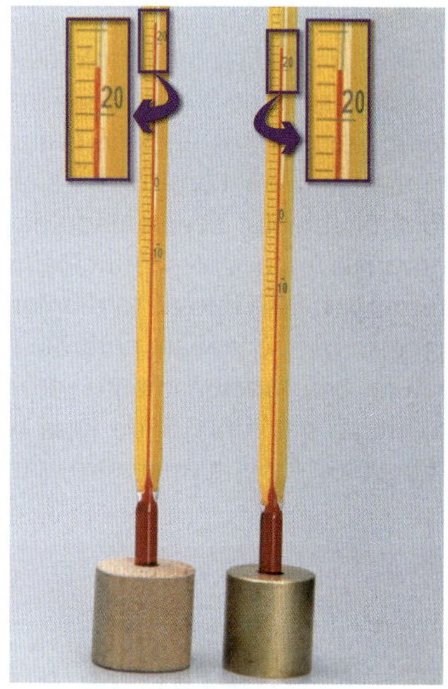

Gilberto do Vale Rodrigues

Figura 2-16: **Vocês vão medir a temperatura dos blocos.**

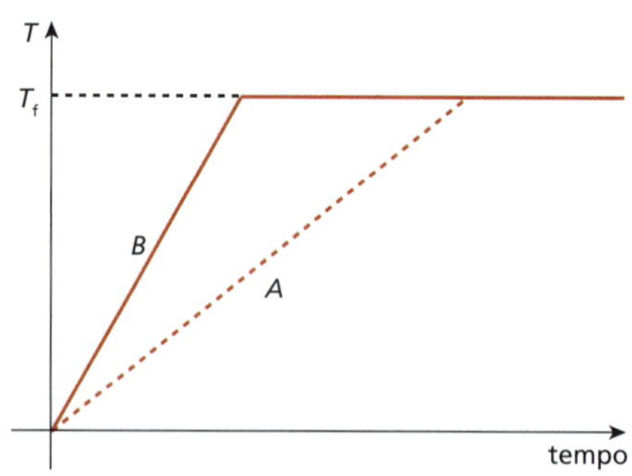

Figura 2-17: **Gráfico da variação da temperatura em função do tempo para os blocos de madeira e de metal em contato com as mãos de uma pessoa.**

Comentários

Nesta atividade, vimos que nem sempre a sensação de quente e frio corresponde à temperatura do objeto. No caso estudado, o que ocorre é que sua mão está a uma temperatura diferente da temperatura dos blocos. Quando dois corpos – sua mão e um dos blocos – a temperaturas diferentes entram em contato, há uma modificação dessas temperaturas. Essa modificação acontece à medida que a energia do corpo à maior temperatura é transferida para o corpo à menor temperatura. Na situação estudada, nosso corpo estava em uma temperatura maior que a temperatura ambiente, que é também a temperatura dos blocos.

Nesse caso, houve transferência de energia do nosso corpo para os blocos. **A temperatura do metal se modifica mais rapidamente do que a da madeira**, o que provoca a sensação de que o metal está mais frio do que a madeira. Esse comportamento diferenciado do metal e da madeira está associado a uma propriedade chamada **condutividade térmica**. Os metais são bons condutores de calor, ao passo que a madeira é um isolante térmico. Por isso, é comum utilizarmos objetos de madeira como aparadores para travessas quentes que são colocadas à mesa, e panelas de ferro, aço ou alumínio para cozinhar os alimentos.

ATIVIDADE 3

Temperatura e calor

Na linguagem cotidiana, estamos acostumados a considerar o calor como diretamente proporcional à temperatura. De acordo com essa concepção, sempre "há mais calor" no material com a temperatura mais elevada. Lembrem, porém, como já comentamos, que as ideias científicas de calor e temperatura nem sempre correspondem a essas impressões cotidianas. Nesta atividade, calcularemos as quantidades de calor transferidas entre dois sistemas a temperaturas diferentes, procurando verificar se há uma relação direta entre calor e temperatura, isto é, se sempre há mais "calor" quando a temperatura é mais alta.

Material

Três béqueres de 250 mL, um termômetro de laboratório capaz de realizar medidas entre 10 °C e 110 °C (sensibilidade de 1 °C), água, diversas folhas de jornal, fita-crepe, uma proveta de 50 mL, um bastão de vidro para agitar a água (**não use o termômetro para isso!**) e um sistema para aquecimento de água.

Tenha cuidado!

Esta atividade deve ser realizada com a supervisão de seu professor. Cuidado ao manipular sistemas de aquecimento e água quente, pois há o risco de queimaduras.

O que fazer

PARTE A **Primeira parte da experiência**

A5 Revistam um béquer por baixo e do lado de fora com jornal, fixando-o com a fita-crepe. Coloquem, nesse béquer, 50 mL de água à temperatura ambiente. Se a água não estiver à temperatura ambiente, agitem e aguardem alguns minutos para que a água e o béquer estejam na mesma temperatura. Meçam a temperatura (T_1) e anotem.

Gilberto do Vale Rodrigues

Figura 2-18: **Béquer revestido com jornal.**

A6 Em outro béquer, coloquem 50 mL de água à temperatura aproximadamente 20 °C **acima** da temperatura ambiente. Esperem até que a água e o béquer estejam em equilíbrio térmico, agitando a água. Meçam a temperatura (T_2), anotem seu valor e, **imediatamente**, despejem com cuidado a água mais quente dentro do béquer revestido com jornal.

A7 Agitem o sistema "água à temperatura ambiente + água aquecida" para que a temperatura fique homogênea. Anotem a temperatura final (T_3).

PARTE B Segunda parte da experiência

A8 Repitam os itens A5 e A6, utilizando agora duas novas amostras de 50 mL de água. Coloquem a primeira amostra no béquer revestido com jornal. Essa amostra deve estar em torno de 50 °C (T_4). A outra amostra deve estar em torno de 60 °C (T_5), aproximadamente. O importante é que exista uma diferença de 10 °C na temperatura entre uma amostra e a outra. Agitem o sistema "água à 50 °C + água à 60 °C" para que a temperatura fique homogênea. Meçam a temperatura final (T_6). Anotem as temperaturas (T_4, T_5, T_6), como indicado nos itens anteriores.

PARTE C Tratamento de dados

A9 **Cálculo do calor perdido:** calcularemos o calor em **calorias**.

A caloria é definida como a quantidade de calor que eleva a temperatura de 1 grama de água de 1 °C (mais exatamente, a quantidade de calor que faz um grama de água passar de 15 °C para 16 °C).

Em cada caso, o **calor perdido** (Q_P) pela água mais quente é:

$$Q_P = m_1 \cdot c_{água} \cdot \Delta T$$

em que m_1 é a massa de água quente, ΔT é a variação de temperatura sofrida pela água quente ($T_{mistura} - T_{água\ quente}$) e a constante $c_{água}$ é chamada calor específico da água, sendo seu valor considerado constante para temperaturas em torno de 25 °C e à pressão de 1 atm.

$$c_{água} = 1\ \frac{cal}{g \cdot °C}$$

A10 **Cálculo do calor ganho:** o **calor ganho** (Q_G) pela água fria pode ser calculado de forma análoga. Para efetuar esse cálculo, respondam: Quanto vale ΔT nesse caso?

A11 Calculem Q_P e Q_G para as duas experiências feitas.

Questões

Q8. Como vocês encontraram as massas das porções de água?

Q9. As experiências feitas confirmam a ideia de que "calores" maiores correspondem a temperaturas mais altas?

Q10. Na parte A, o calor ganho foi igual ao calor perdido? Deveria ser?

Q11. Na parte B, o calor ganho foi igual ao calor perdido? Deveria ser?

Q12. Caso tenha havido diferenças entre calor ganho e perdido, como se explicam essas diferenças?

Q13. O que indicam os sinais diferentes obtidos para o calor ganho e para o calor perdido?

ATIVIDADE 4

Condições para a ebulição da água

Sabemos que a temperatura na qual a água entra em ebulição depende da pressão atmosférica e, portanto, da altitude da região onde a ebulição ocorre. Quanto maior a altitude, menor a pressão atmosférica e menor a temperatura em que a água entra em ebulição.

Os fabricantes de panelas de pressão utilizam-se desse princípio para conseguir que os alimentos em seu interior atinjam temperaturas de cozimento mais altas que a temperatura de ebulição da água, uma vez que a pressão dentro da panela pode atingir valores superiores ao da pressão atmosférica.

Nesta atividade, vamos estudar um sistema constituído por água sob aquecimento, no qual introduzimos um tubo de ensaio em "banho-maria", técnica muito utilizada para cozinhar alimentos. Ao final da atividade, esperamos que vocês saibam explicar o porquê do uso dessa técnica.

Sérgio Dotta Jr/Arquivo da Editora

Figura 2-19: **Nas panelas de pressão, as temperaturas de cozimento são mais altas porque a pressão interna pode atingir valores superiores aos da pressão atmosférica.**

Material

Um béquer de 50 mL, um tubo de ensaio, um tripé, uma tela de amianto[1], uma lamparina, um suporte com uma garra, dois termômetros capazes de realizar medidas entre –10 °C e 110 °C.

Tenha cuidado!

Esta atividade deve ser realizada com a supervisão de seu professor. Cuidado ao manipular sistemas de aquecimento e água quente, pois há o risco de queimaduras.

O que fazer

A12 Coloquem água no béquer. Coloquem o béquer sobre o tripé coberto pela tela de amianto.

A13 Introduzam água no tubo de ensaio até um terço de sua altura, aproximadamente.

A14 Usando o suporte e a garra, prendam esse tubo de ensaio de modo que ele fique mergulhado na água do béquer sem encostar nas paredes ou no fundo desse béquer (observem o esquema da montagem na figura 2-20).

A15 Observem se a água dentro do tubo de ensaio está no mesmo nível ou um pouco abaixo do nível da água no béquer. Caso isso não ocorra, retirem um pouco de água do tubo de ensaio.

A16 Acendam a lamparina e introduzam um termômetro no béquer e o outro no tubo de ensaio. Enquanto aguardam o aquecimento do sistema, respondam às questões preliminares no caderno.

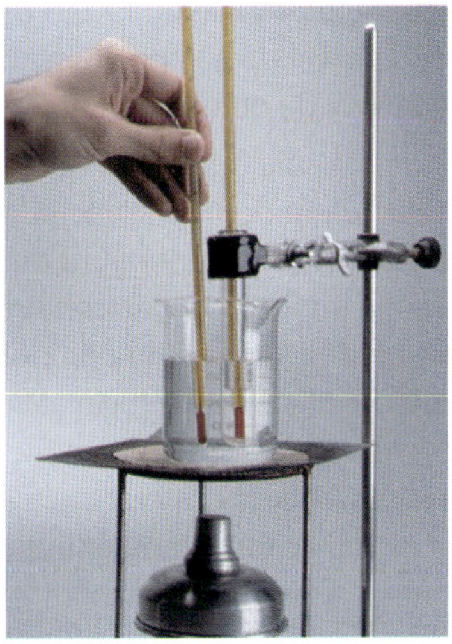

Gilberto do Vale Rodrigues

Figura 2-20: **Montagem para a execução do experimento.**

[1] As telas de amianto não são mais fabricadas com o disco central em amianto, pois este é um material cancerígeno. Ele foi substituído por cerâmica. O nome, no entanto, foi mantido.

Questões preliminares

Q14. A que temperatura vocês esperam que a água ferva no béquer? Justifiquem sua resposta.

Q15. Vocês esperam que a água no tubo de ensaio atinja essa mesma temperatura? Justifiquem sua resposta.

Q16. Vocês esperam que a água ferva também dentro do tubo de ensaio? Justifiquem sua resposta.

Observações

A17 Observem o sistema até que a água do béquer comece a ferver. Anotem a temperatura da água do béquer e da água do tubo de ensaio nesse momento.

A18 Observem a água dentro do tubo de ensaio depois de decorridos 5 min do início da ebulição da água do béquer e anotem sua temperatura.

A19 Aguardem mais 5 min e repitam a observação do item A18.

Questões

Q17. Suas respostas às questões preliminares foram confirmadas pelos resultados experimentais? Como vocês explicam esse fato?

Q18. Se dentro do tubo de ensaio houvesse etanol – cuja temperatura de ebulição é 78,5 °C – no lugar de água, vocês obteriam os mesmos resultados? Justifiquem a resposta.

Q19. Considerando os resultados desse experimento, por que é mais aconselhável esquentar café no banho-maria do que fazê-lo diretamente na "boca" do fogão?

TEXTO 3

Calor e temperatura na linguagem cotidiana e na ciência

Nas atividades anteriores, tivemos a oportunidade de discutir como os conceitos científicos de calor e de temperatura são diferentes dos nossos conceitos cotidianos. No dia a dia, associamos calor diretamente à temperatura, considerando que a uma temperatura mais alta corresponde uma maior quantidade de calor.

Verificamos, na atividade 3, que o conceito científico de calor se relaciona com a **diferença** de temperatura entre dois sistemas. Isso é importante para entender os conceitos de calor e temperatura do ponto de vista científico. Em primeiro lugar, só há calor quando há diferença de temperatura, pois o calor é o processo de transferência de energia de um sistema, a uma temperatura mais alta, para outro, a uma temperatura mais baixa. Além disso, a quantidade de calor transferida é proporcional à **diferença de temperatura** e não à temperatura. Isso implica que pode haver mais calor sendo transferido entre sistemas a

Publius Vergilius/Folhapress

Figura 2-21: **Na vida cotidiana, associamos calor diretamente à temperatura.**

baixas temperaturas do que entre sistemas a temperaturas mais altas. Isso ocorrerá se a diferença de temperatura entre os sistemas à baixa temperatura for maior do que entre os sistemas à temperatura mais alta, desde que as massas dos sistemas sejam as mesmas.

A necessidade de comparar massas iguais quando se quer comparar o calor envolvido nos processos é importante porque a quantidade de calor necessária para elevar a temperatura de um corpo de uma certa quantidade depende do calor específico do material de que é feito o corpo e da massa do corpo. Quanto maior o calor específico do material, mais energia é necessária para aquecer o corpo. O mesmo se pode dizer em relação à massa do corpo: quanto maior a massa, mais energia é necessária para aquecer o corpo. Esse conjunto de informações está, de certa forma, sintetizado na fórmula matemática que usamos para calcular a quantidade de calor transferida.

$$Q = m \cdot c \cdot \Delta T$$

Assim, quando aquecido, a quantidade de calor que um corpo pode receber depende da diferença de temperatura entre o corpo e a fonte de calor, do calor específico do material de que é feito o corpo e de sua massa.

O conceito científico de calor é, portanto, bem diferente da concepção cotidiana, que associa calor à temperatura e considera que quanto maior a temperatura mais calor um corpo ou sistema tem. Do ponto de vista científico, um corpo não possui calor. Ele possui energia interna que pode ser transferida sob a forma de calor desde que haja contato com um corpo a uma temperatura menor.

Espontaneamente, a transferência de calor só ocorre do sistema de maior temperatura para o de menor temperatura. Essa ideia também contraria a forma de pensar cotidiana, que admite que um corpo quente pode transferir calor e um corpo frio pode transferir frio. Do ponto de vista científico, quando colocamos um pedaço de gelo num copo com água à temperatura ambiente, há resfriamento do sistema porque a água cede calor para o gelo e não porque o gelo cede "frio" para a água.

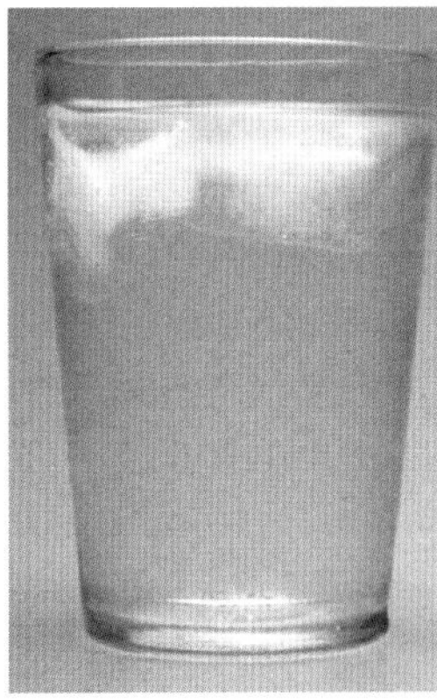
Gilberto do Vale Rodrigues

Figura 2-22: **Transferência de calor da água para o gelo.**

Vimos também que a sensação de quente e frio nem sempre corresponde a uma real diferença de temperatura, como no caso da madeira e do metal na atividade 2. Gostaríamos de enfatizar que essas situações são importantes para evidenciar a grande diferença que existe entre nossas noções cotidianas e a noção científica de calor. Enquanto nas primeiras o calor e o frio são tratados como **atributos** dos materiais, a noção científica estabelece que o calor depende da **relação** entre dois sistemas. Por isso, não tem sentido, do ponto de vista da ciência, falar do calor de um corpo ou de um sistema, já que só existirá calor quando existir diferença de temperatura entre dois sistemas ou entre duas partes de um mesmo sistema.

Sobre o conceito de temperatura, podemos dizer que, do ponto de vista dos fenômenos, esse conceito deriva da observação de que energia é transferida de um corpo a outro quando eles estão em contato. A **temperatura** é a propriedade que nos diz a direção do fluxo de energia. Assim, se a energia flui de um corpo *A* para um corpo *B*, podemos dizer que *A* tem uma temperatura maior do que *B*. Essa maneira de definir a temperatura também estabelece a relação entre calor e temperatura. O calor, como fluxo de energia, sempre passa de um sistema a uma maior temperatura para um outro a uma menor temperatura quando os dois estão em contato. Mais uma vez deve-se destacar que só há fluxo de energia e, portanto, calor quando há diferença de temperatura.

Esses conceitos podem ser explicados, em termos de comportamento molecular, por meio do modelo cinético-molecular. Assim, sendo todos os materiais constituídos por moléculas, íons ou átomos, a temperatura pode ser associada à energia cinética média dessas moléculas, íons ou átomos.

Em outras palavras, pode-se considerar que a temperatura expressa o grau de agitação térmica das moléculas de um corpo. Quanto maior a temperatura, maior a agitação térmica dessas moléculas.

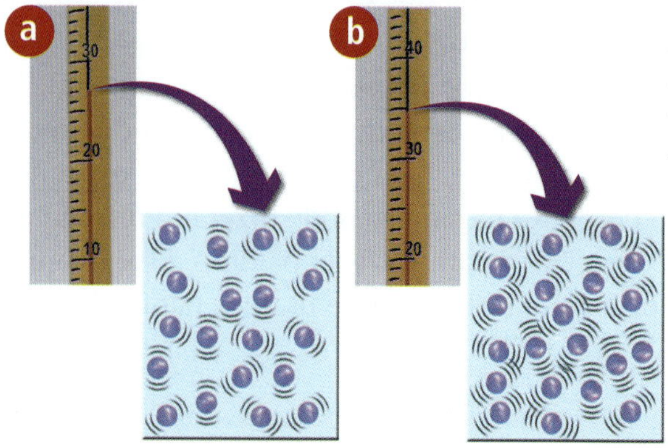

Figura 2-23: **A figura mostra duas representações para as moléculas de um corpo em diferentes temperaturas. Quando o termômetro marca a temperatura menor (a), as moléculas são representadas de forma a indicar uma menor agitação em comparação ao termômetro que marca a maior temperatura (b).**

Questões

Q20. A partir do que foi discutido anteriormente sobre a relação entre temperatura, agitação térmica e energia cinética das partículas, como você explicaria a transmissão de calor por condução térmica utilizando o modelo cinético-molecular da matéria?

Q21. Explique por que a expressão "feche a porta para o frio não entrar" não corresponde exatamente ao conceito científico de transferência de calor.

O modelo cinético-molecular

O modelo cinético-molecular concebe que os materiais são constituídos por partículas e espaços vazios. Tais partículas são infinitamente pequenas e se movimentam continuamente nesses espaços vazios.

Esse modelo pode ser usado para explicar a transmissão de calor por condução térmica. Quando uma fonte quente entra em contato com uma panela de alumínio, por exemplo, ela aumenta a agitação térmica e, portanto, a energia cinética dos átomos da superfície do metal, em contato com a fonte. Por meio do movimento de alguns elétrons de valência e da vibração dos átomos na rede cristalina do metal, parte da energia cinética dos átomos da região aquecida é transferida para os átomos da região vizinha, e assim sucessivamente, até atingir todos os átomos da panela. Nesse processo, o calor é transmitido de átomo para átomo sem que eles sofram deslocamentos ao longo do metal. Em outras palavras, a energia é transferida sem que haja transporte de matéria. De forma semelhante, a panela transmite o calor para os alimentos no seu interior. O fluxo de calor continuará enquanto existir uma diferença de temperatura.

Sobre esse último aspecto, nos surpreendemos quando, na atividade 4, a água no interior do tubo de ensaio, em banho-maria dentro do béquer, não entrou em ebulição apesar de ter atingido a temperatura necessária para tal. Nesse caso, não há fluxo de calor entre a água do béquer e a água do tubo de ensaio, pois elas estão em equilíbrio térmico. Como não há fluxo de energia, não está sendo fornecida a energia para romper as interações intermoleculares (as ligações de hidrogênio) entre as moléculas de água, condição necessária para que a água entre em ebulição. Essa experiência nos dá uma dimensão do que é o assim chamado calor de vaporização da água, que pode ser definido como a quantidade de calor que é necessário fornecer a 1 grama de água para que ela entre em ebulição.

Figura 2-24: **Quando uma fonte quente entra em contato com uma panela de alumínio, há transferência de calor.**

Um pouco de História

O calor, sendo um processo de transferência de energia, não é uma substância. A ideia de que o calor é uma substância está por trás da ideia de que um corpo pode conter calor, ou seja, de que calor e frio são atributos dos materiais. Essa ideia já foi aceita por muitos cientistas no passado, que consideravam que todos os corpos possuíam, em seu interior, uma substância fluida invisível e de massa desprezível a qual denominavam "calórico". Um corpo à maior temperatura possuía mais calórico do que um corpo à menor temperatura. Lavoisier (1743-1794), por exemplo, listava o calórico como uma das substâncias elementares. Hoje sabemos que uma substância pode conter energia, mas não calor. A teoria do calórico, pensado como substância, foi abandonada em favor da teoria do calor, pensado como energia transferida entre sistemas a diferentes temperaturas, principalmente pelo fato de a primeira não conseguir explicar o aquecimento de objetos por outras formas que não uma fonte de calor, por exemplo, por atrito. O Conde Rumford (1753-1814), engenheiro americano exilado na Inglaterra, introduziu a ideia de que calor era energia e não substância em 1798, ao atribuir o aquecimento de peças metálicas, quando perfuradas, à energia mecânica empregada em sua perfuração. A teoria do calórico, no entanto, permaneceu viva por muitos anos ainda. Sadi Carnot (1796-1832), um dos pioneiros no estudo de máquinas térmicas, considerado um dos fundadores da termodinâmica – o ramo da Física e da Química que estuda o calor e o trabalho –, descrevia os ciclos de uma máquina térmica por analogia aos moinhos de água, usando a ideia de que o calor era um fluido sem massa que fluía de uma fonte quente, termicamente "mais alta", para um reservatório frio, termicamente "mais baixo".

Figura 2-25: **Lavoisier, Conde Rumford e Sadi Carnot.**

EXERCÍCIOS

E1. Considere a seguinte situação: você põe a mão dentro de um forno quente para retirar uma fôrma de bolo de alumínio e queima os dedos ao tocar na fôrma. O ar de dentro do forno possui a mesma temperatura da fôrma (equilíbrio térmico), mas não queima a sua mão. Explique.

E2. Explique por que seus dedos aderem a uma fôrma de gelo de metal quando você a retira do congelador.

E3. Nina é uma adolescente sempre preocupada em manter o peso ideal. Vive fazendo dietas: dieta da lua, das frutas e outras tantas. Estudando Química, Nina pensou na possibilidade de fazer uma dieta baseada na ingestão de água gelada. Sua teoria para o emagrecimento é que, ingerindo água gelada, o corpo precisaria queimar calorias o suficiente para aumentar a temperatura da água de 0 °C até a temperatura do corpo, aproximadamente a 37 °C. Quantos litros de água gelada (0 °C) Nina deveria beber para queimar 454 g de gordura corporal? Suponha que a queima dessa massa equivale a 3 500 kcal. A teoria de emagrecimento de Nina é viável?

E4. Vamos considerar um anel de ouro (c_p = 25,4 J/mol · K; 197,0 g/mol) à temperatura do corpo (37 °C) jogado em um copo com 20,0 g de água (c_p = 75,2 J/mol · K; 18,0 g/mol) a 10 °C. Se a temperatura final for de 11 °C, qual será a massa do anel?

E5. Vamos considerar que uma peça de ferro (c_p = 25,1 J/mol·K; 55,8 g/mol) pesando 25 g e à temperatura de 14,9 °C tenha sido colocada em contato com uma outra peça de ouro (c_p = 25,4 J/mol · K; 197,0 g/mol) pesando 35 g à temperatura de 64,1 °C. Admitindo que o sistema como um todo não perde calor, qual será a temperatura final?

TEXTO 4

Calor e energia nas mudanças de estado físico e nas transformações químicas: as leis da termodinâmica

Nas atividades seguintes, vamos realizar alguns experimentos que nos permitirão calcular o calor liberado em reações de combustão do etanol e de um grão de amendoim e o calor de solidificação da naftalina. Em todos esses processos, calcularemos esses "calores" indiretamente, medindo a variação da temperatura da água, resultado de seu aquecimento quando em contato com as chamas do etanol ou do grão do amendoim, ou em contato com a naftalina fundida que se solidifica.

Antes de realizarmos esses procedimentos experimentais, é conveniente conversarmos um pouco sobre alguns conceitos envolvidos nos cálculos que serão efetuados, principalmente os de energia, entalpia, processos exotérmicos e endotérmicos.

Estamos estudando, neste capítulo, a energia envolvida nas transformações físicas e químicas, algo geralmente conhecido como **termoquímica**. A termoquímica pode ser pensada como um ramo da termodinâmica, que surgiu primeiro na história da ciência e originalmente englobava os estudos relacionados ao calor, mas atualmente inclui o estudo dos processos de transformação de energia em todas as suas formas. A termodinâmica baseia-se em afirmações que são "sumários sucintos da experiência das pessoas com a forma como a energia se comporta no curso de suas transformações" (ATKINS, P. W. *The 2nd Law*: *energy, chaos, and form*. New York: Scientific American Books, 1994. p. 8). Esses "sumários" são conhecidos como as **leis da termodinâmica**.

As leis da termodinâmica

A **Lei Zero da Termodinâmica**, que já tivemos oportunidade de comentar, permite definir temperatura como a propriedade que nos informa a direção do fluxo de calor. Assim, se calor flui de um corpo *A* para um corpo *B*, podemos dizer que *A* tem uma temperatura maior do que *B*. O calor é, portanto, um processo de transferência de energia, pois, de acordo com a interpretação do conceito de temperatura como reflexo da energia cinética média das moléculas, um corpo a uma temperatura mais elevada tem maior energia que um corpo a uma temperatura mais baixa.

A **Primeira Lei da Termodinâmica** estabelece que a energia é conservada nas transformações. A energia pode ser convertida de uma forma para outra, mas não pode ser criada nem destruída. Assim, a energia do universo seria constante. "Energia" é uma palavra tão familiar que às vezes não nos damos conta de sua importância como um conceito central nas ciências da natureza e da dificuldade que é definir exatamente o que ela significa, apesar de todo mundo ter uma ideia desse significado. Como já vimos, a definição clássica nos diz que "energia é a capacidade de realizar trabalho".

O conceito de universo também é interessante: sendo abstrato em teoria, na prática o universo pode ser interpretado como o sistema de interesse + suas vizinhanças. As vizinhanças sentem diretamente a influência dos processos que ocorrem no sistema e são controladas durante um experimento. Um balão – no qual está ocorrendo uma reação química – dentro de um banho-maria, por exemplo: sistema (balão + reagentes + produtos), vizinhança (componentes do banho-maria).

A **Segunda Lei da Termodinâmica** está relacionada a uma assimetria nas transformações que ocorrem na natureza, à qual estamos, de certa forma, bastante familiarizados. Objetos quentes esfriam, mas objetos frios não se tornam quentes espontaneamente. Uma xícara cai da mesa e se quebra em muitos pedaços. Na vida real, porém, nunca observaremos o movimento contrário, de os cacos se juntarem e voltarem para cima da mesa. Um pedaço de papel queima-se na chama de um fósforo produzindo gás carbônico, água, cinzas e liberando energia na forma de **calor**. Mas, se juntarmos gás carbônico, água e cinzas e aquecermos, não veremos o papel se recompor novamente.

Um gás de cozinha vazando de um botijão espalha-se por toda a sala. Nunca presenciaremos, no entanto, o gás se reunindo num canto da sala. A Segunda Lei resume essas observações nos dizendo que, embora a quantidade de energia seja conservada em qualquer processo, ela muda de forma irreversível.

Gilberto do Vale Rodrigues

Figura 2-26: **A queima do papel produz substâncias que, se forem reunidas, não originarão o papel novamente.**

Assim, a Segunda Lei diz respeito à direção natural da mudança da distribuição de energia, algo que é até certo ponto independente de sua quantidade total. Ela diz respeito à direção na qual as mudanças ocorrem espontaneamente. A propriedade do sistema que a Segunda Lei define é a **entropia**, que pode ser definida, de forma aproximada, como a medida da desordem de um sistema, assim como de sua vizinhança. Um processo é espontâneo quando ele colabora para o aumento da entropia do universo. Assim como a Primeira Lei define que a energia do universo é constante, a Segunda Lei define que sua entropia é crescente.

A **Terceira Lei da Termodinâmica**, finalmente, nos diz que há um limite inferior de temperatura, que é impossível levar a matéria ao zero absoluto de temperatura (0 K, ou zero grau na escala Kelvin, que corresponde a aproximadamente −273 °C). A essa temperatura, toda vibração molecular cessaria. Pode-se formular a Terceira Lei da Termodinâmica como segue: a 0 K a entropia de um cristal puro e perfeito é zero.

TEXTO 5

Calor e energia nas mudanças de estado físico e nas transformações químicas: processos exotérmicos e endotérmicos

A energia pode ser classificada em dois tipos: energia cinética ou energia potencial. A energia potencial é devida à posição ou à composição. As águas de uma barragem têm energia potencial – por se encontrarem numa posição mais elevada – que pode ser convertida em trabalho mecânico quando a água cai e passa pelas turbinas, convertendo-se aí em eletricidade.

Itaipu Binacional/Arquivo da editora

Figura 2-27: **Nas usinas hidrelétricas a energia potencial é convertida em trabalho mecânico e eletricidade.**

Forças atrativas e repulsivas entre núcleos e elétrons em moléculas também resultam em energia potencial. Lembre-se de que, em capítulos anteriores, representamos a formação da ligação entre dois átomos de hidrogênio por meio de um diagrama de energia potencial.

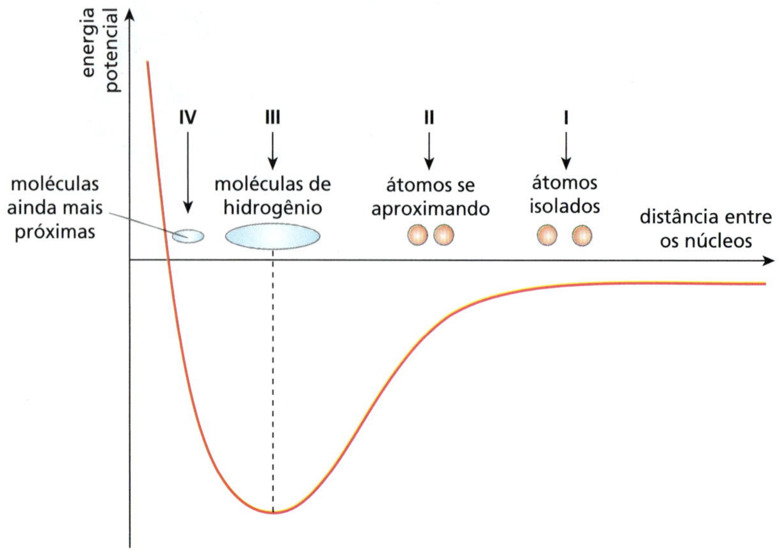

Figura 2-28: **Diagrama de energia potencial × distância internuclear na formação de uma molécula de hidrogênio.**

Examinando o diagrama de energia potencial em função da distância internuclear na formação de uma molécula de hidrogênio, podemos observar que a formação das ligações químicas entre os átomos de hidrogênio resulta em liberação de energia correspondente à diminuição da energia potencial. Essa liberação de energia ocorre sempre que uma ligação química é formada. Para que a ligação seja desfeita, é necessário que se forneça energia. Quando um combustível é queimado – por exemplo, o etanol –, podemos dizer que as moléculas dos reagentes – etanol e oxigênio – têm maior energia potencial do que as moléculas dos produtos – gás carbônico e água.

Gilberto do Vale Rodrigues

Figura 2-29: **Após a queima do etanol, as moléculas dos produtos têm menor energia potencial que os reagentes: a reação liberou energia.**

Isso significa que a energia liberada na formação das ligações químicas nos produtos foi maior que a energia gasta na quebra das ligações dos reagentes. Pensando em termos de poços de potencial, é como se eles fossem mais fundos nos produtos que nos reagentes. Essa diferença de energia é liberada para a vizinhança sob a forma de calor. Todas as reações químicas ou mudanças de estado físico que envolvem liberação de energia do sistema para a vizinhança na forma de calor são chamadas **processos exotérmicos** (*exo* = fora). Podemos representar esse processo por meio do diagrama 1. Todos os processos exotérmicos apresentarão a mesma forma geral para o diagrama de

dica Enem

variação de energia potencial, sejam eles uma reação química ou uma mudança de estado físico, como no caso da liquefação, solidificação e muitas das dissoluções.

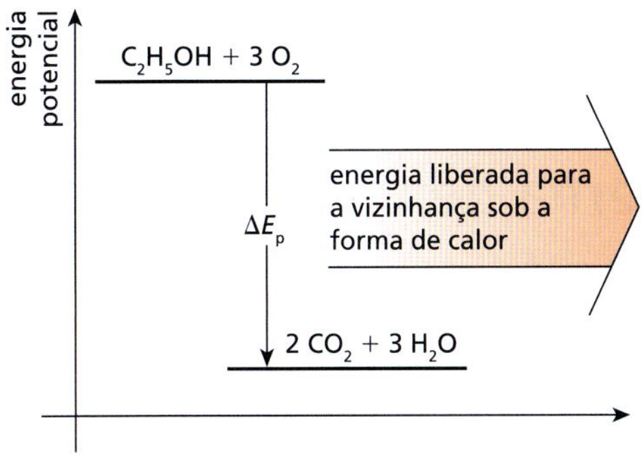

Figura 2-30: **Diagrama 1: A combustão de etanol em termos de energia potencial.**

Já as reações químicas ou mudanças de estado físico em que o sistema absorve energia da vizinhança na forma de calor são chamadas **processos endotérmicos** (*endo* = dentro). Por exemplo, para obtermos hidrogênio e oxigênio com a água, necessitamos fornecer energia ao sistema. Normalmente, essa energia é fornecida sob a forma de eletricidade, no processo conhecido como eletrólise da água.

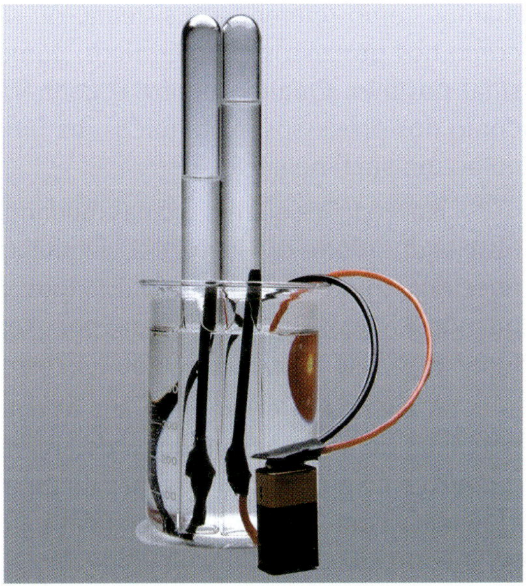

Figura 2-31: **Reações químicas podem absorver energia.**

No diagrama 2, representamos a variação da energia potencial nesse processo.

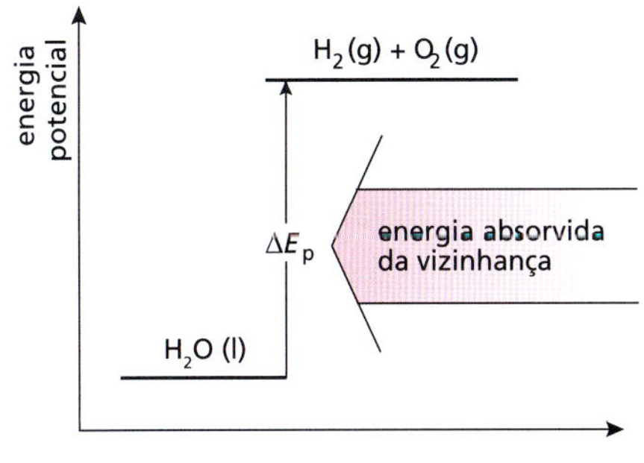

Figura 2-32: **Diagrama 2: A decomposição da água em termos de energia potencial.**

EXERCÍCIOS

Todos os exercícios devem ser respondidos em seu caderno. Não escreva em seu livro.

E6. Construa o diagrama de variação de energia potencial para as seguintes transformações e classifique-as em exotérmicas ou endotérmicas:

a) solidificação da água líquida no congelador;

b) reação entre soluções concentradas de um ácido forte e de uma base forte;

c) reação entre zinco e ácido clorídrico concentrado.

E7. Dê exemplos de processos que correspondem à assimetria nas transformações que ocorrem na natureza, expressas pela Segunda Lei da Termodinâmica.

TEXTO 6

Calor e energia nas mudanças de estado físico e nas transformações químicas: quantidades termodinâmicas relacionadas à energia interna de um sistema

As quantidades termodinâmicas sempre têm duas partes: um **número**, que expressa a magnitude da variação, e um **sinal**, que indica a direção do fluxo. Nos exemplos de variação de energia potencial que representamos nos diagramas 1 e 2 do texto 5, a combustão do etanol apresentaria um valor negativo para ΔE_p, e a decomposição da água, um valor positivo para ΔE_p. Note que tomamos como referência o sistema, ou seja, quando a energia flui da vizinhança para o sistema, como nos processos endotérmicos, aumenta a energia do sistema e essa mudança tem então um sinal positivo. Quando ocorre o contrário, com a energia fluindo do sistema para a vizinhança, como nos processos exotérmicos, há uma diminuição de energia do sistema e essa mudança tem então um sinal negativo.

Nas reações químicas e nas mudanças de estado físico que nos interessam, a maioria dos fluxos observados, entre o sistema e a vizinhança, se dão na forma de calor. Esses fluxos de calor são conhecidos como "calor de reação" (que assume nomes específicos, como "calor de combustão", quando a reação é de combustão, por exemplo no caso do etanol), "calor de vaporização", "calor de liquefação" etc., dependendo do processo que ocorre.

A **energia interna** (***E***) de um sistema pode ser definida como a soma das energias cinética e potencial de todas as partículas do sistema. Além da energia potencial, relacionada à composição química e ao arranjo dos sistemas no espaço, as substâncias têm também uma energia cinética, relacionada ao movimento intrínseco das partículas. Como já vimos, a temperatura de um sistema pode ser interpretada como uma medida da agitação de suas partículas. Quanto mais agitadas as partículas, maior a energia cinética média dessas partículas e maior a temperatura do sistema.

Pode-se variar a energia interna de um sistema por meio da transferência de calor, de trabalho ou de ambos. Assim, podemos escrever:

$$\Delta E = Q + W$$

em que ΔE representa a variação da energia interna do sistema, *Q* representa o calor e *W*, o trabalho. Essa é a expressão matemática que resume a Primeira Lei da Termodinâmica.

Os calores de reação representam a **variação da entalpia (**ΔH**)** do sistema, quando os processos ocorrem à pressão constante. A **entalpia (H)** de um sistema está relacionada à sua energia interna pela seguinte expressão:

$$H \quad E \quad P \quad V$$

em que *E* representa a energia interna, *P*, a pressão do sistema, e *V*, o volume do sistema. Quando ocorre uma mudança no sistema à pressão constante, a variação da entalpia do sistema pode ser representada por:

$$\Delta H = \Delta E + P \cdot \Delta V$$

Note que a pressão não vem acompanhada do sinal Δ, que representa "variação", pois ela permanece constante no processo. Essa expressão é exatamente a mesma que obteríamos para o fluxo de calor do/para o sistema se usássemos a expressão $\Delta E = Q + W$ e considerássemos que o único trabalho possível de ser realizado pelo/sobre o sistema está relacionado à variação de volume ($W = -P \cdot \Delta V$).

Assim, do ponto de vista prático, trabalharemos nas próximas atividades com essa noção de variação de entalpia (ΔH) que, para mudanças realizadas à pressão constante, como as mudanças de estado físico e reações químicas que estudaremos, equivale ao fluxo de calor do/para o sistema, ou seja, $\Delta H = Q$ à pressão constante. A variação da entalpia para reações químicas é dada pela equação:

$$\Delta H = H_{produtos} - H_{reagentes}$$

Quando a entalpia dos produtos é menor que a dos reagentes, o sinal de ΔH é negativo, o que significa que houve um fluxo de calor do sistema para a vizinhança. A reação representada no diagrama 1, em termos de energia potencial, apresentaria praticamente o mesmo diagrama se representássemos o processo em termos de entalpia, como mostra o diagrama 3. Essa seria a forma geral dos diagramas de variação de entalpia para processos exotérmicos.

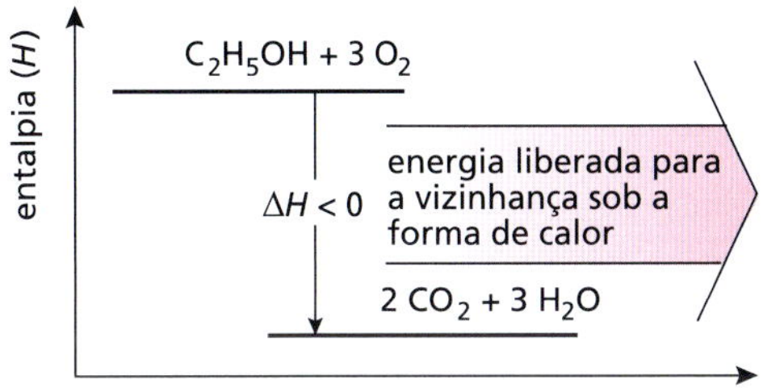

Figura 2-33: **Diagrama 3: A combustão de etanol em termos de variação de entalpia.**

Para os processos endotérmicos, como a decomposição da água, teríamos um diagrama semelhante ao diagrama 2. O valor de ΔH, nesse caso, seria positivo, o que significa que a entalpia dos produtos é maior do que a dos reagentes, ou seja, energia foi transferida da vizinhança para o sistema. O diagrama 4 representa a variação de entalpia na decomposição da água. Todos os processos endotérmicos têm essa mesma forma geral para o diagrama de variação de entalpia.

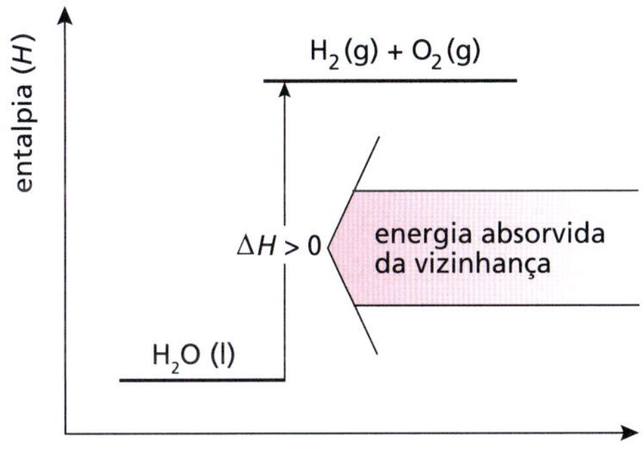

Figura 2-34: **Diagrama 4: A decomposição da água em termos de variação de entalpia.**

A entalpia, como a energia interna, a pressão, o volume e a temperatura, é uma função de estado. Isso significa que seus valores dependem apenas do estado do sistema, não dependendo do caminho pelo qual se passou de um estado a outro. Já calor e trabalho não são funções de estado.

Para entender o que é uma função de estado, vamos imaginar que você meça a temperatura da água de um recipiente e obtenha 25 °C. Suponha que você saia da sala e, ao voltar alguns minutos depois, meça de novo a temperatura do mesmo sistema e obtenha o valor de 27 °C. A água do recipiente é o sistema e, nesse momento, se encontra em um estado termodinâmico diferente, pois o valor de sua temperatura e, consequentemente, de energia interna e entalpia é outro.

Esse sistema, a água, pode ter chegado a essa nova temperatura por diferentes caminhos: a água pode ter sido aquecida pela chama de uma lamparina, pelo Sol ou pode ter sido batida num liquidificador, sofrendo um aumento de temperatura em função do trabalho realizado sobre o sistema pelas hélices desse aparelho.

Se não acompanhamos o que ocorreu, não podemos dizer qual foi o caminho pelo qual a água teve a temperatura aumentada. Ou seja, não sabemos qual foi o caminho que levou o sistema a atingir um novo estado termodinâmico porque esse estado não depende do caminho.

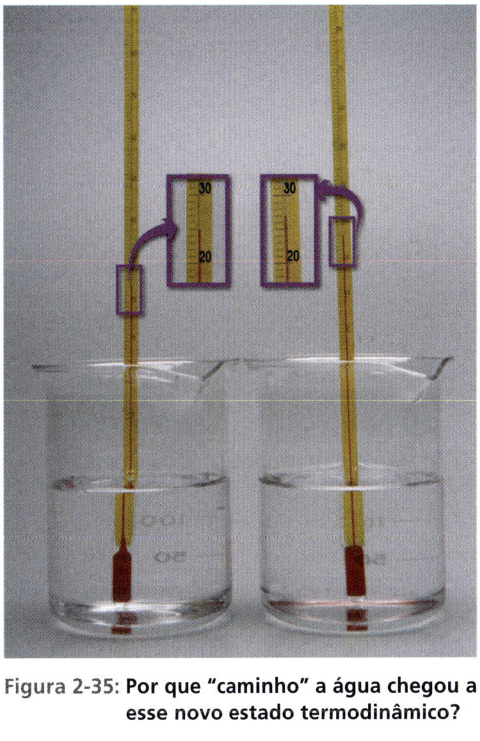

Gilberto do Vale Rodrigues

Figura 2-35: **Por que "caminho" a água chegou a esse novo estado termodinâmico?**

TEXTO 7

Energia solar, atmosfera, hidrosfera e o clima da Terra[2]

A circulação de energia solar pelo planeta envolve a atmosfera e a hidrosfera terrestre e está diretamente relacionada ao clima da Terra.

Atmosfera e oceanos – o sistema de aquecimento do planeta

A maior parte da energia usada na Terra vem de fora do planeta – mais precisamente da grande "usina" de fusão nuclear que é o Sol. Uma célula solar pode converter a luz solar em eletricidade e esse é um processo que tem sido usado como fonte alternativa de energia. Grande parte das nossas fontes de energia, no entanto, é obtida por meio da **fotossíntese** – processo pelo qual as plantas usam a luz solar para sintetizar matéria orgânica por meio de gás carbônico e água. Muito dessa energia é utilizado imediatamente – seja como alimento, seja como madeira para combustível. Uma fração considerável dessa matéria orgânica tem se modificado ao longo de milhões de anos para dar origem ao petróleo, ao gás natural e ao carvão – outras importantes fontes de energia usadas atualmente.

Quando os raios solares atingem a Terra, uma parte é absorvida pela atmosfera e pela superfície do planeta e o restante é refletido para o espaço. A cada ano, a Terra recebe aproximadamente 3×10^{24} joules (J) de energia do Sol. O joule (J) é uma unidade de energia igual a 0,24 calorias. Dessa energia, 30% é refletida e retorna ao espaço; 47% é absorvida pelo solo e pelos oceanos e 23% é absorvida pela atmosfera. Apenas 0,02% da energia solar é utilizada pelas plantas no processo de fotossíntese.

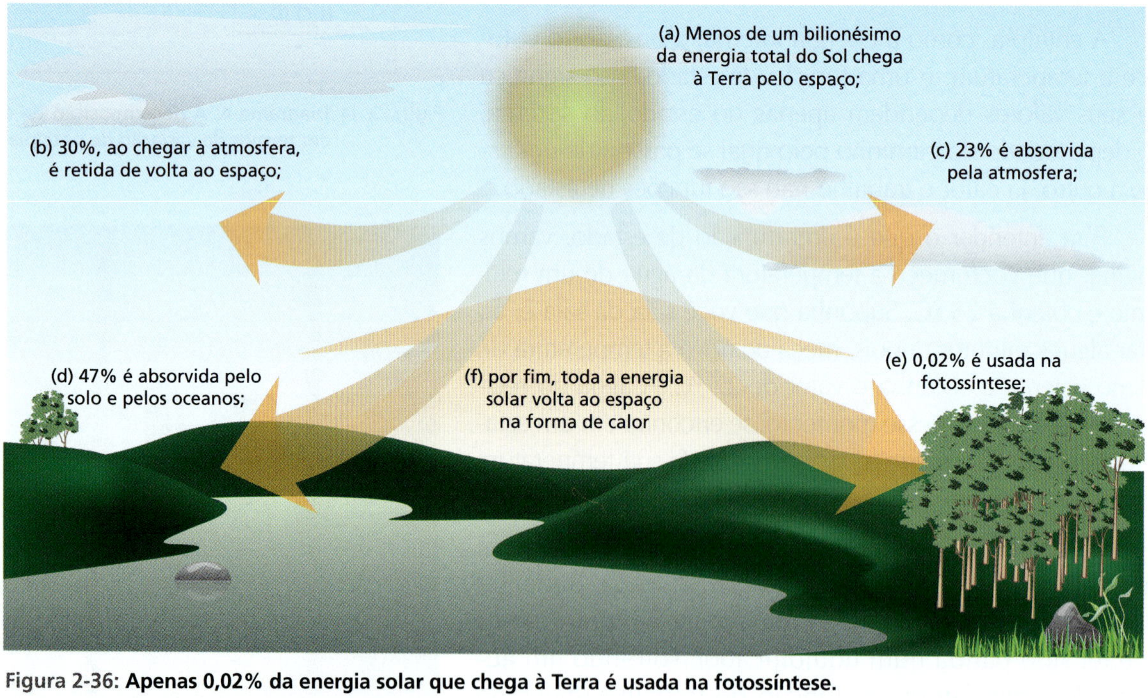

Figura 2-36: Apenas 0,02% da energia solar que chega à Terra é usada na fotossíntese.

Se a Terra fosse um lugar seco, formado unicamente por rochas, sem oceanos e sem atmosfera, uma parte muito maior da energia solar seria refletida e a outra parte seria emitida durante a noite. As regiões tropicais seriam muito mais quentes do que são atualmente e os polos, ainda mais frios.

[2] Informações obtidas de Salters Advanced Chemistry. Chemical history lines. Oxford: Heinemann, 1994.

A Terra, no entanto, não é seca, mas circundada por uma atmosfera gasosa e coberta por oceanos. Os gases que compõem a atmosfera e a água líquida que compõe os oceanos são fluidos e permitem que o calor se distribua pela Terra por meio das correntes atmosféricas e marítimas. Assim como o ar aquecido próximo a uma lareira se espalha por toda a sala, as correntes no mar e no ar transportam energia térmica dos trópicos para as regiões mais frias da Terra.

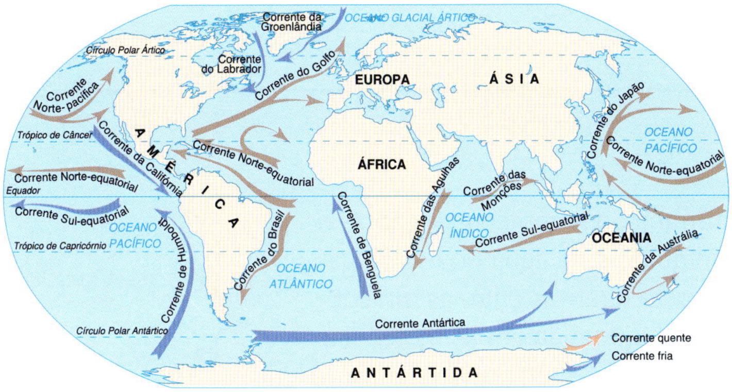

Mário Yoshida/Arquivo da editora

Figura 2-37: **Principais correntes oceânicas da Terra.**

O sistema formado pelos oceanos e pela atmosfera utiliza um processo ainda mais efetivo do que as correntes para fazer circular a energia térmica proveniente do Sol. A água, quando aquecida, pode mais do que simplesmente circular. Ela pode **evaporar**. O processo de evaporação consome energia. O processo inverso – quando o vapor de água se condensa – libera energia.

Os trópicos são esfriados pela evaporação da água e as correntes na atmosfera carregam muito desse vapor para regiões mais frias, de maior latitude, onde a condensação do vapor, para a formação de nuvens e de chuva, libera energia. Por esse processo de evaporação e condensação, cerca de 17% da energia solar recebida nos trópicos é transportada pelo vapor de água para regiões mais frias da Terra. Essas regiões de maior latitude recebem, portanto, mais energia do que é fornecida pelo Sol diretamente. Elas se tornam mais úmidas pela grande quantidade de vapor de água que aí se condensa, e também mais quentes do que seriam se não houvesse essa circulação de energia.

Ainda assim, a parte equatorial e dos trópicos é mais úmida e quente que as regiões temperadas. Grande parte do vapor de água fica nessa região, onde há chuvas frequentes e temperatura elevada.

Joel Silva /Folhapress

Figura 2-38: **O processo de evaporação consome energia. O processo inverso – quando o vapor de água se condensa – libera energia.**

EXERCÍCIOS

E8. Consulte o texto 7 e desenhe um esquema mostrando a absorção e a reflexão da energia solar pela Terra.

E9. Consulte novamente o texto e desenhe um esquema representando o papel da evaporação e da condensação da água no resfriamento dos trópicos e no aquecimento das regiões mais frias.

Nuvens de energia

Como já vimos, o arranjo das moléculas não é o mesmo na água no estado líquido e na água no estado gasoso. No líquido, existem forças atrativas entre as moléculas – **forças intermoleculares** – que mantêm as moléculas próximas umas das outras. Essas forças são pouco significativas no estado gasoso e as moléculas podem se separar e ocupar um volume muito maior. A água é um caso especial em que essa separação nunca é completa, mas os agrupamentos que se formam, de poucas moléculas, comportam-se como moléculas individuais, separando-se e ocupando um maior volume.

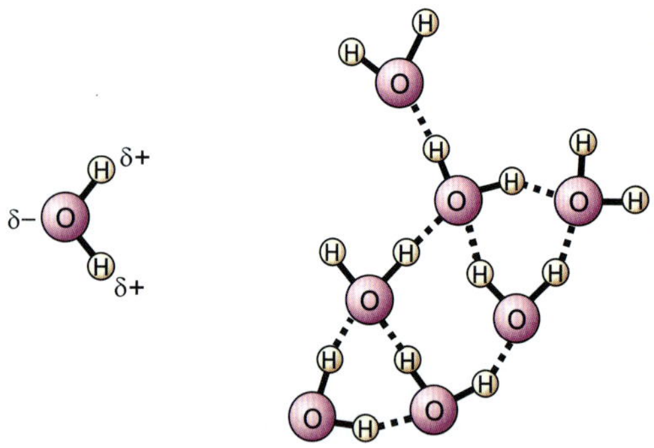

Figura 2-39: **Representação para o arranjo das partículas na água líquida.**

Quando a água é evaporada, mudando do estado líquido para o gasoso, as atrações intermoleculares devem ser rompidas – um processo que absorve energia, sendo, portanto, **endotérmico**. A variação de entalpia de vaporização, ΔH_{vap}, é usada para indicar a quantidade de energia envolvida nesse processo.

No processo inverso (condensação), as moléculas se juntam novamente e as atrações intermoleculares são formadas mais uma vez. Uma mesma quantidade de energia é liberada e o processo de condensação é, portanto, **exotérmico**. A variação de entalpia é igual a $-\Delta H_{vap}$. O quadro 2-1 mostra a variação de entalpia de vaporização para alguns líquidos.

Substância	Fórmula	ΔH_{vap} (em kJ/kg)
água	H_2O	2 260
etanol	C_2H_5OH	840
propanona (acetona)	C_3H_6O	520
hexano	C_6H_{14}	330
mercúrio	Hg	300

Quadro 2-1: **Variação de entalpia de vaporização para alguns líquidos.**

dica Enem

Nem toda a água que evapora dos oceanos retorna a eles sob a forma de chuva ou neve. A cada ano, cerca de 36×10^{15} kg de vapor de água evaporada dos oceanos são transportados para outras regiões da Terra e se precipitam como chuva ou neve na sua superfície. Esse processo aumenta a umidade do solo e mantém o fluxo dos rios, sendo responsável também pelo aquecimento das regiões onde ocorre a condensação do vapor de água. Portanto, a evaporação e a condensação da água afetam a temperatura de diferentes partes da Terra por meio de dois processos:

- transferindo energia de baixas para altas latitudes;
- aquecendo o solo por meio da condensação de vapor de água que vem dos oceanos.

EXERCÍCIOS

E10. Use os dados do texto 7 e do quadro 2-1 para calcular a quantidade de energia que é liberada a cada ano quando o vapor de água formado nos oceanos se condensa sobre o solo.

E11. Uma usina hidrelétrica de 2 000 megawatts (MW, unidade de potência) produz cerca de 6×10^6 J de energia por ano. Quantas dessas usinas, aproximadamente, seriam necessárias para produzir a mesma quantidade de energia que é transferida dos oceanos para o solo por evaporação e condensação?

E12. Se os oceanos da Terra fossem formados por acetona e não por água, quanto de energia seria liberada por ano quando o vapor de acetona formado nos oceanos se condensasse sobre o solo? Compare esse valor com aquele obtido para a água. O que você pode concluir?

As propriedades da água fazem com que ela seja o líquido ideal para espalhar a energia solar pelo planeta. Sem a água, a vida provavelmente não seria possível na Terra. Ou, mesmo que fosse, os padrões climáticos seriam bem diferentes dos observados atualmente.

André Seale/Pulsar Imagens

Figura 2-40: **Sem a água, a vida provavelmente não seria possível na Terra.**

Armazenando energia

A água possui, ainda, uma outra propriedade importante para o processo de circulação de energia na Terra: sua capacidade calorífica específica à pressão constante, que é alta se comparada a outras substâncias. O quadro 2-2 fornece os dados dessa capacidade calorífica (c_p) para a água e para algumas outras substâncias.

Substância	Capacidade calorífica $c_p \cdot (J \cdot g^{-1} \cdot °C^{-1})$
água	4,18
etanol	2,41
hexano	2,26
propanona (acetona)	2,17
granito	0,82
cobre	0,39
mercúrio	0,14

Quadro 2-2: **Capacidades caloríficas específicas da água e de outras substâncias.**

A **capacidade calorífica** é a medida da quantidade de energia que é necessário fornecer a 1 grama de determinada substância para fazer com que sua temperatura se eleve 1 °C (mais precisamente 1 K, mas por comodidade usaremos a temperatura na escala Celsius e não na escala termodinâmica – em kelvin). Essa propriedade já foi usada em algumas atividades deste capítulo, mas nos referimos a ela como **calor específico**. Observe que o valor do quadro é diferente daquele fornecido na atividade 3, uma vez que lá a unidade de energia usada era a caloria e aqui é usado o joule (J). Como uma caloria é igual a 4,18 joules, a capacidade calorífica da água, que era 1 cal $g^{-1} \cdot °C^{-1}$ naquela atividade, aqui aparece como 4,18 J $g^{-1} \cdot °C^{-1}$.

A capacidade calorífica é um parâmetro importante para o estabelecimento de relações entre as funções de estado. Por exemplo, a variação de entalpia, ΔH, pode ser escrita como uma função de temperatura à pressão constante:

$$\Delta H = m \cdot c_p \cdot \Delta T$$

No caso de experimentos conduzidos à pressão constante, em que calor é a forma de troca de energia que faz variar diretamente a entalpia do sistema, pode-se escrever:

$$Q = m \cdot c_p \cdot \Delta T$$

EXERCÍCIOS

E13. Usando os valores tabelados e a relação $Q = m \cdot c_p \cdot \Delta T$, calcule a quantidade de energia, em joules, necessária para elevar a temperatura de 100 g de água de 20 °C para 40 °C.

E14. Calcule qual seria a variação de temperatura se a quantidade de energia calculada no exercício E13 fosse usada para aquecer 100 g de mercúrio. Considerando que a temperatura inicial fosse 20 °C, qual seria a temperatura final do mercúrio?

E15. Calcule qual seria a variação de temperatura se a quantidade de energia calculada no exercício E13 fosse usada para aquecer 100 g de acetona. Considerando que a temperatura inicial fosse 20 °C, qual seria a temperatura final da acetona?

A solução desses exercícios permite concluir que a água necessita de uma quantidade muito maior de energia, quando comparada a outras substâncias, para que sua temperatura sofra a mesma variação. Podemos pensar a capacidade calorífica de maneira inversa, isto é, não apenas como a quantidade de energia necessária para elevar em 1 °C a temperatura de 1 grama de uma substância, mas como a quantidade de energia que é liberada quando 1 grama de uma substância é esfriado em 1 °C.

O valor alto da capacidade calorífica da água indica que essa substância libera muito mais energia, quando comparada a outras substâncias, quando sua temperatura sofre uma pequena variação. Para fornecer a mesma energia esfriando a mesma massa de acetona, por exemplo, seria necessária uma variação de temperatura cerca de duas vezes maior. No caso do mercúrio, essa variação teria que ser cerca de trinta vezes maior.

Dessa maneira, a água é um dos melhores líquidos para transportar energia. As correntes marítimas desempenham um importante papel na distribuição da energia pelo globo terrestre. A Corrente do Golfo, por exemplo, é responsável pelos invernos muito menos rigorosos na Europa do que na América do Norte. Essa corrente transporta energia dos trópicos e do Caribe para a Europa.

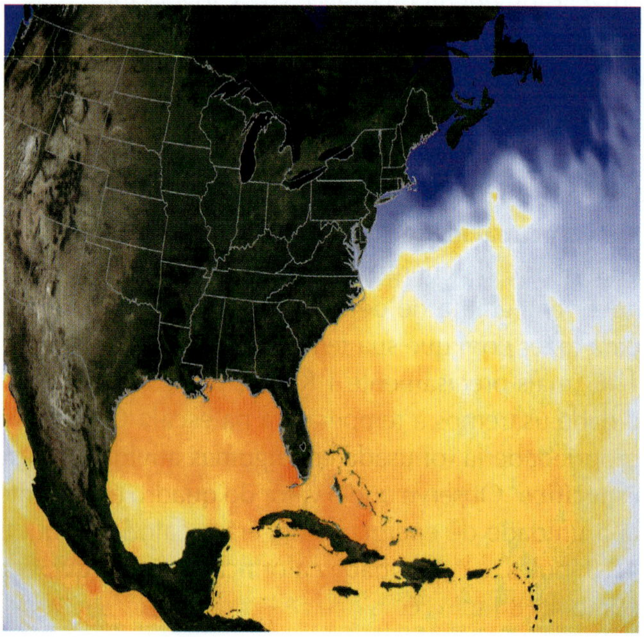
NASA/GSFC-SVS/SPL/Latinstock

Figura 2-41: **A Corrente do Golfo transporta energia dos trópicos e do Caribe para a Europa. Na foto, imagem de satélite da costa leste dos Estados Unidos e da Corrente do Golfo (área amarela).**

A América do Norte não recebe essa energia, de modo que, no inverno, cidades americanas e canadenses têm temperaturas médias muito mais baixas do que cidades europeias situadas na mesma latitude.

Uma corrente marítima quente num "mar de acetona" forneceria apenas a metade da energia que é fornecida pela mesma corrente num mar de água. Se esse mar fosse de mercúrio, a quantidade de energia seria cerca de trinta vezes menor.

EXERCÍCIO

E16. Considerando que a capacidade calorífica específica da água é cerca de quatro vezes maior que a do ar, responda: por que a água de uma piscina, no verão, geralmente é mais fria do que o ar durante o dia e mais quente durante a noite?

ATIVIDADE 5

Os calores nas transformações químicas e nas mudanças de estado físico

Nossa vida na sociedade ocidental urbana e tecnológica está relacionada à obtenção de energia dos combustíveis e dos alimentos e às mudanças de estado físico das substâncias, principalmente da água, que afetam diretamente o clima do planeta.

Conhecer sistematicamente os calores de reação e de mudanças de estado físico é uma importante tarefa realizada pelos químicos e que pode ajudar as pessoas a decidir entre diferentes combustíveis e alimentos e a entender as mudanças climáticas. O texto 7 mostrou como o conhecimento de alguns desses dados pode ser importante para entendermos a dinâmica climática do planeta.

Ana Ce/SambaPhoto

Delfim Martins/Pulsar Imagens

Sérgio Sade/Editora Abril

Figura 2-42: **Nossa vida na sociedade urbana e tecnológica está relacionada à obtenção de energia dos combustíveis e dos alimentos e às mudanças de estado físico das substâncias.**

Nesta atividade, vamos utilizar uma forma de determinar calores de reação e de mudanças de estado físico com o objetivo de obter dados sobre diferentes combustíveis, alimentos e materiais. Para determinar esses "calores", vocês vão usar novamente a expressão que relaciona calor à variação de temperatura e a massa do sistema medidas à pressão atmosférica constante ($Q = m \cdot c_p \cdot \Delta T$), para medir a variação de entalpia para algumas reações químicas e mudanças de estado físico. Obteremos essas variações de entalpia por meio de medidas de temperatura numa quantidade de água que se situa na vizinhança do sistema e recebe um fluxo de calor a partir dele. Esperamos que esses experimentos contribuam para que vocês possam entender um pouco mais sobre a energia envolvida nas reações químicas e mudanças de estado físico.

Cada grupo de alunos deverá trabalhar na determinação da entalpia de reação ou da entalpia de solidificação de um dos tipos de material relacionados a seguir:

- combustíveis: querosene e álcool;
- alimentos: amendoim, castanha-do-pará e castanha-de-caju;
- naftalina e cânfora.

Figura 2-43: Materiais utilizados na determinação de entalpias.

A seguir, estão relacionadas três atividades que exemplificam o que vocês deverão fazer em cada caso. Vocês deverão ater-se à atividade que se relaciona ao tema de seu grupo.

Ao final, deverão apresentar os seus dados e o resultado das discussões sugeridas em cada atividade para toda a turma. Tentem realizar as atividades da forma mais independente possível. Façam os cálculos, analisem os resultados obtidos, comparem com os valores tabelados e, se necessário, retornem ao laboratório para refazer algumas medidas. Como as atividades experimentais sugeridas contêm muitas fontes de erro, estejam atentos para minimizá-las.

PARTE A Determinando o calor de combustão do álcool etílico (etanol) e do querosene

O procedimento experimental descrito a seguir refere-se à determinação do calor de combustão do etanol. Para determinar o calor de combustão do querosene, sigam o mesmo procedimento, usando querosene no lugar do etanol. Para resolver as questões, procurem os dados relativos ao querosene. Lembrem-se de que, ao contrário do etanol, o querosene é uma mistura e vocês deverão fazer aproximações quanto à massa molar, calor de combustão etc.

Material

Uma lamparina, um termômetro de laboratório, álcool etílico, uma balança, um erlenmeyer de 250 mL, uma proveta de 50 mL, um suporte, uma tela de amianto, uma garra, fita-crepe, folhas de jornal.

Tenha cuidado!

Atenção: Este procedimento deve ser feito somente com o acompanhamento do professor. O álcool etílico é inflamável. Cuidado ao manipular sistemas de aquecimento.

Gilberto do Vale Rodrigues

Figura 2-44: **Materiais necessários para a execução do experimento.**

O que fazer

A20 Preparem a lamparina colocando uma quantidade suficiente de álcool etílico para que a combustão possa ser realizada. Não coloquem muito pouco, pois é importante perceber uma diferença de massa após a combustão ter sido realizada.

A21 Determinem a massa do sistema "álcool + lamparina" antes da combustão e anotem-na no caderno.

A22 Determinem a massa do erlenmeyer vazio e anotem no caderno a massa obtida.

A23 Meçam 100 mL de água em uma proveta e transfiram para o erlenmeyer. Envolvam as paredes laterais do erlenmeyer com jornal e prendam com a fita-crepe. Prendam-no no suporte utilizando a garra.

A24 Meçam a temperatura da água e anotem o valor.

A25 Acendam a lamparina e coloquem-na sobre o suporte com a tela de amianto, para aquecer a água do erlenmeyer durante aproximadamente 5 min. Após esse tempo, apaguem a lamparina e meçam a temperatura da água, anotando seu valor. Deixem a lamparina esfriar e determinem a massa do sistema "álcool + lamparina" após a combustão.

Gilberto do Vale Rodrigues

Figura 2-45: **Montagem do experimento.**

Cálculos

Calculem a massa de álcool etílico utilizada:

$$m_{\text{álcool}} = m_i - m_f$$

Calcularemos o calor de combustão em quilocalorias por grama de álcool etílico. O calor de combustão do álcool etílico pode ser calculado por:

$$Q = \frac{\left(m_{\text{água}} \times 1 \dfrac{\text{cal}}{\text{g} \cdot {}^{\circ}\text{C}} \times \Delta T\right) \times \left(m_{\text{erlenmeyer}} \times 0{,}2 \dfrac{\text{cal}}{\text{g} \cdot {}^{\circ}\text{C}} \times \Delta T\right)}{m_{\text{álcool}}}$$

em que $m_{\text{água}}$ é a massa de água, $m_{\text{erlenmeyer}}$ é a massa do erlenmeyer vazio, $m_{\text{álcool}}$ é a massa de álcool que foi utilizado no experimento e ΔT é a variação de temperatura sofrida pela água em consequência do aquecimento:

$$T_{f\,(\text{água aquecida})} - T_{i\,(\text{água à temperatura ambiente})}$$

A constante 1 cal/g · °C é a capacidade calorífica ou calor específico da água. A constante 0,2 cal · g^{-1} · $°C^{-1}$ corresponde ao valor aproximado do calor específico do vidro. Cada tipo de vidro apresenta um valor diferente de calor específico. Por isso, estamos usando esse valor como uma aproximação.

Note que a primeira expressão entre parênteses corresponde à parte do calor de combustão do álcool que foi gasta no aquecimento da água, ao passo que a segunda expressão entre parênteses corresponde ao que foi gasto com o aquecimento do erlenmeyer. Estamos supondo que tanto o vidro do erlenmeyer como a água atingiram a mesma temperatura final, o que é razoável.

Questões

Q22. Escrevam a equação que representa a reação de combustão do etanol.

Q23. Vocês calcularam o calor de combustão do álcool etílico em calorias por grama. Considerando que a massa molar do álcool etílico é 46 g/mol, calculem o valor do calor de combustão em kcal/mol.

Q24. Considerando que 1 cal = 4,18 joule, calculem o valor do calor de combustão do álcool etílico em kJ/mol.

Q25. O valor tabelado do calor de combustão do álcool é −1 369 kJ/mol. Comparem esse valor com o valor obtido pelo seu grupo e discuta as possíveis causas de erro no experimento que podem ter levado a um valor com grande desvio.

Q26. Por que o calor de combustão tem um sinal negativo?

Q27. Qual é a função do jornal usado para envolver as paredes laterais do béquer?

Q28. Representem a variação de entalpia da combustão do etanol por meio de um diagrama, semelhante aos apresentados no texto 6.

PARTE B Estimando a quantidade de energia fornecida por um amendoim

Os alimentos fornecem várias substâncias importantes para nossa sobrevivência, como proteínas, carboidratos, fibras etc. Gorduras e carboidratos são nossas principais fontes de energia.

Figura 2-46: **Os alimentos fornecem várias substâncias importantes para nossa sobrevivência.**

Essas substâncias são metabolizadas em nosso organismo, que delas obtém a energia necessária para nos manter vivos e ativos. Quando comemos mais alimentos do que precisamos, nosso organismo acumula o excesso sob a forma de gorduras, cuja presença no organismo é importante, mas que em excesso podem causar obesidade e vários problemas de saúde. O balanço entre o consumo e o gasto de energia é, portanto, essencial para uma dieta sadia.

Nesta atividade, vamos calcular a quantidade de energia que um grão de amendoim pode fornecer ao corpo. Para isso, vamos queimar um grão de amendoim e usar o calor produzido nesse processo para aquecer uma quantidade conhecida de água. Isso irá provocar um aumento na temperatura da água e, com esse dado, será possível calcular a energia fornecida pelo amendoim. Ou seja: iremos medir a variação de temperatura da água aquecida pela queima do amendoim. Ao fazer seus cálculos, considere que as gorduras são responsáveis por cerca de 55% da composição do amendoim.

Para determinar a energia fornecida por uma castanha-do-pará e por uma castanha-de-caju, siga o mesmo procedimento. Ao fazer seus cálculos, considere que as gorduras são responsáveis por cerca de 74% da composição da castanha-do-pará e por cerca de 74% da composição da castanha-de-caju.

Material

Uma lata pequena, um abridor, uma balança, uma caixa de fósforos, um erlenmeyer de 125 mL, um clipe de papel, uma proveta de 50 mL, um suporte, uma garra, um tripé, um termômetro de laboratório e folhas de jornal.

Nesta atividade, vocês devem usar uma lata pequena com a tampa e o fundo removidos e pequenas aberturas laterais na parte inferior para entrada do ar. Envolvam essa lata com jornal para obter um melhor resultado.

Tenha cuidado!

Cuidado ao manipular sistemas de aquecimento.

O que fazer

A26 Pesem um grão de amendoim sem casca. Anotem o valor da massa no caderno.

A27 Meçam 100 mL de água e transfiram para o erlenmeyer que está dentro da lata.

A28 Com o clipe, façam um suporte para o amendoim, como mostrado na figura 2-47.

A29 Prendam o erlenmeyer com a garra, presa ao suporte, ou coloquem-no no tripé, de modo que possa ficar próximo do amendoim sem, no entanto, tocá-lo.

A30 Se possível, usem a garra também para prender o termômetro. Na falta dessa garra, vocês devem segurar o termômetro dentro da água do erlenmeyer durante a queima do amendoim, sem deixar que ele encoste no fundo.

A31 Meçam e anotem no caderno a temperatura da água dentro do erlenmeyer.

A32 Coloquem o amendoim sob o erlenmeyer e aproximem um palito de fósforo aceso, de modo que o amendoim comece a queimar.

A33 Coloquem o termômetro dentro da água contida no erlenmeyer e observem o aumento de temperatura. Anotem o valor da temperatura ao final da queima. Qual foi a variação de temperatura da água?

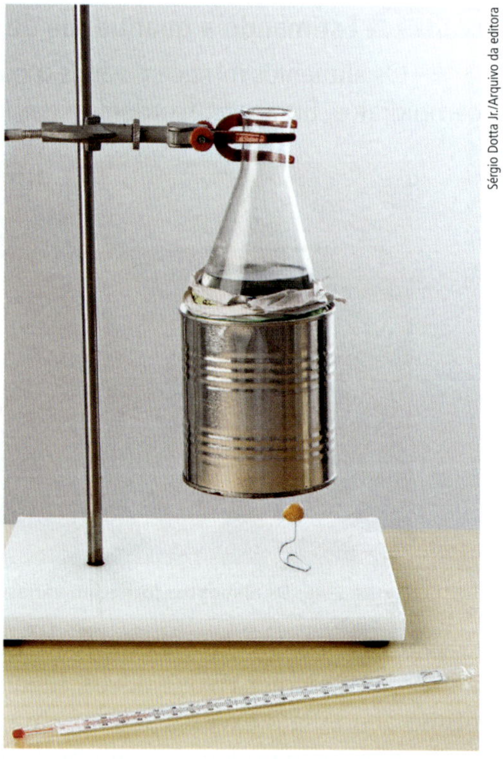
Sérgio Dotta Jr./Arquivo da editora

Figura 2-47: **Montagem para a queima do amendoim.**

Cálculos

Vamos calcular a quantidade de energia fornecida pelo amendoim e expressar essa quantidade em calorias. Uma caloria, como já vimos, é a quantidade de energia requerida para aumentar a temperatura de 1 grama (aproximadamente 1 mL) de água de 1 °C.

Sabemos que a quantidade de energia fornecida, sob a forma de calor, pelo amendoim é:

$$Q = m_{\text{água}} \cdot c_{\text{água}} \cdot \Delta T$$

Nessa fórmula, c é a capacidade calorífica, que no caso da água é igual a 1 cal/g · °C. Podemos usar essa fórmula porque estamos calculando a quantidade de calor fornecida pelo amendoim indiretamente, por meio do aumento da temperatura observado na água.

Questões

Q29. Vocês não mediram a massa, e sim o volume de água que foi aquecido pelo amendoim. Por que vocês podem considerar que a massa da água, em g, vai ser igual ao seu volume, em mL?

Q30. Calculem a quantidade de energia, em calorias, fornecida pelo amendoim, considerando a porcentagem de gorduras em sua composição.

Q31. Calculem a quantidade de energia por grama do grão de amendoim.

Q32. Sabendo que uma pessoa do sexo masculino que trabalha numa atividade sedentária gasta, em média, 2 300 kcal por dia, calculem a quantidade de amendoim, em g, que forneceria essa energia para a pessoa.

Questões para discussão

Q33. A queima do amendoim é uma reação química? Por quê?

Q34. Respondam aos itens a seguir:

a) Qual é a função da lata nesse experimento?

b) Por que foi conveniente envolvê-la com jornal?

c) Por que foi necessário fazer aberturas laterais na lata?

Q35. Se, no lugar de 100 mL, tivéssemos usado uma quantidade maior de água, o que aconteceria no experimento?

Q36. Se no lugar da água tivéssemos usado um outro líquido, o que aconteceria no experimento?

Q37. Quais são as principais fontes de erro nesse experimento?

EXERCÍCIO

E17. Façam o que se pede a seguir:

a) Anotem o tipo de alimento e a quantidade aproximada que cada um de vocês ingerem durante um dia.

b) Procurem informações sobre a quantidade de energia fornecida pelos diversos alimentos que vocês ingeriram em um dia. Para conseguir essa informação quando ela não estiver disponível nas embalagens, consultem a internet ou livros especializados. Calculem, então, a quantidade de energia (em kcal) que vocês ingeriram nesse dia.

c) Para adolescentes, o consumo calórico varia de 2 200 a 2 500 calorias por dia. Comparem o que vocês encontraram no item b com esse valor. O que vocês poderiam fazer para aumentar ou diminuir o valor de energia que vocês ingerem?

d) O valor calórico das refeições de um adolescente deve ser distribuído da seguinte forma: 10 a 15% de proteínas; 30% de gorduras e 55 a 60% de carboidratos. Analisem os alimentos que vocês ingeriram durante um dia e vejam se está de acordo com esses dados. O que vocês poderiam fazer para ter uma dieta mais equilibrada, se for o caso?

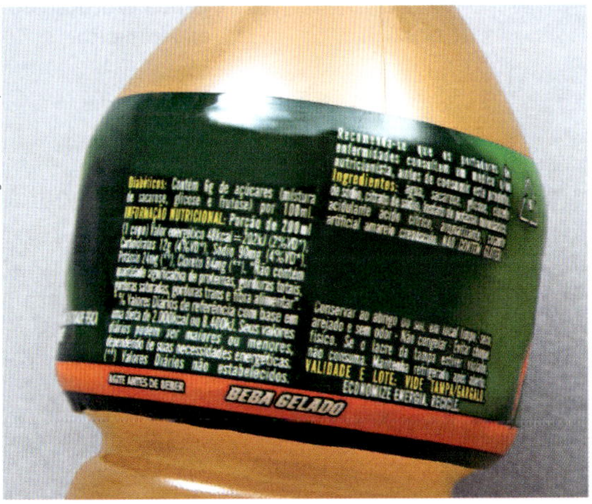

Sérgio Dotta Jr./Arquivo da editora

Figura 2-48: **Nas embalagens de diversos alimentos podem-se encontrar informações sobre a quantidade de energia fornecida por porção.**

José Antonio/Editora Abril

Figura 2-49: **Alimentos que ajudam em uma dieta mais equilibrada.**

PARTE C Determinando o calor de solidificação da naftalina

Nesta parte da atividade vocês irão determinar o calor de solidificação da naftalina, a partir da variação de temperatura provocada numa massa conhecida de água pela introdução de um tubo de ensaio com naftalina líquida na temperatura de ebulição. Usaremos, para o cálculo, a mesma expressão usada nas partes A e B.

O procedimento experimental descrito a seguir refere-se à determinação do calor de solidificação da naftalina. Para determinar o calor de solidificação da cânfora, siga o mesmo procedimento.

Material

Um tubo de ensaio grande, dois béqueres de 250 mL, um termômetro de laboratório, uma proveta de 50 mL, um bico de gás ou uma lamparina, um tripé, uma tela de amianto, pinça para o tubo de ensaio, água, cinco bolinhas de naftalina, uma balança, um suporte para tubos de ensaio.

Tenha cuidado!

Esta atividade deve ser realizada com a supervisão de seu professor. Cuidado ao manipular sistemas de aquecimento e água quente, pois há o risco de queimaduras. Não deixe a naftalina entrar em contato com a pele. Faça o experimento em ambiente bem arejado.

Gilberto do Vale Rodrigues

Figura 2-50: Materiais necessários para a execução do experimento.

O que fazer

A34 Preparem um béquer de 250 mL (béquer 1), transferindo para ele 150 mL de água medidos na proveta.

A35 Adicionem água até 2/3 no outro béquer de 250 mL (béquer 2) e coloquem esse béquer para aquecer no tripé com a tela de amianto, usando a lamparina ou bico de gás para o aquecimento.

Enquanto a água está sendo aquecida, preparem as etapas A36 e A37.

A36 Pesem, na balança, cinco bolinhas de naftalina (ou cerca de 10 g).

A37 Coloquem-nas, previamente trituradas, em um tubo de ensaio e disponham o tubo em banho-maria na água previamente aquecida no béquer 2, até que toda a naftalina sólida se transforme em líquido. Não continuem a aquecer a naftalina líquida.

A38 Utilizando o termômetro meçam a temperatura da água que está no béquer 1, preparado em A34, e anotem no caderno.

Gilberto do Vale Rodrigues

Figura 2-51: Montagem utilizada na execução do experimento.

A39 Assim que toda a naftalina tiver se transformado em líquido, retirem o tubo de ensaio do banho-maria e deixem-no esfriar. Deixem a naftalina resfriar até perceber o primeiro sinal de turvação, que indica que a solidificação está começando. Imediatamente, coloquem o tubo de ensaio com a naftalina no béquer 1 preparado em A34, cuja temperatura vocês mediram em A38. Tenham o cuidado de garantir que a naftalina dentro do tubo esteja abaixo do nível da água. Agitem a água continuamente usando o próprio tubo de ensaio. Observem a temperatura da água até que ela atinja um valor máximo, o que deve coincidir com a solidificação de toda a naftalina dentro do tubo. Anotem esse valor máximo da temperatura da água.

Cálculos

Calcularemos o calor de solidificação da naftalina em calorias. Podemos considerar que o calor ganho pela água ao entrar em contato com a naftalina tem o mesmo valor do calor perdido pela naftalina em consequência da solidificação, mas com sinal trocado. O calor ganho pela água é:

$$Q = m_{\text{água}} \cdot c_{\text{água}} \cdot \Delta T$$

em que $m_{\text{água}}$ é a massa de água, e ΔT é a variação de temperatura sofrida pela água em consequência do aquecimento:

$$T_{f\,(\text{água aquecida})} - T_{i\,(\text{água temperatura ambiente})}$$

A constante 1 cal/g · °C é a capacidade calorífica ou calor específico da água.

Para efetuar esses cálculos, inicialmente desprezaremos o fato de que o tubo de ensaio também cede calor à água.

1. Calculem o valor do calor ganho pela água e obtenham o valor do calor de solidificação da naftalina.
2. Calculem o calor de solidificação da naftalina por grama (cal/g), dividindo o valor do calor de solidificação encontrado no item 1 pela massa de naftalina usada.

Questões

Q38. O valor tabelado do calor de solidificação da naftalina é –35,06 cal/g. Comparem esse valor com o valor obtido pelo seu grupo e discutam as possíveis causas de erro no experimento que podem ter levado a um valor diferente.

Q39. Para não desprezar o efeito do tubo de ensaio, teríamos que proceder como na parte A: considerar a massa do tubo de ensaio e calcular o calor absorvido por ele, usando essa massa, o calor específico do vidro e a mesma diferença de temperatura usada para o cálculo indicado. O valor encontrado seria subtraído do calor ganho pela água.

a) Calculem o calor de solidificação da naftalina por grama (cal/g) considerando o efeito do tubo de ensaio. Considerem o calor específico do vidro igual a 0,2 cal/(g · °C).

b) Comparem a correção que esse procedimento introduz nos dados com outras fontes de erro presentes no experimento e decidam se é conveniente adotá-lo.

Q40. Por que o calor de solidificação da naftalina tem um sinal negativo?

Q41. Qual seria o valor do calor de fusão da naftalina? Justifiquem sua resposta.

Q42. Por que vocês podem dizer que o calor de solidificação da naftalina tem o mesmo valor da variação de entalpia para o processo de solidificação da naftalina?

Q43. Representem a variação de entalpia no processo de solidificação da naftalina através de um diagrama, semelhante aos apresentados no texto 6.

TEXTO 8

Alguns aspectos sobre equações termoquímicas

Já discutimos, no texto 6, o conceito de variação de entalpia de um sistema em uma reação química, ΔH, e concluímos que:

$$\Delta H = H_{\text{produtos}} - H_{\text{reagentes}}$$

Quando estamos lidando com equações químicas que representam transformações, nas quais estão envolvidos aspectos termoquímicos, é interessante que alguns detalhes sejam explicitados. Nessa situação, é importante que sejam destacados aspectos como o estado físico dos reagentes e dos produtos, os coeficientes estequiométricos, as variedades alotrópicas (quando for o caso), a temperatura e a pressão, bem como a variação da entalpia da reação.

Assim, a equação de combustão do álcool etílico, que utilizamos na parte A da atividade 5, por exemplo, poderia ser escrita como:

$$C_2H_5OH\ (l) + 3\ O_2\ (g) \rightarrow 2\ CO_2\ (g) + 3\ H_2O\ (l)\ ,$$

que teria $\Delta H = -1\ 369\ \text{kJ} \cdot \text{mol}^{-1}$ (a 25 °C, 1 atm).

Por que é interessante que se registre a reação química com tantos detalhes?

Será que as quantidades e os estados físicos das substâncias envolvidas afetam a variação da entalpia do sistema?

E a temperatura e a pressão nas quais a transformação ocorreu?

Questões

Q44. A combustão de 1 mol de H_2 (g), formando água líquida, libera uma quantidade de energia equivalente a 286 kJ. A mesma reação, quando forma vapor de água, libera 242 kJ de energia. Escrevam as equações termoquímicas para os dois processos e proponham uma maneira de calcular a variação de entalpia, ΔH, envolvida na vaporização da água. Com base na sua resposta, discutam a importância de indicar os estados físicos das substâncias em uma equação termoquímica.

Q45. A combustão de 1 mol de grafite libera 394 kJ de energia, enquanto a combustão de 1 mol de diamante libera 395,9 kJ. Escrevam as duas equações termoquímicas e calculem ΔH no processo de conversão de grafite em diamante. Com base na sua resposta, discutam a importância de indicar os estados alotrópicos das substâncias em uma equação termoquímica. Quem é o mais estável termodinamicamente: a grafite ou o diamante?

Divulgação/Editora Abril

Samuel Iavelberg/Editora Abril

Figura 2-52: **Diamante e grafite são formados por átomos de carbono, mas sua combustão libera quantidades diferentes de energia.**

Q46. A combustão de 1 mol de metano a 20 °C e 25 °C libera 881,1 kJ e 889,5 kJ, respectivamente. Discutam a importância de indicar a temperatura na qual uma reação foi realizada em uma equação termoquímica.

Q47. Vocês viram anteriormente que a queima de 1 mol de etanol líquido libera 1 369 kJ de energia. Suponham que vocês dispõem de 1 L de etanol (MM = 46 g/mol; d = 0,8 g/mL). Que quantidade de energia vocês conseguem obter queimando-o? Discutam como varia a energia liberada em uma reação em função da quantidade dos reagentes.

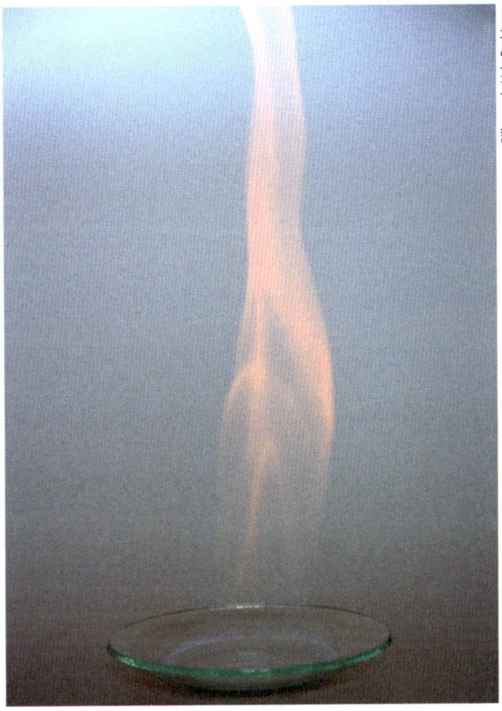

Gilberto do Vale Rodrigues

Figura 2-53: **Etanol queimando em vidro de relógio.**

Estado-padrão e Lei de Hess

Um dos aspectos mais importantes da termoquímica é o fato de ela fornecer uma maneira de calcular a variação de energia envolvida em uma transformação química. Como já vimos anteriormente, não podemos determinar a entalpia (H) de uma substância, mas podemos medir a variação de entalpia (ΔH) para uma reação na qual essa substância está envolvida. Esse já é um dado importante, mas teríamos que medir a variação de entalpia para todas as reações conhecidas e tabelá-las. Podemos imaginar que essa tabela seria bem grande, não é mesmo?

Na tentativa de resolver o problema, convencionou-se como igual a zero a entalpia-padrão de formação dos elementos nos seus estados de referência em todas as temperaturas. A entalpia-padrão de formação (ΔH_f^0), em que a letra f representa formação e o símbolo zero, colocado como expoente do H, indica que se trata de um valor-padrão) é a variação de entalpia obtida na reação de formação de 1 mol de uma substância a partir de seus elementos no estado de referência. Desse modo, a entalpia-padrão de formação para elementos no seu estado de agregação mais estável (estado de referência[3]), a 1 atm e 25 °C, é $\Delta H_f^0 = 0,0$ kJ/mol.

Podemos, então, calcular a entalpia de qualquer substância que possa ser formada a partir de substâncias simples no estado-padrão.

Os valores de ΔH_f^0 podem ser tabelados e permitem calcular as variações de entalpia de vários processos. A seguir, há um quadro com alguns valores de **entalpia de formação**, também chamados de **calores de formação**.

[3] O estado-padrão de uma substância pura é atualmente especificado à pressão de 1 bar, que é aproximadamente igual a 1 atm.

Substância	ΔH_f^0	
	kcal/mol	(kJ/mol)
Al_2O_3 (s)	–400,5	(–1 676)
Br_2 (l)	0,00	(0,00)
Br_2 (g)	+7,39	(+30,9)
C (s, diamante)	+0,45	(+1,88)
CO (g)	–26,4	(–110)
CO_2 (g)	–94,1	(–394)
CH_4 (g)	–17,9	(–74,9)
C_2H_6 (g)	–20,2	(–84,5)
C_2H_4 (g)	+12,4	(+51,9)
C_2H_2 (g)	+54,2	(+227)
C_3H_8 (g)	–24,8	(–104)
C_6H_6 (l)	+11,7	(+49,0)
CH_3OH (l)	–57,0	(–238)
CS_2 (l)	+21,4	(+89,5)
CS_2 (g)	+28,0	(+117)
CCl_4 (l)	–32,1	(–134)
C_2H_5OH (l)	–66,4	(–278)
CH_3CHO (g)	–39,8	(–167)
CH_3COOH (l)	–116,4	(–487,0)
CaO (s)	–151,9	(–635,5)
$Ca(OH)_2$ (s)	–235,8	(–986,6)
$CaSO_4$ (s)	–342,4	(–1 433)
CuO (s)	–37,1	(–155)
Fe_2O_3 (s)	–196,5	(–822,8)
HCOOH (g)	–86,7	(–363)
H_2O (l)	–68,3	(–286)
H_2O (g)	–57,8	(–242)
H_2SO_4 (l)	–194,5	(–813,8)
HF (g)	–64,8	(–271)
HCl (g)	–22,1	(–92,5)
HBr (g)	–8,7	(–36)
HI (g)	+6,3	(+26)
KCl (s)	–104,2	(–436,0)
LiCl (s)	–97,7	(–408,8)
$MgCl_2$ (s)	–153,4	(–641,8)
$MgCl_2 \cdot 2\ H_2O$ (s)	–306,0	(–1 280)
$Mg(OH)_2$ (s)	–221	(–924,7)
NH_3 (g)	–11,0	(–46,0)
N_2O (g)	+19,5	(+81,5)
NO (g)	+21,6	(+90,4)
NO_2 (g)	+8,1	(+34)

Substância	ΔH_f^0	
	kcal/mol	(kJ/mol)
NaF (s)	−136,5	(+571)
NaCl (s)	−98,6	(−413)
NaBr (s)	−86,0	(−360)
NaI (s)	−68,8	(−288)
Na_2O_2 (s)	−120,6	(−504,6)
NaOH (s)	−102,0	(−426,8)
O_3 (g)	+34,1	(+143)
PbO_2 (s)	−66,3	(−277)
$PbSO_4$ (s)	−219	(−920,1)
SO_2 (g)	−70,9	(−297)
SO_3 (g)	−94,6	(−396)
SiO_2 (s)	−217,7	(−910,9)
SiH_4 (g)	+8,2	(+34)
ZnO (s)	−83,2	(−348)
$Zn(OH)_2$ (s)	−153,5	(−642,2)

Quadro 2-3: **Entalpias de formação (ΔH_f^0).**

Questões

Q48. A combustão de 1 mol de grafite libera 394 kJ. Escrevam a equação termoquímica desse processo e calculem a entalpia de formação do CO_2 (g).

Q49. Algumas substâncias não podem ter sua entalpia-padrão determinada diretamente por não ser possível prepará-la com substâncias simples. O etanol é um exemplo. Se misturarmos C (grafite), H_2 (g) e O_2 (g), não obteremos etanol líquido. Escrevam no caderno a equação de formação do etanol e as equações de combustão da grafite e do hidrogênio. Observem que essas equações são de formação das substâncias dióxido de carbono e água.

Verifiquem no quadro 2-3 os valores de entalpia para essas substâncias. O calor de combustão do etanol já foi usado anteriormente. Juntem todos os dados mencionados e proponham uma maneira de calcular o calor de formação do etanol.

Vocês usaram o que chamamos de **Lei de Hess**, nome dado em homenagem ao químico suíço Germain Henri Hess (1802-1850), que em 1840 estabeleceu que a variação de entalpia de uma reação química é a mesma, quer ela esteja ocorrendo em uma única ou em várias etapas. A entalpia, como a energia interna, a pressão, o volume e a temperatura, é **uma função de estado**.

Isso significa que seus valores dependem apenas do estado inicial e final do sistema, não dependendo de todos os estados pelos quais passou quando se foi do estado inicial ao final. Já calor e trabalho não são funções de estado.

Já discutimos e exemplificamos o que é uma função de estado no texto 6. É justamente o fato de a entalpia ser uma função de estado que possibilita que a variação de entalpia de uma reação química tenha sempre o mesmo valor, independentemente das etapas que foram usadas como intermediárias para o seu cálculo.

Energia de ligação

Já vimos que é necessário fornecer energia para quebrar ligações químicas. Esse processo, portanto, é sempre endotérmico. Outro aspecto importante é que a energia necessária para quebrar uma ligação entre dois átomos específicos pouco varia quando se muda a substância que contém a ligação.

Assim, podemos tabelar os valores médios de uma energia de ligação qualquer. Os valores fornecidos no quadro serão positivos no caso de processos envolvendo a quebra das ligações e negativos no caso de sua formação.

Questão

Q50. Baseado nos valores das energias de ligação química, calculem a variação de entalpia nos processos a seguir:

a) H_2 (g) + Cl_2 (g) → 2 HCl (g)

b) CH_4 (g) + 3 Cl_2 (g) → $CHCl_3$ (g) + 3 HCl (g)

	Energia de ligação	
Ligação	**kcal/mol de ligações**	**kJ/mol de ligações**
H—H	104,2	436,0
H—F	134,6	563,2
H—Cl	103,2	431,8
H—Br	87,5	366,1
H—I	71,4	298,7
C—H	98,8	413,4
C—O	84,5	353,5
C—F	103,8	434,3
C—Cl	78,2	327,2
C—Br	67,1	280,7
C—I	57,7	241,4
C—C	82,9	346,8
C=C	146,8	614,2
C≡C	199,2	833,4
C=O (carbonita)	178,0	745,3
C=O (CO_2)	192,1	804,3
H—O	110,8	463,5
O—O	33,2	138,9
O=O	119,1	468,6
N≡N	225,8	945,4
N—H	93,4	391,0
N—I	65,0	272,1
N—Cl	46,0	192,6
F—F	36,6	153,1
Cl—Cl	58,0	242,6
Br—Br	46,1	192,8
I—I	36,1	151,0

Quadro 2-4: **Valores de energia de ligação.**

TEXTO 9

Processos espontâneos, entropia e energia livre[4]

Nas atividades anteriores, usamos o Princípio de Conservação de Energia, estabelecido na Primeira Lei da Termodinâmica, para respondermos a questões como:

- Qual é a energia envolvida numa transformação?
- O sistema libera energia para a vizinhança ou a absorve dela?
- Que forma a energia liberada/absorvida assume?

Apesar de a Primeira Lei permitir todas essas considerações sobre a energia de um sistema, ela não diz nada sobre por que alguns processos ocorrem espontaneamente numa determinada direção. Aqui entra em cena a Segunda Lei da Termodinâmica e uma propriedade chamada **entropia**.

Já oferecemos alguns exemplos de processos espontâneos no texto 4, em que discutimos a Segunda Lei da Termodinâmica. Essa lei está relacionada a uma assimetria nas transformações que ocorrem na natureza, a qual estamos, de certa forma, bastante familiarizados: objetos quentes esfriam-se, mas objetos frios não se tornam quentes espontaneamente.

Na vida real nunca observaremos o movimento contrário de os pedaços da casca do ovo se juntarem. Um pedaço de papel queima-se na chama de um fósforo produzindo gás carbônico, água, cinzas e liberando energia na forma de calor. Mas, se juntarmos gás carbônico, água e cinzas e aquecermos, não veremos o papel se recompor novamente.

SPL/Latinstock

Figura 2-54: Um ovo quebrado não volta, espontaneamente, a ser um ovo inteiro.

Um gás de cozinha vazando de um botijão espalha-se por toda a sala. Nunca presenciaremos, no entanto, o gás se reunindo num canto da sala. A Segunda Lei resume essas observações nos dizendo que, embora a quantidade de energia seja conservada em qualquer processo, a possibilidade de usá-la diminui de maneira irreversível. Assim, a Segunda Lei diz respeito à direção natural da mudança da qualidade da energia, algo que é, até certo ponto, independente de sua quantidade total. Ela diz respeito à direção na qual as mudanças ocorrem espontaneamente. A propriedade do sistema que a Segunda Lei define é a **entropia**, que pode ser definida de maneira aproximada como a medida de desordem do sistema. Um processo é espontâneo quando ele contribui com o aumento da entropia do universo. Assim como a Primeira Lei define que a energia do universo é constante, a Segunda define que sua entropia é crescente.

Podemos dar um outro exemplo de processo espontâneo: a formação de ferrugem. Quando expostos ao ar e à umidade, objetos de ferro enferrujam espontaneamente. A ferrugem, todavia, não se transforma espontaneamente em ferro, oxigênio e água.

EXERCÍCIO

E18. Dê dois outros exemplos de processos espontâneos, diferentes dos apresentados até agora.

[4] Este texto foi elaborado com a participação das professoras Edenia Maria Ribeiro do Amaral, do Departamento de Química – Universidade Federal Rural de Pernambuco –, e Lílian Borges Brasileiro, do Colégio Técnico da UFMG, às quais agradecemos pela colaboração.

Como a termodinâmica explica a ocorrência desses processos espontâneos? Uma explicação possível não seria que todos eles são exotérmicos?

Se lembrarmos que o gelo se converte espontaneamente em água à temperatura ambiente (lembre-se de que a fusão de gelo é um processo endotérmico, ou seja, absorve calor), fica evidente que nem todos os processos espontâneos são exotérmicos. Essa resposta é tentadora, pois sabemos que muitos processos espontâneos são exotérmicos, o que de certa forma dá uma pista de que esse aspecto tem alguma importância para determinar se um processo é ou não espontâneo. O exemplo do gelo, no entanto, nos mostra que essa não é a resposta completa.

Fabio Colombini/Acervo do fotógrafo

Figura 2-55: **O gelo se converte espontaneamente em água à temperatura ambiente.**

Para entendermos um pouco mais o porquê desse fato, consideremos o exemplo do gás de botijão quando vaza. Ele se espalha por toda a cozinha, porque esse é o estado que corresponde ao maior número possível de distribuições termodinamicamente equivalentes das moléculas. Mesmo que fosse possível ao gás se concentrar num dos cantos da cozinha (um estado a que corresponde um número menor de distribuições equivalentes entre as moléculas, que tem pouca probabilidade de existir espontaneamente), as colisões ao acaso rapidamente levariam as moléculas a se espalharem novamente por todo o ambiente. Isso significa que a natureza, espontaneamente, tende para os estados que têm a maior probabilidade de existirem.

Essa é uma forma mais precisa de enunciar o conceito de entropia do que a associação de aumento de entropia com o aumento de desordem que fizemos anteriormente. Assim, normalmente, as mudanças espontâneas estão relacionadas ao aumento de entropia, e esse aumento nada mais é do que a passagem para um estado com um maior número de configurações equivalentes entre as moléculas. Para entender melhor o que significam essas ideias, vamos examinar como se comporta um sistema, tendo como referência um modelo como o descrito na figura 2-56. No sistema inicial, quatro moléculas de um gás se encontram inicialmente num dos compartimentos e há vácuo no outro. Quando a torneira está fechada, os dois compartimentos estão separados. Quando abrimos as torneiras, as moléculas de um compartimento podem passar para o outro. Colorimos as esferas representando as moléculas para ajudar a entender o significado do aumento da entropia.

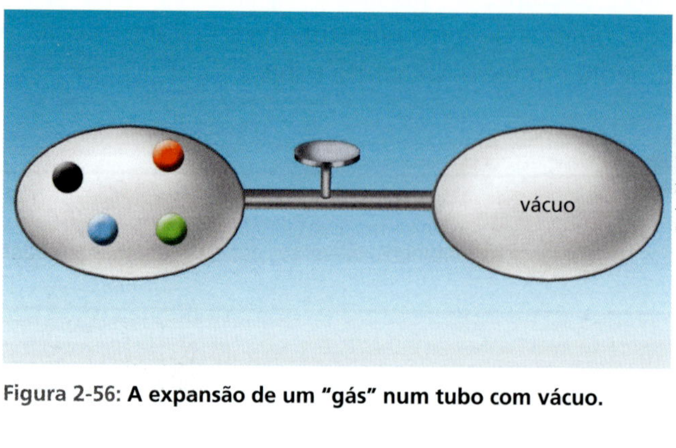

Paulo César Pereira/Arquivo da editora

Figura 2-56: **A expansão de um "gás" num tubo com vácuo.**

Vamos ver quantos estados (ou configurações) são possíveis obter para cada distribuição diferente das moléculas, por meio desse estado inicial. Considere, como estados diferentes possíveis de obter, os seguintes arranjos:

I. quatro moléculas no lado esquerdo (figura 2-57(a));

II. três moléculas no lado esquerdo e uma no lado direito (figura 2-57(b));

III. duas moléculas no lado esquerdo e duas no direito (figura 2-57(c)).

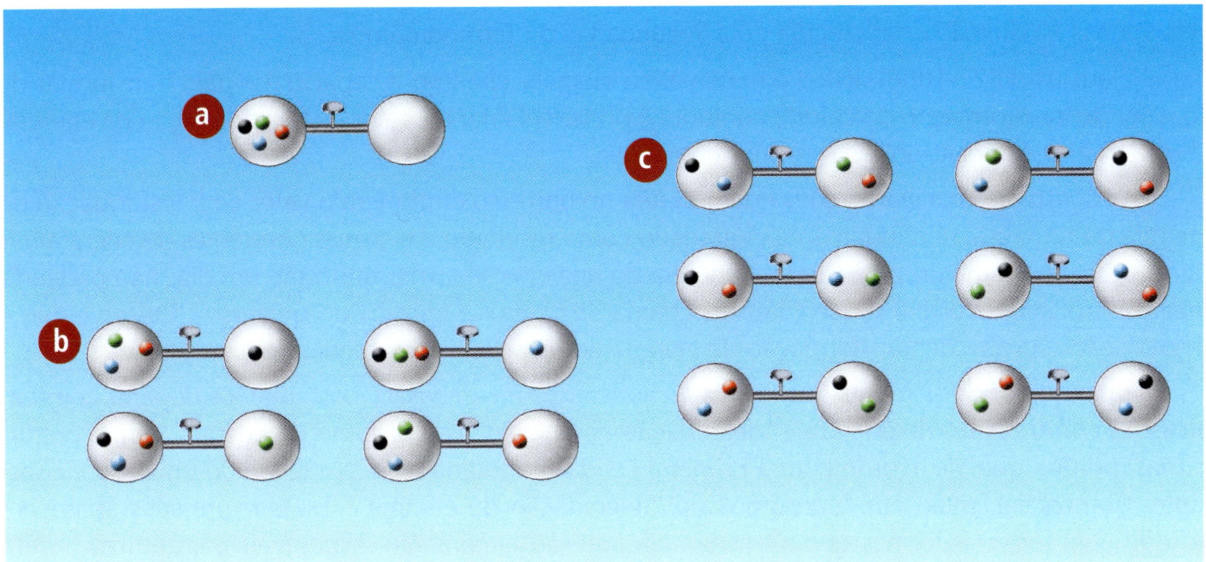

Figura 2-57: **Na figura, vemos os três arranjos citados anteriormente: a) arranjo I; b) arranjo II; c) arranjo III.**

Qual desses arranjos é **o mais provável** de ocorrer?

Aquele que pode ser alcançado por meio do maior número possível de alternativas.

Assim, o arranjo III é o mais provável, pois pode ocorrer de seis modos diferentes. Ou seja, há seis maneiras diferentes de duas moléculas do gás saírem do recipiente da esquerda para o da direita. No arranjo II, há quatro maneiras diferentes de uma molécula sair do recipiente da esquerda para o da direita, e, no arranjo I, apenas uma maneira de todas as moléculas permanecerem no frasco da esquerda. As probabilidades relativas entre os arranjos III, II e I são, respectivamente, 6:4:1. Assim, podemos explicar por que o processo de difusão de um gás é espontâneo. O gás atinge um estado em que suas moléculas estão distribuídas de maneira uniforme no recipiente que o contém, pois há maior probabilidade de se obter o gás distribuído dessa maneira. Esse é o estado em que as moléculas estão distribuídas na configuração mais provável e que corresponde, no exemplo dado, ao arranjo III.

As consequências desse princípio para um grande número de moléculas são muito mais significativas. A probabilidade de encontrar um mol de moléculas de um gás, todas localizadas no compartimento da esquerda, como no arranjo I, é algo da ordem de 10^{-23}, uma probabilidade infinitamente pequena. Assim, esse estado pode ser considerado muito improvável, justamente porque há apenas uma possibilidade, entre 10^{23} estados possíveis, que leva a esse estado.

Esse tipo de raciocínio, em termos de probabilidade de estados, pode ser usado para pensar em uma entropia relativa, quando comparamos os arranjos moleculares de uma mesma substância nos estados sólido, líquido e gasoso. No estado sólido, uma substância ocupa um volume menor do que no estado gasoso, o que significa que as moléculas estão muito mais próximas umas das outras no sólido. Além disso, no estado sólido elas praticamente ocupam posições definidas num retículo cristalino, enquanto no estado gasoso elas podem ocupar qualquer posição. Por esse raciocínio, podemos concluir que a entropia, que passaremos a designar pela letra *S*, cresce quando a substância passa do estado sólido para o gasoso. A partir desse raciocínio, podemos supor que $S_{\text{sólido}} < S_{\text{líquido}} < S_{\text{gás}}$.

Ao observarmos a natureza, podemos perceber que várias transformações ocorrem naturalmente sob certas condições. Uma determinada quantidade de água (de um lago, por exemplo) pode ser convertida em vapor por meio do calor de uma fonte disponível (o Sol), mas ela pode também ser transformada em gelo quando em contato com uma grande massa de ar polar. Portanto, é evidente que ambas as transformações parecem ser igualmente espontâneas no mundo natural à nossa volta. Nos dois casos, há uma fonte ou corpo quente que cede calor para o corpo frio, e isso está de acordo com o Segunda Lei da Termodinâmica. Consequentemente, embora a energia do universo possa ser constante, sua distribuição nesse universo é tal que trocas ou transformações espontâneas são possíveis apenas na direção estabelecida pela Segunda Lei da Termodinâmica.

Clausius (1822-1888), físico e matemático alemão, chamou a capacidade para transformar de "o valor de transformação do calor"; contudo, é preferível falar no valor de transformação da energia, já que o calor é apenas uma das formas de energia.

As constantes transformações que ocorrem no universo diminuem o valor de transformação da energia do universo, continuamente degradado como resultado das trocas constantes de energia nas transformações na natureza. Se toda a energia do universo se tornar uniforme um dia, não podendo mais ser trocada, ocorrerá o que Clausius chama de "a morte térmica do universo". Observe que a degradação no valor de transformação de energia corresponde ao aumento de entropia.

Quando lemos os jornais ou vemos os noticiários na televisão, costumamos deparar com expressões como "crises de energia", "degradação da energia" e "consumo de energia", entre outras. Vimos, porém, que, de acordo com a Primeira Lei da Termodinâmica, a energia do universo é constante. Como falar então em "consumo" ou "degradação de energia"? Essas expressões aparecem porque nem todas as formas que a energia assume são igualmente disponíveis para utilização em processos úteis ao homem.

dica Enem

O Estado de S. Paulo/18 de maio de 1996

O Globo

Banco de imagens/Arquivo da editora

Figura 2-58: **Se a energia do universo é constante, por que falamos em consumo de energia?**

Como toda a nossa sociedade está centrada nos interesses humanos – antropocentrismo –, expressamos essa transformação da energia, de formas disponíveis a formas não disponíveis, como uma degradação da energia. As formas disponíveis são, por exemplo, a energia elétrica e a energia química dos combustíveis. A forma não disponível é, basicamente, o calor.

Dessa maneira, a energia de um sistema, ao "ser consumida" ou "degradar-se", perde seu valor de transformação, aquilo que Clausius chamou de "valor de transformação da energia", ou seja, a entropia do sistema está aumentando. Observe que a energia, na verdade, não está sendo consumida ou degradada, apenas está se transformando numa forma em que não é mais disponível para o uso humano. Como vimos, **a propriedade que exprime essa tendência natural à degradação da energia é a entropia**. Os processos espontâneos contribuem para o aumento da entropia do universo, pois a maioria deles ocorre com "degradação" dessa energia para uma forma menos disponível para utilização humana.

Baron (1824-1907) extraiu do trabalho de Clausius um outro conceito que é o de valor de desagregação. Ele não falava em moléculas, mas acreditava que a ação do calor sobre os corpos tendia a aumentar a sua desagregação. Sabemos hoje que essa ação do calor resulta no aumento do estado de desagregação das moléculas ou partículas dos corpos. Essa desagregação também pode ser relacionada à ideia de desordem, que abordamos anteriormente. A entropia de um sólido – que é mais agregado e mais organizado do que o líquido e o gás do mesmo material – é menor do que a entropia do líquido, que por sua vez é menor do que a entropia do gás.

Ambos, "valor de transformação" e "valor de desagregação", representam uma propriedade simples, uma qualidade ou um "conteúdo" do sistema. Clausius procurou um nome para esse conceito, de forma que pudesse ser facilmente reconhecido e manuseado, e escolheu a palavra "entropia", derivada do grego e que significa transformação.

Assim, a **entropia** pode ser definida como a medida do valor (ou conteúdo) de transformação ou valor de desagregação de um sistema, representando a sua capacidade, ou a falta dela, para se transformar. Nas palavras de Clausius, "a energia do universo tem a capacidade de fluir como um resultado da sua distribuição não homogênea, e entropia é a medida dessa capacidade".

Energia livre

Uma última função termodinâmica que merece ser mencionada no nosso estudo de termoquímica é a **energia livre**, também bastante útil para prever se um processo é espontâneo ou não. A energia livre (G) é dada pela expressão:

$$G = H - TS$$

em que H é a entalpia, T é a temperatura absoluta (na escala Kelvin, em que 0 °C equivale a 273 K) e S é a entropia.

Para um processo que ocorre **à temperatura constante**, a variação de energia livre, ΔG, é fornecida pela expressão:

$$\Delta G = \Delta H - T\Delta S$$

Assim, a energia livre pode ser usada para prever se um processo que ocorre à temperatura e pressão constantes é espontâneo ou não. A conveniência dessa última função é que ela permite a definição da espontaneidade a partir da variação de entalpia e da variação de entropia do sistema, propriedades que já estudamos. O exame dos sinais na expressão de variação de energia livre permite prever os casos em que os processos serão espontâneos ou não. Quando a variação da energia livre é negativa ($\Delta G < 0$), pode-se afirmar que o processo ocorre espontaneamente. Essa previsão está resumida no quadro 2-5.

A ideia de que os processos que ocorrem com diminuição de energia livre são espontâneos e a associação da energia livre com a entalpia e a entropia do sistema nos ajudam a entender um pouco melhor o significado dessa função termodinâmica.

O exame dos sinais na expressão de variação de energia livre $\Delta G = \Delta H - T\Delta S$ mostra que a variação de energia livre é negativa (o que indica um processo espontâneo), independentemente de qualquer outra consideração, quando o processo for ao mesmo tempo exotérmico, isto é, quando $\Delta H < 0$, e corresponder ao aumento de entropia do sistema, isto é, $\Delta S > 0$.

Caso	Resultado	Exemplo de processo
ΔH negativo, ΔS positivo ($\Delta H < 0$, $\Delta S > 0$)	processo espontâneo em qualquer temperatura	dissolução (exotérmica) de uma substância
ΔH negativo, ΔS negativo ($\Delta H < 0$, $\Delta S < 0$)	processo espontâneo a baixas temperaturas, em que o fato de o processo ser exotérmico é dominante	maioria das mudanças de estado líquido-sólido
ΔH positivo, ΔS positivo ($\Delta H > 0$, $\Delta S > 0$)	processo espontâneo a altas temperaturas, em que o fato de o processo ser endotérmico é relativamente pouco importante	maioria das mudanças de estado líquido-gás
ΔH positivo, ΔS negativo ($\Delta H > 0$, $\Delta S < 0$)	processo não espontâneo em qualquer temperatura (o processo inverso é espontâneo em todas as temperaturas)	precipitação do soluto em uma solução não saturada

Quadro 2-5: **Exame dos sinais na expressão de variação de energia livre.**

Sabemos que, à pressão constante, a variação de entalpia (ΔH) é equivalente ao calor fornecido para o sistema e cedido por ele. Num processo exotérmico, que corresponde a uma variação negativa da entalpia ($\Delta H < 0$), o sistema estará fornecendo calor para a vizinhança e, na maioria das vezes, haverá uma diminuição no valor da energia interna do sistema. Entretanto, já mostramos que, aproximadamente, o aumento da entropia corresponde a um aumento da desordem do sistema.

Portanto, poderíamos concluir que a variação de energia livre expressa uma característica dos processos naturais, de serem espontâneos quando ocorre uma diminuição de energia interna e o aumento da "desordem". Poderíamos generalizar essas tendências dizendo que, no universo, os sistemas tendem à mínima energia interna e à máxima entropia ("desordem"). Nas condições termodinâmicas do nosso planeta, essas tendências são contraditórias e opostas, pois a diminuição de energia interna quase sempre coincide com a diminuição da desordem, e vice-versa, ou seja, o aumento da desordem ocorre concomitantemente com o aumento da energia interna.

Ao analisarmos a definição da variação da energia livre (ΔG), podemos verificar que, em condições de temperatura muito elevada, há uma predominância do termo $-T\Delta S$ na expressão $\Delta G = \Delta H - T\Delta S$ e, nessas condições, são espontâneos os processos que acontecem com o aumento da desordem no sistema. Em condições de temperaturas muito baixas, próximas do zero absoluto, o termo $-T\Delta S$ tende ao valor zero e prevalece, portanto, a condição de diminuição de energia interna para que o processo seja espontâneo.

EXERCÍCIOS

E19. Existem certas regras básicas para prever a variação de entropia: $S_{sólido} < S_{líquido} < S_{gás}$ e $S_{solução} > S_{soluto\ +\ solventes\ separados}$ quando duas substâncias são solúveis. Além disso, combustões são reações exotérmicas e mudanças de estado sólido-líquido e líquido-gás são endotérmicas (portanto, as mudanças inversas são exotérmicas).

Considerando essas regras, faça a previsão de qual será o sinal de ΔH e ΔS para os processos listados a seguir e conclua sobre a espontaneidade ou não do processo na temperatura relacionada. Considere todos os processos listados à temperatura e à pressão ambientes. Explique sua resposta.

a) combustão do etanol: $C_2H_5OH\ (l) + 3\ O_2\ (g) \rightarrow \rightarrow 2\ CO_2\ (g) + 3\ H_2O\ (g)$;

b) dissolução do sal de cozinha em água;

c) fusão do gelo;

d) vaporização da água;

e) formação de ferrugem: $2\ Fe\ (s) + 3/2\ O_2\ (g) + n\,H_2O\ (l) \rightarrow \rightarrow Fe_2O_3 \cdot n\,H_2O\ (s)$;

f) liquefação do oxigênio do ar;

g) precipitação do iodeto de chumbo a partir de nitrato de chumbo e iodeto de potássio:
$Pb(NO_3)_2\ (aq) + 2\ KI\ (aq) \rightarrow PbI_2\ (s) + 2\ KNO_3\ (aq)$;

h) reação entre um comprimido antiácido efervescente e água, produzindo uma solução e CO_2 gasoso.

E20. Em que condições os processos não espontâneos encontrados na questão anterior poderiam ser espontâneos?

TEXTO 10

O fato de um processo ser espontâneo significa que ele realmente ocorre?

Essa pergunta é importante para finalizarmos nosso estudo de termoquímica e percebermos que ainda não temos o quadro completo para prever a ocorrência de reações. Uma reação pode ser espontânea e, ainda assim, não ocorrer. Isso está relacionado com uma outra área da Química importante para o estudo das reações: a cinética química, que estuda os caminhos pelos quais os processos químicos se processam e pode determinar se processos espontâneos ocorrem rápida ou lentamente.

Há várias reações que são espontâneas e, no entanto, não ocorrem a não ser que haja um "empurrão inicial". As reações de combustão são um exemplo evidente. Se você respondeu corretamente ao item a do exercício E19, terá concluído que a queima do álcool é um processo espontâneo. No entanto, temos álcool na nossa cozinha, nos postos de gasolina, nos automóveis; ele está em contato com o oxigênio do ar e a reação não ocorre. Isso pode, em parte, ser explicado pelo diagrama **energia × progresso da reação** (figura 2-60). A barreira inicial de energia que é preciso vencer para que o processo ocorra é muito alta, de modo que só o "empurrão inicial" de uma faísca ou de uma chama permite o começo da reação de combustão.

Tenha cuidado!

Cuidado ao lidar com álcool, principalmente perto do fogo.

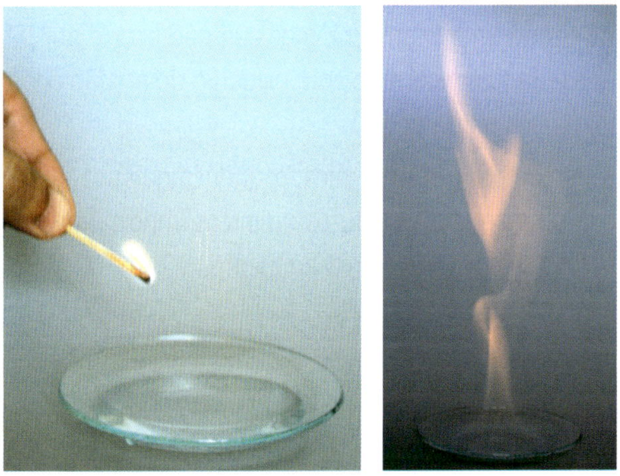

Figura 2-59: **Superação da barreira de energia para que ocorra a combustão do álcool.**

Outras reações são espontâneas, mas muito lentas. A reação entre monóxido de carbono (CO) e monóxido de nitrogênio (NO), dois produtos muito tóxicos da combustão da gasolina, para produzir nitrogênio (N_2) e dióxido de carbono (CO_2), inofensivos, é espontânea, mas muito lenta. Para que ela ocorra a taxas significativas, é necessário o uso de conversores catalíticos nos automóveis.

Uma conclusão importante dessas considerações é que a energia das reações químicas e das mudanças de estado físico é estudada pela termoquímica e o progresso da reação é estudado pela cinética química. Enquanto a termoquímica nos auxilia a entender os dois extremos do diagrama, em que são apresentados os estados iniciais e finais dos processos, reagentes e produtos, a cinética nos ajuda a entender a parte do meio do diagrama, indicada pela barreira de energia. Só de posse dessas duas ferramentas podemos prever a ocorrência de transformações químicas e mudanças de estado físico. Esperamos que o estudo deste capítulo tenha permitido a você compreender como funciona e como se usa uma dessas ferramentas.

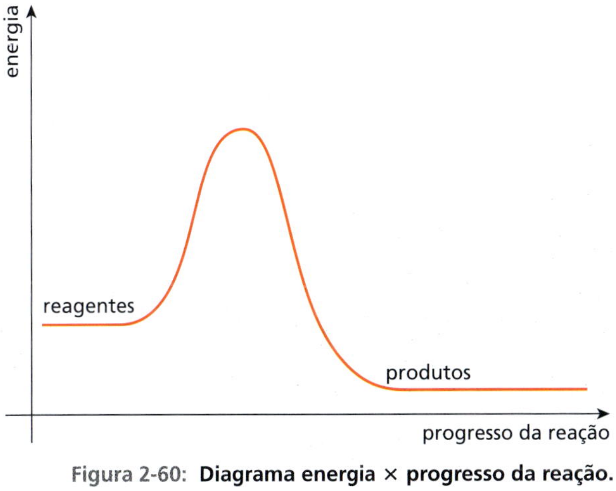

Figura 2-60: **Diagrama energia × progresso da reação.**

CAPÍTULO 3

Cinética química: controlando a velocidade das reações químicas

Neste capítulo estudaremos uma área da Química que tem tido um grande progresso nos últimos anos: a **cinética química**. Ela envolve o estudo da velocidade das reações químicas e das formas que podemos utilizar para aumentar ou diminuir essa velocidade. Para o conhecimento das transformações químicas, a velocidade com que uma reação se processa é um fator fundamental. Também é fundamental conhecermos as barreiras que impedem que uma reação espontânea ocorra. Afinal, há situações em que uma reação é favorecida termodinamicamente, mas que não ocorre por falta de um "empurrão". Por exemplo, a gasolina que fica armazenada em contato com oxigênio do ar: não ocorre reação de combustão espontaneamente: é necessária uma faísca para iniciá-la.

Assim como a termoquímica, a cinética química é essencial para lidar com as transformações químicas e produzir uma série de produtos químicos importantes para a vida, em grandes quantidades e de maneira limpa, menos prejudicial ao meio ambiente.

Rogério Reis/Tyba

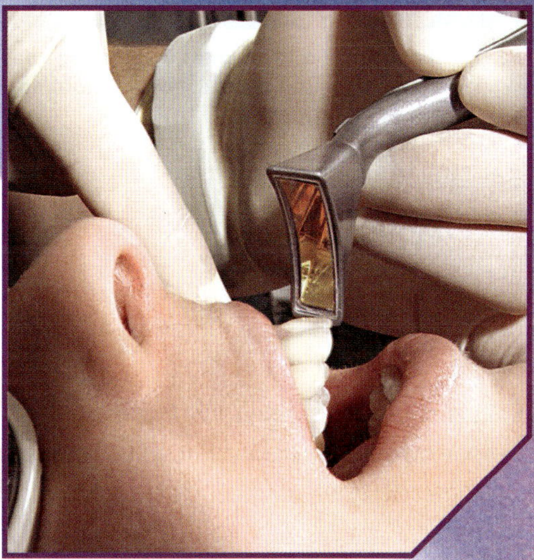

Radiation Protection Division/Health Protection Agency/SPL/Latinstock

Figura 3-1: **Reações químicas rápidas fazem parte do mundo em que vivemos.**

Roger Ressmeyer/Corbis/Latinstock

TEXTO 1

Velocidade de uma reação química: por que é importante conhecê-la e controlá-la?

David Roseburg/Corbis/Latinstock

Figura 3-2: **É importante controlarmos a velocidade das reações químicas indesejáveis, como a formação de ferrugem.**

Em nosso cotidiano convivemos com uma série de reações químicas que ocorrem com velocidades bastante diferentes. As imagens dos aviões chocando-se com as torres gêmeas do *World Trade Center*, em Nova Iorque, que foram transmitidas para o mundo inteiro no famoso atentado de 11 de setembro de 2001, mostram que as combustões, em geral, são extremamente rápidas. No entanto, no interior do cilindro dos motores à combustão, usados nos automóveis, essa mesma reação ocorre a uma velocidade controlada, com a queima de quantidades adequadas de combustível.

O controle da velocidade de reação é uma ferramenta de trabalho importante para o químico. Em alguns casos, como na produção de materiais de interesse comercial, é importante aumentar a velocidade de reação, para otimizar a produção. Já no caso de reações indesejáveis, como a formação de ferrugem, interessa diminuir o máximo possível a velocidade de reação. A área da Química que estuda a velocidade das reações químicas e as formas de controlá-las, seja acelerando-as ou retardando-as, é chamada de **cinética química**.

A velocidade das reações químicas pode ser medida experimentalmente de várias maneiras: pela variação da concentração, no caso de reagentes em soluções líquidas ou sólidas; pela variação da pressão, no caso de reagentes gasosos; pela variação da cor do sistema, no caso de um reagente colorido etc.

Velocidade

Na verdade, o termo "velocidade" não é o melhor para designar a grandeza relacionada ao tempo que uma reação química leva para se completar. Na Física, velocidade é uma grandeza vetorial, o que significa que, além de módulo, tem também direção e sentido. A grandeza química, ao contrário, é apenas escalar, não tendo direção ou sentido. Em inglês, usa-se a palavra *speed* para a grandeza física e *rate* para a grandeza química. Em português, tem-se preferido usar o termo "rapidez". No entanto, como o uso consagrou a expressão "velocidade de reação química", optamos por continuar a usá-la, já que, além disso, o termo "rapidez" pode induzir à ideia de que todas as reações são rápidas, o que não é verdade.

Questão

Q1. Indique, entre as reações a seguir, quais interessam ser aceleradas e quais interessam ser retardadas. Discuta com seus colegas maneiras de efetuar essa alteração da velocidade:

a) queima da madeira para obter energia;

b) corrosão provocada pela maresia;

c) apodrecimento de frutas;

d) amadurecimento de bananas muito verdes para venda.

TEXTO 2

A velocidade das reações químicas no nosso dia a dia

Muitas vezes é interessante interferir na velocidade das reações químicas, seja para retardá-las – como no apodrecimento de frutas –, seja para acelerá-las – por exemplo, para a obtenção mais rápida de produtos industriais.

Neste texto abordaremos algumas dessas reações químicas para que você tenha uma ideia de como a velocidade é um fator importante nesse processo, podendo ser controlada.

dica Enem

Reações rápidas: a química de um *airbag* e a explosão do TNT

Em março de 2009 foi sancionada a lei que torna o *airbag* equipamento obrigatório em todos os automóveis de passeio e utilitários no Brasil. A partir de 2014, todos os carros produzidos no país deverão sair da fábrica com *airbag* duplo. Isto significa que os carros terão obrigatoriamente *airbags* tanto para o motorista, quanto para o passageiro. Os demais tipos de *airbag* – por exemplo, os laterais – continuarão sendo opcionais. Para se ter uma ideia do quanto estamos atrasados, em 1998 os Estados Unidos já adotavam a obrigatoriedade do *airbag* duplo.

Em 2009, o valor médio desse equipamento era bastante elevado, acima de 2 mil reais. No entanto, a expectativa é de que sua demanda em grande escala faça com que esse valor caia bastante.

Mas como funciona um *airbag*?

O *airbag* é um dispositivo constituído por uma bolsa inflável de poliamida que é acionada quando o carro bate. Ele foi projetado para absorver o choque de uma colisão em acidentes automobilísticos, diminuindo o impacto que uma forte desaceleração pode provocar na coluna vertebral, na cabeça ou no dorso do motorista e do passageiro, por causa da tendência do corpo de continuar o movimento para a frente quando o veículo é desacelerado.

A localização dos *airbags* no carro é projetada levando-se em conta os possíveis movimentos do corpo quando o carro colide. No caso do motorista, existe a possibilidade de o corpo chocar-se violentamente contra o volante do carro e, por isso, nesse caso, os *airbags* estão no centro do volante. Já no lado do passageiro, eles situam-se no painel do carro, acima do porta-luvas.

Para que um *airbag* cumpra sua função, é vital que ele infle em apenas 4 centésimos de segundo após a ocorrência do choque. Além disso, a pressão da bolsa inflada deve começar a baixar imediatamente após o impacto, pois caso contrário se tornará algo duro, o que pode agravar os ferimentos.

Os sensores de choque e a velocidade da reação química que produz os gases que inflam os *airbags* são dois itens fundamentais para garantir o seu bom funcionamento. Os sensores de choque, normalmente localizados na frente do carro, são ligados a um microprocessador que analisa os padrões de velocidade, de aceleração, dos choques e das freadas e compara-os com padrões relacionados a acidentes. Quando acontece a colisão, o microprocessador avalia a gravidade do choque e, conforme o caso, dispara a reação química.

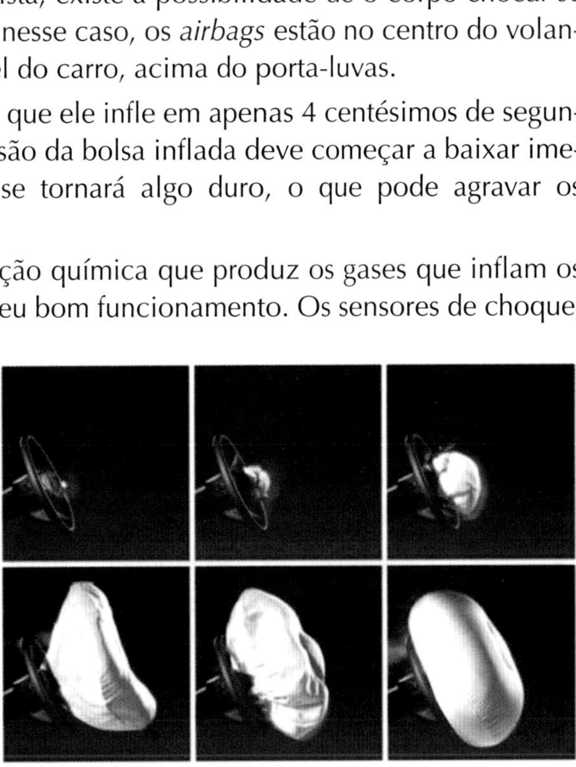

Divulgação

Figura 3-3: A sequência de figuras mostra o acionamento de um *airbag*.

A reação química é produzida num dispositivo ligado à bolsa de poliamida. Neste dispositivo há uma mistura de azida de sódio (NaN_3), nitrato de potássio (KNO_3) e dióxido de silício (SiO_2). Quando o microprocessador detecta o choque, ele provoca uma faísca elétrica que aumenta a temperatura até 300 °C e faz com que a azida de sódio produza sódio metálico, Na (s), e nitrogênio gasoso, N_2 (g), na quantidade necessária para inflar a bolsa (equação 1).

O sódio metálico (Na) é muito reativo: reage com o nitrato de potássio (KNO_3), produzindo óxido de potássio (K_2O), óxido de sódio (Na_2O) e mais nitrogênio gasoso (N_2) (equação 2). Por sua vez, o óxido de potássio (K_2O) e o óxido de sódio (Na_2O) reagem com o dióxido de silício (SiO_2), produzindo um silicato alcalino, que é um produto estável e seguro (equação 3).

Essas três reações químicas podem ser assim representadas:

$$NaN_3\,(s) \xrightarrow{300\,°C} Na\,(s) + 3/2\,N_2\,(g) \qquad \text{(equação 1)}$$

$$10\,Na\,(s) + 2\,KNO_3\,(s) \rightarrow K_2O\,(s) + 5\,Na_2O\,(s) + N_2\,(g) \qquad \text{(equação 2)}$$

$$K_2O\,(s) + Na_2O\,(s) + SiO_2\,(s) \rightarrow \text{silicato alcalino} \qquad \text{(equação 3)}$$

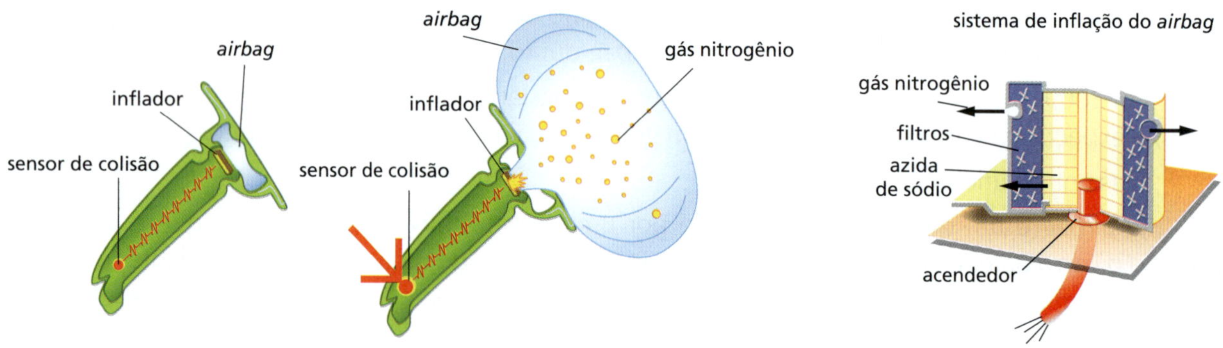

Figura 3-4: **Esquema do funcionamento de um *airbag*.**

A azida de sódio (NaN_3), porém, é altamente tóxica e isso gera um problema adicional: como a maior parte dos *airbags* não são acionados durante a vida útil de um carro, 150 g de NaN_3 – o conteúdo previsto para cada veículo equipado com dois *airbags* – podem ter um destino incerto quando o carro for para o ferro-velho. Como a partir de 2014 os carros novos brasileiros terão obrigatoriamente esse equipamento, há que se prever a reciclagem dos *airbags* para minimizar esse problema.

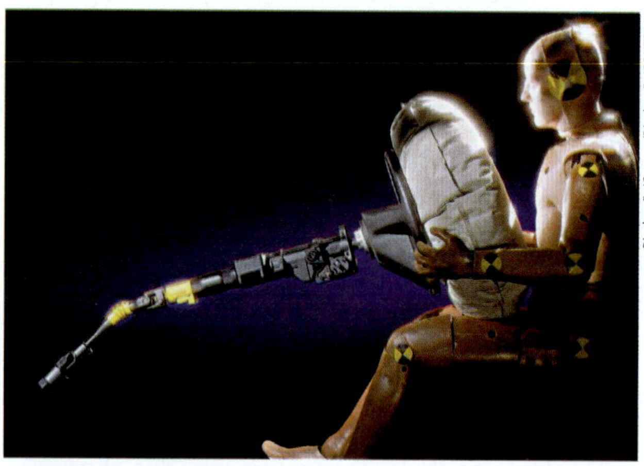

Divulgação/Contran/Divulgação/CONTRAN

Figura 3-5: **Os dispositivos de um *airbag*.**

A reação de formação de nitrogênio a partir de NaN_3 é um tipo de reação de explosão bastante controlada que ocorre com a formação de um número pequeno de moléculas no estado gasoso.

Em outras reações que são propriamente de explosão, a quantidade de gases formada é muito superior e a explosão torna-se, com isso, violenta. O trinitrotolueno (TNT), por exemplo, é um dos explosivos derivados do tolueno, o nome comum do metilbenzeno. Ele é obtido a partir de uma reação na qual se adiciona três grupos NO_2 ao tolueno. A figura ao lado representa a estrutura para a molécula de TNT.

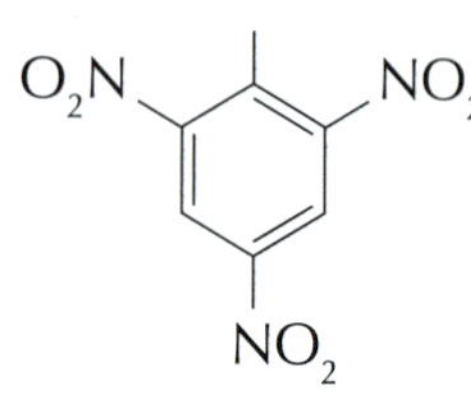

Figura 3-6: **Representação para a estrutura da molécula de TNT.**

O produto formado é bastante estável, insensível a fricção, agitação ou impacto e ainda de fácil armazenamento, o que facilita seu uso, ao contrário da nitroglicerina, por exemplo.

O poder explosivo do TNT deriva do fato de que sua reação de explosão – veja a seguir – produz grandes quantidades de moléculas gasosas. Uma molécula de TNT produz 10 moléculas de gases, segundo a equação:

$$C_6H_2CH_3\,(NO_2)_3\,(s) \rightarrow 6\,CO\,(g) + 5/2\,H_2\,(g) + 3/2N_2\,(g) + C(s)$$

A grande e rápida expansão de volume causada por essa reação desencadeia a explosão.

Reação lenta: a formação de ferrugem

A formação de ferrugem é uma reação química na maioria das vezes indesejável. E mesmo que ocorra lentamente, quando a intenção é a manutenção de peças metálicas, o ideal é retardá-la ainda mais ou impedir sua ocorrência.

No entanto, há casos em que a ferrugem é usada propositalmente, como em trabalhos artísticos, peças decorativas ou projetos arquitetônicos. A figura ao lado mostra um edifício em Londres, na Inglaterra, cuja fachada é toda de ferro enferrujado, com o objetivo de dar uma cor castanho-clara característica da ferrugem.

A ferrugem é resultado de uma reação do ferro com oxigênio que ocorre na presença de água. Ela pode ser representada pela seguinte equação:

$$2\,Fe\,(s) + 3/2\,O_2\,(g) + nH_2O(l) \rightarrow Fe_2O_3 \cdot nH_2O\,(s)$$

Figura 3-7: **Prédio em Londres (Inglaterra) cuja fachada é enferrujada propositalmente.**

Para evitá-la, o modo mais simples é não deixar os reagentes em contato. Como é praticamente impossível impedir o contato do oxigênio do ar ou da água das chuvas com as grades de ferro, por exemplo, a melhor solução acaba sendo pintá-las, para que a estrutura de ferro não tenha contato com o oxigênio e a água. As tintas ainda são, portanto, a melhor solução contra a ferrugem para o caso de grades e portões de ferro. Uma outra solução é o chamado **eletrodo de sacrifício**, usado para preservar peças de ferro ou de outros metais que estão em contato constante com a água do mar. Nesse caso, usa-se um material que se oxida mais facilmente do que o ferro e que, dessa forma, vai se oxidar no lugar dele. Trabalharemos esse assunto no capítulo 5 desta parte.

Reações que interessam ser retardadas: escurecimento de frutas

Um dos problemas para a indústria de alimentos é a reação de escurecimento em frutas, responsável por cerca de 50% da perda de frutas tropicais no mundo. Esse escurecimento é provocado por uma reação química iniciada pela presença de uma enzima chamada **polifenol oxidase** (**PFO**) e oxigênio molecular, o que leva à formação de uma substância orgânica denominada **quinona**. A reação química é conhecida como escurecimento enzimático e é uma reação oxidativa, pois ocorre na presença de oxigênio. Retardar essa degradação é importante para evitar o aparecimento de sabor desagradável e também pela toxidez do produto formado. Trata-se, portanto, de uma questão de economia para a indústria alimentícia.

Para que essa reação de escurecimento enzimático ocorra, é preciso que estejam presentes a enzima, o substrato e o oxigênio. A velocidade de reação diminui se uma dessas substâncias não estiver presente.

Substâncias ácidas podem ser utilizadas, pois causam a diminuição do pH dos tecidos vegetais, provocando uma diminuição da velocidade da reação de escurecimento. Isso ocorre porque as enzimas possuem o que chamamos de **pH ótimo de atuação**. Ou seja, nesse pH a enzima atuará na reação química de uma forma bem eficiente. Em outros valores de pH, mais ácidos ou mais básicos, a atuação da enzima será menor e, assim, a velocidade da reação química será menor. O pH ótimo de atuação da PFO está entre 6 e 7, e abaixo de 3 não há nenhuma atividade enzimática. Em geral os ácidos utilizados para a prevenção do escurecimento são o ácido ascórbico – também conhecido como vitamina C – e o ácido cítrico. Essas substâncias funcionam como **inibidores** dessa reação química, pois **diminuem a velocidade com que ela ocorre**.

Sérgio Dotta Jr/Arquivo da editora

Figura 3-8: **As frutas escurecem com o tempo em virtude da reação iniciada pela enzima PFO.**

Reações que interessam ser aceleradas: a obtenção industrial de produtos químicos

Aumentar a velocidade das reações em escala industrial de um grande número de produtos químicos é uma das aplicações básicas da Química, pois a indústria é uma atividade econômica em que o tempo é um dos componentes essenciais. Em geral, mais de 80% dos produtos químicos são obtidos utilizando-se catalisadores, alguns dos quais são componentes bastante caros do processo industrial. A palavra **catalisador** se tornou de uso geral e tem, nesse caso, o sentido de facilitador de um processo, o que nos dá uma boa ideia do seu sentido químico: é uma substância que atua nas reações químicas proporcionando um aumento na sua velocidade. No texto 4 definiremos mais precisamente os catalisadores.

A importância dos catalisadores tem se tornado ainda maior com o advento da **Química verde** ou **Química sustentável**, que é definida como aquela resultante do processo de criação, desenvolvimento e aplicação de processos e produtos químicos para reduzir ou eliminar o uso e a geração de substâncias tóxicas. A preocupação com a qualidade de vida e com o meio ambiente fez com que fossem estabelecidos 12 princípios da Química verde, entre os quais destacamos: a prevenção, o uso do mínimo de substâncias possível – a economia de átomos –, a síntese com compostos de menor toxicidade, o desenvolvimento de compostos seguros, a diminuição de solventes e outras substâncias auxiliares, a eficiência energética, o uso de substâncias recicladas e a catálise, a área da Química responsável pelo uso de catalisadores para aumentar a velocidade e o rendimento das reações químicas.

A redução na emissão de substâncias tóxicas tem na catálise uma forte aliada, pois os catalisadores podem ser utilizados para facilitar a separação dos produtos finais da mistura reagente. Uma das áreas de pesquisa de grande destaque nos últimos anos é a preparação de catalisadores sólidos para a remoção de contaminantes dispersos em efluentes líquidos. Também têm sido pesquisados catalisadores que impedem a formação de subprodutos indesejáveis durante as reações químicas utilizadas em escala industrial.

A biocatálise é outra área de desenvolvimento muito promissora. As atividades microbianas têm sido usadas para catalisar várias sínteses de produtos químicos que utilizavam rotas clássicas de síntese. A utilização da biocatálise diminui sensivelmente os impactos ambientais gerados por essas rotas clássicas. Como exemplo, podemos listar a produção da vitamina B_3 pela conversão da 3-cianopiridina, catalisada pela bactéria *Rhodococcus rhodochrous,* segundo a equação ao lado:

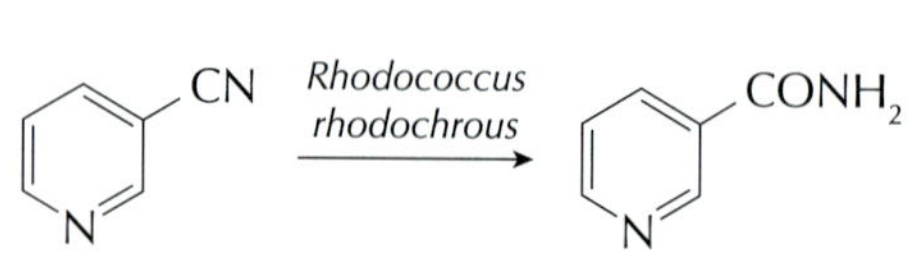

Questões

Q2. Que características deve ter uma reação química para ser usada nos *airbags*?

Q3. Por que é necessário preocupar-se com a reciclagem de *airbags*?

Q4. Procure se informar sobre a fórmula da nitroglicerina e proponha uma reação de explosão para essa substância, levando em consideração a reação de explosão do TNT dada no texto.

Q5. Quando você pinta um portão de ferro para evitar a ferrugem, que tipo de ação você está executando sobre os produtos da reação que a provocariam?

Q6. Que outra alternativa, além da redução de pH, poderia ser usada para diminuir a velocidade de escurecimento de frutas?

Q7. Por que os catalisadores que estão sendo pesquisados para tratar efluentes líquidos com contaminantes dispersos têm que ser sólidos, e não líquidos?

TEXTO 3

Um modelo para compreender a velocidade das transformações químicas

Para compreendermos a velocidade das transformações químicas, é preciso retomar e aprofundar alguns aspectos teóricos.

Já discutimos no capítulo 5 da parte 1 o modelo cinético-molecular e, a partir dele, explicamos vários fenômenos. Consideramos que os materiais são constituídos por partículas e espaços vazios, que as partículas possuem movimento e que a esse movimento associamos uma energia: a energia cinética. Quanto maior o movimento, maior a energia cinética das partículas.

Um outro aspecto importante que discutimos naquele capítulo diz respeito à interpretação macroscópica do movimento das partículas. Consideramos que a temperatura de um material é proporcional ao movimento de suas partículas e, nesse sentido, o aumento de temperatura provoca um aumento na agitação das partículas e, portanto, na sua energia cinética.

Naquele momento não fizemos nenhuma consideração sobre como essa energia cinética estaria distribuída entre as partículas e que relações poderíamos estabelecer entre ela e a velocidade de uma transformação química.

Vamos iniciar nosso aprofundamento teórico discutindo um pouco mais sobre a distribuição da energia cinética entre as partículas que constituem um material.

Questões

Dois tufos de algodão umedecidos com soluções aquosas de ácido clorídrico (HCl (aq)) e hidróxido de amônio (NH_4OH (aq)) foram colocados nos extremos opostos de um tubo de vidro fechado de 51 cm de comprimento, como mostra a figura a seguir:

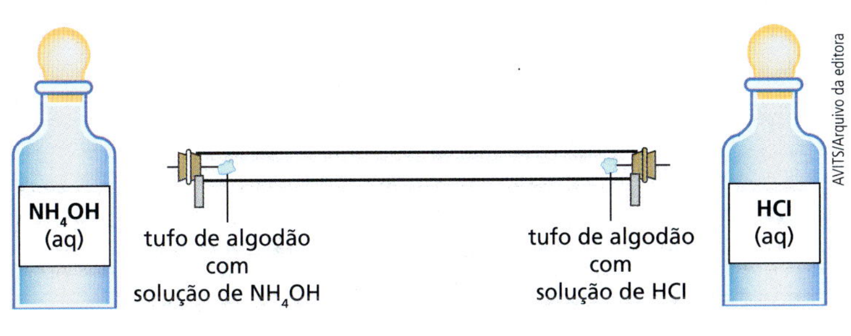

Figura 3-9: No tubo de vidro são colocados dois tufos de algodão embebidos em soluções aquosas de ácido clorídrico (HCl (aq)) e hidróxido de amônio (NH_4OH (aq)).

Após cerca de 30 min observou-se a formação de um anel constituído por uma substância sólida branca finamente dispersa no ar, formando uma fumaça branca dentro do tubo, como representado a seguir:

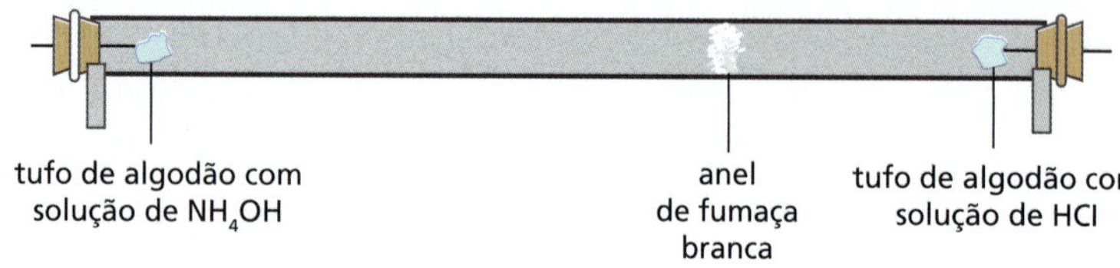

AVITS/Arquivo da editora

Figura 3-10: No tubo de vidro ocorre a formação de um anel de substância sólida finamente dispersa no ar, uma fumaça branca.

O anel foi formado a 30,6 cm do ponto no qual o NH_3 (g) foi colocado e a 20,4 cm do local onde o ácido clorídrico (HCl (g)) foi colocado.

Com base nesses dados, faça as questões a seguir:

Q8. Escreva a equação que representa a reação de formação da substância sólida que constitui o anel.

Q9. Cite dois materiais que tenham em sua constituição essa substância sólida formada.

Q10. Calcule a massa molar para HCl e NH_3.

Q11. Considerando o experimento descrito, o que você pode concluir sobre a velocidade das partículas de NH_3 (g) em comparação com a velocidade das partículas de HCl (g)?

Q12. A que você atribui essa diferença de velocidade?

A distribuição da energia cinética entre as partículas

Nas questões que foram respondidas anteriormente vimos que o cloreto de amônio (NH_4Cl (s)), formado pela reação entre a amônia NH_3 (g) e o ácido clorídrico (HCl (g)), era a substância branca que constituía o anel de fumaça branca formado. Como os dois reagentes utilizados são voláteis, os gases saem do algodão e tendem a ocupar todo o espaço dentro do tubo. Ao se encontrarem, ocorre a reação representada pela equação:

$$NH_3\ (g) + HCl\ (g) \rightarrow NH_4Cl\ (s)$$

Como foi visto, o anel branco não foi formado no centro do tubo. Ele formou-se mais próximo da região na qual estava o HCl (g) que da região onde estava o NH_3 (g). Isso nos levou a concluir que a velocidade de deslocamento das partículas de NH_3 (g) era maior do que a velocidade de deslocamento das partículas de HCl (g). Isso se relaciona diretamente à massa dessas moléculas, pois sendo a amônia (NH_3 (g)) mais leve do que o cloreto de hidrogênio (ácido clorídrico, HCl (g)), ela se desloca mais rapidamente do que este.

A velocidade das partículas foi objeto de estudo para Maxwell (1831-1879) em 1859 e mais tarde para Boltzmann (1844-1906). Esses dois cientistas, de forma independente, propuseram que as velocidades das partículas em qualquer gás deveriam variar consideravelmente, pois ocorreriam colisões entre elas. Essas colisões envolveriam a transferência de energia e isso faria com que a distribuição de energia entre as partículas de um gás não fosse homogênea e pudesse ser representada como no gráfico ao lado:

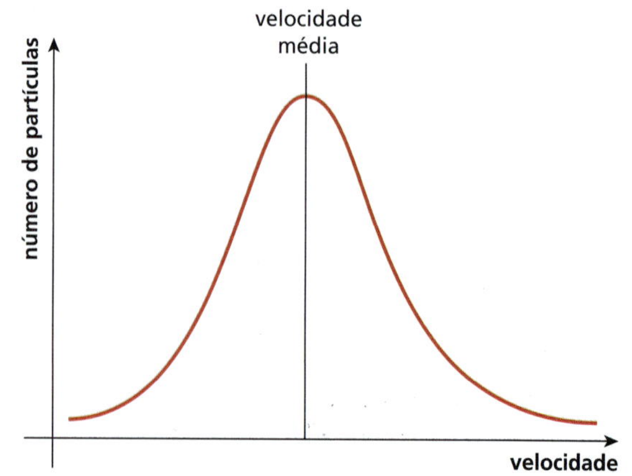

Figura 3-11: Gráfico do número de partículas em função da velocidade das partículas.

Neste gráfico podemos observar que apenas uma pequena fração das partículas possui velocidade baixa ou velocidade alta. A maior parte das partículas possui velocidades em torno de uma média.

Essa proposta para a distribuição das velocidades das partículas foi feita antes da realização de experimentos que pudessem oferecer evidências que sustentassem as afirmações dos dois cientistas.

Vários cientistas desenvolveram experimentos que buscavam evidências para os dados obtidos por Maxwell e Boltzmann. Muitos deles conseguiram obter resultados bem próximos aos propostos, mas foi um trabalho realizado por I. F. Zartmann, e publicado em 1931 em *Physical Review*, um periódico da área de Física, que possibilitou um estudo mais detalhado e rigoroso sobre as velocidades possíveis para diferentes moléculas.

Zartmann utilizou um aparelho que pode ser descrito, de forma geral, como sendo constituído por dois discos, colocados em um tubo de vidro com vácuo. Esse tubo de vidro também continha um pequeno recipiente no qual poderiam ser colocadas substâncias para o estudo. No caso do estudo realizado por Zartmann, em 1931, a substância utilizada foi o bismuto (Bi (g)). O aparelho está representado a seguir:

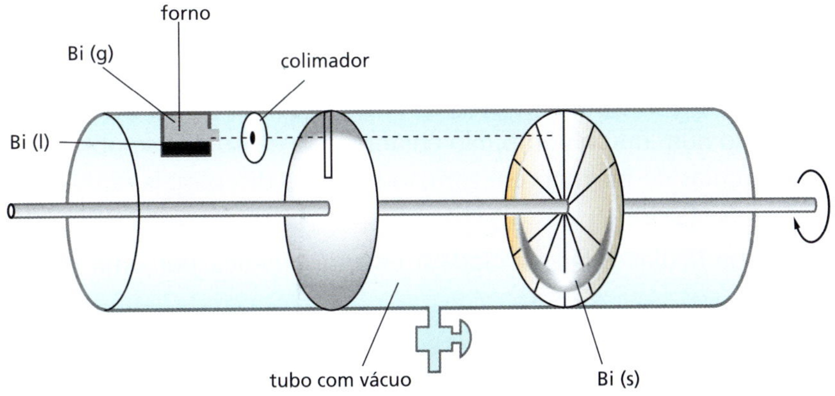

Figura 3-12: Representação esquemática e aproximada para o aparelho utilizado por Zartmann em seu experimento para medida da velocidade média das partículas.

Observe que o aparelho é constituído por um forno, um colimador e dois discos giratórios. O forno é o dispositivo que vai aquecer o bismuto fundido (Bi (l)) e aumentar a quantidade de bismuto gás (Bi (g)) formado dentro dele. O forno possui uma abertura que permite a saída de partículas de Bi (g). Assim que saem do forno, essas partículas passam pelo colimador, cuja função é constituir um feixe de partículas do gás.

O primeiro disco contém uma fenda que também funciona como um colimador de partículas, produzindo um feixe de partículas de Bi (g) a cada vez que a fenda passa na direção da saída do forno. O feixe de partículas de bismuto no estado gasoso passa pela fenda e vai se depositar como Bi (s) no segundo disco.

O segundo disco possui 12 divisões numeradas e funciona como um aparador no qual as partículas de Bi (g) vão se depositar. Esses dois discos – o colimador e o aparador – giram em torno de um eixo comum, em um mesmo sentido e com a mesma velocidade. O resultado dessa experiência está registrado na figura 3-13. É possível medir-se a massa de bismuto depositada em cada uma das 12 frações do disco giratório aparador.

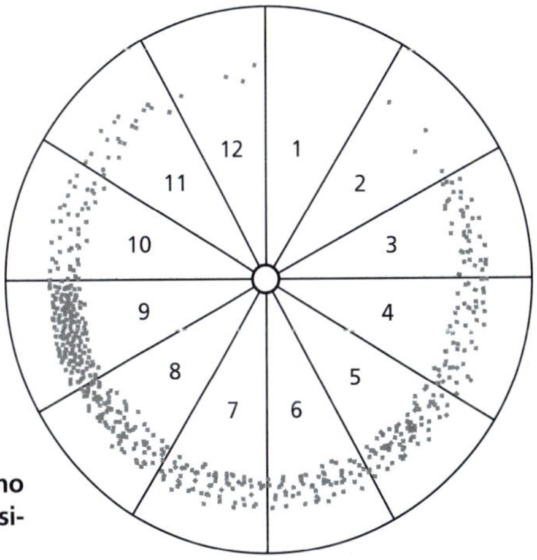

Figura 3-13: Representação para o segundo disco, no qual as partículas de bismuto se depositaram após várias revoluções.

A figura 3-14 mostra a massa de bismuto (Bi (s)) depositada em cada fração do disco (marcadas de 1 a 12 no gráfico).

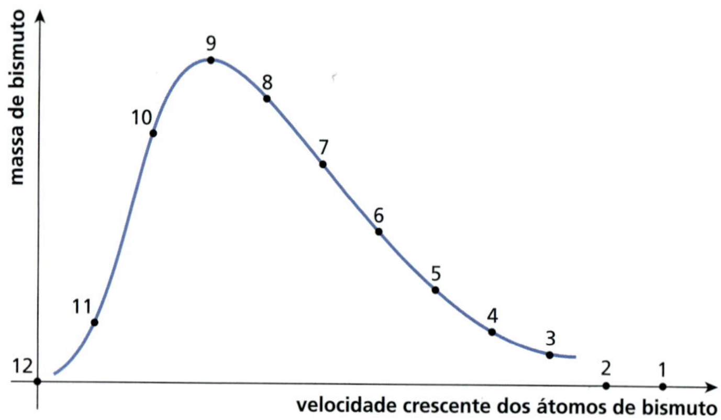

Figura 3-14: **Representação para a distribuição da massa de bismuto (Bi (s)) nas diferentes partes do segundo disco, no qual as partículas de bismuto se depositaram.**

Questões

Q13. Observando o gráfico 3-14, o que você pode concluir em relação à velocidade das partículas de bismuto?

Q14. Se as partículas de bismuto são iguais, como se pode explicar o padrão apresentado pelo gráfico?

Q15. A velocidade é a mesma para todas as partículas? Qual a evidência empírica disso?

Se todas as partículas de bismuto tivessem a mesma velocidade, teríamos, no disco aparador, todo o bismuto depositado num único ponto. No entanto, não é isso que se observa. O que observamos é que algumas partículas de bismuto chegam ao segundo disco mais rápido que outras. Como podemos compreender esse fato?

A velocidade das partículas está associada à energia cinética por uma relação que inclui a massa. Assim temos que:

$$E_c = \frac{1}{2} mv^2$$

em que ***m*** é a massa atômica, e ***v***, a velocidade da partícula. Se a massa das partículas é a mesma, então a velocidade das partículas está associada à sua energia cinética. E se a velocidade das partículas é diferente, então a energia cinética dessas partículas também não é a mesma para todas as partículas.

Como pudemos observar no gráfico da figura 3-11, a maioria dos átomos possui energia cinética em valores intermediários; poucos átomos possuem energia cinética muito alta ou muito baixa.

Variação da energia cinética das partículas em função da temperatura

A velocidade das partículas está associada também à temperatura. Assim um aumento ou diminuição nos valores de temperatura altera a forma das curvas de velocidade, como podemos observar no gráfico a seguir.

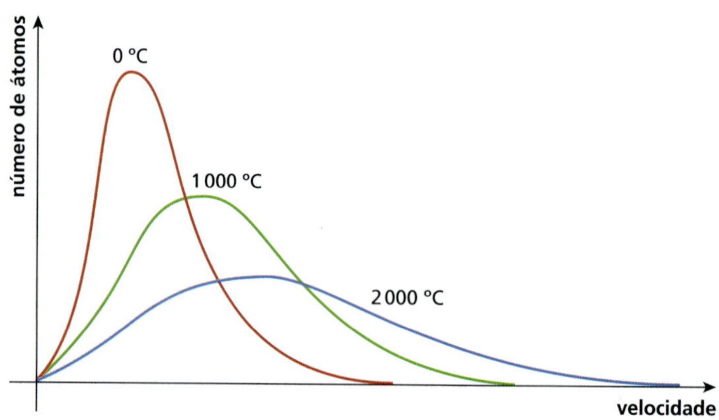

Figura 3-15: **Representação para a distribuição das velocidades dos átomos em temperaturas diferentes.**

Questões

Q16. O que ocorre com a distribuição de velocidade quando a temperatura passa de 1 000 °C para 2 000 °C?

Q17. O que ocorre com a distribuição de velocidade quando a temperatura passa de 1 000 °C para 0 °C?

Q18. Baseado nas informações fornecidas pelo gráfico da figura 3-15, o que você pode dizer sobre a relação entre a distribuição de energia cinética e a variação de temperatura?

A distribuição da energia cinética das partículas é modificada em função da temperatura, como se pode perceber na figura a seguir:

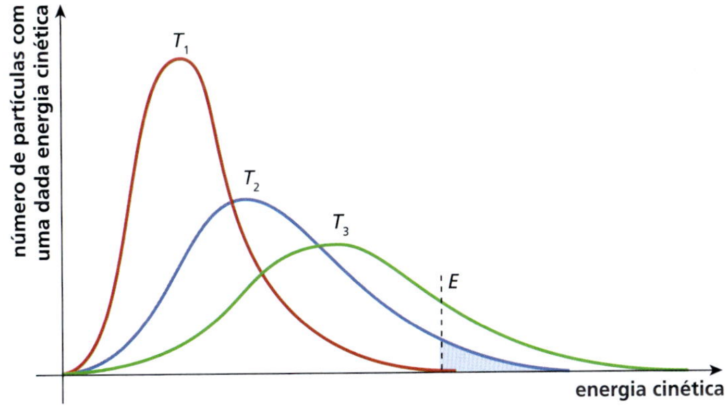

Figura 3-16: **Representação da distribuição da energia cinética das partículas em temperaturas diferentes.**

Nesta figura observamos a distribuição das energias cinéticas para moléculas de oxigênio gasoso (O_2 (g)), em três temperaturas diferentes: T_1 = 100 K, T_2 = 273 K e T_3 = 5 000 K.

Podemos observar que, à medida que a temperatura aumenta, a curva que representa a distribuição de energia cinética é achatada e alargada. Isso significa que, considerando temperaturas mais altas, passam a existir poucas moléculas com baixas energias e aumenta o número de moléculas de oxigênio com energia cinética mais alta.

Como as moléculas de oxigênio estão em movimento, elas têm grande possibilidade de colidirem umas com as outras. Em muitos casos, essas colisões ocorrem sem que nada aconteça ao material. As colisões entre as partículas de reagentes que resultam em transformações químicas são denominadas **colisões efetivas**. Como nem todas as colisões resultam em reação química, temos também as denominadas **colisões não efetivas**. Em todas, no entanto, haverá uma transferência de energia entre as moléculas, e isso é importante em relação à distribuição da energia cinética entre as moléculas.

No gráfico da figura 3-16, representamos pela letra *E* o valor de energia necessário para que ocorram colisões efetivas. Isso quer dizer que colisões entre moléculas que possuam energia maior que *E* têm grande possibilidade de resultarem em transformação química, formando, por exemplo, moléculas de ozônio (O_3 (g)).

Questões

Q19. O que você observa em relação ao número de partículas que possuem energia cinética com valor superior ao valor de energia necessário para que ocorram colisões efetivas (*E*), à medida que a temperatura aumenta?

Q20. Que relação você pode estabelecer entre o aumento da temperatura de um sistema e a velocidade com que uma reação química ocorre?

À medida que a temperatura aumenta, observamos que aumenta o número de partículas que possuem energia cinética com valor superior ao valor de energia necessário para que ocorram colisões efetivas (*E*).

Colisão entre moléculas: orientação adequada

Para que ocorra uma transformação química, não basta apenas que a energia cinética das partículas seja maior que *E*. Além disso, é importante que as colisões ocorram numa orientação adequada. As moléculas possuem tamanho e forma e, assim, os detalhes de suas constituições atômicas e sua reatividade química podem ser muito diferentes.

Moléculas grandes podem ter algumas partes ocupadas por átomos não reativos e outras partes por átomos altamente reativos. Assim, se a colisão entre duas moléculas ocorrer na parte reativa, haverá reação química. Se, no entanto, a colisão ocorrer em uma parte pouco reativa, não ocorrerá formação de uma nova substância.

Mesmo reações mais simples podem apresentar algum impedimento por causa da orientação das colisões entre as partículas de reagentes. Vamos utilizar como exemplo a reação entre o hidrogênio (H_2 (g)) e o iodo (I_2 (g)) gasosos, que formam o iodeto de hidrogênio (HI (g)), também gasoso:

$$H_2 (g) + I_2 (g) \rightarrow 2 HI (g)$$

O mecanismo, ou caminho, desta reação envolve a colisão simples entre uma molécula de hidrogênio e uma molécula de iodo, com a formação simultânea de duas moléculas de iodeto de hidrogênio. Para que essa colisão dê origem a duas moléculas de HI, é preciso que ela ocorra com uma orientação apropriada.

Na figura 3-17 podem-se observar duas representações para a colisão entre as moléculas de H_2 e I_2. Na primeira delas ocorre uma orientação favorável. Na segunda, uma orientação desfavorável. É interessante observar que existem muito mais possibilidades de colisões desfavoráveis do que colisões favoráveis.

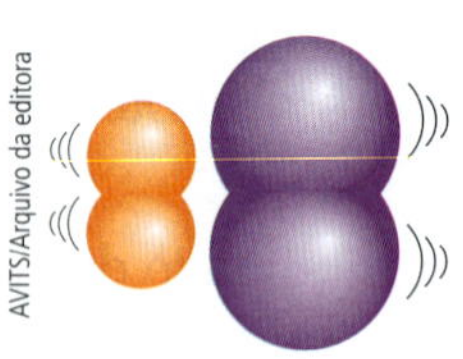

1

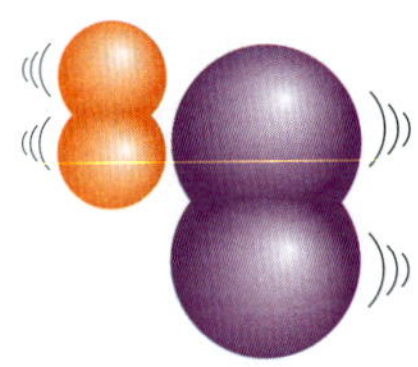

2

Figura 3-17: **Representação para duas possibilidades de colisões entre moléculas de hidrogênio (H_2 (g)) e iodo (I_2 (g)). Na primeira (1), ocorre uma colisão com orientação favorável. Na segunda (2), uma colisão com orientação desfavorável.**

Energia de ativação

Como já vimos anteriormente, para que uma reação química ocorra, é necessário que aconteçam choques entre as partículas reagentes. Além disso, é preciso que os choques ocorram com uma orientação adequada e que as partículas envolvidas possuam um valor mínimo de energia cinética. No gráfico da figura 3-16, essa energia mínima foi indicada por *E*. Esse valor mínimo de energia, necessário para que a transformação química ocorra, é chamado de **energia de ativação** (E_a).

A energia de ativação está associada ao caminho pelo qual a reação vai ocorrer, ou seja, o mecanismo que ocorrerá durante o processo da transformação química. Para uma determinada reação química existem muitos caminhos (ou mecanismos) possíveis. O caminho com energia de ativação menor geralmente será o mais rápido. Ou seja, se existir um mecanismo que requeira menos energia que outro, este mecanismo de energia mais baixa ocorrerá mais frequentemente que o outro.

Durante uma transformação química, as partículas dos reagentes se chocam e, para acontecer uma transformação química, será preciso que ligações químicas se rompam e que novas ligações sejam formadas. A maioria das reações químicas ocorre por meio de mecanismos que envolvem moléculas intermediárias, nas quais novas ligações começam a se formar antes mesmo que as antigas se rompam.

Quando as condições de energia são suficientes e os choques ocorrem com orientação adequada, é muito comum que se estabeleça um estado intermediário, de curta duração, chamado de **complexo ativado**. Essa etapa intermediária da reação é chamada de **estado de transição**.

A seguir representamos um gráfico que mostra esses aspectos em uma transformação química:

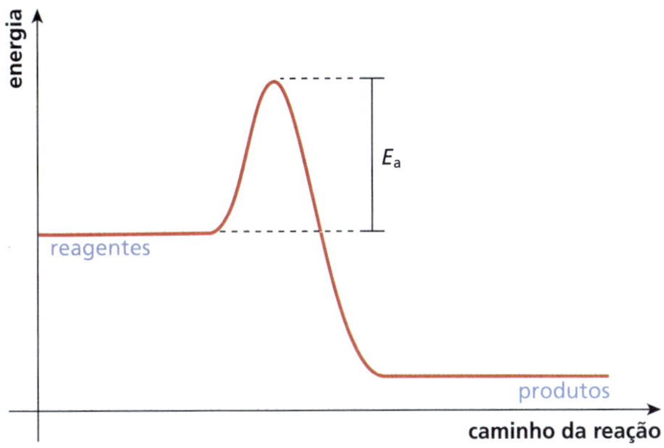

Figura 3-18: **Gráfico que representa a energia dos reagentes, a energia dos produtos e a energia de ativação (E_a) em uma reação química.**

dica Enem

Vamos, agora, retomar a reação que discutimos anteriormente (a formação do HI gasoso). Considerando as moléculas reagentes e o produto formado, podemos representar o que ocorre na reação entre o hidrogênio e o iodo pela figura a seguir:

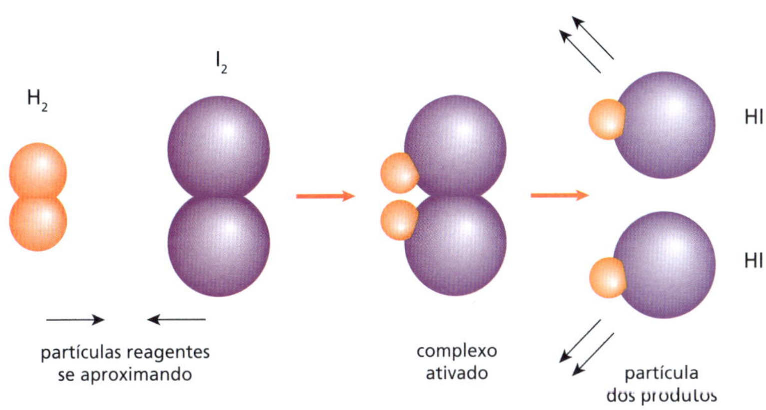

AVITS/Arquivo da editora

Figura 3-19: **Colisão entre moléculas de hidrogênio e iodo que resulta na formação de um complexo ativado.**

Nesta figura observamos que existe uma colisão efetiva e de orientação adequada para a reação, a qual resulta na formação do iodeto de hidrogênio (HI). Também é possível observar a formação do complexo ativado.

No caso da formação do HI, a colisão ocorre entre apenas duas partículas. Mas há casos mais complexos no qual mais de duas partículas devem colidir para formar os produtos. Nesses casos pode ocorrer mais de uma etapa entre o estado inicial e final da transformação química. O conjunto de todas essas etapas é que constitui o mecanismo da reação. Cada etapa ocorrerá com a formação de um complexo ativado diferente.

No caso de várias etapas intermediárias, podemos ter algumas com a energia de ativação menor que outras, o que pode alterar a velocidade de cada uma das etapas. Nesses casos, em que existam várias etapas, a mais lenta delas é que determinará a velocidade da reação química.

TEXTO 4

Catalisadores e a diminuição da camada de ozônio

Vimos no texto 2 que existem algumas substâncias que podem ser utilizadas para acelerar reações químicas, os catalisadores.

Eles atuam nas reações químicas fazendo com que a energia de ativação seja menor e, portanto, a velocidade seja maior, oferecendo assim um caminho alternativo para a produção industrial e até para a resolução de problemas ambientais. Porém, os processos catalíticos também podem causar danos ao ambiente, sendo um exemplo a ação dos clorofluorcarbonos (CFCs), na reação de decomposição do ozônio (O_3) em oxigênio molecular (O_2) e oxigênio atômico (O). Os CFCs eram muito usados como propelentes em aerossóis, gás para refrigeração e na produção de plásticos. Trata-se de compostos muito estáveis, podendo, eventualmente, atingir a estratosfera, onde vão participar da reação de decomposição do ozônio, e permanecer nela por anos ou até décadas.

A diminuição da camada de ozônio aumenta a incidência de radiação ultravioleta na Terra. Essa incidência maior pode gerar consequências danosas, como o aumento de casos de pessoas com câncer de pele e catarata.

Apesar de a produção de CFCs ter diminuído nos últimos anos, a camada de ozônio continua ameaçada. Mesmo com a redução do uso desses gases, eles ainda estão presentes nas geladeiras e aparelhos de ar condicionado antigos, e se não forem devidamente recolhidos serão liberados para a atmosfera em algum momento.

O ozônio (O_3) é formado na estratosfera em duas etapas: na primeira, moléculas de oxigênio (O_2) são quebradas em átomos (O) pela luz do Sol, um processo conhecido como **fotodissociação**. Esses átomos de oxigênio (O), que são espécies muito reativas, reagem com o oxigênio molecular (O_2) para formar ozônio (O_3), sendo esta a segunda etapa. Esses processos podem ser representados pelas equações a seguir:

$$O_2\,(g) \xrightarrow{\text{luz do sol, } \lambda < 340\text{ nm}} O\,(g) + O\,(g) \qquad \text{(etapa 1)}$$

$$O\,(g) + O_2\,(g) \rightarrow O_3\,(g) \qquad \text{(etapa 2)}$$

O ozônio é decomposto pela radiação ultravioleta (UV), formando oxigênio molecular, O_2 e oxigênio atômico. Esse processo pode ser representado pela equação:

$$O_3\,(g) \xrightarrow{\text{UV, } \lambda < 310\text{ nm}} O_2\,(g) + O\,(g)$$

Os átomos de oxigênio produzidos nessa etapa podem reagir com outras moléculas de oxigênio para produzir mais ozônio. Assim, normalmente a concentração de ozônio na estratosfera permanece constante, com variações sazonais. Como a decomposição do ozônio absorve radiação ultravioleta, esse ozônio estratosférico forma uma camada que protege a Terra dessa radiação que pode ser perigosa.

A ação catalítica do cloro sobre o ozônio pode ser descrita por uma equação de duas etapas:

$$O_3\,(g) + Cl\,(g) \rightarrow ClO\,(g) + O_2\,(g) \qquad \text{(etapa 1)}$$

$$ClO\,(g) + O\,(g) \rightarrow Cl\,(g) + O_2\,(g) \qquad \text{(etapa 2)}$$

$$O_3\,(g) + O\,(g) \rightarrow 2\,O_2\,(g) \qquad \text{(equação global)}$$

Note que o átomo de cloro (Cl) reage com o ozônio (O_3), formando um intermediário, ClO, que por sua vez reage com um átomo de oxigênio (O), regenerando o cloro (Cl) e produzindo o oxigênio molecular (O_2). Por esse mecanismo, um átomo de cloro pode destruir milhares de átomos de ozônio.

Quando comparamos as energias de ativação da reação global não catalisada e dessa reação catalisada em duas etapas (figura 3-20), podemos observar que a energia de ativação da reação não catalisada, 17,1 kJ, é muito maior que a da reação catalisada, que na etapa 1 é de 2,1 kJ e na etapa 2, 0,4 kJ.

É importante notar que o ΔH da reação global é o mesmo: −392 kJ.

Questão

Q21. Explique como funcionam os catalisadores em termos da energia de ativação de uma reação química.

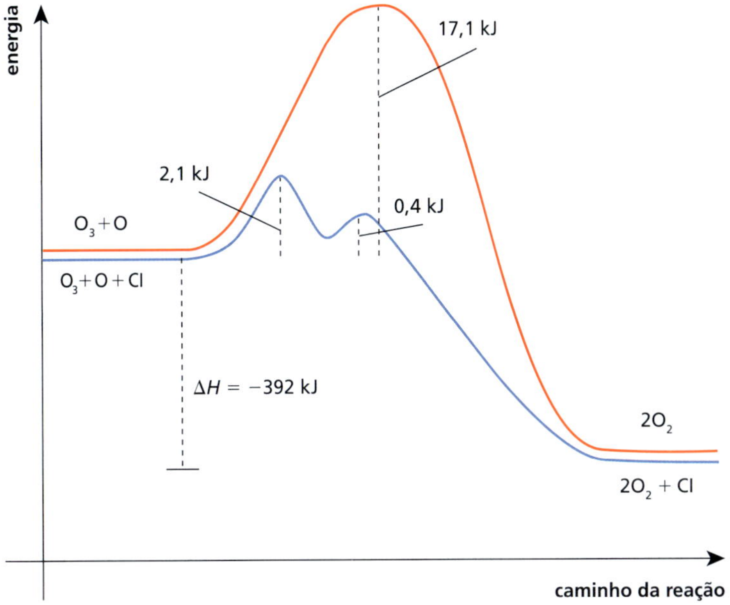

Figura 3-20: Gráfico do caminho de reação *versus* a energia que representa a ação catalítica do cloro sobre o ozônio.

dica Enem

O buraco na camada de ozônio

A situação da camada de ozônio atualmente é estável. Desde 1998 o tamanho do buraco nessa camada não tem aumentado, graças à redução das emissões de substâncias que provocam a diminuição da quantidade de ozônio. Está previsto que, entre 2050 e 2075, o ozônio sobre a Antártida recupere os níveis de 1980.

Os gráficos a seguir mostram a evolução do buraco na camada de ozônio desde 1979.

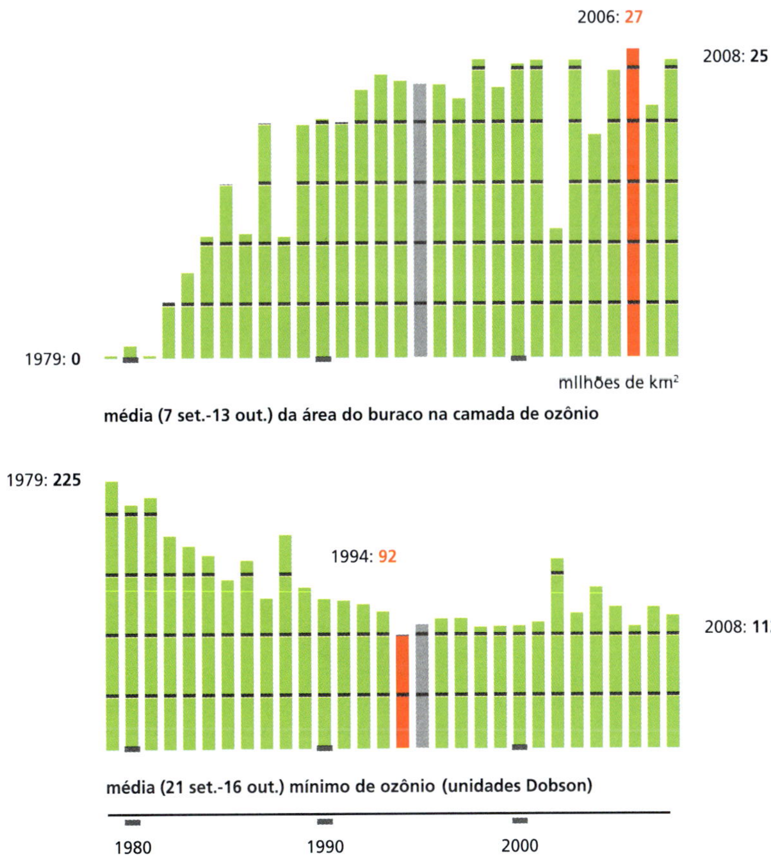

NASA. Disponível em: <http://ozonewatch.gsfc.nasa.gov/>. Acesso em: 22 set. 2009.

Nota: não foram coletados dados em 1995.

Figura 3-21: Evolução do buraco na camada de ozônio de 1979 a 2008.

Na série de figuras a seguir mostramos a evolução do buraco na camada de ozônio de julho a dezembro de 2008. A primeira figura dá uma dimensão do que é esse buraco e indica (na legenda) as concentrações de ozônio em unidades Dobson.

A unidade Dobson é utilizada nas medidas da concentração de ozônio e refere-se ao número de moléculas dessa substância necessário para compor uma camada de ozônio puro de 0,01 milímetro (mm) de espessura, à temperatura de 0 °C e à pressão de 1 atm (pressão do ar na superfície da Terra). Uma coluna de ar com a concentração de ozônio de 1 unidade Dobson contém cerca de $2{,}69 \times 10^{16}$ moléculas de ozônio por centímetro quadrado de área, a partir da base da coluna. Acima da superfície da Terra, a espessura média da camada de ozônio é cerca de 300 unidades Dobson ou uma camada de aproximadamente 3 mm de espessura.

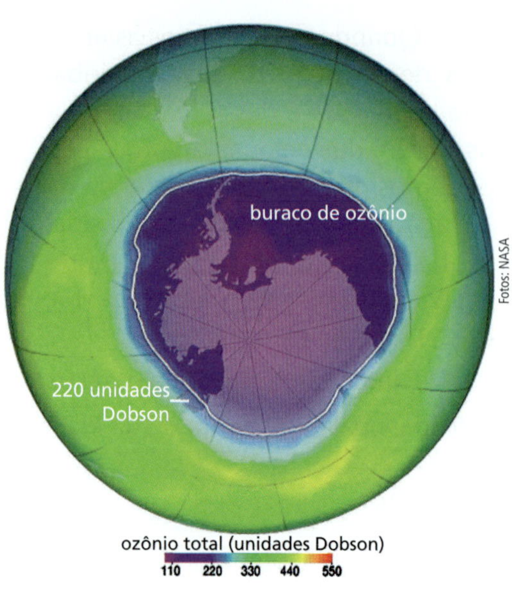

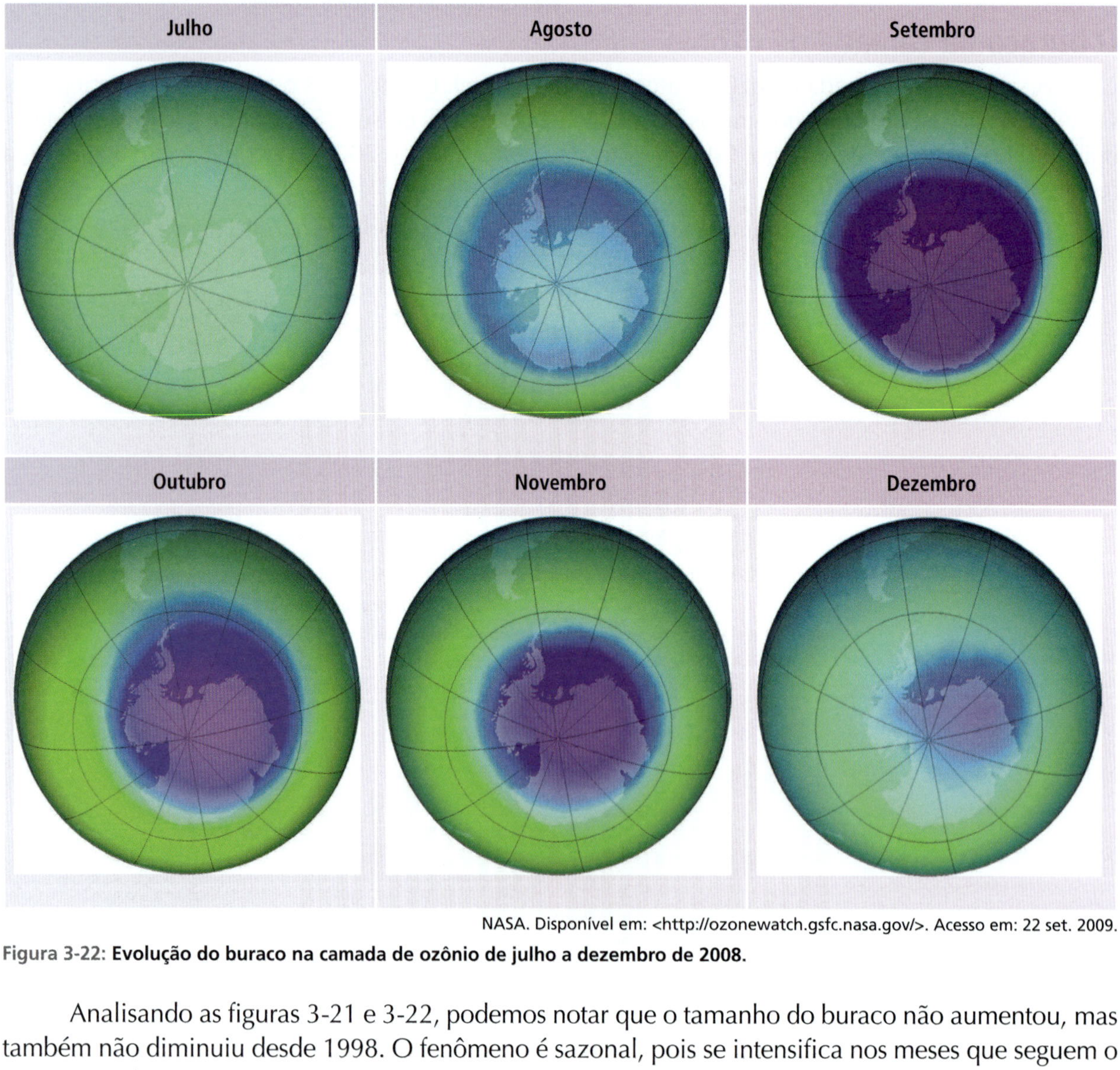

NASA. Disponível em: <http://ozonewatch.gsfc.nasa.gov/>. Acesso em: 22 set. 2009.

Figura 3-22: **Evolução do buraco na camada de ozônio de julho a dezembro de 2008.**

Analisando as figuras 3-21 e 3-22, podemos notar que o tamanho do buraco não aumentou, mas também não diminuiu desde 1998. O fenômeno é sazonal, pois se intensifica nos meses que seguem o inverno antártico. Por que isso ocorre?

Sob condições atmosféricas normais, a maior parte do cloro presente na atmosfera encontra-se sob forma de substâncias pouco reativas e, portanto, muito estáveis como o ácido clorídrico (HCl).

Após longos meses de escuridão polar no inverno antártico, as condições atmosféricas se tornam pouco usuais. Os vórtex polares, que são ventos que circulam na estratosfera, tornam-se muito frios e se formam nuvens, embora o ar antártico seja extremamente seco e pouco denso. Nesse ambiente ocorrem reações químicas que não ocorreriam nas condições atmosféricas normais. Dessa forma os cloretos estáveis presentes, por exemplo, no ácido clorídrico, tornam-se espécies ativas, principalmente na forma de cloro gasoso (Cl_2). Quando a luz volta ao Polo Sul, normalmente em setembro a radiação ultravioleta rapidamente quebra a ligação entre os átomos de cloro presentes no cloro gasoso, liberando átomos de cloro que vão atuar como catalisadores na destruição do ozônio. O buraco então atinge um máximo e começa a diminuir com o aumento das temperaturas, que fazem com que o vórtex polar se enfraqueça. No final da primavera, as condições atmosféricas voltam ao normal e o buraco vai diminuindo até praticamente desaparecer.

O Brasil e o Protocolo de Montreal: ações brasileiras para eliminação de SDOs[1]

dica Enem

O Brasil age para proteger e recuperar a camada de ozônio há quase duas décadas, a partir da publicação da Portaria 01/10.08.1988, da Secretaria Nacional de Vigilância Sanitária. O órgão foi extinto em abril de 1999 com a criação da Agência Nacional de Vigilância Sanitária (Anvisa), vinculada ao Ministério da Saúde.

Na época, a portaria regulamentou informações em rótulos de embalagens de aerossóis livres de CFCs. Adiante, com a Portaria 534/19.09.1988, do Ministério da Saúde, foram proibidas a fabricação e a comercialização de produtos cosméticos, de higiene, de uso sanitário doméstico e perfumes sob a forma de aerossóis que contivessem CFCs.

Dois anos depois, o Brasil aderiu à Convenção de Viena e ao Protocolo de Montreal, por meio do Decreto 99.280/06.06.1990, comprometendo-se a eliminar completamente os CFCs até janeiro de 2010, entre outras medidas. Todas as emendas e alterações quanto a aspectos técnicos realizados no texto do Protocolo, a partir de reuniões realizadas em Londres (1990), Copenhagen (1992), Montreal (1997) e Beijing (1999), foram prontamente ratificadas pelo Brasil.

Em 1991, o Governo Federal criou o Grupo de Trabalho do Ozônio (GTO) – Portaria Interministerial 929 de 04.10.1991 –, abrindo espaço para a implementação do Protocolo de Montreal no país. O grupo estabeleceu diretrizes e coordenou a implementação do tratado, elaborando o Programa Brasileiro para Eliminação da Produção e do Consumo das SDOs (PBCO) em 1994 e analisando projetos que pleiteavam recursos do Fundo Multilateral do Protocolo de Montreal (FML).

A partir da experiência com o PBCO, foi possível aprovar a Resolução 13/1995, do Conselho Nacional do Meio Ambiente (Conama), que priorizou a conversão tecnológica industrial para a eliminação de CFCs. Naquele mesmo ano, o governo brasileiro instituiu o Comitê-Executivo Interministerial para Proteção da Camada de Ozônio (Prozon), com os Ministérios do Meio Ambiente (coordenador), da Agricultura, das Relações Exteriores, do Desenvolvimento, Indústria e Comércio, do Planejamento, Orçamento e Gestão, da Ciência e Tecnologia e da Saúde.

Para reforçar o trabalho de eliminação das SDOs, o Brasil revogou a Resolução 13/1995 do Conama e adotou a Resolução 267/2000, que proibiu o uso de CFCs em novos produtos

[1] SDOs: substâncias que destroem a camada de ozônio.

e passou a permitir a importação instituindo cotas para o setor de manutenção de equipamentos e alguns usos essenciais, como fabricação de medicamentos. Tais limites sofreram reduções anuais. Os dados oficiais sobre importações e exportações são fornecidos pelo Cadastro Técnico Federal, do Instituto Brasileiro do Meio Ambiente e dos Recursos Naturais Renováveis (Ibama).

Desde 1999, já não se produzem mais veículos e condicionadores de ar com CFCs. A partir de 2001, não se fabricam mais refrigeradores domésticos e comerciais com esses gases. Mas para eliminar os CFCs remanescentes e gerenciar seu passivo, em julho de 2002 o governo brasileiro apresentou ao Comitê-Executivo do Protocolo de Montreal o Plano Nacional para a Eliminação de CFCs (PNC). A ação é baseada em treinamento e assistência técnica, implementação de novas tecnologias, mudanças legislativas e de processos industriais para reduzir ainda mais o uso e os estoques de gases agressivos ao meio ambiente.

O PNC prioriza o banimento de substâncias como CFC-11, CFC-12, CFC-113, CFC-114 e CFC-115, até janeiro de 2010, com foco em duas ações: seguir implementando projetos de conversão industrial; e gerenciamento do passivo de CFC com a instalação de Centrais de Regeneração, treinamento de refrigeristas e distribuição de equipamentos para recolhimento de CFCs para regeneração. Também prevê atividades nos setores de ar-condicionado automotivo e industrial, visando o recolhimento e reciclagem de gases durante manutenções periódicas e reparos.

Para a eliminação das SDOs, o Brasil aprovou inicialmente US$ 26,7 milhões junto ao FML, internalizados em parcelas, sem circular pelo Orçamento Geral da União. A agência responsável pela implementação do plano é o Programa das Nações Unidas para o Desenvolvimento (PNUD), em cooperação bilateral com a Alemanha por meio da Cooperação Técnica Alemã (GTZ) em projetos de treinamento de refrigeristas, de oficiais de alfândega e de técnicos do Ibama. A Organização das Nações Unidas para o Desenvolvimento Industrial (Unido) colabora com o programa de eliminação de brometo de metila. O Fundo Global para o Meio Ambiente (GEF) e o Banco Interamericano de Desenvolvimento (BID) vêm colaborando com o projeto de substituição de resfriadores centrífugos.

Com o trabalho desenvolvido no país, desde os anos 1980 e posteriormente ao lançamento do PNC, é possível afirmar que o Brasil está cumprindo rigorosamente e até antecipando obrigações assumidas junto ao Protocolo de Montreal, como demonstram os gráficos a seguir:

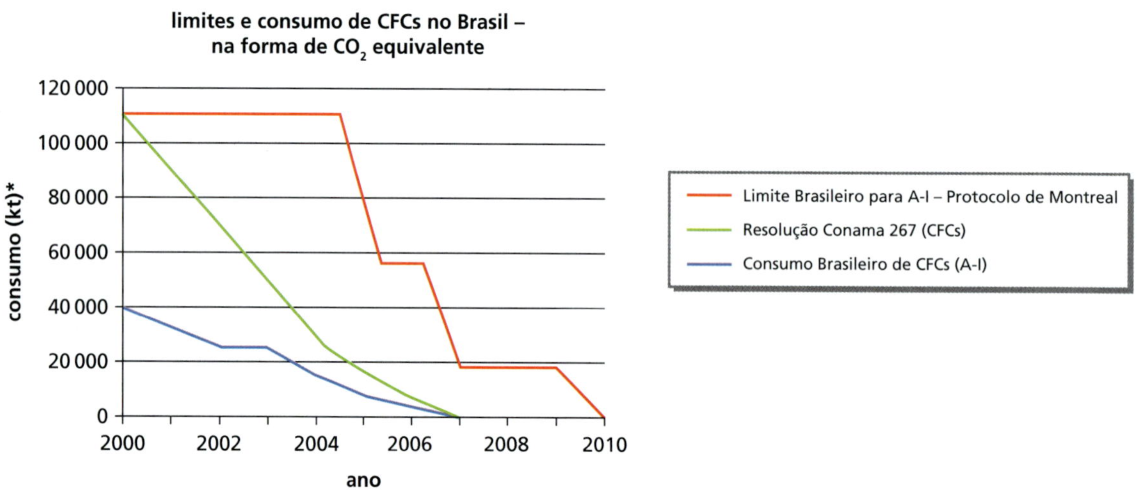

* 1 kt = 1 000 toneladas.

Figura 3-23: Limites e consumo de CFCs no Brasil de 2000 até 2009 e a projeção para 2010.

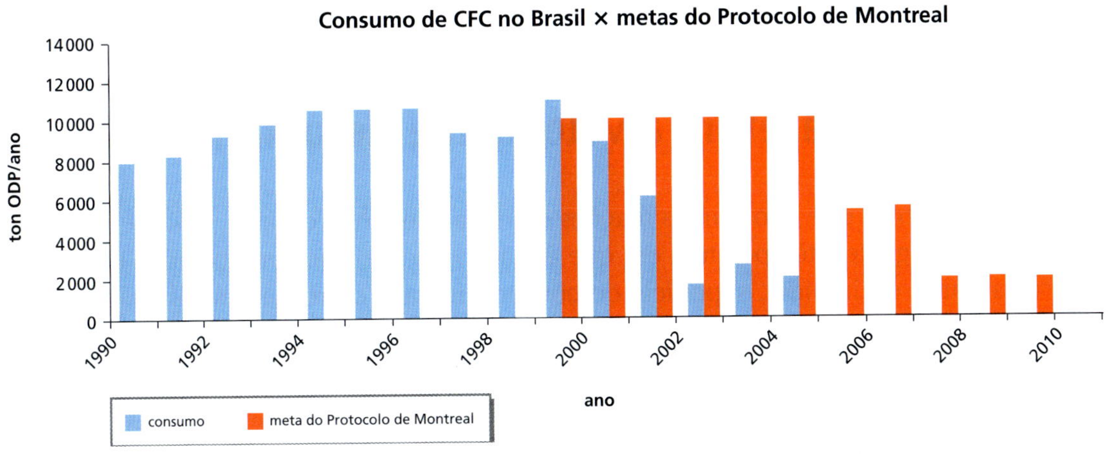

Figura 3-24: **Toneladas métricas multiplicadas por um fator de Potencial de Deterioração do Ozônio (ODP) em relação ao consumo de CFCs no Brasil e às metas do Protocolo de Montreal.**

Hoje, a maior parte da indústria é livre de CFCs e o consumo e uso remanescentes desses gases estão praticamente limitados à manutenção de equipamentos domésticos e comerciais de refrigeração, condicionadores de ar automotivos, *chillers* (resfriadores centrífugos) e para os chamados inaladores de dose medida, bombinhas para asmáticos, por exemplo.

Quando o PNC foi aprovado, o maior consumo, basicamente de CFC-12, encontrava-se no setor de serviços de refrigeração, principalmente comercial. Logo, a estratégia para eliminar a maioria de seu consumo foi promover a conservação de CFCs com a adoção de boas práticas em serviços e do recolhimento de gases para regeneração e reciclagem. Foram elaborados projetos visando o treinamento de mecânicos para recolhimento de fluidos refrigerantes, associado à distribuição de equipamentos e à implantação de centrais de regeneração de gases.

Até 2002, um total de 3 475 toneladas/ano de CFCs havia sido eliminado por meio de projetos em andamento, aprovados e financiados pelo FML. O PNC é responsável pela eliminação de outras 5 801 toneladas/ano de CFCs, somando 9 276 toneladas/ano de gases prejudiciais à camada de ozônio. Com isso, tem-se uma relação custo-benefício de US$ 4,6 para cada quilo eliminado de CFCs no âmbito do PNC.

Com as ações que vêm sendo executadas e no âmbito do plano, o Brasil passou de um consumo de aproximadamente 10 mil toneladas de CFCs, em 1995, para aproximadamente 480 toneladas, em 2006 – uma redução superior a 95%.

PROTOCOLO DE MONTREAL (coord. pelo Ministério do Meio Ambiente). O Brasil e o Protocolo de Montreal: ações brasileiras para eliminação de SDOs. Disponível em: <http://50.56.103.129:8080/005/00502001.asp?ttCD_CHAVE=17525>. Acesso em: 26 abr. 2012.

O que é CO_2 equivalente?

Como os gases do efeito estufa têm efeitos diversos no clima, foi preciso estabelecer uma moeda de padronização. O carbono equivalente é calculado multiplicando-se a quantidade de emissões de um determinado gás pelo seu efeito no clima. Um exemplo: o metano tem 21 vezes mais impacto no clima do que o CO_2. Por isto, 1 tonelada de metano corresponde a 21 toneladas de CO_2 equivalente.

FÓRUM BRASILEIRO DE MUDANÇAS CLIMÁTICAS. Disponível em: <www.forumclima.org.br/default.asp?ar=13>. Acesso em: 26 abr. 2012.

ATIVIDADE 1

Fatores que afetam a velocidade de uma reação

A velocidade com que ocorrem as reações químicas depende de uma série de fatores, como estado físico dos reagentes, temperatura em que a reação ocorre, concentração dos reagentes, presença de catalisador ou inibidor, superfície de contato (no caso de reagentes sólidos) e pressão do sistema, no caso de haver reagentes no estado gasoso.

PARTE A Investigando a dissolução de um comprimido efervescente

Nesta parte da atividade vamos usar a reação que ocorre com um comprimido efervescente para investigar como a temperatura e a superfície de contato do reagente sólido afetam a velocidade da reação.

Materiais

Um copo, um termômetro, uma proveta de 50 mL, dois comprimidos efervescentes (partidos ao meio: uma metade "inteira" e a outra, pulverizada), um cronômetro, água quente e água gelada.

Tenha cuidado!

Esta atividade deve ser realizada com a supervisão de seu professor. Cuidado ao manipular sistemas de aquecimento e água quente, pois há o risco de queimaduras.

O que fazer

A1 Formem grupos e construam, em seu caderno, um quadro com cinco colunas e três linhas. Na primeira coluna, coloquem o título **Comprimidos**; na segunda, **Evidências do início da reação**; na terceira, **Evidências do fim da reação**; na quarta, **Tempo de reação com água quente**; e na quinta, **Tempo de reação com água gelada**. Na segunda linha da primeira coluna, coloquem o título **Comprimido não pulverizado** e, logo abaixo, na terceira linha da primeira coluna, **Comprimido pulverizado**.

A2 Coloquem a metade do comprimido efervescente **não** pulverizada em um copo com 25 mL de água previamente aquecida a uma temperatura de aproximadamente 60 °C e iniciem, imediatamente, a contagem de tempo da reação.

Sérgio Dotta Jr./Arquivo da editora

Figura 3-25: **Vocês devem medir o tempo total da reação.**

A3 Quando todo o comprimido tiver reagido, anotem, no quadro, o tempo total da reação.

A4 Repitam o procedimento A2, usando a metade do comprimido pulverizada (moída até tornar-se um pó homogêneo). Tomem o cuidado de usar as mesmas quantidades de reagentes e o mesmo critério para assinalar os tempos inicial e final. Anotem o tempo total da reação no quadro.

A5 Repitam os procedimentos A2 e A3 (com a metade inteira e a pulverizada do outro comprimido), usando água gelada no lugar da água quente.

A6 Completem o quadro com os dados obtidos.

Questões para discussão

Q22. Comparem os tempos de reação que seu grupo obteve com os obtidos pelos outros grupos. Como vocês explicam as diferenças?

Q23. Comparem os tempos de reação obtidos em água quente para o comprimido não pulverizado e para o pulverizado. A que vocês atribuem a diferença?

Q24. Façam o que se pede a seguir:

a) Comparem os tempos de reação para o comprimido não pulverizado, em água quente e em água fria. A que vocês atribuem a diferença?

b) Ao comparar os tempos de reação para o comprimido pulverizado em água quente e em água fria, vocês observam o mesmo comportamento do item **a**?

c) Utilizando o modelo para a velocidade de uma reação química apresentado neste capítulo, tentem explicar por que a reação é mais lenta quando realizada com água gelada.

d) Como a temperatura em que os reagentes se encontram pode influenciar na velocidade dessa reação?

Q25. Respondam às questões:

a) Que fatores, dentre os que afetam a velocidade dessa reação, foram investigados nesse experimento?

b) Expliquem, resumidamente, como esses fatores influenciam a velocidade das reações químicas.

PARTE B Investigando a decomposição da água oxigenada

A água oxigenada é uma solução aquosa de peróxido de hidrogênio (H_2O_2), muito usada como substância oxidante porque se decompõe com certa facilidade, produzindo oxigênio e água. Por isso, é usada para tratar ferimentos, para descolorir cabelos etc. A água oxigenada é vendida em farmácias em forma de soluções, cujas concentrações são expressas em volumes, o que corresponde ao volume de oxigênio liberado por um litro de água oxigenada. Assim, um litro de água oxigenada de 20 volumes libera 20 litros de oxigênio, ao passo que um litro de 10 volumes libera 10 litros de oxigênio.

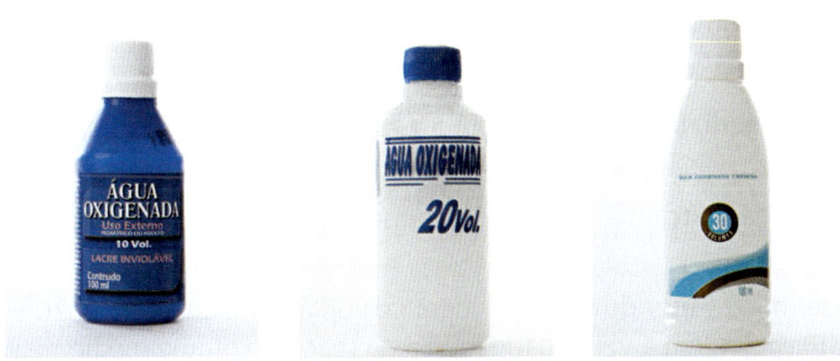

Fotos: Sérgio Dotta Jr./Arquivo da editora

Figura 3-26: **Água oxigenada em diversos volumes.**

É possível coletar o oxigênio produzido e, desse modo, investigar a velocidade da reação, bem como o efeito da concentração sobre ela. Essa reação é acelerada pela presença de determinadas substâncias, como algumas enzimas encontradas no sangue. É por isso que observamos a formação de bolhas quando passamos água oxigenada em um machucado, fato que indica grande desprendimento de oxigênio.

Esse tipo de substância, que pode acelerar uma reação química, é o catalisador, que já estudamos neste capítulo. O catalisador, apesar de participar da reação, não é consumido e pode ser obtido novamente ao final da reação.

Material

Água oxigenada a 10 volumes e a 20 volumes, cloreto de ferro (III), um kitasato, uma rolha (para tampar o kitasato), um frasco para colocar água e coletar o gás, uma mangueira de borracha para promover a saída do gás do kitasato, uma proveta de 50 mL, uma proveta de 10 mL, um cronômetro, uma colher de café.

O que fazer

A7 Construam no caderno um quadro com três colunas e quatro linhas. Na primeira coluna, coloquem o título **Sistemas**; na segunda, **Volume de gás obtido**; na terceira, **Velocidade média de reação (volume de gás obtido por unidade de tempo)**. Na segunda linha da primeira coluna, o título deve ser **Água oxigenada 10 volumes**; na terceira linha da primeira coluna, **Água oxigenada 10 volumes + cloreto de ferro (III)**; e abaixo, **Água oxigenada 20 volumes + cloreto de ferro (III)**.

A8 Montem a aparelhagem de reação, utilizando a mangueira para conectar a saída lateral do kitasato a um frasco coletor cheio de água. A mangueira deve ser colocada sob a proveta que deverá estar cheia de água e emborcada no frasco coletor.

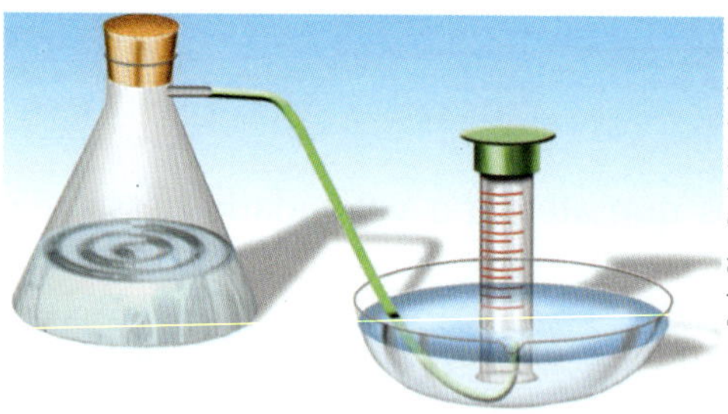

Figura 3-27: Sistema utilizado para recolher o gás produzido pela reação de decomposição da água oxigenada.

A9 Adicionem 3 mL de água oxigenada 10 volumes ao kitasato (não deve ser usada água oxigenada cremosa).

A10 Tampem o frasco **imediatamente** e iniciem a contagem de tempo de reação.

A11 Após 5 min de reação, observem se foi produzido algum gás. Em caso afirmativo, façam a leitura do volume de gás no tubo coletor e anotem o resultado no quadro.

A12 Adicionem uma colher (de café) de cloreto de ferro (III) ao kitasato contendo 10 mL de água oxigenada 10 volumes.

A13 Tampem o frasco **imediatamente** e **iniciem a contagem de tempo**, agitando o kitasato de tempos em tempos.

A14 Após 5 min de reação, façam a leitura do volume de gás no tubo coletor e anotem o resultado no quadro.

A15 Repitam o experimento usando volumes idênticos de água oxigenada (a 20 volumes) e de cloreto de ferro (III). Calculem a velocidade média da reação (volume médio de gás produzido por unidade de tempo) e transfiram os dados obtidos para o quadro.

Questões para discussão

Q26. Comparem as velocidades da reação com e sem catalisador (cloreto de ferro (III)). O que vocês podem constatar?

Q27. Qual é a evidência de que o catalisador provavelmente não foi consumido na reação?

Q28. Comparem a velocidade da reação para diferentes concentrações de água oxigenada. O que vocês podem constatar?

Q29. Respondam à questão e façam o que se pede a seguir:

a) Que fatores, dentre os que afetam a velocidade dessa reação, foram investigados nesse experimento?

b) Façam um resumo de como esses fatores influenciam as velocidades das reações químicas.

TEXTO 5

Qual a influência da temperatura e da superfície de contato sobre a velocidade das reações químicas?

Na parte A da atividade 1 estudamos dois fatores que influenciam a velocidade de uma reação química: a temperatura e a superfície de contato. É fácil verificar como esses fatores influenciam a velocidade de uma reação química levando em consideração a teoria das colisões, que estudamos no texto 3. Temos de considerar que, nesta reação, o comprimido tem todos os reagentes em estado sólido e que, em contato com água, esses reagentes entram em solução e então reagem entre si. Vamos considerar, simplificando, que apenas o ácido acetilsalicílico e o bicarbonato de sódio estejam presentes no comprimido efervescente. Portanto, na reação que ocorre com o comprimido efervescente em água, esses componentes se dissolvem na água e reagem entre si. Podemos representar essa reação pela equação a seguir:

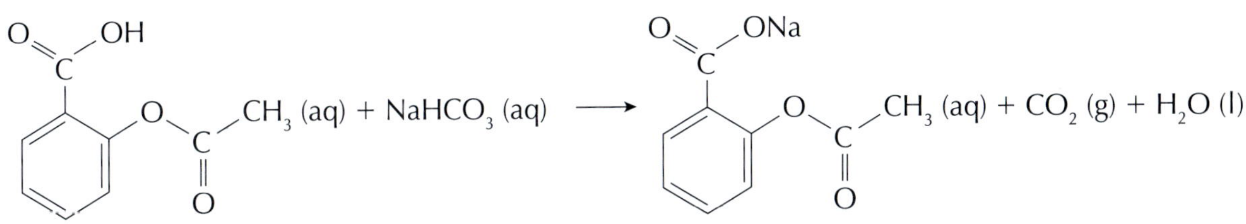

ácido acetilsalicílico — bicarbonato de sódio — acetilsalicilato de sódio — gás carbônico — água

Em relação ao aumento de temperatura, um maior número de colisões efetivas entre o ácido acetilsalicílico e o bicarbonato de sódio se realiza a uma maior temperatura pelo simples fato de que há um aumento na frequência de todas as colisões e, portanto, também das colisões efetivas. Se pensarmos na distribuição da energia cinética das partículas, podemos imaginar que um aumento de temperatura deslocará essa distribuição para a direita do gráfico 3-28:

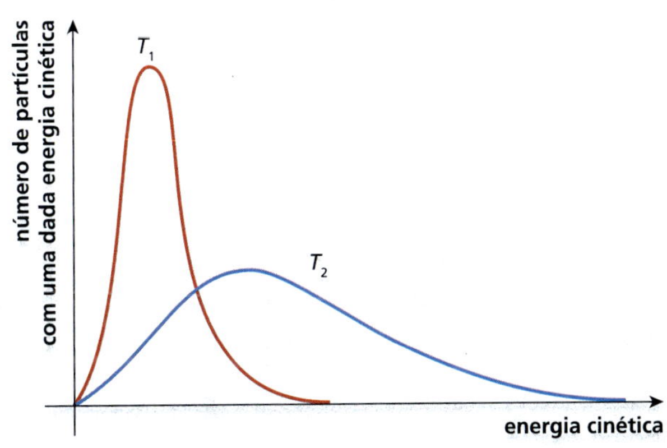

Figura 3-28: **Gráfico da energia cinética de um dado número de partículas em duas temperaturas diferentes.**

Podemos associar a curva do gráfico da temperatura T_1 à dissolução do comprimido em água gelada e a curva do gráfico da temperatura T_2 à dissolução do comprimido em água quente. Note que a energia cinética média das moléculas de ácido acetilsalicílico e bicarbonato de sódio aumenta em T_2. Nesta temperatura, um maior número de colisões ocorrerá e, portanto, também um maior número de colisões efetivas.

O outro fator estudado na atividade foi o da superfície de contato. Quando pulverizamos o comprimido efervescente, aumentamos consideravelmente sua superfície de contato. Esse aumento faz com que um maior número de partículas de ácido acetilsalicílico e bicarbonato de sódio possam entrar em contato com a água, se dissolver e, dessa forma, reagirem entre si.

TEXTO 6

Como a concentração dos reagentes e os catalisadores afetam a velocidade de uma reação química?

Na parte B da atividade 1 estudamos dois outros fatores que influenciam a velocidade de uma reação química: a concentração dos reagentes e a presença de um catalisador.

A reação de decomposição da água oxigenada pode ser representada pela equação:

$$H_2O_2\ (l) \rightarrow H_2O\ (l) + 1/2O_2\ (g)$$

Note que, no experimento que realizamos, aumentamos a concentração de água oxigenada usando a de 20 volumes, que é duas vezes mais concentrada do que a de 10 volumes.

Também nesse caso a aplicação da teoria das colisões para entender o que ocorreu é imediata: se aumentarmos a concentração, aumentamos o número de moléculas disponíveis de água oxigenada (nesse caso, dobra-se o número de moléculas). Com esse aumento, aumenta também o número de colisões total e, como decorrência, o número de colisões efetivas.

Essa relação, entre velocidade de uma reação química e concentração dos reagentes, possibilita que se escreva uma expressão matemática conhecida como **equação de velocidade**. Para a maioria das reações químicas, essa equação é determinada empiricamente, ou seja, por meio de experimentos.

No caso da decomposição da água oxigenada, a velocidade em qualquer concentração será dada pela expressão:

$$\text{velocidade} = k\,[H_2O_2]^1 = k\,[H_2O_2]$$

Note que a equação de decomposição da água oxigenada é:

$$H_2O_2\ (l) \rightarrow H_2O\ (l) + 1/2O_2\ (g)$$

Nesse caso temos uma coincidência entre o coeficiente estequiométrico (1 para o H_2O_2) e o expoente da expressão de velocidade. Mas isso nem sempre ocorre. Esse expoente, chamado **ordem de reação**, é determinado experimentalmente para cada reagente específico, que aqui é apenas a espécie H_2O_2. A ordem de reação indica um possível mecanismo pelo qual a reação ocorre. Por exemplo, uma reação de ordem 2 normalmente vai envolver duas espécies na formação de seu complexo ativado. Mas não vamos aprofundar essa questão pois envolve conhecimentos que não consideramos relevantes para o nosso curso de Química.

Na expressão de velocidade, *k* é uma **constante de proporcionalidade**. Como algumas reações são de ordem zero, nesse caso a velocidade da reação independe da concentração.

Já o efeito dos catalisadores pode ser analisado pelo uso de um gráfico (figura 3-29), em que representamos a energia de ativação da reação não catalisada e da reação catalisada.

Observe que no gráfico da reação não catalisada a energia de ativação é alta e, portanto, a reação se passa numa velocidade bastante pequena. Quando adicionamos o catalisador, nesse caso o cloreto de ferro (III), a energia de ativação diminuiu e a reação se processou muito mais rapidamente, como você pôde observar.

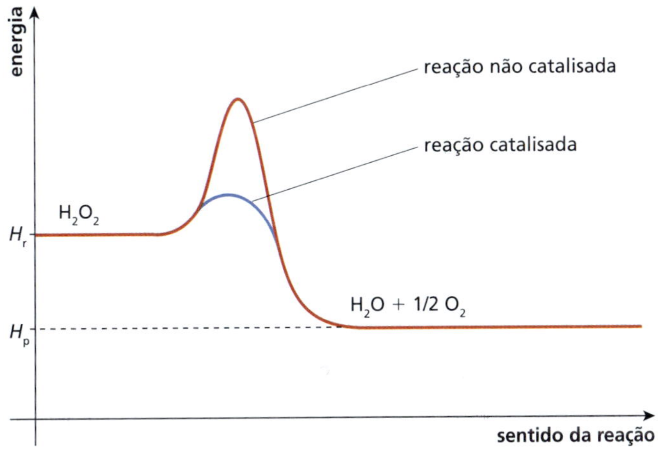

Figura 3-29: **Gráfico da variação de energia em função do sentido de reação, representando a energia de ativação para a reação catalisada e para a reação não catalisada.**

TEXTO 7

Como funcionam os conversores catalíticos usados em automóveis?

dica Enem

Como já vimos no início do capítulo, os catalisadores desempenham um papel muito importante na luta contra a poluição do ar nos centros urbanos. Uma característica interessante do seu uso é que, diferentemente dos reagentes, os catalisadores não são consumidos nas reações químicas e podem ser recuperados ao final do processo. Essa é uma importante característica econômica, pois significa que um conversor catalítico pode durar um tempo relativamente grande, podendo ser usado várias vezes para catalisar uma reação.

Dois componentes da fumaça expelida pelos canos de descarga dos automóveis estão envolvidos na formação do chamado ***smog* fotoquímico**, responsável pela deterioração da qualidade do ar nos centros urbanos: os óxidos de nitrogênio e os resíduos de hidrocarbonetos. Além disso, a descarga dos automóveis contém quantidades consideráveis de monóxido de carbono (CO), outro gás venenoso e nocivo à saúde.

Mesmo com o desenvolvimento de motores com injeção eletrônica e com o aumento da qualidade dos combustíveis, continua sendo impossível, sob condições normais de uso dos veículos, reduzir a concentração desses poluentes nos gases de descarga a níveis aceitáveis. É necessário, portanto, remover esses poluentes antes que os gases da descarga sejam lançados na atmosfera. É aqui que entra em ação o **conversor catalítico**.

A reação dos resíduos venenosos de hidrocarbonetos e do monóxido de carbono com o oxigênio do ar, produzindo os inofensivos gás carbônico e água, ocorre espontaneamente na atmosfera. No entanto, essa reação é muito lenta, pois sua energia de ativação é alta. O mesmo ocorre com os venenosos óxidos de nitrogênio, que formam o inofensivo gás nitrogênio.

A função do catalisador, montado no sistema de descarga do automóvel, é diminuir a barreira de ativação dessas reações, fazendo com que elas ocorram em frações de segundo. Dessa forma, o uso do conversor catalítico possibilita que a maior parte dos resíduos de hidrocarbonetos e monóxido de carbono seja convertida em gás carbônico e água, e que os óxidos de nitrogênio sejam transformados em nitrogênio gasoso de forma rápida, reduzindo, assim, a poluição atmosférica. Sua eficiência é comprovada pelos números: 96% dos hidrocarbonetos e monóxido de carbono são convertidos em gás carbônico e água, ao passo que a emissão de óxidos de nitrogênio é reduzida em 76%.

Sérgio Dotta Jr./Arquivo da editora

Figura 3-30: **Catalisador utilizado em automóveis.**

Pharaoh/Alamy/Other Images

Figura 3-31: **A descarga de gases pelos automóveis é responsável por grande parte da poluição do ar nos centros urbanos.**

Sobre a fabricação dos conversores catalíticos

A fabricação de um conversor catalítico é complicada pelo fato de que os dois processos descritos anteriormente requerem o uso de catalisadores diferentes. Além disso, eles devem funcionar num intervalo de temperatura relativamente grande, já que a temperatura dos sistemas de descarga dos automóveis está sujeita a variações. Outra complicação é o fato de que eles devem resistir à ação envenenadora dos vários aditivos da gasolina emitidos na descarga, tendo de ser suficientemente robustos e duradouros para suportar a turbulência dos gases da descarga e os choques mecânicos, que advêm do uso do automóvel em condições variadas, por milhares de quilômetros. Finalmente, o alto custo de sua produção, já que são feitos de metais mais caros que o ouro. Os catalisadores que promovem a combustão dos resíduos de hidrocarbonetos e do monóxido de carbono são, em geral, os óxidos de metais de transição, ou metais nobres, como a platina e o ródio. Uma mistura de óxidos de cobre e de cromo, por exemplo, pode ser usada. A estrutura do conversor deve permitir o maior contato possível dos gases com a superfície do catalisador, sendo o uso de uma estrutura formada por orifícios hexagonais, à semelhança de colmeias, muito comum.

O conversor é normalmente feito de aço inoxidável, e as estruturas hexagonais são revestidas por uma camada fina de alumina, um óxido de alumínio (Al_2O_3). Essa estrutura é então impregnada com os catalisadores (metais nobres ou misturas de óxidos metálicos), que irão adsorver as moléculas de oxigênio (O_2), também presente nos gases de descarga, e enfraquecer as ligações entre os átomos de oxigênio, fazendo com que esses átomos fiquem disponíveis para reagir com o monóxido de carbono (CO) e formar o dióxido de carbono (CO_2).

Figura 3-32: **Detalhes de um catalisador.**

A reação entre os hidrocarbonetos e o oxigênio ocorre de uma maneira semelhante. Os hidrocarbonetos também são adsorvidos pelo catalisador, o que enfraquece as ligações entre os átomos de carbono, e entre eles e os de hidrogênio, e favorece a reação com o oxigênio, produzindo gás carbônico (CO_2) e água (H_2O).

Os catalisadores mais efetivos para a redução dos óxidos de nitrogênio também são os óxidos metálicos e os metais nobres, o mesmo tipo de material usado para conversão do monóxido de carbono e dos hidrocarbonetos. No entanto, os catalisadores mais eficientes num processo normalmente são menos efetivos em outros, de modo que é necessário construir os conversores com uma mistura adequada de dois catalisadores diferentes.

Questões

Q30. Explique, resumidamente, como funcionam os catalisadores nos automóveis.

Q31. Por que a maioria dos catalisadores é fabricada com a forma parecida com colmeias?

Reduzindo a poluição nos centros urbanos brasileiros

A implantação dos conversores catalíticos nos automóveis que circulam nas cidades brasileiras é objeto de legislação específica, que exigiu que as indústrias passassem a fabricar automóveis com catalisadores a partir de 1994, sendo que até 1996 todos os automóveis novos deveriam sair de fábrica com esse equipamento. Apenas esse tipo de medida, porém, não é suficiente para garantir a melhoria da qualidade do ar nas cidades. Há alguns anos atrás, sob a alegação de que os automóveis equipados com catalisadores tinham o rendimento do motor diminuído e um maior consumo de gasolina, alguns proprietários retiravam esse equipamento do seu veículo. Outro argumento usado é o fato de os catalisadores, nos carros brasileiros, produzirem um cheiro desagradável, em decorrência do alto teor de enxofre presente na gasolina brasileira. O enxofre compete com os outros gases no processo catalítico e sua combinação com o hidrogênio produz o gás sulfídrico (H_2S), também venenoso e cujo odor lembra o de um ovo podre.

Portanto, para que o uso dos catalisadores no Brasil possa ser efetivo, deve ser melhorada a qualidade de nosso combustível, reduzindo-se os teores de enxofre. Igualmente faz-se necessária a realização de campanhas de educação dos motoristas, alertando sobre a importância do uso do catalisador para a melhoria da qualidade do ar e, consequentemente, da saúde das pessoas.

EXERCÍCIOS

Todos os exercícios devem ser respondidos em seu caderno. Não escreva em seu livro.

E1. Considere uma reação química representada pela seguinte equação geral:

$$A + B \rightarrow AB$$

As soluções dos reagentes *A* e *B* são incolores, enquanto a substância *AB* forma uma solução azul. A seguir, são mostradas representações para dois frascos que contêm as soluções dos reagentes *A* e *B* antes do início da reação.

Figura 3-33: Exercício E1.

a) Coloque os frascos em ordem crescente de velocidade de reação. Justifique sua resposta.

b) A massa de produtos formada no frasco 1 será maior, menor ou igual à massa de produtos formada no frasco 2 após terminada a reação? Explique.

c) Faça uma representação para o frasco 2 ao fim da reação.

d) Que evidência de reação pode ser observada nos frascos 1 e 2?

E2. Para remover uma mancha de um prato de porcelana fez-se o seguinte: cobriu-se a mancha com meio copo de água fria, adicionaram-se algumas gotas de vinagre e deixou-se por uma noite. No dia seguinte, a mancha havia clareado levemente.

a) Usando apenas água e vinagre, sugira duas alterações no procedimento de tal modo que a remoção da mancha possa ocorrer em menos tempo. Justifique cada uma das alterações propostas.

b) Sabendo que vinagre é uma solução 5% em ácido acético (CH_3COOH), calcule a concentração, em quantidade de matéria, do ácido acético no vinagre.

E3. A descarga dos automóveis contém quantidades apreciáveis de monóxido de carbono (CO), um gás venenoso e nocivo à saúde. A reação do monóxido de carbono com o oxigênio do ar produzindo o inofensivo gás carbônico (CO_2) ocorre espontaneamente na atmosfera. Essa reação, no entanto, é muito lenta, e para evitar que o monóxido de carbono seja lançado na atmosfera é usado o conversor catalítico.

a) Proponha uma equação química para a reação entre o monóxido de carbono e o oxigênio.

b) Sugira uma explicação para o fato de essa reação ser lenta na atmosfera. Como o conversor catalítico aumenta a velocidade dessa reação?

TEXTO 8

Enzimas: catalisadores naturais com grande potencial

Nosso modelo para compreender a velocidade das reações químicas apresentou os catalisadores e o modo como eles atuam promovendo caminhos diferentes para que a reação ocorra.

Nos sistemas vivos também existem substâncias que aceleram as transformações bioquímicas. Essas substâncias são conhecidas como **enzimas**.

Enzimas são proteínas constituídas por longas cadeias de aminoácidos unidas por ligações peptídicas e articuladas em estruturas tridimensionais. Possuem em suas estruturas grupos polares como carboxilatos (COOH), hidroxilas (OH), aminas (NH_2), *mercaptan* (SH) e amida ($CONH_2$), que auxiliam na catálise enzimática.

As enzimas são catalisadores muito eficientes: em relação aos processos com catalisadores não enzimáticos, os que ocorrem por meio de catálise enzimática podem ter sua velocidade aumentada até vinte vezes.

O primeiro modelo para explicar o poder catalítico das enzimas foi proposto em 1894 pelo químico alemão Hermann Emil Fischer (1852-1919) e ficou conhecido como a hipótese da "chave e fechadura". A partir daí, o conhecimento sobre o mecanismo catalítico das enzimas vem sendo estudado por muitos grupos de pesquisadores, em diferentes áreas do conhecimento. Mas há ainda muita controvérsia sobre a importância de cada mecanismo e as teorias propostas para explicar o poder catalítico das enzimas.

Hoje se sabe que as enzimas são específicas em relação aos substratos, e por isso sua atividade é controlável e seletiva. Também se sabe que cada enzima tem um funcionamento específico no processo de catálise. Como as enzimas podem ser utilizadas em diferentes processos industriais, o interesse por tecnologias enzimáticas vem aumentando e para elas existe um mercado crescente e promissor. Um tipo de enzima conhecida como **lípase**, por exemplo, vem sendo muito utilizada na indústria de formulação de detergentes. Em geral é utilizada em combinação com outras enzimas, como as **proteases** e as **celulases**. Essas enzimas são responsáveis, por exemplo, pela remoção de manchas de gordura e sujeira acumulada em tecidos.

Uma das mais recentes tecnologias para o tratamento biológico de efluentes envolve a utilização de processos enzimáticos. Nesse caso são utilizadas enzimas como a **lignina peroxidase** e a **manganês peroxidase**, que possuem a possibilidade de degradar um grande número de substâncias tóxicas e difíceis de serem eliminadas por outros métodos.

As enzimas também vêm sendo utilizadas em diferentes áreas da agroindústria de alimentos, já que apresentam várias características interessantes, como o fato de serem compostos naturais, biodegradáveis e capazes de participar de reações específicas sem produzir produtos secundários. Elas têm sido utilizadas, por exemplo, na extração enzimática de óleos vegetais, processo que aumenta o rendimento de obtenção de óleo.

As áreas do conhecimento que procuram estudar os mecanismos de atuação das enzimas e suas aplicações são inúmeras e vêm se desenvolvendo a cada dia. Mas ainda há muito o que ser estudado.

NA INTERNET

- **<http://portaldoprofessor.mec.gov.br/storage/recursos/10083/cinetica_enzimatica.swf>**

  Animação que apresenta o conceito da concentração do substrato como fator de interferência na velocidade de uma reação catalisada por uma enzima. Acesso em: 26 abr. 2012.

- **<http://ozonewatch.gsfc.nasa.gov/>**

  Nesta página (em inglês) da Nasa, você vai poder acompanhar a evolução do buraco na camada de ozônio. Existem fotos e materiais (alguns em espanhol) sobre o tema. Acesso em: 26 abr. 2012.

Ivan Coutinho/Arquivo da editora

CAPÍTULO 4

Uma introdução ao estudo do equilíbrio químico

As transformações químicas são essenciais para todos os seres vivos existentes em nosso planeta. Em nosso curso de Química, estudamos alguns aspectos das transformações químicas e já tivemos a oportunidade de verificar que elas estão relacionadas com a formação de novos materiais, que podem ocorrer com diferentes velocidades e que envolvem transformações de energia. Também vimos que existem transformações espontâneas, mas que isso, por si só, não garante sua ocorrência. Há também casos, como a reação dos combustíveis com o oxigênio, em que o sistema necessita de uma energia inicial para ocorrer. As transformações podem ser muito lentas e praticamente não ocorrerem; ou muito rápidas, como uma explosão.

Até o momento tratamos as transformações considerando que, se misturados nas proporções adequadas, todos os reagentes se convertem em produtos. No entanto, há transformações nas quais coexistem reagentes e produtos mesmo depois de cessarem as alterações macroscópicas no sistema.

Neste capítulo, vamos estudar essas transformações, em que reagentes e produtos coexistem num estado chamado de **equilíbrio**.

Sérgio Dotta Jr./Arquivo da editora

Sérgio Dotta Jr./Arquivo da editora

Figura 4-1: Em muitos momentos as pessoas interagem com sistemas nos quais o estado de equilíbrio está presente.

Dorival Moreira/Pulsar Imagens

Reações reversíveis e o estado de equilíbrio químico[1]

Muitas reações químicas são reversíveis, embora em muitos casos essa característica não possa ser observada experimentalmente e ficamos com a impressão de que a reação é irreversível. Isso significa que os produtos da reação também reagem entre si, formando novamente os reagentes. Esse fato tem grandes implicações quando se trata de reações de interesse tecnológico, e por conseguinte de importância econômica, afinal o interesse é que a maior quantidade possível de reagentes se transforme em produtos no menor tempo possível. Esse controle normalmente é feito alterando-se as condições em que a reação se processa – por exemplo, variando a pressão, a temperatura ou a concentração dos reagentes.

Nesta atividade, vamos investigar uma dessas reações reversíveis, com o objetivo de verificar se reagentes e produtos convivem em solução após a reação ter aparentemente terminado.

Tenha cuidado!

Use todos os reagentes em local ventilado e sempre com a supervisão do professor.

Evite o contato das soluções de cromato de potássio (K_2CrO_4) e dicromato de potássio ($K_2Cr_2O_7$) com a pele. Em caso de contato com a pele, lave-a com água em abundância. Em caso de ingestão, beba água em abundância e **provoque** vômito, caso esteja consciente. Procure imediatamente um médico.

Cuidado ao manipular o hidróxido de sódio (NaOH) e o ácido clorídrico (HCl). Evite contato com a pele e não inale os vapores. Em caso de contato com a pele, lave-a com água em abundância. Em caso de ingestão, **não** provoque vômito e beba grandes quantidades de água. Procure imediatamente um médico.

PARTE A Reações reversíveis

Material

Soluções de: cromato de potássio (K_2CrO_4 0,1 mol/L), dicromato de potássio ($K_2Cr_2O_7$ 0,1 mol/L), ácido clorídrico (HCl 1 mol/L), hidróxido de sódio (NaOH 1 mol/L), quatro tubos de ensaio numerados de 1 a 4, um suporte para tubos de ensaio, uma proveta de 10 mL, um conta-gotas.

O que fazer

A1 Coloquem cerca de 5 mL de cromato de potássio (K_2CrO_4 0,1 mol/L) em um dos tubos de ensaio (tubo 1). Coloquem agora cerca de 5 mL de dicromato de potássio ($K_2Cr_2O_7$ 0,1 mol/L) no outro tubo de ensaio (tubo 2). Anotem no caderno a cor de cada uma das soluções. Deixem os tubos de ensaio reservados, pois essas soluções servirão de referência para algumas comparações que faremos ao longo desta atividade.

A2 Repitam o procedimento A1, para preparar dois outros tubos de ensaio. O tubo 3 deve conter o cromato de potássio. O tubo 4 deve conter o dicromato de potássio.

Gilberto do Vale Rodrigues

Figura 4-2: **Observe a cor do cromato de potássio e do dicromato de potássio.**

[1] Informações obtidas de *Chems – Química, uma ciência experimental*. São Paulo: Edart, 1967. v. II.

A3 No tubo 3, adicionem ácido clorídrico (HCl 1 mol/L), gota a gota, até observarem mudança de cor do sistema. Anotem no caderno a cor da solução (K_2CrO_4 + HCl) e as espécies presentes.

A4 No tubo 4, adicionem hidróxido de sódio (NaOH 1 mol/L), gota a gota, até observarem mudança de cor do sistema. Anotem no caderno a cor da solução ($K_2Cr_2O_7$ + NaOH) e as espécies presentes.

A5 No tubo 3, ao qual vocês adicionaram inicialmente HCl, adicionem NaOH 1 mol/L, gota a gota. Observem o que ocorre e anotem no caderno a cor da solução (K_2CrO_4 + HCl + NaOH) e as espécies presentes.

A6 No tubo 4, ao qual vocês adicionaram inicialmente NaOH, adicionem HCl 1 mol/L, gota a gota. Observem o que ocorre e anotem no caderno a cor da solução ($K_2Cr_2O_7$ + NaOH + HCl) e as espécies presentes.

Questões

Q1. Quando vocês adicionaram HCl ao tubo 3, contendo K_2CrO_4, que espécie foi formada?

Q2. Tentem representar, por meio de uma equação química, o que pode ter ocorrido no tubo 3 quando vocês adicionaram HCl, considerando que há sempre a formação de água.

Q3. Quando vocês adicionaram NaOH ao tubo 4, contendo $K_2Cr_2O_7$, que espécie foi formada?

Q4. Tentem representar, por meio de uma equação química, o que pode ter ocorrido no tubo 4 quando vocês adicionaram NaOH, considerando que há sempre a formação de água.

Q5. Quando vocês adicionaram (em A5) NaOH ao tubo 3, que continha inicialmente K_2CrO_4 e ao qual havia sido adicionado HCl, que espécie foi formada?

Q6. Tentem representar, por meio de uma equação química, o que pode ter ocorrido no tubo 3 quando vocês adicionaram NaOH (em A5), considerando que há sempre a formação de água.

Q7. Quando vocês adicionaram (em A6) HCl ao tubo 4, que continha inicialmente $K_2Cr_2O_7$ e ao qual havia sido adicionado NaOH, que espécie foi formada?

Q8. Tentem representar, por meio de uma equação química, o que pode ter ocorrido no tubo 4 quando vocês adicionaram HCl (em A6), considerando que há sempre a formação de água.

Ao realizar essa parte da atividade, foi possível observar que o cromato de potássio (K_2CrO_4) pode ser transformado em dicromato de potássio ($K_2Cr_2O_7$), ao interagir com o ácido clorídrico (HCl). Também foi possível observar que o dicromato de potássio pode ser transformado em cromato de potássio ao interagir com hidróxido de sódio (NaOH). Além disso, foi possível obter novamente o cromato de potássio ao qual havia sido adicionado HCl, pela adição de NaOH. Do mesmo modo, pôde-se obter novamente o dicromato de potássio ao qual havia sido adicionado NaOH, pela adição de HCl. Seria possível continuarmos a transformar uma substância na outra indefinidamente, desde que adicionássemos o reagente necessário para que a transformação pudesse ocorrer. Essas são transformações químicas reversíveis.

A transformação do cromato em dicromato, pela adição de HCl, pode ser representada pela seguinte equação (equação I):

$$2K_2\,CrO_4\,(aq) + 2\,HCl\,(aq) \rightarrow K_2Cr_20_7\,(aq) + H_20\,(l) + 2\,KCl\,(aq) \qquad \text{(equação I)}$$

Já a transformação do dicromato em cromato, pela adição de NaOH, pode ser representada como segue:

$$K_2Cr_20_7\,(aq) + 2\,NaOH\,(aq) \rightarrow K_2Cro_4\,(aq) + H_20\,(l) + Na_2CrO_4\,(aq) \qquad \text{(equação II)}$$

Questão

Q9. Reescrevam a equação II considerando que o reagente utilizado seja o hidróxido de potássio (KOH) em vez do hidróxido de sódio (NaOH).

PARTE B Sistemas reversíveis e equilíbrio químico

Na parte A, retomamos a ideia de que uma reação química é, teoricamente, reversível, ou seja, de que é possível obter novamente um reagente a partir dos produtos e vice-versa. A ideia de equilíbrio químico aplica-se a esses sistemas reversíveis. Na discussão sobre as reações químicas, até agora, fizemos a seguinte consideração:

> Se uma reação química é espontânea, se ocorre num tempo relativamente pequeno e se os reagentes estão presentes em quantidades estequiométricas, então todos os reagentes se transformarão em produtos.

A ideia de equilíbrio químico surge associada ao problema de "em que extensão a reação ocorre". Ou seja, existem reações, algumas de grande importância econômica, que, mesmo quando ocorrem num tempo relativamente pequeno, são espontâneas e os reagentes estão presentes em proporções estequiométricas, não levam à completa transformação de reagentes e produtos.

Nesta atividade, vamos examinar um pouco mais o sistema químico cromato/dicromato para entender esse comportamento.

Material

Solução de cromato de potássio (K_2CrO_4 0,1 mol/L), solução de dicromato de potássio ($K_2Cr_2O_7$ 0,1 mol/L), solução de ácido clorídrico (HCl 1 mol/L), solução de hidróxido de sódio (NaOH 1mol/L), solução de nitrato de bário ($Ba(NO_3)_2$ 0,1 mol/L), quatro tubos de ensaio e um conta-gotas.

O que fazer

A7 Coloquem 10 gotas (cerca de 0,5 mL) de K_2CrO_4 0,1 mol/L em um dos tubos de ensaio. Acrescentem 2 gotas de NaOH 1 mol/L. Acrescentem, gota a gota, nitrato de bário ($Ba(NO_3)_2$ 0,1 mol/L), até perceber alguma alteração. Anotem o resultado no caderno. Guardem esse tubo de ensaio para a etapa A9.

A8 Coloquem 10 gotas (cerca de 0,5 mL) de $K_2Cr_2O_7$ 0,1 mol/L em outro tubo de ensaio. Acrescentem 2 gotas de HCl 1 mol/L e, depois, 10 gotas de $Ba(NO_3)_2$ 0,1 mol/L. Anotem o resultado. Guardem esse tubo de ensaio para a etapa A10.

A9 Ao tubo de ensaio da etapa A7 acrescentem, gota a gota, HCl 1 mol/L até notar alguma alteração. Anotem no caderno suas observações.

A10 Acrescentem, gota a gota, ao tubo de ensaio da etapa A8, NaOH 1 mol/L até notar alguma modificação. Anotem suas observações.

A11 Coloquem 10 gotas (cerca de 0,5 mL) de $K_2Cr_2O_7$ 0,1 mol/L em um tubo de ensaio e a mesma quantidade de K_2CrO_4 0,1 mol/L em outro. Acrescentem algumas gotas de $Ba(NO_3)_2$ 0,1 mol/L a cada um dos tubos de ensaio. Observem e anotem o resultado.

Questões

Q10. Qual é o propósito de colocar NaOH na etapa A7?

Q11. Escrevam uma equação balanceada que represente o que vocês observaram na etapa A7.

Q12. Qual é o propósito de colocar HCl na etapa A8?

Q13. Escrevam no caderno uma equação balanceada que represente o que vocês observaram na etapa A8.

Q14. O que vocês podem concluir a respeito da solubilidade do $BaCrO_4$ (s) em relação à solubilidade do $BaCr_2O_7$ (s), de acordo com suas observações nas etapas A7 e A8?

Q15. Qual é o propósito de colocar HCl na etapa A9?

Q16. Qual é o propósito de colocar NaOH na etapa A10?

Q17. Sugiram uma maneira de inverter as alterações e reações observadas nas etapas A9 e A10. Testem essas experiências.

Q18. O que vocês podem concluir em relação ao que foi observado na etapa A11?

Q19. Utilizando um modelo, façam uma representação para o que ocorreu nos dois tubos da etapa A11.

Nesta parte da atividade, foi possível concluir que, nos casos analisados, reagentes e produtos coexistem em um mesmo recipiente. Mesmo quando a solução estava laranja, o que nos levaria a concluir que apenas o dicromato estaria presente, o teste com nitrato de bário ($Ba(NO_3)_2$) mostrou que existia uma certa quantidade de cromato no recipiente.

ATIVIDADE 2

O equilíbrio químico é estático ou dinâmico?

A palavra "equilíbrio" é usada em vários contextos, assumindo significados diferentes. A experiência com situações de equilíbrio começa muito cedo em nossas vidas quando, ainda bebês, aprendemos a sentar e a andar.

Nesta atividade, vamos diferenciar as situações de equilíbrio dinâmico das situações de equilíbrio estático.

Na Química, um sistema está em **equilíbrio dinâmico** quando está aparentemente estabilizado em um certo estado, mas trocas ou compensações entre partes do sistema ou entre o sistema e sua vizinhança continuam a ocorrer. Um sistema está em **equilíbrio estático** quando atinge a estabilidade em um certo estado e cessam as trocas ou compensações entre partes do sistema ou entre o sistema e sua vizinhança.

Questões

Q20. Listem seis palavras diferentes que podem ser usadas para especificar um tipo de equilíbrio. Neste capítulo, por exemplo, usamos a expressão "equilíbrio químico".

Q21. Entre os exemplos listados na questão Q20, quais vocês classificariam como equilíbrio estático e quais como equilíbrio dinâmico? Utilizando as ideias de trocas e/ou compensações, como vocês justificariam essa classificação?

O equilíbrio químico é um exemplo de equilíbrio dinâmico. Para entender um pouco melhor esse tipo de equilíbrio, vamos examinar o que acontece em uma garrafa fechada de água mineral com gás.

Sérgio Dotta Jr./Arquivo da editora

Figura 4-3: **Na garrafa de água mineral com gás, o CO_2 (g) está em equilíbrio com o CO_2 (aq).**

A garrafa com água mineral é um sistema fechado, pois nada pode entrar na garrafa ou sair dela. Nesse sistema, o dióxido de carbono está presente em dois estados: como um gás (CO_2 (g)), na parte sem líquido, e dissolvido em água, (CO_2 (aq)). Vamos supor que a garrafa seja deixada imóvel por algum tempo a uma temperatura constante. Se medirmos a pressão do CO_2 (g), encontraremos um valor constante. Se medirmos a concentração de CO_2 (aq), também encontraremos um valor constante. Assim, podemos dizer que o sistema está em equilíbrio. Nenhuma mudança pode ser observada ou medida, pelo menos na escala macroscópica. Se pudéssemos observar como as moléculas individuais estão se comportando, isto é, na escala submicroscópica, a imagem seria bem diferente. Nesse nível, teríamos uma passagem constante de partículas de CO_2 da solução para o gás e do gás para a solução.

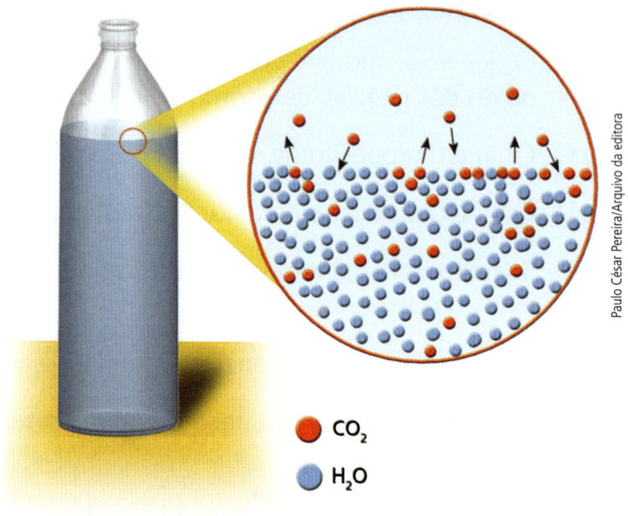

Figura 4-4: **O modelo representa o CO_2 (g) em equilíbrio com o CO_2 (aq) na garrafa de água mineral.**

Questão

Q22. Utilizando o que vocês já sabem sobre o modelo cinético-molecular para os gases e o modelo cinético para as transformações químicas, elaborem uma explicação para o fato de a pressão e a concentração de CO_2 no equilíbrio químico não mudarem, mas as partículas transitarem continuamente de um estado para o outro.

Vocês já sabem que, em qualquer gás, as moléculas possuem um movimento constante, rápido e aleatório, em todas as direções. Inevitavelmente, algumas moléculas do gás vão colidir com moléculas existentes na superfície do líquido. Algumas delas vão permanecer na parte gasosa e outras podem se dissolver na parte líquida. Como as moléculas em solução também possuem movimento constante e aleatório, da mesma forma, algumas moléculas de CO_2 que estão em solução atingem a superfície do líquido. Algumas delas permanecerão no líquido e outras terão energia suficiente para escapar para a parte gasosa. Então, teremos moléculas entrando e saindo da solução constantemente. Esses dois processos ocorrem à mesma velocidade, o que pode ser evidenciado em uma escala macroscópica, pois a pressão e a concentração permanecem inalteradas.

Podemos representar esse estado de equilíbrio por meio da equação:

$$CO_2\,(g) \rightleftharpoons CO_2\,(aq)$$

Questão

Q23. Retomem o modelo que vocês formularam na questão Q19. Sabendo que, naquele sistema, cromato e dicromato estão em equilíbrio dinâmico, refaçam o modelo levando em consideração essa informação.

Em uma reação química, como a que ocorreu na atividade 1 entre cromato de potássio (K_2CrO_4) e dicromato de potássio ($K_2Cr_2O_7$), quando o sistema atinge o estado de equilíbrio, cessam todas as alterações macroscópicas perceptíveis. No entanto, como nesse estado coexistem reagentes e produtos, dizemos que a atividade submicroscópica do sistema continua, o que implica que as duas reações – entre os reagentes para formar produtos e entre os produtos para formar reagentes – continuam a ocorrer, mas as velocidades das reações nos dois sentidos são iguais.

ATIVIDADE 3

Relações matemáticas entre concentrações das espécies presentes no equilíbrio

Nesta atividade, vamos estudar como as concentrações das espécies presentes no equilíbrio podem estar relacionadas e que informações podemos obter a partir dessas relações.

Considerem os dados de concentração para as espécies hidrogênio (H_2), iodo (I_2) e iodeto de hidrogênio (HI) envolvidas na seguinte transformação:

$$H_2\ (g) + I_2\ (g) \rightleftharpoons 2\ HI\ (g)$$

	Concentrações (em mol/L)		
	I	II	III
Experiência	$[H_2]$	$[I_2]$	[HI]
1	$1{,}8313 \times 10^{-3}$	$3{,}1292 \times 10^{-3}$	$17{,}671 \times 10^{-3}$
2	$2{,}2423 \times 10^{-3}$	$2{,}3360 \times 10^{-3}$	$16{,}850 \times 10^{-3}$
3	$3{,}5600 \times 10^{-3}$	$1{,}2500 \times 10^{-3}$	$15{,}588 \times 10^{-3}$
4	$4{,}5647 \times 10^{-3}$	$0{,}7378 \times 10^{-3}$	$13{,}544 \times 10^{-3}$
5	$1{,}1409 \times 10^{-3}$	$1{,}1409 \times 10^{-3}$	$8{,}410 \times 10^{-3}$
6	$0{,}4953 \times 10^{-3}$	$0{,}4953 \times 10^{-3}$	$3{,}655 \times 10^{-3}$

Quadro 4-1: **Investigação empírica dos dados de concentrações (em mol/L) no equilíbrio para H_2, I_2 e HI em uma mesma temperatura.**

dica Enem

Questões

Q24. Observem atentamente os dados das experiências 1, 2, 3 e 4, no quadro 4-1, e respondam no caderno:

a) O que vocês podem concluir em relação à variação dos valores para as concentrações de HI no equilíbrio?

b) O que vocês podem concluir em relação à variação dos valores para as concentrações de H_2 no equilíbrio?

c) O que vocês podem concluir em relação à variação dos valores para as concentrações de I_2 no equilíbrio?

Q25. Observem atentamente os dados das experiências 5 e 6 e respondam no caderno:

a) O que vocês podem concluir em relação à variação dos valores para as concentrações de HI no equilíbrio?

b) O que vocês podem concluir em relação à variação dos valores para as concentrações de H_2 no equilíbrio?

c) O que vocês podem concluir em relação à variação dos valores para as concentrações de I_2 no equilíbrio?

Ao analisar os dados do quadro 4-1, vocês observaram que a concentração do HI diminui ao longo das experiências 1, 2, 3 e 4. Nessas mesmas experiências, vocês devem ter notado também que um aumento na concentração de H_2 foi acompanhado por uma diminuição na concentração do I_2. Da mesma forma, nas experiências 5 e 6, quando a concentração de HI diminuiu, as concentrações de H_2 e I_2 também diminuíram.

Quando tais regularidades são observadas, é interessante que se procure uma forma de expressá-las utilizando uma equação matemática. Provavelmente, as concentrações das espécies presentes no equilíbrio estão relacionadas. Qual seria, então, essa relação?

Questões

Q26. Reproduzam o quadro 4-1 no caderno substituindo as colunas I, II e III pelas colunas IV ($[H_2] \cdot [I_2]/[HI]$) e V ($[HI]^2/[H_2] \cdot [I_2]$). Efetuem os cálculos necessários.

Q27. O que vocês observam em relação aos valores obtidos ao efetuar os cálculos indicados na coluna IV? Essa relação matemática possibilita sistematizar algum tipo de comportamento?

Q28. O que vocês observam em relação aos valores obtidos ao efetuar os cálculos indicados na coluna V? Essa relação matemática possibilita sistematizar algum tipo de comportamento?

Quando vocês substituíram os valores das concentrações na relação matemática proposta na coluna IV, observaram que os valores obtidos diminuem à medida que a concentração de HI diminui. Ao preencher a coluna V, entretanto, outra regularidade pode ser evidenciada: os quocientes foram constantes. Isso nos indica que aquela relação possibilita sistematizar uma característica do sistema em equilíbrio.

Esse quociente constante sempre aparece quando as concentrações das espécies no equilíbrio são relacionadas da seguinte forma:

1. multiplicam-se as concentrações das espécies representadas do lado direito da seta na equação química (produtos), elevadas ao expoente correspondente ao índice estequiométrico de cada espécie;
2. divide-se o resultado pelo produto das concentrações dos reagentes, representados do lado esquerdo da dupla seta na equação química, também elevadas ao expoente correspondente ao índice estequiométrico de cada espécie.

Por exemplo, para a equação:

$$H_2\,(g) + I_2\,(g) \rightleftharpoons 2\,HI\,(g)$$

teremos:

$$[HI]^2/[H_2] \rightleftharpoons [I_2]$$

Esse quociente, *K*, é conhecido como **constante de equilíbrio**. Essa relação foi proposta com base em dados empíricos no final do século XIX, mas sua completa interpretação teórica só foi possível na segunda década do século XX.

Como a constante de equilíbrio é uma relação entre concentrações de produtos sobre a concentração dos reagentes, seu valor nos informa a extensão com que uma transformação ocorre. A constante de equilíbrio é calculada para uma dada temperatura. Alterações na temperatura acarretam uma modificação na constante de equilíbrio do sistema.

No exemplo estudado, se o valor da constante é menor do que 1, podemos concluir que o estado de equilíbrio é tal que a quantidade de reagentes é maior que a quantidade de produtos, ou seja, a reação direta processa-se em menor extensão do que a reação inversa.

Se o valor da constante é maior do que 1, podemos concluir que a quantidade de produtos é maior do que a quantidade de reagentes, ou seja, a reação direta processa-se em maior extensão do que a reação inversa.

Vale comentar que é muito comum encontrar a comparação do valor de constantes de equilíbrio com o valor 1 para decidir se a reação está deslocada para os produtos ($K > 1$) ou para os reagentes ($K < 1$). Essa comparação com a unidade para o fim citado somente pode ser feita se a ordem (soma das potências) do numerador for igual à do denominador na expressão da constante de equilíbrio da reação considerada, como é o caso estudado.

Por exemplo, para a reação $A \rightleftharpoons 2\,B$, cuja expressão para a constante de equilíbrio é:

$$K = \frac{[B]^2}{[A]}$$

se o equilíbrio fosse alcançado quando as concentrações de *A* e de *B* fossem idênticas e diferentes da unidade, então a constante de equilíbrio seria igual à referida concentração e não igual a 1. Portanto, não faz sentido sempre comparar *K* com a unidade para saber se as concentrações dos produtos são maiores ou menores que a dos reagentes. Mas é possível dizer com segurança que, se a constante de equilíbrio é **muito maior** que a unidade, então o equilíbrio está deslocado no sentido de favorecer a formação dos produtos, e vice-versa.

Questão

Q29. A água se decompõe a 25 °C segundo a equação a seguir:

$$2\,H_2O\,(g) \rightleftharpoons 2\,H_2\,(g) + O_2\,(g)$$

a) Escrevam no caderno a expressão para a constante de equilíbrio da decomposição da água.

b) Sabendo que o valor de *K* nesse caso é de $1{,}0 \times 10^{-81}$, o que vocês podem dizer em relação à quantidade de hidrogênio e de oxigênio formados na decomposição da água?

ATIVIDADE 4

Ácidos e bases na linguagem cotidiana

Um exemplo de equilíbrio que é fundamental para entender o comportamento de vários sistemas, como o sangue e os oceanos, é o equilíbrio ácido-base. Várias palavras associadas a esse tipo de equilíbrio passaram a povoar o nosso cotidiano.

Nesta atividade, vamos resgatar alguns usos dessas palavras e discutir seus significados.

Questões preliminares

Q30. Certamente vocês já ouviram falar de pH, xampu neutro, ácidos, alcalinos e antiácidos. Citem alguns contextos ou situações nas quais vocês já depararam com algumas dessas palavras sendo utilizadas.

Q31. Façam uma pesquisa em revistas, jornais e na internet e selecionem reportagens e/ou propagandas em que as palavras relacionadas em Q30 aparecem. Não se esqueçam de indicar a(s) fonte(s) consultada(s).

Q32. Nosso estômago é um órgão que está em contato com uma secreção muito ácida, o suco gástrico. Quando uma pessoa se alimenta mal ou tem algum problema emocional, a produção do suco gástrico pode aumentar, causando o que se conhece como azia. Para aliviar esse sintoma, as pessoas costumam consumir os chamados "antiácidos". Em uma farmácia, selecionem e pesquisem algumas embalagens de antiácidos e determinem seus princípios ativos. É interessante que vocês indiquem o nome dos medicamentos consultados.

TEXTO 1

Ácidos e bases e o comportamento químico da água

Na linguagem cotidiana, utilizamos as palavras "ácido" e "base" como atributos de uma determinada substância ou material. Assim, por exemplo, dizemos que uma laranja é muito ácida, como se o fato de a laranja ser mais ou menos ácida dependesse somente do fato de ela ser uma laranja.

Fabio Colombini/Acervo do fotógrafo

Figura 4-5: **Na linguagem cotidiana, dizemos que a laranja é ácida.**

Na Química, definimos ácidos e bases de maneira diferente. Uma substância só é considerada ácida ou básica em função das possíveis interações com outras substâncias. Isso quer dizer que a definição de ácidos e bases é uma definição relacional.

Vamos entender isso melhor?

Para compreender o equilíbrio ácido-base, vamos começar por discutir o comportamento da água pura. No estado líquido, uma pequena fração de moléculas de água pode se dissociar produzindo H^+ (aq) e OH^- (aq). Essas espécies podem interagir e formar água líquida novamente. Dessa forma, a dissociação da água caracteriza um estado de equilíbrio dinâmico, chamado de equilíbrio iônico da água. Na verdade, os íons H^+ não existem isolados em solução aquosa, mas, combinados com moléculas de água, formam o íon hidrônio (H_3O^+ (aq)). No entanto, para simplificar, continuaremos representando os íons hidrônio simplesmente por H^+ (aq).

Podemos representar o equilíbrio iônico da água pela equação:

$$H_2O\,(l) \rightleftharpoons H^+\,(aq) + OH^-\,(aq)$$

Questões

Q33. Escreva no caderno a expressão da constante de equilíbrio iônico da água, *K*.

Q34. Considerando que a concentração da água líquida praticamente não se altera em função da pequena dissociação que ela sofre, reescreva a constante de equilíbrio iônico da água, K_w. Pense que, se a concentração da água permanece constante, o seu valor pode ser incorporado ao próprio valor da constante de equilíbrio.

Q35. O valor de K_w, a 25 °C, é igual a 1×10^{-14}. A partir desse valor e considerando a equação de dissociação da água, calcule as concentrações de H^+ (aq) e de OH^- (aq) na água pura.

Q36. Suponha agora que você adicione, à água pura, ácido clorídrico (HCl) de forma a obter uma solução 0,01 mol/L. Considerando que o ácido clorídrico se ioniza totalmente em água:

a) Escreva a equação de ionização do ácido clorídrico (HCl). Qual será o valor da concentração de H^+ (aq) na solução 0,01 mol/L de HCl?

b) Compare o valor da concentração de H^+ (aq) obtido no item anterior com o valor da concentração de H^+ (aq) na água pura, que foi calculado na questão Q35. O que você pode constatar?

c) Considerando que não houve alteração na temperatura, o valor de K_w permanece o mesmo. Use esse valor e o valor da concentração de H^+ (aq) para calcular a concentração de OH^- (aq) no equilíbrio obtido quando se adiciona HCl à água para formar uma solução 0,01 mol/L.

Q37. Suponha agora que você adicione, à água pura, hidróxido de sódio (NaOH) de forma a obter uma solução 0,01 mol/L. Considerando que o hidróxido de sódio se ioniza totalmente em água:

a) Escreva a equação de ionização do hidróxido de sódio (NaOH). Qual será o valor da concentração de OH^- (aq) na solução 0,01 mol/L de NaOH?

b) Compare o valor da concentração de OH^- (aq) obtido no item anterior com o valor da concentração de OH^- (aq) na água pura, que foi calculado na questão Q35. O que você pode constatar?

c) Considerando que não houve alteração na temperatura, o valor de K_w permanece o mesmo. Use esse valor e o valor da concentração de OH^- (aq) para calcular a concentração de H^+ (aq) no equilíbrio obtido quando se adiciona NaOH à água para formar uma solução 0,01 mol/L.

Por meio dos cálculos efetuados, você pode perceber que na água pura a concentração de H^+ (aq) (1×10^{-7} mol/L) é igual à concentração de OH^- (aq) (1×10^{-7} mol/L). Nesse caso, podemos dizer que a água pura é neutra.

A adição de um ácido à água muda essa situação. No caso estudado, da solução 0,01 mol/L de HCl, você pode constatar que a concentração de H^+ (aq), cujo valor era igual a 1×10^{-2} mol/L, era maior do que a concentração de OH^- (aq), igual a 1×10^{-12} mol/L. Nesse caso, dizemos que a solução de HCl é ácida.

No caso em que se adiciona um hidróxido à água, tem-se a situação inversa. No caso estudado, da solução 0,01 mol/L de NaOH, você pode constatar que a concentração de OH^- (aq), cujo valor era igual a 1×10^{-2} mol/L, era maior que a concentração de H^+ (aq), igual a 1×10^{-12} mol/L. Nesse caso, dizemos que a solução de NaOH é básica.

Coleção Particular

Figura 4-6: **Arrhenius contribuiu para a construção de conhecimento sobre ácidos e bases.**

A partir dessa discussão, podemos chegar a uma definição de ácido e base que leva em consideração como a substância ácida ou básica se comporta em relação a um solvente – no caso a água – que é considerado neutro. A vantagem dessa definição é que ela considera que a propriedade de ser ácido ou de ser base não é algo inerente à substância, mas define-se como um comportamento da substância em relação à água. Essa definição foi proposta por Arrhenius (1859-1927), em 1887, como parte de sua teoria de dissociação eletrolítica.

Segundo essa teoria, ácido é toda substância que em água produz íons H^+, e base é aquela que produz íons OH^-. A neutralização de um ácido por uma base, ou vice-versa, seria, portanto, a reação entre essas duas espécies iônicas produzindo água:

$$H^+ (aq) + OH^- (aq) \rightleftharpoons H_2O (l)$$

A definição de Arrhenius foi a primeira definição de ácido e base que teve esse caráter relacional, ou seja, definiu ácido e base como um comportamento em relação a alguma outra espécie, e não como uma propriedade que depende unicamente da constituição da substância. Antes de Arrhenius, pensava-se que as substâncias ácidas seriam aquelas que continham hidrogênio. A teoria de Arrhenius permite, por exemplo, considerar o cloro como ácido, apesar de ele não conter hidrogênio. Veja a equação da reação do cloro com a água:

$$Cl_2 (aq) + H_2O (l) \rightleftharpoons \frac{1}{2} O_2 (g) + 2\ H^+ (aq) + 2\ Cl^- (aq)$$

A partir da teoria de Arrhenius, várias outras teorias ácido-base foram propostas, todas elas com o mesmo caráter relacional, ou seja, definindo ácido e base como um comportamento de uma espécie em relação a outras espécies.

Uma consequência importante da teoria de Arrhenius é que podemos considerar que nem todos os ácidos e bases são igualmente fortes, ou seja, nem todos se dissociam em água na mesma extensão. Nesse texto, lidamos com ácido clorídrico (HCl) e hidróxido de sódio (NaOH), um ácido e uma base que, em água, dissociam-se totalmente, sendo por isso considerados respectivamente um ácido e uma base **fortes**. A maioria das substâncias ácidas com que lidamos diariamente na cozinha – o suco de frutas cítricas, o vinagre etc. – contém, todavia, ácidos que não se dissociam totalmente. A dissociação desses ácidos resulta num estado de equilíbrio químico, em que os íons dissociados convivem com o ácido não dissociado.

Fotos: Sérgio Dotta Jr./Arquivo da editora

Figura 4-7: **A maioria das substâncias ácidas do nosso cotidiano contém ácidos que não se dissociam totalmente.**

As substâncias que têm esse comportamento são conhecidas como ácidos **fracos**; da mesma forma, também existem bases fracas. São exemplos de ácidos fracos o ácido acético (CH_3COOH), constituinte do vinagre, e o ácido cítrico, constituinte das frutas cítricas cuja fórmula é:

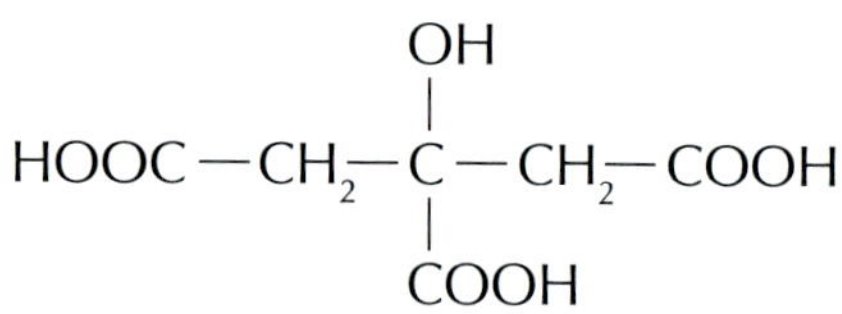

Um exemplo de base fraca é o hidróxido de amônio (NH_4OH), que resulta da dissolução de amônia (NH_3) em água.

Sérgio Dotta Jr./Arquivo da editora

Figura 4-8: **Produtos de limpeza que contêm amônia apresentam comportamento básico.**

ATIVIDADE 5

Construindo[2] uma escala de pH

Uma consequência importante da teoria ácido-base de Arrhenius é a possibilidade de estabelecer uma escala para medir a acidez e a basicidade. Essa escala é conhecida como **escala de pH**. Atualmente, a ideia de pH associada à medida de acidez e basicidade já está incorporada na linguagem cotidiana, como você teve oportunidade de verificar na atividade 4. Existem substâncias que são particularmente importantes para determinar a acidez ou a basicidade de uma espécie. Essas substâncias, conhecidas como **indicadores ácido-base**, mudam de cor conforme o meio se torne ácido ou básico. A escala de pH é construída a partir de uma operação matemática envolvendo a concentração do íon hidrônio (H_3O^+) na solução. Você deve se lembrar de que a concentração do cátion hidrogênio (H^+) na água pura, neutra, é igual a 1×10^{-7} mol/L. O pH da água pura, como o de qualquer espécie neutra, é igual a 7.

Para determinar o valor do pH, usa-se a expressão matemática, em que $[H^+]$ é a concentração, em mol/L, de hidrogênio.

$$pH = -\log [H^+]$$

Na escala de pH, as substâncias que apresentam pH menor que 7 são consideradas **ácidas**, e as que apresentam pH maior que 7 são consideradas **básicas**.

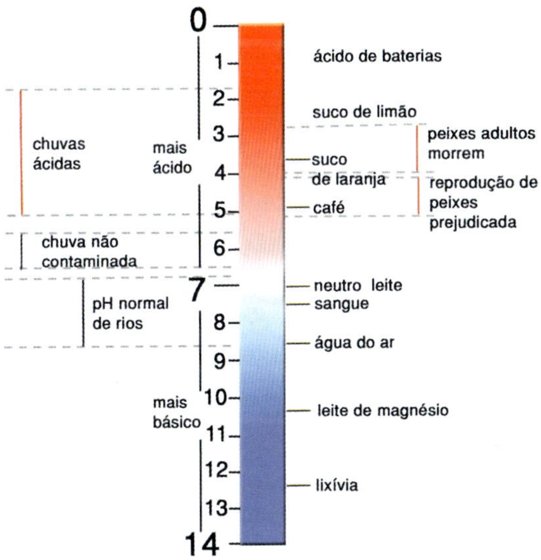

Figura 4-9: **Escala de pH.**

Se você calcular o pH das duas soluções (HCl 0,01 mol/L e NaOH 0,01 mol/L) com as quais trabalhamos no texto 1, achará os valores 2 e 12.

Geralmente, a escala de pH **não** é usada para medir a acidez e a basicidade de soluções ácidas e básicas muito concentradas. Soluções fortemente ácidas apresentariam pH menor que zero. Soluções fortemente básicas apresentariam pH maior que 14. Portanto, a escala de pH é, em geral, usada para substâncias que apresentam valores de pH entre 0 e 14.

Nesta atividade, vamos construir uma escala aproximada de pH usando materiais comuns e um indicador à base de repolho roxo. As partes A, B e C desta atividade devem ser realizadas no mesmo dia, pois o extrato de repolho se decompõe com facilidade.

PARTE A Preparando o indicador de repolho roxo

Material

Um pedaço pequeno de repolho roxo, um liquidificador, uma peneira fina, uma proveta de 5 mL, dois béqueres de 250 mL, um béquer de 1 L.

[2] Esta atividade foi inspirada em: GEPEQ (1995). Estudando o equilíbrio ácido-base. *Química nova na escola*. n. 1, p. 32-3.

O que fazer

A12 Preparem o extrato de repolho roxo cortando um pedaço pequeno do repolho e batendo no liquidificador com 1 L de água. A seguir, coem a mistura numa peneira fina. O extrato deve ser usado imediatamente, pois se decompõe com facilidade.

PARTE B Preparando a escala-padrão de pH

Material

5 mL de vinagre branco, 5 mL de álcool etílico comercial, 20 mL de água destilada, 5 mL de detergente à base de amoníaco, extrato de repolho roxo (preparado na parte A), solução 0,1 mol/L de ácido clorídrico (HCl), solução 0,1 mol/L de hidróxido de sódio (NaOH), sete tubos de ensaio, um suporte para tubos de ensaio, um conta-gotas.

Tenha cuidado!

Use todos os reagentes em local ventilado e consulte sempre o professor.

Cuidado ao manipular o hidróxido de sódio (NaOH) e o ácido clorídrico (HCl). Evite contato com a pele e não inale os vapores. Em caso de contato com a pele, lave-a com água em abundância. Em caso de ingestão, **não** provoque vômito e beba grandes quantidades de água. Procure um médico imediatamente.

O que fazer

A13 Preparem sete tubos de ensaio com as soluções indicadas no quadro 4-2:

Solução	Preparo	Valor do pH (aproximado)
1	5 mL de HCl diluído + 5 mL do extrato de repolho roxo	1
2	5 mL de água destilada + 5 gotas de vinagre branco + 5 mL do extrato de repolho roxo	3
3	5 mL de álcool etílico comercial + 5 mL do extrato de repolho roxo	5
4	5 mL de água destilada + 5 mL do extrato de repolho roxo	6
5	5 mL de água destilada + 1 gota de detergente à base de amoníaco + 5 mL do extrato de repolho roxo	9
6	5 mL de água destilada + 5 gotas de detergente à base de amoníaco + 5 mL do extrato de repolho roxo	11
7	5 mL de NaOH diluído + 5 mL do extrato de repolho roxo	12

Quadro 4-2: **Preparação da escala-padrão de pH. A escala-padrão deve ser preparada imediatamente antes de ser usada, pois a solução de repolho roxo se decompõe com facilidade.**

Sérgio Dotta Jr/Arquivo da editora

Figura 4-10: **A escala de pH usando extrato de repolho roxo.**

PARTE C Testando o pH de diferentes materiais de uso doméstico

Nesta parte da atividade, vocês vão testar o pH de alguns materiais.

Material

Um conta-gotas e um tubo de ensaio para cada substância que será testada: xampu, leite, suco de limão, suco de laranja, clara de ovos, detergente líquido, solução de bateria de automóveis, saliva; extrato de repolho roxo (preparado na parte A) e água destilada. Se você desejar, poderá testar outros materiais.

O que fazer

A14 Para testar cada material, coloquem, em um tubo de ensaio, 5 mL de água destilada, 5 mL de extrato de repolho roxo e 5 gotas do material a ser testado. Comparem a cor obtida com a escala-padrão, preparada na parte B.

Questões

Q38. Façam uma lista no caderno, colocando os materiais que vocês testaram em ordem crescente de acidez, mostrando quais são ácidos e quais são básicos.

Q39. Façam uma outra lista, colocando os materiais testados em ordem crescente de basicidade.

Q40. Por que não é correta, do ponto de vista científico, a frase, em algumas propagandas de xampu: "xampu com pH neutro"?

Considerações finais

Nesta atividade, vocês construíram uma escala de pH utilizando como indicador o repolho roxo. Existem várias substâncias que funcionam como indicadores. Para cada um deles, podemos construir uma escala de pH à qual corresponderá uma variação de cores. É muito comum utilizar, nesses casos, o que se chama de **indicador universal**, que é uma mistura de vários indicadores. Normalmente um indicador universal contém uma mistura de alfa-naftolftaleína, azul de bromotimol, fenolftaleína, timolftaleína e vermelho de metilo. Uma escala de pH construída com o uso de indicador universal é representada na figura 4-11.

É possível ainda realizarmos medidas de pH utilizando aparelhos conhecidos como peagâmetros.

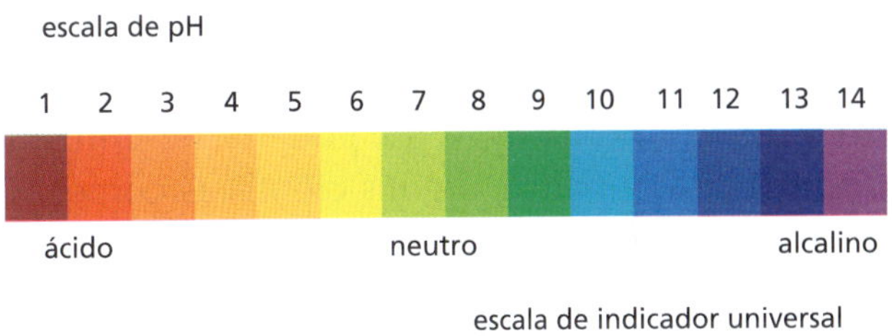

Figura 4-11: **Escala de pH construída com um indicador universal.**

Sérgio Dotta Jr./Arquivo da editora

Figura 4-12: **O peagâmetro é um aparelho utilizado para medir o pH de materiais.**

TEXTO 2

Condições que afetam o estado de equilíbrio químico

Na atividade 1, discutimos que existe interesse econômico em fazer com que uma reação química se processe com a maior extensão possível no sentido de formar os produtos. Dissemos que, muitas vezes, isso é possível alterando as condições em que a reação se processa; por exemplo, variando a pressão e a temperatura. Um exemplo interessante é o desenvolvimento do processo industrial de produção de amônia (NH_3 (g)).

Figura 4-13: **Fábrica produtora de amônia – a produção de amônia é um exemplo importante da necessidade do controle da extensão na qual uma transformação química ocorre.**

No início do século XX, a questão da produção de alimentos era muito importante para a Europa, onde a área disponível para a agricultura é muito reduzida. Era importante, naquela época, aumentar a eficiência na produção de alimentos com o uso de fertilizantes. O uso de nitratos (NO_3^-) para fertilizar os solos já era uma prática comum no século XIX. Com a descoberta de que a amônia (NH_3 (g)) poderia ser utilizada como matéria-prima para a produção de fertilizantes nitrogenados, alguns cientistas começaram a estudar as possibilidades de transformar o gás nitrogênio (N_2) do ar em nitratos (NO_3^-) ou NH_3 (g) assimiláveis pelas plantas.

Alguns processos foram desenvolvidos, mas em todos eles o rendimento da produção de NH_3 (g) era baixo e envolvia um grande gasto energético. Desde 1795, já se sintetizava NH_3 (g) a partir dos gases hidrogênio (H_2) e nitrogênio (N_2). No entanto, à pressão e temperatura ambientes, a reação produzia uma quantidade muito pequena de NH_3 (g), e a elevação da temperatura parecia não contribuir para aumentar significativamente sua produção.

Foi Fritz Haber (1868-1934), químico alemão, quem resolveu, do ponto de vista da Química, o problema da síntese de NH_3 (g) a partir de nitrogênio e hidrogênio. Isso lhe valeu o Prêmio Nobel de Química de 1918. Já os problemas técnicos para a produção industrial de NH_3 (g) foram resolvidos por Carl Bosch (1874-1940). Até hoje, praticamente toda a produção mundial da amônia utiliza o processo conhecido como **Haber-Bosch**.

Figura 4-14: **Fritz Haber e Carl Bosch desenvolveram o processo conhecido como Haber-Bosch.**

A solução do problema químico de produção de NH_3 (g) a partir de nitrogênio e hidrogênio é um exemplo clássico de como a variação das condições de temperatura e pressão em que ocorre uma reação pode afetar a quantidade de produto obtida ou a extensão em que a reação ocorre.

A equação da reação de produção de NH_3 (g) a partir de nitrogênio e hidrogênio pode ser escrita da seguinte forma:

$$N_2\ (g) + 3\ H_2\ (g) \rightleftharpoons 2\ NH_3\ (g)$$
$$\Delta H = -45{,}9\ \text{kJ/mol de amônia, a 298 K (25 °C)}$$

O exame da equação permite perceber que todas as espécies envolvidas são gasosas, que o número de moléculas gasosas é maior nos reagentes do que nos produtos e que a reação é exotérmica, portanto libera energia sob a forma de calor para o ambiente.

Questão

Q41. Considerando as informações disponíveis na equação química de formação de NH_3 (g) e que a reação se passa em recipiente fechado, responda:

a) A produção de NH_3 (g) aumenta ou diminui a pressão do sistema? Por quê?

Considere os dados do quadro a seguir, que relaciona porcentagens de NH_3 (g) formada a partir de uma mistura de H_2 (g) e N_2 (g) na proporção de 3:1 em diferentes temperaturas e pressões, para responder aos itens b e c.

Pressão (em atm) ⇨ / **Temperatura (em °C) ⇩**	**200**	**300**	**400**	**500**
400	38,7	47,8	58,9	60,6
450	27,4	35,9	42,9	48,8
500	18,9	26,0	32,2	37,8
550	12,8	18,4	23,5	28,3
600	8,80	13,0	17,0	20,8

Quadro 4-3: **Porcentagens de amônia formada a partir de uma mistura de H_2 (g) e N_2 (g) na proporção de 3:1.**

b) Considerando cada valor de temperatura, o que acontece com a porcentagem de NH_3 (g) formada quando se aumenta a pressão sobre o sistema?

c) Considerando cada valor de pressão, o que acontece com a porcentagem de NH_3 (g) formada quando se aumenta a temperatura do sistema?

Respondendo às questões anteriores, você pode observar que, quando há produção de NH_3 (g), ocorre uma diminuição na pressão do sistema. Isso ocorre porque, para cada duas moléculas de NH_3(g) que são produzidas, são consumidas quatro moléculas: uma de nitrogênio (N_2) e três de hidrogênio (H_2). Assim, a formação de NH_3 (g) diminui o número total de moléculas existentes e, portanto, a pressão que elas exercem no recipiente. Ao analisar os dados do quadro 4-3, você pôde observar que o aumento da pressão no sistema favorece a formação de NH_3 (g). Portanto, pode-se concluir que o aumento da pressão sobre o sistema favorece a reação que resulta na diminuição da pressão total do sistema ou, em outras palavras, a reação que resulta na produção de um menor número de moléculas no estado gasoso.

A reação direta de produção de NH_3 (g) é exotérmica. Quando realizada em um sistema não isolante térmico, libera energia na forma de calor transferido para as vizinhanças. A reação inversa, de formação de H_2 (g) e N_2 (g) a partir de NH_3 (g), portanto, é endotérmica e absorve energia. Analisando o quadro 4-3, você pôde constatar que o aumento da temperatura do sistema não favorece a formação de NH_3 (g) ou, em outras palavras, favorece a reação inversa, de produção de H_2 (g) e N_2(g). Portanto, pode-se concluir que o aumento da temperatura favorece a reação endotérmica.

Levando em consideração como a variação nas condições de pressão e temperatura favoreceu ou não a produção de amônia, podemos concluir que:

- ao se aumentar a pressão, o sistema reagiu no sentido de diminuir a pressão sobre o sistema, produzindo mais NH_3 (g);
- ao se aumentar a temperatura, o sistema reagiu no sentido de absorver energia, produzindo H_2 (g) e N_2 (g).

Portanto, **quando as condições de pressão e temperatura de um sistema em equilíbrio são alteradas, esse sistema responde de modo a minimizar os efeitos da alteração produzida.**

O que observamos em relação à produção de NH_3 (g) pode ser generalizado para outras situações em que se alteram as condições nas quais se estabelece um equilíbrio químico. Essas alterações podem ser feitas na pressão e na temperatura em que a reação ocorre, como vimos no caso da produção de NH_3 (g), mas podem também ocorrer na concentração de reagentes ou produtos.

Ao estudar um grande número de dados sobre alterações na condição de equilíbrio, para um grande número de reações, Henri Le Chatelier (1850-1936) propôs, em 1888, uma regra geral que ficou conhecida como Princípio de Le Chatelier.

Se um sistema está em equilíbrio e alguma alteração é feita em qualquer das condições de equilíbrio, o sistema reage de forma a neutralizar ao máximo a alteração introduzida.

Nesse texto, enfatizamos a variação de pressão e temperatura e como o sistema em equilíbrio responde a essas variações. Como dissemos, porém, um sistema em equilíbrio também responderá às variações que forem introduzidas na concentração de reagentes e produtos, no sentido de consumir o que foi adicionado ao sistema. Na atividade 1, tivemos oportunidade de verificar essas alterações quando trabalhamos com o equilíbrio cromato/dicromato. Vamos considerar a equação que representa aquela transformação:

$$\underset{\text{laranja}}{Cr_2O_7^{2-}\ (aq)} + H_2O\ (l) \rightleftharpoons \underset{\text{amarelo}}{2\ CrO_4^{2-}\ (aq)} + 2\ H^+\ (aq)$$

Observamos que, ao adicionarmos ácido ao sistema de cor amarela, conseguíamos obter um aumento da concentração de dicromato, fazendo com que a cor da solução ficasse laranja. Ou seja, aumentando a concentração de H^+, o sistema reagiu no sentido de neutralizar essa alteração, consumindo o H^+ adicionado e produzindo o dicromato, de cor laranja.

Da mesma forma, ao adicionarmos OH^- ao sistema, conseguíamos obter um aumento da concentração de cromato, fazendo com que a cor da solução ficasse amarela. A adição de OH^- diminui a concentração de H^+, pois ambos se neutralizam formando água. Para compensar essa diminuição, o sistema reagiu produzindo mais H^+ e, consequentemente, mais cromato.

TEXTO 3

O comportamento químico dos oceanos e os sistemas-tampão

Os oceanos são sistemas complexos e neles as transformações químicas ocorrem em profusão. Dentre essas transformações, algumas contribuem para a circulação do carbono pelo planeta, o chamado **ciclo do carbono**.

A maior parte do carbono que se encontra nos oceanos está sob a forma do que costumamos chamar de "carbono inorgânico". O dióxido de carbono (CO_2 (g)) dissolve-se em água formando o CO_2 (aq), o qual forma uma mistura em equilíbrio que contém íons carbonato (CO_3^{2-}) e bicarbonato (HCO_3^-).

Macduff Everton/Corbis/Latinstock

Figura 4-15: **Os oceanos são importantes na circulação de carbono pelo planeta.**

Em sistemas nos quais os valores de pH são menores do que aqueles encontrados nas águas dos oceanos, também está presente o ácido carbônico (H_2CO_3). As equações das reações envolvidas são:

$$CO_2\ (g) \rightleftharpoons CO_2\ (aq)$$

$$CO_2\ (aq) + H_2O\ (l) \rightleftharpoons H_2CO_3\ (aq)$$

$$H_2CO_3\ (aq) \rightleftharpoons H^+\ (aq) + HCO_3^-\ (aq)$$

$$HCO_3^-\ (aq) \rightleftharpoons H^+\ (aq) + CO_3^{2-}\ (aq)$$

As águas dos oceanos, em geral, possuem pH entre 8 e 8,3 pelo fato de conterem mais íons hidróxido do que íons hidrogênio. Além disso, contêm uma mistura de carbonato e bicarbonato com cerca de 13% de carbonato:

$$CO_2\ (aq) + OH^-\ (aq) \rightleftharpoons HCO_3^-\ (aq)$$

$$CO_3^{2-}\ (aq) + H_2O\ (l) \rightleftharpoons HCO_3^-\ (aq) + OH^-\ (aq)$$

Podemos então representar o que ocorre quando o gás carbônico se dissolve em água por:

$$CO_2\ (aq) + H_2O\ (l) + CO_3^{2-}\ (aq) \rightleftharpoons 2\ HCO_3^-\ (aq)$$

Nessa transformação química, os íons carbonato (CO_3^{2-}) e bicarbonato (HCO_3^-) estão em equilíbrio e isso tem um papel importante no controle de pH das águas naturais. Esse controle é fundamental, pois, por exemplo, os peixes não sobrevivem a grandes variações na acidez do meio e morrem se o pH atinge valores entre 4,5 e 5.

Os oceanos são sistemas interessantes, pois é possível adicionar quantidades relativamente grandes de ácidos e bases sem que isso resulte em variações significativas no pH de suas águas. Por isso, consideramos que os oceanos são sistemas "tamponados". No caso das águas de rios e lagos, nem sempre isso vai ocorrer. Por isso, em rios e lagoas, observa-se mortandade de peixes quando há variações abruptas de pH em decorrência do lançamento de determinados tipos de efluentes. Os oceanos estão menos sujeitos a essas variações, pois o volume de água é enorme.

O sistema-tampão dos oceanos é muito complexo e, além de envolver as transformações das espécies carbonato, gás carbônico e bicarbonato, as águas do mar também contêm fosfatos, silicatos, boratos e outras espécies que também funcionam como tampão. O principal responsável pelo controle de pH é, entretanto, o sistema carbonato/bicarbonato.

Alterações ambientais podem ter impacto na manutenção das concentrações de CO_2 nas águas. No entanto, ainda não se conhecem muito bem quais podem ser esses efeitos, principalmente em grandes corpos de água, como é o caso dos oceanos. Esse é um campo de investigação no qual os químicos podem oferecer contribuições significativas.

TEXTO 4

Equilíbrio químico no sangue?

dica Enem

O equilíbrio químico e os sistemas-tampão têm um papel importante para o funcionamento do organismo humano e de outros animais.

Nos animais superiores, o pH do sangue se mantém constante. Nos seres humanos, o pH do plasma sanguíneo normalmente está entre 7,35 e 7,45. Se, por algum distúrbio ou doença, o valor do pH ficar acima de 7,8 ou abaixo de 6,8, a pessoa pode sofrer danos irreversíveis em seu cérebro ou até falecer. Felizmente, o sangue humano é um sistema tamponado e essa característica está associada à presença das espécies bicarbonato/ácido carbônico (HCO_3^- /H_2CO_3).

Se alguma espécie ácida entrar na corrente sanguínea, os íons hidrônio (H_3O^+ (aq)) reagem com os íons bicarbonato (HCO_3^- (aq)) formando ácido carbônico (H_2CO_3 (aq)), o que pode ser representado pela equação:

$$H_3O^+ (aq) + HCO_3^- (aq) \rightarrow H_2CO_3 (aq) + H_2O (l)$$

Como o H_2CO_3 (aq) é um ácido fraco, existe um equilíbrio entre os HCO_3^- (aq) e o H_2CO_3 (aq).

$$H_2CO_3 (aq) + H_2O (l) \rightleftharpoons H_3O^+ (aq) + HCO_3^- (aq)$$

Se alguma espécie básica entrar na corrente sanguínea, reagirá com os íons hidrônio (H_3O^+(aq)) para formar água. Assim, uma maior quantidade de moléculas de H_2CO_3 (aq) ionizará para repor os H_3O^+ (aq) que interagiram e mais H_2CO_3 (aq) será formado a partir do dióxido de carbono (CO_2) dissolvido no sangue:

$$CO_2 (aq) + H_2O (l) \rightleftharpoons H_2CO_3 (aq)$$

O sistema fosfato/monoidrogenofosfato ($H_2PO_4^-$/HPO_4^{2-}) também atua como tampão no sangue.

$$HPO_4^{2-} (aq) + H_3O^+ (aq) \rightleftharpoons H_2PO_4^- (aq) + H_2O (l)$$

Além dos dois sistemas citados anteriormente, as proteínas também atuam como tampão no sangue. Isso ocorre porque, em sua estrutura, as proteínas contêm grupos COO^-, que podem funcionar como receptores de H^+, e grupos $-NH_3^+$, que podem funcionar como doadores de H^+.

Esses três sistemas-tampão são os responsáveis pela manutenção do pH do sangue. Eles são capazes de suportar alguma variação nas quantidades de ácidos e bases, mas essa capacidade tem limite.

Você já sentiu dor muscular depois de uma atividade física prolongada? Essa dor é consequência da sobrecarga dos sistemas-tampão pela liberação de ácido lático produzido pela contração muscular. O excesso de ácido lático não é absorvido e o pH do sangue diminui. As células nervosas respondem a essa diminuição do pH enviando uma mensagem de dor ao cérebro.

Getty Images

Figura 4-16: **A dor muscular vem depois de uma atividade física prolongada, como consequência da sobrecarga dos sistemas-tampão pela liberação de ácido lático produzido pela contração muscular.**

Outro exemplo de sistema em equilíbrio no sangue é aquele envolvido na respiração celular. A oxiemoglobina é a responsável pelo transporte de oxigênio dos pulmões às células. Esse transporte envolve uma interação química entre o oxigênio do ar e a hemoglobina. O complexo resultante é conhecido como **oxiemoglobina** e encontra-se em equilíbrio com a hemoglobina, podendo ser assim representado:

$$\text{hemoglobina} + O_2 \rightleftharpoons \text{oxiemoglobina}$$

Ao chegar às células, o oxigênio é liberado e a hemoglobina livre poderá novamente transportar o oxigênio.

Em localidades de maior altitude, a concentração de oxigênio é menor e o equilíbrio é deslocado no sentido de produzir mais reagentes, diminuindo a concentração de oxiemoglobina presente no sangue. Após algum tempo, o organismo vai se adaptando e produzindo mais hemoglobina, o que desloca o equilíbrio no sentido da formação dos produtos. A falta de oxiemoglobina é a responsável pelos desconfortos que sentimos em locais de altitude elevada, como dores de cabeça, náuseas e fadiga intensa.

Stefan Kolumban/Pulsar Imagens

Figura 4-17: **Quando jogam em La Paz, na Bolívia, por exemplo (com cerca de 3 600 m de altitude), alguns times de futebol chegam com antecedência para se adaptar às condições ambiente.**

CAPÍTULO 5

Movimento de elétrons: uma introdução ao estudo da eletroquímica

As transformações dos materiais podem envolver diversos tipos de reações químicas. Em nosso curso de Química, estudamos alguns aspectos das transformações químicas e já tivemos a oportunidade de verificar que elas estão relacionadas com a formação de novos materiais. Também vimos que existem transformações nas quais coexistem reagentes e produtos mesmo depois de cessarem as alterações macroscópicas no sistema: são os sistemas em equilíbrio químico. As reações químicas que estudamos podem ocorrer com diferentes velocidades e envolvem transformações de energia. Já aprendemos também como a energia, na forma de calor, se transforma nessas reações.

Neste capítulo, vamos estudar transformações químicas que envolvem a transferência de elétrons entre as espécies reagentes, ou seja, analisaremos como a energia, na forma de energia elétrica, se transforma nas reações químicas.

Na indústria siderúrgica, por exemplo, a transformação do minério de ferro em ferro metálico está relacionada a um processo no qual elétrons são transferidos entre as substâncias envolvidas.

As atividades experimentais e textos propostos neste capítulo têm por objetivo ilustrar vários aspectos dessas transformações químicas e bioquímicas, que envolvem a modificação do número de elétrons nos átomos das substâncias participantes.

Nélio Rodrigues/Abril Imagens

Figura 5-1: **A produção de alumínio metálico é uma transformação química que só ocorre com o fornecimento de energia elétrica**

Figura 5-2: **A transformação do minério de ferro em ferro metálico na indústria siderúrgica envolve transferência de elétrons.**

Haroldo de Faria Castro/kino.com.br

TEXTO 1

Introdução ao estudo das reações de oxirredução

A pilha é um artefato tecnológico de grande impacto em nossa sociedade. O uso de pilhas e/ou baterias para suprir de eletricidade aparelhos de pequeno e médio porte já é tão corriqueiro que raramente paramos para pensar em como são fabricadas, de que são constituídas, como funcionam e se há riscos de contaminação ou agressão ao ambiente quando descartadas.

Quando nos preocupamos com as reações que ocorrem no organismo, lembramos, por exemplo, das recomendações que sempre ouvimos: "Precisamos comer alimentos que contenham vitaminas", "Ferro é bom para anemia", "É preciso repor sais minerais". Seguimos a maioria delas, mesmo sem saber como essas substâncias atuam em nosso organismo.

Ricardo T. Nowitz/Corbis/Latinstock

Figura 5-3: **Nas pilhas existem substâncias que podem contaminar o ambiente, por isso é preciso descartá-las de forma adequada.**

Será, porém, que esse ferro "bom para anemia" é o mesmo que constitui pregos e parafusos? Por que, a partir de certa idade, não bastam as vitaminas dos alimentos? O cálcio do leite é o mesmo do da casca do ovo? Por que é mais perigoso comer peixe contaminado por mercúrio do que beber a água na qual eles se contaminam?

Há inúmeras situações que podem ser compreendidas ao estudar as transformações químicas envolvidas em tais casos. Ao nos aprofundarmos nesse estudo, constataremos o quanto é interessante conhecer o movimento de elétrons entre as espécies associadas a essas reações.

A pilha é um exemplo de transformação química que gera energia elétrica. Há transformações, entretanto, que só ocorrem com o consumo de energia elétrica. São exemplos desse último caso reações usadas para aplicar camadas de prata, ouro, cobre ou cromo em objetos metálicos, processo chamado galvanoplastia.

Jan Tadeusz/Alamy/Other Images

Figura 5-4: **Nas pilhas ocorrem transformações que geram energia.**

San Ogden/SPL/Latinstock

Figura 5-5: **A aplicação de camadas metálicas em objetos é um processo que envolve movimento de elétrons e gasto de energia elétrica.**

Outro exemplo é a produção de materiais por eletrólise, processo que também envolve o consumo de energia elétrica. Milhões de toneladas de cloro (Cl_2), hidróxido de sódio (NaOH) e alumínio (Al) são produzidas todos os anos por eletrólise.

O estudo das transformações ou reações químicas é, sem dúvida, um dos grandes eixos da Química. Há uma grande variedade de transformações, químicas e bioquímicas, que ocorrem como consequência da interação entre eletricidade e materiais. Essas reações envolvem mudanças no número de elétrons de valência de átomos ou de íons. Isso é possível porque átomos e íons podem perder ou ganhar elétrons. Quando isso acontece, o átomo ou o íon muda o seu **estado de oxidação**. Para evitar o uso excessivo das palavras átomos e íons, vamos chamar esses átomos e íons de **espécies químicas**.

Assim, se compreendermos o comportamento dos **elétrons de valência**, isto é, daqueles que estão envolvidos nas ligações químicas, poderemos fazer previsões sobre a formação e o rompimento de ligações e avançar no estudo sobre reações químicas. Há muitos exemplos desses tipos de reações disponíveis para nossos estudos. São conhecidas por **reações de oxirredução** ou **redox**. Isso significa que essas reações envolvem a oxidação de uma substância e a redução de uma outra.

ATIVIDADE 1

Vitamina C como agente redutor – interação com iodo

A substância iodo (I_2) é sólida, diferentemente das outras substâncias simples formadas a partir dos elementos do mesmo grupo na tabela periódica (o flúor, F_2, e o cloro, Cl_2, são gases, e o bromo, Br_2, é líquido). A substância simples iodo pode ser adquirida em solução alcoólica, em farmácias, sendo muito usada como agente germicida. Átomos do elemento iodo (I) podem ser encontrados em muitos compostos, apresentando-se em vários estados de oxidação.

Charles D. Winters/Photoresearchers/Latinstock

Figura 5-6: O iodo é uma substância sólida, muito usada como germicida.

O suco de limão, da mesma forma que o suco de outras frutas cítricas, é muito rico em vitamina C. Estudaremos, aqui, a ação do ácido ascórbico, que é a própria vitamina C, sobre o iodo. A fórmula molecular da vitamina C é $C_6H_8O_6$ e sua fórmula estrutural está representada na figura a seguir.

a

Ed Viggiani/SambaPhoto

b

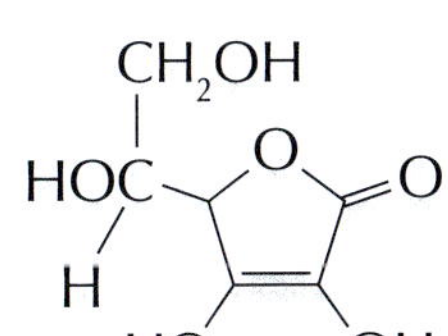

Figura 5-7: a) A vitamina C é um dos constituintes do limão. b) Fórmula estrutural da vitamina C.

Material

Solução alcoólica de iodo (farmacêutica), um comprimido de vitamina C não efervescente, um limão de tamanho médio, três béqueres de 100 mL (ou copos transparentes), um conta-gotas, uma faca.

Tenha cuidado!

Cuidado ao manusear a faca, pois ela pode causar cortes.

Gilberto do Vale Rodrigues

Figura 5-8: **Materiais necessários para a realização do experimento.**

O que fazer

A1 Coloquem água até a metade dos três béqueres (ou copos).

A2 Com o auxílio do conta-gotas, transfiram cerca de 10 gotas da solução alcoólica de iodo para cada um dos béqueres. Numerem-nos de 1 a 3, e mantenham o béquer 1 como referência.

Sérgio Dotta Jr./Arquivo da editora

Figura 5-9: **Vocês irão gotejar o iodo em água.**

A3 Coloquem, no béquer 2, meio comprimido de vitamina C. Comparem com a cor do béquer 1. Anotem o que foi observado em relação à interação da vitamina C com a solução de iodo.

A4 Acrescentem gotas de suco de limão ao béquer 3. Comparem com a cor do béquer 1. Anotem suas observações.

Gilberto do Vale Rodrigues

Figura 5-10: **Observem a interação da vitamina C com a solução de iodo.**

Questão

Q1. Comparem as cores dos sistemas finais (com vitamina C e com suco de limão). A que vocês atribuem esse resultado?

TEXTO 2

Substâncias oxidantes e redutoras

As substâncias químicas, em certas reações químicas, podem se comportar como oxidantes ou redutoras. Uma substância que atua como **redutora** transfere elétrons para uma outra substância que atua como **oxidante**.

Nesse processo, a espécie redutora tem seu número de elétrons reduzido, e a espécie oxidante tem seu número de elétrons aumentado. No entanto é importante destacar que uma mesma substância pode atuar como oxidante ou redutora, dependendo da reação de que participa. Portanto, uma substância não é redutora ou oxidante em si mesma, mas em relação à outra substância com a qual interage.

Quando uma substância se comporta como oxidante, em geral um ou mais de seus átomos ou íons **ganham elétrons**. O mesmo acontece em relação às substâncias que se comportam como redutoras, mas nesse caso um ou mais de seus átomos ou íons **perdem elétrons**.

Os átomos ou íons que perdem ou ganham elétrons sofrem uma variação em sua carga. A carga elétrica resultante desse processo é definida como o **número de oxidação (nox)** do átomo.

Considerando que a carga dos elétrons é negativa, o valor relativo do estado de oxidação de uma espécie que recebe elétrons, em uma reação química, diminuirá. Lembre-se de que um átomo neutro tem o número de prótons (de carga positiva) igual ao número de elétrons (de carga negativa). Portanto, um átomo que tem carga positiva – um cátion – perdeu elétrons e um átomo que tem carga negativa – um ânion – ganhou elétrons, já que a identidade dos átomos (ou seja, o número de prótons no núcleo) não se altera nas reações químicas.

Quando está na forma de I_2, o nox dos átomos de iodo é zero (0). Ao ser reduzido, cada átomo de iodo ganha um elétron, de modo que ele passa a existir na forma I^-, sendo, então, -1 o valor do nox. Considerando que o I_2 é constituído por dois átomos de iodo, cada molécula de iodo recebe dois elétrons que darão origem a duas espécies I^-.

Ao receber esses elétrons nessa reação, a substância iodo (I_2) está atuando como oxidante, pois uma outra substância, no caso a vitamina C, está doando esses elétrons e oxidando-se no processo. Podemos representar o fenômeno de redução do iodo da seguinte forma:

$$I_2\ (s) + 2e^- \rightarrow 2\ I^-\ (aq)$$

O ânion I^- chama-se iodeto. A transformação do iodo em iodeto depende, portanto, da obtenção de elétrons de alguma fonte. No caso do experimento feito na atividade 1, a fonte de elétrons foi a vitamina C, presente no suco de limão ou no comprimido.

Na atividade 1, quando adicionamos a solução alcoólica de iodo à água, obtivemos um líquido alaranjado. Quando introduzimos o suco de limão ou a vitamina C contida no comprimido, observamos a descoloração da solução. Essa descoloração corresponde à transformação de iodo para iodeto.

Uma última consideração é a de que se deve observar a presença de **ligações duplas** na molécula de vitamina C. As ligações covalentes simples são formadas por apenas um par de elétrons. Já as ligações duplas, que aparecem na estrutura da vitamina C, são formadas por dois pares de elétrons. Os elétrons da ligação dupla são mais disponíveis do que os elétrons das ligações simples. Na molécula da vitamina C há também a presença de pares de elétrons que não fazem parte de ligações químicas nos átomos de oxigênio. Esses pares de elétrons, chamados **elétrons não ligantes**, são também disponíveis para as reações de oxirredução.

Durante o processo de oxirredução, esses elétrons mais disponíveis da molécula de vitamina C são cedidos aos átomos de iodo, ocorrendo a oxidação da vitamina C e a redução do iodo. Disso decorre, é claro, uma mudança do estado de oxidação de um ou mais de seus átomos de carbono. Como a vitamina C tem uma estrutura complexa, não é fácil determinar, como no caso do iodo, que átomos de carbono estão sofrendo variações nos seus nox. A figura 5-11 ilustra uma das oxidações possíveis.

A vitamina C é um exemplo de substância orgânica que se comporta como redutora. O comportamento das substâncias orgânicas em reações redox pode ser mais complexo que o das substâncias inorgânicas, pois a redução ou oxidação pode envolver vários átomos numa molécula, enquanto nas substâncias inorgânicas esse processo, em geral, envolve apenas um dos átomos.

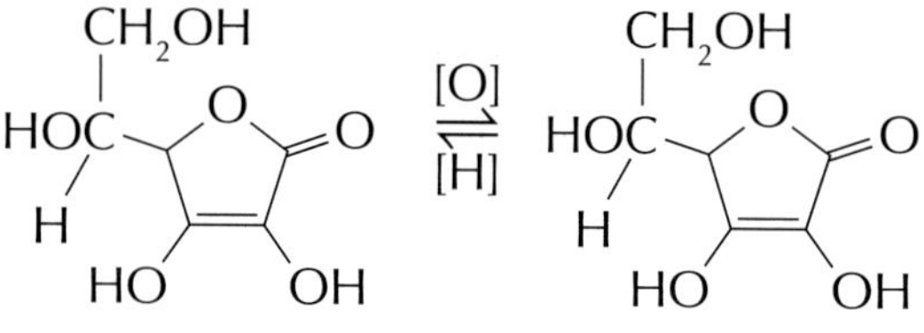

Figura 5-11: Representação para uma das oxidações possíveis da vitamina C em interação com o iodo.

Cálculo do número de oxidação (nox)

Vejamos, por exemplo, a reação entre permanganato de potássio ($KMnO_4$) e ácido clorídrico (HCl), que pode ser expressa pela equação:

$$2\ KMnO_4\ (aq) + 16\ HCl\ (aq) \rightarrow 2\ KCl\ (aq) + 2\ MnCl_2\ (aq) + 8\ H_2O\ (l) + 5\ Cl_2\ (g)$$

Para identificarmos de essa equação representa uma reação de oxirredução, é necessário identificar as espécies que são oxidadas e reduzidas. Para isso, precisamos calcular os números de oxidação (nox) dos átomos presentes para verificar que espécies sofreram mudanças nos estados de oxidação. Vamos começar por analisar as espécies reagentes, iniciando pelo caso do $KMnO_4$.

O número de oxidação do potássio (nox_K) é +1 e o do oxigênio (nox_O) é −2 na maioria de seus compostos. A carga total do $KMnO_4$ (nox_{KMnO_4}) é zero, pois não há indicação de cargas na fórmula.

Portanto, em relação ao manganês, no $KMnO_4$, temos:

$$nox_{KMnO4} = nox_K + nox_{Mn} + 4nox_0 \Rightarrow$$
$$\Rightarrow 0 = (+1) + nox_{Mn} + 4\,(-2) \Rightarrow$$
$$\Rightarrow 0 = 1 + nox_{Mn} - 8 \Rightarrow$$
$$\Rightarrow nox_{Mn} = -1 + 8 \Rightarrow$$
$$\Rightarrow \mathbf{nox_{Mn}} = +7$$

Portanto o nox do manganês, no $KMnO_4$, é +7.

Em relação ao HCl, o hidrogênio tem nox igual a +1 na maioria dos compostos de que participa. Portanto, para que o HCl tenha carga igual a zero, o nox do Cl tem que ser igual a −1.

Vamos agora analisar as espécies que foram produzidas na reação. Note que, em relação ao KCl, o potássio tem nox +1 e o cloro, −1. Portanto, no KCl, não houve variação nos estados de oxidação do cloro e do potássio em relação ao cloro e potássio presentes nos reagentes.

O mesmo ocorre com os átomos de hidrogênio e oxigênio presentes nas moléculas de água dos produtos. O hidrogênio permanece com nox +1 e o oxigênio, com nox −2.

No caso do $MnCl_2$, considerando que o nox do Cl é igual a −1, temos:

$$nox_{MnCl_2} = nox_{Mn} + 2\ nox_{Cl} \Rightarrow$$
$$\Rightarrow\ 0 = nox_{Mn} + 2\,(-1) \Rightarrow$$
$$\Rightarrow\ 0 = nox_{Mn} - 2 \Rightarrow$$
$$\Rightarrow\ \mathbf{nox_{Mn} = +2}$$

Note que o nox do manganês mudou de + 7 nos reagentes para + 2 nos produtos. Portanto, ele foi reduzido (ganhou elétrons), o que evidencia que o $KMnO_4$ se comporta como oxidante nessa reação.

O cloro aparece nos produtos na forma de íons cloreto (Cl^-), mas também na forma de gás cloro (Cl_2). Em relação ao Cl_2 o nox dos átomos numa substância simples é sempre igual a zero, pois os elétrons da ligação estão igualmente compartilhados entre os dois átomos. Portanto, o cloro tem nox = 0 nessa espécie. O nox do cloro mudou de −1 nos reagentes para 0 numa das espécies do produto. Portanto, ele foi oxidado (perdeu elétrons), o que evidencia que o HCl se comporta como redutor nessa reação.

Resumindo, na equação teríamos:

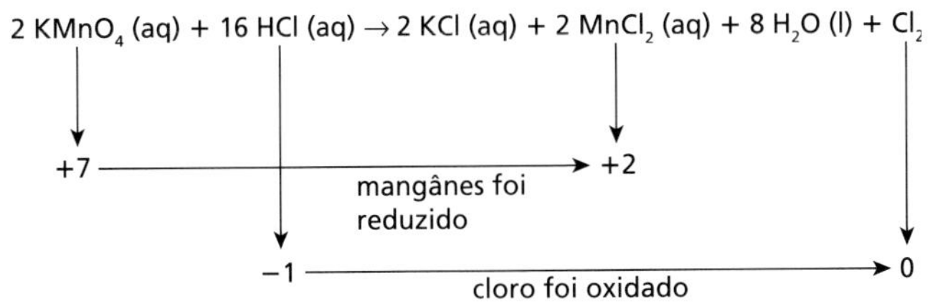

Portanto, nessa reação, o $KMnO_4$ é o oxidante e o HCl, o redutor.

A nomenclatura usada pode originar confusão para compreender a diferenciação dos fenômenos, pois é a espécie oxidante a que se reduz na reação, enquanto a espécie redutora é a que se oxida. Portanto, na oxidante, o valor relativo do número de oxidação diminui – afinal, essa espécie recebe elétrons, se reduzindo –, ao passo que na espécie redutora o valor relativo do número de oxidação aumenta – pois essa espécie doa elétrons, se oxidando.

Questões

Q2. Na atividade 1, a vitamina C promoveu um descoramento da solução de iodo (I_2). Nesse caso, a vitamina C foi oxidada e o iodo foi reduzido. Quando está na forma de I_2, o nox do iodo é zero. Ao ser reduzido, transformando-se em I^- (iodeto), o nox do iodo passa para −1.

a) Lembrando do que foi estudado no capítulo de ligações químicas (capítulo 9 da parte 1), que tipo de substância é o I_2?

b) Explique por que o nox do iodo na forma de I_2 é zero.

c) Explique por que o nox do iodo na forma de I^- é −1.

Q3. Na reação entre I_2 e vitamina C, quem é o agente redutor e quem é o agente oxidante? Justifique sua resposta.

Q4. Escreva a equação que representa a transformação do iodo (I_2) em iodeto (I^-) e indique os nox do iodo nas espécies reagente e produto.

Q5. Existe uma substância, o hipoclorito de sódio (NaClO), que, em solução aquosa, é muito utilizada para limpeza em geral e clareamento de roupas e como bactericida. Comercialmente, é conhecida como água sanitária. O hipoclorito, que em solução aquosa fica sob a forma de ClO^-, é um agente oxidante. Quando interage com redutores, essa espécie se transforma em cloreto (Cl^-) e, em presença de água, o oxigênio se reagrupa como OH^-. Escreva a equação da transformação do hipoclorito em cloreto e indique os nox das espécies de cloro nos produtos e reagentes. O cloro foi oxidado ou reduzido?

Q6. Considere, agora, o sistema final da reação do iodo com a vitamina C. Suponha que adicionemos, a esse sistema, solução de hipoclorito de sódio. Considerando que a reação que ocorre é a combinação desses processos, escreva a equação que representa a reação entre o iodeto e o hipoclorito, somando as equações obtidas nos itens Q4 e Q5. Qual é a evidência de que ocorreu essa reação?

Q7. Neste texto comentamos que as propriedades redox de substâncias são propriedades relacionais. Isso significa que uma substância não é oxidante ou redutora em si, mas em relação à substância com a qual interage. Esse tipo de propriedade relacional não é exclusivo das espécies redox. Também nas reações ácido-base podemos afirmar que uma espécie não é ácida em si, mas em relação a uma outra espécie.

a) Pesquise um exemplo de uma substância que possa atuar como oxidante em uma reação química e como redutora em outra reação. Indique as fontes utilizadas na pesquisa.

b) Pesquise um exemplo de uma substância que possa atuar como ácido em uma reação química e como base em outra reação. Indique as fontes utilizadas na pesquisa.

TEXTO 3

Algumas informações sobre o grupo do iodo – os halogênios

A substância iodo (I_2), que foi usada em solução na atividade 1, é produzida como um sólido violeta-escuro, em forma de plaquetas brilhantes.

É chamado de iodo metálico por ter o aspecto de um metal.

Na tabela periódica, o elemento iodo está localizado na mesma coluna do flúor, do cloro e do bromo. Todos esses elementos formam substâncias simples com caráter oxidante. As substâncias simples do flúor e do cloro são gasosas e tóxicas. O bromo é líquido, sendo altamente tóxico. O poder oxidante dos halogênios (como são chamados) varia regularmente, desde o flúor, que é o mais forte, até o iodo, que é o mais fraco.

Figura 5-12: **Amostra de iodo metálico.**

Os halogênios, com exceção do flúor, podem ser oxidados a estados de oxidação positivos, encontrados mais frequentemente em uma série de compostos chamados **oxiácidos** (ácidos que contêm oxigênio), ou nos seus íons.

No caso do cloro, por exemplo, já conhecemos o íon hipoclorito. O oxiácido correspondente é o ácido hipocloroso (HClO). Se, nesse ácido, o nox do hidrogênio é +1 e o do oxigênio é −2, é possível inferir que o nox do cloro é +1, uma vez que a carga elétrica resultante da substância é zero.

Os outros estados de oxidação observados para o cloro são +3, +5 e +7. As fórmulas dos outros oxiácidos do cloro são $HClO_2$ (ácido cloroso), $HClO_3$ (ácido clórico) e $HClO_4$ (ácido perclórico). A força desses ácidos varia conforme o estado de oxidação do halogênio. Nessa série, o ácido hipocloroso é o mais fraco e o perclórico é não somente o mais forte dentre eles como um dos ácidos minerais mais fortes que se conhece.

Os nomes dos oxiácidos e dos íons correspondentes nos compostos de iodo e nos de bromo são análogos aos do cloro. Por exemplo, $HBrO_3$ é a fórmula do ácido brômico. Nessa substância, o bromo apresenta o estado de oxidação +5. O íon correspondente, cuja fórmula é BrO_3^-, chama-se bromato. Esse íon pode ser encontrado em vários sais (bromato de sódio ou de amônio, por exemplo). Sabe-se que, na produção de farinhas para o preparo de pães, são usados sais de bromato para deixar os pães mais fofos e crocantes. A quantidade de bromato introduzida deve ser controlada, pois sabe-se que ele é prejudicial à saúde.

Todos os halogênios apresentam-se também no estado de oxidação –1, quando formam sais com os elementos dos grupos 1 e 2 (alcalinos e alcalinoterrosos) da tabela periódica. O cloreto de sódio (NaCl), principal constituinte do sal de cozinha, é um exemplo de composto do cloro com estado de oxidação −1, assim como brometo de sódio (NaBr) e iodeto de sódio (NaI), nos quais bromo e iodo também estão no estado de oxidação −1.

Assim como no grupo do iodo, nos outros grupos dos não metais os elementos vão apresentar estados de oxidação de valores positivos, além de um valor negativo. O enxofre, por exemplo, pode ser encontrado no estado de oxidação −2 nos sulfetos ou no ácido sulfídrico (H_2S), e ainda nos estados de oxidação +2, +4 e +6. No conhecido ácido sulfúrico (o ácido das baterias de automóveis), de fórmula H_2SO_4, o estado de oxidação do enxofre é o maior deles. No grupo do fósforo, os valores dos estados de oxidação são: −3, +3 e +5.

Sérgio Dotta Jr./Arquivo da editora

Figura 5-13: **Nas baterias de automóveis encontra-se o ácido sulfúrico (H_2SO_4).**

TEXTO 4

Algumas regras de nomenclatura de sais e ácidos mais comuns

Neste capítulo estamos aprofundando o estudo dos estados de oxidação de átomos e íons em diversas substâncias. A nomenclatura de compostos químicos está diretamente relacionada a esses estados.

Pixtal

Figura 5-14: **O químico francês Lavoisier elaborou uma nomenclatura sistemática para os compostos químicos no final do século XVIII.**

Atualmente, a nomenclatura de substâncias químicas obedece a regras racionais, mas nem sempre foi assim. Até o fim do século XVIII, os compostos químicos eram nomeados geralmente segundo as tradições alquímicas ou segundo as teorias aceitas na época, como a teoria do flogístico. Uma das principais contribuições de Lavoisier à Química, que ajudou a incorporar definitivamente seu sistema de pensamento a essa ciência e a superar a teoria do flogístico, foi a elaboração de uma nomenclatura sistemática, baseada em critérios racionais.

Desde então, a nomenclatura química tem sido objeto de debates e regulamentações internacionais, sendo que atualmente a Iupac (sigla para o nome em inglês da União Internacional de Química Pura e Aplicada) estabelece regras que são seguidas por toda a comunidade química internacional.

Figura 5-15: **Atualmente, a Iupac estabelece as regras de nomenclatura química. Na figura, vemos o logotipo oficial da Iupac.**

Uma forma comum de nomear os compostos químicos é por meio da atribuição de diferentes sufixos e prefixos que indicam o estado de oxidação do átomo central do ânion, no caso de sais, ou do átomo central do ácido. Tomando como exemplo os estados de oxidação do cloro, aos quais já nos referimos no texto 3, podemos elaborar o quadro 5-1.

Fórmula do ácido	Nome do ácido	Nox do cloro	Fórmula do sal correspondente	Nome do sal
HCl	ácido clorídrico	−1	NaCl	cloreto de sódio
HClO	ácido hipocloroso	+1	NaClO	hipoclorito de sódio
$HClO_2$	ácido cloroso	+3	$NaClO_2$	clorito de sódio
$HClO_3$	ácido clórico	+5	$NaClO_3$	clorato de sódio
$HClO_4$	ácido perclórico	+7	$NaClO_4$	perclorato de sódio

Quadro 5-1: Nomenclatura de alguns compostos químicos.

A partir desse quadro, podemos generalizar algumas regras que podem ser aplicadas aos ácidos e sais mais comuns. Em primeiro lugar, é notável que o ácido formado com o cloro em estado de oxidação negativo (−1, neste caso) não contém oxigênio, sendo por isso chamado **hidrácido**. A nomenclatura de outros hidrácidos e de seus sais correspondentes seguirá essa mesma regra.

Assim, por exemplo, no ácido sulfídrico (H_2S), o enxofre tem nox −2 e o sal correspondente obedece à mesma regra do cloro, como o sulfeto de ferro (II) (FeS). Note que, como o ferro possui dois estados de oxidação (+2 e +3), isso está indicado logo após o nome do elemento na fórmula. Uma alternativa seria chamar esse composto de sulfeto ferroso. Nesse caso, o sufixo **oso** indica o estado de oxidação mais baixo (+2) do ferro.

Os outros ácidos, formados com números de oxidação positivos, contêm oxigênio, sendo por isso chamados oxiácidos. Nem todos os elementos possuem a mesma gama de estados de oxidação do cloro.

No caso do enxofre, por exemplo, temos dois oxiácidos: o ácido sulfuroso (H_2SO_3, nox do enxofre +4), cujo sal correspondente é, por exemplo, o sulfito de sódio (Na_2SO_3); e o ácido sulfúrico (H_2SO_4, nox do enxofre +6), cujo sal correspondente é, por exemplo, o sulfato de sódio (Na_2SO_4).

Como regra geral, temos:

Nox	Sufixo no ácido	Sufixo no sal
negativo	ídrico	eto
positivo de menor valor	oso	ito
positivo de maior valor	ico	ato

Quadro 5-2: Regra geral para a nomenclatura de ácidos e sais correspondentes.

No caso de uma gama maior de estados de oxidação positivos, usa-se o prefixo **hipo** para o menor deles, e **per** para o maior, como foi o caso do cloro.

Na página seguinte, fornecemos o quadro 5-3, com alguns números de oxidação, que você poderá consultar sempre que necessário.

Elementos	Números de oxidação
coluna 1 (alcalinos)	+1 (Li^{+1}, Na^{+1}, K^{+1} etc.)
coluna 2 (alcalinos)	+2 (Ca^{+2}, Mg^{+2} etc.)
coluna 13 (do boro)	+3 (Al^{+3}, B^{+3} etc.)
coluna 14 (do carbono)	+2, +4 (para o Ge, Sn e Pb)
coluna 15 (do nitrogênio)	+1, +3, +5
coluna 16 (do oxigênio)	−2, +4, +6
coluna 17 (halogênios)	−1, +1, +3, +5, +7
Fe, Ni, Co	+2 e +3
Cu	+1 e +2
Au	+1 e +3
Mn	+2, +4, +6 e +7
Cr	+2, +3, +6

Quadro 5-3: **Números de oxidação mais comuns de alguns elementos (nem todos os elementos de uma dada coluna da tabela periódica apresentam-se em todos os estados de oxidação).**

EXERCÍCIOS

Todos os exercícios devem ser respondidos em seu caderno. Não escreva em seu livro.

E1. Escreva as fórmulas químicas das substâncias a seguir:

a) óxido de alumínio;

b) óxido férrico;

c) óxido ferroso;

d) dióxido de nitrogênio;

e) hidróxido de cobalto (II);

f) hidróxido de cobalto (III);

g) fluoreto de zinco;

h) cloreto de amônio;

i) brometo cúprico;

j) brometo cuproso;

k) iodeto de lítio;

l) fosfato de manganês (III).

E2. Indique o número de oxidação (nox) dos átomos de cada substância ou íon no exercício E1.

E3. Nas reações a seguir, indique as substâncias oxidantes e redutoras. Justifique sua resposta.

a) $H_2O_2\ (aq) + 2\ I^-\ (aq) + 2\ H^+\ (aq) \longrightarrow 2\ H_2O\ (l) + I_2\ (s)$

b) $5\ H_2O_2\ (aq) + 2\ MnO_4^-\ (aq) + 6\ H^+\ (aq) \longrightarrow 8\ H_2O\ (l) +$
$+\ 5\ O_2\ (g) + 2\ Mn^{2+}\ (aq)$

c) $H_2S\ (aq) + I_2\ (s) \longrightarrow S\ (s) + 2\ HI\ (aq)$

d) $Fe_2O_3\ (s) + 3\ CO\ (g) \longrightarrow 2\ Fe\ (s) + 3\ CO_2\ (g)$

e) $Zn\ (s) + PbSO_4\ (s) \longrightarrow ZnSO_4\ (s) + Pb\ (s)$

f) $Cu\ (s) + HNO_3\ (aq) \longrightarrow Cu(NO_3)_2\ (aq) + NO\ (g) + H_2O\ (l)$

Ivan Coutinho/Arquivo da editora

ATIVIDADE 2

Vitamina C como agente redutor – interação com permanganato de potássio

O permanganato de potássio, de fórmula $KMnO_4$, é um sal sólido muito solúvel em água.

Sérgio Dotta Jr./Arquivo da editora

Figura 5-16: **Cristal de permanganato de potássio.**

Seu uso farmacológico é como agente bactericida, recomendado para tratamento de feridas na pele – por exemplo, as que aparecem em consequência da catapora –, através de banhos com soluções bem diluídas. Pode ser encontrado em pequenos comprimidos em farmácias de bairro ou em farmácias de manipulação. Por sua ação oxidante, mancha facilmente a pele ao reagir com proteínas da epiderme. A cor da solução desse sal é violeta, mais ou menos intensa conforme a concentração da solução. O íon permanganato MnO_4^-, no qual o manganês se apresenta como Mn^{7+}, é o responsável por essa cor. Assim como outros elementos de transição, o manganês forma sais coloridos.

O Mn^{7+} pode ser reduzido com facilidade a Mn^{2+} (sais rosados quase incolores), passando por Mn^{6+} (sais verdes) e Mn^{4+} (sais marrom-escuros). A espécie formada em consequência do processo de redução depende da acidez do meio de reação.

Nesta atividade, acompanharemos as mudanças de tonalidades de uma solução de permanganato de potássio, à medida que provocamos a redução do Mn (VII).

Material

Permanganato de potássio, um limão, um comprimido de vitamina C, três béqueres de 100 mL, uma faca (para cortar o limão).

Tenha cuidado!

Cuidado ao manusear a faca, pois ela pode causar cortes.

Gilberto do Vale Rodrigues

Figura 5-17: **Materiais necessários para realizar a atividade.**

O que fazer

A5 Preparem 200 mL (cerca de um copo) de solução de permanganato de potássio bastante diluída. Para isso, utilizem alguns grãos desse sal (se vocês dispuserem dele em grãos) ou 1/6 de um comprimido. Dividam a solução em três béqueres (numerem-nos de 1 a 3) para que um deles contenha a solução original para ser usada como uma referência de cor (béquer 1). Anotem suas observações.

A6 Lentamente, acrescentem gotas de suco de limão ao béquer 2 e anotem suas observações.

A7 Agora acrescentem meio comprimido de vitamina C ao béquer 3. Anotem suas observações.

	Sistema inicial	Operação
a)	solução de permanganato	(a ser usado como padrão de cor)
b)	solução de permanganato	adição de suco de limão
c)	solução de permanganato	adição de vitamina C

Quadro 5-4: **Anotem suas observações para cada uma das situações mostradas no quadro.**

Questões

Q8. Tendo em vista as variações das cores no fenômeno que vocês observaram e as informações do início desta atividade, descrevam o que ocorreu em cada caso, especificando todos os acontecimentos.

Q9. No experimento realizado, a vitamina C promoveu o descoramento da solução de permanganato de potássio ($KMnO_4$). Nesse caso, a vitamina C foi oxidada e o átomo de manganês do $KMnO_4$ foi reduzido. Na substância $KMnO_4$, o nox do átomo de manganês é +7 e na solução incolor obtida ao final do experimento, após sua redução, o nox do átomo de manganês é +2.

a) Lembrando do que foi estudado no capítulo de ligações químicas, que tipo de substância é o $KMnO_4$?

b) Identifiquem o nox do Mn na substância $KMnO_4$.

c) Quais são as evidências de que durante o experimento o Mn foi reduzido?

d) Na reação entre $KMnO_4$ e vitamina C, quem é o agente redutor e quem é o agente oxidante? Justifiquem sua resposta.

TEXTO 5

Algumas informações sobre a vitamina C

Aspectos históricos

A vitamina C, a mais comum das vitaminas, é a substância quimicamente conhecida como ácido ascórbico, um ácido de natureza orgânica. O seu nome vem de um termo latino – *scorbutus* – que era usado para designar os sintomas decorrentes de sua falta no organismo.

Até cerca de 200 anos atrás, eram comuns viagens marítimas que duravam meses no mar. Exploradores, marinheiros ou outras pessoas nelas envolvidas só comiam alimentos de provisões estocadas. Não faltavam carboidratos nem proteínas, mas muitos sentiam falta de frutas frescas e vegetais que os proveriam com a vitamina C.

A falta dessa vitamina provocava sangramento nas gengivas, dor nos ossos e, quando se agravava, surgiam micro-hemorragias debaixo da pele, podendo levar à morte. Conta-se que Vasco da Gama (1469-1524), o navegante português que, em 1497, foi o primeiro europeu a contornar o Cabo da Boa Esperança (sul da África), perdeu mais da metade de seus homens por uma doença que era, muito provavelmente, o escorbuto. Por volta de 1500, contudo, alguns navegantes holandeses e ingleses detectaram o poder de frutas frescas e de suco de limão na prevenção daquele mal em longas viagens. Durante muito tempo, o limão foi presença obrigatória nas dietas dos marinheiros e navegantes.

Figura 5-18: A vitamina C é conhecida como ácido ascórbico e pode ser comercializada como comprimidos efervescentes.

Figura 5-19: Alimentos ricos em vitamina C.

Considerações sobre a estrutura da vitamina C

A vitamina C é solúvel em água. Observando a sua estrutura, pode-se constatar a presença dos grupos –OH, que favorecem sua dissolução em água. Sua fórmula estrutural está representada na figura 5-20.

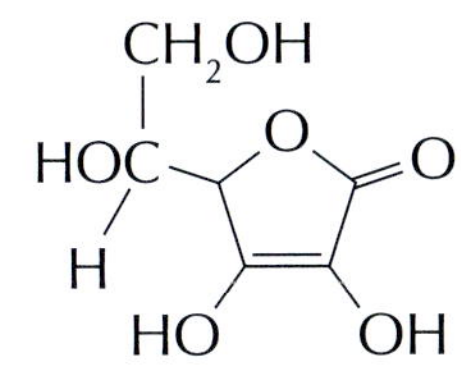

Figura 5-20: **Fórmula estrutural da vitamina C.**

As ligações entre os átomos são covalentes. O poder redutor da vitamina C está associado à sua facilidade em se oxidar. Por isso devemos considerar que a exposição de alimentos ricos em vitamina C à presença de ar ou ao calor provoca a perda de seu poder redutor. Na atividade 1 citamos um dos produtos da oxidação da vitamina C. O mecanismo da oxidação do ácido ascórbico é bastante complicado. Por isso não o examinaremos aqui. Basta-nos, por enquanto, reconhecer e utilizar o grande poder redutor dessa substância, tão facilmente disponível.

ATIVIDADE 3

Maçãs especiais

As pessoas fazem uso das frutas em sua alimentação de maneira bem variada. Você, por exemplo, gosta de suco de laranja? Você o toma logo após preparar, ou deixa guardado na geladeira para mais tarde? Quase ninguém guarda bananas descascadas, mas, às vezes, deixa assim um abacaxi. Há muitas diferenças na constituição das frutas, mas não é preciso mais do que nossa própria experiência ao consumi-las para saber como melhor aproveitá-las. Depois desta atividade esperamos estabelecer critérios adequados para decidir como guardar uma maçã depois de partida. Além disso, acreditamos que você tomará iniciativas para fazer outras experiências relacionadas à conservação de seus alimentos.

Sérgio Dotta Jr./Arquivo da editora

Figura 5-21: **Materiais necessários para a atividade.**

PARTE A Evidências de transformações na maçã

Material

Uma maçã, um limão, açúcar (uma colher de sopa), três pires, uma faca.

Tenha cuidado!

Cuidado ao manusear a faca, pois ela pode causar cortes.

O que fazer

A8 Cortem a maçã em fatias.

A9 Escolham três fatias que apresentem uma superfície grande da polpa e disponha-as, uma a uma, nos três pires.

A10 Coloquem suco de limão sobre uma das fatias, cobrindo toda a sua superfície.

A11 Da mesma forma, espalhem açúcar sobre outra fatia.

A12 Deixem a terceira fatia exposta ao ar, sem qualquer proteção.

A13 Mantenham esse conjunto em local protegido, para que não seja manipulado por ninguém.

A14 Anotem a hora em que tudo foi preparado e passem a fazer observações de 4 em 4 horas, ou quando puderem, até o dia seguinte. Façam um registro de cada observação anotando todas as modificações sofridas pelo sistema.

Considerações

Como já discutimos, há muitas variações de cor e de aspecto que são evidências de reações químicas. O escurecimento da maçã, quando exposta ao ar, é uma dessas evidências de que há substâncias na constituição da maçã que reagem com o oxigênio do ar, oxidando-se. O produto formado pode, às vezes, ser considerado como resultante da decomposição da maçã. Quase todos os materiais orgânicos decompõem-se quando oxidados, gerando gás carbônico (CO_2). O escurecimento da maçã (ou mesmo o da banana ou de outras frutas) é uma evidência de que novas substâncias são formadas, nem sempre desejáveis.

Gilberto do Vale Rodrigues

Figura 5-22: Quando exposta ao ar, a maçã escurece.

PARTE B Interações entre pregos e maçã

Material

Dois pregos (ou pedaços de ferro) de aproximadamente 8 cm, detergente, uma maçã inteira.

O que fazer

A15 Lavem bem os pregos com detergente para eliminar a gordura que pode estar aderida à sua superfície.

A16 Deixem um dos pregos exposto ao ar.

A17 O outro prego deve ser fincado em uma maçã inteira. Deixem esse sistema (prego + maçã) por dois dias em um local protegido, para que não seja manipulado por ninguém.

A18 Ao final desse tempo, cortem a maçã para observar o aspecto interno dela e do prego.

A19 Registrem todas as suas observações sobre o prego isolado, o prego na maçã e a maçã.

Questões

Q10. Comparem os processos que ocorreram com as maçãs na parte A e na parte B desta atividade e respondam se eles são semelhantes.

Q11. Escrevam um texto a partir das observações feitas, tendo em vista o que vocês já aprenderam neste capítulo.

TEXTO 6

Maçãs especiais

A maçã é uma fruta cuja casca se presta à aplicação como indicador natural ácido-base. Sua polpa, quando exposta ao ar, escurece facilmente, por oxidação de alguma ou algumas de suas substâncias constitutivas. O limão e o açúcar, colocados sobre a polpa, vão prevenir essa oxidação por dois motivos. Primeiro, porque protegem a superfície da polpa, dificultando o seu contato com o oxigênio do ar. Segundo, porque existem substâncias no limão (ácido ascórbico) e no açúcar (sacarose) que podem agir como redutoras e que, na presença do oxigênio do ar, se oxidam no lugar de substâncias da polpa.

Na segunda parte do experimento, o que foi observado deve-se à ação do ácido málico ($C_4H_6O_5$), presente na maçã, cuja estrutura está representada a seguir:

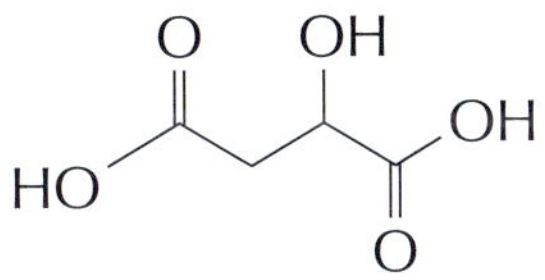

Figura 5-23: **Fórmula estrutural do ácido málico.**

Esse ácido reage com o ferro do prego, oxidando-o a Fe^{2+}. A substância formada, o malato ferroso, é azulada e, à medida que se forma, escurece a polpa da maçã.

Sérgio Dotta Jr./Arquivo da editora

Figura 5-24: **Após alguns dias observa-se o escurecimento da maçã onde o prego foi fincado.**

Observando o prego (ou pedaço de ferro) imediatamente após retirá-lo da maçã, pode-se constatar que ele quase não mudou de cor. Seu aspecto é muito parecido com o do prego deixado fora da maçã, apenas um pouco menos brilhante. Após algumas horas, contudo, podem-se observar sinais de ferrugem – uma cor amarelada – justamente na parte que estava dentro da maçã. Assim, torna-se mais evidente que houve oxidação do ferro pela maçã.

Esse processo ocorre no interior da fruta, na ausência do oxigênio do ar. Por isso, é formado o Fe^{2+}, que se associa ao grupo maleato, de cor azul-escuro. Quando o prego é retirado da maçã, a superfície que reagiu fica exposta ao ar. Provavelmente mais vulnerável do que antes de entrar em contato com a maçã, o ferro dessa superfície se oxida ao ar, produzindo óxidos de ferro (com estado de oxidação 3+, provavelmente), amarelos.

Como se pode constatar, na primeira parte do experimento **a maçã é oxidada na presença do oxigênio do ar**, e na segunda parte **a maçã oxida o ferro**. De fato, são as substâncias presentes na maçã que se comportam, no primeiro caso, como redutoras e, no segundo, como oxidantes. O interessante é considerar que esses comportamentos dependem das circunstâncias – das substâncias presentes no sistema. Esse fato ilustra a ideia de que não há, de forma absoluta, uma substância redutora ou oxidante.

ATIVIDADE 4

Compreendendo a tabela de potenciais-padrão de redução

Na atividade 3, vimos que uma mesma substância pode se comportar como oxidante ou como redutora, dependendo da outra substância com a qual ela reage. Será que há uma forma de prever se uma substância se comporta como redutora ou oxidante diante de uma outra?

Nesta atividade, vamos introduzir uma importante ferramenta que pode ser usada para fazer esse tipo de previsão, pelo menos em relação a muitas das substâncias simples e dos sais mais comuns: a **tabela de potenciais de redução**. O uso dessa tabela (que se encontra no final do livro) permite prever se uma reação é ou não espontânea – a exemplo da expressão da energia livre, que usamos no capítulo 2 da parte 2 para fazer esse tipo de previsão a partir de variações de entalpia e de entropia de uma dada reação. Aqui, no entanto, prever se uma reação é espontânea não significa dizer que ela ocorre imediatamente, pois isso depende da velocidade da reação, que pode ser lenta.

Para entendermos a lógica de organização da tabela de potenciais de redução, vamos trabalhar, inicialmente, com quatro metais e quatro soluções contendo íons desses mesmos metais, testando que soluções reagem com cada metal.

Material

Placas de magnésio (Mg), zinco (Zn) e cobre (Cu); soluções 1 mol/L de: cloreto de magnésio ($MgCl_2$), sulfato de zinco ($ZnSO_4$), sulfato de cobre ($CuSO_4$) três béqueres de 100 mL e três conta-gotas.

Tenha cuidado!

Evite o contato das soluções com a pele. Se isso ocorrer, lave com água em abundância.

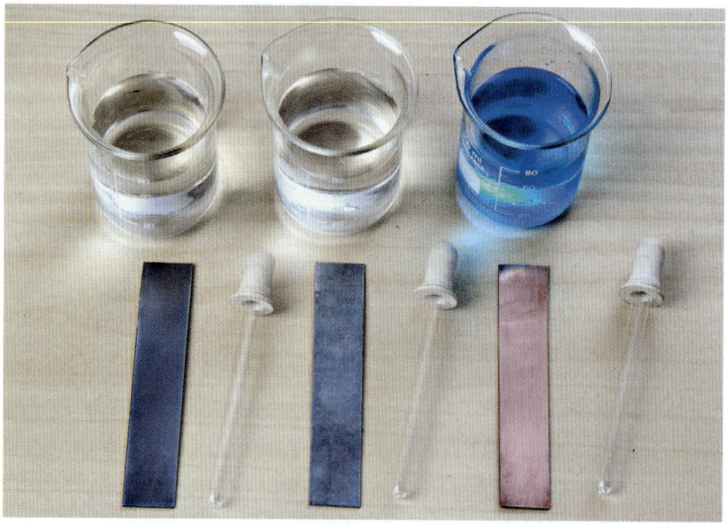

Sérgio Dotta Jr./Arquivo da editora

Figura 5-25: Materiais a serem utilizados.

O que fazer

A20 Coloquem a placa de magnésio sobre uma folha de papel e escrevam na folha, paralelamente ao lado mais comprido da placa, o símbolo dos íons Mg^{2+}, Zn^{2+} e Cu^{2+}, deixando algum espaço entre dois símbolos consecutivos.

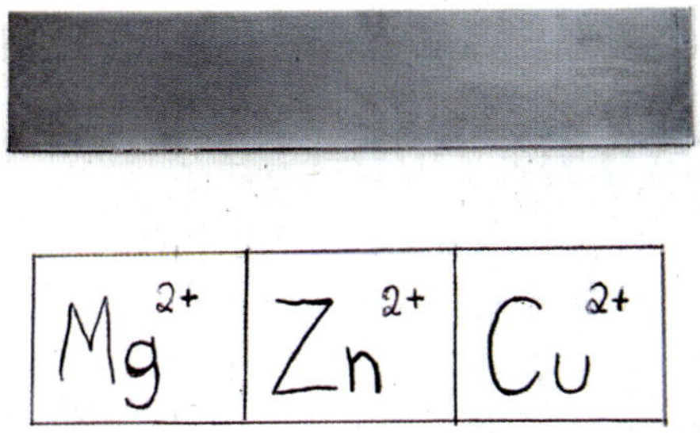

Figura 5-26: **Placa de magnésio sobre folha de papel.**

A21 Usando um conta-gotas diferente para cada solução, coloquem duas gotas de cada solução sobre a placa de metal, no lugar próximo àquele onde vocês escreveram o símbolo correspondente ao íon presente na solução. Reproduzam o quadro 5-5 no caderno e anotem os resultados, usando o sinal "+" para indicar que houve alguma reação entre a solução e a placa de metal, e o sinal "–" para indicar que essa reação não ocorreu.

Íon ⇒ **Metal ⇓**	Mg^{2+}	Zn^{2+}	Cu^{2+}
Mg	//////////	//////////	//////////
Zn	//////////	//////////	//////////
Cu	//////////	//////////	//////////

Quadro 5-5: **Observações realizadas no experimento.**

A22 Repitam os procedimentos A20 e A21 para as placas de zinco e cobre.

Questões

Q12. Que metal reagiu com todos os outros íons metálicos? Considerando que todas as reações neste experimento são de oxirredução, esse metal é capaz de oxidar ou de reduzir todos os íons?

Q13. Qual dos íons em solução reagiu com todos os outros metais? Considerando que todas as reações neste experimento são de oxirredução, esse íon é capaz de oxidar ou de reduzir todos os metais?

Q14. Escrevam as equações de todas as reações que ocorreram no experimento.

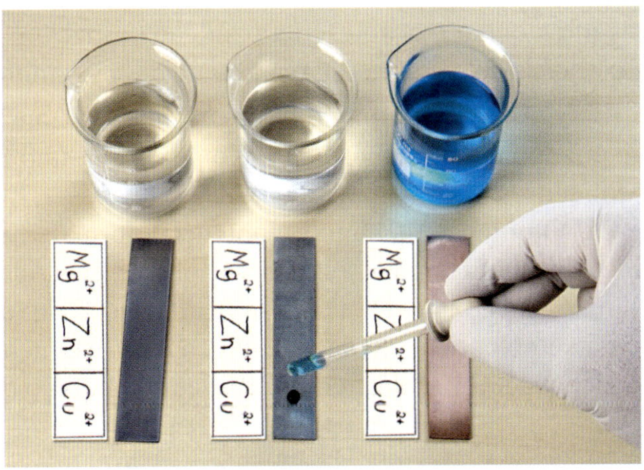

Fotos: Sérgio Dotta Jr./Arquivo da editora

Figura 5-27: **Que soluções reagem com cada placa metálica?**

Q15. Escrevam, agora, apenas as reações de redução que ocorreram, por exemplo:

$$Cu^{2+}\ (aq) + 2e^- \rightarrow Cu\ (s)$$

Usando os dados obtidos, coloquem essas reações em ordem, do oxidante mais "potente" para o menos "potente". Lembrem-se de que qualquer espécie que é oxidante se reduz na reação de oxirredução.

Q16. Escrevam, agora, apenas as reações de oxidação que ocorreram, por exemplo:

$$Mg\ (s) \rightarrow Mg^{2+}\ (aq) + 2e^-$$

Usando os dados obtidos, coloquem essas reações em ordem, do redutor mais "potente" para o menos "potente". Lembrem-se de que qualquer espécie que é redutora se oxida na reação.

TEXTO 7

Potenciais-padrão de redução

Na atividade 4 verificamos que a força redutora de metais ou força oxidante de cátions metálicos é sempre relativa. No caso estudado, o magnésio metálico foi capaz de reduzir todas os outros cátions, sendo, portanto, o mais forte redutor de todos os metais investigados. Por sua vez, o cátion metálico Cu^{2+} foi capaz de oxidar todos os outros metais, sendo, portanto, o mais forte oxidante de todos os cátions investigados.

As reações de oxirredução podem ser escritas separadamente e são chamadas de **semirreações**.

O que fizemos nesta atividade para três metais e três soluções contendo cátions metálicos pode ser feito para um grande número de espécies químicas, não só as metálicas. Ou seja, é possível colocá-los em ordem, do mais redutor para o menos redutor ou do mais oxidante para o menos oxidante. Esse ordenamento das espécies em função da força redutora ou força oxidante relativas dá origem a tabelas que permitem prever que reações de oxirredução ocorrem espontaneamente.

Esse conhecimento é importante, pois permite a fabricação de pilhas, que nada mais são do que dispositivos capazes de fornecer corrente e diferença de potencial a partir de reações químicas de oxirredução. Toda vez que uma reação entre duas espécies (no nosso exemplo, um metal e uma solução contendo um cátion metálico) é espontânea, esse par pode ser usado para a construção de uma pilha.

Essas tabelas podem trazer, além da simples ordenação, um valor para cada espécie listada. Eles são conhecidos como **potencial de redução** (em volts), se a tabela é de potenciais-padrão de redução, ou como **potencial de oxidação** (em volts), se a tabela é de potenciais-padrão de oxidação. Atualmente, o recomendado pela Iupac é fornecer tabelas com potenciais-padrão de redução, o que significa que a reação escrita para cada espécie é a reação de redução da espécie. Nas tabelas de potenciais de redução estão apresentadas as semirreações.

Como foram construídas essas tabelas? Considerando que a redução de uma espécie só ocorre quando uma outra espécie se oxida ao mesmo tempo, qual é o sentido em falar de potencial de redução?

O **potencial-padrão** ou **potencial normal**, medido em volts (V), é o que se obtém quando um metal é imerso numa solução 1 mol/L de seus íons. Um eletrodo constituído por uma substância simples em contato com uma solução 1 mol/L de seus íons é chamada de **eletrodo-padrão**. No caso, por exemplo, de uma placa de zinco metálico mergulhada numa solução contendo cátions Zn^{2+} em concentração 1 mol/L, temos um eletrodo-padrão de zinco, que pode ser representado por:

$$Zn|Zn^{2+}\ (1\ mol/L)$$

A medida de potencial de um eletrodo-padrão, como o $Zn|Zn^{2+}$ (1 mol/L), só pode, no entanto, ser realizada em relação a um segundo eletrodo-padrão. Para o estabelecimento dos potenciais de eletrodo-padrão encontrados nas tabelas, essa medida foi realizada em relação ao eletrodo-padrão ou **normal de hidrogênio**, que foi escolhido como referência e cujo valor de potencial foi estabelecido, arbitrariamente, como sendo igual a zero. Assim, a voltagem lida no voltímetro do dispositivo representado ao lado corresponde ao potencial do eletrodo-padrão de zinco.

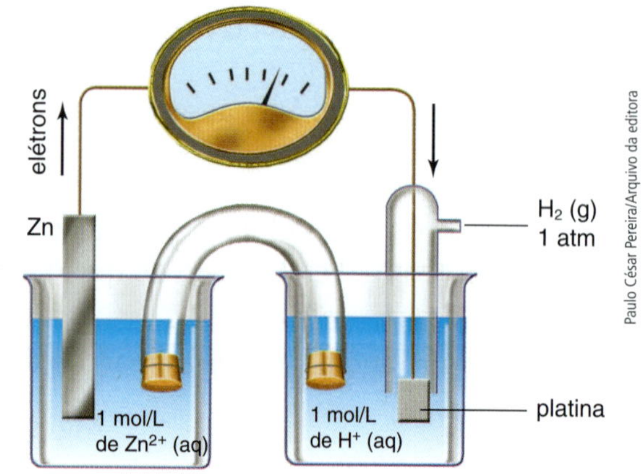

Figura 5-28: **Medindo o potencial de eletrodo-padrão para o zinco.**

Assim, pode-se definir o potencial de eletrodo-padrão de um elemento químico qualquer como a **diferença de potencial**, expressa em volts, entre a substância elementar e uma solução de seus íons de concentração 1 mol/L, em relação ao eletrodo normal de hidrogênio, ao qual foi atribuído potencial igual a zero.

Esse mesmo procedimento descrito em relação ao zinco é usado para várias outras espécies. O resultado é a tabela de potenciais-padrão de redução em que são apresentadas as semirreações.

EXERCÍCIOS

Todas as questões devem ser respondidas em seu caderno. Não escreva em seu livro.

E4. (UFV-MG) Considere as semiequações e os potenciais-padrão (*E*) de redução:

$Ag^+ + e^- \longrightarrow Ag$	⇨	$E^0 = +0{,}79$ volts
$Cu^{2+} + 2e^- \longrightarrow Cu$	⇨	$E^0 = +0{,}34$ volts
$Ni^{2+} + 2e^- \longrightarrow Ni$	⇨	$E^0 = -0{,}25$ volts
$Fe^{2+} + 2e^- \longrightarrow Fe$	⇨	$E^0 = -0{,}44$ volts
$Zn^{2+} + 2e^- \longrightarrow Zn$	⇨	$E^0 = -0{,}76$ volts

Quadro 5-6: **Exercício E4.**

Para armazenar uma solução de sulfato de níquel ($NiSO_4$), poder-se-ia empregar um recipiente de:

a) Zn apenas.
b) Ag, Cu, Fe ou Zn.
c) Ag apenas.
d) Ag ou Cu.
e) Fe ou Zn.

E5. (PUC-RJ) É dada a seguinte célula galvânica:

$Zn\ (s)|Zn^{2+}\ (aq)||Cd^{2+}\ (aq)|Cd\ (s)$

Sabendo que os potenciais das semirreações são:

$Cd^{2+}\ (aq) + 2e^- \longrightarrow Cd\ (s)$	⇨	$E^0 = -0{,}40$ V
$Zn^{2+}\ (aq) + 2e^- \longrightarrow Zn\ (s)$	⇨	$E^0 = -0{,}76$ V

Quadro 5-7: **Potenciais-padrão de redução para os íons cádmio e zinco.**

Indique a única afirmativa correta em relação à reação espontânea que ocorre na célula:

a) O potencial da reação é $-1{,}16$ V.
b) O potencial da reação é de $-0{,}36$ V.
c) O potencial da reação é de $+1{,}16$ V.
d) A reação é: $Cd^{2+}\ (aq) + Zn\ (s) \longrightarrow Zn^{2+}\ (aq) + Cd\ (s)$.
e) A reação é: $Zn^{2+}\ (aq) + Cd\ (s) \longrightarrow Cd^{2+}\ (aq) + Zn\ (s)$.

E6. (UFSCar-SP) Filtros de piscinas, construídos em ferro, são muito afetados pela corrosão. No processo de corrosão ocorre a dissolução lenta do metal, com a formação de íons Fe^{2+} em solução aquosa. Para a proteção dos filtros são utilizados os chamados "eletrodos de sacrifício". Esses eletrodos são barras de metais convenientemente escolhidos que, colocados em contato com o filtro, sofrem corrosão no lugar do ferro. Com base nos dados do quadro a seguir:

Semirreação	E^0 (volt)
$Mg^{2+} + 2e \longrightarrow Mg^0$	$-2{,}37$
$Fe^{2+} + 2e^- \longrightarrow Fe^0$	$-0{,}44$
$Ni^{2+} + 2e^- \longrightarrow Ni^0$	$-0{,}26$
$Cu^{2+} + 2e^- \longrightarrow Cu^0$	$+0{,}34$

Quadro 5-8: **Potenciais-padrão de redução para os íons magnésio, ferro, níquel e cobre.**

pode-se prever que são "eletrodos de sacrifício" adequados barras de:

a) magnésio, apenas.
b) cobre, apenas.
c) níquel, apenas.
d) cobre e níquel, apenas.
e) cobre, níquel e magnésio.

E7. (Unicamp-SP) Um corpo metálico quando exposto ao ar e à umidade pode sofrer um processo de corrosão (oxidação), o que pode deixá-lo impróprio para a função a que se destinava.

a) Uma das formas de minimizar esse processo é a "proteção catódica": prende-se um "metal de sacrifício" no corpo que se deseja proteger do processo de oxidação. Suponha que você deseja fazer a proteção catódica de uma tubulação em ferro metálico.

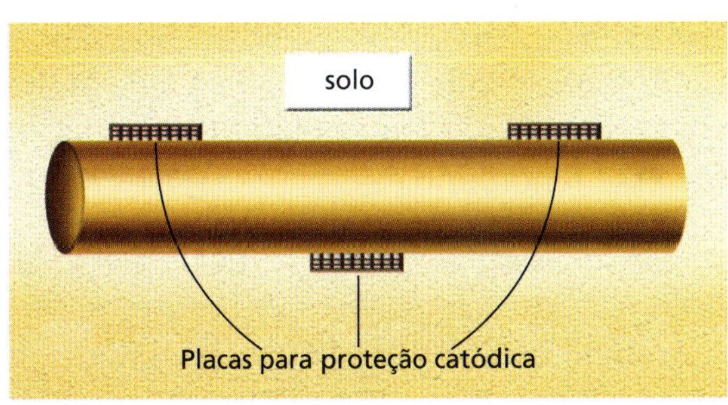

Paulo César Pereira/Arquivo da editora

Figura 5-29: **Placas utilizadas para a proteção catódica em uma tubulação de ferro metálico.**

Qual das substâncias do quadro a seguir você usaria? Justifique.

Potenciais-padrão de redução			
Semirreação de redução	**E^0/volts**	**Semirreação de redução**	**E^0/volts**
F_2 (g) + $2e^-$ → 2 F^- (aq)	+2,87	Ni^{2+} (aq) + $2e^-$ → Ni (s)	−0,25
Br_2 (g) + $2e^-$ → 2 Br^- (aq)	+1,08	Fe^{2+} (aq) + $2e^-$ → Fe (s)	−0,44
Ag^+ (aq) + e^- → Ag (s)	+0,80	Mg^{2+} (aq) + $2e^-$ → Mg (s)	−2,37
Cu^{2+} (aq) + $2e^-$ → Cu (s)	+0,34		

Quadro 5-9: Potenciais-padrão de redução.

b) Uma outra forma de evitar a corrosão é a galvanização: deposita-se sobre o corpo metálico uma camada de um outro metal que o proteja da oxidação. Das substâncias do quadro 5-9, qual você usaria para galvanizar uma tubulação em ferro metálico? Justifique.

TEXTO 8

Células eletroquímicas, pilhas e baterias

Um sistema no qual ocorre uma reação de oxidação e outra de redução, simultaneamente, é chamado de célula eletroquímica.

Esse tipo de reação envolve trocas de elétrons. Isso pode acontecer espontaneamente, quando as espécies naturalmente mudam de estado de oxidação, gerando corrente elétrica, mas também pode não ser espontâneo. Nesses casos, a aplicação de uma corrente elétrica a um sistema promove, às vezes, as variações de estado de oxidação nas espécies, uma oxidando-se e outra reduzindo-se.

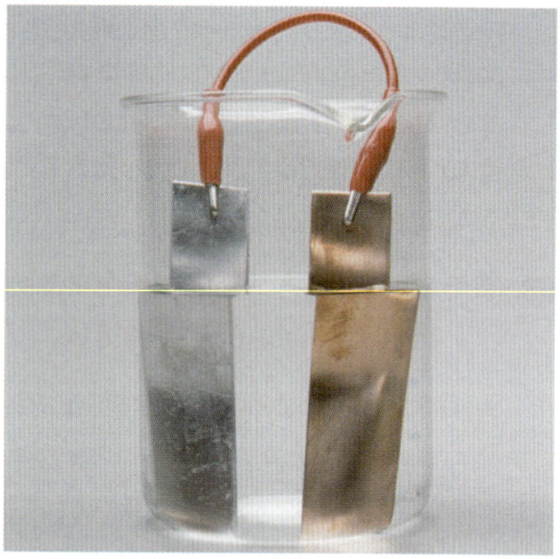

Gilberto do Vale Rodrigues

Figura 5-30: Na célula eletroquímica ocorrem reações de oxidação e redução simultaneamente.

Se introduzirmos uma peça de alumínio, até mesmo um pedaço de "folha" de alumínio, em uma solução de sulfato de cobre (comercial) azul, perceberemos que, aos poucos, a solução descolore. Enquanto isso, na peça de alumínio, se deposita uma fina camada de pó marrom-escuro, que é o cobre metálico. A equação que representa esse fenômeno é:

$$3\ Cu^{2+}\ (aq) + 2\ Al\ (s) \rightarrow 3\ Cu\ (s) + 2\ Al^{3+}\ (aq)$$

Gilberto do Vale Rodrigues

Figura 5-31: A reação entre o alumínio e o cobre é uma reação de oxirredução.

Chamamos de semirreação a reação de redução do cobre ou a de oxidação do alumínio, isoladamente. As semirreações estão representadas nas tabelas de potenciais de redução, mas nunca ocorrem isoladamente na natureza. Dessa maneira, só ocorre redução se ocorrer, simultaneamente, uma oxidação. A combinação de duas semirreações pode levar à constituição da **célula eletroquímica**.

Chamamos de **pilha** um sistema constituído por dois eletrodos e um eletrólito, que produz energia elétrica. Esses eletrodos podem ser conectados a um aparelho elétrico. Nesse caso uma corrente elétrica flui pelo circuito. Isso ocorre porque no material de um dos eletrodos vai acontecer um processo de oxidação que libera elétrons. Esse eletrodo, no qual ocorre a oxidação, é denominado **anodo** ou **eletrodo negativo**. Simultaneamente no material do outro eletrodo ocorre o processo de redução a partir dos elétrons liberados no processo de oxidação. Esse eletrodo, no qual ocorre a redução, é chamado de **catodo** ou **eletrodo positivo**. No caso de uma pilha, a reação de oxirredução é espontânea.

Se conectarmos duas ou mais pilhas, estaremos constituindo uma **bateria**. Na prática, as duas expressões são usadas indistintamente. Originalmente, a palavra "pilha" surgiu para designar esses aparatos justamente pela necessidade de empilhamento de várias semicélulas para gerar energia elétrica em quantidades aproveitáveis.

TEXTO 9

Pilha de Daniell

Sheila Terry/SPL/Latinstock

Figura 5-32: **John Frederic Daniell.**

Como vimos no texto anterior, uma pilha é um dispositivo que produz energia elétrica. Em 1836, ***John Frederic Daniell*** (1790-1845), um químico inglês, construiu um dispositivo que produzia energia elétrica interligando eletrodos que eram constituídos por um metal imerso em uma solução de seus íons. Esse dispositivo constitui a base do funcionamento das pilhas que ainda hoje utilizamos e, em homenagem a Daniell, todas as pilhas que são constituídas apenas por metais e soluções de seus respectivos sais são denominadas **pilhas de Daniell**.

Vamos descrever a constituição e o funcionamento da pilha de Daniell como referência para compreendermos o funcionamento de outras pilhas.

A chamada pilha de Daniell é constituída por um eletrodo de zinco metálico (Zn) – que funciona como anodo – mergulhado em um eletrólito, uma solução aquosa de sulfato de zinco ($ZnSO_4$), e outro eletrodo de cobre metálico (Cu), que funciona como catodo, imerso em uma solução de

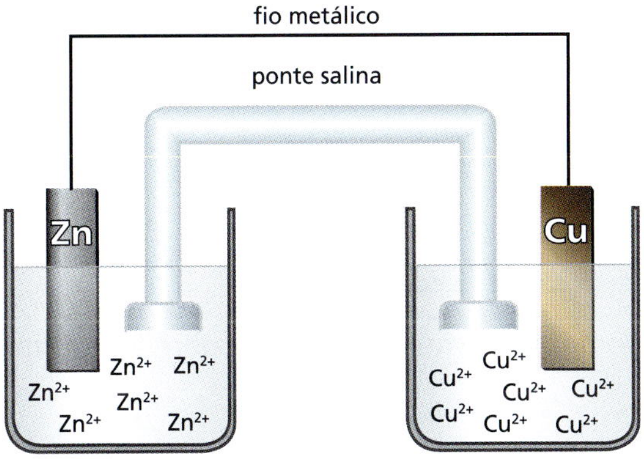

Avits/Arquivo da editora

Figura 5-33: **Representação esquemática para uma pilha de Daniell.**

Andrew Lambert Photography/SPL/Latinstock

Figura 5-34: **Na figura, vemos uma pilha de Daniell.**

sulfato de cobre ($CuSO_4$). Os dois eletrodos são unidos por fio metálico e as duas soluções de eletrólito são unidas por uma **ponte salina**, como representado na figura da página anterior, figura 5.33. Na pilha de Daniell, a ponte salina é um tubo em forma de "U", preenchido com algodão embebido em uma solução de cloreto de potássio (KCl).

Como funciona a pilha de Daniell?

Para compreendermos como funciona a pilha de Daniell, vamos analisar cada um dos eletrodos antes que o circuito seja fechado.

O eletrodo de zinco

O eletrodo de zinco é um sistema constituído por uma placa de zinco metálico (Zn), mergulhada em uma solução aquosa de algum sal de zinco solúvel em água, como o sulfato de zinco ($ZnSO_4$). Essa solução contém cátions zinco (Zn^{2+}). Podemos representar o eletrodo esquematicamente pela figura a seguir:

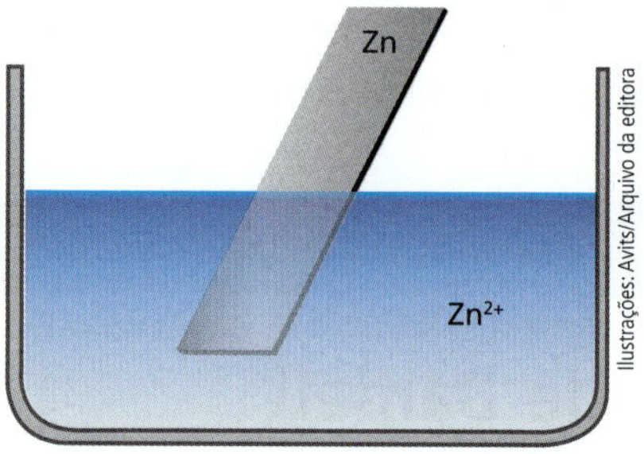

Figura 5-35: **Representação para o eletrodo de zinco, um dos constituintes da pilha de Daniell.**

Nesse eletrodo, antes de o circuito elétrico ser fechado, estão presentes átomos de zinco metálico, da placa Zn^0, e cátions zinco, da solução Zn^{2+}. Pode ocorrer a transformação do zinco metálico em cátion zinco. Essa transformação é representada pela seguinte equação:

$$Zn^0\ (s) \rightarrow Zn^{2+}\ (aq) + 2e^-$$

Pode também ocorrer a transformação inversa e o cátion zinco, da solução, receber os dois elétrons do zinco metálico e se transformar em zinco metálico:

$$Zn^{2+}\ (aq) + 2e^- \rightarrow Zn^0\ (s)$$

O eletrodo de cobre

O eletrodo de cobre é um sistema constituído por uma placa de cobre metálico (Cu), mergulhada em uma solução aquosa de algum sal de cobre solúvel em água, como o sulfato de cobre ($CuSO_4$). Essa solução contém cátions cobre (Cu^{2+}). Podemos representar esse eletrodo esquematicamente pela figura a seguir:

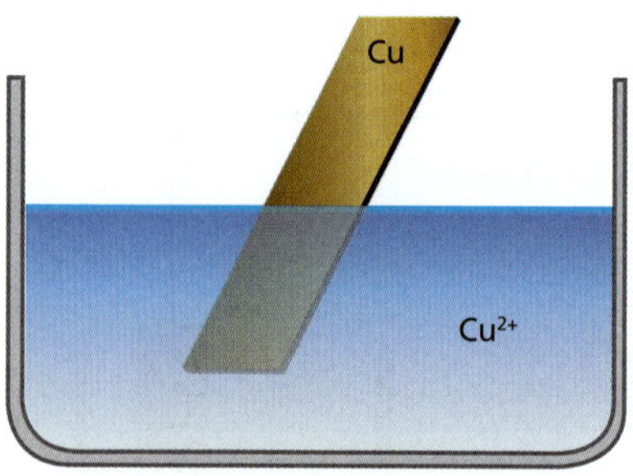

Figura 5-36: **Representação para o eletrodo de cobre, um dos constituintes da pilha de Daniell.**

De forma análoga ao que foi descrito para o eletrodo de zinco, no eletrodo de cobre as seguintes transformações podem ocorrer:

$$Cu^0\ (s) \rightarrow Cu^{2+}\ (aq) + 2e^-$$
$$Cu^{2+}\ (aq) + 2e^- \rightarrow Cu^0\ (s)$$

Na pilha de Daniell, os eletrodos de zinco e de cobre, mergulhados em soluções de seus respectivos íons, são conectados por um fio condutor. Assim que a conexão é feita, se estabelece a passagem de corrente elétrica pelo fio condutor e o voltímetro marca uma diferença de potencial de 1,1 V. Ao fechar-se o circuito, haverá passagem de elétrons do eletrodo de zinco para o eletrodo de cobre. Se observarmos o sistema por algum tempo, vamos perceber que:

- a placa de zinco começa a se corroer e diminuir sua massa;
- a placa de cobre aumenta sua massa;
- a solução azul de Cu^{2+} começa a diminuir a intensidade da cor.

A figura a seguir representa a pilha de Daniell após o circuito elétrico ser fechado.

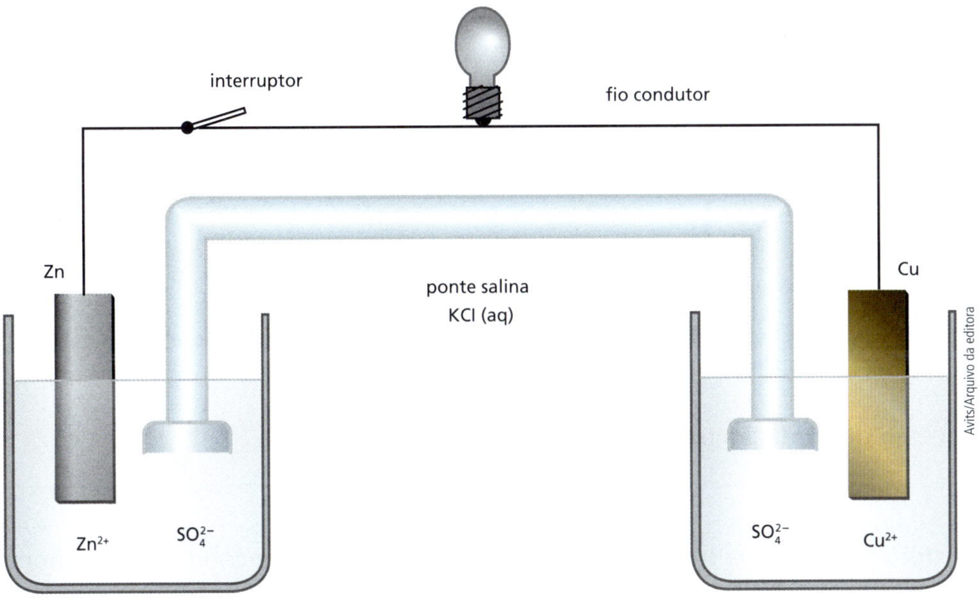

Figura 5-37: **Representação para os constituintes da pilha de Daniell: eletrodos de zinco e cobre, soluções de sulfato de zinco ($ZnSO_4$) e sulfato de cobre ($CuSO_4$), ponte salina e fio condutor, após o circuito ser fechado.**

Questões

Q17. Discuta com seus colegas e elabore uma possível explicação para o fato de a placa de zinco diminuir de massa. Escreva a equação química que representa o que ocorreu.

Q18. Discuta com seus colegas e elabore uma possível explicação para o fato de a placa de cobre aumentar de massa. Escreva a equação química que representa o que ocorreu.

Q19. Discuta com seus colegas e elabore uma possível explicação para o fato de a solução azul de Cu^{2+} começar a diminuir a intensidade da cor. Escreva a equação química que representa o que ocorreu.

Q20. Na pilha de Daniell temos uma solução de $ZnSO_4$ (aq). Antes de o circuito ser fechado, o número de íons Zn^{2+} na solução é igual ao número de íons SO_4^{2-}. O que ocorre com a quantidade de íons, após o circuito ser fechado, à medida que o tempo passa?

Q21. Na pilha de Daniell temos uma solução de $CuSO_4$ (aq). Antes de o circuito ser fechado, o número de íons Cu^{2+} na solução é igual ao número de íons SO_4^{2-}. O que ocorre com a quantidade de íons, após o circuito ser fechado, à medida que o tempo passa?

Que fenômenos ocorridos na pilha de Daniell levam à produção de energia?

Quando um fio condutor é conectado aos eletrodos de zinco e cobre, o circuito é fechado. Nesse momento os átomos de zinco que constituem a placa metálica começam a perder elétrons, ou seja, tem início um processo de oxidação.

Cada átomo de zinco perde dois elétrons e se transforma no íon Zn^{2+}. Os elétrons sobem pela lâmina e vão em direção à lâmina de cobre pelo fio condutor. Os cátions zinco (Zn^{2+}) formados dissolvem-se na solução e aumentam sua concentração. Esse processo está representado na figura a seguir:

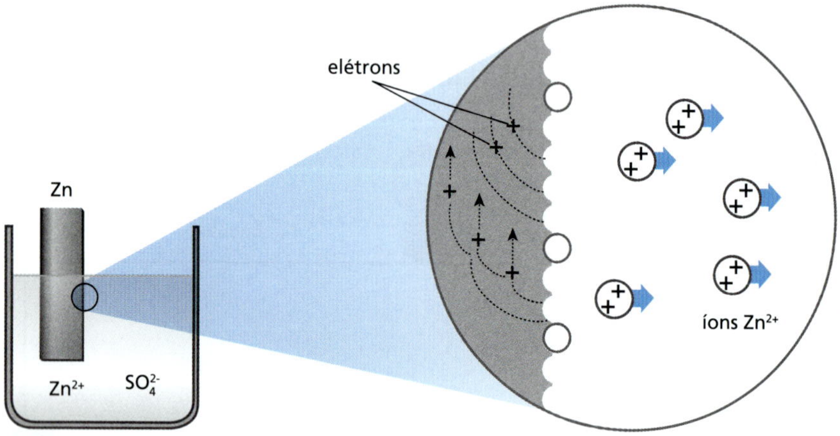

Figura 5-38: Representação para o processo de oxidação que ocorre no eletrodo de zinco após se fechar o circuito elétrico na pilha de Daniell.

O processo de oxidação pode ser representado por:

$$Zn^0\ (s) \rightarrow Zn^{2+}\ (aq) + 2e^-$$

Os elétrons liberados na oxidação do zinco chegam à placa de cobre que está imersa em uma solução de Cu^{2+}. Quando esses elétrons chegam até a superfície da lâmina de cobre, cada cátion Cu^{2+} que se aproxima dessa lâmina recebe dois elétrons, transformando-se em cobre metálico (Cu^0). Assim, no eletrodo de cobre vai ter início o processo de redução que pode ser representado pela equação:

$$Cu^{2+}\ (aq) + 2e^- \rightarrow Cu^0\ (s)$$

O cobre metálico (Cu^0) que vai sendo formado se deposita na lâmina. A figura 5-39 representa o processo de redução que ocorre no eletrodo de cobre, após certo tempo de funcionamento da pilha.

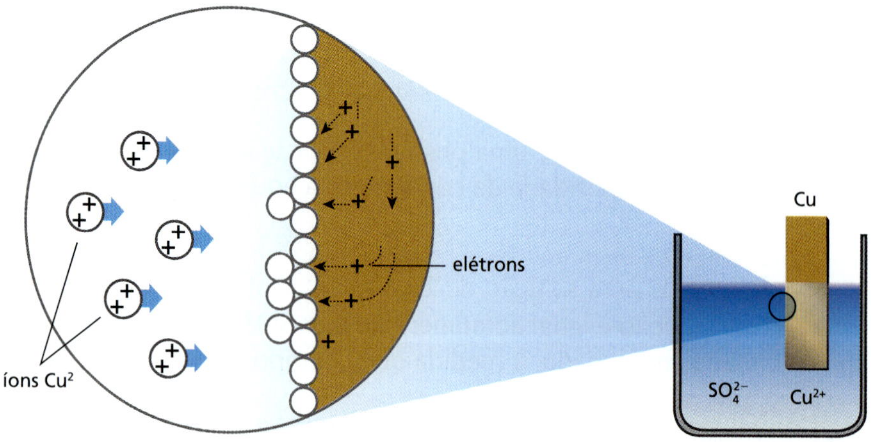

Figura 5-39: Representação para o processo de redução que ocorre no eletrodo de cobre, após algum tempo de funcionamento.

Após algum tempo de funcionamento, poderemos representar a pilha de Daniell como na figura a seguir:

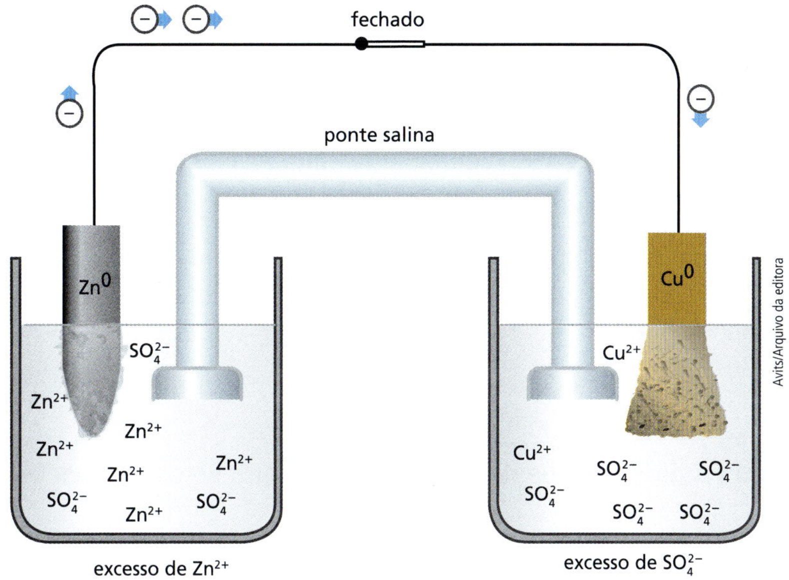

Figura 5-40: Representação para a pilha de Daniell após algum tempo de funcionamento.

Existe uma convenção para a representação de uma pilha. No caso da pilha de Daniell, a representação é:

$$Zn\ (s)\ |\ Zn^{2+}\ (aq)\ 1\ mol/L\ ||\ Cu^{2+}\ (aq)\ 1\ mol/L\ |\ Cu\ (s)$$

Nesse tipo de representação convenciona-se posicionar os constituintes do anodo à esquerda da dupla barra e os constituintes do catodo à direita da dupla barra.

Questões

Q22. Considerando a figura 5-40, descreva o que ocorreu com os íons que formam as soluções de sulfato de zinco ($ZnSO_4$) e de sulfato de cobre ($CuSO_4$).

Q23. Na pilha de Daniell, a ponte salina tem a função de permitir a migração de íons de uma solução para outra, de modo que o número de íons positivos e negativos na solução de cada eletrodo permaneça em equilíbrio. Considerando o que você descreveu sobre o que ocorre com os íons das soluções, como deve ser o movimento dos íons no interior da ponte salina?

Q24. Represente em seu caderno uma pilha de Daniell identificando:

- os eletrodos de zinco e cobre;
- as soluções dos eletrólitos;
- o sentido do fluxo de elétrons;
- o sentido do fluxo de íons na ponte salina;
- os polos positivo e negativo;
- o catodo e o anodo.

Q25. Considere um sistema no qual a lâmina de zinco seja mergulhada em solução de $CuSO_4$. Esse sistema pode ser considerado uma pilha?

ATIVIDADE 5

Um procedimento para o cálculo da diferença de potencial

No texto 9 apresentamos a constituição da pilha de Daniell e consideramos alguns fenômenos que ocorrem em seu funcionamento.

Nesta atividade, vamos aprender um procedimento para calcular a diferença de potencial para a pilha de Daniell. Esse procedimento também pode ser utilizado para o cálculo de diferença de potencial para outras pilhas.

O que fazer

A23 Escrevam a semirreação que representa o que ocorre no eletrodo de zinco.

A24 Agora, escrevam a semirreação que representa o que ocorre no eletrodo de cobre.

A25 Por fim, escrevam a equação total somando as semirreações.

Ao escrever a equação total balanceada para a pilha de Daniell, vocês podem observar que a quantidade de átomos, a quantidade de cargas e o número de elétrons são conservados.

Como comentamos no texto 9, a diferença de potencial para essa pilha é de 1,1 V. Mas como esse valor é obtido?

A26 Verifiquem na tabela de potenciais-padrão de redução o valor para o potencial da semirreação que ocorre no catodo (processo de redução).

A27 Verifiquem na tabela de potenciais-padrão de redução o valor para o potencial da semirreação que ocorre no anodo (processo de oxidação).

A28 Para obter o valor da força eletromotriz (ΔE), façam o cálculo da diferença entre o potencial de redução do catodo e o potencial de redução do anodo.

Essa diferença entre os potenciais encontrada em A28 é chamada de **força eletromotriz** (*fem*). A medida da *fem* é feita com um voltímetro e corresponde ao valor calculado, desde que a pilha se encontre na condição-padrão. Esse procedimento pode ser utilizado também para o cálculo da força eletromotriz de outras pilhas.

Ivan Coutinho/Arquivo da editora

TEXTO 10

Balanceamento de equações envolvendo oxidação e redução

Vocês já aprenderam a balancear equações químicas nas quais não existe variação do número de oxidação das espécies envolvidas na transformação. Agora já sabem que em alguns tipos de reação química o número de oxidação das espécies pode variar. Para acertar os coeficientes dessas equações, existe um procedimento um pouco diferente.

A essência desse procedimento consiste em igualar a variação total do nox da espécie que reduz com a variação total do nox da espécie que oxida.

Vamos acompanhar um exemplo:

$$HNO_3\,(aq) + H_2S\,(aq) \rightarrow NO\,(g) + S\,(s) + H_2O\,(l)$$

Passo 1 – Identificar os nox de todas as espécies participantes:

$$\underset{+1}{H}\;\underset{+5}{N}\;\underset{-2}{O_3} + \underset{+1}{H_2}\;\underset{-2}{S} \rightarrow \underset{+2}{N}\;\underset{-2}{O} + \underset{0}{S} + \underset{+1}{H_2}\;\underset{-2}{O}$$

Passo 2 – Identificar a variação de nox das espécies que sofrem redução e oxidação:

O nitrogênio é a espécie que sofre redução, passando de +5 para +2.

$$\overset{+5}{HNO_3} \rightarrow \overset{+2}{NO} \quad \Delta nox = 3$$

O enxofre é a espécie que sofre oxidação, passando de −2 para 0 (zero).

$$\overset{-2}{H_2S} \rightarrow \overset{0}{S} \quad \Delta nox = 2$$

Passo 3 – Multiplicar o valor de Δnox pelo índice do elemento envolvido:

Neste caso, o índice do nitrogênio e do enxofre é igual a 1.

Passo 4 – Igualar a variação do nox:

$$2\,HNO_3 \rightarrow NO$$
$$3\,H_2S \rightarrow S$$

Passo 5 – Reescrever a equação com os novos coeficientes e acertar os outros coeficientes por tentativa:

$$2\,HNO_3\,(aq) + 3\,H_2S\,(aq) \rightarrow 2\,NO\,(g) + 3\,S\,(s) + 4\,H_2O\,(l)$$

EXERCÍCIO

E8. Faça, no caderno, o balanceamento das equações a seguir:

a) $Pb\,(s) + PbO_2\,(s) + H_2SO_4\,(aq) \rightarrow PbSO_4\,(s) + H_2O\,(l)$

b) $KNO_2\,(aq) + KMnO_4\,(aq) + H_2SO_4\,(aq) \rightarrow K_2SO_4\,(aq) + MnSO_4\,(s) + KNO_3\,(aq) + H_2O\,(l)$

c) $K_2Cr_2O_7\,(aq) + H_2SO_4\,(aq) + KI\,(aq) \rightarrow K_2SO_4\,(s) + Cr_2(SO_4)_3\,(aq) + H_2O\,(l) + I_2\,(s)$

d) $KMnO_4\,(aq) + SnCl_2\,(aq) + HCl\,(aq) \rightarrow KCl\,(aq) + MnCl_2\,(aq) + SnCl_4\,(aq) + H_2O\,(l)$

e) $NO_2\,(g) + H_2O\,(l) \rightarrow HNO_3\,(aq) + NO\,(g)$

f) $CuS\,(s) + HNO_3\,(aq) \rightarrow CuSO_4\,(aq) + NO\,(g) + H_2O\,(l)$

Ivan Coutinho/Arquivo da editora

ATIVIDADE 6

Investigando uma pilha comum

Atualmente, há uma infinidade de objetos que funcionam com a energia elétrica gerada por pilhas ou baterias descartáveis. Encontramos essas pilhas em todos os lugares: em supermercados, padarias, lojas de materiais eletrônicos etc. Telefones celulares, brinquedos, relógios, rádios portáteis e lanternas são mais do que conhecidos por vocês como alguns exemplos desses objetos. O controle remoto do aparelho de TV funciona por tanto tempo com duas pilhas pequenas que, às vezes, elas se estragam, vazam e oxidam partes do controle remoto sem nos darmos conta, pois, ainda assim, o comando da TV funciona. Por isso, é recomendável trocá-las de seis em seis meses. Há muitos tipos de pilhas e baterias. Vamos considerar, nesta etapa, um tipo de pilha comum: a de óxido de zinco e manganês, também conhecida como **pilha de Leclanché**.

Sérgio Dotta Jr./Arquivo da editora

Figura 5-41: **Existem vários tipos de pilhas e baterias.**

Abrindo uma pilha e identificando seus componentes

Vocês já devem ter percebido a diferença, no aspecto externo, entre uma pilha nova e uma usada, ao verificar, eventualmente, o vazamento de um material líquido e viscoso da pilha velha. Mesmo quando isso não é visível, contudo, é possível que esse material já tenha sido formado e esteja retido dentro da pilha, por causa da embalagem. Portanto, **muito cuidado com vazamentos súbitos**, ao trabalhar com pilhas usadas. Para enriquecer suas observações, trabalhem com uma pilha nova e uma usada.

Gilberto do Vale Rodrigues

Figura 5-42: **Pilhas usadas e novas apresentam aspectos diferentes.**

Material

Pilhas não alcalinas novas e usadas, jornal, alicates com ponta de corte, luvas grossas de borracha.

Tenha cuidado!

É sempre bom evitar tocar em materiais que lhes são desconhecidos. É preciso lembrar a natureza tóxica e perigosa da maioria das partes que compõem a pilha: o zinco é um metal pesado e a pasta residual pode conter substâncias tóxicas. No caso de contato da pele com as substâncias produzidas na pilha já usada, lave com água em abundância; se ocorrer irritação, procure um médico.

A29 Preparem, em uma mesa ou equivalente, um espaço forrado de jornal.

A30 Observem o corpo da pilha. Ele tem a forma de um cilindro com uma das bases chatas. Pela parte oposta, que tem uma protuberância, fica mais fácil começar a abrir a pilha por esta parte. Tentem, com a ponta do alicate, levantar a bainha da capa metálica que contorna a pilha. Aqui a habilidade é mais importante do que a força.

A31 Exponham as partes da pilha aberta e façam um desenho das seções que a compõem, observando rigorosamente as partes. Com base nas informações do texto a seguir (*Os constituintes da pilha comum*), identifiquem todas as partes do desenho que fizeram.

A32 Terminada a operação, recolham separadamente as partes da pilha, colocando-as em recipientes específicos. Cada material deve ter um encaminhamento específico. Perguntem ao professor como fazê-lo.

Os constituintes da pilha comum

As pilhas comuns (não alcalinas) são pilhas de dióxido de manganês e zinco. A parte externa, que tem a forma de um "copinho", é feita de zinco, envolvida na superfície com um papel plastificado, em que a marca e outras informações compõem o rótulo. Esse copinho é cheio de uma pasta escura e úmida de cloreto de amônio (NH_4Cl) e cloreto de zinco ($ZnCl_2$). Essa pasta fica em contato com uma mistura de dióxido de manganês (MnO_2) e pó de grafita prensado, que envolve um bastão de grafita, disposto ao longo e no centro da pilha. No topo desse bastão fica uma tampinha metálica, feita de zinco, que constitui um dos contatos. Um pouco abaixo, dentro do corpo da pilha, pode existir uma arruela para manter o bastão de carbono na posição central. O fundo do copinho de zinco constitui o outro contato. A tampinha superior que está ligada ao carbono fica completamente isolada do cilindro externo da pilha que é de zinco, como já informamos.

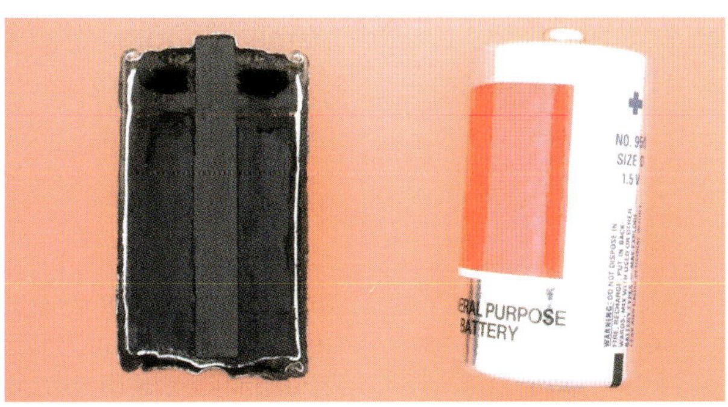

Lesler V. Bergman/Corbis/Latinstock

Figura 5-43: **Pilha comum.**

Apesar do uso generalizado desse tipo de pilha, as reações são complexas e alguns detalhes ainda não foram completamente compreendidos. A reação global principal é:

$$Zn\ (s) + 2MnO_2\ (s) + 2\ NH_4Cl\ (aq) \rightarrow Zn(NH_3)_2Cl_2\ (s) + 2\ MnOOH\ (s)$$

Normalmente, a voltagem que se obtém com essa pilha é de aproximadamente 1,5 V.

Atualmente, foram desenvolvidas técnicas para a purificação do óxido de manganês (MnO_2) usado em pilhas. O MnO_2 eletrolítico, assim chamado depois de tratado, fica isento (ou quase) de metais como o cobre e outros mais, existentes no óxido natural. Esses metais, em contato com o zinco do corpo da pilha, destruíam-no rapidamente, pois reagiam facilmente com ele.

A pilha alcalina

A pilha alcalina é bem parecida com a pilha comum. A diferença é que a pasta escura, que na pilha comum é feita de NH_4Cl e de $ZnCl_2$, na pilha alcalina é constituída por uma solução aquosa de hidróxido de potássio (KOH) e óxido de zinco (ZnO). Essa pasta é altamente cáustica.

A reação global para a pilha alcalina é:

$$Zn\ (s) + 2\ MnO_2\ (s) + 2\ H_2O\ (l) \rightarrow Zn(OH)_2\ (s) + 2\ MnOOH\ (s)$$

Descarte de pilhas

dica Enem

No Brasil, a Resolução 257 do Conselho Nacional de Meio Ambiente (Conama), publicada em 22 de julho de 1999, determina que pilhas comuns e alcalinas podem ser descartadas no lixo doméstico, sem qualquer risco ao meio ambiente. Isto é possível pois os fabricantes nacionais e os importadores legalizados já comercializam no mercado brasileiro pilhas que atendem perfeitamente às determinações do Conama no que se refere aos limites máximos de metais pesados que entram em sua constituição. De acordo com esta resolução, também podem ser dispostas no lixo doméstico as pilhas/baterias de:

- Níquel-Metal-Hidreto (NiMH): utilizadas em celulares, telefones sem fio, filmadoras e *notebooks*;
- Íon de lítio: utilizadas em celulares e *notebooks*;
- Zinco ar: utilizadas em aparelhos auditivos;
- Lítio: equipamentos fotográficos, agendas eletrônicas, calculadoras, filmadoras, relógios, computadores, *notebooks*, videocassetes.

Além dessas, também podem ir para o lixo doméstico as pilhas/baterias especiais dos tipos "botão" e "miniatura", utilizadas em equipamentos fotográficos, agendas eletrônicas, calculadoras, filmadoras, relógios e sistemas de segurança e alarmes.

Devem ser encaminhadas aos fabricantes e importadores as pilhas/baterias de:

- Níquel cádmio: utilizadas em alguns celulares, telefones sem fio e alguns aparelhos que usam sistemas recarregáveis;
- Chumbo ácido: utilizadas em veículos (baterias de carro, por exemplo) e pelas indústrias (comercializadas diretamente entre os fabricantes e as indústrias), além de algumas filmadoras de modelo antigo. Essas baterias já possuem um sistema de recolhimento e reciclagem, há muito tempo;
- Óxido de mercúrio: utilizadas em instrumentos de navegação e aparelhos de instrumentação e controle (são pilhas especiais que não são encontradas no comércio).

Informações obtidas de: AMBIENTE BRASIL. Disponível em: <www.ambientebrasil.com.br/composer.php3?base=residuos/index.php3&conteudo=./residuos/pilhas.html#reciclagem>. Acesso em: 25 nov. 2009.

PROJETO

Pesquisa sobre baterias

Apresentamos, a seguir, alguns temas para um trabalho de pesquisa sobre baterias. Vocês devem escolher um deles:

a) A bateria chumbo/ácido: seus componentes, o funcionamento, as principais reações do processo de gerar a carga.

b) A bateria chumbo/ácido: origem da matéria-prima; destino dado ao chumbo e a outros materiais.

c) A bateria chumbo/ácido: condições de trabalho dos empregados das fábricas e lojas que vendem e recarregam baterias.

d) A bateria níquel/cádmio: seus componentes, o funcionamento, as principais reações do processo de gerar a carga.

e) A bateria níquel/cádmio: origem da matéria-prima; destino final.

f) A bateria de íons lítio: seus componentes, o funcionamento, as principais reações do processo de gerar a carga.

g) A bateria de íons lítio: origem da matéria-prima; destino final.

P1 Primeiramente, apresentem ao professor um planejamento do trabalho do grupo que envolva: consulta em livros, revistas, internet etc., visitas, entrevistas, correspondência com empresas ou instituições que estejam envolvidas com o tema.

P2 Após a discussão e aprovação do planejamento pelo professor, desenvolvam o trabalho por escrito, anexando ilustrações, fotos e/ou outros materiais disponíveis. Não se esqueçam de indicar as fontes consultadas.

P3 Planejem e preparem, após conversa com o professor, uma apresentação oral para a turma sobre o trabalho realizado pelo grupo.

ATIVIDADE 7

Um exemplo de eletrólise[1]

A eletrólise é um outro exemplo de reação de oxirredução que se passa numa célula eletroquímica, a exemplo do que ocorre com as pilhas e baterias. Ao contrário destas, nas quais a energia elétrica é produzida, pois a reação de oxirredução é espontânea, no caso da eletrólise é necessário o fornecimento de energia para que a reação ocorra, pois ela não é espontânea. Para melhorar nossa compreensão desses sistemas, vamos discutir alguns conceitos.

Uma célula eletroquímica é normalmente composta por dois eletrodos, onde vão ocorrer as duas semirreações: uma de oxidação e outra de redução.

O eletrodo no qual ocorre a oxidação é chamado de anodo. O eletrodo em que ocorre a redução, catodo. Além desses eletrodos, a célula é composta ainda por um eletrólito, que é o meio (geralmente uma solução) em que estão imersos os eletrodos e é responsável pela condução da corrente elétrica, na forma de íons, do anodo para o catodo. Para fechar o circuito, há ainda uma ligação entre os eletrodos, por onde os elétrons migram do anodo para o catodo.

[1] Informações obtidas de *Chems – Química, uma ciência experimental*. 2. ed. São Paulo: Edart, 1975. v. 3.

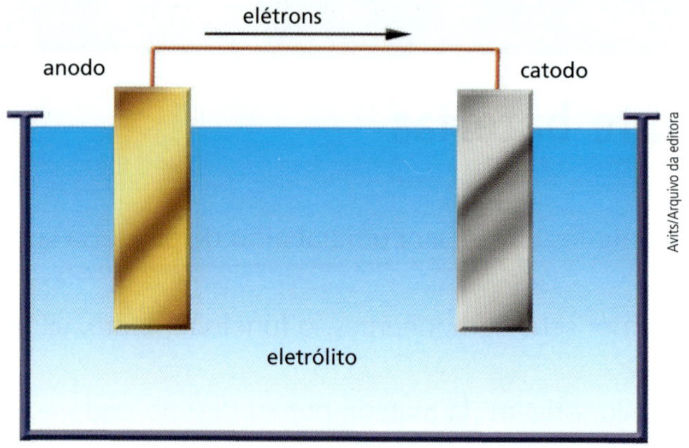

Figura 5-44: **Esquema de célula eletroquímica.**

Nesta atividade, vocês vão investigar a eletrólise de uma solução aquosa de iodeto de potássio (KI) e depois identificar os produtos formados nos eletrodos.

Material

Um béquer de 250 mL, dois eletrodos de grafita, uma fonte de corrente contínua (ou uma bateria de 9 V) e fios para conexão, solução de iodeto de potássio (KI) 0,5 mol/L, papel indicador universal, fenolftaleína, um conta-gotas.

Tenha cuidado!

Evite o contato da solução de KI com a pele. Se isso ocorrer, lave com bastante água.

Figura 5-45: **Alguns materiais necessários para a atividade. A fonte pode ser substituída por uma bateria de 9 V.**

O que fazer

A33 Montem o dispositivo para a eletrólise utilizando o béquer. Usem, como modelo, o esquema para célula eletroquímica, apresentado na figura 5-44.

A34 Utilizando o papel indicador, verifiquem se a solução de KI é ácida, básica ou neutra (pH). Registrem o resultado no caderno.

A35 Encham o béquer até chegar a 2 cm das bordas com a solução de KI e adicionem 10 gotas de fenolftaleína.

A36 Coloquem os dois eletrodos de grafita no béquer, de modo que fiquem diametralmente opostos, ou seja, em lados opostos.

A37 Seguindo as orientações do professor, façam as ligações e deixem a eletrólise se processar durante aproximadamente 15 minutos. Consultem o professor para realizar as ligações.

A38 Observem o processo e anotem no caderno as modificações que forem evidentes para os dois eletrodos. Descrevam o aspecto das soluções de KI antes da eletrólise, do eletrodo positivo e do eletrodo negativo, relacionando com o pH da solução.

Questões

Q26. Listem as espécies iônicas presentes na solução antes de o processo de eletrólise ser iniciado.

Q27. Consultando a tabela de potenciais no final do livro, sugiram as possíveis reações de oxirredução envolvendo os íons presentes inicialmente.

Q28. Considerando os resultados obtidos após a eletrólise (em A37), escrevam as equações que representem os processos que ocorreram nos eletrodos positivo e negativo.

Q29. Verifiquem o número de elétrons envolvidos em cada equação e ajustem o coeficiente das espécies para balancear as cargas e as massas em cada equação.

Q30. Escrevam a equação que representa o processo completo da eletrólise do iodeto de potássio (KI), somando as equações obtidas para os processos de redução e de oxidação.

Considerações finais

Como já comentamos, a eletrólise é um processo químico não espontâneo que ocorre graças ao fornecimento de energia elétrica, por meio de uma fonte. Nessa atividade submetemos uma solução de iodeto de potássio (KI) à passagem de corrente elétrica.

Sofrerá redução a espécie de maior potencial de redução. Consultando a tabela de potenciais-padrão de redução, vocês perceberão que, para a redução do K^+, o valor de $E^0_{red.}$ é $-2{,}93$ V, enquanto para a redução da H_2O o valor de $E^0_{red.}$ é $-0{,}83$ V. Portanto, a água sofre redução mais facilmente que os íons K^+.

Assim, no catodo ocorrerá a semirreação:

$$2\ H_2O\ (l) + 2e^- \rightarrow H_2\ (g) + 2\ OH^-\ (aq)$$

Com a redução da água, aumenta a concentração dos íons OH^- em torno do catodo. Esses íons, em presença de fenolftaleína, dão à solução a coloração rosa.

Sofrerá oxidação o íon iodeto (I^-). Assim, no anodo ocorrerá a semirreação:

$$2\ I^-\ (aq) \rightarrow I_2\ (s) + 2e^-$$

onde I_2 apresenta coloração castanha característica, que foi observada em torno do anodo.

O processo global que ocorre nessa eletrólise pode ser obtido somando-se as semirreações:

$$\begin{array}{rcl} 2\ H_2O\ (l) + 2e^- & \rightarrow & H_2\ (g) + 2\ OH^-\ (aq) \\ 2\ I^-\ (aq) & \rightarrow & I_2\ (s) + 2e^- \qquad + \\ \hline 2\ H_2O\ (l) + 2\ I^-\ (aq) & \rightarrow & H_2\ (g) + I_2\ (s) + 2OH^-\ (aq) \end{array}$$

TEXTO 11

Alguns exemplos que envolvem o uso da eletrólise para obtenção de materiais

Todos os dias nossas vidas estão direta ou indiretamente relacionadas a produtos de reações de eletrólise.

Na maioria das cidades, em que a água é tratada, utiliza-se cloro para matar as bactérias. O cloro elementar não existe livre na natureza e é obtido por um processo de eletrólise.

dica Enem

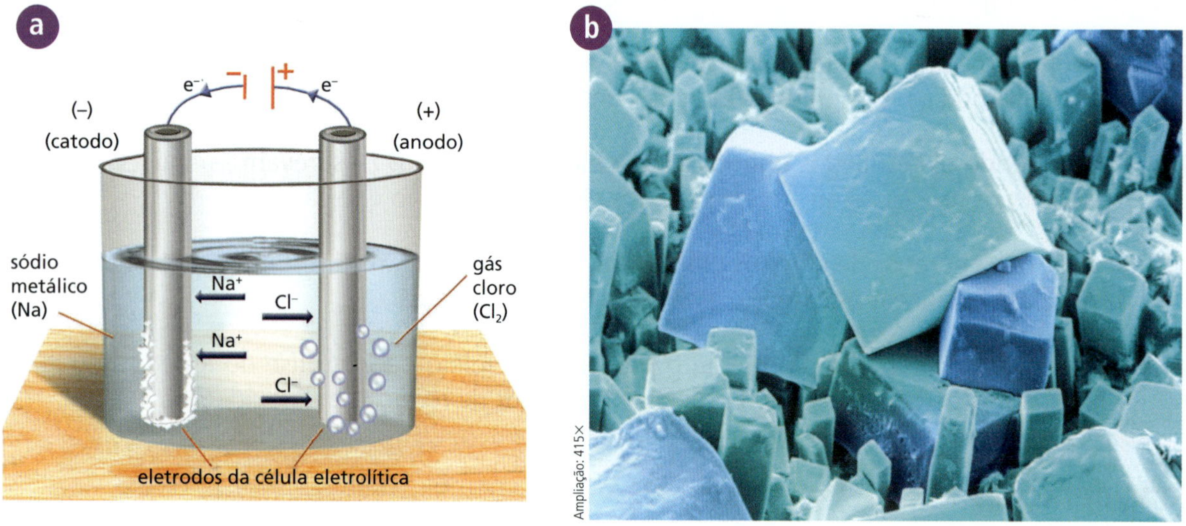

Figura 5-46: **a) O cloro é obtido por eletrólise do NaCl, o sal de cozinha. b) Imagem em microscopia eletrônica do cristal de NaCl.**

Muitos dos metais que utilizamos são obtidos através da eletrólise. Quantidades comerciais de alumínio são produzidas por meio da eletrólise de óxido de alumínio (Al_2O_3). Esta reação de obtenção do alumínio pode ser representada pela seguinte equação:

$$2\ Al_2O_3\ (s) \rightarrow 4\ Al\ (s) + 3\ O_2\ (g)$$

O óxido de alumínio é obtido pelo processamento da bauxita, um minério de alumínio.

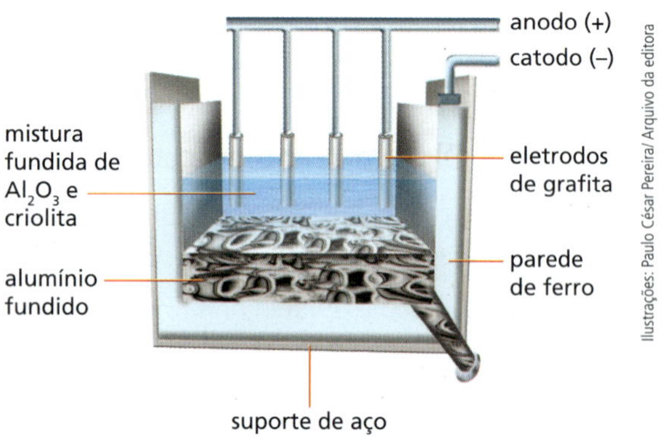

Figura 5-47: **Eletrólise do alumínio.**

Figura 5-48: **Produção de alumínio.**

Até pouco tempo, na fabricação de automóveis, vários acessórios, como os para-choques de aço, eram revestidos de cromo. Esse revestimento era feito por eletrodeposição, não só para o embelezamento das peças, mas também para sua proteção contra a corrosão. As peças cromadas em para-choques de aço praticamente desapareceram dos automóveis modernos. Foram substituídas por outras feitas de material plástico. No entanto, a cromagem de peças de aço continua a ser usada para produzir peças resistentes a corrosão, para uso em móveis, eletrodomésticos etc.

Uma forma muito pura do silício, necessária para a produção de *chips* de computadores, é também obtida a partir de uma reação de oxirredução entre triclorosilano ($SiHCl_3$) e hidrogênio de alta pureza, e pode ser representada pela seguinte equação:

$$SiHCl_3\ (l) + H_2\ (g) \rightarrow Si\ (s) + 3\ HCl\ (l)$$

Oleksiy Maksymenko/Alamy/Other Images

Figura 5-49: **Peças cromadas de uma moto.**

TEXTO 12

Estudando o alumínio – vantagens e riscos

dica Enem

Nosso contato com reações que envolvem oxirredução não se limita ao uso de baterias ou agentes desinfetantes como o hipoclorito. Considerando o poder redutor da vitamina C, muitas reações desse tipo devem ocorrer em nosso organismo.

Muitos metais são obtidos por reações de oxirredução. Como dissemos, o alumínio metálico é obtido por eletrólise.

Entre os metais, o alumínio é o mais abundante na crosta terrestre. Considerando-se todos os elementos, é o terceiro em abundância depois do oxigênio e do silício. Apesar disso, as reservas conhecidas de alumínio são menores do que as de ferro.

Werner Rudhart/kino.com.br

Figura 5-50: **O alumínio é obtido por eletrólise.**

Elementos	% em massa
oxigênio (O)	45,20
silício (Si)	27,20
alumínio (Al)	8,00
ferro (Fe)	5,80
cálcio (Ca)	5,06
magnésio (Mg)	2,77
sódio (Na)	2,32
potássio (K)	0,86
titânio (Ti)	0,86
hidrogênio (H)	0,14
manganês (Mn)	0,10
fósforo (P)	0,10
outros elementos	0,77
total	100,0

Quadro 5-10: **Abundância em porcentagem de massa dos elementos da crosta da Terra.**

O alumínio, junto com o sódio e o magnésio, está entre os agentes redutores mais fortes de que se dispõe. A forte tendência dos metais, comparada aos não metais, para perder elétrons e transformar-se em íons positivos em solução aquosa, resulta, em parte, do fato de seus elétrons de valência não estarem fortemente ligados e possuírem, portanto, baixa energia de **ionização** (veja tabela de valores da primeira energia de ionização no final do livro).

Os três elementos citados anteriormente são sempre encontrados na natureza na forma de compostos e nunca no estado livre, pois seus átomos geralmente perdem elétrons ao reagir com átomos de outros elementos. Os três reagem com a água desprendendo gás hidrogênio (H_2). Com o sódio a reação é violenta e muito rápida, o que torna necessário acondicioná-lo em querosene para evitar o contato com a umidade do ar. Para o magnésio e o alumínio, a reação produz uma fina camada de óxido sobre a superfície metálica, a qual adere fortemente ao metal, formando uma camada protetora que impede o contato entre ele e a água (ou o ar). Essa proteção explica a notável resistência do alumínio aos agentes atmosféricos, propriedade responsável por sua aplicação tão diversa.

Um composto de alumínio é também usado no tratamento de água das grandes cidades. Emprega-se sulfato de alumínio ($Al_2(SO_4)_3$) como agente coagulante para as impurezas em suspensão. Com a precipitação de $Al(OH)_3$, é muito baixa a quantidade de alumínio residual na água.

Delfim Martins/Pulsar Imagens

Figura 5-51: A precipitação de hidróxido de alumínio é utilizada no processo de tratamento de água.

Se, por um lado, encontramos aplicações muito bem-vindas do alumínio em nosso cotidiano, por outro há os perigos decorrentes de sua produção industrial. A instalação de fábricas de alumínio acarreta várias transformações nas regiões próximas e configura uma situação de risco para os seres vivos. O processo de produção demanda muita energia e libera, para a atmosfera, compostos de flúor (provenientes da criolita), além de outros compostos danosos à saúde humana. Atingidas por materiais particulados que ficam em suspensão no ar, as folhas das vegetações ficam queimadas e a qualidade do ar é prejudicada. São muito bem-vindas, portanto, as iniciativas e os estímulos ao reaproveitamento do alumínio por meio da reciclagem das latas de refrigerantes e outras bebidas.

O alumínio não é um elemento essencial ao organismo humano. Ao contrário, é tido como altamente tóxico. Os sintomas associados à presença de alumínio no organismo foram, até então, detectados como anemia, distúrbios nos ossos e problemas nas funções cerebrais.

de redução do ferro (II) é −0,44 V. Para raciocinarmos em termos de oxidação, é necessário inverter os sinais desses valores. Assim, teremos para o zinco o potencial de oxidação igual a 0,76 V e, para o ferro (II), igual a 0,44 V. Portanto, o zinco se oxida mais facilmente que o ferro, funcionando como uma proteção. O mesmo não ocorre com o cobre, pois o seu potencial de redução é +0,34 V, portanto o ferro se oxida mais facilmente que o cobre. No mercado, você terá a opção de comprar pregos, canos, chapas e outras peças de ferro galvanizadas, que são revestidas por uma camada de zinco.

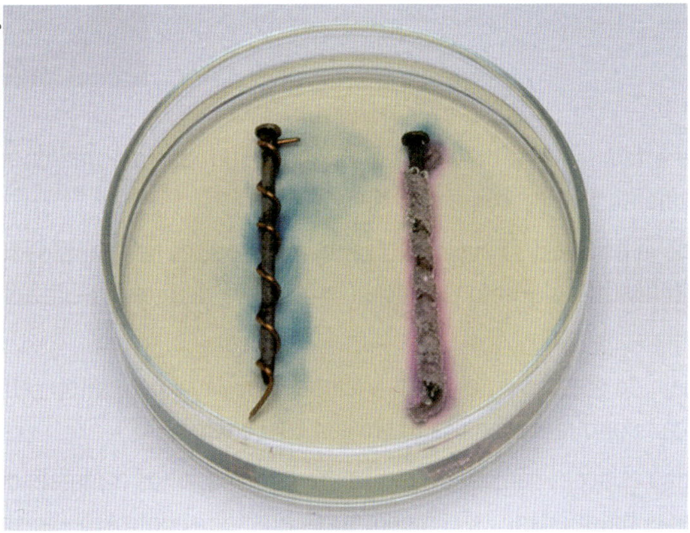
Gilberto do Vale Rodrigues

Figura 5-59: **Placa 2 após a transformação.**

Questão

Q40. A reação de oxidação do ferro, que se passa em processos normais de enferrujamento, é complexa e normalmente envolve o oxigênio do ar e a água. Podemos considerar que uma das possibilidades é representada pela equação:

$$4\ Fe\ (s) + 3\ O_2\ (g) + H_2O\ (l) \rightarrow 2\ Fe_2O_3 \cdot H_2O\ (s)$$

Discuta com seu grupo e proponham dois procedimentos experimentais para provar que essa reação não ocorre:

a) na ausência de oxigênio;

b) na ausência de água.

NA INTERNET

- **<www.pontociencia.org.br>**

Na página do Projeto Ponto Ciência você vai encontrar várias sugestões de experimentos relacionados ao estudo da eletroquímica. Acesso em: 26 abr. 2012.

- **<http://portaldoprofessor.mec.gov.br/storage/recursos/18002/pilha.swf>**

Simulação envolvendo a representação do processo de oxirredução, seus potenciais e a energia obtida na reação em várias pilhas eletroquímicas. Acesso em: 26 abr. 2012.

- **<http://portaldoprofessor.mec.gov.br/storage/recursos/17923/eletrolise.gif>**

Nesta página você vai ter acesso a uma animação sobre a eletrólise do ácido sulfúrico. Acesso em: 26 abr. 2012.

CAPÍTULO 6

Propriedades coligativas

Já observamos algumas vezes que a temperatura de ebulição da água em lugares acima do nível do mar, como Belo Horizonte, não é exatamente 100 °C, como poderíamos esperar.

Apesar de não ser habitual vermos neve no Brasil, já ouvimos dizer que, em países nos quais o inverno é rigoroso, é comum jogar cloreto de sódio (NaCl) ou cloreto de cálcio ($CaCl_2$) para derreter a neve acumulada nas ruas ou estradas.

Você já viu alguém utilizar uma panela de pressão para cozinhar alimentos? Já se perguntou sobre por que é interessante utilizá-la? E a carne-seca? Por que o sal é usado em sua conservação?

As propriedades das substâncias e das soluções são importantes para que possamos compreender alguns de seus comportamentos. Algumas dessas propriedades são modificadas quando se introduz um soluto em um solvente puro. Essas propriedades são chamadas de propriedades coligativas e serão tema de nossas discussões neste capítulo.

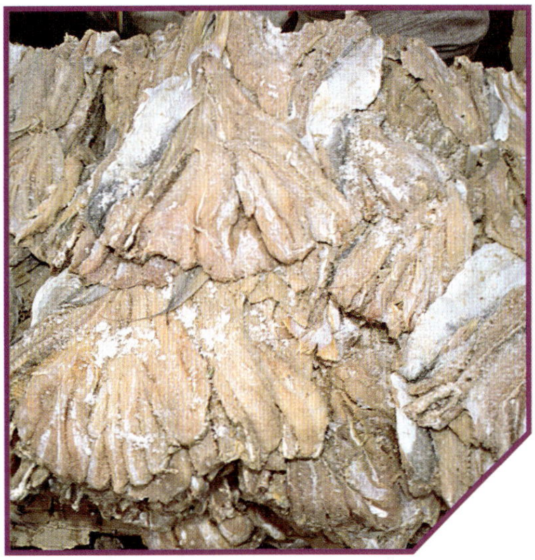

Wagner Santos/kino.com.br

Figura 6-1: **Algumas substâncias, como o cloreto de sódio, derretem a neve acumulada.**

Jacek/kino.com.br

Figura 6-2: **A panela de pressão diminui o tempo de cozimento dos alimentos; salgar a carne ajuda a conservá-la. Você sabe por quê?**

Dipict/Alami/Otherimages

ATIVIDADE 1

Pressão e líquidos

Em nossa vida diária, muitas vezes não temos consciência de que muitas substâncias evaporam. Nossas roupas são lavadas e secam. Se abrimos um frasco de perfume, logo o cheiro se espalha. Ao utilizar removedor de esmalte de unhas à base de acetona, uma manicure rapidamente fecha o frasco, pois ela sabe que esse removedor evapora muito rápido. Não nos preocupamos, entretanto, em fechar os recipientes que contêm óleo ou azeite quando temperamos uma salada.

A facilidade com que uma substância evapora é chamada **volatilidade**. Assim, uma substância é considerada mais volátil que outra se evapora mais rapidamente que ela.

Palê Zuppani/Pulsar Imagens

Figura 6-3: **A evaporação da água é responsável pelo fato de as roupas secarem no varal.**

Fotos: Sérgio Dotta/Arquivo da editora

Figura 6-4: **Perfume e acetona evaporam mais rápido que a água.**

Será que podemos aprofundar nossa compreensão sobre o que ocorre nesses sistemas, utilizando o que já sabemos e o que vamos aprender aqui?

Material

Quatro chumaços de algodão, água, álcool comum, éter etílico e removedor de esmalte à base de acetona.

Tenha cuidado!

Evite o contato com os vapores dessas substâncias.

O que fazer

A1 Dividam o quadro de giz da sala de aula em quatro partes e escrevam na parte superior o nome de cada uma das quatro substâncias (água, álcool comum, éter etílico e removedor de esmalte).

A2 Umedeçam cada pedaço de algodão com um dos quatro líquidos e distribuam para quatro colegas diferentes. Cada um desses colegas vai, simultaneamente, apertar o algodão contra o quadro de modo a fazer um traço vertical o mais longo possível.

Gilberto do Vale Rodrigues

Figura 6-5: **As substâncias devem ser esfregadas no quadro.**

A3 Marquem o tempo decorrido para que cada um dos líquidos seque totalmente e anotem no caderno.

Questões

Q1. Como vocês podem explicar o que observaram? Utilizem os modelos que vocês já conhecem para a estrutura das moléculas e para as interações intermoleculares das substâncias envolvidas nessa atividade.

Q2. Algumas duplas de substâncias listadas no quadro a seguir podem ser comparadas em termos de volatilidade. Expliquem as diferenças observadas considerando os modelos que vocês já conhecem para a estrutura das moléculas e das substâncias em questão.

Dupla	Mais volátil	Menos volátil
1	éter dimetílico	etanol
2	tetracloreto de carbono	tetrabrometo de carbono
3	propano	acetaldeído

Quadro 6-1: **Comparação da volatilidade de algumas substâncias.**

Q3. Vamos imaginar um experimento no qual esses mesmos líquidos estivessem dentro de recipientes fechados, aos quais fossem conectados manômetros para medir a pressão interna sobre o líquido. Após certo tempo, o que poderíamos dizer em relação à pressão medida com os manômetros?

TEXTO 1

A volatilidade e a pressão máxima de vapor

Na atividade 1, fizemos um pequeno experimento para centrarmos nossa atenção na questão da velocidade de evaporação de líquidos diferentes. Pudemos perceber que, ao espalharmos pelo quadro de giz as quatro substâncias, o éter foi a que evaporou em menos tempo, seguido do removedor de esmalte à base de acetona, do álcool e da água.

Como podemos explicar isso?

Nossa explicação inclui uma análise das estruturas das moléculas que compõem essas substâncias e, principalmente, a análise das interações intermoleculares presentes nos sistemas. Na água e no álcool, existe a possibilidade de formação de ligações de hidrogênio dificultando a evaporação.

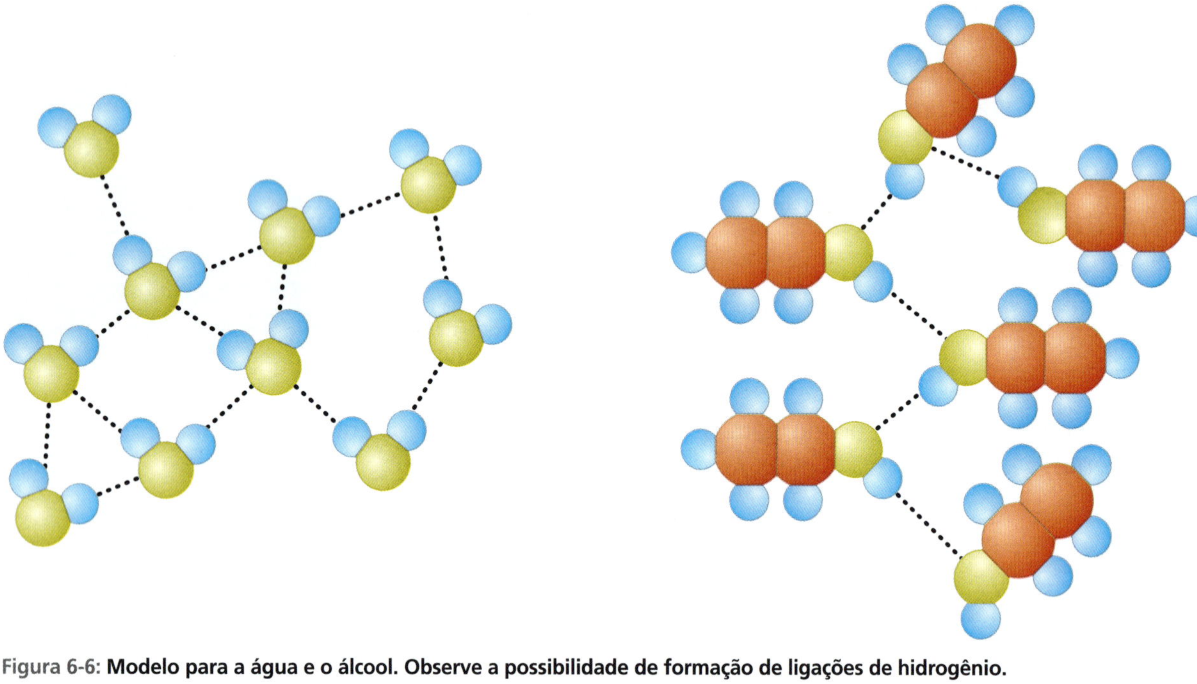

Ilustrações: AVITS/Arquivo da editora

Figura 6-6: **Modelo para a água e o álcool. Observe a possibilidade de formação de ligações de hidrogênio.**

Para efeito de análise, vamos considerar que o removedor de esmalte à base de acetona seja composto só de acetona. No caso do éter e da acetona, isso não ocorre. Com interações intermoleculares mais fracas, o éter e a acetona evaporam mais facilmente.

Figura 6-7: **Modelo para a acetona e o éter.**

Se realizássemos outro experimento semelhante a esse, utilizando recipientes fechados conectados a um manômetro para medir a pressão interna sobre o líquido, poderíamos verificar que a pressão indicada no frasco que contivesse o éter seria maior do que aquela marcada no manômetro que contivesse a acetona. Por sua vez, a pressão do recipiente contendo álcool seria maior do que a do recipiente contendo água e a pressão nos frascos contendo essas duas últimas substâncias seria menor do que a nos frascos contendo as duas primeiras.

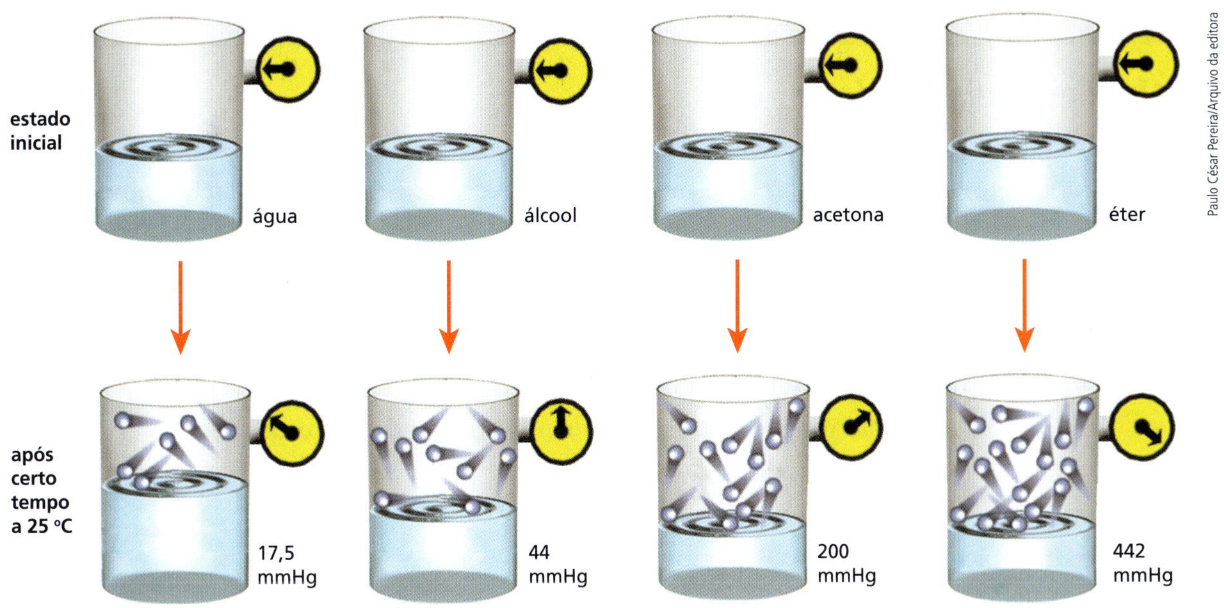

Figura 6-8: **A pressão dos recipientes depende de cada substância.**

As pressões indicadas pelos manômetros são exercidas pelas partículas das substâncias que se transformaram em vapor. Como já tivemos oportunidade de discutir no capítulo 4 da parte 2, as moléculas no vapor estão em equilíbrio com as moléculas nos respectivos líquidos. Essa pressão exercida pelo vapor é conhecida como **pressão de vapor**.

A pressão de vapor de um líquido está relacionada com a intensidade de suas interações intermoleculares. No quadro 6-2, podemos comparar os valores das pressões de vapor para alguns dos líquidos que utilizamos nesta atividade.

Substância	Pressão de vapor (mmHg) a 25 °C
água	17,5
álcool	44
acetona	200
éter	442

Quadro 6-2: **Pressão de vapor de algumas substâncias.**

A pressão de vapor de um líquido não depende do volume desse líquido, mas da temperatura. Observando o quadro 6-2, podemos perceber que a pressão de vapor de cada líquido veio especificada para a temperatura de 25 °C.

TEXTO 2

Umidade relativa do ar

O texto a seguir foi retirado do *site* do Centro de Pesquisas Meteorológicas e Climáticas Aplicadas à Agricultura (Cepagri) da Universidade Estadual de Campinas (Unicamp) e contém uma série de recomendações sobre como agir quando a umidade relativa do ar atinge níveis muito baixos.

Umidade relativa do ar

Significa, em termos simplificados, quanto de água na forma de vapor existe na atmosfera no momento, com relação ao total máximo que poderia existir, na temperatura observada. A umidade do ar é mais baixa principalmente no final do inverno e início da primavera, no período da tarde, entre 12 e 16 horas. A umidade fica mais alta sempre que chove, devido à evaporação que ocorre posteriormente em áreas florestadas ou próximas aos rios ou represas e quando a temperatura diminui (orvalho).

Problemas decorrentes da baixa umidade do ar

- Complicações alérgicas e respiratórias devido ao ressecamento de mucosas;
- Sangramento pelo nariz;
- Ressecamento da pele;
- Irritação dos olhos;
- Eletricidade estática nas pessoas e em equipamentos eletrônicos;
- Aumento do potencial de incêndios em pastagens e florestas.

Cuidados a serem tomados

Entre 20 e 30% – estado de atenção:

- Evitar exercícios físicos ao ar livre entre 11 e 15 horas;
- Umidificar o ambiente através de vaporizadores, toalhas molhadas, recipientes com água, molhamento de jardins etc.;
- Sempre que possível, permanecer em locais protegidos do sol, em áreas com vegetação etc.;
- Consumir água à vontade.

Entre 12 e 20% – estado de alerta:

- Observar as recomendações do estado de atenção;
- Suprimir exercícios físicos e trabalhos ao ar livre entre 10 e 16 horas;
- Evitar aglomerações em ambientes fechados;
- Usar soro fisiológico para olhos e narinas.

Abaixo de 12% – estado de emergência:

- Observar as recomendações para os estados de atenção e de alerta;
- Determinar a interrupção de qualquer atividade ao ar livre entre 10 e 16 horas como aulas de educação física, coleta de lixo, entrega de correspondência etc.;
- Determinar a suspensão de atividades que exijam aglomerações de pessoas em recintos fechados como aulas, cinemas etc. entre 10 e 16 horas;
- Durante as tardes, manter úmidos os ambientes internos, principalmente quartos de crianças, hospitais etc.

Inverno e saúde – informação

Baixa temperatura, baixa umidade do ar e ventos frios provocam o aumento das moléstias respiratórias durante o inverno e a primavera. A causa principal é a ação de poeiras e de microinsetos (ácaros) que se desenvolvem junto ao mofo e se acumulam nas roupas, cobertores etc., guardadas por longo tempo nos armários. Algumas recomendações que podem atenuar o efeito são:

- Manter arejados os ambientes internos. No inverno, abrir as janelas entre 10 da manhã e 5 da tarde é uma boa medida;

- O uso de aparelhos para purificação do ar também pode ser recomendado;
- Evitar carpetes ou cortinas que acumulem poeira;
- Evitar roupas e cobertores de lã ou com pelos. Agasalhos recomendados: malha, moletom ou couro;
- Colocar as roupas típicas de inverno (blusas de lã, cobertores etc.) no sol;
- Recobrir colchões, travesseiros e almofadas com plásticos. A cama deve estar afastada da parede. Coloque livros e objetos em armários fechados. Limpar a casa com pano úmido (principalmente os cantos do quarto, beiradas e estrados da cama). Evite produtos de limpeza com cheiro ativo, preferindo o álcool;
- Evitar permanecer em cômodos úmidos, fechados, lidar com papéis, roupas e objetos guardados por muito tempo;
- Evitar animais de pelo ou pena dentro de casa;
- Não permitir que fumem em ambientes internos.

CENTRO DE PESQUISAS METEOROLÓGICAS E CLIMÁTICAS APLICADAS À AGRICULTURA. Disponível em: <www.cpa.unicamp.br/artigos-especiais/umidade-do-ar-saude-no-inverno.html>. Acesso em: 26 abr. 2012.

O texto que você acabou de ler tem relação com o conceito de pressão de vapor que discutimos anteriormente. Normalmente, a água existente no ambiente evapora e suas moléculas vão espalhar-se pela atmosfera, na qual pode haver uma quantidade máxima de moléculas de água.

No texto são listadas uma série de faixas de umidade relativa do ar e as medidas que devem ser tomadas quando a umidade atinge alguma delas. O texto diz, por exemplo, que se a umidade relativa do ar está abaixo de 12%, devemos considerar estado de emergência. Esses valores têm um significado preciso. Dizer que a umidade do ar está igual a 12% significa dizer que a quantidade de vapor de água presente no ar, naquele momento, é 12% do máximo que poderia estar presente no ar naquela temperatura. Quando a quantidade de vapor é maior do que esse máximo, o ar fica saturado de vapor de água, formando a neblina. Isso também ocorre dentro de uma sauna a vapor, pois o ar da sauna está saturado de vapor, ou seja, a quantidade de vapor já atingiu o máximo possível.

Quando a quantidade de moléculas de água presentes no ar é muito pequena, temos uma situação na qual sentimos que o ar está "seco". Essa sensação é muito comum nas regiões Centro-Oeste e Sudeste do Brasil, durante o inverno. Brasília é a cidade mais "famosa" por ter esse problema: lá a umidade relativa do ar já chegou a 12%, atingindo, portanto, o estado de emergência.

A roupa, em lugares como Brasília, seca muito rapidamente no varal, o suor da pele evapora tão depressa que a pele e os lábios ficam ressecados e, principalmente, nossos pulmões perdem muito mais umidade do que deveriam, causando problemas respiratórios, como bronquite asmática. Quando isso acontece, é recomendável, na hora de dormir, colocar uma bacia com água perto da cama para umidificar o ar. Em casos mais graves (para pessoas que sofrem de bronquite, por exemplo), é bom colocar um vaporizador no quarto (aparelho que produz vapor de água por aquecimento ou por ultrassom). Na falta desse aparelho, é recomendável esticar uma corda ao lado da cama (como se fosse um varal) e pendurar nela um lençol molhado.

Dida Sampaio/AE

Figura 6-9: **Brasília (DF).**

ATIVIDADE 2

Observando as temperaturas de ebulição de soluções

No estado de Minas Gerais, ao se fazer café, é comum adicionar-se o açúcar à água que será usada. Normalmente, essa adição ocorre quando a água já ferveu e faz com que a ebulição da água seja interrompida.

Alex Silva/Editora Abril

Gilberto do Vale Rodrigues

Figura 6-10: **A adição de açúcar à água em ebulição faz com que a ebulição seja interrompida.**

Nesta atividade, vamos realizar medidas de **temperaturas de ebulição** de diferentes soluções para tentar explicar esse fato.

Material

Água destilada, açúcar, sal de cozinha, um termômetro, três béqueres de 300 mL, uma lamparina.

Tenha cuidado!

Cuidado ao manipular a lamparina e água quente, pois há o risco de queimaduras.

O que fazer

A4 Prepare os três sistemas indicados no quadro 6-3. Em seguida, aqueçam os sistemas, utilizando a lamparina, e meçam a temperatura de ebulição, utilizando o termômetro.

Experimento	Sistema
1	250 mL de água destilada
2	250 mL de água + 50 g de açúcar
3	200 mL de água + 50 g de sal

Quadro 6-3: **Três sistemas para investigação.**

A5 Reproduzam o quadro 6-3 no caderno e acrescentem mais uma coluna intitulada **Temperatura de ebulição**. Nela, anotem os resultados de suas medidas.

Questões

Q4. Discutam com seus colegas de grupo as medidas de temperaturas de ebulição obtidas.

Q5. Com base nessas observações, tentem explicar por que a adição de açúcar à água em ebulição, que comentamos em relação ao preparo do café, faz com que a água pare de ferver.

Ao realizar esta atividade, vocês puderam constatar que as temperaturas de ebulição das soluções foram maiores que a da água destilada. Essa é uma das razões pelas quais a adição de açúcar à água, no preparo do café, interrompe a ebulição da água.

Esse fenômeno é observado sempre que se adiciona um soluto não volátil a um solvente. A explicação para esse fenômeno é que a adição de um soluto não volátil à solução diminui a pressão de vapor do solvente puro. Vocês se lembram de como a temperatura de ebulição está relacionada à pressão de vapor do líquido? Na temperatura de ebulição, a pressão de vapor do líquido iguala a pressão atmosférica. Se a adição de um soluto não volátil diminui a pressão de vapor do solvente, será necessário fornecer mais energia ao sistema até que a pressão de vapor iguale a pressão atmosférica. Assim, a temperatura de ebulição da solução é maior quando comparada à do solvente puro.

Por que, porém, a pressão de vapor do solvente diminui com a adição do soluto não volátil?

Para entender o que aconteceu, vamos utilizar o conceito de entropia, estudado no capítulo 2 da parte 2. Quando o solvente líquido puro passa para o estado gasoso, há um aumento de entropia, pois a entropia do vapor é maior do que a entropia do líquido. Essa diferença de entropia entre o líquido e o vapor é diminuída quando se adiciona um soluto não volátil, pois a solução formada tem uma entropia maior do que o solvente líquido puro. Essa diminuição na diferença da entropia entre o sistema líquido e o vapor está, portanto, correlacionada a diminuição da pressão de vapor do líquido, responsável pelo aumento da temperatura de ebulição.

ATIVIDADE 3

Observando o congelamento de soluções

No início deste capítulo, comentamos que em países nos quais o inverno é rigoroso é comum jogar cloreto de sódio (NaCl) ou cloreto de cálcio ($CaCl_2$) para derreter a neve acumulada nas ruas ou estradas. Nesta atividade, vamos estudar esse fenômeno.

PARTE A Gelo doce e gelo salgado

Material

Água destilada, dois béqueres e uma solução saturada de cloreto de sódio (NaCl).

O que fazer

A6 Coloquem um pouco de água destilada em um béquer. No outro béquer, coloquem a mesma quantidade da solução saturada de NaCl previamente preparada.

A7 Identifiquem os frascos ("água destilada" e "solução saturada de NaCl") e coloquem no congelador. Observem o que ocorre após 30 minutos de espera. Como vocês explicam o acontecido?

PARTE B Pescando um cubo de gelo

Vocês conseguiriam levantar um cubo de gelo sem tocar nele e sem prendê-lo com uma linha dando um nó?

Material

Água, sal de cozinha (cloreto de sódio, NaCl), um cubo de gelo, linha de bordar ou barbante bem fino.

O que fazer

A8 Deixem a linha de molho na água e, em seguida, coloquem-na em cima do cubo.

A9 Joguem um pouco de sal ao longo da linha. Aguardem cerca de 30 segundos.

A10 Virem o cubo, retirem-no da mesa e segurem na linha, soltando o cubo de maneira que ele fique pendurado pela linha.

Gilberto do Vale Rodrigues

Figura 6-11: **Coloquem a linha sobre o gelo, após deixá-la de molho na água.**

Gilberto do Vale Rodrigues

Figura 6-12: **Gelo pendurado pela linha.**

Questão para discussão

Q6. Vocês seriam capazes de explicar o que observaram?

Ao colocar a água destilada e a água com sal no congelador, vocês observaram que a água pura congelou mais rapidamente que a água com sal. Isso ocorre porque a adição do sal diminui a temperatura de congelamento da água. Esse fenômeno é observado sempre que se adiciona um soluto não volátil a um solvente.

É por isso que se adiciona cloreto de sódio (NaCl) ou cloreto de cálcio ($CaCl_2$) para derreter a neve acumulada nas ruas ou estradas. Como as temperaturas nos países frios, no inverno, permanecem por vários dias abaixo de 0 °C, a neve acumulada não derrete espontaneamente.

A adição de sal diminui a temperatura de fusão da água, fazendo com que a neve derreta mesmo a temperaturas abaixo de 0 °C.

Por que, contudo, a adição de um soluto não volátil a um solvente provoca a diminuição de sua temperatura de fusão?

Para entender o que acontece, vamos utilizar novamente o conceito de entropia. Quando o solvente líquido puro passa para o estado sólido, há uma diminuição da entropia do sistema, pois a entropia do líquido é maior do que a entropia do sólido. Essa diferença de entropia entre o líquido e o sólido é aumentada quando se adiciona um soluto não volátil ao solvente, já que a solução formada tem uma entropia maior do que o solvente líquido puro. Como a diminuição de entropia não favorece uma transformação, esse aumento na diferença da entropia entre o sistema líquido e a solução faz com que fique mais difícil congelar a solução, o que implica a diminuição da temperatura de congelamento/fusão.

ATIVIDADE 4

Alimentos e soluções

É usual, no preparo de doces e tortas que levam ameixas-pretas e uvas-passas, deixar as frutas em água por um tempo, para torná-las mais macias. Se vocês observarem bem, notarão que, além de mais macias, as frutas aumentam de tamanho. Por que isso ocorre? Nesta atividade, vamos tentar responder a essa pergunta.

Essa atividade deve ser feita em casa, pois envolve o acompanhamento de sistemas por um longo período.

Material

Água destilada, três béqueres de 500 mL, uma lamparina, dois ovos de tamanhos semelhantes, duas ameixas secas, uma cenoura pequena, 250 g de açúcar, 250 mL de vinagre, solução concentrada de água com sal, dois recipientes grandes e uma colher (de sopa).

Tenha cuidado!

Cuidado ao manipular a lamparina e água quente, pois há o risco de queimaduras.

O que fazer

A11 Coloquem a cenoura em um recipiente, que deve conter a solução concentrada de água com sal (o suficiente para cobrir a cenoura). Deixem o sistema em repouso durante 24 horas. Acompanhem o que está acontecendo de 2 em 2 horas e anotem suas observações no caderno.

A12 Adicionem água destilada ao outro recipiente e, em seguida, coloquem as ameixas secas. Observem o sistema de 2 em 2 horas, por um período de 12 horas. No caderno, anotem o que ocorreu e escrevam uma explicação para o que vocês observaram.

A13 Lavem um dos ovos somente com água e coloquem-no em um dos béqueres contendo 250 mL de vinagre. Garantam que o ovo esteja totalmente coberto pelo vinagre e deixem-no em repouso. No início, observem o experimento por 20 minutos. A seguir, deixem o ovo em repouso por alguns dias e observem-no duas vezes ao dia. Anotem o que forem observando.

A14 Comparem o tamanho desse ovo com o que não foi colocado no vinagre. O que ocorreu?

A15 Com cuidado para não romper a membrana do ovo, retirem o vinagre e o ovo do béquer. Lavem esse ovo com água e devolvam-no para outro béquer, contendo apenas água, de modo que a água cubra completamente o ovo. Observem por alguns minutos e anotem no caderno.

A16 Preparem uma solução supersaturada de açúcar em água, adicionando 250 g de açúcar em 250 mL de água quente. Continuem o aquecimento e agitem a solução até que a dissolução seja completa. Deixem resfriar e coloquem o ovo que ficou imerso no vinagre em contato com a solução por pelo menos um dia. O que vocês observaram?

Questões

Q7. Escrevam uma equação que represente o que ocorreu quando o ovo entrou em contato com a solução de vinagre.

Q8. O ovo flutuou após interagir com o vinagre? Como vocês podem explicar isso?

Considerações finais

Ao fazer a atividade, vocês colocaram um dos ovos em contato com o vinagre. Com o passar dos dias, vocês puderam observar que a casca do ovo foi ficando "mais fina". Isso ocorreu porque o carbonato de cálcio, que constitui a casca do ovo, reagiu com o ácido acético do vinagre, como mostra a equação a seguir:

$$2\ H^{+}\ (aq) + CaCO_3\ (s) \rightarrow CO_2\ (g) + H_2O\ (l) + Ca^{2+}\ (aq)$$

Ao colocar o ovo no vinagre, nosso objetivo foi conseguir uma membrana semipermeável para prosseguirmos nosso estudo sobre uma outra propriedade coligativa: a **osmose**. Dizemos que essa membrana é **semipermeável**, pois ela permite a passagem da água de uma solução mais diluída para uma mais concentrada.

Ao longo de nossa atividade, observamos que o ovo diminuiu de tamanho inicialmente e aumentou de novo quando colocado em água pura. Em seguida, ao ser colocado em uma solução saturada de açúcar, ele diminuiu de tamanho outra vez.

Observamos fenômenos semelhantes com as ameixas secas que foram mergulhadas em um frasco com água destilada, aumentando de tamanho, e com as cenouras, que "murcharam" ao serem colocadas na solução concentrada de sal de cozinha (cloreto de sódio, NaCl). Em todos esses casos, o que ocorreu foi uma transferência de água para dentro ou fora dos alimentos considerados, através de membranas semipermeáveis.

A osmose é o processo de transferência da água, ou outro solvente, de uma solução pouco concentrada para um solução mais concentrada, através da membrana semipermeável.

No caso do ovo que perdeu a casca imerso no vinagre, o interior do ovo perdeu água, pois a solução aquosa externa de vinagre estava mais concentrada em ácido do que a solução aquosa interna. No caso do ovo inchado com água, em contato com a solução de açúcar, a água saiu do interior do ovo porque a concentração de solutos no ovo era menor do que na solução.

O que esses fenômenos, porém, tinham em comum? O fato de termos colocado os alimentos em questão em soluções de concentrações diferentes. Não importa qual é essa solução, de vinagre, açúcar ou sal, nos casos em que observamos uma diminuição ou aumento do volume do alimento em questão. O que interessa é a diferença de concentração entre a solução dentro e fora do alimento.

O processo de osmose também pode ser observado em mecanismos de transporte celular, principalmente entre células vegetais e microrganismos unicelulares. No caso dos vegetais, ocorre o transporte de água do solo úmido (meio menos concentrado) para o interior da raiz (meio mais concentrado). No caso de microrganismos unicelulares de água doce, esses geralmente possuem concentrações de solutos bem maiores que o meio externo (água doce), ocorrendo transporte contínuo de água para o seu interior. Para não estourarem, os microrganismos precisam bombear para fora o excesso de água. O contrário ocorre em microrganismos unicelulares de água salgada, que gastam energia para repor a perda de água para o meio exterior mais concentrado, impedindo que o microrganismo murche.

Questões

Q9. Com relação ao aspecto físico, qual é a diferença entre um milho verde cozido em água com sal e um outro cozido somente em água? Justifiquem.

Q10. Como vocês podem usar o fenômeno da osmose para a conservação de alimentos?

Q11. Vocês acham que um peixe de água doce sobreviveria no mar? E o contrário, um peixe de água salgada sobreviveria em água doce? Justifiquem.

Q12. Do ponto de vista biológico, por que a membrana do ovo tem que ser semipermeável?

Q13. Vocês observaram que o ovo que perdeu a casca ficou submerso na solução de vinagre e flutuou na solução saturada de açúcar. Expliquem essa observação.

TEXTO 3

A osmose e o processo de dessalinização de águas

dica Enem

A dessalinização é um processo contínuo e natural, envolvido no ciclo da água. Por necessidade de sobrevivência, o homem copiou a natureza e desenvolveu métodos e técnicas de dessalinização das águas com elevado conteúdo salino para obter água doce.

Em geral, um sistema de desmineralização de águas contém uma unidade denominada dessalinizador, que separa água salgada em água doce e salmoura.

Esse processo tem uma longa história. Há muitos séculos, marinheiros e soldados já utilizavam diferentes técnicas para a obtenção de água doce a partir da água do mar. Aristóteles (384-332 a.C.) já havia observado o fenômeno da dessalinização, assim como os sacerdotes egípcios, que aplicavam o princípio da osmose. Santo Basil (330-370 d.C.), em uma homilia, registrou que os navegadores bebiam o vapor de água do mar, o qual era recolhido com esponjas. Em 721 d.C., um alquimista árabe escreveu o primeiro tratado sobre dessalinização de águas.

Um método de dessalinização utiliza o princípio da osmose inversa. A osmose, como vimos, é um processo natural de caráter físico-químico, identificado há mais de duzentos anos. Nela, quando duas soluções, com diferentes concentrações, são separadas em um mesmo recipiente por uma membrana semipermeável, ocorre espontaneamente a passagem do solvente da solução de menor concentração no sentido da solução de

José Luis Roca/AFP/Getty Images

Figura 6-13: **Um dessalinizador obtém água doce a partir de água salgada.**

Louvre, Dpt. des Peintures, Paris, France

Classic Image/Alamy/Other Images

Figura 6-14: **Aristóteles e Santo Basil.**

maior concentração, até que se estabeleça um **equilíbrio**. O fluxo ocorre, inicialmente, porque a solução mais concentrada se encontra em um estado de menor energia. No ponto de equilíbrio, a coluna da solução menos concentrada estará, relativamente, abaixo da coluna do lado da solução mais concentrada. A essa diferença de altura entre as colunas das soluções dá-se o nome de **pressão osmótica**.

A **osmose inversa** é um processo induzido, obtido por intermédio da aplicação mecânica de uma pressão superior à pressão osmótica, do lado da solução mais concentrada, fazendo com que ocorra um fluxo do solvente no sentido da solução de menor concentração salina. Esse princípio físico é utilizado na concepção de operação dos dessalinizadores, nos quais são utilizadas membranas sintéticas.

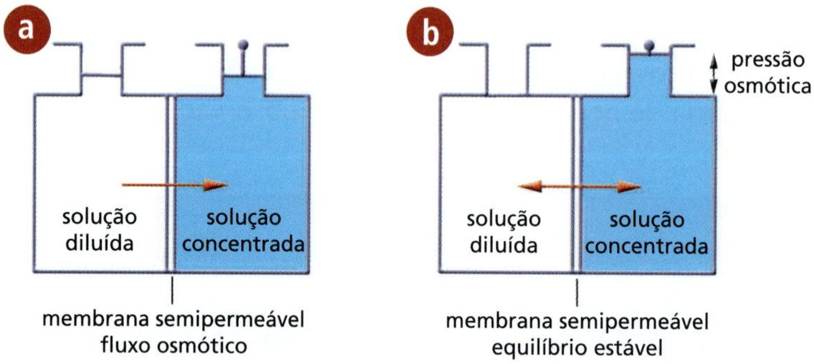

Figura 6-15: **a) O solvente da solução de menor concentração passa para a solução de maior concentração. b) O solvente da solução de maior concentração passa para a solução de menor concentração.**

A aplicação de membranas sintéticas tornou-se comercialmente viável nos últimos quarenta anos e vem evoluindo rapidamente. Uma membrana, como a utilizada em equipamentos de osmose inversa, consiste basicamente de uma película fina e densa que recobre um substrato poroso.

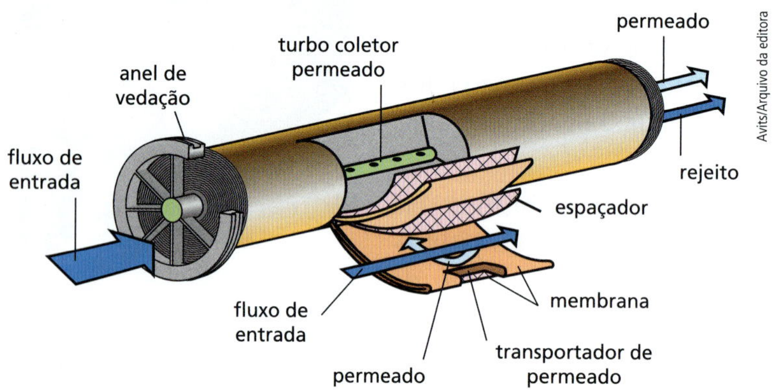

Figura 6-16: **Representação esquemática de membrana de osmose reversa.**

Atualmente, em escala mundial, esse processo já responde por cerca de 34% dos cerca de 15 milhões de metros cúbicos de água que são dessalinizados por dia. A demanda de energia de um equipamento de médio porte é de 2 a 4 kWh/m³ de água potável obtida.

EXERCÍCIOS

E1. É comum adicionar-se um aditivo especial à água dos radiadores dos carros para evitar que a água "ferva". Dê uma explicação para esse fato.

E2. Nos países frios, no inverno, é comum adicionar-se um aditivo especial à água dos radiadores dos carros para evitar que a água congele. Explique esse fato.

E3. Algumas pessoas têm o hábito de jogar sal nos cubos de gelo com o objetivo de resfriar as bebidas mais rapidamente. A partir do que discutimos sobre propriedades coligativas, esse procedimento faz sentido? Justifique sua resposta no caderno.

POTENCIAIS DE ELETRODOS-PADRÃO – A 25 °C

Potência de oxidação E^0 (V)	Reação do eletrodo	Potencial de redução E^0 (V)
	Solução aquosa ácida	
+ 3,09	$3/2\ N_2 + e^- \rightleftharpoons N_3^-$	– 3,09
+ 3,045	$LI^+ + e^- \rightleftharpoons Li$	– 3,045
+ 2,925	$K^+ + e^- \rightleftharpoons K$	– 2,925
+ 2,925	$Rb^+ + e^- \rightleftharpoons Rb$	– 2,925
+ 2,89	$Sr^{2+} + 2e^- \rightleftharpoons Sr$	– 2,89
+ 2,87	$Ca^{2+} + 2e^- \rightleftharpoons Ca$	– 2,87
+ 2,714	$Na^+ + e^- \rightleftharpoons Na$	– 2,714
+ 2,52	$La^{3+} + 3e^- \rightleftharpoons La$	– 2,52
+ 2,48	$Ce^{3+} + 3e^- \rightleftharpoons Ce$	– 2,48
+ 2,37	$Mg^{2+} + 2e^- \rightleftharpoons Mg$	– 2,37
+ 2,37	$Y^{3+} + 3e^- \rightleftharpoons Y$	– 2,37
+ 2,25	$1/2\ H_2 + e^- \rightleftharpoons H^-$	– 2,25
+ 2,08	$Sc^{3+} + 3e^- \rightleftharpoons Sc$	– 2,08
+ 2,07	$Pu^{3+} + 3e^- \rightleftharpoons Pu$	– 2,07
+ 1,85	$Be^{2+} + 2e^- \rightleftharpoons Be$	– 1,85
+ 1,80	$U^{3+} + 3e^- \rightleftharpoons U$	– 1,80
+ 1,66	$Al^{3+} + 3e^- \rightleftharpoons Al$	– 1,66
+ 1,63	$Ti^{2+} + 2e^- \rightleftharpoons Ti$	– 1,63
+ 1,53	$Zr^{4+} + 4e^- \rightleftharpoons Zr$	– 1,53
+ 1,18	$Mn^{2+} + 2e^- \rightleftharpoons Mn$	– 1,18
+ 1,1	$Nb^{3+} + 3e^- \rightleftharpoons Nb$	– 1,1
+ 0,89	$TiO^{2+} + 2H^+ + 4e^- \rightleftharpoons Ti + H_2O$	– 0,89
+ 0,81	$Ta_2O_5 + 10H^+ + 10e^- \rightleftharpoons 2Ta + 5H_2O$	– 0,81
+ 0,763	$Zn^{2+} + 2e^- \rightleftharpoons Zn$	– 0,763
+ 0,74	$Cr^{3+} + 3e^- \rightleftharpoons Cr$	– 0,74
+ 0,65	$Nb_2O_5 + 10H^+ + 10e^- \rightleftharpoons 2Nb + 5H_2O$	– 0,65
+ 0,53	$Ga^{3+} + 3e^- \rightleftharpoons Ga$	– 0,53
+ 0,440	$Fe^{2+} + 2e^- \rightleftharpoons Fe$	– 0,440
+ 0,41	$Cr^{3+} + e^- \rightleftharpoons Cr^2$	– 0,41
+ 0,403	$Cd^{2+} + 2e^- \rightleftharpoons Cd$	– 0,403
+ 0,37	$Ti^{3+} + e^- \rightleftharpoons Ti^{2+}$	– 0,37
+ 0,342	$In^{3+} + 3e^- \rightleftharpoons In$	– 0,342
+ 0,3363	$Tl^+ + e^- \rightleftharpoons Tl$	– 0,3363
+ 0,277	$Co^{2+} + 2e^- \rightleftharpoons Co$	– 0,277
+ 0,255	$V^{3+} + e^- \rightleftharpoons V^{2+}$	– 0,255

Potência de oxidação E^0 (V)	Reação do eletrodo	Potencial de redução E^0 (V)
	Solução aquosa ácida	
+ 0,250	$Ni^{2+} + 2e^- \rightleftharpoons Ni$	− 0,250
+ 0,2	$Mo^{3+} + 3e^- \rightleftharpoons Mo$	− 0,2
+ 0,136	$Sn^{2+} + 2e^- \rightleftharpoons Sn$	− 0,136
+ 0,13	$O^2 + H^+ + e^- \rightleftharpoons HO_2$	− 0,13
+ 0,126	$Pb^2 + 2e^- \rightleftharpoons Pb$	− 0,126
+ 0,09	$WO_3 + 6\,H^+ + 6e^- \rightleftharpoons W + 3H_2O$	− 0,09
0,000	$2H^+ + 2e^- \rightleftharpoons H_2$	0,000
− 0,1	$TiO^{2+} + 2H^+ + e^- \rightleftharpoons Ti^{3+} + H_2O$	+ 0,1
− 0,102	$Si + 4H^+ + 4e^- \rightleftharpoons SiH_4$	+ 0,102
− 0,13	$C + 4H^+ + 4e^- \rightleftharpoons CH_4$	+ 0,13
− 0,141	$S + 2H^+ + 2e^- \rightleftharpoons H_2S$	+ 0,141
− 0,15	$Sn^{4+} + 2e^- \rightleftharpoons Sn^{2+}$	+ 0,15
− 0,152	$Sb_2O_3 + 6H^+ + 6e^- \rightleftharpoons 2Sb + 3H_2O$	+ 0,152
− 0,153	$Cu^{2+} + e^- \rightleftharpoons Cu^+$	+ 0,153
− 0,16	$BiOCl + 2H^+ + 3e^- \rightleftharpoons Bi + H_2O + Cl^-$	+ 0,16
− 0,222	$AgCl + e^- \rightleftharpoons Ag + Cl^-$	+ 0,222
− 0,32	$BiO^+ + 2H^+ + 3e^- \rightleftharpoons Bi + H_2O$	+ 0,32
− 0,337	$Cu^{2+} + 2e^- \rightleftharpoons Cu$	+ 0,337
− 0,45	$H_2SO_3 + 4H^+ + 4e^- \rightleftharpoons S + 3H_2O$	+ 0,45
− 0,521	$Cu^+ + e^- \rightleftharpoons Cu$	+ 0,521
− 0,536	$I_2 + 2e^- \rightleftharpoons 2I^-$	+ 0,536
− 0,564	$MnO_4^- + e^- \rightleftharpoons MnO_4^{2-}$	+ 0,564
− 0,682	$O_2 + 2H^+ + 2e^- \rightleftharpoons H_2O_2$	+ 0,682
− 0,72	$H_2O_2 + H^+ + e^- \rightleftharpoons OH + H_2O$	+ 0,72
− 0,771	$Fe^{3+} + e^- \rightleftharpoons Fe^{2+}$	+ 0,771
− 0,789	$Hg_2^{2+} + 2e^- \rightleftharpoons 2Hg$	+ 0,789
− 0,799	$Ag^+ + e^- \rightleftharpoons Ag$	+ 0,799
− 0,8	$Rh^{3+} + 3e^- \rightleftharpoons Rh$	+ 0,8
− 0,920	$2Hg^{2+} + 2e^- \rightleftharpoons Hg_2^{2+}$	+ 0,920
− 0,987	$Pd^{2+} + 2e^- \rightleftharpoons Pd$	+ 0,987
− 1,065	$Br_2\,(l) + 2e^- \rightleftharpoons 2Br^-$	+ 1,065
− 1,229	$O_2 + 4H^+ + 4e^- \rightleftharpoons 2H_2O$	+ 1,229
− 1,33	$Cr_2O_7^{2-} + 14H^+ + 6e^- \rightleftharpoons 2Cr^{3+} + 7H_2O$	+ 1,33
− 1,360	$Cl_2 + 2e^- \rightleftharpoons 2Cl^-$	+ 1,360
− 1,50	$Au^{3+} + 3e^- \rightleftharpoons Au$	+ 1,50
− 1,5	$HO_2 + H^+ + e^- \rightleftharpoons H_2O_2$	+ 1,5
− 1,51	$MnO_4^- + 8H^+ + 5e^- \rightleftharpoons Mn^{2+} + 4H_2O$	+ 1,51

Potência de oxidação E^0 (V)	Reação do eletrodo	Potencial de redução E^0 (V)
	Solução aquosa ácida	
– 1,63	$HClO + H^+ + e^- \rightleftharpoons 1/2\ Cl_2 + H_2O$	+ 1,63
– 1,7	$Au^+ + e^- \rightleftharpoons Au$	+ 1,7
– 1,77	$H_2O_2 + 2H^+ + 2e^- \rightleftharpoons 2H_2O$	+ 1,77
– 1,82	$Co^{3+} + e^- \rightleftharpoons Co^{2+}$	+ 1,82
– 1,9	$FeO_4^{2-} + 8H^+ + 3e^- \rightleftharpoons Fe^{3+} + 4H_2O$	+ 1,9
– 1,98	$Ag^{2+} + e^- \rightleftharpoons Ag^+$	+ 1,98
– 2,07	$O_3 + 2H^+ + 2e^- \rightleftharpoons O_2 + H_2O$	+ 2,07
– 2,65	$F_2 + 2e^- \rightleftharpoons 2F^-$	+ 2,65
– 2,8	$OH + H^+ + e^- \rightleftharpoons H_2O$	+ 2,8
– 3,00	$F_2 + 2H^+ + 2e^- \rightleftharpoons 2HF\ (aq)$	+ 3,00
	Solução aquosa básica	
+ 2,69	$Mg\ (OH)_2 + 2e^- \rightarrow Mg + 2OH^-$	– 2,69
+ 2,35	$H_2AlO_3^- + H_2O + 3e^- \rightarrow Al + 4OH^-$	– 2,35
+ 1,70	$SiO_3^{2-} + 3H_2O + 4e^- \rightarrow Si + 6OH^-$	– 1,70
+ 1,3	$Cr(OH)_3 + 3e^- \rightarrow Cr + 3OH^-$	– 1,3
+ 1,245	$Zn(OH)_2 + 2e^- \rightarrow Zn + 2OH^-$	– 1,245
+ 1,216	$ZnO_2^{2-} + 2H_2O + 2e^- \rightarrow Zn + 4OH^-$	– 1,216
+ 1,05	$MoO_4^{2-} + 4H_2O + 6e^- \rightarrow Mo + 8OH^-$	– 1,05
+ 1,0	$In(OH)_3 + 3e^- \rightarrow In + 3OH^-$	– 1,0
+ 0,90	$Sn\ (OH)_6^{2-} + 2e^- \rightarrow HSnO_2^- + H_2O + 3O\ H^-$	– 0,90
+ 0,877	$Fe(OH)_2 + 2e^- \rightarrow Fe + 2OH^-$	– 0,877
+ 0,828	$2H_2O + 2e^- \rightarrow H_2 + 2OH^-$	– 0,828
+ 0,56	$Fe(OH)_3 + e^- \rightarrow Fe(OH)_2 + OH^-$	– 0,56
+ 0,56	$O_2 + e^- \rightarrow O_2^-$	– 0,56
+ 0,54	$HPbO_2^- + H_2O + 2e^- \rightarrow Pb + 3OH^-$	– 0,54
+ 0,48	$S + 2e^- \rightarrow S^{2-}$	– 0,48
+ 0,24	$HO_2^- + H_2O + e^- \rightarrow OH + 2OH^-$	– 0,24
+ 0,13	$CrO_4^{2-} + 4H_2O + 3e^- \rightarrow Cr(OH)_3 + 5OH^-$	– 0,13
+ 0,12	$Cu(NH_3)_2^+ + e^- \rightarrow Cu + 2NH_3$	– 0,12
+ 0,076	$O_2 + H_2O + 2e^- \rightarrow HO_2^- + OH^-$	– 0,076
+ 0,017	$AgCN + e^- \rightarrow Ag + CN^-$	– 0,017
– 0,4	$O_2^- + H_2O + e^- \rightarrow OH^- + HO_2^-$	+ 0,4
– 0,401	$O_2 + 2H_2O + 4e^- \rightarrow 4OH^-$	+ 0,401
– 0,88	$HO_2^- + H_2O + 2e^- \rightarrow 3OH^-$	+ 0,88
– 0,89	$ClO^- + H_2O + 2e^- \rightarrow Cl^- + 2OH^-$	+ 0,89
– 0,9	$Fe_4^{2-} + 2H_2O + 3e^- \rightarrow FeO_2^- + 4OH^-$	+ 0,9
– 1,24	$O_3 + H_2O + 2e^- \rightarrow O_2 + 2OH^-$	+ 1,24
– 2,0	$OH + e^- \rightarrow OH^-$	+ 2,0

Fonte: GENTIL, V. *Corrosão*. Rio de Janeiro: LTC, 1996. p. 345.

TABELA PERIÓDICA

- Os elementos de números atômicos 113, 114, 115 e 116 não constam na tabela porque, apesar de relatados por pesquisadores, até meados de 2005 não haviam sido referendados pela Iupac/Iupap (*International Union of Pure and Applied Chemistry/International Union of Pure and Applied Physics* ou, em português, União Internacional de Química Pura e Aplicada/União Internacional de Física Pura e Aplicada).
- As massas atômicas relativas são listadas com arredondamento no último algarismo. As massas atômicas entre parênteses representam valores ainda não padronizados pela Iupac.
- As cores nos símbolos dos elementos indicam o estado físico a 25 °C e a 1 atm de pressão: **azul** – estado líquido; **roxo** – estado gasoso; **preto** – estado sólido; cinza – estado físico desconhecido.
- A classificação dos elementos boro, silício, germânio, arsênio, antimônio, telúrio e polônio em semimetais ou metaloides não é reconhecida pela Iupac.
- **Observação**: As cores utilizadas nesta tabela não têm significado científico; são apenas recursos visuais pedagógicos.

Legenda: Metais; Não metais; Gases nobres

Legenda da célula: massa atômica relativa (1,01); número atômico (1); símbolo (H); nome (hidrogênio)

	1 1A	2 2A	3 3B	4 4B	5 5B	6 6B	7 7B	8 8B	9 8B	10 8B	11 1B	12 2B	13 3A	14 4A	15 5A	16 6A	17 7A	18 0 ou 8A
1	1,01 1 H hidrogênio																	4,00 2 He hélio
2	6,94 3 Li lítio	9,01 4 Be berílio											10,81 5 B boro	12,01 6 C carbono	14,01 7 N nitrogênio	16,00 8 O oxigênio	19,00 9 F flúor	20,18 10 Ne neônio
3	22,99 11 Na sódio	24,31 12 Mg magnésio											26,98 13 Al alumínio	28,09 14 Si silício	30,97 15 P fósforo	32,07 16 S enxofre	35,45 17 Cl cloro	39,95 18 Ar argônio
4	39,10 19 K potássio	40,08 20 Ca cálcio	44,96 21 Sc escândio	47,87 22 Ti titânio	50,94 23 V vanádio	52,00 24 Cr crômio	54,94 25 Mn manganês	55,85 26 Fe ferro	58,93 27 Co cobalto	58,69 28 Ni níquel	63,55 29 Cu cobre	65,41 30 Zn zinco	69,72 31 Ga gálio	72,64 32 Ge germânio	74,92 33 As arsênio	78,96 34 Se selênio	79,90 35 Br bromo	83,80 36 Kr criptônio
5	85,47 37 Rb rubídio	87,62 38 Sr estrôncio	88,91 39 Y ítrio	91,22 40 Zr zircônio	92,91 41 Nb nióbio	95,94 42 Mo molibdênio	(97,91) 43 Tc tecnécio	101,07 44 Ru rutênio	102,91 45 Rh ródio	106,42 46 Pd paládio	107,87 47 Ag prata	112,41 48 Cd cádmio	114,82 49 In índio	118,71 50 Sn estanho	121,76 51 Sb antimônio	127,60 52 Te telúrio	126,90 53 I iodo	131,29 54 Xe xenônio
6	132,91 55 Cs césio	137,33 56 Ba bário	SÉRIE DOS LANTANÍDIOS 57/71	178,49 72 Hf háfnio	180,95 73 Ta tântalo	183,84 74 W tungstênio	186,21 75 Re rênio	190,23 76 Os ósmio	192,22 77 Ir irídio	195,08 78 Pt platina	196,97 79 Au ouro	200,59 80 Hg mercúrio	204,38 81 Tl tálio	207,21 82 Pb chumbo	208,98 83 Bi bismuto	(208,98) 84 Po polônio	(209,99) 85 At astato	(222,02) 86 Rn radônio
7	(223,02) 87 Fr frâncio	(226,03) 88 Ra rádio	SÉRIE DOS ACTINÍDIOS 89/103	(261,11) 104 Rf rutherfórdio	(262,11) 105 Db dúbnio	(266,12) 106 Sg seabórgio	264,12 107 Bh bóhrio	(277) 108 Hs hássio	(268,14) 109 Mt meitnério	271 110 Ds darmstádtio	272 111 Rg roentgenium	277 112 Cn copernício						

SÉRIE DOS LANTANÍDIOS

138,91 57 La lantânio	140,12 58 Ce cério	140,91 59 Pr praseodímio	144,24 60 Nd neodímio	(144,91) 61 Pm promécio	150,36 62 Sm samário	151,96 63 Eu európio	157,25 64 Gd gadolínio	158,93 65 Tb térbio	162,50 66 Dy disprósio	164,93 67 Ho hólmio	167,26 68 Er érbio	168,93 69 Tm túlio	173,04 70 Yb itérbio	174,97 71 Lu lutécio

SÉRIE DOS ACTINÍDIOS

(227,03) 89 Ac actínio	232,04 90 Th tório	231,04 91 Pa protactínio	238,03 92 U urânio	(237,05) 93 Np netúnio	(244,06) 94 Pu plutônio	(243,06) 95 Am amerício	(247,07) 96 Cm cúrio	(247,07) 97 Bk berquélio	(251,08) 98 Cf califórnio	(252,08) 99 Es einstênio	(257,10) 100 Fm férmio	(258,10) 101 Md mendelévio	(259,10) 102 No nobélio	(262,11) 103 Lr laurêncio

Os dados contidos nesta tabela periódica estão de acordo com as recomendações de 2005 da Iupac e da Iupap.

VALORES DA PRIMEIRA ENERGIA DE IONIZAÇÃO

1 1A	2 2A	3 3B	4 4B	5 5B	6 6B	7 7B	8 8B	9 8B	10 8B	11 1B	12 2B	13 3A	14 4A	15 5A	16 6A	17 7A	18 0 ou 8A
1 **H** 13,598																	2 **He** 24,587
3 **Li** 5,392	4 **Be** 9,323											5 **B** 8,298	6 **C** 11,260	7 **N** 14,534	8 **O** 13,618	9 **F** 17,423	10 **Ne** 21,585
11 **Na** 5,139	12 **Mg** 7,646											13 **Al** 5,986	14 **Si** 8,152	15 **P** 10,487	16 **S** 10,360	17 **Cl** 12,968	18 **Ar** 15,760
19 **K** 4,341	20 **Ca** 6,113	21 **Sc** 6,562	22 **Ti** 6,828	23 **V** 6,746	24 **Cr** 6,767	25 **Mn** 7,434	26 **Fe** 7,902	27 **Co** 7,881	28 **Ni** 7,640	29 **Cu** 7,726	30 **Zn** 9,394	31 **Ga** 5,999	32 **Ge** 7,899	33 **As** 9,789	34 **Se** 9,752	35 **Br** 11,814	36 **Kr** 14,000
37 **Rb** 4,171	38 **Sr** 5,695	39 **Y** 6,217	40 **Zr** 6,634	41 **Nb** 6,759	42 **Mo** 7,092	43 **Tc** 7,280	44 **Ru** 7,361	45 **Rh** 7,459	46 **Pd** 8,337	47 **Ag** 7,576	48 **Cd** 8,994	49 **In** 5,786	50 **Sn** 7,344	51 **Sb** 8,608	52 **Te** 9,010	53 **I** 10,451	54 **Xe** .
55 **Cs** 3,894	56 **Ba** 5,212	**57/71**	72 **Hf** 6,825	73 **Ta** 7,550	74 **W** 7,864	75 **Re** 7,834	76 **Os** 8,438	77 **Ir** 8,967	78 **Pt** 8,959	79 **Au** 9,226	80 **Hg** 10,438	81 **Tl** 6,108	82 **Pb** 7,417	83 **Bi** 7,286	84 **Po** 8,417	85 **At** –	86 **Rn** 10,749
87 **Fr** 4,073	88 **Ra** 5,278	**89/103**															

Metais
Não metais
Gases nobres

SÉRIE DOS LANTANÍDIOS

57 **La** 5,577	58 **Ce** 5,539	59 **Pr** 5,464	60 **Nd** 5,525	61 **Pm** 5,580	62 **Sm** 5,644	63 **Eu** 5,670	64 **Gd** 6,150	65 **Tb** 5,864	66 **Dy** 5,939	67 **Ho** 6,022	68 **Er** 6,108	69 **Tm** 6,184	70 **Yb** 6,254	71 **Lu** 5,426

SÉRIE DOS ACTINÍDIOS

89 **Ac** 5,170	90 **Th** 6,307	91 **Pa** 5,890	92 **U** 6,194	93 **Np** 6,266	94 **Pu** 6,026	95 **Am** 5,974	96 **Cm** 6,020	97 **Bk** 6,230	98 **Cf** 6,300	99 **Es** 6,420	100 **Fm** 6,500	101 **Md** 6,580	102 **No** 6,650	103 **Lr** –

número atômico: 1
símbolo: H
primeira energia de ionização (ev): 13,598

CAPÍTULO 1 – SOLUÇÕES E SOLUBILIDADE

EXERCÍCIOS

E1. $NaClO$ (s) + $NaOH$ (s) + $NaCl$ (s) + H_2O (l) ⟶ $NaClO$ (aq) + + $NaOH$ (aq) + $NaCl$ (aq) + H_2O (l)

ou

$NaClO$ (s) + $NaOH$ (s) + $NaCl$ (s) + H_2O (l) ⟶ 3 Na^+ (aq) + + ClO^- (aq) + OH^- (aq) + Cl^- (aq) + H_2O (l)

E2.

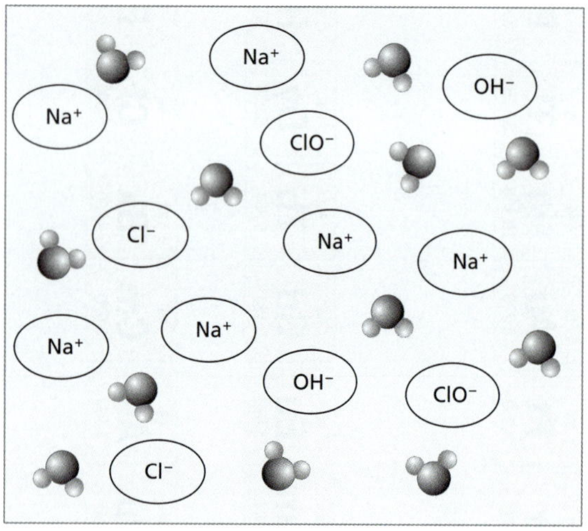

Figura R-1: **Exercício E2.**

E3. 4,5 g

E4. 150 mL

E5. $c = 0{,}03$ g/mL

E6. $c_1 = 30$ g/L

E7. $c_2 = 60$ g/L

$c_3 = 15$ g/L

$c_4 \cdot 60$ mL $\Rightarrow c_4 = 5$ g/L

E8. $c_1 = 0{,}102$ mol/L $\approx 0{,}1$ mol/L

E9.

E10. a) É uma solução que contém eletrólitos (íons solúveis), e é capaz de repor os sais minerais perdidos pelo organismo por meio da transpiração quando, por exemplo, o indivíduo realiza exercícios físicos.

b) $Q = \dfrac{22{,}8\,\text{kcal}}{100\,\text{mL}} \cdot 473\,\text{mL} = 107{,}8\,\text{kcal}$

c) $c(K^+) = 0{,}01\%$ p/V

d) $c(Cl^-) = 0{,}42$ g/L

e) Como foi dito no item a, uma das finalidades possíveis é a de repor os sais minerais perdidos por indivíduos em exercícios físicos, por meio da transpiração.

E11.

$AgNO_3$ (aq) + $NaCl$ (aq) ⟶ $AgCl$ (s) + $NaNO_3$ (aq)

$AgNO_3$ (aq) + HCl (aq) ⟶ $AgCl$ (s) + HNO_3 (aq)

2 $AgNO_3$ (aq) + H_2SO_4 (aq) ⟶ Ag_2SO_4 (s) + 2 HNO_3 (aq)

2 $AgNO_3$ (aq) + Na_2CO_3 (aq) ⟶ Ag_2CO_3 (s) + 2 $NaNO_3$ (aq)

2 $AgNO_3$ (aq) + $BaCl_2$ (aq) ⟶ 2 $AgCl$ (s) + $Ba(NO_3)_2$ (aq)

2 HCl (aq) + Na_2CO_3 (aq) ⟶ 2 $NaCl$ (aq) + CO_2 (g) + H_2O (l)

H_2SO_4 (aq) + Na_2CO_3 (aq) ⟶ Na_2SO_4 (aq) + CO_2 (g) + H_2O (l)

H_2SO_4 (aq) + $BaCl_2$ (aq) ⟶ $BaSO_4$ (s) + 2 HCl (aq)

Na_2CO_3 (aq) + $BaCl_2$ (aq) ⟶ $BaCO_3$ (s) + 2 $NaCl$ (aq)

E12.

Massa de $AgCl$ (s) formado na reação entre $AgNO_3$ (aq) e $NaCl$ (aq): 0,14 g.

Massa de $AgCl$ (s) formado na reação entre $AgNO_3$ (aq) e HCl (aq): 0,14 g.

Massa de $AgCl$ (s) formado na reação de $AgNO_3$ (aq) e $BaCl_2$ (aq): 0,14 g.

Massa de Ag_2SO_4 (s) formado na reação de $AgNO_3$ (aq) e H_2SO_4 (aq): 0,16 g.

Massa de Ag_2CO_3 (s) formado na reação entre $AgNO_3$ (aq) e Na_2CO_3 (aq): 0,14 g.

Massa de $BaSO_4$ (s) formado na reação entre H_2SO_4 (aq) e $BaCl_2$ (aq): 0,23 g.

Massa de $BaCO_3$ (s) formado na reação de Na_2CO_3 (aq) e $BaCl_2$ (aq): 0,20 g.

Solução	Massa do soluto (g)	Volume da solução (mL)	Concentração (g/L)	Concentração (mol/L)	Intensidade da coloração*	Concentração em relação à solução 1**
1	4,5	150	30	0,1	3	—
2	0,6	10	60	0,2	4	2 vezes mais
3	0,6	40	15	0,05	2	2 vezes menos
4	0,3	60	5	0,017	1	6 vezes menos

Quadro R-1: *** Numere da solução de cor menos intensa até a solução de cor mais intensa; ** Indique quantas vezes a solução é mais ou menos concentrada que a solução 1.**

E13. Em todas as reações nas quais a proporção estequiométrica entre os reagentes foi de 2:1, o reagente cujo coeficiente de balanceamento foi 1 estava em excesso. As equações são:

$2\ AgNO_3\ (aq) + H_2SO_4\ (aq) \rightarrow Ag_2SO_4\ (s) + 2\ HNO_3\ (aq)$

$2\ AgNO_3\ (aq) + Na_2CO_3\ (aq) \rightarrow Ag_2CO_3\ (s) + 2\ NaNO_3\ (aq)$

$2\ AgNO_3\ (aq) + BaCl_2\ (aq) \rightarrow 2\ AgCl\ (s) + Ba(NO_3)_2\ (aq)$

$2\ HCl\ (aq) + Na_2CO_3\ (aq) \rightarrow 2\ NaCl\ (aq) + CO_2\ (g) + H_2O\ (l)$

Como foram adicionados 1×10^{-3} mol de cada reagente, tem-se que, na proporção 2:1, reage 1×10^{-3} mol do reagente de coeficiente 2 com $0{,}5 \times 10^{-3}$ mol do reagente de coeficiente 1.

Os reagentes em excesso, de acordo com a ordem das reações citadas foi H_2SO_4, Na_2CO_3, $BaCl_2$ e Na_2CO_3. Em cada caso, há um excesso de $0{,}5 \times 10^{-3}$ mol desses reagentes.

E14. - Na reação equacionada a seguir, a concentração do $NaNO_3$ (aq) será:

$$\underset{1 \times 10^{-3}\ mol}{Ag_2NO_3\ (aq)} + \underset{1 \times 10^{-3}\ mol}{NaCl\ (aq)} \rightarrow \underset{1 \times 10^{-3}\ mol}{AgCl\ (s)} + \underset{1 \times 10^{-3}\ mol}{NaNO_3\ (aq)}$$

$$c = \frac{0{,}001\,mol}{0{,}020\,L} = 0{,}05\,mol/L,$$

ou ainda: $c = \dfrac{1\,mmol}{20\,mL} = 0{,}05\,mol/L$

- Na reação equacionada a seguir, a concentração do $NaNO_3$ (aq) será:

$$\underset{1 \times 10^{-3}\ mol}{2\ AgNO_3\ (aq)} + \underset{0{,}5 \times 10^{-3}\ mol}{Na_2CO_3\ (aq)} \rightarrow \underset{0{,}5 \times 10^{-3}\ mol}{Ag_2CO_3\ (s)} + \underset{1 \times 10^{-3}\ mol}{2\ NaNO_3\ (aq)}$$

$$c = \frac{0{,}001\ mol}{0{,}020\,L} = 0{,}05\,mol/L,$$

ou ainda: $c = \dfrac{1\,mmol}{20\,mL} = 0{,}05\,mol/L$.

- Na reação equacionada a seguir, a concentração do $Ba(NO_3)_2$ (aq) será:

$$\underset{1 \times 10^{-3}\ mol}{2\ AgNO_3\ (aq)} + \underset{0{,}5 \times 10^{-3}\ mol}{BaCl_2\ (aq)} \rightarrow \underset{1 \times 10^{-3}\ mol}{2\ AgCl\ (s)} + \underset{0{,}5 \times 10^{-3}\ mol}{Ba(NO_3)_2\ (aq)}$$

$c = \dfrac{0{,}0005\,mol}{0{,}020\,L} = 0{,}025\,mol/L$, ou ainda:

$$c = \frac{0{,}5\,mmol}{20\,mL} = 0{,}025\,mol/L.$$

- Na reação equacionada a seguir, a concentração do NaCl (aq) será:

$$\underset{1 \times 10^{-3}\ mol}{2\ HCl\ (aq)} + \underset{0{,}5 \times 10^{-3}\ mol}{Na_2CO_3\ (aq)} \rightarrow \underset{1 \times 10^{-3}\ mol}{2\ NaCl\ (aq)} + \underset{0{,}5 \times 10^{-3}\ mol}{CO_2\ (g)} + \underset{0{,}5 \times 10^{-3}\ mol}{H_2O\ (l)}$$

$$c = \frac{0{,}001\ mol}{0{,}020\,L} = 0{,}05\,mol/L$$

ou ainda: $c = \dfrac{1\,mmol}{20\,mL} = 0{,}05\,mol/L$

- Na reação equacionada a seguir, a concentração do Na_2SO_4 (aq) será:

$$\underset{1 \times 10^{-3}\ mol}{H_2SO_4\ (aq)} + \underset{1 \times 10^{-3}\ mol}{Na_2CO_3\ (aq)} \rightarrow \underset{1 \times 10^{-3}\ mol}{Na_2SO_4\ (aq)} + \underset{1 \times 10^{-3}\ mol}{CO_2\ (g)} + \underset{1 \times 10^{-3}\ mol}{H_2O\ (l)}$$

$$c = \frac{0{,}001\ mol}{0{,}020\,L} = 0{,}05\,mol/L\ ,$$

ou ainda: $c = \dfrac{1\ mmol}{20\,mL} = 0{,}05\,mol/L$

- Na reação equacionada a seguir, a concentração do NaCl (aq) será:

$$\underset{1 \times 10^{-3}\ mol}{Na_2CO_3\ (aq)} + \underset{1 \times 10^{-3}\ mol}{BaCl_2\ (aq)} \rightarrow \underset{1 \times 10^{-3}\ mol}{BaCO_3\ (s)} + \underset{2 \times 10^{-3}\ mol}{2\ NaCl\ (aq)}$$

$$c = \frac{0{,}002\ mol}{0{,}020\,L} = 0{,}10\,mol/L$$

ou ainda: $c = \dfrac{2\,mmol}{20\,mL} = 0{,}10\,mol/L$

E15. - Na reação:

$$\underset{1 \times 10^{-3}\ mol}{2\ HCl\ (aq)} + \underset{0{,}5 \times 10^{-3}\ mol}{Na_2CO_3\ (aq)} \rightarrow \underset{1 \times 10^{-3}\ mol}{2\ NaCl\ (aq)} + \underset{0{,}5 \times 10^{-3}\ mol}{CO_2\ (g)} + \underset{0{,}5 \times 10^{-3}\ mol}{H_2O\ (l)}$$

Formou-se $0{,}5 \times 10^{-3}$ mol de CO_2 (g). Considerando que a massa atômica do carbono é 12,0 g/mol e a do oxigênio é 16,0 g/mol, a massa molar do CO_2 é: M = 12,0 g/mol + + (2 × 16,0 g/mol) = 44 g/mol.

A perda de massa do sistema corresponde à massa de $0{,}5 \times 10^{-3}$ mol de CO_2: 0,022 g.

- Na reação:

$$\underset{1 \times 10^{-3}\ mol}{H_2SO_4\ (aq)} + \underset{1 \times 10^{-3}\ mol}{Na_2CO_3\ (aq)} \rightarrow \underset{1 \times 10^{-3}\ mol}{Na_2SO_4\ (aq)} + \underset{1 \times 10^{-3}\ mol}{CO_2\ (g)} + \underset{1 \times 10^{-3}\ mol}{H_2O\ (l)}$$

Formou-se 1×10^{-3} mol de CO_2 (g). A massa molar do CO_2 é 44 g/mol e a perda de massa do sistema corresponde à massa de 1×10^{-3} mol de CO_2: 0,044 g.

CAPÍTULO 2 – TERMOQUÍMICA: ENERGIA NAS MUDANÇAS DE ESTADO FÍSICO E NAS TRANSFORMAÇÕES QUÍMICAS

EXERCÍCIOS

E1. Porque o metal é melhor condutor térmico que o ar.

E2. Porque ocorre uma rápida transferência de calor da mão para a fôrma de alumínio que congela as gotículas de água na superfície da pele, fazendo com que os dedos fiquem aderidos à fôrma.

E3. $Q = m_1 \cdot c_{água} \cdot \Delta T \Rightarrow 3\,500\ cal = m_{água} \times 1\ cal/g\ °C \times (37 - 0)\ °C$ $\Rightarrow\ m_{água}$ = 94 594 g, ou seja, aproximadamente 95 litros de água ($d_{água}$= 1,0 g/mL). Portanto, essa teoria não é viável.

E4. $m_{anel} = 24{,}8\ g$

E5. $T_{final} = 302\ K = 29\,°C$

E6. a) exotérmica

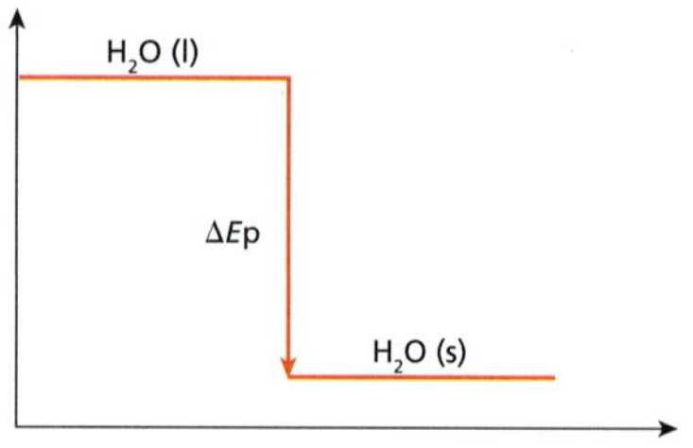

Figura R-2: Exercício E6.

b) exotérmica

c) exotérmica

E7. O álcool se dissolve espontaneamente na água, mas a separação dessa mistura em seus componentes requer grande quantidade de energia (e não ocorre completamente, pois há formação de uma mistura azeotrópica). As águas dos rios descem as cachoeiras, nunca sobem.

E8.

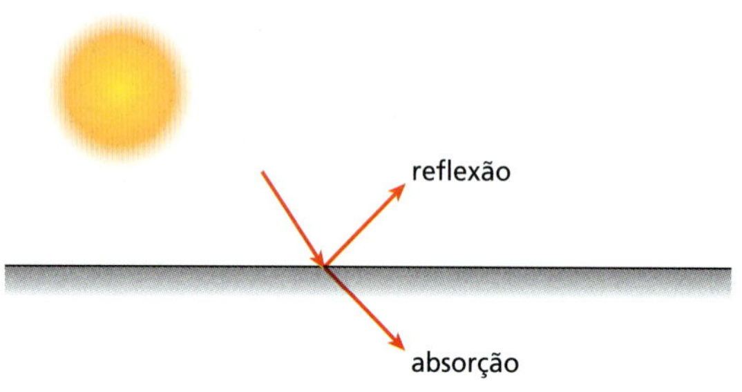

Figura R-3: Exercício E8.

E9.

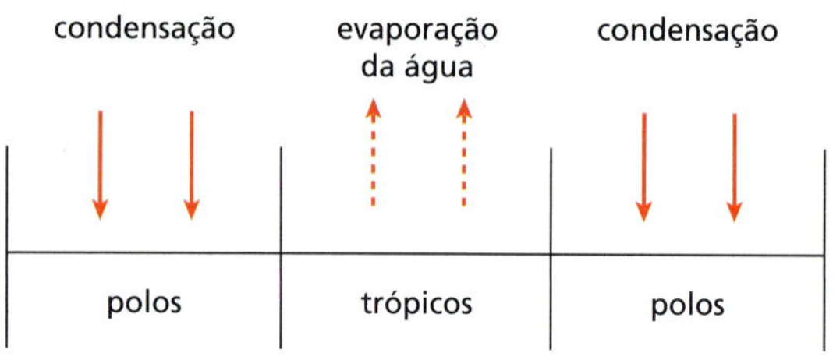

Figura R-4: Exercício E9.

E10. São liberados $8{,}136 \times 10^{19}$ kJ por ano na condensação do vapor.

E11. Serão necessárias aproximadamente $1{,}355 \times 10^{16}$ usinas.

E12. 36×10^{15} kg de acetona liberariam $1{,}9 \times 10^{19}$ kJ por ano. A água ($8{,}13 \times 10^{19}$ kJ por ano) libera 4,35 vezes mais energia que a acetona.

E13. $Q = 8\,360$ J

E14. $\Delta T = 597$ °C e $T_{final} = 617$ °C

E15. $\Delta T = 38{,}5$ °C e $T_{final} = 58{,}5$ °C

E16. O ar, por ter menor capacidade calorífica que a água, absorve energia e se aquece mais rapidamente durante o dia, mas durante a noite, quando cessa a fonte de energia, se esfria rapidamente, enquanto a água demora a se esfriar. Portanto, quanto maior a capacidade calorífica de um material, mais lentamente ele se aquece e se resfria.

E17. Resposta pessoal.

E18. Queima de uma vela, derretimento do gelo e a chuva, apodrecimento dos alimentos.

E19. a) O processo é exotérmico; então, $\Delta H < 0$. O $\Delta S > 0$, pois a presença de maior quantidade de produtos gasosos justifica o aumento da entropia. Como $\Delta G = \Delta H - T \cdot \Delta S$, $\Delta H < 0$ e $\Delta S > 0$, o ΔG será menor que zero para qualquer temperatura. Portanto, o processo é espontâneo.

b) A dissolução do cloreto de sódio em água é um processo endotérmico; então, $\Delta H > 0$. O $\Delta S > 0$, porque a entropia da solução é maior que a entropia do soluto e do solvente separados. Então, ΔG será menor que zero e, portanto, o processo será espontâneo, apenas quando o produto $(T \cdot \Delta S)$ for maior, em módulo, que o valor do ΔH.

c) A fusão é um processo endotérmico, $\Delta H > 0$. A entropia do líquido é maior que a do sólido; portanto, $\Delta S > 0$. Então, ΔG será menor que zero e, portanto, o processo será espontâneo, apenas quando o produto $(T \cdot \Delta S)$ for maior, em módulo, que o valor do ΔH.

d) A vaporização da água é um processo endotérmico, $\Delta H > 0$. A entropia do gás é maior que a do líquido, portanto $\Delta S > 0$. Então, ΔG será menor que zero e, portanto, o processo será espontâneo, apenas quando o produto $(T \cdot \Delta S)$ for maior, em módulo, que o valor do ΔH.

e) A formação de ferrugem é um processo exotérmico, $\Delta H < 0$. O $\Delta S < 0$, pois os reagentes são sólidos e líquidos e o produto é sólido, o que faz diminuir a entropia. Então, ΔG será menor que zero e, portanto, o processo será espontâneo, apenas quando o produto $(T \cdot \Delta S)$ for menor, em módulo, que o valor do ΔH.

f) A liquefação é um processo exotérmico, $\Delta H < 0$. O $\Delta S < 0$, pois passa do estado gasoso para o estado líquido, diminuindo a entropia. Então, ΔG será menor que zero e, portanto, o processo será espontâneo, apenas quando o produto $(T \cdot \Delta S)$ for menor, em módulo, que o valor do ΔH.

g) O $\Delta S < 0$, pois duas soluções levam a um produto sólido, diminuindo a entropia. No entanto, não temos informação sobre o ΔH da reação. Sabe-se que a reação é espontânea, pois basta misturar as duas reações para que ocorra a precipitação imediata do iodeto de chumbo. Então, o ΔG só poderá ser negativo se a reação for exotérmica.

h) O $\Delta S > 0$. O mais provável é que $\Delta H < 0$, pois em geral as dissoluções são exotérmicas (mas não é regra). Portanto, ΔG será menor que zero, espontâneo, a qualquer temperatura.

E20. Tornando o valor do ΔG negativo, ou seja, menor que zero. Em cada caso as condições foram informadas.

CAPÍTULO 3 – CINÉTICA QUÍMICA: CONTROLANDO A VELOCIDADE DAS REAÇÕES QUÍMICAS

EXERCÍCIOS

E1. a) velocidade de reação no frasco 1 < velocidade de reação no frasco 2

No frasco 2 observa-se a presença de catalisador, que acelera as reações químicas, diminuindo a barreira de energia de ativação.

b) Após o término da reação, a massa de produtos formada nos dois frascos será a mesma. A reação se completará mais rapidamente no frasco 2 (maior velocidade), mas como o número de partículas reagentes (*A* e *B*) nos dois frascos é igual, a quantidade de produto (*AB*) formado será a mesma.

c)

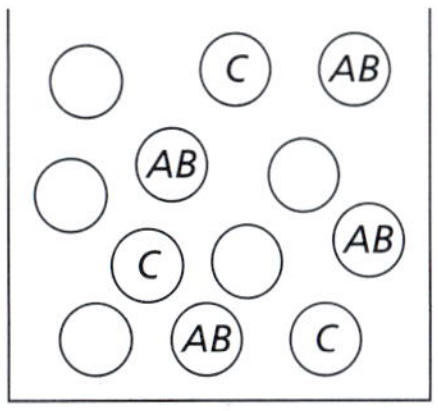

Figura R-5: **Exercício E1.**

d) A solução torna-se azul devido à formação da substância *AB*.

E2. a) 1.ª modificação: aumentar a quantidade de vinagre. O aumento da concentração de um dos reagentes promove um aumento na velocidade da reação.

2.ª modificação: aumentar a temperatura da água adicionada. O aumento da temperatura promove um aumento na velocidade de reação, em virtude do aumento da energia cinética média das partículas reagentes.

b) Considerando que a concentração seja dada em *p*/*V*, constata-se que em cada 100 mL de solução existem 5 g de ácido acético e, portanto, 50 g/L. Da mesma forma, se considerarmos 1 000 mL de solução, teremos 50 g de ácido acético.

A massa molar do ácido acético é 60 g/mol; logo, $n = \dfrac{50\ \text{g}}{60\ \text{g/mol}} = 0{,}83\ \text{mol}$. Essa quantidade (0,83 mol) está contida em 1 litro de vinagre e, portanto, sua concentração é 0,83 mol/L.

E3. a) $CO\ (g) + 1/2\ O_2\ (g) \rightarrow CO_2\ (g)$

b) Provavelmente, a energia de ativação para essa reação é muito alta. O conversor catalítico participa da reação (sem, entretanto, ser consumido) diminuindo a barreira de energia de ativação.

CAPÍTULO 5 – MOVIMENTO DE ELÉTRONS: UMA INTRODUÇÃO AO ESTUDO DA ELETROQUÍMICA

EXERCÍCIOS

E1. Comentário: os exercícios E1 e E2 estão respondidos no quadro a seguir.

Item	Fórmula química (E1)	Nox dos elementos (E2)		
a)	Al_2O_3	Al = +3	O = −2	
b)	Fe_2O_3	Fe = +3	O = −2	
c)	FeO	Fe = +2	O = −2	
d)	NO_2	N = +4	O = −2	
e)	$Co(OH)_2$	Co = +2	O = −2	H = +1
f)	$Co(OH)_3$	Co = +3	O = −2	H = +1
g)	ZnF_2	Zn = +2	F = −1	
h)	NH_4Cl	N = −3	H = +1	Cl = −1
i)	$CuBr_2$	Cu = +2	Br = −1	
j)	CuBr	Cu = +1	Br = −1	
k)	LiI	Li = +1	I = −1	
l)	$MnPO_4$	Mn = +3	P = +5	O = −2

Quadro R-2: **Exercícios E1 e E2.**

E2. Resposta no quadro do exercício E1.

E3. Em todos os casos, quando a espécie química é oxidante, um ou mais de seus átomos ganham elétrons. Se a espécie química é redutora, um ou mais de seus átomos perdem elétrons.

Item	Espécie química oxidante	Variação de nox	Espécie química redutora	Variação de nox
a)	H_2O_2	(O): −1 → −2	I^-	(I): −1 → 0
b)	MnO_4^-	(Mn): +7 → +2	H_2O_2	(O): −1 → 0
c)	I_2	(I): 0 → −1	H_2S	(S): −2 → 0
d)	Fe_2O_3	(Fe): +3 → 0	CO	(C): +2 → +4
e)	$PbSO_4$	(Pb): +2 → 0	Zn	(Zn): 0 → +2
f)	HNO_3	(N): +5 → +2	Cu	(Cu): 0 → +2

Quadro R-3: **Exercício E3.**

E4. d Para armazenar a solução de $NiSO_4$, o recipiente metálico não deve reagir com os cátions Ni^{2+} da solução. Assim, como o Ni^{2+} tem maior potencial de redução do que o ferro (Fe) e o zinco (Zn), provocando a oxidação desses metais. Já em relação ao cobre (Cu) e à prata (Ag), o Ni^{2+} tem menor potencial de redução, não sendo capaz de oxidar esses metais, podendo, portanto, ser armazenado em um recipiente feito de cobre ou de prata.

E5. d O Cd^{2+} reduz, oxidando o Zn, pois o cádmio tem o maior potencial de redução. O potencial da reação é $\Delta E^0 = -0{,}40 - (-0{,}76) = 0{,}76 - 0{,}40 \Rightarrow \Delta E^0 = +0{,}36$ V.

E6. a

E7. a) Para proteger o ferro da oxidação, é necessário utilizar um material que apresente o potencial padrão de redução menor do que do ferro, oxidando-se mais facilmente. Em outras palavras, o metal escolhido tem que ser um redutor mais potente do que o ferro, perdendo elétrons com mais facilidade. Verifica-se, portanto, que das substâncias da tabela, somente o magnésio poderia ser empregado com essa finalidade.

b) Qualquer dos metais da tabela que apresentasse potencial padrão de redução maior, tendo menor tendência à oxidação: níquel, cobre ou prata. O revestimento, entretanto, deve estar livre de falhas, pois na presença de eletrólitos forma-se uma pilha galvânica, ocorrendo rápida corrosão do material revestido.

E8. a) $Pb + PbO_2 + 2H_2SO_4 \rightarrow 2PbSO_4 + 2H_2O$

b)

$5\,KNO_2 + 2KMnO_4 + 3H_2SO_4 \rightarrow K_2SO_4 + 2MnSO_4 + 5KNO_3 + 3H_2O$

c) $K_2Cr_2O_7 + 7H_2SO_4 + 6KI \rightarrow 4K_2SO_4 + Cr_2(SO_4)_3 + 7H_2O + 3I_2$

d) $2KMnO_4 + 5SnCl_2 + 16HCl \rightarrow 2KCl + 2MnCl_2 + 5SnCl_4 + 8H_2O$

e) $3NO_2 + H_2O \rightarrow 2HNO_3 + NO$

f) $3\,CuS + 8\,HNO_3 \rightarrow 3\,CuSO_4 + 8\,NO + 4\,H_2O$

CAPÍTULO 6 – PROPRIEDADES COLIGATIVAS

EXERCÍCIOS

E1. O aditivo forma, com a água, uma solução, cuja temperatura de ebulição é maior do que a temperatura de ebulição do solvente puro. Quando o solvente líquido puro passa para o estado gasoso, há um aumento de entropia, pois a entropia do vapor é maior do que a do líquido. Essa diferença de entropia entre o líquido e o vapor é diminuída quando se adiciona um soluto não volátil, pois a solução formada tem uma entropia maior do que o solvente líquido puro. Essa diminuição na diferença da entropia entre o sistema líquido e o vapor provoca a diminuição da pressão de vapor do líquido, responsável pelo aumento da temperatura de ebulição.

E2. O aditivo forma, com a água, uma solução, cuja temperatura de fusão (ou de congelamento) é menor do que a temperatura de congelamento/fusão do solvente puro. Quando o solvente líquido puro passa para o estado sólido, há uma diminuição da entropia do sistema, pois a entropia do líquido é maior do que a do sólido. Essa diferença de entropia entre o líquido e o sólido é aumentada quando se adiciona um soluto não volátil ao solvente, já que a solução formada tem uma entropia maior do que o solvente líquido puro. Como a diminuição de entropia não favorece uma transformação, esse aumento na diferença da entropia entre o sistema líquido e a solução faz com que fique mais difícil congelar a solução, o que implica na diminuição da temperatura de congelamento/fusão.

E3. Sim. Ao misturar sal no gelo, a mistura formada se funde, absorvendo calor do sistema que, então, fica a uma temperatura mais baixa. Como a temperatura do banho de gelo com sal é menor, as bebidas se esfriam mais rapidamente. Comentário: esse fenômeno é bastante acentuado no caso do cloreto de sódio e de outros sais cuja dissolução em água é um processo endotérmico. Assim, além do calor absorvido para a fusão, há o calor absorvido para a dissolução.

Sugestões de leituras

Livros

BRANCO, S. M. *Energia e meio ambiente*. São Paulo: Moderna.

MATEUS, A. L. *Química na cabeça*. Belo Horizonte: Ed. UFMG, 2001. 128 p.

MOURÃO, R. R. de F. *Sol e energia no terceiro milênio*. São Paulo: Scipione.

SILVA, E. R.; SILVA R. H. *Álcool e gasolina:* combustíveis do Brasil. São Paulo: Scipione.

QUADROS, S. *A termodinâmica e a invenção das máquinas térmicas*. São Paulo: Scipione.

TUNDISI, H. S. *Usos de energia*. São Paulo: Atual.

Artigos

Artigos da revista *Química Nova na Escola*. Disponíveis em: <http://qnesc.sbq.org.br>. Acesso em: 26 abr. 2012.

Bibliografia consultada

ALBERTS, B. et al. *Molecular Biology of the cell.* New York: Garland, 1989.

AMATO, I. *Stuff: the materials the world is made of.* New York: Avon, 1997.

AMBROGI, A.; LISBOA, J. C.; VERSOLATO, E. F. *Unidades modulares de Química.* São Paulo: Hamburg, 1987.

ATKINS, P.; JONES, L. *Chemical principles. The quest for insight.* New York: W. H. Freeman, 1999.

_________. *Physical Chemistry.* Sixth edition. New York: W. H. Freeman, 1998.

_________. *The 2nd Law:* energy, chaos, and form. New York: Scientific American Books, 1994.

BROWN, T. L. et al. *Chemistry, the central science.* New Jersey: Prentice-Hall, 1994.

CADERNOS Química Nova na Escola. Publicação da Sociedade Brasileira de Química.

CAMPBELL, J. A. *Por que ocorrem reações químicas?* São Paulo: Edgard Blücher.

CHEMICAL Bond approach committee. *Química*, partes I, II e III. Brasília: Editora da UnB, 1964.

CHEMICAL Education material study. *Química:* uma ciência experimental. Volumes I e II. São Paulo: Edart, 1976.

COMPANION, A. L. *Ligação química.* São Paulo: Edgard Blücher, 1975.

EMSLEY, J. *Molecules at exhibition.* Oxford: Oxford University Press, 1998.

_________. *The elements.* Oxford: Clarendon Press, 1991.

GEPEQ – Grupo de Pesquisa para o Ensino de Química. *Interação e transformação:* Química para o 2.º grau. Vol. I, II e III: livro do aluno e guia do professor. São Paulo: Edusp, 1998.

GOBERT, J. P. *The conquest of water.* Princeton: Princeton University Press, 1986.

HILL, J. W.; BAUM, S. J.; FEIGL, D. M. *Chemistry and life:* an introduction to General, Organic and Biological Chemistry. Fifth edition. New Jersey: Prentice-Hall, 1997.

_________; PETRUCCI, R. H. *General Chemistry, an integrated approach.* New Jersey: Prentice-Hall, 1999.

LASZLO, H. et al. *Química de alimentos.* São Paulo: Nobel, 1986.

LEISCESTER, H. M. *Historical background of Chemistry.* New York: Dover, 1981.

LIDE, D. R. (Ed). *Handbook of Chemistry and Physics.* 79. ed. Ohio: CRC, 1999.

LUTFI, M. *Cotidiano e educação em Química:* os aditivos em alimentos como proposta para o ensino de Química no segundo grau. Ijuí: Ed. Unijuí, 1988.

_________. *Os ferrados e os cromados:* produção social e apropriação privada do conhecimento químico. Ijuí: Ed. Unijuí, 1992.

MALDANER, O. A. *Química 1:* construção de conceitos fundamentais. Ijuí: Ed. Unijuí, 1992.

MÓL, G. de S.; SANTOS, W. L. P. dos (Coord.) et al. *Química na sociedade.* Brasília: Ed. da UnB, 1999.

MORTIMER, E. F. *Introdução ao estudo da Química:* propriedades dos materiais, reações químicas e teoria da matéria. 4. ed. Belo Horizonte: Foco/Cecimig, 2000.

_________; MACHADO, A. H. *Introdução ao estudo da Química:* transformações, energia e ambiente. 2. ed. Belo Horizonte: Foco/Cecimig, 2000.

O'CONNOR, R. *Fundamentos de Química.* São Paulo: Harbra, 1977.

PARTINGTON, J. R. *A History of Chemistry.* London: Macmillan, 1964.

PRIMAVESI, A. *Manejo ecológico de solo.* São Paulo: Nobel, 1982.

ROCHA-FILHO, R. C. *Grandezas e unidades de medida:* o Sistema Internacional de Unidades. São Paulo: Ática, 1988.

__________; SILVA, R. R. *Introdução aos cálculos da Química.* São Paulo: McGraw-Hill/Makron Books, 1992.

ROMANELLI, L. I.; JUSTI, R. S. *Aprendendo Química.* Ijuí: Ed. Unijuí, 1998.

ROITT, I. et al. *Immunology.* London: Mosdy, 1993.

SALTERS Advanced Chemistry. *Chemical Ideas.* Oxford: Heinemann, 1994.

__________. *Chemical storylines.* Oxford: Heinemann, 1994.

SEGRÈ, E. *Dos raios-X aos quarks:* físicos modernos e suas descobertas. Brasília: Ed. da UnB, 1980.

SISLER, Harry H. *Estrutura eletrônica, propriedades e a lei periódica.* São Paulo: Polígono, 1970.

SLABAUGH, W. H.; PARSONS, T. D. *Química geral.* São Paulo: LTC, 1982.

SNYDER, C. H. *The extraordinary Chemistry of ordinary things.* New York: John Willey, 1995.

VAN MELSEN, A. G. *From atomos to atom:* the history of the concept atom. Pittsburg: Dusquene University Press, 1952.

MW Editora e Ilustrações Ltda./Arquivo da editora

PARTE 3

CAPÍTULO 1

A Química das drogas e medicamentos e as funções orgânicas

Neste capítulo, vamos estudar um tema polêmico: as drogas. A polêmica inicia-se já quando tentamos responder à pergunta:

O que são drogas?

A resposta não é tão evidente ou óbvia como alguns poderiam pensar.

Vamos estudar também os medicamentos, conhecidos cientificamente como fármacos. Nessa abordagem, vamos identificar um conjunto de substâncias que têm características em comum e que são conhecidas como substâncias orgânicas. Considerando essas substâncias, vamos identificar funções orgânicas e suas propriedades.

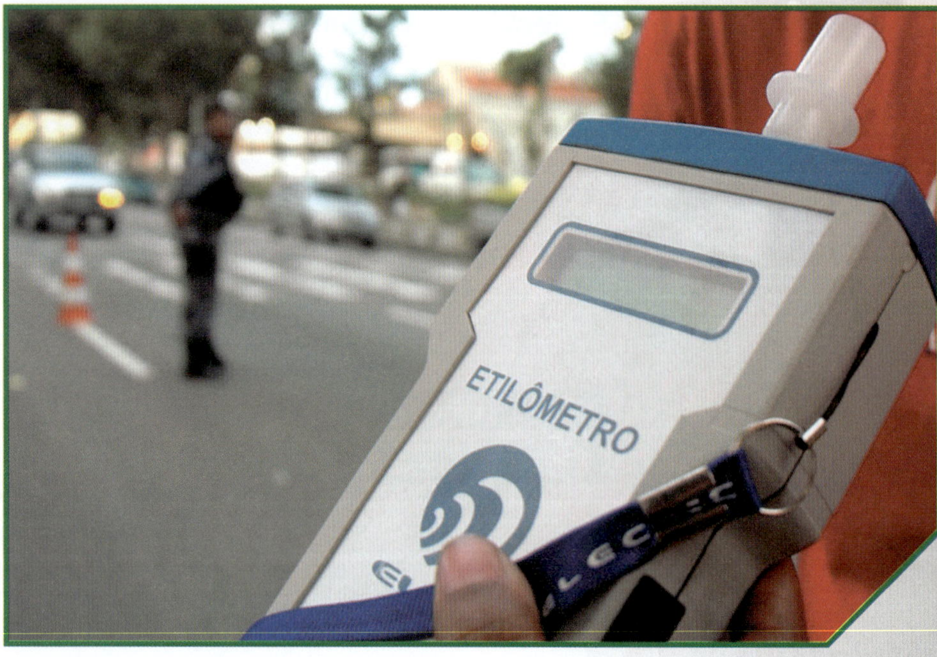

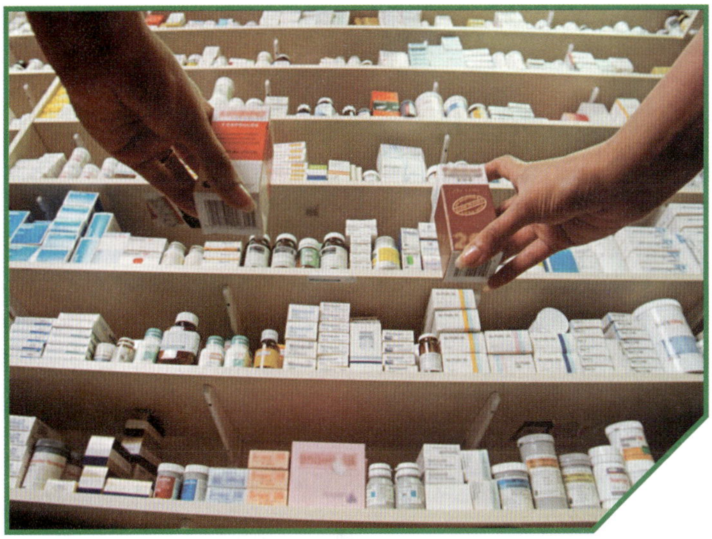

David Levenson/Alamy/Other Images

Figura 1-1: **Muitas drogas e medicamentos são constituídos por substâncias orgânicas.**

Raul Junior/Editora Abril

TEXTO 1

O que são drogas e medicamentos?

A palavra usada atualmente pela ciência para designar os medicamentos é **fármaco**, que pode ser definido como qualquer substância farmacologicamente ativa usada em benefício da saúde. Por motivos didáticos e por seu uso consagrado na vida cotidiana, no entanto, continuaremos a usar aqui a palavra "medicamentos", apesar de usarmos também a palavra "fármacos" em algumas ocasiões.

Usamos essa distinção (droga × medicamento) porque faz parte da nossa forma cotidiana de falar sobre esses assuntos, embora essa diferença nem sempre seja tão clara e precisa. Algumas substâncias consideradas drogas são ou já foram usadas como medicamentos. Um exemplo clássico é a morfina, sem dúvida uma droga que também é usada como medicamento para pacientes com doença terminal, por ser um potente analgésico capaz de aliviar dores.

Muitos dos assuntos que trataremos aqui têm uma interface grande com a Biologia e, em alguns momentos, com a História e a Geografia. Seria ideal que eles fossem estudados em uma perspectiva multidisciplinar: consulte seu professor de Biologia, História e Geografia sempre que tiver alguma dúvida relacionada aos temas aqui abordados.

Antes de tentar responder às várias questões que esse tema gera, vamos refletir um pouco mais sobre algumas perguntas. Discuta com seus colegas de grupo e tente responder às questões a seguir, transcrevendo as respostas do seu grupo no quadro, para que vocês possam compará-las com as respostas de outros grupos.

Questões preliminares

Q1. O que são drogas?

Q2. Cigarros e bebidas alcoólicas podem ser classificados como drogas?

Certamente, as respostas a essas perguntas não foram unânimes. Muitos podem ter lançado mão de um critério legal para concluir que aquilo que é proibido por lei pode ser considerado como droga. Nesse caso, os cigarros e as bebidas alcoólicas não seriam classificados como tal. Outros podem ter usado como critério o fato de a substância alterar os estados de consciência. Por esse critério, as bebidas seriam consideradas drogas, mas os cigarros, não.

Fernando Moraes/Editora Abril

Figura 1-2: Apesar de regularizados, o tabaco e o álcool também são drogas do ponto de vista farmacológico.

Considerar uma substância legal ou ilegal exige, no entanto, uma discussão bastante ampla, pois sua legalidade não está relacionada apenas às suas propriedades químicas ou a efeitos que ela possa provocar no usuário ou ainda aos riscos que seu consumo possa representar para a saúde.

Os grupos sociais é que definem a legalidade do consumo dessas substâncias e os critérios variam de uma cultura para outra ou de um momento histórico para outro. Um bom exemplo de como esses critérios se alteram é o período da História americana no qual vigorou a chamada "Lei Seca", que proibia o consumo de álcool. Um outro exemplo é a lei federal 11.705, a qual objetiva coibir que motoristas dirijam sob a influência de álcool ou de qualquer substância psicoativa que determine dependência.

Além desses exemplos, vale registrar que no Brasil, no início do século XX, a cocaína e a maconha eram vendidas livremente nas farmácias, a primeira como anestésico para dor de dente e a segunda como expectorante ou sedativo. Esses critérios são, portanto, mais culturais do que científicos e não são muito úteis para um estudo químico das drogas. A farmacologia, ramo da ciência que estuda medicamentos e drogas, assim como seus efeitos sobre o organismo, define:

Drogas são substâncias capazes de modificar o funcionamento dos organismos vivos, resultando em mudanças fisiológicas ou de comportamento.

Medicamentos são drogas utilizadas com finalidade terapêutica.

Drogas psicotrópicas são substâncias que atuam sobre o sistema nervoso central (SNC), modificando o comportamento do usuário.

Há várias maneiras possíveis de classificar as drogas. Você já deve ter ouvido falar em drogas que provocam dependência. Em certos casos, essa dependência pode levar à tolerância e à síndrome de abstinência.

A tolerância é a necessidade de se utilizar quantidades cada vez maiores de droga para que o mesmo efeito causado por ela seja mantido. A síndrome de abstinência é um conjunto de sinais e sintomas que podem ser observados quando pessoas com dependentes de alguma droga interrompem seu uso.

O hábito de tomar uma "cervejinha" nas festas ou reuniões de amigos em fins de semana certamente não caracteriza **alcoolismo** – a dependência do álcool. Uma pessoa que não consiga dormir sem tomar sua dose diária de uísque pode, no entanto, ser considerada alcoólatra.

Uma outra maneira de classificar as drogas é considerar os grupos químicos presentes na estrutura molecular das substâncias. Nesse sentido, as drogas, em sua maioria, são **alcaloides**: bases orgânicas nitrogenadas também conhecidas como **aminas**. O termo alcaloide indica que esses produtos são alcalinos; portanto, se comportam como bases na maioria das reações ácido-base.

Já o álcool etílico e a maconha são álcoois, substâncias que têm um grupo hidroxila (–OH) ligado a cadeias carbônicas. Todas as drogas são, portanto, substâncias orgânicas, ou seja, possuem cadeias carbônicas.

Do ponto de vista da ação das drogas sobre o sistema nervoso central, elas podem ser classificadas como depressoras, estimulantes ou perturbadoras. Os três grupos de drogas promovem alterações na comunicação química, por meio da ativação ou desativação de certos **neurotransmissores**, substâncias responsáveis pela transmissão de sinais elétricos entre as diversas partes do sistema nervoso central. A diferença entre os grupos relaciona-se ao tipo de efeito comportamental: depressoras e estimulantes promovem alterações quantitativas, e as perturbadoras, qualitativas (delírios e alucinações, ou seja, a pessoa entra num "mundo de fantasias").

As depressoras diminuem a atividade cerebral e por essa razão são chamadas de **depressoras da atividade do sistema nervoso central** (SNC). A pessoa que faz uso desse tipo de droga fica "desligada", "devagar". As estimulantes aumentam a atividade do cérebro, deixando o usuário "ligado", "elétrico". Finalmente, as drogas perturbadoras normalmente provocam alucinações, sendo por isso chamadas de **alucinógenas**.

No quadro a seguir apresentamos algumas drogas psicotrópicas classificadas segundo esse último critério.

Depressoras da atividade do SNC	Estimulantes do SNC	Perturbadoras da atividade do SNC
álcool soníferos ou hipnóticos (provocam sono): barbitúricos, alguns benzodiazepínicos ansiolíticos (acalmam, inibem a ansiedade): benzodiazepínicos etc. opiáceos (aliviam a dor e provocam sonolência): morfina, heroína, codeína, meperidina etc. inalantes ou solventes: colas, tintas, removedores, tíner, benzina, éter, esmalte, lança-perfume, "cheirinho da loló"	cocaína *crack* nicotina anfetaminas	• De origem vegetal: mescalina (do cacto mexicano), tetraidrocanabinol – THC (da maconha) psilocibina (de certos cogumelos) lírio, trombeta, zabumba ou saia-branca • De origem sintética: ácido lisérgico – LSD *ecstasy* anticolinérgicos

Quadro 1-1: **Alguns exemplos de drogas psicotrópicas.**

ATIVIDADE 1

Construindo um "fumômetro"[1]

Segundo dados da Secretaria Nacional de Políticas sobre Drogas (Senad), no Brasil cerca de um quarto da população adulta fuma. Mas nem todos os fumantes fazem ideia das interações que as substâncias constituintes do cigarro fazem com o organismo.

Nesta atividade, vamos evidenciar a existência dessas substâncias e aproveitar essa constatação para discutir alguns aspectos relacionados com a saúde de quem fuma.

Material

Um frasco de boca larga transparente e incolor (pode ser um frasco de sal de frutas ou de maionese), dois canudinhos de refrigerante ou duas mangueiras finas, água, massa ou fita para vedar os orifícios nos quais se encaixam os canudinhos, bomba de ar (para encher pneus de bicicleta), um cigarro comum e outro "*light*".

O que fazer

A1 Façam dois orifícios na tampa do frasco por onde devem passar os dois canudinhos ou as duas mangueiras.

A2 Coloquem água no recipiente até a altura de aproximadamente 3 cm.

A3 Em uma das mangueiras, introduzam o cigarro. A extremidade dessa mangueira deve estar submersa na água.

A4 No outro canudo (ou mangueira), conectem a bomba de ar. A extremidade dessa mangueira não deve tocar na superfície da água.

A5 Acendam o cigarro e puxem o ar que está no interior do frasco com a bomba de ar. Desconectem a bomba para expulsar o ar que foi retirado do interior do frasco. Conectem novamente e repitam a operação algumas vezes.

[1] Informações obtidas de *Educação ambiental: princípios e práticas*. São Paulo: Gaia, 1992.

A6 Utilizem o cigarro comum e outro desses chamados *"light"* para comparar os resultados.

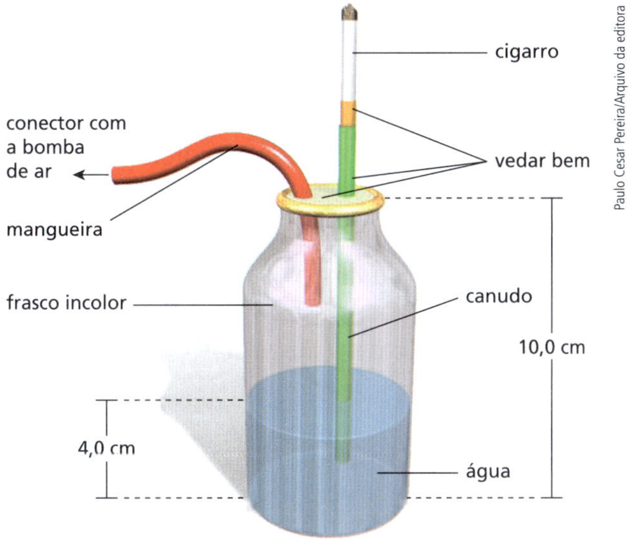

Figura 1-3: **"Fumômetro".**

Questões

Q3. O que vocês observaram ocorrer com a água após puxar a fumaça do cigarro com a bomba de ar?

Q4. O que isso pode evidenciar?

Q5. Observando as modificações ocorridas na água após a interação com a fumaça de cigarro, vocês podem imaginar quantas substâncias constituem o cigarro?

Q6. Vocês têm informações sobre algumas das substâncias que constituem o cigarro? Citem-nas.

TEXTO 2

O tabaco e a história de um hábito que se tornou uma epidemia mundial

O tabaco começou a ser utilizado em rituais religiosos nas sociedades indígenas da América Central há mais de 3 000 anos. A planta, cientificamente chamada *Nicotiana tabacum*, chegou ao Brasil provavelmente trazida pelas tribos tupi-guarani, que migraram daquela região. Foram os colonizadores portugueses que aqui chegaram no século XVI que levaram o tabaco para a Europa. Ainda naquele século, seu uso começou a se disseminar por todo o Velho Continente, introduzido por Jean Nicot (1530-1600), diplomata francês vindo de Portugal. Como acontece com a maioria das novidades, ao tabaco inicialmente também foram atribuídas propriedades curativas. Dizem até que Catarina de Médici (1519-1589), rainha da França, utilizava-o para curar suas enxaquecas – ela só não sabia da dor de cabeça que esse novo modismo ainda viria a causar na humanidade...

Suas folhas eram inicialmente comercializadas sob a forma de fumo para cachimbo, rapé, tabaco para mascar e charuto. Já ao final do século XIX, porém, o tabaco começou a ser industrializado sob a forma de cigarro. Seu uso espalhou-se como uma epidemia, por todo o mundo, a partir de meados do século XX, com o desenvolvimento da publicidade e do *marketing*. A folha do tabaco, pela importância econômica que o produto representava para o Brasil, foi incorporada ao brasão da República.

A partir da década de 1960, surgiram os primeiros relatos médicos que relacionavam o cigarro a várias doenças contraídas pelos fumantes. O até então charmoso hábito de fumar, muitas vezes associado à autoafirmação, passou a ser encarado como uma dependência que precisa ser tratada e acompanhada.

Na atividade 1 vocês puderam obter evidências de que existem muitas substâncias nas folhas de tabaco e outras que são adicionadas durante o processo de produção dos cigarros. Mas você tem ideia de quais são essas substâncias?

Segundo dados da Senad, a queima do tabaco dá origem a uma fumaça composta por cerca de 4 800 componentes já identificados até 2002. São reconhecidamente carcinogênicas – causadoras de câncer – 68 dessas substâncias.

A seguir listamos algumas delas:

- acetona;
- alcatrão;
- amônia;
- arsênico;
- butano;
- cádmio;
- cianeto;
- dicloro-difenil-tricloroetano (DDT);
- monóxido de carbono;
- naftalina;
- nicotina;
- tolueno.

Divulgação

Figura 1-4: **Por sua importância econômica para o Brasil da virada do século XIX, as folhas de tabaco foram incorporadas ao brasão da República.**

Questões

Q7. Faça uma pesquisa sobre o tabaco e tente encontrar argumentos contra seu uso.

Q8. Pesquise páginas antitabagistas na internet e compare as informações encontradas com aquelas presentes nas páginas de fabricantes de cigarro.

Q9. Pesquise as substâncias que foram listadas no texto como sendo constituintes do cigarro e descubra algumas de suas utilizações.

Q10. Pesquise a existência de outras substâncias na constituição do cigarro e tente obter as suas fórmulas estruturais.

Observação: Não deixe de indicar a fonte das pesquisas realizadas.

TEXTO 3

A representação das moléculas orgânicas e as funções orgânicas

Do ponto de vista químico, podemos classificar as substâncias orgânicas levando em consideração os **grupos funcionais** presentes nas suas moléculas.

As substâncias que encontramos nos organismos vivos são consideradas **substâncias orgânicas**. Até meados do século XIX, acreditava-se que apenas os organismos vivos eram capazes de sintetizar substâncias orgânicas – doutrina que ficou conhecida como **vitalismo**. Desde a síntese da ureia a partir de cianato de amônia, realizada em laboratório por Friedrich Wöhler (1800-1882) em 1828, essa doutrina, porém, caiu em desuso e muitas das substâncias orgânicas utilizadas passaram a ser sintetizadas em laboratório.

Essas substâncias geralmente são constituídas por moléculas que apresentam cadeias de átomos de carbono – as chamadas **cadeias carbônicas** –, na maior parte das vezes ligadas a outros grupos que, além do carbono e do hidrogênio, podem conter átomos de oxigênio e nitrogênio. Esses quatro átomos – carbono, hidrogênio, oxigênio e nitrogênio – são os principais constituintes das substâncias orgânicas, sendo os componentes das partes fundamentais das células dos organismos vivos. Além dessas substâncias, existe ainda uma variedade de outros átomos nos organismos vivos, que inclui: fósforo, componente dos ossos e dos dentes, substância que desempenha papel fundamental no metabolismo dos organismos vivos; cálcio, outro componente dos ossos e dentes; magnésio, que também desempenha papel importante na regulação do metabolismo; sódio, potássio e cloro, que regulam a pressão osmótica das células; ferro, que forma um complexo com a hemoglobina e por isso participa do transporte do oxigênio no sangue e de seu armazenamento nas células; e uma série de outros elementos químicos componentes das enzimas.

Maria Platt-Evans/SPL/Latinstock

Figura 1-5: **Com a síntese da ureia, realizada em laboratório em 1828, Friedrich Wöhler pôs em xeque a doutrina conhecida como vitalismo.**

Nas substâncias que são formadas por moléculas não muito complexas, o grupo funcional é que vai caracterizar o comportamento químico dessas substâncias. Nas substâncias formadas por moléculas mais complexas, como a maioria das drogas e medicamentos que serão estudados neste capítulo, há geralmente mais de um grupo funcional e o comportamento químico é definido não só pela presença desses grupos mas também pela forma como eles se distribuem na estrutura molecular e pelas relações que estabelecem com as substâncias presentes no organismo. Nesse sentido, não é fácil prever o comportamento químico de substâncias constituídas por moléculas complexas que apresentam mais de um grupo funcional. Esse comportamento pode ser estudado empiricamente, mas é difícil predizê-lo apenas com o conhecimento da estrutura molecular.

ATIVIDADE 2

A estrutura das moléculas orgânicas e os orbitais

Neste capítulo abordaremos as funções orgânicas presentes nas moléculas de diferentes drogas e medicamentos, suas propriedades, algumas transformações nas quais estão envolvidas e sua representação.

Existem diferentes formas de representação para as moléculas orgânicas. Neste momento de nosso curso precisamos de novos instrumentos teóricos que nos ajudem a ampliar a compreensão sobre o modo como essas substâncias são constituídas.

Para abordarmos a forma como os átomos de carbono se ligam quando participam de ligações simples, duplas e triplas vamos trabalhar com balões de látex, como aqueles usados em festas de aniversário, para fazermos uma analogia com o carbono quando este se encontra envolvido em ligações simples, duplas e triplas a outros átomos de carbono. Depois discutiremos a teoria por trás dessas ligações e entenderemos melhor essa analogia.

Material

Nove balões de látex (aqueles usados em festas de aniversário).

O que fazer

A7 Encham dois balões e amarrem um ao outro pelas bocas.

A8 Soltem o conjunto sobre a mesa e observem a disposição geométrica que adquire.

A9 Encham três balões de aniversário e amarrem uns aos outros pelas bocas.

A10 Soltem o conjunto sobre a mesa e observem a disposição geométrica que adquire.

A11 Encham quatro balões de aniversário e amarrem uns aos outros pelas bocas.

A12 Soltem o conjunto sobre a mesa e observem a disposição geométrica que adquire.

Questões

Q11. Considerando os arranjos que os conjuntos de balões adquiriram, o que vocês podem dizer sobre a disposição geométrica dos balões?

Q12. Copiem o quadro a seguir no caderno e completem-no com dados sobre os arranjos geométricos que vocês observaram.

Número de balões	Figura que representa a disposição geométrica dos balões	Nome da disposição geométrica dos balões
2	//	//
3	//	//
4	//	//

Quadro 1-2: **Figuras e nomes das disposições geométricas envolvendo dois, três e quatro balões.**

TEXTO 4

Compreendendo a relação entre orbitais e a estrutura das moléculas orgânicas

Ao estudarmos os modelos para o átomo no capítulo 6 da parte 1, discutimos a distribuição dos elétrons em níveis e subníveis de energia. Considerando o modelo proposto pela mecânica quântica, discutimos a existência de **orbitais atômicos**.

Neste texto vamos retomar a ideia de orbitais atômicos para estudar a relação existente entre a forma desses orbitais e a estrutura espacial das moléculas orgânicas.

Orbitais atômicos

Existem diferentes tipos de orbitais atômicos e os elétrons com diferentes energias ocupam orbitais diferentes. A forma desses orbitais atômicos e sua posição relativa no espaço são fatores diretamente relacionados ao arranjo espacial dos átomos na molécula. Esse arranjo espacial também está relacionado ao tipo de ligação covalente que será estabelecida entre os átomos, ao comportamento químico das moléculas e, portanto, às propriedades das substâncias.

Considerando o modelo atual para o átomo, concebemos o orbital como a região do espaço onde, com maior probabilidade, se pode encontrar o elétron. Essa forma de conceber o orbital é resultante de uma abordagem matemática complexa. As expressões matemáticas utilizadas – chamadas **equações de onda** – descrevem algumas propriedades dos elétrons em função de sua distribuição nos átomos e moléculas: por exemplo, a energia total e o momento angular de cada elétron. Cada equação de onda apresenta várias soluções e cada uma dessas soluções corresponde a um orbital de energia diferente para o elétron.

Para representar os orbitais e dar uma ideia física de suas formas, é interessante usarmos a imagem de uma nuvem, que se apresenta mais densa nas regiões onde for mais elevada a probabilidade de se encontrar o elétron. Note que um orbital, coerente com a ideia de uma descrição probabilística que a equação de onda fornece, é uma região do espaço que não tem fronteiras bem delimitadas.

O orbital 1*s*, por exemplo, pode ser representado como uma esfera com o centro no núcleo do átomo. A figura 1-6 apresenta um gráfico que relaciona a função de onda, ψ, em função do raio do átomo. Neste gráfico observamos que a probabilidade de encontrar o elétron é maior próxima ao núcleo e decresce muito rapidamente à medida que o raio da esfera vai aumentando.

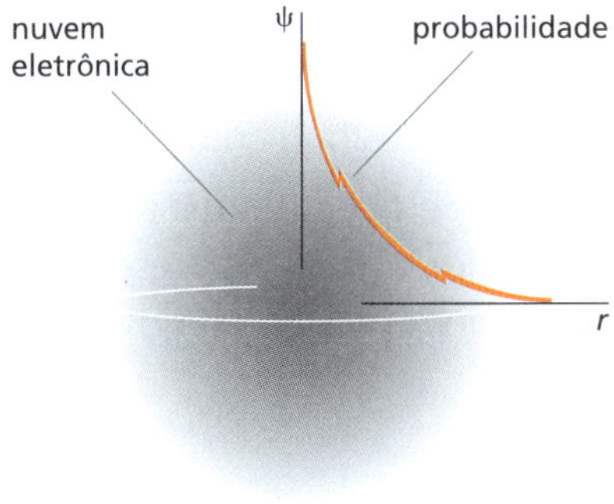

Ilustrações: Avits/Arquivo da editora

Figura 1-6: **Diagrama da função de onda (ψ) em função do raio da esfera (*r*) para o orbital 1*s*.**

O orbital 2*s* também se apresenta na forma esférica, maior que o orbital 1*s*. Possui maior energia e menor estabilidade, em virtude de a distância média entre o elétron e o núcleo ser maior e, consequentemente, menor a atração eletrostática.

Com uma energia um pouco maior temos os orbitais 2*p*. Cada orbital *p* tem a forma de um haltere com lobos a igual distância do núcleo do átomo. Os eixos dos três orbitais são perpendiculares entre si e se cruzam sobre o núcleo. Para distingui-los, utilizamos a notação $2p_x$, $2p_y$ e $2p_z$, e, nestes casos, *x*, *y* e *z* referem-se aos eixos cartesianos correspondentes. A figura a seguir representa cada orbital *p* em seu respectivo eixo.

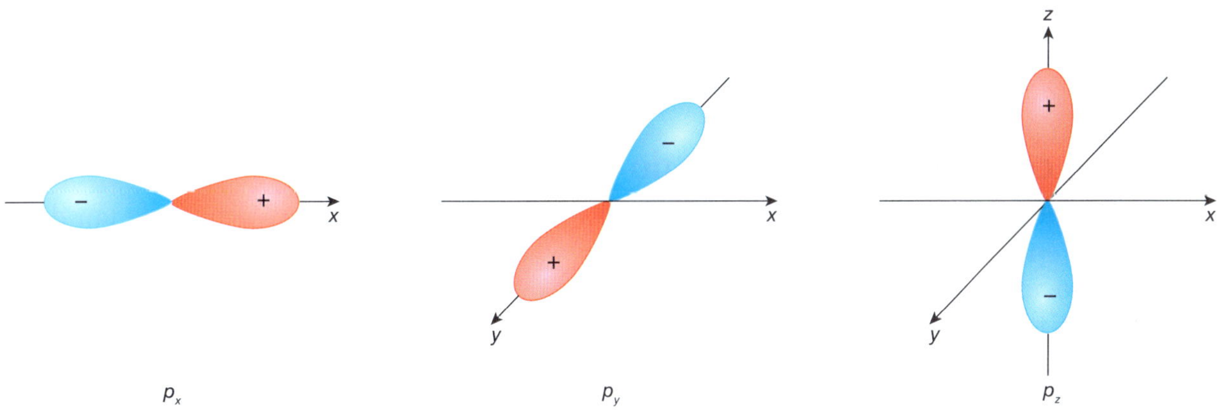

Figura 1-7: **Representação para os orbitais $2p_x$, $2p_y$ e $2p_z$.**

Configuração eletrônica

Ao fazermos a distribuição eletrônica dos elétrons em um átomo, é importante considerar alguns pontos.

Já sabemos que, para um átomo no estado fundamental, os elétrons encontram-se nos níveis, subníveis e orbitais de menor energia. Portanto, para fazermos a distribuição eletrônica por subníveis para esse átomo, começamos preenchendo os orbitais de menor energia.

Quando aprendemos sobre o tipo e a forma dos orbitais, verificamos que cada orbital atômico pode ser preenchido por, no máximo, dois elétrons. Mas isso só pode acontecer caso seus ***spins*** sejam opostos, pois os elétrons em um átomo sempre têm um conjunto único dos quatro números quânticos que os caracterizam. Assim, dois elétrons no mesmo orbital têm o mesmo número quântico n correspondente a sua energia total e ao nível de energia em que se encontram; o mesmo número quântico l, correspondente ao subnível de energia em que se encontram; e o mesmo número quântico m_l, correspondente ao orbital em que se encontram. Portanto, seu número quântico *spin* tem que ser diferente: um elétron terá *spin* $+\frac{1}{2}$ e o outro $-\frac{1}{2}$. Esse princípio, segundo o qual em um átomo dois elétrons nunca podem ter os mesmos quatro números quânticos, é conhecido como **Princípio de Exclusão de Pauli**. Não aprofundaremos a abordagem sobre o significado do número quântico *spin*. Por enquanto basta entendermos que é um dos números quânticos associados ao elétron.

Existe ainda outra regra, conhecida como **Regra de Hund**, que diz que para orbitais de mesma energia (p_x, p_y e p_z) distribui-se, inicialmente, um elétron em cada orbital. Somente quando todos os orbitais estiverem preenchidos, o segundo elétron, com *spin* oposto, é colocado naquele orbital.

Outro aspecto importante a ser considerado é o fato de que, a partir do nível $n = 3$, surgem algumas inversões nos subníveis de energia. O subnível $4s$, por exemplo, apresenta menor energia do que o subnível $3d$ e, portanto, ao fazermos a distribuição eletrônica, devemos preencher o subnível $4s$ antes do $3d$.

Orbitais moleculares

Do ponto de vista do modelo atômico proposto pela mecânica quântica, quando ocorre a formação de uma molécula, os orbitais atômicos interagem e dão origem a um novo conjunto de níveis energéticos que correspondem a novas distribuições da nuvem eletrônica (densidade de probabilidade). Esses novos orbitais moleculares passam a ter seu centro sobre mais de um núcleo e envolvem toda a molécula.

É aqui que entra uma nova ferramenta teórica que nos oferece elementos para compreender esses novos orbitais formados. É a **Teoria dos Orbitais Moleculares**, também conhecida por TOM. Não vamos nos aprofundar nos aspectos teóricos, mas essa teoria coloca seu foco na ligação química e diz que todos os elétrons de valência têm uma influência na estabilidade da molécula.

Para compreendermos aspectos ligados às representações de moléculas orgânicas, é importante retomarmos ideias sobre a formação de ligações covalentes que envolvem átomos de carbono.

A ligação covalente e a estrutura do carbono

Para que uma ligação covalente entre dois átomos seja formada, um orbital de um deles deve se sobrepor a um orbital do outro e cada um desses orbitais deve conter apenas um elétron. Quando isso acontece, os dois orbitais atômicos fundem-se e passam a constituir um único orbital, ocupado pelos dois elétrons. Esses dois elétrons possuem *spins* opostos, isto é, devem estar desemparelhados.

Essa nova organização dos elétrons e núcleos contém menos energia – ou seja, é mais estável – que a organização correspondente aos átomos isolados. No entanto, nessa nova configuração, a atração eletrostática aumenta, pois cada um dos elétrons, que era atraído apenas por um núcleo no átomo isolado, passa a ser atraído por dois núcleos de carga positiva quando a ligação é formada.

O carbono é um elemento essencial na estrutura dos compostos orgânicos. Nesse ponto de nosso estudo vamos aprofundar a compreensão de como podem ser compreendidas as ligações covalentes dos átomos de carbono com outros átomos. Vamos começar por investigar as ligações químicas em uma molécula de metano, CH_4.

Questões

Q13. Em seu caderno, faça a distribuição eletrônica por subníveis para o átomo de carbono.

Q14. No caderno, faça a distribuição eletrônica por subníveis para o átomo de hidrogênio.

Q15. Considerando a distribuição eletrônica feita para os átomos de carbono e hidrogênio, quantas ligações poderiam ser realizadas?

Q16. Que composto de carbono e hidrogênio poderia ser formado se participassem das ligações os dois orbitais *p* do átomo de carbono que possuem elétrons desemparelhados?

Para compreender como são feitas as ligações covalentes da molécula de metano (CH_4), você fez a distribuição eletrônica para os átomos de carbono e hidrogênio. Se você fez corretamente essas distribuições, pode verificar que só seria possível a formação de duas ligações com átomos de hidrogênio. Nesse caso, o carbono estaria utilizando dois orbitais *p* e poderia ser formado o composto CH_2. Esse composto já foi detectado, mas é muito reativo, ou seja, pouco estável.

Sabemos que a menor molécula formada entre carbono e hidrogênio que se apresenta estável é o metano (CH_4). Isso significa que o carbono se apresenta estável quando estabelece ligações covalentes com quatro átomos de hidrogênio, e não com dois, como somos levados a considerar tendo em vista a distribuição eletrônica por subníveis.

Então, como é possível compreender que o CH_4 exista de forma estável?

A diferença de energia entre os orbitais 2*s* e 2*p* não é muito grande. Isso nos leva a considerar a possibilidade de que um dos elétrons do orbital 2*s* seja promovido para um dos orbitais 2*p*, o qual se encontraria vazio.

Esse procedimento requer que certa quantidade de energia seja fornecida e podemos pensar que essa energia pode ser obtida a partir da formação das ligações carbono-hidrogênio. É exatamente isso que propõe o modelo da mecânica quântica. Assim, o carbono pode formar quatro ligações com quatro átomos de hidrogênio.

Considerando que o orbital 2*s* do carbono é menor que os orbitais 2*p*, uma das ligações C–H, aquela feita usando um orbital 2*s* do carbono, deveria ser menor que as outras três, aquelas feitas com os orbitais *p* do carbono. Entretanto, verificou-se experimentalmente que as quatro ligações C–H apresentam o mesmo comprimento: $1,1 \times 10^{-11}$m.

Como podemos explicar esse dado experimental?

O modelo matemático usado propõe a "mistura" de um orbital *s* com três orbitais *p*, formando quatro novos orbitais, denominados sp^3, de mesma energia. A essa "mistura de orbitais" dá-se o nome de **hibridação**.

A figura a seguir apresenta representações para a distribuição eletrônica do átomo de carbono no estado fundamental, no estado ativado e no estado no qual os orbitais *s* e *p* estão como híbridos sp^3.

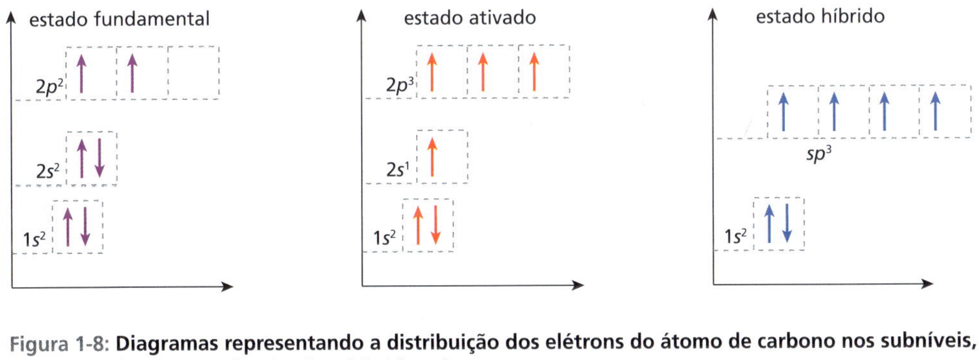

Figura 1-8: Diagramas representando a distribuição dos elétrons do átomo de carbono nos subníveis, nos estados fundamental, ativado e híbrido sp^3.

QUÍMICA

A ligação covalente formada pela interpenetração frontal dos orbitais sp^3 – no caso de uma ligação entre dois átomos de carbono, como na molécula de etano – é uma ligação conhecida como **ligação sigma, σ**. Em todas as situações em que o carbono participa de ligações simples, este modelo propõe a formação de orbitais sp^3 resultante de hibridação. No caso da ligação σ com os átomos de hidrogênio, o que ocorre é uma sobreposição frontal entre um orbital sp^3 do átomo de carbono e um orbital *s* do átomo de hidrogênio. A formação dessas ligações do tipo sigma está ilustrada nas figuras 1-9 e 1-10, para o metano e o etano, respectivamente.

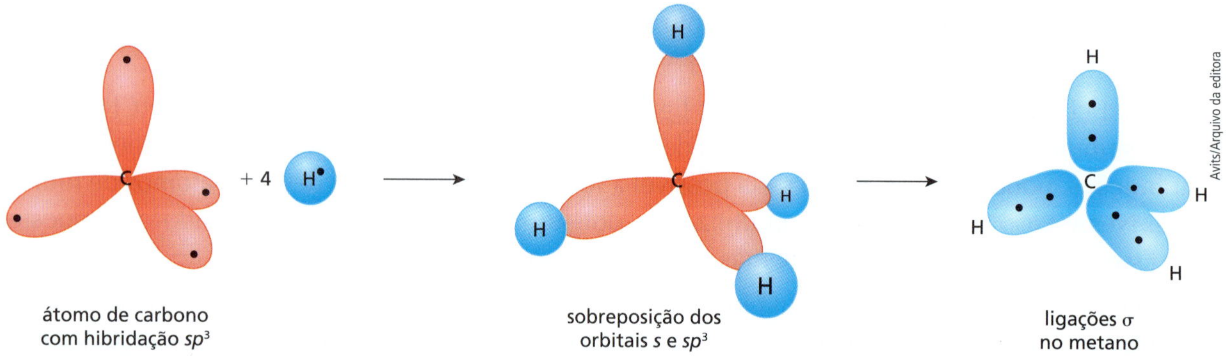

Figura 1-9: Formação das ligações sigma na molécula de metano.

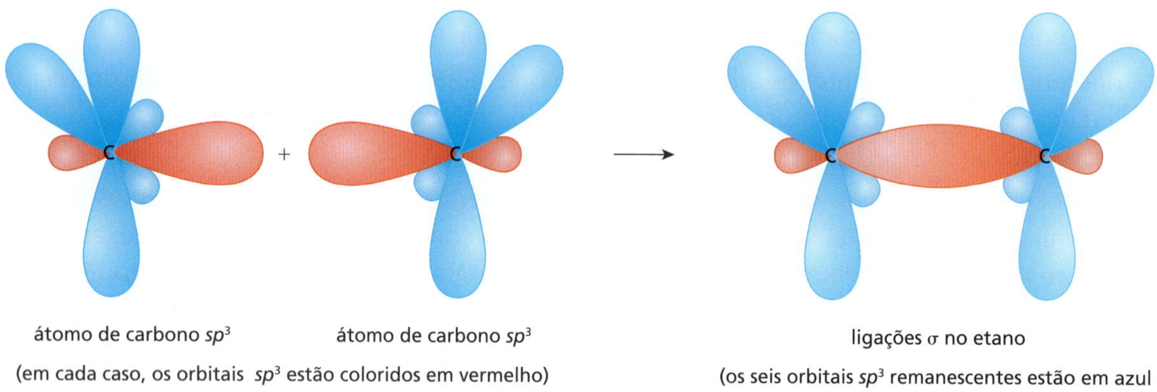

Figura 1-10: Formação das ligações sigma na molécula de etano.

Mas o carbono, em outras moléculas, pode formar outro tipo de ligação, conhecida como **ligação dupla**. Na ligação dupla, além de uma ligação σ, há também uma **ligação pi, π**. Esse tipo de ligação está presente na molécula de eteno, C_2H_4.

No eteno, cada átomo de carbono está ligado a três átomos. Poderíamos supor que apenas três dos orbitais semipreenchidos do carbono participassem da formação dessa ligação.

Nesse caso, no entanto, continua a ocorrer uma hibridação, só que agora ela envolve apenas o orbital *s* e dois dos orbitais *p*, formando três novos orbitais de mesma energia denominados sp^2. O outro orbital *p* não participa da hibridação e o elétron que ocupa esse orbital permanece com a mesma energia que apresentava anteriormente. Assim, cada carbono tem a possibilidade de fazer três ligações covalentes do tipo σ e uma ligação covalente do tipo π, que vai constituir a segunda das ligações que formam a dupla ligação presente no carbono.

Portanto, cada átomo de carbono na molécula de eteno apresenta:

- 2 ligações σ formadas a partir da sobreposição frontal de orbital sp^2 do carbono e orbital *s* do hidrogênio;
- 1 ligação σ formada a partir da sobreposição frontal de orbitais sp^2 dos carbonos – esta é uma das ligações da dupla ligação;
- 1 ligação π formada a partir da superposição lateral de orbitais *p* – esta é a segunda ligação da dupla ligação.

A figura abaixo apresenta representações para a distribuição eletrônica do átomo de carbono no estado fundamental, no estado ativado e no estado no qual os orbitais *s* e *p* estão como híbridos sp^2.

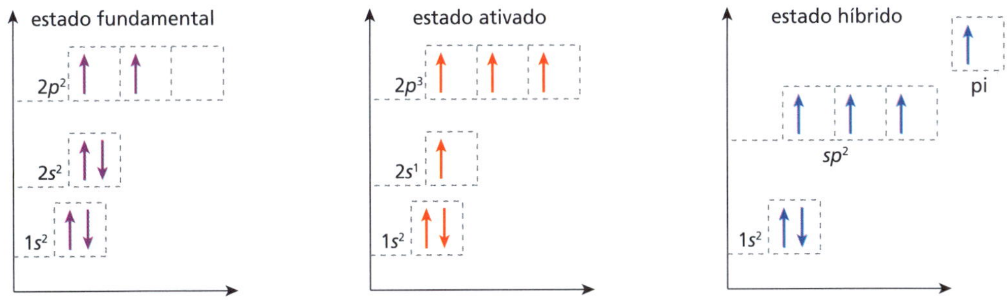

Figura 1-11: Diagramas que representam a distribuição dos elétrons do átomo de carbono nos subníveis, nos estados fundamental, ativado e híbrido sp^2.

A ligação covalente formada pela interpenetração frontal dos orbitais sp^2 – no caso de uma ligação entre dois átomos de carbono, como na molécula de eteno – é uma ligação σ. Em todas as situações em que o carbono participa de ligações duplas, esse modelo propõe a formação de orbitais sp^2 resultante de hibridação. No caso da ligação σ com os átomos de hidrogênio, o que ocorre é uma sobreposição frontal entre um orbital sp^2 do átomo de carbono e um orbital *s* do átomo de hidrogênio. No caso da ligação dupla entre os átomos de carbono, uma das ligações é do tipo σ, resultante da interpenetração dos orbitais sp^2 e a outra é uma ligação π, resultante da formação de uma nuvem eletrônica abaixo e acima do plano formado pela ligação σ. Essa ligação é formada a partir dos orbitais *p* dos átomos de carbono. A formação dessas ligações, do tipo σ e π, para o eteno, está representada na figura a seguir.

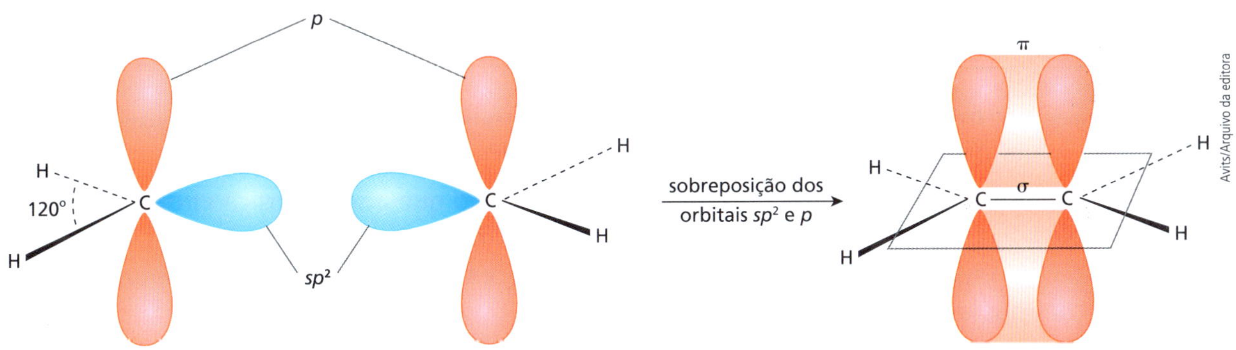

Figura 1-12: Formação das ligações σ e π na molécula de eteno.

Um outro composto de carbono e hidrogênio, o etino, C_2H_2, apresenta uma **ligação tripla** entre os átomos de carbono. Nessa molécula, cada átomo de carbono está ligado a dois átomos diferentes e, portanto, apenas dois dos orbitais semipreenchidos do carbono participam da formação dessas ligações. Os outros dois orbitais *p* vão participar da formação de duas ligações π, resultantes da formação de uma nuvem eletrônica abaixo e acima do plano formado pela ligação σ – umas das ligações π – e outra nuvem eletrônica atrás e na frente da do plano formado pela ligação σ.

Na ligação σ, por outro lado, a hibridação envolve apenas o orbital *s* e um dos orbitais *p*, formando dois novos orbitais de mesma energia, denominados orbitais *sp*. Os dois outros orbitais *p* não participam da hibridação e os elétrons nesses orbitais permanecem com a mesma energia que apresentavam anteriormente. Eles vão ser responsáveis pela formação das ligações π. A formação dessas duas ligações π e da ligação σ, para o etino, está representada na figura a seguir.

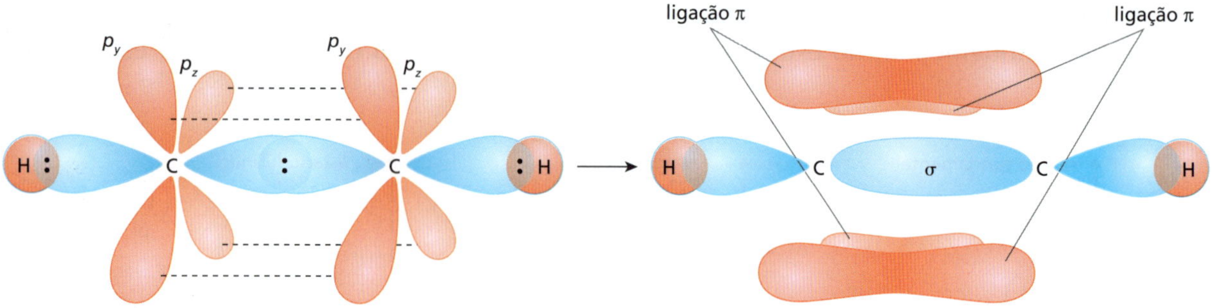

Ilustrações: Avits/Arquivo da editora

Figura 1-13: Formação das ligações σ e π na molécula de etino.

Assim, cada carbono no etino tem a possibilidade de fazer duas ligações covalentes simples e duas ligações duplas:

- 1 ligação σ formada a partir da sobreposição frontal de orbital *sp* do carbono e orbital *s* do hidrogênio;
- 1 ligação σ formada a partir da sobreposição frontal de orbitais *sp* dos carbonos;
- 2 ligações π formadas a partir da superposição lateral de orbitais *p*.

A figura a seguir apresenta representações para a distribuição eletrônica do átomo de carbono no estado fundamental, no estado ativado e no estado no qual os orbitais *s* e *p* estão como híbridos *sp*.

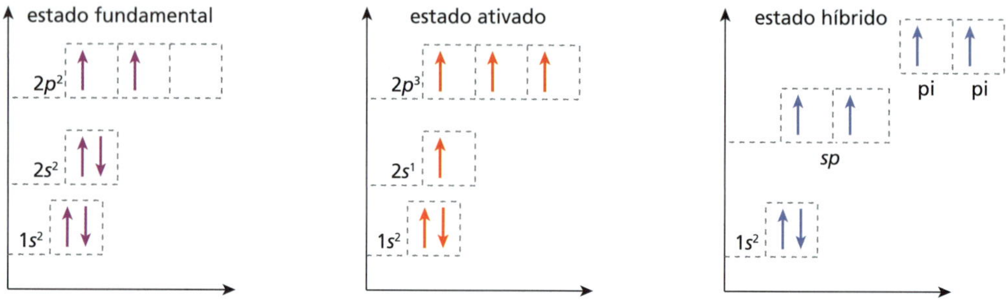

Figura 1-14: Diagramas que representam a distribuição dos elétrons do átomo de carbono nos subníveis, nos estados fundamental, ativado e híbrido *sp*.

A sobreposição lateral de orbitais *p* é menos eficiente do que a sobreposição frontal dos orbitais, sejam eles *sp*, sp^2 ou sp^3. Assim, as ligações π são mais fracas do que as ligações σ. Dessa forma é necessário mais energia para promover a quebra de ligações simples do que para promover a quebra de ligações duplas.

Questões

Q17. Considerando o modelo atual para o átomo, como se pode conceber um orbital?

Q18. O orbital 1*s* pode ser representado como uma esfera com o centro no núcleo do átomo, como vemos na figura a seguir:

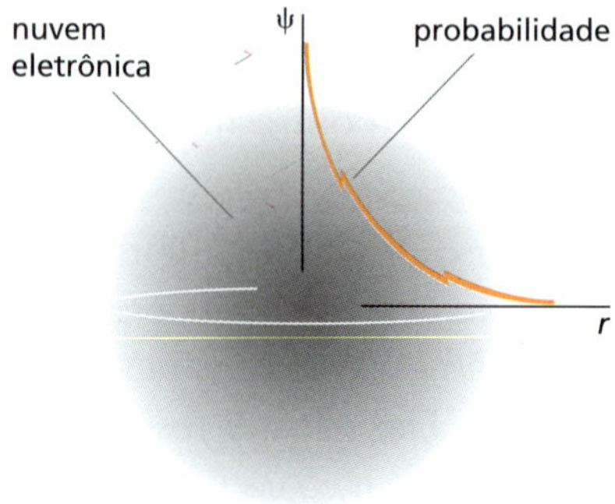

Figura 1-15: Diagrama da função de onda (ψ) em função do raio da esfera (*r*) para o orbital 1*s*.

Por que a nuvem eletrônica é representada de forma mais densa no centro da esfera?

Q19. Que características apresentam os orbitais *p*?

Q20. Faça a distribuição dos elétrons seguindo os princípios descritos no texto para os átomos de:

a) boro;

b) nitrogênio;

c) flúor.

Q21. Utilizando a ideia de hibridação discutida no texto, explique como é possível compreender que o CH_4 exista de forma estável.

Q22. O que é uma ligação sigma (σ)?

Q23. O que é uma ligação pi (π)?

Q24. Descreva as ligações existentes na molécula de eteno.

Q25. Descreva as ligações existentes na molécula de etino.

Q26. Considere os arranjos de balões feitos na atividade 2. Estabeleça a correspondência entre tais arranjos e o arranjo dos orbitais sp^3, sp^2 e sp que estudamos no texto anterior. Justifique sua resposta.

TEXTO 5

Geometria molecular e moléculas orgânicas

Quando você e seu grupo amarraram os balões na atividade 2, foi possível observar que eles ficaram arranjados de tal forma que se afastaram o máximo possível um do outro. Na primeira situação você amarrou dois balões que adquiriram um arranjo que chamamos de **geometria linear**, pois os dois balões estão dispostos ao longo de uma linha imaginária, guardando um ângulo de 180° entre si. Quando você amarrou três balões, eles ficaram organizados em um plano numa configuração que denominamos **geometria trigonal plana**, pois todos os balões estão no mesmo plano, guardando um ângulo de 120° entre si. Finalmente no terceiro arranjo, com quatro balões, a configuração é conhecida como **geometria tetraédrica**, pois os balões estão distribuídos ao longo dos vértices de um tetraedro.

A figura a seguir mostra os arranjos dos balões nas três situações.

Fotos: Sérgio Dotta Jr/Arquivo da editora

Figura 1-16: **Orientação espacial dos balões de látex. Na primeira situação estão amarrados dois balões, na segunda estão amarrados três balões e, na terceira situação, estão amarrados quatro balões.**

Podemos fazer uma analogia dos balões de aniversário com os pares de elétrons existentes ao redor do átomo central em uma molécula.

Do mesmo modo que os balões adquirem um arranjo geométrico no qual estão mais afastados um do outro, os pares de elétrons existentes ao redor do átomo central de uma molécula também tenderão a se afastar ao máximo uns dos outros. Isso está relacionado ao fato de possuírem carga de mesmo sinal (negativa) e, portanto, se repelirem mutuamente.

O formato dos orbitais sp^3 não é equivalente àquele dos orbitais *s* ou *p* não híbridos. Os dois lóbulos de um orbital híbrido não são simétricos.

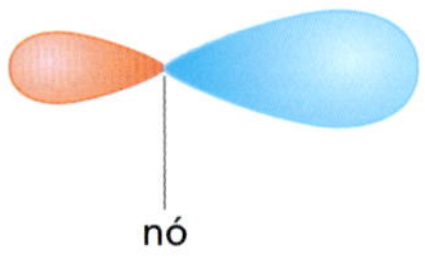

Figura 1-17: **Formato geral de um orbital híbrido. Neste orbital, por exemplo, o lobo positivo (mais escuro) é considerado maior que o negativo.**

Os quatro orbitais sp^3 formam, idealmente, um ângulo de 109,5° entre si, uma vez que se orientam ao longo dos vértices de um tetraedro regular.

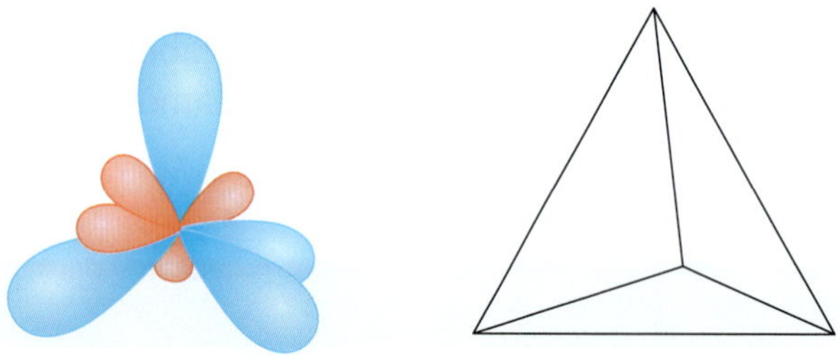

Figura 1-18: **Orientação espacial dos orbitais sp^3. Os lóbulos dos orbitais sp^3 são orientados ao longo dos vértices do tetraedro.**

No caso do metano teríamos um tetraedro com o átomo de carbono ao centro e os quatro átomos de hidrogênio nos vértices do tetraedro.

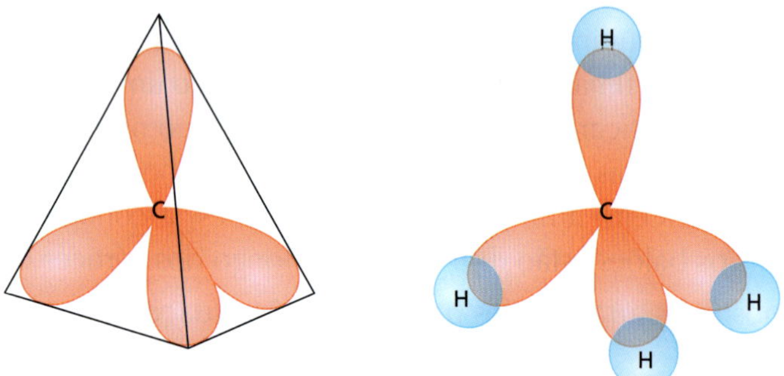

Figura 1-19: **Orientação espacial dos orbitais na molécula de metano.**

Já os três orbitais sp^2 orientam-se no espaço de acordo com uma geometria trigonal planar, ou seja, todos se encontram no mesmo plano e o ângulo entre esses orbitais é de 120°.

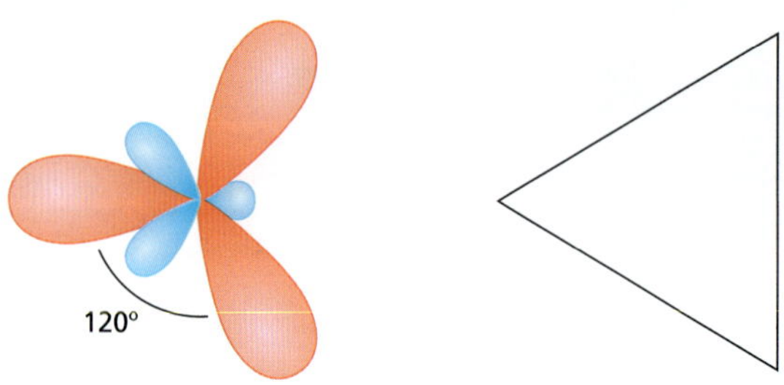

Ilustrações: Avits/Arquivo da editora

Figura 1-20: **Orientação espacial dos orbitais sp^2.**

O orbital que não participa da hibridação fica orientado perpendicularmente ao plano que contém os três orbitais sp^2.

Os dois carbonos estão ligados por uma dupla ligação. Uma dessas duas ligações é covalente, uma ligação σ. A outra dessas duas ligações é formada por orbitais *p* desses carbonos – perpendiculares ao plano da molécula – que se sobrepõem, formando a ligação π, que também é uma ligação covalente.

A figura 1-21 é uma representação para a orientação espacial e para os tipos de ligação formados na molécula de eteno.

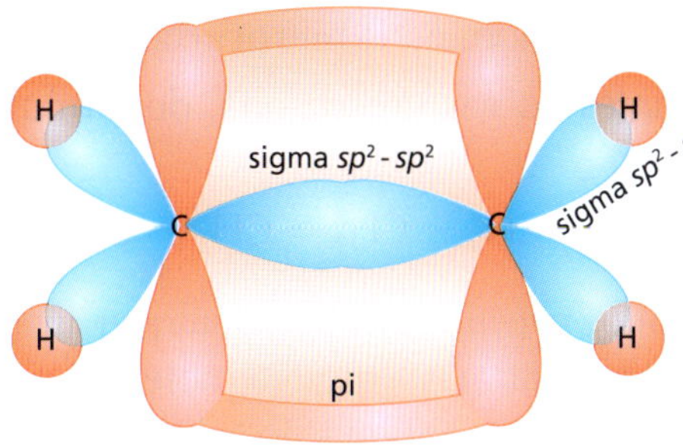

Figura 1-21: Orientação espacial dos orbitais na molécula de eteno.

Os dois orbitais *sp* do carbono estão orientados ao longo de um mesmo eixo, mas em direções opostas. O ângulo entre esses orbitais é de 180º.

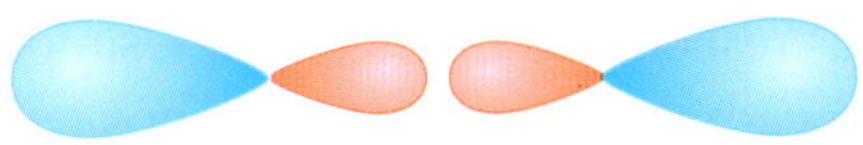

Figura 1-22: Orientação espacial dos orbitais *sp*.

Os orbitais que não participam da hibridação ficam orientados perpendicularmente ao plano que contém os três orbitais *sp*. No etino formam-se duas ligações π.

A figura a seguir é uma representação para a orientação espacial das ligações no etino.

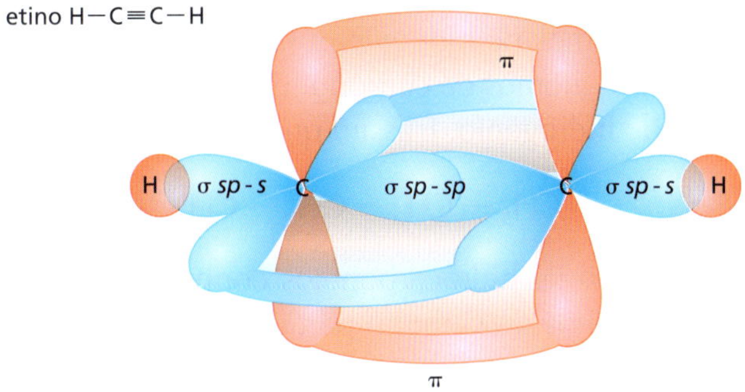

Ilustrações: Avits/Arquivo da editora

Figura 1-23: Orientação espacial dos orbitais na molécula de etino.

Ivan Coutinho/Arquivo da editora

TEXTO 6

A representação das moléculas orgânicas: os alcanos

Para entendermos um pouco mais as representações das moléculas de substâncias orgânicas, vamos tomar dois exemplos de substâncias constituídas por moléculas contendo apenas átomos de carbono e os correspondentes átomos de hidrogênio. Por conterem apenas esses átomos, essas substâncias pertencem à função orgânica denominada **hidrocarboneto**.

O butano, um dos constituintes do gás de cozinha, de fórmula molecular C_4H_{10}, poderia ser representado como:

$$CH_3 - CH_2 - CH_2 - CH_3$$

Essa representação, no entanto, não nos fornece qualquer informação sobre como os átomos estão distribuídos no espaço. Se representarmos a mesma molécula usando o artifício de omitir os átomos de carbono e hidrogênio, ganhamos em informação sobre a distribuição dos átomos no espaço.

Figura 1-24: Representação da molécula do butano omitindo os átomos de carbono e hidrogênio.

Note que, nessa representação, cada ponta dos traços representados indica a presença de um átomo de carbono, ligado aos seus respectivos hidrogênios. É simples calcular o número de átomos de hidrogênio, pois a valência do carbono é igual a quatro nos compostos orgânicos. Isso significa que cada átomo de carbono deve estar participando de quatro ligações químicas com os átomos vizinhos.

No caso dessa classe específica de hidrocarbonetos exemplificada pelo butano, basta observar a quantos outros átomos de carbono cada átomo de carbono está ligado e adicionar o número de hidrogênios suficiente para perfazer quatro ligações. Note que, no caso do butano, os dois átomos de carbono da extremidade da cadeia estão ligados a apenas um outro átomo de carbono. Dessa forma, cada um estará ligado a mais três átomos de hidrogênio. Já os dois átomos de carbono situados no meio da cadeia se ligam a dois outros átomos de carbono. Dessa forma, cada um desses dois átomos estará ligado a mais dois átomos de hidrogênio. É assim que chegamos à seguinte representação:

$$CH_3 - CH_2 - CH_2 - CH_3$$

O butano faz parte do conjunto de hidrocarbonetos conhecidos como **alcanos**. Alcanos são hidrocarbonetos que apresentam átomos de carbono participando apenas de ligações simples com outros átomos de carbono. Em todos os alcanos, os átomos de carbono, por participarem apenas de ligações simples, apresentam geometria tetraédrica. Isso significa que, considerando o átomo de carbono no centro de um tetraedro, cada um dos átomos ligados a esse átomo está localizado nas extremidades desse tetraedro. O valor do ângulo entre essas ligações é de 109,5°.

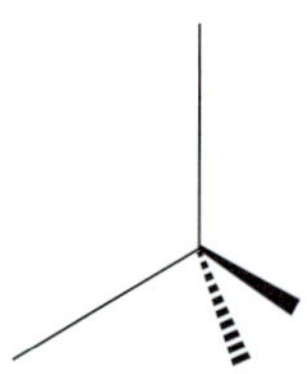

Figura 1-25: Representação tetraédrica para os carbonos que participam apenas de ligações simples.

Note que, nessa representação, as duas linhas comuns estão situadas no mesmo plano – o plano definido pela folha do papel –, enquanto a linha tracejada ┄ está "entrando" para esse plano e a linha mais grossa ━ está "saindo" desse plano.

ATIVIDADE 3

A estrutura das moléculas orgânicas e os orbitais

A estrutura das moléculas orgânicas nem sempre é de fácil visualização. Nesta atividade vocês vão construir as estruturas de moléculas utilizando massa de modelar para facilitar a compreensão do arranjo espacial dos orbitais das moléculas.

Materiais

Massa de modelar (ou bolinhas de poliestireno), palitos de dente.

O que fazer

A13 Construam um modelo para a molécula de metano (CH_4) usando massa de modelar (ou bolinhas de poliestireno) e palitos de dente.

A14 A partir dos modelos das moléculas de metano que vocês fizeram, construam, com a massa de modelar, um modelo para a molécula de *n*-butano (C_4H_{10}).

A15 Construam, ainda com a massa de modelar, um modelo para a molécula de 2-metil-propano (C_4H_{10}).

Questões

Q27. Qual é a principal diferença entre os modelos construídos em A14 e A15?

Q28. Que tipo de ligação química existe entre os átomos de carbono na molécula de *n*-butano? No modelo que vocês construíram é possível girar os átomos de carbono em torno da ligação?

Q29. A figura a seguir apresenta as variações de energia potencial, devido à rotação sobre a ligação C_2–C_3 de uma molécula de *n*-butano. As representações para as moléculas são conhecidas como projeções de Newman. Nessa representação destaca-se, no caso do *n*-butano, a ligação C_2–C_3, pois este destaque permite evidenciar o que ocorre com os grupos que estão ligados a esses átomos quando ocorre o giro dos átomos em torno da ligação. A essas diferentes configurações que a molécula pode assumir dá-se o nome de conformações.

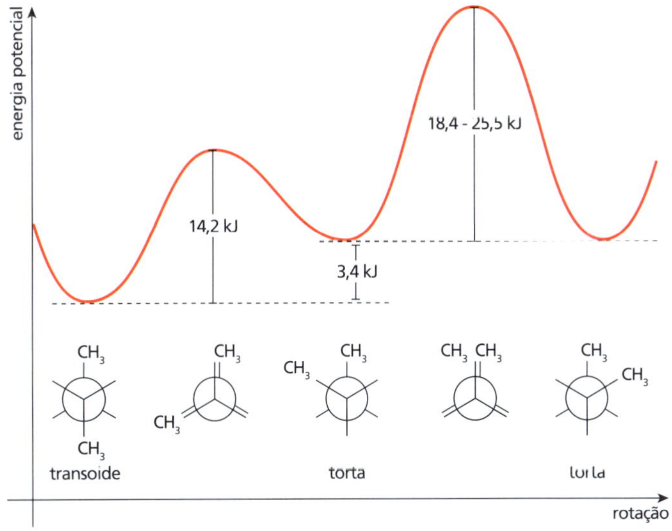

Figura 1-26: Variações de energia potencial devido à rotação sobre a ligação C_2–C_3 do *n*-butano.

a) Quais as formas mais estáveis para o *n*-butano? Justifiquem.

b) Que características têm as formas menos estáveis que promovem o aumento da energia potencial da molécula?

TEXTO 7

Propriedades físicas dos alcanos

Os alcanos de até quatro átomos de carbono são gases à temperatura ambiente. Vamos agora comparar as temperaturas de fusão e de ebulição desses compostos com compostos de massas molares semelhantes, por exemplo, a água e a acetona.

Substância	Fórmula molecular	Massa molar (g/mol)	Temperatura de fusão (°C)	Temperatura de ebulição (°C)
metano	CH_4	16	−183	−162
etano	C_2H_6	30	−172	−88,5
propano	C_3H_8	44	−187	−42
n-butano	C_4H_{10}	58	−138	0
acetona	C_3H_6O	58	−94	56
água	H_2O	18	0	100

Handbook of Chemistry and Physics, Florida: CRC Press, 79 ed.

Quadro 1-3: **Temperaturas de fusão e de ebulição de alguns compostos e suas respectivas massas molares.**

Questões

Q30. O que você observa quando compara as temperaturas de fusão e ebulição para o *n*-butano e a acetona?

Q31. Explique o que foi observado em Q30 considerando a massa molar e os tipos de interações intermoleculares existentes em cada uma das substâncias.

Q32. O que você observa quando compara as temperaturas de fusão e ebulição para o etano e a água?

Q33. Explique o que foi observado em Q32 considerando a massa molar e os tipos de interações intermoleculares existentes em cada uma das substâncias.

Q34. O que você observa quando compara as temperaturas de fusão e ebulição para acetona e água?

Q35. Explique o que foi observado em Q34 considerando a massa molar e os tipos de interações intermoleculares existentes em cada uma das substâncias.

Como se pode observar, as moléculas dos alcanos apresentam apenas interações intermoleculares do tipo Van der Waals. Como essas interações são fracas, as temperaturas de fusão e ebulição dos alcanos são relativamente baixas. Assim, os alcanos de cadeia linear constituídos por até quatro átomos de carbono são gases; os constituídos por cinco átomos de carbono até 18 são líquidos; e, a partir de 18, são sólidos à temperatura ambiente.

Quando comparamos as temperaturas de fusão e ebulição dos alcanos com a acetona, observamos que para a mesma massa molar os valores para a acetona são maiores do que para o *n*-butano. Isso pode ser explicado já que na acetona há um grupo carbonila, o que confere à molécula a possibilidade de estabelecer interações intermoleculares do tipo dipolo-dipolo permanente, que são mais intensas do que as interações de Van der Waals presentes nos alcanos.

Figura 1-27: **Representação para a carbonila. Nela observamos a ligação dupla entre os átomos de carbono e oxigênio.**

Já quando comparamos o etano e a água, observamos diferença semelhante. Os valores de temperatura de fusão e ebulição para a água são bem maiores que os valores para o etano. Nesse caso, a diferença se deve à possibilidade que a água tem de estabelecer ligações de hidrogênio entre suas moléculas. Essas interações são ainda mais fortes que aquelas presentes na acetona, o que fica claro quando comparamos os dados de temperaturas de fusão e ebulição para a água e a acetona.

Vamos analisar agora alcanos que possuem a mesma massa molar e temperaturas de fusão e ebulição diferentes. Considere o quadro a seguir:

dica Enem

Substância	Fórmula molecular	Fórmula estrutural	Temperatura de fusão (°C)	Temperatura de ebulição (°C)
hexano	C_6H_{14}	$CH_3-CH_2-CH_2-CH_2-CH_2-CH_3$	−95,3	68,7
2,2-dimetil-butano	C_6H_{14}	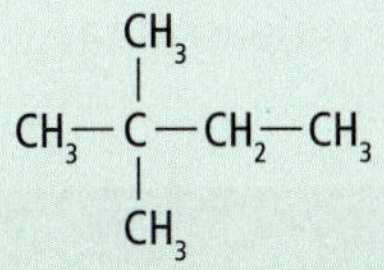	−99,0	49,7
heptano	C_7H_{16}	$CH_3-CH_2-CH_2-CH_2-CH_2-CH_2-CH_3$	−90,6	98,5
2,2-dimetil-pentano	C_7H_{16}	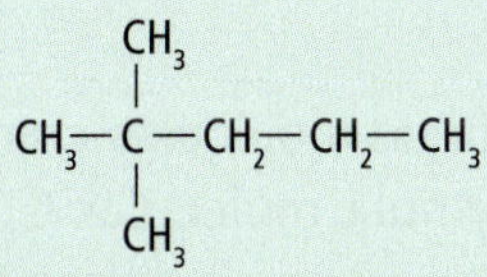	−123,8	79,2
octano	C_8H_{18}	$CH_3-CH_2-CH_2-CH_2-CH_2-CH_2-CH_2-CH_3$	−56,8	125,6
2,2-dimetil hexano	C_8H_{18}	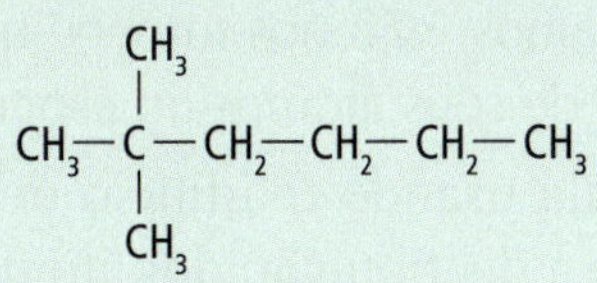	−121,1	106,8

Quadro 1-4: Temperaturas de fusão e ebulição para algumas substâncias e suas fórmulas estruturais.

Questões

Q36. Considerando os alcanos de mesma fórmula molecular, que diferença existe entre as estruturas de cada par?

Q37. O que você pode dizer em relação às temperaturas de fusão e ebulição para cada par de substâncias de mesma fórmula molecular?

Q38. Explique a diferença de valores observados em Q37 utilizando o modelo de interações intermoleculares.

No quadro 1-4, listamos três pares de substâncias orgânicas com a mesma fórmula molecular e, portanto, de mesma massa molar. Cada par continha um composto com cadeia linear (sem ramificações) e outro com cadeia ramificada.

Em cada par, os compostos de cadeia linear têm temperaturas de fusão e ebulição maiores do que os de cadeia ramificada. Pode-se explicar esse fato admitindo-se que a superfície de contato é menor entre as cadeias ramificadas quando comparadas às cadeias normais.

Os hidrocarbonetos apresentam, entre suas moléculas, apenas interações de Van der Waals. O fato de que essas interações dependam da superfície de contato entre as moléculas é observável para um grande número de substâncias orgânicas. Como as cadeias orgânicas de hidrocarbonetos com uma mesma massa molar podem ser mais ou menos ramificadas, a comparação entre suas temperaturas de fusão e ebulição evidencia esse fato.

Os alcanos são solúveis em solventes apolares, como éter, benzeno e clorofórmio, e insolúveis em água e outros solventes polares.

Um material constituído por alcanos muito utilizado em nossa sociedade é a gasolina. Ela é composta por uma mistura constituída principalmente por octanos, que são alcanos com oito átomos de carbono nas suas moléculas. A gasolina é insolúvel em água, mas solubiliza o etanol (álcool etílico, C_2H_5OH). No entanto, se agitarmos em uma proveta água e gasolina, o etanol passará para a fase da água. Isso pode ser explicado pelo fato de o etanol ter uma parte de sua molécula semelhante à dos hidrocarbonetos e, portanto, interagindo com a gasolina. O grupo OH presente no etanol possibilita que ele seja mais solúvel na água do que na gasolina.

TEXTO 8

Alquenos e a isomeria cis-trans

Discutimos anteriormente a geometria de moléculas como o metano, o eteno e o etino. Vejamos agora o exemplo do 2-buteno, de fórmula molecular C_4H_8. Se escrevermos a fórmula dessa molécula representando todos os átomos de carbono e hidrogênio, teremos:

$$CH_3-CH=CH-CH_3$$

Essa representação, como já comentamos, não nos fornece qualquer informação sobre a geometria da molécula, ou seja, a distribuição de seus átomos no espaço.

Se representarmos a mesma molécula usando o artifício de omitir os átomos de carbono e hidrogênio, é realçada a informação sobre a distribuição dos átomos no espaço. Nesse caso, como a ligação dupla entre carbonos não pode girar em torno de seu eixo, é possível existir duas estruturas diferentes.

Assim, temos o cis-2-buteno, no qual os dois grupos $-CH_3$ estão no mesmo lado, considerando-se os dois lados – o de cima e o de baixo – definidos pela ligação dupla. No trans-2-buteno, os dois grupos $-CH_3$ estão em lados opostos.

Figura 1-28: Estruturas possíveis para o 2-buteno.

A possibilidade da existência de mais de uma fórmula estrutural para a mesma fórmula molecular é conhecida como **isomeria**.

O fato de que os átomos de uma molécula se distribuem de forma diferente no espaço pode conferir propriedades físicas e químicas diferentes a compostos que são isômeros entre si.

Compostos isômeros têm a mesma fórmula molecular e diferentes fórmulas estruturais.

Essas diferenças podem ser bem acentuadas caso os dois compostos apresentem **isomeria de função**. Neste caso estão, por exemplo, o etanol e o éter dimetílico, que pertencem a duas funções orgânicas diferentes e por isso apresentam propriedades físicas e químicas bem diferentes.

No caso da chamada **isomeria de posição**, a diferença está na posição do grupo funcional nas moléculas dos isômeros. Por exemplo, o 1-buteno é isômero de posição do 2-buteno e a diferença entre eles está na posição da dupla ligação, situada entre os carbonos 1 e 2, no caso do 1-buteno. A diferença entre suas propriedades físicas e químicas não é tão acentuada como no caso da isomeria de função.

Em outros casos, como na **isomeria cis-trans** e na **isomeria óptica**, também chamada de estereoisomeria, a diferença é apenas na configuração espacial dos grupos e as diferenças entre as propriedades físicas e químicas de um par de isômeros podem não ser tão acentuadas e se restringir a apenas algumas propriedades físicas e químicas.

Quando estão envolvidas substâncias com atividade farmacológica – como drogas e medicamentos –, as diferenças na configuração espacial dos grupos podem, no entanto, ser fundamentais, com um dos isômeros podendo apresentar atividade biológica e o outro, não.

Um bom exemplo é a talidomida. Como é um sedativo leve, pode ser utilizada no tratamento das náuseas, muito comuns no período inicial da gravidez. Quando foi lançado como medicamento no mercado, o produto continha uma mistura de seus dois isômeros ópticos, a R-talidomida e a S-talidomida. O que não se sabia, à época, era que o isômero S tinha atividade teratogênica, que leva à má-formação congênita e afeta principalmente o desenvolvimento dos braços e pernas do bebê. Essa mesma atividade não é observada no isômero R, que age apenas como sedativo. A única diferença entre esses dois isômeros é a maneira como quatro grupos diferentes, ligados a um átomo de carbono, estão distribuídos no espaço.

Quando um átomo de carbono tetraédrico se liga a quatro grupos diferentes, são possíveis dois arranjos, sendo um deles a imagem especular do outro.

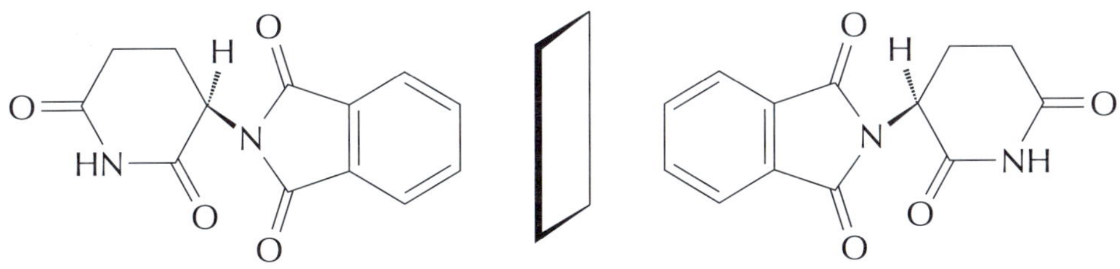

R-talidomina
(sedativa)

S-talidomina
(teratogênica)

Figura 1-29: As moléculas da R-talidomida e da S-talidomida são imagens especulares uma da outra.

Uma imagem especular não pode ser sobreposta ao seu objeto e, por isso, imagem e objeto não são idênticos. Esse fenômeno é conhecido como **quiralidade** e pode ser observado em outras situações na natureza, como as mãos, em que a esquerda é a imagem especular da direita, mas elas não são superponíveis; portanto, não são idênticas.

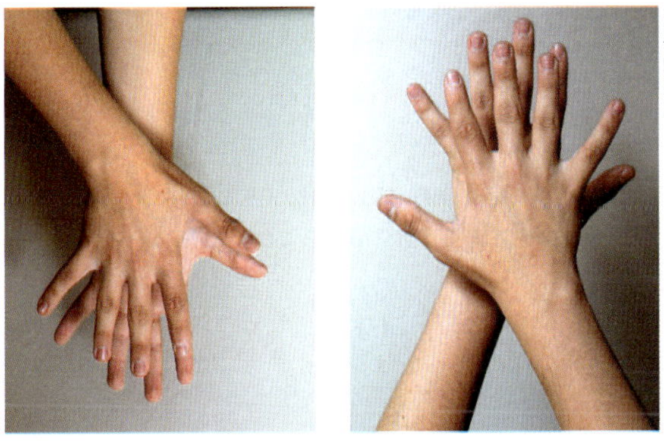

Laureni Fochetto

Figura 1-30: As mãos esquerda e direita são exemplos do fenômeno de quiralidade na natureza.

Louis Pasteur (1822-1895), cientista francês que deu várias contribuições ao conhecimento humano em diversas áreas, como Biologia, microbiologia e Química, foi o primeiro a observar o fenômeno da quiralidade em substâncias químicas.

Em 1848, trabalhando com o ácido tartárico, substância que pode ser isolada do tártaro que se deposita em barris usados para o envelhecimento do vinho, Pasteur percebeu uma diferença entre duas substâncias que eram aparentemente idênticas e que ele pensava tratar-se simplesmente de ácido tartárico. Uma delas, quando dissolvida em água, tinha a capacidade de girar o plano da luz polarizada para o lado direito. A outra não provocava esse efeito. Ao reagir essa última substância com amônia, Pasteur notou que os cristais formados eram ligeiramente diferentes uns dos outros, assim como a mão esquerda é diferente da direita. Após separar os diferentes cristais com auxílio de lupa e pinça, Pasteur notou que um dos cristais, quando em solução, girava o plano da luz polarizada para a direita, enquanto o outro o fazia no sentido oposto – para a esquerda. O que mais confundia é que essas substâncias diferiam unicamente nessa propriedade física, pois todas as outras, como temperatura de fusão e de ebulição e solubilidade em água, eram idênticas.

Bettmann/Corbis/Latinstock

Figura 1-31: Louis Pasteur foi o primeiro a descobrir a existência de isômeros ópticos.

A explicação para esses fatos só foi proposta 26 anos mais tarde, quando dois químicos, Van't Hoff (1852-1911) e Le Bel (1847-1930), trabalhando de maneira independente, chegaram à mesma hipótese – de que o carbono nesses compostos opticamente ativos teria uma geometria tetraédrica. De acordo com Van't Hoff, quando um átomo de carbono tetraédrico está ligado a quatro grupos diferentes, dois e apenas dois diferentes tetraedros podem ser obtidos, um deles sendo a imagem no espelho do outro.

Vejamos o exemplo do ácido lático, de fórmula molecular $C_3H_6O_3$. Você não conseguirá sobrepor essas estruturas. A explicação proposta por Le Bel e Van't Hoff resultava num novo tipo de isomeria, que ficou conhecida por isomeria óptica, em virtude de ser uma propriedade óptica a propriedade que permitia diferenciar as duas estruturas.

Uma diferença aparentemente tão pequena tem implicações biológicas notáveis, como vimos em relação à talidomida. No texto 22 deste capítulo, vamos estudar um modelo que ajuda a entender essa diferença na resposta biológica de dois isômeros ópticos.

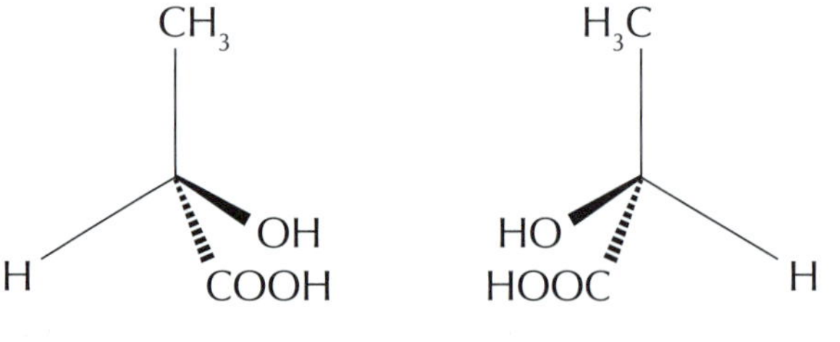

Figura 1-32: Os dois estereoisômeros do ácido lático.

Questões

Q39. O que são isômeros?

Q40. No texto apresentamos diferentes formas de isomeria. Para as duplas de compostos listados a seguir, escreva a fórmula estrutural e identifique a forma de isomeria possível de existir entre eles.

a) butano e isobutano;

b) dimetilpropano e metilbutano;

c) propanal e acetato de metila.

Q41. Considere o composto 3-cloro-2-penteno. Faça uma representação para a estrutura dos isômeros cis e trans.

Q42. Que fenômeno relacionado às moléculas da talidomida fez com que este medicamento acarretasse mutações genéticas em bebês?

TEXTO 9

Alquenos e alquinos

A classe de hidrocarbonetos que apresenta ligações duplas entre carbonos define a função orgânica chamada **alqueno** (ou **alceno**). Nela, a existência da dupla ligação define uma geometria trigonal plana, em que todos os átomos ligados aos carbonos da dupla ligação estão no mesmo plano e o ângulo entre as ligações é igual a 120°.

Para ajudar a visualizar melhor esse arranjo, vamos representar a estrutura do 2,3-dimetil-2-buteno, de fórmula molecular C_6H_{12}, usando a representação que omite os átomos de carbono e hidrogênio. Um modo simplificado de representar essa estrutura é por meio da fórmula:

$$(CH_3)_2C=C(CH_3)_2$$

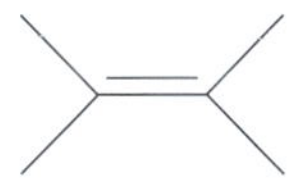

Figura 1-33: **2,3-dimetil-2-buteno.**

Note que, nesse caso, como os quatro grupos ligados aos dois carbonos da dupla são idênticos (quatro grupos metil, $-CH_3$), existe apenas uma estrutura possível, não ocorrendo as estruturas cis e trans. Se você contar as ligações existentes em cada um dos dois átomos de carbono participantes da dupla ligação, poderá constatar que cada um deles apresenta quatro ligações e que, portanto, não se encontram ligadas a qualquer átomo de hidrogênio.

A presença de ligações duplas entre átomos de carbonos em moléculas de substâncias orgânicas implica a existência de **insaturações** nas cadeias carbônicas formadas por esses átomos. Desse ponto de vista, os **alcanos** constituem compostos com cadeias carbônicas saturadas, ao passo que os **alquenos** e também os **alquinos** (ou **alcinos**), como veremos mais adiante, constituem compostos com cadeias carbônicas insaturadas.

Você já deve ter observado, em algumas marcas de margarina vendidas nos supermercados, a seguinte indicação: **rica em poli-insaturados**. Apesar de as moléculas das gorduras vegetais que entram na composição dessas margarinas pertencerem a outra função orgânica (os **ésteres**, como veremos), suas longas cadeias carbônicas contêm mais de uma ligação dupla, daí a denominação poli-insaturados.

Xico Buny/Abril Imagens

Figura 1-34: **As moléculas das margarinas apresentam várias ligações duplas em suas longas cadeias carbônicas.**

Esse nome advém do fato de que a dupla ligação pode ser **saturada** por outros átomos, como hidrogênio, cloro, bromo etc. Um exemplo desse tipo de reação é a adição de hidrogênio à dupla ligação de um alqueno, que dá origem a um alcano.

Vejamos o exemplo para a adição de hidrogênio ao 2,3-dimetil-2-buteno, que ocorre na presença de um catalisador, normalmente os metais platina, paládio e níquel, finamente pulverizados. Vamos apresentar essa reação usando dois tipos de representação para as moléculas.

$$\begin{array}{l} CH_3-\underset{\displaystyle CH_3}{\underset{|}{C}}=\underset{\displaystyle CH_3}{\underset{|}{C}}-CH_3 + H_2 \xrightarrow{Pt} CH_3-\underset{\displaystyle CH_3}{\underset{|}{CH}}-\underset{\displaystyle CH_3}{\underset{|}{CH}}-CH_3 \end{array}$$

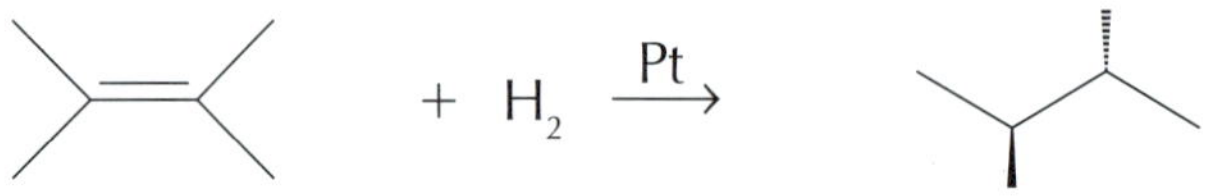

Figura 1-35: **Duas representações da reação de hidrogenação do 2,3-dimetil-2-buteno, produzindo o 2,3-dimetil-butano.**

Note que a segunda forma de representar a reação indica de maneira mais clara as alterações que ocorreram na geometria da molécula. O arranjo trigonal plano no 2,3-dimetil-2-buteno, com ângulos de ligação de 120°, depois da reação se transformou num arranjo "dente de serra" no 2,3--dimetil-butano, de fórmula molecular C_6H_{14}, em que os carbonos apresentam geometria tetraédrica e não mais trigonal plana.

Outra reação muito comum dos alquenos é a adição de bromo. Por meio dessa reação, a "água de bromo", uma solução de Br_2 que tem cor avermelhada característica, perde essa cor quando nela borbulhamos o gás etileno (alqueno com dois átomos de carbono).

$$CH_2=CH_2 + Br_2 \longrightarrow \underset{\displaystyle Br}{\underset{|}{CH_2}}-\underset{\displaystyle Br}{\underset{|}{CH_2}}$$

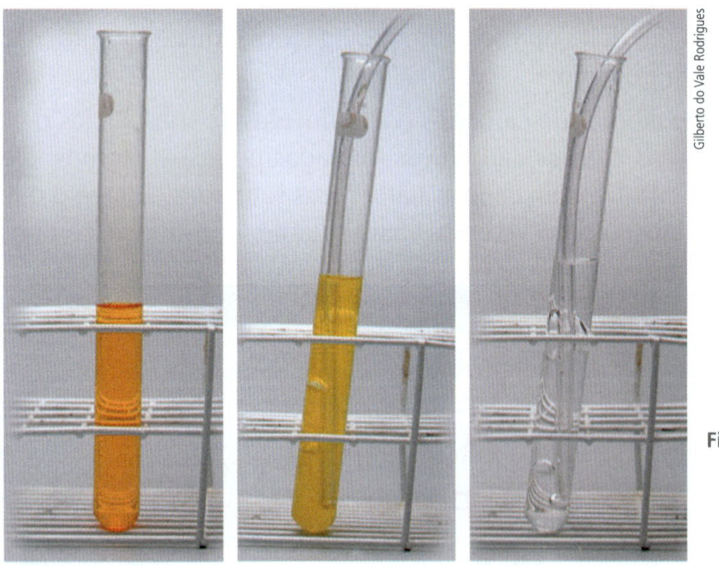

Figura 1-36: **O borbulhamento de etileno em água de bromo promove sua descoloração, o que é uma evidência da reação de adição de bromo à dupla ligação do alqueno.**

Outra classe de hidrocarbonetos que apresenta átomos de carbono com uma outra geometria, diferente das duas apresentadas até agora, é a dos **alquinos**. Nesse caso, os átomos de carbono participam de uma ligação tripla e têm geometria linear. Vejamos o caso do mais simples deles, o acetileno (C_2H_2), um gás amplamente utilizado para soldar ferro e aço.

$$H-C\equiv C-H$$

Figura 1-37: **O acetileno é o mais simples dos alquinos.**

Note que o ângulo entre as ligações de carbono e hidrogênio, nesse caso, é igual a 180°, definindo uma linha. Por isso, a geometria da molécula é linear.

Todas essas diferentes classes de hidrocarbonetos apresentados até o momento são chamadas de **hidrocarbonetos alifáticos**, em contraposição aos hidrocarbonetos aromáticos, que veremos ainda neste capítulo.

É importante notar que, apesar de termos apresentado até agora exemplos de hidrocarbonetos de cadeia carbônica aberta, existem também hidrocarbonetos cíclicos, que apresentam cadeia fechada. Um exemplo é o ciclo-hexano ou cicloexano, um alcano cíclico com seis átomos de carbono, que também pode ser representado de mais de uma maneira. A mais fácil é desenhar a figura geométrica correspondente, o hexágono.

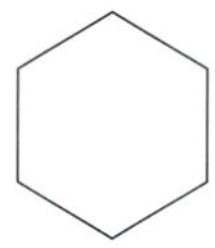

Figura 1-38: **Uma das representações para a molécula de ciclo-hexano.**

Essa representação não é muito conveniente, pois dá a falsa ideia de que a molécula do ciclo-hexano é plana, o que não é verdade. Lembre-se de que o átomo de carbono que forma apenas ligações simples, como os átomos em alcanos de cadeia aberta e também em cicloalcanos como o hexano, tem geometria tetraédrica. Isso significa, como já vimos, que o ângulo entre as ligações do átomo de carbono é de 109,5°. Evidentemente, num arranjo cíclico esse ângulo pode se alterar, mas a disposição dos átomos na molécula tende a ser aquela que possibilita que o ângulo de ligação fique com o valor o mais próximo possível dos 109,5°. No caso do ciclo-hexano, se a estrutura fosse plana, os ângulos de ligação entre os carbonos seriam todos iguais a 120°. Para que esse ângulo se aproxime do valor de 109,5°, a estrutura do ciclo-hexano não pode ser plana, mas deve alternar entre as seguintes configurações:

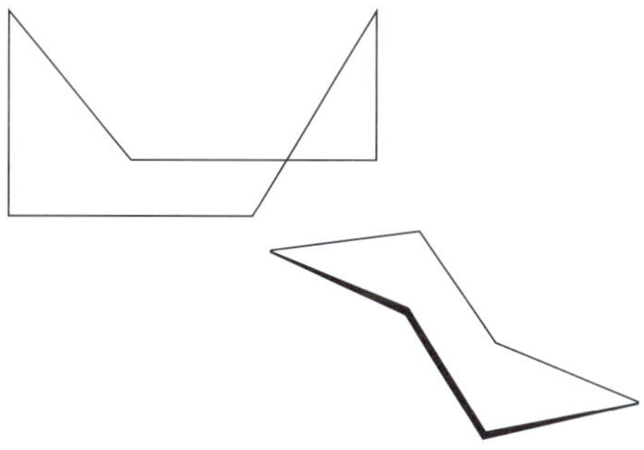

Figura 1-39: **Duas outras representações para a molécula do ciclo-hexano, com conformações não planares que explicam a estabilidade da molécula. A primeira estrutura é conhecida como "bote" e a segunda, como "cadeira".**

Questões

Q43. Como os átomos se organizam espacialmente em torno da ligação dupla na molécula de um alqueno?

Q44. Como os átomos se organizam espacialmente em torno da ligação dupla na molécula de um alquino?

Q45. A solução de bromo conhecida como água de bromo apresenta cor laranja. O borbulhamento de etileno em água de bromo promove sua descoloração. Explique por quê.

Q46. O que são hidrocarbonetos cíclicos?

TEXTO 10

Os hidrocarbonetos aromáticos e a ocorrência de câncer de pulmão entre fumantes

dica Enem

Para introduzir a outra classe dos **hidrocarbonetos aromáticos**, vamos retomar a discussão sobre o tabagismo e as substâncias encontradas na fumaça do cigarro.

Apesar de os fabricantes de cigarro serem obrigados a informar na embalagem dos maços o teor de nicotina e alcatrão, não o fazem com a enorme quantidade de outras substâncias presentes, em teores variáveis, na fumaça aspirada pelo fumante.

Segundo o Instituto Nacional de Câncer (Inca), aproximadamente 4 700 diferentes substâncias são adicionadas na preparação do tabaco ou estão presentes na fumaça do cigarro, quando este é queimado. A lista inclui coisas tão diversas como amônia, usada em produtos de limpeza; acetona, utilizada como solvente para esmaltes de unha; e até formol, usado para conservar cadáveres. Mesmo que os teores sejam muito baixos, a inalação constante dessas substâncias pode trazer sérias consequências à saúde do fumante.

INCA

Figura 1-40: **O Inca tem uma página na internet com muitas informações sobre as relações entre tabagismo e o câncer. Disponível em: <www.inca.gov.br> (acesso em: 14 dez. 2009).**

A associação entre o hábito de fumar e o câncer de pulmão é conhecida há décadas. Algumas estatísticas apontam que o tabagismo está associado a 90% dos casos de câncer de pulmão, 80% dos de enfisema pulmonar, 40% dos de bronquite crônica e derrame cerebral, e 25% dos casos de infarto do miocárdio.

Os cientistas, no entanto, geralmente afirmam que nenhum tipo de câncer pode ser inteiramente atribuído a uma causa ou evento único. Em geral, o câncer é resultado de ocorrências ao acaso de vários incidentes numa célula, que são independentes, mas têm efeitos cumulativos. O ambiente da célula, que inclui o conjunto de substâncias às quais está exposta, influencia a frequência desses incidentes de diversas formas. Assim, a maioria dos tipos de câncer deve ser vista como o resultado de processos fisiológicos fortuitos que aumentam a probabilidade de sua ocorrência por meio da contribuição de uma mistura de fatores ambientais. Existem, contudo, alguns **agentes carcinógenos** que aumentam a probabilidade da ocorrência de eventos críticos de tal forma que se pode **praticamente ter certeza** de que a exposição a uma dosagem suficientemente alta desse agente irá transformar, pelo menos, uma célula normal do corpo em célula tumoral.

Silvio Kligin

Figura 1-41: **As autoridades da saúde no Brasil têm intensificado a campanha antitabaco por meio de vários expedientes, entre eles a advertência nos próprios maços de cigarros.**

Apesar de estar associado ao câncer de pulmão há décadas, os agentes carcinógenos específicos contidos na fumaça do cigarro e o mecanismo pelo qual eles provocam câncer permaneceram desconhecidos até 1996. Foi somente nesse ano que cientistas descobriram que o benzopireno, substância encontrada na fumaça do cigarro, é oxidado a um carcinógeno – substância que transforma uma célula normal numa célula cancerosa – que se liga a nucleotídios específicos no gene denominado *P53* e, muito provavelmente, provoca sua mutação. Esse gene, após a mutação, deixa de inibir o desenvolvimento de tumores.

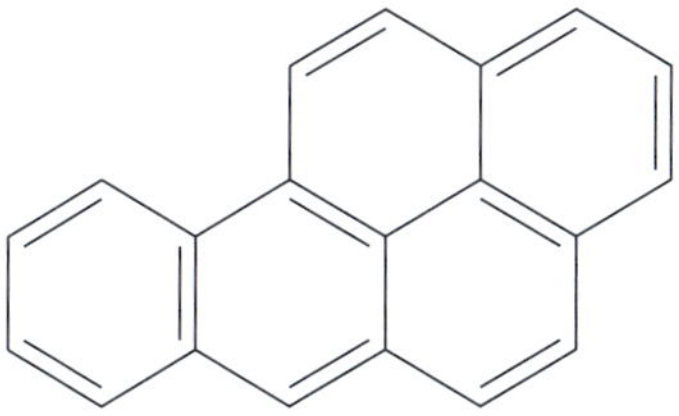

Figura 1-42: A estrutura do 3,4-benzopireno.

O 3,4-benzopireno é um exemplo de hidrocarboneto aromático. Esses tipos de hidrocarbonetos geralmente têm, em sua estrutura, anéis de benzeno. O benzeno é uma substância de fórmula molecular C_6H_6.

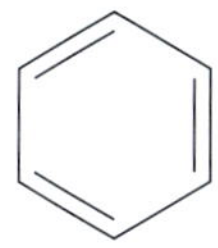

Figura 1-43: Fórmula estrutural do benzeno.

Em cada vértice do hexágono há um átomo de carbono ligado a dois outros átomos de carbono e um átomo de hidrogênio. Se você contar o número de ligações em cada carbono, poderá constatar que todos participam de três ligações com outros carbonos. Dessa forma, cada um só pode estar ligado a mais um átomo de hidrogênio. Como todos os átomos de carbono participam de ligações duplas, a geometria de todos eles é trigonal plana. Isso significa que as suas ligações estão todas num mesmo plano e que o ângulo entre elas é de 120º, valor exatamente igual ao ângulo interno nos vértices da figura geométrica definidas pelo hexágono. Nesse sentido, a geometria da molécula de benzeno corresponde exatamente a um hexágono.

Há evidências de que as seis ligações carbono-carbono são todas idênticas, de modo que a representação mostrando ligações duplas alternadas com ligações simples não seria muito adequada. A hipótese mais aceita é a de que os seis elétrons envolvidos na formação das três ligações duplas formam um único orbital molecular, uma região de maior densidade eletrônica acima e abaixo do plano da molécula. Os seis elétrons que formam uma espécie de nuvem eletrônica são elétrons que estão em orbitais *p* dos átomos de carbono. Lembre-se de que, no capítulo 9 da parte 1, explicamos a condutividade elétrica da grafite, uma forma alotrópica do carbono, recorrendo a esse modelo da nuvem π. A figura 1-44 ilustra esse modelo no caso do benzeno.

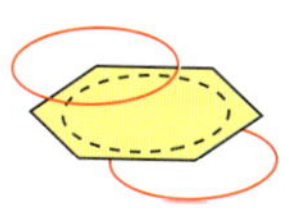

Figura 1-44: A formação da nuvem π explica a estabilidade do anel de benzeno.

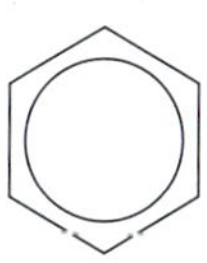

Figura 1-45: Nesta representação do benzeno, fica claro que as ligações entre os átomos de carbono são todas iguais.

O anel benzênico é muito estável e por isso se comporta quimicamente de modo diferenciado dos alquenos, que também apresentam duplas ligações. Lembre-se de que mostramos a reação de adição de bromo à dupla ligação do etileno, caracterizada pela descoloração da água de bromo, originalmente avermelhada. Se reagirmos o benzeno com a água de bromo, não observaremos a **adição** de dois átomos de bromo à dupla ligação, mas a **substituição** de um dos átomos de hidrogênio ligados aos átomos de carbono do anel benzênico por um átomo de bromo.

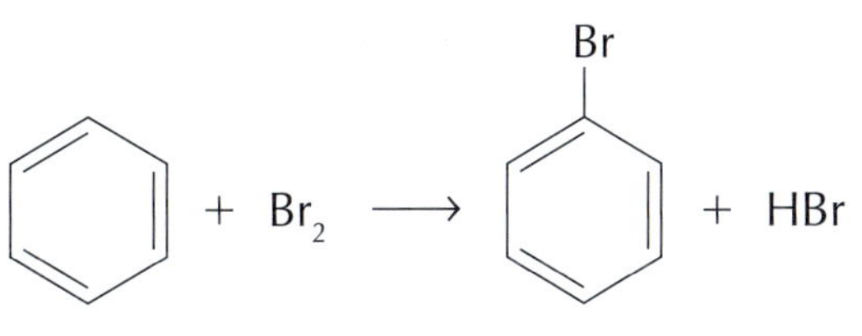

Figura 1-46: Reação do benzeno com a água de bromo.

Esse tipo de comportamento químico do benzeno evidencia que o anel benzênico, também chamado de anel aromático, é muito estável, sendo preservado nas reações químicas em que há participação desse hidrocarboneto. Essas serão sempre **reações de substituição** dos átomos de hidrogênio ligados ao anel.

O benzeno é usado como solvente e vários de seus derivados são agentes carcinógenos. A substância 2-naftilamina, que pode ser considerada derivada do naftaleno, muito usada em indústrias químicas no início do século XX, é um dos exemplos mais notórios. Numa indústria britânica, por exemplo, todos os empregados envolvidos na sua destilação e que, portanto, estavam sujeitos à exposição prolongada aos seus vapores, mais cedo ou mais tarde desenvolveram câncer de bexiga. O naftaleno é o principal componente da naftalina, substância que sublima com facilidade e é usada em gavetas e armários para matar traças.

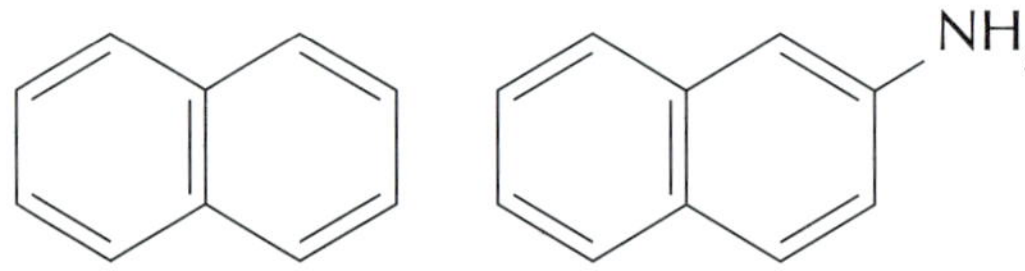

Figura 1-47: As estruturas das moléculas de naftaleno e de 2-naftilamina.

A seguir apresentamos uma síntese dos riscos do cigarro:

Os riscos do cigarro

Ilustrações: KLN/Arquivo da editora

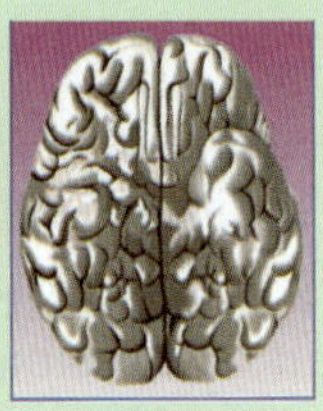

1. Cérebro

Provoca "dependência" – a queda dos níveis de nicotina (toda vez que a pessoa tenta abandonar os cigarros) causa irritação, taquicardia, mal-estar e desejo incontrolável de fumar.

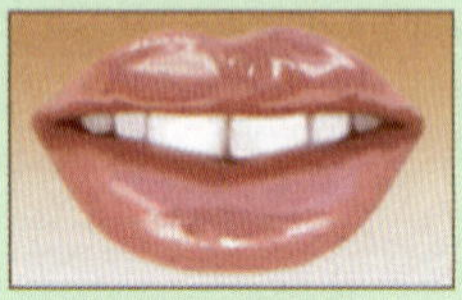

2. Boca

Altera o gosto e o paladar – diminuindo o prazer de comer.

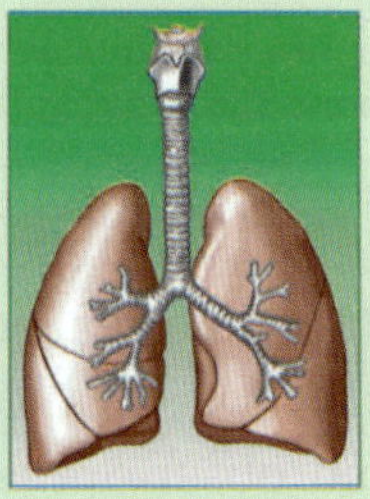

3. Pulmões

Pode levar a:

- enfisema (dilatação dos alvéolos do pulmão, que deixam de realizar as trocas gasosas de forma adequada);
- bronquite crônica (inflamação dos brônquios que pode levar a chiados, falta de ar, tosse e pigarro);
- piora de quadros alérgicos respiratórios (asma, rinite).

4. Andrenais

Estimula as adrenais (glândulas que ficam sobre os rins), que passam a produzir mais hormônios que aumentam os batimentos cardíacos e elevam a pressão do sangue.

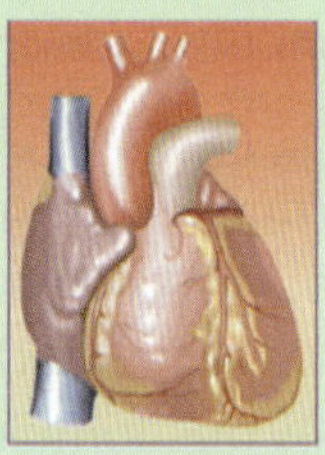

5. Coração

Facilita a aterosclerose (formação de placas nas paredes das coronárias) – que aumenta o risco de infartos.

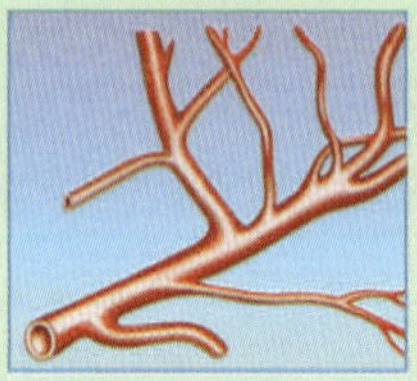

6. Vasos sanguíneos

Favorece a aterosclerose – aumentando a pressão arterial e trazendo mais risco de "derrames".

7. Pele

Altera a circulação nos vasos da pele – provocando envelhecimento precoce da pele e dificuldade de cicatrização.

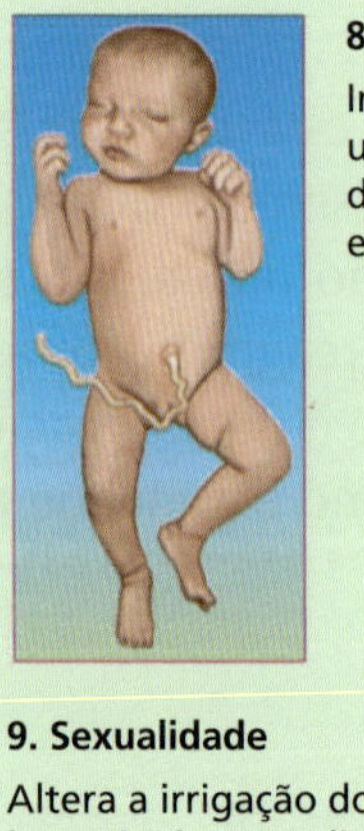

8. Gravidez

Interfere na gestação, podendo levar a um parto prematuro e ao nascimento de um bebê com peso abaixo do esperado.

9. Sexualidade

Altera a irrigação do pênis, aumentando o risco de impotência masculina.

EXERCÍCIO

E1. Escreva a fórmula estrutural das substâncias a seguir, representando os átomos de carbono e hidrogênio:

a) 3,4-benzopireno;

b) benzeno;

c) ciclo-hexano;

d) cis-2-buteno;

e) naftleno;

f) trans-2-buteno.

Ivan Coutinho/Arquivo da editora

TEXTO 11

Um pouco sobre a nomenclatura dos compostos orgânicos

A nomenclatura dos compostos orgânicos segue regras muito simples, definidas pela União Internacional de Química Pura e Aplicada (conhecida pela sigla inglesa Iupac). Na nomenclatura Iupac são utilizados prefixos que designam quantos átomos de carbono existem na cadeia principal da molécula. Os sufixos indicam a que função orgânica pertence a substância, e os números mostram a posição dessas funções ou dos grupos que substituem os hidrogênios. A numeração é sempre feita na cadeia carbônica principal e começa na extremidade da cadeia mais próxima ao grupo funcional. É escolhida como cadeia principal, a ser numerada, a mais longa que contenha o grupo funcional. Vamos retomar a fórmula do 2,3-dimetil-2-buteno para exemplificar essas regras.

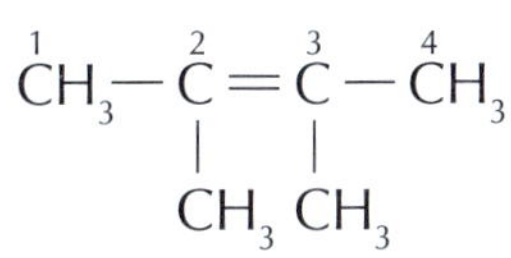

Figura 1-48: Fórmula estrutural do 2,3-dimetil-2-buteno.

Note que, nesse caso, como a dupla ligação está situada no meio da cadeia numerada, não faz diferença começar a numerar da esquerda para a direita ou da direita para a esquerda. Como a cadeia mais longa que contém o grupo funcional – nesse caso uma dupla ligação, características do alqueno – possui quatro átomos de carbono, o prefixo usado para dar nome ao composto é **but**. Como a função é um alqueno, o sufixo usado para o nome do composto é **eno**. Daí chega-se ao nome **buteno**, que resulta da junção do prefixo **but** – para quatro carbonos – com o sufixo **eno** – para os alquenos.

O número 2 imediatamente antes do nome **buteno** indica a posição do carbono de menor número que contém esse grupo funcional, no caso a dupla ligação, que está entre os carbonos 2 e 3. As ramificações ligadas à cadeia principal são designadas nesse caso por **metil**, que é o nome do grupo $-CH_3$. Os números 2 e 3 antes da palavra **dimetil** indicam que esses grupos estão ligados aos carbonos 2 e 3. O prefixo **di**, em dimetil, indica que são dois desses grupos substituindo os átomos de hidrogênio.

No quadro a seguir apresentamos os prefixos usados para cadeias carbônicas contendo de 1 a 5 átomos.

Nome do prefixo	N.º de átomos de C	Exemplo da cadeia
met	1	$-\overset{\vert}{\underset{\vert}{C}}-$
et	2	$-\overset{\vert}{\underset{\vert}{C}}-\overset{\vert}{\underset{\vert}{C}}-$
prop	3	$-\overset{\vert}{\underset{\vert}{C}}-\overset{\vert}{\underset{\vert}{C}}-\overset{\vert}{\underset{\vert}{C}}-$
but	4	$-\overset{\vert}{\underset{\vert}{C}}-\overset{\vert}{\underset{\vert}{C}}-\overset{\vert}{\underset{\vert}{C}}-\overset{\vert}{\underset{\vert}{C}}-$
pent	5	$-\overset{\vert}{\underset{\vert}{C}}-\overset{\vert}{\underset{\vert}{C}}-\overset{\vert}{\underset{\vert}{C}}-\overset{\vert}{\underset{\vert}{C}}-\overset{\vert}{\underset{\vert}{C}}-$

Quadro 1-5: Prefixos usados para cadeias de 1 a 5 átomos.

Essa lógica prossegue para cadeias maiores com o uso dos prefixos **hex**, **hept**, **oct**, **non** e **dec** para cadeias de 6, 7, 8, 9 e 10 átomos respectivamente, e assim por diante.

São três os menores grupos, que fazem parte da classe de **grupos alquila** e são suficientes para lidar com as moléculas mais simples.

Nome	Grupo
metil	$-CH_3$
etil	$-CH_2-CH_3$
propil	$-CH_2-CH_2-CH_3$

Quadro 1-6: Prefixos utilizados para grupos originados de alcanos pela perda de um átomo de hidrogênio.

Esses grupos podem ser formalmente considerados como derivados do alcano correspondente pela perda de um átomo de hidrogênio. Assim, o metano (CH_4), pela perda de um átomo de hidrogênio origina o grupo metil ($-CH_3$).

Grupos alquila são aqueles derivados dos hidrocarbonetos alifáticos.

O grupo mais comum derivado de um hidrocarboneto aromático é o **grupo fenila**, que pode ser formalmente considerado derivado do benzeno pela perda de um átomo de hidrogênio.

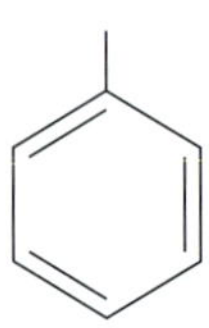

Figura 1-49: Grupo fenila, que pode ser representado por $-C_6H_5$.

Quanto ao sufixo, para as funções que já conhecemos usamos **ano** para os alcanos, **eno** para os alquenos e **ino** para os alquinos. Vimos também que para o **grupo amina** é utilizado o próprio nome **amina** como sufixo. À medida que formos estudando outras funções orgânicas neste capítulo, explicitaremos os sufixos correspondentes.

TEXTO 12

Outras substâncias presentes nos cigarros ou na sua fumaça: aldeídos e cetonas

Vamos nos deter agora em duas outras substâncias que, segundo as organizações dedicadas à saúde pública, existem na fumaça do cigarro: o **formol**, usado para conservar cadáveres nas escolas de Medicina, e a **acetona**, utilizada como solvente para remover esmaltes de unha.

Figura 1-50: **A acetona, usada como solvente de esmalte de unhas, é um exemplo de cetona.**

Esses dois compostos têm em comum um grupo funcional que ainda não estudamos: a **carbonila**, constituída por um átomo de carbono ligado a um átomo de oxigênio por dupla ligação.

Figura 1-51: **Grupo funcional carbonila, presente no formol e na acetona.**

O átomo de carbono da carbonila, por participar de uma ligação dupla, tem geometria trigonal plana, com o ângulo de 120° entre suas ligações, a exemplo do que acontece nos alquenos.

A diferença entre o formol e a acetona é que o primeiro apresenta o grupo carbonila ligado a dois hidrogênios, enquanto no segundo esse grupo está ligado a dois grupos metil ($-CH_3$).

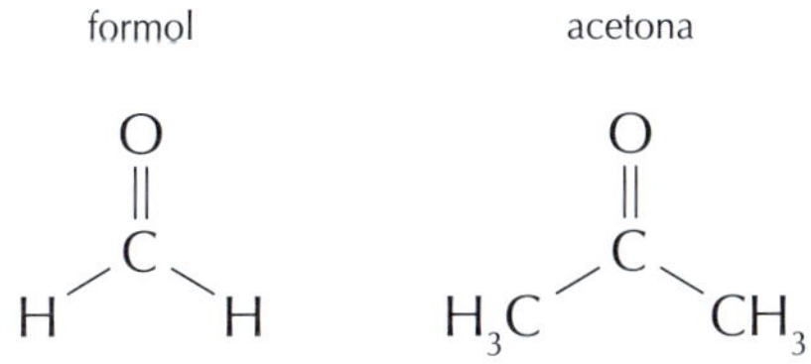

Figura 1-52: **Estrutura do formol e da acetona.**

Esses dois compostos são exemplos de duas novas funções orgânicas: os **aldeídos**, no caso do formol, e as **cetonas**, no caso da acetona.

Os aldeídos são compostos orgânicos que apresentam o grupo carbonila na extremidade da cadeia.

Fórmula geral dos aldeídos

R — CHO

R— representa um grupo orgânico qualquer. Os aldeídos, em geral, são muito tóxicos e produzidos como subprodutos da queima do etanol (álcool etílico, C_2H_5OH), usado como combustível de automóveis no Brasil. Esse fato representa, portanto, um problema ambiental relacionado ao uso do etanol como combustível.

As cetonas, por sua vez, são compostos orgânicos que apresentam o grupo carbonila no meio da cadeia carbônica, ligado a dois grupos orgânicos.

Fórmula geral das cetonas

R_1—CO—R_2

R_1— e —R_2 são grupos orgânicos que podem ser diferentes ou idênticos (como no caso da acetona).

A nomenclatura Iupac utiliza o sufixo **al** para os aldeídos. O nome químico do formol, segundo essa nomenclatura, é metanal, pois tem apenas um átomo de carbono, daí o uso do prefixo **met**. Já no caso das cetonas, o sufixo utilizado é **ona**. O nome químico da acetona, segundo a mesma nomenclatura, é propanona, em que o prefixo **prop** indica que a cadeia do composto apresenta três átomos de carbono.

A numeração da cadeia dos aldeídos sempre começa da extremidade que contém o grupo carbonila, por isso não é preciso indicar o número do átomo de carbono que contém o grupo funcional, porque será sempre igual a 1. Veja a figura a seguir:

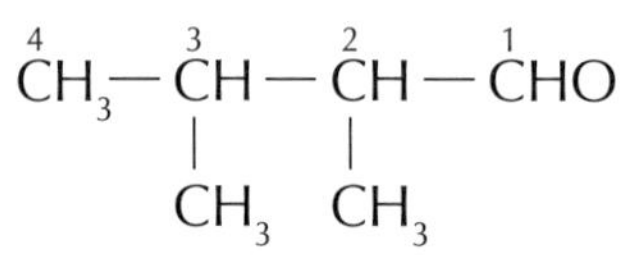

Figura 1-53: Estrutura do composto 2,3-dimetil-butanal.

Repare que a numeração foi feita a partir da extremidade contendo o grupo carbonila e que o nome **butanal** resulta da junção do prefixo **butan** (indica que a cadeia principal tem quatro carbonos) com o sufixo **al** (indica que o composto é um aldeído).

Já nas cetonas é necessário indicar a posição da carbonila na cadeia carbônica, que pode variar. Isso não ocorre no caso da acetona (propanona), como vimos, porque a posição da carbonila, numa cetona com três átomos de carbono, só pode ser a posição 2. Se a carbonila estivesse na posição 1, o composto seria um aldeído e não uma cetona, e seu nome seria propanal. Vejamos um exemplo.

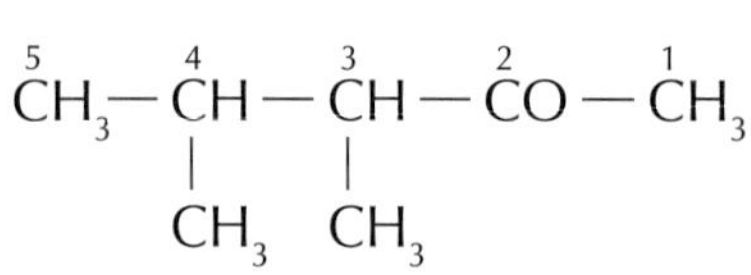

Figura 1-54: Estrutura do composto 3,4-dimetil-2-pentanona.

Nesse caso, o nome do composto é 3,4-dimetil-2-pentanona, pois a numeração da cadeia inicia pela extremidade mais próxima do grupo funcional carbonila, –CO–, que nesse caso fica no número 2. O nome **pentanona** vem da junção do prefixo **pentan** (para cinco carbonos) com o sufixo **ona**, da função cetona. Além disso, há dois grupos **metil** ($-CH_3$): um ligado ao carbono 3 e outro ligado ao carbono 4. Dessa forma é formada a nomenclatura para a **3,4-dimetil-2-pentanona**.

Questões

Q47. Formol e acetona têm a carbonila em comum em sua estrutura. O que é carbonila?

Q48. Quais são as fórmulas gerais para os aldeídos e as cetonas?

Q49. Represente as fórmulas estruturais para uma cetona e dois aldeídos de fórmula molecular C_4H_8O.

Q50. Desenhe a fórmula estrutural para os seguintes compostos:

a) 1-cloro-2-propanona;

b) 3-hidróxi-butanal;

c) 4-hidróxi-4-metil-2-pentanona;

d) 3-metil-3-fenil-butanal;

e) 1,3-cicloexanodiona;

f) 3-metil-3-buten-2-ona.

EXERCÍCIO

E2. Leia o texto a seguir:

Formol e glutaraldeído como alisantes: diga não ao uso indevido

dica Enem

Recentemente, foi publicada a Resolução RDC 36, de 17 de junho de 2009, que proíbe a comercialização do formol em estabelecimentos como drogarias, farmácias, supermercados, empórios, lojas de conveniências e *drugstores*. A finalidade dessa resolução é restringir o acesso da população ao formol, coibindo o desvio de uso do formol como alisante capilar, protegendo a saúde de profissionais cabeleireiros e consumidores. Dados recebidos pela Agência Nacional de Vigilância Sanitária (Anvisa) mostram que as notificações de danos causados por produtos para alisamento capilar triplicaram no 1.º semestre de 2009 em comparação com todo o ano de 2008, sendo que na maioria dos casos há suspeita do uso indevido de formol (e também de glutaraldeído) como substâncias alisantes.

O uso do formol como alisante capilar não é permitido pela Anvisa, pois esse desvio de uso pode causar sérios danos ao usuário do produto e ao profissional que aplica o produto, tais como: irritação, coceira, queimadura, inchaço, descamação e vermelhidão do couro cabeludo, queda do cabelo, ardência e lacrimejamento dos olhos, falta de ar, tosse, dor de cabeça, ardência e coceira no nariz, devido ao contato direto com a pele ou com vapor. Várias exposições podem causar também boca amarga, dores de barriga, enjoos, vômitos, desmaios, feridas na boca, narina e olhos, e câncer nas vias aéreas superiores (nariz, faringe, laringe, traqueia e brônquios), podendo até levar à morte.

Recentemente, a Anvisa também tem sido questionada quanto ao uso de glutaraldeído ou glutaral, que, devido a sua semelhança química com o formol, apresenta também os mesmos riscos e restrições.

É importante esclarecer que o que está proibido é o desvio de uso dessas substâncias. A legislação sanitária permite o uso de formol e glutaraldeído em produtos cosméticos capilares apenas na função de conservantes (com limite máximo de 0,2% e 0,1%, respectivamente), durante a fabricação do produto, somente. A adição de formol, glutaraldeído ou qualquer outra substância a um produto acabado, pronto para uso, constitui infração sanitária, estando o estabelecimento que adota esta prática sujeito às sanções administrativas, cíveis e penais cabíveis, sendo que adulteração desses produtos configura crime hediondo.

ANVISA. Disponível em:<www.anvisa.gov.br/cosmeticos/alisantes/escova_progressiva.htm>. Acesso em: 25 abr. 2012.

Agora, pesquise para responder as seguintes questões:

a) Por que a Anvisa proíbe o uso do formol como produto alisante de cabelos?

b) Qual é a fórmula estrutural do glutaraldeído?

c) Consultando a página da Anvisa na internet, explicite como um alisamento de cabelo pode ser feito de forma segura.

d) Leia o rótulo de um produto utilizado para alisar cabelos em um salão de beleza e verifique se ele segue as recomendações da Anvisa.

Observação: Não deixe de indicar a fonte das pesquisas realizadas.

TEXTO 13

Caracterizando quimicamente a nicotina: a função amina

A **nicotina** é uma substância letal encontrada nas folhas de tabaco. É utilizada como um potente inseticida na agricultura e sua absorção em quantidade superior a 50 mg pode matar um adulto em poucos minutos.

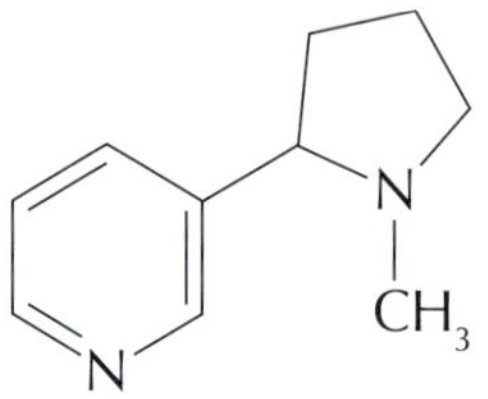

Figura 1-55: **Fórmula estrutural da nicotina.**

Quando a nicotina é administrada oralmente a camundongos, sua dose letal para 50% da população em estudo é de 0,23 g/kg. No entanto, se essa substância for absorvida diretamente pela corrente sanguínea, através da pele, por exemplo, ela se torna mil vezes mais potente do que quando ingerida. A nicotina é danosa principalmente na fumaça do cigarro porque vai diretamente para a corrente sanguínea através do pulmão. Se não fosse pela oxidação da maior parte da nicotina para produtos tóxicos por meio da temperatura alta e do movimento rápido da fumaça que acompanha o ato de fumar, nenhum fumante poderia viver o suficiente para sofrer as consequências de ser fumante.

A nicotina é um estimulante leve, que possui grande potencial de causar dependência. Estudos mostram que mais de 85% das pessoas que fumam o fazem diariamente. Já entre os usuários de cocaína, menos de 10% fazem uso diário. Isso nos dá uma ideia do quanto a nicotina pode causar dependência.

Na molécula da nicotina (figura 1-55), você pode constatar a presença de dois átomos de nitrogênio, além dos átomos de carbono e hidrogênio, que geralmente são omitidos na fórmula. A presença desses átomos de nitrogênio ligados a átomos de carbono caracteriza o grupo funcional conhecido como **amina**.

Qualquer amina pode ser tratada formalmente como uma derivada da amônia (NH_3), na qual se substituíram um, dois ou três átomos de hidrogênio por átomos, grupos ou fragmentos moleculares orgânicos, geralmente designados por –R.

Como algumas aminas são liberadas como consequência da decomposição de animais mortos, o contínuo ciclo de nascimento e morte de organismos marinhos fornece um suprimento constante de aminas à água do mar e ao ar acima dos oceanos. Essas aminas são parcialmente responsáveis pelo cheiro característico do mar e de seus habitantes. A cadaverina e a putrescina são duas aminas com nomes um tanto quanto macabros, produzidas por tecidos em putrefação.

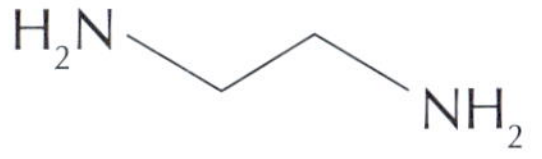

Figura 1-56: A putrescina, também conhecida como 1,4-diaminobutano.

Figura 1-57: A cadaverina, também conhecida como 1,5-diaminopentano.

Georgette Douwma/SPL/Latinstock

Figura 1-58: As aminas são parcialmente responsáveis pelo cheiro característico do mar e de seus habitantes.

Na fórmula estrutural da nicotina, apenas os átomos de carbono e hidrogênio do grupo metila (–CH_3) estão diretamente representados. Essa forma de representar a molécula, omitindo-se os átomos de carbono e hidrogênio, permite obter mais informação sobre a distribuição dos átomos no espaço, que é uma informação importante para explicar o comportamento químico das moléculas.

As aminas alifáticas simples, de cadeia linear ou ramificada, são líquidas à temperatura ambiente, com exceção daquelas de menor massa – metilamina, dimetilamina e trimetilamina –, que são gases.

De forma semelhante ao que acontece nos alcanos e nos álcoois, com o aumento da massa molar, as temperaturas de fusão e de ebulição se elevam, assim como a densidade. A presença de ligações de hidrogênio entre os átomos de nitrogênio e de hidrogênio reflete nas temperaturas de fusão e de ebulição, que apresentam valores superiores às dos alcanos nos quais essa interação não existe.

Vejamos, por exemplo, o caso da metilamina, que possui uma temperatura de ebulição de −6,3 °C, enquanto para o metano a temperatura de ebulição é −161 °C. No caso das aminas, a interação não é tão forte como nos álcoois, pois o átomo de nitrogênio não é tão eletronegativo como o átomo de oxigênio.

As aminas têm comportamento mais básico quando interagem com a água. A equação a seguir representa a interação da metilamina em água. Observe que o H^+ da água passa a fazer parte da estrutura da metilamina, que funciona, então, como base.

$$CH_3NH_2 + H_2O \rightleftharpoons CH_3NH_3^+ (aq) + OH^- (aq)$$

EXERCÍCIOS

E3. Muitas pessoas já devem ter passado pela triste experiência de, ao chegar de férias, encontrar a geladeira com um cheiro terrível por causa de algum alimento que foi ali deixado por um longo período de tempo e estragou-se. Sabendo que esses odores desagradáveis se devem às aminas que se formaram com o apodrecimento dos alimentos e que as aminas se comportam como bases, o que você poderia usar para limpar a geladeira e remover esse odor? Pense em coisas que você encontra na sua cozinha. Justifique sua resposta.

E4. A principal fonte do alcaloide nicotina ($C_{10}H_{14}N_2$) é o tabaco (Nicotiana tabacum), matéria-prima fundamental na indústria do fumo para o processo de fabricação de cigarros. Esse processo produz como resíduo uma solução aquosa extremamente rica em nicotina e altamente tóxica. Explique por que a nicotina é solúvel em água.

TEXTO 14

As bebidas alcoólicas e o etanol

O etanol, também conhecido como álcool etílico – o álcool comum, vendido em supermercados como produto de limpeza e nos postos de gasolina brasileiros como combustível –, está presente em diversas bebidas alcoólicas, cujo consumo está tão disseminado em todo o mundo que dificilmente as pessoas as consideram como uma droga. O consumo excessivo de bebidas alcoólicas, no entanto, leva ao vício. O alcoolismo é um dos grandes problemas sociais enfrentados por organismos de saúde, governamentais e não governamentais, em todo o mundo, pois traz consigo graves consequências econômicas e sociais para a família do dependente e a sociedade. O álcool pode levar à dependência e provocar cirrose hepática, que, em última análise, pode causar a morte.

A publicidade em torno das bebidas alcoólicas envolve somas milionárias. Fabricantes de bebidas alcoólicas estão quase sempre entre os anunciantes de eventos esportivos importantes, como as copas do mundo de futebol. Nos últimos anos, chegou-se ao extremo de jogadores de futebol da seleção nacional fazerem propaganda de uma marca de cerveja brasileira.

O Brasil inovou ao produzir etanol como combustível de veículos. Sua produção nacional é feita a partir da fermentação da garapa obtida da cana-de-açúcar, apesar de esse combustível também poder ser obtido pela fermentação de um grande número de produtos vegetais, como a mandioca e a beterraba, e de grãos, como o arroz, com o qual os japoneses fazem o saquê, bebida alcoólica típica daquele país.

No caso da cana-de-açúcar, os microrganismos responsáveis pela fermentação liberam enzimas que catalisam a reação de transformação do açúcar em etanol. Por destilação, o etanol é separado das impurezas. O álcool obtido não é puro, é uma mistura azeotrópica que contém etanol a 96 graus Gay-Lussac (°GL), o que significa 96% de etanol e 4% de água em volume.

A escala Gay-Lussac é uma escala construída a 15 °C para medir a concentração de etanol em soluções aquosas. Os °GL definem o volume da substância presente em 100 mL da solução aquosa que a contém.

Os motores de carro a álcool circulando no Brasil usam esse etanol a 96 °GL, conhecido como álcool hidratado, e são adaptados para resistirem mais à corrosão provocada pela presença de água no combustível.

Diferentemente dos combustíveis derivados do petróleo, que vêm de uma fonte não renovável, as fontes de etanol, como a cana-de-açúcar no caso do Brasil, são renováveis. Basta plantar novamente a cana para se obter mais etanol. Uma outra vantagem do etanol é que ele não contribui de maneira significativa para o aumento do efeito estufa, fenômeno relacionado ao aumento de gases estufa na atmosfera. Esses gases, como o gás carbônico, aprisionam parte do calor que seria dissipado para a atmosfera, por absorverem radiação infravermelha.

A existência do efeito estufa é fundamental para o clima da Terra. Se não houvesse gases estufa na atmosfera, a variação de temperatura entre dia e noite tornaria o clima do planeta insuportável e muito provavelmente não teríamos as condições necessárias para o desenvolvimento da vida em toda a sua complexidade. O aumento do efeito estufa, no entanto, é um fenômeno relacionado ao aumento de produção de gases estufa na sociedade tecnológica em que vivemos. Dentre esses gases, o principal é o gás carbônico (CO_2), produzido na queima de materiais orgânicos, entre eles os combustíveis derivados do petróleo, como a gasolina, e as florestas naturais, como a amazônica. O aumento do efeito estufa tem resultado no aquecimento do planeta, o que pode causar consequências graves para o clima e para a vida no planeta. Uma das mais sérias consequências é o aumento do nível dos oceanos em razão do derretimento da calota polar que acompanha o aumento da temperatura média do planeta. Isso poderia levar ao desaparecimento de cidades e até mesmo de países inteiros, como a Holanda, onde a maioria do território situa-se no nível ou abaixo do nível do mar.

Iara Venanzi/kino.com.br

Figura 1-59: **O etanol, álcool usado como combustível no Brasil, não contribui significativamente para o efeito estufa.**

Steven Kazlowski/Science Faction/Corbis/LatinStock

Figura 1-60: **O derretimento de geleiras é uma das possíveis consequências do aumento do efeito estufa, que pode estar contribuindo para o aquecimento global.**

O problema tornou-se tão grave que, em 1997, as autoridades representantes da maioria das nações do mundo assinaram um protocolo de intenções para reduzir a emissão de CO_2 para a atmosfera, o que ficou conhecido como **Protocolo de Quioto**, nome da cidade japonesa onde aconteceu a reunião que resultou no acordo. Atualmente são feitas reuniões envolvendo lideranças de diversos países, com o objetivo de controlar as emissões de gases estufa.

Ao contrário do que ocorre com os combustíveis derivados do petróleo, a combustão de etanol não contribui significativamente para o aumento do efeito estufa, pois praticamente todo o CO_2 produzido na sua queima é absorvido da atmosfera no crescimento da cana-de-açúcar. Lembre que as plantas, para crescerem, realizam a fotossíntese, que consome CO_2 do ar.

A gasolina é uma mistura de hidrocarbonetos, dentre eles o iso-octano (ou isoctano, C_8H_{18}), considerado como tendo octanagem igual a 100. A octanagem é uma medida da qualidade da gasolina, relacionada à resistência à detonação da mistura ar/gasolina antes que o pistão dentro do cilindro dos motores atinja o seu curso completo e a vela de ignição solte a faísca que provoca a explosão da mistura.

Para escrevermos a equação de combustão do etanol, devemos considerar que esse combustível, como uma substância pertencente à função orgânica dos **álcoois**, tem um grupo –OH ligado à cadeia carbônica constituída por dois átomos de carbono. Assim, sua fórmula é CH_3CH_2–OH. Os álcoois (substâncias que pertencem a essa função orgânica e não o plural de um deles, o etanol ou álcool etílico) têm a fórmula geral R–OH, em que R– representa um grupo alquila. Na nomenclatura Iupac, o sufixo **ol** é usado para indicar a função **álcool**, daí o nome etanol para um álcool com dois átomos de carbono. Para álcoois de cadeias maiores, é necessário indicar também a posição do grupo funcional –OH na cadeia, a exemplo do que foi mostrado para as cetonas e para alquenos e alquinos. O grupo –OH ligado diretamente a um grupo fenila (–C_6H_5) define uma outra função orgânica, os **fenóis**.

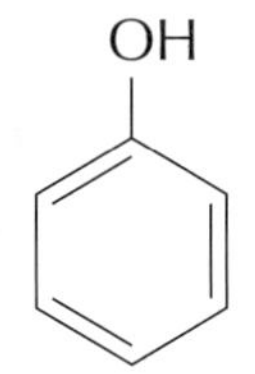

Figura 1-61: Um exemplo comum deste grupo de substâncias é o fenol, C_6H_5OH.

Após essas considerações, podemos apresentar as equações para a reação de combustão do etanol e do iso-octano (C_8H_{18}):

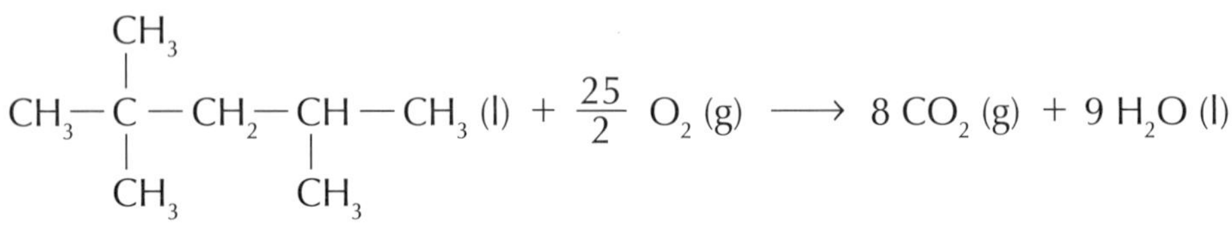

$\Delta H = -5\,461{,}0$ kJ/mol

Figura 1-62: Combustão do iso-octano, produzindo gás carbônico e água.

Combustão do etanol, produzindo gás carbônico e água:

$$CH_3\text{–}CH_2\text{–}OH + 3\ O_2 \rightarrow 2\ CO_2 + 3\ H_2O$$
$$\text{em que } \Delta H = -1\ 366{,}8\ \text{kJ mol}^{-1}$$

Essas equações expressam uma situação ideal de queima completa do combustível, aliando à suposição de que ele seja formado, no caso da gasolina, apenas por hidrogênio e carbono. Na verdade, a queima real de combustíveis derivados do petróleo pode produzir diversos subprodutos, além de gás carbônico e água: **monóxido de carbono** (CO), que é altamente tóxico e letal se inalado em quantidades apreciáveis; **dióxido de enxofre** (SO_2); e vários **óxidos de nitrogênio**, poluentes atmosféricos que contribuem para piorar a qualidade do ar dos grandes centros urbanos e para o fenômeno global da chuva ácida.

Tudo isso depende da qualidade do petróleo e do combustível preparado a partir dele. Além disso, a queima parcial do combustível, fenômeno que se agrava no caso de motores mal regulados, produz uma série de materiais particulados – a fumaça preta que você vê sair de caminhões e ônibus com motores mal regulados – que agravam o problema da poluição atmosférica.

O etanol apresenta outras vantagens como combustível, a exemplo do alto valor de sua octanagem (105, em média, enquanto o valor médio para a gasolina comum americana é 87), sua toxidez relativamente baixa e a ausência de enxofre e nitrogênio. Em compensação, a queima parcial do etanol pode produzir **aldeídos**, também tóxicos, além, é claro, do monóxido de carbono (CO). As desvantagens do etanol como combustível incluem, ainda, o baixo valor de energia obtida na sua queima, quando comparado à gasolina, e as grandes extensões de terra necessárias ao plantio da cana-de-açúcar.

No Brasil, o etanol também é adicionado à gasolina vendida nos postos de abastecimento. Esse etanol, ao contrário do álcool hidratado usado nos veículos movidos a álcool, é anidro, o que significa que não tem água. Uma das formas de obter álcool anidro é adicionar cal (óxido de cálcio, CaO) ao etanol 96 °GL. A cal reage com a água, formando o hidróxido de cálcio ($Ca(OH)_2$), que por ser insolúvel no álcool pode ser separado por filtração.

Juca Varella/Folhapress

Figura 1-63: **A queima de combustíveis contribui de maneira significativa para a poluição dos grandes centros urbanos no Brasil.**

Nani Gois/Editora Abril

Figura 1-64: **Grandes plantações de cana-de-açúcar existem em função da produção do etanol.**

EXERCÍCIOS

E5. No capítulo 2 da parte 1, você realizou uma atividade em que determinou o teor de álcool presente na gasolina. Qual foi o procedimento usado nessa determinação e em que ele se baseou?

E6. Faça os itens a seguir:

a) Usando os valores de entalpia fornecidos nas equações de combustão do iso-octano e do etanol, calcule a quantidade de energia fornecida na queima de um litro de gasolina (considerando a gasolina como formada apenas por iso-octano) e de um litro de etanol. Considere a densidade do etanol igual a 0,8 quilograma por litro ($kg \cdot L^{-1}$) e a do iso-octano, igual a 0,7 $kg \cdot L^{-1}$. Calcule as massas molares considerando as fórmulas moleculares do etanol (C_2H_6O), e do iso-octano (C_8H_{18}).

b) Seus cálculos confirmam a afirmação do texto de que o valor da energia obtida na queima do etanol é mais baixa do que o da gasolina?

c) Considerando o teor alcoólico da gasolina comercial consultado na atividade mencionada em E5, calcule o poder calorífico desta gasolina, em kJ/mol.

d) Obtenha o preço do litro de gasolina comercial e de álcool num mesmo posto de abastecimento e calcule a quantidade de energia fornecida para um real (R$ 1,00).

e) Considerando os valores calculados no item d, de quantidade de energia fornecida por cada real gasto, é vantajoso para o consumidor usar carro a álcool?

E7. Informe-se com os professores de História e Geografia sobre os problemas sociais (incluindo os problemas fundiários, relacionados à posse de terra) provocados pelo cultivo da cana-de-açúcar para a produção de etanol. Discuta sobre esse tema em sala de aula.

TEXTO 15

Um pouco da história do vinho e da cerveja

Não há como determinar com precisão qual é a bebida mais antiga produzida pelo ser humano. As informações são controversas e não necessariamente cientificamente comprovadas. Os registros históricos disponíveis apontam para a cerveja e o vinho como as bebidas mais antigas, mas até hoje permanece um mistério sobre qual a região, a época e a maneira como elas surgiram. Muitos consideram que a cerveja seja a bebida alcoólica mais antiga do mundo, pois há vestígios de sua existência datados de 8 mil anos atrás. Por outro lado, apesar da incerteza quanto à data e ao local das primeiras produções de vinho, pesquisas arqueológicas evidenciam que, provavelmente, a uva venha sendo cultivada há mais de 4 mil anos. Tanto o vinho como a cerveja podem ter sido produzidos pela primeira vez acidentalmente, como diz este texto.

Conta uma lenda persa que um senhor de muitas posses gostava tanto de uvas que, para poder consumi-las ao longo do ano, decidiu guardá-las em recipientes. Temeroso de que os servos do palácio as roubassem, rotulou esses recipientes com uma etiqueta onde escreveu a palavra "veneno". Certa vez, uma das mulheres favoritas desse senhor, ao ser por ele desprezada, decidiu acabar com sua própria vida. Dirigiu-se ao local onde estavam guardados esses recipientes e bebeu um trago. Apreciou tanto o sabor que decidiu, já que morreria, saborear esse último momento e continuou a beber. Para sua surpresa, no lugar do frio da morte sentia calor irradiando-se por todo seu corpo.

Correu para contar o que se passou ao seu senhor e este pôde confirmar que as uvas haviam se transformado num sumo ligeiramente ácido e muito excitante. Para a grande alegria de sua favorita, o episódio valeu-lhe a reconciliação com o seu senhor, que passou a produzir para si aquele precioso líquido e em pouco tempo todos na região estavam fabricando vinho.

Há várias menções ao vinho na Bíblia, tanto no Antigo como no Novo Testamento. Uma delas diz: "Noé plantou uma vinha e, tendo bebido seu vinho, se embriagou em sinal de agradecimento". A história do vinho se encontra ligada à mitologia, especialmente à do deus Baco (filho de Zeus). Foi ele que, vindo da Ásia, espalhou o vinho pelas terras banhadas pelos rios Tigre e Eufrates (região onde atualmente está o Iraque), pelo Egito e pelos países mediterrâneos da Europa (Grécia e Itália, principalmente). Baco era considerado o criador e protetor da vida e seu culto estava relacionado à celebração da vinha e do vinho. Um dia do ano era dedicado a Baco, quando ocorriam orgias. Essas festas, provavelmente surgidas no Egito, depois seriam celebradas na Grécia e mais tarde em Roma. Os poderes públicos romanos ordenaram seu fim com um decreto em 186 a.C. Em antigas adegas assírias, nas pinturas funerárias egípcias e em pedras encontradas em Cartago, Túnez e no Marrocos, há alusões ao vinho.

Hussenot/photocuisine/Corbis/Latinstock

Mauro Magliani/Alinari Archives/Corbis/Latinstock

Figura 1-65: A história do vinho se confunde com a mitologia, especialmente a do deus Baco.

Menções ao vinho também podem ser encontradas na literatura antiga. Homero (século VIII a.C.) já citava alguns vinhos de renome consumidos na Grécia antiga. Ele fornece detalhes referentes ao armazenamento e à maneira de beber. Outros autores antigos, como o poeta Hesíodo (século VIII a.C.), os historiadores Heródoto (485 a.C.?-420 a.C.) e Jenofonte (431 a.C.-354 a.C.), e o geógrafo Estrabón (64 a.C.?-24 d.C.?), fornecem detalhes que permitem saber onde estavam situados os principais vinhedos na Antiguidade. Na Ásia, prosperavam nas margens do Golfo Pérsico, na Babilônia, na Assíria, nas margens dos mares Cáspio, Negro e Egeu, na Síria e na Fenícia. A Palestina também produzia vinhos de grande reputação.

A cultura de vinhedos e a produção de vinhos, já florescente no Egito, estendeu-se até a Europa. Com a expansão do Império romano, a produção e o consumo de vinhos espalharam-se por toda a Europa. Durante a Idade Média, a Igreja contribuiu ainda mais para a expansão da produção de vinhos na Europa, com os vinhedos sendo cultivados nas abadias e nos monastérios. Os senhores feudais não tardaram a seguir o exemplo dos religiosos e as vinhas começaram a surgir ao redor de castelos, como já acontecia nos monastérios e nas cidades episcopais.

JG Photography/Alamy/Other Images

Figura 1-66: **A Igreja incorporou o vinho ao ritual da Eucaristia.**

Em relação à cerveja, sua produção foi aperfeiçoada por egípcios e sumérios, há 5 mil anos, mas a bebida, tal como a conhecemos hoje, teve sua origem na Europa durante a Idade Média. Os monges da época produziam cervejas dos mais variados tipos, mas consideravam o processo de fermentação um milagre divino, pois não entendiam como o fermento agia nesse processo. É atribuída a eles a ideia de introduzir o lúpulo na composição da cerveja, substituindo os aromatizantes utilizados inicialmente. Isso mudou sensivelmente o sabor e o aroma da bebida, acentuando as características das cervejas e dando-lhes o sabor que permanece até os dias atuais.

Heudes Regis/Editora Abril

Figura 1-67: **Hoje em dia, a grande maioria das cervejas são produzidas industrialmente.**

O vinho e a cerveja são exemplos de bebidas fermentadas. As bebidas fermentadas têm teor alcoólico mais baixo, de 4% a 12% de álcool. Já as bebidas destiladas apresentam teores alcoólicos mais elevados, de 20% a 60%. Cachaça, uísque, vodca, rum e tequila são exemplos de bebidas destiladas. A produção dessas bebidas também envolve a fermentação de algum sumo de plantas, que é, então, destilado.

ATIVIDADE 4

Bebida e direção: uma mistura perigosa

Dirigir embriagado tem, muitas vezes, consequências fatais, e muitas vezes as vítimas não são apenas os motoristas embriagados, mas também pessoas que nada tinham que ver com a situação. No Brasil, o Código Nacional de Trânsito prevê desde a retenção do veículo, até a apresentação de condutor habilitado e recolhimento do documento de habilitação do motorista que estiver dirigindo embriagado.

Denatran

Figura 1-68: Beber e dirigir pode ter consequências funestas.

Segundo documento do Departamento Nacional de Trânsito (Denatran):

> "(...) dosagem excessiva (de álcool no sangue) conduz à perigosa diminuição da percepção e à total lentidão dos reflexos, diminuindo a consciência do perigo. Todo condutor em estado de embriaguez, mesmo leve, compromete gravemente sua segurança e a dos demais usuários da via".

O Código Nacional de Trânsito define essa infração no seu artigo 165:

> Art. 165. Dirigir sob a influência de álcool, em nível superior a seis decigramas por litro de sangue, ou de qualquer substância entorpecente ou que determine dependência física ou psíquica. Infração – gravíssima; penalidade – multa e suspensão do direito de dirigir; medida administrativa – retenção do veículo até a apresentação de condutor habilitado e recolhimento do documento de habilitação.

Como as taxas de metabolismo variam de pessoa para pessoa, os valores estabelecidos no Código de Trânsito correspondem a uma média. O álcool etílico é absorvido no estômago e no intestino delgado. A sua presença no sangue é detectada 5 minutos após a ingestão da bebida e a concentração máxima no sangue é atingida 30 a 90 minutos após ser ingerida. Tomar leite ou comer alimentos gordurosos dificulta a absorção do álcool pelo organismo, enquanto beber água a facilita. Após entrar na corrente sanguínea, o álcool é distribuído pelo sistema circulatório por todo o organismo, indo para os diversos órgãos do corpo, para o fluido espinhal, urina e ar pulmonar, em concentrações que mantêm uma relação constante com aquela do sangue. Por isso, sua presença pode ser detectada por meio de bafômetros.

Ernesto Reghran/Pulsar Imagens

Figura 1-69: O uso do bafômetro ajuda a revelar os níveis de álcool no organismo de uma pessoa.

O álcool é eliminado após ter sido metabolizado no fígado, onde é inicialmente oxidado a aldeído acético (etanal), substância então oxidada a ácido acético, o qual finalmente é transformado em gás carbônico (CO_2) e água. Os produtos parciais dessa oxidação, o aldeído e o ácido acético, produzem o gosto desagradável na boca da pessoa com ressaca de bebida alcoólica. Uma quantidade bem menor – menos de 10% – do álcool etílico ingerido é excretado quimicamente inalterado na urina, no suor e no ar expirado. O álcool libera uma grande quantidade de energia ao ser oxidado, cerca de 7,1 kcal $\cdot$ g^{-1}, valor equivalente àquele liberado por carboidratos e lipídios, mas não oferece vantagens como fonte de energia ou alimento. Primeiramente, porque o etanol não é convertido em glicose ou glicogênio no organismo. As calorias consumidas por meio de sua ingestão, se estiverem acima das necessidades diárias, são convertidas em gordura, resultando, a longo prazo, nos indesejáveis "pneus" na barriga. Além disso, o consumo excessivo de etanol pode resultar em hipoglicemia para o indivíduo.

Café forte e banho frio não aceleram o metabolismo do etanol no organismo humano. A melhor receita é seguir a máxima: "se dirigir, não beba; se beber, não dirija".

Nesta atividade, vocês realizarão uma série de cálculos para saber o que significa o valor definido no Código de Trânsito (6 decigramas por litro de sangue, 6 dg $\cdot$ L^{-1}), em termos de doses das bebidas alcoólicas mais comuns disponíveis no mercado. Lembrem-se de que um decigrama é igual a 10^{-1} do grama, portanto esse valor é igual a 0,6 g $\cdot$ L^{-1} de sangue.

O cálculo deverá ser feito para pelos menos três bebidas destiladas – por exemplo, uísque, cachaça e vodca – e duas bebidas fermentadas – como cerveja e vinho.

O que fazer

A16 Obtenham informações sobre o teor alcoólico das bebidas citadas anteriormente. Como essa informação é fornecida em °GL, o número obtido corresponde ao volume de álcool, em mL, em 100 mL da bebida.

A17 Obtenham informações sobre o volume das doses em que são usualmente servidas (copo de cerveja, taça de vinho, dose de uísque, vodca e cachaça).

A18 Convertam os volumes para gramas, usando o valor de densidade do álcool a 25 °C, igual a 0,8 g $\cdot$ cm^{-3}. Outra informação necessária é a do volume de sangue que circula no corpo de uma pessoa. Usem o valor médio de 5 litros.

A19 Determinem quais quadros deverão ser construídos e quais cálculos deverão ser realizados.

Questões

Q51. Pesquisem nos documentos do Denatran, na página desse departamento na internet (disponível em: <www.denatran.gov.br>, acesso em: 14 dez. 2009), ou na Secretaria de Transportes da Prefeitura da sua cidade a informação sobre a equivalência do limite permitido por lei para o álcool no sangue de condutores de veículo automotor. Depois, comparem com os valores que vocês obtiveram. Há discrepâncias?

Observação: Não deixem de indicar a fonte da pesquisa realizada.

Q52. Organizem um mural com as informações obtidas nesta atividade e outras informações sobre os problemas relacionados ao consumo de bebida alcoólica. Com o auxílio do professor, organizem uma exposição desse material em lugares da escola frequentados por todos.

Ivan Coutinho/Arquivo da editora

TEXTO 16

Mas nem tudo é dor: o ácido acetilsalicílico e o paracetamol

Estudamos até agora, neste capítulo, algumas drogas cujo consumo em excesso pode resultar em sérios problemas de saúde para os usuários. Vamos agora tratar de alguns medicamentos cujo consumo em excesso também traz riscos para a saúde, mas que representam um grande avanço da farmacologia ao proporcionar alívio para as dores de cabeça, febre e inflamações. Por exemplo, o estudo da estrutura química do ácido acetilsalicílico nos dará oportunidade de conhecer uma outra função orgânica, a dos **ácidos carboxílicos**.

O ácido acetilsalicílico talvez seja o medicamento mais usado em todo o mundo, pelo seu preço e disponibilidade, como analgésico (para o alívio das dores), antitérmico ou antipirético (para abaixar a febre) e anti-inflamatório (para reduzir inflamações). Esse medicamento também é usado no tratamento de artrites reumatoides e na prevenção de casos específicos de derrames e ataques cardíacos, que estão associados ao acúmulo de plaquetas nos vasos sanguíneos.

O ácido acetilsalicílico foi sintetizado pela primeira vez em 1853. Uma indústria farmacêutica alemã começou a comercializá-lo em cápsulas em 1899. Em 1915, passou a ser vendido em tabletes. Atualmente, os tabletes contêm cerca de 300 mg de ácido acetilsalicílico misturados num ingrediente inerte. Esse ácido é sintetizado por meio da reação entre o anidrido acético e o ácido salicílico. O anidrido acético, por sua vez, é obtido pela desidratação (perda de moléculas de água) do ácido acético. Este último está presente, normalmente na concentração de 5% em volume, no vinagre, tempero de salada muito comum nas nossas refeições, obtido pela oxidação do etanol presente no vinho. Na figura ao lado mostramos a representação, por meio de equações químicas, para essa reação.

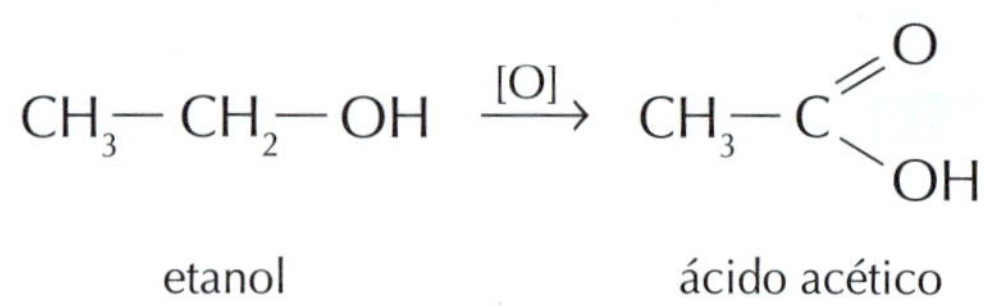

Figura 1-70: Oxidação do etanol por ácido acético.

Nessa equação, o símbolo [O] sobre a seta indica a oxidação. No caso da produção de vinagre, essa oxidação ocorre pela simples exposição prolongada do vinho ao oxigênio do ar. Quando deixamos um vinho aberto por algum tempo, podemos observar esse efeito. O gosto do vinho torna-se amargo e normalmente falamos que ele "vinagrou".

A desidratação de duas moléculas de ácido acético produz o anidrido acético.

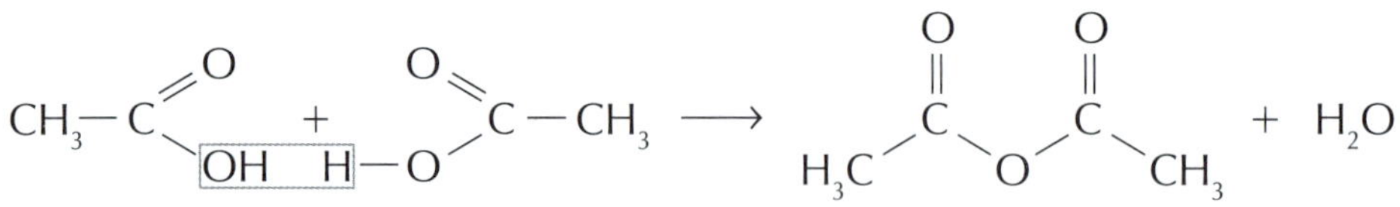

Figura 1-71: A desidratação do ácido acético produz anidrido acético.

O ácido salicílico reage com o anidrido acético produzindo o ácido acetilsalicílico e regenerando uma molécula de ácido acético.

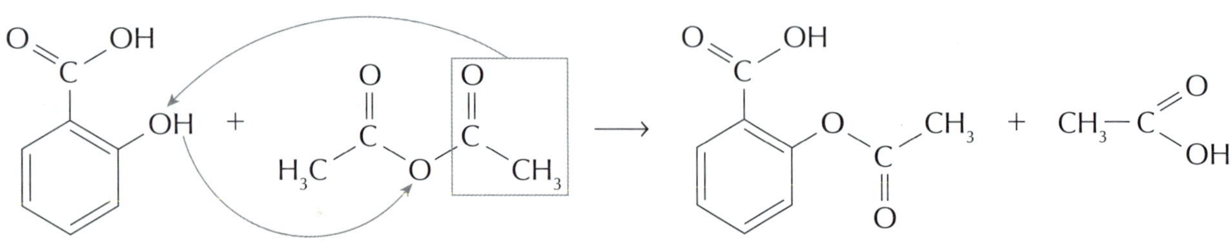

Figura 1-72: Reação do ácido salicílico com o anidrido acético, produzindo ácido acetilsalicílico e ácido acético.

O ácido acetilsalicílico atua contra dores, febres e inflamações porque previne a formação de prostaglandinas no organismo. Esses compostos têm esse nome porque foram descobertos no fluido seminal e no tecido da próstata. Ocorrem praticamente em todos os tecidos e fluidos do organismo, desempenhando importante papel na sensação de dor e na transmissão dessa sensação pelo sistema nervoso, no aparecimento da febre e nas inflamações. Ao prevenir a formação de prostaglandinas, o ácido acetilsalicílico alivia cada um desses sintomas.

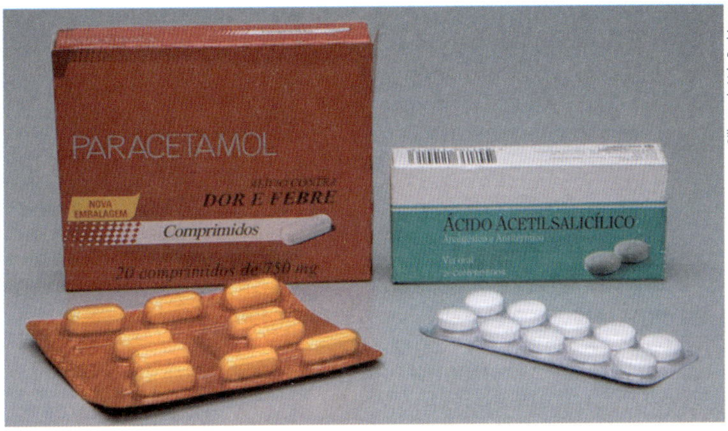

Gilberto do Vale Rodrigues

Figura 1-73: **Ácido acetilsalicílico ou paracetamol?**

Por causa das reações adversas provocadas pelo consumo excessivo de ácido acetilsalicílico, principalmente dores de estômago e em alguns casos até úlceras estomacais, outros analgésicos e antitérmicos têm-se tornado cada vez mais populares; o mais comum deles é o **acetoaminofeno** ou **paracetamol**. A existência desses analgésicos e antitérmicos alternativos ao ácido acetilsalicílico tem sido particularmente importante para aliviar a febre de quem contrai a dengue, epidemia que tem assolado o Brasil nos últimos anos. Por causa da ação do ácido acetilsalicílico, inibindo a formação de plaquetas – pequenos corpos presentes no soro sanguíneo que contêm as substâncias responsáveis pela coagulação –, a administração dele aumenta o risco de hemorragia gastrointestinal, o que pode agravar os sintomas da dengue.

Embora bem menos tóxico do que outros compostos similares, o uso de acetoaminofeno em doses maiores do que as recomendadas, junto ou após ingestão de muita bebida alcoólica, pode provocar danos irreversíveis e mesmo letais ao fígado.

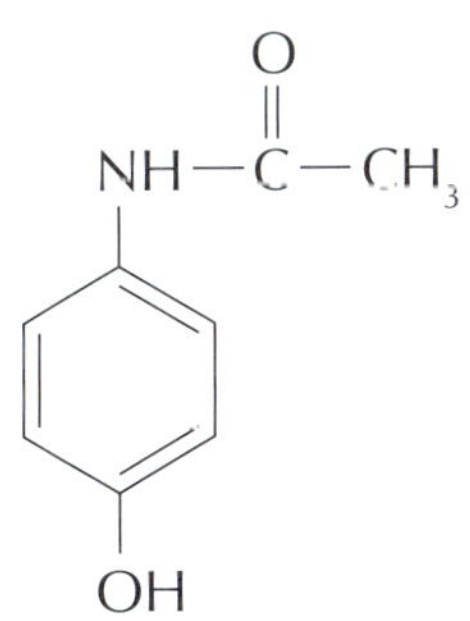

Figura 1-74: **Estrutura do acetoaminofeno, medicamento alternativo ao ácido acetilsalicílico.**

O grupo funcional responsável pela acidez dos ácidos orgânicos, que pertence à função orgânica denominada ácidos carboxílicos, é a chamada **carboxila**.

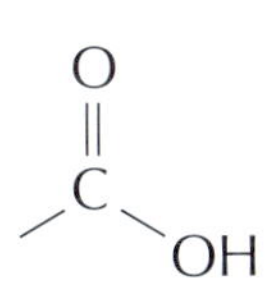

Figura 1-75: **Carboxila.**

Note que o ácido acetilsalicílico tem um único grupo carboxílico. A outra carboxila presente na molécula se ligou à hidroxila do anel benzênico, formando um grupo característico de uma outra função orgânica, os **ésteres**. Na estrutura do acetoaminofeno existe ainda um outro grupo funcional característico de uma função orgânica não estudada até o momento: a **amida**. Ela pode ser considerada como uma derivada dos ácidos carboxílicos pela substituição do grupo –OH da carboxila por $-NH_2$, –NHR ou NR_1R_2, em que R indica grupos orgânicos. No caso do acetoaminofeno, esse grupo é um fenol, que tem o anel benzênico ligado ao grupo –OH.

Os ésteres são considerados produtos da reação entre um ácido carboxílico e um álcool com a eliminação de água. A reação entre o ácido acético e o etanol forma o éster chamado **acetato de etila**.

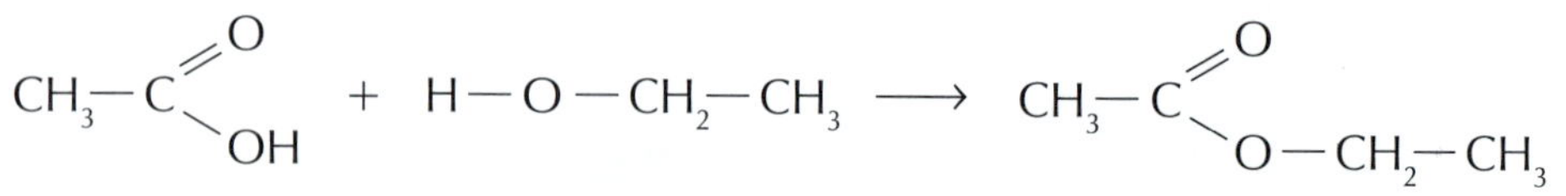

ácido acético etanol acetato de etila

Figura 1-76: Reação do ácido acético com o etanol, produzindo o acetato de etila.

Muitos ésteres são encontrados naturalmente nas frutas e conferem a elas seu odor característico, pois são líquidos voláteis. Por isso, os ésteres são usados como essência na fabricação de perfumes e como aromatizantes em alimentos.

Figura 1-77: Os ésteres são usados na fabricação de diversos produtos, como sabão e essências de perfumes.

Outros tipos de ésteres encontrados na natureza são as gorduras e os óleos vegetais, nesse caso **triésteres** que podem ser formalmente considerados derivados do glicerol e de ácidos carboxílicos de cadeia longa, chamados de **ácidos graxos**. A estrutura do **glicerol** e de uma gordura, a **estearina**, são apresentadas a seguir:

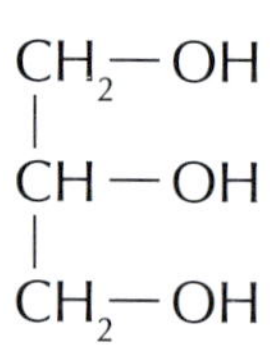

Figura 1-78: A molécula de glicerol.

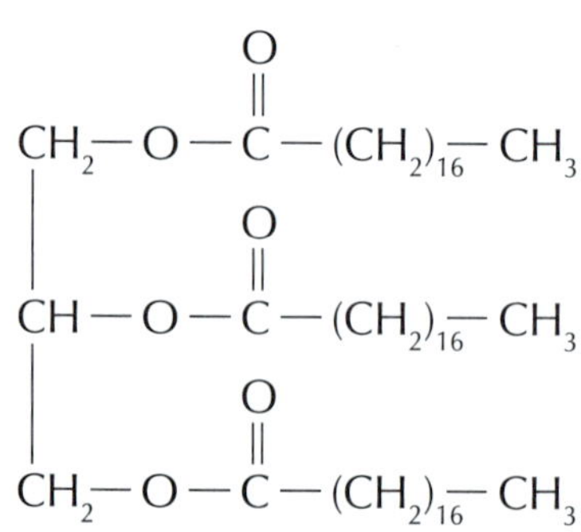

Figura 1-79: A molécula da estearina.

As gorduras são usadas na fabricação de sabão. A reação entre uma gordura como a estearina e o hidróxido de sódio (soda cáustica, NaOH) é conhecida como reação de **saponificação** e produz um sal com longa cadeia carbônica e o glicerol. Esse sal, como já vimos no capítulo 1 da parte 2, tem uma parte solúvel em gordura (a longa cadeia carbônica) e outra solúvel em água (a parte iônica do sal), o que propicia que as gorduras presentes na sujeira sejam solubilizadas na água.

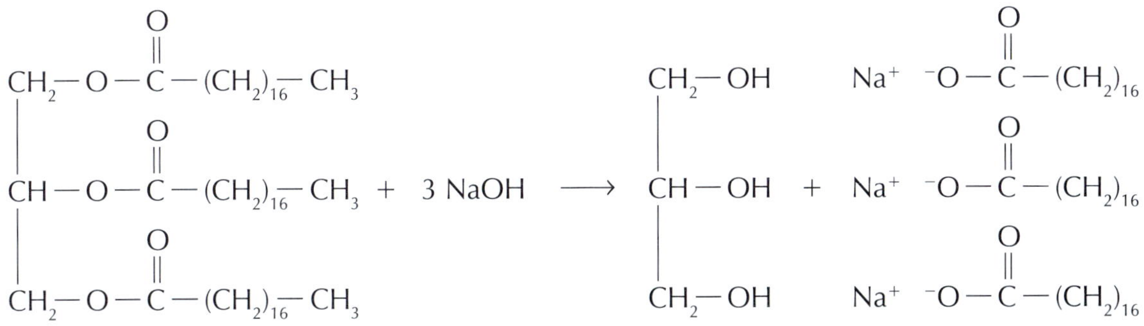

Figura 1-80: Reação de saponificação da estearina.

Os ácidos carboxílicos são geralmente ácidos fracos e, em água, ionizam-se parcialmente formando um ânion e H_3O^+. No caso do ácido acético, esse ânion é o acetato ($CH_3—COO^-$).

A nomenclatura Iupac dos ácidos carboxílicos usa o sufixo **oico** e coloca a palavra "ácido" no começo do nome. O ácido acético, nesse sistema de nomenclatura, chama-se **ácido etanoico**, em que o prefixo **et** indica que existem dois átomos de carbono na cadeia. No caso dos ésteres, o grupo que vem do ácido passa a ter o sufixo **ato** em vez de **oico**, e o grupo que vem do álcool passa a ter o sufixo **ila**. Portanto, a reação entre o ácido etanoico e o etanol, já mostrada, dá origem ao **acetato de etila** ou **etanoato de metila**, esse último de acordo com a nomenclatura Iupac.

EXERCÍCIOS

E8. Procure em sua casa ou em uma farmácia medicamentos que contenham ácido acetilsalicílico ou paracetamol (acetoaminofeno). Lembre-se de que medicamentos para gripe geralmente contêm esses produtos. Identifique na embalagem ou na bula a composição do comprimido, a dosagem de cada componente em um tablete e as contraindicações.

E9. A vitamina C, que tem o nome químico de ácido ascórbico, também é um ácido orgânico, embora não pertença à classe de ácidos carboxílicos. A ausência de vitamina C na dieta alimentar pode provocar escorbuto, uma doença que assolava os marinheiros na época dos descobrimentos. No capítulo 5 da parte 2, vimos que Vasco da Gama, o navegador português que em 1497 cruzou pela primeira vez o Cabo da Boa Esperança, descobrindo um caminho alternativo para as Índias, perdeu mais da metade de seus homens por doenças provavelmente relacionadas à debilidade do organismo provocada pelo escorbuto.

a) Informe-se sobre alimentos que contêm vitamina C e elabore uma lista. Tente descobrir a quantidade de vitamina C presente em 100 g ou 100 mL de cada um desses alimentos.

b) Relacione os alimentos que você ingere normalmente num dia e calcule a quantidade de vitamina C consumida diariamente. Considerando que a quantidade diária recomendada de vitamina C é igual a 60 mg (0,060 g), sua alimentação cotidiana provê a quantidade necessária de vitamina C?

TEXTO 17

Cafeína

A **cafeína**, um dos alcaloides (substância química de caráter básico, derivada principalmente de plantas, que contém carbono, nitrogênio, oxigênio e hidrogênio) mais utilizados pelas pessoas, está presente nas sementes de café, nas folhas de alguns tipos de ervas usadas na preparação de chás, no cacau e na fruta do guaraná.

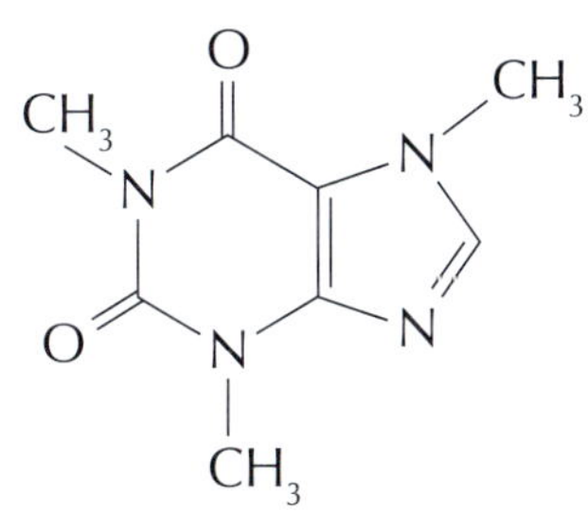

Figura 1-81: Fórmula estrutural da cafeína.

Sua ação é estimulante do sistema nervoso central, aumentando a agilidade e a facilidade na concentração e na atenção, além de diminuir a fadiga. No sistema cardiovascular, causa taquicardia e leve vasodilatação periférica e possui efeito diurético.

Sérgio Dotta Jr/Arquivo da editora

Roberto Loffel/kino.com.br

Iara Venanzi/kino.com.br

Figura 1-82: A cafeína é um estimulante presente no café e em outros produtos.

A cafeína é encontrada em proporções diferentes dependendo da composição química da planta da qual é extraída. Na planta que dá origem ao chá-mate, a quantidade existente dessa substância está entre 2 e 4%; no café, entre 0,6 e 2%; e no cacau, entre 0,05 e 0,3%. Ela é também adicionada a bebidas do tipo "cola" a uma concentração de 35 a 55 mg por garrafa. A quantidade de cafeína em uma xícara de café depende de como ele foi feito, mas, em geral, a concentração fica entre 100 a 150 mg por xícara. A dose letal para um adulto é estimada em cerca de 10 g se a administração for oral.

Os usos farmacológicos da cafeína estão relacionados ao tratamento da febre, dores de cabeça e resfriados, entre outros. Apesar de ser utilizada como medicamento, o consumo excessivo dessa substância pode não ser benéfico para o organismo.

EXERCÍCIOS

E10. Identifique e nomeie as funções orgânicas presentes na fórmula estrutural da cafeína.

E11. Com base nas informações contidas no texto e na lista de alimentos que você normalmente ingere, já apresentada no item b do exercício E9, calcule a quantidade de cafeína que você ingere por dia.

TEXTO 18

Maconha

A maconha é, na atualidade, a droga ilegal mais popular e também a mais polêmica. Avaliação divulgada em relatório da Organização Mundial da Saúde (OMS) sobre a droga, estima que os usuários em todo o mundo representem 2,5% da população do planeta. Existem movimentos pela descriminalização de seu uso em muitos países, incluindo o Brasil. Recentemente, uma marcha pela descriminalização da maconha reuniu, no Rio de Janeiro, pessoas tão diversas como usuários e até mesmo um ministro de Estado. O uso dessa droga não é crime na Holanda, onde pode ser comprada e consumida em cafés espalhados por Amsterdã.

Aqueles que defendem sua descriminalização alegam que a maconha, quando consumida moderadamente, faz menos mal à saúde do que o álcool e o cigarro. Relatório da OMS sobre a droga desmente alguns fatos sobre a maconha que já foram considerados, no passado, como científicos.

Por exemplo, as afirmações de que a maconha provoca a diminuição na produção de espermatozoides pelo homem ou que causa câncer não são confirmadas pelo relatório.

O principal argumento das pessoas contrárias à descriminalização da maconha é que ela seria o caminho de entrada para o mundo das drogas, sendo apenas um passo em direção a entorpecentes mais pesados e mortais. O relatório da OMS mostra que essa afirmação é relativa, pois, apesar de muitos jovens ampliarem o coquetel de drogas depois de experimentar a maconha, a imensa maioria dos usuários de maconha não usa cocaína ou heroína. O mesmo relatório, no entanto, fornece outros argumentos para os que são contrários à descriminalização da maconha: fumantes assíduos de maconha podem ter reduzidas a memória e capacidade de aprender e de raciocinar; o uso dessa droga altera a capacidade de dirigir veículos e pode provocar acidentes no trânsito; a fumaça causa danos ao pulmão e está associada ao aparecimento da bronquite etc.

Pascal Deloche/Godong/Corbis/Latinstock

Figura 1-83: **A folha da maconha tornou-se um símbolo para aqueles que defendem sua descriminalização.**

Já foram escritas milhares de páginas sobre a maconha, muitos livros completos, mas ainda conhecemos muito pouco sobre essa droga. Neste texto, vamos falar um pouco sobre a química desse entorpecente e sobre algumas das maneiras pelas quais os químicos estão relacionados a esse problema.

A planta *Cannabis sativa*, a partir da qual a maconha é produzida, tem sido usada há milhares de anos pela humanidade. O caule da *Cannabis sativa* produz fibras resistentes usadas na fabricação de cordas, e a maconha tem sido empregada em rituais religiosos tribais desde a Antiguidade, além de também ter uma longa história de uso medicinal, particularmente na Índia.

O termo **maconha** refere-se a uma preparação que reúne as folhas, flores, sementes e pequenos galhos da planta. Quando essa preparação é seca, a droga está pronta para ser fumada. A maconha contém uma variedade de substâncias químicas, muitas delas ainda não identificadas. O principal componente ativo é o tetraidrocanabinol (THC). Existem, na realidade, diversos canabinoides ativos na maconha.

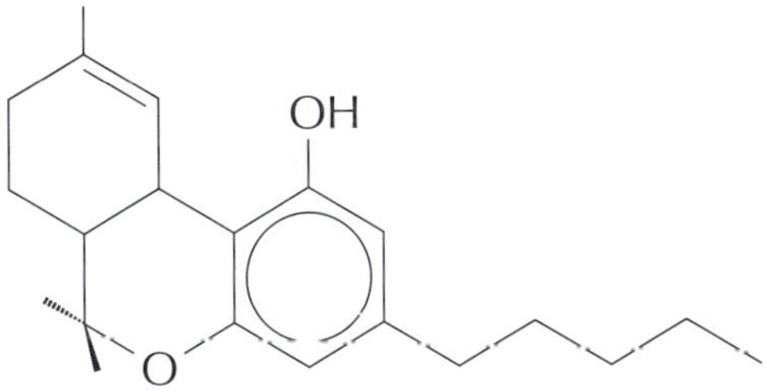

Figura 1-84: **Fórmula estrutural do tetraidrocanabinol.**

As plantas de *Cannabis sativa* podem apresentar concentrações variadas de THC. Quanto maior a concentração de THC na maconha, mais forte o efeito da droga. A concentração depende da variedade genética da planta e da forma como a maconha é preparada. A maioria da maconha consumida no Brasil tem de 1% a 2% de THC. A *ganja* jamaicana, preparada apenas a partir das flores da planta, tem um conteúdo de THC entre 4% e 8%. O haxixe, preparado a partir da resina das flores das plantas, tem de 5% a 12% de THC.

Efeitos da maconha

Os efeitos da maconha são difíceis de medir, parcialmente em razão da grande variedade de preparações com diferentes concentrações de THC. Têm sido desenvolvidas variedades genéticas com concentração padrão para serem usadas nos experimentos. Com base nessas variedades padronizadas, alguns dos efeitos da maconha podem ser medidos em experimentos reprodutíveis: fumar maconha aumenta a pulsação, distorce a percepção do tempo e debilita algumas funções motoras complexas.

Existe alguma evidência – tanto direta como indireta – de que a maconha causa danos ao cérebro. Alguns estudos com ratos mostram que as células cerebrais desses animais ficam ligeiramente deformadas, principalmente nas sinapses.

Há uma ligeira semelhança estrutural entre o THC e os hormônios femininos e há evidências de que o uso da maconha reduz a produção de hormônios sexuais femininos, alterando o ciclo menstrual. Isso pode estar relacionado ao fato de que o THC se liga fracamente aos receptores de estrogênio.

Talvez o mal mais significativo causado pela maconha esteja relacionado ao seu efeito de debilitar funções motoras complexas – como as usadas para dirigir um automóvel. Portanto, dirigir depois de fumar maconha pode ser tão perigoso como dirigir alcoolizado. Os químicos desenvolveram um detector de THC semelhante aos usados para detectar álcool no sangue. É importante não só fazer campanhas para que as pessoas não dirijam alcoolizadas ou drogadas, mas ter meios de detectar e reprimir aqueles que insistem em fazê-lo colocando a vida de outros em risco.

A maconha tem algumas aplicações médicas que estão cada vez mais legitimadas e reconhecidas, apesar de ainda serem polêmicas. Ela reduz a pressão nos olhos dos pacientes de glaucoma. Esse problema, se não for tratado, pode levar à cegueira. A maconha também tem sido usada para aliviar as náuseas que afligem os pacientes de câncer que se submetem a tratamentos com radiação ou quimioterapia.

Uma nova função orgânica presente na estrutura molecular do THC – os éteres

Na fórmula do THC aparece uma função orgânica ainda não estudada, em que um átomo de oxigênio está ligado a dois grupos orgânicos. Essa função – chamada **éter** – pode ser formalmente considerada um derivado da função álcool, pela substituição do átomo de hidrogênio do grupo –OH por um grupo alquila ou arila. A fórmula geral dessa função é:

$$R_1-O-R_2$$

em que R_1 e R_2 são grupos alquila ou arila, que podem ser idênticos ou diferentes. O exemplo mais conhecido de substância pertencente a essa função é o éter dietílico, conhecido simplesmente como éter, e que pode ser formalmente considerado um derivado do etanol pela substituição do átomo de hidrogênio do grupo –OH por um grupo etila. O éter dietílico é muito volátil e foi usado como anestésico durante muito tempo. Sua fórmula estrutural é:

$$CH_3-CH_2-O-CH_2-CH_3$$

Usando a representação mais fiel à geometria da molécula, teríamos:

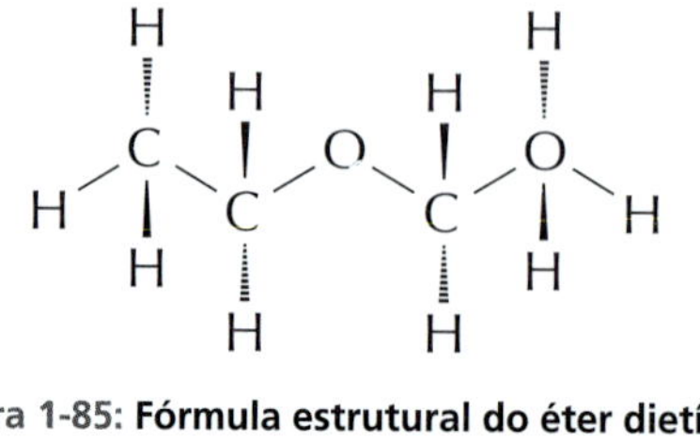

Figura 1-85: **Fórmula estrutural do éter dietílico.**

A nomenclatura dos éteres usa a palavra **éter** seguida do nome dos dois grupos ligados aos átomos de oxigênio, na ordem do menor para o maior grupo, seguida do sufixo **ílico** após o nome do último grupo. Se os dois grupos forem idênticos, como no caso do éter dietílico, o prefixo **di** é usado antes do nome do grupo.

O éter representado a seguir, que é um isômero de posição do éter dietílico, pois tem a mesma fórmula molecular e difere na posição do grupo funcional, tem o nome de éter metil *n*-propílico:

$$CH_3 - O - CH_2 - CH_2 - CH_3$$

EXERCÍCIO

Todo exercício deve ser respondido em seu caderno. Nunca escreva em seu livro.

E12. Identifique e nomeie as funções orgânicas presentes na fórmula estrutural do THC.

TEXTO 19

Cocaína[2]

Poucas drogas têm recebido tanta atenção dos meios de comunicação nos últimos tempos como a cocaína. Até mesmo novelas de horário nobre têm estimulado debates sobre a cocaína, incluindo relatos verídicos de pessoas que se tornaram dependentes de seu uso.

O que é cocaína?

Quimicamente, a cocaína é um alcaloide e tem propriedades químicas semelhantes às aminas.

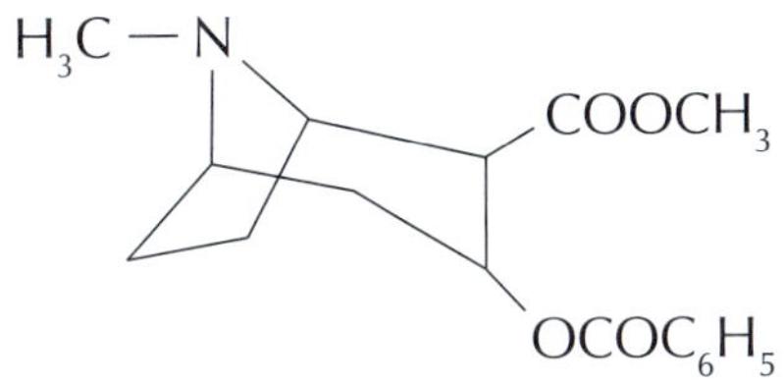

Figura 1-86: Fórmula estrutural da cocaína.

Como tal, a cocaína reage com ácidos, incluindo o ácido clorídrico (HCl), formando sais. O cloridrato de cocaína é um sal obtido na extração da cocaína e tem propriedades semelhantes às do cloreto de sódio (NaCl) – facilmente solúvel em água e razoavelmente estável quando submetido a aquecimento.

Quando o cloridrato de cocaína reage com bases, é convertido em cocaína pura, também chamada "base livre", que apresenta propriedades bem diferentes. Durante a reação de produção, essa base é formada como um sólido branco em uma fina camada semelhante a uma folha que se quebra (*cracks*) em flocos ou torrões. Por causa desse processo, o produto obtido é chamado de *crack* – denominação que também é adotada no Brasil sem tradução.

Diferentemente do sal cristalino de origem, essa base vaporiza facilmente. A inalação desses vapores de cocaína produz rapidamente uma sensação muito mais aguda e intensa comparada com a produzida pelo sal. Inevitavelmente, a depressão que se segue é também mais profunda.

[2] Informações obtidas de JOHANSON, Chris-Ellyn. *Tudo sobre drogas: cocaína.* São Paulo: Nova Cultural, 1988.

Obtendo a cocaína – transformações químicas

A cocaína é obtida a partir de plantas derivadas da *Erythroxylon coca*, que cresce abundantemente nos Andes. A composição química da planta inclui alguns alcaloides, sendo de 30 a 50% de cocaína. A droga é extraída da planta em duas fases.

Na primeira fase da extração, as folhas são colocadas em uma prensa junto com ácido sulfúrico, querosene ou gasolina e comprimidas até formar uma massa ou pasta que contém até 90% de sulfato de cocaína.

Na segunda fase, para remover as impurezas remanescentes, essa pasta é tratada com HCl e produz o cloridrato de cocaína, branco e cristalino.

Para elevar os lucros, o cloridrato de cocaína costuma ser diluído ou adulterado com açúcares, anfetaminas ou anestésicos, produtos mais baratos e acessíveis nas regiões onde a droga será consumida. Assim, a cocaína vendida aos usuários, em geral, tem pureza de 12 a 75% e expõe o consumidor a outras substâncias desconhecidas e potencialmente perigosas.

Uma breve história de seu cultivo e uso

Muito antes da descoberta do processo de extração da cocaína, os indígenas do Peru e de outros países sul-americanos já mascavam as folhas de coca. Como não há registros históricos dessa prática, nosso conhecimento acerca do assunto nesse período deve-se a fontes arqueológicas. A planta de coca era tida como um presente dos deuses e usada em rituais religiosos, em funerais ou em certas ocasiões específicas.

Marcos Sá Correia/Abril Imagens

Figura 1-87: Plantação e folha de coca.

Em 1855, o químico Gaedecke (1828-1890) extraiu um resíduo oleoso das folhas de coca e, com isso, produziu uma substância cristalina à qual deu o nome de "eritroxilina". Quatro anos mais tarde, Albert Niemann (1834-1861), assistente de Friedrich Wöhler (1800-1882), o "pai da Química orgânica", extraiu dessa substância a cocaína refinada. Apesar de já se conhecer a estrutura química da cocaína desde o fim do século XIX, somente em 1955 ela pôde ser comprovada.

A incerteza acerca da estrutura química da droga sintetizada, porém, não impediu o seu consumo. O uso – e o abuso – da cocaína alastrou-se rapidamente depois que Niemann conseguiu efetuar seu refino, e a pesquisa sobre os efeitos da droga, tanto em animais como em seres humanos, começou a ser incrementada. Em 1883, por exemplo, Theodor Aschenbrandt, um cirurgião do Exército bávaro, escreveu exaustivamente sobre a utilidade da cocaína para acabar com o cansaço nas batalhas e fazer com que os soldados feridos lutassem. Seu trabalho chamou a atenção de Sigmund Freud (1856-1939), então um jovem neurologista vienense, que se dedicou ao assunto. Até bem pouco tempo atrás, a mais completa descrição dos efeitos psicológicos e fisiológicos da cocaína encontrava-se na obra de Freud, mais precisamente em *Uber Coca*. Freud também fez experiências minuciosas acerca dos efeitos da cocaína na energia muscular, do seu tempo de reação e de sua influência na disposição psicológica.

Como resultado de suas pesquisas, Freud chegou a acreditar que a cocaína era uma droga miraculosa, capaz de curar vários males e tornar mais agradável a vida.

O uso da cocaína e as pesquisas que foram sendo desenvolvidas mostraram que ela é uma droga perigosa e que causa dependência e muitos danos à saúde de seus consumidores.

Portrait Essentials/Alamy/Other Images

Figura 1-88: **Sigmund Freud.**

Como funciona a dependência?

A cocaína produz euforia, uma grande sensação de bem-estar e uma ilusão de imenso poder – todos esses sentimentos seguidos por uma depressão que conduz o usuário a utilizar a cocaína novamente para obter, mais uma vez, as sensações proporcionadas pelo entorpecente. Desse modo, o usuário entra em um ciclo de euforia, depressão e ânsia por mais cocaína. À medida que ele vai se tornando mais tolerante à droga, esses efeitos tendem a se tornar menos intensos e ele necessita, então, de doses cada vez maiores para ter a ilusão de que vai retomar os efeitos que tinha ao se iniciar na droga. Por esse processo perverso, muitas pessoas já morreram da chamada *overdose* (essa palavra, em inglês, também passou a ser usada sem tradução, no português), incluindo alguns dos ídolos da música *pop*, nacional e internacional – isso levou Cazuza (1958-1990), cantor brasileiro, a dizer, na canção "Ideologia", que "meus heróis morreram de *overdose*".

EXERCÍCIO

E13. Identifique e nomeie os grupos funcionais presentes na fórmula da cocaína.

TEXTO 20

Sobre o ópio e seus derivados: morfina e heroína

Uma breve história do cultivo e uso do ópio

No século I, um texto de abertura de um tratado sobre farmacologia – *De Materia Medica* – descrevia o ópio. Uma listagem de ervas dos assírios fazia referência à planta da papoula e ao ópio. O cultivo da planta para a obtenção do ópio espalhou-se da Grécia e da Mesopotâmia em direção ao leste. Aparentemente, o ópio era desconhecido na Índia e na China nos tempos antigos. A ampliação e o desenvolvimento de suas culturas são relativamente recentes, em comparação com as da Grécia e do Oriente Médio. O conhecimento do ópio atingiu a China em torno do século VII, e o Japão não o cultivou antes do século XV.

J. Roberto Ciolini/Pulsar Images

Figura 1-89: **O ópio é extraído da papoula.**

O costume de fumar ópio no Oriente só apareceu depois do descobrimento da América, de onde o costume era originário. Há registros de que o ópio era um problema na China nos meados do século XVII. Entre a Primeira e a Segunda Guerra Mundial, seu cultivo ilícito começou nas montanhas do oeste do México. Depois, apareceu no Peru e Equador.

O cultivo lícito e o ilícito do ópio ocorrem, hoje, principalmente na Ásia, sendo a Índia e a Turquia seus maiores exportadores mundiais.

A morfina, contida no ópio, foi largamente usada na Guerra Civil Americana (1860-1895), sendo muito efetiva no alívio das dores provocadas pelos ferimentos dos soldados. Perceberam que ela era boa também para a cura de diarreias. Naturalmente, durante a guerra, milhares de soldados tornaram-se dependentes dessa substância.

É difícil obter o ópio bruto. Os usos legítimos do ópio são para fins medicinais. Incluem a extração dos alcaloides do ópio purificado (morfina e codeína) e a produção de manufaturados como derivados de alcaloides. Substâncias originadas do ópio, como a heroína, são também usadas ilegalmente.

Obtendo o ópio

Frutas verdes da papoula são colhidas e nelas se faz uma pequena incisão. Uma seiva, inicialmente branca leitosa, é eliminada e recolhida. Depois de seca e exposta ao ar, torna-se escura ou, em alguns tipos de ópio, preta. A matéria-prima do ópio é comercializada como aglomerados, bolos ou tijolos, que podem ser pulverizados e tratados posteriormente.

Em sua forma bruta, o ópio pode apresentar bactérias e fungos. Contém muitos alcaloides, incluindo morfina e codeína (depressores do sistema nervoso central) e papaverina (relaxante de músculo liso).

Morfina e heroína – aspectos químicos

De onde vem a heroína?

A produção da heroína em laboratório ocorre a partir de uma reação da morfina com anidrido acético (derivado da desidratação do ácido acético).

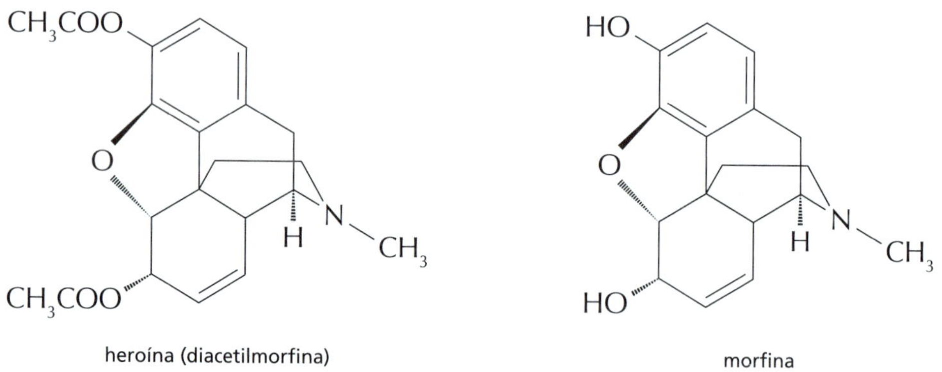

Figura 1-90: Fórmulas estruturais da heroína e da morfina.

Foi preparada por uma companhia pela primeira vez em 1874. Recebeu pouca atenção até que seu uso foi proposto como antídoto da dependência à morfina. Na virada do século XIX, era habitual manter plantações de ópio. Num esforço para eliminar a dependência da morfina, farmacêuticos alemães inventaram um derivado chamado **diacetilmorfina**. A companhia chamou-o **heroína** e comercializou a substância como menos viciante e menos tóxica do que a morfina. Divulgada por essa companhia como sedativo da tosse, tão naturalmente quanto se divulga o uso de ácido acetilsalicílico, a heroína revelou-se, tragicamente, muito mais perigosa do que a morfina. Era, na verdade, uma versão já metabolizada da morfina; assim, a heroína tinha uma rota mais direta para o cérebro do que a morfina. Por volta de 1920, a heroína ficou sendo o opiáceo mais largamente utilizado. Embora não legalizado nos Estados Unidos, seu uso é defendido para aliviar a dor de pacientes terminais de câncer.

As mortes causadas pela heroína são, geralmente, atribuídas a *overdoses*. Muitos problemas ocorrem porque, segundo laboratórios especializados, a dosagem de heroína nos "pacotes" vendidos pelos traficantes varia muito. Pode-se ingerir muito mais do que se pensa estar contido em uma amostra (dose) e é isso que, provavelmente, gera uma *overdose*. Além disso, tanto a heroína como todas as drogas em geral podem ser impuras, contendo um contrapeso de outras substâncias, seguramente prejudicando ainda mais a saúde do usuário.

Figura 1-91: A overdose matou muitos talentos da música *pop* e do *rock* prematuramente.

Morfina e heroína – dependência

Embora ainda não totalmente compreendida em termos fisiológicos e bioquímicos, dependência é um termo socialmente aceito para se referir ao estado de uma pessoa que usa compulsivamente uma droga e que muitas vezes pode cometer atos insanos para obtê-la. Dependência e tolerância são condições que levam ao vício.

A **dependência** ocorre após um constante suprimento de opiáceos, quando o cérebro se adapta a essa nova situação. Quando a droga é retirada, neurônios que até então estavam com sua ação inibida voltam a bombardear neurotransmissores. Esse descompasso no cérebro reflete-se no sistema nervoso, que produz os sintomas da abstinência dos opiáceos: náusea, espasmos musculares, ansiedade, febre, diarreia etc.

Tolerância, um outro fenômeno não totalmente compreendido, descreve a necessidade de uma droga ser administrada cada vez em maiores doses para se atingir o mesmo efeito psicoativo. Parece que, quando o equilíbrio do organismo é perturbado, como é comum nos usuários de drogas, ele trabalha para restabelecê-lo. A tolerância ocorre com o uso regular da maioria das drogas psicoativas.

A constipação é um dos efeitos que não desaparece com a tolerância ao ópio. Do uso contínuo resultam perdas de peso, deterioração mental e morte.

EXERCÍCIOS

E14. Identifique e nomeie as funções orgânicas presentes na fórmula da morfina.

E15. Em termos das funções orgânicas presentes nas moléculas de morfina e heroína, qual é a diferença entre elas?

TEXTO 21

Um pouco de fisiologia e química do sistema nervoso

O sistema nervoso é constituído por bilhões de **neurônios** – células nervosas – com milhares de conexões entre eles. O cérebro opera com uma potência aproximada de 25 W. As células nervosas, de tamanho e forma variados, transmitem mensagens entre órgãos e glândulas que agem involuntariamente (coração e órgãos digestivos, por exemplo), o cérebro e a espinha dorsal.

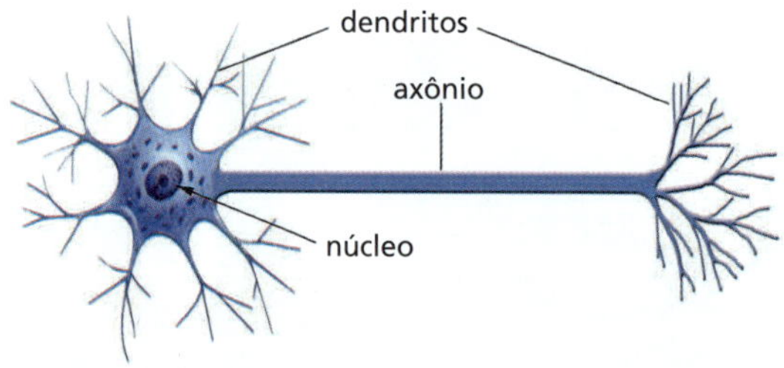

Figura 1-92: **Esquema de um neurônio.**

Os terminais de um axônio contatam-se com outras células nervosas ou com células da musculatura lisa como se fossem um feixe de filamentos de um fio condutor descoberto, em permanente contato elétrico, portanto. As células próximas respondem em conjunto a qualquer estímulo. Essa função nervosa está associada aos movimentos da musculatura de um órgão e a "ordem" que os neurônios recebem é, praticamente, de acelerar e diminuir esses movimentos. Tais funções estão relacionadas a secreções químicas dos órgãos que tenham uma função específica, como a digestão. Os órgãos funcionam influenciados pelo ritmo dado pelos estímulos nervosos.

São conhecidos dois mediadores (também conhecidos como neurotransmissores), substâncias das terminações nervosas no nível da musculatura lisa: **acetilcolina** e **noradrenalina**.

O tecido nervoso existe também na medula da suprarrenal que produz a **noradrenalina** e a **adrenalina**. Essas substâncias vão, via corrente sanguínea, para todo o organismo e têm uma ação semelhante com o sistema nervoso simpático. A noradrenalina produz a constrição de todos os vasos sanguíneos do corpo dilatando a pupila. Numa emergência, é esse sistema que funciona e permite "sair correndo" ou "estar pronto para enfrentar o inimigo".

As pesquisas científicas têm evidenciado que muitas drogas (e alguns venenos) atuam por **mimetização da ação**, ou seja, desempenham uma função similar de um neurotransmissor ou mediador. Outras atuam **bloqueando o neurorreceptor**, impedindo assim a ação do neurotransmissor específico sobre ele.

Muitos neurotransmissores são **aminas**, assim como são muitas as drogas que afetam a química do nosso cérebro.

As aminas do cérebro – alegria, depressão e neuroses

Todos temos altos e baixos na vida, o que nos deixa ora bem-humorados, ora chateados, tristes ou mesmo deprimidos e estressados. A variação desses humores se deve a muitos fatores, naturalmente. Temos tido, contudo, cada vez mais evidências para acreditar que várias substâncias formadas no cérebro estão envolvidas nessas alternâncias. São exemplos dessas substâncias a adrenalina e a noradrenalina, formadas nas glândulas suprarrenais.

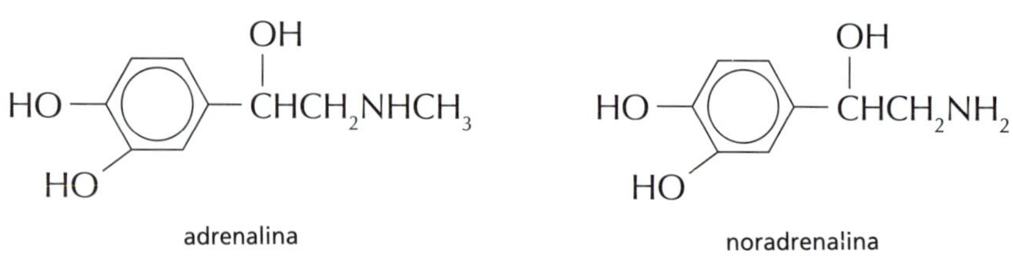

Figura 1-93: **Fórmulas estruturais para a adrenalina e a noradrenalina.**

Supõe-se que há dois tipos de aminas cerebrais envolvidas nesses distúrbios. Uma é a noradrenalina (parente da endorfina), que, se formada em excesso, causa excitação e até hiperatividade. Em grande excesso, induz ao estado maníaco. Por outro lado, a deficiência causa depressão.

As endorfinas são assim chamadas por uma combinação do sufixo **endo** (de **endógeno** = formado no interior do corpo) e **morfina** (o tipo de narcótico que imita). Mais precisamente, são produzidas pela **glândula pituitária**, uma glândula redonda situada na base do cérebro, aproximadamente no centro da cabeça.

Parece que endorfinas são mesmo nossos principais opiáceos cerebrais, produzidos em função da necessidade de reduzir dores e também produzir outros efeitos. A β-**endorfina** é encontrada em níveis bem elevados no sangue de mulheres durante o parto e em seus recém-nascidos, talvez para diminuir o estresse do nascimento para ambos os seres, mãe e filho.

A produção de endorfina é estimulada por algumas formas de acupuntura, para analgesias.

Uma outra amina envolvida na variação dos humores é a **serotonina**. Ela está envolvida no sono, na percepção sensorial e na regulação da temperatura do corpo. Seu papel exato nesses distúrbios cerebrais ainda não está determinado.

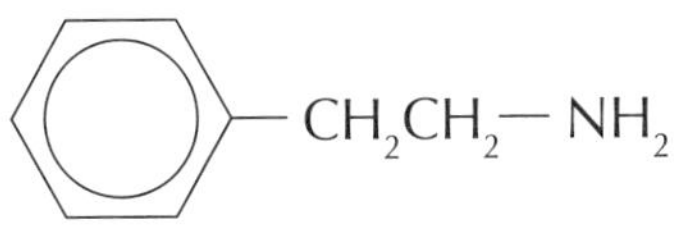

Figura 1-94: **Fórmula estrutural da feniletilamina.**

É interessante observar que o grupo β-feniletilamina é uma ramificação presente em moléculas de muitas drogas narcóticas e daquelas que alteram nossa percepção de um jeito ou de outro, a saber: mescalina, dietilamina do ácido lisérgico (LSD), morfina, heroína, entre outras. Moléculas que apresentam esse grupo geralmente afetam o processo de condução das mensagens dos nervos ao cérebro.

A figura a seguir apresenta a estrutura de alguns dos exemplos citados, destacando em **negrito** o grupo β-**feniletilamina** nas várias estruturas.

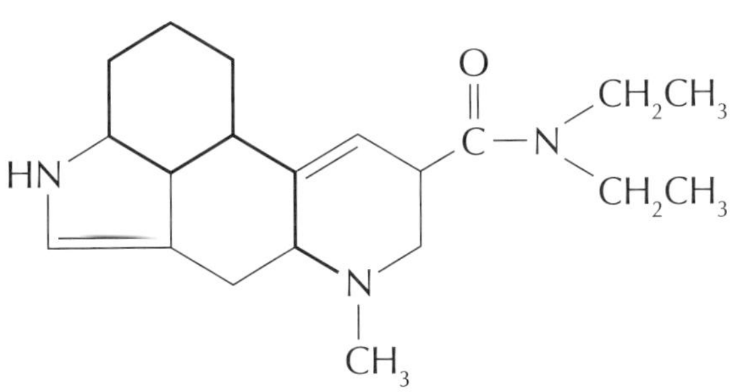

LSD

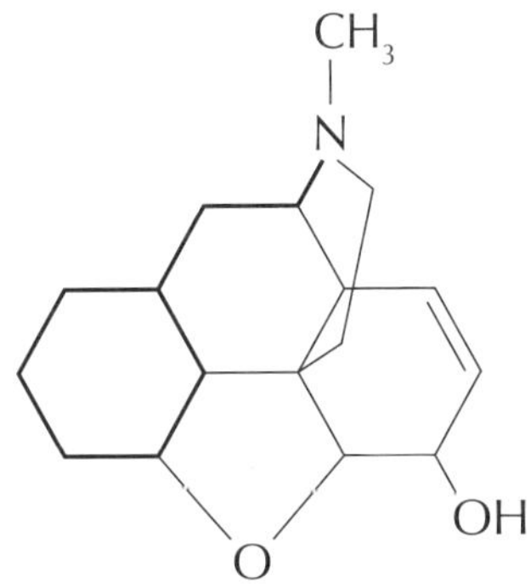

morfina

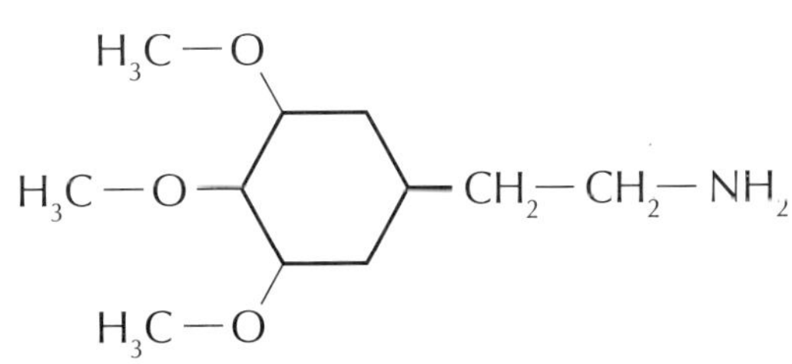

mescalina

Figura 1-95: **Fórmula estrutural de LSD, morfina e mescalina.**

As **anfetaminas** também estão incluídas nesse grupo. São elas poderosos estimulantes que aumentam a frequência do pulso e a pressão sanguínea, reduzem a fadiga e suspendem, temporariamente, a vontade de dormir. É muito comum o seu uso (e abuso) por pessoas cujas atividades exigem atenção e alerta, como estudantes e aquelas que dirigem veículos de carga ou de passageiros. Em termos médicos, as anfetaminas são usadas como descongestionantes, para controlar hemorragias, para combater os efeitos tóxicos de medicamentos que tratam da epilepsia, para reduzir peso (atualmente condenado) e para aumentar a pressão sanguínea quando ela cai perigosamente. O uso de anfetaminas facilmente induz ao seu abuso gerando, em decorrência, tremores, insônia, pressão alta, alucinação e psicose.

EXERCÍCIO

E16. Identifique e nomeie os grupos funcionais presentes nas moléculas de mescalina, LSD, adrenalina e noradrenalina.

TEXTO 22

Como fármacos atuam quimicamente no organismo?

Vimos, no capítulo 6 da parte 1, que a reatividade das substâncias depende da estrutura eletrônica dos átomos. Neste capítulo, temos a oportunidade de discutir como a reatividade das substâncias depende de sua estrutura molecular, ou seja, da forma como os átomos estão dispostos espacialmente na molécula.

O efeito biológico de algumas drogas e medicamentos sobre o organismo humano depende unicamente das propriedades físicas e químicas das substâncias neles presentes. Esses tipos de drogas e medicamentos são classificados como **fármacos estruturalmente inespecíficos**. Já para outras drogas e medicamentos, o efeito biológico depende do arranjo espacial dos grupos funcionais e das propriedades de superfície da molécula do fármaco, que devem ser complementares ao sítio receptor localizado na biomacromolécula que interage com a droga ou medicamento. Essas biomacromoléculas são, em muitos casos, enzimas, proteínas ou ácidos nucleicos presentes no organismo. Esse segundo tipo de droga ou medicamento é chamado **fármaco estruturalmente específico**.

A ação de drogas e medicamentos estruturalmente inespecíficos no organismo humano depende das interações que essas substâncias estabelecem com substâncias presentes no organismo humano. Essas interações são, muitas vezes, consequência da formação de interações intermoleculares ou de ligações químicas entre as moléculas das drogas e medicamentos e as moléculas presentes no organismo humano. Isso significa que a droga ou medicamento age no organismo porque interage com o sítio por meio de forças de Van der Waals, interação dipolo-dipolo, ligações de hidrogênio, interações eletrostáticas etc.

A ação de drogas e medicamentos estruturalmente específicos depende, além dessas interações intermoleculares e ligações químicas entre o fármaco e o biorreceptor, de uma complementaridade entre as estruturas da molécula do princípio ativo presente no medicamento e a biomolécula receptora presente no organismo. Emil Fischer (1852-1919), químico orgânico alemão, propôs, há mais de cem anos, um modelo muito simples que continua válido até hoje e que permite explicar o funcionamento dos fármacos estruturalmente específicos: o modelo chave-fechadura. Segundo esse modelo, a molécula de um medicamento (por exemplo, o ácido acetilsalicílico, já estudado neste capítulo) seria como uma chave, que – por causa da disposição espacial de seus grupos funcionais – se encaixaria perfeitamente na biomacromolécula receptora, que seria como uma fechadura, com um buraco onde se encaixaria a molécula do medicamento. O "abrir a porta" ou "não abrir a porta", nesse modelo, representaria, respectivamente, a obtenção da resposta biológica específica ou o seu bloqueio.

A figura 1-96 representa os três tipos principais de "chaves" e suas respectivas respostas biológicas. A chave original, molécula existente no próprio organismo humano e por isso chamada de **substrato endógeno**, encaixa-se perfeitamente na fechadura, o sítio receptor da biomacromolécula localizado em uma enzima ou proteína, e desencadeia resposta biológica. A chave modificada, uma molécula sintética ou de origem natural, e por isso chamada de **substrato exógeno**, tem uma distribuição dos grupos funcionais na sua estrutura que a torna semelhante à chave original. Essa molécula, apesar de diferente da chave original, entra na fechadura presente na biomacromolécula receptora e permite abrir a porta, ou seja, desencadeia uma resposta biológica qualitativamente semelhante àquela do substrato endógeno, a chave original. E, por último, a chave falsa, uma molécula sintética ou de origem natural que tem uma distribuição dos grupos funcionais na sua estrutura que permite que ela entre na fechadura, sem ser capaz de abrir a porta. Ela é capaz de ligar-se ao sítio receptor sem promover a resposta biológica e dessa forma bloqueia a ação da chave original, o substrato natural, provocando uma resposta qualitativamente inversa àquela da chave original ou modificada.

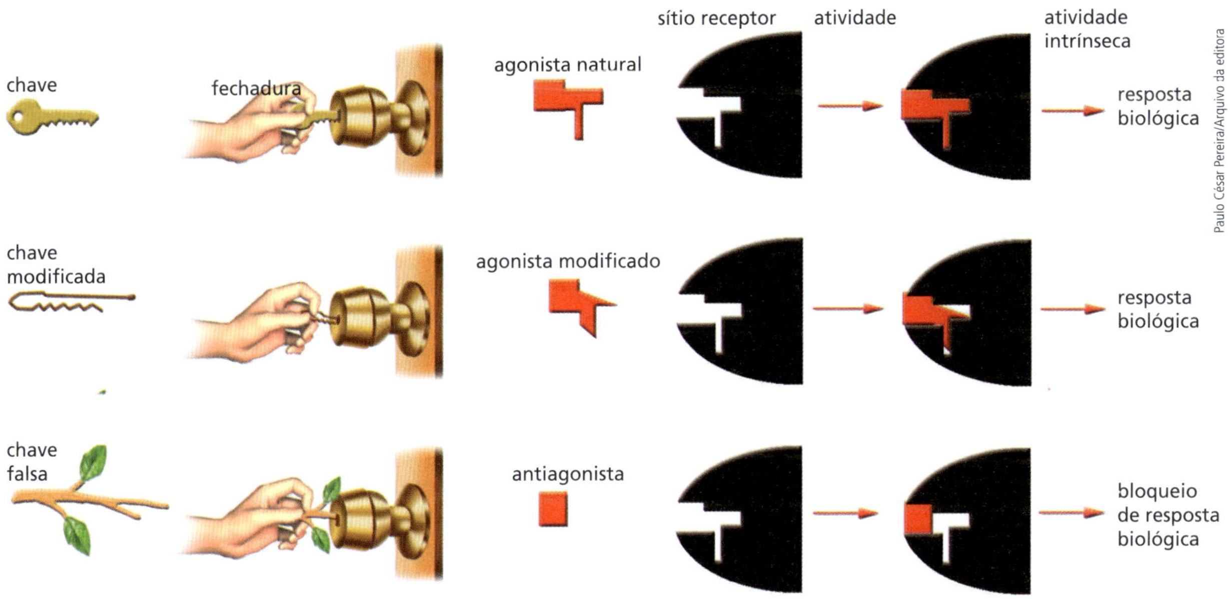

Figura 1-96: **O modelo chave-fechadura e os três tipos de interação possíveis entre a molécula de um fármaco e o sítio receptor no organismo.**

O interessante, nesse modelo, é que ele permite fazer hipóteses sobre a topografia do receptor. Conhecendo-se a estrutura molecular do fármaco, o que é uma realidade na maioria dos casos, é possível saber quais são os dentes da chave, ou seja, quais são os grupos funcionais que irão interagir com o receptor. Por meio desse conhecimento, é possível especular sobre a estrutura do biorreceptor, pois, onde existe um ressalto na chave, deve existir, no receptor, uma cavidade complementar, e vice-versa.

Esse modelo permite também especular sobre as interações intermoleculares que ocorrerão entre a molécula do medicamento e a biomacromolécula do sítio receptor. Por exemplo, no caso da molécula do acetoaminofeno, representada na figura 1-74, temos um grupo carbonila, e um grupo hidroxila (–OH), que muito provavelmente irão interagir com o sítio receptor por meio de ligações de hidrogênio, o que permite predizer que esse sítio tem átomos de hidrogênio na sua estrutura capazes de formar essas ligações de hidrogênio.

CAPÍTULO 2

Alimentos e nutrição: Química para cuidar da saúde

Neste capítulo, vamos estudar um tema muito importante em nossas vidas: alimentos e nutrição. A nutrição adequada é uma das mais eficazes formas de prevenção contra muitas doenças. O estudo dos alimentos e da nutrição exige a articulação de conhecimentos de diferentes áreas, como a Química, a Biologia, a Fisiologia e a anatomia.

Uma pergunta que pretendemos responder ao longo deste capítulo é: Como o conhecimento químico que se aprende no Ensino Médio pode contribuir para que tenhamos uma vida mais saudável?

Vários especialistas da área médica destacam a relação entre a dieta e o risco de doenças crônicas e consideram importante algumas recomendações para uma vida saudável:

- Alcançar e manter peso corporal saudável;
- Aumentar o consumo de frutas, vegetais, legumes, nozes e castanhas;
- Substituir gorduras saturadas e trans por insaturadas;
- Substituir grãos refinados por integrais;
- Limitar a ingestão de açúcar e sal.

A seguir, abordaremos cada uma dessas recomendações, procurando utilizar os conhecimentos químicos para compreendê-las melhor.

Don Mason/Corbis/Latinstock

Foodfolio/Alamy/Other Images

Don Mason/Corbis/Latinstock

Figura 2-1: O conhecimento químico sobre os alimentos pode nos ajudar a ter uma vida mais saudável.

TEXTO 1

Manutenção do peso ideal

dica Enem

O que é peso ideal?

O "peso" do nosso corpo é resultante do conjunto de ossos, músculos, gorduras e outros tecidos. Quando usamos a palavra "peso" neste contexto, estamos utilizando uma forma popular para nos referirmos à massa de um corpo, que é constituída pelas massas muscular, gordurosa, óssea e residual. Por ser uma forma mais usual, manteremos a referência à massa corporal como "peso".

Estudos apontam que existe uma relação entre o peso corporal e a manutenção da boa saúde, o que significa que é importante mantermos nosso peso sob controle. O excesso de peso pode, por exemplo, acarretar o desenvolvimento de doenças cardíacas e diabetes. Pessoas com peso muito baixo podem desenvolver problemas relacionados à má nutrição, como aumento de infecções e complicações de outras doenças.

Porém, saber se nosso peso está adequado não depende apenas de "subir na balança". Alguns parâmetros podem ser considerados e, a partir deles, podemos avaliar como estamos. Vale ressaltar, contudo, que uma avaliação mais profunda deve ser feita por um profissional adequado.

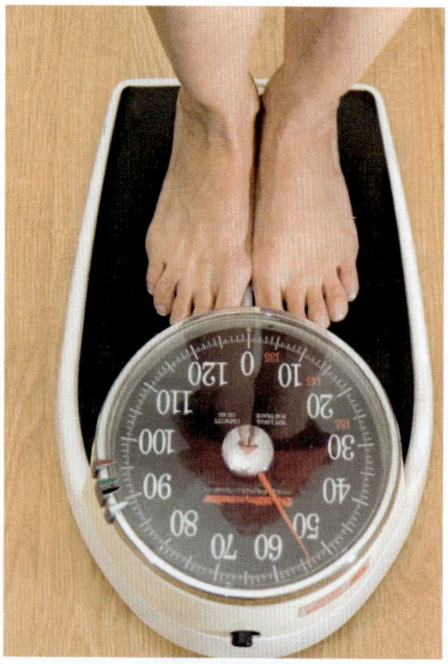
Photostock-Israel/Alamy/Other Images

Figura 2-2: **A manutenção de um peso corporal adequado está relacionada à manutenção da boa saúde.**

IMC e circunferência abdominal: parâmetros para avaliar a composição corporal

A **antropometria** é uma área do conhecimento que usa medidas do corpo para estimar a composição corporal. Usando a altura e o peso, valores fáceis de serem obtidos, é possível construir parâmetros que nos ajudam a avaliar cada caso.

O **índice de massa corporal** (IMC) é reconhecido como padrão internacional para avaliar o peso saudável em adultos e fornece uma medida relativamente precisa. Por meio dessa medida temos uma referência para determinar se o peso de uma pessoa está abaixo, acima ou ideal. Com base nesse dado é possível relacionar o peso corporal com os riscos para a saúde.

O valor do IMC é obtido dividindo-se o peso, em quilogramas (kg), pela altura ao quadrado, em metros quadrados (m^2). O número obtido deve ser comparado a um quadro com valores de IMC para saber se a pessoa está abaixo, acima ou em seu peso ideal.

Por exemplo, se uma pessoa pesa 71 kg e mede 1,75 m, o cálculo para seu IMC será feito da seguinte forma:

$$IMC = 71 / (1{,}75)^2 \Rightarrow$$
$$IMC = 71 / 3{,}06 \Rightarrow$$
$$IMC = 23{,}20$$

Comparando o valor obtido com o valor do quadro de IMC observa-se que essa pessoa está com peso normal.

IMC (kg/m^2)	Situação
menor de 16	magreza grau III
entre 16 e 16,9	magreza grau II
entre 17 e 18,4	magreza grau I
entre 18,5 e 24,9	peso normal
entre 25 e 29,9	pré-obeso
entre 30 e 34,9	obesidade classe I
entre 35 e 39,9	obesidade classe II
maior ou igual a 40	obesidade classe III

Organização Mundial de Saúde (OMS), 1995 e 1997.

Quadro 2-1: **Valores para o IMC e sua relação com o peso de uma pessoa.**

Esse é um índice aplicado com resultados satisfatórios na população em geral, pois já foi demonstrado que representa boa correlação com o conteúdo de gordura corporal. Entretanto, ele pode ser inadequado para grupos específicos, como os atletas, por exemplo, que possuem maior teor de massa magra (músculos), gerando alto IMC sem que tenham excesso de gordura. O lutador de boxe norte-americano Mike Tyson representa bem esse exemplo: com 1,81 m de altura, ele pesa 100 kg. Com isso, seu IMC é aproximadamente 31, correspondente ao IMC de um obeso classe I. Veja o cálculo:

$IMC = 100 / (1,81)^2 \Rightarrow$

$IMC = 100 / 3,27 \Rightarrow$

$IMC = 30,58$

Outro parâmetro utilizado como referência da constituição de nosso corpo é a **circunferência abdominal**. Existem evidências que apontam para o fato de que o acúmulo de gordura na região abdominal esteja relacionado à resistência ao hormônio insulina. A International Diabetes Federation (IDF) avaliou grandes populações para investigar a partir de que ponto surgiria essa resistência ao hormônio insulina. Após as avaliações concluiu que as medidas consideradas ideais para a cintura estão listadas no quadro a seguir.

	Circunferência ideal do abdômen – medido na cintura (em cm)
homens	menor ou igual a 94
mulheres	menor ou igual a 80

Associação Brasileira para o Estudo da Obesidade e da Síndrome Metabólica (Abeso). Disponível em: <www.abeso.org.br>. Acesso em: 17 dez. 2009.

Quadro 2-2: **Valores para medidas de circunferência de abdômen para homens e mulheres considerados ideais para a manutenção da boa saúde.**

Figura 2-3: **É importante consultar um profissional para acompanhar os parâmetros relacionados ao acúmulo de gordura abdominal.**

Questões

Q1. Faça o cálculo do seu IMC e compare o valor encontrado com o quadro de valores da OMS. De acordo com esse parâmetro, como está o seu peso?

Q2. Utilizando uma fita métrica, meça o valor da circunferência de seu abdômen. Esta medida deve ser realizada colocando-se a fita métrica na altura da cintura. Compare o valor encontrado com o quadro 2-2. De acordo com esse parâmetro, o valor que você encontrou está adequado?

Você avaliou seu corpo utilizando dois parâmetros: o IMC e a circunferência abdominal. Estes parâmetros nos dão uma ideia de como está nosso corpo. É importante analisá-los dentro de um contexto mais geral, onde valores para IMC altos ou baixos merecem atenção.

Vale comentar que existe diferença entre uma pessoa estar com excesso de peso e ser obesa. Quando uma pessoa é considerada **obesa**, o peso corporal como um todo excede a determinados limites. No caso do **excesso de peso**, apenas a quantidade de gordura corporal ultrapassa os limites desejados.

Além disso, como já foi comentado, uma pessoa pode ser considerada pesada por possuir grande quantidade de **massa corporal magra**, ou seja, pelo desenvolvimento muscular, ósseo e de outros tecidos não adiposos, e não pelo excesso de gorduras. Neste caso, provavelmente não haverá danos à saúde. Já outras pessoas podem possuir menor peso corporal e serem portadoras de gordura em excesso, o que pode comprometer seu estado de saúde.

A forma mais precisa para determinar se uma pessoa está fora do seu peso ideal é pela medição do **percentual de gordura corporal**, que deve ser realizada por um profissional qualificado. Esse tema merece destaque, pois a obesidade vem sendo considerada uma epidemia.

O acúmulo de gorduras corporal ocorre pelo desequilíbrio entre o consumo e o gasto energético. Segundo o médico endocrinologista Dr. Alfredo Halpern, professor da Faculdade de Medicina da Universidade de São Paulo (USP), o controle do peso corporal depende de dois fatores: a dieta alimentar e a prática de atividade física.

Do ponto de vista químico, podemos dizer que a manutenção do peso ideal está relacionada ao que chamamos de **balanço energético**. Para compreendermos esse balanço energético vamos rever alguns conceitos de termoquímica que estudamos no capítulo 2 da parte 2.

O corpo de uma pessoa precisa de energia para as atividades que exerce ao longo do dia. Para manter o peso, deve-se comer apenas o necessário para essas atividades, caso contrário o excesso será armazenado e depositado em forma de tecido adiposo (gordura), causando sobrepeso e obesidade. No caso inverso, quando a pessoa gasta mais energia do que ingere, haverá consumo das calorias armazenadas no seu corpo, e, portanto, haverá perda de peso.

O **balanço energético** ou **calórico** – a diferença entre a necessidade calórica total do dia e a quantidade de calorias ingeridas durante as refeições – deve ser sempre negativo quando se quer perder peso. Ou seja, para perder peso devemos queimar sempre mais calorias do que ingerimos.

A prática de atividade física pode ajudar a tornar esse balanço calórico negativo, fazendo com que você gaste mais calorias do que ingeriu.

Vale ressaltar que caso você queira perder ou ganhar peso é sempre recomendado o acompanhamento de profissionais especializados, como nutricionistas e médicos.

Uma epidemia latino-americana

Obesidade atinge todos os países da região com índices médios de 18%. Condição abrange todas as faixas etárias, em ambos os sexos.

Não estamos falando da nova gripe que está varrendo o mundo e sim sobre os efeitos da obesidade sobre a saúde.

Muitas vezes desejamos que os países da nossa região do globo atinjam índices de países desenvolvidos, porém dessa vez estamos nos integrando de maneira perigosa. Os dados foram colhidos em sete cidades latino-americanas de países diferentes e representam uma amostragem inédita desse problema. O diferencial do trabalho está na padronização da metodologia aplicada na coleta dos dados em culturas tão diversas.

Os resultados fazem parte de um painel sobre a saúde latino-americana apresentado no VII Seminário Latino-Americano de Jornalismo de Saúde que está acontecendo em San Diego, na Califórnia. A obesidade atinge de forma praticamente uniforme todos os países da região com índices médios de 18% em todas as faixas etárias e em ambos os sexos.

Entenda-se que obesidade, para os critérios dessa pesquisa, foi definida como pessoas com um IMC acima de 30. Calcula-se o IMC por meio da divisão do peso, em quilos, pelo quadrado da altura, em metros. Índices normais estão abaixo de 25. Entre 25 e 29, acima do peso. Com mais de 30 estão os obesos.

Os maiores números vêm da Cidade do México e Santiago, com 30% e 25%, respectivamente. Quito, no Equador, foi a cidade que mostrou menor número de obesos: menos de 10%.

A consequência imediata desse excesso de peso são os índices igualmente altos de hipertensão arterial e diabetes nas mesmas populações.

A pressão alta atinge cerca de 10% das populações desses países. O destaque negativo ficou com os argentinos, com perto de 30% de hipertensos na capital, Buenos Aires.

O diabetes tipo 2, que caminha de mãos dadas com a obesidade, está presente em cerca de 8% da população dos países estudados. Mais uma vez, os mexicanos são os mais atingidos, com 9% da população de sua capital com diagnóstico dessa doença.

Esses dados apontam para dois fatos: essas doenças não são mais do chamado mundo desenvolvido somente e estratégias específicas devem ser estudadas e implantadas. O impacto da obesidade sobre as doenças cardiovasculares e o diabetes pode comprometer o futuro de gerações de latino-americanos.

CORREIA, Luis Fernando. Uma epidemia latino-americana. *G1*. Disponível em: <http://g1.globo.com/Noticias/Ciencia/0,,MUL1255374-5603,00-UMA-EPIDEMIA+LATINOAMERICANA.html>. Acesso em: 26 abr. 2012.

ATIVIDADE 1

Calorias e rótulos de produtos

O balanço energético depende das calorias ingeridas e das calorias gastas. Os produtos alimentícios industrializados devem apresentar nos rótulos os valores calóricos dos alimentos, além de outras informações.

Nesta atividade vamos discutir o conceito de calorias. Para isso, vocês deverão ler o texto a seguir e responder às questões propostas na sequência.

dica Enem

De olho nos rótulos: compreendendo a unidade Caloria

Há situações em que a imagem da ciência é trazida para validar como científicas certas ações. Pode-se exemplificar aqui com as propagandas de sabões, onde moléculas inteligentes, personificando o "bem", invadem as profundezas labirínticas de um tecido para capturar a sujeira, representando o "mal". Nessa eterna e dicotômica luta, evidentemente vence sempre o "bem".

Há outras situações, e é uma destas que este texto quer ilustrar, em que a ciência é invocada de maneira equivocada, sem que necessariamente haja má-fé. A situação da rotulagem nutricional, em relação à unidade caloria, parece ser um bom exemplo para mostrar a maneira enganosa de como se dá viés científico. Os consumidores são informados erroneamente, mesmo que tabelas, percentuais e fórmulas químicas esotéricas tragam uma aparente confiabilidade à informação.

Rotulagem nutricional

Rotulagem nutricional é toda descrição destinada a informar ao consumidor as propriedades nutricionais de um alimento (produto).

Em 21 de março de 2001, foi homologada pela Agência Nacional de Vigilância Sanitária (Anvisa) a Resolução RDC n.º 40, destinada à regulamentação sobre rotulagem nutricional obrigatória de alimentos e bebidas enlatadas.

A referida resolução tem como principal objetivo padronizar a declaração nutricional dos alimentos, oferecendo assim ao consumidor possibilidades de escolha a partir dessas informações, as quais devem ser legíveis e de fácil interpretação. Nesse sentido, a Anvisa recomenda que os valores calóricos dos alimentos sejam expressos nos rótulos em quilocalorias[1] – kcal (mesmo esta não sendo uma unidade do SI, que é o sistema legal de nosso país), bem como que sejam declarados em percentuais (%) de valores diários. Recomenda-se, erroneamente, empregar para essa finalidade uma dieta base de 2 500 calorias, quando deveria constar a recomendação de 2 500 kcal (Resolução RDC n.º 40, Anexo, itens 4.1 e 4.2, p. 5).

No entanto, o que se observa são rótulos confusos, com diferentes padrões unitários (kcal, cal e Cal). Muitos desses rótulos contêm informações contraditórias em relação à literatura, referentes ao termo "caloria".

Este texto pretende e quer proporcionar informações consideradas relevantes, permitindo a correta interpretação dos rótulos, no que se refere à caloria, uma vez que nestes a expressão usualmente traz informações contraditórias, como será visto a seguir.

Definindo caloria

Para os químicos, como também para os biólogos, físicos e nutricionistas, caloria é a unidade ainda utilizada para medida da energia.

A caloria (cal) foi originalmente definida como a quantidade de energia (transferida ao aquecer) necessária para elevar a temperatura de um grama (1,0 g) de água líquida pura em um grau Celsius (1,0 °C), mais precisamente de 14,5 °C para 15,5 °C, deixando implícito que o calor específico da água era exatamente 1 cal/(°C · g). Termoquimicamente, a definição da caloria é 4,184 J.

Quando queimamos um combustível (carvão, gasolina, gás de cozinha...) há, além de formação de gás carbônico e de vapor de água, liberação de energia, sendo sua quantidade expressa em calorias ou, usualmente, em kcal (1 000 calorias). Assim como os combustíveis, os alimentos que consumimos liberam energia durante sua queima (oxidação) no organismo (metabolismo), cuja quantidade é expressa em calorias. Nesse sentido, podemos nos referir à caloria como sendo a energia que um alimento (sólido ou líquido) possui acumulada, a qual é liberada durante a sua queima no organismo.

Como a quantidade de energia envolvida no metabolismo dos gêneros alimentícios é muito alta, a quilocaloria (kcal), equivalente a 1 000 cal, comumente é utilizada para expressar os valores calóricos dos alimentos, que também podem ser expressos em Calorias (Cal). É importante ressaltar que esse termo Caloria, quando referido nos rótulos, é a chamada "Caloria dietética – Cal", com C maiúsculo, uma unidade equivalente à quilocaloria (kcal). De acordo com a literatura, uma convenção popular permite a designação de "Caloria", com a letra C maiúscula, para representar a quilocaloria.

Portanto:

1 kcal = 1 000 cal = 1 Cal

No entanto, assim como a caloria, esta unidade (Cal) não é reconhecida pelo Sistema Internacional de Unidades (SI).

Por ser uma convenção popular, esperar-se-ia que o termo "Cal" fosse amplamente conhecido. No entanto, o que observamos é que essa unidade – terminologia – (Cal) é praticamente desconhecida e/ou interpretada de forma incorreta, até mesmo pelos especialistas da área de nutrição, fazendo com que grande parte da população interprete "Caloria" como sendo "caloria", ou vice-versa, o que sabemos que é incorreto, porque 1 Cal equivale, por uma tradição de uso inadequado, a 1 000 cal.

Isso explica por que, ao lermos os rótulos dos produtos, verificamos que a maioria se refere aos valores nutricionais dos alimentos em quilocaloria (kcal), como recomenda a Anvisa;

[1] O valor calórico dos alimentos também pode ser expresso em joules (J), outra forma de medir a energia: 1 cal = 4,18 J ⇒ 1 kcal = 4,18 kJ.

porém, erroneamente, no mesmo rótulo expressa que esses valores estão referidos a uma dieta diária de 2 500 calorias (cal). Assim, em um mesmo rótulo, encontramos dados contraditórios (veja a figura 2-4).

Dessa maneira, temos: um cereal apresenta expresso em seu rótulo um valor calórico por porção (40 g) equivalente a 140 kcal, o qual é referido a uma dieta de 2 500 calorias. Isso seria impossível, pois, se 40 g desse produto equivalem a 140 kcal, ou seja, 140 000 calorias, como seria possível que a dieta diária fosse de 2 500 cal?

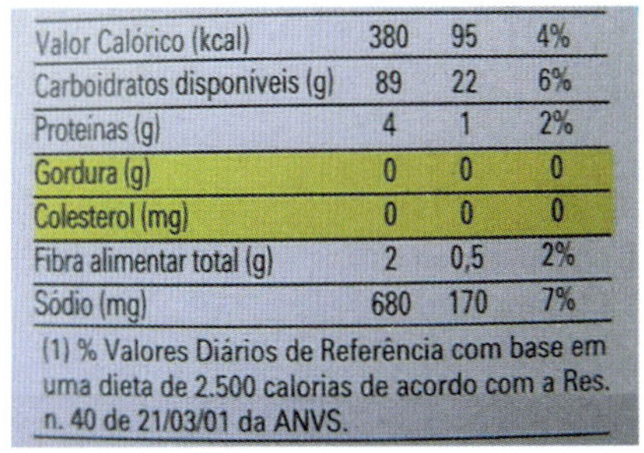

Valor Calórico (kcal)	380	95	4%
Carboidratos disponíveis (g)	89	22	6%
Proteínas (g)	4	1	2%
Gordura (g)	0	0	0
Colesterol (mg)	0	0	0
Fibra alimentar total (g)	2	0,5	2%
Sódio (mg)	680	170	7%

(1) % Valores Diários de Referência com base em uma dieta de 2.500 calorias de acordo com a Res. n. 40 de 21/03/01 da ANVS.

Figura 2-4: Valor calórico em kcal *versus* dieta-base em calorias.

Neste caso, ao consumirmos uma porção do cereal, estaríamos consumindo mais alimento que o necessário para o mantimento do organismo por um dia; mais precisamente, o suficiente para 56 dias (140 000 cal / 2500 cal/dia = 56 dias).

Informações desse tipo são rotineiramente divulgadas, sem o menor constrangimento, basta observarmos os rótulos dos alimentos. A figura 2-5 apresenta os rótulos de dois produtos produzidos por uma mesma empresa, que diferem entre si apenas no sabor. Em uma análise mais criteriosa dos rótulos, observa-se que os valores diários de referência têm como base dietas de 2 500 calorias e 2 500 kcal (2 500 000 cal), indicando uma clara contradição, consequência de total falta de informação sobre o tema. De acordo com a literatura, a primeira figura expressa corretamente a unidade.

INFORMAÇÃO NUTRICIONAL

Porção de 28 g			50 g do produto pronto para consumo
Quantidade por porção		%VD(*)	Quantidade por porção
Valor Calórico	100 kcal	4%	160 kcal
Carboidratos	24 g	6%	24 g
Proteínas	2 g	3%	3 g
Gorduras Totais	0 g	0%	6 g
Gorduras Saturadas	0 g	0%	1,5 g
Colesterol	0 mg	0%	30 mg
Fibra Alimentar	0 g	0%	0 g
Cálcio	17 mg	2%	33 mg
Ferro	0,78 mg	6%	0,9 mg
Sódio	150 mg	6%	170 mg

*Valores Diários de referência com base em uma dieta de 2.500 kcal.

INFORMAÇÃO NUTRICIONAL

Porção de 28 g			50 g do produto pronto para consumo
Quantidade por porção		%VD(*)	Quantidade por porção
Valor Calórico	100 kcal	4%	160 kcal
Carboidratos	23 g	6%	24 g
Proteínas	2 g	4%	3 g
Gorduras Totais	0 g	0%	6 g
Gorduras Saturadas	0 g	0%	1,5 g
Colesterol	0 mg	0%	30 mg
Fibra Alimentar	0 g	0%	0 g
Cálcio	15 mg	2%	33 mg
Ferro	0,16 mg	1%	0,6 mg
Sódio	120 mg	5%	150 mg

*Valores Diários de referência com base em uma dieta de 2.500 calorias

Fotos: Banco de imagens/Arquivo da editora

Figura 2-5: Valor calórico da dieta-base expresso em kcal e calorias. Produtos idênticos, produzidos pela mesma empresa.

Na figura 2-6, observa-se, no mesmo rótulo, a expressão "os valores calóricos de referência" em calorias (cal) e quilocalorias (kcal), evidenciando a clara falta de informação sobre o tema.

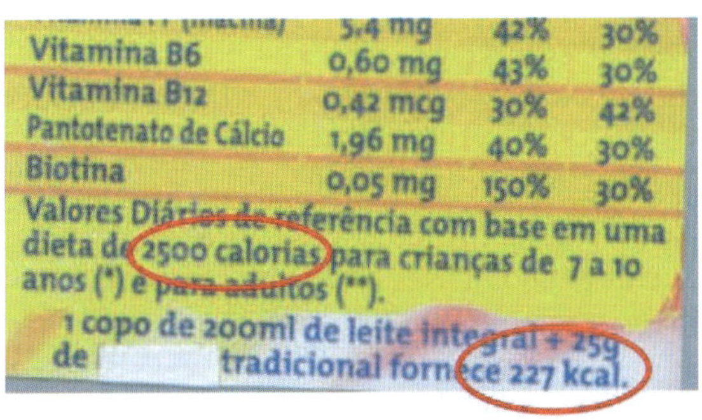

Vitamina B6	0,60 mg	43%	30%
Vitamina B12	0,42 mcg	30%	42%
Pantotenato de Cálcio	1,96 mg	40%	30%
Biotina	0,05 mg	150%	30%

Valores Diários de referência com base em uma dieta de 2500 calorias para crianças de 7 a 10 anos (*) e para adultos (**).

1 copo de 200ml de leite integral + 25g de tradicional fornece 227 kcal.

Figura 2-6: Valor calórico da dieta-base expresso em calorias e kcal no mesmo rótulo.

Como já mencionado, outra unidade possível para expressar o valor calórico dos alimentos é a Caloria (Cal). Esse termo – que, segundo uma assim chamada convenção popular, nem tão popular assim e também não tão convencional, equivale à quilocaloria (kcal) – também foi observado nos rótulos para expressar os valores diários de referência (figura 2-7).

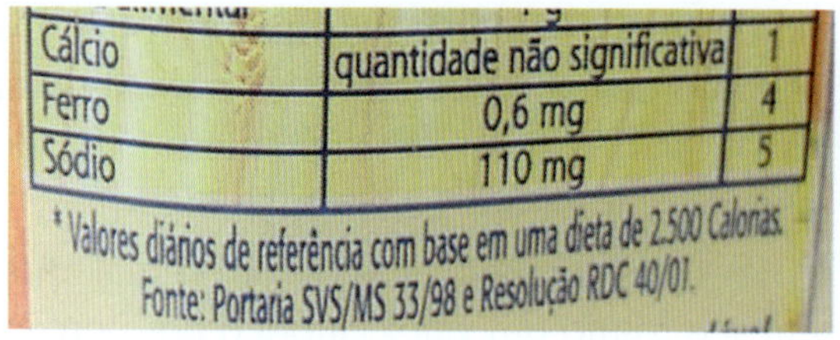

Banco de imagens/Arquivo da editora

Figura 2-7: Expressão do valor calórico da dieta-base em Calorias.

No ponto de vista dos autores do artigo, essa falta de divulgação e o descaso com o termo (Cal) conduziram a esta "torre de Babel" em relação à expressão unitária do valor calórico dos alimentos, uma vez que a expressão verbal do termo é igual para ambas as unidades (caloria e Caloria), impedindo assim a sua diferenciação contextual, conduzindo ao erro e desconsiderando que 1 Caloria (Cal) equivale a 1 000 calorias (cal).

Os valores calóricos dos alimentos ou das dietas poderiam ser expressos em kcal ou calorias, pois ambos possuem uma correlação científica, recomendada pelo próprio SI que, em sua tabela de prefixos, estabelece que um fator de 1 000 é representado pelo prefixo quilo, cujo símbolo é o k.

Aqui se justifica a preocupação com o processo ensino-aprendizagem de Ciências, em que entender o conhecimento científico se faz necessário, principalmente, para que possamos ler criticamente a mídia, diante da notícia de um avanço científico ou até mesmo da exaltação de um determinado produto lançado no mercado, pois "no mundo atual, o poder inequívoco da ciência vende produtos, ideias e mensagens. Faz com que confiemos mais em um produto do que em outro, seja ele qual for, não importa que não saibamos o significado do discurso científico a nós remetido [...]. Ou melhor, a retórica científica, frequentemente utilizada na propaganda, é muito mais eficaz quanto menor é o conhecimento científico de quem apreende a informação, pois maior será o efeito místico desenvolvido por esse discurso".

Informações obtidas de: CHASSOT, Attico; VENQUIARUTO, Luciana Dornelles; DALLAGO, Rogério Marcos. De olho nos rótulos: compreendendo a unidade Caloria. *Química Nova na Escola*, São Paulo, n. 21, maio 2005. Disponível em: <http://qnesc.sbq.org.br/online/qnesc21/v21a02.pdf>. Acesso em: 25 abr. 2012.

Questões

Q3. De acordo com os autores do texto, o que é caloria?

Q4. Como ocorre a liberação de energia dos alimentos?

Q5. Qual é a unidade comumente utilizada para expressar a quantidade de energia contida nos alimentos? Por que se utiliza essa unidade?

Q6. O que é a caloria dietética?

Q7. Selecionem rótulos dos seguintes produtos alimentícios:

a) amendoim ou castanha-de-caju;
b) queijo branco;
c) biscoito;
d) pão integral;
e) repositor eletrolítico.

Verifiquem como o valor energético desses alimentos está expresso. Comparem a massa da porção a qual valor energético se refere e verifiquem qual o valor energético do conteúdo total da embalagem.

Q8. Nos rótulos, além do valor energético do alimento, existe uma informação referente a valores diários de referência. Qual é o significado desses valores?

PROJETO 1

Dietas em debate

Dietas milagrosas que prometem a boa forma em tempo recorde e sem sofrimento aparecem na mesma proporção que aumenta o peso da população mundial. O motivo, em geral, é a insatisfação das pessoas com o próprio corpo, por não estar dentro dos padrões de uma sociedade que cultiva a magreza como sinônimo de sucesso e beleza.

Além de dietas milagrosas, existem também propostas que consideram uma alimentação balanceada e organizada.

Neste projeto, faremos um estudo de vários tipos de dietas. Cada grupo de alunos deverá trabalhar com um dos tipos de dieta relacionados a seguir:

- Dieta dos pontos;
- Dieta do índice glicêmico,
- Dieta de South Beach;
- Dieta do grupo sanguíneo;
- Dieta da sopa;
- Dieta da USP.

P1 Cada grupo deverá preparar um relatório escrito com uma série de argumentos sobre as vantagens e desvantagens de se adotar a dieta escolhida.

P2 **Preparação do relatório:** No relatório, o grupo deverá responder às questões e atender às demandas seguintes:

a) Em que se baseia a dieta que vocês escolheram para pesquisar?

b) Descrevam o cardápio de um dia que tenha como referência as recomendações da dieta que vocês estão pesquisando.

c) Procurem encontrar pessoas que já se submeteram a esse tipo de dieta e, se possível, façam uma entrevista para saber os resultados obtidos.

d) Comparem as recomendações feitas pela dieta que vocês estão investigando com as recomendações da nova pirâmide alimentar (veja a figura 2-8). O que vocês podem observar?

e) Explicitem os pontos positivos das recomendações dessa dieta.

f) Explicitem os pontos negativos das recomendações dessa dieta.

P3 Cada grupo deverá preparar os **argumentos a favor e contra** a dieta que está pesquisando. Esses argumentos serão usados para um debate com toda a turma, em que cada grupo deverá defender a adoção da "sua dieta".

Antonio Robson/Arquivo da editora

Figura 2-8: **Nova pirâmide alimentar.**

P4 Cada grupo entregará ao professor, com alguma antecedência em relação ao dia do debate, os **argumentos contrários** à adoção da "sua dieta".

P5 O professor distribuirá esses argumentos entre os outros grupos. É importante que cada grupo prepare a contra-argumentação levando em consideração os argumentos contrários que levantou sobre a dieta em questão.

P6 O debate terá início com a defesa de uma das dietas, seguida por uma réplica contra o seu uso.

P7 Para que o debate prossiga, cada grupo deverá preparar um número razoável de perguntas para dificultar a defesa do grupo adversário.

ATIVIDADE 2

Diet e *light*

No Brasil, a consciência das pessoas sobre a importância da dieta na manutenção da saúde tem aumentado, contribuindo para o crescimento do consumo de produtos *diet* e *light*.

Pesquisas mostram uma elevação expressiva do consumo desse tipo de alimento em nosso país, passando de 160 milhões de dólares em 1991 para 3,6 bilhões em 2004, perfazendo, em 13 anos, um aumento de 800%. Nos últimos anos, esse aumento foi ainda mais acentuado: em 2007, o faturamento de produtos *diet* e *light* chegou a 6 bilhões de dólares.

Mas vocês sabem qual é a diferença entre esses tipos de produtos?

Para entendermos isso e aprendermos outros pontos importantes sobre o assunto, leiam o texto a seguir e respondam às questões propostas na sequência.

dica Enem

Diet ou *light*: qual a diferença?

O que é um alimento *diet*?

Diet é um termo usado na maioria das vezes como sinônimo de retirada de algum nutriente (açúcares, sódio, gorduras, alguns aminoácidos...), sem implicar, no entanto, na redução das calorias do alimento. Um alimento *diet* é aquele de cuja composição original foi "retirada" alguma substância e que serve às dietas especiais com restrições, por exemplo, de açúcares, de gorduras, de sódio, de aminoácidos ou de proteínas. Desse modo, os produtos sem sal são indicados para os hipertensos; os sem açúcar, para os diabéticos; os sem gordura, para os que têm excesso de colesterol; os sem o aminoácido fenilcetonúria, para os fenilcetonúricos etc. O Ministério da Saúde classifica esses alimentos como "alimentos para fins especiais". A portaria n. 29/98, da Secretaria de Vigilância Sanitária do Ministério da Saúde, definiu como "alimentos para fins especiais" aqueles especialmente formulados ou processados, nos quais são introduzidas modificações no conteúdo de nutrientes, adequados à utilização em dietas diferenciadas e ou opcionais, atendendo às necessidades de pessoas em condições metabólicas e fisiológicas específicas. São classificados como alimentos para fins especiais: a) alimentos para dietas com restrição de nutrientes, b) alimentos para ingestão controlada de nutrientes e c) alimentos para grupos populacionais específicos.

Assim, o termo *diet* pode ser usado tanto para alimentos destinados a dietas com restrição de nutrientes (carboidratos, gorduras, proteínas, sódio), como também para dietas com ingestão controlada de alimentos (para controle de peso ou de açúcares).

Todavia, o que significam expressões tais como "ingestão controlada e restrição de nutrientes"? Alimentos destinados a dietas controladas são aqueles nos quais não é permitida a adição de determinado nutriente. Por exemplo, em alimentos que atendem à ingestão controlada de açúcar, não pode haver inclusão desse nutriente. Em tais alimentos, permite-se a existência do açúcar natural do alimento, como, por exemplo, a geleia *diet,* que tem a frutose como açúcar natural. Alimentos restritos em gorduras ou restritos em carboidratos podem conter no máximo 0,5 grama do nutriente por 100 gramas ou 100 mL do produto. Como a quantidade de carboidratos e gorduras permitida nos alimentos com restrição é muito pequena, é comum a definição de alimento *diet* como sendo produto isento de um nutriente específico. No entanto, é fundamental explicitar que nem todos os alimentos *diet* apresentam diminuição significativa na quantidade de calorias e, portanto, devem ser evitados pelas pessoas que querem emagrecer. Um exemplo clássico é o chocolate *diet,* que apresenta teor calórico próximo do chocolate normal. O chocolate *diet* é indicado para pessoas diabéticas, pois é isento (restrito) de açúcar (carboidrato). Nesse caso, o açúcar é substituído pelos adoçantes. Porém, como essa substituição altera a consistência do alimento, acrescenta-se mais gordura na sua composição para manter a textura habitual, o que faz com que o seu valor calórico se aproxime do chocolate normal, tornando-o não recomendável para as pessoas que desejam reduzir peso.

Assim, a retirada de um nutriente pode reduzir as calorias, mas é preciso verificar se a redução é suficiente para justificar a substituição do alimento convencional pelo *diet.*

Por outro lado, pode haver produtos *diet* que sejam *light.*

O que é um alimento *light*?

A portaria 27/98, da Secretária de Vigilância Sanitária do Ministério da Saúde, define que os termos "*light*" ou "*lite*" ou "leve" podem ser utilizados quando for cumprido o atributo "baixo".

Dizemos que um alimento é *light* quando apresenta redução mínima de 25% em determinado nutriente ou calorias, comparado com o alimento convencional. Para que ocorra a redução de calorias, é necessário que haja a diminuição no teor de algum nutriente energético (carboidrato, gordura e proteína). A redução de um nutriente não energético, por exemplo, sódio (sal *light*), não interfere na quantidade de calorias do alimento.

Nos alimentos *light,* também devemos estar atentos à possibilidade de terem sido acrescidas outras substâncias. Isso porque, na redução de um, pode ser necessária a adição de outro componente calórico (substâncias tais como: gordura, sódio, açúcar...) para minimizar alterações na consistência, na cor ou outras que possam ocorrer. Por exemplo, alguns queijos e requeijões *light* têm menos calorias por reduzir gorduras; entretanto, para manter a consistência, aumenta-se o sal, e este não é indicado para hipertensos (outro exemplo é o caso do chocolate citado anteriormente). Por isto, é fundamental explicitar para qual nutriente o atributo é aplicável. A utilização do termo *light,* por si só, não é suficiente para a compreensão da identidade do produto.

O quadro e as figuras a seguir apresentam as diferenças entre os produtos *light* e *diet* comparados aos produtos na sua versão normal. Embora o requeijão cremoso *light* (quadro 2-3) apresente 188 kcal a menos que o requeijão normal, ele possui 5,54 g a mais de carboidratos que o requeijão normal. Ele está na categoria *light* porque apresenta menos gordura, mas a quantidade de carboidratos é maior.

Produto (100 g)	Calorias	Carboidratos	Proteínas	Gorduras
requeijão cremoso *light*	161 kcal	8,2 g	11,03 g	12,44 g
requeijão cremoso normal	349 kcal	2,66 g	7,55 g	34,87 g

Quadro 2-3: Comparação entre um produto *light* e um produto normal.

Já o refrigerante *light* (figura 2-9) não pode ser ingerido de forma não controlada por indivíduos hipertensos, uma vez que ele contém 30 mg de sódio e o refrigerante normal é isento de sódio. A gelatina *diet* (figura 2-10) não contém açúcar, mas ainda contém 4 g de carboidratos.

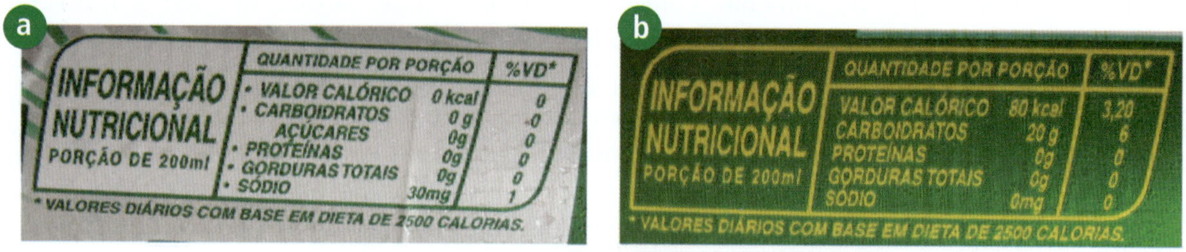

Fotos: Banco de imagens/ Arquivo da editora

Figura 2-9: **Informações nutricionais em rótulos de refrigerante *light* (a) e normal (b).**

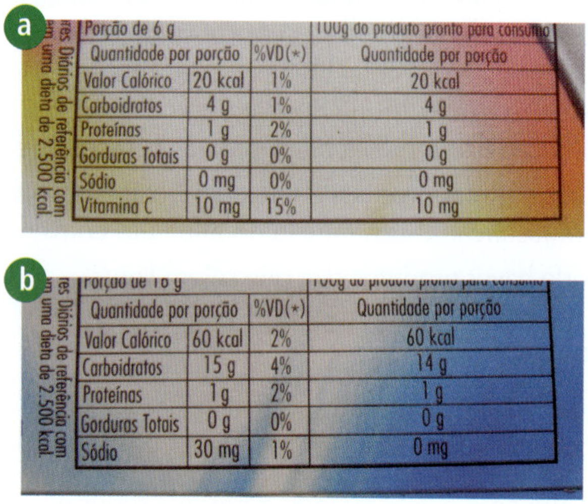

Figura 2-10: **Informações nutricionais em rótulos de gelatina *light* (a) e comum (b).**

Informações obtidas de: SILVA, Rejane Maria Ghisolfi da; FURTADO, Sandra Terezinha de Farias. *Diet* ou *light*: qual a diferença? *Química Nova na Escola*, São Paulo, n. 21, maio 2005. Disponível em: <http://qnesc.sbq.org.br/online/qnesc21/v21a03.pdf>. Acesso em: 25 abr. 2012.

Questões

Q9. De acordo com o texto, o que é um produto *diet*?

Q10. Ainda conforme o texto, o que é um produto *light*?

Q11. Qual é a diferença entre produtos *diet* e *light*?

Q12. O refrigerante *light* é recomendado para indivíduos hipertensos? Justifiquem a resposta.

Q13. Selecionem rótulos dos seguintes produtos:

a) chocolate comum e *diet*;

b) refrigerante comum, *diet* e zero;

c) sorvete comum, *light* e *diet*;

d) pão de forma comum e *light*.

Construam quadros comparativos que mostrem a composição de cada um desses produtos. O que vocês podem concluir em relação ao consumo de cada par ou trio indicado nos itens a até d? Façam uma análise semelhante à que o texto apresenta para o requeijão normal e *light*.

TEXTO 2

Substâncias e alimentos que nos ajudam a manter a saúde

Os estudos iniciais da Química partem de materiais que são constituídos por moléculas, íons ou átomos relativamente simples, quando comparadas àquelas que consideramos ao realizar estudos sobre a Química dos alimentos. Isso significa que na Química dos alimentos lidamos com moléculas grandes e complexas, na maioria das vezes constituídas por muitos grupos funcionais.

A maioria das fontes de nossa alimentação está presente em seres vivos. Ao ingerirmos um alimento, de fato ingerimos um conjunto de substâncias que, em suas fontes originais, participavam de um sistema que envolve interações amplas e dinâmicas de muitas substâncias. Esse conjunto de substâncias, quando em contato com o sistema que é o nosso corpo, passa a interagir com inúmeras outras substâncias. Ou seja, a alimentação é um processo que envolve sistemas complexos e um número muito grande de interações.

As funções dessas substâncias podem ser estudadas sob a ótica da nutrição. Nossa abordagem, no entanto, considera as substâncias envolvidas sob o foco de sua constituição e propriedades gerais em Química.

O que bebemos, comemos ou respiramos é constituído por uma enorme diversidade de compostos químicos. Provocamos e convivemos com muitas transformações das substâncias presentes nos alimentos. Alimentos expostos ao ar podem se transformar: o suco de uma laranja, nessa condição, tem algumas de suas substâncias oxidadas; um pedaço de maçã escurece; mesmo o sal e o açúcar, substâncias estáveis, absorvem umidade e mudam de aspecto físico. Portanto, cuidados constantes são necessários com tudo o que vamos usar em nossa alimentação. Muitas vezes, esses cuidados começam quando fazemos a escolha do que vamos comer.

Por exemplo, ao escolhermos o açúcar refinado para adoçar nosso café, devemos lembrar que ele é resultante de processos químicos feitos a partir da garapa da cana. Dessa garapa se extrai a sacarose e a partir daí o açúcar refinado é obtido por meio do uso de diversas substâncias. O açúcar refinado é desprovido de fibras, proteínas, sais minerais e vitaminas.

Tony Arruza/© Tony Arruza/Corbis/Latinstock

Ricardo Azoury/Pulsar imagens

Figura 2-11: O açúcar refinado que consumimos é obtido a partir da cana-de-açúcar.

A manutenção e o cuidado com a saúde dependem muito de nossa alimentação. Atualmente, profissionais da área de saúde têm dado muito destaque aos chamados **alimentos funcionais**.

Alimentos funcionais são aqueles que, além de nutrir nosso organismo e saciar nossa fome, trazem componentes ativos capazes de prevenir ou reduzir males.

O que torna um alimento funcional é a presença ou não de **fitoquímicos**, um grupo de compostos identificados nas frutas e nos vegetais. Esses compostos são substâncias que desempenham um papel fundamental no organismo, porque ajudam a promover a saúde e a prevenir doenças, oferecendo apoio ao sistema de defesa interno.

Como exemplos clássicos de alimentos funcionais, podemos citar vários alimentos que contêm as chamadas substâncias fitoquímicas. Nas plantas, essas substâncias possuem diversas funções, principalmente de defesa contra o ataque de predadores e patógenos. Como exemplo podemos citar as isoflavonas – formas mais comuns de fitoestrógenos –, usadas na prevenção de muitas doenças hormônico dependentes.

Outros compostos considerados fitoquímicos são:

- Betacaroteno: flavonoide presente na cenoura e no mamão e precursor da vitamina A.

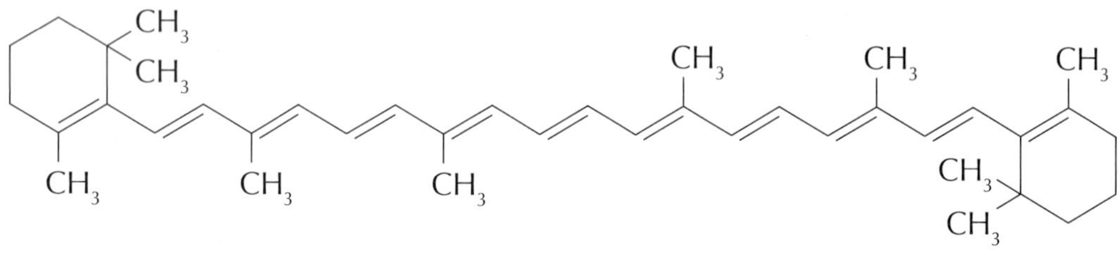

Figura 2-12: **Estrutura do betacaroteno.**

- Clorofilas a e b: complexos que contêm magnésio, presentes em todos os vegetais verdes.

Me = grupo metila, $-CH_3$

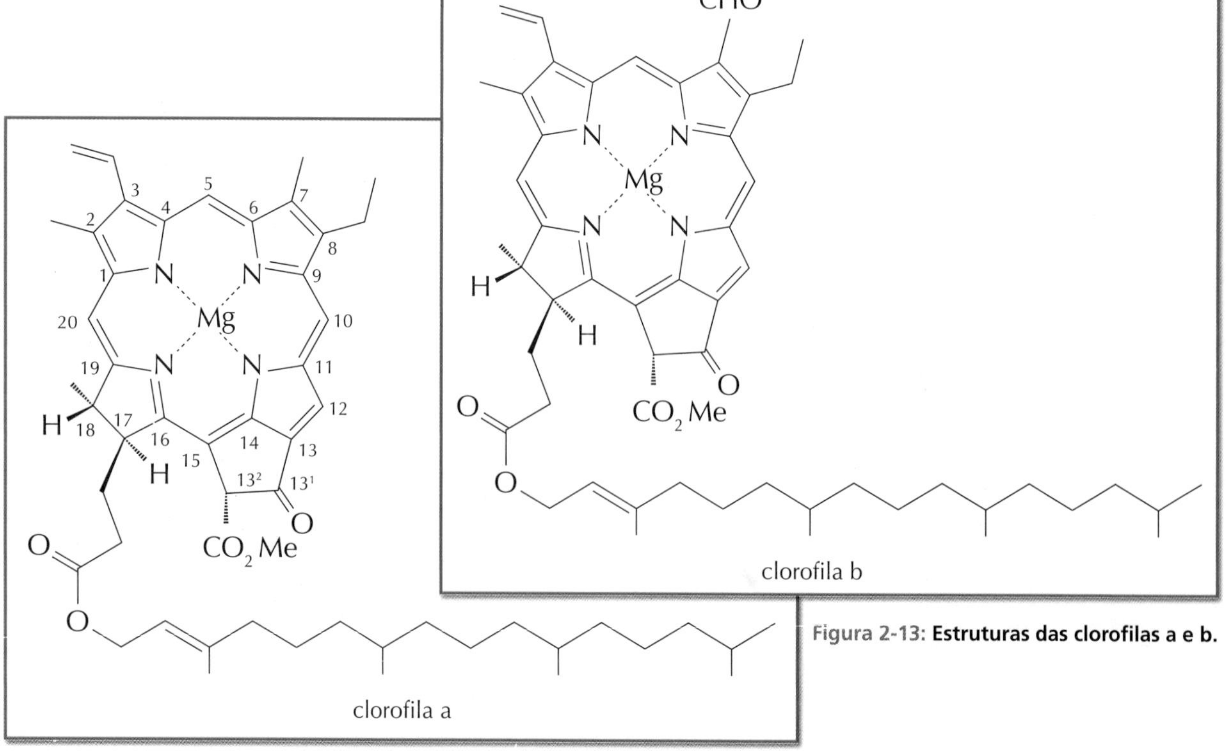

Figura 2-13: **Estruturas das clorofilas a e b.**

- Antocianinas: substâncias aromáticas presentes em frutas como amora, jabuticaba e açaí, que funcionam como antioxidantes.

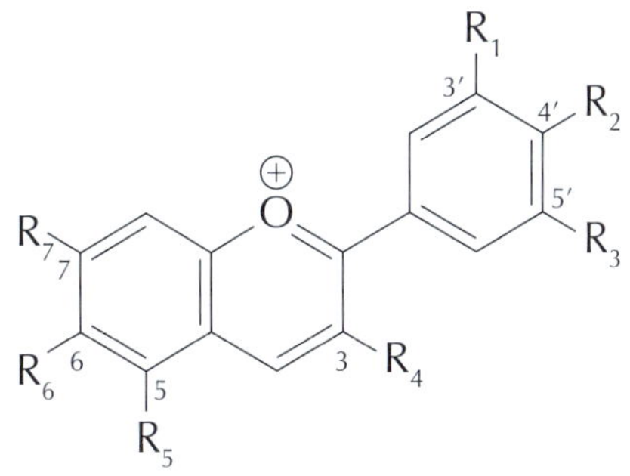

Figura 2-14: **Estrutura da antocianina.**

Além desses alimentos considerados funcionais, para a manutenção da boa saúde, uma alimentação que inclua uma diversidade de nutrientes é sempre recomendada.

Teremos como foco alguns grupos de substâncias que nos permitam compreender melhor por que devemos aumentar o consumo de frutas, vegetais, legumes, nozes e castanhas.

Questões

Q14. Considerando a estrutura do betacaroteno, na figura 2-12, faça o que se pede nos itens a seguir:

a) Identifique as funções orgânicas presentes nessa estrutura.

b) Ao colocarmos um pedaço de cenoura imerso em óleo de cozinha, este adquire coloração alaranjada. O mesmo não acontece quando o pedaço de cenoura é colocado em água. Justifique esse fato tendo em vista a estrutura do betacaroteno.

Q15. Considerando a estrutura das clorofilas a e b, na figura 2-13, faça o que se pede nos itens a seguir:

a) Identifique as funções orgânicas presentes na clorofila a e na clorofila b.

b) Ao colocarmos uma folha de couve picada imersa em etanol, obtém-se uma solução esverdeada. Justifique esse fato tendo em vista as estruturas do etanol e da clorofila.

c) De uma folha de certa planta, foram extraídos 40 mg de clorofila a. Quantos miligramas corresponderão ao magnésio (Mg) nela presente? Dado: $MM_{\text{clorofila a}} = 893$ g/mol.

TEXTO 3

Vitaminas e sais minerais: micronutrientes importantes em nossa dieta

As vitaminas (compostos orgânicos) e alguns sais minerais (íons) são indispensáveis ao bom funcionamento de nosso organismo. Como são necessários em quantidades muito pequenas, são denominados **micronutrientes**.

Questões

Q16. Lembre-se das recomendações que teve e ainda tem de seus pais (ou responsáveis) com relação à alimentação, focalizando a ingestão de vitaminas. Descreva as lembranças mais nítidas ou frequentes.

Q17. O que são sais minerais e qual sua origem?

Q18. Em alguns folhetos de divulgação de revitalizantes e/ou suplementos alimentares, alguns sais minerais, identificados pelo nome de elementos químicos, são citados como essenciais para a incorporação de vitaminas, hormônios, enzimas ou para a ação antioxidante, além de outras funções. A seguir listamos alguns: selênio (Se), zinco (Zn), manganês (Mn), cobre (Cu), cromo (Cr), magnésio (Mg), vanádio (V), silício (Si), cálcio (Ca), ferro (Fe), potássio (K).

Responda aos itens a seguir:

a) Em que grupos e períodos da tabela periódica estão esses elementos?

b) Cite os tipos de íons que tais elementos podem formar e apresente exemplos de substâncias em que esses íons aparecem com diferentes cargas, quando for o caso.

Vitaminas

O estudo das vitaminas para a compreensão de seu uso em nossa alimentação é mais proveitoso quando associado ao estudo dos sais minerais. Atualmente existem muitas evidências de que elas são adequadamente absorvidas na presença de certos íons, encontrados, por exemplo, em sais minerais.

As vitaminas são agentes essenciais para a manutenção das funções biológicas. A maioria delas é obtida por meio da alimentação. Muitas vezes os alimentos contêm as moléculas das vitaminas na forma como serão utilizadas pelo organismo. Outras vezes os alimentos contêm o que chamamos de **provitaminas**, isto é, moléculas que serão utilizadas pelo organismo para dar origem a uma vitamina.

O quadro a seguir apresenta as vitaminas, sua estrutura, exemplos de fontes importantes e funções no organismo.

Vitamina	Fórmula estrutural	Fontes	Funções no organismo
A retinol	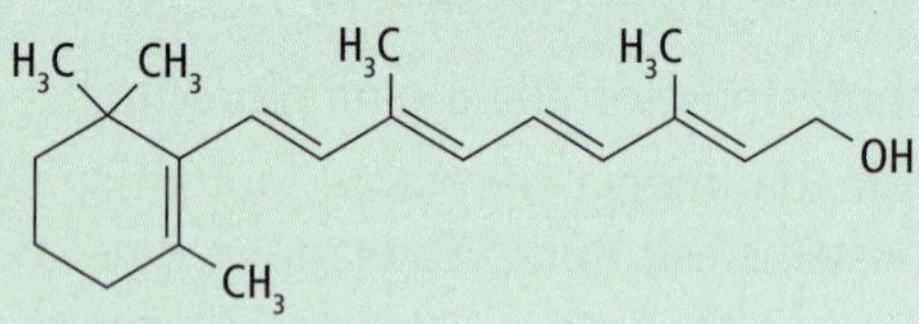	Fígado de aves e animais, manteiga, clara de ovo, cenoura, batata-doce e espinafre.	Combate radicais livres; participa na formação dos ossos e da pele; importante para funções da retina.
D calciferol	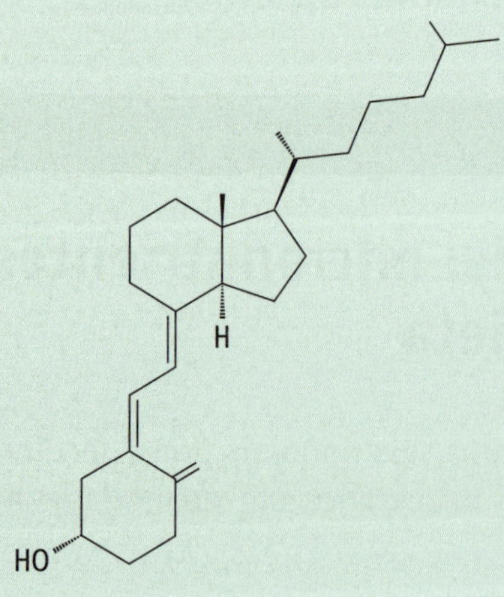	Óleo de peixe, fígado, gema de ovos, salmão, sardinha, queijo e leite.	Promove a absorção e mobilização de cálcio e fosfatos e a estruturação dos ossos e dentes.
E tocoferol	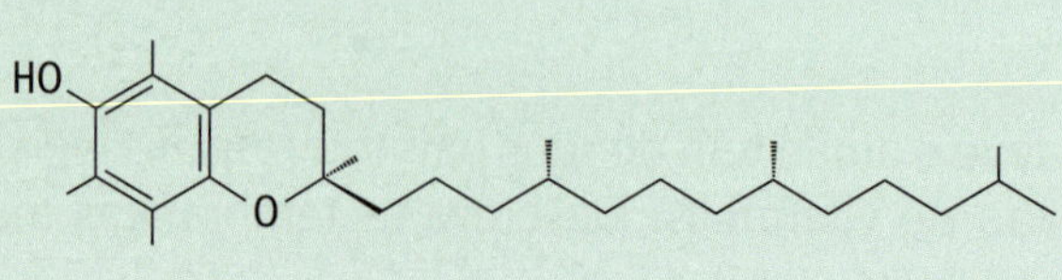	Óleos vegetais, azeite de oliva, castanhas, batata e espinafre.	É antioxidante.

Vitamina	Fórmula estrutural	Fontes	Funções no organismo
K	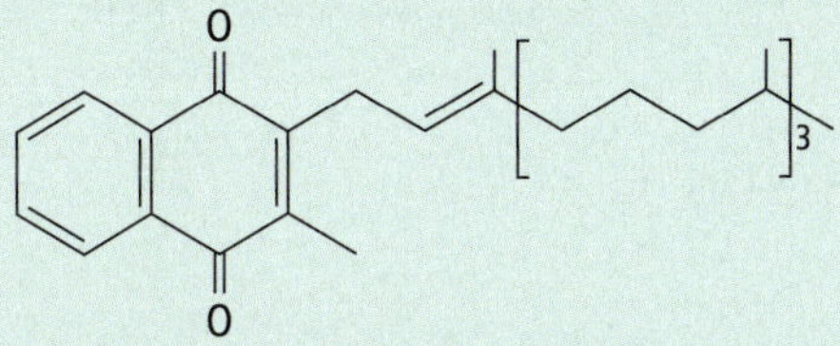	Espinafre, batatas, couve-flor, fígado de boi e verduras.	Atua na coagulação do sangue; previne a osteoporose.
B_1 tiamina	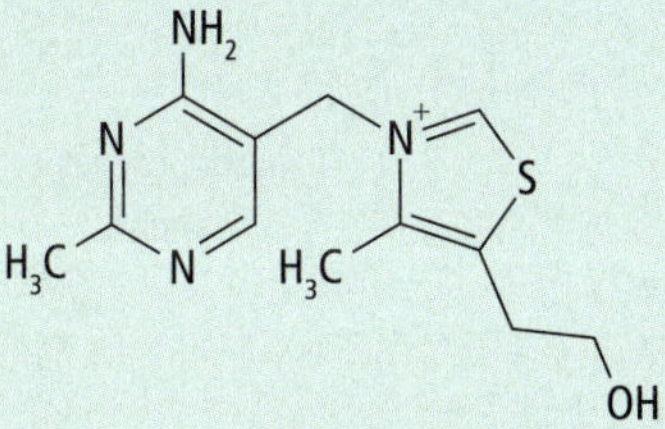	Feijão, soja, cereais, carnes, verduras e levedo de cerveja.	Atua no metabolismo energético dos açúcares.
B_2 riboflavina	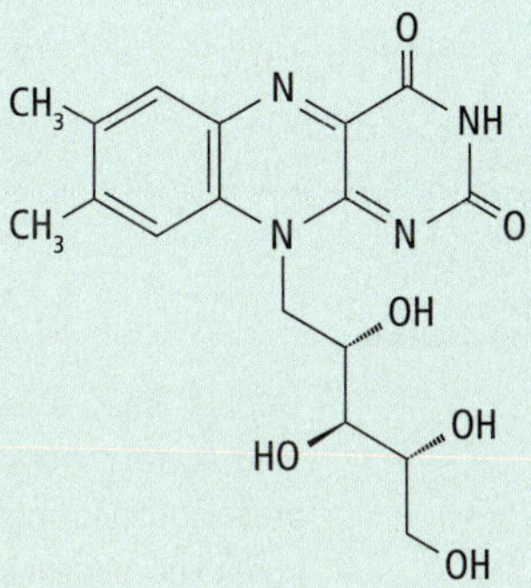	Leites, carnes, verduras, amêndoas, fígado e grãos.	Atua no metabolismo de enzimas e na proteção do sistema nervoso.
B_5 ácido pantogênico	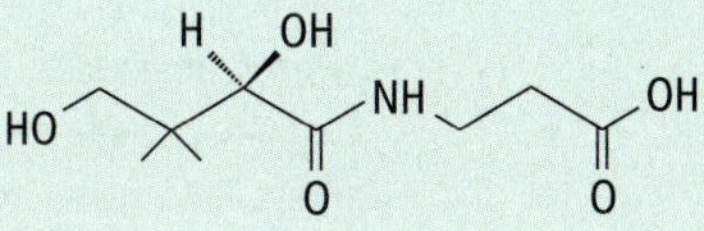	Fígado, cogumelos, milho, abacate, ovos, leite e vegetais, amendoim, soja e brócolis	Participa do metabolismo de proteínas, gorduras e açúcares.
B_6 piridoxal	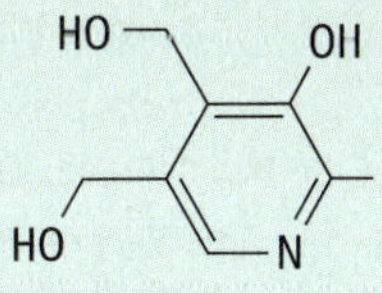	Carnes, frutas, verduras, cereais, castanhas, aveia, gérmen de trigo e batata.	Participa do crescimento, proteção celular, metabolismo de gorduras e proteínas e produção de hormônios.
M ou B_9 ácido fólico	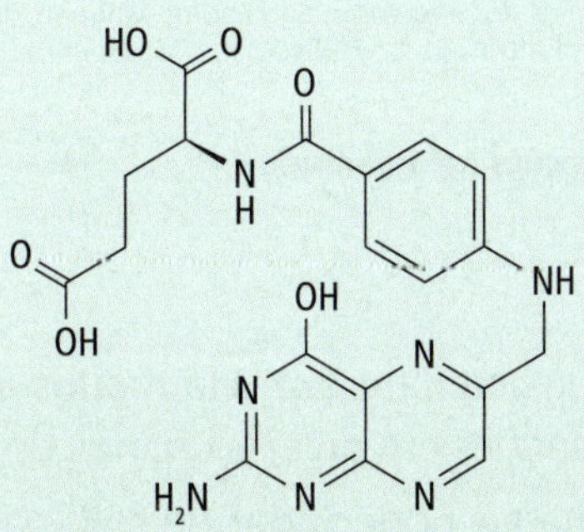	Fígado, ovos, espinafre, beterraba, laranja, abacate, brotos e cogumelos.	Participa do metabolismo dos aminoácidos, na formação das hemácias e de tecidos nervosos.

Vitamina	Fórmula estrutural	Fontes	Funções no organismo
B_{12}	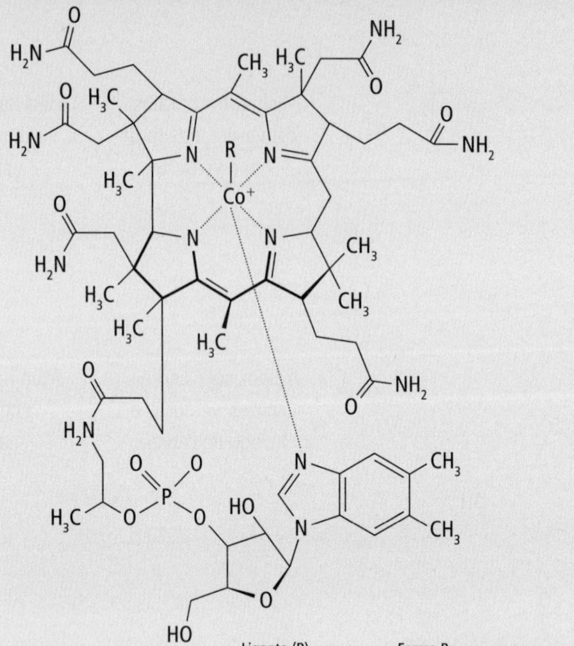 Ligante (R) — Forma B_{12} –CN — Cianocobalamina –OH — Hidroxicobalamina $-H_2O$ — Aquocobalamina –glutationa — Glutationanil cobalamina $-CH_3$ — Metilcobalamina –5'-Deoxiadenosina — 5'-Deoxiadenosil-cobalamina	Fígado, carnes e salmão.	Participa da formação de hemácias e na multiplicação celular.
C ácido ascórbico	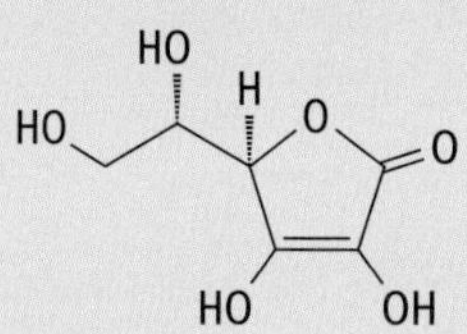	Laranja, limão, abacaxi, *kiwi*, acerola, morango, brócolis, melão, manga, repolho, pimentão, tomate e frutas vermelhas.	Atua no fortalecimento do sistema imunológico; é antioxidante; combate radicais livres e aumenta a absorção do ferro pelo intestino.
H biotina	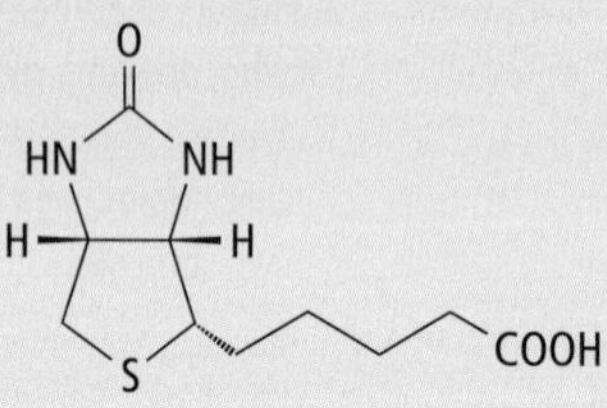	Nozes, amêndoas, castanha, levedo de cerveja, leite, gema de ovo, arroz integral e fígado.	Participa da síntese de ácidos graxos e do metabolismo de gorduras.
PP OU B_3 niacina	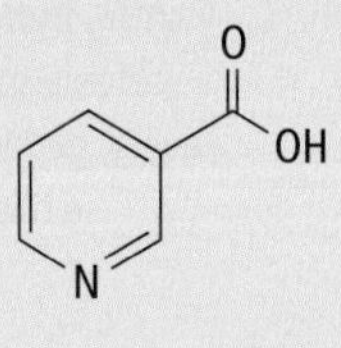	Ervilha, amendoim, fava, peixe, feijão, fígado, lentilhas, amendoim, arroz, frutas vermelhas, pêssegos e abacate.	Participa da manutenção da pele e na proteção do fígado; regula a taxa de colesterol no sangue.

Informações obtidas de: FRANCO, G. *Tabela de composição química dos alimentos*. São Paulo: Atheneu, 2004; BIESALSKI, H. K.; GRIMM, P. *Nutrição: texto e atlas*. Porto Alegre: Artmed, 2007 e DAMODARAN, S.; PARKIN, K. L.; FENNEMA, O. R. *Química de alimentos de Fennema*. 4. ed. Porto Alegre: Artmed, 2010.

Quadro 2-4: **Vitaminas e suas fórmulas estruturais, fontes e funções no organismo.**

Sais minerais

Os sais minerais estão largamente distribuídos na natureza. Há muitos íons presentes em seus sais solúveis em água que exercem importantes funções em diversas partes do organismo humano.

A quantidade de íons presentes nos sais minerais pode variar de solo para solo. Há regiões do planeta cujo solo não possibilita que os alimentos nele cultivados incorporem a quantidade necessária para que, ao serem ingeridos, promovam o equilíbrio orgânico do corpo humano. Assim, algumas populações podem apresentar carências de alguns deles.

A parte sólida de nosso corpo apresenta 96% de sua constituição por compostos de hidrogênio, carbono, oxigênio e nitrogênio. Os 4% restantes são constituídos por espécies iônicas de origem mineral, sendo cerca de 2,5% representados por cálcio e fósforo. Na outra parcela encontram-se os íons cujos elementos são representados por K, Na, Mn, Mg, Cl, S, Zn, F, Cu e outros.

Nosso organismo, em condições normais, excreta diariamente cerca de 20 a 30 gramas de minerais. Sua reposição deve ser imediata pela alimentação e ingestão de líquidos para se manter o equilíbrio orgânico.

Algumas funções de grande importância em que os íons atuam são:

- rigidez do esqueleto e dos dentes;
- contratilidade muscular;
- sinapses nervosas;
- coagulação sanguínea; processos digestivos;
- equilíbrio ácido-básico;
- transporte de oxigênio.

Até agora citamos sais minerais que são necessários aos processos que ocorrem dentro das células. No entanto, no espaço extracelular também é necessária a presença de sais minerais. Os principais cátions são sódio (Na^+), potássio (K^+), cálcio (Ca^{2+}) e magnésio (Mg^{2+}); e os ânions, cloro (Cl^-), bicarbonatos (HCO_3^-), sulfatos (SO_4^{2-}), fosfatos (PO_4^{3-}), derivados de ácidos orgânicos (lactato, citrato) e proteínas.

O quadro ao lado apresenta os elementos aos quais pertencem o íon ou mineral e o correspondente composto orgânico do qual é parte integrante:

Elemento	Composto
ferro (Fe)	hemoglobina
iodo (I)	tiroxina
cobalto (Co)	cianobalamina
zinco (Zn)	insulina
enxofre (S)	tiamina e biotina

BIESALSKI, H. K.; GRIMM, P. *Nutrição: texto e atlas*. Porto Alegre: Artmed, 2007.

Quadro 2-5: **Compostos orgânicos e alguns íons que participam de sua constituição.**

Considerando a diferença nas quantidades nas quais os minerais estão presentes em nosso organismo, eles se classificam em três categorias macroelementos, microelementos essenciais e traços. Os macronutrientes estão presentes em maiores concentrações no organismo. Os micronutrientes são minerais presentes em menores quantidades, mas com funções específicas essenciais em nosso organismo. Os elementos traços apresentam-se em quantidades pequeníssimas, e suas funções metabólicas ainda não estão totalmente elucidadas. O quadro a seguir apresenta alguns desses minerais.

Macroelementos	Microelementos essenciais	Elementos traços
cálcio (Ca)	cobalto (Co) cobre (Cu)	arsênio (As)
cloro (Cl)	cromo (Cr) estanho (Sn)	boro (B)
enxofre (S)	ferro (Fe) flúor (F)	cádmio (Cd)
fósforo (P)	iodo (I) manganês (Mn)	chumbo (Pb)
magnésio (Mg)	molibdênio (Mo) níquel (Ni)	estrôncio (Sr)
potássio (K)	selênio (Se) silício (Si)	lítio (Li)
sódio (Na)	vanádio (V) zinco (Zn)	mercúrio (Hg)

FRANCO, G. *Tabela de composição química dos alimentos*. São Paulo: Atheneu, 2004.

Quadro 2-6: **Classificação dos minerais de acordo com as quantidades nas quais participam da constituição do corpo humano.**

O quadro 2-7 apresenta, de maneira mais geral, os sais minerais, suas funções e fontes:

Sal mineral	Funções	Fontes
cálcio	Atua na formação de tecidos, ossos e dentes; age na coagulação do sangue, na oxigenação dos tecidos e na contração muscular; combate as infecções e mantém o equilíbrio de ferro no organismo; atua na assimilação da vitamina C.	Queijo, leite, nozes, uva, cereais integrais, nabo, couve, chicória, feijão, lentilha, amendoim, castanha-de-caju, sardinha e salsa
cobalto	Age junto com a vitamina B_{12}, estimulando o crescimento e combatendo as afecções cutâneas.	Está contido na vitamina $B_{12,}$ em laticínios, carnes, no fígado e no tomate.
fósforo	Atua na formação de ossos e dentes; é indispensável para o sistema nervoso e o sistema muscular; junto com o cálcio e a vitamina D, combate o raquitismo.	Carnes, miúdos, aves, peixes, ovo, leguminosas, queijo, cereais integrais, castanhas, cacau, aveia, lentilha e gérmen de trigo.
ferro	É indispensável na formação do sangue; atua no transporte do oxigênio para todo o organismo.	Fígado, gema de ovo, leguminosas, verduras, nozes, frutas secas, azeitona, feijão e salsa.
iodo	Faz funcionar a glândula tireoide; ativa o funcionamento cerebral; permite que os músculos armazenem oxigênio e evita que a gordura se deposite nos tecidos.	Agrião, alcachofra, alface, alho, cebola, cenoura, ervilha, aspargo, rabanete, tomate, peixes, frutos do mar e vegetais.
cloro	Constitui os sucos gástricos e pancreáticos e atua na pressão osmótica.	Sal de cozinha, carne, queijo e peixe defumado.
potássio	Atua associado ao sódio, regularizando as batidas do coração e o sistema muscular e contribui para a formação as células.	Azeitona verde, ameixa seca, ervilha, figo, lentilha, espinafre, banana, laranja, tomate, carnes, vinagre de maçã e arroz integral.
magnésio	Atua na formação dos tecidos, ossos e dentes; ajuda a metabolizar os carboidratos; controla a excitabilidade neuromuscular e participa da atuação das vitaminas do complexo D.	Frutas cítricas, leguminosas, gema de ovo, salsinha, agrião, espinafre, cebola, tomate, mel, cacau, chocolate, castanhas queijo e soja.
manganês	Importante para o crescimento e intervém no aproveitamento do cálcio, fósforo e vitamina B1.	Cereais integrais, amendoim, nozes, feijão, arroz integral, banana, alface, beterraba, milho e frutas.
silício	Age na formação dos vasos e artérias e é responsável pela sua elasticidade; atua na formação da pele, das membranas, das unhas e dos cabelos; combate as doenças da pele e o raquitismo.	Amora, aveia, escarola, alface, abóbora, azeitona e cebola.
flúor	Forma esmaltes de dentes e participa da formação dos ossos; previne dilatação das veias, cálculos da vesícula e paralisia.	Água fluoretada.
cobre	Age na formação da hemoglobina (pigmento vermelho do sangue).	Fígado, centeio, lentilha, figo seco, banana, damasco, passas, ameixa, batata, espinafre e sardinha.
sódio	Impede o endurecimento do cálcio e do magnésio, o que pode formar cálculos biliares ou nefríticos; previne a coagulação sanguínea.	Todos os vegetais (principalmente salsão, cenoura, agrião e cebolinha verde), queijo, nozes e aveia; sal de cozinha.
enxofre	Facilita a digestão; é desinfetante e participa do metabolismo das proteínas.	Nozes, alho, cebola, batata, rabanete, repolho, couve-flor, agrião, laranja e abacaxi.
selênio	Atua na absorção da vitamina E e no metabolismo da gordura e é antioxidante.	Castanha-do-pará, carne, frutos do mar, atum e bacalhau.
zinco	Atua no controle cerebral dos músculos e na assimilação da vitamina A; ajuda na respiração dos tecidos; participa no metabolismo das proteínas e dos carboidratos; tem atividade antimicrobiana e antiacne.	Carnes, fígado, peixe, ovo, leguminosas, nozes, levedo de cerveja, soja, castanhas e queijo.

Informações obtidas de.: FRANCO, G. *Tabela de composição química dos alimentos*. São Paulo: Atheneu, 2004; BIESALSKI, H. K.; GRIMM, P. *Nutrição: texto e atlas*. Porto Alegre: Artmed, 2007.

Quadro 2-7: Sais minerais, suas funções e fontes.

O estudo da toxicidade de certos minerais é de suma importância também, pois, sob o ponto de vista nutricional, dependendo da quantidade, sais minerais que são listados como microelementos ou traços podem se tornar venenos. É o caso, por exemplo, do mercúrio (Hg), do chumbo (Pb), do cádmio (Cd), do arsênio (As) e do flúor (F).

Questões

Q19. Sob o ponto de vista estrutural, classifique as vitaminas do quadro 2-4 em hidrossolúveis (solúveis em água) e lipossolúveis (solúveis em gorduras). Justifique.

Q20. Por que é recomendável que crianças de 0 a 3 anos utilizem pastas dentais sem flúor para escovar os dentes?

Q21. Faça uma lista dos alimentos que você tem hábito de consumir e verifique quais vitaminas e sais minerais estão presentes em sua alimentação. Verifique também quais estão ausentes.

TEXTO 4

Interações entre nutrientes na alimentação

Interação entre magnésio e cálcio

É muito habitual considerarmos o leite nossa mais frequente e melhor fonte de cálcio. Além do leite, o gergelim, o espinafre e alimentos integrais constituem fonte de cálcio de alto valor biológico. As necessidade diária de cálcio para adultos está em torno de 1000 mg.

O quadro a seguir apresenta as quantidades de cálcio de algumas importantes fontes alimentares.

Fonte alimentar (100 g)	Ca (mg)
feijão-branco miúdo	476
gergelim (semente)	417
avelã	287
castanha-do-pará	198
feijão-guando (seco)	197
aveia em flocos (crua)	195
leite de vaca desnatado	124
leite de vaca integral (cru)	102

FRANCO, G. *Tabela de composição química dos alimentos*. São Paulo: Atheneu, 2004.

Quadro 2-8: **Quantidade de cálcio (em mg) contida em 100 g de alguns alimentos considerados fonte de cálcio para nossa alimentação.**

Para o cálcio ser absorvido e utilizado por nosso organismo, é preciso haver, em nossa alimentação, quantidade significativa de magnésio, indispensável à fixação de cálcio nos ossos. A necessidade diária de magnésio, para adultos, está em torno de 350 mg.

E onde está o magnésio? O quadro 2-9 apresenta fontes importantes de magnésio em nossa alimentação.

Fonte alimentar (100 g)	Mg (mg)
grão-de-bico	560
cacau	395
gérmen de trigo	343
castanha-do-pará	230
amêndoa	205
avelã	205
aveia em flocos (crua)	157
milho	157
amendoim torrado	150
nozes	130
laranja	26
leite de vaca integral	16

FRANCO, G. *Tabela de composição química dos alimentos*. São Paulo: Atheneu, 2004.

Quadro 2-9: **Quantidade de magnésio (em mg) contida em 100 g de alguns alimentos considerados fonte de magnésio para nossa alimentação.**

Interação entre vitamina C e ferro

Uma outra informação já quase de domínio público relaciona a importância da vitamina C para a melhor absorção do íon ferro.

O ferro é componente da hemoglobina e de outras espécies fundamentais para a manutenção de nossa vida. Desempenha um papel fundamental no transporte de oxigênio e na respiração celular. A necessidade diária de ferro para uma pessoa adulta é, em média, 50 mg.

As carnes vermelhas são as que apresentam maior teor de ferro. Os vegetais têm menor teor de ferro, mas há destaque para o feijão, as nozes, as folhas verdes e os cereais integrais, como pode ser visto no quadro seguinte:

Fonte alimentar (100 g)	Fe (mg)
carne bovina	308
feijão-guando (seco)	12,5
feijão-branco miúdo	11,9
fígado de boi (cru)	9,5
gergelim (semente)	8,4
castanha-de-caju torrada	5,60
aveia em flocos (crus)	4,50
avelã	4,10
nozes	3,10
ovo de galinha inteiro cru	3,10
couve	2,20
leite de vaca integral (cru)	0,10

FRANCO, G. *Tabela de composição química dos alimentos*. São Paulo: Atheneu, 2004.

Quadro 2-10: **Quantidade de ferro (em mg) contida em 100 g de alguns alimentos considerados fonte de ferro para nossa alimentação.**

O ferro fica disponível para ser absorvido pelo organismo quando se encontra como íon Fe^{2+} ou Fe^{3+}. Nos vegetais, o ferro está presente em sua forma mais oxidada, a forma Fe^{3+}. Por sua vez, nas carnes e vísceras, o ferro está como Fe^{2+}, compondo o grupo de proteínas como o da hemoglobina.

A hemoglobina é uma proteína constituída por quatro complexos inorgânicos tendo como átomo central um íon Fe^{2+}. Esses complexos são denominados **complexos heme** e são responsáveis pela fixação e transporte das moléculas de oxigênio, O_2. Cada hemoglobina carrega quatro moléculas de gás oxigênio por vez, cada uma ligada a um complexo heme (figura 2-15a). A figura 2-15b representa um íon Fe^{2+} constituinte de um grupo heme.

a

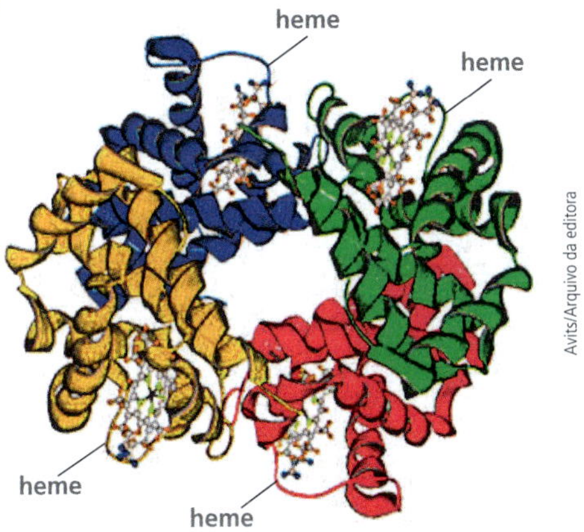

b

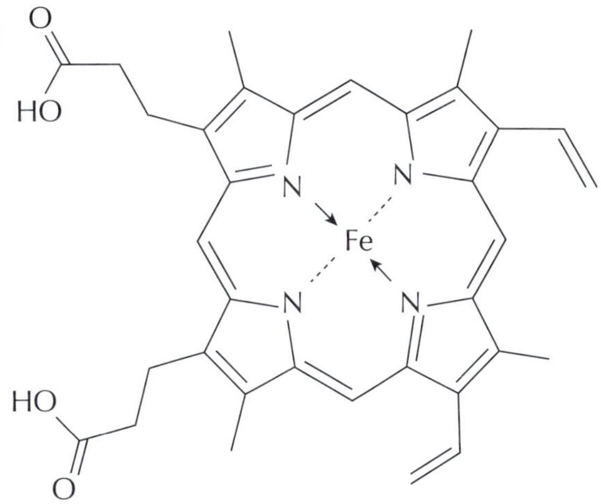

Figura 2-15: **a) Representação da hemoglobina com destaque para os quatro complexos heme; b) representação para um complexo heme constituinte da hemoglobina.**

A absorção do ferro pelo organismo ocorre no intestino delgado (em meio básico) e ele deve estar na forma Fe^{2+}. Nessas condições o ferro de origem animal está compondo a hemoglobina e, portanto, fica impedido de ser oxidado. Se o ferro não participasse desse complexo, ele se transformaria em um precipitado insolúvel de hidróxido de ferro (III), $Fe(OH)_3$, uma vez que o meio básico do intestino delgado favoreceria a formação desse composto.

A absorção do ferro deve ser considerada sob dois aspectos:

- O ferro que constitui os complexos heme da hemoglobina, chamado de **ferro-heme**, é diretamente absorvido pelo organismo. O ferro-heme representa apenas 5 a 10% do ferro consumido em nossa dieta e contribui com 1/3 do ferro efetivamente absorvido.
- De 85 a 90% da quantidade de ferro que as pessoas ingerem é o chamado **ferro não heme**, ou seja, aquele encontrado em alimentos de origem vegetal, ovos, leite e derivados. Esse tipo de ferro é chamado de ferro de **baixa biodisponibilidade**.

Vários fatores influenciam na absorção de ferro não heme. Um dos principais facilitadores da absorção desse tipo de ferro é o ácido ascórbico – a vitamina C. A inclusão de suco de laranja ou limão (frutas ricas em vitamina C) durante a refeição aumenta a absorção do ferro de três a quatro vezes porque o ácido ascórbico facilita a absorção daquele nutriente pela formação de complexos solúveis, tanto em meio ácido quanto básico.

Portanto, quando alimentos ricos em vitamina C são ingeridos com vegetais ricos em ferro, a absorção desse nutriente pelo organismo fica favorecida. A cultura popular brasileira é sábia ao associar fatias de laranja com feijoada e couve.

Um fato importante deve ser divulgado: o espinafre é bastante recomendado popularmente, por ser muito rico em ferro. Contudo, essa hortaliça contém muito ácido oxálico ($C_2H_2O_4$), cuja fórmula estrutural está representada:

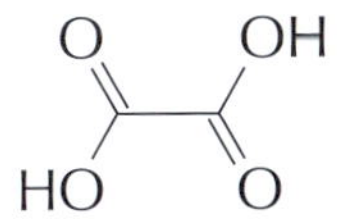

Figura 2-16: **Representação para a estrutura do ácido oxálico.**

O ácido oxálico, em presença de cálcio ou ferro, forma complexos insolúveis, o que provoca uma diminuição da disponibilidade desses minerais na dieta. Lamentavelmente, embora o espinafre contenha muito ferro, cerca de 95% dele está em uma forma não disponível.

No quadro a seguir estão mais algumas importantes fontes de vitamina C e o seu conteúdo em mg.

Fonte (100 g)	caju amarelo	goiaba branca	laranja-pera	lima-da-pérsia	salsa
Vitamina C (mg)	219,7	80,1	40,9	55,3	183,4

FRANCO, G. *Tabela de composição química dos alimentos*. São Paulo: Atheneu, 2004.

Quadro 2-11: **Quantidade de vitamina C (em mg) contida em 100 g de alguns alimentos considerados fonte de vitamina C para nossa alimentação.**

Questões

Q22. Para adultos, a necessidade diária de cálcio é, em média, de 1 000 mg e a de magnésio, de 350 mg. Consultando os quadros 2-8 e 2-9, calcule a quantidade de leite (em L) que um adulto deve beber por dia para contemplar tais necessidades, admitindo o leite como a única fonte desses elementos.

Q23. Observe sua alimentação durante um dia. Anote todos os alimentos que consumiu que contém cálcio. Anote também a quantidade que você ingeriu de cada um. Calcule a quantidade de cálcio ingerida por você em um dia.

Q24. Novamente, observe sua alimentação durante um dia. Porém, agora, anote todos os alimentos que consumiu que contém ferro. Anote também a quantidade que você ingeriu de cada um. Assim como feito anteriormente, calcule a quantidade de ferro ingerida por você em um dia.

Q25. Considere os dados dos quadros 2-10 e 2-11 e sugira duas combinações alimentares que contemplem, simultaneamente, a presença de vitamina C e ferro.

TEXTO 5

Castanhas

Existem vários tipos de castanhas, ou oleaginosas, e todas nos trazem muitos benefícios à saúde. As mais conhecidas são: amêndoas, castanha-de-caju, castanha-do-pará, nozes, avelãs, pistache, amendoim e castanha portuguesa.

De modo geral, as castanhas são ricas em vitamina E e minerais, como potássio, magnésio, zinco, ferro, selênio, além de fósforo, proteína vegetal, fibras e ácidos graxos mono e poli-insaturados.

Esses ácidos graxos são conhecidos como **gorduras saudáveis**. Essas gorduras são responsáveis por efeitos benéficos à saúde, prevenindo doenças cardiovasculares.

Estudos indicam que, quando fazem parte de uma dieta balanceada, as castanhas auxiliam na perda de peso, por serem ricas em gorduras monoinsaturadas, responsáveis por manter o nível de açúcar no sangue estável e por ativar o metabolismo na queima de gorduras.

As quantidades dos minerais mais comumente encontrados nas castanhas estão no quadro na página seguinte. Por ser um elemento muito importante para o nosso equilíbrio orgânico, a quantidade de fósforo também está apresentada.

Oleaginosa (100 g)	Valor calórico (kcal)	Na (mg)	K (mg)	Mg (mg)	Ca (mg)	Fe (mg)	P (mg)
amêndoa torrada e salgada	581	279	640	222	237	3,1	493
castanha-de-caju crua	570	86,3	620,0	260	24	1,80	580
castanha-do-pará	643	81,0	519,9	230	172	3,4	746
coco-da-baía (polpa)	411	46,2	302,0	35	43	3,6	191
nozes	620	3,0	432,0	130	83,0	2,10	380

FRANCO, G. *Tabela de composição química dos alimentos*. São Paulo: Atheneu, 2004.

Quadro 2-12: **Quantidade de minerais (em mg) contida em 100 g de algumas oleaginosas.**

Questões

Q26. A ingestão de oleaginosas deve ser sempre controlada, de uma a três unidade ao dia, segundo orientação nutricional. Levando em consideração que as oleaginosas são constituídas por muitas vitaminas, sais minerais e ácidos graxos, por que as porções devem ser pequenas?

Q27. No início do capítulo apresentamos a seguinte recomendação: "aumentar o consumo de frutas, vegetais, legumes, nozes e castanhas". Justifique cada um desses itens usando informações dos textos 2, 3, 4 e 5.

TEXTO 6

Ácidos graxos e gorduras

Segundo informações do Instituto Akatu pelo consumo consciente, o mundo produz, em alimentos, 2 805 kcal diárias por pessoa, quantidade superior à dieta de 2 350 kcal necessárias para alimentar adequadamente cada habitante do planeta. Apesar disso, milhões de pessoas passam fome devido, principalmente, às desigualdades sociais que existem no planeta, tanto entre países quanto entre habitantes de um mesmo país.

Enquanto isso, os níveis de sobrepeso e obesidade nas populações de vários países têm crescido continuamente. O Brasil contabiliza mais de 70 milhões de indivíduos acima do peso ideal, o que representa 40% da população.

Por isso, é importante que as pessoas ampliem a consciência que têm de suas necessidades nutricionais e percebam que são capazes de interferir na realidade pelos atos cotidianos. E, ainda, que podem influenciar hábitos de consumo de sua comunidade. Uma das maneiras de ampliar essa consciência é conhecer, do ponto de vista químico, algumas moléculas importantes, como é o caso das moléculas de gordura.

Agora vamos analisar as informações contidas em um rótulo de biscoito de aveia e mel e responder a algumas questões sobre esses dados.

Informação nutricional
Porção 30 g — (5 biscoitos)

Quantidade por porção		% VD (*)
valor energético	129 kcal = 538 kJ	6%
carboidratos	20 g	7%
proteínas	3,3 g	4%
gorduras totais	4,0 g	7%
gorduras saturadas	1,4 g	6%
gorduras trans	não contém	**
gorduras monoinsaturadas	1,5 g	**
gorduras poli-insaturadas	0,7 g	**
colesterol	0 mg	0%
fibra alimentar	1,4 g	6%
sódio	52 mg	2%

* % Valores Diários de referência com base em uma dieta de 2 000 kcal ou 8 400 kJ. Seus valores diários podem ser maiores ou menores dependendo de suas necessidades energéticas.

** VD não estabelecido. Redução de 30% em gorduras saturadas quando comparado ao biscoito sabor maçã e canela.

Quadro 2-13: **Informação nutricional de biscoito de aveia e mel.**

QUÍMICA

Questões

Q28. Calcule a porcentagem total de gordura que você ingere ao comer cinco biscoitos de aveia e mel.

Q29. Ao comer uma porção desse biscoito, que tipo de gorduras você vai ingerir?

Q30. A quantas calorias corresponde essa porção?

Q31. O quadro a seguir apresenta o valor calórico por grama proveniente de três tipos de constituintes encontrados em alimentos.

Fonte	Valor calórico em 1 g do produto (kcal/g)
carboidrato	4,0
gordura	9,0
proteína	4,0

Quadro 2-14: **Valor calórico por grama de substâncias encontradas em alimentos.**

Considerando o total de calorias fornecidas por uma porção de biscoitos, calcule quantas são obtidas a partir das gorduras, dos carboidratos e das proteínas.

A Química dos ácidos graxos e das gorduras

Quimicamente, as gorduras – um grupo de substâncias pertencentes à classe dos lipídios –, também chamadas **glicerídios**, são ésteres carboxílicos derivados de um único álcool, o glicerol, conhecido como glicerina ($HOCH_2CHOHCH_2OH$).

Uma molécula de qualquer gordura é um **triglicerídio**, ou seja, contém três moléculas de **ácidos carboxílicos** – também chamados **ácidos graxos** – ligadas a uma base que é o glicerol. Na figura ao lado está representada uma molécula de gordura, na qual podemos perceber no centro a estrutura do glicerol e, ligados a ele, três ácidos carboxílicos diferentes, cujas cadeias carbônicas estão representadas por R, R_1 e R_2.

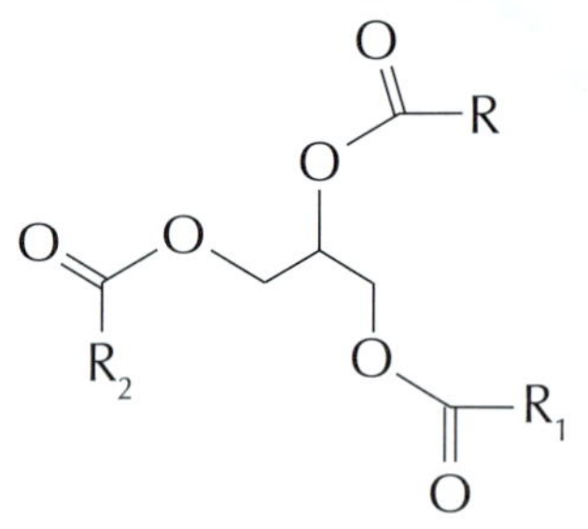

Figura 2-17: **Representação da estrutura de um triglicerídio genérico.**

Questões

Q32. Represente a fórmula estrutural do glicerol.

Q33. Reproduza em seu caderno a estrutura do triglicerídio genérico da figura 2-17. Marque a estrutura do glicerol na molécula.

Essas gorduras, que estão presentes na constituição de biscoitos, constituem um grupo de substâncias pertencente à classe dos denominados **lipídios**, que são substâncias insolúveis em água, mas solúveis em solventes orgânicos. Em geral, essa classe de substâncias é sistematizada tendo como referência características estruturais das moléculas em quatro subgrupos:

- ácidos graxos;
- esteroides;
- vitaminas lipossolúveis;
- outros terpenos.

No caso dos biscoitos, os lipídios são moléculas de gordura formadas por ácidos graxos, que são importantes no fornecimento de energia para o nosso corpo.

Vamos analisar do ponto de vista químico uma molécula genérica de um ácido graxo.

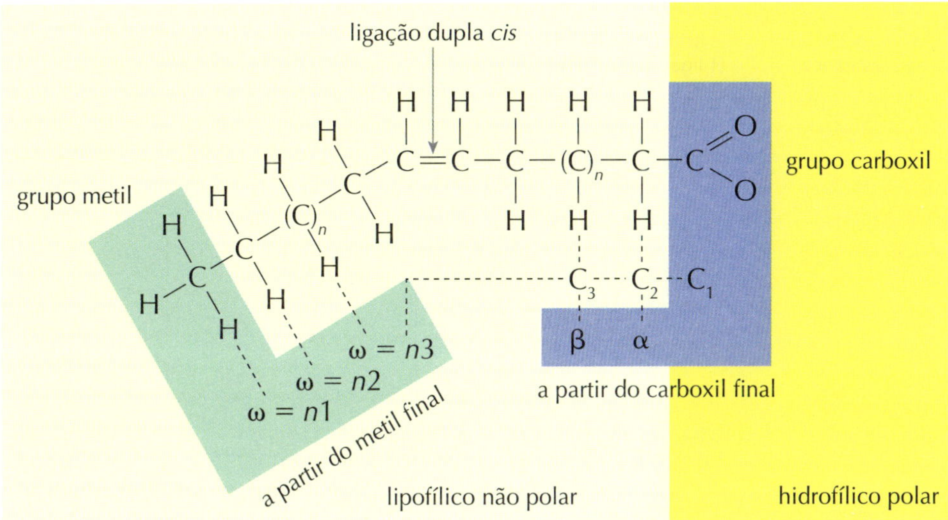

Figura 2-18: **Representação para a estrutura de uma molécula de ácido carboxílico.**

Na figura anterior está representada uma molécula de ácido graxo geral. Nela podemos ver destacados o grupo carboxil e o grupo metil, assim como a denominação dos átomos de carbono da ramificação em que eles se encontram. A indicação ω (ômega) refere-se à posição da primeira ligação dupla entre carbonos a partir da extremidade que não contém o grupo carboxila.

Por exemplo, se a molécula apresentar a primeira ligação dupla entre os carbonos 3 e 4, o ácido graxo será denominado ω-3 (ômega-3). Os ácidos eicosapentaenoico e alfa-linolênico são chamados de ácidos ω-3.

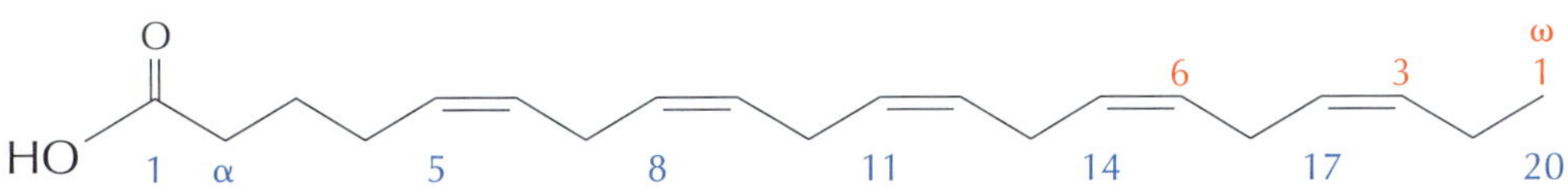

Figura 2-19: **Ácido eicosapentaenoico.**

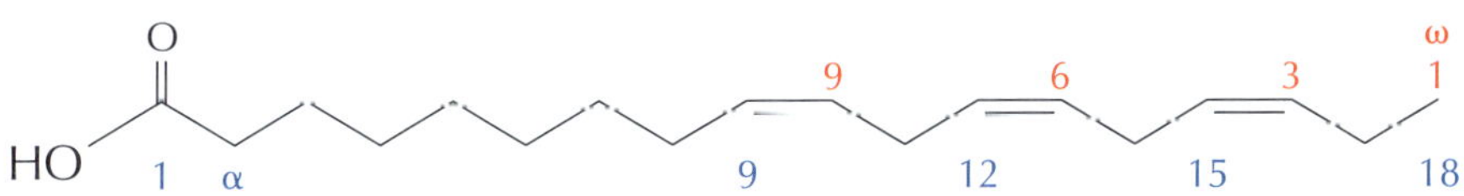

Figura 2-20: **Ácido alfa-linolênico.**

Sérgio Dotta Jr./Arquivo da editora

Figura 2-21: **O óleo de fígado de bacalhau é fonte de ácidos graxos insaturados (ômega).**

Se o ácido graxo não possuir ligações duplas ele é classificado como **ácido graxo saturado**. Se possuir apenas uma ligação dupla é chamado **monoinsaturado**. Se a molécula possuir duas ou mais ligações duplas é chamada de **ácido graxo poli-insaturado**. Representações para moléculas desses tipos estão na figura a seguir:

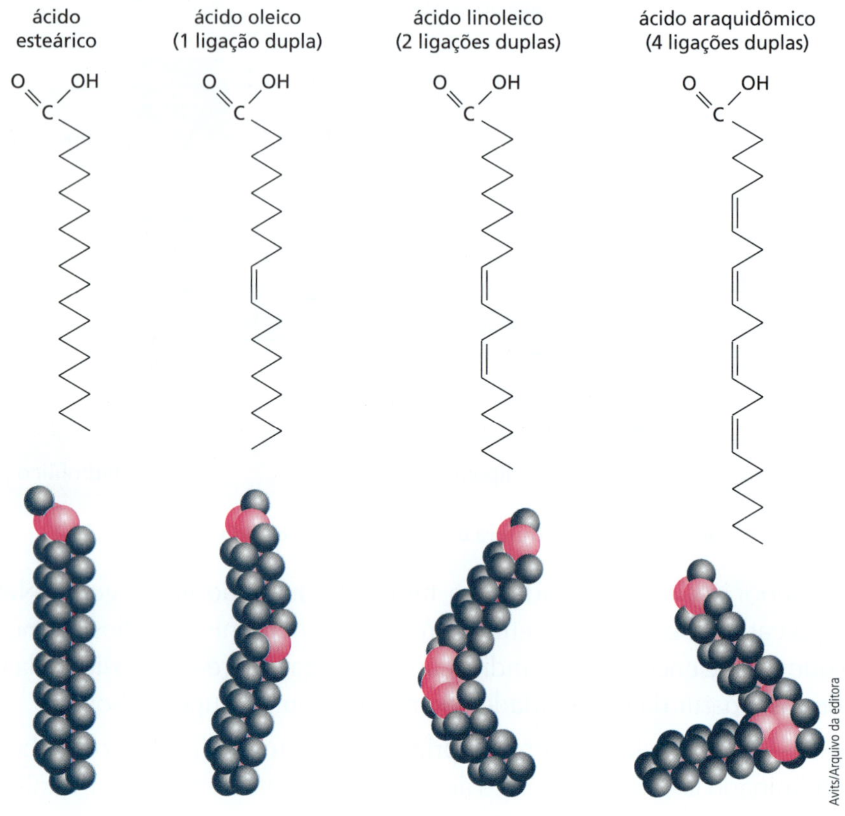

Figura 2-22: **Representações para moléculas de ácidos graxos saturado, monoinsaturado e poli-insaturado.**

A existência de uma ligação dupla na cadeia do ácido graxo impede a livre rotação dos átomos de carbono envolvidos. Isso determina a formação de dois seguimentos na cadeia e a existência de configurações espaciais cis e trans, discutidas no capítulo 1 da parte 3.

A figura 2-23 é uma representação para as moléculas de ácido oleico – um ácido carboxílico na forma cis –, do ácido elaídico – um ácido carboxílico na forma trans – e do ácido esteárico – um ácido carboxílico saturado. Todos apresentam 18 carbonos em suas moléculas.

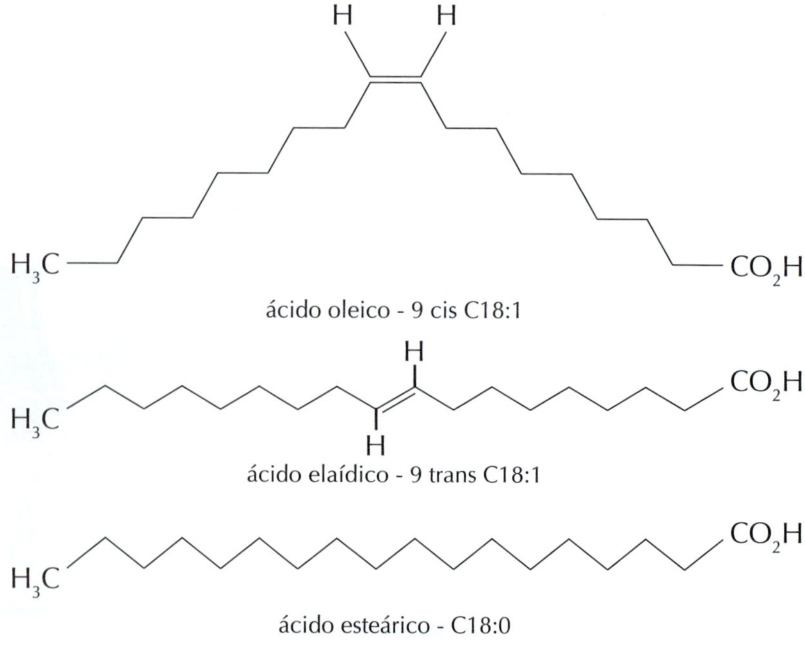

Figura 2-23: **Representação para moléculas de três ácidos carboxílicos que contêm o mesmo número de carbonos na cadeia.**

Nessa figura é possível observar que, no ácido oleico (configuração cis), a cadeia é dobrada, e no ácido elaídico (configuração trans), a cadeia é linear. O formato da cadeia possui relação direta com as propriedades dos ácidos carboxílicos.

Questão

Q34. O quadro a seguir apresenta três ácidos com o mesmo número de carbonos e temperaturas de fusão diferentes. Utilizando o modelo de ligações intermoleculares, justifique as diferenças nessas temperaturas.

Nome do ácido	Número de carbonos na cadeia	Tipo de cadeia	Temperatura de fusão (em °C)
ácido esteárico	18	saturada	70
ácido elaídico	18	insaturada – trans	44
ácido oleico	18	insaturada – cis	16,3

Quadro 2-15: **Tipo de cadeia e temperatura de fusão para três ácidos carboxílicos, constituídos por 18 átomos de carbono na cadeia.**

O ácido graxo saturado, da série de ácidos graxos com 18 carbonos, apresenta temperatura de fusão superior em relação aos ácidos graxos correspondentes com uma ou mais duplas ligações. Isso ocorre em razão da forma de empacotamento das moléculas na cristalização.

No caso do ácido esteárico, o empacotamento pode ser mais perfeito, pois não existem ligações duplas. No caso do ácido elaídico, existem ligações duplas e por isso no empacotamento das moléculas formam-se "buracos" na estrutura quando as ligações duplas se encontram. Isso faz com que as interações intermoleculares estabelecidas sejam mais fracas no caso do ácido insaturado e a temperatura de fusão seja menor.

A temperatura de fusão do ácido elaídico, que tem a forma trans, é maior do que a temperatura de fusão do ácido oleico, que apresenta a forma cis.

Ao observarmos novamente as representações para as moléculas dos dois ácidos insaturados na figura 2-23, vemos que naquela de conformação trans a cadeia apresenta-se mais linear. Sendo assim, as moléculas possuirão maior superfície de contato, o que faz com que as interações intermoleculares estejam presentes em maior número.

No caso do ácido oleico, a configuração cis confere às moléculas uma forma mais dobrada. Isso dificulta a interação entre uma molécula e outra e as interações intermoleculares estabelecidas são em menor número. Dessa forma, a temperatura de fusão para este composto é menor que para o composto de mesmo número de átomos que possui a conformação trans.

Esse ácido graxo insaturado que apresenta conformação trans em suas moléculas é conhecido como **gordura trans**. Essa nomenclatura é a nomenclatura comum, mas as chamadas gorduras trans não são de fato triglicerídios (também chamados triglicérides) como são as moléculas de gordura. No entanto, neste texto, faremos referência aos ácidos graxos trans como gorduras trans, já que esta vem sendo a forma mais comum de se referir a essas substâncias. É comum também que os lipídios, de forma geral, sejam chamados de gorduras. Como apresentam temperaturas de fusão maiores, as gorduras que apresentam moléculas na conformação trans são em geral sólidas, e aquelas que possuem a conformação cis são em geral líquidas. Isso influencia seus usos na indústria alimentar, como veremos a seguir.

As gorduras trans e a indústria alimentícia

As gorduras são fundamentais na alimentação humana. Eles são responsáveis pelo fornecimento de calorias e têm atuação no transporte de vitaminas lipossolúveis, como A, D, E e K.

As gorduras trans estão naturalmente presentes, em pequenas quantidades, em algumas plantas, como romã, repolho e ervilhas, e constituem entre 3 e 5% dos ácidos graxos da carne e do leite dos ruminantes – vacas, ovelhas e cabras.

Figura 2-24: Alguns alimentos têm baixo percentual de gorduras trans.

A maior parte dos sabores que percebemos está relacionada à parte gordurosa do alimento. É por isso que a indústria alimentícia tem muito interesse em desenvolver informações sobre compostos gordurosos.

O interesse da indústria de alimentos nas gorduras trans advém do fato de que elas melhoram a consistência dos alimentos, proporcionam aumento de sua crocância e aumentam a vida de prateleira de alguns produtos, além de serem sólidas, o que torna mais fácil sua manipulação.

A partir de óleos vegetais poli-insaturados, que são líquidos, é possível obter as gorduras sólidas. Esse processo se dá por meios artificiais que hidrogenam ligações duplas. A hidrogenação é realizada, então, para modificar a composição, a estrutura e a consistência de um óleo.

Na prática, o óleo vegetal é misturado com um catalisador específico, geralmente o níquel (Ni), finamente moído e aquecido à temperatura de 140 a 225 °C em tanques fechados. O óleo é então exposto ao gás hidrogênio (H_2) sob pressão de 60 libras por polegada (60 psi). O progresso da reação é acompanhado por meio da determinação do índice de refração. Este varia com o grau de hidrogenação do óleo, permitindo saber se o óleo está suficientemente hidrogenado. Quando o processo atinge a condição desejada, o óleo é resfriado e o catalisador, removido por filtração.

No decorrer do processo de hidrogenação algumas das ligações duplas são eliminadas, outras mudam de posição na cadeia e uma proporção significativa de ligações que apresentam configuração cis são convertidas em trans.

O quadro a seguir mostra as alterações na composição de ácidos graxos durante a hidrogenação do óleo de soja:

Ácido graxo	Porcentagem do ácido graxo no óleo original	Porcentagem do ácido graxo no óleo hidrogenado
palmítico	6-10	6-10
esteárico	2-4	3-16
oleico (cis)	22-32	28-48
oleico (trans)	—	22-48
linoleico (cis-9, cis-12)	50-60	5-24
linoleico (cis-9, trans-12 + trans-9, cis-12)	—	2-8
linoleico (cis-9, trans-12 + trans-8, cis-12)	—	4
linolênico	2-5	0-2

ARAÚJO, J. M. A. *Química de alimentos: teoria e prática*. 4. ed. Viçosa: Ed. da UFV, 2008. p. 87.

Quadro 2-16: Alterações na composição de ácidos graxos durante a hidrogenação do óleo de soja.

Quando todas as duplas ligações são saturadas no processo de hidrogenação, obtêm-se as chamadas **gorduras hidrogenadas** ou **gorduras saturadas**. Caso não ocorra a hidrogenação total, obtêm-se **gorduras parcialmente hidrogenadas**.

Assim, as gorduras trans estão presentes em todos os alimentos nos quais os rótulos indicam, como um dos constituintes, "óleo vegetal parcialmente hidrogenado".

Figura 2-25: **Alimentos com óleo vegetal parcialmente hidrogenado: na verdade, esses alimentos contêm gorduras trans.**

Enquanto as gorduras saturadas são trigliceróis formados a partir de ácidos graxos saturados, as gorduras trans apresentam em sua composição ácidos graxos insaturados com uma ou mais dupla ligação do tipo trans.

Ácidos graxos e gorduras na manutenção da saúde

As preocupações com os efeitos para a saúde das chamadas gorduras trans têm aumentado. Isso se deve ao fato de que estudos revelam que essas gorduras modificam as funções metabólicas das gorduras poli-insaturadas, competindo com os ácidos graxos essenciais em vias metabólicas complexas.

Apesar de serem alvo de preocupações, é importante destacar que as gorduras em geral desempenham funções vitais em nosso organismo. A recomendação da Organização Mundial de Saúde (OMS) é que a ingestão diária de gorduras corresponda a cerca de 30% do valor calórico total.

Mas aí vem uma questão: Que tipo de gorduras seria interessante consumirmos?

As gorduras vegetais são ricas em gorduras insaturadas – monoinsaturadas e poli-insaturadas – e são isentas de colesterol e de gordura trans. Essas gorduras podem ajudar a controlar os níveis de colesterol, contribuindo com a prevenção de doenças cardiovasculares. As gorduras monoinsaturadas são encontradas no azeite, no óleo de amendoim, nas amêndoas e nas azeitonas. As gorduras poli-insaturadas dominam a composição dos óleos vegetais como os de girassol, milho ou soja, presentes em margarinas e cremes vegetais e em peixes como sardinhas, salmão e atum.

As gorduras de origem animal são constituídas essencialmente por gorduras saturadas, colesterol e gorduras trans. Essas gorduras podem ser encontradas em alimentos como manteiga, natas, leite integral, queijos gordos e carne de boi.

Questões

Q35. Uma gordura não saturada tende a ser um líquido escorregadio e gotejante, e não uma substância firme e compacta. Considerando as estruturas das moléculas das gorduras não saturadas, explique por quê.

Q36. Que tipo de arranjo espacial as gorduras monoinsaturadas podem possuir?

Q37. Qual é a diferença entre gorduras trans e gorduras saturadas?

Q38. Uma molécula de ácido graxo possui um grupo metila e um grupo carboxila. Justifique a diferença de polaridade existente entre esses grupos.

Q39. Um grupo é considerado lipofílico quando é solúvel em gorduras. Por que o grupo metila é lipofílico?

Q40. Um grupo é considerado hidrofílico quando é solúvel em água. Por que o grupo carboxila é hidrofílico?

Q41. Por que as gorduras são indispensáveis na alimentação?

Q42. Faça uma pesquisa em rótulos de alimentos que você tem o hábito de consumir e descubra que tipo de gordura faz parte de sua dieta.

Q43. Leia o trecho a seguir:

Um óleo é simplesmente uma gordura no estado derretido, líquido. Há uma grande diferença, no entanto, entre óleos encontrados em alimentos e os usados para lubrificar motores de carros. As moléculas dos óleos alimentares têm três pernas unidas a uma espinha dorsal comum. Os óleos lubrificantes só têm uma. O formato das pernas afeta o comportamento térmico do óleo ou da gordura. Cada "perna" consiste de uma cadeia unida de átomos de carbono. A temperatura suficientemente baixas, as pernas podem se arrumar lado a lado para formar um cristal sólido. As moléculas de gordura com "pernas" retas (gorduras "saturadas") se arrumam bem próximas, vibram pouco e exigem uma energia relativamente alta para separá-las. Aquelas que têm pernas dobradas (gorduras "insaturadas") juntam-se menos, são mais fáceis de separar e se fundem a uma temperatura mais baixa.

FISHER, Len. *A ciência no cotidiano: como aproveitar a ciência nas atividades do dia a dia.* Rio de Janeiro: Jorge Zahar, 2004. p. 166.

No texto, o autor utiliza uma linguagem repleta de referências à linguagem cotidiana para explicar as propriedades dos lipídios. Reescreva o trecho utilizando a linguagem científica e termos que foram usados neste texto.

TEXTO 7

Colesterol: aprendendo um pouco sobre esta molécula complexa

dica Enem

Em exames de rotina é comum um médico solicitar a dosagem de colesterol no sangue. A figura a seguir mostra o que vem registrado como resultado desse exame:

Material: sangue
Colesterol total e frações
(data da coleta: 12/05/2010, 08:26)
Método: colorimétrico enzimático

Resultado:
✓ Colesterol HDL: 45 mg/dL
✓ Colesterol VLDL: 15 mg/dL
✓ Colesterol LDL: 90 mg/dL
✓ Colesterol total: 150 mg/dL

Figura 2-26: **Resultado de um exame para a dosagem de colesterol em uma mulher de 42 anos.**

Ao observamos o que vem registrado no exame, vemos na verdade expressos valores de concentração, em miligramas por decilitro (mg/dL), para alguns tipos de colesterol, como o HDL, o VLDL e o LDL, além da concentração de colesterol total. No rótulo de biscoito de aveia e mel que apresentamos no texto 6 (quadro 2-13) também havia um campo no qual se apresentava a informação "colesterol – 0%".

O colesterol tem sido uma substância alvo de preocupação de médicos e nutricionistas nos últimos tempos. Vejamos a seguir que aspectos químicos dessa molécula podem nos ajudar a aprender mais sobre ela.

Aspectos químicos do colesterol

Do ponto de vista químico o colesterol é um lipídio da classe dos esteroides.

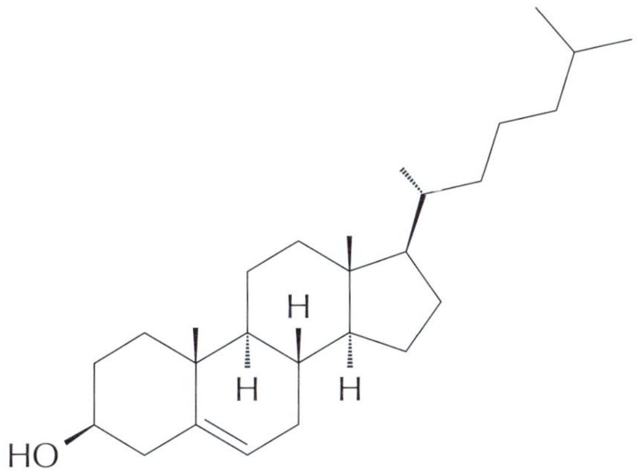

Figura 2-27: **Representação da molécula de colesterol.**

O colesterol e outras gorduras (lipídios) não são solúveis na água, o que também significa que não se dissolvem no sangue. O transporte de colesterol nesse líquido depende da formação de partículas com superfícies hidrofílicas. Isso é alcançado com a ajuda de **apoproteínas**.

As apoproteínas possuem em sua estrutura uma parte lipofílica e outra parte hidrofílica. Isso faz com que as apoproteínas possam se ligar aos núcleos dos lipídios e ao meio aquoso, que é o sangue.

Quando essas apoproteínas se juntam com o colesterol, formam compostos chamados **lipoproteínas**. A figura a seguir representa uma partícula de lipoproteína:

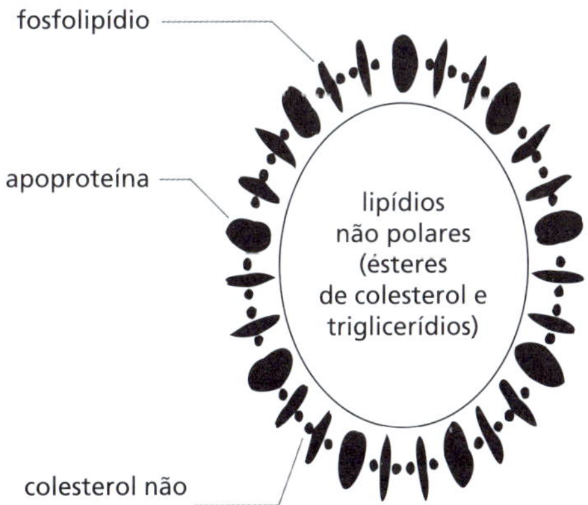

Figura 2-28: **Representação de uma partícula lipoproteica típica.**

Essas lipoproteínas apresentam uma propriedade que já discutimos, a densidade, que é determinada pela quantidade de proteínas e lipídios presentes nessas partículas. É a densidade das lipoproteínas que determina o que chamamos de colesterol VLDL, LDL e HDL.

Se a densidade da lipoproteína é muito baixa, temos o colesterol VLDL, assim denominado por causa do nome em inglês: *Very Low Density Lipoprotein*.

Se a densidade lipoproteína é baixa, temos o colesterol LDL, do inglês *Low Density Lipoprotein*.

Se a densidade lipoproteína formada é alta, temos o colesterol HDL, do inglês *High Density Lipoprotein*.

O transporte de colesterol por essas lipoproteínas pelo sangue é um processo muito complexo que não será abordado neste texto.

O colesterol LDL

As partículas de lipoproteína LDL – o chamado colesterol LDL – são a principal forma pela qual o colesterol é transportado. Essa lipoproteína tem na sua composição 45% de moléculas de colesterol. No seu trajeto pelo organismo, parte das moléculas de colesterol que constituem essa lipoproteína podem se desprender do conjunto. É assim que as moléculas de colesterol podem depositar-se nas paredes das artérias, o que, a longo prazo, pode causar problemas de saúde, como os ataques cardíacos. Por isso, o LDL é conhecido popularmente como "colesterol ruim".

O colesterol HDL

O HDL recolhe as moléculas de colesterol que se desprenderam das lipoproteínas LDL. Assim, o HDL transporta o colesterol e os triglicerídios de volta, dos tecidos periféricos ao fígado, onde são convertidos principalmente em ácidos biliares. É por isso que o HDL é conhecido popularmente como "colesterol bom".

O colesterol VLDL

As lipoproteínas VLDL também participam do transporte de colesterol no sangue, mas ela é responsável pelo transporte dos triglicerídios, um outro tipo de gordura. As lipoproteínas VLDL convertem-se para LDL após terem deixado os triglicerídios nos músculos e no tecido adiposo.

Importância do colesterol na manutenção da saúde

O colesterol é um componente essencial das membranas celulares e um precursor dos ácidos biliares e dos hormônios esteroides. O colesterol é essencial para:

- a formação e a manutenção das membranas celulares, pois ajuda a célula a resistir às mudanças na temperatura, faz parte da mielina que protege e isola as fibras dos nervos;
- a formação dos hormônios sexuais (progesterona, testosterona, estradiol, cortisol);
- a produção dos sais da bílis, que ajudam a digerir a comida;
- a conversão da vitamina D na pele (quando exposta à luz solar).

Nosso organismo fabrica todo o colesterol de que necessita, de modo controlado, principalmente no fígado, mas também no intestino e na pele, em quantidades suficientes para atender às próprias necessidades.

Por meio do exame de sangue podemos ter informações sobre a quantidade de colesterol que circula no sangue. Dessa quantidade, cerca de 85% corresponde a moléculas produzidas pelo próprio corpo. Os outros 15% provêm da ingestão de alimentos que contêm colesterol, como carne, frango, peixe, frutos do mar e laticínios.

O aumento da quantidade de colesterol que circula no sangue tem sido associado à formação de placas que podem estreitar ou bloquear os vasos sanguíneos, causando uma doença conhecida como ateriosclerose. Se as artérias do coração entupirem, pode haver um infarto. A artéria entupida

Figura 2-29: **Alimentos ricos em colesterol.**

também pode desenvolver pontas duras, o que pode causar a quebra das placas, obstruindo os vasos sanguíneos de qualquer lugar do corpo. Um vaso sanguíneo entupido no cérebro, por exemplo, pode causar um derrame.

A Associação Americana do Coração recomenda que a ingestão diária de colesterol seja menor que 300 mg. Pessoas com altos níveis de colesterol no sangue devem ingerir ainda menos do que essa quantidade.

Nas últimas décadas, os ácidos graxos saturados e, mais recentemente, as gorduras trans foram identificados como uma possível causa para o agravamento de doenças cardiovasculares pelo aumento dos níveis de LDL no sangue. As gorduras trans parecem elevar o nível total de colesterol do sangue, aumentar o LDL e diminuir o HDL.

Questões

Q44. Pesquise e responda: A partir de que idade é recomendável fazer exames para acompanhar os níveis de colesterol no sangue?

Q45. Considere o quadro ao lado que apresenta os valores de referência para o colesterol:

a) Compare os dados do quadro com os resultados do exame apresentado no início do texto. Como você avalia os níveis de colesterol da pessoa que fez o exame?

b) Obtenha outro exame de colesterol, de preferência um que você já tenha feito ou de alguém que você conheça e que o autorize a ter acesso ao exame. Faça uma avaliação dos níveis de colesterol tendo como referência o quadro 2-17.

Valores de referência para o colesterol	
Colesterol total	
Valores de concentração	**Classificação**
menor que 200 mg/dL	ótimo
de 200 a 239 mg/dL	limítrofe
≥ 240 mg/dL	alto
Colesterol HDL	
menor que 40 mg/dL	baixo
de 40 a 59 mg/dL	aceitável
≥ 60 mg/dL	alto
Colesterol LDL	
menor que 100 mg/dL	ótimo
de 100 a 129 mg/dL	desejável
de 130 a 159 mg/dL	limítrofe
de 160 a 189 mg/dL	alto
≥ 190 mg/dL	muito alto
colesterol VLDL	
até 40 mg/dL	desejável

Quadro 2-17: **Dados de referência para os níveis de colesterol.**

Q46. Considere a representação para a molécula de colesterol apresentada na figura 2-27.

a) Identifique as funções orgânicas presentes nessa molécula.

b) Por que a molécula de colesterol é insolúvel em água?

Q47. As apoproteínas possuem em sua estrutura uma parte lipofílica e outra parte hidrofílica. Essa estrutura é semelhante à estrutura das moléculas de sabão, utilizadas para desengordurar. Desenhe um modelo que mostre a interação das apoproteínas com as moléculas de colesterol.

Q48. Por que os níveis de LDL no organismo devem ser mantidos abaixo de 100 mg/dL?

Q49. Por que os níveis de HDL no organismo devem estar acima de 40 mg/dL?

Q50. Pesquise que hábitos saudáveis devem ser buscados para que uma pessoa mantenha em seu sangue bons níveis de colesterol.

Q51. Pesquise e liste alguns procedimentos recomendáveis para abaixar os níveis de colesterol no sangue.

Q52. No início do capítulo apresentamos como recomendação a necessidade de se "substituir gorduras saturadas e trans por insaturadas". Justifique essa recomendação com base nos textos 6 e 7.

TEXTO 8

Conhecendo um pouco sobre as fibras

As fibras alimentares são todos os polissacarídeos que estão presentes em nossa dieta. Os **polissacarídeos** são, de fato, carboidratos; mais especificamente, são açúcares, constituídos por mais de vinte unidades de sacarídeos, e a forma predominante dos carboidratos na natureza.

Formam um conjunto de substâncias resistentes à ação das enzimas digestivas humanas e, portanto, constituem uma classe de compostos não digeríveis. Podem ser classificadas em **fibras solúveis** (FS) e **fibras insolúveis** (FI).

As fibras solúveis são fermentadas pelas bactérias e alteram a composição da flora intestinal e o metabolismo. Constituem esse tipo de fibras a maior parte das pectinas, gomas, celulose e certas hemiceluloses.

As fibras insolúveis não são fermentadas pelas bactérias e apresentam efeito mecânico no trânsito intestinal. As ligninas são exemplos desse tipo de fibras.

A seguir, vamos estudar algumas fibras, como a celulose, a lignina e a pectina, todas elas com um importante papel na nossa alimentação.

A celulose

A celulose é um importante polissacarídeo encontrado na parede celular vegetal, perfazendo grande parte da massa da madeira. Polímero natural formado por unidades de glicose, a celulose apresenta-se sob forma de fibras, como podemos observar na figura a seguir:

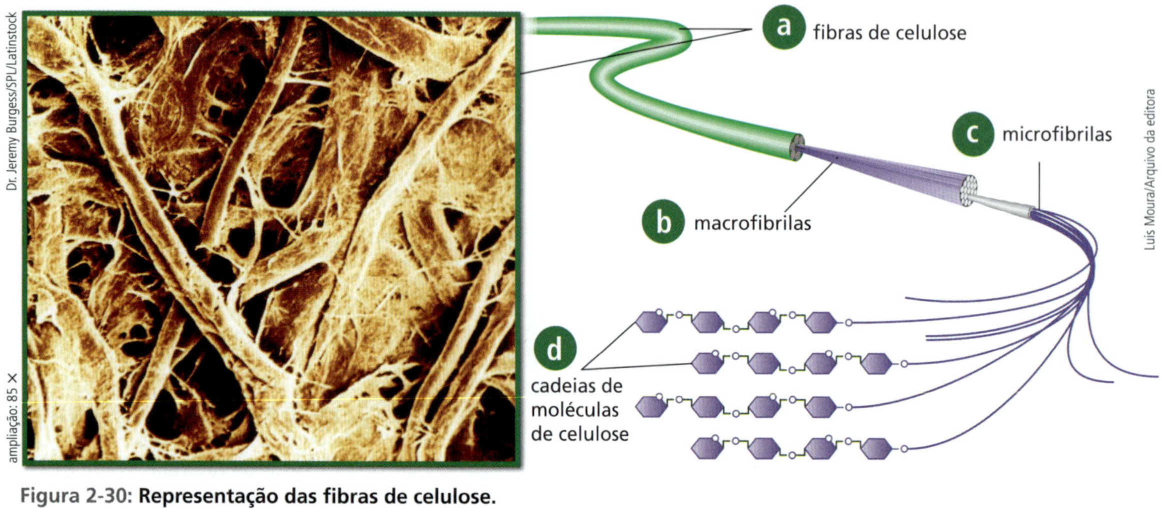

Figura 2-30: **Representação das fibras de celulose.**

As unidades de glicose formam cadeias lineares dispostas lado a lado. Isso acarreta a formação de uma estrutura em fibras estabilizada por ligações de hidrogênio intra e intermoleculares. A figura seguinte representa as moléculas de glicose na celulose e destaca a formação das ligações de hidrogênio entre as cadeias:

São exemplos de alimentos ricos em fibras de celulose: legumes, ervilhas, verduras e maçãs.

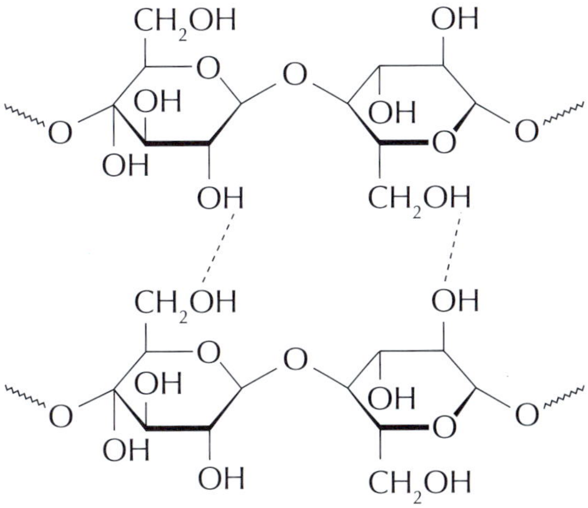

Figura 2-31: **Representação de ligações de hidrogênio que ocorrem entre as cadeias de glicose, na celulose.**

A lignina

A lignina é um polímero tridimensional de natureza aromática, com alta massa molar, que tem como base estrutural unidades de fenil-propano e provavelmente está ligada aos polissacarídeos da madeira. A estrutura das ligninas é variável, dependendo do tipo de vegetal.

São exemplos de alimentos ricos em lignina: raízes vegetais, como cenoura e trigo, e frutas, como morango. A figura a seguir representa uma estrutura proposta para a lignina:

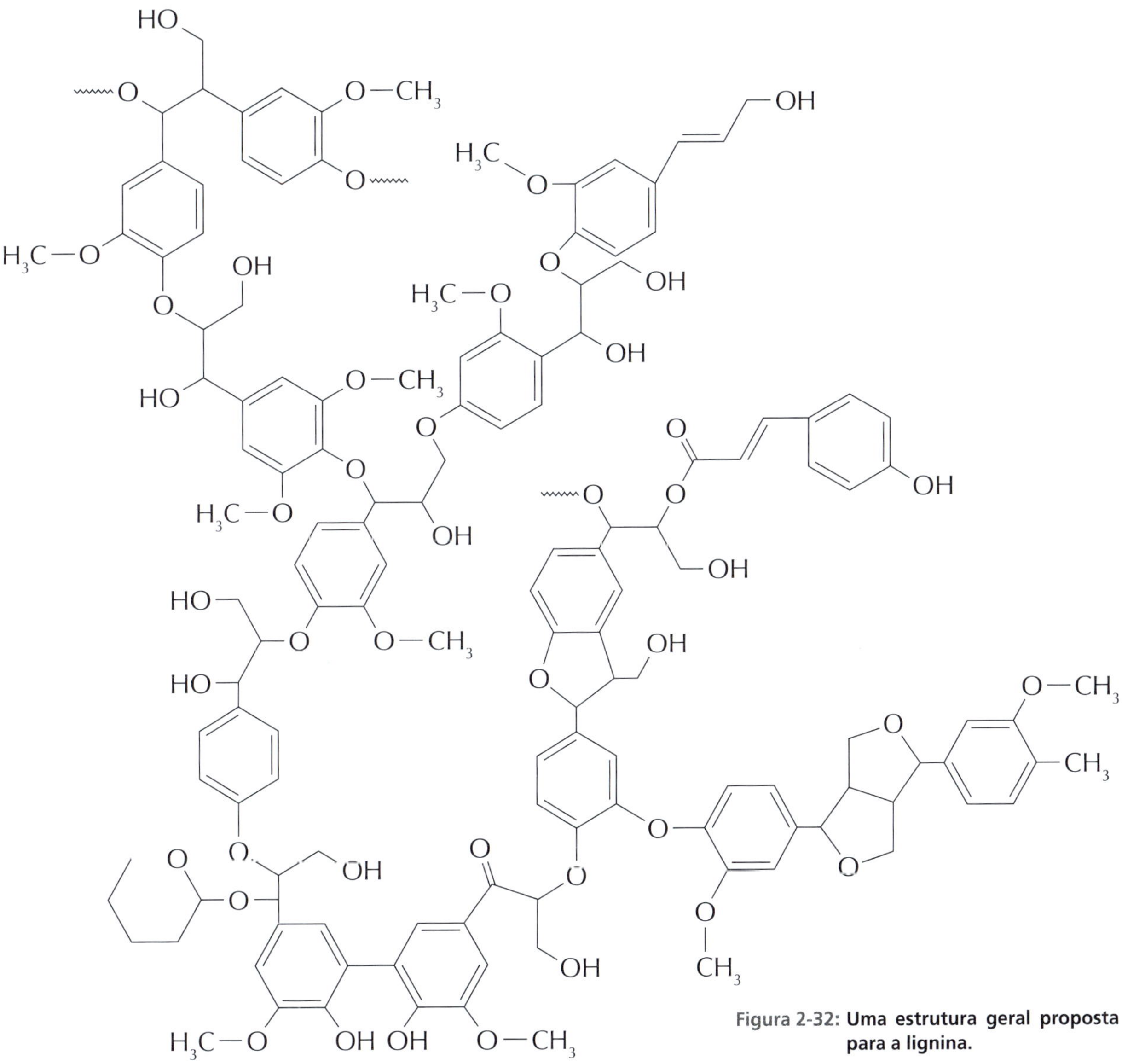

Figura 2-32: **Uma estrutura geral proposta para a lignina.**

A pectina

As pectinas são fibras solúveis das frutas. O ácido galacturônico é o seu principal componente, além de uma série de outros monômeros. Elas formam géis característicos ao serem misturadas com água, propriedade aproveitada no processamento de alimentos. A figura ao lado representa uma estrutura proposta para a pectina:

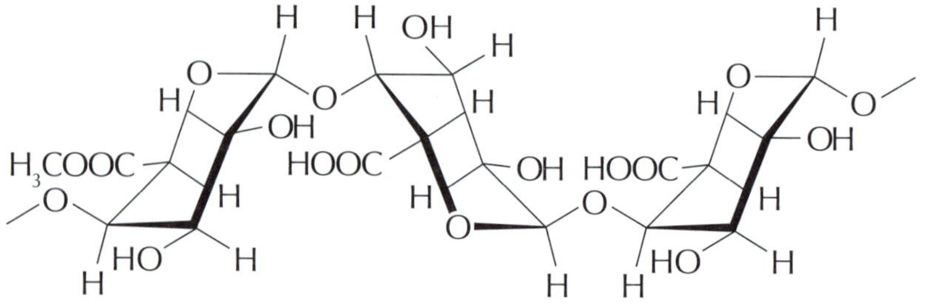

Figura 2-33: **Representação da pectina.**

Função das fibras no organismo

As fibras possuem várias funções em nosso organismo. Essas funções relacionam-se principalmente a suas propriedades físico-químicas, como a alta capacidade de combinação com a água (ação de expansão) e a presença de estruturas que não podem ser digeridas.

No estômago, o alto teor de fibras acarreta um menor ritmo de esvaziamento, pois a interação de suas partículas com a água faz com que elas aumentem de tamanho. A mastigação de alimentos ricos em fibras tende a ser mais lenta. Esses dois fatores contribuem para uma sensação de saciedade mais prolongada.

As fibras também apresentam interações com as moléculas de colesterol e retardam a absorção de glicose sanguínea. No intestino, contribuem para a formação do bolo fecal.

O crescente uso de produtos refinados em substituição aos integrais tem acarretado a minimização da presença de fibras em dietas. As frutas e vegetais em geral também são importantes fontes de fibras e devem compor uma alimentação saudável. Além disso, como já vimos, as frutas e vegetais têm uma série de vitaminas e sais minerais essenciais para a manutenção da saúde.

Yoav Levy/Phototake/Alamy/Other Images

Figura 2-34: **A ingestão de fibras produz sensação de saciedade mais prolongada.**

Questões

Q53. Considere a molécula de glicose e faça o que se pede.

a) A glicose é uma substância molecular? Justifique sua resposta.

b) A glicose é solúvel em água. A celulose, que é um polímero da glicose, não é solúvel em água. Justifique essa diferença.

Q54. Considere a estrutura da pectina e identifique quais as funções orgânicas nela presentes.

Q55. Faça um levantamento aproximado da quantidade de fibras ingeridas por você ao longo de um dia. Para auxiliar seu levantamento, procure (em livros, revistas e internet) tabelas/quadros que trazem as quantidades de fibras em alimentos. Essas tabelas fornecem a quantidade de fibras em medidas caseiras dos principais alimentos.

Q56. Faça uma pesquisa e consiga uma receita de algum alimento preparado com cereais integrais. Execute a receita e experimente. Compare o gosto e a quantidade de fibras que você consumiu com uma receita que não utiliza o cereal integral. O que você pode concluir?

Q57. No início do capítulo apresentamos como recomendação a necessidade de se "substituir grãos refinados por integrais". Justifique essa recomendação com base no texto 8.

TEXTO 9

Açúcar: ingestão limitada

Na linguagem comum, quando se fala em **açúcar**, refere-se especificamente à sacarose. Na linguagem científica, os açúcares são substâncias denominadas **sacarídeos**. Outros exemplos de açúcares são a maltose, presente no malte, e a lactose, presente no leite.

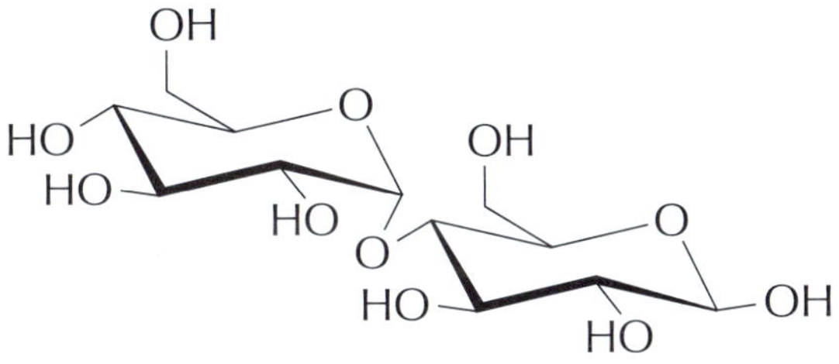

Figura 2-35: **Representação da maltose.**

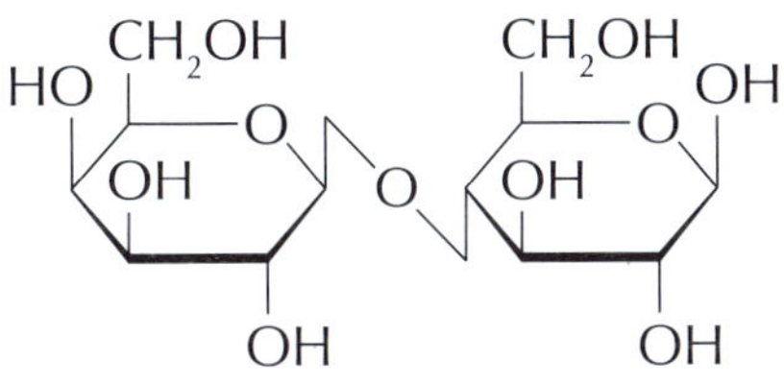

Figura 2-36: **Representação da lactose.**

Em nossa alimentação, quando falamos em excesso de consumo de açúcar, estamos nos referindo principalmente à sacarose.

A sacarose é um carboidrato do tipo dissacarídeo, formado pela união de dois monossacarídeos: α-glicose e a frutose. A figura a seguir representa a fórmula estrutural da sacarose e dos monossacarídeos que a constituem, sendo a α-glicose um anel de seis membros e, a frutose, um anel de 5 membros:

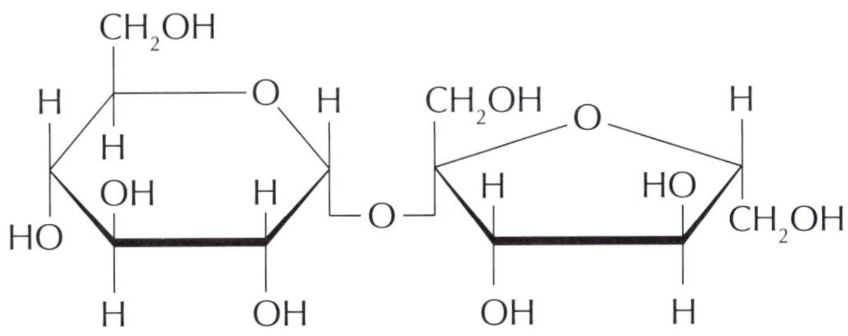

α-glicose frutose

Figura 2-37: **A estrutura da sacarose, principal componente do açúcar comum.**

A sacarose pode ser encontrada comercialmente sob formas diferentes. O quadro a seguir apresenta uma comparação entre a constituição do açúcar refinado e dos açúcares mascavo e demerara.

	Refinado	Mascavo e demerara
energia	387 kcal	376 kcal
carboidratos	99,90 g	97,30 g
vitamina B_1	0 mg	0,010 mg
vitamina B_2	0,020 mg	0,010 mg
vitamina B_6	0 mg	0,030 mg
cálcio	1,0 mg	85,0 mg
magnésio	0 mg	29,0 mg
cobre	0,040 mg	0,300 mg
fósforo	2,0 mg	22 mg
potássio	2,0 mg	346 mg
proteína	0 mg	0 mg

Quadro 2-18: **Comparação entre os açúcares refinado, mascavo e demerara.**

Como se pode observar no quadro, o açúcar refinado possui muito menos nutrientes que o mascavo ou o demerara.

E seu consumo de açúcar, como é? Você se identifica com o terço dos adultos e idosos e 70% dos adolescentes relatados no estudo descrito no texto a seguir?

Um terço dos adultos e 70% dos adolescentes consomem açúcar em excesso

Mais de um terço dos adultos e idosos e 70% dos adolescentes consomem açúcar além do limite estabelecido pela OMS e pelo Ministério da Saúde, revela um estudo feito pela Universidade de São Paulo (USP) com mais de 2 000 moradores da cidade de São Paulo.

Além de não ter valor nutricional, o açúcar em excesso foi associado ao déficit de nutrientes. Segundo as autoras, apesar de o Brasil ser um dos principais produtores mundiais de açúcar proveniente da cana, não há estudos populacionais que investiguem esse consumo entre os brasileiros.

Os resultados são fruto de duas pesquisas feitas a partir de um mesmo banco de dados. Uma delas focou na análise dos adultos e idosos e a outra, no consumo dos adolescentes. Os trabalhos investigaram a ingestão do açúcar presente nos alimentos industrializados e do de adição (aquele que é acrescentado aos preparados).

Entre as pessoas com consumo excessivo, o açúcar representa, em média, 12% das calorias ingeridas diariamente, contra os 10% recomendados. Em alguns casos, esse valor chegou a 25%. Embora o valor não seja tão alto, ele causa preocupação.

"O valor de 10% já é o limite. Além disso, o maior consumo de açúcar associou-se à menor ingestão de alguns nutrientes, como proteína, fibras, zinco, ferro, magnésio, potássio, vitamina B_6 e folato", diz a nutricionista Milena Bueno, uma das autoras da pesquisa.

Doce vício

Além de causar cáries, os alimentos açucarados levam facilmente ao ganho de peso – fator agravado porque normalmente esses produtos contêm gorduras. E a obesidade está relacionada a várias doenças. Alguns estudos também sugerem que os doces despertem uma espécie de vício. "A pessoa passa a querer mais", afirma Luciana Bruno, nutricionista da Sociedade Brasileira de Diabetes.

A maior prevalência do consumo exagerado ocorre nos adolescentes. Mas a pesquisa revelou que, em média, 37% dos adultos e idosos abusam do doce. Entre as mulheres adultas, 40% ultrapassam os limites, contra 35% dos homens. Nos idosos, as taxas são 30% e 23%, respectivamente.

Os refrigerantes foram os maiores responsáveis pelo excesso de açúcar consumido por adolescentes e adultos. Nos mais jovens, a bebida responde por 34,2% do açúcar ingerido pelos meninos e 32% do açúcar ingerido pelas meninas. Já os alimentos achocolatados em pó representam 11% do consumo.

Entre os idosos, a principal fonte foi o açúcar de adição. "Provavelmente pelo consumo em cafés e chás", acredita a nutricionista Milena Bueno. Mas itens como bolachas recheadas, bolos prontos, sucos industrializados e cereais matinais também contribuíram.

Amostra representativa

A pesquisa ouviu 793 adolescentes, 689 adultos e 622 idosos. Os voluntários, todos residentes em São Paulo, foram selecionados a partir de dados da Pesquisa Nacional por Amostra de Domicílios, do IBGE, e responderam a um questionário detalhado sobre a consumo de alimentos no dia anterior. "É uma amostra que pode ser considerada representativa do município de São Paulo", diz a nutricionista Ana Carolina Colucci, também autora do trabalho.

"Podemos extrapolar os dados para regiões com as mesmas características, ou seja, a população urbana de grandes cidades brasileiras", acrescenta Milena Bueno.

Outras conclusões do estudo revelaram que mulheres consomem mais açúcar do que os homens e que não há diferenças significativas em razão do nível socioeconômico.

"Não esperávamos encontrar essa alta prevalência de adolescentes com consumo acima do limite máximo", diz Ana Carolina Colucci.

"Isso é preocupante principalmente se considerarmos que o açúcar de adição não é componente essencial à dieta, devendo ser inserido de maneira restrita tanto em relação à frequência quanto à quantidade em uma alimentação saudável", lembra ela.

Para diminuir a dose diária de açúcar, é possível mudar alguns hábitos, como evitar acrescentar o alimento a sucos e vitaminas e diminuir as colheradas em bebidas como café e chás. "Também vale substituir o açúcar branco pelo demerara ou pelo mascavo, que têm a mesma quantidade de calorias, mas menos aditivos químicos", recomenda a nutricionista Luciana Bruno.

Ilustrações: Antonio Robson/Arquivo da editora

Figura 2-38: **Quanto de açúcar há nos principais doces que consumimos?**

CUPANI, Gabriela. Um terço dos adultos e 70% dos adolescentes consomem açúcar em excesso. *Folha Online*. Disponível em: <www1.folha.uol.com.br/folha/equilibrio/noticias/ult263u591106.shtml>. Acesso em: 25 abr. 2012.

Questões

Q58. No capítulo 9 da parte 1 estudamos os tipos de substância relacionadas aos modelos de ligação química.

a) Que tipo de substância é a sacarose?

b) Que propriedades ela apresenta?

Q59. Considerando as informações apresentadas no texto anterior, qual é a quantidade de açúcar que você consome em um dia? Seu consumo está dentro ou fora do recomendável?

Q60. No texto anterior há a seguinte frase:

"Também vale substituir o açúcar branco pelo demerara ou pelo mascavo, que têm a mesma quantidade de calorias, mas menos aditivos químicos", recomenda a nutricionista [...]."

Observando o quadro 2-18 vemos que o açúcar mascavo e o demerara têm mais substâncias químicas do que o refinado. A que aditivos químicos está se referindo a nutricionista? Explique.

TEXTO 10

Sal: ingerir moderadamente

O termo "sal", na linguagem comum, refere-se ao sal de cozinha. Em geral, consideramos que o sal de cozinha é o cloreto de sódio (NaCl). No entanto, sabemos que o sal de cozinha não é 100% cloreto de sódio e contém outras substâncias em sua constituição, como o iodeto de potássio (KI). Além disso, contém ferrocianeto de sódio ($Na_4Fe(CN)_6$), e alumínio silicato de sódio (que é fabricado com uma série de fórmulas, algumas não estequiométricas), que são responsáveis pela diminuição da umidade do produto e evitam que o sal empedre.

Quimicamente, o termo "sal" refere-se a uma grande variedade de substâncias, que têm em comum o fato de apresentarem ligações iônicas entre pelo menos um cátion e um ânion.

A recomendação colocada no início deste capítulo, que aponta para necessidade de se limitar a ingestão de sal, está se referindo não só ao sal de cozinha, mas também ao sódio que se encontra na constituição de vários alimentos que ingerimos.

O cloreto de sódio

Do ponto de vista químico, o cloreto de sódio é uma substância iônica constituída por íons Na^+ e Cl^-. As figuras a seguir mostram um cristal de NaCl e representam a constituição de seu retículo cristalino:

Dirk Wiersman/SPL/Latinstock

ampliação: 33 ×

Ilustrações: Avits/Arquivo da editora

Figura 2-39: O cristal de NaCl e sua representação.

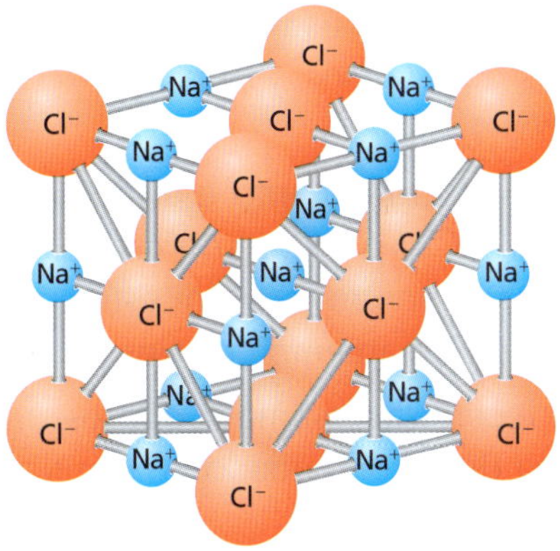

Figura 2-40: Outra representação para o NaCl, demonstrando os íons Na^+ e Cl^-.

A função do sal em nosso corpo

O sódio é o principal e mais abundante eletrólito catiônico presente no líquido extracelular do organismo humano, contribuindo para regular a pressão osmótica do sangue, plasma e fluidos intracelulares, manter o equilíbrio hídrico do organismo e também para a transmissão dos impulsos nervosos.

Nossas células precisam de íons sódio para controlar o transporte de substâncias através das membranas celulares. Esse transporte se dá por um mecanismo denominado **bomba de sódio-potássio** e ocorre quando íons como o sódio (Na^+) e o potássio (K^+) têm de atravessar a membrana contra um gradiente de concentração.

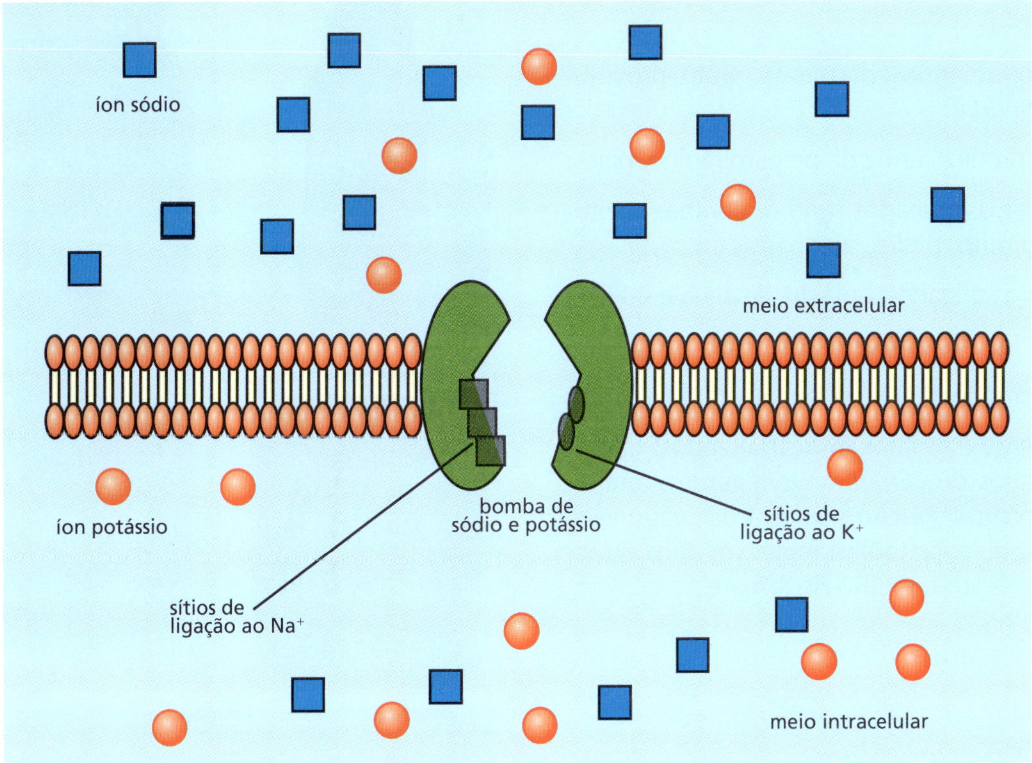

Ilustrações: Avits/Arquivo da editora

Figura 2-41: Bomba de sódio-potássio, que permite a troca de sódio e potássio entre o meio intracelular e o extracelular.

Encontramos concentrações diferentes, dentro e fora da célula, para o sódio e o potássio. Na maioria das células dos organismos superiores, a concentração do íon sódio é menor dentro da célula do que fora. O íon potássio apresenta concentração maior dentro da célula do que fora.

Ingerindo de 6 a 8 gramas de cloreto de sódio por dia é possível manter um balanço ideal dos nutrientes e de água dentro das células. Para os hipertensos, o limite seria a metade da medida recomendada às pessoas com pressão normal (3 a 4 gramas).

Os íons cloro (Cl^-) são importantes para o funcionamento e a manutenção do organismo. Eles participam na formação do ácido clorídrico (HCl), presente no estômago, substância fundamental para o processo de digestão dos alimentos. Esse íon também está envolvido nas transmissões nervosas, no movimento de músculos e no funcionamento dos rins.

O consumo de sal é importante, mas especialistas estimam que os brasileiros consomem cerca de 10 gramas diários, o que está bem acima do recomendado: a quantia sugerida para ingestão de cloreto de sódio está entre 750 e 900 mg por dia.

Onde o sal está escondido?

Para se calcular a quantidade de sal ingerida, é necessário considerar o sal adicionado ao temperar os alimentos que preparamos e aquele que está na constituição dos alimentos.

O sal é utilizado na indústria de alimentos para contrabalançar um pouco o gosto de açúcar nos doces. É também um conservante eficaz no caso das carnes e dos alimentos embutidos (por exemplo: salame, presunto, linguiças e salsichas).

A seguir apresentamos alguns alimentos ricos em sódio:

- carnes processadas: presunto, mortadela, copa, *bacon*, paio, salsicha, linguiça, salame, carne-seca, chouriço etc.;
- aves processadas: *nuggets* de frango, por exemplo;
- queijos amarelos: parmesão, prato, provolone, *cheddar*;
- bolos prontos, arroz de preparo rápido, patês;
- alimentos enlatados: milho, ervilha, azeitona, palmito, picles, alcaparras etc.;
- biscoitos salgados, bolacha de água e sal etc.;
- manteiga ou margarina com sal;
- macarrão instantâneo, sopas em pó;
- temperos e molhos industrializados: caldos e extratos de carne/frango/legumes, temperos prontos, *ketchup*, mostarda, maionese, molho de soja, molho inglês, molhos de salada, extrato e molho de tomate.

Fotos: Sérgio Dotta Jr./Arquivo da editora

Figura 2-42: Alguns alimentos ricos em sódio.

Consumo excessivo de sal e hipertensão

Não é nosso objetivo neste texto aprofundar a questão da hipertensão, pois ela pode estar relacionada a múltiplas causas, incluindo genéticas. No entanto, podemos estabelecer algumas considerações sobre as relações entre o consumo excessivo de sal e a hipertensão.

Um dos efeitos da concentração excessiva de sal no organismo é a retenção de água, o que eleva a pressão arterial. A pressão é uma grandeza física definida como força por unidade de área. Ela depende de fatores físicos, como volume sanguíneo, por exemplo. Quanto maior a quantidade de líquido retido no corpo, maior o volume de sangue que circula pelas veias e artérias.

O aumento do volume das veias e artérias também tem outras consequências, como o surgimento de microrrachaduras nas suas paredes, possibilitando que ocorram depósitos de gorduras nesses locais.

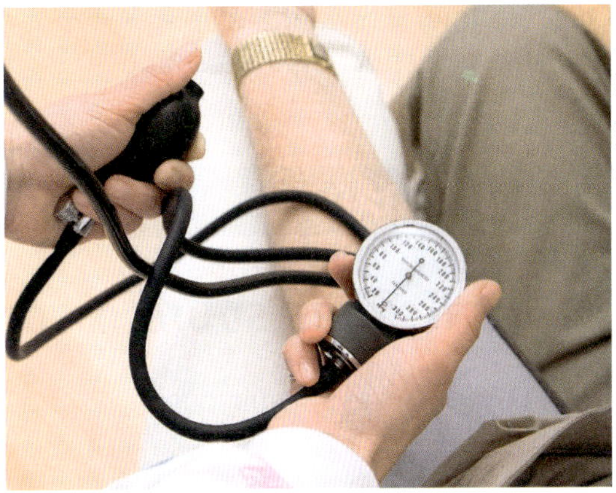

Vstock/Alamy/Other Images

Figura 2-43: **O acompanhamento da pressão arterial é importante pois ela pode aumentar com consumo excessivo de sal.**

Questões

Q61. O sal é um composto constituído pelos elementos sódio e cloro. Com base nisso, responda:

a) A que famílias da tabela periódica pertencem esses elementos?

b) Qual deles apresenta maiores valores de eletronegatividade?

c) Que tipo de substância elementar é formada apenas por átomos de sódio?

d) Faça uma representação do modelo de ligação química que explica a formação da substância elementar sódio.

e) Que tipo de substância elementar é formada apenas por átomos de cloro?

f) Faça uma representação do modelo de ligação química que explica a formação do gás cloro.

Q62. Quimicamente, a palavra "sal" pode se referir a várias substâncias. Cite cinco outros sais e suas respectivas fórmulas.

Q63. O NaCl é um composto solúvel em água. Faça uma representação para a solvatação do NaCl pelas moléculas de água.

Q64. A figura a seguir apresenta fotos que mostram o que acontece a uma lâmpada quando ligada a um sistema constituído por: a) água destilada, b) NaCl (s) e c) NaCl (aq).

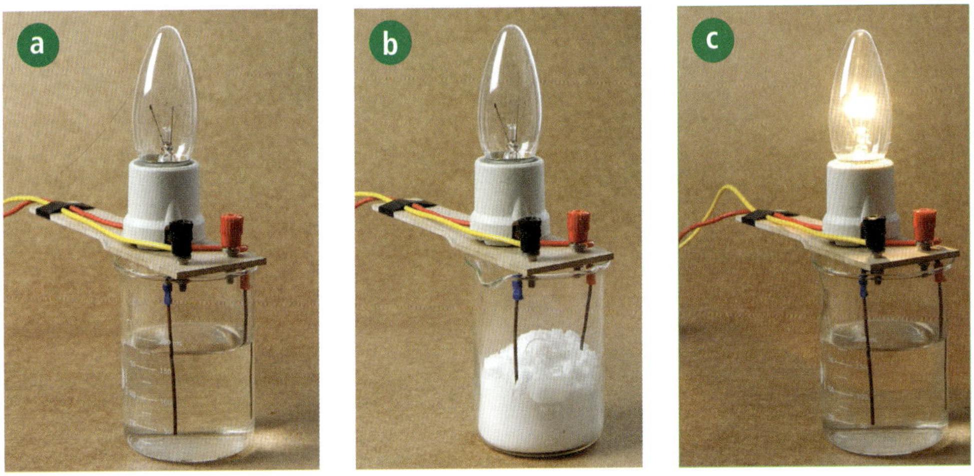

Fotos: Sérgio Dotta Jr./Arquivo da editora

Figura 2-44: **Em que situações a lâmpada acende?**

Usando modelos de ligação química e de interações intermoleculares, explique o que ocorre em cada caso.

Q65. É comum as pessoas jogarem sal no gelo para que as bebidas gelem mais rápido. Explique por que isso acontece.

Q66. No início do capítulo apresentamos como recomendação a necessidade de se "limitar a ingestão de açúcar e sal". Justifique essa recomendação com base nos textos 9 e 10.

ATIVIDADE 3

Reflexões sobre o consumo de refrigerantes

Leiam o texto a seguir, que revela um pouco sobre os hábitos de consumo de adolescentes.

Adolescentes substituem arroz e feijão por salgadinhos e refrigerantes

A troca de carboidratos por lipídios na dieta de adolescentes pode ser uma das maiores responsáveis pela tendência de sobrepeso nesta faixa etária. "A dieta tradicional de arroz, feijão, bife e salada está sendo substituída por lanches, salgadinhos e refrigerantes", afirma Nelson Nardo Júnior, que em fevereiro apresentou sua tese de doutorado sobre o tema a um programa interunidades de pós-graduação da Universidade de São Paulo (USP).

Nardo Júnior acompanhou os hábitos alimentares e o nível de atividade e aptidão físicas de adolescentes entre 13 e 17 anos de uma escola em Maringá (PR). De acordo com a pesqui-

Megapress/Alamy/Other Images

Figura 2-45: **Por que os adolescentes estão trocando suas refeições atualmente?**

sa, os alunos com alto índice de massa corporal (IMC) ingeriam quase 40% a menos de carboidratos e 50% a mais de lipídios que o recomendado. "Um fato que influencia essa substituição é a indicação genérica, feita por muitas dietas de redução de peso, de que seja diminuída a quantidade de carboidratos nas refeições diárias", diz.

O pesquisador acrescenta ainda que uma dieta desbalanceada como essa pode ser um fator de risco no desenvolvimento de uma série de complicações para a saúde, como colesterol alto, doenças cardiovasculares e obesidade. "Esses adolescentes comem muito mal. Falta uma educação nutricional para instruí-los a se alimentar direito."

Segundo ele, problemas característicos de adultos, também conhecidos como doenças das sociedades desenvolvidas, estão chegando mais cedo para esses adolescentes, em grande parte por causa da má alimentação. Entre estes males precoces, estão a diabetes tipo 2, a dislipidemia (aumento anormal da taxa de lipídios no sangue) e a pressão alta, entre outras. Esta propensão mundial, que já foi comprovada por pesquisas em diversos países industrializados, parece ser inevitável. "Nenhum país conseguiu reverter esta tendência do sobrepeso."

Aptidão física

Outra constatação do estudo é que os jovens que obtêm um bom desempenho nos testes físicos, como de corrida, têm menos chances de estar com o IMC elevado. Esta parte da pesquisa será apresentada no 10.º Congresso Anual do Colégio Europeu da Ciência do Esporte, que acontece na cidade de Belgrado (Iugoslávia) entre os dias 13 e 16 de julho.

Apesar de parecer uma conclusão óbvia, ela revela que o excesso de peso gerado pela má alimentação coloca os adolescentes em uma espécie de ciclo vicioso. "O sobrepeso acaba por restringir a atividade física do indivíduo, diminuindo assim a aptidão física", explica. Assim, eles tendem a praticar cada vez menos exercícios, tornando-se mais suscetíveis à obesidade.

No estudo, que foi orientado pelo professor Julio Tirapegui, da Faculdade de Ciências Farmacêuticas (FCF), Nardo Júnior aferiu medidas antropométricas e realizou testes motores com 205 adolescentes, predominantemente das classes sociais C e B. Os resultados foram cruzados com dados de 97 fichas de registros alimentares e atividade física, preenchidas pelos próprios jovens.

A pesquisa foi elaborada dentro do Programa de Pós-Graduação Interunidades em Nutrição Humana Aplicada, que engloba a FCF, a Faculdade de Economia, Administração e Contabilidade (FEA) e a Faculdade de Saúde Pública (FSP), todas da USP.

BENEVIDES, André. Adolescentes substituem arroz e feijão por salgadinhos e refrigerantes. *Agência USP de Notícias*. Disponível em: <www.usp.br/agen/bols/2005/rede1639.htm#primdestaq>. Acesso em: 25 abr. 2012.

Neste capítulo, já abordamos a questão das gorduras e esperamos que vocês incorporem o que aprenderam às suas vidas, desenvolvendo hábitos que os ajudem a se manter saudáveis.

Nesta atividade, vamos aprender um pouco sobre a constituição dos refrigerantes. Para realizá-la, vocês devem ler o texto a seguir e responder às questões propostas.

dica Enem

A Química do refrigerante

O refrigerante é uma bebida não alcoólica, carbonatada, com alto poder refrescante encontrada em diversos sabores.

Composição do refrigerante

Os ingredientes que compõem a formulação do refrigerante têm finalidades específicas e devem se enquadrar nos padrões estabelecidos. São eles:

Água: Constitui cerca de 88% *m/m* do produto final. Ela precisa preencher certos requisitos para ser empregada na manufatura de refrigerante:

- Baixa alcalinidade: carbonatos e bicarbonatos interagem com ácidos orgânicos, como ascórbico e cítrico, presentes na formulação, alterando o sabor do refrigerante, pois reduzem sua acidez e provocam perda de aroma;
- Sulfatos e cloretos: auxiliam na definição do sabor, porém o excesso é prejudicial, pois o gosto ficará demasiado acentuado;
- Cloro e fenóis: o cloro dá um sabor característico de remédio e provoca reações de oxidação e despigmentação, alterando a cor original do refrigerante. Os fenóis transferem seu sabor típico, principalmente quando combinado com o cloro (clorofenóis);
- Metais: ferro, cobre e manganês aceleram reações de oxidação, degradando o refrigerante;
- Padrões microbiológicos: é necessário um plano de higienização e controle criterioso na unidade industrial, que garantam à água todas as características desejadas: límpida, inodora e livre de microrganismos.

Açúcar: É o segundo ingrediente em quantidade (cerca de 11% *m/m*). Ele confere o sabor adocicado, "encorpa" o produto, junto com o acidulante, fixa e realça o paladar e fornece energia. A sacarose (dissacarídeo de fórmula $C_{12}H_{22}O_{11}$ – glicose + frutose) é o açúcar comumente usado (açúcar cristal).

Concentrados: Conferem o sabor característico à bebida. São compostos por extratos, óleos essenciais e destilados de frutas e vegetais. Sabor é a experiência mista de sensações olfativas, gustativas e táteis percebidas durante a degustação.

Acidulante: Regula a doçura do açúcar, realça o paladar e baixa o pH da bebida, inibindo a proliferação de microrganismos. Todos os refrigerantes possuem pH ácido (2,7 a 3,5 de acordo com a bebida). Na escolha do acidulante (quadro a seguir), o fator mais importante é a capacidade de realçar o sabor em questão.

Acidulante	Estrutura	pK_a
ácido cítrico (ácido 2-hidroxi-1,2,3-propanotricarboxílico) ($C_6H_8O_7$)	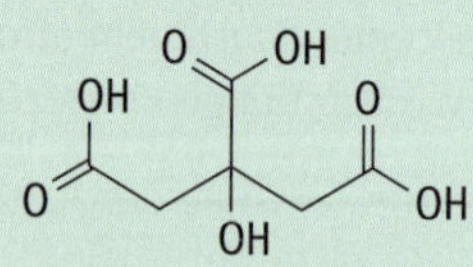	$pK_{a1} = 3,09$ $pK_{a2} = 4,74$ $pK_{a3} = 5,41$
ácido fosfórico (H_3PO_4)	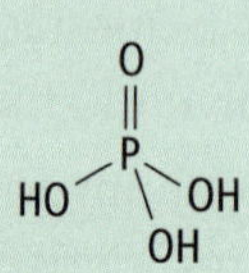	$pK_{a1} = 2,15$ $pK_{a2} = 7,20$ $pK_{a3} = 12,36$
ácido tartárico (ácido 2,3-di-hidroxi-butanodioico) ($C_4H_6O_6$)	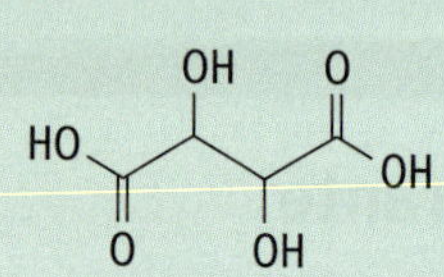	$pK_{a1} = 2,98$ $pK_{a2} = 4,34$

Quadro 2-19: **Acidulantes empregados na manufatura de refrigerantes.**

Os pK_a indicados nos quadros 2-19 e 2-20 tem o mesmo sentido que o pH:

$$pK_a = -\log kA$$

onde kA é a constante de equilíbrio de cada um dos ácidos. Como existem alguns ácidos que têm mais de um átomo de hidrogênio, esses ácidos terão várias constantes de equilíbrio, correspondentes a ionização de cada hidrogênio.

O ácido cítrico é obtido a partir do microrganismo *Aspergillus niger*, que transforma diretamente a glicose em ácido cítrico. Os refrigerantes de limão já o contêm na sua composição normal.

O ácido fosfórico apresenta a maior acidez dentre todos aqueles utilizados em bebidas. É utilizado principalmente nos refrigerantes do tipo cola.

O ácido tartárico é usado nos refrigerantes de sabor uva por ser um dos seus componentes naturais.

Antioxidante: Previne a influência negativa do oxigênio na bebida. Aldeídos, ésteres e outros componentes do sabor são susceptíveis a oxidações pelo oxigênio do ar durante a estocagem. Luz solar e calor aceleram as oxidações. Por isso, os refrigerantes nunca devem ser expostos ao sol. Os ácidos ascórbico e isoascórbico são muito usados para essa finalidade. Quando o primeiro é utilizado, não é com o objetivo de conferir vitamina C ao refrigerante, e sim servir unicamente como antioxidante.

Conservante: Os refrigerantes estão sujeitos à deterioração causada por leveduras, mofos e bactérias (microrganismos acidófilos ou ácido-tolerantes), provocando turvações e alterações no sabor e odor. O conservante (quadro a seguir) visa inibir o desenvolvimento desses microrganismos.

Conservante	Estrutura	pK_a
benzoato de sódio ($C_7H_5O_2Na$)	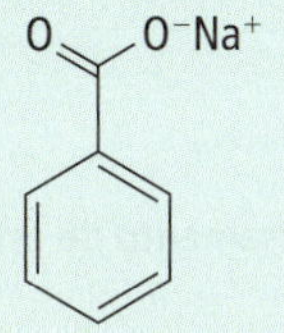	$pK_a = 4{,}19$ (ácido benzoico)
sorbato de potássio ($C_6H_7O_2K$)	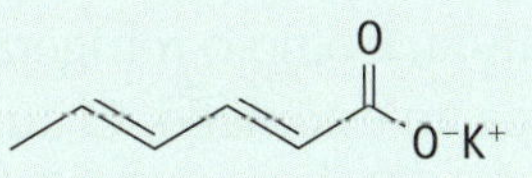	$pK_{a1} = 4{,}75$ (ácido sórbico)

Quadro 2-20: **Conservantes encontrados em refrigerantes.**

O ácido benzoico atua praticamente contra todas as espécies de microrganismos. Sua ação máxima é em pH = 3. É barato e bem tolerado pelo organismo. Como esse ácido é pouco solúvel em água, é utilizado na forma de benzoato de sódio. O teor máximo permitido no Brasil é de 500 mg/100mL de refrigerante (expresso em ácido benzoico).

O ácido sórbico ocorre no fruto da Tramazeira (*Sorbus aucuparia*). É usado como sorbato de potássio e atua mais especificamente sobre bolores e leveduras. Sua ação máxima é em pH = 6. O teor máximo permitido é 30 mg/100mL (expresso em ácido sórbico livre).

Edulcorante: É uma substância (quadro a seguir) que confere sabor doce às bebidas em lugar da sacarose. As bebidas de baixa caloria (*diet*) seguem os padrões de identidade e qualidade das bebidas correspondentes, com exceção do teor calórico.

Nome	Poder adoçante (sacarose = 1)	Ingestão máxima diária (mg/kg de peso corporal)	Estrutura
sacarina	300-400	5,0	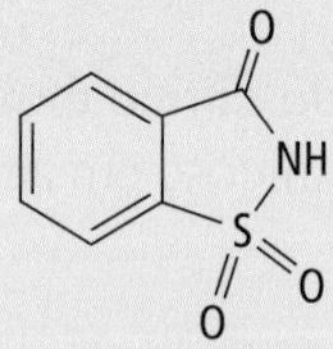 $(C_7H_5NSO_3)$
ciclamato de sódio	50	11,0	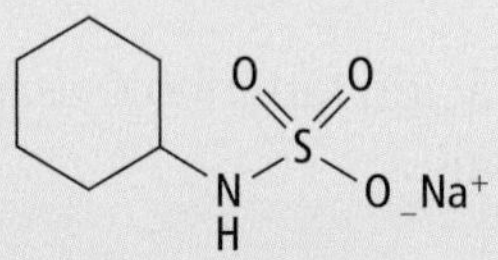 $(C_6H_{12}NSO_3Na)$
aspartame*	200	40,0	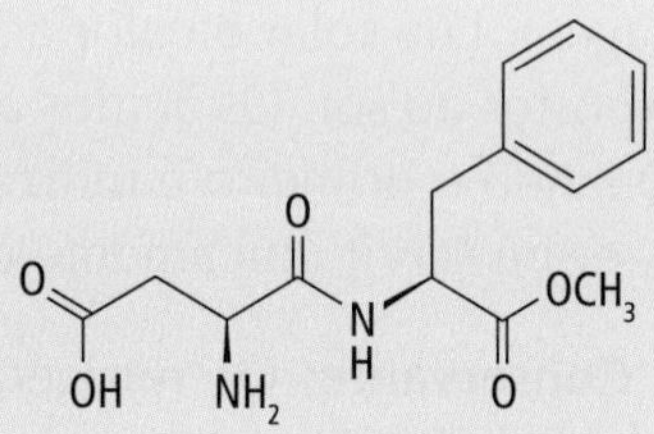 $(C_{14}H_{18}N_2O_5)$
acesulfame-K	200	15,0	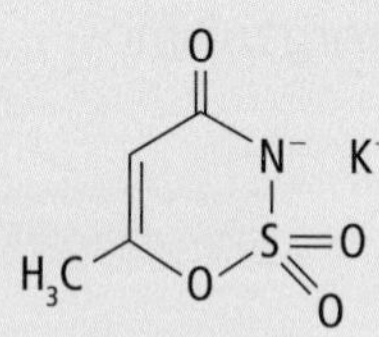 $(C_4H_4NSO_4K)$

* Não resiste ao calor (alimentos com aspartame não devem ser aquecidos).

Quadro 2-21: Edulcorantes utilizados no processamento de refrigerantes *diet* e suas principais características.

Dióxido de carbono: A carbonatação dá "vida" ao produto, realça o paladar e a aparência da bebida. Sua ação refrescante está associada à solubilidade dos gases em líquidos, que diminui com o aumento da temperatura. Como o refrigerante é tomado gelado, sua temperatura aumenta do trajeto que vai da boca ao estômago. O aumento da temperatura e o meio ácido estomacal favorecem a eliminação do CO_2, e a sensação de frescor resulta da expansão desse gás, que é um processo endotérmico.

Conclusão

O refrigerante é um exemplo de como a Química está inserida em nosso cotidiano, não apenas no que diz respeito à preparação desse produto, mas também no controle de qualidade necessário para que seja consumido sem risco à saúde. A Química tem um papel essencial na análise de produtos consumidos pelas pessoas.

LIMA, Ana Carla da Silva; AFONSO, Júlio Carlos. A Química do refrigerante. *Química Nova da Escola*. n. 3, ago. 2009. Disponível em: <http://qnesc.sbq.org.br/online/qnesc31_3/10-PEQ-0608.pdf>. Acesso em: 25 abr. 2012.

Questões

Q67. No quadro 2-19 do texto estão indicados os valores de pK_a para o ácido fosfórico (H_3PO_4).

a) Escrevam as equações correspondentes a essas dissociações no caderno.

b) Indiquem qual dissociação implica em maior concentração de $[H^+]$.

Q68. Considerem a fórmula abaixo, do ácido tartárico:

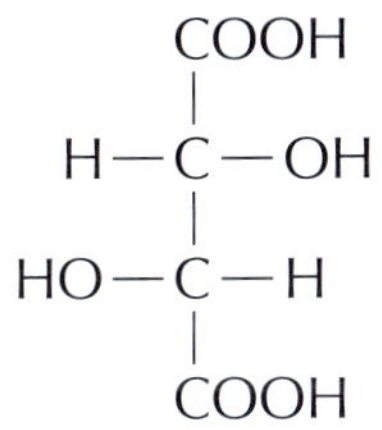

Figura 2-46: Fórmula estrutural do ácido tartárico.

No caderno, façam um círculo nos hidrogênios (H) ácidos e justifiquem.

Q69. Podemos afirmar que os refrigerantes contém vitamina C, pois existe ácido ascórbico em sua composição. Qual é a principal função desse ácido nos refrigerantes?

Q70. Considerem as informações sobre o ácido tartárico:

- Aspecto físico: sólido branco;
- Temperatura de fusão da mistura racêmica: 206 °C;
- Solubilidade em água: 133 g/100 mL.

a) Utilizando o modelo de interações intermoleculares, expliquem o alto valor da solubilidade do ácido tartárico.

b) Representem as estruturas para dois isômeros do ácido tartárico.

c) Proponham a estrutura do tartarato de sódio.

Q71. Durante a ingestão de refrigerantes, os efeitos refrescantes da presença do dióxido de carbono (CO_2) se devem a um processo endotérmico. Expliquem por que esse processo é endotérmico.

Q72. Observem o rótulo de um refrigerante comum e outro de um refrigerante dietético. O que vocês podem constatar em relação às quantidades de sódio contidas nos dois tipos de refrigerantes?

NA INTERNET

<www.akatu.org.br>

Na página do Instituto Akatu você vai ter acesso a informações sobre nutrição, o consumo consciente, desperdício de alimentos, subnutrição e obesidade. Acesso em: 25 abr. 2012.

<www.abeso.org.br>

Página da Associação Brasileira para o Estudo da Obesidade e da Síndrome Metabólica (Abeso). Nela você encontra dicas, receitas e pode calcular seu IMC. Acesso em: 25 abr. 2012.

CAPÍTULO 3

Água nos ambientes urbanos: Química para cuidar do planeta

dica Enem

Neste capítulo, vamos estudar a água dos mares, rios e lagos presentes em ambientes urbanos. Historicamente, muitas cidades brasileiras formaram-se ao longo dos rios, pois eles são um meio natural de transporte. Outras cidades que não possuem rios têm lagos ou lagoas. Muitas são banhadas pelo Oceano Atlântico. Sabemos que a maioria desses corpos de água urbanos, no Brasil, está poluída em consequência do lançamento de esgotos domésticos e/ou industriais. Portanto, estudar a qualidade da água presente nos ambientes urbanos e o que podemos fazer para melhorá-la é de vital importância para a melhoria da qualidade de vida de cada cidadão e para a sobrevivência do planeta.

Para estudarmos a qualidade da água vamos precisar relembrar alguns conceitos importantes. Assim, retomaremos o conceito de solubilidade de gases em líquidos, pois sem oxigênio dissolvido na água não é possível a existência de peixes e outros animais e vegetais ali presentes. Retomaremos também o conceito de pH, pois esse é um importante indício da ocorrência de transformações na água. Além disso, estudaremos alguns parâmetros físico-químicos e biológicos, como a turbidez e os coliformes fecais, pois esses parâmetros nos permitem abordar o problema da qualidade das águas do ponto de vista científico.

Imageplus/Corbis/Latinstock

Figura 3-1: A maioria das águas urbanas em nosso país tem problemas de qualidade.

Marcos Peron/ kino.com.br

TEXTO 1

As águas de nossa cidade e sua qualidade

objeto digital

A água é uma substância muito importante para a vida no planeta. Três quartos da superfície da Terra são cobertos pelos oceanos, que funcionam como um verdadeiro caldeirão de vida: eles são responsáveis, junto com a atmosfera, pela circulação de energia no planeta e garantem uma distribuição de temperaturas muito mais amena por todo o planeta.

Os oceanos são um reservatório importante de várias substâncias que podem ser utilizadas como matéria-prima. A principal delas é o cloreto de sódio (NaCl), usado como sal de cozinha. Eles são também o principal reservatório de fitoplâncton do planeta, que é responsável pela produção de parte do oxigênio vital para os seres vivos.

Marvin Dembinsky/Alamy/Other Images

Figura 3-2: Três quartos da superfície da Terra são cobertos pelos oceanos.

Wagner Santos/kino.com.br

Figura 3-3: Salina em Cabo Frio (RJ), na qual se obtém NaCl a partir da água do mar.

Jan Hinsch/SPL/Latinstock

Figura 3-4: Os oceanos são o principal reservatório de fitoplâncton do planeta.

No entanto, o homem precisa de água doce, que não está disponível nos oceanos. Segundo a Organização Mundial de Saúde (OMS), estima-se que cada pessoa necessita de 300 litros de água por dia, o que equivale a 109 500 litros por ano. Essa quantidade é apenas para o uso pessoal, no consumo e na higiene. Se consideramos a produção de alimentos e a irrigação associada, essa quantidade sobe para 1 milhão de litros de água por ano. Esse dado evidencia que a agricultura é a principal consumidora de água no planeta. Portanto, a escassez de água pode comprometer seriamente a produção de alimentos.

Delfim Maritins/Pulsar Imagens

João Prudente/Pulsar Imagens

Figura 3-5: A produção de alimentos e os processos de irrigação são responsáveis por grande parte do consumo de água no planeta. Em a) vemos um canal de irrigação no Vale do Rio São Francisco (Petrolina – PE) e em b) processo de irrigação em Areado (MG), em 2007.

A água utilizada para consumo humano, produção de alimentos e na indústria é doce. No entanto, 97,5% das águas da Terra são salgadas, estando em oceanos e mares; 1,7% está nas calotas polares e geleiras e apenas 0,77% é água doce acessível ao ser humano. Desses, os rios contêm apenas 0,0001% da água total do planeta. Portanto, a água é um recurso muito precioso, sendo necessário saber usá-la racionalmente.

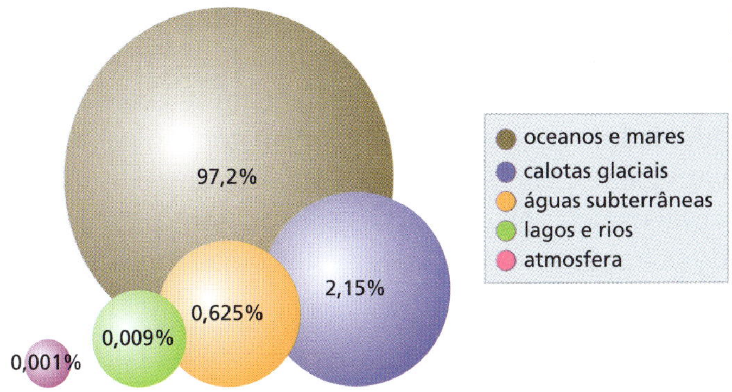

Figura 3-6: Distribuição de água no planeta.

Muitas cidades, ao longo da História, cresceram e se desenvolveram próximas a cursos de água doce. Temos vários exemplos de civilizações que floresceram junto a grandes rios, como os egípcios junto ao Nilo, os babilônios entre os rios Tigre e Eufrates etc.

Há cerca de 4500 anos surgiu o primeiro sistema de distribuição de água no Vale do Indu. O Rio Indu está localizado onde atualmente é o Paquistão, próximo à Índia. Esse sistema possuía canais para transportar a água até as casas e também um sistema completo de coleta de esgoto. Com a era industrial, ocorreu um aumento do lançamento de esgotos nos cursos de água. A Inglaterra, berço da Revolução Industrial, foi um dos primeiros países a se preocupar com a poluição das águas. Em Londres foi construída a primeira estação de tratamento de água em 1829 e filtrava, com areia, a água do Rio Tâmisa.

O Brasil possui 17% da água doce disponível no planeta, sendo o país mais rico do mundo em recursos hídricos. No entanto, grandes cidades brasileiras têm problemas com abastecimento em razão da falta de qualidade das águas dos reservatórios. Além disso, a grande maioria dos rios que servem às cidades foram transformados em esgotos a céu aberto.

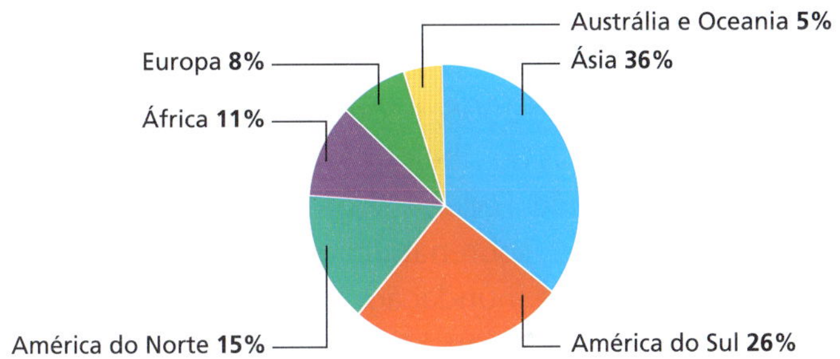

Relatório das Nações Unidas sobre o Desenvolvimento dos Recursos Hídricos no Mundo. Figura adaptada.

Figura 3-7: Distribuição de água doce no mundo.

Estima-se que 6000 crianças morrem por dia em todo o mundo por falta de água potável e saneamento básico. De acordo com o Censo de 2000, no Brasil, cada habitante gera diariamente 180 litros de esgoto por dia, mas somente 47% dos municípios possuem rede coletora desse esgoto e só 18% recebem algum tipo de tratamento. Por isso, a coleta e o tratamento dos esgotos urbanos são medidas urgentes a serem tomadas no Brasil para devolver vida aos vários rios e lagos urbanos.

Marcos Peron/kino.com.br

Figura 3-8: A falta de água potável e de saneamento básico é responsável pela morte de milhares de crianças por dia em todo o mundo.

A poluição das águas pode ter diversas fontes. Os efluentes domésticos são responsáveis por lançar nos corpos de água compostos orgânicos biodegradáveis, nutrientes e organismos patogênicos. Já os efluentes industriais lançam diversos materiais, como metais pesados. A mineração e as atividades agrícolas também podem contaminar a água. Outro problema importante são os materiais carregados pelas enchentes. Com as chuvas, os materiais acumulados em valas, bueiros etc. são arrastados pelas águas pluviais para os corpos de água e podem ser transformados numa grande fonte de poluição se a coleta de esgotos ou a limpeza pública forem pouco eficientes.

Marcos Peron/Kino.com.br

Juca Martins/Pulsar Images

Miguel Schincariol/Folhapress

Figura 3-9: **O gerenciamento de resíduos e efluentes é de fundamental importância no controle de fontes poluidora das águas.**

As enchentes, as cidades e a gestão das águas

No final de 2008, ocorreram enchentes em Minas Gerais e, em Belo Horizonte, é importante destacar as do ribeirão Arrudas e do córrego Engenho Nogueira (canalizado), no *campus* da Universidade Federal de Minas Gerais (UFMG). A enchente é vista como um evento "surpreendente", sobrenatural e inexplicável. Na época das chuvas os rios enchem e alagam as áreas naturais de inundação. Mas a ação do homem mudou o curso natural das coisas. Quando o homem começou a tirar a vegetação e construir casas nas margens dos rios, as enchentes viraram um problemão. Sem matas e solo permeável, que funcionam como esponjas, o volume de água que volta para os rios aumenta e o risco de acontecer uma enchente também.

As enchentes possibilitam a fertilização do solo, permitem a comunicação do rio com as lagoas marginais – que funcionam como berçários para a multiplicação de peixes –, renovam a vida. Às vezes, o nosso olhar e o foco da mídia estão direcionados para o local do evento e os danos que ele provoca, sem uma visão sistêmica.

Um ponto para a discussão é a forma como processamos e interpretamos as enchentes. Temos tendência de atribuir à natureza sentimentos como se ela fosse humana. Ela não é dotada de sentimentos ou de um pensamento de vingança, mas puramente opera leis naturais e procura equilibrar o ecossistema a fim de manter a vida. Nós transformamos córregos e rios em avenidas e depois nos espantamos quando as avenidas e ruas se transformam em córregos. Enquanto na Alemanha e outros países da Europa a gestão das águas passa pela renaturalização, permitindo o escoamento natural das águas e dos rios, continuamos insistindo nas canalizações.

É possível retirarmos algumas conclusões: enchentes são fatos naturais e fazem parte do ciclo das águas e da vida; as margens dos cursos de água pertencem a eles, não ao homem; para termos uma ação preventiva é preciso visão sistêmica. E talvez a mais importante: o planejamento urbano não pode desconsiderar e desrespeitar o território da bacia hidrográfica e a gestão das águas baseado nele.

POLIGNANO, Marcus Vinicius. As enchentes, as cidades e a gestão das águas. *Projeto Manuelzão*: UFMG, n. 50, mar. 2009.

Questões

Q1. Na região Sudeste do Brasil o volume diário de água distribuída por rede geral é, em média, de 360 litros/pessoa/dia, enquanto no Nordeste é 170 litros/pessoa/dia. Suponha que você tivesse que reduzir seu consumo de água passando de 360 para 170 litros por dia. Em quais hábitos do seu cotidiano você alteraria seu consumo de água?

Q2. Relate os estragos causados por possíveis enchentes provocadas pelas chuvas na sua cidade.

Q3. Que medidas têm sido tomadas para minimizar o efeito dessas enchentes? Compare essas medidas com o que foi relatado no texto "As enchentes, as cidades e a gestão das águas" no caso da Alemanha.

Q4. É possível adotar as mesmas medidas que foram adotadas na Alemanha na sua cidade? Por que você acha que elas não são adotadas?

Q5. Avalie e discuta com os colegas a seguinte afirmação do texto: "enchentes são fatos naturais e fazem parte do ciclo das águas e da vida; as margens dos cursos de água pertencem a eles, não ao homem.".

TEXTO 2

Parâmetros de qualidade da água

Para falar em qualidade da água, é preciso definir o uso que ela terá. Podemos falar então de **parâmetros de qualidade**, isto é, parâmetros cujos valores podem indicar a qualidade da água, como substâncias, microrganismos e propriedades físicas usadas como indicativos. Dependendo do uso da água, teremos diferentes valores aceitos para esses parâmetros.

Com o aumento da poluição das águas, diminui a possibilidade de utilizá-la para o contato e o consumo humano. No Brasil, a preocupação em definir normas e padrões de qualidade da água começou no final da década de 1970, com o estabelecimento de uma portaria do Ministério da Saúde referente à água para o consumo humano. Para as águas em geral, a responsabilidade é do Ministério do Meio Ambiente.

Atualmente, tanto o Conselho Nacional de Meio Ambiente (Conama) como a Agência Nacional de Águas (ANA) são órgãos que cumprem um papel importante para assegurar, de acordo com a Política Nacional de Recursos Hídricos (artigo 2.º, capítulo II, Lei n. 9433): "às atuais e futuras gerações água disponível em qualidade e quantidade adequada, sabendo que a água é um recurso natural limitado e que se deve garantir um desenvolvimento sustentável.".

Podemos analisar alguns parâmetros que incidem sobre a qualidade da água, de acordo com seu uso. Os valores padrões de referência são dados nas diversas resoluções do Conama. A principal resolução que trata da qualidade da água é a de número 357, de 2005, na qual são definidos os padrões que devem ser observados em todo o país.

A primeira classificação que o Conama faz refere-se ao teor de sais dissolvidos na água, para classificá-las em **águas doces**, **salinas** ou **salobras**. No artigo 2.º, a resolução define que águas doces são águas com salinidade igual ou inferior a 0,5‰; águas salobras, aquelas com salinidade superior a 0,5‰ e inferior a 30‰, e águas salinas, as com salinidade igual ou superior a 30‰.

Outra definição importante é a de ambiente **lêntico** e **lótico**. Ambiente lêntico refere-se à água parada, com movimento lento ou estagnado, a exemplo das águas de lagoas. Já ambiente lótico é relativo a águas continentais moventes, como as águas dos rios.

Figura 3-10: **Águas paradas ou com movimento lento formam os chamados ambientes lênticos. Águas que têm movimento formam os chamados ambientes lóticos.**

As águas são classificadas em classes de acordo com a qualidade requerida para os seus usos preponderantes. O quadro a seguir apresenta o resumo da Resolução 357 do Conama:

Classificação	Classe	Usos preponderantes
águas doces	especial	Águas destinadas: ao abastecimento para consumo humano, com desinfecção; à preservação do equilíbrio natural das comunidades aquáticas; e à preservação dos ambientes aquáticos em unidades de conservação de proteção integral.
	1	Águas destinadas: ao abastecimento para consumo humano, após tratamento simplificado; à proteção das comunidades aquáticas; à recreação de contato primário, tais como: natação, esqui aquático e mergulho, conforme Resolução Conama n.º 274, de 2000; à irrigação de hortaliças que são consumidas cruas e de frutas que se desenvolvam rentes ao solo e que sejam ingeridas cruas sem remoção de película; e à proteção das comunidades aquáticas em terras indígenas.
	2	Águas destinadas: ao abastecimento para consumo humano, após tratamento convencional; à proteção das comunidades aquáticas; à recreação de contato primário, tais como: natação, esqui aquático e mergulho, conforme Resolução Conama n.º 274, de 2000; à irrigação de hortaliças, plantas frutíferas e de parques, jardins, campos de esporte e lazer, com os quais o público possa vir a ter contato direto; e à aquicultura e à atividade de pesca.
	3	Águas destinadas: ao abastecimento para consumo humano, após tratamento convencional ou avançado; à irrigação de culturas arbóreas, cerealíferas e forrageiras; à pesca amadora; à recreação de contato secundário; e à dessedentação de animais.
	4	Águas destinadas: à navegação e à harmonia paisagística.
águas salinas	especial	Águas destinadas: à preservação dos ambientes aquáticos em unidades de conservação de proteção integral; e à preservação do equilíbrio natural das comunidades aquáticas.
	1	Águas destinadas: à recreação de contato primário, conforme Resolução Conama n.º 274, de 2000; à proteção das comunidades aquáticas; e à aquicultura e à atividade de pesca.
	2	Águas destinadas: à pesca amadora; e à recreação de contato secundário.
	3	Águas destinadas: à navegação e à harmonia paisagística.
águas salobras	especial	Águas destinadas: à preservação dos ambientes aquáticos em unidades de conservação de proteção integral; e à preservação do equilíbrio natural das comunidades aquáticas.
	1	Águas destinadas: à recreação de contato primário, conforme Resolução Conama n.º 274, de 2000; à proteção das comunidades aquáticas; à aquicultura e à atividade de pesca; ao abastecimento para consumo humano, após tratamento convencional ou avançado; à irrigação de hortaliças que são consumidas cruas e de frutas que se desenvolvam rentes ao solo e que sejam ingeridas cruas sem remoção de película; e à irrigação de parques, jardins, campos de esporte e lazer, com os quais o público possa vir a ter contato direto.
	2	Águas destinadas: à pesca amadora; e à recreação de contato secundário.
	3	Águas destinadas: à navegação e à harmonia paisagística.

Quadro 3-1: **Resumo da Resolução 357/2005 do Conama.**

Para monitorar a qualidade da água são analisados parâmetros físicos, químicos e biológicos de qualidade de água.

Dentre os parâmetros físicos temos: temperatura, condutividade elétrica, sólidos totais – que se refere à soma dos sólidos dissolvidos totais e dos sólidos suspensos totais – cor e turbidez.

Já como parâmetros químicos, temos: pH, oxigênio dissolvido (OD), demanda bioquímica de oxigênio (DBO), demanda química de oxigênio (DQO), série de nitrogênio (orgânico, amoniacal, nitrato e nitrito), fósforo total, substâncias tensoativas, óleos e graxas, cianeto livre e fenóis totais. Além disso, é necessária a determinação da quantidade de diversas substâncias ou íons, como cloreto, sulfato total, sulfetos, magnésio, ferro dissolvido, cádmio total, arsênio total, chumbo total e mercúrio total.

Como parâmetros biológicos, podemos citar coliformes termotolerantes, coliformes totais e estreptococos totais.

Outra maneira de classificar as águas de acordo com sua qualidade é utilizar o índice de qualidade da água (IQA). Esse índice, desenvolvido nos Estados Unidos, utiliza alguns parâmetros mais representativos para a caracterização da qualidade da água, atribuindo a cada um pesos diferentes. Esses parâmetros são: oxigênio dissolvido, coliformes termotolerantes, pH, DBO, nitrato, fosfato total, temperatura da água, turbidez e sólidos totais.

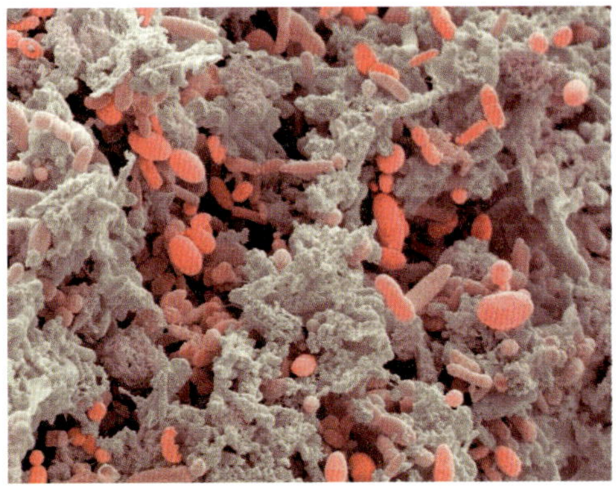
Dr Tony Brain/SPL/Latinstock

ampliação: 3300 X

Figura 3-11: **A quantidade de coliformes fecais é um dos parâmetros biológicos utilizados para monitorar a qualidade das águas.**

Os valores do IQA variam de 0 a 100, indicando, assim, níveis de qualidade diferentes. Podemos afirmar que o IQA considera o lançamento de esgotos domésticos como o fator mais importante que interfere na qualidade da água. Muitos estados brasileiros utilizam o IQA na avaliação da qualidade da água, mas diferem quanto aos valores dos índices na classificação do nível de qualidade.

Valor do IQA (AP/MG/MT/PR/RS)	Valor do IQA (BA/GO/ES/MS/SP)	Nível de qualidade
entre 91 e 100	entre 80 e 100	ótima
entre 71 e 90	entre 52 e 79	boa
entre 51 e 70	entre 37 e 51	aceitável
entre 26 e 50	entre 20 e 36	ruim
entre 0 e 25	entre 0 e 19	péssima

Quadro 3-2: **Classificação dos valores do IQA nos estados brasileiros.**

A utilização do IQA apresenta a vantagem de permitir uma visualização rápida das áreas mais comprometidas, principalmente pelo lançamento de esgotos domésticos. Mapas como os das bacias hidrográficas do Tietê, em São Paulo, e do Rio das Velhas, em Minas Gerais, apresentados aqui, possibilitam avaliar a qualidade das águas de maneira mais geral.

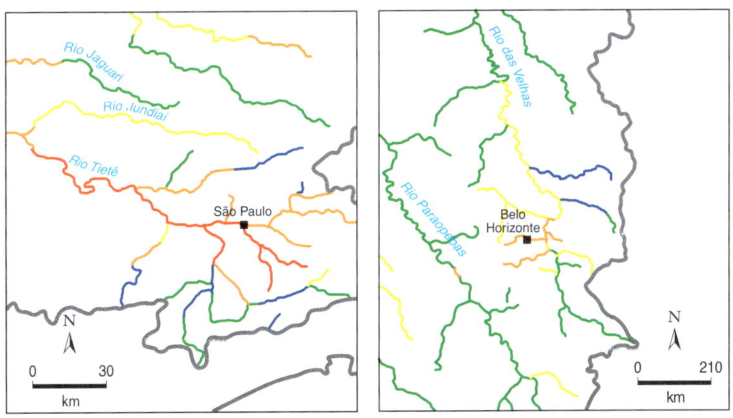

Mário Yoshida/Arquivo da editora

Conjuntura dos recursos hídricos no Brasil 2009/Agência Nacional de Águas. Brasília: ANA, 2009. Disponível em: <www.ana.gov.br/AcoesAdministrativas/CDOC/Catalogo_imgs/2009/20090915_Conjuntura_final.pdf>. Acesso em: 23 dez. 2009. Mapas adaptados.

Figura 3-12: **IQA das bacias hidrográficas do Alto Tietê e do Rio das Velhas.**

Um dos problemas da utilização do IQA é o fato de não existir o mesmo critério em todo o território brasileiro para classificar as águas. Com isso, uma água com IQA de 45 será considerada aceitável em estados como São Paulo e Bahia, e ruim em estados como Minas Gerais e Rio Grande do Sul.

Você deve ter notado que a resolução do Conama classifica as águas dependendo do uso que a comunidade faz dela. Isso tem uma implicação importante: se a população de uma determinada cidade utiliza a água de uma lagoa para ter contato primário, o poder público deve assegurar que os parâmetros que comprometem a qualidade dessa água atinjam os valores necessários para que a água se enquadre, no mínimo, na classe 2. No entanto, nem sempre isso acontece. A Lagoa da Pampulha, cartão-postal da cidade de Belo Horizonte, é um exemplo de uma lagoa usada para contato primário, portanto classe 2, mas que tem padrões de qualidade de classe 3 ou até 4, dependendo da época do ano.

Portanto, para cada uso da água, os valores aceitáveis dos parâmetros podem ser diferentes. Vamos considerar, por exemplo, a água doce. Observe no quadro a seguir os valores indicados na resolução do Conama como permitidos para alguns parâmetros de acordo com a classe da água:

Parâmetro	Unidade	Classe 1	Classe 2	Classe 3
oxigênio dissolvido (OD)	mg/L	6	5	4
demanda bioquímica de oxigênio (DBO)	mg/L	até 3	até 5	até 10
turbidez	UNT (unidade nefelométrica de turbidez)	até 40	até 100	até 100
pH	—	6 a 9	6 a 9	6 a 9
fósforo total (ambiente lêntico)	mg/L	0,020	0,030	0,050
fósforo total (ambiente lótico)		0,025	0,050	0,075
coliformes termotolerantes	organismos/100 mL	até 200	até 1 000	até 2 500

Quadro 3-3: **Valores de alguns parâmetros de qualidade para a água doce de acordo com a Resolução 357/2005 do Conama.**

Questões

Q6. Quais parâmetros são analisados para monitorar a qualidade da água?

Q7. A seguir apresentamos alguns parâmetros físicos de qualidade da água. Explique, no caderno, a que se refere cada um deles:

a) condutividade elétrica;

b) sólidos totais;

c) urbidez.

Q8. Na análise da qualidade da água é necessária a determinação da quantidade de diversas substâncias ou íons, que são listados a seguir. Para cada um deles, escreva em seu caderno a fórmula da substância ou íon.

a) cloreto;

b) sulfato;

c) sulfeto;

d) magnésio;

e) ferro;

f) cádmio;

g) arsênio;

h) chumbo;

i) mercúrio.

ATIVIDADE 1

Qualidade da água de sua cidade

Nesta atividade, vocês irão discutir para eleger o principal corpo de água de sua cidade. Um corpo de água pode ser representado por um rio, um lago ou mesmo águas subterrâneas. Lembrem-se de que, se vocês moram numa cidade litorânea, esse corpo de água pode ser o próprio oceano. Esta atividade pode ser feita em casa ou em local onde vocês tenham acesso à internet.

Além disso, serão discutidos alguns critérios que podem ajudar a determinar a qualidade da água. Em atividades posteriores, estudaremos com mais detalhes alguns parâmetros e vocês terão a oportunidade de determinar os valores desses parâmetros no corpo de água que elegeram.

O que fazer

A1 Discutam com seus colegas e elejam o principal corpo de água de sua cidade. Tentem determinar a que bacia hidrográfica esse corpo de água pertence e obtenham um mapa de toda a bacia.

A2 Procurem se informar se as águas desse corpo são consideradas doces, salinas ou salobras.

A3 Qual é o principal uso que a população da sua cidade faz da água desse corpo de água? Considerem os usos da água presentes na Resolução 357 do Conama.

A4 De acordo com o uso, qual seria a classe da água?

A5 Procurem se informar se há um órgão responsável por monitorar a qualidade da água desse corpo e descubram qual é a classe atribuída a ele. Por exemplo, em São Paulo o órgão responsável pela qualidade de diversos corpos de água é a Companhia de Saneamento Básico do Estado de São Paulo (Sabesp). Se vocês acessarem o *site* da Sabesp (disponível em: <www.sabesp.com.br>, acesso em: 23 dez. 2009), poderão obter esse tipo de informação. Além disso, existe um órgão nacional, a Agência Nacional de Águas (ANA), que tem uma página na internet (disponível em: <www.ana.gov.br>, acesso em: 23 dez. 2009) que coleta informações de todo o país.

Procurem informações sobre os valores dos diferentes parâmetros de qualidade da água nas páginas da internet desses órgãos e guardem esses dados para as próximas atividades.

A6 Pesquisem informações sobre o IQA desse corpo de água.

A7 Procurem se informar se há lançamento de esgoto doméstico e industrial nesse corpo de água.

A8 Procurem se informar, também, se há medidas que vêm sendo tomadas para tratamento desses esgotos domésticos e industriais antes de seu lançamento no corpo de água. Pesquisem a localização das possíveis estações e que tipo de tratamento é feito.

Ivan Coutinho/Arquivo da editora

TEXTO 3

Tratamentos bem-sucedidos e a situação brasileira

Os textos a seguir trazem informações sobre a despoluição dos rios Tâmisa e Reno e o que vem sendo feito no Rio Tietê, que banha São Paulo e que é um dos rios urbanos mais poluídos do país. Leia-os e faça o que se pede nas questões propostas.

Investimentos e conscientização da população são duas armas importantíssimas para salvar rios poluídos

Rios em todo o mundo foram contaminados e poluídos pelo crescimento desenfreado das cidades e pela industrialização sem bases sustentáveis. Para alguns desses rios, a sobrevivência ainda não estava perdida. Faltavam, apenas, investimentos e cuidados extras.

Conheça agora os casos de rios Tâmisa, Reno e Tietê. Os dois primeiros, após incentivos e obras realizadas pelos governos locais, deixaram de ser poluídos. O último passa por um programa de despoluição e ainda não está salvo.

O orgulho dos ingleses

O Rio Tâmisa, na Inglaterra, ficou conhecido como o "Grande Fedor" quando, em 1858, as sessões do Parlamento foram suspensas devido ao mau cheiro. A poluição do rio também estava na consciência dos ingleses por causa da morte do príncipe Alberto, marido da rainha Vitória. Alberto morreu de febre tifoide devido à insalubridade das águas do rio.

O Tâmisa deixou de ser considerado potável por volta de 1610. Entretanto, o projeto de despoluição só começou a ser esboçado no século XIX. Além do mau cheiro, as epidemias de cólera das décadas de 1850 e 1860 foram fundamentais para que o governo decidisse construir um sistema de captação de esgotos da cidade. Ao todo, foram quase 150 anos de investimentos na despoluição das águas do rio que corta Londres.

O projeto de limpeza do Tâmisa começou a ser delineado em 1895. Os primeiros resultados do trabalho apareceriam apenas em 1930. No início, os engenheiros criaram um sistema de captação do esgoto da cidade de Londres que despejava os dejetos quilômetros abaixo de onde o rio cortava a região metropolitana. Entretanto, o crescimento da população fez com que a mancha de poluição subisse novamente o rio e o tornasse poluído na região londrina.

Em 1950, o Tâmisa era considerado, outra vez, morto. A nova iniciativa do governo foi a construção das primeiras estações de trabalho de esgoto da cidade. Já na década de 70, os sinais iniciais de que os resultados estavam sendo alcançados apareceram. Prova era o flagrante do reaparecimento do salmão – peixe sensível à poluição e exigente em matéria de água limpa.

Atlantide Phototravel/Corbis/Latinstock

Figura 3-13: **O Rio Tâmisa é um exemplo de um corpo d'água que foi recuperado após intervenção do governo inglês.**

Mesmo com os sinais de que a revitalização das águas do Tâmisa é garantida, a Thames Water, empresa de saneamento londrina, mantém um investimento cerrado no tratamento da água e no sistema de esgotos. O rio tornou-se um exemplo de sucesso no programa de despoluição das águas.

O êxito com o Reno

O Rio Reno era um dos mais poluídos da Europa. Ele nasce na Suíça e deságua no Mar do Norte banhando, assim, vários países europeus. Com a alcunha de "cloaca" da Europa, o rio tinha suas águas sujas e com mau cheiro.

Seus mais de 1,3 mil quilômetros de extensão recebiam diretamente os dejetos das zonas industriais por onde passava e de empresas químicas de grande porte.

A preocupação com a poluição do Reno só foi levada a sério quando um grave acidente em uma multinacional suíça, que contaminou o rio com 20 toneladas de um pesticida altamente tóxico, em 1986, chamou a atenção da opinião pública e das autoridades.

Um esforço de mais de 20 anos entre a iniciativa privada e os governos dos países banhados pelo Reno, como Alemanha, Suíça e França, possibilitou a recuperação de suas águas.

Walter Bibikow/JAI/Corbis/Latinstock

Figura 3-14: **O Rio Reno é outro exemplo de rio que teve a qualidade recuperada.**

Desde 1989, o investimento foi de mais de 15 bilhões de dólares, revertidos na construção de estações de tratamento da água e de monitoramento ao longo do rio.

Atualmente, cerca de 95% dos esgotos das empresas são tratados. Os resultados do programa e da despoluição do Reno são visíveis. Das 64 espécies de peixes que ali habitavam, 63 delas já voltaram.

SALOMÃO, Graziela. Saiba mais sobre a despoluição de rios como Tâmisa, Reno e Tietê. *Época*, São Paulo, n. 343, 2004. Disponível em: <http://revistaepoca.globo.com/Epoca/0,6993,EPT876242-1655-1,00.html>. Acesso em: 26 abr. 2012.

Os desafios do Tietê

Só a atual tentativa de recuperação do principal rio paulistano custou 3 bilhões de reais. Mas os resultados ainda estão longe dos desejados. Especialistas indicam o que deveria ser feito para salvar este que já foi um belo cartão-postal da cidade.

Para quem tem menos de 60 anos, o trecho do Tietê que corta a capital sempre foi sinônimo de águas escuras, poluídas e sem vida. Até a década de 40, no entanto, o principal rio da cidade era considerado a praia dos paulistanos. O carioca João Havelange, que muito antes de presidir a Fifa ganhou fama como nadador e jogador de polo, lembra-se dessa época com detalhes. "Podíamos beber a água do rio sem receio nenhum", conta ele. Primeiro como atleta do Fluminense e depois defendendo o Clube Esperia, ele disputou a travessia de São Paulo a nado cinco vezes, de 1935 a 1943. Realizada entre as pontes das Bandeiras e da Vila Maria, a prova de 5,5 quilômetros atraía 6 mil competidores, em média. O futuro mandachuva do futebol internacional levou a melhor em três edições. Mas, depois de disputar a última, Havelange amanheceu com febre alta. Diagnóstico: tifo negro, uma grave doença da qual só se livrou após passar quatro meses acamado. Sobre o rio no qual contraiu a moléstia que quase lhe tirou a vida, Havelange diz, aos 93 anos: "Eu me lembro até hoje da emoção que senti ao nadar em suas águas. Meu grande sonho é chegar aos 100 anos para assistir aos Jogos Olímpicos no Rio de Janeiro, em 2016. Também gostaria de estar vivo para ver o Tietê limpo novamente".

A despoluição de um dos mais maltratados cartões-postais de São Paulo – que nasce em Salesópolis, a 110 quilômetros da capital, e corre para o Rio Paraná, na divisa com Mato Grosso do Sul – é um sonho antigo. Foi prometida por diversos governos. Criado pelos militares na década de 70, o plano de saneamento para a Grande São Paulo (Sanegran) previa a coleta e o tratamento de todos os dejetos que eram lançados em suas águas. Nos anos 80, a convite do prefeito Jânio Quadros, o arquiteto Oscar Niemeyer elaborou um projeto que incluía, além da faxina do Tietê, a criação de um parque de 18 quilômetros quadrados ao longo de uma das margens, entre a Lapa e o Tatuapé – a pista no sentido Ayrton Senna seria reconstruída a 1,5 quilômetro do rio. Em 2003, o arquiteto Paulo Mendes da Rocha anunciou outra proposta para mudar a cara do Tietê: a construção de diversas passarelas, raias para esportes aquáticos e píeres para transporte fluvial.

J. L. Bulcão/Pulsar Imagens

Figura 3-15: **O Tietê poluído no município de Pirapora do Bom Jesus, a 60 quilômetros da capital: os estragos da poluição se esparramam.**

Elaborada pela Sabesp, a atual estratégia de limpeza do Tietê, que já afundou 3 bilhões de reais em suas águas fétidas, começou em 1992, graças a um abaixo-assinado de 1,2 milhão de pessoas capitaneado pela Rádio Eldorado e pela ONG SOS Mata Atlântica. Orçada em 2 bilhões de reais, a terceira e atual fase do plano está prometida para terminar em 2015. Consiste em ampliar o tratamento do esgoto na região metropolitana. Explica-se: toda a sujeira que é lançada nos córregos e rios da cidade e de municípios vizinhos vai parar em algum momento no Tietê. É por isso que a proposta da Sabesp vai diminuir o estrago de outros rios da região, como o sujo Pinheiros, que também deságua em nosso maior rio.

Fazer com que o Tietê deixe de ser um esgoto a céu aberto não é tarefa fácil. Por ainda estar próximo da nascente, o trecho que corta a capital não corre com a mesma força, por exemplo, do Tâmisa, em Londres, o que dificulta a dispersão de poluentes. A ressurreição do Tâmisa, aliás, que já teve a morte decretada e hoje abriga 120 espécies de peixe, começou a tomar corpo nos anos 60. Levou duas décadas para ser concluída e custou mais de 1 bilhão de dólares. Ampliar a rede de tratamento de esgoto foi uma das estratégias adotadas. A seguir são apontados alguns desafios que precisam ser vencidos para que o Tietê deixe de ser uma vergonha. Somadas, as propostas custariam por volta de 11 bilhões de reais aos cofres públicos.

1.º Desafio: acabar com o mau cheiro

Tratar todo o esgoto lançado em um rio é a primeira e mais importante etapa para torná-lo cristalino novamente. Nesse sentido, os resultados alcançados pelo projeto de limpeza do Tietê foram enormes. No começo dos anos 90, 63% dos dejetos da metrópole eram recolhidos, mas apenas 20% desse total passava por algum tratamento. Hoje, o índice de coleta de esgoto na Grande São Paulo subiu para 84% e o do tratamento, para 70%. Mesmo assim, o nível de oxigênio do Tietê na capital é próximo de zero (um rio saudável como o Sena, em Paris, que hoje abriga mais de trinta espécies de peixe, precisa ter pelo menos 8 miligramas de oxigênio por litro). O vilão é a total falta de tratamento do esgoto produzido por Guarulhos e cidades do Grande ABC. Elas ainda não se conectaram às estações de tratamento construídas pela Companhia de Saneamento Básico do Estado de São Paulo (Sabesp) por razões financeiras – assim que as prefeituras começarem a usar o sistema, terão de pagar por isso. "De nada adiantará tratar todo o esgoto da capital se os demais municípios da região não fizerem o mesmo", explica Carlos Eduardo Carrela, superintendente de gestão de projetos especiais da Sabesp. Apesar disso, Carrela acredita que a conclusão da terceira etapa do projeto de despoluição, prevista para 2015, vai resolver ao menos o problema do mau cheiro das águas. "Nossa meta é coletar 87% do esgoto da região metropolitana e tratar 84% disso", diz ele. "Será o suficiente para melhorar o odor do rio na cidade."

[...]

Custo: 2 bilhões de reais (valor estimado para a conclusão da terceira fase do Projeto Tietê).

2.º Desafio: evitar novos transbordamentos

[...]

Custo: 1,1 bilhão de reais (valor estimado para a construção).

3.º Desafio: acabar com a ocupação irregular das encostas

[...]

Custo: 1,7 bilhão de reais (valor estimado para a recuperação das várzeas do Tietê).

4.º Desafio: impedir o lançamento de produtos químicos

[...]

Custo: 4,6 bilhões de reais (valor previsto para a conclusão do trecho sul do Rodoanel).

SALLES, Daniel. Rio Tietê: especialistas indicam o que deveria ser feito para salvá-lo. *Veja São Paulo*. Disponível em: <http://vejasp.abril.com.br/revista/edicao-2140/rio-tiete-especialistas-indicam-que-deveria-ser-feito-para-salva-lo>. Acesso em: 26 abr. 2012.

Questões

Q9. Comparando os problemas que afetavam os rios Tâmisa e Reno e os que afetam atualmente o Tietê, indique as semelhanças e diferenças entre esses problemas.

Q10. O Tietê continua a ser caracterizado como um rio morto, ou seja, sem nenhum oxigênio dissolvido em suas águas. Discuta com seus colegas e elabore algumas hipóteses que expliquem o fato das águas do Tietê não possuírem mais oxigênio dissolvido.

Q11. A reportagem sobre o Tietê fala da falta de tratamento de córregos subsidiários do Tietê e da falta de tratamento no próprio Tietê em municípios da Região Metropolitana de São Paulo, como Guarulhos e o ABC Paulista. Discuta uma solução para o Tietê tendo em vista esses problemas. Quem poderia implementar tal solução?

Q12. Na reportagem sobre a despoluição do Rio Reno, empresas de grande porte, que eram as grandes poluidores desse rio, foram corresponsáveis por seu tratamento e despoluição. Como isso poderia ser feito no Brasil?

TEXTO 4

A importância do oxigênio dissolvido na água

Um dos parâmetros importantes da qualidade da água é o oxigênio dissolvido. Ele é essencial para a vida existente nos cursos de água. Para iniciarmos a discussão sobre a importância do oxigênio dissolvido, responda às questões que seguem.

Questões preliminares

Q13. Os peixes respiram oxigênio. De onde vem esse oxigênio? Será que ele vem da molécula de água, que os peixes quebrariam para respirar? Explique.

Q14. A quantidade de oxigênio dissolvido em água interfere na qualidade da água? Justifique.

Q15. No capítulo 2 da parte 1 foi discutido o conceito de solubilidade. Para grande parte das substâncias sólidas, a solubilidade aumenta com a elevação da temperatura. Será que isso também é observado quando dissolvemos um gás em um líquido? Abra uma garrafa de refrigerante gelada e outra na temperatura ambiente. Em qual das duas você considera que há mais gás dissolvido? Justifique.

Q16. Considerando sua resposta à questão anterior, proponha um modelo de partículas para a dissolução dos gases em líquido que explique o fato observado.

Do ponto de vista ecológico, o oxigênio dissolvido na água é uma variável extremamente importante, haja vista que a maioria dos organismos necessita dessa substância para a respiração.

O oxigênio dissolve-se na água, basicamente, por meio de duas fontes. A primeira é pelo contato da superfície da água com o ar atmosférico, que contém 20,8% de oxigênio. Em áreas de maior movimentação da água, como em quedas-d'água e corredeiras, aumenta, portanto, a quantidade de oxigênio. Essa, no entanto, não é a principal fonte. A fonte, que produz a maior parte do oxigênio dissolvido na água é a fotossíntese de plantas e algas.

A quantidade de oxigênio dissolvido depende da temperatura da água e da pressão atmosférica. Quanto maior a pressão, maior a dissolução desse gás. O quadro a seguir mostra a variação de oxigênio dissolvido em função da temperatura e da altitude:

Temperatura (°C)	Altitude (m)				
	0	250	500	750	1 000
0	14,6	14,2	13,8	13,6	12,9
2	13,8	13,4	13	12,6	12,2
4	13,1	12,7	12,3	12	11,6
6	12,5	12,1	11,7	11,4	11
8	11,9	11,5	11,2	10,8	10,5
10	11,3	11	10,7	10,3	10
15	10,2	9,9	9,5	9,3	9
20	9,2	8,9	8,6	8,4	8,1
25	8,4	8,1	7,9	7,6	7,4
30	7,6	7,4	7,2	7	6,7

DERÍSIO, J. C. *Introdução ao controle de poluição ambiental*. São Paulo: Signus, 2000. p. 164.

Quadro 3-4: Teor de saturação do oxigênio dissolvido na água doce para diferentes temperaturas e altitudes.

O gráfico a seguir mostra essas variações do oxigênio dissolvido com a altitude para duas temperaturas: 0 °C e 25 °C.

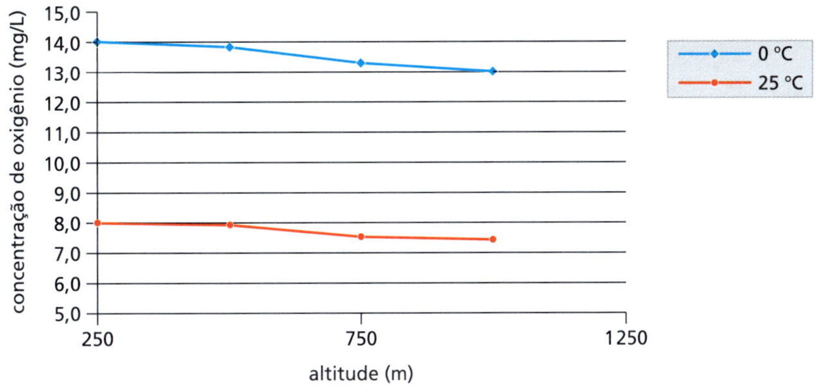

dica Enem

Figura 3-16: Variações na quantidade de oxigênio dissolvido em diferentes temperaturas e altitudes.

Outro fator que vai influenciar na quantidade de oxigênio dissolvido é a profundidade do corpo de água. A figura a seguir mostra a variação da quantidade de oxigênio dissolvido com a profundidade para três lagoas diferentes. Note que os perfis de oxigênio dissolvido por profundidade são bastante diferentes, apesar de que, *grosso modo,* há uma diminuição de oxigênio dissolvido com a profundidade.

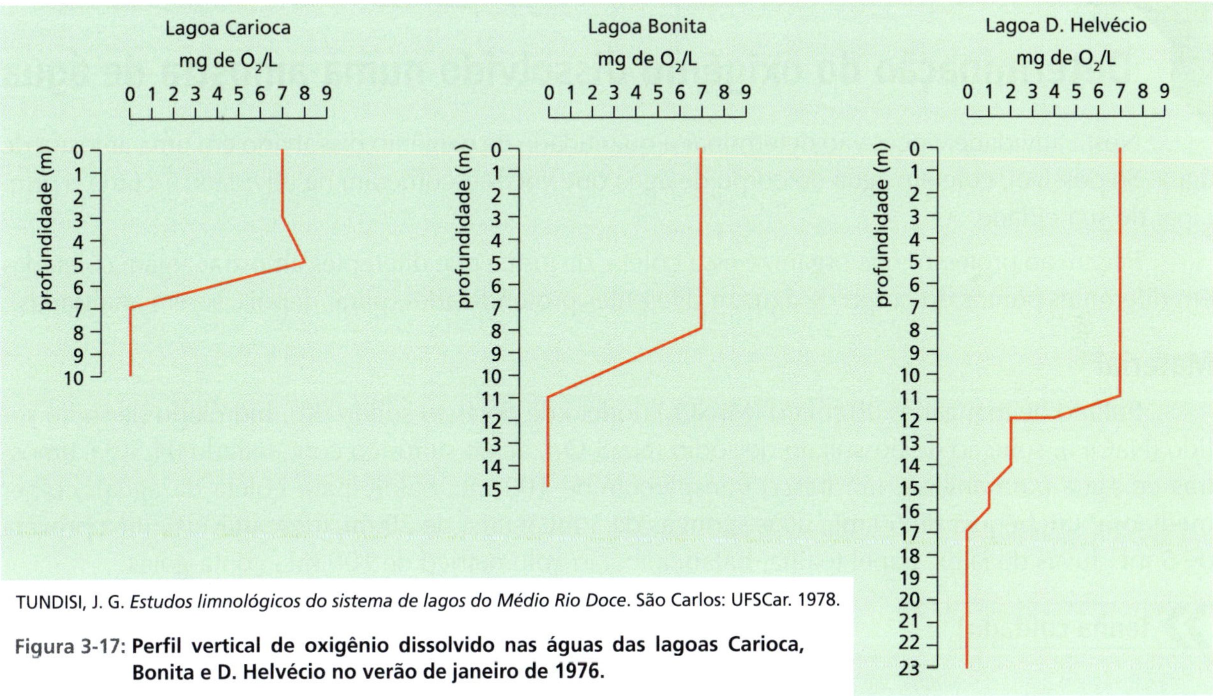

TUNDISI, J. G. *Estudos limnológicos do sistema de lagos do Médio Rio Doce.* São Carlos: UFSCar. 1978.

Figura 3-17: Perfil vertical de oxigênio dissolvido nas águas das lagoas Carioca, Bonita e D. Helvécio no verão de janeiro de 1976.

Existem vários fatores que podem causar a diminuição da quantidade de oxigênio dissolvido na água. Um dos principais, o lançamento de esgoto doméstico nos corpos de água, pode reduzir a quantidade desse gás dissolvido na água principalmente por dois fatores:

1) A quantidade de matéria orgânica a ser decomposta aumenta com o lançamento de esgotos o que, consequentemente, eleva o consumo de oxigênio;

2) Também aumentam os microrganismos que utilizam a matéria orgânica disponível no esgoto como nutriente.

Por todos esses fatores, determinar a quantidade de oxigênio dissolvido em um corpo de água é fundamental para avaliar a qualidade dessa água.

Questões

Q17. Considere a figura 3-16, que apresenta as variações na quantidade de oxigênio dissolvido em diferentes temperaturas e altitudes.

a) Como a concentração de oxigênio dissolvido varia com o aumento da altitude? Explique por que isso ocorre.

b) Como a concentração de oxigênio dissolvido varia com o aumento da temperatura? Explique por que isso ocorre.

Q18. Uma indústria de sabão, instalada às margens de um rio, desvia parte da água desse rio para resfriar o tanque no qual o sabão é produzido. Após ser utilizada, essa água é lançada novamente no rio, mas com uma temperatura 20 °C acima da temperatura normal do rio. Você acha que isso pode causar algum problema ambiental? Justifique sua resposta.

Q19. Considerando os perfis verticais de oxigênio para as lagoas Carioca, Bonita e D. Helvécio (figura 3-17), proponha uma explicação para os diferentes perfis. Note que a Lagoa D. Helvécio tem oxigênio dissolvido a profundidades maiores que as outras duas lagoas, apesar de todas elas estarem na mesma região.

Q20. Proponha uma hipótese para explicar o aumento de oxigênio dissolvido entre 4 e 6 metros na Lagoa Carioca.

ATIVIDADE 2

Determinação do oxigênio dissolvido numa amostra de água

Nesta atividade, vocês vão determinar a quantidade de oxigênio dissolvido em uma amostra de água. Se possível, coletem água do corpo de água que vocês escolheram na atividade 1 como o principal de sua cidade.

Peçam ao professor que organize essa coleta, de forma que diferentes amostras sejam coletadas em diferentes pontos do corpo de água, a diferentes profundidades, para, depois, serem analisadas.

Material

Sulfato de manganês (II) sólido ($MnSO_4$), iodeto de potássio sólido (KI), hidróxido de sódio sólido (NaOH), solução de tiossulfato de sódio ($Na_2S_2O_3$), ácido sulfúrico concentrado (H_2SO_4), amostras de água para análise, um frasco transparente de 100 mL, balde (para coleta da água), colher medidora, um béquer de 50 mL, duas seringas de 5 mL e uma de 20 mL (descartáveis), uma proveta de 5 mL, luvas de látex, papel toalha, balança, balão volumétrico de 100 mL, conta-gotas.

Tenha cuidado!

Essa experiência deve ser realizada com a supervisão de seu professor. Cuidado ao manipularem o hidróxido de sódio (NaOH) e o ácido clorídrico (HCl). Evitem contato com a pele e não respirem os vapores. Em caso de contato com a pele, lavem-na com água em abundância. Em caso de ingestão, **não** provoquem vômito nem bebam grandes quantidades de água. Procurem imediatamente um médico.

O que fazer

A9 Encham o frasco transparente de 100 mL com a amostra de água a ser analisada evitando a formação de bolhas. Para isso, usando as luvas de látex, mergulhem o frasco no balde com a amostra, tampando-o ainda dentro da água. A entrada de bolhas no frasco inviabiliza a medida da quantidade de oxigênio dissolvido, por isso a solução deve encher totalmente o frasco. Ao retirarem o frasco do balde, enxuguem-no com papel toalha e observem se existem bolhas. Se existirem, repitam o procedimento até conseguirem que o frasco fique cheio de água, mas sem bolhas.

A10 Preparem uma solução saturada de sulfato de manganês (II) ($MnSO_4$). Adicionem $MnSO_4$ em 5 mL de água e mexam com a colher até que o sólido não se dissolva mais. Aguardem um instante, mexendo a solução resultante com a colher. Se todo o sólido se dissolver, coloquem mais, até que reste algum sólido não dissolvido.

A11 **Atenção! Os procedimentos descritos no item A12 devem ser realizados de forma rápida.** Para que isso aconteça, um dos integrantes do grupo deve retirar os 3 mL da amostra de água enquanto o outro, já com o volume da solução medido, adiciona o $MnSO_4$ ao frasco.

A12 Utilizando uma das seringas de 5 mL, retirem 3 mL da amostra de água que está no frasco e descartem na pia. Esses 3 mL são retirados para que se possa adicionar a mesma quantidade da solução de $MnSO_4$. Logo em seguida, com o auxílio da outra seringa de 5 mL, adicionem 3 mL da solução preparada em A10 no frasco da amostra de água a ser analisada. Tampem o frasco e agitem-no levemente. Tomem cuidado para não deixar que se formem bolhas no frasco, por isso se deve retirar exatamente a quantidade de amostra equivalente ao que vai ser adicionado a cada etapa. Reproduzam o quadro a seguir no caderno e anotem suas observações.

Procedimento	Observações
adição da solução de $MnSO_4$ com posterior agitação	////////////////////////////////////
adição de hidróxido de sódio (NaOH)	////////////////////////////////////
adição de iodeto de potássio (KI)	////////////////////////////////////
adição de 2 mL de ácido sulfúrico (H_2SO_4) concentrado	////////////////////////////////////
adição de gotas de tiossulfato de sódio ($Na_2S_2O_3$)	////////////////////////////////////

Quadro 3-5: **Observações correspondentes a cada fase da atividade.**

A13 **Atenção! Este procedimento deve ser realizado, exclusivamente, pelo professor.** Abram o frasco. Peçam ao professor que adicione quatro pastilhas de NaOH com a colher medidora. Fechem o frasco novamente. Anotem suas observações no quadro que vocês construíram no caderno.

A14 Deixem a amostra em repouso por alguns minutos até a decantação do material formado.

A15 Abram o frasco novamente. Retirem 3 mL da solução sobrenadante contida no frasco da amostra e descartem na pia. Aqui é necessário cuidar para que apenas o líquido seja retirado. Este procedimento é feito para que o volume das substâncias a serem adicionadas a seguir caiba no frasco. Adicionem no frasco da amostra aproximadamente 0,5 g de KI. Tampem o frasco novamente e agitem-no bem.

A16 **Atenção! Este procedimento deve ser realizado, exclusivamente, pelo professor.** Abram o frasco novamente. Peçam ao professor que adicione cuidadosamente 2 mL de H_2SO_4 concentrado. Tampem o frasco novamente e agitem-no levemente. Anotem suas observações no quadro construído no caderno.

A17 Preparem uma solução de $Na_2S_2O_3$ utilizando 0,47g dessa substância diluída no balão volumétrico de 100 mL.

A18 Com a seringa de 20 mL, retirem 20 mL da solução do frasco contendo a amostra e transfiram para um béquer de 100 mL.

A19 Utilizando o conta-gotas, adicionem a solução de $Na_2S_2O_3$ preparada em A17, gota a gota, agitando após a adição de cada gota, até que a solução mude de cor. Contem quantas gotas de tiossulfato foram utilizadas e anotem esse número.

A20 Repitam o procedimento realizado em A19 mais duas vezes.

Questões

Q21. Por que a existência de bolhas no frasco que contém a amostra de água a ser analisada inviabiliza a medida da quantidade de oxigênio dissolvido?

Q22. No item A10 vocês foram solicitados a preparar uma solução saturada de $MnSO_4$. Considerando que a solubilidade desse sal em água é de 39,3 g/100 mL a 24 °C, calculem a massa do sal que está dissolvida nos 5 mL da solução preparada.

Q23. Por que os procedimentos propostos em A12 devem ser realizados de forma rápida?

Q24. Descrevam as características macroscópicas do sistema inicial – amostra de água, solução saturada de $MnSO_4$ e pastilhas de NaOH.

Q25. Descrevam as características macroscópicas do sistema quando vocês adicionaram a solução saturada de $MnSO_4$.

Q26. Por que a solução saturada de $MnSO_4$ é adicionada à amostra de água?

Q27. Descrevam as características macroscópicas do sistema quando vocês adicionaram o NaOH à amostra de água que já continha a solução saturada de $MnSO_4$.

Q28. Qual é a evidência de que ocorreu uma transformação?

Q29. Como vocês poderiam identificar as novas substâncias que foram formadas?

Q30. Descrevam as características macroscópicas do sistema quando vocês adicionaram NaOH à amostra de água que já continha a solução saturada de $MnSO_4$.

Q31. Descrevam as características macroscópicas do sistema após a adição do KI.

Q32. Por que o frasco deve ser agitado após a adição do KI?

Q33. Descrevam as características macroscópicas do sistema após a adição do H_2SO_4 concentrado.

Q34. Qual é a evidência de que ocorreu uma transformação?

Q35. Como vocês poderiam identificar as novas substâncias que foram formadas?

Q36. Tomando o sistema inicial como aquele descrito na Q21, descrevam as características macroscópicas do sistema após a adição de todo o $Na_2S_2O_3$.

Q37. Qual é a evidência de que ocorreu uma transformação?

Q38. Como vocês poderiam identificar as novas substâncias que foram formadas?

Q39. Façam a determinação do oxigênio dissolvido obtendo a média do número de gotas gastas nos três procedimentos de adição de $Na_2S_2O_3$ realizados em A19 e A20 e consultando o quadro ao lado.

Q40. Comparem o valor da concentração de oxigênio que vocês encontraram na água analisada com os valores permitidos para cada classe de água de acordo com o Conama (quadro 3-3). Em que classe vocês enquadrariam sua amostra?

Gotas de solução de tiossulfato gastas	Concentração de oxigênio dissolvido na amostra (em mg/L)
5	3,0
6	3,6
7	4,2
8	4,8
9	5,4
10	6,0
11	6,6
12	7,2
13	7,8
14	8,4
15	9,0
16	9,6
17	10,2
18	10,8
19	11,4
20	12,0
21	12,6

Quadro 3-6: Esquema de interpretação do resultado experimental, relacionando o número de gotas gastas na titulação com a concentração de oxigênio dissolvido.

TEXTO 5

Determinação do oxigênio dissolvido numa amostra de água

Na atividade 2 adaptamos o **método Winkler** – proposto em 1888 pelo químico analítico L. W. Winkler (1863-1939) – para determinar a quantidade de oxigênio dissolvido em uma amostra de água. Esse método consiste em fixar o oxigênio que está dissolvido na água usando o sulfato de manganês (II) ($MnSO_4$), que reage com o oxigênio formando um precipitado castanho. Podemos representar as reações por meio de equações e, nessas equações, podemos representar somente os íons que efetivamente participam da reação.

As equações a seguir representam as reações que ocorrem na amostra. Lembre-se de que, em solução, os compostos iônicos encontram-se na forma de íons em solução. Exemplos:

- NaOH (s) = pastilhas que foram adicionadas à amostra;
- NaOH (aq) = hidróxido de sódio em solução aquosa (intermediário para facilitar o entendimento da equação);
- Na^{+} (aq) e OH^{-}(aq) = íons que se encontram em solução.

1.ª etapa: adição do $MnSO_4$ e de NaOH ao frasco contendo a amostra de água:

$$MnSO_4(aq) + 2\ NaOH\ (aq) + 1/2\ O_2\ (aq) \rightarrow MnO_2\ (s) + H_2O\ (l) + Na_2SO_4\ (aq)$$

$$Mn^{+2}\ (aq) + 2\ OH^{2}\ (aq) + 1/2\ O_2\ (aq) \rightarrow MnO_2\ (s) + H_2O\ (l) \quad \text{(equação I)}$$

Na segunda etapa, o iodeto (I^{-}) reage com o óxido de manganês (MnO_2) formado, produzindo iodo (I_2).

2.ª etapa: adição do KI e do H_2SO_4 ao frasco:

$$MnO_2\ (s) + 2\ KI\ (aq) + 2\ H_2SO_4\ (aq) \rightarrow MnSO_4\ (aq) + K_2SO_4\ (aq) + I_2\ (aq) + 2\ H_2O\ (l)$$

$$MnO_2\ (s) + 2\ I^{-}\ (aq) + 4\ H^{+}\ (aq) \rightarrow Mn^{+2}\ (aq) + 2\ H_2O\ (l) + I_2\ (aq) \quad \text{(equação II)}$$

Na terceira etapa, o iodo (I_2) é titulado com a solução de tiossulfato de sódio ($Na_2S_2O_3$). A titulação consiste em determinar a quantidade de uma substância em um dado sistema (no nosso caso, a amostra de água) a partir da adição de um reagente que tende a produzir uma mudança visual nesse sistema, após reagir com toda essa substância encontrada.

3.ª etapa: titulação do iodo formado com o $Na_2S_2O_3$:

$$2\ Na_2S_2O_3\ (aq) + I_2\ (aq) \rightarrow Na_2S_4O_6\ (aq) + 2\ NaI\ (aq)$$

$$2\ S_2O_3^{-2}\ (aq) + I_2\ (aq) \rightarrow S_4O_6^{-2}\ (aq) + 2\ I^{-}\ (aq) \quad \text{(equação III)}$$

A determinação do oxigênio por esse método ocorre de maneira indireta. Para entender por que podemos relacionar as gotas de tiossulfato gastas na titulação com a quantidade de oxigênio presente na água devemos escrever a **equação global** do processo. A equação ou reação global é a soma de todas as reações às quais foi submetido um mesmo sistema. Ela nos indica, resumidamente, de onde partimos e aonde chegamos.

Podemos fazer uma analogia. Suponha que você vai viajar para Belém, no Pará. Você compra a passagem, arruma as malas, sai de casa e pega um táxi ou ônibus até o aeroporto. Chegando lá, embarca no avião e, após algumas horas, chega ao local de destino. Enfim, o que realmente você fez? Você saiu de casa com tudo o que era preciso e foi para Belém. Essa última frase pode ser chamada de frase global, aquela que resume o que você fez. Assim, cada passo realizado por você representa uma das etapas da reação que leva ao produto desejado. Sem fazer tudo o que você fez, não teria sido possível viajar, ou seja, chegar ao seu destino final.

Alguns produtos de reação desejados não podem ser obtidos se não passarem por mais de uma etapa, mas o que realmente interessa é o produto final. Quando somamos todas as reações que ocorreram nas diferentes etapas, por meio das equações químicas, chegamos à equação global. Concluindo, a reação global indica os reagentes principais (de onde partimos) e os produtos finais obtidos (aonde chegamos).

Sendo assim, podemos interpretar a reação global do experimento realizado dizendo que o oxigênio reage com o tiossulfato formando $S_4O_6^{-2}$ e água.

Resumindo as equações:

1.ª etapa: adição do $MnSO_4$ e de NaOH ao frasco contendo a amostra de água:

$$Mn^{+2}\ (aq) + 2\ OH^-\ (aq) + \frac{1}{2}\ O_2\ (aq) \rightarrow MnO_2\ (s) + H_2O\ (l) \quad \text{(equação I)}$$

2.ª etapa: adição do KI e do H_2SO_4 ao frasco:

$$MnO_2\ (s) + 2\ I^-\ (aq) + 4\ H^+\ (aq) \rightarrow Mn^{+2}\ (aq) + 2\ H_2O\ (l) + I_2\ (aq) \quad \text{(equação II)}$$

3.ª etapa: titulação do iodo formado com o $Na_2S_2O_3$:

$$2\ S_2O_3^{-2}\ (aq) + I_2\ (aq) \rightarrow S_4O_6^{-2}\ (aq) + 2\ I^-\ (aq) \quad \text{(equação III)}$$

Questões

Q41. Considerando a equação I, qual é a função do sulfato de manganês II ($MnSO_4$) na determinação do oxigênio dissolvido? Por que a reação se processa apenas após a adição de NaOH?

Q42. Identifique a espécie que oxidou e a que reduziu nessa equação.

Q43. Considerando a equação II, qual é a função do iodeto de potássio (KI) na determinação do oxigênio dissolvido? Por que a reação se processa apenas após a adição de ácido sulfúrico (H_2SO_4)?

Q44. Identifique a espécie que oxidou e a que reduziu nessa equação.

Q45. Considerando a equação III, qual é a função do tiossulfato de sódio ($Na_2S_2O_3$) na determinação do oxigênio dissolvido?

Q46. Identifique a espécie que oxidou e a que reduziu nessa equação.

Q47. Com base nas três equações destacadas no texto anterior, escreva a equação global somando as equações e cortando (como se faz em Matemática) quando as substâncias aparecerem nas mesmas quantidades nos reagentes e produtos.

Q48. Com base na equação global, qual é a relação estequiométrica entre oxigênio dissolvido na água e tiossulfato de sódio ($Na_2S_2O_3$) adicionado ao final?

Q49. Considerando que 1 mL tem aproximadamente vinte gotas, refaça os cálculos necessários à construção do quadro 3-6. Para isso, lembre-se de calcular a concentração (em mol/L) da solução preparada, adicionando-se 0,11 g de tiossulfato de sódio ($Na_2S_2O_3$) em 100 mL de solução.

TEXTO 6

A importância do oxigênio dissolvido em ambientes aquáticos

O oxigênio dissolvido na água é essencial para vários organismos aquáticos. As bactérias aeróbicas necessitam do oxigênio para decompor a matéria orgânica presente nos corpos de água. A sobrevivência dos peixes depende desse oxigênio: com o oxigênio dissolvido em torno de 4-5 mg/L os peixes que necessitam de maiores quantidades de oxigênio dissolvido morrem; com o oxigênio dissolvido em torno de 2 mg/L todos os peixes estão mortos, e com o oxigênio dissolvido igual a zero temos anaerobiose, ou seja, ocorrem reações químicas na ausência de oxigênio. Nessas condições, a decomposição da matéria orgânica contendo enxofre produz, dentre outros compostos, gás sulfídrico (H_2S), que apresenta odor desagradável.

Existem outros fatores que afetam a quantidade de oxigênio presentes nos corpos de água. Um deles é a fotossíntese realizada pelas algas. Em águas com grande quantidade de algas, ou seja, **eutrofizadas**, pode haver grande quantidade de oxigênio dissolvido, às vezes superiores a 10 mg/L, mesmo em temperaturas superiores a 20 °C. Isso pode ocorrer principalmente em lagos, onde podem ser formadas crostas verdes de algas na superfície.

A **turbidez**, relacionada à maior ou menor possibilidade de a luz atravessar a água, pode afetar a quantidade de oxigênio na água. Por exemplo, se a turbidez de uma amostra é alta, a luz tem dificuldade de passar através dessa água. As cianobactérias podem aumentar a turbidez das águas, o que diminui a quantidade de luz disponível para a fotossíntese e a quantidade de oxigênio dissolvido. Vamos aprofundar o estudo desse tema mais adiante.

Na figura a seguir temos um resumo dos processos que podem ocorrer com o oxigênio nos sistemas aquáticos. Observe:

dica Enem

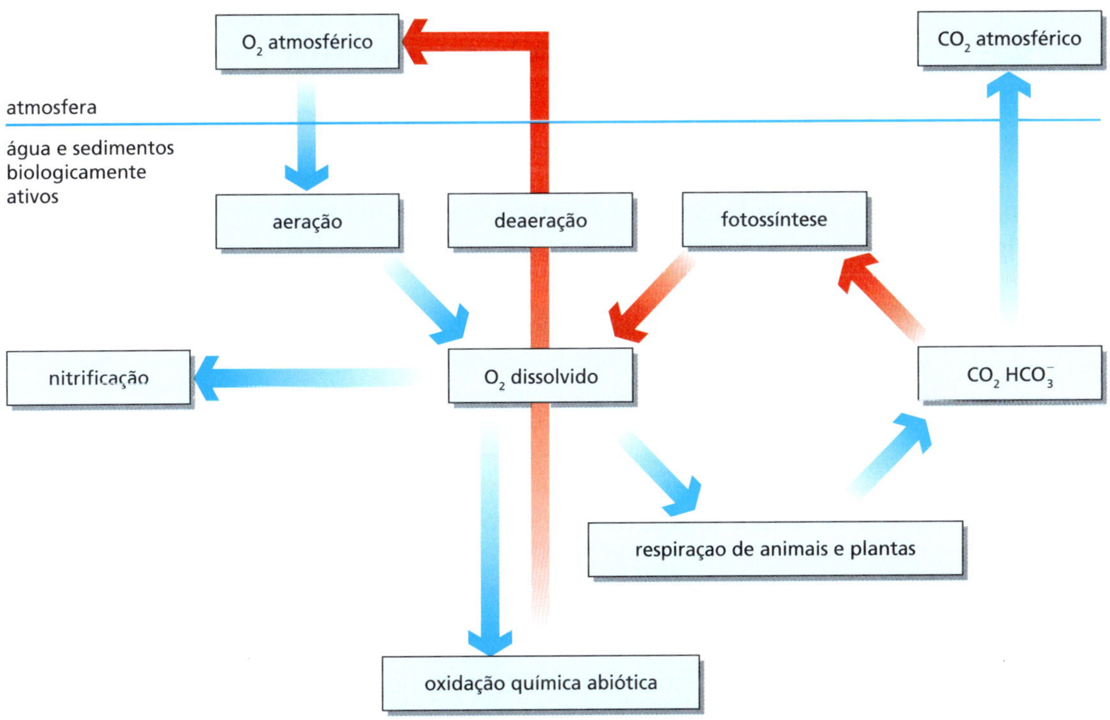

A importância do oxigênio dissolvido nos ecossistemas aquáticos. *Química Nova na Escola*, São Paulo, n. 22. Figura adaptada.

Figura 3-18: Balanço do oxigênio dissolvido nos sistemas aquáticos (os processos acelerados ou aumentados pela descarga de materiais orgânicos são indicados por setas azuis).

A oxidação da matéria orgânica é o principal fator de consumo de oxigênio, que ocorre, principalmente, pelas bactérias aeróbicas. Podemos representar esse processo da seguinte maneira:

$$\text{matéria orgânica} + O_2 + \text{bactérias} \rightarrow CO_2 + H_2O + \text{bactérias} + \text{energia}$$

Por isso, além da quantidade de oxigênio dissolvido existe outro parâmetro importante a ser medido, que é a **demanda bioquímica de oxigênio** (DBO). A DBO é definida como a quantidade de oxigênio necessária para oxidar a matéria orgânica por decomposição microbiana aeróbica.

A DBO fornece uma medida indireta do teor de matéria orgânica nos esgotos ou no corpo de água. Quanto maior a DBO, mais poluído é o ambiente. Águas muito poluídas apresentam DBO maior que 10 mg/L. O quadro a seguir apresenta valores de DBO para águas que recebem efluentes sem tratamento de algumas fontes poluidoras.

Fonte poluidora	DBO (mg/L)
esgoto doméstico	300
engenho de açúcar	1 000
destilaria de álcool	$>$ 7 000
cervejaria	1 000-2 000
curtumes	1 000-1 500
matadouros e frigoríficos	8 000-32 000
laticínios	500-2 000

A importância do oxigênio dissolvido nos ecossistemas aquáticos. *Química Nova na Escola*, São Paulo, n. 22.

Quadro 3-7: **Valores típicos de DBO de alguns efluentes industriais e domésticos sem tratamento.**

A diminuição do oxigênio dissolvido nas águas recebe o nome de **depleção do oxigênio**. É importante analisar a depleção ao longo de um corpo de água principalmente para identificar as consequências da poluição, os pontos críticos onde há menor concentração de oxigênio e comparar a concentração de oxigênio no corpo de água com os valores estabelecidos pela legislação.

Questões

Em uma importante cidade brasileira, há um rio que apresentou os seguintes valores para os teores de oxigênio dissolvido e DBO:

Data	Oxigênio dissolvido (mg/L)	DBO (mg/L)
29/07/2003	0,87	66
27/07/2004	0,30	50
02/08/2005	0,00	100

Quadro 3-8: **Teores de oxigênio dissolvido e DBO para um rio em diferentes datas.**

Q50. Utilizando os dados do quadro acima, avalie a possibilidade de existirem peixes nesse curso de água.

Q51. Consulte o quadro 3-3 e, utilizando somente os parâmetros "oxigênio dissolvido" e "DBO", tente enquadrar esse rio em uma das classes do Conama.

Q52. Utilizando as informações do texto 6, discuta as diferenças entre os valores de oxigênio dissolvido e de DBO para esse rio. É possível avaliar se há lançamento de esgotos nesse curso de água?

TEXTO 7

Relembrando o que são substâncias ácidas e básicas

No capítulo 4 da parte 2 discutimos que uma substância só é considerada ácida ou básica em função das possíveis interações com outras substâncias. Isso quer dizer que a definição de ácidos e bases é uma definição relacional. Para entendermos melhor ácidos e bases, iremos discutir o comportamento da água pura.

No estado líquido, uma pequena fração de moléculas de água pode se dissociar produzindo H^+ (aq) e OH^- (aq). Essas espécies podem interagir e formar água novamente. Podemos representar o equilíbrio iônico da água da seguinte maneira:

$$H_2O\ (l) \rightleftharpoons H^+\ (aq) + OH^-\ (aq)$$

No caso da água pura, a concentração de H^+ é igual à concentração de OH^-. Por isso, ela é considerada neutra.

A partir dessa discussão, podemos chegar a uma definição de ácido e base que leva em consideração o comportamento de uma dada solução diante da água. Essa definição foi proposta por Arrhenius (1859-1927). Segundo sua teoria, ácido é toda substância que produz H^+ e base é aquela que produz OH^-, ambos em meio aquoso.

Caso sejam gotejadas algumas gotas de ácido (H^+) na água, ocorre uma perturbação no equilíbrio de ionização da água. Nessa situação, ocorre um aumento na concentração de H^+. Se, ao contrário, fossem introduzidas gotas de base (OH^-) na água, passaríamos a ter um aumento na concentração de OH^-. Ao variar a quantidade de íons H^+ ou OH^-, estamos deslocando o equilíbrio da solução, tornando-a ácida ou básica.

Photodisc

Figura 3-19: Arrhenius propôs uma definição para ácidos e bases que é utilizada até os dias atuais.

Resumindo:

- para a água e soluções neutras:

  $[H^+] = [OH^-]$, logo a solução é **neutra**.

- ao acrescentarmos gotas de um ácido qualquer, teremos um aumento de íons H^+, então:

  $[H^+] > [OH^-]$, logo a solução tem comportamento **ácido**.

- ao acrescentarmos gotas de uma base qualquer, teremos um aumento de íons OH^-, então:

  $[H^+] < [OH^-]$, logo a solução tem comportamento **básico**.

Considere uma solução de ácido clorídrico (HCl) que tem $[H^+] = 1 \times 10^{-2}$ mol/L e $[OH^-] = 10^{-12}$ mol/L. Como $[H^+] > [OH^-]$, a solução tem comportamento ácido.

Por volta de 1909 um cientista dinamarquês, S. Sörensen, (1868-1939) propôs o uso de uma escala logarítmica para trabalhar com ácidos e bases em substâncias cujos valores das concentrações de íons H^+ e OH^- são pequenos. Essa escala é denominada **escala de pH** e é capaz de expressar as concentrações de H^+ e OH^- presentes na maioria dos sistemas naturais, como as águas de rios, lagoas e oceanos, o sangue humano e de outros animais etc.

A expressão matemática que representa o pH é:

$$pH = -\log [H^+]$$

Podemos, assim, estabelecer uma escala de pH capaz de expressar a acidez ou basicidade das soluções aquosas. Os valores dessa escala estão relacionados às concentrações de íons H^+ e OH^-, variando de 0 a 14, sendo:

Figura 3-20: S. Sörensen, cientista dinamarquês.

$pH = 7 \rightarrow$ soluções neutras ($[H^+] = [OH^-]$)

$pH > 7 \rightarrow$ soluções básicas ($[H^+] < [OH^-]$)

$pH < 7 \rightarrow$ soluções ácidas ($[H^+] > [OH^-]$)

O valor de pH igual a 7 indica que a solução é neutra. É esse o valor do pH da água pura, que é, portanto, neutra. Valores abaixo de 7 indicam soluções ácidas, e a acidez aumenta com a diminuição do pH. Valores acima de 7 indicam soluções básicas, e a basicidade aumenta com a elevação do pH. O pH é usado para expressar a acidez e basicidade da maioria das soluções e emulsões com as quais lidamos na vida cotidiana, por exemplo, água de rios e oceanos, sangue, xampus, detergentes, vinagre, entre outras. No entanto, o pH não é apropriado para expressar a acidez de soluções muito concentradas de ácidos fortes (por exemplo, ácido clorídrico, HCl), que teriam valores negativos de pH; e tampouco para expressar a basicidade de soluções de bases fortes concentradas (por exemplo, hidróxido de sódio, NaOH), que teriam valores de pH acima de 14.

Para entendermos como funciona uma escala, vamos ver o que significa uma variação de pH de 7 para 6. Quando o pH diminui uma unidade, a concentração de íons H^+ em solução aumenta dez vezes. Uma variação de pH de um rio qualquer de 6 para 4 indica que a concentração de íons H^+ aumentou 100 vezes! Um aumento enorme de acidez, que pode ter consequências dramáticas para as formas de vida existentes nesse rio.

Portanto, a escala de pH é conveniente porque pequenas variações de pH expressam variações muito grandes na acidez e basicidade das soluções, o que potencializa o uso da escala para uma diversidade de sistemas com diferenças bastante grandes na concentração de íons H^+ ou OH^-.

Questões

Q53. O texto afirma que uma variação do pH de 6 para 4 significa um aumento de 100 vezes na acidez. Mostre que essa afirmativa é verdadeira utilizando a fórmula de pH.

Q54. Uma solução de ácido clorídrico, HCl (aq), tem pH igual a 1. A 10,0 mL dessa solução aquosa adicionou-se água pura, em quantidade suficiente para se obterem 100,0 mL de solução diluída. Qual é o pH da solução resultante?

TEXTO 8

O pH e a qualidade da água

Além do oxigênio, o valor de pH constitui um outro parâmetro que é importante para a avaliação da qualidade das águas. Isso se dá porque organismos aquáticos estão geralmente adaptados a um ambiente com determinado valor de pH. Como esses organismos possuem uma estreita faixa de tolerância às mudanças de pH, alterações bruscas do pH da água podem acarretar a morte dos seres vivos nela presentes.

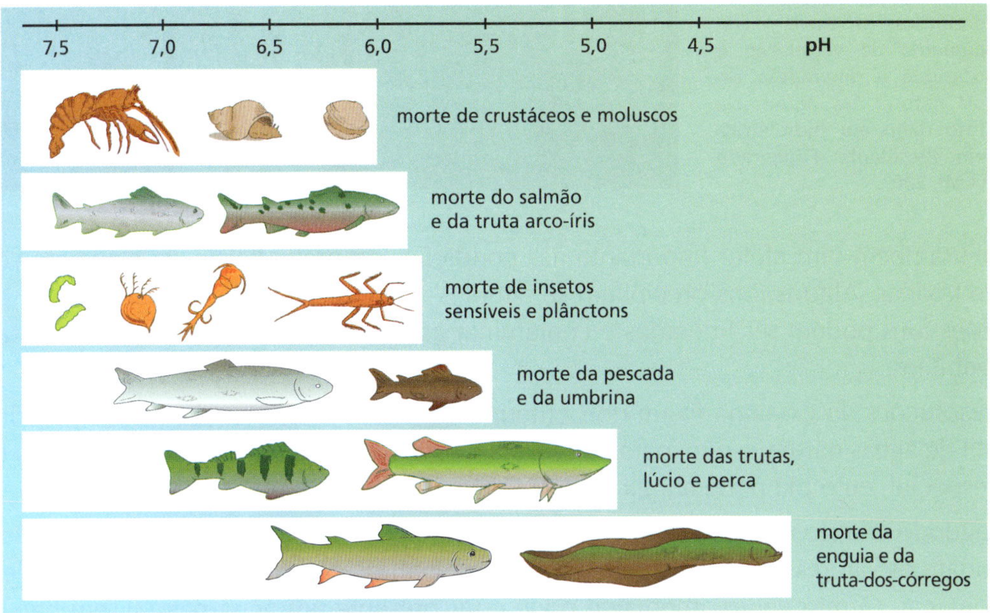

AVITS/Arquivo da editora

Figura 3-21: **pH e sobrevivência de espécies aquáticas.**

Em regiões com pouca precipitação o pH das águas costuma ser alto, influenciado pelo mar e pelos açudes de solo alcalino. Quando há um aumento de ácidos orgânicos dissolvidos na água, o pH costuma ser baixo. Lembre-se de que quanto maior a acidez, menor o pH.

As águas superficiais possuem um pH entre 4 e 9, sendo ligeiramente alcalinas em razão da presença de carbonatos (CO_3^{2-}) e bicarbonatos (HCO_3^-). Naturalmente, nesse caso, o pH pode ter valores mais altos, chegando a 9 ou até mais. Isso porque as algas, ao realizarem a fotossíntese, utilizam muito gás carbônico, que é a principal fonte natural de acidez da água.

O pH é influenciado também pela quantidade de matéria morta a ser decomposta, sendo que, quanto maior a quantidade de matéria orgânica disponível, menor o pH, pois para haver a decomposição desses materiais muitos ácidos são produzidos, como o ácido húmico.

As águas conhecidas como pretas (por exemplo, o Rio Negro, no Amazonas) possuem pH mais baixo, por causa do excesso de ácidos em solução. A existência de esgotos industriais pode alterar substancialmente o valor de pH, tanto para baixo quanto para cima, dependendo da composição desse esgoto.

Ernesto Reghran/Pulsar Imagens

Figura 3-22: **Encontro das águas dos rios Negro e Solimões nas proximidades de Manaus, em 2009. As águas mais escuras são do Rio Negro, que possuem pH mais baixo, em razão do excesso de ácidos em solução.**

Outro fator que pode influenciar a qualidade das águas é a construção de hidrelétricas, por ocasionarem grandes alterações no meio ambiente. O alagamento de áreas com vegetação, provocado pelas represas, aumenta a matéria orgânica que será decomposta, diminuindo o pH natural das águas.

Maurício Simonetti/Pulsar Imagens

Figura 3-23: **A construção de usinas hidrelétricas promove o alagamento da vegetação e ocasiona a diminuição do pH natural das águas. Na foto, lago em hidrelétrica em Presidente Figueiredo (AM), 2007.**

O pH também tem efeito importante nas condições de precipitação de elementos químicos, geralmente tóxicos. Alguns íons precipitam-se em pHs específicos. Se há mudança no pH da água, alguns desses íons podem ser liberados e contaminar as águas e, consequentemente, os seres vivos que nela habitam.

As resoluções do Conama fixam dois critérios importantes em relação ao pH. O primeiro é o valor do pH de águas naturais, que, para as águas doces, é fixado entre 6 e 9, com exceção das águas de classe especial, cujo pH pode atingir 9,5.

O segundo critério é para o pH de efluentes, que pode variar de 5 a 9. Dependendo do valor de pH, mudam os valores permitidos para alguns parâmetros. Um exemplo é a quantidade de nitrogênio amoniacal. O nitrogênio amoniacal pode estar presente em água natural, em baixos teores, tanto na forma ionizada (NH_4^+), como na forma tóxica não ionizada (NH_3), por causa do processo de degeneração biológica de matéria orgânica animal e vegetal. Para a quantidade de nitrogênio amoniacal, quando o pH é menor ou igual a 7,5, esse valor pode ser de 3,7mg/L; para pH igual ou maior que 8,5, há uma redução para 0,5 mg/L.

O decréscimo no valor do pH, que a princípio funciona como indicador do desequilíbrio, passa a ser causa de problemas ambientais se não for corrigido a tempo.

Questões

Q55. Se o pH, segundo o Conama, pode ter o mesmo valor da classe 1 à classe 4 das águas doces, por que ele continua a ser um parâmetro de qualidade importante a ser medido nas águas?

Q56. Na atividade 4 do capítulo 6 da parte 2, fizemos uma experiência de deixar o ovo no vinagre para discutirmos questões relacionadas à osmose. Lembre-se de que a casca do ovo desapareceu após um dia de imersão. Considerando que o vinagre é uma solução ácida, discuta as implicações de um pH baixo para a reprodução dos peixes, considerando que ela se dá por meio de ovos.

Q57. A vulnerabilidade dos corpos de água superficiais em várias regiões do país fica evidenciada quando ocorrem eventos catastróficos, ocasionados por acidentes ambientais. Em um acidente numa fábrica de papel, 12 milhões de litros de um rejeito, contendo diversos contaminantes – entre eles, a soda cáustica (NaOH) –, foram derramados no leito de um rio. Discuta as variações no pH da água do rio, considerando o ponto onde houve derramamento dos rejeitos e em um ponto abaixo do rio, onde ocorreu a diluição desse contaminante.

Medindo o pH de uma amostra de água a partir de uma escala de pH[1]

Vocês já realizaram uma atividade semelhante no capítulo 4 da parte 2. Vamos relembrar alguns aspectos para que possamos medir o pH de amostras de água.

A ideia de pH está relacionada à medida de acidez e basicidade. Os **indicadores ácido-base** são substâncias que mudam de cor conforme o meio se torne ácido ou básico. A fenolftaleína é um exemplo de indicador muito utilizado: ela é incolor em meio ácido e fúcsia em meio básico.

A escala de pH é construída a partir de uma operação matemática envolvendo a concentração do íon hidrônio (H_3O^+) na solução. Vocês devem se lembrar de que a concentração do cátion hidrogênio na água pura, neutra, é igual a 1×10^{-7} mol/L. O pH da água pura, como o de qualquer espécie neutra, é igual a 7.

Para determinar o valor do pH, usa-se a expressão matemática, em que $[H^+]$ é a concentração, em mol/L, de hidrogênio.

$$pH = -\log [H^+]$$

Na escala de pH, as substâncias que apresentam pH menor que 7 são consideradas **ácidas**, e substâncias que apresentam pH maior que 7 são consideradas **básicas**.

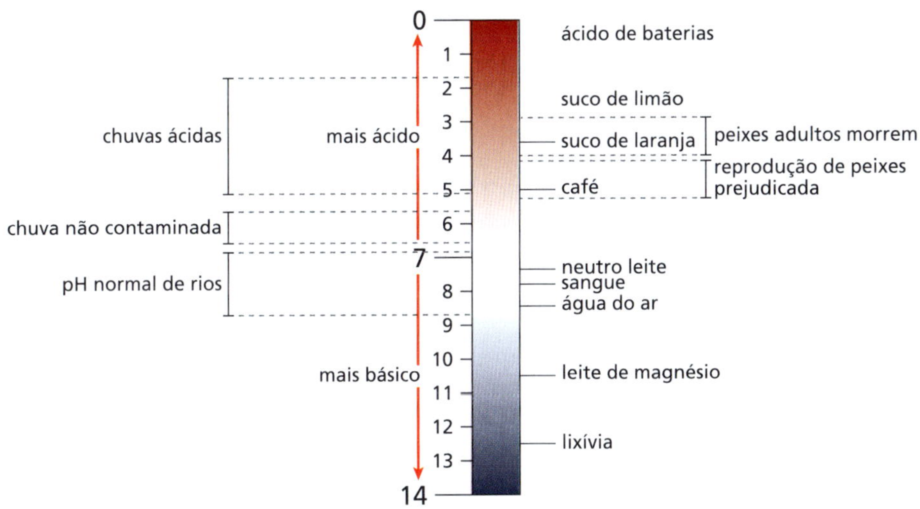

Figura 3-24: Escala de pH.

Normalmente, a escala de pH **não** é usada para medir a acidez e a basicidade de soluções ácidas e básicas muito concentradas. Soluções fortemente ácidas apresentariam pH menor do que zero. Soluções fortemente básicas apresentariam pH maior do que 14. Portanto, a escala de pH é, em geral, usada para substâncias que apresentam valores de pH entre 0 e 14.

Nesta atividade vocês vão utilizar materiais comuns e um indicador obtido do repolho roxo para reconstruir uma escala aproximada de valores de pH.

As partes A, B e C desta atividade devem ser realizadas no mesmo dia, pois o extrato de repolho se decompõe com facilidade.

[1] Esta atividade foi inspirada em: GEPEQ (1995). Estudando o equilíbrio ácido-base. *Química Nova na Escola*, São Paulo, n. 1, p. 32-3.

PARTE A Preparando as soluções e o indicador de repolho roxo

Material

Solução diluída de ácido clorídrico (HCl), solução diluída de hidróxido de sódio (NaOH), um pedaço pequeno de repolho roxo, liquidificador, uma peneira fina, uma proveta de 5 mL, dois béqueres de 250 mL, um béquer de 1 L.

Tenha cuidado!

Use todos os reagentes em local ventilado e consulte sempre o professor.
Cuidado ao manipular o hidróxido de sódio (NaOH) e o ácido clorídrico (HCl). Evite contato com a pele e não respire os vapores. Em caso de contato com a pele, lave-a com água em abundância. Em caso de ingestão **não** provoque vômito e beba grandes quantidades de água. Procure um médico imediatamente.

O que fazer

A21 Preparem uma solução diluída de ácido clorídrico (HCl), diluindo 1 mL de ácido concentrado (ácido muriático, geralmente vendido em depósitos de construção ou casas de piscina) em água até completar 100 mL.

A22 Preparem uma solução diluída de hidróxido de sódio (NaOH), dissolvendo uma pastilha de soda cáustica em 100 mL de água.

A23 Preparem também o extrato de repolho roxo, cortando um pedaço pequeno de repolho roxo e batendo no liquidificador com 1 L de água. A seguir, coem a mistura numa peneira fina. O extrato deve ser usado imediatamente, pois se decompõe com facilidade.

PARTE B Preparando a escala-padrão de pH

Material

Extrato de repolho roxo e soluções de HCl e NaOH (preparadas na parte A), 5 mL de vinagre branco, 5 mL de álcool etílico comercial, 20 mL de água destilada, 5 mL de detergente à base de amoníaco, sete tubos de ensaio, um suporte para tubos de ensaio, um conta-gotas.

O que fazer

A24 Preparem sete tubos de ensaio com as soluções indicadas no quadro a seguir:

Solução	Preparo	Valor do pH (aproximado)
1	5 mL de HCl diluído + 5 mL do extrato de repolho roxo	1
2	5 mL de água destilada + 5 gotas de vinagre branco + 5 mL do extrato de repolho roxo	3
3	5 mL de álcool etílico comercial + 5 mL do extrato de repolho roxo	5
4	5 mL de água destilada + 5 mL do extrato de repolho roxo	6
5	5 mL de água destilada + 1 gota de detergente à base de amoníaco + 5 mL do extrato de repolho roxo	9
6	5 mL de água destilada + 5 gotas de detergente à base de amoníaco + 5 mL do extrato de repolho roxo	11
7	5 mL de NaOH diluído + 5 mL do extrato de repolho roxo	12

Quadro 3-9: **Preparação da escala-padrão de pH. A escala-padrão deve ser preparada imediatamente antes de ser usada, pois a solução de repolho roxo decompõe-se com facilidade.**

Figura 3-25: **A escala de pH usando extrato de repolho roxo.**

PARTE C Testando o pH de diferentes amostras de água

Vocês irão testar o pH de algumas amostras de água. Para isso, coletem água do principal corpo de água de sua cidade, em diferentes pontos. Usem também água da torneira da escola e água mineral com gás e sem gás.

Material

Um tubo de ensaio para cada amostra de água que será testada e extrato de repolho roxo (preparado na parte A).

O que fazer

A25 Para testar cada amostra, coloquem, em um tubo de ensaio, 5 mL de extrato de repolho roxo e 5 mL da amostra a ser testada. Comparem a cor obtida com a escala padrão, preparada na parte B desta atividade.

Questões

Q58. Coloquem as amostras que vocês testaram em ordem crescente de acidez, mostrando quais são ácidas e quais são básicas. Existe diferença significativa entre os valores de pH das amostras? A que se deve essa possível diferença?

Q59. Vocês acham que o pH encontrado permite a existência da vida aquática?

Q60. O pH da água do principal corpo de água de sua cidade está de acordo com resolução do Conama?

Q61. Qual é a função do extrato de repolho roxo no experimento realizado?

Q62. Nas soluções 1, 2 e 3 foram adicionados ao repolho roxo uma amostra de HCl diluído, vinagre branco e álcool etílico comercial, respectivamente. O que essas substâncias têm em comum em termos de comportamento ácido/básico?

Q63. Já nas soluções 5 e 6 foram adicionadas ao repolho roxo amostras de solução de amônia e na solução 7 foi adicionado NaOH. O que essas substâncias adicionadas têm em comum em termos de comportamento ácido/básico?

Q64. Um indicador ácido-base existe em duas formas com cores diferentes, uma forma ácida (H*A*) e uma forma básica (A^-). Supondo que a forma ácida e a forma básica apresentem as cores rosa e amarela, respectivamente, a equação química do equilíbrio ácido-base do indicador pode ser representada como:

$$\underset{\text{cor rosa}}{HA} \rightleftharpoons \underset{\text{cor amarela}}{H^+ + A^-}$$

Reconhecendo a presença desse equilíbrio no extrato de repolho roxo, indiquem qual será a cor predominante do extrato de repolho se:

a) adicionarmos uma grande quantidade de H^+. Expliquem.

b) adicionarmos uma grande quantidade de OH^-. Expliquem.

TEXTO 9

A turbidez das águas

A turbidez, que representa a redução da passagem de luz na água, é outro parâmetro indicador da qualidade desse líquido. Ela é causada, principalmente, por partículas sólidas em suspensão que pode ter origem natural ou antropogênica, ou seja, resultam da ação do ser humano.

A turbidez de origem natural pode ser causada por partículas de rochas ou argila, algas ou outros microrganismos. Apesar de essa turbidez não trazer problemas sanitários, é considerada desagradável na água potável e os sólidos podem servir de abrigo para microrganismos patogênicos.

Já a turbidez causada pelo homem pode se originar de esgotos domésticos ou industriais, e erosão. Em corpos de água, a turbidez pode reduzir a penetração da luz, diminuindo a fotossíntese.

Essa medida de transparência de um líquido é medida em unidade nefelométrica de turbidez (UNT). **Nefelometria** consiste em quantificar a quantidade de luz refletida quando esta é direcionada formando um ângulo de 90° com as células sensoriais que captam luz. Qualquer equipamento que parte desse princípio pode ser usado para medir a turbidez.

Até chegar às nossas casas, a água deve passar por um tratamento que seja capaz de torná-la própria para o nosso consumo. As diversas etapas do tratamento da água (coagulação, floculação e sedimentação, por exemplo) contribuem para diminuir os níveis de turbidez que podem ficar entre 5 e 10 UNT. Depois da filtração, pode-se chegar a níveis menores que 1 UNT.

Delfim Martins/Pulsar Imagens

Figura 3-26: **A turbidez da água ocorre por motivos naturais ou efluentes lançados por residências e indústrias.**

Entretanto, mesmo depois de passar pelas estações de tratamento, a água não está limpa e livre de ser contaminada no seu trajeto, ou mesmo quando enche nossas caixas de água, as quais nem sempre estão corretamente limpas e tampadas.

É muito comum associar, enganosamente, a turbidez das águas à poluição. Entretanto, a turbidez, por si só, não caracteriza poluição. Uma água turva nem sempre está poluída. É considerada **poluição** qualquer modificação nas características do meio, capaz de tornar esse meio nocivo à saúde, à natureza, à segurança e ao bem-estar, prejudicando o equilíbrio natural e estético.

Deve-se distinguir, também, poluição de contaminação. A **contaminação** é causada por elementos que, lançados na água, no ar, no solo etc., os tornam diferentes e nocivos, como um veneno ou um ser patogênico, prejudicando o substrato ou o entorno em tal grau que são criados riscos reais para saúde e para vida, em geral. Uma água, mesmo cristalina, poderá desempenhar um papel de veículo do agente contaminante.

As principais fontes de contaminação dos recursos hídricos são: os esgotos lançados sem tratamento, a presença de aterros sanitários que afetam os lençóis freáticos, os agrotóxicos utilizados na agricultura, que escoam com a chuva, e os resíduos industriais tóxicos. Águas mais transparentes ou com baixa turbidez podem conter microrganismos patogênicos, contaminantes ou tóxicos, enquanto águas turvas podem estar livres de contaminação.

Ed Viggiani/Sambaphoto

Figura 3-27: **Agrotóxicos e efluentes domésticos e industriais são importantes fontes de contaminação de águas.**

Questão

Q65. Uma mineradora despeja em um rio água barrenta (turva), mas sem materiais tóxicos. Entretanto, após o início das atividades da mineradora, alguns pescadores começaram a reclamar que ficou mais difícil encontrar peixes neste rio. É possível relacionar a escassez de peixes com o despejo dessa água barrenta? Justifique sua resposta.

ATIVIDADE 4

Construindo um turbidímetro

Vários aparelhos no mercado medem a turbidez e muitos destes são construídos com base no padrão nefelométrico.

No entanto, os aparelhos comerciais encarecem muito o custo do estudo ou da pesquisa científica em campo. Para contornar esse problema, pode-se utilizar uma maneira eficiente, prática e de baixo custo, visando quantificar a turbidez da água em locais iluminados pela luz solar. Isso é conseguido por meio da construção de um tubo turbidímetro, ilustrado na figura ao lado.

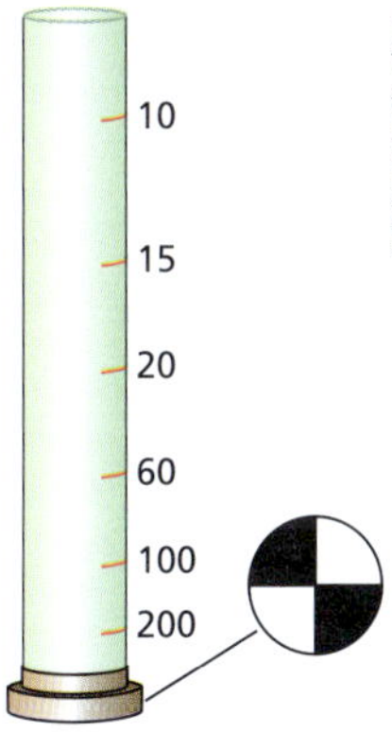

AVITS/Arquivo da editora

Figura 3-28: **Representação do tubo turbidímetro graduado em unidades de turbidez (UNT).**

O tubo turbidímetro adapta-se satisfatoriamente ao método nefelométrico, visto que a luz solar incide a 90° com a lateral do tubo e os olhos do usuário funcionam como sensores que ficam localizados na extremidade aberta do tubo. A quantificação é dada por uma escala calibrada no próprio tubo. A utilização do tubo turbidímetro é bastante simples, para isso basta estar em um ambiente iluminado com luz natural.

Material

Três garrafas de água mineral pequenas e vazias (de aproximadamente 500 mL), um tubo de esmalte para unhas na cor branca, um tubo de esmalte para unhas na cor preta, um estilete, uma régua, cola.

Tenha cuidado!

O estilete é um material cortante e deve ser manipulado com cuidado para evitar cortes.

O que fazer

O turbidímetro é feito utilizando-se as três garrafas de água mineral de mesmo tamanho e forma.

A26 Cortem a primeira garrafa na parte superior a aproximadamente 11 cm da base. Descartem a parte de cima e reservem a de baixo. Lembre-se de descartar o plástico num container próprio, usado em coleta seletiva.

A27 Cortem o fundo da segunda garrafa. Em seguida, vocês devem retirar a parte superior cortando-a, aproximadamente, a 12 cm da base. Reparem que o lado de baixo da garrafa fica mais largo e o de cima, mais fino.

Fotos: Sérgio Dotta Jr/Arquivo da editora

Figura 3-29: **Cortem a garrafa na parte superior e reservem a parte de baixo.**

A28 Encaixem a segunda garrafa na primeira utilizando o lado mais fino. Tomem cuidado para não amassar a garrafa.

Figura 3-30: **Encaixem a segunda garrafa na primeira.**

A29 Cortem o fundo da terceira garrafa. Em seguida, cortem a parte superior, sendo que o corte pode ser feito perto do gargalo da garrafa, aproximadamente a 15 cm da base.

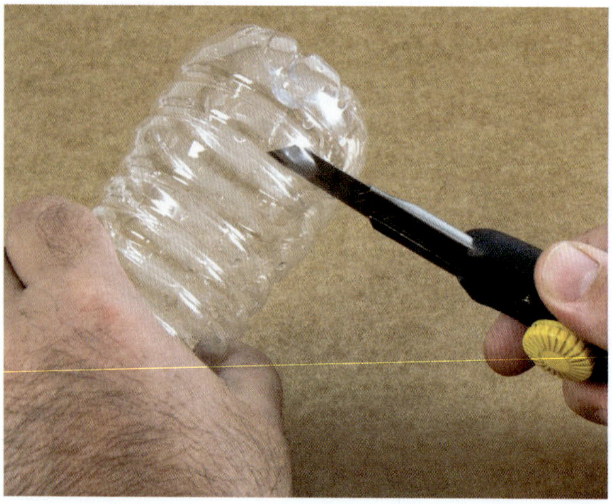

Figura 3-31: **Cortem o gargalo da terceira garrafa.**

A30 Encaixem a terceira garrafa na segunda. Reparem que o encaixe precisa ficar benfeito. Testem o turbidímetro colocando água, para se certificarem de que ele não está vazando. Se necessário, usem cola.

Fotos: Sérgio Dotta Jr/Arquivo da editora

Figura 3-32: **Encaixem a terceira garrafa no conjunto formado pelas duas primeiras.**

A31 Com os esmaltes, vocês irão pintar o fundo do modelo conforme a figura a seguir:

Figura 3-33: **Fundo do turbidímetro pintado com os esmaltes branco e preto.**

Graduação do turbidímetro

A32 Graduem o tubo a partir de sua base, conforme mostra o quadro a seguir. Podem-se usar tubos com diâmetros (d) variados para a construção do turbidímetro. No entanto, ele deve ser calibrado e, para isso, podemos usar algumas relações matemáticas que possibilitam calcular a altura (h), a partir da base, que deve ser marcada no tubo.

Linha	Altura a partir da base (cm)	Unidades de turbidez (UNT)
1	$h = 148/d^2$	200
2	$h = 231/d^2$	100
3	$h = 387/d^2$	50
4	$h = 629/d^2$	20
5	$h = 874/d^2$	15
6	$h = 1\,087/d^2$	10

Quadro 3-10: **Relações matemáticas para a calibração do tubo em unidades de turbidez.**

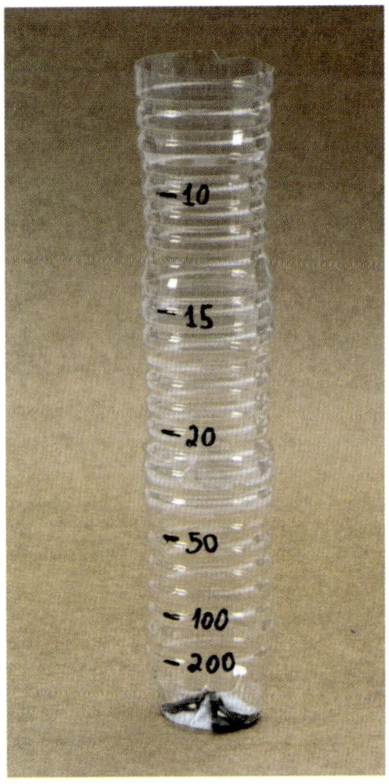

Figura 3-34: **O turbidímetro que vocês montaram servirá para avaliar a turbidez de águas.**

ATIVIDADE 5

Determinando a turbidez de uma amostra de água

Material

Quatro béqueres de 500 mL; água da torneira de sua casa e do corpo de água de sua cidade; farinha de trigo, etiquetas adesivas, um bastão de vidro ou uma colher, tubo turbidímetro construído na atividade 4.

O que fazer

A33 Numerem os quatro béqueres utilizando as etiquetas adesivas.

A34 No primeiro béquer, coloquem aproximadamente 400 mL de água de torneira.

A35 No segundo béquer, coloquem aproximadamente 400 mL de água e uma colher de farinha de trigo.

A36 No terceiro béquer, coloquem aproximadamente 400 mL de água e três colheres de farinha de trigo.

A37 No quarto béquer, coloquem aproximadamente 400 mL da água do corpo de água que vocês escolheram para analisar nas atividades anteriores. Reproduzam o quadro a seguir no caderno:

Sistemas	Constituição	Aparência	Turbidez (UNT)
1	água de torneira	//////////////////////////	//////////////////////////
2	água + 1 colher de farinha	//////////////////////////	//////////////////////////
3	água + 3 colheres de farinha	//////////////////////////	//////////////////////////
4	amostra do corpo de água	//////////////////////////	//////////////////////////

Quadro 3-11: **Diferentes amostras para testar a turbidez.**

A38 Observem a aparência dos quatro sistemas e preencham o quadro 3-11 no caderno.

A39 Meçam a turbidez dos sistemas 1, 2, 3 e 4. Para isso, encham o tubo turbidímetro que vocês construíram na atividade 4 com a amostra a ser analisada. Coloquem o tubo em posição vertical, pouco a pouco, até que não se consiga distinguir as cores preta e branca marcadas no fundo do tubo. Façam a leitura correspondente à altura que o líquido alcançar no tubo comparando-se o nível da água com as marcações do tubo, determinando-se, assim, a faixa de turbidez da amostra.

Questões

Q66. Qual dos sistemas da atividade apresenta maior turbidez? Proponham uma explicação para os valores diferentes.

Q67. Os sistemas 2 e 3 podem ser caracterizados como soluções? Justifiquem.

Q68. Em que condição podemos visualizar partículas dispersas na água?

Q69. Considerando os padrões do Conama para turbidez apresentados no quadro 3-3, em qual classe de água a amostra se enquadra?

TEXTO 10

A turbidez como parâmetro de qualidade das águas

Maurício Simonetti/Pulsar Images

Figura 3-35: A erosão nas margens dos rios e lagos aumenta a turbidez das águas. Na foto, erosão em Manoel Viana (RS).

Apesar de a turbidez ser um parâmetro que não pode ser ligado diretamente à poluição ou contaminação, ela pode indicar alterações importantes nos cursos de água. A ocupação do solo nas margens dos rios e lagos pode causar erosão e, com isso, aumentar a turbidez das águas. Para águas utilizadas no abastecimento, a turbidez elevada significa maior dificuldade nas etapas de tratamento. Por exemplo, pode-se demandar um aumento da dosagem de coagulantes.

Tudo isso mostra a necessidade de avaliar não somente a qualidade da água, mas também as inter-relações com o solo, com o ar e as alterações provocadas pelo homem no ambiente. O lançamento de esgotos, atividades industriais e mineração podem provocar o aumento da turbidez nos ecossistemas aquáticos, podendo influenciar as comunidades biológicas e afetar o uso da água. Uma água da classe 2, que permite o contato primário dos seres humanos, admite o valor máximo da turbidez igual a 100 UNT.

TEXTO 11

Condutividade elétrica como parâmetro de qualidade de água

A **condutividade elétrica**, como parâmetro de qualidade de água, está relacionada com a presença de íons dissolvidos na água, que são partículas carregadas eletricamente. Quanto maior for a quantidade de íons dissolvidos, maior será a condutividade elétrica da água. Em águas continentais, os íons diretamente responsáveis pelos valores da condutividade são, entre outros, cálcio, magnésio, potássio, sódio, carbonatos, carbonetos, sulfatos e cloretos.

A condutividade é um indicativo indireto da quantidade de poluentes, já que depende das concentrações dos íons presentes na água. A condutividade elétrica é expressa em siemens ($S \cdot cm^{-1}$). A água, em condições naturais, apresenta condutividade pequena, por isso é expressa em $\mu S \cdot cm^{-1}$ (microsiemens por centímetro). A 25 °C, essa condutividade é ainda mais baixa, alguns centésimos de $\mu S \cdot cm^{-1}$. Nos corpos de água esse índice pode variar bastante. No Rio Pinheiros, na cidade de São Paulo, já foram medidos valores como 708 $\mu S \cdot cm^{-1}$. Já no Rio Grande, no estado de São Paulo, os valores encontrados foram bem menores, 37 $\mu S \cdot cm^{-1}$. Geralmente níveis superiores a 100 $\mu S \cdot cm^{-1}$ indicam ambientes impactados pela poluição.

ATIVIDADE 6

Medindo a condutividade de uma amostra de água

Neste experimento vamos usar o **condutivímetro**, equipamento que mede a condutividade elétrica de soluções aquosas. O condutivímetro será providenciado por seu professor. Ele é constituído de um multímetro (normalmente será usado o miliamperímetro, posicionando-se a chave do multímetro em DCmA), uma bateria de 9 volts, um resistor variável (potenciômetro, que é o botão localizado no corpo do cilindro que contém os eletrodos) e um par de eletrodos.

Sempre que existirem íons dissolvidos na água, o miliamperímetro indicará a presença de uma corrente elétrica que se estabelecerá no circuito. Quanto maior a quantidade de íons, maior será o valor da leitura do miliamperímetro.

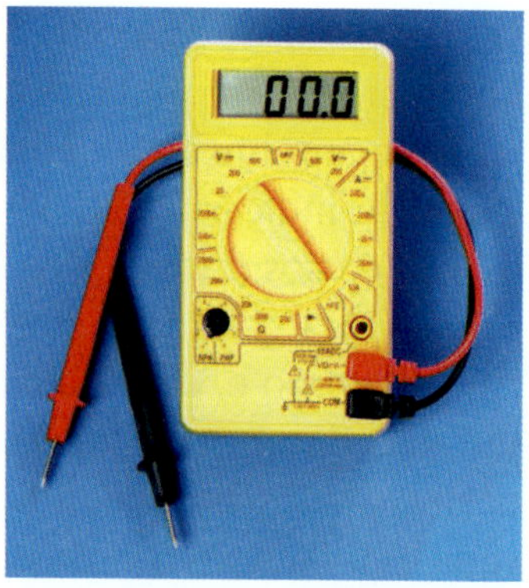
Martyn F. Chillmaid/SPL/Latinstock

Figura 3-36: **O multímetro faz parte da constituição do condutivímetro.**

Material

Uma colher, um condutivímetro, quatro béqueres de 100 mL, água destilada, água de torneira, sal de cozinha (cloreto de sódio, NaCl), etiquetas adesivas.

O que fazer

A40 Coloquem em um dos béqueres aproximadamente 100 mL de água destilada e, em outro, 100 mL de água de torneira. Usem as etiquetas para identificar os béqueres.

A41 Coloquem aproximadamente 100 mL água destilada nos outros dois béqueres. No primeiro deles, adicionem uma colher pequena de sal de cozinha e, no outro, duas colheres pequenas de sal de cozinha. Usem as etiquetas para identificar os béqueres.

A42 Agora, vocês irão medir a condutividade elétrica dos quatro sistemas. Para isso, posicionem a chave seletora do multímetro na posição miliamperímetro. Escolham a posição 50 mA. Inicialmente, coloquem os eletrodos na água destilada e façam a leitura da corrente. Copiem o quadro 3-12 no caderno e anotem o valor observado.

Solução	Leitura do miliamperímetro
água destilada	//////////////////////////////////
água de torneira	//////////////////////////////////
água destilada + 1 colher de sal	//////////////////////////////////
água destilada + 2 colheres de sal	//////////////////////////////////

Quadro 3-12: **Condutividade de diferentes soluções.**

A43 Repitam o procedimento para a água de torneira. Anotem o valor no quadro no caderno.

A43 Por fim, repitam o procedimento para as duas soluções de água com sal. Anotem os valores no quadro no caderno.

EXERCÍCIO

E1. A condutividade elétrica é a consequência de íons dissolvidos na água. Desenhem modelos para a água e para os íons dissolvidos que expliquem os resultados obtidos nesta atividade.

TEXTO 12

Condutividade elétrica nos sistemas aquáticos

A condutividade elétrica pode ser explicada, geralmente, pela presença de cargas que podem se movimentar ao longo do material.

Nas soluções a condutividade elétrica pode ser explicada pela presença de íons que podem se mover. Por exemplo, a condutividade elétrica da solução aquosa do cloreto de sódio ($NaCl$) em água deve-se à **mobilidade dos íons** (Na^+ e Cl^-) na solução. No caso do cristal de cloreto de sódio, os íons não têm essa mobilidade, pois se encontram fixos em posições definidas num **retículo cristalino**. O que mantém esses íons fixos na estrutura do cristal é a ligação iônica.

Como vimos nos textos sobre pH, a água pura também se dissocia em íons, mas a quantidade desses (1 para cada 10^7 moléculas de água) é muito pequena e a contribuição dos íons H^+ e OH^- para a condutividade elétrica da água destilada é praticamente desprezível. O fato de a água destilada, ainda que muito fracamente, conduzir corrente elétrica é de interesse porque mostra que esse líquido, usado como água "pura" em vários contextos, ainda apresenta íons dissolvidos – os responsáveis, nesse caso, pela condução. Trata-se, portanto, de uma solução, e não a substância pura água. Ela é considerada pura justamente para os usos nos quais essa quantidade de íons não interferem, mas para atividades que exigem maior pureza, como na análise de traços de metais, é utilizada uma água que, além de destilada, é **deionizada**, ou seja, passou por um processo em que foram retirados a quase totalidade dos íons. Mesmo assim, essa água não é completamente pura. Portanto, a pureza é um conceito do qual nos aproximamos, sem nunca atingir totalmente.

Huntstock/Alamy/Other Images

Figura 3-37: Com um deionizador são retirados íons presentes na água destilada, tornando-a deionizada.

É importante ressaltar que a condutividade depende da temperatura: quanto maior a temperatura, maior a condutividade.

Além da temperatura, o pH pode ter grande influência sobre os valores de condutividade elétrica. Principalmente em águas pobres em sais solúveis e de baixos valores do pH, o íon H^+ torna-se o principal responsável pelos valores de condutividade elétrica. Em águas muito alcalinas e pobres em sais solúveis, o íon OH^- torna-se, por sua vez, o principal responsável pela condutividade elétrica. Assim, em amostras cujas indicações de pH se localizam nas faixas extremas, os valores de condutividade elétrica são decorrentes apenas da elevada concentração de poucos íons em solução, dentre os quais os mais frequentes são H^+, se a amostra de água for ácida, ou OH^-, se for básica.

O parâmetro condutividade elétrica não determina, especificamente, quais são os íons que estão presentes em determinada amostra de água, mas pode contribuir para possíveis reconhecimentos de impactos ambientais ocasionados por lançamentos de resíduos industriais, mineração, esgotos etc.

Alguns íons são principalmente perigosos para os organismos, como os **metais pesados**. O termo "metais pesados" é de definição ambígua, mas vem sendo intensamente utilizado na literatura científica como referência a um grupo de elementos amplamente associados à poluição, contaminação e toxicidade. Essa definição é abrangente e inclui até mesmo alguns ametais, como arsênio (As) e selênio (Se). Conceitualmente, metais pesados são definidos como elementos que possuem densidade superior a 6 g/cm^3.

Entretanto, a definição mais difundida é aquela relacionada com a saúde pública: metais pesados são aqueles que apresentam efeitos adversos à saúde humana, sendo quimicamente (altamente) reativos e bioacumulativos, ou seja, o organismo não é capaz de eliminá-los.

Na região amazônica existem vários rios contaminados por mercúrio (Hg). O mercúrio é um dos metais mais tóxicos e encontra-se disseminado em rios e solos da Amazônia, em grande parte em razão da sua utilização na recuperação do ouro em garimpos.

Também na Baixada Santista existem elevadas concentrações nos cursos de água, como no Rio Cubatão. Nos sedimentos desse rio, a concentração de metais cádmio, chumbo, cobre, mercúrio, níquel, zinco estão muitas vezes acima das concentrações permitidas pela legislação.

Luciano Candisani/kino.com.br

Marcelo Soubhia/Folhapress

Figura 3-38: O mercúrio em garimpos. O Rio Cubatão tem elevados teores de metais contaminantes.

Questão

Q70. Investigue, em rótulos de duas garrafas de água mineral (uma com gás e outra sem gás), as informações sobre a condutividade elétrica. Relacione os valores encontrados com a concentração dos íons indicada nos rótulos. A que conclusão você pode chegar?

TEXTO 13

Eutrofização e cianobactérias

Um dos principais problemas presentes nos corpos de água é o processo de eutrofização e proliferação de cianobactérias.

A **eutrofização** pode ser definida como o crescimento excessivo de plantas aquáticas. Esse crescimento deve-se ao aumento dos nutrientes disponíveis, principalmente nitrogênio e fósforo. Na hidrosfera, o nitrogênio pode ser encontrado em várias formas. Observe a figura a seguir, que representa o ciclo do nitrogênio na biosfera:

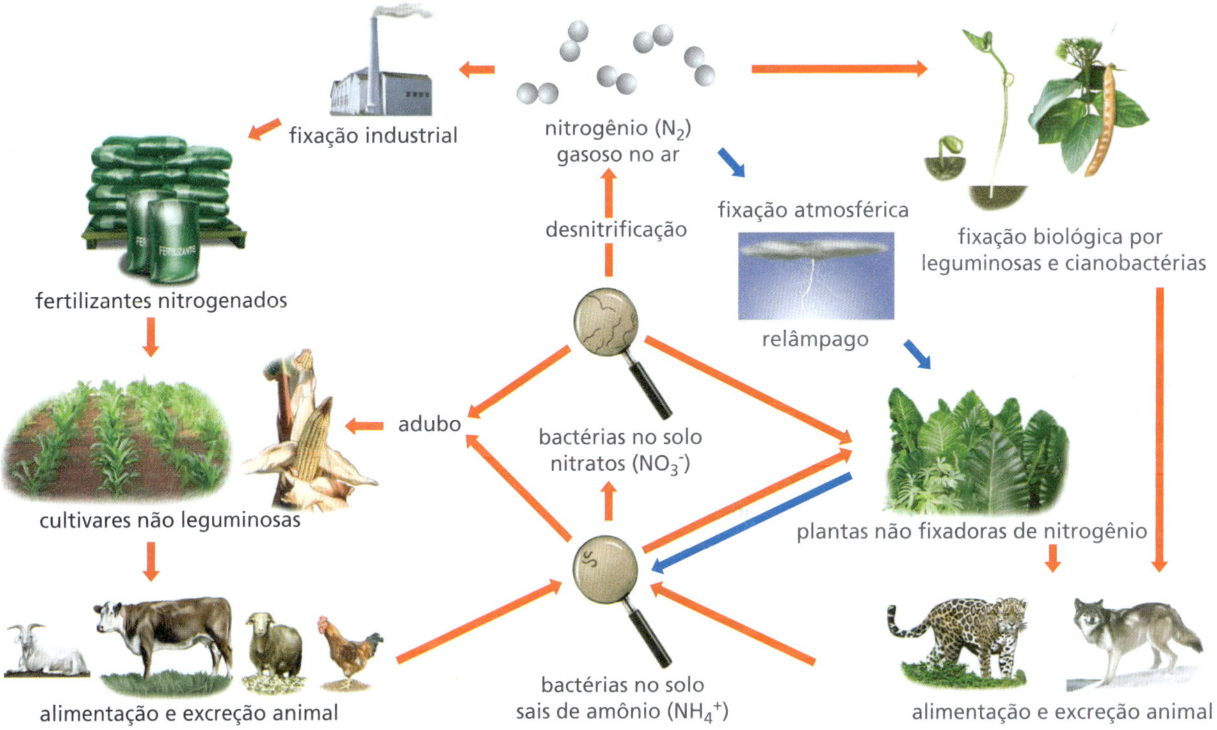

Ciclos globais do nitrogênio, do carbono e do enxofre. *Cadernos Temáticos de Química Nova na Escola*, São Paulo, n. 5, nov. 2003.

Figura 3-39: Ciclo global do nitrogênio.

O nitrogênio é fundamental para o crescimento das algas e, no processo de transformação da amônia a nitrito e deste a nitrato, consome oxigênio nos cursos de água. O nitrogênio ocorre naturalmente nos cursos de água, já que faz parte de vários compostos biológicos, como proteínas, clorofila, dentre outros. O despejo de esgotos domésticos e industriais, fertilizantes e excrementos de animais pode aumentar a quantidade de nitrogênio nos cursos de água, ocasionando a eutrofização.

O fósforo também é um nutriente essencial para o crescimento de microrganismos e algas. Assim como o nitrogênio, pode ter uma origem natural, por meio da dissolução de rochas e decomposição da matéria orgânica, e antropogênica, por meio do despejo de esgotos domésticos e industriais, fertilizantes, excrementos de animais e, principalmente, detergentes.

Dependendo da capacidade de assimilação do corpo de água, há aumento da população de algas, podendo atingir a superpopulação quando há aumento da luz solar que incide na água. Em muitos lagos e rios do Brasil, a consequência disso é o aparecimento de uma camada esverdeada na superfície da água. Além de problemas estéticos, algumas algas, como as cianobactérias ou algas azuis, produzem toxinas que podem contaminar a água.

Em muitas bacias hidrográficas o processo de eutrofização vem se acentuando. Isso traz problemas para o abastecimento de água, já que a floração de algas compromete a qualidade da água.

Figura 3-40: **Eutrofização na represa de Salto Grande – Americana (SP) em 2004.**

Podemos classificar os cursos de água segundo classes de estado trófico, isto é, o **grau de eutrofização**, variando de ultraoligotrófico a hipereutrófico. No quadro a seguir é apresentado um resumo da caracterização trófica:

Condição	Características
ultraoligotrófico	Corpos de água limpos e concentrações de nutrientes que não afetam os usos da água.
oligotrófico	Corpos de água limpos, de baixa produtividade de nutrientes, em que não ocorrem interferências indesejáveis sobre os usos da água.
mesotrófico	Corpos de água com quantidade de nutrientes que podem ter implicações sobre a qualidade da água.
eutrófico	Corpos de água com alta produtividade de nutrientes, com redução da transparência, em geral afetados por atividades antrópicas e com interferência no uso de água.
supereutrófico	Corpos de água com alta produtividade de nutrientes, com redução da transparência, em geral afetados por atividades antrópicas e com interferência no uso de água, com a ocorrência de episódios de floração de algas.
hipereutrófico	Corpos de água com alta produtividade de nutrientes, com redução da transparência, em geral afetados por atividades antrópicas, com episódios de floração de algas ou mortandade de peixes. Consequências indesejáveis para o uso de água.

Quadro 3-13: **Caracterização trófica de corpos de água.**

A presença de cianobactérias tem sido frequente em corpos de água de muitas cidades brasileiras, como ocorre no Sistema Guandu (que abastece a cidade do Rio de Janeiro), na Lagoa da Pampulha (em Belo Horizonte) e no Rio São Francisco. Em 1996, ocorreu uma situação grave em Caruaru (PE), no qual morreram sessenta pacientes que faziam hemodiálise com água contaminada por toxinas de cianobactérias.

Questões

Q71. Escreva as fórmulas da amônia e dos íons nitrito e nitrato. Quais são os números de oxidação do nitrogênio nesses compostos?

Q72. Em quais formas o fósforo pode ser encontrado nas águas?

Q73. Procure os valores de nitrogênio e fósforo em ambientes lênticos e lóticos. Tente explicar a diferença observada.

TEXTO 14

Parâmetros biológicos de qualidade da água – coliformes

Além dos parâmetros físicos e químicos de qualidade da água, os biológicos são de extrema importância.

Um corpo de água é habitado, normalmente, por muitos tipos de bactérias, assim como por várias espécies de algas e peixes. Essas bactérias são importantíssimas porque se alimentam de matérias orgânicas e, consequentemente, consomem a carga poluidora lançada no corpo de água. É por isso que as bactérias constituem as principais responsáveis pela autodepuração, ou seja, a capacidade natural de limpeza do corpo de água.

Quando determinado corpo de água recebe esgotos, no entanto, ele passa a conter outros tipos de bactérias que não são típicas da água e que podem ou não causar doenças às pessoas que fizerem uso dela. Um grupo importante, dentre elas, é o das bactérias coliformes.

Bactérias coliformes não causam, em princípio, doenças. Ao contrário, elas vivem no interior do intestino de todos nós, seres humanos, auxiliando a nossa digestão. Nossas fezes contêm um número astronômico dessas bactérias: cerca de 200 bilhões de coliformes são eliminados por cada um de nós, todos os dias. Isso tem uma grande importância para a avaliação da qualidade da água dos rios: como as águas recebem esgotos, fatalmente receberão coliformes.

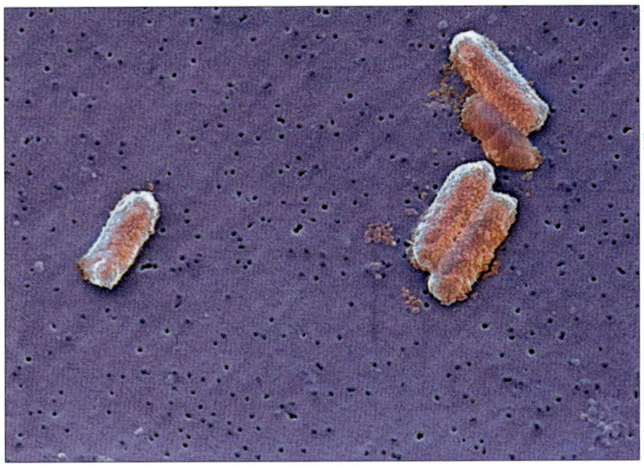

Pete Wardell/CDC/SPL/Latinstock

ampliação: 2250 X

Figura 3-41: Coliformes do gênero *Citrobacter* vistos ao microscópio.

A presença de bactérias coliformes na água de um rio significa, pois, que esse rio recebeu matérias fecais ou esgotos. São as fezes das pessoas doentes que transportam, para as águas ou para o solo, os micróbios causadores de doenças. Assim, se a água recebe fezes, ela pode também estar recebendo micróbios patogênicos. Por isso, a presença de coliformes na água indica a presença de fezes e, portanto, a possível presença de seres patogênicos. Portanto, seria possível a presença de coliformes na água, sem a ocorrência de doenças.

Com o aumento da exposição humana a esgotos domésticos e efluentes contaminados, coloca-se a saúde em risco pela possibilidade de contato ou ingestão de água com organismos infecciosos como bactérias, vírus, protozoários e helmintos.

A qualidade da água destinada ao abastecimento é avaliada usando organismos indicadores. A probabilidade de existirem doenças transmitidas por fezes dos indivíduos doentes se faz por contagem de microrganismos não patogênicos, produzidos em grande número no intestino, sendo uma referência, em vez de uma contagem verdadeira de agentes patogênicos, mais difíceis de identificar. Os organismos usados como referência pertencem ao grupo de bactérias chamados coliformes, que são divididos em três subgrupos: coliformes totais, coliformes fecais e estreptococos fecais.

- **Coliformes totais (CT):** Reúne um grande número de bactérias, entre elas a *Eschrichia coli*, de origem exclusivamente fecal e que dificilmente se multiplica fora do trato intestinal. O problema é que outras bactérias dos gêneros *Citrobacter*, *Eriterobacter* e *Klebsiella*, igualmente identificadas pelas técnicas laboratoriais como coliformes totais, podem existir no solo e nos vegetais. Dessa forma, não é possível afirmar categoricamente que uma amostra de água com resultado positivo para coliformes totais tenha entrado em contato com fezes.

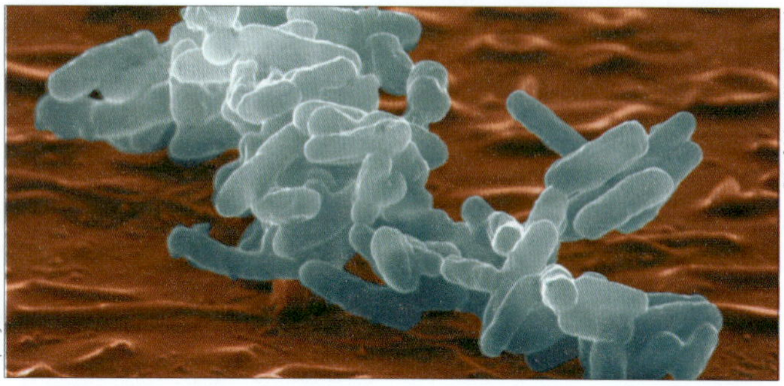

Figura 3-42: **Coliformes do gênero *Eriterobacter* vistos ao microscópio.**

- **Coliformes fecais (CF):** Pertencem a esse subgrupo os microrganismos que aparecem exclusivamente no trato intestinal. Em laboratório, a diferença entre coliformes totais e fecais é feita pela temperatura (os coliformes fecais continuam vivos mesmo a 44 °C, enquanto os coliformes totais têm crescimento a 35 °C). Sua identificação na água permite afirmar que houve presença de matéria fecal, embora não exclusivamente humana.

Figura 3-43: **Coliformes *(Eschrichia coli)* vistos ao microscópio.**

- **Estreptococos fecais (EF):** Embora sua identificação não seja rotina em laboratórios de análise de água, trata-se de um subgrupo importante, já que fazem parte dele as espécies do gênero *Streptococcus spp* que ocorrem apenas no trato intestinal do ser humano e de animais de sangue quente, como os coliformes fecais. Existe uma correlação entre a ocorrência de coliformes fecais e estreptococos fecais. Normalmente empregada em corpos de água, essa correlação consiste em quantificar o número de microrganismos de cada um dos subgrupos existentes em uma amostra. Se a relação CF/EF resultar maior que 4, diz-se que a amostra apresenta contaminação fecal predominantemente humana. Se essa relação for menor que 1, a contaminação fecal predominante será de animais de sangue quente, exceto os seres humanos. Os resultados que se encontrarem entre esses dois valores não permitem inferir nada a respeito da origem da contaminação fecal.

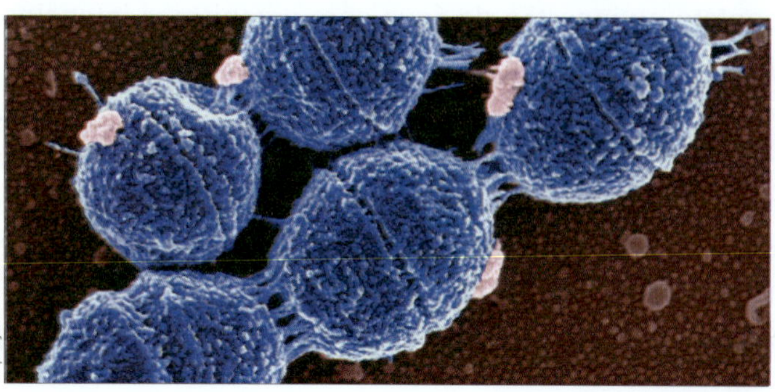

Figura 3-44: **Estreptococo do gênero *Streptococcus spp* vistos ao microscópio**

A seguir são listadas as características das diferentes classes de água doce em relação à presença de coliformes, de acordo com o Conama. Os coliformes são importantes na classificação da água, pois sua concentração aumenta à medida que se passa de uma classe a outra

Classe	Características
classe 1	Coliformes termotolerantes: para o uso de recreação de contato primário deverão ser obedecidos os padrões de qualidade de balneabilidade, previstos na Resolução Conama n.º 274, de 2000. Para os demais usos, não deverá ser excedido o limite de 200 coliformes termotolerantes por 100 mililitros em 80% ou mais de pelo menos seis amostras coletadas durante o período de um ano, com frequência bimestral. A *E. coli* poderá ser determinada em substituição ao parâmetro coliformes termotolerantes de acordo com limites estabelecidos pelo órgão ambiental competente.
classe 2	Coliformes termotolerantes: para uso de recreação de contato primário deverá ser obedecida a Resolução Conama n.º 274, de 2000. Para os demais usos, não deverá ser excedido um limite de 1000 coliformes termotolerantes por 100 mililitros em 80% ou mais de pelo menos seis amostras coletadas durante o período de um ano, com frequência bimestral. A *E. coli* poderá ser determinada em substituição ao parâmetro coliformes termotolerantes de acordo com limites estabelecidos pelo órgão ambiental competente.
classe 3	Coliformes termotolerantes: para o uso de recreação de contato secundário não deverá ser excedido um limite de 2 500 coliformes termotolerantes por 100 mililitros em 80% ou mais de pelo menos seis amostras coletadas durante o período de um ano, com frequência bimestral. Para dessedentação de animais criados confinados não deverá ser excedido o limite de 1 000 coliformes termotolerantes por 100 mililitros em 80% ou mais de pelo menos seis amostras coletadas durante o período de um ano, com frequência bimestral. Para os demais usos, não deverá ser excedido um limite de 4 000 coliformes termotolerantes por 100 mililitros em 80% ou mais de pelo menos seis amostras coletadas durante o período de um ano, com periodicidade bimestral. A *E. coli* poderá ser determinada em substituição ao parâmetro coliformes termotolerantes de acordo com limites estabelecidos pelo órgão ambiental competente.

Quadro 3-14: **Especificações da resolução Conama n.º 357 de 2005 para classificação de águas doces quanto à presença de coliformes.**

Quando houver interesse de se utilizar o corpo de água (lagoa, rio etc.) para atividades de recreação de contato primário é necessário consultar a Resolução Conama n.º 274, de 2000. Essa resolução classifica as águas em próprias ou impróprias para o uso, de acordo com a quantidade de coliformes presentes.

As águas classificadas como **próprias para o uso** são subdivididas nas categorias expressas pelo quadro a seguir:

Classificação	Características
excelente	Quando em 80% ou mais de um conjunto de amostras obtidas em cada uma das cinco semanas anteriores, colhidas no mesmo local, houver, no máximo, 250 coliformes fecais (termotolerantes) ou 200 *Escherichia coli* ou 25 enterococos por l00 mililitros.
muito boa	Quando em 80% ou mais de um conjunto de amostras obtidas em cada uma das cinco semanas anteriores, colhidas no mesmo local, houver, no máximo, 500 coliformes fecais (termotolerantes) ou 400 *Escherichia coli* ou 50 enterococos por 100 mililitros.
satisfatória	Quando em 80% ou mais de um conjunto de amostras obtidas em cada uma das cinco semanas anteriores, colhidas no mesmo local, houver, no máximo, 1 000 coliformes fecais (termotolerantes) ou 800 *Escherichia coli* ou 100 enterococos por 100 mililitros.

Quadro 3-15: **Subdivisão em categorias das águas (doces, salinas e salobras) classificadas como próprias quanto a quantidade de coliformes para atividades de recreação de contato primário, conforme a resolução Conama n.º 274, de 2000.**

Segundo essa mesma resolução, as águas serão classificadas como **impróprias para o uso** quando:

- não atenderem aos critérios estabelecidos para as águas próprias;
- o valor obtido na última amostragem for superior a 2 500 coliformes fecais (termotolerantes) ou 2 000 *Escherichia coli* ou 400 enterococos por 100 mililitros;

- houver a incidência elevada ou anormal, na região, de enfermidades transmissíveis por via hídrica, indicada pelas autoridades sanitárias;
- houver a presença de resíduos ou despejos, sólidos ou líquidos, incluindo esgotos sanitários, óleos, graxas e outras substâncias capazes de oferecer riscos à saúde ou tornar desagradável a recreação;
- o pH for menor que 6,0 ou maior que 9,0 (águas doces), à exceção das condições naturais;
- houver a floração de algas ou outros organismos, até que se comprove que não oferecem riscos à saúde humana;
- houver outros fatores que contraindiquem, temporária ou permanentemente, o exercício da recreação de contato primário.

Questão

Q74. As águas do Rio Paraíba do Sul foram classificadas como classe 2 pela Companhia Ambiental do Estado de São Paulo (Cetesb) em 2008. Nas análises, o resultado para coliformes termotolerantes ficou entre 5 800 e 38 000 organismos em 100 mL de amostra. Você considera essa classificação correta? Justifique sua resposta.

ATIVIDADE 7

Tratando de dados relativos aos parâmetros de qualidade da água

Em uma segunda-feira, logo após uma rodada do Campeonato Brasileiro de futebol, os jornais trazem um quadro (tabela) com a pontuação e a quantidade de jogos, vitórias, empates e derrotas de todos os times participantes. Mesmo quem não acompanhou o campeonato desde o início é capaz de ficar por dentro do assunto, se prestar atenção aos gráficos e quadros.

A importância de se interpretar corretamente quadros e gráficos é inquestionável. Em diversas áreas do conhecimento utilizamos essas ferramentas para disponibilizar informações de maneira mais clara e rápida. Para compreender esse tipo de informação, temos de dominar essa linguagem, que utiliza números, palavras e recursos gráficos.

O quadro é a melhor forma de organizar os resultados de uma pesquisa estatística. Nele, a informação é apresentada em linhas e colunas, possibilitando uma primeira análise, como mostrado a seguir:

Data	Óleos e graxas (mg/L)
4/9/2002	2,0
12/9/2002	2,2
1/10/2002	2,8
9/10/2002	0,4
5/11/2002	0,4
13/11/2002	0,2
19/11/2002	2,2
23/12/2002	7,4
13/1/2003	0,2

Quadro 3-16: Concentração de óleos e graxas na Lagoa da Pampulha (MG).

Para se construir um quadro é necessário seguir os seguintes tópicos:

- propor um título autoexplicativo;
- inserir linhas e colunas onde serão inseridos os dados;
- rotular as colunas e incluir as unidades de medida;
- trocar de orientação (linhas por colunas ou vice-versa) e verificar se isso melhora a apresentação dos dados.

No entanto, nem sempre o quadro permite visualizar o que a pesquisa indica. Nesse caso, a solução é transformar os dados em um gráfico. Os gráficos demonstram o comportamento de um conjunto de variáveis que se relacionam e podem ser comparadas. Mostraremos dois entre os três tipos mais comuns:

- **Gráficos de barras:** são os mais utilizados quando há uma grande quantidade de dados a serem exibidos e a intenção é comparar dados. Um exemplo é mostrado no gráfico a seguir, que compara os valores de turbidez das águas da Lagoa da Pampulha em diferentes pontos ao longo dos anos.

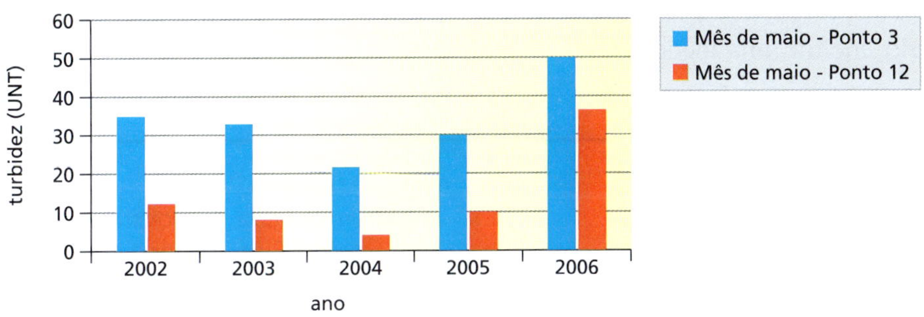

Figura 3-45: **O gráfico compara a turbidez nas águas dos pontos 3 e 12 da Lagoa da Pampulha ao longo dos anos.**

- **Gráficos de linha:** são mais usados quando a intenção é analisar a variação de um dado em determinado período. No gráfico a seguir, podemos observar a variação da quantidade de coliformes totais ao longo do tempo.

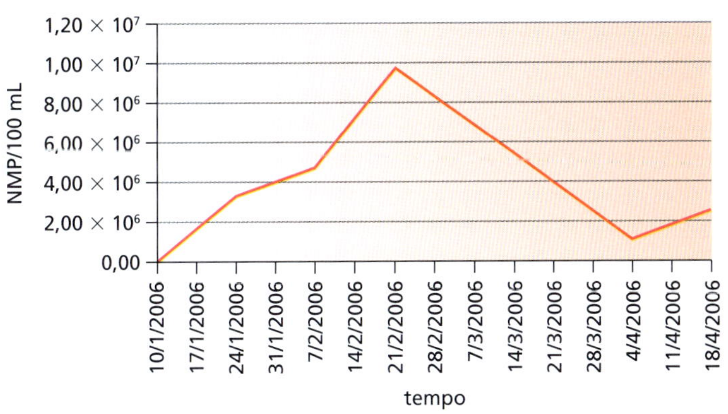

NMP/100 mL: número provável de bactérias coliformes por 100 mL de água.

Figura 3-46: **Gráfico ilustrando a variação de coliformes totais ao longo de quatro meses, na Lagoa da Pampulha.**

Existem ainda os **gráficos de setores**, conhecidos como "*pizza*": são mais indicados para mostrar poucos números. Os dados de um gráfico desse tipo são úteis para atribuir valores comparativamente sempre que se referem a um mesmo universo, como a escolaridade da população de um país ou estado.

Para que gráficos sejam construídos de forma clara e objetiva, é necessário respeitar algumas regras simples:

- propor um título autoexplicativo;
- inserir dois eixos, um horizontal e outro vertical: o eixo horizontal é chamado de **eixo das abscissas** (*x*) e o vertical, de **eixo das ordenadas** (*y*);

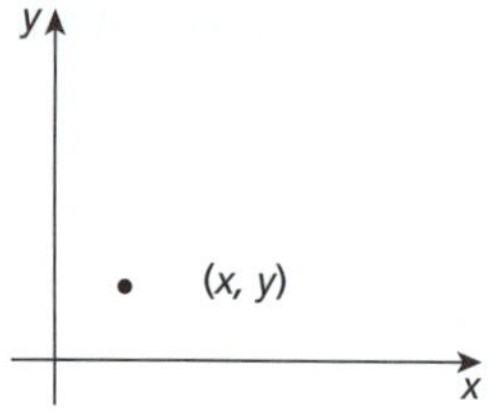

Figura 3-47: **Exemplo de representação de números num gráfico de duas variáveis.**

- colocar a variável independente no eixo horizontal (*x*) e a variável dependente, no eixo vertical (*y*). Por exemplo: ao se representar a variação de uma propriedade como a condutividade elétrica em determinada data, a condutividade elétrica é considerada a variável dependente e a data em que foi feita a medida, a variável independente.
- rotular os eixos apropriadamente, incluindo unidades de medida;
- dispor as escalas crescendo da esquerda para a direita, e de baixo para cima;
- atentar para o fato de que as escalas dos eixos *x* e *y* não devem ser necessariamente iguais;
- verificar a escala a ser usada antes de iniciar a construção de um gráfico, levando em consideração os valores extremos, ou seja, o maior e o menor valor assumido por ambas as variáveis do gráfico: divide-se, então, o espaço disponível, em cada eixo, para que acomode todos os pontos experimentais;
- se necessário, incluir uma legenda.

EXERCÍCIOS

Trabalhando com quadros e gráficos

E2. A condutividade indica a facilidade com a qual um material é capaz de conduzir corrente elétrica. Sua unidade é expressa em mS/cm ou µS/cm. No quadro a seguir são apresentados os valores de condutividade medida no Rio Pinheiros em São Paulo, ao longo de 2008, em um determinado período. Com base nos dados do quadro, construam um gráfico de linhas com uma escala que facilite a visualização dos dados.

Data	Condutividade (µS/cm)
9/1/2008	108,5
12/3/2008	599
2/6/2008	400
23/7/2008	681
11/9/2008	708
26/11/2008	386

Quadro 3-17: **Valores de condutividade elétrica no Rio Pinheiros para diferentes datas.**

E3. Um outro parâmetro para avaliar a qualidade da água é a quantidade de óleos e graxas presente na água. Esse parâmetro foi medido na Lagoa da Pampulha, em Belo Horizonte, ao longo do ano de 2002. Por meio da observação e da interpretação do gráfico ao lado, respondam às questões propostas na sequência:

a) Qual foi a variação da concentração de óleo e graxa no período entre 4/9/2002 a 04/11/2002?

b) Em qual data a concentração de óleos e graxas foi menor? E em qual data a concentração foi maior? (Dica: Observem a escala).

c) Em que período não ocorreu variação na concentração de óleos e graxas?

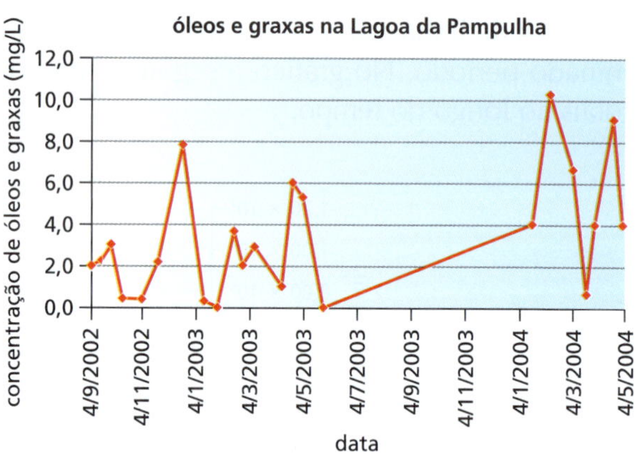

Figura 3-48: **Variação da quantidade de óleos e graxas presentes na Lagoa da Pampulha, em diferentes datas.**

E4. Os íons metálicos podem gerar vários problemas ambientais. De acordo com dados da Companhia de Saneamento de Minas Gerais (Copasa), a quantidade de zinco medida na Lagoa da Pampulha, em Belo Horizonte, de janeiro a dezembro do ano de 2003 foi, nessa ordem: 0,090 / 0,060 / 0,066 / 0,059 / 0,095 / 0,085 / 0,120 / 0,080 / 0,093 / 0,075 / 0,132 / 0,080 (em mg/L). Façam o que é pedido:

a) Construam um quadro com os dados.

b) Construam um gráfico com os dados.

ATIVIDADE 8

Padrões de depuração da água

A Organização das Nações Unidas (ONU) elegeu 2005-2015 como a década da água. Para isso, estabeleceu como metas que até 2015 seja reduzida pela metade a proporção de pessoas sem acesso à água potável e ao saneamento básico.

A preservação dos recursos hídricos é fundamental para garantir a sobrevivência da humanidade. Por muito tempo a água foi considerada um recurso natural inesgotável. A capacidade de autodepuração dos cursos de água e o baixo volume de esgotos produzidos por populações pequenas permitia o lançamento de esgotos sem tratamento, mas o crescimento da população mundial alterou radicalmente esse quadro.

A figura a seguir apresenta um modelo que é muito utilizado no estudo da poluição nos cursos de água. Entretanto, esse modelo apresenta uma limitação, pois mostra apenas um ponto de lançamento de poluentes quando, na verdade, eles são lançados em vários pontos de um rio ou lagoa.

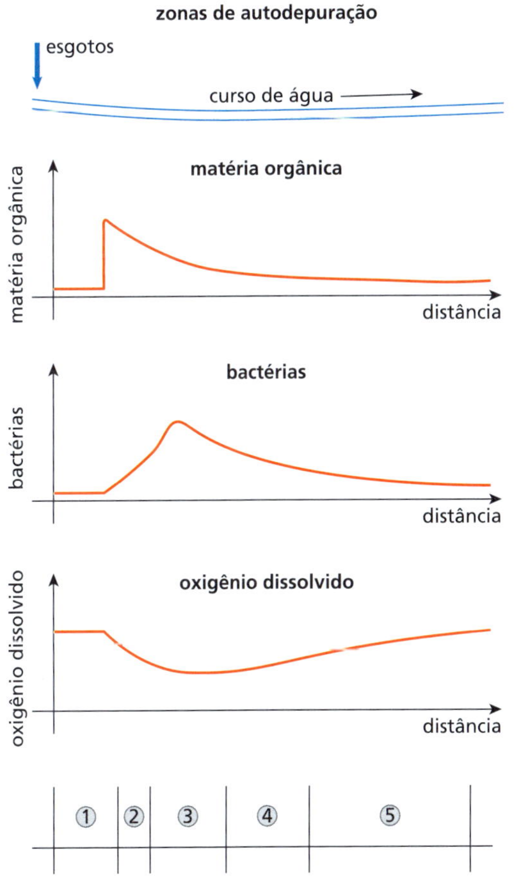

Figura 3-49: Variação na quantidade de matéria orgânica, bactérias e oxigênio dissolvido, a partir de um ponto de lançamento de esgotos, mostrando a depuração progressiva com o aumento da distância ao ponto em que foi lançado o esgoto.

A limitação desse modelo fica evidente em várias bacias hidrográficas brasileiras, como a do mapa a seguir. Nele, várias regiões estão comprometidas por atividades como mineração, siderurgia, agricultura e lançamento de esgotos industriais.

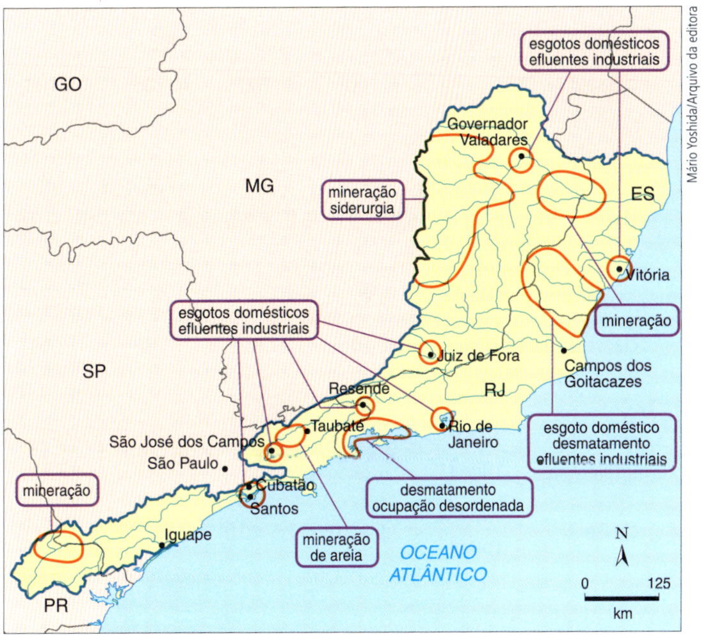

Figura 3-50: Principais áreas críticas e suas respectivas fontes de poluição da Bacia Hidrográfica do Atlântico Sudeste.

Portanto, para assegurar às atuais e futuras gerações água disponível em qualidade e quantidade adequada, sabendo que a água é um recurso natural limitado e que se deve garantir um desenvolvimento sustentável, como preconiza a legislação, é necessário não só mudar hábitos individuais, mas também mudar valores na nossa sociedade.

As águas da Lagoa da Pampulha

Nesta atividade vocês irão conferir alguns parâmetros da Lagoa da Pampulha, situada em Belo Horizonte, para verificar que a qualidade das águas depende de como esses diferentes parâmetros se articulam. Vocês verificarão também que os parâmetros variam sazonalmente, isto é, dependendo da época do ano.

Belo Horizonte é uma cidade de inverno bastante seco. Em termos do regime de chuvas, elas começam em setembro e atingem o máximo em dezembro-janeiro. O período de seca começa em maio e estende-se até o começo de setembro, período no qual o nível da lagoa costuma baixar bastante. A Lagoa da Pampulha, nos últimos anos, assistiu também à proliferação de cianobactérias, que deixam as águas com aspecto muito desagradável.

Examinem cuidadosamente os dados informados nos quadros e respondam às questões a seguir:

Resultados da qualidade de água da Lagoa da Pampulha[2]

Quadros comparativos com os limites de classe 3 (Resolução Conama n.º 357/2005)

Parâmetro	Unidade	Pontos de Coleta								
		Vertedouro (LP1)			Casa do Baile (LP2)			Igreja São Francisco (LP3)		
		0,5 m	2,0 m	12,0 m	0,5 m	2,0 m	4,0 m	0,5 m	2,0 m	4,0 m
temperatura da água	°C	25,0	25,0	25,0	25,0	25,0	25,0	25,0	25,0	25,0
classe 3		–	–	–	–	–	–	–	–	–
turbidez	UNT	2,5	3,0	8,2	1,9	1,9	1,7	1,2	1,2	0,9
classe 3		< 100	< 100	< 100	< 100	< 100	< 100	< 100	< 100	< 100
pH	–	7,8	7,6	8,0	7,7	7,7	8,2	7,6	7,2	7,2
classe 3	–	6,0 – 9,0	6,0 – 9,0	6,0 – 9,0	6,0 – 9,0	6,0 – 9,0	6,0 – 9,0	6,0 – 9,0	6,0 – 9,0	6,0 – 9,0
DBO	mg/L	14	13	10	14	10	16	2	2	18
classe 3	mg/L	< 10	< 10	< 10	< 10	< 10	< 10	< 10	< 10	< 10
coliformes termotolerantes	NMP/100ml	1,6 × 10	5,1	1,6 × 10	2,2	2,2	2,2	1,6 × 10	9,2	1,6 × 10
classe 3	NMP/100ml	$< 2{,}5 \times 10^3$	$< 2{,}5 \times 10^3$	$< 2{,}5 \times 10^3$	$< 2{,}5 \times 10^3$	$< 2{,}5 \times 10^3$	$< 2{,}5 \times 10^3$	$< 2{,}5 \times 10^3$	$< 2{,}5 \times 10^3$	$< 2{,}5 \times 10^3$
OD	mg/L	6,7	7,4	5,1	7,4	7,2	7,2	7,5	7,5	7,5
classe 3	mg/L	> 4,0	> 4,0	> 4,0	> 4,0	> 4,0	> 4,0	> 4,0	> 4,0	> 4,0
		superfície	**fótica**		**superfície**	**fótica**		**superfície**	**fótica**	
densidade de cianobactérias	cel/mL	59 374	48 750		62 653	72 500		99 139	69 261	
classe 3	cel/mL	< 100 000	< 100 000		< 100 000	< 100 000		< 100 000	< 100 000	

Quadro 3-18: **Campanha referente a março de 2008.**

[2] Dados da Secretaria Municipal Adjunta de Meio Ambiente da Prefeitura de Belo Horizonte (SMAMA/PBH), 2008-2009.

Parâmetro	Unidade	Pontos de coleta								
		Vertedouro (LP1)			Casa do Baile (LP2)			Igreja São Francisco (LP3)		
		0,5 m	2,0 m	12,0 m	0,5 m	2,0 m	4,0 m	0,5 m	2,0 m	4,0 m
temperatura da água	°C	22,0	22,0	22,0	22,0	22,0	22,0	22,0	22,0	22,0
classe 3		–	–	–	–	–	–	–	–	–
turbidez	UNT	1,9	1,9	0,8	4,8	3,0	2,7	5,2	2,5	2,0
classe 3		< 100	< 100	< 100	< 100	< 100	< 100	< 100	< 100	< 100
pH	–	7,12	7,16	7,10	7,19	7,12	7,12	7,00	7,00	6,97
classe 3	–	6,0 – 9,0	6,0 – 9,0	6,0 – 9,0	6,0 – 9,0	6,0 – 9,0	6,0 – 9,0	6,0 – 9,0	6,0 – 9,0	6,0 – 9,0
DBO	mg/L	16	4	9	5	6	6	5	5	10
classe 3	mg/L	< 10	< 10	< 10	< 10	< 10	< 10	< 10	< 10	< 10
coliformes termotolerantes	NMP/ 100 ml	1,6 × 10	1,6 × 10	1,6 × 10	2,2 × 10	2,2 × 10	1,6 × 10	0,0	5,1 × 10	9,2 × 10
classe 3	NMP/ 100 ml	$< 2,5 \times 10^3$	$< 2,5 \times 10^3$	$< 2,5 \times 10^3$	$< 2,5 \times 10^3$	$< 2,5 \times 10^3$	$< 2,5 \times 10^3$	$< 2,5 \times 10^3$	$< 2,5 \times 10^3$	$< 2,5 \times 10^3$
OD	mg/L	6,8	6,1	4,6	7,3	6,7	4,7	8,0	6,6	5,7
classe 3	mg/L	> 4,0	> 4,0	> 4,0	> 4,0	> 4,0	> 4,0	> 4,0	> 4,0	> 4,0
		superfície	**fótica**		**superfície**	**fótica**		**superfície**	**fótica**	
densidade de cianobactérias	cel/mL	39 687	31 562		39 218	29 062		44 999	32 343	
classe 3	cel/mL	< 100 000	< 100 000		< 100 000	< 100 000		< 100 000	< 100 000	

Quadro 3-19: **Campanha referente a junho de 2008.**

Parâmetro	Unidade	Pontos de coleta								
		Vertedouro (LP1)			Casa do Baile (LP2)			Igreja São Francisco (LP3)		
		0,5 m	2,0 m	12,0 m	0,5 m	2,0 m	4,0 m	0,5 m	2,0 m	4,0 m
temperatura da água	°C	22,4	22,4	20,8	23,2	22,2	21,9	24,6	229,0	22,7
classe 3		–	–	–	–	–	–	–	–	–
turbidez	UNT	9,3	9,1	3,4	23,9	18,4	18,1	43,5	25,1	20,6
classe 3		< 100	< 100	< 100	< 100	< 100	< 100	< 100	< 100	< 100
pH	–	7,71	7,71	7,33	8,70	8,28	7,77	8,95	8,36	7,95
classe 3	–	6,0 - 9,0	6,0 - 9,0	6,0 - 9,0	6,0 - 9,0	6,0 - 9,0	6,0 - 9,0	6,0 - 9,0	6,0 - 9,0	6,0 - 9,0
DBO	mg/L	16	18	15	18	17	20	20	23	19

continua

classe 3	mg/L	< 10	< 10	< 10	< 10	< 10	< 10	< 10	< 10	< 10
coliformes termotolerantes	NMP/ 100 mL	$9,2 \times 10^2$	$1,6 \times 10^2$	$2,2 \times 10^2$	$9,2 \times 10^2$	$5,1 \times 10$	$5,1 \times 10^2$	$2,2 \times 10^2$	$2,2 \times 10^3$	$5,1 \times 10^2$
classe 3	NMP/ 100 mL	$< 2,5 \times 10^3$	$< 2,5 \times 10^3$	$< 2,5 \times 10^3$	$< 2,5 \times 10^3$	$< 2,5 \times 10^3$	$< 2,5 \times 10^3$	$< 2,5 \times 10^3$	$< 2,5 \times 10^3$	$< 2,5 \times 10^3$
OD	mg/L	4,0	3,3	0,0	6,8	5,9	2,4	7,3	5,1	3,2
classe 3	mg/L	> 4,0	> 4,0	> 4,0	> 4,0	> 4,0	> 4,0	> 4,0	> 4,0	> 4,0
		superfície	**fótica**		**superfície**	**fótica**		**superfície**	**fótica**	
densidade de cianobactérias	cel/mL	96	3 125		1 562	5 625		7 812	2 187	
classe 3	cel/mL	< 100 000	< 100 000		< 100 000	< 100 000		< 100 000	< 100 000	

Quadro 3-20: **Campanha referente a agosto de 2008.**

Parâmetro	Unidade	Pontos de coleta								
		Vertedouro (LP1)			Casa do Baile (LP2)			Igreja São Francisco (LP3)		
		0,5 m	2,0 m	12,0 m	0,5 m	2,0 m	4,0 m	0,5 m	2,0 m	4,0 m
temperatura da água	°C	26,4	25,5	22,0	26,8	26,6	25,8	28,7	27,6	27,5
classe 3		–		–	–	–	–	–	–	–
turbidez	UNT	77,7	42,9	27,1	117,0	119,0	57,2	118,0	122,0	110,0
classe 3		< 100	< 100	< 100	< 100	< 100	< 100	< 100	< 100	< 100
pH	–	8,9	7,8	7,1	8,9	8,9	7,9	8,9	8,9	8,6
classe 3	–	6,0 - 9,0	6,0 - 9,0	6,0 - 9,0	6,0 - 9,0	6,0 - 9,0	6,0 - 9,0	6,0 - 9,0	6,0 - 9,0	6,0 - 9,0
DBO	mg/L	27	30	28	28	23	25	32	27	24
classe 3	mg/L	< 10	< 10	< 10	< 10	< 10	< 10	< 10	< 10	< 10
coliformes termotolerantes	NMP/ 100mL	$2,2 \times 10^1$	$2,2 \times 10^2$	$9,2 \times 10^2$	$1,6 \times 10^2$	$5,1 \times 10$	$5,1 \times 10^3$	$5,1 \times 10^3$	$9,2 \times 10^2$	$9,2 \times 10^2$
classe 3	NMP/ 100mL	$< 2,5 \times 10^3$	$< 2,5 \times 10^3$	$< 2,5 \times 10^3$	$< 2,5 \times 10^3$	$< 2,5 \times 10^3$	$< 2,5 \times 10^3$	$< 2,5 \times 10^3$	$< 2,5 \times 10^3$	$< 2,5 \times 10^3$
OD	mg/L	8,6	2,8	2,0	8,9	9,6	4,0	10,0	9,9	9,2
classe 3	mg/L	> 4,0	> 4,0	> 4,0	> 4,0	> 4,0	> 4,0	> 4,0	> 4,0	> 4,0
		superfície	**fótica**		**superfície**	**fótica**		**superfície**	**fótica**	
densidade de cianobactérias	cel/mL	12 186	14 375		12 499	15 936		12 656	8 749	
classe 3	cel/mL	< 100 000	< 100 000		< 100 000	< 100 000		< 100 000	< 100 000	

Quadro 3-21: **Campanha referente a dezembro de 2008.**

Parâmetro	Unidade	Pontos de coleta								
		Vertedouro (LP1)			Casa do Baile (LP2)			Igreja São Francisco (LP3)		
		0,5 m	2,0 m	12,0 m	0,5 m	2,0 m	4,0 m	0,5 m	2,0 m	4,0 m
temperatura da água	°C	24,8	24,4	23,0	25,9	25,0	24,7	26,4	25,1	24,6
classe 3		–	–	–	–	–	–	–	–	–
turbidez	UNT	28,1	33,9	25,3	36,4	40,9	38,9	40,9	44,0	32,4
classe 3		< 100	< 100	< 100	< 100	< 100	< 100	< 100	< 100	< 100
pH	–	7,7	7,7	7,5	8,5	8,1	7,6	8,7	7,8	7,7
classe 3	–	6,0 - 9,0	6,0 - 9,0	6,0 - 9,0	6,0 - 9,0	6,0 - 9,0	6,0 - 9,0	6,0 - 9,0	6,0 - 9,0	6,0 - 9,0
DBO	mg/L	11	15	8	24	14	14	24	32	21
classe 3	mg/L	< 10	< 10	< 10	< 10	< 10	< 10	< 10	< 10	< 10
coliformes termotolerantes	NMP/ 100mL	$2{,}2 \times 10^2$	$1{,}6 \times 10^5$	2,2	$1{,}6 \times 10^2$	9,2	$2{,}2 \times 10^2$	$1{,}6 \times 10^5$	$2{,}2 \times 10^3$	$1{,}6 \times 10^2$
classe 3	NMP/ 100mL	$< 2{,}5 \times 10^3$	$< 2{,}5 \times 10^3$	$< 2{,}5 \times 10^3$	$< 2{,}5 \times 10^3$	$< 2{,}5 \times 10^3$	$< 2{,}5 \times 10^3$	$< 2{,}5 \times 10^3$	$< 2{,}5 \times 10^3$	$< 2{,}5 \times 10^3$
OD	mg/L	7,2	6,2	1,5	9,8	8,6	4,7	9,7	5,2	4,3
classe 3	mg/L	$> 4{,}0$	$> 4{,}0$	$> 4{,}0$	$> 4{,}0$	$> 4{,}0$	$> 4{,}0$	$> 4{,}0$	$> 4{,}0$	$> 4{,}0$
		superfície	**fótica**		**superfície**	**fótica**		**superfície**	**fótica**	
densidade de cianobactérias	cel/mL	–	–		–	–		–	–	
classe 3	cel/mL	$< 100\,000$	$< 100\,000$		$< 100\,000$	$< 100\,000$		$< 100\,000$	$< 100\,000$	

Quadro 3-22: **Campanha referente a abril de 2009.**

Questões

Q75. Os quadros comparam as medidas realizadas com padrões da classe 3 de águas doces, a qual não permite o contato primário. No entanto, várias pessoas entram na água da Lagoa da Pampulha, principalmente para pescar. Discuta com seus colegas e comentem esse fato, sabendo que a legislação do Conama classifica as águas pelo uso que a população faz dela.

Q76. Observem os dados de turbidez e digam qual é o mês em que ela é mais elevada. Como vocês podem explicar esse dado?

Q77. Observem os dados de oxigênio dissolvido em função da profundidade. Vocês notam algum padrão? Em caso positivo, expliquem-no.

Q78. Em qual mês os dados de oxigênio dissolvido são mais baixos? Como vocês poderiam explicar esse fato?

Q79. Observem os dados de coliformes termotolerantes e digam em que mês esse parâmetro é mais elevado. Como vocês explicam esse fato?

Q80. O dado mais crítico nesses quadros, para a água permanecer como classe 3, é a DBO. Lembrem-se de que a DBO é definida como a quantidade de oxigênio necessária para oxidar a matéria orgânica por decomposição microbiana aeróbica e que, portanto, ela funciona como um indicador da quantidade de matéria orgânica ou de esgotos na água. Observem os dados dos quadros e digam em que mês (meses) a DBO esteve adequada para classificar a água com classe 3.

Q81. Em que mês os dados de DBO são mais elevados? Como vocês explicam esse fato?

CAPÍTULO 4

Efeito estufa e mudanças climáticas: Química para cuidar do planeta

Em tempos de mudanças climáticas, cuidar melhor do planeta praticamente torna-se objetivo (e responsabilidade) de todos nós, seus habitantes.

O tema abordado neste capítulo é bem controverso, mas é possível compreendermos alguns aspectos científicos que nos possibilitem um posicionamento menos emocional e mais esclarecido sobre o assunto. Por isso, procuramos apresentar conceitos e modelos científicos para que você possa compreender alguns dos argumentos envolvidos na questão.

Vamos utilizar o conhecimento químico para compreender como funciona o efeito estufa e os gases envolvidos nesse fenômeno. Esperamos que as informações que vamos apresentar contribuam para que possamos cuidar melhor do nosso planeta.

Mauricio Simonetti/ Pulsar Imagens

Rogério Reis/Pulsar Imagens

Ricardo Chaves/Editora Abril

Figura 5-1: **As mudanças climáticas são motivo de controvérsia entre os cientistas: seriam elas consequênciaas da ação humana?**

J. L. Bulcão/Pulsar Imagens

TEXTO 1

Aquecimento global: um tema polêmico

dica Enem

Ao contrário do que supõe boa parte do que é veiculado sobre o tema "aquecimento global" pela mídia, do ponto de vista científico, a compreensão que se tem dele ainda está sujeita a forte controvérsia.

De um lado, podemos agrupar cientistas que têm posições mais ou menos convergentes com aquelas expressas pelo Painel Intergovernamental sobre Mudanças Climáticas da ONU (IPCC). Os relatórios do IPCC apontam que a Terra encontra-se em ciclo acentuado e crescente de aquecimento, sendo essa elevação da temperatura causada pelo aumento de emissão de gases estufa pela ação humana, principalmente o gás carbônico (CO_2).

Paulo Pinto/AE

Figura 4-2: A emissão de gases estufa para a atmosfera está relacionada ao aumento da temperatura global do planeta?

De outro lado, podemos agrupar cientistas que se autodenominam céticos e que contestam o fato de o aquecimento estar relacionado à ação antropogênica ou consideram que há exagero nas projeções realizadas pelo IPCC.

Neste capítulo, procuramos apresentar conceitos e modelos científicos para que você possa compreender alguns dos argumentos apresentados pelos dois lados dessa controvérsia. Para estruturar o texto, consideramos, a princípio, os argumentos e dados apresentados pelo IPCC, desenvolvendo modelos e conceitos que ajudam a interpretar e compreender esse ponto de vista. Em seguida, no texto 3, iremos apresentar pontos de vista conflitantes com tal visão.

Desse modo, não é nossa intenção tomar partido de uma ou de outra posição nesse debate, mas apenas informar e desenvolver ferramentas conceituais que permitam, a cada um de nós, nos informarmos e nos posicionarmos sobre o tema, além de compreender as dinâmicas envolvidas na construção do conhecimento científico na sociedade.

ATIVIDADE 1

O que sabemos sobre efeito estufa e aquecimento global?

A1 Reproduzam no caderno o quadro ao lado. O quadro deve ter um número de linhas que permita esclarecer as informações solicitadas.

O que sabemos sobre	O que gostaríamos de saber sobre
efeito estufa	efeito estufa
aquecimento global	aquecimento global

Quadro 4-1: **O que sabemos e o que gostaríamos de saber sobre efeito estufa e aquecimento global.**

A2 Discutam o que vocês já sabem sobre efeito estufa e aquecimento global e anotem o que vocês expressaram na primeira coluna no quadro 4-1.

A3 Discutam também o que gostariam de saber sobre efeito estufa e aquecimento global e anotem os tópicos apontados na segunda coluna do quadro 4-1.

A4 Pesquisem em jornais, revistas e páginas na internet artigos que tragam notícias relacionadas ao aquecimento global e efeito estufa.

A5 Leiam os artigos e selecionem um deles, aquele que julgarem ser o mais interessante.

A6 Identifiquem as principais ideias e argumentos apresentados pelo artigo. Registrem essas ideias por escrito, no caderno. Esse texto será retomado por seu grupo ao final deste capítulo.

A7 Posicionem-se diante das informações veiculadas no artigo escolhido. Considerem se o artigo apresenta ideias que vocês compreendem e indiquem quais são elas. E quais são as ideias que vocês não compreendem? Citem-nas.

A8 Identifiquem, ainda, as ideias com as quais vocês concordam e outras com as quais vocês não concordam ou têm dúvidas sobre sua validade. Justifiquem a resposta.

TEXTO 2

As temperaturas da Terra e a radiação solar

As temperaturas da Terra variam tanto em localidades diferentes, quanto na mesma localidade do planeta, em diferentes épocas do ano. Isso ocorre por duas razões:

- a energia irradiada pelo Sol não atinge com igual intensidade todas as partes do planeta;
- essa energia não atinge igualmente uma dada localidade em diferentes épocas do ano.

Apesar de todas essas flutuações na temperatura da superfície da Terra, é possível falar de uma **temperatura média do planeta**, sendo esta surpreendentemente estável. Os valores para a temperatura média da Terra estão registrados no gráfico ao lado. Esses valores compõem o conjunto de evidências da ocorrência do aquecimento global, tal como apresentado pelo IPCC.

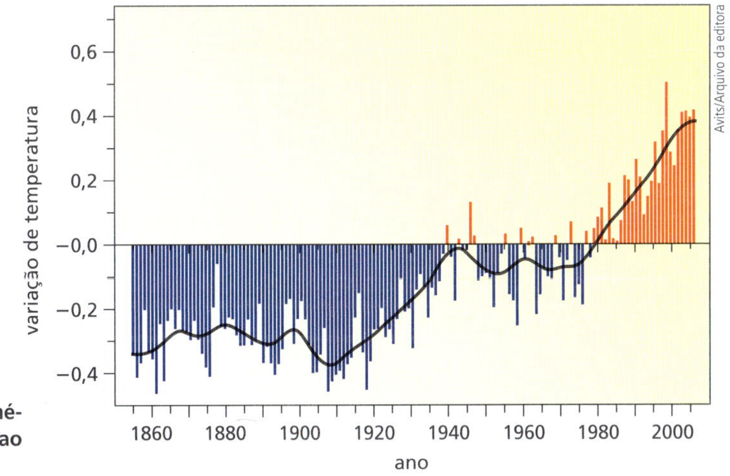

Figura 4-3: **Variação histórica da temperatura média global (da atmosfera) em relação ao valor médio entre 1855-2005.**

O gráfico nos informa que a temperatura média do planeta Terra se manteve relativamente estável nos últimos 150 anos, em torno de 14 °C, com variações de menos de 1 °C entre os valores máximo e mínimo em todo esse período.

Questões

Q1. Pesquisem na internet como é medida a temperatura média do planeta atualmente. E os valores do passado, como eles eram determinados?

Q2. Vocês consideram significativo o aumento da temperatura média do planeta nos últimos cem anos?

Apesar desses pequenos valores de variação de temperatura – apenas 1 °C entre o valor máximo e mínimo nos últimos cem anos –, há um relativo consenso entre cientistas do IPCC de que o planeta passa por um ciclo de aquecimento e que esse ciclo está, de algum modo, ligado às atividades humanas após a Revolução Industrial, ocorrida na Inglaterra na segunda metade do século XVIII, principalmente por causa da emissão de CO_2 na atmosfera. Mesmo as mudanças de temperatura sendo aparentemente modestas, os cientistas do IPCC enfatizam as imensas quantidades de energia envolvidas em tais variações. Além disso, alertam para o fato de que as mudanças na temperatura do planeta têm se mostrado com maior intensidade nas altas latitudes, gerando derretimento de geleiras e calotas polares, o que influenciaria, por sua vez, o clima.

Momatiuk - Eastcott/Corbis/Latinstock

Figura 4-4: Cientistas do IPCC alertam que o derretimento de geleiras nos polos está sendo causado pelas mudanças na temperatura média do planeta.

Contra a alegação de que o aumento de 0,6 °C é insignificante, argumenta-se que, na última era glacial, a temperatura média do planeta era apenas 5 °C inferior aos valores atuais. Registros geológicos e paleontológicos mostram que tal variação acarretou grandes mudanças na superfície, na vida e na atmosfera da Terra.

Portanto, para compreender a ideia de aquecimento global é preciso distinguir as variações das temperaturas do ar no local em que estamos (que muda com grande intensidade) das variações de temperatura média da superfície do planeta.

TEXTO 3

A polêmica por trás dessa questão: como explicar as variações da temperatura média global?

O gráfico da figura 4-3 apresenta dois períodos de acentuado aumento de temperatura global: o primeiro, entre 1910 e 1940 e o segundo, a partir de 1970. Isso tem sido interpretado de diferentes maneiras.

Alguns climatologistas destacam que o aquecimento do período 1910-1940 não pode ser atribuído às emissões de CO_2, as quais não eram tão elevadas nesse período. Eles alegam, ainda, que a **inércia térmica** dos oceanos retardaria um possível incremento de efeito estufa nesse período.

A inércia térmica está relacionada à capacidade térmica, ou seja, à quantidade de energia necessária para fazer variar a temperatura de um sistema. Os oceanos, por possuírem uma enorme massa de água, material de elevado calor específico, possuem grande inércia térmica, isto é, mesmo quando recebem grande quantidade de energia não aumentam a temperatura rapidamente.

Então, a que se deveria o incremento da temperatura global no período anterior à Segunda Guerra Mundial (1939-1945)? Alguns climatologistas defendem que existem fatores naturais sobrepostos à ação humana e que seriam esses os responsáveis pelo aquecimento em escala planetária nesse período. Entre tais fatores, tem sido examinada a influência dos raios cósmicos (radiação ionizante emitida pelo Sol) na formação das nuvens e, portanto, na elevação da temperatura do planeta.

Fabio Colombini/Acervo do fotógrafo

Figura 4-5: **Os oceanos recebem grande quantidade de energia do sol.**

Esses cientistas (entre outros tantos, convém lembrar alguns nomes, como o brasileiro Luiz Carlos Molion, o português Rui Moura, o mexicano Mario Molina – Prêmio Nobel de Química –, o dinamarquês Bjorn Lomborg e o norte-americano Patrick Michaels) levantaram a suspeita de que o atual ciclo de aquecimento global possa ter igualmente fatores naturais acrescidos de fatores antropogênicos (emissão de gases estufa decorrente da atividade humana), tese contrária àquela difundida pelos cientistas do IPCC.

Outra alegação desse grupo de cientistas é a de que o aumento de temperatura na baixa troposfera não se verifica na alta troposfera. Medidas feitas por satélites indicam que as temperatura nessa região (a cerca de 10 km da superfície) tem diminuído, o que parece paradoxal.

Esses cientistas alegam que a atmosfera possui um comportamento extremamente complexo. Há um consenso entre eles de que o fato de dobrar a quantidade de dióxido de carbono (CO_2) na atmosfera terá algum efeito na temperatura da Terra. No entanto, não existe acordo sobre a intensidade desse aumento. Existem razões variadas, segundo eles, para crer que o aumento é menor do que o previsto nos modelos climáticos que vêm sendo desenvolvidos e validados pelo IPCC.

EXERCÍCIO

E1. Pesquise, na internet, informações em textos dos cientistas citados no texto e em outros indicados por eles, além dos relatórios do IPCC. A respeito da temperatura da alta atmosfera, consulte o *site* da Nasa disponível na seção "Na internet" deste capítulo. Anote os dados que você encontrar para discutir com seus colegas.

ATIVIDADE 2

Medindo temperaturas de sistemas que recebem continuamente energia de uma fonte externa

Para compreender um pouco sobre a temperatura média global, vamos lançar mão de um modelo de fluxos de energia. Tal modelo será desenvolvido por meio de um experimento e uma analogia.

A Terra recebe sempre uma quantidade de energia radiante do Sol (aproximadamente 3×10^{24} joules por ano). O que faz, então, com que sua temperatura média seja relativamente estável e não esteja sempre aumentando?

Nesta atividade, vamos medir a temperatura de objetos expostos ao Sol usando um termômetro de infravermelho. Esse termômetro é um sensor de radiação infravermelha e avalia a temperatura dos objetos por meio da radiação por eles emitida.

Sérgio Dotta Jr./Arquivo da editora

Figura 4-6: Termômetro de infravermelho.

A radiação infravermelha é também chamada **radiação térmica**. Todos os objetos emitem radiação infravermelha, e a intensidade da radiação emitida depende apenas da temperatura em que o objeto se encontra.

Para comparar a quantidade de radiação emitida, deveríamos usar o termômetro sempre a uma mesma distância do objeto cuja temperatura está sendo medida. Entretanto, o termômetro de infravermelho é capaz de medir a distância do objeto por meio de uma fonte de luz *laser* e, assim, fazer as correções automaticamente. Tudo o que temos a fazer é apontar o termômetro para o objeto e acionar a leitura de sua temperatura.

Material

Um termômetro de infravermelho (o qual pode ser encontrado em lojas de material elétrico), dois termômetros de coluna de mercúrio (comuns de laboratório), duas caixas de madeira (pintadas de preto) – uma aberta e outra com tampa de vidro transparente.

O que fazer

A9 Serão efetuadas várias medidas de temperatura. Antes de efetuar cada medida, vocês vão discutir em grupo e fazer uma previsão para cada resultado. Para isso, reproduzam o quadro da página seguinte no caderno.

Medidas de temperatura realizadas	Previsão do valor da temperatura	Valor real medido	Discrepâncias observadas
ambiente interno (dentro da sala de aula, por exemplo)	//////////////////////// ////////////////////////	//////////////////////// ////////////////////////	//////////////////////// ////////////////////////
pele de uma pessoa	////////////////////////	////////////////////////	////////////////////////
parede da sala	////////////////////////	////////////////////////	////////////////////////
objetos metálicos	////////////////////////	////////////////////////	////////////////////////
objetos de madeira	////////////////////////	////////////////////////	////////////////////////
lâmpadas acesas	////////////////////////	////////////////////////	////////////////////////
ambiente externo (no estacionamento da escola, por exemplo)	//////////////////////// //////////////////////// ////////////////////////	//////////////////////// //////////////////////// ////////////////////////	//////////////////////// //////////////////////// ////////////////////////
diferentes objetos expostos ao sol	//////////////////////// ////////////////////////	//////////////////////// ////////////////////////	//////////////////////// ////////////////////////
diferentes objetos à sombra	////////////////////////	////////////////////////	////////////////////////
lataria de um carro recém exposto ao sol	//////////////////////// ////////////////////////	//////////////////////// ////////////////////////	//////////////////////// ////////////////////////
lataria de um carro exposto ao sol – após algum tempo	//////////////////////// ////////////////////////	//////////////////////// ////////////////////////	//////////////////////// ////////////////////////
partes metálicas externas de um carro escuro exposto ao sol	//////////////////////// //////////////////////// ////////////////////////	//////////////////////// //////////////////////// ////////////////////////	//////////////////////// //////////////////////// ////////////////////////
partes metálicas externas de um carro claro exposto ao sol	//////////////////////// //////////////////////// ////////////////////////	//////////////////////// //////////////////////// ////////////////////////	//////////////////////// //////////////////////// ////////////////////////
painel interno de um carro escuro exposto ao sol	//////////////////////// ////////////////////////	//////////////////////// ////////////////////////	//////////////////////// ////////////////////////
painel interno de um carro claro exposto ao sol	//////////////////////// ////////////////////////	//////////////////////// ////////////////////////	//////////////////////// ////////////////////////
temperatura do interior de caixas de madeira abertas	//////////////////////// ////////////////////////	//////////////////////// ////////////////////////	//////////////////////// ////////////////////////
temperatura do interior de caixas de madeira fechadas, com uma tampa de vidro	//////////////////////// //////////////////////// ////////////////////////	//////////////////////// //////////////////////// ////////////////////////	//////////////////////// //////////////////////// ////////////////////////

Quadro 4-2: **Medidas e previsões dos valores de temperatura para diferentes objetos em diferentes situações.**

A10 No interior da sala de aula, meçam a temperatura de diferentes superfícies: a pele de uma pessoa, a parede da sala, objetos metálicos, objetos de madeira, lâmpadas acesas. Anotem os valores no quadro reproduzido no caderno.

A11 Nas imediações da escola (pátio ou estacionamento, área arborizada e jardins), meçam a temperatura de diferentes objetos, à sombra e ao sol.

A12 Meçam a temperatura da lataria de um carro exposto ao sol. Repitam a medida depois de certo tempo. Anotem os valores.

A13 Meçam a temperatura das partes metálicas de um carro escuro e de um carro claro expostos ao sol. Anotem os valores.

A14 Do lado de fora do carro escuro, apontem o sensor para o painel, através do vidro. Meçam a temperatura.

A15 Mantendo os vidros fechados, abram a porta do carro escuro, entrem no carro e fechem a porta imediatamente. Meçam a temperatura do painel. Anotem os valores.

A16 Mantendo os vidros fechados, abram a porta do carro claro, entrem no carro e fechem a porta imediatamente. Meçam a temperatura do painel. Anotem os valores.

A17 Com auxílio dos dois termômetros de coluna de mercúrio, comparem a temperatura do interior de duas caixas de madeira, pintadas de preto, uma delas aberta e, a outra, fechada com uma tampa de vidro.

Questões

Q3. Todos os objetos que estavam no interior da sala de aula encontravam-se em equilíbrio térmico? Justifiquem.

Q4. O que pode ser feito para melhorar o conforto térmico de uma escola ou cidade? A condição de conforto térmico envolve vários fatores, como: temperatura do ar, umidade relativa, movimento do ar e radiação. A ideia é que este conjunto produza sensações térmicas agradáveis ao ser humano.

Q5. Por que a temperatura da lataria de um carro exposto ao sol é constante, se ele está sempre recebendo energia solar?

Q6. Vocês realizaram medidas de temperaturas das partes metálicas de um carro escuro e de um carro claro expostos ao sol. Procurem explicar a razão das diferenças observadas.

Q7. Qual dos dois carros expostos ao sol emite maior quantidade de radiação infravermelha: o carro claro ou o carro escuro?

Q8. Por que a temperatura do interior do veículo é tão alta?

Q9. Por que o termômetro de infravermelho não indica a mesma temperatura do painel quando o acionamos do lado de fora do veículo?

Q10. Como essas situações (temperaturas do interior da caixa e da lataria de um carro exposto ao sol) se comparam às questões que estamos discutindo, da temperatura média do planeta Terra?

TEXTO 4

O balanço energético do planeta Terra

A atividade 2 foi realizada para estabelecermos uma analogia entre o que foi observado nas medidas de temperatura dos diversos objetos e o balanço energético da Terra.

Inicialmente, considere que um dos carros que você utilizou para fazer a medida da temperatura estivesse, em um primeiro momento, à sombra, em equilíbrio térmico com o ar à sua volta. Colocamos, então, o carro exposto ao sol e sua temperatura vai se elevando, pois ele está absorvendo energia radiante do Sol. No entanto, a temperatura da lataria do carro não aumenta indefinidamente. Como explicar esse resultado?

As medidas realizadas indicam que a temperatura da lataria do carro vai se elevando até se estabilizar em um novo patamar de equilíbrio. Isso ocorre porque o carro não apenas absorve parte da energia radiante do Sol (na faixa de radiação visível), como também emite radiação (na faixa do infravermelho).

O infravermelho é também denominado radiação térmica, pelo fato de ser emitido por materiais aquecidos. Quanto maior a temperatura da superfície do material, maior a taxa de radiação infravermelha por ele emitida. Assim, a lataria do carro vai emitindo cada vez mais energia na medida em que se aquece. Depois de certo tempo exposta ao sol, a temperatura da lataria do carro se estabiliza porque a taxa de energia que ele está emitindo é igual à taxa de energia que ele está absorvendo do sol.

Nas mesmas condições, um carro escuro absorve mais energia luminosa do que um carro claro, pois este último reflete a maior parte da radiação solar que incide sobre ele. Por essa razão, a temperatura de equilíbrio do carro escuro exposto ao sol será maior do que a temperatura de equilíbrio do carro claro. Nessa condição de equilíbrio, o carro escuro estará emitindo mais energia na radiação infravermelha do que o carro de cor clara.

O vidro do carro é transparente à radiação visível, mas não o é, do mesmo modo, em relação à radiação infravermelha. Desse modo, a luz do sol ilumina o painel e o estofamento do carro, aquecendo-os. Aquecidos, esses materiais emitem radiação infravermelha, que é, em parte, absorvida pelo vidro. A outra parte dessa radiação não consegue sair do carro, pois o vidro impede essa saída. Uma evidência dessa absorção da radiação pelo vidro é a diferença de temperatura indicada pelo sensor de infravermelho quando o apontamos para o painel do carro pelo lado de fora (através do vidro) ou pelo lado de dentro do carro. Uma segunda razão para o aquecimento é que os vidros fechados impedem a circulação do ar (saída de ar quente e entrada de ar frio).

Podemos estabelecer uma analogia entre o comportamento de um carro exposto ao sol e a Terra no espaço. Enquanto absorve energia radiante do Sol, na faixa de radiação visível, a Terra também emite radiação infravermelha. O balanço da taxa de radiação emitida e absorvida faz com que a Terra, como um todo, tenha uma temperatura média que se mantém relativamente constante ao longo do tempo.

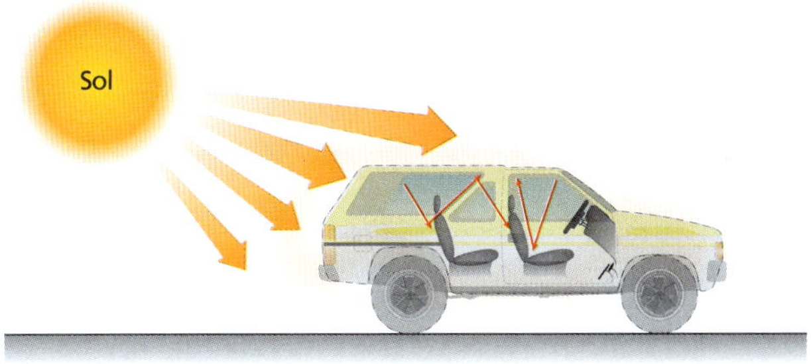

Figura 4-7: **O carro exposto ao Sol e com os vidros fechados funciona como uma estufa.**

A Terra recebe sempre uma mesma quantidade de energia do Sol. A radiação solar atinge a superfície terrestre com uma potência média de 1 400 W/m^2 em dia claro e sem nuvens e numa superfície perpendicular à direção dos raios solares. Parte dessa energia, que chega a nós por meio de radiação visível e ultravioleta, é refletida pela atmosfera e pela superfície do planeta. Cerca de 70% da energia total que incide sobre a Terra é absorvida e desencadeia inúmeros processos, como a fotossíntese, os ciclos da água, as correntes atmosféricas e oceânicas, o aquecimento dos materiais. Como resultado, a Terra aquecida emite radiação infravermelha. Entretanto, a atmosfera do nosso planeta não é transparente à radiação infravermelha. Com isso, essa radiação que não vai para o espaço causa o aumento da temperatura.

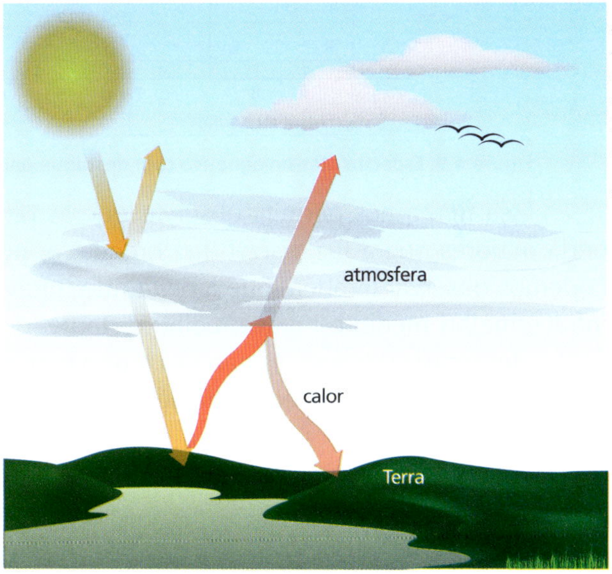

Ilustrações: Avits/Arquivo da editora

Figura 4-8: **Representação esquemática para a absorção e reflexão da luz solar e da radiação infravermelha que causam o efeito estufa.**

Esse fenômeno é denominado **efeito estufa**, por ser análogo à estufa de plantas (e ao que ocorre com um carro exposto ao sol). Graças a esse efeito, a temperatura média do planeta é de cerca de 14 °C e não –18 °C, como seria caso a atmosfera fosse completamente transparente à radiação infravermelha.

Questão

Q11. O efeito estufa é, em si, um problema ou o problema está no agravamento desse fenômeno? Justifique sua resposta.

A radiação no infravermelho e o espectro eletromagnético

Nós discutimos o espectro eletromagnético no capítulo 6 da parte 1. Naquele momento apresentamos o espectro eletromagnético como o conjunto de todas as radiações eletromagnéticas conhecidas e enfatizamos a região do visível, parte do espectro que agrupa as radiações eletromagnéticas que enxergamos.

Agora nossa ênfase será em outra região do espectro – a região que contém um conjunto de ondas que denominamos infravermelho.

A figura a seguir mostra uma representação para o espectro eletromagnético destacando a faixa que corresponde à região do infravermelho:

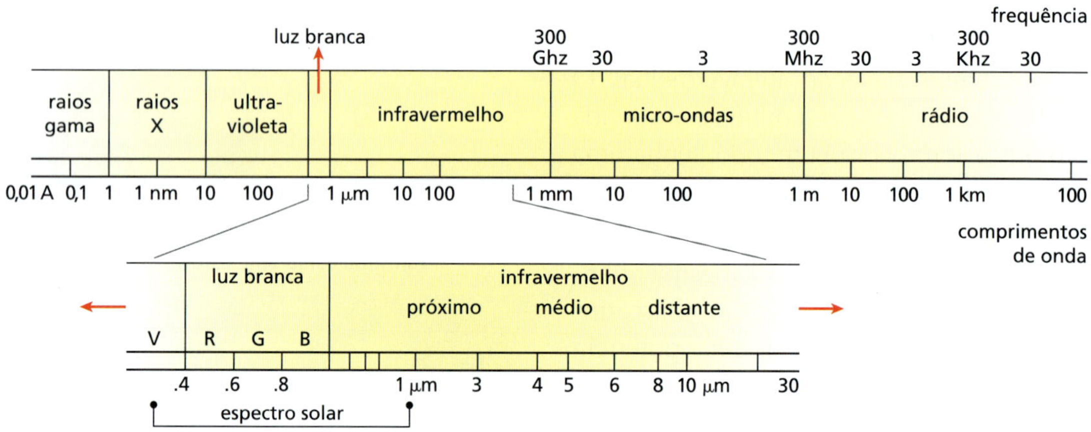

Figura 4-9: Espectro eletromagnético com destaque para a região do infravermelho.

Essa figura nos permite observar que as radiações infravermelhas possuem comprimentos de onda maiores que a luz visível (luz branca) e, portanto, possuem energia menor que a luz visível. Podemos observar também que a região do infravermelho é subdividida em infravermelho próximo, infravermelho médio e infravermelho distante, dependendo do comprimento de onda da radiação. Os limites entre estas regiões não são muito bem estabelecidos. O quadro a seguir apresenta os comprimentos de onda para cada uma delas.

Região do infravermelho	Comprimento de onda (μm)
próximo	0,75-3
médio	3-6
distante	6-15

Quadro 4-3: Regiões do infravermelho e respectivas faixas de comprimentos de onda.

As ondas na região do infravermelho distante são térmicas, aparecem sob a forma de calor. O calor que emana da luz do sol, do fogo ou de um radiador é, na verdade, constituído por ondas eletromagnéticas que possuem comprimento de onda na região do infravermelho distante.

As ondas na região do infravermelho médio são muito utilizadas pelos químicos na espectroscopia no infravermelho, para identificação de compostos.

As ondas na região do infravermelho próximo não são quentes como as outras. Elas são utilizadas, por exemplo, nos controles remotos de televisões.

Qualquer objeto irradia no infravermelho, mesmo aqueles nos quais a temperatura é muito baixa, como um cubo de gelo. Quanto mais quente o objeto, mais radiação infravermelha ele emite.

Existem câmeras especiais capazes de captar essas emissões de infravermelho e diferenciar as alterações de temperatura. Esses aparelhos atribuem cores distintas a regiões do objeto que possuem temperaturas diferentes. Dessa forma, são geradas imagens por meio das quais podemos visualizar as áreas mais quentes e mais frias de um objeto ou de uma pessoa.

As figuras a seguir mostram imagens produzidas por meio de uma dessas câmeras especiais:

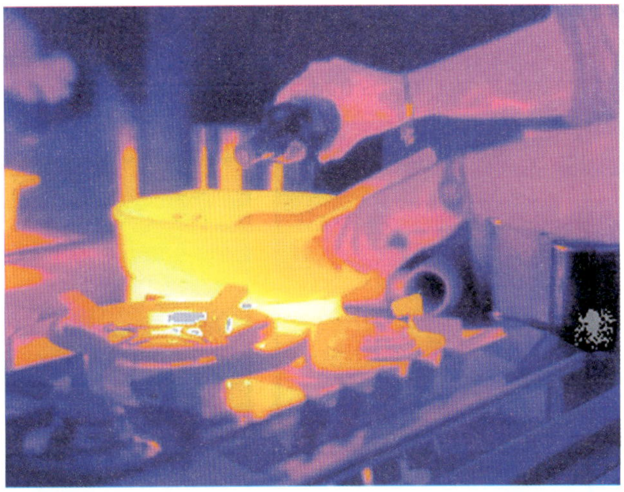

Tony Mcconnell/SPL/Latinstock

Figura 4-10: Na imagem vemos uma pessoa cozinhando em um fogão aceso. As partes mais frias são mais azuladas e as partes mais quentes, amareladas.

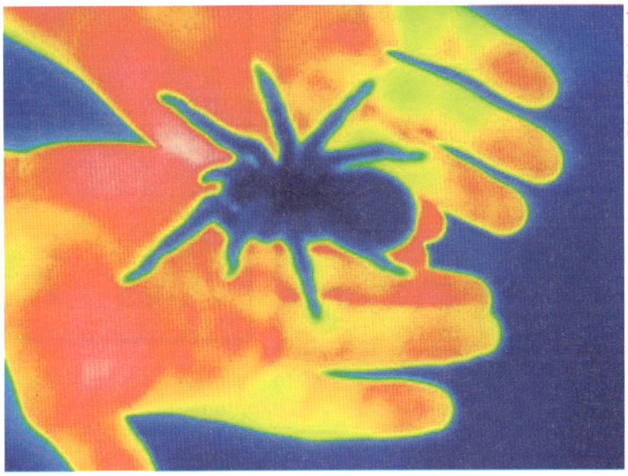

T-Service/SPL/Latinstock

Figura 4-11: A imagem mostra uma aranha nas mãos de uma pessoa. As áreas em laranja são mais quentes, e as áreas em branco e azul são mais frias.

Muitos corpos celestes também emitem radiação no infravermelho. Essa radiação é captada por telescópios e satélites que também produzem imagens, as quais vêm sendo muito utilizadas nos estudos astronômicos. A figura 4-12 mostra uma imagem do espaço produzida por um telescópio de infravermelho.

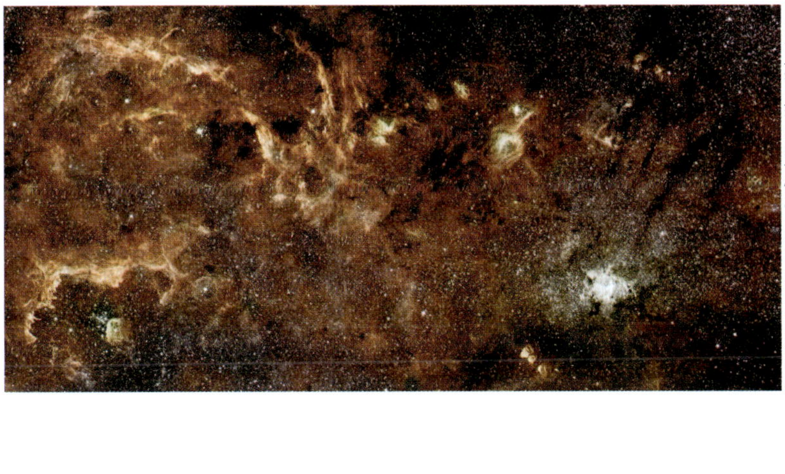

Stocktrek Images/Alamy/Other Images

Figura 4-12: Imagem captada por um telescópio de infravermelho, mostrando o espaço.

TEXTO 6

A descoberta da radiação na região do infravermelho

A radiação na faixa do infravermelho é invisível ao olho humano. Ela foi descoberta em um experimento, realizado em 1800, por Sir Frederick William Herschel (1738-1822), astrônomo inglês.

Herschel queria testar se as diferentes cores que constituem o arco-íris continham níveis diferentes de calor. O experimento que ele usou para testar essa hipótese utilizou a luz do sol, um prisma e alguns termômetros. Os resultados do experimento estão reproduzidos na figura a seguir:

Nessa figura, um feixe de luz do sol passou através de um prisma de vidro, dando origem a um espectro contínuo com as cores variando do violeta ao vermelho. Três termômetros com os bulbos enegrecidos foram colocados em regiões diferentes desse espectro:

- o termômetro 1 foi posto na radiação azul;
- o termômetro 2, na faixa do amarelo;
- o termômetro 3, fora da radiação visível, à direita da faixa iluminada por luz vermelha.

Este último termômetro foi colocado lá por Herschel como um controle, para medir a temperatura ambiente na sala. Para grande surpresa dele, após alguns minutos, os termômetros indicaram os seguintes valores:

Termômetro	Temperatura (°C)
1	26
2	28
3	29

Quadro 4-4: **Valores de temperatura para os termômetros utilizados por Herschel em seu experimento.**

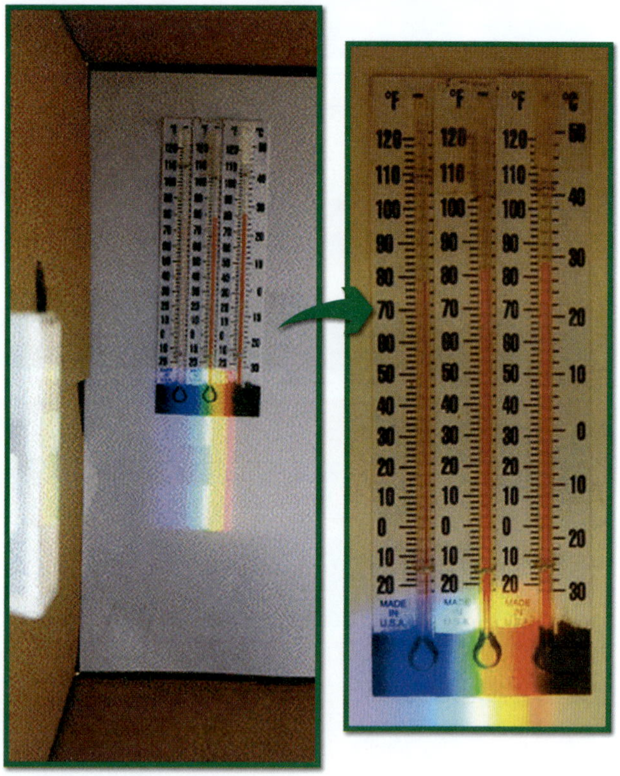

Imagens: NASA

Figura 4-13: **Reprodução do experimento realizado por Herschel.**

Questões

Q12. Herschel interpretou os dados desse experimento supondo que a região escura além do vermelho era atingida por uma faixa não visível do espectro que ele denominou "radiação calorífica".

a) O que você acha dessa interpretação?

b) Como essa hipótese poderia ser testada?

Q13. A radiação eletromagnética que atinge o termômetro 3 é de menor frequência do que as outras duas. Como explicar o fato de a temperatura desse termômetro ser maior do que as demais?

EXERCÍCIO

E2. Procure, na internet ou em livros, o contexto da descoberta do infravermelho pelo astrônomo inglês William Herschel. Anote os endereços das páginas ou nome dos livros que encontrar e, se possível, traga os livros ou cópias dos artigos para a sala de aula.

ATIVIDADE 3

Anéis ressonantes

As atividades 3 e 4 pretendem dar elementos para que você possa compreender como a radiação no infravermelho interage com as moléculas dos gases que denominamos estufa.

Nesta atividade vamos considerar um fenômeno que os físicos chamam de ressonância.

Material

Uma base de madeira, fita-crepe, vários anéis de acetato de diferentes dimensões.

O que fazer

A18 Vocês irão construir um dispositivo semelhante ao mostrado na figura 4-14. Para construir o aparato, na base de madeira, prendam com fita-crepe vários anéis de acetato, de diferentes dimensões.

A19 Experimentem vibrar, para frente e para trás, a base de madeira e vejam o que acontece com os anéis de acetato.

A20 Procurem vibrar a base com diferentes frequências (mais rapidamente ou mais lentamente) e observem se todos os anéis vibram do mesmo modo. Anotem os resultados no caderno.

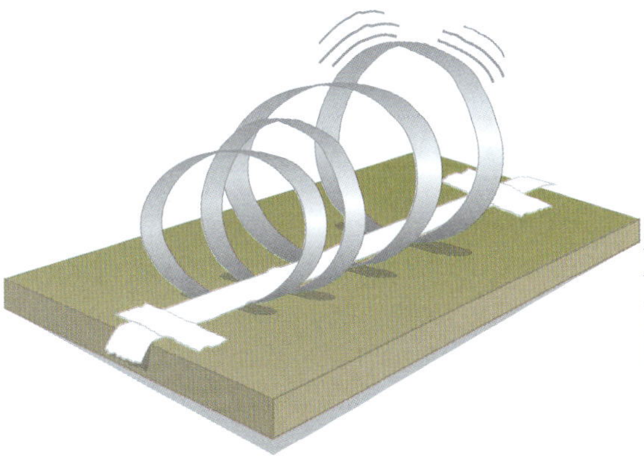

Avits/Arquivo da editora

Figura 4-14: **Anéis ressonantes (base com anéis de acetato de diferentes dimensões).**

Questões

Q14. Quais anéis vibram mais quando as oscilações são mais rápidas?

Q15. Quais anéis vibram melhor com oscilações mais lentas?

Q16. Como vocês explicam esses resultados?

ATIVIDADE 4

Um modelo para o comportamento das moléculas de gás carbônico

Nesta atividade vamos utilizar um modelo para representar as moléculas de gás carbônico (CO_2) e então compreender as relações entre os gases estufa e a radiação infravermelha.

Para representar uma molécula de CO_2, vamos nos valer de um modelo físico que, embora extremamente simplificado, nos permite compreender o modo como as moléculas respondem à radiação eletromagnética de diferentes faixas de frequência.

Material

Três bolinhas de tênis, dois arcos de serra velhos ou hastes flexíveis.

O que fazer

A21 Montem o modelo fixando as hastes nas bolinhas, conforme mostrado na figura 4-15.

A22 Segurem a bolinha central e balancem-na para cima e para baixo, variando a frequência – mais rápido e mais devagar. Observem o que acontece com as hastes metálicas e com as bolinhas nas pontas das hastes.

Sérgio Dotta Jr./Arquivo da editora

Figura 4-15: Modelo para a molécula de CO_2.

Questões

Q17. Descrevam o que vocês observaram em relação ao movimento das bolinhas laterais quando a frequência de movimento da bolinha central foi baixa.

Q18. Descrevam o que vocês observaram em relação ao movimento das bolinhas laterais quando a frequência de movimento da bolinha central foi alta.

Q19. Discutam com seus colegas e procurem elaborar um modelo que explique essas diferenças.

TEXTO 7

Um modelo para a interação entre a radiação infravermelha e as moléculas de gás carbônico

Os anéis de acetato e as bolinhas ligadas a uma barra flexível, utilizadas nas atividades 3 e 4, possuem uma frequência natural de vibração. Essa frequência depende de características do sistema – o diâmetro dos anéis, a massa (ou inércia) das bolinhas e a elasticidade da lâmina metálica. Se as bolinhas forem mais pesadas, o sistema oscilará mais lentamente (com menor frequência). Se a lâmina for mais dura, de menor elasticidade, as forças restauradoras do equilíbrio serão mais intensas e o sistema irá oscilar com maior frequência.

As moléculas de água, gás carbônico e tantas outras também oscilam em torno de posições de equilíbrio. Assim como nosso modelo de bolinhas, as moléculas possuem frequências naturais de vibração. No entanto, devemos lembrar que, nesse caso, o sistema é mais complexo do que o nosso modelo mecânico, pois as moléculas possuem arranjos tridimensionais e podem executar vários movimentos de vibração (em torno de si mesmas e em diversos planos de simetria).

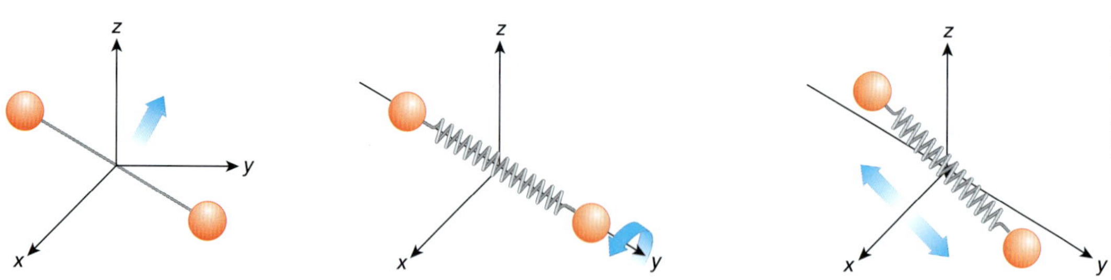

Avits/Arquivo da editora

Figura 4-16: Representações para modos de vibração de uma molécula diatômica.

De qualquer modo, as frequências naturais de vibração das moléculas dependem das mesmas características do sistema mecânico que utilizamos no experimento anterior – a inércia (massa) e a elasticidade do sistema. A elasticidade, nesse caso, é dada pelas ligações químicas que mantêm juntas as partes do sistema.

Ao estimularmos nosso modelo mecânico (bolinhas presas por uma barra metálica) com uma ação externa, notamos que ele responde de modos diferentes dependendo da frequência da perturbação que aplicamos nele.

Se a perturbação é feita de modo intermitente e com uma frequência próxima à frequência natural de oscilação do modelo mecânico, notamos que há um acoplamento entre ambos e um aumento surpreendente da amplitude de oscilação das bolinhas. Isso significa que, nessas condições, há uma eficiente transferência de energia entre a ação externa (perturbações provocadas pela bolinha central) e as oscilações naturais do sistema (oscilações das bolinhas laterais em resposta à primeira).

No experimento, notamos que o sistema das três bolinhas ligadas comportou-se de forma diferente quando a frequência do movimento da bolinha central foi diferente. Este sistema possui uma frequência ideal na qual o movimento das bolinhas laterais é reforçado, podendo atingir uma amplitude máxima. Quando saímos dessa frequência ideal, neste caso aumentando a frequência, o movimento das bolinhas laterais pode até cessar.

Esse é um fenômeno muito importante para a Química e a Física, e a ele denominamos **ressonância**. Ressonância é o fenômeno em que se registra a transferência de energia de um sistema oscilante para outro, quando a frequência do primeiro coincide com uma das frequências próprias do segundo.

No caso das moléculas de água, gás carbônico e outras quaisquer, podemos dizer o mesmo. Elas têm frequências naturais de vibração e podem ser ou não excitadas por diferentes faixas da radiação eletromagnética. No caso que estamos abordando, temos dois sistemas oscilantes: as moléculas de CO_2 (devido à inércia e forças de ligação) e a radiação eletromagnética. Apenas quando a frequência da radiação eletromagnética coincidir com uma das frequências naturais de vibração da molécula ela irá absorver essa radiação. Essa absorção representa uma transferência de energia da radiação eletromagnética para a vibração das moléculas. O resultado disso é o aumento da energia cinética média das moléculas e, portanto, o aumento da temperatura do gás.

Assim, a demonstração com o modelo mecânico de bolinhas acopladas por hastes flexíveis pode nos ajudar a entender como as diferentes frequências da radiação produzem efeitos diferentes nas moléculas.

Esses efeitos já são bem conhecidos: sabemos que uma molécula exposta à radiação na região de micro-ondas tem seu movimento rotacional acelerado; na região do infravermelho, a vibração das moléculas é ampliada. Já uma molécula exposta à radiação no ultravioleta pode ter suas ligações rompidas. Note que nem todas as substâncias interagem da mesma forma com radiações de mesma frequência. A água não absorve radiação no visível, porém, absorve intensamente radiação na faixa de frequência das micro-ondas, efeito usado nos fornos que aquecem os alimentos.

Moutaury/kino.com.br

Figura 4-17: A radiação na região de micro-ondas é utilizada para aquecer alimentos.

Colocando-se, em um tubo transparente, um gás como o dióxido de carbono (CO_2), oxigênio (O_2) ou vapor de água, e passando-se através desse tubo um feixe de radiação eletromagnética, podemos observar que alguns comprimentos de onda dessa radiação são absorvidos. Um detector percebe a intensidade da radiação e faz um registro na forma de um gráfico, conhecido como o **espectro da substância**. À medida que a frequência da radiação que atravessa o tudo é variada, é possível medir a absorção dessa luz. A absorção da radiação depende, entre outros fatores, da concentração do gás no tubo. Os espectrômetros são os aparelhos utilizados para realizar este tipo de medida.

O gráfico 4-18 mostra como se dá a absorção de radiação eletromagnética desde o ultravioleta até as micro-ondas, passando pelo infravermelho, para diversos dos gases presentes na atmosfera.

Esse gráfico é uma espécie de assinatura digital de cada composto químico. Ele informa as frequências naturais de cada substância, distinguindo-as umas das outras. Por isso, a **espectroscopia de infravermelho** é uma ferramenta muito importante para a análise química.

No alto do gráfico temos a soma dos espectros das substâncias apresentadas no gráfico. Podemos perceber que o ozônio (O_3) absorve intensamente no ultravioleta e que a água absorve radiação na faixa das micro-ondas. Na região do infravermelho, vemos que a água e o gás carbônico (CO_2) apresentam faixas de absorção significativas. Outros gases, como o metano (CH_4) e o óxido nitroso (N_2O) apresentam uma grande intensidade de absorção, mas sua concentração na atmosfera não é tão alta como a do CO_2 ou da água.

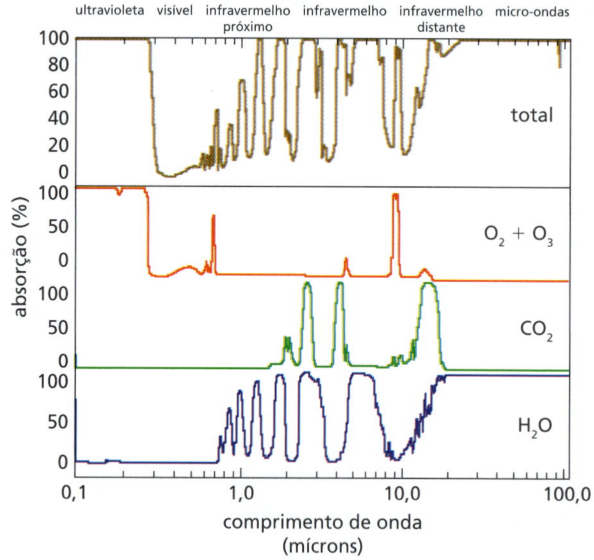

Figura 4-18: **Absorção de radiação eletromagnética em função do comprimento de onda.**

Já no gráfico 4-19 podemos ver, sobrepostos ao gráfico anterior, o espectro da radiação solar chegando à Terra e o espectro da radiação emitida pela Terra. É possível notar que a radiação solar se concentra principalmente nas regiões de luz visível, ultravioleta e se estende até o infravermelho próximo. A Terra recebe esta energia, se aquece, e emite energia principalmente nas faixas do infravermelho, infravermelho distante e micro-ondas. É a energia emitida pela Terra que é absorvida pelos gases estufa na atmosfera. Parte dessa energia é então reemitida para a Terra, provocando o aumento de temperatura observado.

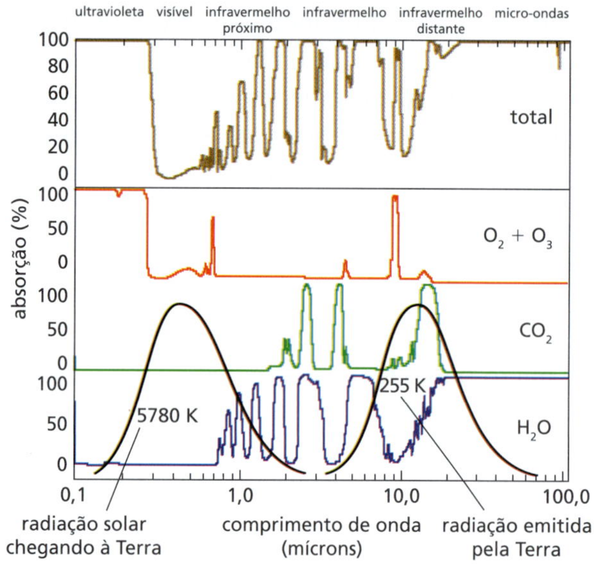

Figura 4-19: **Espectro da radiação solar que chega àTerra e da radiação que ela emite.**

Questões

Q20. Existe alguma faixa de comprimentos de onda por onde a radiação emitida pela Terra pode escapar para o espaço?

Q21. Considerando que os materiais absorvem apenas radiações de alguns comprimentos de onda, explique por que, no texto 6, o termômetro 3 (exposto à radiação infravermelha) apresentou maior temperatura do que os demais termômetros (expostos a diferentes faixas de radiação visível ou ultravioleta).

Q22. Por que a radiação eletromagnética na faixa do infravermelho é relacionada ao calor emitido e/ou absorvido por objetos enquanto a radiação ultravioleta e os raios X podem provocar câncer? Explique.

Q23. Pesquise sobre a seguinte questão: Qual é o efeito da radiação visível nos materiais nos quais incide?

TEXTO 8

Gases estufa[1]

A atmosfera terrestre é uma mistura de gases, com predominância de nitrogênio (78%) e oxigênio (21%), que não absorvem radiação infravermelha. Outros gases presentes na atmosfera, por sua natureza química, principalmente estrutura molecular, absorvem uma fração significativa da radiação infravermelha emitida pela superfície terrestre. Essa absorção implica um aumento nos movimentos vibracionais e rotacionais das moléculas.

O infravermelho corresponde à radiação eletromagnética de comprimentos de onda entre 100 mm e 1 mm (3×10^{12} Hz e 3×10^{14} Hz). Essa radiação interage com algumas moléculas, mudando sua configuração, principalmente por meio de vibrações dos átomos em ligações intramoleculares, como apresentado na figura 4-20.

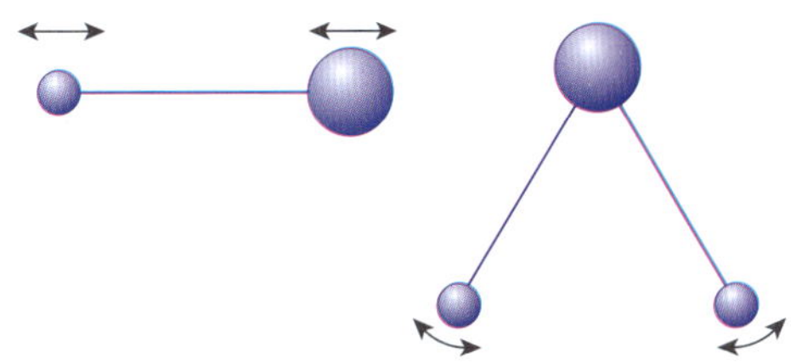

Figura 4-20: **Vibração molecular em consequência da interação com radiação infravermelha.**

Esses gases, por sua vez, também passam a irradiar no infravermelho. Essa radiação se espalha em várias direções, inclusive retornando à superfície, que se mantém mais quente do que seria na ausência da atmosfera.

A retenção de energia pelos gases estufa decorre de um mecanismo físico-químico bem diferente daquele que ocorre nas estufas agrícolas. Grande parte do efeito estufa "natural" se deve à presença da água na atmosfera: vapor de água (85%) e gotículas de água líquida (12%). Outros gases estufa são o dióxido de carbono (CO_2), o metano (CH_4), o óxido nitroso (N_2O), os clorofluorcarbonetos (CFCs) e os hidroclorofluorcarbonetos (HCFCs). O aumento do teor desses gases na atmosfera em decorrência de atividades humanas pode causar exacerbação do efeito estufa e, consequentemente, o aquecimento global do planeta.

Alguns gases envolvidos no efeito estufa

Dióxido de carbono

O dióxido de carbono (CO_2) tem sido apontado como o grande vilão do aumento do efeito estufa, já que sua presença na atmosfera decorre, em grande parte, de atividades humanas. Na atmosfera atual o teor de CO_2 oscila em torno de 365 mL/m³, com uma tendência de crescimento que teve seu início no final do século XVIII em decorrência do aumento do uso de combustíveis fósseis. Em termos quantitativos, anualmente cerca de 2 650 bilhões de toneladas de CO_2 são lançadas na atmosfera. Como o tempo médio de residência do CO_2 na atmosfera é de cerca de cem anos, a estabilização ou mesmo a diminuição do teor atmosférico desse gás requer diminuição significativa em sua emissão.

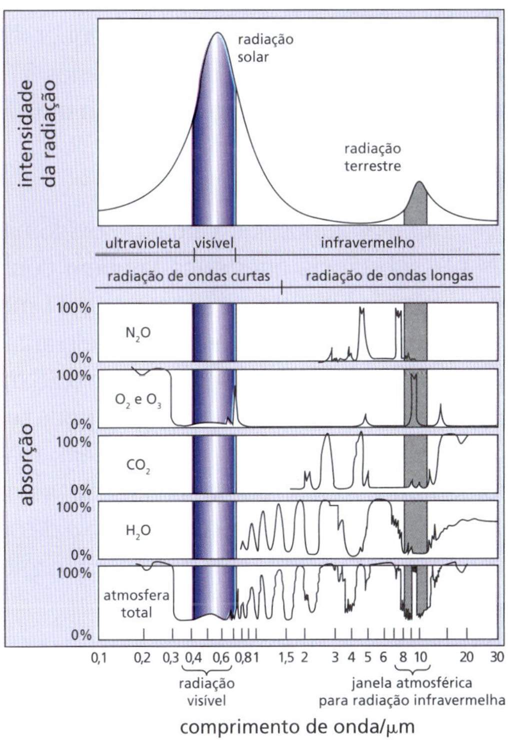

Ilustrações: Avits/Arquivo da editora

Figura 4-21: **Absortividade de alguns gases atmosféricos e da atmosfera como um todo em função do comprimento de onda.**

[1] Informações obtidas de TOLENTINO, M.; ROCHA-FILHO, R. C. A Química no efeito estufa. *Química Nova na Escola*, São Paulo, n. 8, nov. 1998.

Ao interagir com radiação infravermelha, o CO_2 absorve-a significativamente em duas estreitas faixas de comprimentos de onda inferiores a 5 mícrons (μm) e em uma ampla faixa acima de cerca de 13 μm. Portanto, como a água e o CO_2 não absorvem entre 7 μm e 13 μm (veja a figura 4-21), ocorre na atmosfera uma verdadeira "janela" espectral, pela qual a radiação infravermelha emitida pela superfície terrestre escapa, perdendo-se no espaço.

Metano

Este hidrocarboneto pode advir de processos naturais ou antrópicos. Geralmente tem origem em depósitos ou em processos de extração e utilização de combustíveis fósseis ou na decomposição anaeróbica de substâncias orgânicas, principalmente a celulose. A atividade pecuária também é responsável pelo aumento de gás metano, pois animais ruminantes produzem flatulência e eructação que contém esse gás.

Thomaz Vita Neto/Pulsar Imagens

Figura 4-22: A pecuária também é responsável pelo aumento de metano na atmosfera. Foto tirada em Porto Seguro (BA), em 2009.

Seu teor atmosférico atual é superior a 1,7 mL/m³. Cento e dez anos atrás ele era de 0,9 mL/m³. Como o tempo médio de residência do metano (CH_4) na atmosfera é razoavelmente curto (cerca de dez anos), a estabilização do seu teor requer diminuição de somente 5% na sua emissão. Estima-se que essa emissão atinja um total de pelo menos 515 milhões de toneladas por ano. A absorção de radiação infravermelha pelo metano ocorre em uma banda de comprimento de onda ao redor de 7 μm.

Óxido nitroso

O teor atmosférico atual do óxido nitroso (N_2O), substância anestésica também conhecida como gás hilariante, é superior a 0,31 mL/m³. Análise de bolhas de ar presas em gelo antártico permitiu concluir que esse teor era de 0,28 mL/m³ no início do século XX. Sua origem pode ser natural (descargas elétricas na atmosfera, reações fotoquímicas entre componentes de aerossóis etc.) ou antrópica (queima de carvão e de outros combustíveis fósseis em motores a explosão, uso de adubos nitrogenados etc.).

Milton Michida/AE

Figura 4-23: A queima de carvão produz óxido nitroso. Fornos de carvão em Ulianópolis (PA).

A taxa atual de incorporação de N_2O à atmosfera é de cerca de cinco milhões de toneladas por ano. O teor de N_2O na atmosfera tende a aumentar significativamente, porque seu tempo de residência na atmosfera situa-se entre 120 e 175 anos. Esse gás absorve infravermelho significativamente em duas regiões localizadas ao redor de 4 μm e 7 μm (figura 4-21).

Ozônio

Este gás também absorve a radiação infravermelha refletida pela superfície terrestre, embora seu papel principal esteja relacionado com sua presença na ozonosfera, bloqueando parte da radiação ultravioleta do Sol. Sua absorção numa faixa em torno de 9 μm (figura 4-21) diminui a transparência da "janela" atmosférica à radiação infravermelha existente entre 7 μm e 13 μm.

Clorofluorcarbonetos

Os clorofluorcabonetos (CFCs) ou freons, principais responsáveis pela diminuição da camada de ozônio, são compostos formados por moléculas do tipo do metano ou do etano, em que os átomos de hidrogênio foram substituídos por átomos de cloro e flúor. Os mais comuns são os de fórmulas CCl_3F (nome comercial CFC-11), CCl_2F_2 (CFC-12), $CClF_2CClF_2$ (CFC-114) e $CClF_2CF_3$ (CFC-115).

Esses gases, cujo tempo médio de residência na atmosfera varia de 75 anos (CFC-11) até 380 anos (CFC-115), são potentes gases estufa: uma molécula de CFC-12, por exemplo, tem o mesmo impacto de cerca de dez mil moléculas de CO_2. Os CFCs são produzidos principalmente para uso em compressores para refrigeração doméstica e para expansão de polímeros. A produção, uso e emissão desses gases diminuiu muito nos últimos anos, em decorrência do Tratado de Montreal sobre Substâncias que Destroem a Camada de Ozônio, de 1987, e suas revisões posteriores.

O teor médio desses gases na atmosfera é de 1,2 μL/m³ e eles absorvem radiação na faixa de 7 μm a 13 μm, contribuindo, portanto, para fechar a "janela" atmosférica de escape de radiação infravermelha para o espaço.

Divulgação/EditoraAbril

Figura 4-24: **Aparelho de ar condicionado.**

Hidroclorofluorcarbonetos

Os hidroclorofluorcarbonetos (HCFCs) diferem dos CFCs somente pelo fato de um ou mais átomos de cloro e/ou flúor serem substituídos por átomos de hidrogênio. Estes gases foram propostos e aceitos dentro do Protocolo de Montreal para substituir os CFCs, pois a presença de átomos de hidrogênio nas moléculas tornam-nas mais instáveis, o que minimiza muito seu potencial de destruição da camada de ozônio.

Os HCFCs, entretanto, também são potentes gases estufa. Um dos HCFCs mais usados atualmente em refrigeradores no lugar dos CFCs é o de fórmula CH_2FCF_3 (nome comercial HCFC-134a). Uma molécula de HCFC-134a, por exemplo, tem o mesmo impacto que cerca de 3 400 moléculas de CO_2. Por isso, diversas empresas europeias substituíram-nos por hidrocarbonetos de baixo potencial estufa, principalmente o ciclopentano e o isobutano, o que requereu adaptações nos refrigeradores.

Questões

Q24. Como a radiação infravermelha interage com as moléculas dos gases estufa?

Q25. O efeito estufa ocorre naturalmente em decorrência da presença de gases estufa na atmosfera. Qual é o principal gás estufa?

Q26. Qual é o significado da "janela espectral" que possibilita o escape da radiação infravermelha emitida pela superfície terrestre para o espaço?

Q27. O ozônio é um gás estufa? Justifique.

Q28. Por que alguns gases como o CO_2, o CH_4 e o H_2O são transparentes à radiação visível e absorvem radiação infravermelha, enquanto gases como o O_2 e o N_2 são transparentes a ambas as faixas de radiação?

TEXTO 9

O ciclo do carbono[2]

objeto digital

O carbono e seus compostos são constituintes essenciais de toda matéria viva e fundamentais na respiração, fotossíntese e regulação do clima. Em seu ciclo global estão envolvidas várias espécies. Neste texto serão abordados os principais compostos que possuem átomos de carbono presentes na atmosfera: dióxido de carbono (CO_2), metano (CH_4), hidrocarbonetos não metânicos (HCNM) e monóxido de carbono (CO).

Dióxido de carbono

Os reservatórios de dióxido de carbono (CO_2) na atmosfera, litosfera e oceanos são extremamente grandes. Os fluxos entre esses compartimentos são **bidirecionais**, isto é, vão em duas direções e quase em balanço, o que faz com que as estimativas de troca sejam difíceis. A figura 4-25 ilustra as principais rotas de troca estabelecidas para o CO_2 em processos biogeoquímicos envolvendo a atmosfera, a litosfera e os oceanos. Já a figura 4-26 ilustra estimativas de quantidades aproximadas de carbono contidas em cada ambiente e os fluxos anuais (GtC/ano) entre eles.

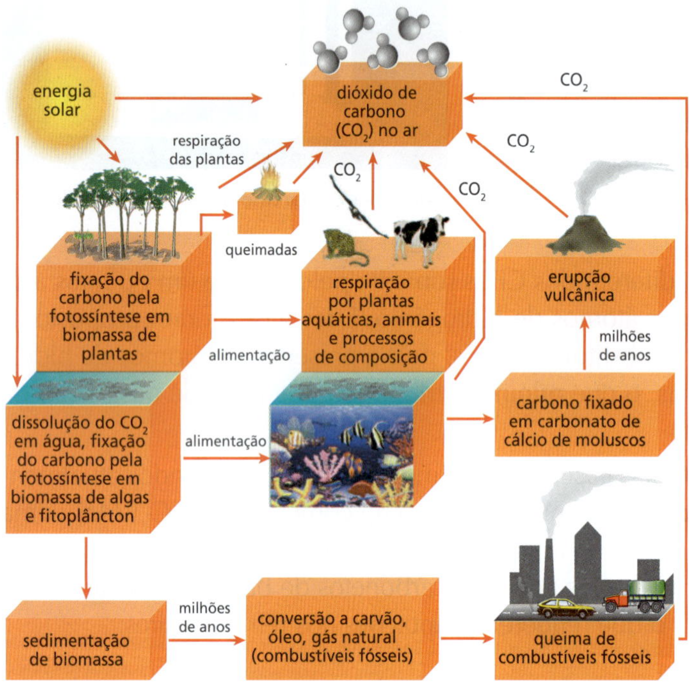

Figura 4-25: **Ciclo global do carbono.**

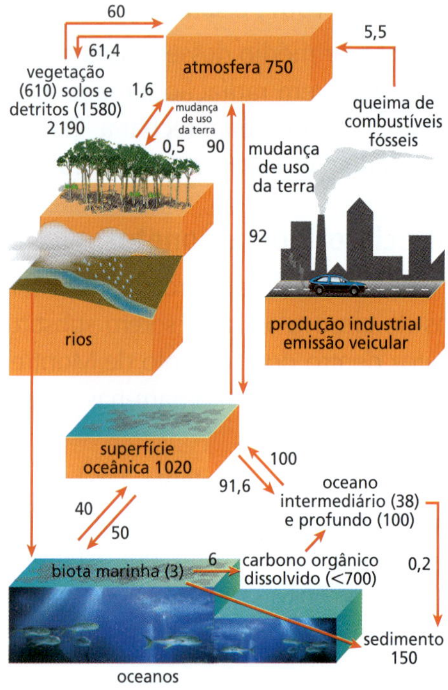

Figura 4-26: **Quantidades de carbono trocadas entre diversos ambientes.**

Ilustrações: Avits/Arquivo da editora

As trocas de CO_2 entre a atmosfera e a biosfera terrestre ocorrem principalmente pela fotossíntese e pela respiração das plantas. Esses dois processos podem ser resumidos pelas seguintes equações:

Fotossíntese

$$H_2O + CO_2 + h\upsilon \rightarrow (CH_2O)n + O_2 \text{ (equação 1)}$$

Respiração

$$(CH_2O)n + O_2 \rightleftharpoons CO_2 + H_2O + \text{energia (equação 2)}$$

[2] Informações obtidas de MARTINS, C. R. et al. Ciclos globais de carbono, nitrogênio e enxofre. *Cadernos Temáticos de Química Nova na Escola*, São Paulo, n. 5, nov. 2003.

Dessa maneira, parte do CO_2 fixado segundo a equação 1 é reemitido segundo a equação 2. O restante será armazenado, na forma de biomassa, pelas folhas, caules, raízes etc., no que é chamado de **produção primária líquida** (PPL).

Essa biomassa, ao ser consumida como alimento, por organismos heterotróficos, é parcialmente reconvertida de forma imediata a CO_2 pela respiração e, posteriormente, por processos de decomposição da matéria orgânica, por meio da morte de animais e plantas e ataque por microrganismos. No decorrer de um tempo suficientemente longo, a respiração e a decomposição dos organismos heterotróficos tende a balancear a PPL.

A fixação do CO_2 pelos oceanos se dá pela dissolução do gás na água e por fotossíntese. A dissolução do CO_2 pode ser expressa pelas equações a seguir (também estão indicados os valores das constantes de equilíbrio, *K*):

$$CO_2\ (g) \rightleftharpoons CO_2\ (aq)\ \text{(equação 3)}$$
$$K = 3{,}4 \times 10^{-2}\ mol \cdot L^{-1} \cdot atm^{-1}$$
$$CO_2\ (aq) + H_2O\ (l) \rightleftharpoons H_2CO_3\ (aq)\ \text{(equação 4)}$$
$$K = 2{,}0 \times 10^{-3}$$
$$H_2CO_3\ (aq) + H_2O\ (l) \rightleftharpoons H_3O^+\ (aq) + HCO_3^-\ (aq)\ \text{(equação 5)}$$
$$K = 4{,}3 \times 10^{-7}\ mol \cdot L^{-1}$$
$$HCO_3^-\ (aq) + H_2O\ (l) \rightleftharpoons H_3O^+\ (aq) + CO_3^{2-}\ (aq)\ \text{(equação 6)}$$
$$K = 4{,}7 \times 10^{-11}\ mol \cdot L^{-1}$$

A espécie predominante irá depender do pH da água e das respectivas constantes de equilíbrio das reações. De modo aproximado, a 15 °C e valores de pH abaixo de 5,0, prevalece o CO_2 (aq), enquanto para pH acima de 10,5 prevalece o CO_3^{2-} (aq). Para pH próximos a 8,0 praticamente só existe o íon HCO_3^-. No caso de oceanos, em que o pH da água está próximo a 8,0, a espécie solúvel predominante será, portanto, o íon bicarbonato, HCO^{3-}.

A principal rota de transferência do CO_2 para o fundo dos oceanos é pela sedimentação de carbonato de cálcio insolúvel ($CaCO_3$) na forma de organismos formadores de exoesqueletos, como conchas, moluscos etc. Sua decomposição ao longo de milhões de anos leva à formação de depósitos ricos em hidrocarbonetos (por exemplo, o petróleo) e carvão. Outra parte é redissolvida por processos químicos e biológicos, permanecendo como fração solúvel.

Andrew J. Martinez/Photoresearchers/Latinstock

Bob Fleumer/Corbis/Latinstock

Figura 4-27: **O petróleo é formado pela decomposição de organismos formadores de exoesqueletos, como conchas e moluscos, em um processo que leva milhões de anos.**

O CO_2 é também fixado na forma de carbono orgânico, pela fotossíntese de algas na superfície ensolarada das águas e pelo crescimento resultante do fitoplâncton. Esse CO_2 retorna à atmosfera por meio da respiração e decomposição da biomassa assim formada. O balanço de massa no fluxo de CO_2 entre a atmosfera e o oceano é resultado de um desequilíbrio nas concentrações desse gás entre os dois compartimentos, de acordo com a localização. Assim, em regiões próximas ao equador, as águas quentes favorecem uma transferência maior do oceano para a atmosfera, enquanto em médias e altas latitudes predomina o processo inverso, em que CO_2 da atmosfera é dissolvido nas águas frias.

Alguns modelos globais sugerem que há uma transferência líquida de CO_2 da atmosfera para os oceanos na faixa de 2,0 ± 0,8 gigatoneladas de carbono por ano (GtC/ano): 1 gigatonelada = 1 000 000 000 de toneladas = 10^9 toneladas. De acordo com medições efetuadas em camadas de gelo na Antártica, a quantidade de CO_2 no ar, nos últimos 200 mil anos, variou entre 200 e 280 gigatoneladas (Gt), denotando uma grande estabilidade nos processos de formação e remoção e assim mantendo-se até o século XIX, no limiar da Revolução Industrial. Nos últimos 130 anos, contudo, sua concentração aumentou dos originais 280 Gt a cerca de 360 Gt em meados da década de 1990, o que representa quase 30%. Atualmente, esse acréscimo é de cerca de 0,5% por ano, o qual, caso mantido, dobrará a quantidade de CO_2 na atmosfera depois de aproximadamente um século e meio. Esse aumento é atribuído, principalmente, à queima de combustíveis fósseis e, em certo grau, aos processos de desflorestamento e queimadas. É interessante notar que a emissão total de carbono decorrente dessas atividades vem crescendo a taxas de 4,3% ao ano desde a Revolução Industrial, portanto cerca de oito vezes maior do que as taxas de crescimento da concentração de CO_2.

Fabio Colombini/Acervo do fotógrafo

Figura 4-28: A queima de combustíveis fósseis e as queimadas são os principais responsáveis pelo aumento da concentração de CO_2 na atmosfera. Queimada no Parque Nacional das Emas (GO), em 2006.

Caso todo o CO_2 emitido por esses processos permanecesse na atmosfera, seria esperada uma quantidade bem maior do que a atual. Existem, portanto, importantes mecanismos de remoção dessa produção excedente, sendo os oceanos um deles, pela absorção, enquanto a retirada de CO_2 por meio de processos de replantio seria outro. Não obstante, é importante frisar que cerca de 3,3 GtC líquidas, como o CO_2, estão sendo introduzidas na atmosfera do planeta a cada ano, com consequências globais sobre o clima, as quais vêm sendo amplamente discutidas em diversos foros.

Metano

O metano (CH_4) é o composto orgânico em nível traço de maior presença na atmosfera, sendo, depois do CO_2 e do vapor de água, o gás estufa mais abundante.

A concentração atmosférica do CH_4 permaneceu durante centenas de anos praticamente estável, em cerca de 0,700 mL/m^3 até há, aproximadamente, duzentos anos, quando começou a aumentar progressivamente para os valores médios atuais, de aproximadamente 1,700 mL/m^3.

Esse aumento é creditado principalmente a atividades antrópicas. Recentemente, essa velocidade de crescimento vem declinando, sendo uma das prováveis causas a intensificação dos processos químicos de remoção. As fontes de emissão de CH_4 para a atmosfera envolvem áreas alagadas e com deficiência em oxigênio, como pântanos, lagos e regiões de cultivo alagado, como no caso do arroz.

Delfim Martins/Pulsar Imagens

Figura 4-29: **Áreas de cultivo alagado, como no caso do arroz, são fontes de emissão de metano para a atmosfera. Plantação em Venâncio Aires (RS).**

As emissões de CH_4 ocorrem por meio de vários processos, sendo resultado final da decomposição de matéria orgânica via mecanismos redutores, a exemplo do que ocorre no organismo de ruminantes, como bovinos e caprinos, e de insetos, como cupins. As principais atividades humanas responsáveis pela emissão de CH_4 são: decomposição de lixo em aterros sanitários; queima de biomassa; mineração de carvão; processamento de petróleo e extração de gás natural.

O principal mecanismo para a remoção desse hidrocarboneto na troposfera envolve a oxidação pelo radical OH•. Esse processo envolve a retirada de um dos átomos de hidrogênio do CH_4 e a formação de um radical metila (CH_3•) e água, segundo a reação representada a seguir:

$$CH_4 + OH\bullet \rightarrow CH_3\bullet + H_2O \text{ (equação 7)}$$

Em sequência, o radical metila (CH_3•) formado é oxidado a formaldeído (HCHO), CO e CO_2. Em regiões marinhas, a reação com o cloro atômico pode também se tornar relevante e, nesse caso, a equação 7 transforma-se em:

$$CH_4 + Cl\bullet \rightarrow CH_3\bullet + HCl \text{ (equação 8)}$$

É importante ressaltar que, quando comparadas com outros alcanos de sua série homóloga, ou seja, a série de hidrocarbonetos com diferentes números de carbono que, a exemplo do metano, apresentam apenas ligações simples, as reações 7 e 8 são bem mais lentas para o CH_4, a 298 K. Apesar de ainda haver incertezas no balanço global e de possíveis fontes não identificadas ou não suficientemente esclarecidas, estima-se que anualmente são introduzidas na atmosfera, pelas diversas fontes, naturais ou antrópicas, entre 500 e 600 megatoneladas (Mt) de CH_4, enquanto são removidas de 460 a 580 Mt, principalmente via oxidação pelo radical OH•.

Hidrocarbonetos não metânicos

Em razão das maiores velocidades de reação na atmosfera, principalmente perante o radical OH•, os demais hidrocarbonetos recebem esta classificação que os diferencia do metano. Uma grande variedade de hidrocarbonetos não metânicos (HCNM) é emitida para a atmosfera, e suas reações têm importante papel para a Química desse compartimento, sendo os mesmos precursores de diferentes oxidantes fotoquímicos, como aldeídos, ácidos carboxílicos e ozônio. Valores estimados dão conta que, anualmente, cerca de 1 270 megatoneladas de carbono (MtC) são emitidas para a atmosfera na forma de HCNM. Desses, a maior contribuição (cerca de 92%) vem de fontes naturais, como emissões por plantas, oceanos e atividade microbiana. Os 8% restantes provêm de atividades antrópicas, como indústrias, produção de energia e emissão veicular. Extremamente significativas são as emissões naturais de isopreno – 500 MtC/ano (39%) – e monoterpenos – 125 MtC/ano (10%) –, sendo a vegetação sua principal fonte, principalmente florestas e árvores como pinheiros, eucaliptos e as produtoras de frutos cítricos.

Rogério Reis/Pulsar Imagens

Pinheiros em Joinville (SC), 2008.

Delfim Martins/Pulsar Imagens

Eucaliptos em Lins (SP), 2008.

Figura 4-30: **Florestas de pinheiros e eucaliptos contribuem como fontes naturais de gases estufa.**

Monóxido de carbono

O monóxido de carbono (CO) tem importante papel na Química da troposfera, principalmente por meio da reação com o radical OH•, que funciona como um dos controladores de sua concentração no ar em diversos locais. É considerado um gás estufa, embora cause efeitos menos severos do que os causados pelo CO_2.

O CO é produzido na oxidação atmosférica do CH_4 e de HCNM, na emissão por plantas e microrganismos, na fotoxidação de matéria orgânica dissolvida em oceanos e também em diferentes tipos de atividade humana, como queima e combustão incompleta de biomassa e combustíveis fósseis.

As quantidades atmosféricas de CO diferem de acordo com o local, sendo que em áreas remotas da troposfera seus valores variam entre 30 e 65 mL/m^3 no Hemisfério Sul e entre 60 e 200 mL/m^3 no Hemisfério Norte. Todavia, em áreas urbanas ou sujeitas à intensa atividade humana, esses valores tendem a ser muito maiores. Estimativas para o balanço de CO indicam que, anualmente, entre 1 400 e 3 700 Mt de CO são introduzidas na atmosfera, predominantemente por meio da oxidação de CH_4 e HCNM, enquanto entre 1 550 e 3 100 Mt são removidas, principalmente por sua reação com o oxidante OH•.

Impactos ambientais no ciclo do carbono

Ao lado dos processos naturais, atividades humanas como as realizadas em indústrias, na agricultura e na pecuária, além da aglomeração em grandes cidades, todas dependentes de grandes quantidades de variados insumos e energia, também interferem significativamente no ciclo do carbono, alterando a composição e a concentração das diversas espécies da atmosfera que possuem o carbono como constituinte.

O uso de combustíveis fósseis tem contribuído de forma significativa para o aumento da concentração (pressão parcial) de CO_2 na atmosfera. Esse fato é preocupante, pois, de um lado, esse gás é fundamental para processos como a fotossíntese, a regulagem da alcalinidade da água do mar, a composição do exoesqueleto de animais marinhos etc., e o aumento da pressão parcial do CO_2 na atmosfera pode favorecer algumas culturas de alimentos e fibras. Contudo, por outro lado, pode também prejudicar o rendimento de outras culturas. Mesmo nos casos em que ocorra o incremento da produção, existirá simultaneamente um maior consumo de nutrientes, o que forçará o aumento do uso de adubos artificiais.

O CO_2 e o CH_4 são reconhecidamente gases estufa. A diferença entre as respectivas quantidades na atmosfera (CO_2 = 360 mL/m^3 e CH_4 = 1,700 mL/m^3), bem como vida média aproximada (CO_2 = 500 anos e CH_4 = de 7 a 10 anos), revela menores valores para o CH_4. Entretanto, este último tem capacidade vinte vezes maior de acumular calor do que o CO_2, resultando em um maior impacto no balanço relacionado ao aquecimento global. Quando a radiação solar, sob forma de luz visível, atinge a superfície terrestre, parte é absorvida e parte é refletida, também sob forma de radiação infravermelha, que está associada ao calor.

Se a Terra absorvesse toda a energia solar que recebe, sua temperatura atingiria níveis insuportáveis. A atmosfera terrestre tem um papel fundamental no equilíbrio energético, pois permite a passagem de cerca de 70% da energia solar incidente, refletindo 30% de volta para o espaço.

Parte da radiação que atravessa a atmosfera será absorvida, aquecendo o solo, os oceanos e a própria atmosfera, provocando a evaporação (com a formação de nuvens e chuvas), ventos e correntes oceânicas. Nesse processo deve ser estabelecido um equilíbrio e parte do calor produzido, sob forma de radiação infravermelha, deve ser reemitido para o espaço. Para sair da ação da Terra, essa radiação deve atravessar a atmosfera. Entretanto, essa atmosfera, que é praticamente transparente à luz solar, não o é em relação à radiação infravermelha. Moléculas como CO_2, CH_4, H_2O, O_3, entre outras, têm estruturas que permitem vibrar em frequências correspondentes às radiações infravermelhas. Isso resulta em maior absorção de calor pela atmosfera e, consequentemente, maior reflexão de calor para o solo.

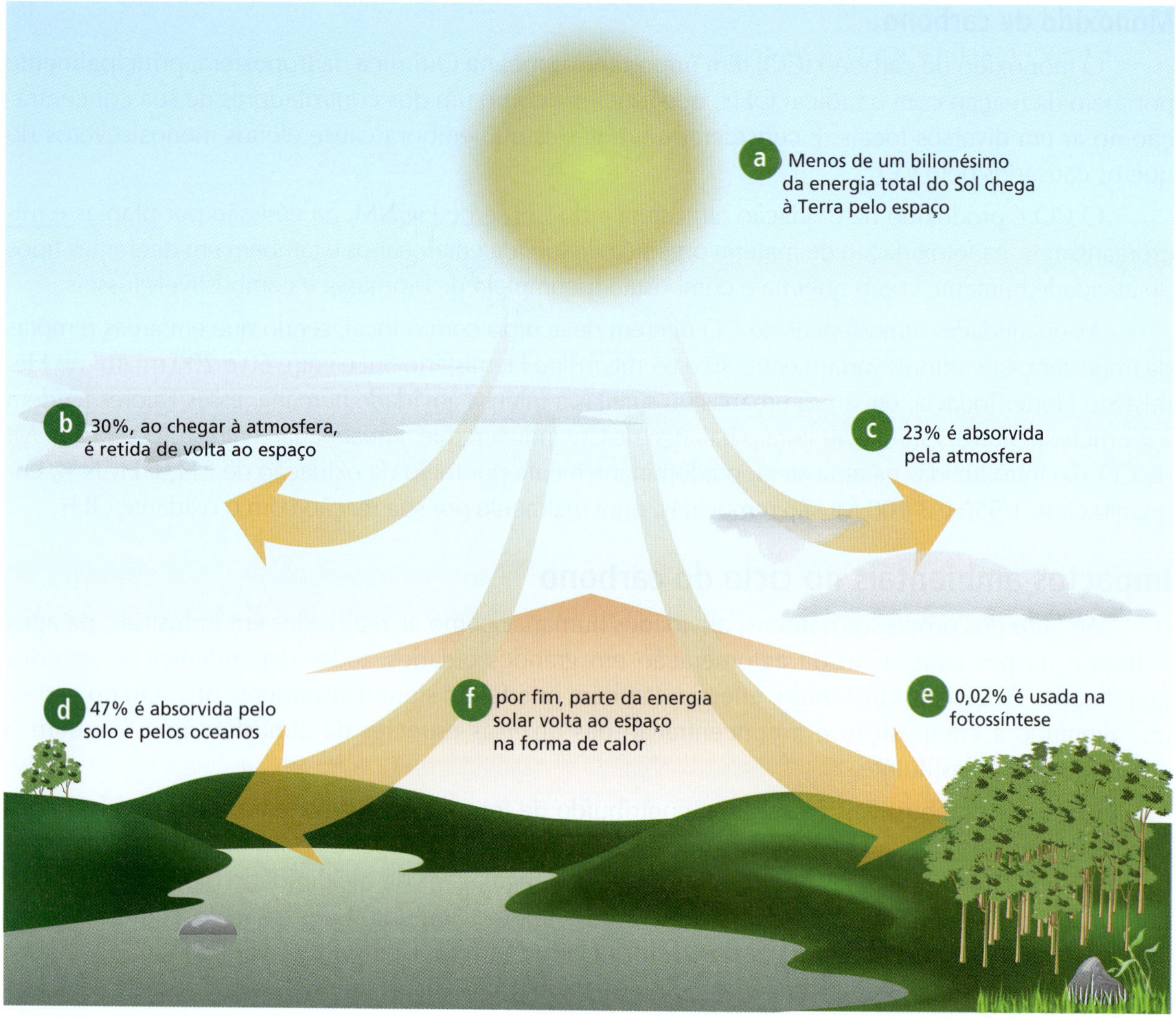

Figura 4-31: **Distribuição da energia solar.**

Questões

Q29. Quais são os principais compostos de carbono presentes na atmosfera?

Q30. As trocas de gás carbônico (CO_2) entre a atmosfera e a biosfera terrestre ocorrem principalmente por meio de dois processos.

a) Quais são esses processos?

b) Escreva a equação que representa cada um desses processos.

Q31. A fixação do CO_2 pelos oceanos ocorre por meio de algumas reações químicas que foram representadas no texto. A seguir apresentamos cada uma das equações e fazemos uma afirmativa sobre ela. Analise cada afirmativa e indique, em seu caderno, se ela está **correta** ou **incorreta**. Justifique sua resposta.

a) Equação: $CO_2\ (g) \rightleftharpoons CO_2\ (aq)$

Afirmativa: "Neste processo o gás carbônico sofre uma mudança de estado físico, passando de gás para líquido.".

b) $CO_2\ (aq) + H_2O\ (l) \rightleftharpoons H_2CO_3\ (aq)\ K = 2{,}0 \times 10^{-3}$

Afirmativa: "Considerando o valor da constante de equilíbrio, *K*, a concentração dos reagentes é maior que a concentração de produtos.".

c) H_2CO_3 (aq) + H_2O (l) $\rightleftharpoons$ H_3O^+ (aq) + HCO_3^- (aq) $K = 4{,}3 \times 10^{-7}$ mol · L^{-1}

Afirmativa: "Esse processo representa a ionização do ácido carbônico.".

d) HCO_3^- (aq) + H_2O (l) $\rightleftharpoons$ H_3O^+ (aq) + CO_3^{2-} (aq) $K = 4{,}7 \times 10^{-11}$ mol · L^{-1}

Afirmativa: "Nesse processo o íon carbonato é predominante em relação ao íon bicarbonato.".

Q32. Qual é a principal rota de transferência do CO_2 para o fundo dos oceanos?

Q33. Nos últimos 130 anos, a concentração de CO_2 na atmosfera aumentou dos originais 280 Gt para cerca de 360 Gt em meados da década de 1990. Baseado nesse dado, responda aos itens a seguir no caderno.

a) Qual foi a percentagem de aumento da concentração de CO_2?

b) A que se atribui esse aumento?

Q34. Caso todo o CO_2 emitido por esses processos permanecesse na atmosfera, seria esperada uma quantidade bem maior do que a que existe atualmente. Como esse fato pode ser explicado?

Q35. Quais são as principais fontes de emissão de CH_4 para a atmosfera?

Q36. Que substâncias são incluídas, segundo o texto, no grupo chamado de hidrocarbonetos não metânicos (HCNM)?

Q37. Dê exemplos de substâncias incluídas nesse grupo dos HCNM.

Q38. Estima-se que, anualmente, cerca de 1 270 MtC de HCNM são emitidas para a atmosfera. Quais são as principais fontes emissoras dessas substâncias?

Q39. Como o monóxido de carbono é produzido?

Q40. Se considerarmos os gases estufa CO_2 e CH_4, qual deles apresenta maior impacto no balanço relacionado ao aquecimento global?

ATIVIDADE 5

Revendo o que sabemos sobre efeito estufa e aquecimento global

A23 Pesquisem e leiam artigos que relatam posições de diferentes cientistas sobre o aquecimento global.

A24 Retomem o texto que vocês escreveram na atividade 1, sobre aquecimento global e efeito estufa.

a) Identifiquem no seu texto lacunas, problemas conceituais e os argumentos utilizados por vocês naquela ocasião.

b) Registrem seus comentários críticos ao texto.

A25 Retomem o artigo que vocês selecionaram na atividade 1. Releiam-no e posicionem-se diante dele. Escrevam uma carta para o editor da revista ou do jornal, manifestando sua posição em relação ao tema do artigo e ao modo como foi tratado.

ATIVIDADE 6

O ser humano e a proteção dos ambientes

A26 Citem três medidas capazes de contribuir para a redução da emissão de gases estufa na atmosfera.

A27 Para cada uma das fontes geradoras de energia citadas a seguir, avaliem, no caderno, se a capacidade de ela gerar gases estufa é nula, baixa, média ou alta. Expliquem porque vocês atribuíram tal valor.

a) Usinas nucleares.

b) Usinas termelétricas.

c) Usinas hidrelétricas.

d) Usinas de biomassa.

A28 Analisem o quadro a seguir, onde estão apresentados dados relativos a fontes e estimativas de contribuições ao aquecimento global.

Gás	Fontes principais	Percentual de contribuição
dióxido de carbono (CO_2)	combustíveis fósseis e desflorestamentos	50
clorofluorcarbonetos e outros halocarbonetos (CFCs e HCFCs)	refrigerantes, solventes, isolantes, espumantes, propulsores aerosóis, outros usos comerciais e industriais	20
Metano (CH_4)	arrozais, pântanos e charcos, criação de gado e outros animais, vermes, combustíveis fósseis, queima de madeira, depósitos de lixo	16
ozônio troposférico (O_3)	combustíveis fósseis	8
óxido nitroso (N_2O)	combustíveis fósseis, solos, queima de madeira e resíduos das plantações	6

CORSON, W. H. *Manual global de Ecologia*. São Paulo: Augustus, 1993. p. 231.

Quadro 4-5: **Contribuição de diferentes gases para o aquecimento global.**

As estimativas da contribuição de gases estufa para o aquecimento global envolvem significativas incertezas científicas. Desconsiderando-se isso e, com base nos dados fornecidos, identifiquem e justifiquem ações que o Brasil deve adotar para reduzir a emissão de gases estufa.

A29 O governo da França anunciou, em outubro de 2007, uma série de medidas de cunho ambiental, sendo que algumas delas ainda não são consensuais e, por esse motivo, não constam do pacote governamental. As medidas discutidas, algumas delas aprovadas, estão listadas a seguir.

Indiquem, no caderno, aquelas que vocês consideram que estão associadas ao controvertido debate sobre aquecimento global e expliquem por quê.

a) Supressão de lâmpadas incandescentes.

b) Suspensão de organismos geneticamente modificados.

c) Reforma de 400 mil moradias ao ano.

d) Imposto sobre carbono aos donos de veículos poluentes.

e) Taxação de caminhões que atravessam a França.

f) Transporte de caminhões que atravessam a França em trens especiais.

g) Redução de gastos de energia em prédios públicos.

h) Janelas com vidros duplos em moradias.

i) Redução em 10 km/h a velocidade máxima nas autoestradas francesas.

j) Instalação de mais 2 mil quilômetros de linhas de trens de alta velocidade (TGV).

k) Congelamento de novas construções de centrais nucleares que produzem 80% da energia consumida na França. Isso significará uma economia de gastos da ordem de 1 bilhão de euros em quatro anos a serem utilizados em pesquisas para substituição da matriz energética.

l) Incentivo à plantação de alimentos.

m) Redução pela metade do uso de pesticidas. A França já havia sido multada pela União Europeia, pelo uso abusivo desses produtos.

A30 Visando reduzir as taxas de emissão de poluentes atmosféricos, uma série de medidas vêm sendo discutidas e implementadas em todo o mundo, incluindo o Brasil. Contudo, toda ação humana é, em princípio, impactante. Algumas são mais, outras menos. Leiam algumas medidas apontadas no Brasil e respondam ao que se pede em cada uma delas.

a) O Governo Federal estuda um projeto de "vale geladeira" para cada cidadão brasileiro que se dispuser a trocar sua geladeira antiga por um modelo novo. A compra será subsidiada e dividida em várias prestações. Analisem, do ponto de vista ambiental, o significado dessa medida.

b) Outra medida que está sendo avaliada é a de reduzir o preço do gás de cozinha para as populações que vivem na zona rural de modo a incentivá-las a usarem butano, um combustível fóssil. Como vocês avaliam essa medida?

c) Os veículos de comunicação de massa noticiaram com frequência, ao longo do primeiro semestre de 2008, que o Brasil tinha grandes chances de, muito em breve, tornar-se uma das maiores potências econômicas mundiais do planeta. Escrevam um texto jornalístico com o título "O Brasil está com a faca e o queijo na mão". O texto deve corroborar essa ideia tanto do ponto de vista econômico, quanto ambiental. Incluam no texto, como base de dados e de argumentação, as seguintes expressões: "energia limpa", "etanol", "petróleo" e "produção de alimentos".

d) A energia nuclear, juntamente com o álcool brasileiro, foi aprovada por uma equipe de cientistas representantes das principais academias de ciências do mundo em relatório produzido sobre políticas de eficiência energética. O governo brasileiro até já anunciou a retomada do programa nuclear. Pesquisem como funciona a energia nuclear e em que consiste. Façam um quadro comparativo entre energia nuclear, energia de termelétricas, energia proveniente de hidrelétricas e de biocombustíveis. Para cada uma dessas, indiquem problemas ambientais e sociais que podem causar. Posicionem-se sobre a matriz energética que o país deveria adotar, incluindo na sua argumentação a relação custo × benefício.

e) Um projeto controvertido no Brasil refere-se à inclusão energética de 2,6 bilhões de pessoas que não têm acesso à energia elétrica ou geram energia apenas por meio de queima de madeira. O projeto conhecido como "Luz para todos" custaria 50 bilhões de dólares e aumentaria a emissão de carbono de 1% a 2%. Como vocês se posicionam em relação a essa polêmica?

NA INTERNET

- **<http://science.nasa.gov/newhome/headlines/essd06oct97_1.htm>**

Site da Nasa (em inglês) sobre a temperatura da alta atmosfera. Acesso em: 26 abr. 2012.

- **<www.sciencenetlinks.com/lessons.cfm?BenchmarkID=4&DocID=421>**

Site (em inglês) sobre a descoberta da radiação infravermelha. Acesso em: 26 abr. 2012.

- **<www.kcvs.ca/site/>**

Site (em inglês) do projeto Visualização em Ciências que disponibiliza diversas simulações envolvendo o tema "efeito estufa". Acesso em: 26 abr. 2012.

CAPÍTULO 5

Química de materiais recicláveis

dica Enem

Neste capítulo vamos estudar de forma mais profunda alguns materiais que abordamos no capítulo 4 da parte 1. Para isso vamos retomar conceitos que foram aprendidos ao longo de dois anos de estudos de Química.

Abordamos a ideia do ciclo de vida de produtos e, como parte dele, os processos de reciclagem. Não há dúvidas quanto à importância da reciclagem, mas é necessário nos conscientizarmos de que a possibilidade de reciclagem pode ser um estímulo à descartabilidade, o que reforça a perspectiva consumista: se é possível reciclar, não é necessário reduzir o consumo.

Esta não é a perspectiva que desejamos nem o ideal para a sociedade. Nossa ideia é tornar disponíveis conceitos químicos que levem as pessoas a compreenderem melhor como os materiais estão inseridos em nossa vida e, dessa forma, utilizarem de maneira mais responsável os recursos que o planeta nos oferece.

Sérgio Dotta Jr/Arquivo da editora

Fotos: Sérgio Dotta Jr/Arquivo da editora

Figura 5-1: Materiais recicláveis fazem parte de nossa vida, por isso é importante aprofundarmos nosso conhecimento sobre eles.

ATIVIDADE 1

Qual parte do lixo de nossa casa é reciclável?

Nas grandes cidades, já é parte da paisagem urbana os contêineres ou cestos para a coleta de materiais reciclados. Mas que tipo de material pode ser reciclado? Se olharmos esses recipientes, será possível identificar quatro tipos diferentes de materiais: vidro, papel, plástico e metal.

Além disso, se olharmos o lixo de nossa casa veremos que a maior parte dos resíduos sólidos (como é denominado esse tipo de lixo) pode ser classificada dessa forma. Nesta atividade, vamos trabalhar com a separação desses materiais.

O que fazer

A1 Reproduzam no caderno um quadro semelhante ao seguinte:

Embalagem	Tipo de material				
	Vidro	Papel	Plástico	Metal	Em dúvida
PET de refrigerante	/////////////	/////////////	/////////////	/////////////	/////////////
frasco de perfume	/////////////	/////////////	/////////////	/////////////	/////////////
embalagens de pães de fôrma	/////////////	/////////////	/////////////	/////////////	/////////////
embalagem de leite longa vida	/////////////	/////////////	/////////////	/////////////	/////////////
lata de milho verde	/////////////	/////////////	/////////////	/////////////	/////////////
saquinho de salgadinhos	/////////////	/////////////	/////////////	/////////////	/////////////
embalagem de desodorante aerossol (sob pressão)	///////////// /////////////	///////////// /////////////	///////////// /////////////	///////////// /////////////	///////////// /////////////
embalagem de café	/////////////	/////////////	/////////////	/////////////	/////////////
embalagem de palmito	/////////////	/////////////	/////////////	/////////////	/////////////
embalagem de creme de leite	/////////////	/////////////	/////////////	/////////////	/////////////
lata de massa de tomate	/////////////	/////////////	/////////////	/////////////	/////////////
embalagem de óleo de soja	/////////////	/////////////	/////////////	/////////////	/////////////
embalagem de esponja para limpeza	/////////////	/////////////	/////////////	/////////////	/////////////
saco de arroz, feijão ou farinha	/////////////	/////////////	/////////////	/////////////	/////////////
embalagem de ração para cães	/////////////	/////////////	/////////////	/////////////	/////////////
saco de compras do supermercado	/////////////	/////////////	/////////////	/////////////	/////////////
embalagem de *ketchup*	/////////////	/////////////	/////////////	/////////////	/////////////
embalagem de azeite	/////////////	/////////////	/////////////	/////////////	/////////////
embalagem de pasta de dentes	/////////////	/////////////	/////////////	/////////////	/////////////
embalagem de sabonete	/////////////	/////////////	/////////////	/////////////	/////////////

Quadro 5-1: **Tipos de materiais usados nas diferentes embalagens.**

A2 Classifiquem os materiais das embalagens listadas no quadro anterior, analisando o lixo de sua casa. Vocês terão que classificar cada uma das embalagens do quadro como vidro, papel, plástico ou metal. As embalagens que causarem dúvidas quanto à classificação devem ser colocadas na coluna "Em dúvida".

TEXTO 1

Qual parte do lixo de nossa casa é reciclável?

Ao classificar os materiais na atividade 1, vocês devem ter notado que alguns não oferecem muita dificuldade: por exemplo, você facilmente classificará uma embalagem de azeite como vidro ou metal, dependendo da embalagem que escolheu. Já outros materiais, como o saco de salgadinhos, já não oferecem a mesma facilidade de classificação: ele parece metal, mas numa observação mais criteriosa é possível perceber que ele tem camadas de plástico e que apenas uma dessas camadas sofre a deposição de alumínio. Seria melhor classificá-lo como plástico na hora de decidir em que cesto colocá-lo. A embalagem de leite longa vida também gera dúvida: ela é conhecida como embalagem cartonada longa vida e tem várias camadas de plástico, papel e alumínio. Normalmente deve-se jogá-las no cesto de papel, mas sua reciclagem exige cuidado especial.

Marcos Peron/kino.com.br

Figura 5-2: **A coleta seletiva de lixo é um hábito cada vez mais cotidiano nos ambientes urbanos. Campinas (SP), 2009.**

A reciclagem é uma realidade hoje em dia, apresentando-se como uma forma eficaz de dar um destino ao lixo produzido pela sociedade, embora não seja a principal solução para os problemas ambientais, como possa parecer.

Antes de reciclar, há que se repensar hábitos e atitudes para evitar o consumismo desenfreado. **R**eutilizar as embalagens dos produtos e **r**ecusar produtos que agridam a saúde e o ambiente são atitudes que devem ser adotadas, deixando que **r**eciclar seja o último "r" dessa cadeia de ações.

O quadro a seguir mostra o destino dos resíduos sólidos encontrados no lixo de diferentes países.

País	Aterros e/ou lixões	Incineração com recuperação de energia	Compostagem + reciclagem
Brasil	90%	—	10%
Alemanha	20%	20%	60%
Bélgica	10%	35%	55%
Reino Unido	75%	10%	15%
Portugal	75%	20%	5%
China	+ de 70%	dado não disponível	20% (só compostagem)

Quadro 5-2: **Destino dos resíduos sólidos, em porcentagem sobre o total.** *Almanaque Brasil Socioambiental*, 2008, p. 400.

É interessante notar que a porcentagem de material reciclado é certamente um indício do desenvolvimento de um país, embora essa não seja uma regra geral. Assim, enquanto o Brasil recicla e composta apenas 10% de seu lixo, a Alemanha faz o mesmo com 60%. Mas note que essa margem não é tão alta assim no Reino Unido, país bastante desenvolvido. No Brasil, além da falta de campanhas de incentivo à reciclagem do lixo doméstico, faltam contêineres para sua coleta. Se toda a população resolvesse de uma hora para outra reciclar seu lixo, não haveria lugar para jogá-lo.

Há que se considerar ainda que num país como o Brasil, de grandes desigualdades sociais, o lixo pode se tornar um meio de sobrevivência para muitas pessoas, que recolhem objetos recicláveis para vender nas indústrias. São os catadores de material reciclável que podem ser vistos pelas ruas de qualquer cidade grande. É uma atividade informal, mas em várias cidades já foram criadas associações de catadores que procuram organizar a atividade e lutar pelos seus direitos. Hoje, os catadores são reconhecidos pelo Ministério do Trabalho como categoria profissional, a de catadores de material reciclável.

Ueslei Marcelino/Folhapress

Figura 5-3: **Os catadores de materiais recicláveis exercem uma atividade de importância fundamental no recolhimento e encaminhamento desses materiais para a indústria de recicláveis.**

O quadro ao lado mostra como evoluíram, nos últimos anos, os índices de reciclagem para diferentes materiais.

Quadro 5-3: **Evolução dos índices de reciclagem no Brasil entre 1999 e 2006.**

Material	1999 (%)	2006 (%)
papel	16,6	49,5
papelão	71,0	77,4
plásticos	15,0	20,0
PET	21,0	47,0
latas de alumínio	73,0	96,2
latas de aço	35,0	29,0
vidro	40,0	46,0
pneus	10,0	58,0
longa vida	10,0	23,0
compostagem	1,5	3,0

Almanaque Brasil Socioambiental, 2008, p. 404.

No quadro anterior podemos notar que houve um aumento significativo na reciclagem de quase todos os materiais. No Brasil, hoje um dos campeões mundiais em reciclagem do alumínio, muito desse aumento se deve aos catadores. Os recicláveis são comprados por pequenos sucateiros e ferros-velhos, normalmente proprietários de uma pequena área na qual são acumulados esses materiais. Após uma pré-seleção, os recicláveis são revendidos a grandes sucateiros, que possuem grandes depósitos. Esses sucateiros são responsáveis pela separação manual ou mecânica para seleção dos diferentes tipos de material e retirada de impurezas em excesso.

A reciclagem no Brasil enfrenta muitos obstáculos ainda. Apesar do seu rápido crescimento na última década, precisa superar alguns desafios para crescer em direção à sustentabilidade. As principais dificuldades com a coleta de PET, por exemplo, dizem respeito à separação por coloração, pois a utilização do PET em processos de reciclagem é feita utilizando-se somente plásticos da mesma cor. Há também o problema da contaminação por outros materiais plásticos, além de cola e sujeira. Devemos considerar, ainda, que há pouca coleta seletiva no Brasil (quadro 5-2) se levado em conta o universo urbano do país. Por isso é preciso criar, urgentemente, novas políticas públicas de gestão dos resíduos urbanos se quisermos ultrapassar os parcos 10% de índice de reciclagem e compostagem de materiais.

Quanto mais rico é um país, mais lixo por habitante é gerado. No quadro seguinte mostramos alguns dados para você comparar a geração de lixo *per capita* entre o Brasil e outros países.

Quadro 5-4: **Lixo por habitante e por dia, para diferentes países.**

País	Lixo por habitante/dia
Brasil	0,80 kg/dia
Polônia	0,78 kg/dia
Dinamarca	1,55 kg/dia
Suécia	1,04 kg/dia
Reino Unido	1,36 kg/dia
Itália	1,23 kg/dia
Alemanha	1,46 kg/dia

Almanaque Brasil Socioambiental, 2008, p. 401.

A razão para o aumento do lixo produzido por dia, por habitante, é óbvia. Quanto mais desenvolvido é um país, maior o consumo em supermercados, onde todos os produtos são embalados. Já nos chamados "sacolões" ou "varejões", muito comuns no Brasil, o consumo de embalagens é bem reduzido. Imagine se toda verdura ou fruta que você comprasse viesse numa bandeja de poliestireno embrulhada com plástico! Isso aumentaria muito o seu consumo de embalagens.

Além disso, devemos considerar que num país de dimensões continentais, como o Brasil, o consumo não é o mesmo em todas as regiões, gerando lixos diferenciados. No estado de São Paulo, por exemplo, segundo dados da Cetesb (2008), uma cidade de até 100 000 habitantes gera 0,4 kg/dia de lixo, sendo que esse número sobe para 0,7 kg/dia em uma cidade de mais de 500 000 habitantes.

O que tem no lixo do brasileiro, afinal? Essa é uma pergunta interessante que pode revelar hábitos de consumo e atitudes em relação ao lixo. O quadro a seguir mostra essa composição:

Quadro 5-5: **Composição do lixo do brasileiro.**

Material	Porcentagem
matéria orgânica	57,41%
plástico	16,49%
papel/papelão	13,16%
vidro	2,34%
material ferroso	1,56%
alumínio	0,51%
outros	8,54%

Almanaque Brasil Socioambiental, 2008, p. 404.

Note que a matéria orgânica – restos de frutas e legumes, sobras de comida etc. – ainda constitui a maior parte do nosso lixo. Até quando manteremos esse desperdício?

Questões

Q1. Como vimos, existem quatro contêineres de coleta seletiva: vidro, papel, plástico e metal. No entanto, os materiais efetivamente recicláveis apresentam algumas particularidades. Por exemplo, o PET é coletado com plástico, mas é reciclado sozinho. Além disso, pela leitura do texto vocês devem ter notado que, no caso das embalagens PET, há uma separação adicional que é feita pela cor da embalagem.

Com base no texto lido, façam um fluxograma da coleta seletiva, que deverá ser constituído de linhas e quadrados. Nos quadrados vocês devem colocar o nome de cada pessoa responsável por uma etapa, como: catador de material reciclável ou pequeno sucateiro. Nas linhas devem ser descritas as ações. Por exemplo: “separa o lixo entre vidro, papel, plástico e metal” é uma linha que liga o quadrado contendo “coleta doméstica” e o outro contendo “contêineres para coleta doméstica”. Construam o fluxograma partindo de duas entradas diferentes: “coleta doméstica” e “catadores de papel”. Baseados nesse registro, sugiram medidas que poderiam ser tomadas, tanto pelos agentes envolvidos como pelo poder público, para aumentar a eficiência do processo e diminuir o seu custo.

Q2. Se vocês fossem donos de um supermercado, que providências poderiam tomar para reduzir a quantidade de embalagens dos seus produtos? Vocês acham que perderiam fregueses por causa disso? Discuta com seus colegas as várias alternativas e meios para implementá-las.

Q3. O vidro já foi amplamente utilizado como embalagem para cervejas e refrigerantes. Tinha a grande vantagem de ser retornável. No entanto, praticamente todos os refrigerantes substituíram essa embalagem por garrafas PET. Discutam as possíveis causas dessa substituição, levando em consideração o meio ambiente e o fator econômico. Discutam as vantagens e desvantagens dessa substituição. Levem em consideração os dados da porcentagem de material reciclado (quadro 5-3) e o tempo de decomposição para os diferentes materiais.

Q4. Considerando os quatro tipos principais de lixo – vidro, papel, plástico e metal –, tentem propor uma hipótese que explique por que o principal tipo encontrado nos oceanos é o plástico.

TEXTO 2

Ciclo de vida: de onde vem e para onde vai o que produzimos e consumimos?

A ideia de ciclo de vida dos produtos tem inspiração na concepção ecológica dos produtos que vem sendo desenvolvida, principalmente, por uma área de conhecimento denominada ***ecodesign***.

O *ecodesign* envolve um processo que contempla os aspectos ambientais em todos os estágios de desenvolvimento de um produto, colaborando para reduzir o impacto ambiental durante seu ciclo de vida. Assim, busca assegurar que a origem de um produto envolva o uso racional de energia, de água e de matérias-primas.

Esta forma de conceber produtos envolve, por exemplo: recuperação de material; elaboração de projetos simples com custo de produção menor, que utilizem menos material e que sejam fáceis de montar e desmontar; redução do consumo de materiais ao longo do ciclo de vida do produto; recuperação e reutilização de resíduos gerados; uso de materiais e formas de energia renováveis; a concepção de produtos com maior durabilidade; recuperação de embalagens; concepção de produtos que consomem menos energia.

A concepção ecológica de um produto envolve o conhecimento de todo o seu ciclo de vida, ou seja, de onde esse produto vem – as matérias-primas que lhe deram origem –, como é produzido e para onde vai ao ser descartado. Para isso, muitas empresas têm adotado a **análise do ciclo de vida** (ACV) dos produtos.

Essa análise procura investigar os impactos ambientais causados por um produto ou serviço desde a sua concepção mercadológica, planejamento, extração e uso de matérias-primas, gasto de energia, transformação industrial, transporte e consumo até o seu destino final.

Quando pensamos no ciclo de vida de um produto, podemos entender melhor a constituição dos materiais que o compõem; o processo de produção, tanto das matérias-primas como dos componentes do produto; as transformações químicas envolvidas; as propriedades dos materiais; a estrutura dos materiais; a relação estrutura/propriedades; os impactos ambientais de cada etapa; e as relações de consumo.

Vamos explorar esta ideia usando análises qualitativas simplificadas dos ciclos de vida de alguns materiais, como o PET, o papel, o vidro e o alumínio. A escolha desses materiais foi feita levando-se em conta a grande quantidade deles em nosso cotidiano.

TEXTO 3

Ciclo de vida das garrafas PET

Desde que chegou ao Brasil, em 1988, esse tipo de plástico vem sendo cada vez mais utilizado, sendo que a partir de 1993 passou a ser amplamente usado no mercado de embalagens, notadamente nas de refrigerantes. O quadro ao lado mostra a evolução do consumo de embalagens PET no Brasil.

O PET é um tipo de plástico utilizado na fabricação de garrafas e embalagens variadas, sendo a mais comum e mais conhecida a embalagem de refrigerante. Esse tipo de plástico apresenta propriedades como: alta resistência mecânica e química; funciona como barreira para gases e odores; possui peso menor que o das embalagens tradicionais. Isso confere a esse material características que o tornam indicado para acondicionar e transportar satisfatoriamente os produtos.

O PET é o polímero termoplástico denominado poli (tereftalato de etileno). Sua obtenção começa na extração do petróleo.

Sérgio Dotta Jr./Arquivo da editora

Figura 5-4: O PET é um tipo de plástico muito utilizado na embalagem de refrigerante.

Ano	Consumo de embalagens (em toneladas)
1994	80 000
1995	120 000
1996	150 000
1997	185 700
1998	223 600
1999	244 800
2000	255 100
2001	270 000
2002	300 000
2003	330 000
2004	360 000
2005	374 000
2006	378 000
2007	432 000
2008	462 000

Associação Brasileira da Indústria do PET (Abipet). Disponível em: <www.abipet.org.br>. Acesso em: 7 jan. 2010.

Quadro 5-6: A evolução do consumo de embalagens PET no Brasil.

Após o uso, as embalagens feitas com PET podem ser recicladas. O quadro a seguir mostra o histórico de sua reciclagem no Brasil:

Ano	Reciclagem pós-consumo/índice	Ano	Reciclagem pós-consumo/índice
1994	13 kt[1] = 18,8%	2001	89 kt = 32,9%
1995	18 kt = 25,4%	2002	105 kt = 35%
1996	22 kt = 21,0%	2003	141,5 kt = 43%
1997	30 kt = 16,2%	2004	167 kt = 47%
1998	40 kt = 17,9%	2005	174 kt = 47%
1999	50 kt = 20,42%	2007	231 kt = 53,5%
2000	67 kt = 26,27%	2008	253 kt = 54,8%

Associação Brasileira da Indústria do PET (Abipet). Disponível em: <www.abipet.org.br>. Acesso em: 7 jan. 2010.

Quadro 5-7: Evolução da porcentagem de PET reciclado no Brasil.

Observando os dados do quadro, podemos imaginar que a tendência é que a porcentagem de reciclagem do PET no Brasil ainda aumente muito. Nos textos e atividades a seguir vamos observar mais de perto o ciclo de vida dessas embalagens.

[1] 1 kt (kiloton ou gigagrama) correponde a mil toneladas

ATIVIDADE 2

Reconhecendo o PET

Nesta atividade vamos discutir a relação entre a constituição e as propriedades do PET e seu uso crescente. Para isso, leiam o texto a seguir e respondam, no caderno, às questões propostas na sequência.

(Re)conhecendo o PET

Podemos observar, no nosso cotidiano, que boa parte dos materiais usados em residências, hospitais, escolas, comércio etc. vem sendo substituída por materiais plásticos. Uma das substituições mais visíveis foi a das embalagens de refrigerantes, que passaram de garrafas de vidro para recipientes de plástico. O quadro a seguir apresenta alguns dados que comprovam esse fato.

	Porcentagem		
Embalagens	**1990**	**1996**	**1998**
vidro não retornável	< 1	< 1	< 1
vidro retornável	87	27	10
PET não retornável	3	59	74
PET retornável	< 1	5	3
latas	< 1	6	9

Quadro 5-8: **Distribuição porcentual das embalagens de refrigerante usadas no Brasil (1990-1998).**

A partir dessa substituição, um novo termo virou sinônimo de embalagem de refrigerante: PET. É comum entrarmos em uma padaria ou supermercado e escutarmos as pessoas falando: "me dá uma *X*-cola PET" ou "promoção: refrigerante PET por um real".

Mas será que o PET é usado somente como embalagem de refrigerante? Seríamos capazes de entrar em um supermercado, ou até mesmo em nossas casas, e identificarmos se uma embalagem plástica é do tipo PET ou não?

Para facilitar a identificação dos materiais plásticos, em 1994 a Associação Brasileira de Normas Técnicas (ABNT) determinou que cada tipo de plástico recebesse uma numeração específica e que esse número viesse dentro do triângulo que simboliza reciclagem.

As embalagens de PET são identificadas pelo número 1. Na maioria das embalagens, o triângulo é aplicado em alto-relevo na parte inferior do recipiente. Confira na figura a seguir a simbologia utilizada para identificar o PET.

Símbolos do mesmo tipo são utilizados para identificação de outros tipos de plástico, mudando apenas a numeração. A relação entre o número utilizado no símbolo e o tipo de plástico é apresentada a seguir:

- 2: PEAD (polietileno de alta densidade);
- 3: PVC (poli(cloreto de vinila));
- 4: PEBD (polietileno de baixa densidade);
- 5: PP (polipropileno);
- 6: PS (poliestireno);
- 7: outros.

Avits/Arquivo da editora

Figura 5-5: **Símbolo de reciclagem para embalagens PET.**

O que é o PET?

Muitos materiais existentes na natureza resultam da união de pequenas moléculas produzindo outras, bem maiores, chamadas de **macromoléculas** ou **polímeros**. As moléculas menores são chamadas de monômeros. As proteínas, os açúcares e o DNA são exemplos significativos de polímeros naturais.

Mas os polímeros não existem apenas nos seres vivos. Eles podem ser adquiridos em supermercados, estão presentes ao nosso redor, são utilizados em vestimentas, fazemos refeições em sua companhia e são encontrados nos travesseiros e colchões, só para citar alguns exemplos. Entre os polímeros sintéticos mais usados estão as borrachas e os plásticos.

A sigla PET deriva das primeiras letras do nome científico dado a esse plástico: poli(tereftalato de etileno). O PET é classificado como um termoplástico quando são analisadas suas propriedades de solubilidade e fusibilidade. **Termoplásticos** são aqueles que não sofrem alterações em sua estrutura química durante o aquecimento até a sua fusão. Os termoplásticos, após serem resfriados, podem ser novamente fundidos. Isso significa que, depois de moldado, o PET pode ser remoldado.

O PET é usado na fabricação de fibras têxteis, filmes (para adesivos, por exemplo) e embalagens para refrigerantes, águas e sucos. Diversos outros líquidos podem estar embalados em PET: óleos comestíveis, medicamentos, cosméticos, produtos de higiene e limpeza, destilados, isotônicos e cervejas, entre outros.

Como se obtém o PET?

O PET é obtido industrialmente a partir de transformações químicas especiais chamadas **reações de polimerização**. Numa reação de polimerização, moléculas menores (monômeros) reagem e formam moléculas bem maiores. No caso do PET, os reagentes mais utilizados para formar os monômeros são substâncias orgânicas: um ácido dicarboxílico e um glicol. Exemplos desses reagentes podem ser observados na figura a seguir.

ácido tereftálico

etilenoglicol

Figura 5-6: **Exemplos de reagentes que dão origem ao PET.**

A reação de produção do PET inicia-se com a esterificação dos monômeros. A sequência de condensação desses monômeros leva à formação do PET. Essa sequência de condensação é chamada de policondensação. Tem-se como subproduto dessa reação química a água. Os polímeros resultantes dessa reação poderão ter massas molares médias variáveis.

A seleção da massa molar média é fundamental para a utilização do PET como matéria-prima na produção de produtos de plástico. Por exemplo, uma indústria de tecido irá utilizar o PET com massa molar média de 12 kg/mol a 20 kg/mol, que é adequado para a produção de fibras têxteis e filmes. Já nas indústrias de embalagens, a utilização do PET com massa molar média entre 30 kg/mol e 35 kg/mol é ideal para a fabricação de embalagens sopradas (garrafas).

O controle da massa molar que se quer obter é feito por meio da variação de parâmetros do processamento, como, por exemplo, a temperatura. Para isto, a amostra de PET é submetida a um tratamento térmico em reatores que possuem atmosfera inerte, pois o poli(tereftalato de etileno) é sensível à degradação térmica, especialmente na presença de água e/ou ar (oxigênio). A presença de oxigênio induz um processo de degradação oxidativa e a degradação térmica com umidade provoca a quebra das cadeias, reduzindo a massa molar do polímero.

Propriedades do PET

Além da faixa de massa molar do material de partida e da temperatura do processamento, outros parâmetros são importantes na seleção do material PET com as características adaptadas para o uso como embalagem. Para a utilização no armazenamento de bebidas gasosas, deve ser feito sobre o polímero um procedimento que induza a orientação das longas cadeias em dois eixos (biorientado), sem aumento significativo de cristalização. Esse processo vai garantir boas propriedades mecânicas, transparência e baixa permeabilidade ao gás CO_2.

A relação entre as quantidades de fase cristalina (aquela que apresenta organização a longa distância) e amorfa no material constitui uma propriedade central na definição do seu uso. O PET é um material intrinsecamente semicristalino, ou seja, quantidades variáveis de suas cadeias podem organizar-se em cristais ou se manterem amorfas, de forma similar aos vidros.

Se o processo de obtenção de artefatos que têm como matéria-prima o PET seguir o seu curso normal, as macromoléculas do polímero estarão organizadas de tal forma que o seu "grau de cristalinidade", ou seja, a quantidade relativa de fase organizada, será alto (> 50% da massa total). Isto não é adequado ao uso do PET como embalagem pois, quanto maior o grau de cristalinidade, mais quebradiço fica o material. O ideal é a utilização do PET biorientado que apresenta um grau de cristalinidade < 50% em massa.

No caso do PET, a temperatura característica da transição da fase amorfa, ou transição vítrea, é em torno de 75 °C. Isto significa que sua fase amorfa, que está presente em teor superior a 50% em massa, é rígida à temperatura ambiente e flexível acima de 75 °C.

Outra propriedade, que também está ligada ao grau de orientação e cristalinidade, é a absoluta transparência, o que dá a impressão de higiene e pureza de seu conteúdo para o consumidor. A estrutura menos cristalina das macromoléculas contribui para dar à embalagem a transparência desejada e flexibilidade suficiente para garantir boa resistência ao impacto. O seu forte brilho, parecido com o do vidro, chama a atenção do consumidor e valoriza o produto embalado.

O PET apresenta também a vantagem de ser um polímero que pode receber pigmentos de diferentes cores e tons, fornecendo variadas opções na identidade da embalagem.

Outra característica importante do PET é sua baixa densidade em relação ao vidro. Isto facilita o transporte e reduz os custos a ponto de estimular a descartabilidade da embalagem. Uma carreta pode carregar 60% mais refrigerante ou suco se a carga for com garrafas PET do que se for com garrafas de vidro. A densidade do PET está entre 1,38 g/mL e 1,41 g/mL. A do vidro para embalagem é de 2,5 g/mL.

Quando falamos de refrigerante, ou de outra substância carbonatada, o PET não substituiu o vidro somente devido às propriedades citadas anteriormente. Imagine uma garrafa de refrigerante com todas essas propriedades, mas que não conseguisse manter o gás da bebida. O PET biorientado tem a capacidade de formar uma barreira contra gases. Uma água mineral com gás pode ficar armazenada em garrafa do tipo PET pelo mesmo tempo que ficaria em uma garrafa de vidro, sem perder o seu gás. Isto se deve à baixa permeabilidade desse plástico a compostos carbonatados, comparada com outros plásticos, excluindo-se o PVC, que é igualmente muito pouco permeável a gases. Essa baixa permeabilidade deve-se às interações fortes que existem entre as cadeias macromoleculares, que dificultam significativamente a difusão de gases. A orientação das cadeias, mesmo sem cristalização, favorece um maior empacotamento das mesmas e, portanto, a baixa permeabilidade.

Todas essas características fazem do PET um material que vem sendo cada vez mais utilizado como embalagem, como podemos observar no quadro na página seguinte.

	1990	1998	1999	2005
plástico (exceto PET)	384	739	785	1036
PET	4	273	276	354
papéis	1213	1917	2053	2686
alumínio	19	184	180	225
vidro	891	841	822	1004

Quadro 5-9: Consumo de materiais para embalagens no Brasil, em toneladas.

Não podemos esquecer que os materiais do tipo PET são 100% recicláveis! A coleta seletiva e a classificação do lixo plástico são pontos de estrangulamento para a reciclagem. O PET pode ser reciclado, por exemplo, para aplicação na produção de fios e cerdas para cordas e vassouras.

Informações obtidas de PEREIRA, Rita de Cássia Campos; MACHADO, Andréa Horta; SILVA, Glaura Goulart. (Re)conhecendo o PET. *Química Nova na Escola*. São Paulo, n. 15, maio 2002.

Questões

Q5. De acordo com o texto, o que são polímeros?

Q6. Deem um exemplo de polímero natural.

Q7. De acordo com o texto, o que é um plástico?

Q8. PET é uma sigla que tem relação com o nome científico de um plástico. Que plástico é esse?

Q9. O PET é considerado um termoplástico. O que isso significa em termos de propriedades?

Q10. Quais são os usos do PET citados no texto?

Q11. O que é uma reação de polimerização?

Q12. Para a síntese do PET são utilizadas duas substâncias: o ácido tereftálico e o etilenoglicol. Suas fórmulas estruturais foram apresentadas no texto anterior.

a) Quais as funções orgânicas presentes nessas duas moléculas?

b) A solubilidade do ácido tereftálico em água é de 1,7 g em 100 g de H_2O a 25 °C. O etilenoglicol é solúvel em água, em qualquer proporção, na mesma temperatura. Utilizando modelos de interações intermoleculares, expliquem essa diferença.

Q13. Como se faz a seleção do PET que será utilizado para a produção de tecidos e o que será utilizado para a produção de embalagens?

Q14. Relacionem as propriedades apresentadas pelo PET com suas características estruturais.

Ivan Coutinho/Arquivo da editora

TEXTO 4

Do petróleo ao polímero: de onde vêm as garrafas PET

O caminho para a produção de plásticos tem início na obtenção de um combustível fóssil: óleo, gás natural ou carvão.

A maioria dos polímeros é produzida a partir de matéria-prima derivada do refinamento e da transformação do **óleo cru** ou **petróleo**. O petróleo é constituído por uma mistura complexa de inúmeras substâncias, sendo a maioria hidrocarbonetos.

A representação na figura 5-7 mostra algumas classes de compostos que constituem o petróleo.

óleo cru

hidrocarbonetos			outros compostos			
alifáticos	aromáticos	naftenos	sulfurados	nitrogenados	oxigenados	metálicos
25%	17%	50%	< 8%	< 1%	< 3%	< 100 ppm
$C_1 - C_{60}$	(C_6H_5)	cicloalcanos				

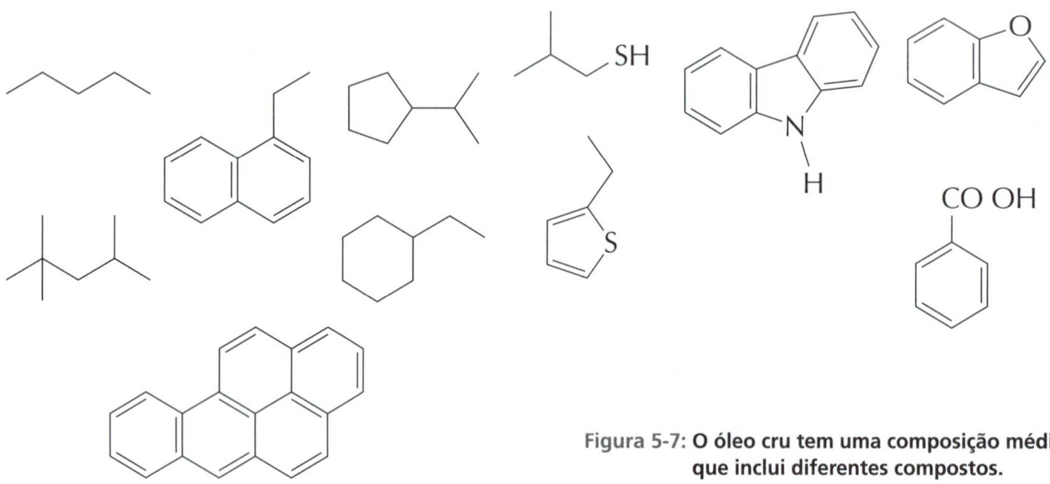

Figura 5-7: **O óleo cru tem uma composição média que inclui diferentes compostos.**

A obtenção do PET tem seu início no processamento do petróleo que, ao passar pelo processo de destilação fracionada, produz a matéria-prima essencial para o processo, que são o p-xileno e o etileno.

Os compostos dimetilbenzeno, conhecidos como **xilenos**, são obtidos a partir da nafta que já sofreu a destilação fracionada. Um dimetilbenzeno tem oito carbonos em sua molécula. Existem três isômeros conhecidos como orto-dimetilbenzeno, ou orto-xileno, meta-dimetilbenzeno (meta-xileno) e para-dimetilbenzeno (para-xileno). As estruturas desses compostos estão representadas a seguir.

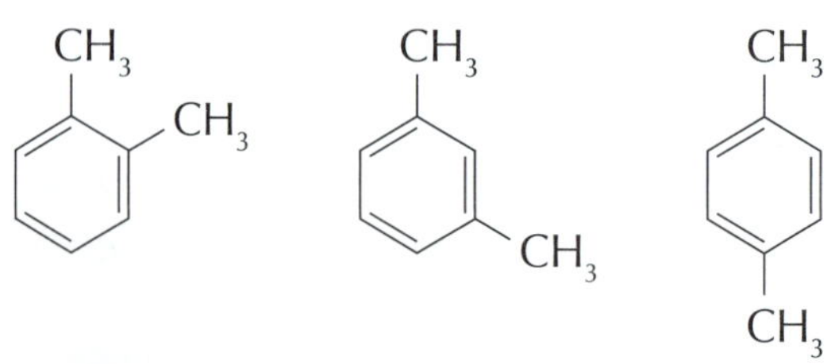

orto meta para

Figura 5-8: **Estruturas do orto, meta e para-xilenos.**

Os sufixos "orto", "meta" e "para" fazem referência às posições dos grupos metila, um em relação ao outro. Também se podem usar as notações o-xileno, m-xileno e p-xileno.

Eles são importantes compostos químicos industriais utilizados na fabricação de corantes, na produção de ácido benzoico, anidrido ftálico e dos ácidos isoftálico e tereftálico. Os ésteres dimetílicos desses ácidos são usados em reações de polimerização para a produção de uma grande família de poliésteres. Um desses poliésteres é o PET.

Os três xilenos isoméricos podem ser produzidos a partir do alcatrão por destilação, mas a fonte principal é o óleo cru. A partir da fonte fóssil pode-se obter uma mistura de isômeros. Ela contém 50-60% de meta-xileno e entre 20 e 25% de cada um dos isômeros orto e para.

A produção do poli(tereftalato de etileno) começa com o isômero para do xileno, mas é importante que ele esteja puro e livre dos isômeros orto e meta. Por isso a primeira etapa na obtenção do p-xileno, utilizado para a produção de polímeros, é sua separação dos outros isômeros.

Questão

Q15. O quadro a seguir apresenta dados para temperaturas de ebulição e fusão para os isômeros de dimetilbenzeno. Considerem os valores e proponham um processo de separação que possibilite a obtenção do isômero para.

Isômero	Temperatura de ebulição / °C	Temperatura de fusão / °C
orto	144	−25
meta	139,3	−47,4
para	137-138	13-14

Quadro 5-10: **Temperaturas de ebulição e fusão para os três isômeros de dimetilbenzeno.**

Como podemos observar no quadro anterior, as temperaturas de ebulição dos isômeros meta e para são muito parecidas. A diferença entre suas temperaturas de ebulição e a temperatura de ebulição do isômero orto permite que eles sejam destilados fracionadamente do isômero orto. Quando o destilado é resfriado artificialmente, o isômero para se cristaliza, permitindo que ele seja separado do isômero meta por cristalização fracionada.

O p-xileno é apenas um dos materiais de partida para a síntese do PET. O outro composto necessário é o etileno, que é recuperado no refino do óleo cru.

A produção do etileno é feita a partir de uma decomposição de algumas moléculas por ação do calor (craqueamento térmico); depois ele reage com gás oxigênio (O_2), na presença de um catalisador de prata (Ag), para produzir óxido de etileno (C_2H_4O). Esse óxido então reage com água, na presença de um ácido, para produzir etilenoglicol, um dos monômeros necessários. A equação a seguir representa o processo.

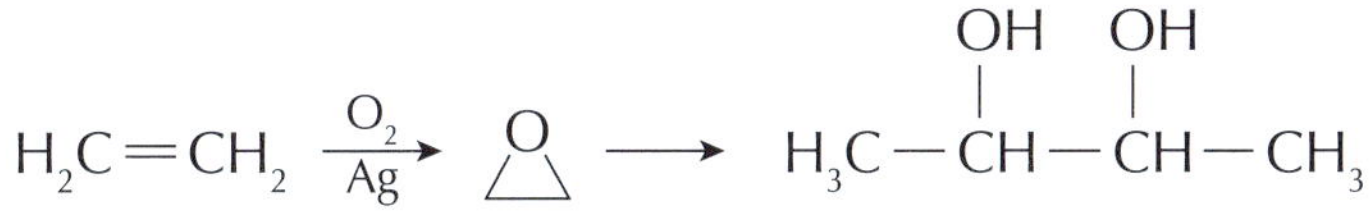

Figura 5-9: **Equação que representa a reação química utilizada para a obtenção do etilenoglicol.**

As reações necessárias para converter o p-xileno ao monômero necessário para a obtenção do PET podem envolver mais de uma etapa. O p-xileno é primeiramente oxidado para produzir o ácido tereftálico (TA), que é então esterificado para o tereftalato de dimetila (DMT). Isso pode ser conseguido por uma sequência de duas etapas ou por uma reação em única etapa, na qual a oxidação é feita usando-se um catalisador de cobalto na presença de metanol.

A figura a seguir mostra as equações que representam as reações:

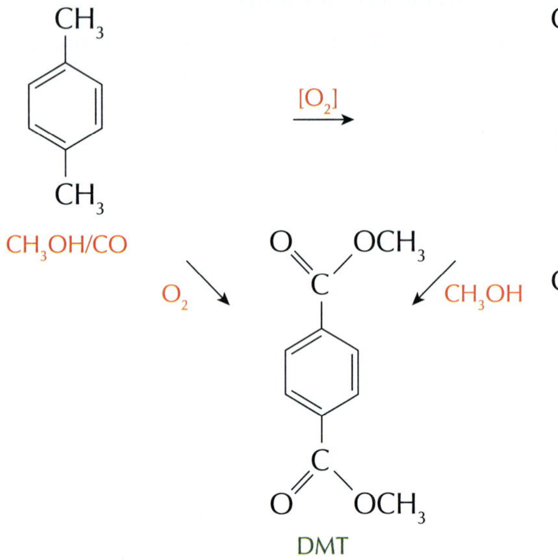

Figura 5-10: Representação para processos de obtenção do tereftalato de dimetila, um dos monômeros utilizados na obtenção do PET.

O PET é produzido, então, por meio de uma reação de polimerização desses dois monômeros: o etilenoglicol e o tereftalato de dimetila.

O poli(tereftalato de etileno) (o PET) é um polímero poliéster. A síntese do PET envolve a reação do tereftalato de dimetila com etilenoglicol, como mostrado a seguir.

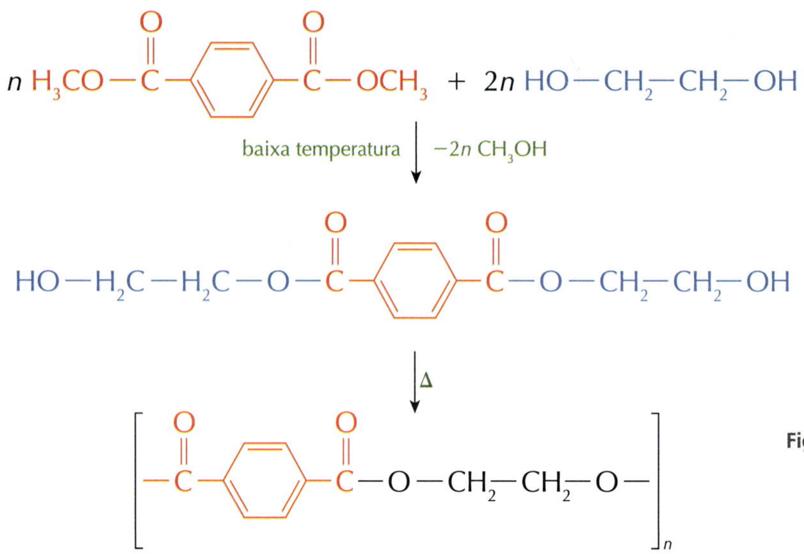

Figura 5-11: Equação que representa a síntese do PET a partir de tereftalato de dimetila e etilenoglicol.

O outro método é uma reação direta entre um diácido e um diol. Para produzir PET, o ácido tereftálico reage com etilenoglicol, conforme mostrado na figura a seguir.

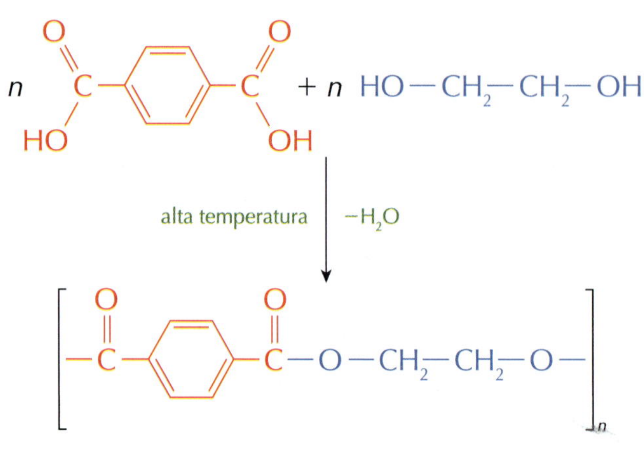

Figura 5-12: Equação que representa a síntese do PET a partir de ácido tereftálico e de etilenoglicol.

A reação anterior é um exemplo clássico de uma esterificação do tipo **Fischer**, na qual um álcool reage com um ácido e segue o mecanismo usual para aquela reação. O polímero só pode ser obtido pois cada molécula possui duas funções, ou seja, é difuncionalizada.

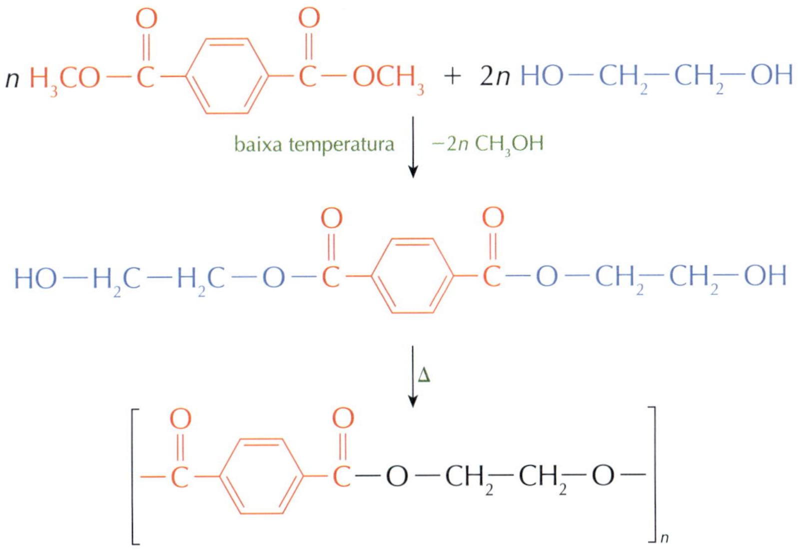

Figura 5-13: **Equação que representa a polimerização envolvida na obtenção do PET.**

TEXTO 5

Para onde vão as garrafas PET?

A produção de embalagens PET em 2008, no Brasil, segundo a Associação Brasileira da Indústria do PET (Abipet), foi de 462 000 toneladas.

Com o crescimento na produção industrial, o interesse pelo PET como atrativa fonte de renda para os envolvidos em sua reciclagem também aumentou.

Entretanto, o PET tem aparecido muitas vezes como vilão, pois pode obstruir galerias, rios e córregos, prejudicando o sistema de drenagem das águas de chuvas e intensificando as enchentes. Essa é uma imagem cada vez mais comum em rios e lagoas das cidades grandes.

Sérgio Castro/AE

Figura 5-14: **As embalagens de PET jogadas em locais inadequados podem causar transtornos. Rio Tietê, São Paulo (SP).**

Ainda segundo dados da Abipet, em 2008, 54,8% das embalagens PET produzidas no Brasil foram recicladas. Isso significa que as 253 176 toneladas restantes estão nos lixões e aterros sanitários ou jogadas em rios, lagos e oceanos.

A reciclagem do PET pode ser feita de maneiras diferentes, sendo a mecânica a mais convencional. Nela, os produtos plásticos são moídos, lavados, submetidos à secagem e reprocessados, dando origem a novos produtos. Praticamente todo o PET reciclado no Brasil passa pelo processo mecânico.

Esse tipo de reciclagem ocorre em diferentes etapas. Na primeira, as embalagens são separadas por cor e então prensadas. A separação por cor resulta em um material reciclado que possui uniformidade de cor, o que facilita sua aplicação no mercado. As embalagens são prensadas em fardos que contêm 2 000 garrafas, o que facilita e barateia o transporte.

Construction Photography/Corbis/Latinstock

Figura 5-15: **Reciclagem do PET.**

Na etapa seguinte as garrafas são moídas em flocos. Os flocos mais refinados são matéria-prima para a fabricação dos diversos produtos de PET. E uma última etapa, na qual os flocos, ou o granulado, são transformados num novo produto, fechando assim o ciclo.

Do ponto de vista tecnológico a reciclagem das garrafas PET é totalmente possível, mas esse processo ainda apresenta problemas na parte econômica, pois seu custo ainda é bastante alto.

Custa caro separar e limpar os plásticos descartados porque, em geral, são vários tipos de plásticos diferentes e que possuem muitos contaminantes.

Os diversos tipos de plásticos possuem diferentes densidades e por isso é difícil organizar uma infraestrutura de coleta. Outra questão importante relacionada à baixa densidade dos plásticos em relação a outros tipos de materiais é o volume que ocupam em relação ao seu peso nos resíduos urbanos.

Essa ideia de reciclagem surgiu com o objetivo de se reintroduzir no sistema uma parte da matéria – e da energia – que se tornaria lixo. No entanto, é importante lembrar que esse processo também consome água e energia, polui o ar e a água, e ainda, gera seus próprios resíduos.

No aspecto econômico, a reciclagem do PET é responsável pelo segundo melhor rendimento. Sua reciclagem utiliza apenas 30% da energia necessária para a produção da resina virgem. Além disso, o PET tem a vantagem adicional de poder ser reciclado várias vezes.

ATIVIDADE 3

Polímeros sintéticos

Você acompanhou o ciclo de vida de uma garrafa PET e estudou a constituição desse termoplástico. Mas existem outros tipos de plástico que fazem parte de nossa vida.

Nesta atividade vamos compreender melhor os polímeros sintéticos. Leiam o texto a seguir e respondam às questões propostas na sequência.

Polímeros sintéticos

Os humanos convivem com polímeros desde sempre, uma vez que as proteínas, o DNA e os polissacarídeos que existem em nosso organismo são polímeros naturais. Apesar desta longa convivência, foi só no século XX que um químico, Staudinger, formulou a hipótese macromolecular afirmando que existem moléculas muito grandes, as "macromoléculas". Essa hipótese foi verificada experimentalmente nos anos 20, quando Svedberg e os Bragg provaram que a hemoglobina e a celulose são formadas por moléculas gigantes. A aceitação da existência de macromoléculas permitiu a descoberta de muitas substâncias macromoleculares cujo resultado mais visível são os plásticos, borrachas, tintas e vernizes que fazem parte do nosso dia a dia, ou seja, os **polímeros sintéticos**. Além de descobertas intencionais, como dos poliésteres e do polipropileno isotático, houve também descobertas acidentais, como as do polietileno e do politetrafluoroetileno. Hoje, continuam sendo criadas novas e interessantes macromoléculas, para se obter novas propriedades mecânicas, ópticas e elétricas.

A importância destes materiais pode ser observada olhando ao nosso redor e vendo a quantidade de objetos feitos de plásticos que nós utilizamos, sustentando uma intensa atividade industrial, e muitos empregos. Os polímeros sintéticos mudaram a face da indústria química: superando em valor os quimioterápicos, fertilizantes e corantes, os polímeros passaram a ser a principal fonte de receita dessa indústria na segunda metade do século 20, e criaram um forte vínculo entre a Química e a ciência e engenharia de materiais. Este texto mostra como se constrói a estrutura de macromoléculas e como esta determina suas propriedades mais importantes.

Como se fazem macromoléculas: a conectividade das substâncias químicas

Moléculas pequenas como a de açúcar têm alguns átomos ou dezenas de átomos, mas as macromoléculas são formadas por milhares ou milhões de átomos, reunidos de maneira a formar grandes cadeias, ou redes. Por exemplo, se um ácido carboxílico reage com um álcool, forma-se um éster (figura 5-16). Entretanto, se uma molécula com duas carboxilas reagir com um diálcool, forma-se uma macromolécula formada pela junção de muitas partes semelhantes (que chamamos de polímero): é um poliéster, como está representado na figura 5-17.

$$\underset{\text{ácido acético}}{CH_3COOH} + \underset{\text{etanol}}{C_2H_5OH} \longrightarrow \underset{\text{acetato de etila}}{CH_3COOC_2H_5} + \underset{\text{água}}{H_2O}$$

Figura 5-16: Reação de um ácido carboxílico com um álcool, formando um éster.

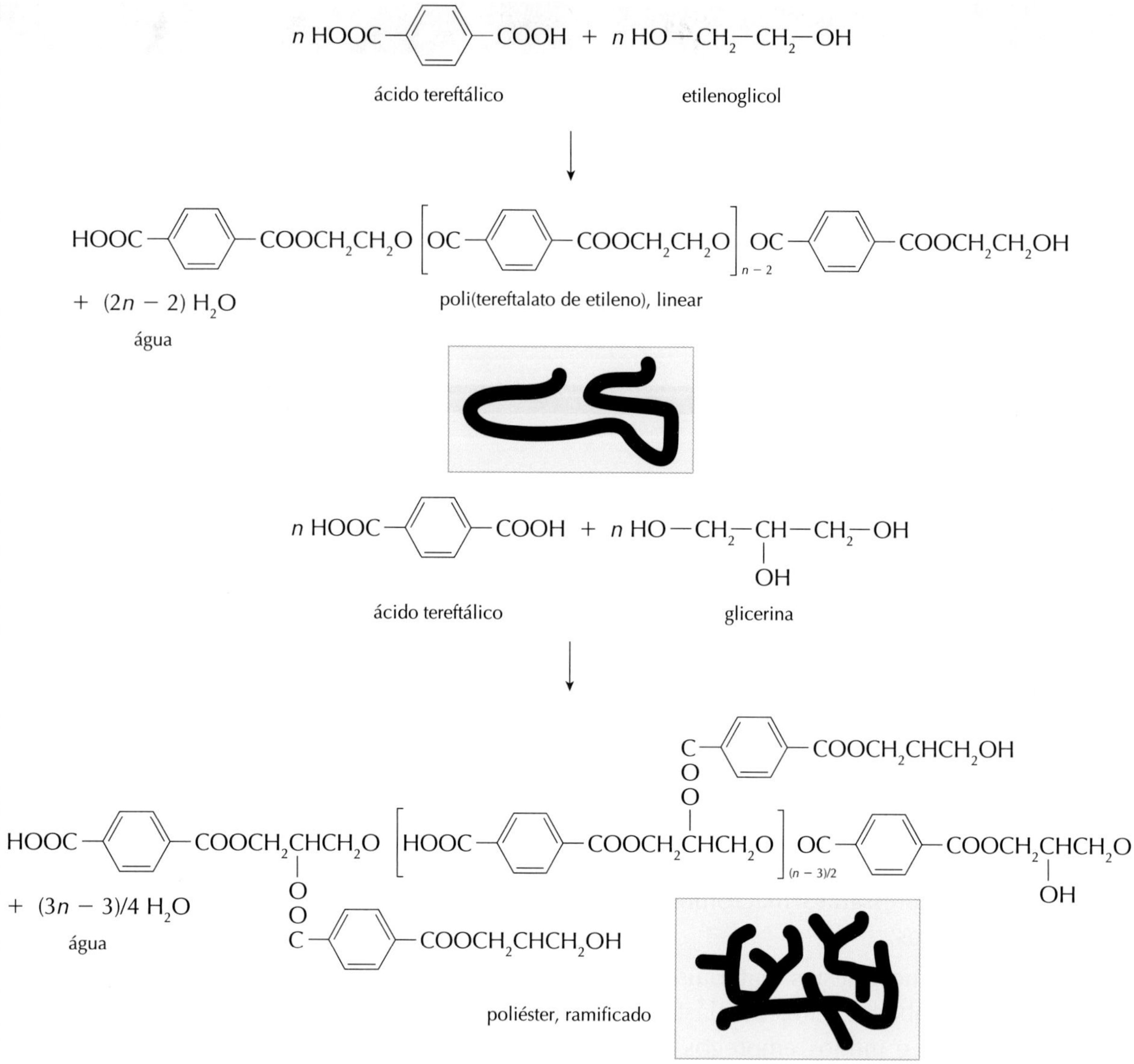

Figura 5-17: Reação de uma molécula com duas carboxilas com um diálcool, formando uma macromolécula pela junção de muitas partes semelhantes, um poliéster (polímero).

Também podemos fazer reagir um ácido dicarboxílico com um triálcool (por exemplo, a glicerina). Neste caso, resulta uma rede tridimensional, em que as cadeias de átomos estão interconectadas entre si.

Nós dizemos que o ácido dicarboxílico e o diálcool têm conectividade 2, isto é, cada molécula liga-se a duas outras. A glicerina tem conectividade 3, e assim por diante. Açúcares têm muitas hidroxilas, portanto têm conectividade muito alta.

Além de poliésteres, existem muitas outras famílias de polímeros. Sempre que houver a possibilidade de se juntar moléculas com conectividade 2 ou maior, haverá a formação de uma macromolécula. Os químicos usam essa lógica para inventar novas macromoléculas, embora muitas tenham sido descobertas por acaso.

Polímeros de compostos insaturados

Os polímeros fabricados em maior quantidade são o resultado da transformação de moléculas insaturadas em cadeias, lineares ou reticuladas. Estas moléculas possuem ligações duplas, e por isso podem ser transformadas em macromoléculas como no caso do etileno, representado na figura 5-18. Sob a ação de um iniciador ou catalisador, a dupla ligação do etileno é aberta e os seus elétrons formam duas ligações simples com outras moléculas, conectando-se a elas.

$$\underset{\text{iniciador}}{2R} + \underset{\text{etileno}}{nCH_2{=}CH_2}$$

$$\downarrow$$

$$RCH_2{-}CH_2{-}[CH_2{-}CH_2]x{-}CH{=}CH_2 + RCH_2{-}CH_2{-}[CH_2{-}CH_2]_{(n-x-4)}{-}CH_2{-}CH_3$$

polietileno

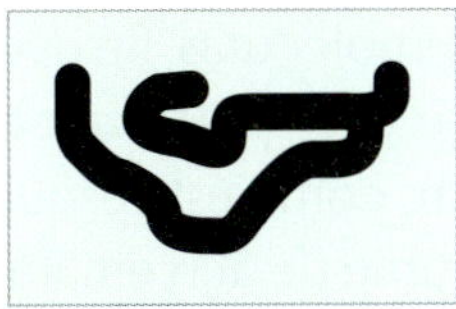

Figura 5-18: **Sob a ação de um iniciador ou catalisador, a dupla ligação do etileno é aberta e os seus elétrons formam duas ligações simples com outras moléculas, conectando-se a elas, formando então o polietileno.**

Estas reações produzem cadeias lineares ou ramificadas, que podem ainda ser transformadas em redes por outras reações. Dessa forma, o etileno, que é um gás formado por moléculas pequenas e muito simples, pode ser transformado em um grande número de polímeros com propriedades muito diferentes entre si: desde ceras moles até sólidos muito rígidos, apropriados para fazer implantes ortopédicos em joelhos. Toda esta transformação ocorre porque as pequenas moléculas, que se atraem apenas por forças de Van der Waals, são transformadas em grandes moléculas, nas quais os átomos estão unidos por ligações covalentes e com uma infinidade de possibilidades de variação, seja do número de átomos ligados, seja da quantidade e comprimento das ramificações, seja ainda da quantidade de ligações covalentes entre as cadeias.

As propriedades de polímeros lineares

Estas substâncias são formadas por filas ou cadeias de átomos. Outros átomos estão ligados lateralmente, podendo formar ramificações como em um galho de árvore. Com polímeros lineares fazemos filmes e sacos plásticos para embalagens, e as peças de plástico rígido que encontramos em muitos utensílios. Cadeias de macromoléculas também se entrelaçam fortemente; por isso um sólido polimérico tem uma grande resistência mecânica, ao contrário dos sólidos formados por moléculas pequenas. Isso é o que nos permite fabricar móveis, materiais de construção, peças de automóvel e uma infinidade de outros materiais com polímeros, mas não com moléculas curtas.

Propriedades de redes tridimensionais

Podemos conseguir propriedades mecânicas muito interessantes se formarmos uma rede tridimensional, ao invés de apenas entrelaçar as cadeias. Por exemplo, coloque-se (mentalmente) no lugar da borracha de um pneu, ou na sola do seu tênis, e pense em todas as pancadas, puxões, atrito e agressões mecânicas que eles sofrem. Apesar disso, resistem por muitos quilômetros e por muitos anos. Isso resulta da sua estrutura em rede tridimensional. A borracha de um pneu é formada por cadeias carbônicas de poli-isopreno e polibutadieno, todas conectadas entre si por ligações covalentes – portanto, é uma molécula tão grande que você pode enxergar a olho nu. Quando as macromoléculas estão formando uma rede, dizemos que elas estão reticuladas, como visto na figura ao lado.

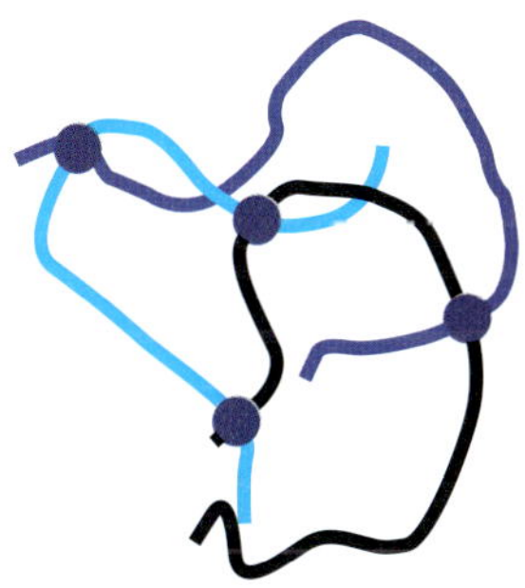

Figura 5-19: **Cadeias poliméricas ligadas entre si formam uma rede. Por isso, nesse caso chamamos o polímero de "reticulado". Nessa figura, os círculos representam ligações covalentes entre as cadeias.**

Outro exemplo é o das resinas fenólicas como a baquelite, que resistem muito bem a altas temperaturas e por isso são usadas em cabos de panelas, ou dos adesivos de *epoxi*. Nesses casos a rede tridimensional é rígida e continua rígida, mesmo em temperaturas elevadas – porque há um número muito elevado de ligações covalentes entre as cadeias.

Cadeias rígidas e cadeias flexíveis: a transição vítrea

As cadeias lineares ou reticuladas podem ser flexíveis, moles ou rígidas e duras. Um emaranhado ou uma rede de cadeias flexíveis podem ser deformados elasticamente, como você faz com um "elástico" do tipo usado para prender o cabelo. Quando puxamos as pontas do material, ele se deforma porque as moléculas flexíveis se alinham. Verifique isto no seu modelo de fios de linha emaranhadas: se você puxar um emaranhado lentamente, vai observar que alguns (ou muitos) fios vão se alinhar, como está esquematizado na figura 5-20. Entretanto, se os fios forem rígidos, como em um arame de aço emaranhado, o alinhamento será pequeno, ou inexistente. Algumas características das macromoléculas dependem muito da facilidade de se alinhar as cadeias. Quais cadeias são fáceis de alinhar? São aquelas que podem ser dobradas, desdobradas e torcidas com facilidade, como as cadeias que formam o polietileno e as siliconas. Por outro lado, as presenças de grupos laterais volumosos e de duplas ligações nas cadeias diminuem a sua flexibilidade: no poliestireno, os volumosos grupos fenilas esbarram uns nos outros, dificultando a movimentação das cadeias e isto torna o plástico rígido.

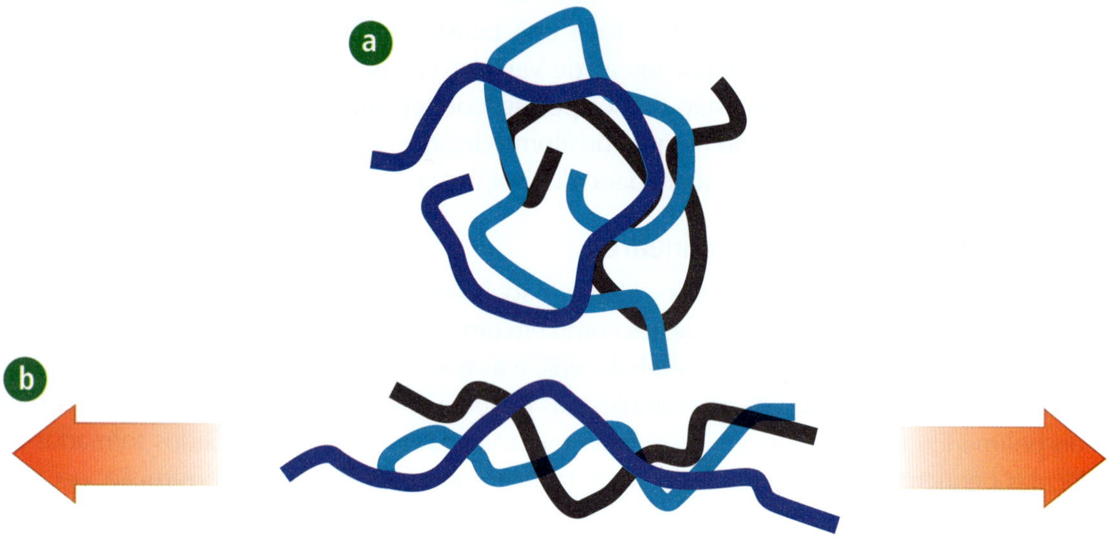

Figura 5-20: a) Macromoléculas lineares se entrelaçam, como fios; b) Macromoléculas entrelaçadas são alinhadas quando o polímero é estirado.

Macromoléculas são sempre rígidas em baixas temperaturas e flexíveis em altas temperaturas. Em baixas temperaturas, a energia cinética dos átomos é menor, eles se movem menos e há pouco espaço entre eles. Quando a temperatura aumenta, o sólido se dilata, porque os átomos vibram mais, se movem mais e aumenta o espaço livre entre eles, permitindo-lhes fazer outros movimentos além das vibrações. Assim, um sólido formado por macromoléculas rígidas é um vidro de polímero, como o acrílico usado para fazer réguas, painéis e enfeites. Um sólido formado por macromoléculas flexíveis é viscoelástico, ou uma borracha: é viscoso, porque escoa como um fluido, mas elástico porque tende a recuperar sua forma original.

Cada substância formada por macromoléculas tem uma temperatura de transição vítrea, na qual passa de rígida para flexível, e vice-versa. Você pode verificar isso experimentalmente, com um pedacinho de goma de mascar. Algumas gomas são feitas de PVA, o poli(acetato de vinila), que tem a temperatura de transição superior à temperatura ambiente, mas inferior à do corpo humano. Portanto, o PVA é duro na temperatura ambiente, mas amolece na boca, que é mais quente. Tirando da boca, ele endurece, e se for colocado na geladeira fica muito duro. Por esta razão, a maneira mais simples de desgrudar chicletes de uma roupa é colocar a roupa na geladeira (ou esfregar gelo sobre a goma), até que ela endureça e possa ser puxada, saindo então sem dificuldade.

Transformando substâncias em objetos

Substâncias orgânicas poliméricas são transformadas em objetos (tubos, filmes, fios, tecidos, revestimentos, peças moldadas) com muito maior facilidade que os sólidos inorgânicos iônicos ou os metais. Há vários processos de fabricação de objetos feitos de plásticos ou de borracha: extrusão, injeção, moldagem por compressão, rotomoldagem, sopro e formação a vácuo, dentre outros.

A principal vantagem dos processos de transformação de plásticos é que eles sempre consomem pouca energia se comparados aos processos usados na fabricação de artefatos de vidro, cimento, metais ou cerâmicas. Exatamente por isso as indústrias de transformação de plásticos causam pouca poluição térmica, contribuindo pouco para o efeito estufa, e sofrem poucas restrições ambientais quanto aos locais de instalação.

Informações obtidas de WAN, Emerson; GALEMBECK, Eduardo; GALEMBECK, Fernando. Polímeros sintéticos. *Cadernos Temáticos de Química Nova na Escola*. Edição especial, maio 2001.

Questões

Q16. O que são macromoléculas?

Q17. Em que situação ocorre a formação de uma macromolécula?

Q18. Expliquem por que o etileno pode ser transformado em um polímero.

Q19. O texto indica uma pequena experiência de construção de um modelo para explicar as propriedades de polímeros. Realizem a experiência sugerida e fotografem ou ilustrem no caderno o que vocês obtiveram.

Q20. Um sólido polimérico tem uma grande resistência mecânica, ao contrário dos sólidos formados por moléculas pequenas. Utilizando o modelo que vocês construíram em Q19, expliquem por que isso acontece.

Q21. Um pneu e a sola de um tênis são materiais que resistem por muitos quilômetros e por muitos anos apesar de todas as pancadas, puxões, atritos e agressões mecânicas que eles sofrem. Expliquem esse fato.

Q22. O que é um polímero reticulado?

Q23. Expliquem por que as macromoléculas são sempre rígidas em baixas temperaturas e flexíveis em altas temperaturas.

Q24. Que fenômeno tem lugar na transição vítrea?

Q25. As gomas de mascar são constituídas por um polímero chamado poli(acetato de vinila) ou PVA. Essas gomas são duras à temperatura ambiente, mas amolecem na boca. Tirando da boca, elas endurecem, e se forem colocadas na geladeira ficam muito duras. Expliquem o que ocorre.

Q26. Qual é a maneira mais simples de desgrudar uma goma de mascar de uma roupa?

ATIVIDADE 4

Produzindo um polímero termorrígido

A palavra "plástico" tem origem na palavra grega *plastikos*, que significa "próprio para ser moldado ou modelado". Do ponto de vista científico, são considerados plásticos os materiais macromoleculares que podem ser moldados por ação de calor e/ou pressão.

Nesta atividade vamos sintetizar um polímero termorrígido, que só pode ser moldado durante a síntese. Baseados nisso, vocês deverão fabricar um molde antes de fazer a atividade, ou usar uma fôrma qualquer.

Material

30 g de ureia comercial ($(NH_2)_2CO$), 57 mL de formaldeído (CH_2O), 37% *m/V*, 50 mL de soda cáustica (NaOH) 7% *m/V*, ácido clorídrico (HCl), 0,1 mol/L (serão usados menos que 20 mL), corantes alimentícios, fenolftaleína, um béquer de 600 mL, um béquer de 250 mL, três béqueres de 50 mL, uma proveta de 100 mL, uma espátula, um conta-gotas, um bastão de vidro, uma balança, um ebulidor, uma fôrma (ou molde).

Tenha cuidado!

Realize o experimento em uma capela e use luvas de plástico, pois o formaldeído, a ureia, a soda cáustica e o ácido clorídrico são tóxicos. Se não houver capela, o ambiente deve ser arejado. Cuidado também ao manipular água quente.

O que fazer

A3 Encham 2/3 do béquer de 600 mL com água para aquecê-la com o ebulidor até a temperatura de ebulição.

A4 No béquer de 250 mL, adicionem os 30 g de ureia, os 57 mL de formaldeído e os 50 mL de soda cáustica.

A5 Em seguida, usando o béquer já com água quente de A3, aqueçam o sistema do item A4 em banho-maria, à temperatura de ebulição da água, para que a ureia dissolva. Agitem com o bastão de vidro para ajudar na dissolução.

A6 Quando a ureia estiver toda dissolvida, retirem o sistema do banho-maria e resfriem-no com água corrente ou em banho de gelo, sempre agitando com o bastão de vidro, até o sistema ficar bastante turvo, com coloração esbranquiçada.

A7 Adicionem fenolftaleína ao sistema. Observem que o sistema vai adquirir coloração rosa.

A8 Em seguida, adicionem o ácido clorídrico com o conta-gotas, vagarosamente, até a mistura perder o tom rosa.

A9 Neste ponto, adicionem os corantes, caso contrário, a resina ficará branca.

A10 Coloquem o sistema de volta no banho-maria, sob agitação constante, por 2 minutos.

A11 Quando o sistema estiver quente, recomecem a adicionar o ácido clorídrico gota a gota, até que a mistura fique mais consistente, como um mingau.

A12 Logo em seguida transfiram a mistura para o molde.

A13 Após aproximadamente 40 minutos, quando o material já tiver resfriado e estiver seco, retirem-no do molde.

Questões

Q27. No passo A7 vocês adicionaram fenolftaleína ao sistema e observaram que o sistema adquiriu coloração rosa. Justifiquem esse fato.

Q28. No passo A8 vocês adicionaram ácido clorídrico e observaram que o sistema perdeu o tom rosa. Justifiquem o ocorrido.

TEXTO 6

O polímero ureia-formaldeído: obtenção e características

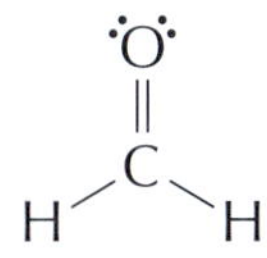

Figura 5-21: **Representação para a fórmula estrutural do formaldeído.**

A reação de polimerização entre a ureia e o formaldeído é extremamente exotérmica. Ela é chamada de **reação de condensação** e libera água.

O mecanismo da reação envolve várias etapas. Para compreender melhor o que ocorre, vamos analisar a estrutura da molécula do formaldeído (ao lado).

Observando a estrutura da molécula, constatamos que o átomo de oxigênio da carboxila apresenta dois pares de elétrons que não estão participando da ligação com o átomo de carbono. Isso faz com que esta região da molécula fique polarizada com uma carga parcial negativa.

A molécula de HCl, por sua vez, também encontra-se polarizada, pois o átomo de cloro possui eletronegatividade maior que o átomo de hidrogênio. Essa polarização está representada na figura a seguir, na qual μ (mi) representa o momento de dipolo.

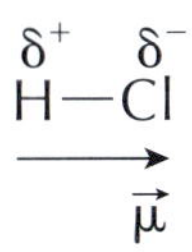

Figura 5-22: **Representação para a polaridade na molécula de ácido clorídrico.**

Como as duas moléculas apresentam polaridades em suas estruturas, ocorre a seguinte reação:

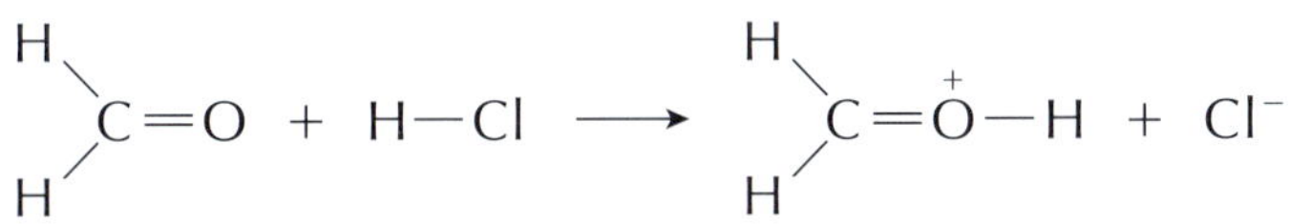

Figura 5-23: **Representação para reação que ocorre entre o ácido clorídrico e o formaldeído.**

Neste caso dizemos que a molécula de formaldeído foi **protonada**, ou seja, recebeu um H^+ da molécula de HCl, que liberou para o meio ânions Cl^-.

Na etapa posterior, uma molécula de formaldeído protonada reage com a ureia ($H_2N-CO-NH_2$) e libera um íon hidrônio (H_3O^+), como representado na equação a seguir:

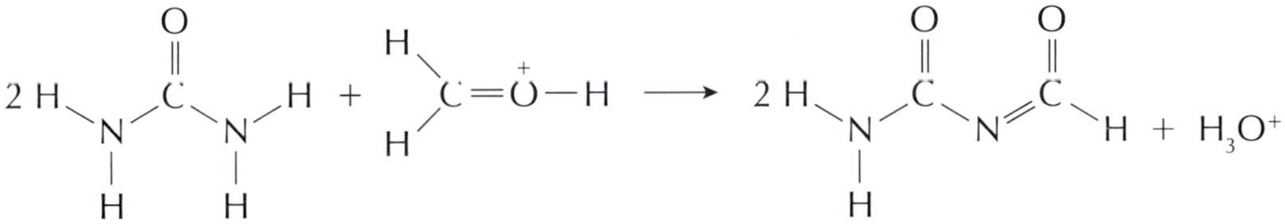

Figura 5-24: **Representação para a formação do monômero que participará formação do polímero ureia-formaldeído.**

A reação de polimerização continua e, por isso, acaba resultando em um polímero que possui ligações cruzadas. Por esse motivo, é considerado um polímero **termorrígido**.

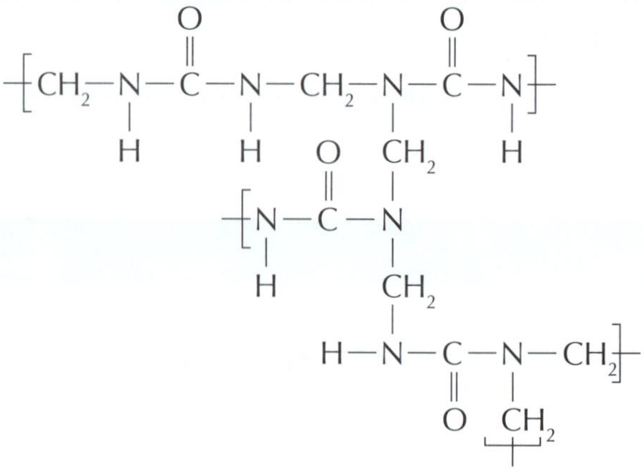

Figura 5-25: **Representação da estrutura do polímero ureia-formaldeído.**

Os polímeros termorrígidos apresentam as seguintes características:

Com relação à estrutura:

- são amorfos;
- possuem ligações cruzadas.

Com relação às propriedades físicas:

- não amolecem quando aquecidos;
- são quebradiços;
- quando aquecidos, tornam-se infusíveis, ou seja, não se fundem.

O formaldeído participa da constituição de outras resinas termorrígidas como as resinas fenol-formaldeído, melamina-formaldeído e anilina-formaldeído.

O polímero ureia-formaldeído pode ser sintetizado de outras formas, além da apresentada na atividade 4, adquirindo características diferentes e permitindo que tenha diversas aplicações no mercado.

Quando puro, ele é transparente e foi por isso usado como o primeiro tipo de vidro plástico. No entanto, ele acaba se tornando opaco e rachando com o tempo. Esse defeito pode ser evitado pela adição de celulose, mas ele perde sua transparência, sendo então utilizado na fabricação de objetos translúcidos.

Ele pode ser usado, por exemplo: como vidro plástico; na fabricação de objetos translúcidos; em vernizes e resinas; e na fabricação de fórmica.

Charles D. Winters/Photoesearchers/Latinstock

Figura 5-26: **Diversos produtos podem ser produzidos a partir do formaldeído.**

ATIVIDADE 5

Polímeros e interações intermoleculares

Os polímeros possuem propriedades muito interessantes e que fazem com que sejam muito utilizados em nosso cotidiano. Essas propriedades estão diretamente relacionadas às interações intermoleculares estabelecidas entre diferentes materiais.

Nesta atividade vamos realizar alguns experimentos simples com o objetivo de retomarmos a discussão das interações intermoleculares e relacioná-las às propriedades dos polímeros.

PARTE A Papel molhado

Material

Pedaços de papel não encerados (guardanapo, folha de caderno, saco de papel de padaria etc.) de 10 cm × 10 cm, pedaços de papel encerado de 10 cm × 10 cm, pedaços de saco plástico (ou sacola plástica) de 10 cm × 10 cm, um conta-gotas.

O que fazer

A14 Reproduzam o quadro a seguir no caderno.

Tipo de material	Resultado observado
papel não encerado	//
papel encerado	//
sacola plástica	//

Quadro 5-11: **Resultados para os testes da água sobre papel e plástico.**

A15 Coloquem os diferentes pedaços de papel e de saco plástico lado a lado.

A16 Ponham algumas gotas de água sobre cada um deles e esperem alguns minutos. Observem e anotem os resultados no quadro reproduzido no caderno.

Questões

Q29. Quais materiais absorvem água?

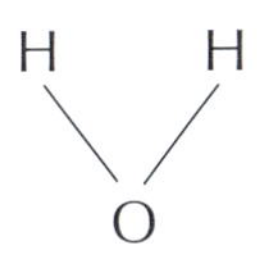

água

Figura 5-27: **Representação para a estrutura da água.**

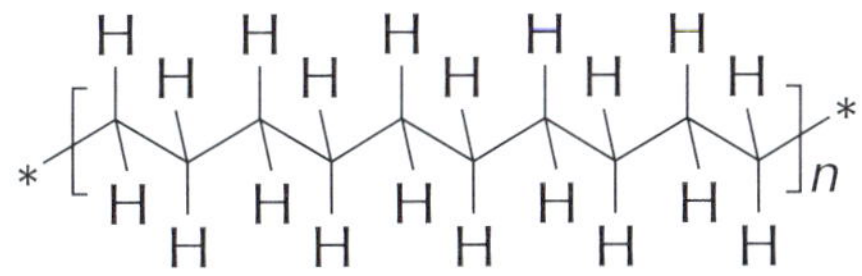

polietileno

Figura 5-28: **Representação para a estrutura do polietileno.**

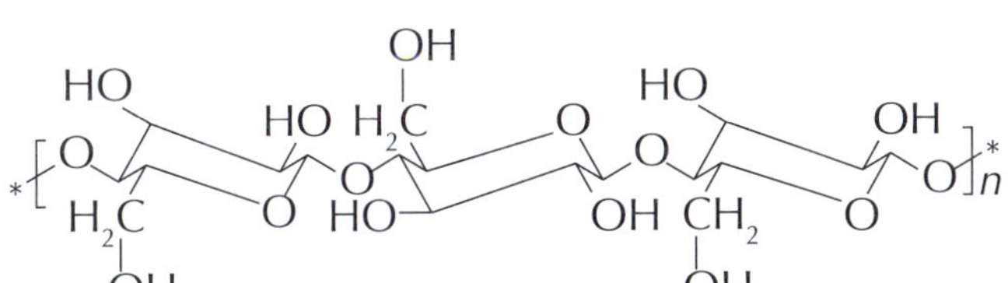

celulose

Figura 5-29: **Representação para a estrutura da celulose.**

Q30. Houve diferença na velocidade de absorção?

Q31. Considerem as estruturas dos seguintes materiais:

Tendo em vista os modelos de interações intermoleculares, expliquem por que o papel é capaz de absorver água, mas o plástico não.

Q32. Sabendo-se que ceras são constituídas por hidrocarbonetos, expliquem por que o papel encerado não absorve água.

PARTE B Polímeros e absorção de água

Material

Água destilada (ou água da torneira), solução aquosa de NaCl a 10% *m/m*; NaCl sólido (ou sal de cozinha), "cristais de gel" para plantas (encontrados em floriculturas, gel de poliacrilamida), dois béqueres de 100 mL, uma proveta de 50 mL, uma régua, etiquetas.

Sérgio Dotta Jr/Arquivo da editora

Figura 5-30: **Cristais de gel para plantas.**

O que fazer

A17 Rotulem dois béqueres com identificações "Água destilada" e "Solução de NaCl 10%". Adicionem 20 mL de água destilada no béquer correspondente. No outro, adicionem 20 mL da solução de NaCl 10%.

A18 Peguem quatro cristais do gel para plantas com tamanhos parecidos. Meçam-nos e anotem o tamanho de cada um deles. Em cada um dos béqueres adicionem dois cristais de gel. Esperem aproximadamente 20 min.

A19 Retirem os cristais de gel da água destilada e coloquem-nos sobre a bancada. Observem o que aconteceu e meçam-nos. Façam o mesmo com os cristais de gel da solução de NaCl 10%. Anotem os resultados.

A20 Adicionem NaCl sólido sobre um dos cristais de gel que estava em água destilada e observem. Anotem o que acontece.

Questões

Q33. O que ocorreu com os cristais que foram colocados em água destilada?

Q34. O polímero que constitui o gel para plantas, utilizado por vocês no experimento, é a poliacrilamida. Considerem a estrutura da poliacrilamida, apresentada a seguir, e expliquem o que foi observado.

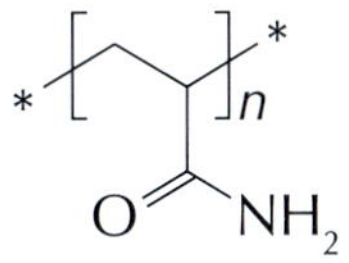

poliacrilamida

Figura 5-31: **Representação para a estrutura da poliacrilamida.**

Q35. O que ocorreu com os cristais que foram colocados na solução de NaCl 10%?

Q36. Considerando a natureza das substâncias envolvidas e os modelos de interações intermoleculares, expliquem o que foi observado.

Q37. O que ocorreu quando vocês jogaram NaCl sólido sobre o gel que foi retirado da água destilada?

PARTE C Polímeros nas fraldas

Material

Água destilada (ou água da torneira), solução aquosa de NaCl 1% m/m, solução aquosa de NaCl 10% m/m, quatro béqueres de 100 mL, 0,5 g do gel de uma fralda descartável (ou pedaços de 3 cm × 3 cm), 0,5 g de fralda de algodão (ou pedaços de 5,5 cm × 5,5 cm), uma balança (ou régua, caneta e tesoura).

Tenha cuidado!

O gel da fralda pode ser irritante para a pele, portanto lave as mãos após manusear o material.

O que fazer

A21 Reproduzam o quadro a seguir no caderno.

Béquer	Volume inicial	Volume final	Volume absorvido
1	////////////////////	////////////////////	////////////////////
2	////////////////////	////////////////////	////////////////////
3	////////////////////	////////////////////	////////////////////
4	////////////////////	////////////////////	////////////////////

Quadro 5-12: **Volumes inicial e final de líquido nos béqueres e volume de líquido absorvido.**

A22 Organizem os quatro béqueres, etiquetando-os da seguinte maneira:

- Béqueres 1 e 2: Água destilada.
- Béquer 3: Solução de NaCl 1%.
- Béquer 4: Solução de NaCl 10%.

A23 Coloquem um pedaço de fralda de algodão no béquer 1.

A24 Coloquem os pedaços de fralda descartável (apenas o gel da fralda) nos béqueres 2, 3 e 4.

A25 Nos béqueres 1 e 2 acrescentem 50 mL de água destilada medidos na proveta.

A26 No béquer 3 acrescentem 50 mL da solução de NaCl 1% medidos na proveta.

A27 No béquer 4 acrescentem 50 mL da solução de NaCl 10% medidos na proveta.

A28 Aguardem de 20 a 30 min.

A29 Observem os tamanhos dos pedaços de fralda descartável e comparem com o da fralda de algodão.

A30 Meçam o volume de água ou de solução de NaCl que sobrou em cada béquer, transferindo o excesso de água e de solução de NaCl para a proveta.

Questões

Q38. Qual fralda é a mais eficiente, a de algodão ou a descartável? Por quê?

Q39. Em qual situação a fralda descartável absorveu a maior quantidade de água? Considerando a estrutura do polímero existente nas fraldas descartadas, mostrada a seguir, explique a absorção de água em termos de interações intermoleculares.

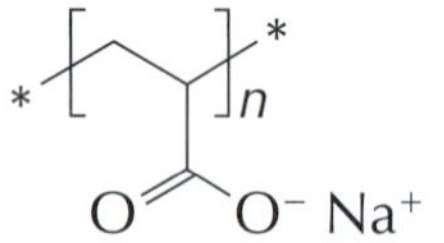

poliacrilato de sódio

Figura 5-32: Representação para a estrutura do poliacrilato de sódio.

TEXTO 7

Polímeros e interações intermoleculares

Na parte A da atividade 5, vocês testaram a absorção da água por três materiais diferentes: pedaços de papel não encerado, pedaços de papel encerado e pedaços de saco plástico. Nos testes realizados vocês puderam observar que o papel não encerado absorve água, enquanto o plástico e o papel encerado não.

Isso pode ser explicado considerando-se as diferenças entre as moléculas de celulose, que compõem o papel, e as moléculas de polietileno, principal componente das sacolas plásticas.

Quando o papel está molhado, as moléculas de água estabelecem interações com as hidroxilas constituintes da celulose e diminuem as interações que os grupos OH presentes na celulose fazem entre si. Isso está representado nas duas figuras a seguir.

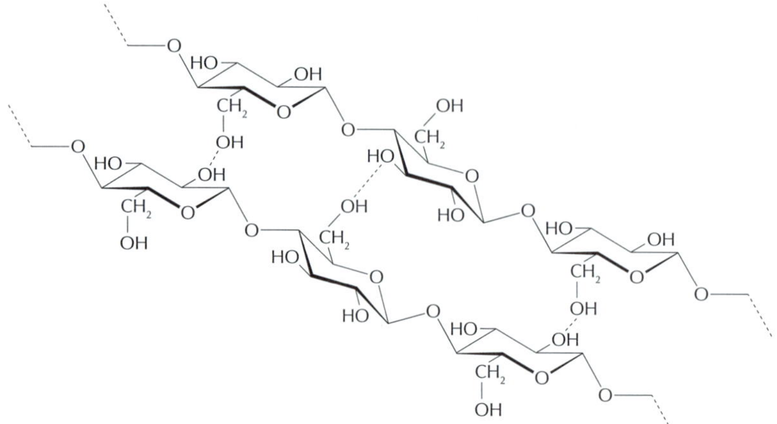

Figura 5-33: Interações intermoleculares entre as macromoléculas de celulose.

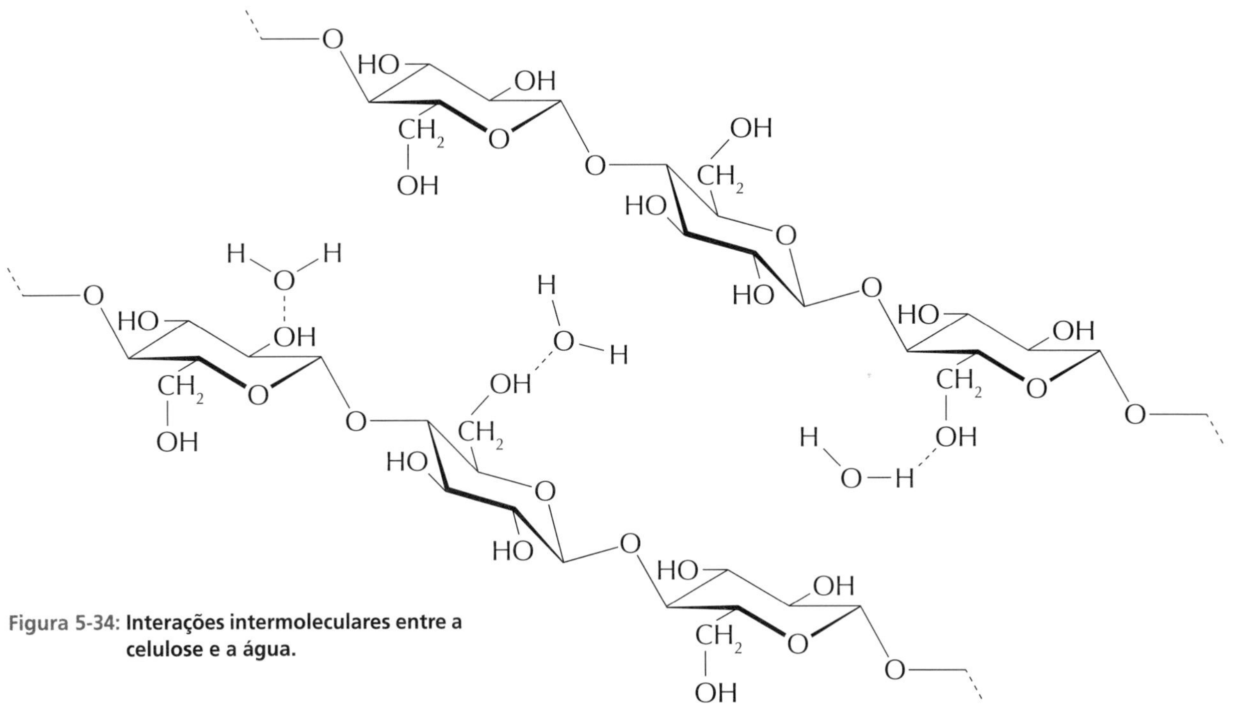

Figura 5-34: **Interações intermoleculares entre a celulose e a água.**

No caso do polietileno essas interações não são possíveis de serem estabelecidas e, assim, o plástico "não molha".

Na parte B da atividade vocês observaram o comportamento dos cristais de poliacrilamida em água e em solução de NaCl 10%. Ao colocarem os cristais em água, observaram que eles aumentaram de tamanho.

No caso da poliacrilamida, que é um polímero superabsorvente, existem grupos amida (*R*-NH_2) ligados à cadeia alifática. Os átomos de hidrogênio do grupo amida estabelecem fortes interações intermoleculares do tipo ligações de hidrogênio com a água. Essas interações estão representadas na figura a seguir.

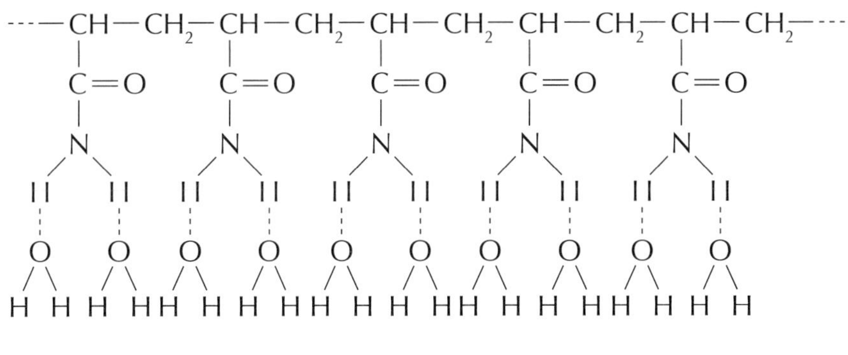

Figura 5-35: **Interações intermoleculares entre o polímero e a água.**

A poliacrilamida possui **ligações cruzadas**, ou seja, as cadeias de poliacrilamida estão ligadas em uma rede, que formam "poros" onde as moléculas de água ficam alojadas, permitindo o crescimento do cristal. À medida que mais água entra na rede do polímero, as cadeias se afastam e as interações entre as cadeias diminuem, aumentando o volume do material.

No experimento com a solução aquosa de NaCl 10%, vocês observaram que o volume dos cristais diminuiu pois houve a desidratação do gel. Isso ocorre porque foram estabelecidas interações íons-dipolo entre a água e os íons de sódio e cloreto que são mais intensas que as interações entre as moléculas de água e o grupo $-NH_2$ da poliacrilamida.

Na parte C da atividade, vocês observaram que o volume de líquido absorvido pela celulose, presente no algodão, e pelo poliacrilato de sódio, constituinte do gel da fralda, foi diferente.

Foi possível verificar que a fralda de algodão absorve menor quantidade de água que a fralda descartável. O poliacrilato de sódio pode absorver mais de 800 vezes seu peso em água destilada. Isso ocorre porque na estrutura do poliacrilato existem íons sódio que podem estabelecer interações íons-dipolo com as moléculas de água. Essas interações são mais intensas que ligações de hidrogênio estabelecidas entre os grupos OH da celulose e as moléculas de água.

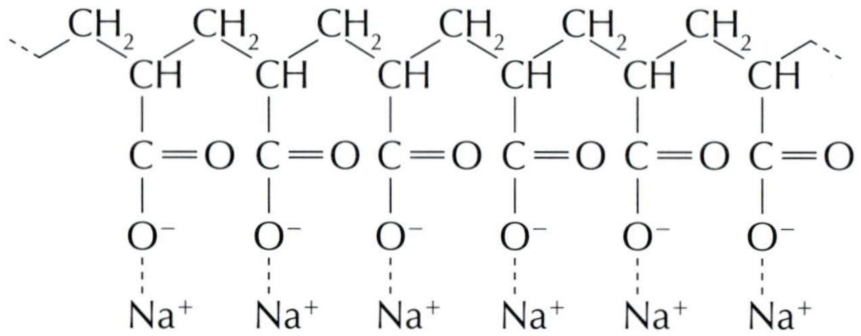

Figura 5-36: Os íons sódio do poliacrilato de sódio estabelecem interações íons-dipolo com as moléculas de água.

Vocês observaram uma maior absorção de água ao mergulhar a fralda em água destilada, em relação às soluções aquosas de NaCl. Quanto maior a concentração do sal, menor foi o volume de água absorvido, pois menor a diferença de concentração entre a solução e o interior do gel.

Questões

Q40. É mais fácil rasgarmos um papel molhado que um seco. Considerando as estruturas da celulose e da água e utilizando o modelo de interações intermoleculares, expliquem por que isso ocorre.

Q41. Vocês acham que a fralda descartável consegue absorver a mesma quantidade de água pura e de urina, sabendo que essa última contém sais dissolvidos?

Q42. Proponham um procedimento para medir a quantidade máxima de água absorvida por uma certa quantidade de gel.

ATIVIDADE 6

Ciclo de vida do papel

Neste texto aprenderemos mais sobre a produção de papel e seu ciclo de vida.

O papel é produzido a partir da celulose, que pode ser obtida da madeira. Portanto, a madeira é uma das principais matérias-primas envolvidas na produção de papel. Nessa produção também há bastante uso de água. Se hoje isso não parece um problema, no futuro a escassez de água pode ser realidade e isso terá grande peso para essa indústria.

As utilidades do papel são inúmeras, dando suporte desde a indústria jornalística e editorial até as fábricas de embalagem. Na sua vida cotidiana você usa o papel diariamente na forma de cadernos e livros, embalagens, higiene pessoal etc. A indústria de papel é, portanto, primordial para a sobrevivência de uma sociedade letrada como a nossa.

A reciclagem do papel usado é uma das formas de diminuir o consumo de árvores, reduzindo o consumo dessa matéria-prima essencial para a nossa vida na Terra.

O texto a seguir aborda a diversidade desses assuntos, indicando os caminhos que podem ser trilhados na preservação do ambiente quando se trata da indústria de papel.

Papel: como se fabrica

O papel é um dos materiais mais importantes e versáteis que conhecemos e é difícil imaginar como seria o nosso dia a dia sem ele. Suas propriedades químicas e físico-mecânicas permitem inúmeras aplicações. Assim, papéis que serão usados para escrita e impressão, como os usados em cadernos e livros, devem ser bem lisos e opacos; aqueles usados na produção de jornais não precisam ter grande durabilidade com relação à brancura (na verdade amarelam-se facilmente), mas devem resistir à tração a que são submetidos nas máquinas de impressão. Já os papéis sanitários (guardanapos, papéis toalha e higiênicos e os usados em fraldas descartáveis e absorventes) devem ser macios. Por outro lado, os papéis usados em embalagens (caixas e sacos) devem apresentar boa resistência, pois não podem romper-se com facilidade.

Os fatores que determinam essas propriedades dos papéis estão relacionados, principalmente, à matéria-prima, aos reagentes químicos e aos processos mecânicos empregados em sua produção. Muitos desses aspectos são discutidos neste texto.

Contando história

A utilização do papel como suporte para a escrita ocorreu inicialmente na China, no ano 105 d.C. Os chineses mantiveram por muitos séculos o segredo de sua fabricação. A expansão para o Ocidente começou em 751, quando prisioneiros chineses introduziram, na Ásia Central, a indústria do papel. Daí em diante, o uso do papel foi cada vez mais disseminado e surgiram fábricas em cidades como Bagdá e Damasco. Na Europa, a primeira fábrica de papel surgiu na Espanha em 1 144 e, ao final do século XVI, o papel já era manufaturado em todo o continente europeu.

A fabricação do papel era, até fins do século XVIII, essencialmente manual. A primeira máquina para fabricação de papel surgiu somente em 1798, na França. No Brasil, a produção industrial de papel foi introduzida pelos portugueses no ano de 1890.

O material e a matéria-prima

O papel é formado por fibras celulósicas que se entrelaçam umas com as outras, garantindo a sua resistência. A principal matéria-prima para a obtenção industrial dessas fibras é a madeira, proveniente do tronco das árvores. Além das fibras da madeira, também podem ser utilizadas as fibras de bambu, bagaço de cana, algodão, linho e sisal. Trapos de tecido também chegaram a ser empregados pelos chineses na produção de seus primeiros papéis.

A madeira é formada por vários tipos de células, cujas funções vão desde a sustentação da árvore e o transporte de líquidos até o armazenamento de suprimentos. As paredes das células da madeira são constituídas, essencialmente, por celulose. A celulose é um polissacarídeo formado pela ligação de milhares de monômeros de glicose produzidos durante a fotossíntese.

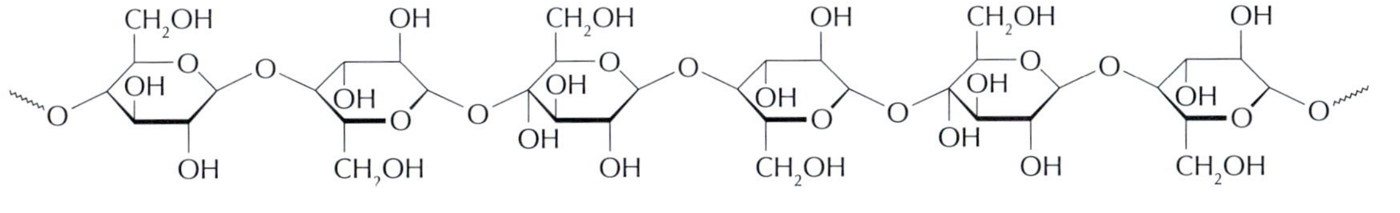

Figura 5-37: Estrutura de uma cadeia de celulose.

As células da madeira são unidas por uma substância chamada **lignina**, que funciona como um cimento, dando-lhe rigidez e resistência. Sua estrutura aromática macromolecular é diferente para cada vegetal e um exemplo é apresentado na figura 5-38.

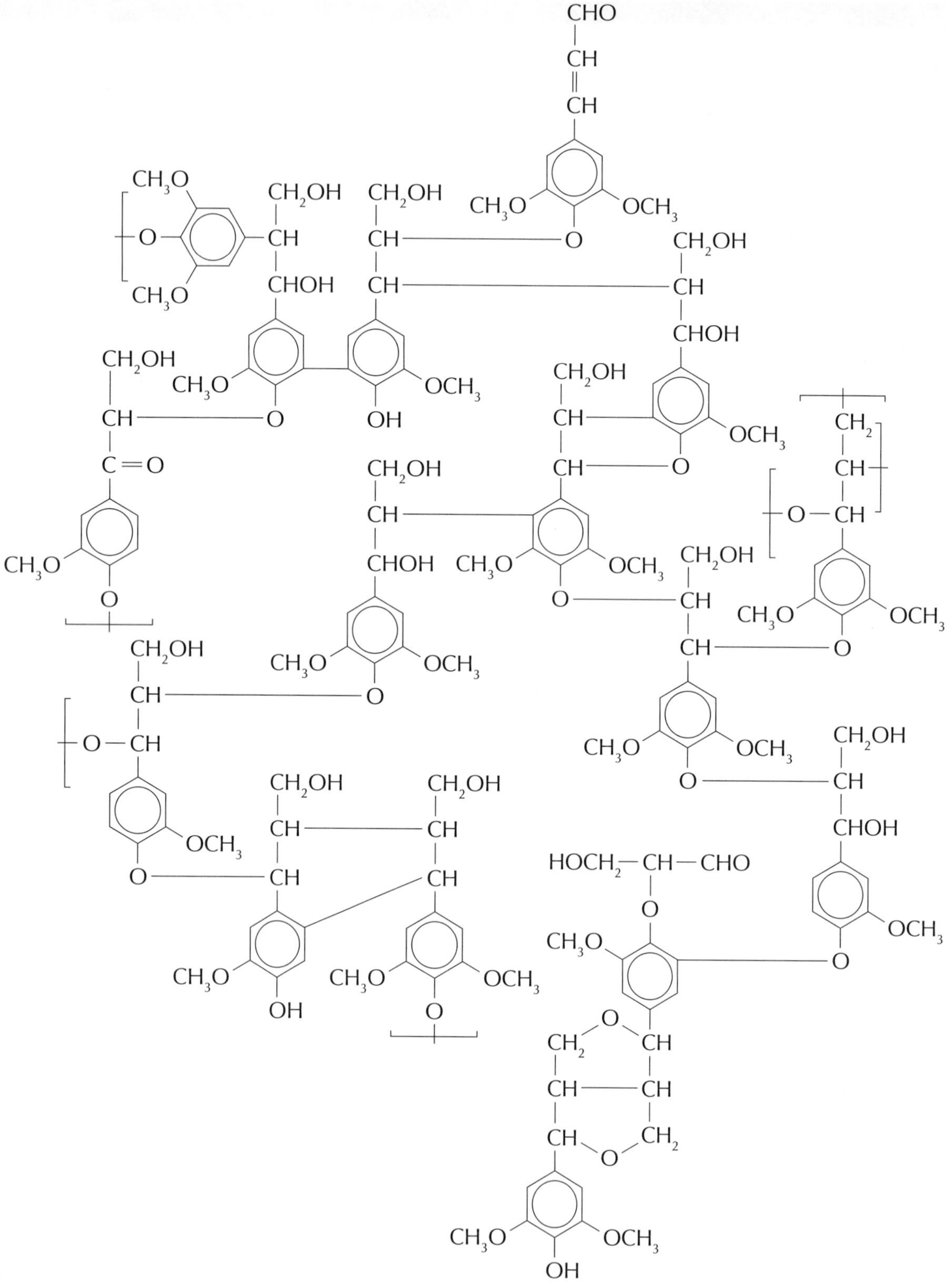

Figura 5-38: Estrutura proposta para lignina de madeira moída do *Eucalyptus grandis*.

Do ponto de vista químico, as fibras são formadas pelas interações entre as moléculas de celulose, proporcionadas pelas ligações de hidrogênio entre os grupos hidroxila dos monômeros de glicose (figura na página ao lado). São essas mesmas ligações de hidrogênio que permitem a formação de folhas de papel: as fortes interações entre as fibras são proporcionadas pelas ligações de hidrogênio, garantindo a resistência aos papéis destinados a tão variados fins.

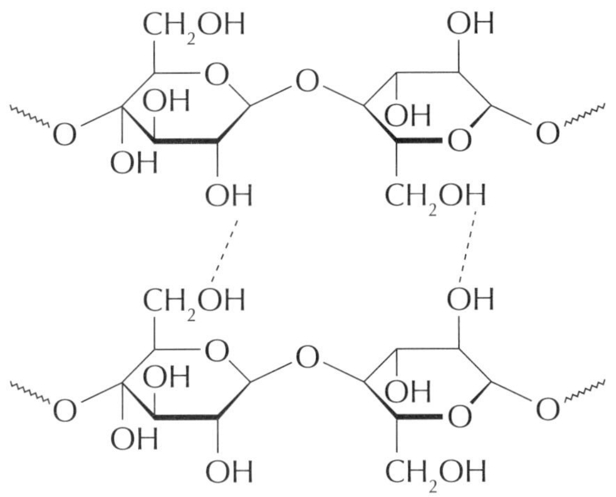

Figura 5-39: **Ligações de hidrogênio entre cadeias de celulose.**

No Brasil, a produção de celulose e papel utiliza essencialmente espécies de eucalipto, que levam de seis a sete anos para atingir a idade de corte (muito menos do que em qualquer outro lugar do mundo!). Para produzir uma tonelada de papel são consumidas cerca de vinte árvores de eucalipto. Algumas espécies de pínus também são utilizadas, principalmente na região Sul do país.

A produção de celulose baseia-se principalmente em florestas plantadas, embora alguns países asiáticos, a América do Norte e a Europa ainda utilizem florestas nativas. Aqui no Brasil, as principais áreas de reflorestamento estão localizadas nas regiões Sudeste e Sul, envolvendo os estados de Minas Gerais, São Paulo, Espírito Santo, Santa Catarina e Rio Grande do Sul. Também há áreas de reflorestamento nos estados da Bahia, Pará e Maranhão.

A fim de evitar alguns problemas relacionados à atividade de reflorestamento, como a seleção da fauna, muitas empresas do setor têm preservado áreas de mata nativa próximas à floresta plantada. Essas áreas englobam as margens dos rios e córregos, as nascentes, os lagos e as áreas de declive. Essa preservação minimiza também os problemas de assoreamento dos cursos de água.

O processo de obtenção de celulose branqueada

A obtenção da celulose que será usada na fabricação do papel começa com o corte das árvores nas áreas de reflorestamento. Após a remoção dos galhos, as toras de madeira são cortadas em tamanhos apropriados e transportadas para a fábrica. Lá, a madeira é descascada e as cascas removidas são utilizadas para geração de energia, por meio de sua queima. As toras descascadas são lavadas e picadas em cavacos com dimensões específicas, a fim de facilitar a difusão dos reagentes químicos que serão utilizados. Na forma de cavacos, a madeira está pronta para ir para a polpação.

O processo de polpação tem como objetivo facilitar a separação das fibras e melhorar suas propriedades para a fabricação do papel. A polpação pode ser realizada por meio de um processo químico, no qual é retirada da madeira a maior parte da lignina, além de outros constituintes menos abundantes. Com a utilização desse processo químico, somente 40% a 50% da massa total inicial da madeira é aproveitada.

Outros processos, nos quais a madeira é desfibrada mecanicamente com mínima remoção de seus constituintes, também podem ser utilizados. Esses processos levam a um aproveitamento quase total da madeira e, por isso, são chamados de **polpações de alto rendimento**.

O processo químico de polpação mais utilizado no Brasil é o **processo *kraft***. Na polpação *kraft*, os cavacos de madeira são submetidos à reação com uma solução contendo hidróxido de sódio (NaOH) e sulfeto de sódio (Na_2S): o "licor branco". Isso ocorre dentro de um equipamento chamado de digestor, mantido a altas pressões e temperaturas. Os produtos químicos utilizados reagem com a lignina, fragmentando-a em substâncias de baixa massa molar que se solubilizam na solução alcalina e que podem ser removidas das fibras por inúmeras etapas de lavagem.

A polpa ou pasta celulósica resultante da polpação (polpa marrom) ainda não é adequada para a produção de determinados tipos de papel, exatamente pela sua coloração escura. Essa coloração é devida, principalmente, a pequenas quantidades de lignina que não foram removidas das fibras, chamada agora de lignina residual.

Com o objetivo de obter polpas totalmente brancas, é necessário remover essa lignina, através de um processo químico de branqueamento. Esse procedimento é muito difícil, já que a lignina residual encontra-se fortemente ligada às fibras. Por isso, o branqueamento deve ser realizado em diversas etapas, garantindo a obtenção de polpas de alvuras elevadas, com mínima degradação da celulose.

Nos vários estágios do processo de branqueamento da celulose, podem ser utilizados reagentes químicos como cloro (Cl_2), dióxido de cloro (ClO_2), hipoclorito de sódio (NaClO), oxigênio (O_2) e ozônio (O_3), dentre outros. Entre um estágio de branqueamento e outro, a polpa é lavada com grande quantidade de água, para que as substâncias responsáveis pela coloração possam ser removidas.

Quando a polpa celulósica atinge um nível de brancura adequado, passa-se à etapa de formação da folha, que é o produto final das fábricas de celulose. Isto é feito em uma máquina especial, na qual a polpa é continuamente depositada sobre uma tela. Então, a água é removida pela parte de baixo da tela, por vácuo, e em seguida a celulose é seca e enrolada em grandes bobinas. Nem sempre as indústrias que produzem a celulose fabricam também o papel. Assim, para ser enviada às fábricas de papel, a folha de celulose contínua é geralmente cortada em folhas individuais e, então, enfardada.

A fabricação e os usos do papel

A celulose, branqueada ou não, é empregada na fabricação de inúmeros tipos de papel. De acordo com sua finalidade, os papéis podem ser classificados em papéis para impressão (acetinado, bíblia, *bouffant*, *couché*, imprensa, jornal, mimeógrafo, monolúcido, *offset*); papéis para escrever (apergaminhado, correspondência aérea, segundas-vias); papéis para embalagem (manilhinha ou de padaria, manilha, tecido, hamburguês, havana, HD, LD, macarrão); papéis para fins sanitários (higiênico, toalha, guardanapo, lenço); cartões e cartolinas; papéis especiais (base para carbono, cigarros e afins; crespado; para desenho; heliográfico; absorventes e filtrantes) e, também, papéis não classificados (*kraft* especial para cabos elétricos, fios telefônicos e condensadores).

Para fazer o papel, a celulose é misturada à água para desagregação das fibras. Algumas vezes, as fibras são submetidas a tratamentos mecânicos (chamados de refino) semelhantes a uma "moagem", para torná-las mais adequadas para a fabricação do papel, tornando-o mais macio, liso, resistente ao rasgo ou mais absorvente. Vários aditivos, como colas, cargas minerais, controladores de pH e corantes, podem ser acrescentados. Além disso, fibras recicladas, obtidas de papéis que já foram usados, também podem ser adicionadas. As quantidades de aditivos ou de fibras recicladas empregadas dependem da finalidade do papel a ser produzido e das exigências do mercado consumidor.

Na máquina de papel, cujo princípio de funcionamento é semelhante àquele descrito para a formação da folha de celulose, é produzida uma folha única de papel, que é enrolada em bobinas e, posteriormente, embalada para ser enviada ao mercado consumidor.

Questões ambientais

À produção de celulose e de papel estão associados alguns problemas ambientais. Um exemplo são os odores característicos dos compostos voláteis de enxofre (mercaptanas) que se formam durante a remoção da lignina pelo processo *kraft*. Mesmo em baixas concentrações, a presença desses compostos pode ser facilmente percebida na região que circunda as fábricas. As empresas produtoras de celulose utilizam equipamentos de desodorização e caldeiras de recuperação de produtos químicos e realizam o monitoramento contínuo de suas emissões gasosas. Contudo, o problema ainda não foi totalmente solucionado.

É nos estágios de branqueamento que se encontra um dos principais problemas ambientais causados pelas indústrias de celulose. Reagentes como cloro e hipoclorito de sódio reagem com a lignina residual, levando à formação de compostos organoclorados (figura a seguir). Esses compostos não são biodegradáveis e acumulam-se nos tecidos vegetais e animais, podendo levar a alterações genéticas. Legislações ambientais mais severas e pressões dos mercados consumidores de celulose, especialmente do mercado internacional, têm incentivado a busca de alternativas para a solução desse problema. Muitas pesquisas têm sido feitas no sentido de utilizar reagentes alternativos para o branqueamento, como ozônio e peróxido de hidrogênio.

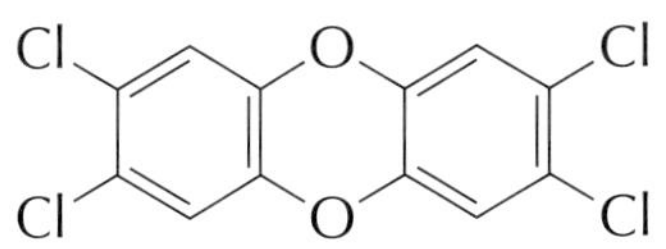
2,3,7,8-tetraclorodibenzo-*p*-dioxina

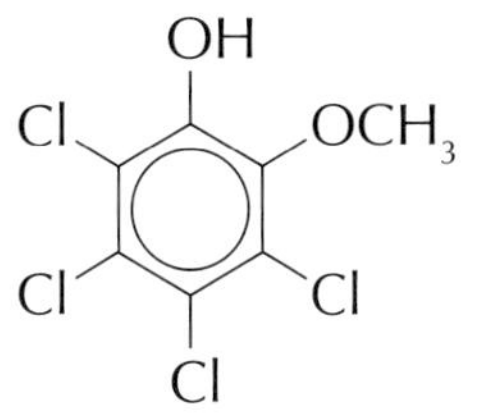
tetracloroguaiacol

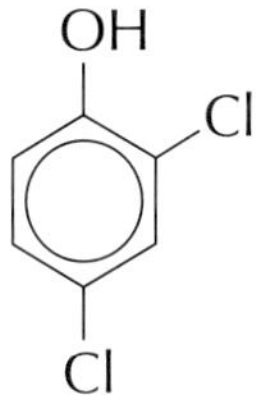
2,4-diclorofenol

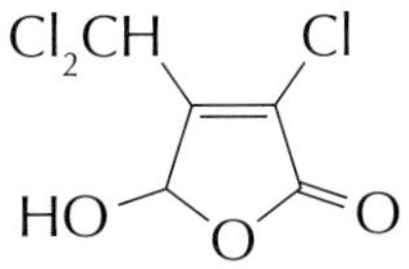
3-cloro-4-diclorometil-5-hidroxi-2-furanona

$CHCl_3$
clorofórmio

Figura 5-40: **Alguns compostos organoclorados que podem ser formados durante o branqueamento da celulose.**

A água industrial, utilizada em grandes quantidades no processo produtivo do papel, é submetida a tratamento biológico antes de retornar aos cursos de água. Esse tratamento, realizado em lagoas de aeração, promove a degradação de compostos orgânicos solúveis por bactérias aeróbias, solucionando parte dos problemas de poluição gerados no processo.

Já os resíduos sólidos gerados em várias etapas da produção são removidos e dispostos em locais apropriados, dentro da área da própria fábrica. Para reduzir a quantidade de resíduos descartados, alguns tipos são aproveitados como adubos ou corretivos do solo.

Informações obtidas de SANTOS, Celênia Pereira et al. Papel: como se fabrica? *Química Nova na Escola*. n. 14, nov. 2001. p. 3.

Questões

Q43. Listem pelo menos seis usos diferentes que pode ter o papel e as propriedades dele associadas a esses usos.

Q44. Qual a função da lignina na estrutura da madeira?

Q45. Quantas árvores de eucalipto, em média, são consumidas por tonelada de papel produzida? Estimem o valor aproximado de seu consumo de papel por ano, tendo em vista apenas os livros didáticos e cadernos escolares que utilizam. Quantas pessoas como vocês consumiriam o papel de uma tonelada, levando em consideração apenas os livros didáticos e os cadernos escolares?

Q46. Quimicamente, como são formadas as fibras de celulose? Mostrem o processo, desenhando parte da molécula de celulose no caderno.

Q47. O que é feito com a madeira, na indústria de celulose, antes de ela chegar à fase denominada polpação?

Q48. Descrevam o processo *kraft*, que é o processo de polpação mais utilizado no Brasil.

Q49. Por que é necessário fazer, além da polpação, o processo de branqueamento da polpa? Que reagentes são empregados nessa etapa?

Q50. Qual o problema ambiental relacionado ao processo de branqueamento da celulose?

Q51. Em uma página da internet há a seguinte informação:

"Para a produção de uma tonelada de papel tradicional, são consumidos 100 000 L de água. Para a produção de uma tonelada de papel reciclado, o consumo de água cai para 2 000 L."

Com os dados obtidos na questão Q45, calculem qual seria a economia de água de sua sala de aula se todas as pessoas usassem cadernos e livros feitos de papel reciclado.

TEXTO 8

Ciclo de vida dos vidros: de onde vêm os vidros utilizados para embalagens?

Os vidros são materiais conhecidos há bastante tempo. São considerados por muitos estudiosos um dos materiais mais antigos feitos pelo ser humano, sendo utilizados desde o início dos primeiros registros históricos.

Existem vidros dos mais diversos tipos. Aqui nosso enfoque será sobre o vidro utilizado para embalagens. Essas embalagens possuem um grande apelo mercadológico, pois apresentam características ainda não encontradas em outros materiais.

Roberto Loffel/Kino.com.br

Figura 5-41: O vidro é amplamente utilizado em embalagens para produtos líquidos.

O vidro é um material que funciona como barreira contra a umidade e o oxigênio, desde que acompanhado de sistemas de fechamento adequados. Resiste a altas temperaturas, pode ser reutilizado e infinitamente reciclado, sem que haja qualquer comprometimento de suas características e propriedades. Não interage com o conteúdo, mesmo em condições ambientais desfavoráveis. Sua principal característica é ser moldável a uma determinada temperatura, sem qualquer tipo de degradação.

O vidro utilizado em embalagens resulta da fusão de diversas matérias-primas inorgânicas minerais. Esses materiais transformam-se em um novo material homogêneo e rígido após um resfriamento controlado.

O vidro utilizado na produção de embalagens tem composição variada. O quadro a seguir apresenta a composição básica de um vidro de embalagem do tipo sódio-cálcico.

Substância	Porcentagem em peso (%)
SiO_2	71 a 74
Na_2O	10 a 14
CaO	7 a 11
MgO	0 a 2
Al_2O_3	1 a 3
K_2O	0 a 2

Centro de Tecnologia da Embalagem (Cetea/Ital), 2007.

Quadro 5-13: **Substâncias que entram na constituição do vidro de embalagem.**

A principal fonte de matéria-prima para a produção de vidro é o **óxido de silício** ou **sílica** (SiO_2). A sílica é obtida, em geral, por extração convencional de areia, tanto de origem marinha como fluvial, ou de jazidas naturais.

Robert Garvey/Corbis/Latinstock

Figura 5-42: **A areia é a principal fonte de sílica na produção de vidros.**

O óxido de silício é um sólido covalente e possui temperatura de fusão na faixa de 1 700 a 1 800 °C. A produção de vidros constituídos por sílica pura é inviável do ponto de vista econômico, pois exigiria fornos especiais. Por esse motivo, é necessário adicionar algumas substâncias à sílica. Essas substâncias reduzem sua temperatura de fusão e possibilitam que o processo de fabricação seja viável. Tais substâncias, chamadas **fundentes**, são o óxido de sódio (Na_2O) e/ou o óxido de potássio (K_2O).

O feldspato é um mineral constituído por aluminossilicato duplo de sódio e potássio ($KNa(AlSi_3O_8)$). É a partir desse mineral que são obtidas várias substâncias utilizadas na fabricação do vidro, como os óxidos de potássio (K_2O) e de sódio (Na_2O), a alumina (Al_2O_3) e a própria sílica. O feldspato é obtido por extração de jazidas naturais.

Figura 5-43: O feldspato é a principal matéria-prima para obtenção dos fundentes.

A temperatura de fusão do vidro constituído apenas por sílica e sódio é baixa e por isso adicionam-se ainda outras substâncias, chamadas **estabilizantes**, como os óxidos de cálcio (CaO), de magnésio (MgO) e de alumínio (Al_2O_3). Todos eles são obtidos de minerais e portanto extraídos de jazidas naturais.

O vidro utilizado para as embalagens é, portanto, obtido a partir desses três constituintes básicos: a sílica, que é um agente formador, uma substância fundente e uma substância estabilizante, também conhecida como agente modificador. No texto 9 veremos ainda a adição possível de mais duas classes de substância, o agente de cor e o agente de refino. Todas as substâncias envolvidas são obtidas a partir de minerais e, portanto, extraídas da natureza de fontes que foram formadas ao longo de muito tempo.

Outros tipos de vidro

Com o avanço das pesquisas científicas, os vidros ganharam novas características e hoje já se sabe que é possível formar vidros inorgânicos que não contêm sílica. Atualmente existem os chamados vidros metálicos, além dos vidros orgânicos.

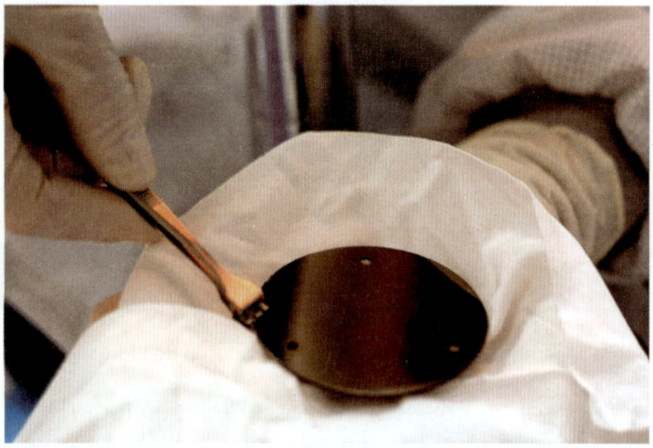

Figura 5-44: Vidros metálicos não contêm sílica.

Os vidros podem ser formados por um grande número de processos. O vidro silicato de sódio, por exemplo, pode ser obtido por evaporação de uma solução aquosa de silicato de sódio (Na_2SiO_3 é a fórmula molecular mais simples do silicato de sódio, que pode ocorrer ainda com várias outras fórmulas) – conhecido como "vidro líquido"– seguida, posteriormente, de tratamento térmico (eliminação da água residual). O mais interessante dessa situação é que o produto obtido por esse processo é indistinguível do vidro silicato de sódio, de mesma composição, produzido pelo método clássico de fusão/resfriamento.

O que é um vidro?

A definição de vidro é um pouco complexa e tem uma longa história. Vamos aqui apresentar a definição proposta em um artigo da revista *Química Nova na Escola*:

> [...] um vidro é um sólido não cristalino, portanto com ausência de simetria e periodicidade translacional, que exibe o fenômeno de transição vítrea [...], podendo ser obtido a partir de qualquer material inorgânico, orgânico ou metálico e formado através de qualquer técnica de preparação.

Definição complexa, não é mesmo? Vamos aprofundar cada trecho para compreendê-la melhor.

Simetria e periodicidade translacional

A figura 5-45 representa o arranjo cristalino simétrico e periódico para o Al_2O_3.

Já a figura 5-46 é uma representação para a estrutura do vidro para o mesmo composto. Observe que nesta estrutura não existe simetria, pois não é possível, por exemplo, dividir a molécula por um plano em que as duas partes fiquem iguais, como acontece na representação do sólido cristalino de Al_2O_3. Tampouco existe periodicidade translacional, ou seja, os arranjos não se repetem periodicamente tendo o mesmo número e posição dos átomos. Estruturas desse tipo correspondem a estruturas dos sólidos não cristalinos, como é o caso do vidro.

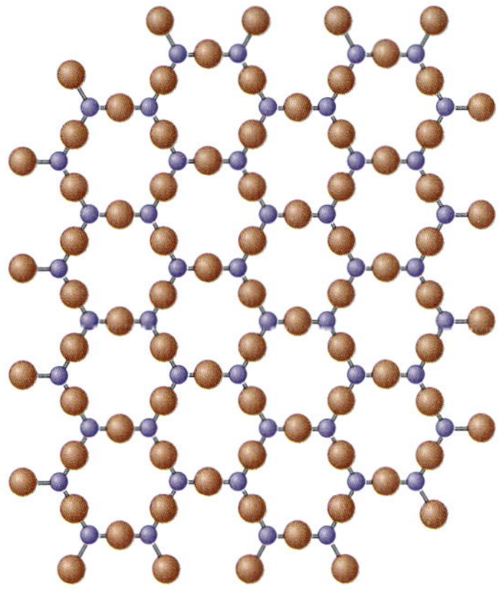

Figura 5-45: **Representação para a estrutura de um sólido cristalino.**

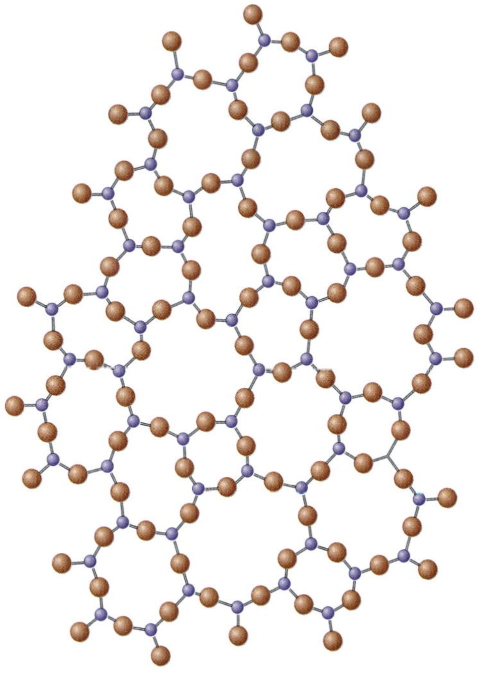

Avits/Arquivo da editora

Figura 5-46: **Representação para a estrutura de um sólido não cristalino.**

Transição vítrea

Vidros e alguns polímeros – por exemplo, plásticos e borrachas – são exemplos de materiais sólidos não cristalinos, ou seja, sólidos que apresentam estrutura desordenada. De forma diferente dos materiais cristalinos, esses materiais, ao passarem da fase sólida para a fase líquida, não estão realizando uma fusão, mas sim uma transição de fase chamada **transição vítrea**.

Na fusão dos sólidos cristalinos é preciso uma quantidade de energia para que as partículas saiam de um arranjo cristalino ordenado e passem a ter um arranjo desordenado característico do estado líquido. Essa energia é conhecida como **calor de fusão**.

No processo de transição vítrea, ocorre um ganho de mobilidade estrutural. Assim, algumas propriedades como viscosidade, capacidade calorífica e expansão térmica começam a manifestar um comportamento diferente do padrão verificado até então. Essa mobilidade estrutural ocorre em consequência do movimento translacional, ou seja, as cadeias podem se movimentar umas em relação às outras.

A temperatura de transição vítrea define a passagem do estado vítreo para o estado viscoelástico. No estado vítreo um corpo não pode ser deformado, nem permanentemente nem elasticamente. Em geral, caso seja deformado, o corpo tende a absorver a energia e dissipá-la, quebrando-se. No estado viscoelástico podem ocorrer deformações.

Quando um vidro é aquecido acima da temperatura de transição vítrea, o comportamento viscoelástico tem início, pois as cadeias podem escoar umas em relação às outras, dentro do vidro. Sendo assim, quando uma força é aplicada, as cadeias se movimentam, mas a atração que existe entre elas as faz retornar elasticamente à situação inicial, com uma velocidade relativamente baixa, em razão da elevada viscosidade. Por isso é possível moldar-se o vidro.

Questões

Q52. As embalagens de vidro apresentam algumas vantagens que estão relacionadas a suas propriedades. Indiquem essas vantagens.

Q53. Qual é a composição básica do vidro de embalagens?

Q54. Por que um sólido cristalino tem simetria e periodicidade translacional e um vidro não tem?

Q55. Qual a diferença entre fusão e transição vítrea, considerando a estrutura do produto formado em cada processo e o que se pode fazer com ele?

TEXTO 9

Ciclo de vida dos vidros: como são preparados os vidros?[2]

Embora os vidros possam ser produzidos por uma grande variedade de métodos, a maioria continua sendo obtida pela fusão dos seus componentes, em elevadas temperaturas. Esse procedimento sempre envolve seleção de matérias-primas, cálculo das proporções relativas de cada componente, pesagem e mistura dos componentes para obtenção de um material de partida homogêneo.

Durante o processo inicial de aquecimento, as matérias-primas passam por uma série de transformações físicas e químicas para produzir o fundido. A conversão deste em um líquido homogêneo pode requerer outros processamentos, incluindo a remoção de componentes não fundidos, como impurezas e bolhas, e a agitação.

Os materiais constituintes de um vidro podem ser divididos em cinco categorias, tomando-se por base a função que desempenham no processo: formador, fundente, agente modificador, agente de cor e agente de refino.

Cabe salientar que o mesmo composto pode ser classificado em diferentes categorias quando utilizado para diferentes propósitos. A alumina (Al_2O_3), por exemplo, atua como formador em vidros aluminatos, mas é considerada um modificador na maioria dos vidros silicatos.

[2] Luiz; GIMENEZ, Iara de Fátima; MAZALI, Italo Odone. Vidros. *Química Nova na Escola – Cadernos temáticos – Novos materiais*. São Paulo, maio 2001.

Os **formadores** de vidro são os responsáveis pela formação da rede tridimensional estendida aleatória; os principais formadores comerciais são SiO_2 (sílica), B_2O_3 e P_2O_5. A grande maioria dos vidros comerciais é, como vimos, baseada em sílica. Os vidros puros de sílica são muito caros, devido ao fato de que o fundido é obtido somente em temperaturas superiores a 2 000 °C. Os **fundentes** têm a função de reduzir a temperatura de processamento para valores inferiores a 1 600 °C, sendo os mais comuns os óxidos de metais alcalinos (lítio, sódio e potássio) e o PbO.

Se, por um lado, a adição de fundentes na composição do vidro de sílica promove um decréscimo na temperatura de fusão, por outro, a presença de grandes quantidades de óxidos alcalinos provoca sérias degradações em muitas propriedades desses vidros, dentre elas a durabilidade química (estabilidade em relação a ácidos, bases e água). A degradação das propriedades é usualmente controlada pela adição de **agentes modificadores**, os quais incluem os óxidos de metais de transição e de terras-raras e, principalmente, a alumina (Al_2O_3).

Os **agentes de refino** são adicionados para promover a remoção de bolhas geradas no fundido, sendo utilizados em quantidades muito pequenas ($<$ 1% em mol). Incluem-se aí os óxidos de antimônio e arsênio, KNO_3, $NaNO_3$, NaCl, CaF_2, NaF, Na_3AlF_3 e alguns sulfatos.

James L. Amos/Corbis/Latinstock

Figura 5-47: **A alumina (Al_2O_3) é usada como agente modificadora na fabricação de vidros.**

Os **agentes de cor**, como o próprio nome sugere, são utilizados para conferir cor aos vidros. Os vidros coloridos são, usualmente, produzidos pela adição de compostos de metais de transição, 3*d*, ou de metais de transição interna, também conhecidos como **terras-raras**, 4*f*. Contudo, a cor final obtida depende do estado de oxidação do metal, da sua concentração, da composição do vidro e do tratamento térmico ao qual foi submetido.

Alguns dos óxidos normalmente utilizados para dar cor aos vidros são apresentados no quadro a seguir.

Agente de coloração	Estado de oxidação	Coloração
cobre	Cu^{2+}	azul-claro
crômio	Cr^{3+}	verde
	Cr^{6+}	amarelo
manganês	Mn^{3+}	violeta
	Mn^{4+}	preto
ferro	Fe^{3+}	marrom-amarelado
	Fe^{2+}	verde-azulado
cobalto	Co^{2+}	azul intenso ou rosa
	Co^{3+}	verde
níquel	Ni^{2+}	marrom, amarelo, verde, azul a violeta, dependendo da matriz vítrea
vanádio	V^{3+}	verde, em silicatos, e marrom, em vidros boratos
titânio	Ti^{3+}	violeta
neodímio	Nd^{3+}	violeta-avermelhado
praseodímio	Pr^{3+}	verde-claro
ouro	Au^0	rubi (partículas coloidais dispersas na matriz vítrea)
cádmio	CDs, CdSe	laranja

Quadro 5-14: **Espécies químicas (agentes de coloração) utilizados para dar cor aos vidros.**

Após a obtenção do fundido como um líquido homogêneo, a produção de produtos comerciais requer a obtenção dos vidros em formatos específicos. Essa etapa do processamento é denominada **moldagem** do vidro, a qual pode ser feita por quatro métodos principais: sopro, prensagem, fundição e estiramento ou flutuação. Dentre os métodos de moldagem, vamos nos ater ao processo de estiramento ou flutuação, método mais usado na fabricação de vidros planos.

Tal método foi desenvolvido e patenteado em 1959 por uma companhia britânica e revolucionou a manufatura dos vidros planos.

O vidro é moldado estirando-se uma larga lâmina de vidro derretido em um tanque de estanho, também derretido. Esse tanque é chamado **tanque de flutuação**, porque o vidro "flutua" em uma camada uniforme sobre a superfície perfeitamente lisa do estanho fundido. O vidro solidifica-se a temperatura mais alta que o estanho, podendo, portanto, ser removido. O vidro obtido nesse processo apresenta ambos os lados brilhantes, o que dispensa o acabamento por polimento.

Renato Stockler/Folhapress

Figura 5-48: Vidro sendo moldado pelo método de sopro.

De maneira geral, depois de moldados, os vidros são submetidos a um processo denominado **recozimento** e, em alguns casos, também a um processo de têmpera. O recozimento tem por finalidade remover as tensões que podem ser criadas na moldagem. Um vidro não recozido pode estilhaçar-se por causa da tensão resultante do resfriamento desigual. O recozimento é feito em temperaturas inferiores à temperatura de transição vítrea. A têmpera, por outro lado, é um processo pelo qual um vidro já pronto é reaquecido até tornar-se quase maleável. Sob condições cuidadosamente controladas, o vidro é subitamente resfriado por rajadas de ar frio ou pela imersão em óleo. Tal processo aumenta enormemente sua resistência mecânica.

Questões

Q56. Por que se deve usar fundentes na produção de vidros?

Q57. Qual a função dos agentes modificadores na produção de vidros?

Q58. Qual a função dos agentes de refino na produção de vidros?

Q59. No texto são referidos "compostos de metais de transição, 3*d*, ou de terras-raras, 4*f*." O que significam 3*d* e 4*f*?

Q60. Descrevam o método de estiramento ou flutuação, usado na fabricação de vidros planos.

TEXTO 10

Ciclo de vida dos vidros: para onde vão os vidros?

As embalagens de vidro utilizadas no cotidiano fazem parte do lixo doméstico. Os vidros constituem cerca de 2% do total de lixo doméstico da cidade de São Paulo, o que equivale a um descarte de aproximadamente 7 000 toneladas/mês de vidro.

A reciclagem de vidros utilizados nas embalagens é um processo viável, uma vez que os vidros são fáceis de ser limpos e transformados em cacos para utilização na produção de novas embalagens.

A reciclagem de vidros é importante tendo-se em vista que sua produção envolve a utilização de matérias-primas extraídas da natureza. Além disso, reciclar e reutilizar vidros contribui para a economia de energia pois para produzir 1 kg de vidro novo são necessários 4 500 quilojoules (kJ), ao passo que para produzir 1 kg de vidro reciclado necessita-se de apenas 500 kJ.

Robert Brook/SP/Latinstock

Figura 5-49: **A reciclagem de vidros é um processo viável.**

Dados da Associação Técnica Brasileira das Indústrias Automáticas de Vidro (Abividro) indicam que o índice de reciclagem de vidros no Brasil vem aumentando. Passou de 15% em 1991 para 47% em 2007.

Existem alguns métodos utilizados para a reciclagem do vidro. No mais comum, o vidro é derretido novamente, possibilitando a produção de novos utensílios. Esse processo, já utilizado com eficiência em escala industrial, tem a vantagem de possibilitar a diminuição da energia necessária para a fundição.

Outros métodos em estudo pretendem utilizar a sucata de vidro moído e/ou em cacos em substituição a uma porcentagem dos agregados para a produção de cimento Portland, concreto asfáltico, leitos de estradas, materiais abrasivos, blocos de pavimentação, cimento a ser aplicado em encanamentos, tanques sépticos de sistemas de tratamento de esgoto, filtros, janelas, claraboias, telhas etc.

Questão

Q61. O que se economiza com a reciclagem de vidros?

TEXTO 11

Ciclo de vida do alumínio: produção da alumina

A produção do alumínio começa com a extração da bauxita, que contém de 35% a 55% de óxido de alumínio (Al_2O_3). A terceira maior reserva de bauxita do mundo está localizada na Amazônia. No Brasil, reservas de alumínio podem também ser encontradas, na região Sudeste, em Poços de Caldas e Cataguases, cidades de Minas Gerais.

Manoel Novaes/Pulsar Imagens

Figura 5-50: **O Brasil tem importantes reservas de bauxita. Na foto vemos uma em Oriximirá (PA).**

Segundo dados da Associação Brasileira do Alumínio (Abal), a produção atual de alumínio supera a soma de todos os outros metais não ferrosos.

O processo de mineração da bauxita compreende a remoção da vegetação e do solo e beneficiamento do minério. Essa etapa envolve a britagem, a lavagem do minério com água para redução do teor de sílica e a secagem. Após esse processo, a bauxita é enviada para uma indústria de produção da **alumina** (Al_2O_3), óxido de alumínio de elevada pureza.

A alumina é obtida por um processo conhecido como **processo Bayer**. Esse processo foi desenvolvido em 1888 pelo químico austríaco Karl Josef Bayer (1847-1904).

O processo começa com a preparação das matérias-primas e posteriores etapas de digestão, clarificação/filtração e precipitação do hidrato para, em seguida, ser calcinado e convertido em alumina.

A primeira etapa desse processo é a moagem do minério. Como o minério utilizado é proveniente de diferentes jazidas, é necessário, inicialmente, fazer um processo de homogeneização, chamado **blendagem**. Assim, o minério que entrará no processo Bayer apresenta, em média, 45% de Al_2O_3 disponível e aproximadamente 4% de sílica reativa (caulinita). Em seguida, a moagem é feita em um moinho de barras. Ao final do processo obtém-se uma pasta moída e com a granulometria ideal para início da digestão.

Wikipedia

Figura 5-51: **Karl Josef Bayer.**

Granulometria é a palavra usada para designar o tamanho médio dos grãos de qualquer material, resultado normalmente de uma moagem, de acordo com faixas pré-estabelecidas de tamanhos de grãos.

Werner Rudhart/kino.com.br

Figura 5-52: **Processo de produção do alumínio, no Pará.**

No processo de digestão do minério ocorre a redução do teor de sílica. A reação do minério com hidróxido de sódio concentrado (NaOH) é feita a uma temperatura de aproximadamente 150 °C. A solução alcalina reage então com o óxido de alumínio hidratado ($Al_2O_3 \cdot 3H_2O$) e produz o aluminato de sódio ($NaAlO_2$), como representado na seguinte equação:

$$Al_2O_3 \cdot 3\,H_2O + 2\,NaOH \rightarrow 2\,NaAlO_2 + 4\,H_2O$$

Na sequência ocorre a remoção dos resíduos sólidos resultantes do processo de digestão da bauxita no processo de clarificação. A clarificação do licor é realizada em duas etapas: espessamento e filtração. Na etapa de precipitação, o licor, livre dos sólidos não solúveis, será reconvertido ao óxido de alumínio hidratado ($Al_2O_3 \cdot 3H_2O$) em uma reação inversa à digestão.

Para iniciar a precipitação, é necessária a redução da temperatura e a adição de sementes que funcionarão como agentes nucleantes, facilitando a nucleação do óxido de alumínio hidratado em torno dessas sementes e o crescimento desses cristais. A reação é representada pela equação a seguir:

$$2\,NaAlO_2 + 4\,H_2O \rightarrow Al_2O_3 \cdot 3H_2O + 2\,NaOH$$

A precipitação é uma das etapas mais importantes do processo, pois a qualidade obtida pelo hidrato resultará, posteriormente, nas qualidades finais da alumina. De modo geral, espera-se que o produto resultante da precipitação consiga gerar uma alumina que atenda às expectativas. Além disso, é ainda necessário um alto rendimento de hidrato por unidade de volume de licor e que o número de partículas formadas por nucleação seja igual ao de partículas removidas do sistema por aglomeração e crescimento, ou por dissolução.

A calcinação é a etapa final da obtenção de alumina e envolve a transformação do hidrato em uma mistura cristalina de formas alotrópicas de Al_2O_3.

Inicialmente, o hidrato recém-chegado da precipitação é lavado e filtrado, seguindo então para secagem e calcinação. A reação de calcinação é representada pela equação a seguir:

$$2\,Al_2O_3 \cdot 3H_2O\,(s) \rightarrow Al_2O_3\,(s) + 3H_2O\,(g)$$

Questão

Q62. Descrevam as etapas envolvidas na produção de alumina, segundo o processo Bayer.

TEXTO 12

Ciclo de vida do alumínio: produção do alumínio metálico

A produção do alumínio metálico é feita por um processo que envolve a redução eletrolítica da alumina. Esse processo foi desenvolvido em 1886 por dois químicos, o americano Charles Martin Hall (1863-1914) e o francês Paul Louis-Toussaint Héroult (1863-1914) e por isso ficou conhecido como processo Hall-Héroult. Após ser obtido, o alumínio é fundido ou segue para a produção de lingotes. Para produzir 1 tonelada (t) de alumínio pelo processo de redução são necessárias cerca de 5 t de bauxita, que dão origem a 2 t de alumina.

O processo Hall-Héroult para produção de alumínio consiste basicamente na redução eletrolítica da alumina (Al_2O_3) dissolvida em um eletrólito formado por sais fundidos, a uma temperatura aproximadamente de 960 a 1 000 °C, por passagem da corrente elétrica.

A redução do alumínio é realizada em uma cuba eletrolítica, que é um tanque de aço revestido de grafita, que atua como catodo. Os anodos são feitos de carbono grafita. Uma cuba eletrolítica é representada na figura a seguir.

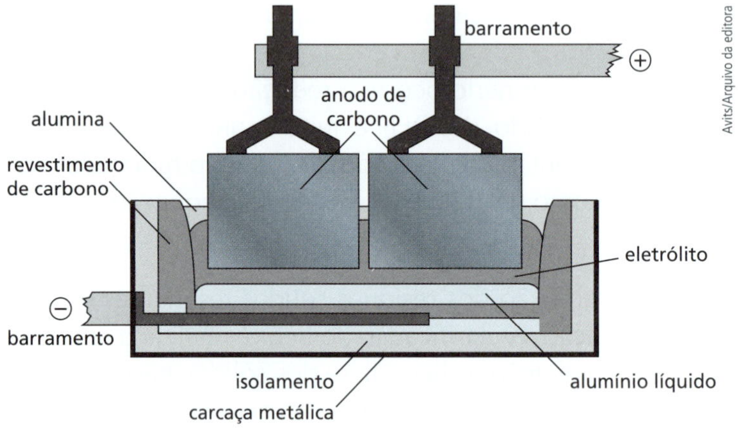

Figura 5-53: **Representação para uma cuba eletrolítica.**

A célula funciona continuamente e, a certos intervalos, o alumínio fundido é removido do fundo da célula, e são adicionadas novas quantidades de alumina.

Em uma primeira etapa, a alumina (Al_2O_3) é misturada em um banho de sais fundidos chamado de **eletrólito**. Tal banho é constituído por fluoretos de sódio e alumínio. Inicialmente o principal componente é a criolita (Na_3AlF_6), mas ao longo do processo é necessária a adição de fluoreto de alumínio (AlF_3).

Com a passagem da corrente contínua através da solução, o oxigênio migra para o anodo de carbono com o qual reage, gerando dióxido de carbono (CO_2) na superfície anódica. Ao mesmo tempo ocorre a redução do alumínio na superfície do catodo, conforme as equações seguintes.

Reação que ocorre no catodo:

$$Al^{3+}(aq) + 3e^- \rightarrow Al\ (s)$$

Reações que ocorrem no anodo:

$$3Al_2O_2^- \ (aq) + \rightarrow Al\ (s) + 3O_2\ (g) + 3e^-$$

$$3C\ (s)\ (eletrodo) + 3O_2\ (g) \rightarrow 3CO_2\ (g)$$

A equação que representa a reação global para a eletrólise da alumina é:

$$2\ Al_2O_3\ (s) + 3C\ (s) \rightarrow 4\ Al\ (s) + 3\ CO_2\ (g)$$

Essa reação provoca o desgaste do anodo fabricado em carbono, que deve ser substituído dentro de um intervalo de tempo predeterminado. O alumínio líquido se precipita no fundo da cuba eletrolítica e a partir dele são produzidos os lingotes, as placas e os tarugos chamados de **alumínio primário**.

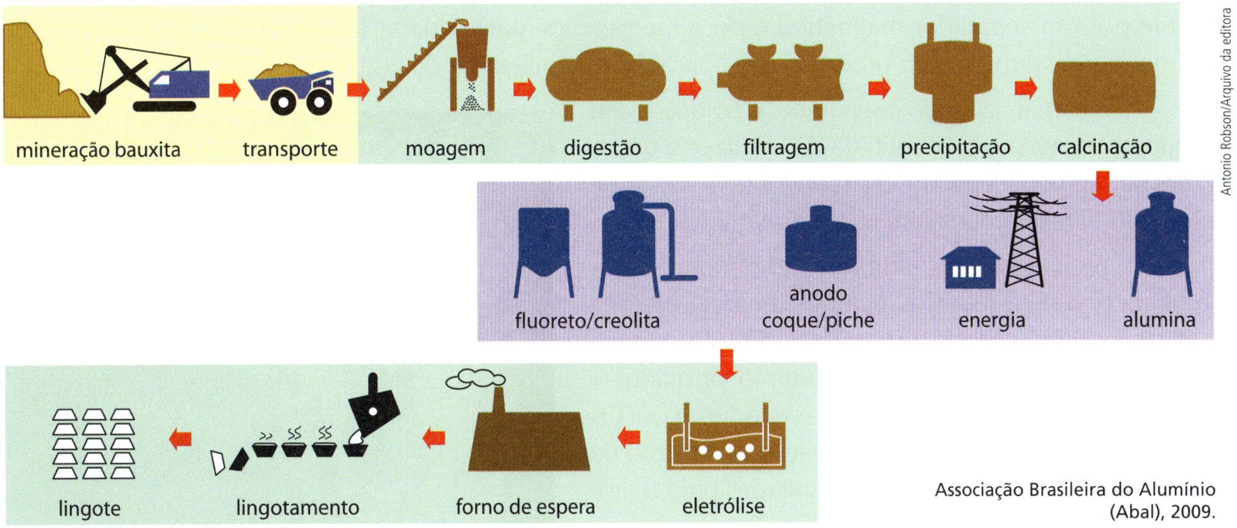

Associação Brasileira do Alumínio (Abal), 2009.

Figura 5-54: **Diagrama para o fluxo de produção do alumínio primário.**

A demanda de energia elétrica para produção de alumínio é alta, em torno de 13 000 kWh/t, sendo o processo metalúrgico que mais demanda energia.

Questão

Q63. Os metais normalmente são obtidos por redução química, na qual os minérios, depois de processados, sofrem reação de oxirredução, o que dispensa o uso direto de energia elétrica para sua obtenção. Já o alumínio só pode ser obtido por redução eletrolítica, que envolve o uso direto de energia elétrica. Que propriedade do alumínio explica esse fato?

TEXTO 13

Ciclo de vida do alumínio: reciclagem

O Brasil lidera a reciclagem de latas de alumínio entre os países onde essa atividade não é obrigatória por lei. A figura a seguir mostra a evolução dos índices de reciclagem de latas de alumínio em diversos países de 1996 até 2005.

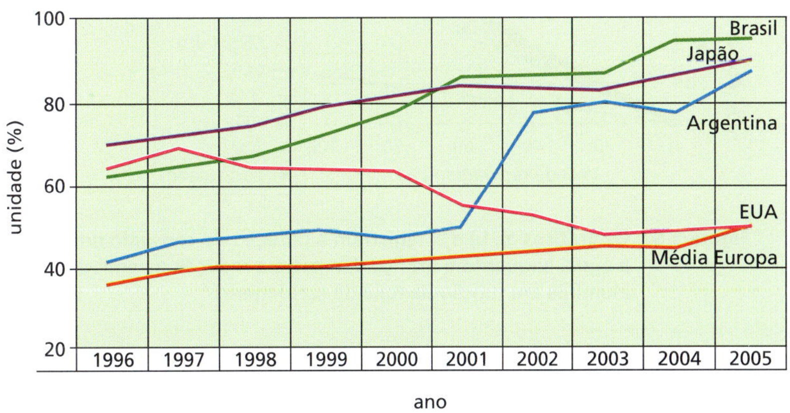

Figura 5-55: **Evolução da reciclagem de alumínio realizada em alguns países de 1996 até 2005.**

O ciclo de uma lata de alumínio é de trinta dias, ou seja, nesse período uma lata de alumínio pode ser comprada no supermercado, utilizada, coletada, reciclada e voltar às prateleiras para o consumo.

O processo de obtenção do alumínio reciclado tem início com as latas que chegam dos postos de coleta ou de sucateiros em fardos e passam por um desenfardador para quebrar os blocos e, em seguida, por um separador magnético. Então são picotadas, transformadas em cavacos, passam novamente por um separador magnético e por uma peneira, para separar sujeiras como terra e areia. Finalmente, passam por um processo de separação dos materiais de acordo com seu peso.

O material, já limpo e separado, é colocado em um forno rotativo para a retirada de vernizes e tintas, antes de seguir para o forno de fusão, onde a sucata de alumínio é transformada em alumínio líquido.

A reciclagem do alumínio representa vantagens. Economiza recursos naturais, energia elétrica – no processo, consome-se apenas 5% da energia necessária para produção do alumínio primário –, além de oferecer ganhos sociais e econômicos. Os gráficos a seguir registram a redução do consumo de recursos naturais e de energia e emissões para o ar e água, bem como a redução da geração de resíduos sólidos no ciclo de vida de latas de alumínio em função da taxa de reciclagem.

Daniel Augusto Jr/Pulsar Imagens

Figura 5-56: A reciclagem do alumínio é uma atividade que representa uma grande economia de energia. Reciclagem do alumínio em São Paulo (SP).

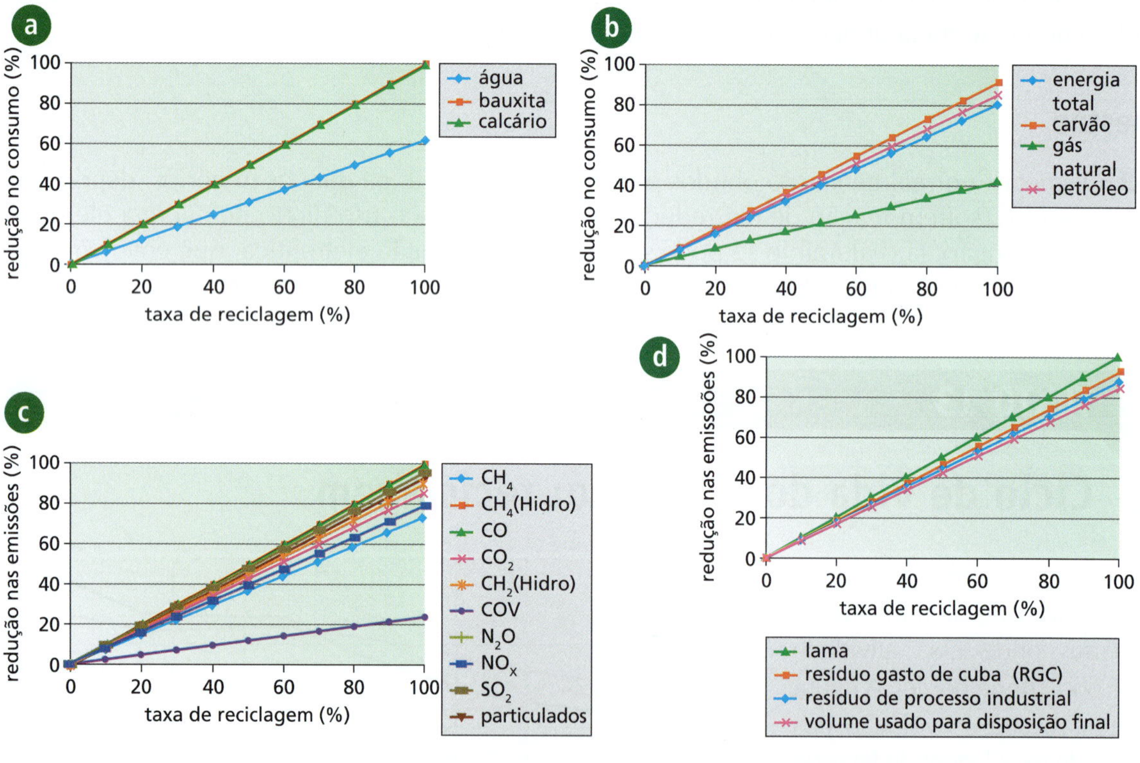

Figura 5-57: Os gráficos a), b) e c) registram a redução do consumo de recursos naturais, energia e emissões para o ar e a água, enquanto o gráfico d) mostra a redução na emissão de resíduos sólidos no ciclo de vida de latas de alumínio em função da taxa de reciclagem.

É importante termos em mente que o Brasil é um país de imensas desigualdades sociais, em que um grande contingente da população apresenta dificuldades financeiras. O excelente desempenho do Brasil em reciclagem de latinhas de alumínio tem uma relação direta com essa situação, pois a coleta seletiva torna-se uma alternativa de geração de renda.

POTENCIAIS DE ELETRODOS-PADRÃO – A 25 °C

Potência de oxidação E^0 (V)	Reação do eletrodo	Potencial de redução E^0 (V)
	Solução aquosa ácida	
+ 3,09	$3/2\ N_2 + e^- \rightleftharpoons N_3^-$	– 3,09
+ 3,045	$Li^+ + e^- \rightleftharpoons Li$	– 3,045
+ 2,925	$K^+ + e^- \rightleftharpoons K$	– 2,925
+ 2,925	$Rb^+ + e^- \rightleftharpoons Rb$	– 2,925
+ 2,89	$Sr^{2+} + 2e^- \rightleftharpoons Sr$	– 2,89
+ 2,87	$Ca^{2+} + 2e^- \rightleftharpoons Ca$	– 2,87
+ 2,714	$Na^+ + e^- \rightleftharpoons Na$	– 2,714
+ 2,52	$La^{3+} + 3e^- \rightleftharpoons La$	– 2,52
+ 2,48	$Ce^{3+} + 3e^- \rightleftharpoons Ce$	– 2,48
+ 2,37	$Mg^{2+} + 2e^- \rightleftharpoons Mg$	– 2,37
+ 2,37	$Y^{3+} + 3e^- \rightleftharpoons Y$	– 2,37
+ 2,25	$1/2\ H_2 + e^- \rightleftharpoons H^-$	– 2,25
+ 2,08	$Sc^{3+} + 3e^- \rightleftharpoons Sc$	– 2,08
+ 2,07	$Pu^{3+} + 3e^- \rightleftharpoons Pu$	– 2,07
+ 1,85	$Be^{2+} + 2e^- \rightleftharpoons Be$	– 1,85
+ 1,80	$U^{3+} + 3e^- \rightleftharpoons U$	– 1,80
+ 1,66	$Al^{3+} + 3e^- \rightleftharpoons Al$	– 1,66
+ 1,63	$Ti^{2+} + 2e^- \rightleftharpoons Ti$	– 1,63
+ 1,53	$Zr^{4+} + 4e^- \rightleftharpoons Zr$	– 1,53
+ 1,18	$Mn^{2+} + 2e^- \rightleftharpoons Mn$	– 1,18
+ 1,1	$Nb^{3+} + 3e^- \rightleftharpoons Nb$	– 1,1
+ 0,89	$TiO^{2+} + 2H^+ + 4e^- \rightleftharpoons Ti + H_2O$	– 0,89
+ 0,81	$Ta_2O_5 + 10H^+ + 10e^- \rightleftharpoons 2Ta + 5H_2O$	– 0,81
+ 0,763	$Zn^{2+} + 2e^- \rightleftharpoons Zn$	– 0,763
+ 0,74	$Cr^{3+} + 3e^- \rightleftharpoons Cr$	– 0,74
+ 0,65	$Nb_2O_5 + 10H^+ + 10e^- \rightleftharpoons 2Nb + 5H_2O$	– 0,65
+ 0,53	$Ga^{3+} + 3e^- \rightleftharpoons Ga$	– 0,53
+ 0,440	$Fe^{2+} + 2e^- \rightleftharpoons Fe$	– 0,440
+ 0,41	$Cr^{3+} + e^- \rightleftharpoons Cr^{2}$	– 0,41
+ 0,403	$Cd^{2+} + 2e^- \rightleftharpoons Cd$	– 0,403
+ 0,37	$Ti^{3+} + e^- \rightleftharpoons Ti^{2+}$	– 0,37
+ 0,342	$In^{3+} + 3e^- \rightleftharpoons In$	– 0,342
+ 0,3363	$Tl^+ + e^- \rightleftharpoons Tl$	– 0,3363
+ 0,277	$Co^{2+} + 2e^- \rightleftharpoons Co$	– 0,277
+ 0,255	$V^{3+} + e^- \rightleftharpoons V^{2+}$	– 0,255

Potência de oxidação E^0 (V)	Reação do eletrodo	Potencial de redução E^0 (V)
	Solução aquosa ácida	
+ 0,250	$Ni^{2+} + 2e^- \rightleftharpoons Ni$	− 0,250
+ 0,2	$Mo^{3+} + 3e^- \rightleftharpoons Mo$	− 0,2
+ 0,136	$Sn^{2+} + 2e^- \rightleftharpoons Sn$	− 0,136
+ 0,13	$O^2 + H^+ + e^- \rightleftharpoons HO_2$	− 0,13
+ 0,126	$Pb^2 + 2e^- \rightleftharpoons Pb$	− 0,126
+ 0,09	$WO_3 + 6\ H^+ + 6e^- \rightleftharpoons W + 3H_2O$	− 0,09
0,000	$2H^+ + 2e^- \rightleftharpoons H_2$	0,000
− 0,1	$TiO^{2+} + 2H^+ + e^- \rightleftharpoons Ti^{3+} + H_2O$	+ 0,1
− 0,102	$Si + 4H^+ + 4e^- \rightleftharpoons SiH_4$	+ 0,102
− 0,13	$C + 4H^+ + 4e^- \rightleftharpoons CH_4$	+ 0,13
− 0,141	$S + 2H^+ + 2e^- \rightleftharpoons H_2S$	+ 0,141
− 0,15	$Sn^{4+} + 2e^- \rightleftharpoons Sn^{2+}$	+ 0,15
− 0,152	$Sb_2O_3 + 6H^+ + 6e^- \rightleftharpoons 2Sb + 3H_2O$	+ 0,152
− 0,153	$Cu^{2+} + e^- \rightleftharpoons Cu^+$	+ 0,153
− 0,16	$BiOCl + 2H^+ + 3e^- \rightleftharpoons Bi + H_2O + Cl^-$	+ 0,16
− 0,222	$AgCl + e^- \rightleftharpoons Ag + Cl^-$	+ 0,222
− 0,32	$BiO^+ + 2H^+ + 3e^- \rightleftharpoons Bi + H_2O$	+ 0,32
− 0,337	$Cu^{2+} + 2e^- \rightleftharpoons Cu$	+ 0,337
− 0,45	$H_2SO_3 + 4H^+ + 4e^- \rightleftharpoons S + 3H_2O$	+ 0,45
− 0,521	$Cu^+ + e^- \rightleftharpoons Cu$	+ 0,521
− 0,536	$I_2 + 2e^- \rightleftharpoons 2I^-$	+ 0,536
− 0,564	$MnO_4^- + e^- \rightleftharpoons MnO_4^{2-}$	+ 0,564
− 0,682	$O_2 + 2H^+ + 2e^- \rightleftharpoons H_2O_2$	+ 0,682
− 0,72	$H_2O_2 + H^+ + e^- \rightleftharpoons OH + H_2O$	+ 0,72
− 0,771	$Fe^{3+} + e^- \rightleftharpoons Fe^{2+}$	+ 0,771
− 0,789	$Hg_2^{2+} + 2e^- \rightleftharpoons 2Hg$	+ 0,789
− 0,799	$Ag^+ + e^- \rightleftharpoons Ag$	+ 0,799
− 0,8	$Rh^{3+} + 3e^- \rightleftharpoons Rh$	+ 0,8
− 0,920	$2Hg^{2+} + 2e^- \rightleftharpoons Hg_2^{2+}$	+ 0,920
− 0,987	$Pd^{2+} + 2e^- \rightleftharpoons Pd$	+ 0,987
− 1,065	$Br_2\ (l) + 2e^- \rightleftharpoons 2Br^-$	+ 1,065
− 1,229	$O_2 + 4H^+ + 4e^- \rightleftharpoons 2H_2O$	+ 1,229
− 1,33	$Cr_2O_7^{2-} + 14H^+ + 6e^- \rightleftharpoons 2Cr^{3+} + 7H_2O$	+ 1,33
− 1,360	$Cl_2 + 2e^- \rightleftharpoons 2Cl^-$	+ 1,360
− 1,50	$Au^{3+} + 3e^- \rightleftharpoons Au$	+ 1,50
− 1,5	$HO_2 + H^+ + e^- \rightleftharpoons H_2O_2$	+ 1,5
− 1,51	$MnO_4^- + 8H^+ + 5e^- \rightleftharpoons Mn^{2+} + 4H_2O$	+ 1,51

Potência de oxidação E^0 (V)	Reação do eletrodo	Potencial de redução E^0 (V)
	Solução aquosa ácida	
– 1,63	$HClO + H^+ + e^- \rightleftharpoons 1/2\ Cl_2 + H_2O$	+ 1,63
– 1,7	$Au^+ + e^- \rightleftharpoons Au$	+ 1,7
– 1,77	$H_2O_2 + 2H^+ + 2e^- \rightleftharpoons 2H_2O$	+ 1,77
– 1,82	$Co^{3+} + e^- \rightleftharpoons Co^{2+}$	+ 1,82
– 1,9	$FeO_4^{2-} + 8H^+ + 3e^- \rightleftharpoons Fe^{3+} + 4H_2O$	+ 1,9
– 1,98	$Ag^{2+} + e^- \rightleftharpoons Ag^+$	+ 1,98
– 2,07	$O_3 + 2H^+ + 2e^- \rightleftharpoons O_2 + H_2O$	+ 2,07
– 2,65	$F_2 + 2e^- \rightleftharpoons 2F^-$	+ 2,65
– 2,8	$OH + H^+ + e^- \rightleftharpoons H_2O$	+ 2,8
– 3,00	$F_2 + 2H^+ + 2e^- \rightleftharpoons 2HF$ (aq)	+ 3,00
	Solução aquosa básica	
+ 2,69	$Mg(OH)_2 + 2e^- \rightarrow Mg + 2OH^-$	– 2,69
+ 2,35	$H_2AlO_3^- + H_2O + 3e^- \rightarrow Al + 4OH^-$	– 2,35
+ 1,70	$SiO_3^{2-} + 3H_2O + 4e^- \rightarrow Si + 6OH^-$	– 1,70
+ 1,3	$Cr(OH)_3 + 3e^- \rightarrow Cr + 3OH^-$	– 1,3
+ 1,245	$Zn(OH)_2 + 2e^- \rightarrow Zn + 2OH^-$	– 1,245
+ 1,216	$ZnO_2^{2-} + 2H_2O + 2e^- \rightarrow Zn + 4OH^-$	– 1,216
+ 1,05	$MoO_4^{2-} + 4H_2O + 6e^- \rightarrow Mo + 8OH^-$	– 1,05
+ 1,0	$In(OH)_3 + 3e^- \rightarrow In + 3OH^-$	– 1,0
+ 0,90	$Sn(OH)_6^{2-} + 2e^- \rightarrow HSnO_2^- + H_2O + 3OH^-$	– 0,90
+ 0,877	$Fe(OH)_2 + 2e^- \rightarrow Fe + 2OH^-$	– 0,877
+ 0,828	$2H_2O + 2e^- \rightarrow H_2 + 2OH^-$	– 0,828
+ 0,56	$Fe(OH)_3 + e^- \rightarrow Fe(OH)_2 + OH^-$	– 0,56
+ 0,56	$O_2 + e^- \rightarrow O_2^-$	– 0,56
+ 0,54	$HPbO_2^- + H_2O + 2e^- \rightarrow Pb + 3OH^-$	– 0,54
+ 0,48	$S + 2e^- \rightarrow S^{2-}$	– 0,48
+ 0,24	$HO_2^- + H_2O + e^- \rightarrow OH + 2OH^-$	– 0,24
+ 0,13	$CrO_4^{2-} + 4H_2O + 3e^- \rightarrow Cr(OH)_3 + 5OH^-$	– 0,13
+ 0,12	$Cu(NH_3)_2^+ + e^- \rightarrow Cu + 2NH_3$	– 0,12
+ 0,076	$O_2 + H_2O + 2e^- \rightarrow HO_2^- + OH^-$	– 0,076
+ 0,017	$AgCN + e^- \rightarrow Ag + CN^-$	– 0,017
– 0,4	$O_2^- + H_2O + e^- \rightarrow OH^- + HO_2^-$	+ 0,4
– 0,401	$O_2 + 2H_2O + 4e^- \rightarrow 4OH^-$	+ 0,401
– 0,88	$HO_2^- + H_2O + 2e^- \rightarrow 3OH^-$	+ 0,88
– 0,89	$ClO^- + H_2O + 2e^- \rightarrow Cl^- + 2OH^-$	+ 0,89
– 0,9	$Fe_4^{2-} + 2H_2O + 3e^- \rightarrow FeO_2^- + 4OH^-$	+ 0,9
– 1,24	$O_3 + H_2O + 2e^- \rightarrow O_2 + 2OH^-$	+ 1,24
– 2,0	$OH + e^- \rightarrow OH^-$	+ 2,0

Fonte: GENTIL, V. *Corrosão*. Rio de Janeiro: LTC, 1996. p. 345.

- Os elementos de números atômicos 113, 114, 115 e 116 não constam na tabela porque, apesar de relatados por pesquisadores, até meados de 2005 não haviam sido referendados pela Iupac/Iupap (*International Union of Pure and Applied Chemistry/International Union of Pure and Applied Physics* ou, em português, União Internacional de Química Pura e Aplicada/União Internacional de Física Pura e Aplicada).
- As massas atômicas relativas são listadas com arredondamento no último algarismo. As massas atômicas entre parênteses representam valores ainda não padronizados pela Iupac.
- As cores nos símbolos dos elementos indicam o estado físico a 25 °C e a 1 atm de pressão: azul – estado líquido; roxo – estado gasoso; **preto** – estado sólido; cinza – estado físico desconhecido.
- A classificação dos elementos boro, silício, germânico, arsênico, antimônio, telúrio e polônio em semimetais ou metaloides não é reconhecida pela Iupac.
- **Observação**: As cores utilizadas nesta tabela não têm significado científico; são apenas recursos visuais pedagógicos.

Metais

Não metais

Gases nobres

	1 1A	2 2A	3 3B	4 4B	5 5B	6 6B	7 7B	8 8B	9 8B	10 8B	11 1B	12 2B	13 3A	14 4A	15 5A	16 6A	17 7A	18 0 ou 8A
1	1,01 1 H hidrogênio																	4,00 2 He hélio
2	6,94 3 Li lítio	9,01 4 Be berílio											10,81 5 B boro	12,01 6 C carbono	14,01 7 N nitrogênio	16,00 8 O oxigênio	19,00 9 F flúor	20,18 10 Ne neônio
3	22,99 11 Na sódio	24,31 12 Mg magnésio											26,98 13 Al alumínio	28,09 14 Si silício	30,97 15 P fósforo	32,07 16 S enxofre	35,45 17 Cl cloro	39,95 18 Ar argônio
4	39,10 19 K potássio	40,08 20 Ca cálcio	44,96 21 Sc escândio	47,87 22 Ti titânio	50,94 23 V vanádio	52,00 24 Cr crômio	54,94 25 Mn manganês	55,85 26 Fe ferro	58,93 27 Co cobalto	58,69 28 Ni níquel	63,55 29 Cu cobre	65,41 30 Zn zinco	69,72 31 Ga gálio	72,64 32 Ge germânio	74,92 33 As arsênio	78,96 34 Se selênio	79,90 35 Br bromo	83,80 36 Kr criptônio
5	85,47 37 Rb rubídio	87,62 38 Sr estrôncio	88,91 39 Y ítrio	91,22 40 Zr zircônio	92,91 41 Nb nióbio	95,94 42 Mo molibdênio	(97,91) 43 Tc tecnécio	101,07 44 Ru rutênio	102,91 45 Rh ródio	106,42 46 Pd paládio	107,87 47 Ag prata	112,41 48 Cd cádmio	114,82 49 In índio	118,71 50 Sn estanho	121,76 51 Sb antimônio	127,60 52 Te telúrio	126,90 53 I iodo	131,29 54 Xe xenônio
6	132,91 55 Cs césio	137,33 56 Ba bário	SÉRIE DOS LANTANÍDIOS 57/71	178,49 72 Hf háfnio	180,95 73 Ta tântalo	183,84 74 W tungstênio	186,21 75 Re rênio	190,23 76 Os ósmio	192,22 77 Ir irídio	195,08 78 Pt platina	196,97 79 Au ouro	200,59 80 Hg mercúrio	204,38 81 Tl tálio	207,21 82 Pb chumbo	208,98 83 Bi bismuto	(208,98) 84 Po polônio	(209,99) 85 At astato	(222,02) 86 Rn radônio
7	(223,02) 87 Fr frâncio	(226,03) 88 Ra rádio	SÉRIE DOS ACTINÍDIOS 89/103	(261,11) 104 Rf rutherfórdio	(262,11) 105 Db dúbnio	(266,12) 106 Sg seabórgio	264,12 107 Bh bóhrio	(277) 108 Hs hássio	(268,14) 109 Mt meitnério	271 110 Ds darmstádtio	272 111 Rg roentgenium	277 112 Cn copernício						

SÉRIE DOS LANTANÍDIOS

138,91 57 La lantânio	140,12 58 Ce cério	140,91 59 Pr praseodímio	144,24 60 Nd neodímio	(144,91) 61 Pm promécio	150,36 62 Sm samário	151,96 63 Eu európio	157,25 64 Gd gadolínio	158,93 65 Tb térbio	162,50 66 Dy disprósio	164,93 67 Ho hólmio	167,26 68 Er érbio	168,93 69 Tm túlio	173,04 70 Yb itérbio	174,97 71 Lu lutécio

SÉRIE DOS ACTINÍDIOS

(227,03) 89 Ac actínio	232,04 90 Th tório	231,04 91 Pa protactínio	238,03 92 U urânio	(237,05) 93 Np netúnio	(244,06) 94 Pu plutônio	(243,06) 95 Am amerício	(247,07) 96 Cm cúrio	(247,07) 97 Bk berquélio	(251,08) 98 Cf califórnio	(252,08) 99 Es einstênio	(257,10) 100 Fm férmio	(258,10) 101 Md mendelévio	(259,10) 102 No nobélio	(262,11) 103 Lr laurêncio

massa atômica relativa: 1,01 — símbolo: H — número atômico: 1 — nome: hidrogênio

Os dados contidos nesta tabela periódica estão de acordo com as recomendações de 2005 da Iupac e da Iupap.

VALORES DA PRIMEIRA ENERGIA DE IONIZAÇÃO

1 1A	2 2A	3 3B	4 4B	5 5B	6 6B	7 7B	8 8B	9 8B	10 8B	11 1B	12 2B	13 3A	14 4A	15 5A	16 6A	17 7A	18 0 ou 8A
1 **H** 13,598																	2 **He** 24,587
3 **Li** 5,392	4 **Be** 9,323											5 **B** 8,298	6 **C** 11,260	7 **N** 14,534	8 **O** 13,618	9 **F** 17,423	10 **Ne** 21,585
11 **Na** 5,139	12 **Mg** 7,646											13 **Al** 5,986	14 **Si** 8,152	15 **P** 10,487	16 **S** 10,360	17 **Cl** 12,968	18 **Ar** 15,760
19 **K** 4,341	20 **Ca** 6,113	21 **Sc** 6,562	22 **Ti** 6,828	23 **V** 6,746	24 **Cr** 6,767	25 **Mn** 7,434	26 **Fe** 7,902	27 **Co** 7,881	28 **Ni** 7,640	29 **Cu** 7,726	30 **Zn** 9,394	31 **Ga** 5,999	32 **Ge** 7,899	33 **As** 9,789	34 **Se** 9,752	35 **Br** 11,814	36 **Kr** 14,000
37 **Rb** 4,171	38 **Sr** 5,695	39 **Y** 6,217	40 **Zr** 6,634	41 **Nb** 6,759	42 **Mo** 7,092	43 **Tc** 7,280	44 **Ru** 7,361	45 **Rh** 7,459	46 **Pd** 8,337	47 **Ag** 7,576	48 **Cd** 8,994	49 **In** 5,786	50 **Sn** 7,344	51 **Sb** 8,608	52 **Te** 9,010	53 **I** 10,451	54 **Xe** .
55 **Cs** 3,894	56 **Ba** 5,212	57/71	72 **Hf** 6,825	73 **Ta** 7,550	74 **W** 7,864	75 **Re** 7,834	76 **Os** 8,438	77 **Ir** 8,967	78 **Pt** 8,959	79 **Au** 9,226	80 **Hg** 10,438	81 **Tl** 6,108	82 **Pb** 7,417	83 **Bi** 7,286	84 **Po** 8,417	85 **At** –	86 **Rn** 10,749
87 **Fr** 4,073	88 **Ra** 5,278	89/103															

Legenda: Metais; Não metais; Gases nobres

SÉRIE DOS LANTANÍDIOS

57 **La** 5,577	58 **Ce** 5,539	59 **Pr** 5,464	60 **Nd** 5,525	61 **Pm** 5,580	62 **Sm** 5,644	63 **Eu** 5,670	64 **Gd** 6,150	65 **Tb** 5,864	66 **Dy** 5,939	67 **Ho** 6,022	68 **Er** 6,108	69 **Tm** 6,184	70 **Yb** 6,254	71 **Lu** 5,426

SÉRIE DOS ACTINÍDIOS

89 **Ac** 5,170	90 **Th** 6,307	91 **Pa** 5,890	92 **U** 6,194	93 **Np** 6,266	94 **Pu** 6,026	95 **Am** 5,974	96 **Cm** 6,020	97 **Bk** 6,230	98 **Cf** 6,300	99 **Es** 6,420	100 **Fm** 6,500	101 **Md** 6,580	102 **No** 6,650	103 **Lr** –

Exemplo: 1 **H** 13,598 — número atômico: 1; símbolo: H; primeira energia de ionização (eV): 13,598

RESPOSTAS

CAPÍTULO 1 – A QUÍMICA DAS DROGAS E MEDICAMENTOS E AS FUNÇÕES ORGÂNICAS

EXERCÍCIOS

E1. a) 3,4-benzopireno

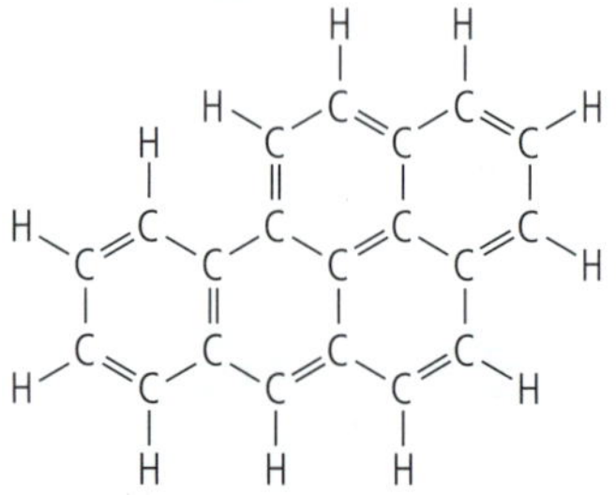

Figura R-1: Exercício E1.

b) benzeno

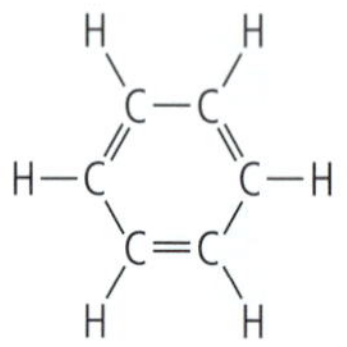

Figura R-2: Exercício E1.

c) ciclo-hexano

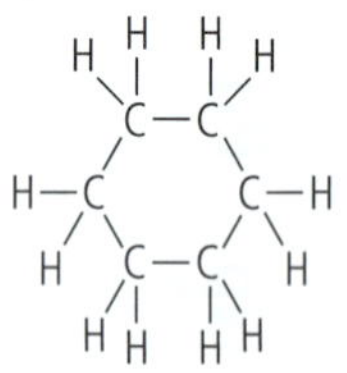

Figura R-3: Exercício E1.

d) cis 2-buteno

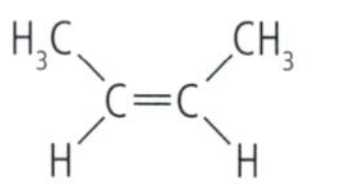

Figura R-4: Exercício E1.

e) naftaleno

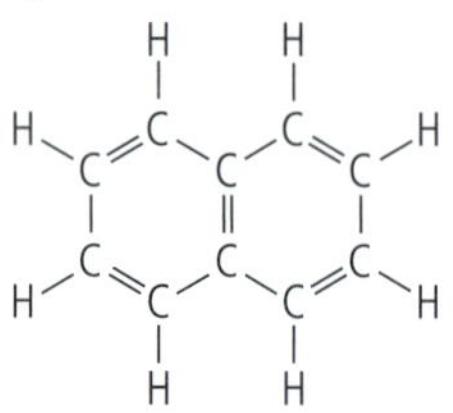

Figura R-5: Exercício E1.

f) trans 2-buteno

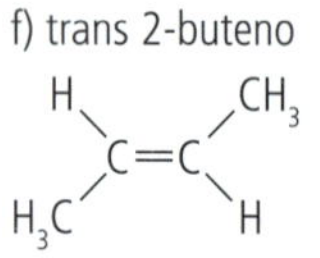

Figura R-6: Exercício E1.

E2. **Comentário:** Este exercício se refere a resultados de pesquisas solicitadas aos alunos. b) Fórmula estrutural do glutaraldeído (pentanodial): $OHC—CH_2—CH_2—CH_2—CHO$.

E3. Para remover o odor causado pelas aminas, devem-se utilizar substâncias de caráter ácido, como o vinagre ou o suco de um limão. Os ácidos reagem com as bases, consumindo-as e, portanto, eliminando o mau cheiro.

E4. Devido à presença, em sua estrutura, de dois grupamentos aminas, a nicotina forma interações por ligações de hidrogênio com a água, dissolvendo-se nela.

E5. Em uma proveta de 100 mL, adiciona-se 50 mL de água. Em seguida, completa-se com gasolina até o volume de 100 mL. Agita-se com um bastão de vidro a aguarda-se o equilíbrio das fases. Anotam-se os volumes das fases "gasolina" e "aquosa". Calcula-se o volume de álcool na gasolina. O procedimento se baseia na propriedade solubilidade: água e gasolina são insolúveis, porém o álcool, solúvel na gasolina, dissolve-se mais intensamente na água, passando para a fase aquosa. Calcula-se o volume do álcool pela diferença entre os volumes inicial e final da gasolina.

E6. a) Energia fornecida pela gasolina (iso-octano), Q_g, e pelo etanol, Q_e.

$Q_g = 5\,461{,}0$ kJ / mol · 1 mol / 0,114 kg · 0,7 kg/L = 33 532 kJ / L

$Q_e = 1\,366{,}8$ kJ / mol · 1 mol / 0,046 kg · 0,8 kg / L = 23 770 kJ / L

b) Sim. Comparando-se volumes iguais dos dois combustíveis, a queima do etanol fornece aproximadamente 70% da energia fornecida pela gasolina, considerada como iso-octano.

c) Supondo que o valor do percentual de álcool na gasolina comercial seja de 22% em volume, o poder calorífico da gasolina comercial, $Q_{g\ comercial}$, é:

$Q_{g\ comercial} = (0{,}22 \cdot 23\,770) + (0{,}78 \cdot 33\,532) = 5\,229 + 26\,155 = 31\,384$ kJ / L

d) **Comentário:** Valores consultados em 13 jan. 2010, no estado de São Paulo. O que importa aqui é a memória de cálculo, pois os valores de mercado mudam conforme a região e a época do ano, além de outros fatores macroeconômicos.

gasolina comercial	31 384 kJ/L	R$ 2,60/L	31 384 KJ/L/R$ 2,60/L = 12 071 KJ/R$ 1,00
álcool	23 770 kJ/L	R$ 1,88/L	23 770 KJ/L/R$ 1,88/L = 12 644 KJ/R$ 1,00

Quadro R-1: Exercício E6.

e) **Comentário:** lembramos que esta resposta é dependente dos valores de mercado. Assim, no caso exemplificado, não é vantajoso o uso do álcool, apesar da diferença ter sido muito pequena.

E7. Comentário: Este exercício depende da participação dos professores de História e de Geografia.

E8 e E9. Comentário: Estes exercícios se referem a resultados de pesquisas solicitadas aos alunos.

E10.

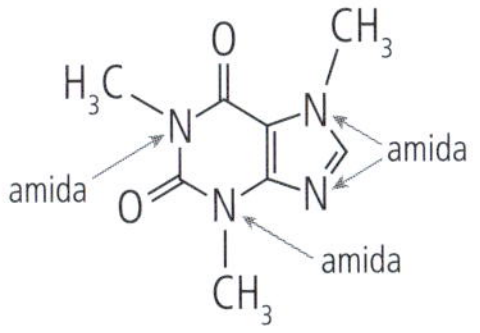

Figura R-7: **Exercício E10.**

E12.

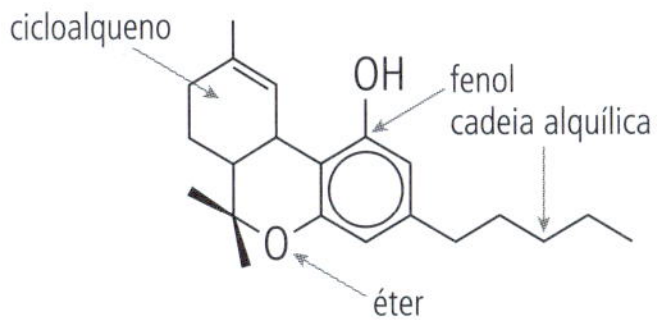

Figura R-8: **Exercício E12.**

E13.

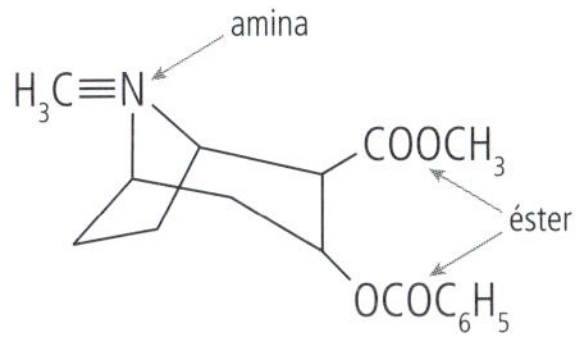

Figura R-9: **Exercício E13.**

E14.

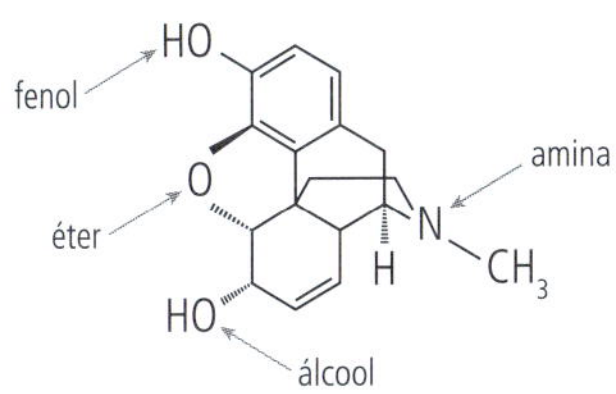

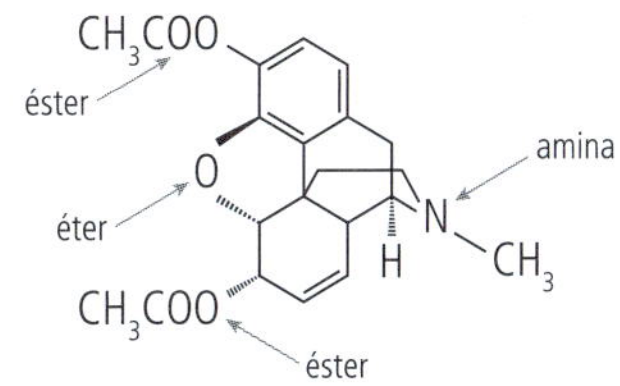

Figura R-10: **Exercício E14.**

E15. A diferença é que, no lugar dos grupos —OH das funções fenol e álcool da morfina, a heroína apresenta a função éster (grupo funcional: —COOC—).

E16.

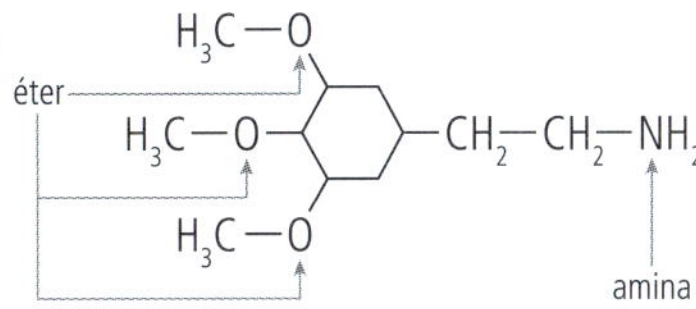

mescalina

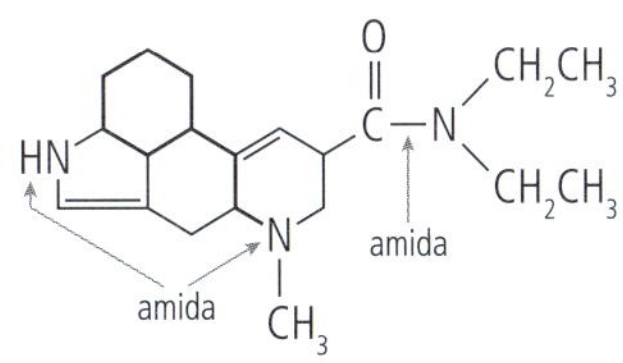

LSD

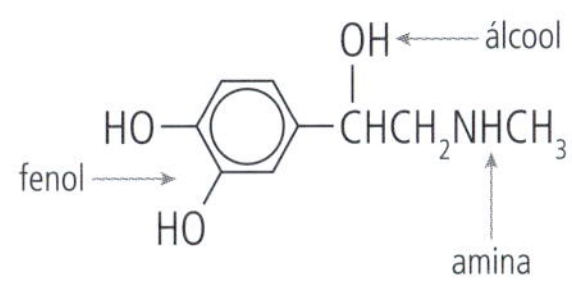

adrenalina

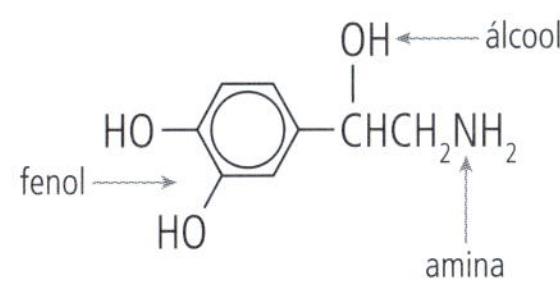

noradrenalina

Figura R-11: **Exercício E16.**

CAPÍTULO 3 – ÁGUA NOS AMBIENTES URBANOS: QUÍMICA PARA CUIDAR DO PLANETA

EXERCÍCIOS

E1. No primeiro modelo há apenas moléculas de água. Como as moléculas são partículas eletricamente neutras, não há condutividade. No segundo modelo, os íons de sódio, Na^+, e os íons cloreto, Cl^-, estão dissolvidos em água. Como a solução é líquida, há mobilidade dos íons, que são partículas carregadas eletricamente. Assim, a solução formada é boa condutora de eletricidade.

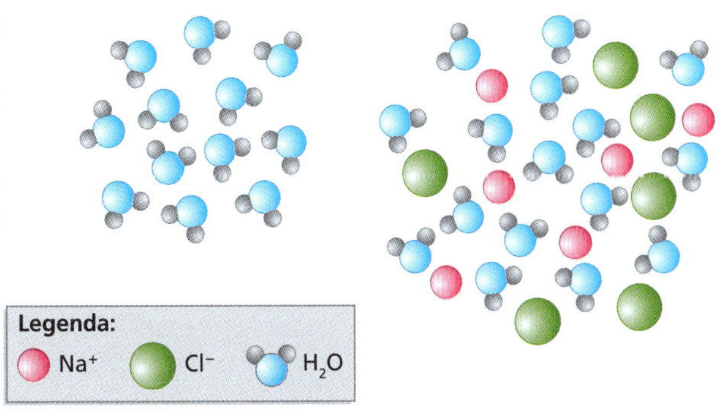

Figura R-13: **Exercício E1.**

E2.

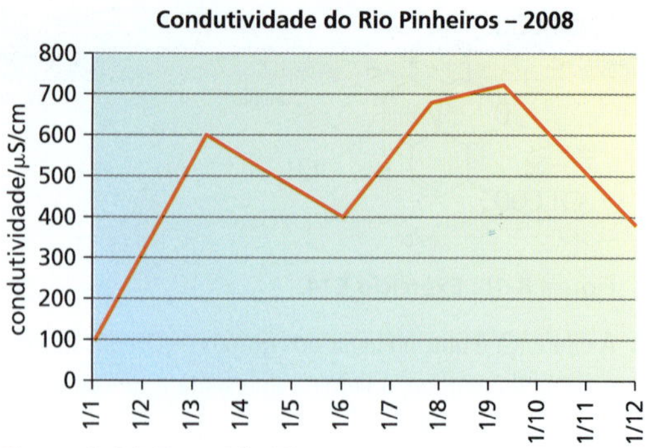

Figura R-14: **Exercício E2.**

E3. a) Nesse período, a concentração diminuiu de 2,0 para 0,5 mg/L, aproximadamente.

b) Menor: entre 04/01/2003 e 04/03/2003 e entre 04/05/2003 e 04/07/2003, períodos em que se aproximou de zero. Maior: entre 04/01/2004 e 04/03/2004, atingindo um valor acima de 10 mg/L.

c) Ficou constante entre 21/10/2002 e 04/11/2002.

E4. a)

Concentração de zinco na Lagoa da Pampulha no ano de 2003	
Mês	**Concentração de zinco (mg/L)**
janeiro	0,090
fevereiro	0,060
março	0,066
abril	0,059
maio	0,095
junho	0,085
julho	0,120
agosto	0,080
setembro	0,093
outubro	0,075
novembro	0,132
dezembro	0,080

Quadro R-2: **Exercício E4.**

b) **Comentário:** Foi dado um exemplo de um gráfico de linhas e de um gráfico de barras, feitos com os mesmos dados.

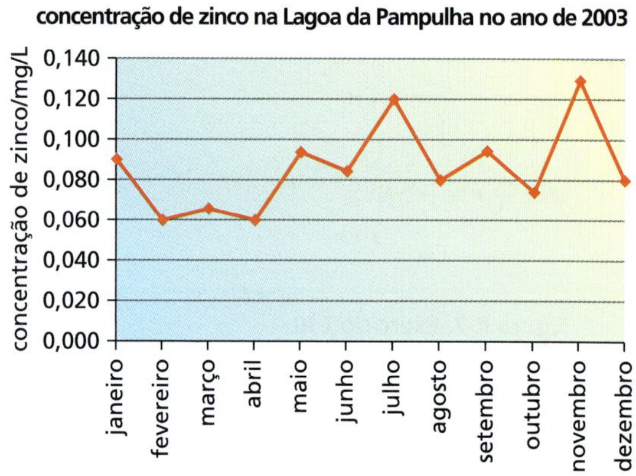

ou

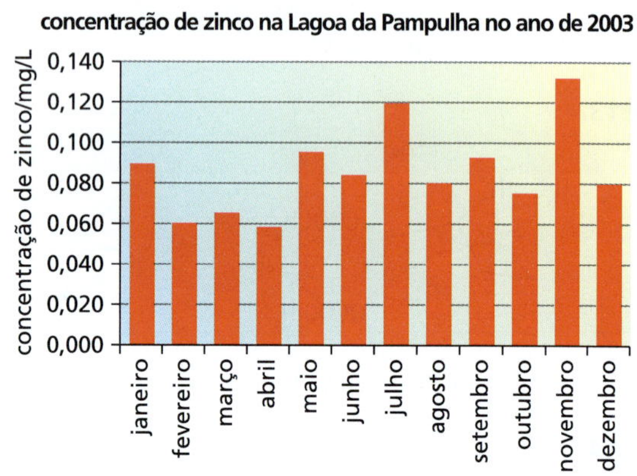

Figura R-15: **Exercício E4.**

Sugestões de leituras

Livros

BAIRD, C. *Química ambiental.* Porto Alegre: Bookman.

BERRY, S. *Como usar água e energia sem desperdício.* São Paulo: Publifolha.

FISHER, L. *A ciência do cotidiano:* como aproveitar a ciência nas atividades do dia a dia. Rio de Janeiro: Jorge Zahar.

GIKOVATE, F. *Drogas:* a melhor experiência é não usá-las. São Paulo: Moderna.

LENZI, E.; FAVERO, L. O. B. *Química da atmosfera.* Rio de Janeiro: LTC.

LOMBORG, B., *Cool it: muita calma nessa hora:* o guia de um ambientalista cético sobre o aquecimento global. São Paulo: Ed. Campus.

_________. *O ambientalista cético:* revelando a real situação do mundo. São Paulo: Ed. Campus.

MATEUS, A. L. *Química na cabeça.* Belo Horizonte: Ed. UFMG, 2001. 128 p.

NOVAIS, V. L. D. *Ozônio:* aliado e inimigo. São Paulo: Scipione.

NUNES, E. et al. *Poluentes atmosféricos.* São Paulo: Scipione.

PEARCE, F. *O aquecimento global:* causas e efeitos de um mundo mais quente. São Paulo: Publifolha.

THIS, H. *Um cientista na cozinha.* Tradução de Marcos Bagno. São Paulo: Ática.

TIBA, I. *123 respostas sobre drogas.* São Paulo: Scipione.

WOLKE, R. L. *O que Einstein disse a seu cozinheiro:* a ciência na cozinha. Rio de Janeiro: Jorge Zahar. v. 1 e v. 2.

Artigos

Artigos da revista *Química Nova na Escola* – os artigos estão disponíveis em: <http://qnesc.sbq.org.br>. Acesso em: 26 abr. 2012.

Bibliografia consultada

ALBERTS, B. et al. *Molecular Biology of the cell.* New York: Garland, 1989.

AMATO, I. *Stuff:* the materials the world is made of. New York: Avon, 1997.

AMBROGI, A.; LISBOA, J. C.; VERSOLATO, E. F. *Unidades modulares de Química.* São Paulo: Hamburg, 1987.

ATKINS, P.; JONES, L. *Chemical principles:* The quest for insight. New York: W. H. Freeman, 1999.

_________. *Physical Chemistry.* Sixth edition. New York: W. H. Freeman, 1998.

_________. *The 2nd Law:* energy, chaos, and form. New York: Scientific American Books, 1994.

BROWN, T. L. et al. *Chemistry, the central science.* New Jersey: Prentice-Hall, 1994.

CADERNOS Química Nova na Escola. Publicação da Sociedade Brasileira de Química.

CAMPBELL, J. A. *Por que ocorrem reações químicas.* São Paulo: Edgard Blücher.

CHEMICAL BOND APPROACH COMMITTEE. *Química,* partes I, II e III. Brasília: Editora da UnB, 1964.

CHEMICAL Education material study. *Química:* uma ciência experimental. Volumes I e II. São Paulo: Edart, 1976.

COMPANION, A. L. *Ligação química.* São Paulo: Edgard Blücher, 1975.

EMSLEY, J. *Molecules at exhibition.* Oxford: Oxford University Press, 1998.

__________. *The elements.* Oxford: Clarendon Press, 1991.

GEPEQ – Grupo de Pesquisa para o Ensino de Química. *Interação e transformação: Química para o 2.º grau.* Vol. I, II e III: livro do aluno e guia do professor. São Paulo: Edusp, 1998.

GOBERT, J. P. *The conquest of water.* Princeton: Princeton University Press, 1986.

HILL, J. W.; BAUM, S. J.; FEIGL, D. M. *Chemistry and life: an introduction to General, Organic and Biological Chemistry.* Fifth edition. New Jersey: Prentice-Hall, 1997.

__________; PETRUCCI, R. H. *General Chemistry, an integrated approach.* New Jersey: Prentice-Hall, 1999.

LASZLO, H. et al. *Química de alimentos.* São Paulo: Nobel, 1986.

LEISCESTER, H. M. *Historical background of Chemistry.* New York: Dover, 1981.

LIDE, D. R. (Ed.) *Handbook of Chemistry and Physics.* 79. ed. Ohio: CRC, 1999.

LUTFI, M. *Cotidiano e educação em Química: os aditivos em alimentos como proposta para o ensino de Química no segundo grau.* Ijuí: Ed. Unijuí, 1988.

__________. *Os ferrados e os cromados: produção social e apropriação privada do conhecimento químico.* Ijuí: Ed. Unijuí, 1992.

MALDANER, O. A. *Química 1 – construção de conceitos fundamentais.* Ijuí: Ed. Unijuí, 1992.

MATEUS, A. L. *Química na cabeça.* Belo Horizonte: Ed. UFMG, 2001, 128p.

MÓL, G. de S.; SANTOS, W. L. P. dos (Coords.) et al. *Química na sociedade.* Brasília: Ed. da UnB, 1999.

MORTIMER, E. F. *Introdução ao estudo da Química: propriedades dos materiais, reações químicas e teoria da matéria.* 4. ed. Belo Horizonte: Foco/Cecimig, 2000.

__________; MACHADO, A. H. *Introdução ao estudo da Química: transformações, energia e ambiente.* 2. ed. Belo Horizonte: Foco/Cecimig, 2000.

O'CONNOR, R. *Fundamentos de Química.* São Paulo: Harbra, 1977.

PARTINGTON, J. R. *A History of Chemistry.* London: Macmillan, 1964.

PRIMAVESI, A. *Manejo ecológico de solo.* São Paulo: Nobel, 1982.

ROCHA-FILHO, R. C. *Grandezas e unidades de medida: o Sistema Internacional de Unidades.* São Paulo: Ática, 1988.

__________; SILVA, R. R. *Introdução aos cálculos da Química.* São Paulo: McGraw-Hill/Makron Books, 1992.

ROMANELLI, L. I.; JUSTI, R. S. *Aprendendo Química.* Ijuí: Ed. Unijuí, 1998.

ROITT, I. et al. *Immunology.* London: Mosdy, 1993.

SALTERS Advanced Chemistry. *Chemical Ideas.* Oxford: Heinemann, 1994.

__________. *Chemical storylines.* Oxford: Heinemann, 1994.

SEGRÈ, E. *Dos raios X aos quarks: físicos modernos e suas descobertas.* Brasília: Ed. da UnB, 1980.

SISLER, Harry H. *Estrutura eletrônica, propriedades e a lei periódica.* São Paulo: Polígono, 1970.

SLABAUGH, W. H.; PARSONS, T. D. *Química geral.* São Paulo: LTC, 1982.

SNYDER, C. H. *The extraordinary Chemistry of ordinary things.* New York: John Willey, 1995.

VAN MELSEN, A.G. *From atomos to atom: the history of the concept atom.* Pittsburg: Dusquene University Press, 1952.

volume único

caderno de revisão & exercícios

QUÍMICA

Eduardo Mortimer e Andréa Machado

Eduardo Fleury Mortimer

Professor Titular da Faculdade de Educação da Universidade Federal de Minas Gerais.
Bacharel e Licenciado em Química pela Universidade Federal de Minas Gerais.
Mestre em Educação pela Universidade Federal de Minas Gerais.
Doutor em Educação pela Universidade de São Paulo.
Pós-doutorado na Washington University, em St. Louis, EUA.
Pesquisador do CNPq na área de Educação em Ciências.

Andréa Horta Machado

Professora Adjunta do Colégio Técnico da Universidade Federal de Minas Gerais.
Bacharel e Licenciada em Química pela Universidade Federal de Minas Gerais.
Mestre e Doutora em Educação - Metodologia de Ensino de Química, pela Faculdade de Educação da Universidade Estadual de Campinas - SP.

Voaz **é um nome criado a partir da palavra "voar" mais o sufixo "az" e expressa a ideia de alguém capaz de voar – o aluno alçando voo rumo ao conhecimento e à aprendizagem.**

PROJETO VOAZ

editora scipione

editora scipione

Gerente Editorial e de Conteúdos Didáticos: Elizabeth Soares
Responsável Editorial: José Roberto Miney
Editoras: Daniela Teves Nardi e Geisa Gimenez (Estagiária)
Colaboradora: Profª Dra. Erika Reyes Molina
Gerente de Arte e Criação: Marisa Iniesta Martin
Supervisor de Arte: Sérgio Yutaka Suwaki
Editores de Arte: Didier D. C. Dias de Moraes (Coord. Programação Visual) e Edson Haruo Toyota (Coord. de Arte)
Editoração Eletrônica: Casa de Tipos.
Gerente de Revisão: Hélia de Jesus Gonsaga
Equipe de Revisão: Ana Paula Chabaribery, Célia da Silva Carvalho, Claudia Virgilio e Tatiana Martins Santana
Programação Visual de Capa e Miolo: Aeroestúdio
Fotos da Capa: Steve McAlister/Photographer's Choice/Getty Images, Charles D Winters/Photo Researchers/Getty Images e FotografiaBasica/Vetta/Getty Images
Ilustrações: Antonio Robson, AVITS, Luis Moura e Paulo César Pereira

Direitos desta edição cedidos à Editora Scipione S.A.
Av. Otaviano Alves de Lima, 4400
6º andar e andar intermediário ala "B"
Freguesia do Ó – CEP 02909-900 – São Paulo – SP
Tel.: 4003-3061
www.scipione.com.br / atendimento@scipione.com.br

Dados Internacionais de Catalogação na Publicação (CIP)
(Câmara Brasileira do Livro, SP, Brasil)

Mortimer, Eduardo Fleury

Projeto VOAZ Química / Eduardo Fleury Mortimer, Andréa Horta Machado. –1. ed. – São Paulo: Scipione, 2012. (Coleção Projeto VOAZ)

1. Química (Ensino Médio) I. Machado, Andréa Horta. II. Título.

12-05187 CDD-540.7

Índice para catálogo sistemático:
1. Química : Ensino Médio 540.7

2017
ISBN 978 85 262 8974 1 (AL)
ISBN 978 85 262 8975 8 (PR)
Cód. da obra CL 738281
1ª edição
5ª impressão

Impressão e acabamento: A.R. Fernandez

Uma Publicação Abril EDUCAÇÃO

MISTO
Papel produzido a partir de fontes responsáveis
FSC® C122026

APRESENTAÇÃO

Prezado aluno,

Este Caderno de Revisão & Exercícios foi elaborado com o objetivo de auxiliá-lo a se preparar para o Enem e para os principais vestibulares do país.
Dividido em capítulos, este caderno apresenta uma série de resumos dos conteúdos básicos de Química, seguidos por questões de ampla relevância, de acordo com as exigências dos principais exames.
Esperamos que, de fato, este caderno o ajude a revisar os principais conteúdos e o seu aprendizado possa ser ainda mais efetivo.
Siga as orientações de seu professor, e não deixe de utilizar este novo material. Ele foi pensado especialmente para você!

Autores e editores

SUMÁRIO

INTRODUÇÃO AO ESTUDO DAS PROPRIEDADES ESPECÍFICAS DOS MATERIAIS

Tipo de propriedade	Característica
Gerais	São comuns a todos os materiais (ex: massa e volume) e não permitem diferenciar um material do outro.
Específicas	São características para cada material, sendo assim, podem ser utilizadas para diferenciar os materiais. Essas propriedades podem ser: • Organolépticas: as propriedades que reconhecemos com os órgãos dos sentidos, como estado físico, cor, odor, transparência, brilho etc. • Físicas: densidade, solubilidade, temperatura de fusão e temperatura de ebulição.

Propriedades físicas e suas particularidades	
Densidade	É uma propriedade específica utilizada na identificação dos materiais e nos procedimentos de separação de misturas. A densidade é constante, a uma dada temperatura, para objetos feitos de um mesmo material, independentemente de sua massa, de seu volume ou de sua forma. Ao contrário das substâncias puras, as misturas não apresentam densidade característica.
	A densidade de um material, cuja unidade é g/cm^3, é dada pela relação entre sua massa (*m*) e seu volume (*V*): $d = m/V$
Densidade × Flutuação	A flutuação depende da densidade: materiais menos densos flutuam em materiais mais densos.
Densidade × Temperatura	O aumento da temperatura provoca a dilatação da maioria dos materiais, aumentando o volume e, consequentemente, diminuindo a densidade. A mudança de estado físico também provoca alterações na densidade dos materiais.
Temperatura de fusão e ebulição	Nas substâncias puras, a temperatura permanece constante durante as mudanças de estado. Já nas misturas, a temperatura não permanece constante durante as mudanças de estado, com exceção das misturas eutéticas (que apresentam temperatura de fusão constante) e das misturas azeotrópicas (que apresentam temperatura de fusão constante).
Solubilidade	É dada pela quantidade de soluto dissolvida em determinado volume de solvente, resultando em uma solução saturada. A solubilidade de um soluto é normalmente representada em gramas do soluto por litro de solução (g/L) para uma determinada temperatura.
Solubilidade × Temperatura	Em geral, a solubilidade dos sais aumenta com o aumento da temperatura, e a solubilidade dos gases diminui com o aumento da temperatura.

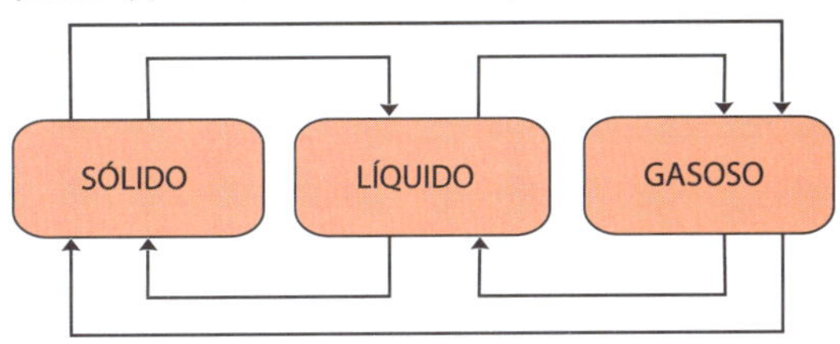

Digrama de mudanças de fase.

Exercícios

1 (UFMG-MG) Seis soluções aquosas de nitrato de sódio, $NaNO_3$, numeradas de I a VI, foram preparadas em diferentes temperaturas, dissolvendo-se diferentes massas de $NaNO_3$ em 100 g de água. Em alguns casos, o $NaNO_3$ não se dissolveu completamente. O gráfico representa a curva de solubilidade de $NaNO_3$ em função da temperatura e seis pontos, que correspondem aos sistemas preparados:

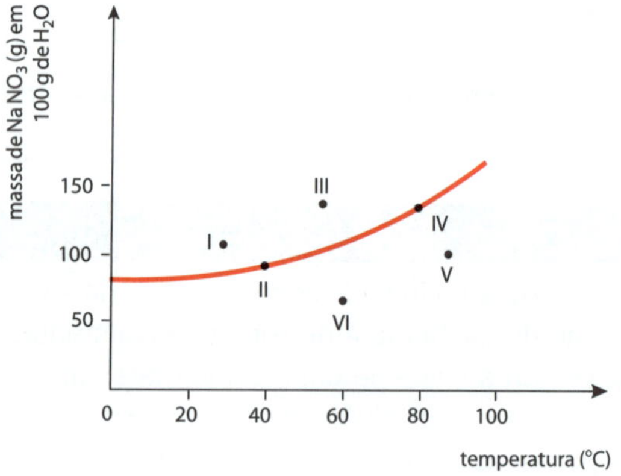

Pela análise do gráfico, é correto afirmar que os dois sistemas em que há precipitado são:

a) I e II.
b) I e III.
c) IV e V.
d) V e VI.

2 (PUC-RJ) Observe a figura a seguir, que representa a solubilidade em g por 100 g de H_2O de três sais inorgânicos em uma determinada faixa de temperatura:

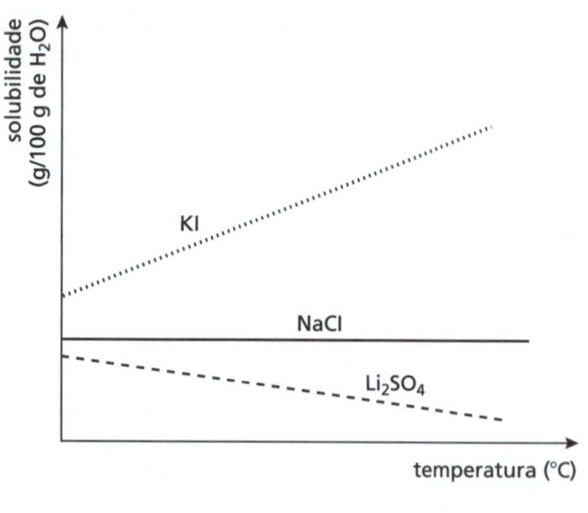

Indique a afirmativa correta:

a) A solubilidade dos três sais aumenta com a temperatura.
b) O aumento de temperatura favorece a solubilização do Li_2SO_4.
c) A solubilidade do KI é maior que a dos demais sais na faixa de temperatura representada.
d) A solubilidade do NaCl varia com a temperatura.
e) A solubilidade de dois sais diminui com a temperatura.

3 (UFMG-MG) Observe o quadro, que apresenta as temperaturas de fusão e de ebulição de algumas substâncias.

Substâncias	Temperatura de fusão (°C)	Temperatura de ebulição (°C)
I	−117,3	78,5
II	−93,9	65,0
III	801	1413
IV	3550	4827
V	−95	110,6

Em relação aos estados físicos das substâncias, a alternativa correta é:

a) I é sólido a 25 °C.

b) II é líquido a 80 °C.

c) III é líquido a 1 000 °C.

d) IV é gasoso a 3 500 °C.

e) V é sólido a 100 °C.

4 (Fuvest-SP) Em uma indústria, inadvertidamente um operário misturou polietileno (PE), policloreto de vinila (PVC) e poliestireno (PS), limpos e moídos. Para recuperar cada um desses polímeros, utilizou o seguinte método de separação: jogou a mistura em um tanque contendo água (d = 1,0 g/cm^3), separando a fração que flutuou (fração A) daquela que foi ao fundo (fração B). A seguir, recolheu a fração B, secou-a e jogou-a em outro tanque contendo solução salina (d = 1,10 g/cm^3), separando o material que flutuou (fração C) daquele que afundou (fração D). Dados:

Polímero	d (g/cm^3) (densidade na temperatura de trabalho)
polietileno (PE)	0,91 a 0,98
poliestireno (OS)	1,04 a 1,06
policloreto de vinila (PVC)	1,35 a 1,42

As frações A, C e D eram respectivamente:

a) PE, PS e PVC.

b) PS, PE e PVC.

c) PVC, PS e PE.

d) PS, PVC e PE.

e) PE, PVC e PS.

5 (Unicamp-SP) A gasolina comercializada nos postos de serviço contém um teor padrão de álcool de 22% (volume/volume), permitido por lei. Isso significa que, em cada 100 mL de gasolina, há 22 mL de álcool. O teste utilizado para verificar esse teor é feito da seguinte maneira: em uma proveta de 100 mL colocam-se 50 mL de gasolina, 50 mL de água e agita-se o recipiente. Formam-se duas fases distintas, uma fase superior de gasolina e uma inferior de água e álcool, já que o álcool é mais solúvel em água do que em gasolina.

a) Qual é o volume de cada uma dessas fases?

b) Como esse teste indica se a gasolina vendida em um determinado posto contém mais álcool que o permitido?

6 (UFMG-MG) Segundo um manual de aquariofilia, não são necessários cuidados especiais para fornecer oxigênio aos peixes. Desse manual, consta a seguinte informação: "O oxigênio está dissolvido na água por ser um dos seus constituintes...". Decida se a afirmação é falsa ou verdadeira. Justifique sua resposta.

7 (UFBA-BA) Instrução: indique as proposições verdadeiras, some os números a elas associados e indique o resultado em seu caderno. A matéria é constituída de átomos e possui propriedades que permitem identificar e classificar as formas sob as quais se apresenta na natureza. O quadro a seguir relaciona algumas propriedades de amostras da matéria.

Amostra	Densidade (g/mL) a 25 °C	Ponto de fusão (°C)	Ponto de ebulição (°C) a 1 atm
pentano	0,626	−130	36
álcool a 96 °GL	0,791	*	78,2
água do mar	1,025	*	*
café (solução)	1,10	*	*
moeda	3,25	*	*
ferro	7,86	1535	2885

Com base nas informações do quadro e nos conhecimentos sobre estrutura e caracterização da matéria, pode-se afirmar:

(01) Densidade, ponto de fusão e de ebulição são propriedades funcionais da matéria.

(02) Ferro e pentano são substâncias puras.

(04) Água do mar e álcool a 96 °GL são substâncias compostas.

(08) Pentano é líquido a 25 °C e a 1 atm.

(16) Moeda e café são misturas.

(32) O pentano, no sistema formado por pentano e água do mar, constitui a fase superior.

(64) A massa de 50 mL de café é igual a 50 g.

8 (Enem-MEC) O Sol participa do ciclo da água, pois, além de aquecer a superfície da Terra dando origem aos ventos, provoca a evaporação da água dos rios, lagos e mares. O vapor da água, ao se resfriar, condensa em minúsculas gotinhas, que se agrupam formando nuvens, neblinas ou névoas úmidas. As nuvens podem ser levadas pelos ventos de uma região para outra. Com a condensação e, em seguida, a chuva, a água volta à superfície da Terra, caindo sobre o solo, rios, lagos e mares. Parte dessa água evapora retornando à atmosfera, outra parte escoa superficialmente ou infiltra-se no solo, indo alimentar rios e lagos. Esse processo é chamado de ciclo da água. Considere as seguintes afirmativas:

I. A evaporação é maior nos continentes, uma vez que o aquecimento ali é maior do que nos oceanos.

II. A vegetação participa do ciclo hidrológico por meio da transpiração.

III. O ciclo hidrológico condiciona processos que ocorrem na litosfera, na atmosfera e na biosfera.

IV. A energia gravitacional movimenta a água dentro do seu ciclo.

V. O ciclo hidrológico é passível de sofrer interferência humana, podendo apresentar desequilíbrios.

a) Somente a afirmativa III está correta.

b) Somente as afirmativas III e IV estão corretas.

c) Somente as afirmativas I, II e V estão corretas.

d) Somente as afirmativas II, III, IV e V estão corretas.

e) Todas as afirmativas estão corretas.

9 (Enem-MEC) Segundo o poeta Carlos Drummond de Andrade, a "água é um projeto de viver". Nada mais correto, se considerarmos que toda água com a qual convivemos carrega, além do puro e simples H_2O, muitas outras substâncias nela dissolvidas ou em suspensão. Assim, o ciclo da água, além da própria água, promove o transporte e a redistribuição de um grande conjunto de substâncias relacionadas à dinâmica da vida. No ciclo da água, a evaporação é um processo muito especial, já que apenas moléculas de H_2O passam para o estado gasoso. Desse ponto de vista, uma das consequências da evaporação pode ser:

a) a formação da chuva ácida, em regiões poluídas, com quantidades muito pequenas de substâncias ácidas evaporadas com a água.
b) a perda de sais minerais no solo, que são evaporados com a água.
c) o aumento, nos campos irrigados, da concentração de sais minerais na água presente no solo.
d) a perda, nas plantas, de substâncias indispensáveis à manutenção da vida vegetal por meio da respiração.
e) a diminuição, nos oceanos, da salinidade das camadas de água mais próximas da superfície.

10 (UFRN-RN) A água, o solvente mais abundante na Terra, é essencial à vida no planeta. Mais de 60% do corpo humano é formado por esse líquido. Um dos modos possíveis de reposição da água perdida pelo organismo é a ingestão de sucos e refrescos, tais como a limonada, composta de água, açúcar (glicose), limão e, opcionalmente, gelo. Um estudante observou que uma limonada fica mais doce quando o açúcar é dissolvido na água antes de se adicionar o gelo. Isso acontece porque, com a diminuição da:

a) densidade diminui a solubilidade da glicose.
b) temperatura aumenta a solubilidade da glicose.
c) temperatura diminui a solubilidade da glicose.
d) densidade aumenta a solubilidade da glicose.

11 (UFRN-RN) A figura A, a seguir, mostra a posição do gelo [H_2O (s)] na limonada, e a figura B mostra o que acontece com o gelo quando a água [H_2O (l)] da limonada é substituída por etanol.

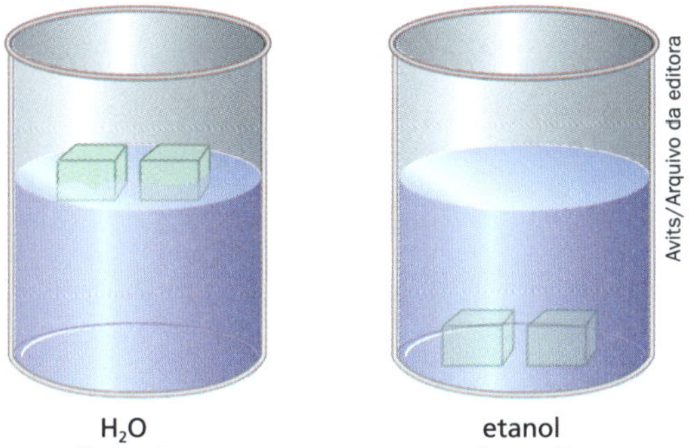

H_2O
figura A

etanol
figura B

O fato de o gelo flutuar no copo da figura A e afundar no copo da figura B se explica porque, comparativamente, a densidade:

a) do gelo > da água > do etanol.
b) da água > do gelo > do etanol.
c) da água > do etanol > do gelo.
d) do etano > do gelo > da água.

12 (Enem-MEC) Pelas normas vigentes, o litro do álcool hidratado que abastece os veículos deve ser constituído de 96% de álcool puro e 4% de água (em volume). As densidades desses componentes são dadas no quadro a seguir.

Substância	Densidade (g/L)
água	1000
álcool	800

Um técnico de um órgão de defesa do consumidor inspecionou cinco postos suspeitos de venderem álcool hidratado fora das normas. Colheu uma amostra do produto em cada posto, mediu a densidade de cada uma, obtendo:

Posto	Densidade do combustível (g/L)
I	822
II	820
III	815
IV	808
V	805

A partir desses dados, o técnico pôde concluir que estavam com o combustível adequado somente os postos:

a) I e II.
b) I e III.
c) II e IV.
d) III e V.
e) IV e V.

13 (Enem-MEC) No processo de fabricação de pão, os padeiros, após prepararem a massa utilizando fermento biológico, separam uma porção de massa em forma de "bola" e a mergulham num recipiente com água, aguardando que ela suba, como pode ser observado, respectivamente, em I e II do esquema a seguir. Quando isso acontece, a massa está pronta para ir ao forno.

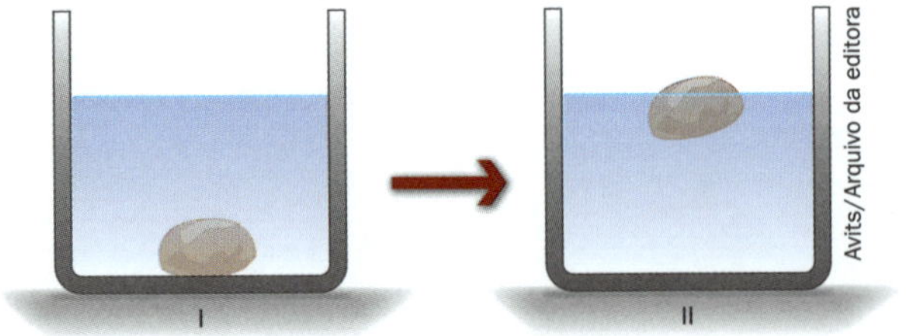

Avits/Arquivo da editora

Um professor de Química explicaria esse procedimento da seguinte maneira: "A bola de massa torna-se menos densa que o líquido e sobe. A alteração da densidade deve-se à fermentação, processo que pode ser resumido pela equação:

$$C_6H_{12}O_6 \rightarrow 2C_2H_5OH + 2CO_2 + \text{energia}$$

glicose álcool comum gás carbônico

Considere as afirmações a seguir.

I. A fermentação dos carboidratos da massa de pão ocorre de maneira espontânea e não depende da existência de qualquer organismo vivo.

II. Durante a fermentação ocorre produção de gás carbônico, que vai se acumulando em cavidades no interior da massa, o que faz a bola subir.

III. A fermentação transforma a glicose em álcool. Como o álcool tem maior densidade que a água, a bola de massa sobe.

Dentre as afirmativas, apenas:

a) I está correta.
b) II está correta.
c) I e II estão corretas.
d) II e III estão corretas.
e) III está correta.

14 (UPM-SP) As curvas de solubilidade têm grande importância no estudo das soluções, já que a temperatura influi decisivamente na solubilidade das substâncias. Considerando as curvas de solubilidade dadas pelo gráfico a seguir, é correto afirmar que:

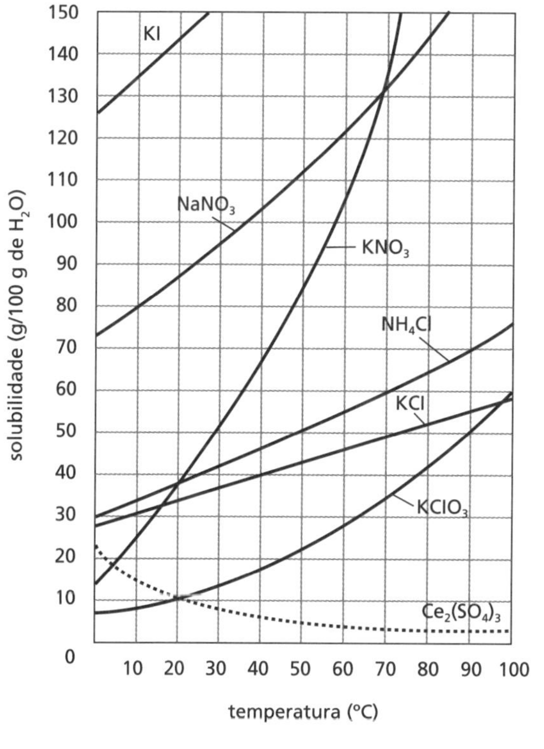

a) há um aumento da solubilidade do sulfato de cério com o aumento da temperatura.
b) a 0 °C o nitrato de sódio é menos solúvel que o cloreto de potássio.
c) o nitrato de sódio é a substância que apresenta a maior solubilidade a 20 °C.
d) resfriando-se uma solução saturada de $KClO_3$, preparada com 100 g de água, de 90 °C para 20 °C, observa-se a precipitação de 30 g desse sal.
e) dissolvendo-se 15 g de cloreto de potássio em 50 g de água a 40 °C obtém-se uma solução insaturada.

15 (Ufes-ES) Observe os gráficos a seguir, que registram o aquecimento e o resfriamento da água pura.

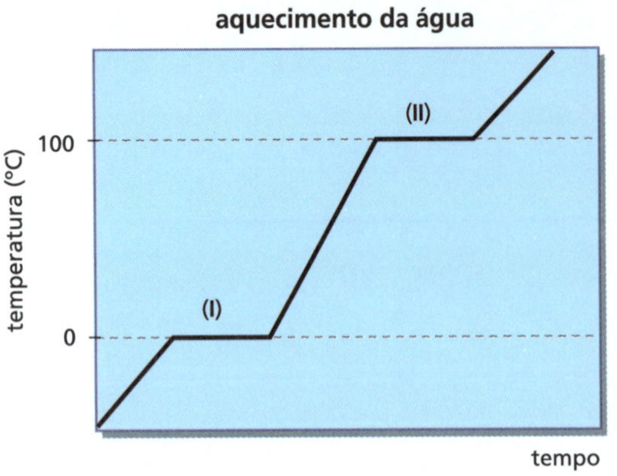

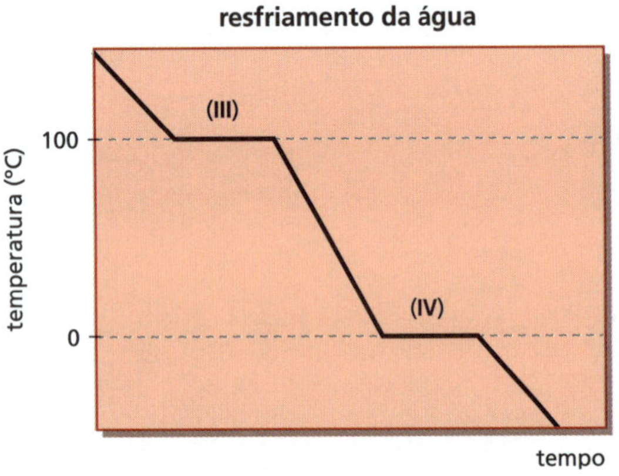

As etapas (I), (II), (III) e (IV) correspondem, respectivamente, às seguintes mudanças de estados físicos:

a) fusão, ebulição, condensação e solidificação.
b) condensação, solidificação, fusão e ebulição.
c) solidificação, condensação, fusão e ebulição.
d) fusão, ebulição, solidificação e condensação.
e) ebulição, condensação, solidificação e fusão.

16 (UFF-RJ) Joseph Cory, do Instituto Technion de Israel, montou um equipamento que consiste em uma série de painéis plásticos que coletam o orvalho noturno e o armazenam num depósito situado na base do coletor. Um coletor de 30 m^2 captura até 48 L de água potável por dia. Dependendo do número de coletores, é possível produzir H_2O suficiente para comunidades que vivem em lugares muito secos ou em áreas poluídas. A inspiração de Joseph foi baseada nas folhas das plantas, as quais possuem uma superfície natural de "coleta" do orvalho noturno.

Afirma-se que a formação do orvalho resulta de:

I. uma mudança de estado físico chamada condensação.
II. uma transformação química chamada sublimação.
III. uma transformação físico-química denominada oxirredução.
IV. uma transformação química chamada vaporização.
V. uma mudança de estado físico chamada sublimação.

Está(ão) correta(s) a(s) afirmativa(s):

a) I, II e IV, apenas.
b) I e III, apenas.
c) I, apenas.
d) V, apenas.
e) II e IV, apenas.

17 (Unimontes-MG) O ciclo hidrológico a seguir representa, de forma simplificada, como a água se movimenta de um meio para outro na Terra, através de mecanismos, como precipitação, escoamento superficial, infiltração e evapotranspiração.

Avits/Arquivo da editora

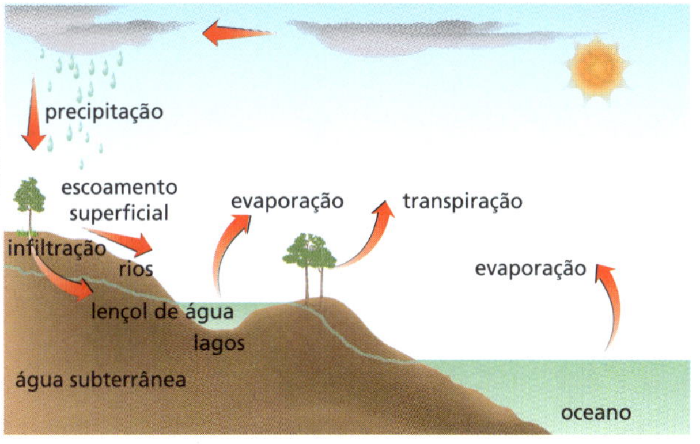

Em relação aos mecanismos de transferência de água, é incorreto afirmar que:

a) A transferência de água superficial do estado líquido para o gasoso independe da temperatura.

b) A quantidade de água que escoa superficialmente depende da capacidade de infiltração do solo.

c) A alimentação dos rios em períodos secos é favorecida quando o solo é coberto com vegetação.

d) A água poluída não se infiltra no solo.

18 (Ufla-MG) Um sistema de resfriamento muito utilizado atualmente, principalmente em lugares públicos, é o ventilador com borrifador de água. As gotículas de água formadas sofrem evaporação, removendo calor do ambiente. Com relação ao processo de vaporização da água, indique a alternativa **incorreta**:

a) A vaporização é a passagem do estado líquido para o de vapor.

b) A água somente evapora quando a temperatura de 100 °C é atingida.

c) Durante a ebulição ocorre a vaporização do líquido.

d) A calefação é um modo de vaporização.

e) A vaporização da água é um processo endotérmico.

19 (UFPI-PI) Em uma cena de um filme, um indivíduo corre carregando uma maleta (de volume 20 dm^3) cheia de barras de certo metal. Considerando que um adulto de peso médio (70 kg) pode deslocar com certa velocidade no máximo o equivalente ao seu próprio peso, indique qual o metal contido na maleta, observando os dados do quadro a seguir:

Metal	Densidade (em g/cm^3)
alumínio	2,7
zinco	7,1
prata	10,5
chumbo	11,4
ouro	19,3

a) alumínio.
b) zinco.
c) prata.
d) chumbo.
e) ouro.

20 (Unicamp-SP) Qual o estado físico das substâncias do quadro a seguir, quando as mesmas se encontram no deserto da Arábia, à temperatura de 50 °C?

Substâncias	TF °C	TE °C
clorofórmio	−63	61
éter etílico	−116	34
etanol	−117	78
fenol	41	182
pentano	−130	36

21 (Ufla-MG) Para um sistema formado por um recipiente, água líquida e um sólido, observa-se uma transformação, conforme a figura a seguir:

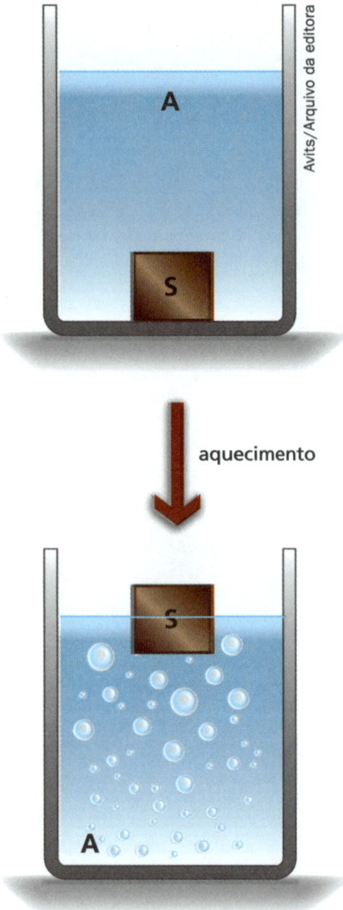

S = sólido
A = água líquida

No que diz respeito ao fenômeno observado, pode-se afirmar que:

a) a densidade do líquido aumenta com o aquecimento.
b) a densidade do líquido é maior que a do sólido após o aquecimento.
c) o sólido se contrai com o aquecimento.
d) o recipiente e o líquido se expandem com o aquecimento, porém não há alteração na densidade.

22 (Fatec-SP) Considere o gráfico seguinte, que relaciona massas e volumes de diferentes amostras de titânio puro.

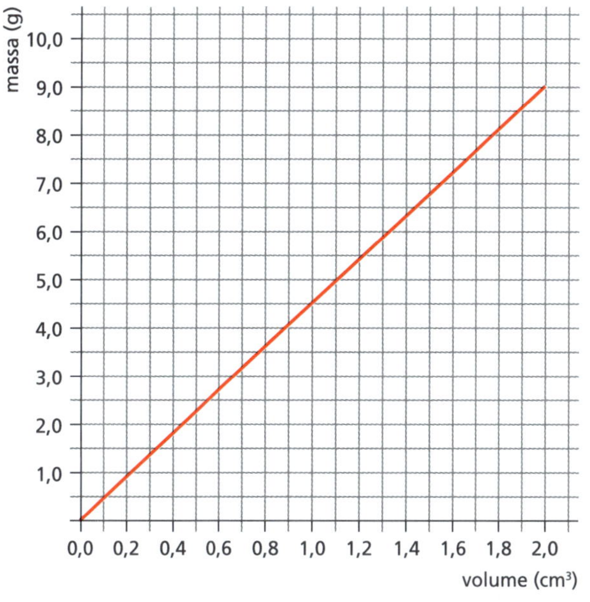

Analisando-se esse gráfico, conclui-se que a densidade do metal em questão é, em g/cm^3, igual a aproximadamente:

a) 1,5.
b) 2,5.
c) 3,0.
d) 4,5.
e) 6,0.

23 (PUC-MG) Em um laboratório de Química, foram encontrados cinco recipientes sem rótulo, cada um contendo uma substância pura líquida e incolor. Para cada uma dessas substâncias, um estudante determinou as seguintes propriedades:

1 Ponto de ebulição

2 Massa

3 Volume

4 Densidade

Indique as propriedades que podem permitir ao estudante a identificação desses líquidos.

a) 1 e 2.
b) 1 e 3.
c) 2 e 4.
d) 1 c 4.

24 (Enem-MEC) O ciclo da água é fundamental para a preservação da vida no planeta. As condições climáticas da Terra permitem que a água sofra mudanças de fase e a compreensão dessas transformações é fundamental para se entender o ciclo hidrológico. Numa dessas mudanças, a água ou a umidade da terra absorve calor do sol e dos arredores. Quando já foi absorvido calor suficiente, algumas das moléculas do líquido podem ter energia necessária para recomeçar a subir para a atmosfera. A transformação mencionada no texto é a:

a) Fusão.
b) Liquefação.
c) Evaporação.
d) Solidificação.
e) Condensação.

25 (Enem-MEC) O controle de qualidade é uma exigência da sociedade moderna, na qual os bens de consumo são produzidos em escala industrial. Nesse controle de qualidade são determinados parâmetros que permitem checar a qualidade de cada produto. O álcool combustível é um produto de amplo consumo muito adulterado, pois recebe a adição de outros materiais para aumentar a margem de lucro de quem comercializa. De acordo com a Agência Nacional de Petróleo (ANP), o álcool combustível deve ter densidade entre 0,805 g/cm^3 e 0,811 g/cm^3. Em algumas bombas de combustíveis, a densidade do álcool pode ser verificada por meio de um densímetro, similar ao desenhado abaixo, que consiste em duas bolas com valores de densidade diferentes, e verifica quando o álcool está fora da faixa permitida. Na imagem, são apresentadas situações distintas para três amostras de álcool combustível. A respeito das amostras ou do densímetro, pode-se afirmar que:

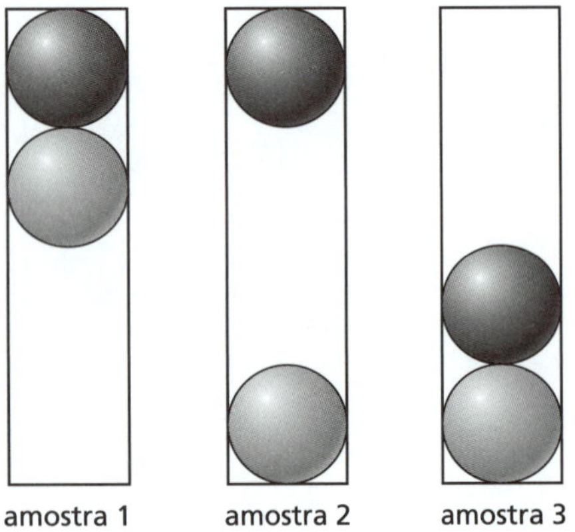

amostra 1 amostra 2 amostra 3

a) A densidade da bola escura deve ser igual a 0, 811 g/cm^3.
b) A amostra 1 possui densidade menor do que a permitida.
c) A bola clara tem densidade igual à densidade da bola escura.
d) A amostra que está dentro do padrão estabelecido é a de número 2.
e) O sistema poderia ser feito com uma única bola de densidade entre 0, 805 g/cm^3 e 0, 811 g/cm^3.

26 (Enem-MEC) Certas ligas estanho-chumbo, com composição específica, formam um eutético simples, o que significa que uma liga com essas características se comporta como uma substância pura, com um ponto de fusão definido, no caso 183 °C. Essa é uma temperatura inferior à temperatura de fusão dos metais que compõem esta liga (o estanho puro funde a 232 °C e o chumbo puro a 320 °C), o que justifica sua ampla utilização na soldagem de componentes eletrônicos, em que o excesso de aquecimento deve sempre ser evitado. De acordo com as normas internacionais, os valores mínimos e máximos das densidades para essas ligas são de 8,74 g/mL e 8,82 g/mL, respectivamente. As densidades do estanho e do chumbo são 7,3 g/mL e 11,3 g/mL, respectivamente. Um lote contendo 5 amostras de solda estanho-chumbo foi analisado por um técnico, por meio da determinação de sua composição percentual em massa, cujos resultados estão mostrados no quadro a seguir.

Amostra	Porcentagem de Sn (%)	Porcentagem de Pb (%)
I	60	40
II	62	38
III	65	35
IV	63	37
V	59	41

Disponível em: <http://www.eletrica.ufpr.br>.

Com base no texto e na análise realizada pelo técnico, as amostras que atendem as normas internacionais são:

a) I e II.
b) I e III.
c) II e IV.
d) III e V.
e) IV e V.

27 (CEESU-PE) Marque as sentenças com V para as verdadeiras ou F para as falsas.

A temperatura de ebulição de todos os líquidos é igual.
Quando um líquido ferve, dizemos que ele está em ebulição.
Toda mistura é uma solução.
Aquecendo-se a água líquida, forma-se gelo.

A sequência correta é:

a) F, F, V, V.
b) F, V, F, F.
c) V, V, F, V.
d) F, V, F, V.
e) V, V, V, F.

28 (UFV-MG) A figura a seguir mostra as curvas de temperatura *versus* tempo para a mesma massa de três amostras dos materiais A, B e C, partindo do estado sólido no tempo zero. Observe a figura e marque a alternativa correta:

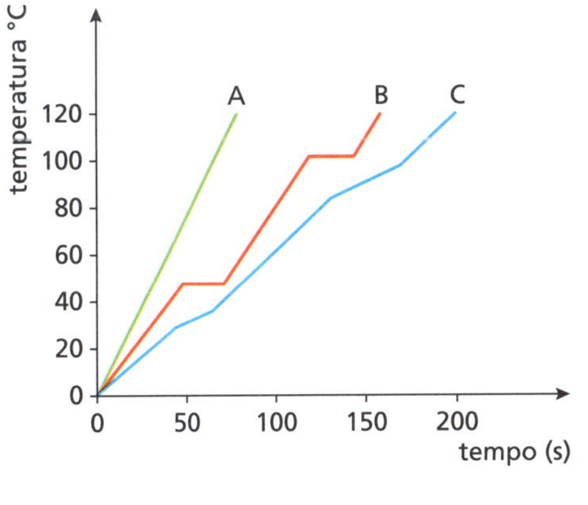

a) As amostras A, B e C são exemplos de substâncias puras.
b) À temperatura de 100 °C, a amostra A encontra-se no estado líquido.
c) A amostra C não constitui substância pura, pois não mantém as temperaturas de fusão e ebulição constantes.
d) A amostra B aquece mais rápido do que a amostra A.
e) A amostra B apresenta temperatura de ebulição de 40 °C.

29 (UPM-SP) Num recipiente calibrado contendo 485 mL de água (d = 1,0 g/cm³), colocou-se um objeto (feito de um único material) de massa igual a 117 g. Observou-se que o objeto imerge e que o nível da água passa a ser de 500 mL. Com esses dados e consultando a tabela abaixo, pode-se afirmar que o objeto pode ser feito de:

Material	Densidade (g/cm³)
chumbo	11,3
ferro	7,8
osso	2,0
cortiça	0,3
pedra	5,0

a) chumbo.
b) osso.
c) ferro.
d) cortiça.
e) pedra.

30 (Fuvest-SP) Qual dos seguintes procedimentos é o mais indicado para se distinguir entre uma porção de água destilada e uma solução de água açucarada, sem experimentar o gosto?
a) Filtrar os líquidos.
b) Determinar a densidade.
c) Medir a condutividade elétrica.
d) Usar papel de tornassol.
e) Decantar os líquidos.

31 (UFT-TO) Para realizar um experimento, um estudante colocou, em um béquer de vidro transparente e incolor, 250 mL de água e 250 mL de éter dietílico e, em seguida, mergulhou um pedaço de parafina no sistema bifásico formado. Isso feito, a parafina situou-se na interface dos dois líquidos, como mostrado nesta figura:

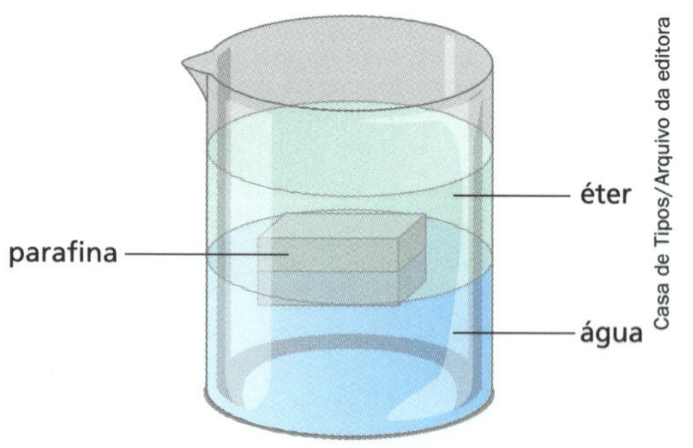

Considerando-se a situação experimental descrita, é CORRETO afirmar que:
a) A densidade da parafina é maior que a da água.
b) A densidade do éter dietílico é maior que a da parafina.
c) A densidade do éter dietílico é menor que a da água.
d) A massa da água é igual à do éter dietílico.
e) Impossível comparar as densidades.

32 (UFPI-PI) Arqueologistas usam a diferença de densidade para separar as misturas que obtêm por escavação. Indique a opção correta para uma amostra que contém a seguinte composição:

Composição	Densidade (g/cm^3)
Carvão	0,3 – 0,8
Ossos	1,7 – 2,0
Areia	2,2 – 2,4
Solo	2,6 – 2,8
Pedras	2,6 – 5,0

a) Se a mistura acima é adicionada a uma solução que tem densidade de 2,1 g/cm^2, o material correspondente a ossos e carvão deverá flutuar.

b) É possível separar os ossos dos demais componentes usando-se um líquido que tenha densidade no intervalo de 0,6 g/cm^2 a 1,7 g/cm^2.

c) A utilização da água não é recomendada, pois nesse solvente todos os componentes da mistura afundarão.

d) Em soluções de densidade 2,5 g/cm^2, a fração da mistura correspondente à pedra e ao solo flutuará e os demais afundarão.

e) Líquido de densidade 2,2 g/cm^2 separará os componentes pedra e solo dos demais.

33 (Ufal-AL) Uma pessoa comprou um frasco de éter anidro. Para se certificar de que o conteúdo do frasco não foi alterado com a adição de solvente, basta que ele determine, com exatidão.

I. A densidade.

II. O volume.

III. A temperatura de ebulição.

IV. A massa.

Dessas afirmações, são corretas APENAS:

a) I e II.

b) I e III.

c) I e IV.

d) II e III.

e) III e IV.

34 (UFMG-MG) Uma amostra de uma substância pura "X" teve algumas de suas propriedades determinadas. Todas as alternativas apresentam propriedades que são úteis para identificar essa substância, exceto:

a) densidade.

b) massa da amostra.

c) solubilidade em água.

d) temperatura de ebulição.

e) temperatura de fusão.

35 (Unitau-SP) Misturas azeotrópicas são:

a) misturas heterogêneas com ponto de fusão constante.

b) misturas homogêneas ou ligas de ponto de fusão constante.

c) líquidos ou ligas de ponto de fusão constante.

d) soluções líquidas de ponto de ebulição constante.

e) líquidos de ponto de ebulição variável.

MATERIAIS: ESTUDO DE PROCESSOS DE SEPARAÇÃO E PURIFICAÇÃO

Tipo de sistema	Característica	Exemplo
Sistema aberto	Permite a troca de materiais e energia com a vizinhança.	Zinco imerso no ácido clorídrico em um béquer.
Sistema fechado	Permite a troca de energia com a vizinhança, mas não há troca de matéria.	Tubo de ensaio fechado com rolha.
Sistema isolado	Não interage de nenhum modo com a vizinhança. A energia e a matéria são conservadas.	Garrafa térmica.

Um sistema pode ser **homogêneo** ou **heterogêneo**:

- **Sistema homogêneo**: possui apenas uma fase (monofásico), embora possa apresentar dois ou mais componentes. Exemplo: certa quantidade de sal dissolvido em água.

A separação dos componentes de um sistema homogêneo pode ser feita pelos seguintes métodos:

Métodos de separação de sistemas homogêneos			
Método	**Fases**	**Característica do método**	**Exemplos**
Destilação	Líquido e líquido ou líquido e sólido (soluções)	Aquecimento da mistura de líquidos miscíveis, cujos pontos de ebulição (PE) não sejam muito próximos.	Fabricação de bebidas destiladas e fracionamento dos constituintes do petróleo.
Liquefação	Gás e gás	Aumenta-se a pressão do sistema gasoso e, com isso, diminui-se a temperatura de liquefação de um dos gases da mistura. Dessa forma, um dos gases passa para o estado líquido e se separa da mistura.	Obtenção de nitrogênio a partir do ar atmosférico.
Dissolução	Sólido e sólido	Processo onde somente um dos componentes sólidos da mistura é dissolvido em um determinado líquido.	Mistura de hidróxido de potássio e carbonato de cálcio.
Recristalização	Sólido	Técnica usada na purificação de substâncias cuja solubilidade aumenta com a temperatura. Aquece-se uma solução saturada até que todo o sólido se dissolva. Filtra-se a solução e, com seu resfriamento, o sólido recristaliza-se sem as impurezas anteriores.	Obtenção de cristais puros.

- **Sistema heterogêneo**: possui mais de uma fase e podemos ter um ou mais componentes. Exemplo: o sistema da água e do gelo (um componente e duas fases) e o sistema água e óleo (dois componentes e duas fases).

A separação dos componentes de um sistema heterogêneo pode ser feita pelos seguintes métodos:

Métodos de separação de sistemas heterogêneos			
Método	**Fases**	**Característica do método**	**Exemplos**
Filtração	Sólido e líquido ou sólido e gás	O líquido ou gás passa pelos orifícios microscópicos do sistema acumulando a fase sólida dentro do filtro.	Coar café, aspirar o pó de domicílios, filtração da água em filtros.
Decantação	Sólido e líquido ou sólido e gás	No caso do sólido e do líquido, o sistema fica em repouso até que a substância mais densa se deposite. No sistema sólido e gás a separação é realizada por câmara de poeira.	Tratamento das águas de piscinas.
Levigação	Sólido e sólido	Uma corrente de água passa pelo sistema composto por sólidos de diferentes densidades. Os sólidos menos densos são arrastados pela água e os menos densos ficam retidos no recipiente.	Atividade de mineração.
Peneiramento	Sólido e sólido	Sólidos com granulações diferentes onde um dos componentes fica preso nas malhas de uma peneira.	Construção civil para separar a areia do cascalho.

Exercícios

1 (UFMG-MG) Durante a preparação do popular cafezinho brasileiro, são utilizados alguns procedimentos de separação de misturas. A alternativa que apresenta corretamente a sequência de operações utilizadas é:

a) destilação e decantação.
b) destilação e filtração.
c) extração e decantação.
d) extração e filtração.

2 (UFMG-MG) Um limão foi espremido num copo contendo água, e as sementes ficaram no fundo do recipiente. A seguir, foi adicionado ao sistema um pouco de açúcar, que se dissolveu completamente. Em consequência, as sementes flutuaram. Indique a alternativa em que se explica corretamente a flutuação das sementes após a adição do açúcar.

a) A densidade do líquido aumentou.
b) O pH do sistema foi alterado.
c) A densidade das sementes diminuiu.
d) O número de fases do sistema aumentou.

3 (Unicamp-SP) “Os peixes estão morrendo porque a água do rio está sem oxigênio, mas, nos trechos de maior corredeira, a quantidade de oxigênio aumenta.” Ao ouvir esta informação de um técnico do meio ambiente, um estudante que passava pela margem do rio ficou confuso e fez a seguinte reflexão: “Estou vendo a água no rio e sei que ela contém, em suas moléculas, oxigênio; então, como pode ter acabado o oxigênio do rio?”.

a) Escreva a fórmula das substâncias mencionadas pelo técnico.
b) Qual é a confusão cometida pelo estudante em sua reflexão?

4 (UFMG-MG) As figuras a seguir representam três sistemas. Em cada um deles, a fase sólida é gelo e a líquida, água (densidade = 0, 998 g/mL), etanol 96 °GL (densidade = = 0, 810 g/mL) ou uma mistura de água e etanol, não necessariamente nessa ordem.

Com relação a esses sistemas, é correto afirmar que:

a) a adição de água ao sistema II leva à situação ilustrada no sistema I.

b) a densidade do gelo é igual à da fase líquida no sistema III.

c) a fase líquida no sistema I é constituída somente de água.

d) a fusão parcial do gelo no sistema II leva à situação ilustrada no sistema III.

5 (Unicamp-SP) Em um aterro sanitário, o lixo urbano é enterrado e isolado da atmosfera por uma camada de argila, conforme esquematizado na figura. Nessas condições, microrganismos decompõem o lixo proporcionando, entre outras coisas, o aparecimento de produtos gasosos. O gráfico ilustra a composição dos gases emanados em função do tempo.

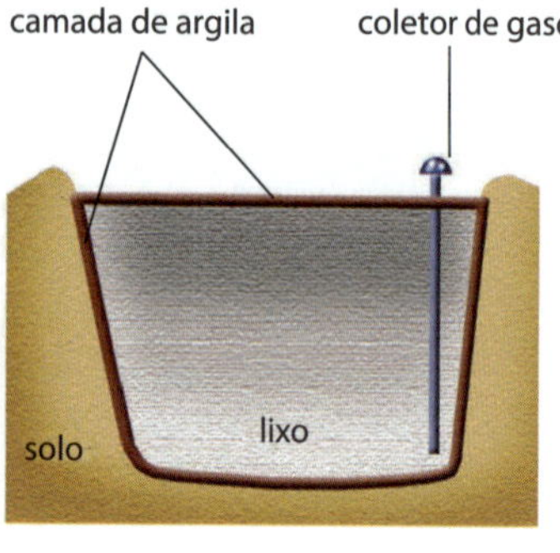

Ilustrações: Paulo César Pereira/Arquivo da editora

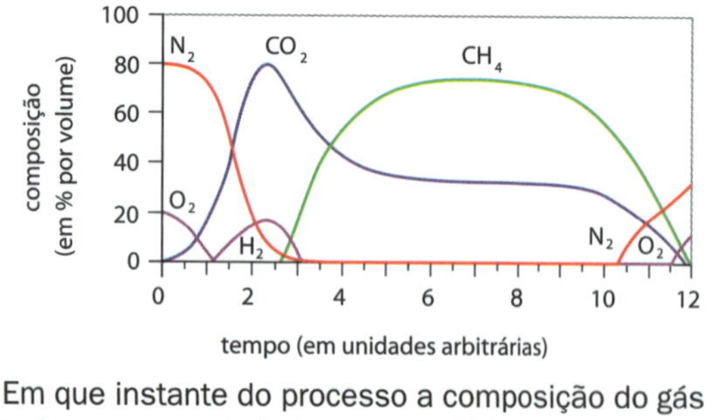

a) Em que instante do processo a composição do gás coletado corresponde à do ar atmosférico?

b) Em que intervalo de tempo prevalece a atividade microbiológica anaeróbica? Justifique.

c) Se você quisesse aproveitar o gás emanado como combustível, qual seria o melhor intervalo de tempo para isso? Justifique sua resposta e escreva a equação química da reação utilizada na obtenção de energia térmica.

6 (UEMG-MG) Atualmente, as distribuidoras de combustíveis misturam à gasolina uma quantidade aproximada de 24% em volume de etanol, para melhorar a qualidade de sua combustão. Sobre esta mistura, é correto afirmar que:

a) apresenta maior potencial energético.
b) apresenta 24 L de álcool em um volume de 50 L.
c) pode ser separada pela adição de água.
d) constitui um sistema heterogêneo.

7 (Ufal-AL) A seguir, encontra-se o fluxograma relativo à separação dos componentes de uma mistura constituída por óleo, água e sal totalmente dissolvido.

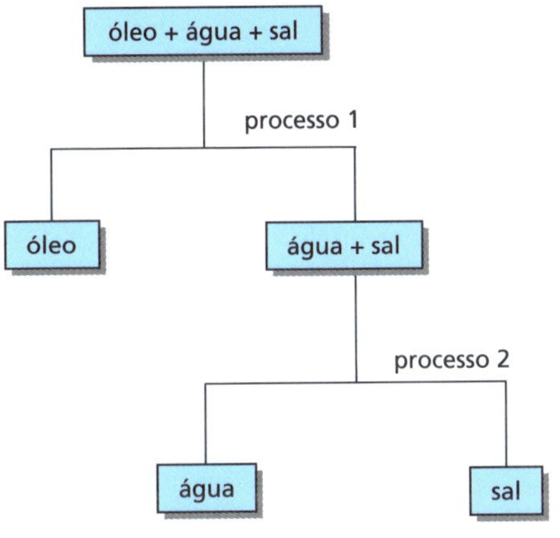

Examinando o fluxograma apresentado, é correto afirmar que os processos de separação 1 e 2 são, respectivamente:

a) filtração e decantação.
b) destilação e filtração.
c) filtração e centrifugação.
d) decantação e centrifugação.
e) decantação e destilação.

8 (UFF-RJ) Em 11 de novembro de 1999, trinta e três pessoas morreram em Salvador em razão da ingestão de cachaça de fabricação clandestina. Segundo os médicos os sintomas eram dor de cabeça, hipertensão e vertigem. O que levou a crer que a cachaça tenha sido contaminada com metanol. Um laboratório confirmou tal hipótese. Durante muito tempo, a única maneira de produzir metanol era destilando a madeira a seco e na ausência de ar, daí o nome "álcool da madeira" que alguns comerciantes inescrupulosos vendiam como sendo álcool etílico. Atualmente, é produzido em escala industrial a partir do carvão e água, sendo monitorado pelos órgãos do governo a fim de que não seja utilizado incorretamente. Com base nas informações, indique a opção correta:

a) A destilação é um processo físico de separação.
b) O metanol, assim obtido, constitui uma mistura heterogênea.
c) A cachaça é uma substância pura.
d) Toda substância pura é constituída por apenas dois tipos de elementos químicos.
e) O percentual de carbono no metanol é maior do que no etanol.

9 (UFJF-MG) O quadro a seguir apresenta os pontos de fusão (PF), ebulição (PE) e as densidades (d) de algumas substâncias utilizadas em nosso cotidiano, a 1 atm de pressão.

Substâncias	PF (°C)	PE (°C)	d (g/mL)
ácido sulfúrico	10	338	1,840
benzeno	5,5	80,1	0,9
cloro	–101	–34,5	0,0025
naftaleno	82	220	2,250
oxigênio	–218	–183	0,0014

Após a análise do quadro, indique a alternativa incorreta.

a) À temperatura que o naftaleno funde, o benzeno é líquido.

b) No sistema formado por benzeno e ácido sulfúrico, o benzeno constitui a fase superior.

c) Se misturarmos as substâncias cloro e oxigênio à temperatura ambiente forma-se um sistema homogêneo.

d) À temperatura que o oxigênio é líquido, o cloro é sólido.

e) À temperatura que o naftaleno entra em ebulição, o ácido sulfúrico se encontra líquido.

10 (Unimontes-MG) No processo de resfriamento de uma mistura de 40% de cádmio e 60% de bismuto, a cristalização desses metais inicia-se a 270 °C e termina a 140 °C, quando a solução atinge a composição eutética. A recristalização encontra-se corretamente representada através da curva:

a)

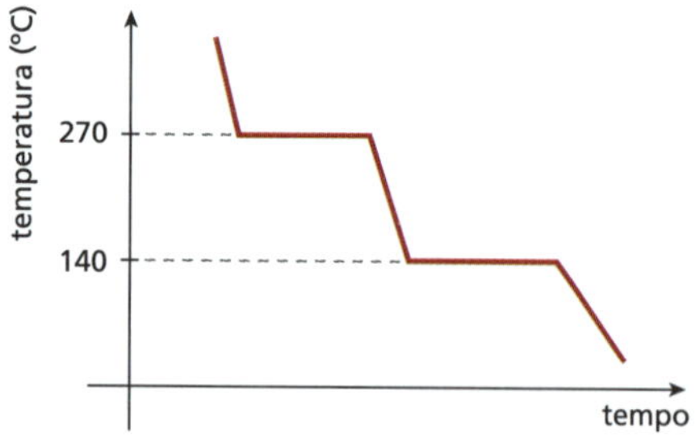

b)

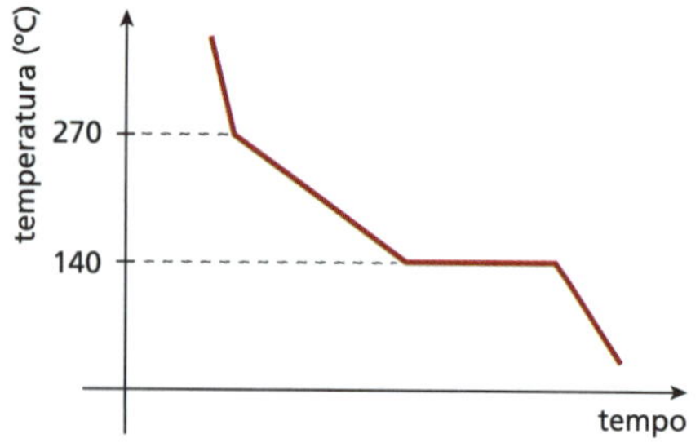

c)

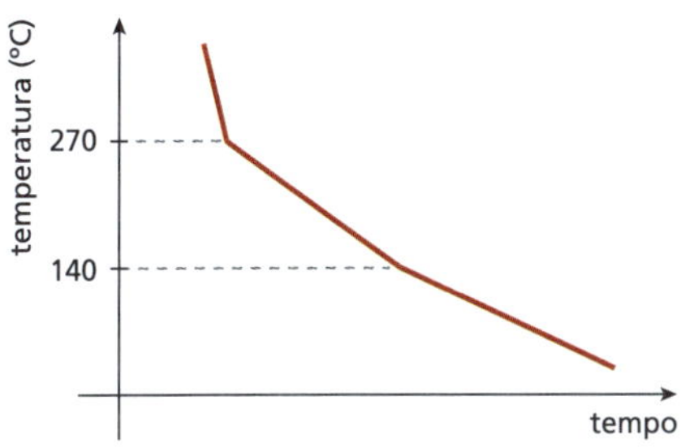

d)

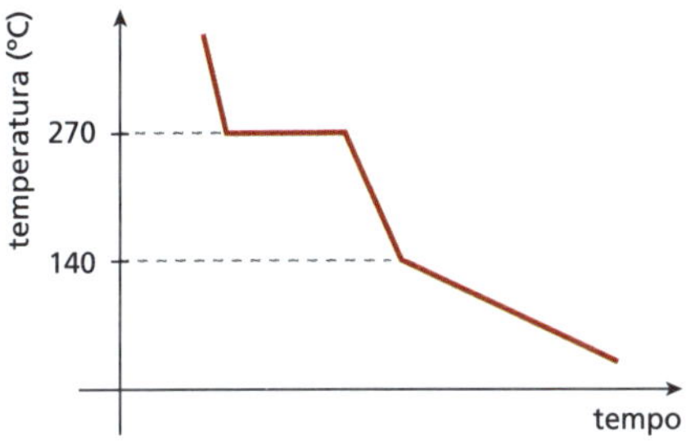

11 (UFPI-PI) Segundo determinação da Agência Nacional de Petróleo, Gás Natural e Biocombustível (ANP), o percentual de álcool etílico na gasolina deve ser de 20%. Um teste simples, realizado pela fiscalização da ANP para verificar a conformidade da gasolina, em relação ao teor de álcool, chamado "teste da proveta", consiste na colocação, em uma proveta de 100 mL, de 50 mL da amostra de gasolina coletada no posto, seguida da adição de 50 mL de uma solução aquosa de cloreto de sódio. Após ser tampada com rolha, a proveta é invertida 10 vezes e, em seguida, deixada em repouso por 15 minutos para separação das fases. Nesse teste observa-se a formação de:

a) três fases, ficando o álcool na fase superior.
b) três fases, ficando o álcool na fase inferior.
c) três fases, ficando o álcool na fase intermediária.
d) duas fases, sendo a fase superior de maior volume.
e) duas fases, sendo a fase superior de menor volume.

12 (Unirio-RJ) Campos de Goytacazes, na região norte do estado do Rio de Janeiro, pode ser considerada a capital nacional do petróleo: a Bacia de Campos produz em média 900 mil barris/dia de petróleo cru. A operação que permite isolar tanto a gasolina quanto o querosene do petróleo cru é a:

a) decantação. c) filtração. e) extração com água.
b) destilação. d) catação.

13 (UFPE-PE) Uma mistura é constituída de areia, óleo, açúcar e sal de cozinha. A melhor sequência experimental para separar essa mistura em seus constituintes puros é:

a) destilação do óleo, filtração da areia, dissolução do sal e do açúcar em água.
b) dissolução do açúcar e do sal em água, filtração da areia, decantação do óleo, recristalização fracionada da fase aquosa.
c) filtração, dissolução do açúcar e do sal em água, decantação do óleo e destilação da fase aquosa.
d) destilação do óleo, dissolução do açúcar e do sal em água e separação da areia por filtração.
e) filtração do óleo e simples catação dos componentes da fase sólida.

14 (UEPG-PR) Um químico necessita separar uma mistura de água e óleo. O processo mais indicado é através de:

a) destilação simples.

b) destilação fracionada.

c) funil de decantação.

d) fusão fracionada.

e) nenhuma das anteriores.

15 (Unicamp-SP) Os gases nitrogênio e argônio, principais componentes do ar, são obtidos industrialmente por meio da destilação fracionada do ar liquefeito. Indique a sequência de obtenção dessas substâncias nesse processo de destilação fracionada. Justifique sua resposta. Dados: temperaturas de ebulição (em °C) a 1 atm:

argônio	–189
nitrogênio	–196
oxigênio	–183

16 (UFRGS-RS) Constitui exemplo de sistema bifásico com um componente:

a) álcool hidratado.

b) água com cubos de gelo.

c) água salgada.

d) óleo grafitado.

e) ar liquefeito.

17 (Fuvest-SP) Em uma determinada marca de leite foi encontrado o seguinte quadro:

Informação nutricional		**Porção de 200 mL (1 copo)**
Quantidade por porção		% VD
valor calórico	120 kcal	5%
carboidratos	10 g	3%
proteínas	6 g	12%
gorduras totais	7 g	9%
gorduras saturadas	4 g	16%
colesterol	20 mg	7%
fibra alimentar	0,0 g	—
cálcio	222 mg	28%
ferro	0,2 mg	1%
sódio	125 mg	5%

a) Tomando como referência os dados do quadro, explique por que o leite não pode ser representado por uma fórmula química.

b) O leite pode ser considerado uma mistura homogênea? Justifique a resposta.

18 (Enem-MEC) De acordo com a legislação brasileira, são tipos de água engarrafada que podem ser vendidos no comércio para o consumo humano:

- Água mineral: água que, proveniente de fontes naturais ou captada artificialmente, possui composição química ou propriedades físicas ou físico-químicas específicas, com características que lhe conferem ação medicamentosa.
- Água potável de mesa: água que, proveniente de fontes naturais ou captada artificialmente, possui características que a tornam adequada ao consumo humano.
- Água purificada adicionada de sais: água produzida artificialmente por meio da adição à água potável de sais de uso permitido, podendo ser gaseificada.

Com base nessas informações, indique a alternativa correta:

a) os três tipos de água descritos na legislação são potáveis.

b) toda água engarrafada vendida no comércio é água mineral.

c) água purificada adicionada de sais é um produto natural encontrado em algumas fontes específicas.

d) a água potável de mesa é adequada para o consumo humano porque apresenta extensa flora bacteriana.

e) a legislação brasileira reconhece que todos os tipos de água têm ação medicamentosa.

19 (UFJF-MG) O ouro 18 quilates é comumente utilizado para produção de joias. Sua composição é 75% ouro e os restantes 25% cobre e prata, portanto, esse material se caracteriza como uma:

a) substância composta.

b) mistura heterogênea.

c) substância simples.

d) substância pura.

e) mistura homogênea.

20 (Enem-MEC) Em nosso planeta a quantidade de água está estimada em $1{,}36 \times 106$ trilhões de toneladas. Desse total, calcula-se que cerca de 95% são de água salgada e dos 5% restantes, quase a metade está retida nos polos e geleiras. O uso de água do mar para obtenção de água potável ainda não é realidade em larga escala. Isso porque, entre outras razões:

a) o custo dos processos tecnológicos de dessalinização é muito alto.

b) não se sabe como separar adequadamente os sais nela dissolvidos.

c) comprometeria muito a vida aquática dos oceanos.

d) a água do mar possui materiais irremovíveis.

e) a água salgada do mar tem temperatura de ebulição alta.

21 (Ufal-AL) A matéria existe, principalmente, em três estados físicos: sólido, líquido e gasoso. A maior parte da matéria é constituída por mistura de substâncias. Cada substância possui um conjunto único de propriedades físicas e químicas que pode ser utilizado para identificá-la. O gráfico a seguir apresenta a curva de temperatura *versus* tempo para três amostras materiais, I, II e III, partindo do estado sólido no tempo t = 0. De acordo com o gráfico, é correto afirmar que:

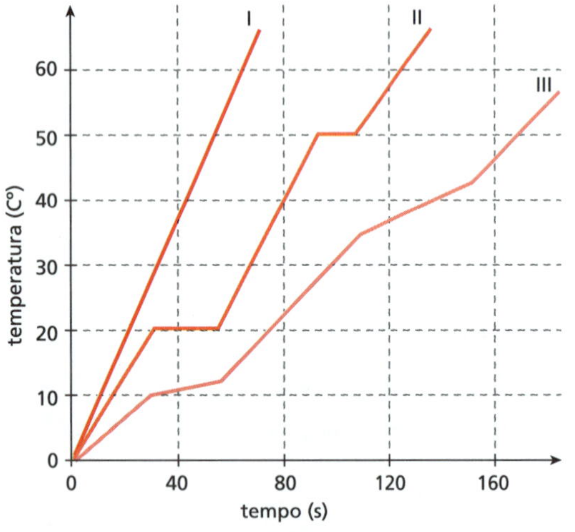

a) a amostra II apresenta temperatura de ebulição de 20 °C.
b) a amostra II aquece mais rápido que a amostra I.
c) à temperatura de 50 °C, a amostra I encontra-se no estado líquido.
d) as três amostras são exemplos de substâncias puras.
e) a amostra III não constitui uma substância pura por não manter as temperaturas de fusão e ebulição constantes.

22 (Unesp-SP) Uma amostra de água do Rio Tietê, que apresentava partículas em suspensão, foi submetida a processos de purificação obtendo-se, ao final do tratamento, uma solução límpida e cristalina. Em relação às amostras de água antes e após o tratamento, podemos afirmar que correspondem, respectivamente, a:

a) substâncias composta e simples.
b) substâncias simples e composta.
c) misturas homogênea e heterogênea.
d) misturas heterogênea e homogênea.
e) mistura heterogênea e substância simples.

23 (Ufla-MG) Considere os sistemas da figura a seguir:

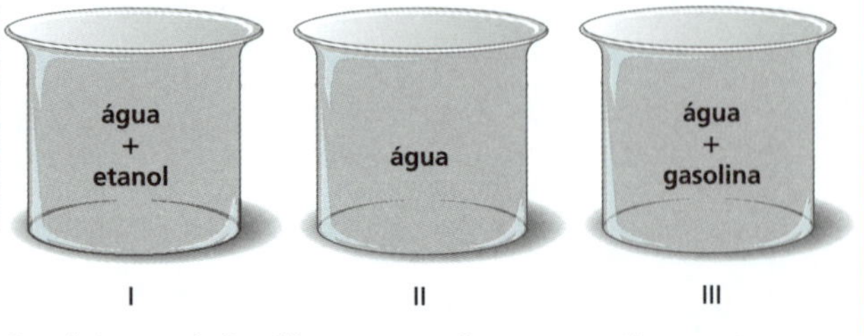

Avits/Arquivo da editora

Os sistemas I, II e III correspondem, respectivamente, a:

a) mistura heterogênea, substância composta, mistura heterogênea.
b) mistura homogênea, substância simples, mistura heterogênea.

c) mistura homogênea, substância simples, mistura homogênea.
d) mistura homogênea, substância composta, mistura heterogênea.

24 (Enem-MEC) Seguem a seguir alguns trechos de uma matéria da revista "Superinteressante", que descreve hábitos de um morador de Barcelona (Espanha), relacionando-os com o consumo de energia e efeitos sobre o ambiente.

I. "Apenas no banho matinal, por exemplo, um cidadão utiliza cerca de 50 L de água, que depois terá que ser tratada. Além disso, a água é aquecida consumindo 1,5 quilowatt-hora (kWh) (cerca de 1,3 milhão de calorias), e para gerar essa energia foi preciso perturbar o ambiente de alguma maneira..."

II. "Na hora de ir para o trabalho, o percurso médio dos moradores de Barcelona mostra que o carro libera 90 g do venenoso monóxido de carbono e 25 g de óxidos de nitrogênio... Ao mesmo tempo, o carro consome combustível equivalente a 8,9 kWh."

III. "Na hora de recolher o lixo doméstico [...] quase 1 kg por dia. Em cada kg há aproximadamente 240 g de papel, papelão e embalagens; 80 g de plástico; 55 g de metal; 40 g de material biodegradável e 80 g de vidro."

No trecho I, a matéria faz referência ao tratamento necessário à água resultante de um banho. As afirmações a seguir dizem respeito a tratamentos e destinos dessa água. Entre elas, a mais plausível é a de que a água:

a) passa por peneiração, cloração, floculação, filtração e pós-cloração, e é canalizada para os rios.
b) passa por cloração e destilação, sendo devolvida aos consumidores em condições adequadas para ser ingerida.
c) é fervida e clorada em reservatórios, onde fica armazenada por algum tempo antes de retornar aos consumidores.
d) passa por decantação, filtração, cloração e, em alguns casos, por fluoretação, retornando aos consumidores.
e) não pode ser tratada devido à presença do sabão, por isso é canalizada e despejada em rios.

25 (Unitau-SP) Tem-se uma mistura de magnésio e bismuto pulverizados. A densidade do magnésio é 1,74 g/mL e a do bismuto é 9,67 g/mL. Para se separar esses dois metais, precisamos escolher um líquido adequado. Dos líquidos a seguir, você escolheria:

a) o líquido que não reage com nenhum dos metais e tem densidade 1,24 g/mL.
b) o líquido que reage com um dos metais e tem densidade 1,24 g/mL.
c) o líquido que não reage com nenhum dos metais e tem densidade 2,89 g/mL.
d) o líquido que reage com um dos metais e tem densidade 2,89 g/mL.
e) o líquido que reage com ambos os metais e tem densidade 2,89 g/mL.

26 (UPM-SP) É característica de substância pura:

a) ser solúvel em água.
b) ter constantes físicas definidas.
c) ter ponto de fusão e ponto de ebulição variáveis.
d) sofrer combustão.
e) ser sólida à temperatura ambiente.

27 (Enem-MEC) Em visita a uma usina sucroalcooleira, um grupo de alunos pôde observar a série de processos de beneficiamento da cana-de-açúcar, entre os quais se destacam:

1 A cana chega cortada da lavoura por meio de caminhões e é despejada em mesas alimentadoras que a conduzem para as moendas. Antes de ser esmagada para a retirada do caldo açucarado, toda a cana é transportada por esteiras e passada por um eletroímã para a retirada de materiais metálicos.
2 Após se esmagar a cana, o bagaço segue para as caldeiras, que geram vapor e energia para toda a usina.
3 O caldo primário, resultante do esmagamento, é passado por filtros e sofre tratamento para transformar em açúcar refinado e etanol.

Com base nos destaques da observação dos alunos, quais operações físicas de separação de materiais foram realizadas nas etapas de beneficiamento da cana-de-açúcar?

a) Separação mecânica, extração, decantação.
b) Separação magnética, combustão, filtração.
c) Separação magnética, extração, filtração.
d) Imantação, combustão, peneiração.
e) Imantação, destilação, filtração.

28 (Unopar-PR) Considere a mistura de água e éter, dois líquidos imiscíveis entre si. Para separar esses dois líquidos, o processo adequado é:

a) liquefação.
b) filtração.
c) decantação.
d) dissolução fracionada.
e) sublimação.

29 (Covest) No tratamento de efluentes industriais, é muito comum o emprego de métodos de separação de substâncias. No caso de um efluente constituído por água e óleo, qual dos métodos abaixo é indicado?

a) filtração.
b) decantação.
c) flotação.
d) precipitação.
e) catação.

30 (Ufac-AC) O sistema complexo da água dos rios, lagos e oceanos possui características de solução, de dispersão coloidal e suspensão. Devido ao efeito da temperatura sobre esse complexo sistema líquido, parte da água se evapora e forma as nuvens, que posteriormente devolverão a água na forma de chuva fechando um ciclo natural. O fenômeno de evaporação que foi descrito é mais bem definido como:

a) Um processo de destilação.
b) Um processo de catação.
c) Um processo de filtração.
d) Um processo de decantação.
e) Um processo de peneiração.

31 (PUC-SP) A flotação é um dos métodos de beneficiamento do carvão mineral. Isso é possível porque a fração rica em matéria carbonosa e a fração rica em cinzas apresentam diferentes:

a) pontos de fusão.

b) densidades.

c) pontos de ebulição.

d) estados físicos.

e) comportamentos magnéticos.

32 (Unesp-SP) A água potável é um recurso natural considerado escasso em diversas regiões do nosso planeta. Mesmo em locais onde a água é relativamente abundante, às vezes é necessário submetê-la a algum tipo de tratamento antes de distribuí-la para consumo humano. O tratamento pode, além de outros processos, envolver as seguintes etapas:

I. Manter a água em repouso por um tempo adequado, para a deposição, no fundo do recipiente, do material em suspensão mecânica.

II. Remoção das partículas menores, em suspensão, não separáveis pelo processo descrito na etapa I.

III. Evaporação e condensação da água, para diminuição da concentração de sais (no caso de água salobra ou do mar). Nesse caso, pode ser necessária a adição de quantidade conveniente de sais minerais após o processo.

As etapas I, II e III correspondem, respectivamente, aos processos de separação denominados:

a) Filtração, decantação, dissolução.

b) Destilação, filtração, decantação.

c) Decantação, filtração, dissolução.

d) Decantação, filtração, destilação.

e) Filtração, destilação, dissolução.

33 (Ufes-ES) Na perfuração de uma jazida petrolífera, a pressão dos gases faz com que o petróleo jorre para fora. Ao reduzir-se a pressão, o petróleo bruto para de jorrar e tem de ser bombeado. Devido às impurezas que o petróleo bruto contém, ele é submetido a dois processos mecânicos de purificação, antes do refino; separá-lo da água salgada e separá-lo de impurezas sólidas como areia e argila. Esses processos mecânicos de purificação são, respectivamente:

a) Decantação e filtração.

b) Decantação e destilação fracionada.

c) Filtração e destilação fracionada.

d) Filtração e decantação.

e) Destilação fracionada e decantação.

34 (Univ. Anápolis-GO) O processo adequado, para separar ferro de ouro, ambos em pó, é o de:

a) filtração.

b) destilação.

c) liquefação fracionada.

d) decantação.

e) separação magnética.

35 (UFRGS-RS) Qual dos métodos de separação seguintes se baseia na diferença de densidade?

a) decantação.

b) separação magnética.

c) peneiração.

d) sublimação.

e) cristalização.

36 (Unip-SP) O minério calcocita contém sulfeto de cobre I (Cu_2S). Para concentrar o Cu_2S, utiliza-se o processo: “O minério finamente dividido é misturado com óleo e agitado em água contendo sabão em tanque de grandes dimensões. Em seguida, injeta-se ar comprimido na mistura. As partículas de Cu_2S, envolvidas em óleo, vão para o topo do tanque, onde formam uma nata que pode ser retirada. As impurezas rochosas depositam-se no fundo do tanque”. Esse processo, muito usado na concentração de minérios, recebe o nome de:

a) levigação.
b) filtração.
c) dissolução fracionada.
d) flotação.
e) decantação.

37 (UPM-SP) Necessitou-se retirar o conteúdo do tanque de combustível de um carro. Para isso, fez-se sucção com um pedaço de mangueira introduzido no tanque, deixando-se escorrer o líquido para um recipiente colocado no chão. Esse processo é chamado de:

a) decantação.
b) filtração.
c) sifonação.
d) centrifugação.
e) destilação.

38 (PUC-MG) O conjunto abaixo é adequado para:

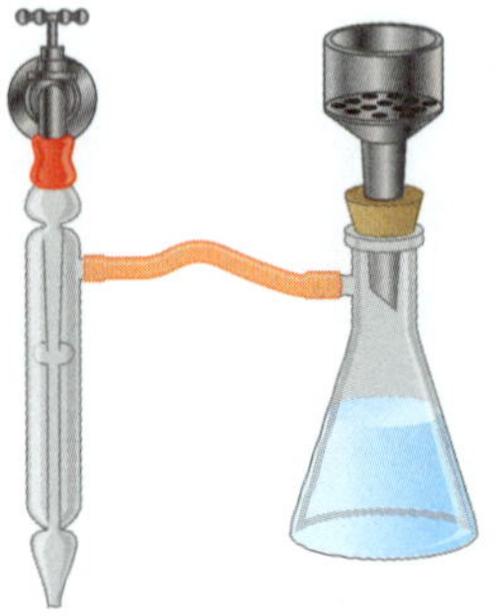

Casa de Tipos/Arquivo da editora

a) lavagem de material em mistura.
b) separação de mistura sólido-líquido.
c) obstruir a passagem de gases ou líquidos.
d) separação de líquidos de densidades diferentes.
e) liquefazer vapores.

39 (UPM-SP) Limalha de ferro junto com areia fina constituem uma .... da qual pode-se retirar o ferro, utilizando-se um processo .... denominado .... Os termos que preenchem corretamente e ordenadamente as lacunas são:

a) mistura homogênea; físico; dissolução fracionada.
b) mistura heterogênea; mecânico; ventilação.
c) substância composta; mecânico; separação magnética.
d) mistura heterogênea; mecânico; separação magnética.
e) mistura homogênea; físico; destilação.

40 (FGV-SP) Em uma ETA (estação de tratamento de água) usa-se, geralmente, a sequência dos seguintes tratamentos:

a) decantação, cloração, filtração e floculação.
b) pirólise, sulfatação, filtração e cloração.
c) floculação, calcinação, oxigenação e filtração.
d) floculação, decantação, filtração e cloração.
e) floculação, oxigenação, pirólise e cloração.

41 (UEL-PR) De uma mistura heterogênea de dois líquidos imiscíveis e de densidades diferentes, podem-se obter os líquidos puros através de:

I. Sublimação. II. Decantação. III. Filtração.

Dessas afirmações, apenas:

a) I é correta.
b) II é correta.
c) III é correta.
d) I e II são corretas.
e) II e III são corretas.

42 (UFMG-MG) Misturas heterogêneas foram submetidas aos processos de separação especificados.

I) Água e areia – decantação.

II) Sucatas de ferro e alumínio – separação magnética.

III) Grafita e iodo – sublimação.

IV) Água e óleo – filtração.

Assinale a alternativa que corresponde a uma mistura cujo processo de separação especificado é inadequado:

a) I.
b) II.
c) III.
d) IV.
e) I e II.

43 (Ceesu-PE) Nas salinas, o processo físico que separa a água do sal é:

a) Filtração.
b) Evaporação.
c) Destilação.
d) Sublimação.
e) Fusão.

44 (Fuvest-SP) O ciclo da água na natureza, relativo à formação de nuvens, seguido de precipitação da água na forma de chuva, pode ser comparado, em termos de mudança de estado físico que ocorre e do processo de purificação envolvido, à seguinte operação de laboratório:

a) sublimação.
b) filtração.
c) decantação.
d) dissolução.
e) destilação.

45 (UFU-MG) Um processo mais adequado para separar álcool de uma mistura com acetona é:

a) Filtração.
b) Decantação.
c) Dissolução fracionada.
d) Destilação fracionada.
e) Filtração a vácuo.

46 (Cefet-PR) Analise as proposições abaixo e indique a verdadeira.

a) Os componentes da mistura de água e acetona podem ser separados por meio de destilação simples.
b) Os componentes da mistura de N_2 e O_2 podem ser separados fazendo-se uma liquefação e posterior destilação fracionada.
c) Substância pura é aquela que não pode ser decomposta em outras mais simples.
d) Liquefação fracionada é um processo de separação de misturas homogêneas por aquecimento, na qual os líquidos se separam à medida que seus pontos de ebulição vão sendo atingidos.
e) O gás de botijão é uma mistura de propano e butano. Devido à forte pressão a que está submetida, a mistura se encontra no estado gasoso.

47 (Ufes-ES) Na perfuração de uma jazida petrolífera, a pressão dos gases faz com que o petróleo jorre para fora. Ao reduzir-se a pressão, o petróleo bruto para de jorrar e tem que ser bombeado. Devido às impurezas que o petróleo bruto contém, ele é submetido a dois processos mecânicos de purificação, antes do refino: separá-lo da água salgada e separá-lo das impurezas sólidas como areia e argila. Esses processos mecânicos de purificação são, respectivamente:

a) Decantação e filtração.
b) Decantação e destilação fracionada.
c) Filtração e destilação fracionada.
d) Filtração e decantação.
e) Destilação fracionada e decantação.

48 (Ufam-AM) Considerando os diversos processos de separação de misturas, a alternativa que contém apenas processos de separação para misturas sólido-sólido é:

a) ventilação, levigação, sedimentação fracionada, separação magnética.
b) peneiração, cristalização fracionada, catação, decantação.
c) levigação, sedimentação fracionada, centrifugação, separação magnética.
d) cristalização fracionada, decantação, ventilação, filtração.
e) levigação, destilação, peneiração, catação, filtração.

49 (UPM-SP) O processo inadequado para separar os componentes de uma mistura heterogênea sólido/líquido é:

a) filtração.
b) decantação.
c) centrifugação.
d) destilação.
e) sifonação.

50 (FEI-SP) Assinale a alternativa que contém o melhor método para separar três componentes de uma mistura de areia, água e sal na sequência adequada:

a) destilar e decantar.
b) filtrar e decantar.
c) decantar e filtrar.
d) filtrar e destilar.
e) destilar e filtrar.

51 (UFMG-MG) O mercúrio, um metal líquido, é utilizado pelos garimpeiros para extrair ouro. Nesse caso, o mercúrio forma, com o ouro, uma mistura líquida homogênea, que pode ser separada, facilmente, da areia e da água. Para separar esses dois metais, minimizando os riscos ambientais, seria interessante que os garimpeiros utilizassem uma retorta, como representado, esquematicamente, nesta figura:

Casa de Tipos/Arquivo da editora

Para tanto, a mistura é aquecida na retorta e, então, o mercúrio evapora-se e condensa-se no bico desse recipiente.

Considerando-se essas informações, é INCORRETO afirmar que:

a) o ouro é mais volátil que o mercúrio.
b) o mercúrio é destilado na retorta.
c) o mercúrio se funde a uma temperatura menor que o ouro.
d) o ouro se dissolve no mercúrio.
e) ambos são metais.

52 (SSA) Grande parte dos combustíveis utilizados nos veículos automotores são derivados do petróleo. Numa refinaria, ocorre a separação dos componentes do petróleo bruto, tais como: gás residual, gasolina, querosene, gasóleo leve e pesado etc., utilizando-se, para isso, a torre de fracionamento, também denominada de coluna de destilação fracionada. A separação das frações do petróleo na torre de fracionamento se fundamenta:

a) exclusivamente na cor de cada fração separada.
b) no odor e sabor das frações mais voláteis.
c) na temperatura de ebulição das frações separadas.
d) na temperatura de fusão das frações separadas.
e) no calor específico das frações separadas.

53 (UFRRJ-RJ) Com a adição de uma solução aquosa de açúcar a uma mistura contendo querosene e areia, são vistas claramente três fases. Para separar cada componente da mistura final, a melhor sequência é:

a) destilação, filtração e decantação.
b) cristalização, decantação e destilação.
c) filtração, cristalização e destilação.
d) filtração, decantação e destilação.
e) centrifugação, filtração e decantação.

54 (PUC-RJ) Uma das atividades práticas da ciência são a separação de substâncias presentes em misturas e a extração de substâncias simples e substâncias compostas. Sobre os métodos de separação e extração, é correto afirmar que:

a) Uma solução contendo água e etanol pode ter os seus componentes separados completamente por meio de destilação simples.
b) No composto sulfeto de ferro II (FeS), um ímã pode ser utilizado para separar o metal ferro do ametal enxofre.
c) A destilação fracionada é amplamente utilizada para separar frações líquidas do petróleo.
d) Em uma mistura contendo os solutos NaCl e KNO_3 totalmente dissolvidos em água, a separação dos sais pode ser feita por centrifugação.
e) Peneiramento e catação não são considerados processos de separação.

55 (Covest) Considere uma mistura de parafina (hidrocarboneto de cadeia longa) finamente dividida e açúcar (sacarose $C_{12}H_{22}O_{11}$) refinado. Selecione os processos de separação, na sequência indicada, mais adequados para essa mistura:

a) Dissolução em água, filtração e evaporação.
b) Filtração, evaporação e combustão.
c) Dissolução em água, floculação e decantação.
d) Destilação fracionada a 50 °C.
e) Combustão, destilação.

56 (Fatec-SP) Um estudante recebeu uma amostra na forma de um pó branco, constituída por mistura das substâncias sólidas A e B, que frente à água comportam-se como registra a tabela que se segue:

Sólidos	Comportamento em água	
	água a 25 °C	água fervente
A	insolúvel	insolúvel
B	insolúvel	solúvel

Assinale a opção que contém o procedimento experimental correto para separar os sólidos A e B.

a) Utilizar um ímã, separando A e B.

b) Adicionar o pó branco à água fervente e submeter a mistura à evaporação.

c) Adicionar o pó branco à água a 25 °C, filtrar a mistura e submeter o filtrado à evaporação.

d) Adicionar o pó branco à água fervente, filtrar a mistura e submeter o filtrado à evaporação.

e) Adicionar o pó branco à água a 25 °C e submeter a mistura à evaporação.

57 (UFMG-MG) Certas misturas podem ser separadas, usando-se uma destilação simples, realizável numa montagem, como apresentada nesta figura:

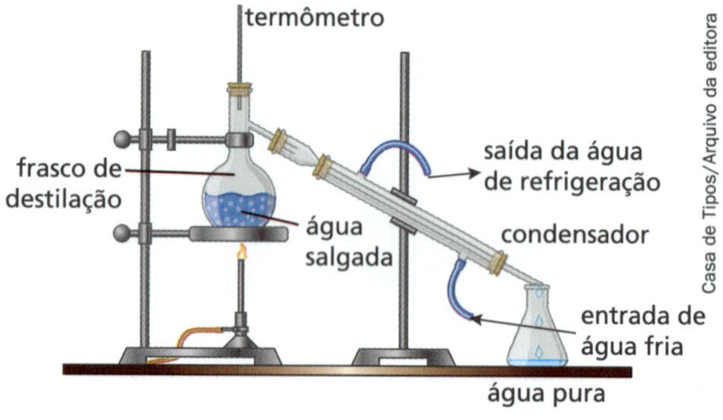

Casa de Tipos/Arquivo da editora

Suponha que a mistura é constituída de água e cloreto de sódio dissolvido nela. Ao final da destilação simples dessa mistura, obtém-se no erlenmeyer:

a) água

b) água + ácido clorídrico

c) água + cloreto de sódio

d) água + cloro

e) cloro

58 (FAEE-GO) Os processos usados para separar as misturas gás oxigênio / gás nitrogênio e água / sal de cozinha são, respectivamente:

a) liquefação fracionada e destilação.

b) evaporação e condensação.

c) destilação e filtração.

d) sedimentação e liquefação.

e) centrifugação e cristalização.

59 (Covest) Uma mistura é constituída de areia, óleo, açúcar e sal de cozinha. A melhor sequência experimental para separar essa mistura em seus constituintes puros é:

a) destilação do óleo, filtração da areia, dissolução do sal e do açúcar em água.

b) dissolução do açúcar e do sal em água, filtração da areia, decantação do óleo, recristalização fracionada da fase aquosa.

c) filtração, dissolução do açúcar e do sal em água, decantação do óleo e destilação da fase aquosa.

d) destilação do óleo, dissolução do sal e do açúcar em água e separação da areia por filtração.

e) filtração do óleo e simples catação dos componentes da fase sólida.

60 (PUC-RJ) A despeito dos sérios problemas ambientais, o mercúrio é ainda muito utilizado nos garimpos devido à sua singular capacidade de dissolver o ouro, formando com ele um amálgama. Em muitos garimpos, o ouro se encontra na forma de partículas dispersas na lama, ou terra, dificultando assim a sua extração. Nestes casos, adiciona-se mercúrio à bateia, forma-se o amálgama (que não se mistura com a lama) e, em seguida, é feita a sua separação. Após separado da lama, o amálgama é aquecido com um maçarico até a completa evaporação do mercúrio, restando assim apenas o ouro. Sobre a temática apresentada, é INCORRETO afirmar que:

a) o mercúrio é um metal líquido a 25 °C e 1 atm de pressão.

b) a diferença nas temperaturas de ebulição é aproveitada para separar o mercúrio do ouro, já que estes não formam mistura eutética.

c) mercúrio e ouro formam um sistema heterogêneo.

d) a separação do sistema amálgama-lama constitui um processo físico.

e) os vapores de mercúrio eliminados durante a última etapa da extração podem contaminar os garimpeiros e também os ecossistemas em torno do garimpo.

61 (Fuvest-SP) A obtenção de água doce de boa qualidade está se tornando cada vez mais difícil devido ao adensamento populacional, às mudanças climáticas, à expansão da atividade industrial e à poluição. A água, uma vez captada, precisa ser purificada, o que é feito nas estações de tratamento. Um esquema do processo de purificação é:

→ A → B → C → D → E → F

Em que as etapas B, D e F são:

B – adição de sulfato de alumínio e óxido de cálcio,

D – filtração em areia,

F – fluoretação.

Assim sendo, as etapas A, C e E devem ser, respectivamente,

a) filtração grosseira, decantação e cloração.

b) decantação, cloração e filtração grosseira.

c) cloração, neutralização e filtração grosseira.

d) filtração grosseira, neutralização e decantação.

e) neutralização, cloração e decantação.

62 (Une-BA) Considere as seguintes misturas:

I. Ar + poeira.

II. Mercúrio metálico + água.

III. Água + nitrato de potássio (solúvel em água)

Para separar os componentes dos sistemas faz-se, respectivamente, uma:

a) filtração, destilação e decantação.
b) destilação, filtração, decantação.
c) filtração decantação, filtração.
d) decantação, destilação, filtração.
e) filtração, decantação, destilação.

63 (Fafire-PE) Indique a alternativa FALSA:

a) A água, o açúcar e o sal (dissolvidos) constituem um sistema monofásico.
b) Uma amostra que apresenta ponto de fusão constante, com certeza corresponde a uma substância pura.
c) Ozônio é uma substância simples do elemento oxigênio.
d) O granito constitui um sistema heterogêneo, pois apresenta três fases.
e) A água mineral filtrada (sem gás) é uma mistura homogênea.

64 (PUC-SP) Considere o gráfico abaixo:

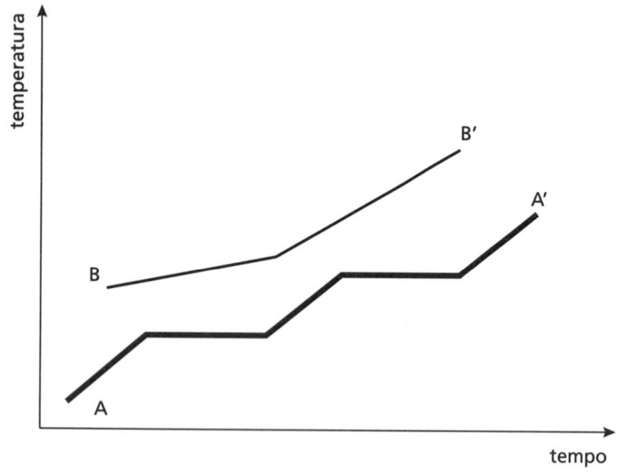

As curvas AA' e BB' correspondem, respectivamente, ao comportamento de:

a) uma substância pura e uma solução.
b) uma solução e uma substância pura.
c) uma mistura homogênea e uma mistura heterogênea.
d) duas soluções.
e) duas substâncias puras.

Há diferentes formas de dar um destino definitivo ao lixo coletado:

- **Terrenos naturais (os lixões)**: são feitos sem qualquer cuidado ou técnica especial. Representam sérios riscos sanitários e ambientais, mesmo quando distantes de áreas habitadas, contaminam as águas, o solo e o ar.
- **Aterros sanitários**: o lixo é compactado no solo, em camadas periodicamente cobertas com terra ou outro material inerte. Porém, o lixo doméstico acumula água proveniente da umidade e da matéria, chamada de *chorume*.

Com isso, é importante que um sistema de drenagem de efluentes líquidos constitua a base do aterro sanitário e que se instale um sistema de drenagem de gases que possibilite a coleta do *biogás* (opção de fonte de energia renovável, formado pela decomposição de resíduos e constituído em maior proporção por metano, gás carbônico e água em estado de vapor), o que barateia o custo do seu tratamento e diminui a exigência de exploração de outros recursos energéticos.

- **Estações de tratamento**: preveem a separação do lixo doméstico e o processamento dos resíduos orgânicos (sob a forma de compostagem para obtenção do composto orgânico usado como adubo) e dos outros materiais (latas, plásticos, papéis etc.). Contudo, esta não é a melhor opção para tratamento do lixo, pois envolve a separação depois que todo o lixo já está misturado.
- **Coleta seletiva**: é a forma mais adequada, pois nela o procedimento é feito a partir da separação do lixo e coleta (por classes) de materiais; isso permite a obtenção de materiais recicláveis mais limpos e de um composto orgânico sem tantos resíduos (como cacos de vidro, restos de plástico etc.), separando-os, assim, de materiais que não podem ser reaproveitados.

Exercícios

1 (UFPB-PB) O lixo é um problema em todo o mundo, porém, com a implantação de políticas adequadas, tem-se tornado também uma solução em várias cidades. Nesse sentido, considere as seguintes afirmativas:

I. O objetivo da reciclagem é poupar recursos minerais e vegetais e gerar renda e empregos.

II. Os catadores de lixo, em algumas cidades dos países pobres, conseguem renda para sua sobrevivência, apesar de expostos a doenças infectocontagiosas.

III. A reciclagem consegue atingir 100% de reaproveitamento, se forem aplicados recursos suficientes e alta tecnologia.

Está(ão) correta(s):

a) apenas I e II.

b) apenas II e III.

c) apenas I e III.

d) apenas I.

e) I, II e III.

2 (UPM-SP) Dentre os procedimentos citados a seguir, o único que não colabora com o esforço para a diminuição da poluição do meio ambiente é:

a) o uso, nas indústrias, de filtros que retenham material particulado.

b) o uso de catalisadores nos veículos automotivos.

c) o tratamento das águas residuais das indústrias e do esgoto doméstico.

d) o lançamento de todos os resíduos industriais nos aterros sanitários ou nos oceanos e rios.

e) a coleta seletiva do lixo doméstico.

3 (Enem-MEC) Considere os seguintes acontecimentos ocorridos no Brasil:

- Goiás, 1987: Um equipamento contendo césio radioativo, utilizado em medicina nuclear, foi encontrado em um depósito de sucatas e aberto por pessoa que desconhecia o seu conteúdo. Resultado: mortes e consequências ambientais sentidas até hoje.
- Distrito Federal, 1999: Cilindros contendo cloro, gás bactericida utilizado em tratamento de água, encontrados em um depósito de sucatas, foram abertos por pessoa que desconhecia o seu conteúdo. Resultado: mortes, intoxicações e consequências ambientais sentidas por várias horas.

Para evitar que novos acontecimentos dessa natureza venham a ocorrer, foram feitas as seguintes propostas para a atuação do Estado:

I. Proibir o uso de materiais radioativos e gases tóxicos.

II. Controlar rigorosamente a compra, uso e destino de materiais radioativos e de recipientes contendo gases tóxicos.

III. Instruir usuários sobre a utilização e descarte destes materiais.

IV. Realizar campanhas de esclarecimentos à população sobre os riscos da radiação e da toxicidade de determinadas substâncias.

Dessas propostas, são adequadas apenas:

a) I e II.

b) I e III.

c) II e III.

d) I, III e IV.

e) II, III e IV.

4 (Enem-MEC) Os plásticos, por sua versatilidade e menor custo relativo, têm seu uso cada vez mais crescente. Da produção anual brasileira de cerca de 2,5 milhões de toneladas, 40% destinam-se à indústria de embalagens. Entretanto, este crescente aumento de produção e consumo resulta em lixo que só se reintegra ao ciclo natural ao longo de décadas ou mesmo de séculos. Para minimizar esse problema, uma ação possível e adequada é:

a) proibir a produção de plásticos e substituí-los por materiais renováveis como os metais.

b) incinerar o lixo de modo que o gás carbônico e outros produtos resultantes da combustão voltem aos ciclos naturais.

c) queimar o lixo para que os aditivos contidos na composição dos plásticos, tóxicos e não degradáveis sejam diluídos no ar.

d) estimular a produção de plásticos recicláveis para reduzir a demanda de matéria-prima não renovável e o acúmulo de lixo.

e) reciclar o material para aumentar a qualidade do produto e facilitar a sua comercialização em larga escala.

5 (UFBA-BA) Analise as informações a seguir:

O Rio São Francisco tornou-se o ponto central de uma grande polêmica em relação ao projeto de transposição de suas águas, como forma de solucionar o problema da falta de água no sertão nordestino. Os estudos sobre o impacto ambiental são insuficientes para garantir o sucesso da iniciativa. De acordo com os movimentos sociais, 70% das águas desviadas servirão para atender aos megaempreendimentos e aos investimentos industriais, e somente 4% serão destinados à população. Desde as nascentes, a bacia do São Francisco vem sendo degradada com sérios impactos ambientais sobre as águas e, consequentemente, sobre os peixes. A maioria dos povoados lança os esgotos domésticos e industriais diretamente no rio. Os garimpos, as mineradoras e as indústrias despejam altas cargas de "metais pesados", como o mercúrio, em níveis acima do permitido. Na cabeceira principal do rio, o maior problema é o desmatamento ilegal para a produção de carvão vegetal, que destrói a floresta nativa e as matas ciliares. Tudo isso causa impacto direto à sobrevivência da população ribeirinha e aponta para a revitalização do rio em lugar da transposição. (GOMES, 2007, p. 11).

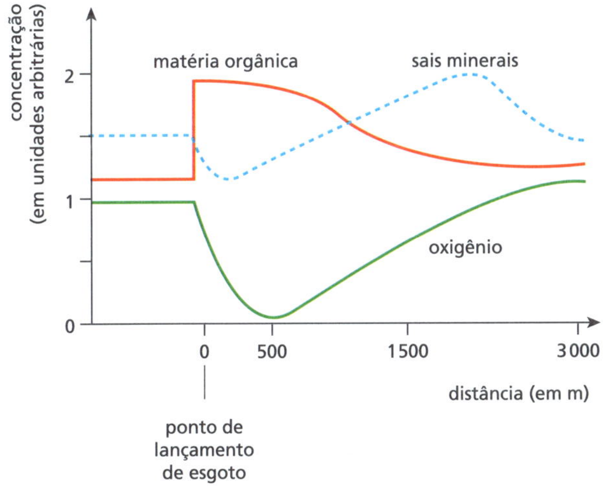

Metal	PF (°C) a 1 atm	PE (°C) a 1 atm
mercúrio	–39	357
ouro	1 064	2 807

Com base na análise das informações apresentadas – texto, quadro e gráfico –, sabendo que o ouro se encontra dissolvido no mercúrio e desconsiderando os valores da pressão de vapor do ouro:

a) Apresente uma recomendação para reduzir os impactos sobre o ecossistema, causados por esgotos domésticos lançados diretamente no Rio São Francisco.

b) Indique uma ação sustentável que diminua a devastação das matas e um processo físico de separação do mercúrio do ouro, que permita a reutilização do mercúrio.

6 (UFSCar-SP) Um dos problemas ambientais atuais é gerado pelo descarte inadequado de materiais plásticos, motivo pelo qual tem sido estimulada sua reciclagem. Essa reciclagem apresenta várias dificuldades, uma das quais é a natureza do material encaminhado para processamento, constituído por uma mistura de diferentes polímeros, que devem ser separados antes de processados. No quadro a seguir são apresentadas as densidades dos polímeros presentes em um lote de material a ser reciclado, bem como dos líquidos, totalmente miscíveis entre si, disponíveis para a separação dos polímeros por flotação.

Líquido	Polímero (abreviatura)	Densidade ($g \cdot cm^{-3}$)
—	polipropileno (PP)	0,90
—	polietileno de alta densidade (Pead)	0,95
—	poliestireno (PS)	1,05
—	poli (tereftalato de etileno) (PET)	1,37
álcool	—	0,80
água	—	1,00
glicerina	—	1,26

O fluxograma a seguir representa as etapas do processo utilizado para a separação dos polímeros; após cada etapa, as frações são separadas e secas antes de serem submetidas às etapas seguintes.

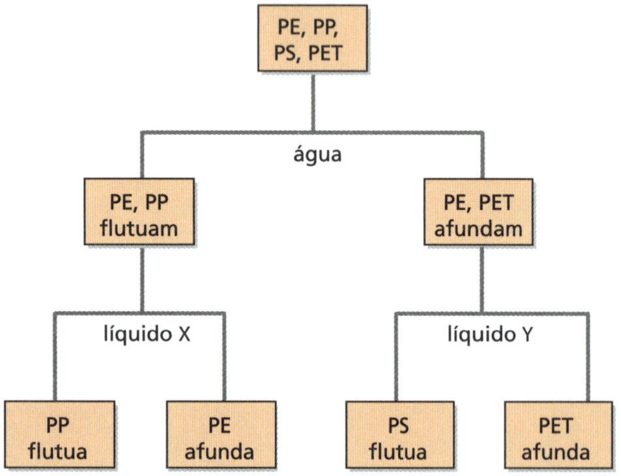

Com respeito aos líquidos utilizados nas etapas finais do processo, é possível dizer que:

a) X pode ser álcool puro.
b) Y pode ser glicerina pura.
c) X pode ser tanto álcool puro como glicerina pura.
d) Y pode ser tanto glicerina pura como álcool puro.
e) X e Y podem ser misturas de água e glicerina.

7 (Enem-MEC) O fósforo, geralmente representado pelo íon de fosfato (PO_4^{-3}), é um ingrediente insubstituível da vida, já que é parte constituinte das membranas celulares e das moléculas do DNA e do trifosfato de adenosina (ATP), principal forma de armazenamento de energia das células. O fósforo utilizado nos fertilizantes agrícolas é extraído de minas, cujas reservas estão cada vez mais escassas. Certas práticas agrícolas aceleram a erosão do solo, provocando o transporte de fósforo para o sistema aquático, que fica imobilizado nas rochas. Ainda, a colheita das lavouras e o transporte dos restos alimentares para lixões diminuem a disposição dos íons no solo. Tais fatores têm ameaçado a sustentabilidade desse íon.

Uma medida que ameniza esse problema seria:

a) Incentivar a reciclagem de resíduos biológicos, utilizando dejetos animais e restos de culturas para produção de adubo.

b) Repor o estoque retirado das minas com um íon sintético de fósforo para garantir o abastecimento da indústria de fertilizantes.

c) Aumentar a importação de íons fosfato dos países ricos para suprir as exigências das indústrias nacionais de fertilizantes.

d) Substituir o fósforo dos fertilizantes por outro elemento com a mesma função para suprir as necessidades do uso de seus íons.

e) Proibir, por meio de lei federal, o uso de fertilizantes com fósforo pelos agricultores, para diminuir sua extração das reservas naturais.

8 (Enem-MEC) Os lixões são o pior tipo de disposição dos resíduos sólidos de uma cidade, representando um grave problema ambiental e de saúde pública. Nesses locais, o lixo é jogado diretamente no solo e a céu aberto, sem nenhuma norma de controle, o que causa, entre outros problemas, a contaminação do solo e das águas pelo chorume (líquido escuro com alta carga poluidora, proveniente da decomposição da matéria orgânica presente no lixo). RICARDO, B.; CANPANILLI, M. *Almanaque Brasil Socioambiental 2008*. São Paulo: Instituto Socioambiental, 2007.

Considere um município que deposita os resíduos sólidos produzidos por sua população em um lixão. Esse procedimento é considerado um problema de saúde porque os lixões:

a) causam problemas respiratórios, devido ao mau cheiro que provém da decomposição.

b) são locais propícios a proliferação de vetores de doenças, além de contaminarem o solo e as águas.

c) provocam o fenômeno da chuva ácida, devido aos gases oriundos da decomposição da matéria orgânica.

d) são instalados próximos ao centro das cidades, afetando toda a população que circula diariamente na área.

e) são responsáveis pelo desaparecimento das nascentes na região onde são instalados, o que leva à escassez de água.

9 (Enem-MEC) O lixão que recebia 130 toneladas de lixo e contaminava a região com o seu chorume (líquido derivado da decomposição de compostos orgânicos) foi recuperado, transformando-se em um aterro sanitário controlado, mudando a qualidade de vida e a paisagem e proporcionando condições dignas de trabalho para os que dele subsistiam. Quais procedimentos técnicos tornam o aterro sanitário mais vantajoso que o lixão, em relação às problemáticas abordadas no texto?

a) O lixo é recolhido e incinerado pela combustão a altas temperaturas.

b) O lixo hospitalar é separado para ser enterrado e sobre ele, colocada cal virgem.

c) O lixo orgânico e inorgânico é encoberto, e o chorume canalizado para ser tratado e neutralizado.

d) O lixo orgânico é completamente separado do lixo inorgânico, evitando a formação de chorume.

e) O lixo industrial é separado e acondicionado de forma adequada, formando uma bolsa de resíduos.

10 (Enem-MEC) Um dos processos usados no tratamento do lixo é a incineração, que apresenta vantagens e desvantagens. Em São Paulo, por exemplo, o lixo é queimado a altas temperaturas e parte da energia liberada é transformada em energia elétrica. No entanto, a incineração provoca a emissão de poluentes na atmosfera. Uma forma de minimizar a desvantagem da incineração, destacada no texto, é:

a) aumentar o volume do lixo incinerado para aumentar a produção de energia elétrica.

b) fomentar o uso de filtros nas chaminés dos incineradores para diminuir a poluição do ar.

c) aumentar o volume do lixo para baratear os custos operacionais relacionados ao processo.

d) fomentar a coleta seletiva de lixo nas cidades para aumentar o volume de lixo incinerado.

e) diminuir a temperatura de incineração do lixo para produzir maior quantidade de energia elétrica.

11 (Uesc-BA) Para a sociedade de consumo, os processos de reciclagem de materiais destinados aos lixões são importantes do ponto de vista socioeconômico e ambiental, porque:

a) os materiais descartados e depositados nos lixões, após a coleta seletiva, contribuem para diminuir o volume do lixo depositado nos aterros sanitários.

b) a matéria orgânica, como papelão e restos de vegetais, leva muito tempo para ser biodegradada, a exemplo de borracha e de garrafas PET.

c) a produção de metais, como o ferro e o alumínio, a partir de seus minerais, tem menor custo do que a reciclagem.

d) a indústria de reciclagem gera emprego e renda para toda a sociedade.

e) os plásticos e os vidros são decompostos rapidamente por bactérias.

12 (Uesc-BA) A partir da problemática da produção e do acúmulo de lixo nos grandes centros urbanos dos países periféricos, é correto considerar:

a) A substituição de embalagens plásticas por embalagens de papel não trará benefícios para as populações, uma vez que este material é dificilmente biodegradável.
b) O principal objetivo da coleta seletiva é a reutilização e a reciclagem de materiais, como vidro, papel, papelão e de determinados plásticos e metais.
c) A queima do lixo urbano constitui alternativa adequada para diminuir a quantidade de resíduos depositados nos aterros sanitários.
d) A utilização de pilhas secas em lugar de pilhas alcalinas é recomendável em razão de as pilhas secas não contaminarem o ambiente ao descarregar.
e) O destino e o local de lixo urbano são problemas exclusivos das empresas de limpeza pública.

13 (Unimontes-MG) A incineração consiste num processo de oxidação térmica à alta temperatura, utilizada para destruição de resíduos e redução de volume e toxicidade. Para isso, são usados incineradores que devem ser projetados e dimensionados para o controle da poluição do ar. Em relação às vantagens e desvantagens da incineração, é INCORRETO afirmar que:

a) os óxidos, dióxido e trióxido de enxofre, gerados na incineração, podem reagir com a umidade do ar e produzir ácido oxigenado de enxofre.
b) a incineração de lixo com recuperação de calor gera produtos como cinzas, gases e metais que devem receber tratamento apropriado.
c) a dioxina (tetraclorodibenzeno-p-dioxina) é um subproduto atóxico formado em grandes quantidades na incineração controlada de hidrocarbonetos.
d) as partículas sólidas e líquidas de pequenas dimensões suspensas no ar podem ser carregadas pelos fluxos de gases gerados na combustão.

14 (Uespi-PI) No processo de reciclagem, os catadores não fazem distinção entre as latas de alumínio e as de aço (composto por carbono, fósforo, silício, ferro, cromo, alumínio, níquel, titânio). Sendo assim, essa mistura passa por um processo de separação antes da reciclagem do alumínio. Inicia-se o processo passando-se a sucata por uma esteira magnética, sendo em seguida o alumínio prensado e fundido em um forno aberto, a uma temperatura de 660 °C. O alumínio derretido é, então, transformado em lingotes. Com relação ao texto acima, é correto afirmar que:

a) durante a separação na esteira magnética, o alumínio é atraído pelo imã e daí separado do restante da sucata metálica.
b) o aço é composto unicamente por metais; por isso é atraído pelo ímã.
c) os metais que compõem o aço são elementos do bloco d (de transição).
d) o processo de reciclagem do alumínio consiste de um processo químico e três processos físicos.
e) o alumínio é prensado antes de ser levado ao forno para diminuir a superfície de contato e evitar a formação do óxido de alumínio.

UM MODELO PARA OS ESTADOS FÍSICOS DOS MATERIAIS

Um modelo é uma representação da realidade que nos ajuda a entendê-la.

Assim, o modelo de partículas é bem adequado para a classificação dos três principais estados físicos da matéria: sólido, líquido e gasoso.

Estado físico	Característica	Modelo
Gasoso	As partículas estão totalmente desordenadas, em constante movimento e bastante afastadas. Praticamente não interagem, o que significa que não existem forças atrativas ou repulsivas significativas entre elas. Os grandes espaços entre as partículas gasosas lhes permitem serem facilmente comprimidas e dilatadas.	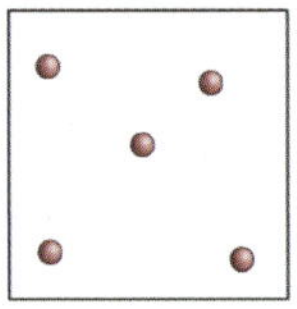
Sólido	As partículas se encontram aglomeradas, com constante movimento vibratório em torno de sua posição, não se deslocando. Nos sólidos cristalinos, essas partículas estão ordenadas em um retículo cristalino formado por células unitárias, que correspondem a uma figura geométrica (como um cubo ou um paralelogramo). As partículas estão nos vértices desses sólidos geométricos.	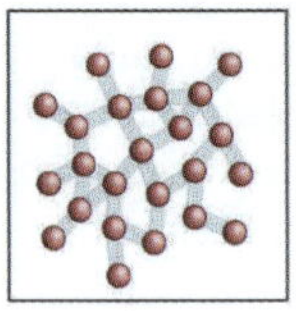
Líquido	As partículas do líquido estão livres para se mover por todo o volume do líquido, mas suas forças de atração e repulsão limitam a capacidade destas partículas de abandonarem o volume. Por esse motivo, possuem volume constante e forma variável. O volume de uma quantidade de um líquido é determinado pela sua pressão e temperatura.	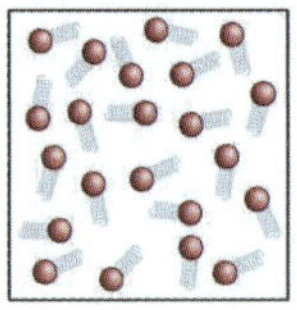

A classificação dos materiais em sólidos, líquidos e gases se aplica, primeiramente, às **substâncias puras**. Mas também pode aplicar-se a misturas, desde que sejam soluções, ou seja, tenham as partículas de até 1 nm (nanômetro).

Para misturas constituídas por partículas maiores, existe uma classe de materiais chamada **coloides** ou materiais em suspensão coloidal.

A **energia cinética** das partículas é diretamente proporcional à temperatura. O aumento de temperatura provoca o aumento da energia cinética das partículas, que se traduz num aumento de seu movimento, responsável pelos processos de fusão e ebulição.

A diminuição da temperatura provoca uma diminuição dos movimentos entre as partículas, estas se aproximam, e, portanto, há maior atração entre elas (processo de condensação e solidificação).

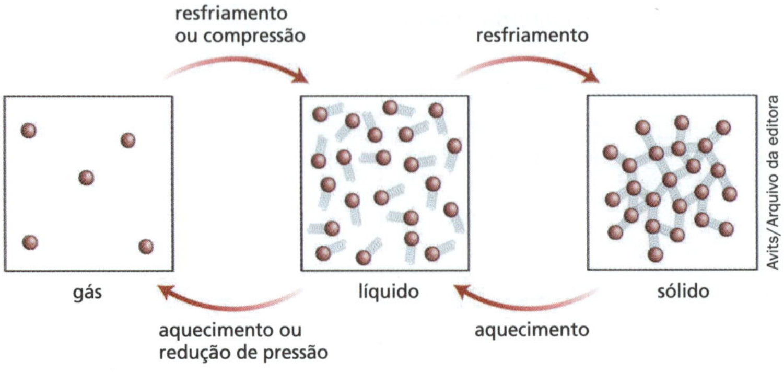

Exercícios

1 (UEG-GO) O estado de um gás é caracterizado pelo valor de **três grandezas físicas**: o volume, V, a pressão, P, e a temperatura, T, que são denominadas variáveis de estado de um gás. A figura a seguir representa o diagrama de fases da água.

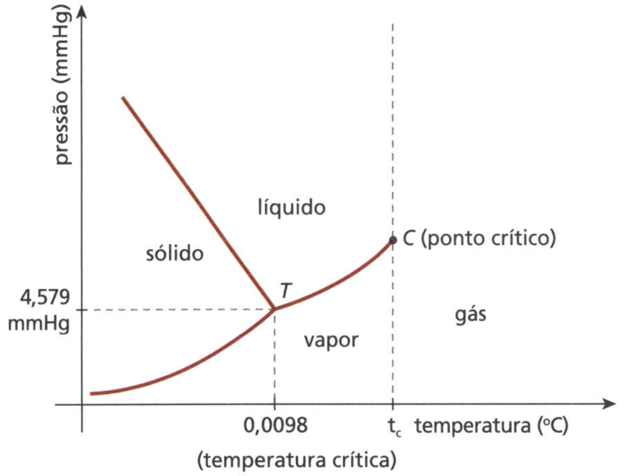

Considerando as informações, responda ao que se pede.

a) Com base na figura, estabeleça a diferença entre gás e vapor.

b) Explique a diferença entre aquecer o gelo acima e abaixo de 4, 579 mmHg de pressão.

2 (UEM-PR) Assinale a alternativa correta a respeito da compressão de um gás ideal sob temperatura constante:

a) A densidade do gás aumenta, e a energia cinética das moléculas aumenta.

b) A densidade do gás aumenta, e a energia cinética das moléculas permanece constante.

c) A densidade do gás aumenta, e a energia cinética das moléculas diminui.

d) A densidade do gás permanece constante, e a energia cinética das moléculas permanece constante.

e) A densidade do gás permanece constante, e a energia cinética das moléculas aumenta.

3 (UFMG-MG) A ideia de que as partículas estão em constante movimento foi apresentada por Leucipo e Demócrito, e ainda continua válida. Considerando esta ideia, podemos afirmar que:

a) A pressão dos gases pode ser explicada pelo choque de suas partículas contra as paredes do recipiente.

b) No estado gasoso, as partículas estão em movimento ordenado e relativamente afastadas umas das outras.

c) No estado líquido, embora ainda em movimento, as partículas estão mais próximas que no estado sólido.

d) O estado físico sólido é o único no qual as partículas não se movimentam.

4 (UFSJ-MG) Indique em que fase de agregação se encontram, respectivamente, o disperso e o dispergente, nas dispersões coloidais a seguir:

	Dispersão	Disperso	Dispergente
a)	sol		
b)	gel		
c)	aerossol		
d)	emulsão		
e)	espuma sólida		

5 (Fuvest-SP) Considere a tabela abaixo:

Substância	Temperatura de fusão	Temperatura de ebulição
ácido acético	17 °C	118 °C
bromo	−7 °C	59 °C

Ácido acético e bromo, sob pressão de 1 atm, estão em recipientes imersos em banhos, como mostrados:

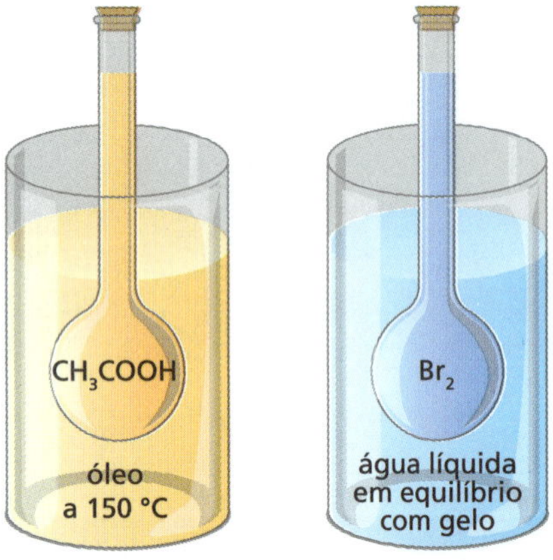

Casa de Tipos/Arquivo da editora

Nas condições indicadas acima, qual é o estado físico preponderante de cada uma dessas substâncias?

	Ácido acético	Bromo
a)	Sólido	Líquido
b)	Líquido	Gasoso
c)	Gasoso	Sólido
d)	Sólido	Gasoso
e)	Gasoso	Líquido

6 (Ufes-ES) Dada a tabela a seguir, em relação à fase de agregação das substâncias (pressão = 1 atm), a alternativa correta é:

Substância	Fusão (°C)	Ebulição (°C)
I	−218	−183
II	−63	61
II	41	182
IV	801	1473
V	1535	2885

a) I é líquido a 30 °C.

b) II é gasoso a 25°C.

c) III é sólido a 25 °C.

d) IV é líquido a 480 °C.

e) V é gasoso a 2400 °C.

7 (UEL-PR) Considere as seguintes afirmações:

I. Na passagem da fase sólida para a fase líquida há absorção de calor.

II. Combustão de compostos (como álcool etílico e metanol) são fenômenos endotérmicos.

III. A mudança da fase líquida para a fase gasosa é um fenômeno exotérmico.

Estão corretas, apenas, as afirmações:

a) I.

b) II.

c) III.

d) I e II.

e) I e III.

8 (Enem-MEC) Por que o nível dos mares não sobe, mesmo recebendo continuamente as águas dos rios? Essa questão já foi formulada por sábios da Grécia antiga. Hoje responderíamos que:

a) a evaporação da água dos oceanos e o deslocamento do vapor e das nuvens compensam as águas dos rios que deságuam no mar.

b) a formação de geleiras com água dos oceanos, nos polos, contrabalança as águas dos rios que deságuam no mar.

c) as águas dos rios provocam as marés, que as transferem para outras regiões mais rasas, durante a vazante.

d) o volume de água dos rios é insignificante para os oceanos e a água doce diminui de volume ao receber sal marinho.

e) as águas dos rios afundam no mar devido a sua maior densidade, onde são comprimidas pela enorme pressão resultante da coluna de água.

9 (Fafi-MG) Colocando-se em um copo água gelada, verificamos após certo tempo que, exteriormente, o copo ficará molhado. A explicação para este fenômeno é:

a) as gotículas de água do ar condensam-se ao encontrar uma superfície mais fria.

b) as gotículas de água do ar fundem-se.

c) as gotículas de água do ar evaporam-se.

d) o copo tem poros que permitem à água de dentro atravessá-lo.

e) pelos poros do vidro, é vazado vapor de água que, ao encontrar a atmosfera, sofre mudança de fase.

10 (UPM-SP) No gráfico adiante, de mudanças de fase de agregação de uma substância provocada pelo aumento de temperatura, o nome correto das transformações ocorridas nos intervalos X e Y são, respectivamente:

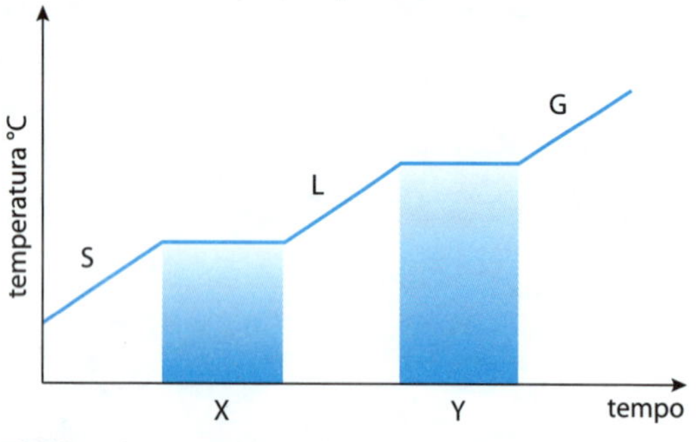

a) solidificação e condensação.

b) fusão e ebulição.

c) liquefação e vaporização.

d) sublimação e sublimação.

e) fusão e liquefação.

11 (Enem-MEC). O ciclo da água é fundamental para a preservação da vida no planeta. As condições climáticas da Terra permitem que a água sofra mudanças de fase e a compreensão dessas transformações é fundamental para se entender o ciclo hidrológico. Numa dessas mudanças, a água ou a umidade da terra absorve calor do sol e dos arredores. Quando já foi absorvido calor suficiente, algumas das moléculas do líquido podem ter energia necessária para recomeçar a subir para a atmosfera.

A transformação mencionada no texto é a:

a) Fusão.

b) Liquefação.

c) Evaporação.

d) Solidificação.

e) Condensação.

12 (UFU-MG) O naftaleno e o p-clorobenzeno são normalmente usados, na forma de glóbulos, para espantar baratas, traças e outros insetos caseiros. Com o tempo esses glóbulos vão se reduzindo de tamanho devido:

a) a transformarem-se na presença do ar em substâncias voláteis (que evaporam com facilidade).

b) à sublimação.

c) à decomposição pela luz.

d) à dissolução pela umidade do ar.

e) ao consumo pelos insetos.

MODELO PARA O ÁTOMO E UMA INTRODUÇÃO À TABELA PERIÓDICA

Modelos atômicos ao longo da história

Demócrito, Leucipo e Epicuro	Matéria constituída por átomos e espaços vazios.
Aristóteles	O grão de partícula exibe todas as propriedades da matéria.
Dalton	Matéria constituída por átomos esféricos, maciços e indivisíveis com espaços vazios.
J. J. Thomson	Abandonou o modelo do átomo indivisível e apresentou o seu modelo: uma esfera de carga positiva no qual se encontram incrustados os elétrons com carga negativa.
Rutherford	Átomo é constituído por duas regiões diferentes: núcleo e eletrosfera. No núcleo (bem pequeno) estariam concentradas praticamente toda a massa e a carga positiva do átomo. Na eletrosfera, muito maior do que o núcleo, porém com uma massa muito pequena, estariam as partículas de carga negativa.
Niels Bohr	Átomo constituído por um núcleo, contendo prótons e nêutrons, ao redor do qual estariam girando os elétrons em camadas concêntricas de energia estacionária.

A estrutura eletrônica dos átomos

Orbital	Região do espaço onde a probabilidade de encontrar o elétron no átomo é máxima. Cada orbital pode conter no máximo dois elétrons.
Subnível de energia	Conjunto de orbitais que possuem elétrons com a mesma energia. Os orbitais são representados pelas letras *s*, *p*, *d* e *f*.
Spin	Movimento de rotação do elétron. Dois elétrons num mesmo nível, subnível e orbital necessariamente têm spins opostos.

Diagrama de Pauling: distribui os elétrons por níveis e subníveis levando em consideração as inversões na ordem de energia dos diferentes subníveis em que são distribuídos os elétrons de valência.

Observação: A valência de um elemento químico pode ser definida como o número de elétrons que o átomo desse elemento químico tende a ganhar, perder ou compartilhar quando participa de ligações químicas.

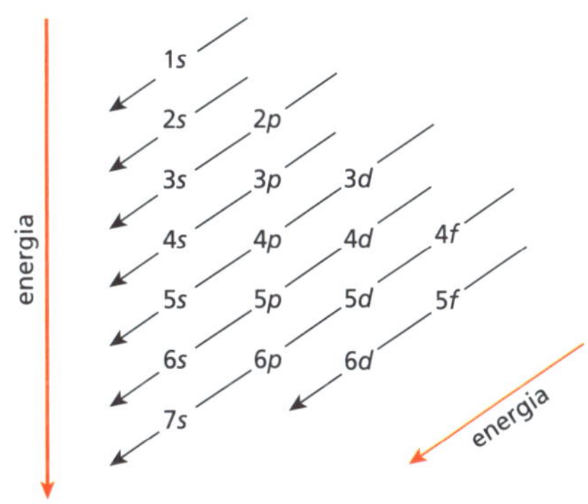

Diagrama de Pauling para distribuição eletrônica por níveis e subníveis.

Tabela periódica

A organização da tabela periódica está relacionada com a configuração eletrônica dos átomos. Os elementos químicos estão distribuídos nas faixas horizontais (períodos) em ordem crescente de número atômico. O número do período corresponde ao número de camadas ocupadas por elétrons nesse elemento, e também a camada de valência do mesmo.

As colunas (grupos ou famílias) correspondem ao número de elétrons na camada de valência, portanto elementos do mesmo grupo possuem o mesmo número de elétrons na última camada.

Propriedades periódicas dos elementos químicos

Energia de ionização: energia necessária para a remoção de um elétron de um átomo no estado gasoso. A energia de ionização aumenta com o número atômico ao longo de um mesmo período.

Raio atômico: distância média entre os núcleos de dois átomos, em moléculas ou cristais, expresso em angstrons (Å). O raio atômico aumenta ao longo de uma mesma coluna da tabela periódica.

Exercícios

1 (UFMG-MG) Os diversos modelos para o átomo diferem quanto às suas potencialidades para explicar fenômenos e resultados experimentais. Em todas as alternativas a seguir, o modelo atômico está corretamente associado a um resultado experimental que ele pode explicar, exceto em:

a) O modelo de Rutherford explica por que algumas partículas alfa não conseguem atravessar uma lâmina metálica fina e sofrem fortes desvios.
b) O modelo de Thomson explica por que a dissolução de cloreto de sódio em água produz uma solução que conduz eletricidade.
c) O modelo de Dalton explica por que um gás, submetido a uma grande diferença de potencial elétrico, se torna condutor de eletricidade.
d) O modelo de Dalton explica por que a proporção em massa dos elementos de um composto é definida.

2 (UFMG-MG) Na experiência de espalhamento de partículas alfa, conhecida como "experiência de Rutherford", um feixe dessas partículas foi dirigido contra uma lâmina finíssima de ouro, e os experimentadores (Geiger e Marsden) observaram que um grande número dessas partículas atravessava a lâmina sem sofrer desvios, mas que um pequeno número sofria desvios muito acentuados. Esse resultado levou Rutherford a modificar o modelo atômico de Thomson, propondo a existência de um núcleo de carga positiva, de tamanho reduzido e com, praticamente, toda a massa do átomo. Indique a alternativa que apresenta o resultado que era previsto para o experimento de acordo com o modelo de Thomson.

a) A maioria das partículas atravessaria a lâmina de ouro sem sofrer desvios e um pequeno número sofreria desvios muito pequenos.
b) A maioria das partículas sofreria grandes desvios ao atravessar a lâmina.
c) A totalidade das partículas atravessaria a lâmina de ouro sem sofrer nenhum desvio.
d) A totalidade das partículas ricochetearia ao se chocar contra a lâmina de ouro, sem conseguir atravessá-la.

3 (UFMG-MG) Ao resumir as características de cada um dos sucessivos modelos do átomo de hidrogênio, um estudante elaborou o seguinte quadro:

Modelo atômico	Características
Dalton	Átomos maciços e indivisíveis.
Thomson	Elétron, de carga negativa, incrustado em uma esfera de carga positiva. A carga positiva está distribuída, homogeneamente, por toda a esfera.
Rutherford	Elétron, de carga negativa, em órbita em torno de um núcleo central, de carga positiva. Não há restrição quanto aos valores dos raios das órbitas e das energias do elétron.
Bohr	Elétron, de carga negativa, em órbita em torno de um núcleo central, de carga positiva. Apenas certos valores dos raios das órbitas e das energias do elétron são possíveis.

O número de erros cometidos pelo estudante é:

a) 0.

b) 1.

c) 2.

d) 3.

4 (UFMG-MG) Na chamada experiência de Rutherford, uma lâmina fina de ouro foi bombardeada com um feixe de partículas alfa (He^2_1). Esperava-se que todas as partículas atravessassem a lâmina, sofrendo, no máximo, pequenos desvios em sua trajetória. Surpreendentemente, porém, foi observado que uma pequena fração das partículas alfa sofria grandes desvios em relação às suas trajetórias originais. Para explicar esse resultado, Rutherford propôs a existência do núcleo atômico.

a) Justifique por que a introdução do conceito do núcleo atômico permite explicar os grandes desvios nas trajetórias das partículas alfa.

b) Suponha que, em vez de uma lâmina de ouro, se usasse uma lâmina de alumínio. Nesse caso, a fração de partículas alfa que sofreria grandes desvios seria menor, igual ou maior do que na experiência com a lâmina de ouro? Justifique sua resposta.

5 (UFMG-MG) Com relação aos íons K^+ e Cl^-, é incorreto afirmar que:

a) ambos apresentam o mesmo número de elétrons que o átomo de argônio.

b) o ânion Cl^- é maior que o átomo neutro de cloro.

c) o átomo neutro de potássio absorve energia para se transformar no cátion K^+.

d) um elétron é transferido do Cl^- para o K^+ quando esses íons se ligam.

6 (UFMG-MG) Considere a abundância relativa dos elementos na crosta terrestre, representada no gráfico da figura.

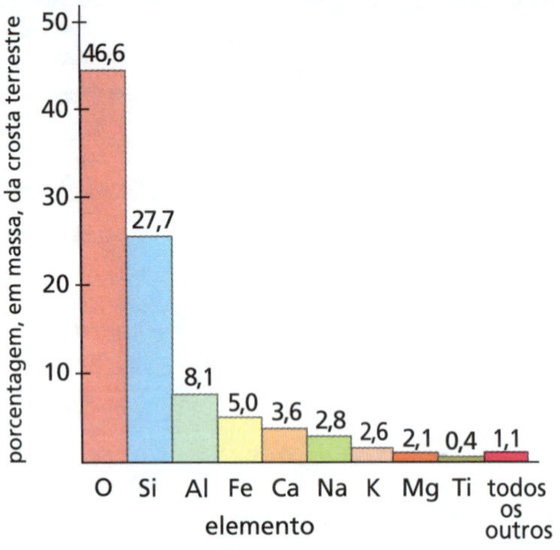

A análise do gráfico permite concluir que, em relação à crosta terrestre, é incorreto afirmar que:

a) apenas dois metais de transição estão entre os constituintes identificados por seus símbolos.
b) entre os metais identificados por seus símbolos, os alcalinos são mais abundantes do que os alcalinos terrosos.
c) menos da metade de sua massa é constituída por metais.
d) os halogênios constituem menos de 1,1% de sua massa.

7 (UFMG-MG) Considere o gráfico da figura, referente à produção mundial, de 1980, dos metais mais comumente usados.

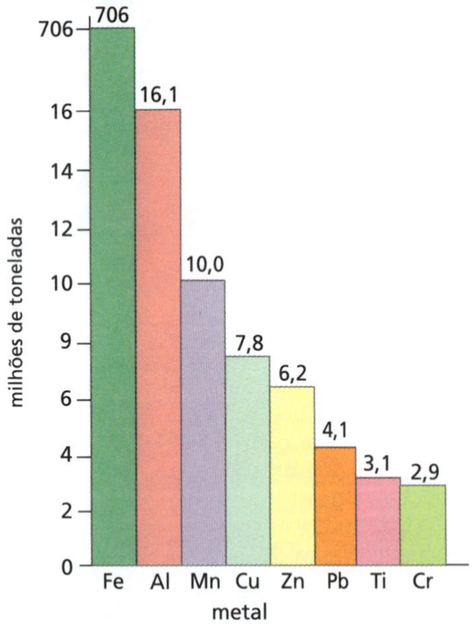

A análise do gráfico permite concluir que todas as afirmativas estão corretas, exceto:

a) O metal mais produzido no mundo é um metal de transição.
b) O metal representativo menos produzido, entre os relacionados, tem massa molar igual a 82 g/mol.
c) O segundo metal mais produzido pertence ao mesmo grupo do boro.
d) Os metais de transição relacionados pertencem à primeira série de transição.

8 (UFMG-MG) Considerando as partículas constituintes do íon Mg^{2+} e a posição do elemento no quadro periódico, pode-se afirmar que esse íon:

a) apresenta dois níveis completamente preenchidos.

b) apresenta números iguais de prótons e elétrons.

c) tem um núcleo com 14 prótons.

d) tem a mesma configuração eletrônica que o átomo de argônio.

9 (UFMG-MG) O quadro a seguir apresenta alguns dos principais elementos constituintes do corpo humano e a sua participação na massa total.

Elemento químico	Fração de massa total (%)
O	64,6
C	18,0
H	10,0
N	3,1
Ca	1,9
P	1,1
Cl	0,40
K	0,36
S	0,25
Na	0,11
Mg	0,03

Com relação aos dados apresentados no quadro, indique a alternativa incorreta:

a) O metal com a maior fração da massa é alcalino terroso.

b) O hidrogênio, em número de átomos, é mais abundante que o oxigênio.

c) O quadro apresenta quatro metais.

d) O quadro apresenta dois halogênios.

10 (UFRJ-RJ) O elemento cloro apresenta dois isótopos mais abundantes na natureza, um com 18 nêutrons e o outro com 20 nêutrons.

a) Determine os números de massa desses dois isótopos do cloro.

b) Selecione, na tabela periódica, o metal mais eletronegativo que pertence ao mesmo período que o cloro. Escreva a fórmula química e o nome do composto formado pelo cloro e por esse metal.

11 (UFMG-MG) Os valores das sucessivas energias de ionização de um átomo constituem uma evidência empírica da existência de níveis de energia. Os diagramas a seguir pretendem representar, qualitativamente, as quatro primeiras energias de ionização de átomos, inicialmente neutros, do terceiro período da classificação periódica.

Diagrama 1

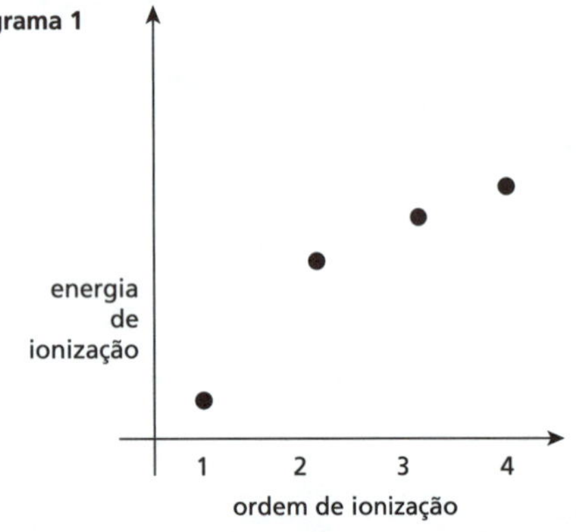

Diagrama 2

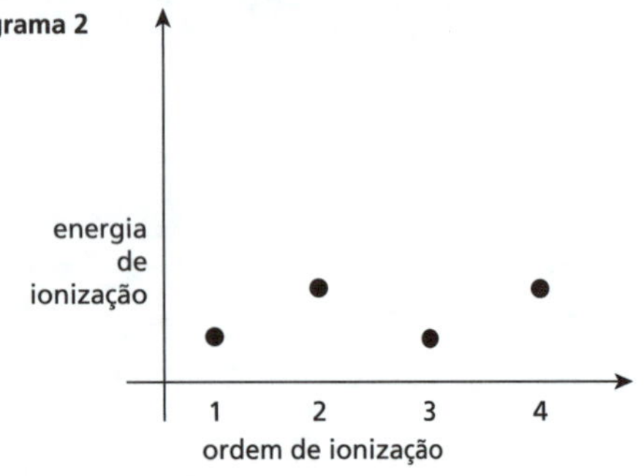

a) Um dos diagramas não corresponde a nenhum elemento. Identifique esse diagrama e justifique sua resposta.

b) Indique qual é o elemento que corresponde ao outro diagrama. Escreva a configuração eletrônica, por níveis, do átomo desse elemento. Justifique sua indicação.

12 (UFV-MG) Considere as afirmativas a seguir:

I. A primeira energia de ionização é a energia necessária para remover um elétron de um átomo neutro no estado gasoso.

II. A primeira energia de ionização do sódio é maior do que a do magnésio.

III. Nos períodos da tabela periódica, o raio atômico sempre cresce com o número atômico.

IV. A segunda energia de ionização de qualquer átomo é sempre maior do que a primeira.

São afirmativas corretas:

a) I, II, III e IV.

b) I e IV.

c) I e II.

d) II e III.

e) II e IV.

13 (UFV-MG) Dentre os íons relacionados a seguir, aquele que apresenta menor raio é:

a) K^+.

b) Ga^{3+}.

c) Na^+.

d) Mg^{2+}.

e) Al^{3+}.

14 (UFSCar-SP) O elemento magnésio, número atômico 12, ocorre na natureza como uma mistura de três isótopos. As massas atômicas desses isótopos, expressas em unidades de massa atômica (u), e suas respectivas abundâncias num dado lote do elemento são fornecidas no quadro seguir.

Número de massa do isótopo	Massa atômica (u)	% de abundância
24	23,98504	10
25	24,98584	10
26	25,98259	80

A massa atômica para esse lote de magnésio, expressa em u, é igual a:

a) exatamente 23,98504.

b) exatamente 24,98584.

c) exatamente 25,98259.

d) um valor compreendido entre 23,98504 e 24,98584.

e) um valor compreendido entre 24,98584 e 25,98259.

15 (UFPR-PR) O jornal "Folha de S.Paulo" publicou, em 19 jun. 1994, matéria sobre empresas norte-americanas que estavam falsificando suco de laranja. O produto, vendido como puro, estava sendo diluído com água. A fraude foi descoberta através de medidas de teores de isótopos de oxigênio (16O e 18O). O isótopo mais pesado fica um pouco mais concentrado na água presente nas plantas em crescimento do que nas águas oriundas de fontes não biológicas. Dê como resposta a soma das alternativas corretas:

(01) Os números atômicos destes são iguais.

(02) O número de massa de 16O é 16 e indica a soma do número de prótons e de elétrons existentes no átomo.

(04) O número de nêutrons nos isótopos anteriores é 16 e 18, respectivamente.

(08) A distribuição eletrônica de 16O é igual à de 18O.

(16) O suco puro deve conter uma maior quantidade de 18O.

16 (UFSCar-SP) Dos grupos de elementos químicos que compõem a tabela periódica, são semimetais (ou metaloides):

a) Ge, As e Sb.

b) B, Al e Ga.

c) P, Se e Sn.

d) Be, Mg e Ca.

e) Ar, Kr e Xe.

17 (Cefet-PB) As substâncias paramagnéticas são aquelas que tendem a se mover na direção de um campo magnético em função de possuírem um número elevado de elétrons desemparelhados. As substâncias ferromagnéticas mantêm os spins de seus elétrons desemparelhados alinhados da mesma maneira, mesmo que sejam retiradas da influência do campo magnético, por isso os materiais ferromagnéticos são utilizados para a produção de magnetos permanentes. De conformidade com o texto anterior, qual dos elementos a seguir, representados por sua distribuição eletrônica, apresentaria propriedades ferromagnéticas?

a) $1s^2\ 2s^2\ 2p^6\ 3s^2\ 3p^6\ 4s^2\ 3d^7$

b) $1s^2\ 2s^2\ 2p^6\ 3s^2\ 3p^1$

c) $1s^2\ 2s^2\ 2p^6\ 3s^2\ 3p^6\ 4s^2$

d) $1s^2\ 2s^2\ 2p^6\ 3s^2\ 3p^6$

e) $1s^2\ 2s^2\ 2p^5$

18 (Cefet-PB) As fotocélulas são equipamentos utilizados no comando automático de dispositivos que necessitam ser ligados durante o período da noite. O seu mecanismo baseia-se no chamado "efeito fotoelétrico", que é facilitado quando se usam metais com energia de ionização baixa. Considerando apenas os elementos do 6º período, qual dos grupos, representados por seus nomes usuais, apresentaria melhores condições para ser utilizado em fotocélulas?

a) gases nobres

b) halogênios

c) calcogênios

d) metais alcalinoterrosos

e) metais alcalinos

19 (UEMG-MG) O cálcio é responsável pelo fortalecimento das raízes, das paredes celulares e mantém o equilíbrio iônico nas membranas celulares dos vegetais. Sobre o elemento químico cálcio, indique a alternativa cuja afirmação esteja incorreta.

a) Apresenta dois elétrons de valência.

b) Apresenta o maior raio atômico em relação aos elementos do mesmo período.

c) Ao se ligar a elementos do grupo dos halogênios (X) apresenta um composto de fórmula geral CaX_2.

d) Forma substância simples que apresenta boa condutividade elétrica.

20 (UEMS-MS) A respeito do íon Na^+ em seu estado energético mais estável, são feitas as seguintes afirmações:

I. Tem 10 elétrons na eletrosfera.

II. Tem a mesma configuração eletrônica do ânion fluoreto.

III. Tem 11 prótons no núcleo.

IV. Apresenta 2 níveis energéticos completamente preenchidos.

V. Possui 3 subníveis energéticos completamente preenchidos.

VI. O seu raio atômico é menor do que o raio atômico do átomo neutro de sódio.

VII. Sua energia de ionização é maior que a energia de ionização do átomo neutro de sódio.

É correto afirmar que:

a) todas estão incorretas.
b) todas estão corretas.
c) apenas V é incorreta.
d) apenas VI é incorreta.
e) apenas VII é incorreta.

21 (UEPB-PB) Com base nas concepções científicas mais atuais sobre a estrutura do átomo, é correto afirmar:

a) O átomo apresenta duas regiões distintas: uma região central, muito pequena, onde se concentra praticamente toda a sua massa; e um espaço bem maior, no qual os elétrons se movimentam. Portanto, os elétrons, que ocupam a maior parte do volume do átomo, têm o papel mais relevante nas reações químicas.
b) O átomo é uma pequena partícula indivisível e indestrutível.
c) O átomo é formado por três pequenas partículas indivisíveis e indestrutíveis denominadas elétrons, prótons e nêutrons.
d) Os elétrons estão em movimento circular uniforme a uma distância fixa do núcleo.
e) Todos os átomos da tabela periódica apresentam, necessariamente, elétrons, prótons e nêutrons; sendo que estas três partículas possuem massas semelhantes.

22 (Uerj-RJ) Um estudante utilizou uma tabela periódica como tabuleiro para um jogo no qual cada elemento químico corresponde a uma casa. Esse jogo consiste no lançamento de um dado de seis faces, numeradas de 1 a 6, para conduzir um peão em um mesmo período da tabela periódica, por uma determinada quantidade de casas, de acordo com o número indicado pelo dado a cada lançamento. Se, por exemplo, um peão estiver na casa onde está localizado o elemento cálcio, e o número indicado pelo dado for 4, ele será conduzido, pelo jogador, até a casa correspondente ao elemento cromo. Considere um peão localizado na casa do metal alcalino do 5º período. Para que esse peão pare na casa do halogênio nesse mesmo período, após três lançamentos do dado, há *n* sequências possíveis de resultados desses lançamentos. Nesse caso, o valor de *n* é igual a:

a) 3.
b) 6.
c) 8.
d) 9.

23 (Uerj-RJ) O cátion que apresenta o mesmo número de elétrons do ^{14}C é:

a) N^{+}.
b) C^{++}.
c) P^{+++}.
d) Si^{++++}.

24 (Ufal-AL) Ao fazer incidir partículas radioativas numa lâmina metálica de ouro, Rutherford observou que a maioria das partículas atravessava a lâmina, algumas desviavam e poucas refletiam. Várias conclusões foram retiradas dessas experiências, exceto a de que:

a) o núcleo é a região mais densa do átomo.
b) o átomo apresenta, predominantemente, espaços vazios.
c) o núcleo é praticamente do tamanho do átomo.
d) os elétrons giram em torno do núcleo para garantir a neutralidade elétrica do átomo.
e) o núcleo atômico apresenta carga elétrica positiva.

25 (Ufal-AL) Após a descoberta dos elétrons, prótons e nêutrons, os cientistas perceberam que a quantidade dessas partículas em um determinado átomo serviria para identificá-lo. Considere o íon $X - 3$, com 36 elétrons e número de massa 75. Assim, pode-se dizer que seu número atômico e o número de nêutrons são, respectivamente:

a) 36 e 43.
b) 36 e 39.
c) 36 e 75.
d) 33 e 42.
e) 33 e 45.

26 (Ufal-AL) A tabela periódica é um dos conceitos mais importantes da Química. Seu desenvolvimento é um exemplo de como descobertas científicas podem ser feitas pelo uso da perspicácia para organizar dados coletados por um grande número de cientistas durante muitos anos. Comparando os elementos cálcio e bromo na tabela periódica dada, indique a alternativa correta.

a) O bromo tem maior afinidade eletrônica, pois, com a adição de um elétron, ocorre uma maior liberação de energia.
b) O raio do bromo é maior, pois ele tem maior número de camadas eletrônicas.
c) A energia de ionização do cálcio é maior, pois é mais difícil retirar um elétron desse elemento do que do bromo.
d) Ambos os elementos têm propriedades químicas semelhantes, pois estão no mesmo período.
e) O bromo é mais eletropositivo, pois, no período, a eletropositividade cresce com o aumento do número atômico.

27 (Ufal-AL) O sal de cozinha, NaCl, contém iodeto de potássio, KI, em concentrações muito pequenas, e traços do íon iodeto na dieta ajudam a prevenir o alargamento da glândula tireoide. Em relação aos íons presentes nesses sais, foram feitas as seguintes afirmações:

1) Os íons Na^+ e K^+ pertencem ao mesmo período da tabela periódica.
2) O íon I^- tem raio iônico maior que o íon Cl^-, pois o íon I^- tem um maior número de camadas.
3) O íon K^+ tem potencial de ionização maior do que o íon I^-, pois os elétrons do íon K^+ se encontram mais afastados do núcleo.

Está(ão) corretas(s) apenas:

a) 1 e 2.
b) 2 e 3.
c) 1.
d) 2.
e) 3.

Instrução: para as próximas duas questões, considere a distribuição eletrônica geral por níveis de energia, e demais informações, dos quatro elementos químicos, X, Y, Z e T, a seguir:

X	2	8	8	2	0	0	Estados de oxidação principal: 2
Y	2	8	15	2	0	0	Estados de oxidação principal: 2, 3
Z	2	8	18	7	0	0	Estados de oxidação principal: –1
T	2	8	18	20	8	2	Estados de oxidação principal: 3, 4

28 (Ufam-AM) Sobre a localização e classificação periódica é correto afirmar que:

a) O elemento Y tem seus elétrons distribuídos em seis níveis de energia e, portanto, pertence ao sexto período.
b) Todos os elementos pertencem à mesma família periódica.
c) Os elementos X e Z são elementos representativos de transição.
d) O elemento T pertence à série dos actinídeos e, portanto, é artificial.
e) O elemento Y é um metal de transição externa e o T de transição interna.

29 (Ufam-AM) Sobre suas propriedades periódicas é incorreto afirmar que:

a) O elemento T é mais eletronegativo que Y e possui a maior eletroafinidade.
b) Os quatro elementos apresentam densidades diferentes.
c) O elemento Z é o mais eletronegativo.
d) O elemento X é o mais eletropositivo.
e) Y é mais denso que X e Z.

30 (Ufes-ES) Ligas de titânio são muito usadas na fabricação de parafusos e pinos que compõem as próteses ortopédicas. A configuração eletrônica correta do átomo de titânio é:

a) [Ar] $3d^4$
b) [Ar] $3d^6$
c) [Ar] $4s^1\ 3d^3$
d) [Ar] $4s^2\ 3d^2$
e) [Ar] $4s^2\ 3d^5$

31 (UFJF-MG) O esquema a seguir representa uma tabela periódica simplificada.

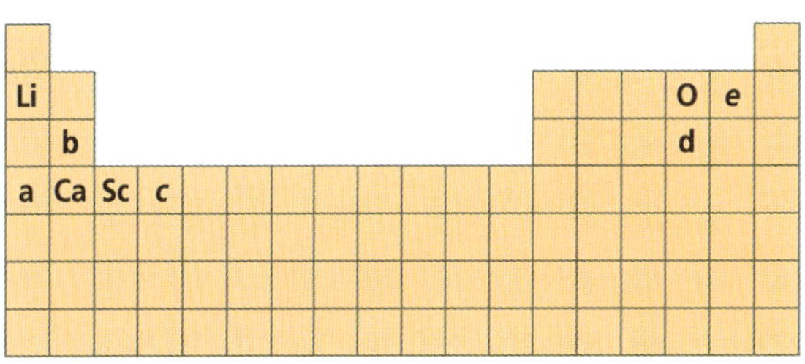

As afirmativas seguintes, referentes aos elementos a, b, c, d, e, são corretas, exceto:

a) c é um metal.
b) b apresenta configuração eletrônica de valência ns^2.
c) a possui o maior raio atômico dentre os elementos citados.
d) O número de oxidação mais comum para d é 12.
e) e apresenta maior potencial de ionização.

32 (UFJF-MG) Quais são os nomes dos elementos cujos números de prótons são, respectivamente, 27, 19, 9 e 15?

a) Cobre, potássio, flúor e fósforo.
b) Cobalto, cálcio, flúor e potássio.
c) Cobalto, potássio, flúor e fósforo.
d) Cobre, potássio, fósforo e potássio.
e) Cobalto, cálcio, flúor e fósforo.

33 (Unimontes-MG) O gráfico a seguir mostra a variação da eletronegatividade de alguns elementos químicos nos grupos 1 e 17 da tabela periódica, de acordo com o número atômico (Z).

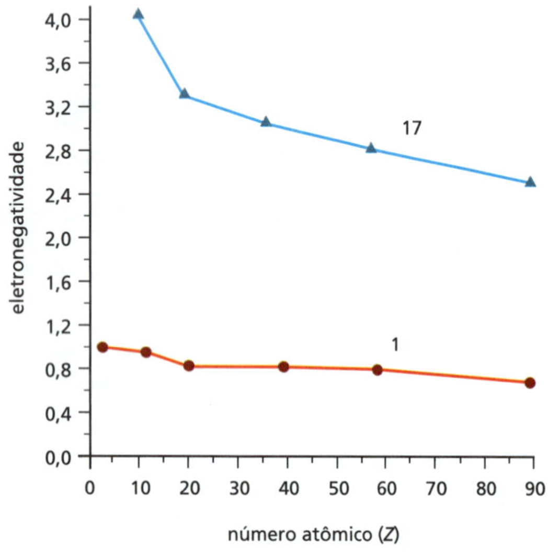

Analisando-se o comportamento apresentado nos grupos 1 e 17, pode-se afirmar que:

a) a eletronegatividade dos elementos diminui ao longo do período.
b) a tendência do átomo em atrair elétrons para si, numa ligação, é menor no grupo 17.
c) o metal de maior raio atômico, no grupo representado em 1, é o mais eletronegativo.
d) os elementos de menor raio atômico são mais eletronegativos.

34 (UFRN-RN) Comparando-se os átomos dos elementos químicos N, P e K, presentes no fertilizante NPK, pode-se afirmar:

a) O raio atômico do N é maior que o do P.
b) O elemento P possui energia de ionização menor que a do elemento K.
c) O K possui maior raio atômico.
d) O elemento N apresenta a menor energia de ionização.

35 (Ufla-MG) Entre os pares de elementos químicos apresentados, o par cujos elementos têm propriedades químicas semelhantes é:

a) F e Ne.
b) Li e Be.
c) Mg e Mn.
d) Ca e Mg.

36 (UFSCar-SP) Uma tecnologia promissora para atender parte de nossas necessidades energéticas, sem a poluição gerada pela queima de combustíveis fósseis, envolve a transformação direta de parte da energia luminosa do Sol em energia elétrica. Nesse processo são utilizadas as chamadas células fotogalvânicas, que podem funcionar utilizando semicondutores extrínsecos de silício, constituídos por uma matriz de silício de alta pureza, na qual são introduzidos níveis controlados de impurezas. Essas impurezas são elementos químicos em cujas camadas de valência há um elétron a mais ou a menos, em relação à camada de valência do silício. Semicondutores do tipo *n* são produzidos quando o elemento utilizado como impureza tem cinco elétrons na camada de valência. Considerando os elementos B, P, Ga, Ge, As e In como possíveis impurezas para a obtenção de um semicondutor extrínseco de silício, poderão ser do tipo *n* apenas aqueles produzidos com a utilização de:

a) B.
b) Ge.
c) Ga e Ge.
d) P e As.
e) B, Ga e In.

37 (Enem-MEC) Leia as informações a seguir:

Na investigação forense, utiliza-se luminol, uma substância que reage com o ferro presente na hemoglobina do sangue, produzindo luz que permite visualizar locais contaminados com pequenas quantidades de sangue, mesmo em superfícies lavadas. É proposto que, na reação do luminol (I) em meio alcalino, na presença de peróxido de hidrogênio (II) e de um metal de transição (Mn^+), forma-se o composto 3-amino ftalato (III) que sofre uma relaxação dando origem ao produto final da reação (IV), com liberação de energia (hυ) e de gás nitrogênio (N_2).

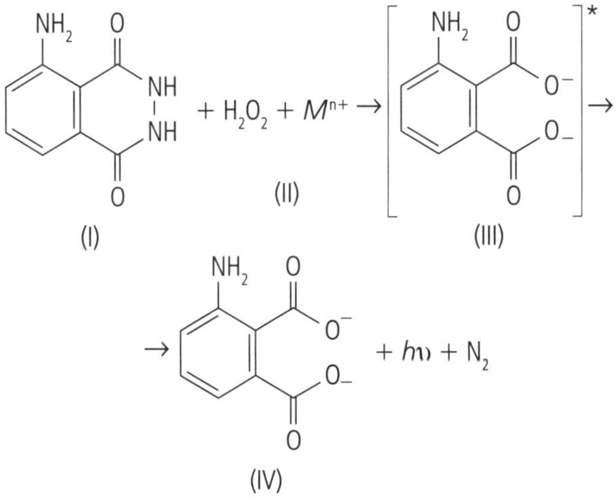

Dados: pesos moleculares: luminol 5177; 3-amino ftalato 5164. Na reação do luminol, está ocorrendo o fenômeno de:

a) fluorescência, quando espécies excitadas por absorção de uma radiação eletromagnética relaxam liberando luz.
b) incandescência, um processo físico de emissão de luz que transforma energia elétrica em energia luminosa.
c) quimilumlnescência, uma reação química que ocorre com liberação de energia eletromagnética na forma de luz.
d) fosforescência, em que átomos excitados pela radiação visível sofrem decaimento, emitindo fótons.
e) fusão nuclear a frio, através de reação química de hidrólise com liberação de energia.

38 (UFPI-PI) Na configuração eletrônica de um elemento X, o elétron de diferenciação é caracterizado pelos seguintes números quânticos: n = 3; l = 1, m = 0 e s = $1\frac{1}{2}$. Se considerarmos que o *spin* do primeiro elétron a ocupar um orbital é igual a $\frac{21}{2}$, pode-se dizer que o elemento X é o:

a) cloro.
b) silício.
c) enxofre.
d) fósforo.
e) magnésio.

39 (UFPI-PI) O átomo nuclear foi postulado por Rutherford em 1911. Na época já se conhecia a existência de partículas positivas e negativas, em decorrência dos experimentos com tubos de descarga contendo gases rarefeitos realizados nas últimas décadas do século 19. Entretanto, não se sabia da existência do nêutron, que só seria descoberto em 1934. As descobertas do elétron, do próton e do nêutron são atribuídas, respectivamente, a:

a) N. Bohr, E. Goldstein e J. Chadwick.
b) J. J. Thomson, E. Goldstein e J. Chadwick.
c) N. Bohr, E. Chadwick e E. Rutherford.
d) J. J. Thomson, E. Goldstein e E. Rutherford.
e) J. Chadwick, E. Rutherford e J. Dalton.

40 (Enem-MEC) Leia o texto a seguir:

> *Quando definem moléculas, os livros geralmente apresentam conceitos como: a menor parte da substância capaz de guardar suas propriedades. A partir de definições desse tipo, a ideia transmitida ao estudante é a de que o constituinte isolado (moléculas) contém os atributos do todo. É como dizer que uma molécula de água possui densidade, pressão de vapor, tensão superficial, ponto de fusão, ponto de ebulição etc. Tais propriedades pertencem ao conjunto, isto é, manifestam-se nas relações que as moléculas mantêm entre si.*

OLIVEIRA, Renato José de. O mito da substância. *Química Nova na escola*, n. 1, 1995. Texto adaptado.

O texto evidencia a chamada visão substancialista que ainda se encontra presente no ensino da Química. A seguir estão relacionadas algumas afirmativas pertinentes ao assunto.

I. O ouro é dourado, pois seus átomos são dourados.
II. Uma substância macia não pode ser feita de moléculas rígidas.
III. Uma substância pura possui pontos de ebulição e fusão constantes, em virtude das interações entre suas moléculas.
IV. A expansão dos objetos com a temperatura ocorre porque os átomos se expandem.

Dessas afirmativas, estão apoiadas na visão substancialista criticada pelo autor apenas:

a) I e II.
b) III e IV.
c) I, II e III.
d) I, II e IV.
e) II, III e IV.

41 (PUC-MG) Com relação à estrutura do átomo, podemos afirmar, exceto:

a) A massa do átomo está concentrada no seu núcleo.
b) O número de massa de um elemento é igual ao número de prótons + número de nêutrons.
c) Não existem elementos diferentes com o mesmo número de prótons.
d) Toda espécie neutra apresenta o número de nêutrons igual ao de elétrons.

42 (ESPM-SP) Um átomo neutro de determinado elemento químico se transforma num cátion quando:

a) encontra-se eletronicamente neutro.
b) perde prótons do núcleo.
c) ganha nêutrons na eletrosfera.
d) perde elétrons da eletrosfera.
e) seu número de prótons é igual ao seu número de elétrons.

43 (UFSM-RS) Analise o quadro a seguir:

Espécie genérica	Número de nêutrons	Número de prótons	Número de elétrons
X	20	17	17
Y	17	17	18
Z	78	79	78
W	18	18	18

Indique a alternativa que apresenta somente espécie(s) neutra(s).

a) Apenas *X*.
b) Apenas *Y*.
c) Apenas *Z*.
d) Apenas *W*.
e) Apenas *X* e *W*.

44 (Fuvest-SP) As espécies Fe^{2+} e Fe^{3+}, provenientes de isótopos distintos do ferro, diferem entre si, quanto ao número:

a) atômico e ao número de oxidação.
b) atômico e ao raio iônico.
c) de prótons e ao número de elétrons.
d) de elétrons e ao número de nêutrons.
e) de prótons e ao número de nêutrons.

45 (UFRGS-RS) Uma moda atual entre as crianças é colecionar figurinhas que brilham no escuro. Essas figuras apresentam em sua constituição a substância sulfeto de zinco. O fenômeno ocorre porque alguns elétrons que compõem os átomos dessa substância absorvem energia luminosa e saltam para níveis de energia mais externos. No escuro, esses elétrons retornam aos seus níveis originais, liberando energia luminosa e fazendo a figurinha brilhar. Essa característica pode ser explicada considerando-se o modelo atômico proposto por:

a) Dalton.
b) Thomson.
c) Lavoisier.
d) Rutherford.
e) Bohr.

46 (Covest) Isótopos radiativos são empregados no diagnóstico e tratamento de inúmeras doenças. Qual é a principal propriedade que caracteriza um elemento químico?

a) Número de massa
b) Número de prótons
c) Número de nêutrons
d) Energia de ionização
e) Diferença entre o número de prótons e de nêutrons

47 (UPM-SP) O número de prótons, de elétrons e de nêutrons do átomo ${}_{17}Cl^{35}$ é, respectivamente:

a) 17, 17 e 18.
b) 35, 17 e 18.
c) 17, 18 e 18.
d) 17, 35 e 35.
e) 52, 35 e 17.

48 (IME-RJ) Sejam os elementos ${}_{63}A^{150}$, B e C de números atômicos consecutivos e crescentes na ordem dada. Sabendo que A e B são isóbaros e que B e C são isótonos, podemos concluir que o número de massa do elemento C é igual a:

a) 150.
b) 64.
c) 153.
d) 65.
e) 151.

49 (Unaerp-SP) O fenômeno da supercondução de eletricidade, descoberto em 1911, voltou a ser objeto da atenção do mundo científico com a constatação de Bednorz e Muller de que materiais cerâmicos podem exibir esse tipo de comportamento, valendo um prêmio Nobel a esses físicos em 1987. Um dos elementos químicos mais importantes na formulação da cerâmica supercondutora é o ítrio:

$1s^2\ 2s^2\ 2p^6\ 3s^2\ 3p^6\ 4s^2\ 3d^{10}\ 4p^6\ 5s^2\ 4d^1$

O número de camadas e o número de elétrons mais energéticos para o ítrio serão, respectivamente:

a) 4 e 1.
b) 5 e 1.
c) 4 e 2.
d) 5 e 3.
e) 4 e 3.

50 (ITE-Bauru-SP) Sabendo-se que o número atômico do ferro é 26, indicar, com base na configuração eletrônica do íon Fe^{3+}, respectivamente o último subnível ocupado e o número de elétrons deste subnível.

a) $3d$, com 6 elétrons.
b) $3d$, com 5 elétrons.
c) $3d$, com 3 elétrons.
d) $4s$, com 2 elétrons.
e) $4s$, com 1 elétron.

51 (Cefet-PI) Considere a seguinte afirmação e responda: "Não é possível calcular a posição e a velocidade de um elétron, num mesmo instante". Esta frase diz respeito a(o):

a) Princípio da dualidade da matéria ou de De Broglie.
b) Princípio da incerteza de Heisenberg.
c) Regra de Hund.
d) Trata-se da definição de orbital.
e) Princípio de exclusão de Pauli.

52 (Ufal-AL) Para um elemento químico representativo (grupos A), o número de elétrons na camada de valência é o número do grupo. O número de camadas eletrônicas é o número do período. O elemento químico com configuração eletrônica $1s^2\ 2s^2\ 2p^6\ 3s^2\ 3p^6\ 4s^2\ 3d^{10}\ 4p^3$ está situado na tabela periódica no grupo:

a) 3A e período 4.
b) 3B e período 3.
c) 5A e período 4.
d) 5B e período 5.
e) 4A e período 4.

53 (UF-PR) Os elementos representados pelas configurações eletrônicas I, II, III e IV pertencem, respectivamente, aos grupos da tabela periódica:

I) $1s^2\ 2s^2\ 2p^6\ 3s^2\ 3p^6\ 4s^1$.
II) $1s^2\ 2s^2\ 2p^6\ 3s^2\ 3p^6\ 4s^1\ 3d^{10}$.
III) $1s^2\ 2s^2\ 2p^5$.
IV) $1s^2\ 2s^2\ 2p^6\ 3s^2\ 3p^6\ 4s^2\ 3d^1$.

a) 1A, 1B, 7A, 3B.
b) 1A, 1A, 7A, 5A.
c) 1A, 1B, 5A, 3B.
d) 1A, 1B, 5A, 2A.
e) 1A, 1A, 7A, 3A.

54 (Ufal-AL) A configuração eletrônica do átomo de um elemento do grupo 2A da classificação periódica foi representada por $1s^2Xs^y$. Assim sendo, "X" e "y" valem, respectivamente:

a) 1 e zero.
b) 1 e 1.
c) 1 e 2.
d) 2 e 1.
e) 2 e 2.

55 (UFPB-PB) O período e o grupo em que se situa um elemento de configuração eletrônica a seguir são, respectivamente, $1s^2\ 2s^2\ 2p^6\ 3s^2\ 3p^3$.

a) 1, 2B (família 12).
b) 3, 5A (família 15).
c) 2, 3A (família 13).
d) 6, 3A (família 13).
e) 3, 2B (família 12).

56 (PUCCamp-SP) O subnível de maior energia do átomo de certo elemento químico é $4d^5$. Esse elemento é um metal:

a) representativo do 4º período da tabela periódica.
b) representativo do 5º período da tabela periódica.
c) de transição do 5º período da tabela periódica.
d) de transição do 4º período da tabela periódica.
e) de transição do grupo 5B da tabela periódica.

57 (Unimep-SP) Nos metais de transição interna, o elétron de diferenciação (o mais energético) se localiza no:

a) subnível "s", da última camada.
b) subnível "*p*", da penúltima camada.
c) subnível "*f*", da antepenúltima camada.
d) subnível "*d*", da antepenúltima camada.
e) subnível "*g*", da penúltima camada.

58 (PUC-SP) Na classificação periódica, considerando-se uma sequência de elementos de transição, dispostos em ordem crescente de números atômicos, pode-se concluir que os elétrons vão sendo acrescentados sucessivamente na:

a) última camada eletrônica.
b) penúltima camada eletrônica.
c) antepenúltima camada eletrônica.
d) última ou penúltima camada eletrônica.
e) penúltima ou antepenúltima camada eletrônica.

59 (Uneb-BA) Um átomo apresenta normalmente 2 elétrons na primeira camada, 8 elétrons na segunda, 18 elétrons na terceira camada e 7 na quarta camada. A família e o período em que se encontra esse elemento são, respectivamente:

a) família dos halogênios e sétimo período.
b) família do carbono e quarto período.
c) família dos halogênios e quarto período.
d) família dos calcogênios e quarto período.
e) família dos calcogênios e quarto período.

60 (PUC-PR) O subnível mais energético do átomo de um elemento químico no estado fundamental é "$5p^4$". Portanto, o seu número atômico e sua posição na tabela periódica serão:

a) 40, 5A, 4º período.
b) 34, 4A, 4º período.
c) 52, 6A, 5º período.
d) 56, 6A, 5º período.
e) 55, 5A, 5º período.

61 (PUC-PR) Para melhorar a tenacidade, a resistência à corrosão e também a resistência mecânica, costuma-se colocar vanádio como constituinte do aço. O vanádio (Z = 23) é um metal de transição, pois:

a) é gasoso à temperatura e pressão ambientes.
b) sua camada de valência pode ser representada por $ns^2\ np^3$.
c) apresenta o elétron mais energético no subnível "*d*".
d) apresenta grande afinidade eletrônica.
e) na classificação periódica, situa-se no 3º período.

62 (Udesc-SC) Os três elementos X, Y e Z têm as seguintes estruturas eletrônicas no estado fundamental:

- X: $1s^2\ 2s^2\ 2p^6\ 3s^2\ 3p^6\ 4s^2\ 3d^5$.
- Y: $1s^2\ 2s^2\ 2p^6\ 3s^2\ 3p^6$.
- Z: $1s^2\ 2s^2\ 2p^6\ 3s^2\ 3p^6\ 4s^2\ 3d^{10}\ 4p^4$.

Respectivamente, esses elementos, são:

a) elemento de transição, gás nobre, elemento representativo.
b) elemento de transição, elemento representativo, gás nobre.
c) elemento representativo, gás nobre, elemento de transição.
d) elemento representativo, elemento de transição, gás nobre.
e) gás nobre, elemento de transição, elemento representativo.

63 (Ufam-AM) Os elementos químicos Ca, Ba, Mg e Sr são classificados como:

a) halogênios.
b) calcogênios.
c) gases nobres.
d) metais alcalinos.
e) metais alcalinos terrosos.

64 (UFPA-PA) Um elemento químico, cujo número atômico é 18, está classificado na tabela periódica como:

a) metal alcalino.
b) metal alcalino terroso.
c) calcogênio.
d) halogênio.
e) gás nobre.

65 (Uece-CE) Dados os elementos:

G : $1s^2$.
J : $1s^2\ 2s^1$.
L : $1s^2\ 2s^2$.
M : $1s^2\ 2s^2\ 2p^6\ 3s^2$.

Apresentam propriedades semelhantes:

a) G e L, pois são gases nobres.
b) G e M, pois têm dois elétrons no subnível mais energético.
c) J e G, pois são metais alcalinos.
d) L e M, pois são metais alcalinos terrosos.
e) J e L, pois são metais de transição.

66 (Vunesp-SP) Os elementos I, II e III têm as seguintes configurações eletrônicas em suas camadas de valência:

I. $3s^2\ 3p^3$.
II. $4s^2\ 4p^5$.
III. $3s^2$.

Com base nessas informações, assinale a afirmação errada:

a) O elemento I é um não metal.
b) O elemento II é um halogênio.
c) O elemento III é um metal alcalino terroso.
d) Os elementos I e III pertencem ao terceiro período da tabela periódica.
e) Os três elementos pertencem ao mesmo grupo da tabela periódica.

67 (Ufac-AC) A configuração eletrônica da camada mais externa de um átomo é $4s^2\ 4p^3$. Com relação a esse átomo, é correto afirmar que:

a) O átomo possui número atômico igual a 20.
b) O átomo apresenta a seguinte distribuição eletrônica: $1s^2\ 2s^2\ 2p^6\ 3s^2\ 3p^6\ 4s^2\ 4p^3$.
c) O átomo pertence à família 5A e está no quarto período.
d) O átomo pertence à família 4A e está no quinto período.
e) O átomo é um metal alcalino terroso.

68 (Fafire-PE) A configuração eletrônica $1s^2\ 2s^2\ 2p^6\ 3s^2\ 3p^6\ 4s^2\ 3d^{10}\ 4p^5$ caracteriza o elemento químico pertencente à família dos:

a) metais alcalinos.
b) gases nobres.
c) calcogênios.
d) metais alcalinos terrosos.
e) halogênios.

69 (UFPB-PB) O espetáculo de cores que é visualizado quando fogos de artifício são detonados deve-se à presença de elementos químicos adicionados à pólvora. Por exemplo, a cor amarela é devida ao sódio; a vermelha, ao estrôncio e ao cálcio; a azul, ao cobre; a verde, ao bário; e a violeta, ao potássio. Sobre os elementos químicos mencionados no texto, é correto afirmar:

a) O sódio e o cálcio são metais alcalinos.
b) O estrôncio e o bário são metais alcalino-terrosos.
c) O potássio e o bário são metais alcalino-terrosos.
d) O cálcio é metal alcalino, e o cobre é metal de transição.
e) O cobre é metal de transição, e o potássio é metal alcalino-terroso.

70 (PUC-RJ) As vítimas do acidente radioativo de Goiânia, que ingeriram 137Cs, foram tratadas com um composto químico chamado "azul da Prússia". O objetivo era provocar a troca do 137Cs por um elemento não radioativo, de propriedades químicas muito semelhantes, contido naquele composto. Qual é esse elemento?

a) Ra.
b) Ca.
c) K.
d) I.
e) Fr.

71 (SSA) O ânion X^{2-} tem a seguinte distribuição eletrônica: $1s^2\ 2s^2\ 2p^6\ 3s^2\ 3p^6$. Em relação ao elemento químico de cujo átomo se originou o ânion, é CORRETO afirmar que:

a) ocupa o segundo período da tabela periódica e tem número atômico 18.
b) pertence à família dos metais alcalino-terrosos e ocupa o terceiro período da tabela periódica.
c) pertence ao terceiro período da tabela periódica e apresenta quatro orbitais do tipo "p" completamente preenchidos.
d) ocupa o terceiro período da tabela periódica e apresenta dois elétrons na última camada.
e) apresenta 18 elétrons distribuídos em três níveis de energia e ocupa a família 18 da tabela periódica.

72 (Fatec-SP) Imagine que a tabela periódica seja o mapa de um continente, e que os elementos químicos constituam as diferentes regiões desse território.

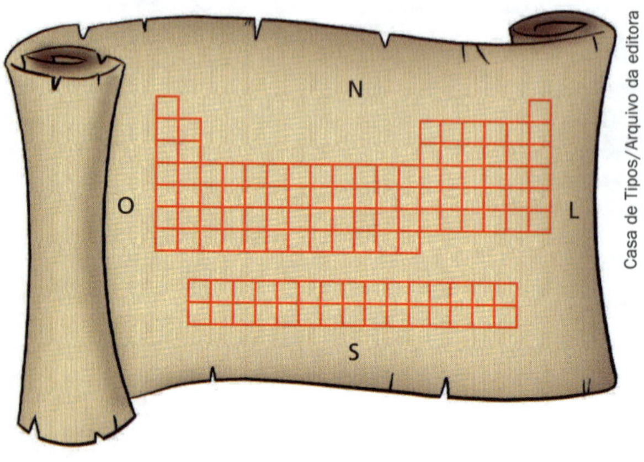

Casa de Tipos/Arquivo da editora

A respeito desse "mapa", são feitas as seguintes afirmações:

I. Os metais constituem a maior parte do território desse continente.

II. As substâncias simples gasosas, não metálicas, são encontradas no Nordeste e na costa leste desse continente.

III. Percorrendo-se um meridiano (isto é, uma linha no sentido Norte-Sul), atravessam-se regiões cujos elementos químicos apresentam propriedades químicas semelhantes.

Dessas afirmações:

a) apenas I é correta.

b) apenas I e II são corretas.

c) apenas I e III são corretas.

d) apenas II e III são corretas.

e) I, II e III são corretas.

73 (UFSM-RS) Sabendo-se que o íon, genericamente representado por X^{2+}, tem 18 elétrons, classifique os itens como verdadeiros ou falsos.

- O último elétron da distribuição eletrônica do íon está no nível energético número 3.
- O nível de valência do elemento X é o terceiro.
- O raio atômico de X^{2+} é maior que o raio atômico de elemento X.
- Os subníveis "p" do íon X^{2+} estão totalmente preenchidos.

A sequência correta é:

a) V – F – F – V.

b) F – V – F – V.

c) V – F – V – F.

d) F – V – V – F.

e) V – F – V – V.

74 (Vunesp-SP) Nesta tabela periódica, os algarismos romanos substituem os símbolos dos elementos.

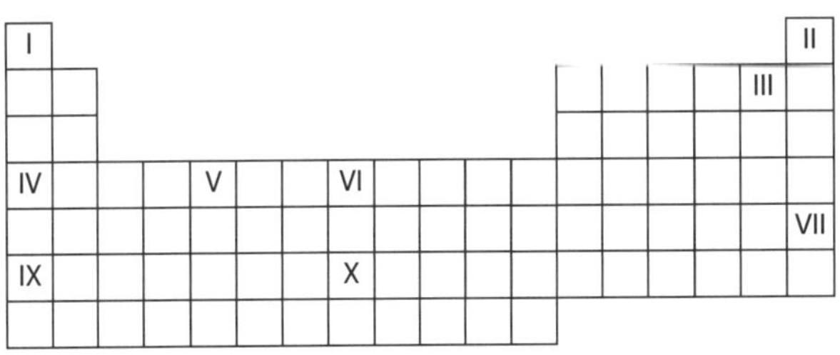

Sobre tais elementos, é correto afirmar que:

a) I e II são líquidos à temperatura ambiente.

b) III é um gás nobre.

c) VII é um halogênio.

d) O raio atômico de IV é maior que o de V e menor que o de IX.

e) VI e X apresentam o mesmo número de camadas eletrônicas.

- **Transformação física**: não há produção de novos materiais e é possível obter novamente o material no seu estado inicial. O tamanho, a aparência e o estado físico podem mudar, mas não há alteração na constituição da substância.
- **Transformação química**: as substâncias são destruídas e novas substâncias são formadas. Este tipo de transformação envolve um ou mais fenômenos, como: formação de gases, mudança de cor, formação de sólido, liberação ou absorção de energia na forma de calor, liberação de eletricidade ou luz etc.

As transformações químicas (reações químicas) podem ser representadas por meio de equações químicas:

$$A(s) + B(aq) \rightarrow C(g) + D(l)$$

A equação também indica o estado físico dos participantes: sólido (s), líquido (l), aquoso (aq) e gasoso (g).

A soma das massas dos reagentes é **igual** à soma das massas dos produtos, mas só é possível constatar a conservação de massa em sistemas fechados, pois em algumas reações podem estar envolvidas substâncias gasosas.

A conservação da massa é uma forte evidência do **Princípio de Conservação da Massa de Lavoisier**: nas reações químicas a matéria não é criada nem destruída, apenas transformada pelo rearranjo dos átomos.

Exercícios

1 (UFMG-MG) Um estudante listou os seguintes processos como exemplos de fenômenos que envolvem reações químicas:

I. Adição de álcool à gasolina.

II. Fermentação da massa na fabricação de pães.

III. Obtenção de sal por evaporação da água do mar.

IV. Precipitação da chuva.

V. Queima de uma vela.

O número de erros cometidos pelo estudante é:

a) 0.

b) 1.

c) 2.

d) 3.

2 (UFMG-MG) Uma mistura de hidrogênio, H_2 (g), e oxigênio, O_2 (g), reage, num recipiente hermeticamente fechado, em alta temperatura e em presença de um catalisador, produzindo vapor de água, H_2O (g). O desenho representa a mistura, antes da reação.

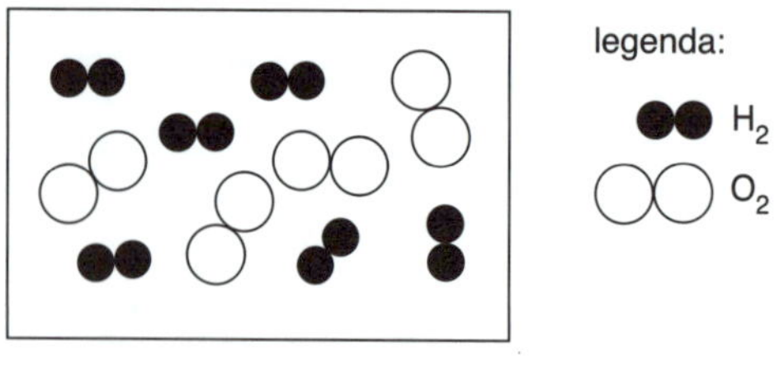

Supondo que a reação seja completa, o desenho que representa o estado final do sistema dentro do recipiente, considerando a quantidade de moléculas representadas para o estado inicial, é:

a) 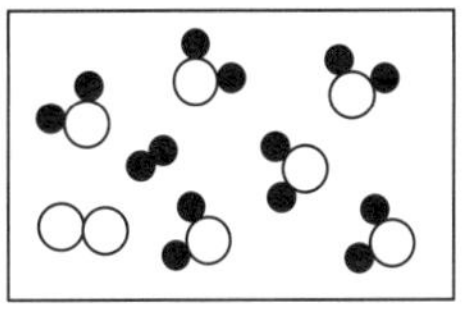

b) 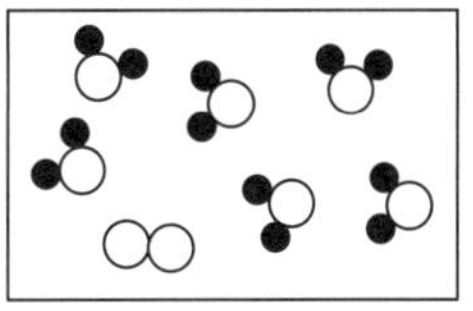

c) 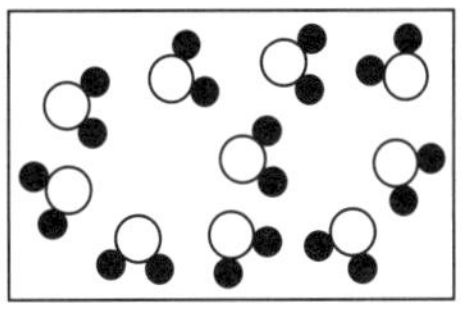

d) 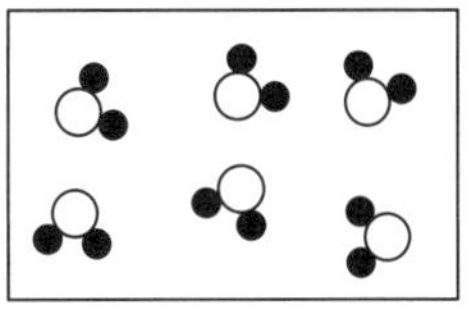

3 (UFMG-MG) Considere as seguintes reações químicas, que ocorrem em recipientes abertos, colocados sobre uma balança:

I. Reação de bicarbonato de sódio com vinagre, em um copo.

II. Queima de álcool, em um vidro de relógio.

III. Enferrujamento de um prego de ferro, colocado sobre um vidro de relógio.

IV. Dissolução de um comprimido efervescente, em um copo com água.

Em todos os exemplos, durante a reação química, a balança indicará uma diminuição da massa contida no recipiente, exceto em:

a) II.
b) I.
c) IV.
d) III.

4 (Fuvest-SP) Leia a notícia a seguir:

Holanda quer deixar de ser um país baixo

Cientistas estão pesquisando a viabilidade de se elevar o litoral holandês - que é muito baixo e há séculos vem sendo ameaçado por enchentes - através da injeção de substâncias químicas na terra. Os pesquisadores acreditam poder elevar o litoral injetando ácido sulfúrico (H_2SO_4) numa camada de rocha calcária a 1,5 km abaixo da superfície. A reação química resultante produziria gipsita, que ocupa o dobro do espaço do calcário e que empurraria a superfície terrestre para cima.

FOLHA DE S.PAULO, out. 1992.

Sabendo-se que a gipsita é sulfato de cálcio hidratado ($CaSO_4 \rightarrow H_2O$) e que o calcário é carbonato de cálcio ($CaCO_3$), a reação citada produz:

a) H_2S.
b) CO_2.
c) CH_4.
d) SO_3.

5 (UFSCar-SP) Durante uma aula de laboratório, um estudante queimou ao ar diferentes massas iniciais (m_i) de esponja de ferro. Ao final de cada experimento, determinou também a massa final resultante (m_f). Os resultados obtidos estão reunidos no quadro a seguir:

Experimento nº	Massa inicial m_i (g)	Massa final m_f (g)	Relação m_f/m_i
1	0,980	1,18	1,204
2	0,830	1,00	1,205
3	1,05	1,26	1,200
4	1,11	1,34	1,207

Admitindo que em todos os experimentos a queima foi completa, o estudante fez as três afirmações seguintes.

I. A Lei da Conservação da Massa não foi obedecida, pois a massa final encontrada para o sistema em cada experimento é sempre maior que sua massa inicial.

II. O aumento de massa ocorrido em cada experimento se deve à transformação de energia em massa, tendo se verificado a conservação da soma (massa + energia) do sistema.

III. A relação constante obtida entre a massa final e a massa inicial do sistema (m_f/m_i), em cada experimento realizado, permite afirmar que, dentro do erro experimental, os dados obtidos estão de acordo com a Lei das Proporções Definidas.

Dentre as afirmações apresentadas, o estudante acertou:

a) I, apenas.
b) II, apenas.
c) III, apenas.
d) I e II, apenas.
e) I, II e III.

6 (Cesgranrio-RJ) De acordo com a Lei de Lavoisier, quando fizermos reagir completamente, em ambiente fechado, 1,12 g de ferro com 0,64 g de enxofre, a massa, em g, de sulfeto de ferro obtida será de: (Fe = 56; S = 32)

a) 2,76.
b) 2,24.
c) 1,76.
d) 1,28.
e) 0,48.

7 (Enem-MEC) Suponha que um agricultor esteja interessado em fazer uma plantação de girassóis. Procurando informação, leu a seguinte reportagem:

Solo ácido não favorece plantio

Alguns cuidados devem ser tomados por quem decide iniciar o cultivo do girassol. A oleaginosa deve ser plantada em solos descompactados, com pH acima de 5,2 (que indica menor acidez da terra). Conforme as re-

comendações da Embrapa, o agricultor deve colocar, por hectare, 40 a 60 kg de nitrogênio, 40 a 80 kg de potássio e 40 a 80 kg de fósforo. O pH do solo, na região do agricultor, é de 4,8. Dessa forma, o agricultor deverá fazer a "calagem".

FOLHA DE S.PAULO, 25 set. 1996.

Suponha que o agricultor vá fazer calagem (aumento do pH do solo por adição de cal virgem-CaO). De maneira simplificada, a diminuição da acidez se dá pela interação da cal (CaO) com a água presente no solo, gerando hidróxido de cálcio ($Ca(OH)_2$), que reage com os íons H^+ (dos ácidos), ocorrendo, então, a formação de água e deixando íons Ca^{2+} no solo.

Considere as seguintes equações:

I. $CaO + 2\ H_2O \rightarrow Ca\ (OH)_3$

II. $CaO + H_2O \rightarrow Ca\ (OH)_2$

III. $Ca(OH)_2 + 2\ H^+ \rightarrow Ca^{2+} + 2\ H_2O$

IV. $Ca(OH)_2 + H^+ \rightarrow CaO + H_2O$

O processo de calagem descrito pode ser representado pelas equações:

a) I e II.
b) I e IV.
c) II e III.
d) II e IV.
e) III e IV.

8 (Enem-MEC) O ferro pode ser obtido a partir da hematita, minério rico em óxido de ferro, pela reação com carvão e oxigênio. O quadro a seguir apresenta dados da análise de minério de ferro (hematita) obtido de várias regiões da Serra de Carajás.

Minério da região	Teor de enxofre (S)/ % em massa	Teor de ferro (Fe)/ % em massa	Teor de sílica (Si)/ % em massa
1	0,019	63,5	0,97
2	0,020	68,1	0,47
3	0,003	67,6	0,61

ABREU, Sylvio Fróes. *Recursos minerais do Brasil*. São Paulo: Edusp, 1973. v. 2.

No processo de produção do ferro, dependendo do minério utilizado, forma-se mais ou menos SO_2, um gás que contribui para o aumento da acidez da chuva. Considerando esse impacto ambiental e a quantidade de ferro produzida, pode-se afirmar que seria mais conveniente o processamento do minério da(s) região(ões):

a) 1, apenas.
b) 2, apenas.
c) 3, apenas.
d) 1 e 3, apenas.

9 (Fuvest-SP) Hidrogênio reage com nitrogênio formando amônia. A equação não balanceada que representa essa transformação é:

$$H_2(g) + 1\ N_2(g) \rightarrow NH_3(g)$$

Outra maneira de escrever essa equação química, mas agora balanceando-a e representando as moléculas dos três gases, é:

a) 

b) 

c) 

d) 

e) 

10 (Fuvest-SP) No seguinte trecho (adaptado) de uma peça teatral de C. Djerassi e R. Hoffmann, as esposas de três químicos do século XVIII conversam sobre um experimento feito com uma mistura de gases.

> *"SENHORA POHL – Uma vez o farmacêutico Scheele estava borbulhando [a mistura gasosa] através de uma espécie de água.*
> *MADAME LAVOISIER – Deve ter sido água de cal.*
> *SENHORA PRIESTLEY – A água ficou turva, não ficou?*
> *MADAME LAVOISIER – É o mesmo gás que expiramos... o gás que removemos com a passagem através da água de cal.*
> *SENHORA POHL – Depois ele me pediu que colocasse no gás remanescente um graveto já apagado, apenas em brasa numa das extremidades. Já estava escurecendo.*
> *SENHORA PRIESTLEY – E o graveto inflamou-se com uma chama brilhante... e permaneceu aceso!"*
>
> Empregando símbolos e fórmulas atuais, podem-se representar os referidos componentes da mistura gasosa por:

a) CO_2 e O_2.
b) CO_2 e H_2.
c) N_2 e O_2.
d) N_2 e H_2.
e) CO e O_2.

11 (UEMS-MS) O elemento oxigênio foi descoberto e isolado pela primeira vez pelo químico sueco C. H. Scheele em 1771, fazendo decomposição térmica do salitre (nitrato de potássio) em nitrito de potássio e gás oxigênio. A equação química que representa corretamente a reação de descoberta do oxigênio é:

a) $KNO_3\ (s) \rightarrow KNO\ (s) + O_2\ (g)$

b) $KNO_2\ (s) \rightarrow KNO\ (s) + O\ (g)$

c) $KNO_3\ (s) \rightarrow KNO_2\ (s) + \frac{1}{2}O_2\ (g)$

d) $KNO_2\ (s) \rightarrow KNO\ (s) + O_2\ (g)$

e) $KNO_3\ (s) \rightarrow KNO_2\ (s) + O\ (g)$

12 (UFPE-PE) Em quais das passagens destacadas a seguir está ocorrendo transformação química?

1) "O reflexo da luz nas águas onduladas pelos ventos lembrava-lhe os cabelos de seu amado."
2) "A chama da vela confundia-se com o brilho nos seus olhos."
3) "Desolado, observava o gelo derretendo em seu copo e ironicamente comparava-o ao seu coração."
4) "Com o passar dos tempos começou a sentir-se como a velha tesoura enferrujando no fundo da gaveta."

Estão corretas apenas:

a) 1 e 2.
b) 2 e 3.
c) 1 e 4.
d) 2 e 4.
e) 1 e 3.

13 (Faap-SP) As seguintes mudanças de cor são evidências de reações químicas em todos os casos, exceto:

a) A esponja de aço úmida passa, com o tempo, de acinzentada para avermelhada.
b) O filamento de uma lâmpada acesa passa de cinza para amarelo esbranquiçado.
c) Uma fotografia exposta ao sol se desbota.
d) A água sanitária descora uma calça jeans.
e) Uma banana cortada escurece com o passar do tempo.

14 (Enem-MEC) Produtos de limpeza, indevidamente guardados ou manipulados, estão entre as principais causas de acidentes domésticos. Leia o relato de uma pessoa que perdeu o olfato por ter misturado água sanitária, amoníaco e sabão em pó para limpar um banheiro:

> *A mistura ferveu e começou a sair uma fumaça asfixiante. Não conseguia respirar e meus olhos, nariz e garganta começaram a arder de maneira insuportável. Saí correndo à procura de uma janela aberta para poder voltar a respirar.*

O trecho sublinhado poderia ser reescrito, em linguagem científica, da seguinte forma:

a) As substâncias químicas presentes nos produtos de limpeza evaporaram.
b) Com a mistura química, houve produção de uma solução aquosa asfixiante.
c) As substâncias sofreram transformações pelo contato com o oxigênio do ar.
d) Com a mistura, houve transformação química que produziu rapidamente gases tóxicos.
e) Com a mistura, houve transformação química, evidenciada pela dissolução de um sólido.

15 (PUC-MG) Dos processos a seguir, o que não envolve reação química é:

a) a planta clorofilada produzindo alimentos a partir de gás carbônico e água em presença de luz solar.
b) obtenção de sal a partir da água do mar.
c) enferrujamento de um prego exposto ao ar.
d) a combustão da gasolina no motor de um automóvel.
e) azedamento do leite.

16 (UPM-SP) Dos fenômenos a seguir, o único que não envolve uma reação química é:

a) a fermentação do leite.
b) a oxidação de um prego.
c) a sublimação da naftalina.
d) a queima de fogos de artifício.
e) o apodrecimento de uma fruta.

17 (UFSC-SC) O(s) fenômeno(s) a seguir, que envolve(m) reação(ões) química(s), é (são):

(01) digestão dos alimentos.
(02) enferrujamento de uma calha.
(04) explosão da dinamite.
(08) fusão do gelo.
(16) queda da neve.
(32) combustão do álcool de um automóvel.
(64) sublimação da naftalina.

Dê como resposta a soma dos números das proposições corretas.

18 (Ceeteps-SP) A queima de uma amostra de palha de aço produz um composto pulverulento de massa:

a) menor que a massa original da palha de aço.
b) igual à massa original da palha de aço.
c) maior que a massa original da palha de aço.
d) igual à massa de oxigênio do ar que participa da reação.
e) menor que a massa de oxigênio do ar que participa da reação.

19 (UFMG-MG) Reações químicas são fenômenos em que, necessariamente, ocorrem mudanças:

a) de cor.
b) de estado físico.
c) na condutibilidade elétrica.
d) de massa.
e) na natureza das substâncias.

20 (UPM-SP) 1 g de hidrogênio combina-se com 8 g de oxigênio para formar água, 5 g de hidrogênio combinar-se-ão com 40 g de oxigênio para formar esse mesmo composto. Essa afirmativa está baseada nos trabalhos de:

a) Empédocles.
b) Demócrito.
c) alquimistas.
d) Lavoisier.
e) Proust.

21 (Unesp-SP) Numa viagem, um carro consome 10 kg de gasolina. Na combustão completa deste combustível, na condição de temperatura do motor, formam-se apenas compostos gasosos. Considerando-se o total de compostos formados, pode-se afirmar que eles:

a) não têm massa.
b) pesam exatamente 10 kg.

c) pesam mais que 10 kg.
d) pesam menos que 10 kg.
e) são constituídos por massas iguais de água e gás carbônico.

22 (Fuvest-SP) Os pratos A e B de uma balança foram equilibrados com um pedaço de papel em cada prato e efetuou-se a combustão apenas do material contido no prato A. Esse procedimento foi repetido com palha de aço em lugar de papel.

Após cada combustão, observou-se:

	Com papel	Com palha de aço
a)	A e B no mesmo nível	A e B no mesmo nível
b)	A abaixo de B	A abaixo de B
c)	A acima de B	A acima de B
d)	A acima de B	A abaixo de B
e)	A abaixo de B	A e B no mesmo nível

23 (UFMG-MG) Em um experimento, soluções aquosas de nitrato de prata, $AgNO_3$, e de cloreto de sódio, NaCl, reagem entre si e formam cloreto de prata, AgCl, sólido branco insolúvel, e nitrato de sódio, $NaNO_3$, sal solúvel em água. A massa desses reagentes e a de seus produtos estão apresentadas neste quadro:

Massa das substâncias (g)			
Reagentes		Produtos	
$AgNO_3$	NaCl	AgCl	$NaNO_3$
1,699	0,585	X	0,850

Considere que a reação foi completa e que não há reagentes em excesso. Assim sendo, é correto afirmar que X – ou seja, a massa de cloreto de prata produzida – é:
a) 0,585 g.
b) 1,434 g.
c) 1,699 g.
d) 2,284 g.

24 (Fuvest-SP) Quando 96 g de ozônio se transformam completamente, a massa de oxigênio comum produzida é igual a:

a) 32 g.
b) 48 g.
c) 64 g.
d) 80 g.
e) 96 g.

25 (Fuvest-SP) O prego que enferruja e o "palito de fósforo" que queima são exemplos de oxidações. No primeiro caso há um aumento de massa de sólido e no outro há uma diminuição. Esses fatos contrariam a Lei da Conservação da Massa? Explique sua resposta para cada um dos fatos citados.

26 (FCMSC-SP) A frase: "Do nada, nada; em nada, nada pode transformar-se" relaciona-se com as ideias de:

a) Dalton.
b) Proust.
c) Boyle.
d) Lavoisier.
e) Gay-Lussac.

27 (UFG-GO) Existem, pelo menos, duas correntes de pensamento que explicam o surgimento da vida em nosso planeta; uma é denominada "criacionista" e a outra, "evolucionista". Considerando-se as leis e os princípios da Química, o "criacionismo" contraria:

a) o princípio de Heisenberg.
b) a lei de Lavoisier.
c) o segundo postulado de Bohr.
d) o princípio de Avogadro.
e) a lei de Hess.

28 (Faesa) Considerando a reação abaixo:

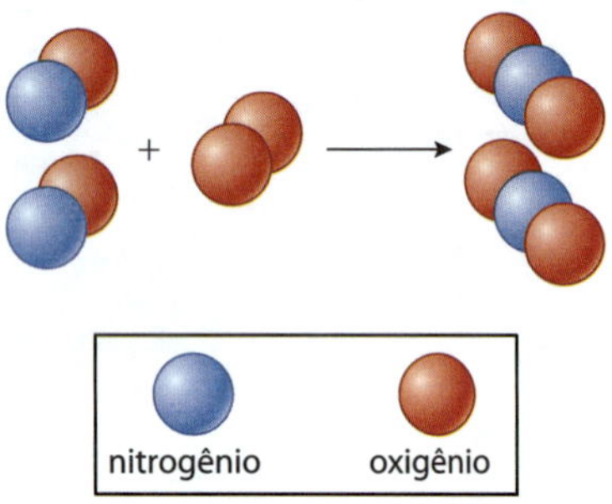

Efetuada à pressão e temperatura constantes, podemos afirmar que, durante a reação, permanecem constantes:

a) A massa e o volume totais do sistema.
b) A massa total e o número de moléculas.
c) A massa total e o número de átomos.
d) O volume total e o número total de moléculas.
e) O volume total e o número total de átomos.

29 (Unimontes-MG) As equações abaixo representam transformações que ocorrem na natureza:

gelo → água líquida

mármore + chuva ácida (ácido sulfúrico) →
→ gesso + água + gás carbônico

madeira + ar → carvão + gás carbônico + água

Sobre essas transformações, é CORRETO afirmar que:

a) a transformação física apresentada ocorre com liberação de energia.

b) a transformação química requer energia para que ocorra; a física, não.

c) a formação de gases evidencia a ocorrência de reação química.

d) a água líquida é obtida apenas a partir de transformação química.

30 (UFG-GO) A transpiração é um fenômeno que auxilia na manutenção da temperatura do corpo, visto que a mudança de fase do suor consome energia térmica. Trata-se de um fenômeno:

a) químico endotérmico.

b) químico exotérmico.

c) químico homeotérmico.

d) físico endotérmico.

e) físico exotérmico.

31 (Uespi-PI) Em quais das passagens grifadas abaixo está ocorrendo transformação química?

1 "O reflexo do rosto dela nas águas azuis do lago era encantador"

2 "O fogo queimava as pequenas toras de madeira, que aqueciam muito mais que nossos corpos, aqueciam nossos corações"

3 "O degelo das geleiras representava o derretimento dos sonhos daquele homem"

4 "Ao voltar a minha antiga casa, a imagem que primeiro tocou minhas retinas foi a do velho portão enferrujado. Tínhamos envelhecido!"

Ocorreu transformação química em:

a) 1 e 2

b) 2 e 3

c) 3 e 4

d) 2 e 4

e) 1 e 3

32 (UEPG-PR) Com relação à classificação dos fenômenos em físicos e químicos, assinale o que for correto.

01 O aquecimento de um fio de Cu na chama constitui um fenômeno físico.

02 A dissolução de açúcar na água constitui um fenômeno químico.

04 A extração do sal de cozinha pela evaporação da água do mar constitui um fenômeno físico.

08 A passagem de corrente elétrica por um fio metálico constitui um fenômeno químico.

16 A dissolução de um comprimido efervescente na água constitui um fenômeno físico.

33 (UEPG-PR) Define-se como um fenômeno químico aquele que altera a identidade química da espécie da matéria envolvida, ou seja, promove uma reação química. Nesse contexto, assinale o que for correto, no que se refere à exemplificação dessa afirmação:

01 A combustão da gasolina no motor de um carro.

02 A sublimação da naftalina.

04 A formação de gotículas de água na superfície de um recipiente gelado.

08 A formação de ferrugem sobre uma peça de ferro exposta ao ambiente.

34 (UFRN-RN) Saber diferenciar processos químicos de processos físicos é de fundamental importância no estudo da Química. Ocorre um processo químico, por exemplo, quando:

a) uma lata de ferro, jogada há alguns dias ao ar livre, se enferruja.
b) a água líquida, ao ser aquecida, se transforma em vapor de água.
c) uma lata de alumínio, na primeira etapa da reciclagem, é amassada.
d) a água, ao ser resfriada à pressão constante, se transforma em gelo.

35 (UFRR-RR) Sempre que tocamos, misturamos ou pesamos alguma coisa, estamos tratando com a matéria. O ouro, um osso ou a água, são exemplos de matéria. Observe com atenção os fenômenos abaixo:

I. o ponto de fusão do sódio metálico é 97,8 °C
II. a soda caústica é uma base
III. o ferro enferruja em área de alta umidade
IV. a densidade da água é igual à $1g \cdot cm^{-3}$

Considerando a ordem acima, classifique as propriedades como física ou química da matéria e escolha a única opção que represente esta informação:

a) I – química; II – química; III – química; IV – física.
b) I – física; II – física; III – química; IV – física.
c) I – física; II – química; III – física; IV – química.
d) I – física; II – física; III – química; IV – química.
e) I – física; II – química; III – química; IV – física.

36 (PUC-SP) Considere as seguintes matérias-primas: aço, carvão e óleo, sendo os dois últimos de origem vegetal. São necessárias transformações químicas para obter, a partir dos recursos naturais, somente o:

a) aço.
b) carvão.
c) óleo.
d) aço e o carvão.
e) óleo e o carvão.

37 (UFMS-MS) Considerando as energias em suas várias formas, suas transformações e propriedades, bem como os fenômenos físicos e químicos, é correto afirmar que:

a) quanto maior a energia de um sistema, maior a sua estabilidade.
b) a formação de ferrugem sobre uma peça de ferro, deixada ao relento, é um fenômeno físico.
c) o calor sempre flui espontaneamente do corpo de menor temperatura para o de maior temperatura.
d) quando acendemos uma lâmpada incandescente, a energia elétrica se transforma em energias luminosa e térmica.
e) toda combustão é um fenômeno químico endotérmico e a matéria produzida numa combustão é mais estável do que a matéria que sofreu combustão para formá-la.

38 (UEM-PR) Assinale o que for correto.

01 Na queima de uma vela, não estão envolvidas transformações químicas, apenas físicas.

02 O reflexo da luz solar em um lago é um exemplo de um fenômeno físico.

04 Em uma salina, a evaporação da água para a produção do NaCl é um exemplo de transformação química.

08 A formação da ferrugem em uma estrutura metálica é um exemplo de transformação química.

16 O derretimento do gelo é um exemplo de fenômeno físico.

39 (UFU-MG) Considere os processos descritos a seguir:

I. Obtenção de gasolina a partir do petróleo.

II. Obtenção de zinco a partir da calamina.

III. Obtenção de gelo seco a partir de gás carbônico.

IV. Queima de uma vela.

V. Sublimação de iodo.

Marque a alternativa que reúne somente transformações químicas:

a) II, IV e V.

b) I, II e IV.

c) II e IV.

d) I e II.

40 (UFV-MG) Das transformações abaixo, assinale aquela que NÃO representa um fenômeno químico:

a) Gelo $\xrightarrow{\text{calor}}$ água líquida.

b) Água $\xrightarrow{\text{corrente elétrica}}$ gás hidrogênio + gás oxigênio.

c) Papel $\xrightarrow{\text{fogo}}$ CO_2 + água + cinzas.

d) Vinho $\xrightarrow{\text{fermentação}}$ vinagre.

41 (UFU-MG) Analise os processos abaixo. Marque aquele que não representa uma transformação química.

a) Oxidação de ferramenta

b) Queimada da floresta

c) Evaporação do álcool

d) Digestão de sanduíche

42 (UFMS-MS) Os sistemas naturais mantêm parte de sua regulação por meio do desencadeamento de fenômenos físicos e químicos. A todo instante, ocorrem transformaçoes físicas e químicas à nossa volta, e o papel da Química, como ciência, é estudar essas transformações. Com base nessa afirmação, avalie as proposições abaixo e assinale a(s) correta(s).

01 A incandescência é um processo físico de emissão de luz que transforma energia elétrica em energia luminosa.

02 A obtenção do nitrogênio, a partir da destilação fracionada do ar, representa um exemplo de fenômeno físico.

04 Reações químicas são fenômenos em que, necessariamente, ocorrem mudanças de cor.

08 A dissolução de um comprimido efervescente em água não representa um fenômeno químico.

16 A quimiluminescência é uma reação química que ocorre com liberação de energia eletromagnética na forma de luz.

Lei da conservação das massas: a massa se conserva nas reações químicas, ou seja, a soma das massas dos reagentes é igual à soma das massas dos produtos.

Mol: grandeza adimensional de quantidade de matéria, que relaciona a massa das substâncias com uma quantidade fixa de partículas (átomos, moléculas, íons, elétrons etc.), sendo então:

1 mol = $6{,}02 \times 10^{23}$ partículas (átomos, moléculas, íons, elétrons)

Para se obter a massa, em g, de um mol de qualquer átomo, é necessário consultar a tabela periódica. A relação entre a massa atômica e o mol é conhecida como massa molar (MM):

1 mol = $6{,}02 \times 10^{23}$ partículas = MM (g/mol)

Um mol de qualquer gás sempre ocupa, nas mesmas condições de temperatura e pressão, o mesmo volume. Em **condições normais de temperatura e pressão** (**CNTP**):

- **Temperatura**: 273,15 K (0 °C).
- **Pressão**: 101 325 Pa (1 atm).
- **Volume**: 22,4 L.

OBS.: Alguns exercícios apresentados a seguir podem indicar o valor que um mol de qualquer gás ocupa à STP: 22,7 L. Nesse caso a pressão equivale a 100 000 Pa (1 bar).

Exercícios

1 (UFMG-MG) Em um creme dental, encontra-se um teor de flúor de 1,9 mg desse elemento por grama de dentifrício. O flúor adicionado está contido no composto monofluor-fosfato de sódio Na_2PO_3F (massa molar: 144 g/mol). A quantidade de Na_2PO_3F utilizada na preparação de 100 g de creme dental é:

a) 0,144 g.
b) 0,190 g.
c) 1,44 g.
d) 1,90 g.

2 (UFMG-MG) Um bom método para a preparação controlada de oxigênio muito puro é a decomposição térmica de permanganato de potássio sob vácuo. Essa reação pode ser representada pela equação:

$2\ KMnO_4\ (s) \rightarrow K_2MnO_4\ (s) + MnO_2\ (s) + O_2\ (g)$

Com relação à decomposição completa de 2 mols de permanganato de potássio, é incorreto afirmar que:

a) a massa de $KMnO_4$ (s) decomposta é 316,0 g.
b) a massa total dos produtos sólidos é 300,0 g.
c) a quantidade de O_2 (g) produzida é 1 mol.
d) as quantidades, em mol, de cada um dos produtos são iguais.

3 (UFMG-MG) O gráfico a seguir descreve a variação de massa observada quando 84 mg de bicarbonato de sódio, $NaHCO_3$ (s), são submetidos a aquecimento. A diminuição de massa deve-se à perda dos produtos gasosos.

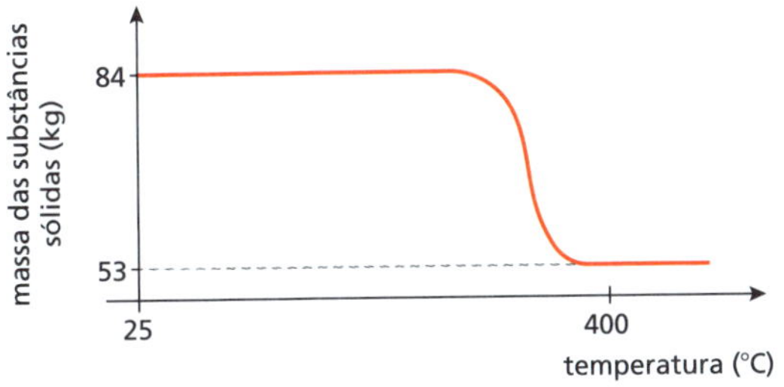

Considerando o gráfico, indique a alternativa que apresenta uma reação compatível com a variação de massa observada.

a) $NaHCO_3\ (s) \rightarrow NaH\ (s)\ CO_2\ (g) + \frac{1}{2}\ O_2\ (g)$

b) $NaHCO_3\ (s) \rightarrow \frac{1}{2}\ Na_2CO_3\ (s) + \frac{1}{2}\ CO_2\ (g) + \frac{1}{2}\ H_2O$

c) $NaHCO_3\ (s) \rightarrow NaOH\ (s) + CO_2\ (g)$

d) $NaHCO_3\ (s) \rightarrow \frac{1}{2}\ Na_2O\ (s) + \frac{1}{2}\ H_2O\ (g) + CO_2\ (g)$

4 (UFV-MG) O gás de cozinha é formado principalmente pelos gases butano e propano. A reação que ocorre no queimador do fogão é a combustão desses gases. A equação a seguir representa a combustão do butano.

$$2\ C_4H_{10} + 13\ O_2 \rightarrow 8\ CO_2 + 10\ H_2O$$

A massa de água que pode ser obtida a partir da mistura de 10 g de butano com 10 g de oxigênio é:

a) 20 g.
b) 3,1 g.
c) 4,3 g.
d) 15,5 g.
e) 10 g.

5 (UFPB-PB) A cafeína, um estimulante bastante comum encontrado no café, chá, guaraná etc., tem fórmula molecular $C_8H_{10}N_4O_2$. Portanto, é correto afirmar que 582 g de cafeína contêm:

a) 10 × 6,0 × 1023 átomos de hidrogênio.
b) 32 g de oxigênio.
c) 1,44 × 1025 átomos de carbono.
d) 12 átomos de nitrogênio.
e) 3 moléculas de cafeína.

6 (UFPB-PB) Um comprimido de aspirina contém 120 mg de ácido acetilsalicílico $C_9H_8O_4$. O número de moléculas do ácido contidas em um comprimido de aspirina é:

a) $4,0 \times 10^{23}$.
b) $4,0 \times 10^{18}$.
c) $6,0 \times 10^{23}$.
d) $7,2 \times 10^{23}$.
e) $4,0 \times 10^{20}$.

7 (UPM-SP) O quadro a seguir, com dados relativos à equação citada, refere-se a duas experiências realizadas. Então podemos afirmar que:

	C	+	O_2	→	CO_2
1ª experiência	12 g		32 g		*x* g
2ª experiência	36 g		*Y* g		132 g

a) x é menor que a soma dos valores das massas dos reagentes da 1ª experiência.

b) x = Y.

c) Y é igual ao dobro do valor da massa de carbono que reage na 2ª experiência.

d) $\frac{32}{y} = \frac{x}{132}$.

e) Y = 168.

8 (Unicamp-SP) Indicadores são substâncias que apresentam a propriedade de mudar de cor em função da acidez ou basicidade do meio em que se encontram. Em três experimentos diferentes, misturou-se uma solução aquosa de HCl com uma solução aquosa de NaOH. As soluções de ambos os reagentes apresentavam a mesma concentração em mol/L. Após a mistura acrescentou-se um determinado indicador, obtendo-se os seguintes resultados:

	Experimento 1	**Experimento 2**	**Experimento 3**
Reagentes	2 mL de HCl + 1 mL de NaOH	2 mL de HCl + 2 mL de NaOH	2 mL de HCl + 3 mL de NaOH
Cor do indicador	amarelo	verde	azul

a) Considerando esses três experimentos, que cor esse indicador apresentará em contato com o suco de limão, que possui uma apreciável concentração de substâncias ácidas? Justifique.

b) Que cor apresentará o indicador se misturarmos os reagentes do experimento 1 com os reagentes do experimento 3? Justifique.

9 (Unicamp-SP) Nas salinas, o cloreto de sódio é obtido pela evaporação da água do mar a 30 °C, aproximadamente.

a) Um volume de água do mar é evaporado até o aparecimento de NaCl sólido. Qual é a concentração de NaCl na solução resultante? Justifique a resposta.

b) Que volume de água do mar deve ser evaporado completamente para a produção de 1,00 kg de NaCl sólido?

Atenção: nem todos os dados fornecidos a seguir serão utilizados para resolver os itens a e b. Dados: A massa molar da água é igual a 18,0 g/mol; massa molar do NaCl é igual a 58,4 g/mol; a solubilidade do NaCl em água, a 30 °C, é igual a 6,16 mol/L, o que corresponde a 360 g/L; a concentração do NaCl na água do mar é igual a 0,43 mol/L, o que corresponde a 25 g/L; a densidade da água do mar a 30 °C é igual a 1,03 g/cm³; a densidade da água pura a 30 °C é igual a 0,9956 g/cm³.

10 (UFMG-MG) A queima do enxofre produz um dos seus óxidos, SO_2 (g) ou SO_3 (g). A identificação de qual dos dois é, realmente, produzido pode ser realizada reagindo esse gás com $Ba(OH)_2$ (aq). As reações de cada um dos gases, SO_2 (g) ou SO_3 (g), com essa base levam à formação de um sal, diferente em cada caso, que se precipita.

a) Escreva a equação balanceada da reação entre SO_2 e $Ba(OH)_2$.

b) Escreva a equação balanceada da reação entre SO_3 e $Ba(OH)_2$.

c) O gás formado na queima de 3,2 g de enxofre, ao reagir com excesso de $Ba(OH)_2$ (aq), produziu 21,7 g de um sal, que se precipitou. Calcule as massas dos dois sais que seriam produzidos a partir dessa massa de enxofre, caso fosse formado SO_2 (g) ou SO_3 (g).

d) Indique qual é o gás produzido. (Deixe seus cálculos registrados, de modo a explicitar seu raciocínio.)

11 (UFMG-MG) Um dos causadores da chuva ácida é o dióxido de enxofre, SO_2 (g). Na atmosfera, o dióxido de enxofre é convertido em trióxido de enxofre, SO_3 (g), numa reação lenta, mas catalisada por partículas sólidas em suspensão no ar. O trióxido de enxofre reage rapidamente com a água presente na atmosfera, transformando-se em ácido sulfúrico, H_2SO_4 (aq). Uma alternativa econômica para a diminuição do dióxido de enxofre lançado à atmosfera é o tratamento das emissões das chaminés com uma pasta úmida de calcário, $CaCO_3$ (s), em presença de um oxidante.

a) Escreva a equação balanceada para a reação entre dió-xido de enxofre, gás oxigênio e calcário, a qual produz sulfato de cálcio e dióxido de carbono.

b) Considerando a equação obtida em (a), calcule quantas toneladas de $CaCO_3$ (s) seriam necessárias para reagir com 640 toneladas de SO_2 (g). Deixe seus cálculos registrados, de modo a explicitar o seu raciocínio.

12 (UFRJ-RJ) Os motores a diesel lançam na atmosfera diversos gases, entre eles o anidrido sulfuroso e o monóxido de carbono. Uma amostra dos gases emitidos por um motor a diesel foi recolhida; observou-se que ela continha 0,1 mol de anidrido sulfuroso e 0,5 mol de monóxido de carbono.

a) Determine a massa, em g, de monóxido de carbono contido nessa amostra.

b) Quantos átomos de oxigênio estão presentes na amostra recolhida?

13 (UFRJ-RJ) O cálcio é um elemento que está presente em organismos vivos sob a forma de diversos compostos. Os ossos e os dentes, por exemplo, contêm sais de cálcio, tais como fosfato de cálcio e a hidroxiapatita; as conchas de animais marinhos contêm carbonato de cálcio.

a) O carbonato de cálcio pode ser obtido através de uma reação de neutralização como a esquematizada a seguir:

$$\text{ácido} + \text{base} \rightarrow CaCO_3 + 2\ H_2O$$

Calcule a massa de carbonato de cálcio formada quando 12,4 g do ácido são consumidos.

b) A hidroxiapatita (hidroxifosfato de cálcio) tem a seguinte fórmula química: $Ca_x(PO_4)_3OH$. Determine x.

14 (UFRJ-RJ) O gráfico a seguir apresenta a variação do número de mols de átomos (átomos-grama) dos três elementos químicos que compõem um certo sal, com o número de mols desse sal. Cada reta se refere a um elemento químico: alumínio, ametal desconhecido e oxigênio.

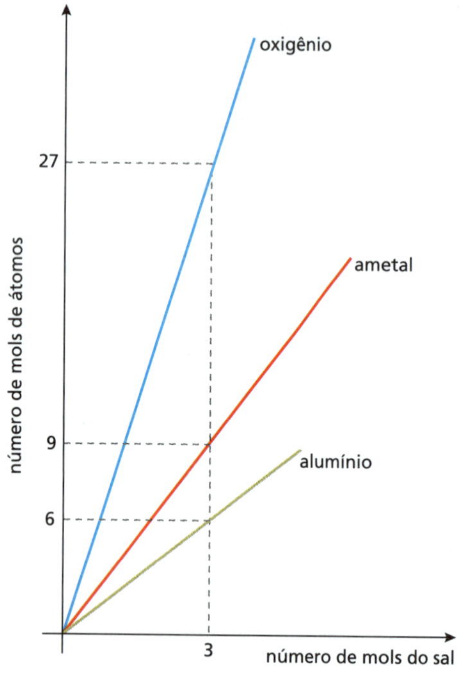

a) Escreva o nome do sal que está representado por esse gráfico, sabendo que sua massa molar é de 294 g/mol.

b) Calcule a massa de alumínio, em g, presente em 5 mols desse sal.

15 (Ufop-MG) O esmalte dos dentes contém o mineral hidroxiapatita, um hidroxifosfato de cálcio. As bactérias ali residentes metabolizam o açúcar que, ao ser transformado em ácido lático, cria um pH abaixo de 5 na superfície dos dentes. Isso facilita o ataque pelo ácido resultando na cárie dentária. A reação de dissolução desse mineral é:

$$Ca_{10}(PO_4)_6(OH)_2 + H^+ \rightarrow Ca^{2+} + H_2PO_4^- + H_2O$$

a) Determine a soma dos coeficientes estequiométricos da reação balanceada.

b) Admitindo-se que são produzidos 10 mg de íons cálcio, determine a massa de hidroxiapatita perdida pelo dente.

16 (Ufop-MG) Quando uma cebola é cortada, ocorre desprendimento de SO_2 que, exposto ao ar, se oxida a SO_3. Esse gás reage com a umidade dos olhos formando ácido sulfúrico, causando-lhes ardor e lacrimejamento.

a) Escreva as reações químicas envolvidas nesse processo.

b) Admitindo-se que 100 g de cebola produzam 9,8 mg de ácido sulfúrico, determine a porcentagem de enxofre na cebola.

17 (UEL-PR) 46 g de sódio reagem com 32 g de oxigênio formando peróxido de sódio. Quantos gramas de sódio são necessários para se obter 156 g de peróxido de sódio?

a) 23
b) 32
c) 69
d) 78
e) 92

18 (UFSCar-SP) Um homem exala cerca de 25 mols de dió-xido de carbono por dia em sua respiração. O acúmulo de dióxido de carbono em recintos fechados pode tornar impossível a sobrevivência de seres vivos, tornando-se necessário controlar seu nível no ambiente. Durante a primeira viagem de balão sem escala ao redor da Terra, realizada em 1999, o nível de dióxido de carbono na cabina do balão foi controlado pelo uso de hidróxido de lítio sólido. No processo, ocorre reação entre o hidróxido de lítio e o dióxido de carbono, formando carbonato de lítio sólido e água como produtos.

a) Escreva a equação balanceada da reação entre hidróxido de lítio e dióxido de carbono.
b) Calcule a massa de hidróxido de lítio (massa molar = = 24 g/mol) necessária para reagir com todo o dióxido de carbono exalado na respiração de um homem durante um dia. Suponha que a reação de absorção do dióxido de carbono ocorra com 100% de rendimento.

19 (Cefet-AL) Dada a reação de neutralização:

$$x\,HCl + y\,Ca(OH)_2 \rightarrow z\,CaCl_2 + w\,H_2O$$

A soma dos menores coeficientes inteiros (x, y, z e w) que deixam a equação corretamente balanceada é:

a) 15.
b) 6.
c) 9.
d) 8.
e) 12.

20 (UEMS-MS) Em sistemas fechados, o dióxido de carbono produzido pela respiração e processos de combustão pode ser removido pela reação com óxido de cálcio, produzindo carbonato de cálcio ($CaCO_3$). Em um experimento realizado para verificar a eficiência na redução de dióxido de carbono, observou-se que foram consumidos 5,3 g de óxido de cálcio. A massa de dióxido de carbono aproximadamente removida foi de:

a) 2,05 g.
b) 2,42 g.
c) 2,64 g.
d) 3,23 g.
e) 4,15 g.

21 (Ufal-AL) A magnetita, importante minério de ferro que deu origem às bússolas, forma-se no interior da Terra pela reação expressa na equação química:

$$a\,FeO\,(s) + b\,CO_2\,(g) \rightarrow x\,Fe_3O4\,(s) + y\,CO\,(g)$$

Os coeficientes estequiométricos que tornam a, b, x e y a equação balanceada são, respectivamente:

a) 2, 2, 1, 1.
b) 3, 1, 1, 1.
c) 3, 2, 3, 2.
d) 1, 2, 3, 1.
e) 2, 3, 1, 1.

22 (Ufal-AL) Uma característica essencial dos fertilizantes é a sua solubilidade em água. Por isso, a indústria de fertilizantes transforma o fosfato de cálcio, cuja solubilidade em água é muito reduzida, num composto muito mais solúvel, que é o superfosfato de cálcio. Esse processo é representado pela equação química:

$$Ca_x(PO_4)_2 + y\ H_2SO_4 \rightarrow Ca(H_2PO_4)_z + {}_2\ CaSO_4$$

Onde os valores de x, y e z são, respectivamente:

a) 2, 2 e 2.
b) 3, 2 e 2.
c) 4, 2 e 2.
d) 3, 6 e 3.
e) 5, 2 e 3.

23 (UFPI-PI) O ferro pode combinar-se com monóxido de carbono, formando compostos de fórmula geral Fex(CO)y, os quais, ao serem queimados em atmosfera de oxigênio, produzem óxido de ferro (III) e dióxido de carbono. Se, quando se queima uma amostra de Fex(CO)y, em atmosfera de oxigênio, obtém-se 0,40 g de óxido de ferro (III) e 1,10 g de dióxido de carbono, a razão $\frac{y}{x}$, nessa amostra de Fex(CO)y, é:

a) 0,5.
b) 1,0.
c) 2,5.
d) 3,0.
e) 5,0.

24 (CFTSC-SC) A reação de combustão de um dos componentes do gás de cozinha, o gás butano (C_4H_{10}), pode ser representada pela seguinte equação química não balanceada:

$$C_4H_{10}\ (g) + O_2\ (g) \rightarrow CO_2\ (g) + H_2O\ (l)$$

Sabendo que o volume molar de um gás ideal nas CNTP é 22,4 L/mol, julgue os itens que se seguem como verdadeiros (V) ou falsos (F):

1) De acordo com a Lei das Proporções Definidas, dobrando-se as massas dos gases butano e oxigênio, as massas de gás carbônico e de água aumentarão 3 vezes.
2) São necessários 13 mols de gás oxigênio para reagir com 2 mols de gás butano.
3) A queima de 58 g de gás butano produzirá 90 g de água.
4) Nas CNTP, para produzir 45,80 L de gás carbônico, são necessários 116 g de gás butano.
5) Quando se queimam 232,0 g de gás butano, são utilizados 98,6 L de gás oxigênio, nas CNTP.

A ordem correta de marcação é:

a) F, F, V, F, F.
b) F, V, V, F, F.
c) F, V, F, V, F.
d) V, V, F, V, F.
e) F, F, V, V, V.

25 (PUC-MG) Considere a seguinte equação química:

$$N_2H_4\ (aq) + 2\ H_2O_2\ (g) \rightarrow N_2\ (g) + 4\ H_2O\ (l)$$

Com relação à equação, é incorreto afirmar que:

a) o número de átomos dos reagentes é menor que o número de átomos dos produtos.
b) a massa dos reagentes é igual à massa dos produtos.
c) a reação produz uma substância simples e uma substância composta.
d) o número de moléculas dos reagentes é diferente do número de moléculas dos produtos.

26 (PUC-MG) Por meio da reação de combustão da amônia, podemos obter o óxido nítrico. Essa reação pode ser representada pela seguinte equação química não balanceada:

NH_3 (g) + O_2 (g) $\rightarrow$ NO (g) + H_2O (g)

Após o balanceamento da equação, a soma de todos os coeficientes mínimos e inteiros das espécies químicas envolvidas é igual a:

a) 9.
b) 13.
c) 15.
d) 19.

27 (UFSJ-MG) Uma substância simples formada por moléculas diatômicas, com massa molecular aproximadamente igual a 28 g/mol, possui a fórmula:

a) CO.
b) Si.
c) N_2.
d) HCN.
e) O_2.

28 (Udesc-SC) Analise as afirmações em relação a 2 moléculas de ácido ascórbico (vitamina C) $C_6H_8O_8$:

I. Contém 6 átomos de carbono, 8 átomos de hidrogênio e 8 átomos de oxigênio.
II. Contém 12 átomos de carbono, 16 átomos de hidrogênio e 16 átomos de oxigênio.
III. Sua massa corresponde a 208 g.

Está(ão) correta(s):

a) apenas III.
b) apenas I.
c) apenas II.
d) I e II.
e) I e III.

29 (Unicamp-SP) 8,4 g de uma substância de fórmula C_xH_6 apresentam $1,2 \times 10^{23}$ moléculas. Calcule o valor de x.

30 (UPM-SP) O número de moléculas de sacarose presente numa embalagem que contém 5,7 g desse açúcar é igual a:
(Dado: massa molar da sacarose = 342 g/mol.)

a) $1,0 \times 10^{22}$.
b) $6,0 \times 10^{23}$.
c) $1,0 \times 10^{24}$.
d) $2,0 \times 10^{26}$.
e) $1,9 \times 10^{20}$.

31 (UEM-PR) Considere a reação de combustão completa do hidrogênio gasoso, balanceada em menores números inteiros. Comparando-se os reagentes com o produto da reação, pode-se dizer que eles apresentam igual:

I. número total de moléculas.
II. número total de átomos.
III. massa.

Dessas afirmações:

a) apenas I é correta.
b) apenas II é correta.
c) apenas I e II são corretas.
d) apenas I e III são corretas.
e) apenas II e III são corretas.

32 (UFV-MG) Considere 1,0 L de álcool etílico (CH_3CH_2OH), cuja densidade é 0,80 g · cm^{-3}. O número de moléculas contidas em 1 L desta substância é:

a) $1{,}0 \times 10^{25}$.

b) $6{,}0 \times 10^{23}$.

c) $2{,}8 \times 10^{25}$.

d) $3{,}5 \times 10^{22}$.

e) $2{,}8 \times 10^{22}$.

33 (Fatec-SP) O gráfico a seguir relaciona as massas de magnésio que reagem com oxigênio para formar óxido de magnésio.

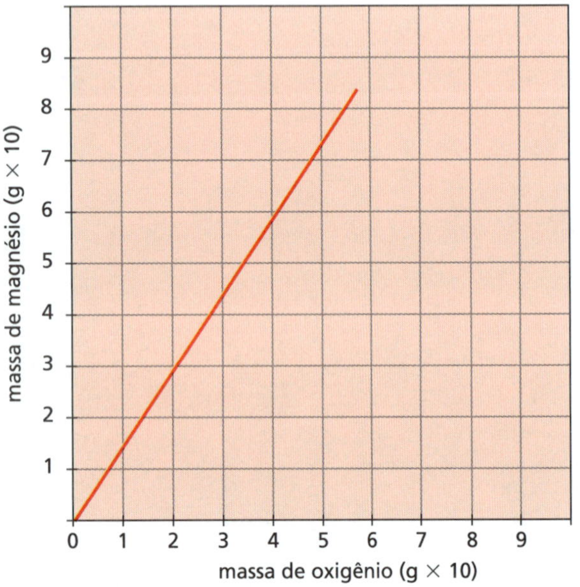

Considere os reagentes em extrema pureza e reação completa. A análise desse gráfico permite afirmar que:

a) as massas de oxigênio e magnésio, envolvidas nas reações, são inversamente proporcionais.

b) a massa de oxigênio, necessária para reagir com 48 g de magnésio, é de 4,8 g.

c) usando-se 60 g de magnésio e 60 g de oxigênio formam-se 100 g de óxido de magnésio, havendo um excesso de 20 g de oxigênio.

d) usando-se 60 g de magnésio e 60 g de oxigênio formam-se 120 g de óxido de magnésio.

e) a proporção entre as massas de magnésio e oxigênio que reagem para formar óxido de magnésio é de 2 de Mg para 3 de O.

34 (UFRGS-RS) Misturam-se 40 g de água com 3×10^{24} átomos de cálcio e 5 mols de moléculas de oxigênio. Qual a massa da mistura em g?

35 (Unesp-SP) O sódio metálico reage com a água, de acordo com a equação balanceada:

$$2\ Na + 2\ H_2O \rightarrow 2\ NaOH + H_2$$

Considerando que a massa de sódio metálico que foi consumido é igual a 4,6 g, calcule a massa de hidróxido de sódio que foi produzido.

a) 0,4 g

b) 4 g

c) 8 g

d) 16 g

e) 32 g

36 (UFF-RJ) O cloro empregado nos sistemas de purificação de água é obtido, industrialmente, pela decomposição eletrolítica da água do mar mediante a reação química representada a seguir:

$$2\ NaCl + 2\ H_2O \rightarrow 2\ NaOH + H_2 + Cl_2$$

A massa de cloreto de sódio a ser utilizada na produção de 25 toneladas de cloro, supondo uma eficiência de 100% do processo, será, aproximadamente:

a) 13 toneladas.
b) 21 toneladas.
c) 28 toneladas.
d) 41 toneladas.
e) 83 toneladas.

37 (UFMS-MS) Ácido fosfórico, H_3PO_4, pode ser obtido pela reação de fosfato de cálcio, $Ca_3(PO_4)_2$, com ácido sulfúrico, H_2SO_4. (Dado: número de Avogadro = $6{,}0 \times 10^{23}$.)

a) Escreva a equação química balanceada da reação.
b) Calcule a massa de fosfato de cálcio necessária para obter 588 g de ácido fosfórico.

38 (FEI-SP) O ferro é um elemento essencial, na alimentação humana, para a formação de hemoglobina, apenas 10% do ferro do feijão é absorvido pelo organismo humano. Supondo que em 100 g de feijão encontremos 0,2% de ferro e que cada átomo de ferro formará uma molécula de hemoglobina, o número de átomos de ferro é aproximadamente:

Dados: Fe = 56u

a) $6 \cdot 10^{20}$
b) $2 \cdot 10^{20}$
c) $4 \cdot 10^{22}$
d) $5 \cdot 10^{22}$
e) $6 \cdot 10^{23}$

39 (UEL-PR) Dose diária recomendada para um adulto:

Mg..... $1{,}20 \times 10^{-2}$ mol
Ca...... $1{,}95 \times 10^{-2}$ mol
P....... $2{,}60 \times 10^{-2}$ mol

Um indivíduo que toma diariamente um suplemento alimentar com $6{,}5 \times 10^{-3}$ mol de $Ca_3(PO_4)_2$ e $6{,}5 \times 10^{-3}$ mol de $Mg_3(PO_4)_2$ está ingerindo:

a) a dose correta de Mg e excesso de Ca e P.
b) a dose correta de Ca e excesso de Mg e P.
c) excesso de Mg, Ca e P.
d) excesso de Mg e escassez de Ca e P.
e) a dose correta de P e Ca e excesso de Mg.

40 (Vunesp-SP) Em 1 mol de molécula de H_3PO_4 têm-se: (Dado: constante de Avogadro = $6 \cdot 10^{23}$)

a) $3 \cdot 10^{23}$ átomos de hidrogênio e 10^{23} átomos de fósforo.
b) 1 átomo de cada elemento.
c) 3 íons H^+ e 1 íon $(PO_4)^{3-}$.
d) 1 mol de cada elemento.
e) 4 mols de átomo de oxigênio e 1 mol de átomos de fósforo.

41 (Uerj-RJ) Algumas doenças infecciosas, como a dengue, são causadas por um arbovírus da família 'Flaviridae'. São conhecidos quatro tipos de vírus da dengue, denominados DEN 1, DEN 2, DEN 3 e DEN 4; os três primeiros já produziram epidemias no Brasil. A doença, transmitida ao homem pela picada da fêmea infectada do mosquito 'Aedes aegypti', não tem tratamento específico, mas os medicamentos frequentemente usados contra febre e dor devem ser prescritos com cautela. Na tabela a seguir são apresentadas informações sobre dois medicamentos:

Medicamento	Fórmula estrutural	Massa molar ($g \cdot mol^{-1}$)
paracetamol	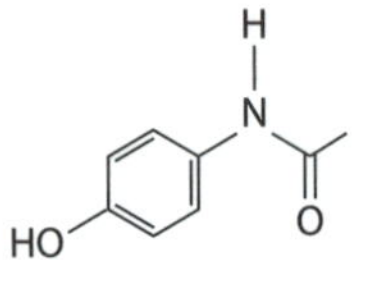	151
ácido acetilsalicílico	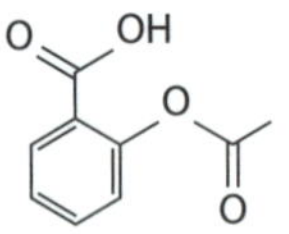	180

O número de átomos existente em uma amostra de 1 g de ácido acetilsalicílico é igual a:

a) $3,3 \times 10^{21}$

b) $7,0 \times 10^{22}$

c) $6,0 \times 10^{23}$

d) $1,3 \times 10^{25}$

42 (Unifesp-SP) Um trabalho desenvolvido por pesquisadores da Unifesp indica que, embora 70% dos fumantes desejem parar de fumar, apenas 5% conseguem fazê-lo por si mesmos, devido à dependência da nicotina. A dependência do cigarro passou a ser vista não somente como um vício psicológico, mas como uma dependência física, devendo ser tratada como uma doença: "a dependência da nicotina".

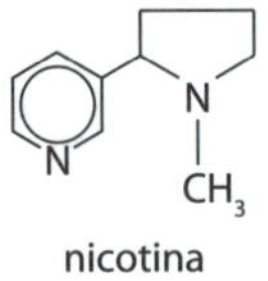

nicotina

Numa embalagem de cigarros, consta que o produto contém mais de 4 700 substâncias tóxicas, sendo relacionados o alcatrão, com 6 mg, o monóxido de carbono, com 8 mg, e a nicotina, com 0,65 mg. Os teores dessas substâncias referem-se à fumaça gerada pela queima de um cigarro. A quantidade em mol de moléculas de nicotina presentes na fumaça de um cigarro dessa embalagem é: Dados: C = 12; N = 14; O = 16; H = 1.

a) $4,0 \times 10^{-6}$.

b) $5,0 \times 10^{-6}$.

c) $6,0 \times 10^{-6}$.

d) $7,0 \times 10^{-6}$.

e) $8,0 \times 10^{-6}$.

LIGAÇÕES QUÍMICAS, INTERAÇÕES INTERMOLECULARES E PROPRIEDADES DOS MATERIAIS

Interações atômicas

Tipo de ligação e característica	Propriedades físicas
Covalente: compartilhamento de elétrons (não metal-não metal). Os elétrons são atraídos igualmente pelos dois núcleos, ou seja, a nuvem eletrônica está uniformemente distribuída entre os dois núcleos. Este tipo de ligação resulta na formação de moléculas.	• Existem nos estados gasoso, líquido e sólido. • Pontos de fusão e ebulição relativamente baixos; • Solúveis em água (polar), outros são solúveis em solventes apolares, e outros, ainda, são solúveis em ambos; • Não são condutoras de eletricidade, nem quando puros, nem quando dissolvidos em água.
Iônica: força de atração eletrostática, entre íons de cargas opostas (metal-não metal). A nuvem eletrônica está deslocada em direção ao núcleo mais eletronegativo. Os compostos formados por este tipo de ligação são iônicos.	• Altos pontos de fusão e ebulição; • Condutividade elétrica quando fundidos ou dissolvidos em água; • Solubilidade em água (a maioria); • São sólidos a temperatura e pressão ambiente; • Possuem brilho (a maioria).
Metálica: atração mútua entre um grande número de núcleos e um grande número de elétrons.	• Maleabilidade e ductibilidade; • Excelentes condutores de eletricidade e calor; • Temperaturas de fusão dos metais variam desde valores baixos até valores muito altos; • Não são solúveis em solventes polares ou apolares, mas podem reagir com ácidos fortes. • São muito densos.

Interações intermoleculares

Tipo de interação	Característica
Dipolo-Dipolo induzido	Forças de interações que ocorrem entre moléculas <u>apolares</u>.
Dipolo-Dipolo	Forças de interações que ocorrem entre moléculas <u>polares</u>.
Ligações de hidrogênio	São interações que ocorrem em substâncias no estado líquido ou sólido, nas quais o átomo de H está ligado a um átomo muito eletronegativo (F, O ou N). A interação decorre da atração eletrostática entre o H (polo positivo) e o átomo mais eletronegativo (polo negativo).

Ordem crescente das forças de interações intermoleculares:

Ligação de hidrogênio > dipolo-dipolo > dipolo induzido

Quanto maior a força de interação intermolecular, maior a temperatura de fusão e ebulição.

Exercícios

1 (UFMG-MG) Foram apresentadas a um estudante as fórmulas de quatro pares de substâncias. Pediu-se a ele que, considerando os modelos de ligações químicas e de interações intermoleculares apropriados a cada caso, indicasse, em cada par, a substância que tivesse a temperatura de fusão mais baixa. O estudante propôs o seguinte:

Pares de substâncias	Substâncias de temperatura de fusão mais baixa
CH_4, CH_3OH	CH_4
NaCl, HCl	NaCl
SiO_2, H_2O	SiO_2
I_2, Fe	I_2

A alternativa que apresenta o número de previsões corretas feitas pelo estudante é:

a) 0.

b) 1.

c) 2.

d) 3.

2 (UFMG-MG) A curva do gráfico a seguir mostra a variação da energia potencial E_p em função da distância entre os átomos, durante a formação da molécula H_2 a partir de dois átomos de hidrogênio, inicialmente a uma distância infinita um do outro.

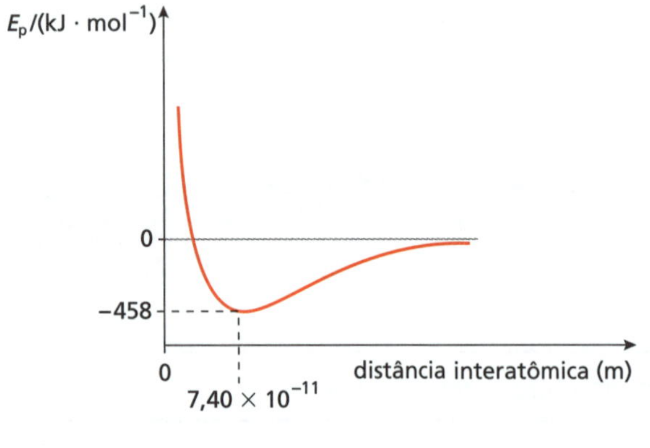

Em relação às informações obtidas da análise do gráfico, indique a afirmativa falsa.

a) A energia potencial diminui na formação da ligação química.

b) A quebra da ligação H-H consome 458 kJ/mol.

c) O comprimento de ligação da molécula H_2 é de $7{,}40 \times 10^{-11}$ m.

d) Os átomos separados por uma distância infinita se atraem mutuamente.

3 (UFMG-MG) O etanol (álcool etílico, CH_3CH_2OH) é um líquido menos denso do que a água. Ele é usado na limpeza doméstica porque dissolve gorduras, é solúvel em água e mais volátil do que ela. O quadro a seguir apresenta cada uma dessas propriedades relacionadas a uma explicação com base nos modelos de interações intermoleculares. Indique a alternativa que contém uma explicação inadequada para a propriedade relacionada.

	Propriedade do etanol	Explicação
a)	Dissolver gorduras.	A molécula do etanol tem uma parte pouco polar.
b)	Ser mais volátil do que a água.	As interações intermoleculares são mais fracas no etanol do que na água.
c)	Ser menos denso do que a água.	A massa molar do etanol é maior do que a da água.
d)	Ser solúvel em água.	A molécula de etanol forma ligações de hidrogênio com a molécula de água.

4 (UFMG-MG) Existem algumas propriedades que são adequadas para caracterizar os sólidos iônicos, uma vez que a grande maioria desses sólidos apresenta essas propriedades. Outras propriedades não são adequadas para esse fim, pois podem existir sólidos iônicos que não apresentem essas outras propriedades. Considere o conjunto dos sólidos iônicos. Entre as propriedades relacionadas, indique a que não será exibida por um grande número de sólidos.

a) Apresentar altas temperaturas de fusão.
b) Conduzir corrente elétrica quando fundido.
c) Ser isolante térmico e elétrico em estado sólido.
d) Ser solúvel em água.

5 (UFMG-MG) Um material sólido tem as seguintes características:

- não apresenta brilho metálico;
- é solúvel em água;
- não se funde quando aquecido a 500 °C;
- não conduz corrente elétrica no estado sólido;
- conduz corrente elétrica em solução aquosa.

Com base nos modelos de ligação química, pode-se concluir que, provavelmente, trata-se de um sólido:

a) iônico.
b) covalente.
c) molecular.
d) metálico.

6 (UFSCar-SP) Apresentam somente ligações covalentes:

a) $NaCl$ e H_2SO_4.
b) Mn_2O_3 e MgH_2.
c) HCl e Cl_2O_3.
d) KNO_3 e LiF.
e) $LiOH$ e CsI.

7 (UFMG-MG) A figura representa uma seção plana de um cristal iônico, como Na^+Cl^- (s) ou $Ca^{2+}O^{2-}$ (s). Os íons foram numerados para facilitar a sua identificação.

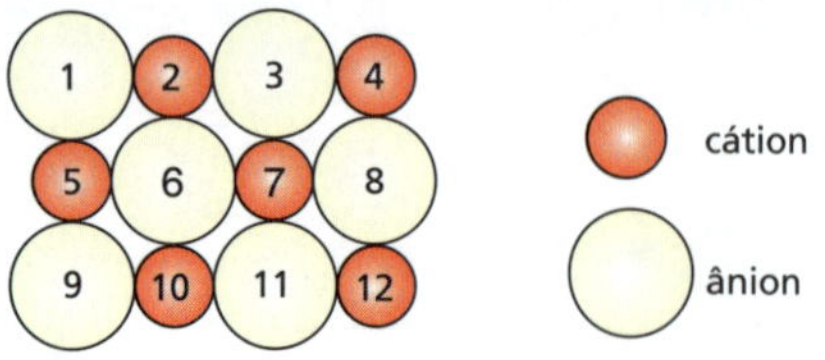

Considerando o modelo de ligação para compostos iônicos e os íons representados, é correto afirmar que:

a) o ânion 6 apresenta ligações iônicas de mesma força com os cátions 2, 5, 7 e 10.

b) o par de íons 2-6, no caso do cristal de $Ca^{2+}O^{2-}$, está ligado por duas ligações iônicas.

c) o ânion 1 não apresenta interação eletrostática com o cátion 7.

d) o par de íons 1-5 está ligado ao par de íons 2-6 por uma interação entre dipolos permanentes.

8 (UFMG-MG) A estrutura primária das proteínas é formada pela polimerização de sequências definidas de aminoácidos, conforme representado pela equação:

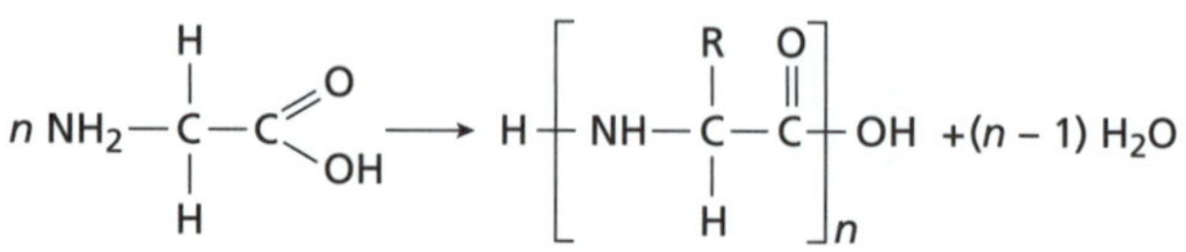

Essa estrutura primária é mantida unida por:

a) ligações de hidrogênio.

b) ligações iônicas.

c) ligações covalentes.

d) ligações de Van der Waals.

9 (UFMG-MG) O cloreto de sódio, NaCl, é um sólido iônico que apresenta alta solubilidade em água. As figuras apresentam quatro modelos distintos para descrever a solvatação do NaCl pelas moléculas de água.

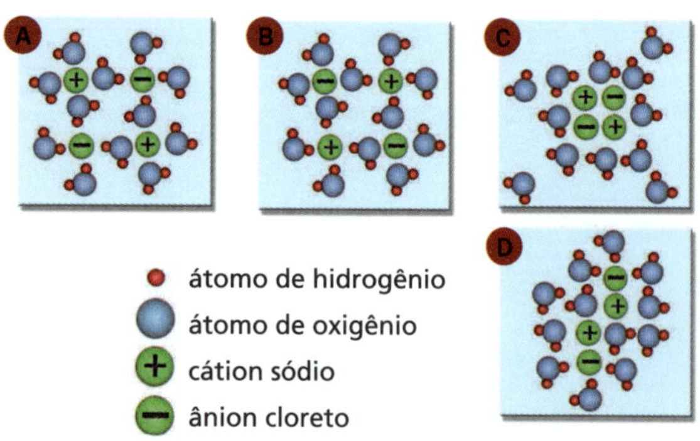

Luís Moura/Arquivo da editora

a) Indique se a molécula da água é polar ou apolar. Justifique sua resposta, considerando a polaridade das ligações O-H e a geometria molecular.

b) Indique qual dos modelos (A, B, C ou D) descreve melhor a solvatação do NaCl em uma solução aquosa diluída. Justifique sua resposta, considerando as interações entre as espécies em solução.

10 (UFMG-MG) Considere cada uma das seguintes substâncias, todas no estado sólido: cloreto de sódio, diamante, iodo e sódio.

a) Cite o sólido que não conduz corrente elétrica e se torna bom condutor quando fundido. Justifique o fato de a substância ser condutora no estado líquido.

b) Cite o sólido cujo cristal é mantido coeso, principalmente por interações de Van der Waals. Justifique sua resposta.

11 (Unicamp-SP) Considere as seguintes informações sobre os elementos químicos X, Y e Z:

Elemento	Família ou grupo	Período
X	do oxigênio	2
Y	14	2
Z	dos alcalinos	4

a) Quais são os elementos X, Y e Z?

b) A combinação de dois desses elementos pode formar substâncias não iônicas e gasosas a temperatura e pressão ambientes. Escreva a fórmula de uma dessas substâncias.

c) Escreva a fórmula de uma substância iônica e sólida formada pela combinação dos três elementos.

12 (UFPB-PB) Considere as moléculas NH_3 e BH_3.

a) Escreva suas estruturas eletrônicas.

b) Com base nessas estruturas, explique por que entre moléculas de amônia há a formação de ligação de hidrogênio e entre moléculas de hidreto de boro não há essa formação.

13 (UFPB-PB) Explique a diferença do ponto de ebulição (PE) dos compostos a seguir:

PE = 331 °C

I

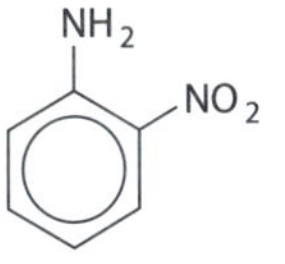

PE = 284 °C

II

14 (UEMG-MG) As propriedades exibidas por certo material podem ser explicadas pelo tipo de ligação química presente entre suas unidades formadoras. Em uma análise laboratorial, um químico identificou para certo material as seguintes propriedades:

- Alta temperatura de fusão e ebulição.
- Boa condutividade elétrica em solução aquosa.
- Mau condutor de eletricidade no estado sólido.

A partir das propriedades exibidas por esse material, indique a alternativa que indica o tipo de ligação predominante no mesmo.

a) metálica.

b) covalente.

c) dipolo induzido.

d) iônica.

15 (UEPB-PB) Indique o item que apresenta corretamente a estrutura de Lewis e a geometria para as moléculas de gás carbônico e água, respectivamente.

a) :O::C::O: geometria linear; H:Ö:H (angular) geometria angular;

b) :C::O: :O: geometria angular; H:Ö:H geometria linear;

c) :O::C::O: geometria linear; H:Ö:H geometria linear;

d) :O::C::O: geometria angular; H:Ö:H (angular) geometria linear;

e) :O::C::O: (angular) geometria angular; H:Ö:H (angular) geometria angular.

16 (UEPG-PR) Considere os elementos X, Y e Z, com as respectivas configurações eletrônicas de seus átomos:

$X = 1s^2\ 2s^2\ 2p^6\ 3s^2$

$Y = 1s^2\ 2s^2\ 2p^5$

$Z = 1s^2\ 2s^2\ 2p^6\ 3s^2\ 3p^4$

Com relação ao comportamento desses átomos na formação de ligações químicas, dê como resposta a soma das alternativas corretas.

(01) O elemento X apresenta maior eletroafinidade do que os elementos Y e Z.

(02) Os átomos dos elementos Y e Z apresentam tendência em formar ânions monovalentes e bivalentes, respectivamente.

(04) Os elementos X e Y formam um composto molecular de fórmula X2Y.

(08) Os elementos X e Z formam entre si compostos de caráter iônico.

17 (Ufal-AL) O principal componente de um sabão pode ser representado por:

$R–COO^–Na^+$

Onde R é um hidrocarboneto de cadeia longa. A ação de "limpeza" de um sabão sobre as gorduras é devida:

a) à insolubilidade das gorduras no sabão em razão da sua alta massa molar.

b) ao baixo ponto de fusão das gorduras, que facilita sua reação com o sabão.

c) à alta polaridade do grupo carboxílico, que o torna solúvel em água, e à baixa polaridade da cadeia carbônica, que a torna solúvel nas gorduras.

d) à degradação das gorduras através da reação com os íons do sabão, formando substâncias solúveis em água.

e) à reação entre o grupo carboxílico do sabão e a gordura, formando um éster solúvel em água.

18 (UFMG-MG) H_2S é gasoso e H_2O é líquido, nas Condições Normais de Temperatura e Pressão. Com relação a essa diferença de fase, pode-se afirmar corretamente que:

a) H_2S é gasoso porque seus átomos se separam mais facilmente.

b) H_2O é líquido porque suas moléculas são mais fortemente ligadas entre si.

c) H_2O é líquido porque as ligações O–H, em cada uma de suas moléculas, são mais fortes do que as S–H.

d) H_2O é líquido porque tem moléculas maiores do que as do H_2S.

e) H_2S é gasoso porque tem moléculas mais leves do que as de H_2O.

19 (UFJF-MG) Indique a alternativa que apresenta as substâncias que possuem ligação do tipo covalente, iônica e covalente, respectivamente.

a) ácido fluorídrico, gás oxigênio e dióxido de carbono.

b) cloreto de sódio, brometo de potássio e gás nitrogênio.

c) amônia, cloreto de cálcio e ozônio.

d) sulfato de magnésio, gás cloro e amônia.

e) ácido clorídrico, ácido bromídrico e carbonato de cálcio.

20 (Unesp-SP) As moléculas de N_2 e de CO_2, presentes na atmosfera, apresentam momento dipolar resultante igual a zero. Em contato com a água, cujas moléculas apresentam momento dipolar resultante diferente de zero (solvente polar), uma fração considerável do CO_2 atmosférico passa para a fase aquosa, enquanto o N_2 permanece quase que totalmente na atmosfera. Desenhe a estrutura da molécula de CO_2 e explique, utilizando equações químicas, a passagem do CO_2 para a fase aquosa.

21 (UFRN-RN) Os ácidos cítrico (estrutura 1) e ascórbico (estrutura 2), encontrados no limão, são nutrientes que podem proporcionar benefícios importantes ao organismo, como a estimulação do sistema imunológico.

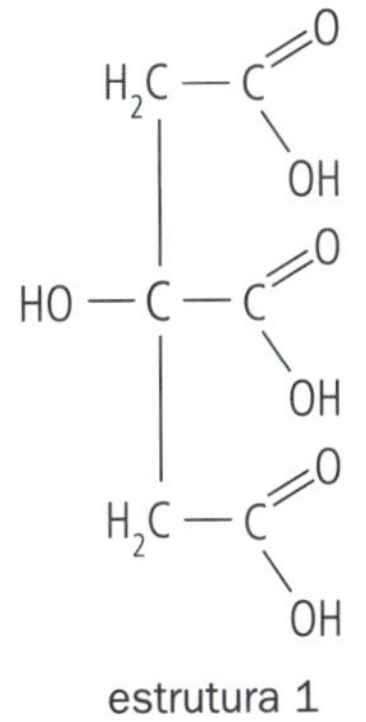

estrutura 1

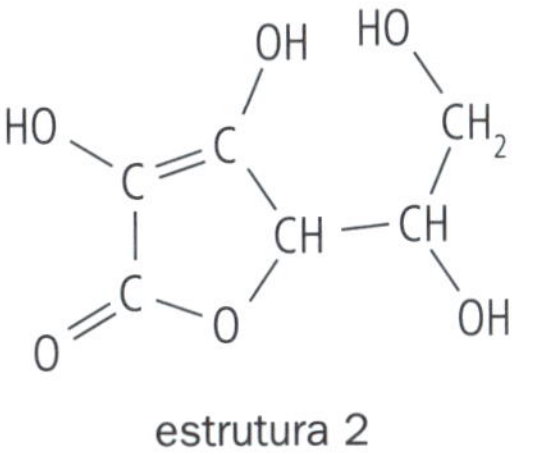

estrutura 2

Em relação a essas duas substâncias, é correto afirmar:

a) Apenas o ácido ascórbico, cuja fórmula molecular é $C_6H_8O_6$, forma pontes de hidrogênio em solução aquosa.

b) Apenas o ácido cítrico, cuja fórmula molecular é $C_5H_8O_7$, forma pontes de hidrogênio em solução aquosa.

c) Ambas formam pontes de hidrogênio em solução aquosa, e suas fórmulas moleculares são, respectivamente, $C_6H_8O_7$ e $C_6H_8O_6$.

d) Nenhuma delas forma pontes de hidrogênio em solução aquosa, e suas fórmulas moleculares são, respectivamente, $C_6H_8O_6$ e $C_6H_8O_7$.

22 (Ufla-MG) Um elemento químico E apresenta distribuição eletrônica $1s^2\ 2s^2\ 2p^6\ 3p^2$. Sobre esse elemento, é correto afirmar que:

a) pode ligar-se com o oxigênio, formando um composto tipo EO.

b) não é um metal.

c) forma um composto covalente com o cloro.

d) com a perda de um elétron, origina um cátion monovalente estável.

23 (PUC-MG) Analise o gráfico, que apresenta as temperaturas de ebulição de compostos binários do hidrogênio com elementos do grupo 16 (coluna 6A), à pressão de 1 atm.

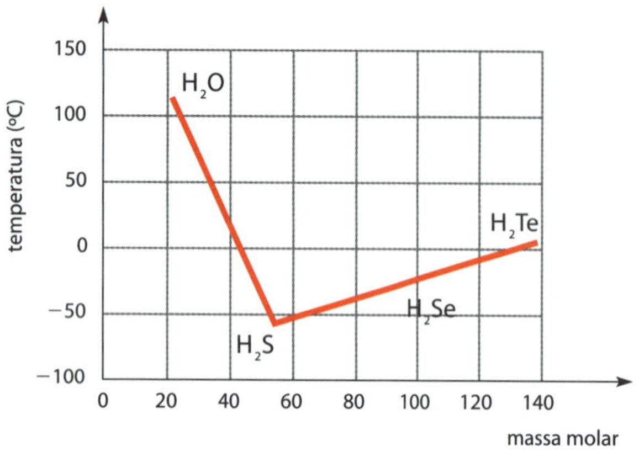

A partir das informações apresentadas, é **incorreto** afirmar que:

a) a substância mais volátil é o H_2S, pois apresenta a menor temperatura de ebulição.

b) a água apresenta maior temperatura de ebulição, pois apresenta ligações de hidrogênio.

c) todos os hidretos são gases à temperatura ambiente, exceto a água, que é líquida.

d) a 100 °C, a água ferve, rompendo as ligações covalentes antes das intermoleculares.

24 (PUC-MG) Analise o quadro, que mostra propriedades de três substâncias, X, Y e Z, em condições ambientes.

Substância	Temperatura de fusão (°C)	Condutibilidade elétrica	Solubilidade na água
X	146	nenhuma	solúvel
Y	1600	elevada	insolúvel
Z	800	só fundido ou dissolvido na água	solúvel

Considerando-se essas informações, é correto afirmar que as substâncias X, Y e Z são, respectivamente:

a) iônica, metálica, molecular.

b) molecular, iônica, metálica.

c) molecular, metálica, iônica.

d) iônica, molecular, metálica.

25 (UFV-MG) Quando átomos do elemento A (Z = 12) se combinam a átomos do elemento B (Z = 17), obtém-se um composto cuja fórmula e tipo de ligação são, respectivamente:

a) AB e ligação covalente.

b) A_2B e ligação iônica.

c) AB e ligação iônica.

d) AB_2 e ligação iônica.

e) AB_2 e ligação covalente.

26 (UEMS-MS) Considere as substâncias:

I. sulfeto de hidrogênio

II. acetato de sódio

III. argônio gasoso

IV. cloreto de potássio

Quais dessas substâncias apresentam ligações covalentes?

a) I e II.
b) I e III.
c) II e III.
d) II e IV.
e) III e IV.

27 (Fuvest-SP) Os desenhos são representações de moléculas em que se procura manter proporções corretas entre raios atômicos e distâncias internucleares. Os desenhos a seguir podem representar, respectivamente, moléculas de:

I II III

a) oxigênio, água e metano.
b) cloreto de hidrogênio, amônia e água.
c) monóxido de carbono, dióxido de carbono e ozônio.
d) cloreto de hidrogênio, dióxido de carbono e amônia.
e) monóxido de carbono, oxigênio e ozônio.

28 (Unemat-MT) Os plásticos, medicamentos, alimentos, vacinas e vários outros produtos utilizados por nossa sociedade são constituídos por uniões entre átomos, que podem ser iguais ou não. Estes produtos podem ser sólidos, líquidos ou gasosos; podem ser rígidos ou flexíveis; condutores ou não de corrente elétrica. Essas diversas características são determinadas pelos tipos de ligações entre os átomos, chamadas de ligações químicas interatômicas e também pelas configurações geométricas resultantes dessas ligações. Nesse contexto, indique a afirmativa correta:

a) Átomos do grupo IA (1) e átomos do grupo VIIA (17) ligam-se através de ligação covalente polar.
b) Substâncias que conduzem corrente elétrica no estado líquido, mas não no estado sólido, e que possuem pontos de ebulição elevados são constituídas por ligações entre metal e não metal.
c) Elementos que apresentam dois e seis elétrons na camada eletrônica de valência possuem tendência de ligarem-se covalentemente.
d) O gás cloro (Cl_2) é altamente tóxico pelo fato de ser formado através de ligações iônicas ou eletrovalentes.
e) As espécies químicas Fe e NH_3 são exemplos de substâncias formadas por ligações metálica e iônica, respectivamente.

29 (UFPE-PE) Compostos covalentes possuem, em geral, propriedades muito diferentes de compostos iônicos. Considerando esses tipos de compostos, analise as afirmações seguintes:

1 São compostos de alto ponto de fusão.
2 São isolantes elétricos quando fundidos.
3 São compostos duros e quebradiços.

De forma genérica, podemos dizer que:

a) 1 e 2 se referem a compostos iônicos.
b) somente 1 se refere a compostos iônicos.
c) 1 e 3 se referem a compostos iônicos.
d) somente 3 se refere a compostos covalentes.
e) 2 e 3 se referem a compostos covalentes.

30 (UFF-RJ) Para o estudo das relações entre o tipo de ligação química e as propriedades físicas das substâncias X e Y, sólidas à temperatura ambiente, foi realizado um experimento que permitiu as seguintes constatações:

I. A substância X, no estado sólido, não conduz a corrente elétrica, porém, no estado líquido, a conduz.

II. A substância Y não conduz a corrente elétrica no estado sólido nem no estado líquido.

Pode-se, então, concluir que:

a) as substâncias X e Y são covalentes.

b) as substâncias X e Y são iônicas.

c) a substância X é iônica e a substância Y é covalente.

d) a substância X é um metal.

e) a substância Y é um metal.

31 (UFTO-TO) Numa aula de Química, para demonstrar a solubilidade do iodo, I_2, o professor realizou este experimento: dissolveu a mesma quantidade de iodo sólido em água, em clorofórmio, em dissulfeto de carbono e em tetracloreto de carbono. Considerando-se os resultados desse experimento e com base na teoria das ligações químicas, é correto afirmar que a menor solubilidade do iodo sólido observada ocorreu em:

a) água.

b) clorofórmio.

c) dissulfeto de carbono.

d) tetracloreto de carbono.

32 (Fatec-SP) Sólidos cristalinos com pontos de ebulição e fusão altos, solúveis em solventes polares e que conduzem corrente elétrica quando fundidos ou em solução, são exemplos de compostos formados por meio de ligação:

a) covalente polar.

b) covalente apolar.

c) covalente dativa.

d) iônica.

e) metálica.

33 (UFPA-PA) O gás carbônico, quando congelado, é conhecido como gelo seco, muito utilizado nos carrinhos de sorvete e em efeitos especiais em cinema e televisão. Nessa condição, suas moléculas estão unidas por:

a) pontes de hidrogênio.

b) ligações covalentes.

c) forças de Van der Waals.

d) ligações dipolo-dipolo.

e) ligações iônicas.

34 (UFSM-RS) O amianto, conhecido também como asbesto, é um material constituído por fibras incombustíveis. É empregado como matéria-prima na fabricação de materiais isolantes usados na construção civil, como fibrocimento. O uso dessas fibras vem tendo queda desde a década de 1960, quando estudos confirmaram os efeitos cancerígenos desse material, principalmente sobre o aparelho respiratório.

Entre seus componentes, além do SiO_2, estão o óxido de magnésio (MgO) e o óxido de alumínio (Al_2O_3).

Em relação ao composto MgO, analise as afirmativas:

I. A ligação entre o magnésio e o oxigênio se dá por transferência de elétrons, sendo classificada como ligação iônica.

II. Os átomos não alcançaram a configuração do gás nobre após a ligação.

III. Após a ligação entre os átomos de magnésio e oxigênio, há formação de um cátion Mg^{2+} e um ânion O^{2-}.

Dados: Mg (Z = 12); O (Z = 8)

Está(ao) correta(s) apenas:

a) I.
b) II.
c) III.
d) I e II.
e) I e III.

35 (Unimes-SP) Considerando as substâncias:

I. Hélio.
II. Enxofre.
III. Cloreto de lítio.
IV. Cloreto de magnésio.
V. Amônia.

Dentre estas substâncias, apresentam ligações iônicas:

Dados: $_{2}He$; $_{16}S$; $_{17}Cl$; $_{3}Li$; $_{12}Mg$; $_{7}N$; $_{1}H$.

a) III e IV.
b) I e IV.
c) I e V.
d) III e V.
e) II e III.

36 (Rumo) Num laboratório, um cientista obteve as seguintes observações sobre uma substância X:

I. É sólida em condições ambientes.
II. Dissolve-se em água.
III. Possui alto ponto de fusão.
IV. Não conduz eletricidade no estado gasoso.
V. Em solução aquosa ou quando fundida, conduz eletricidade.

É provável que a substância X seja:

a) um composto molecular polar que se ioniza em água.
b) um metal que reage com água.
c) uma substância apolar que se dissocia em água.
d) um composto molecular que se dissocia em água.
e) um composto iônico.

37 (PUC-SP) Dentre as seguintes propriedades das substâncias:

I. elevada temperatura de fusão;
II. boa condutividade elétrica no estado sólido;
III. formação de solução aquosa condutora de corrente elétrica;
IV. elevada solubilidade em líquidos apolares.

Quais caracterizam compostos iônicos?

a) I e II
b) I e III
c) II e III
d) II e IV
e) III e IV

38 (UFRGS-RS) Considere as espécies químicas cujas fórmulas estão arroladas abaixo.

1 – HBr
2 – BaO
3 – $CaCl_2$
4 – SiO_2
5 – B_2O_3

Quais delas apresentam ligação tipicamente iônica?

a) Apenas 1 e 2.
b) Apenas 1 e 3.
c) Apenas 2 e 3.
d) Apenas 2, 4 e 5.
e) Apenas 3, 4 e 5.

39 (Vunesp-SP) Os elementos X e Y têm, respectivamente, 2 e 6 elétrons na camada de valência. Quando X e Y reagem, forma-se o composto:

a) covalente, de fórmula XY.
b) covalente, de fórmula XY_2.
c) covalente, de fórmula X_2Y_3.
d) iônico, de fórmula $X^{2+}Y^{2-}$.
e) iônico, de fórmula $X_2^{1+}Y^{2-}$.

40 (USF-SP) Da combinação química entre o alumínio (Z = 13) e o enxofre (Z = 16), pode resultar a substância.

a) iônica de fórmula AlS.
b) molecular de fórmula AlS.
c) iônica de fórmula Al_3S_2.
d) molecular de fórmula AlS_2.
e) iônica de fórmula Al_2S_3.

41 (Unesp-SP) Qual a fórmula do composto formado pelos elementos ${}_{20}Ca^{40}$ e ${}_{17}Cl^{35}$ e qual o tipo de ligação envolvida?

a) CaCl, iônica.
b) CaCl, covalente.
c) $CaCl_2$, iônica.
d) $CaCl_2$, covalente.
e) Ca_2Cl, iônica.

42 (FCMSC-SP) A ligação entre átomos iguais para formar moléculas diatômicas é sempre do tipo:

a) iônico.
b) covalente.
c) de Van der Waals.
d) metálico.
e) eletrovalente.

43 (PUC-MG) Dentre as afirmativas abaixo, a incorreta é:

a) O composto covalente HCl é polar, devido à diferença de eletronegatividade existente entre os átomos de hidrogênio e cloro.
b) O composto de fórmula KI é iônico.
c) A substância de fórmula Cl_2 é apolar.
d) Ligação covalente é aquela que se dá pelo compartilhamento de elétrons entre dois átomos.
e) O composto formado entre um metal alcalino terroso e um halogênio é covalente.

44 (Unesp-SP) Têm-se dois elementos químicos A e B, com números atômicos iguais a 20 e 35, respectivamente.

a) Escrever as configurações eletrônicas dos dois elementos. Com base nas configurações, dizer a que grupo da tabela periódica pertence cada um dos elementos em questão.
b) Qual será a fórmula do composto formado entre os elementos A e B? Que tipo de ligação existirá entre A e B no composto formado? Justificar.

SOLUÇÕES E SOLUBILIDADE

Solução: material composto de mais de uma substância, solúveis entre si, distribuídas de forma homogênea por todas as porções da solução.

Solubilidade: quantidade máxima (em massa) de soluto que é possível dissolver num volume determinado do solvente, expressa em g/L.

A solubilidade também pode ser expressa em g/cm^3 (a mesma unidade de densidade), no entanto a densidade expressa massa por unidade de volume para uma solução ou substância; já a solubilidade indica a quantidade, em massa, de um soluto que é possível dissolver num determinado volume de solução.

Na maioria das substâncias, a solubilidade é diretamente proporcional à temperatura; entretanto, com algumas substâncias, é inversamente proporcional.

Regras simples para a solubilidade de alguns sais em água à temperatura ambiente

Muito solúveis: a maioria dos sais contendo NO^{3-}, Li^+, Na^+, K^+, Cs^+, Rb^+, NH_4^+, Cl^-, Br^-, I^-, SO_4^{2-} e os hidróxidos NaOH e KOH.

Pouco solúveis: quando Ag^+, Pb^{2+} e Hg^{2+} formam sais com Cl^-, Br^- e I^-. Sais de SO_4^{2-} com Ba^{2+}, Pb^{2+}, Ca^{2+}, Ag^+, Sr^{2+} e Hg^{2+}. Sais contendo S^{2-}, CO_3^{2-}, CrO_4^{2-}, PO_4^{3-} e hidróxidos (com exceção do NaOH e KOH).

Ligeiramente solúveis: os hidróxidos $Ca(OH)_2$, $Ba(OH)_2$ e $Sr(OH)_2$

Concentração: é a quantidade de soluto por volume da solução, dada pela expressão:

$$C = m/v$$

A concentração geralmente é expressa em gramas por litro (g/L) ou em miligramas por litro (mg/L). Porém, outras relações podem ser utilizadas:

– Concentração percentual ou título: relação entre a quantidade em massa de soluto e a quantidade em massa de solução. Por exemplo, uma solução com a concentração de 2,0% indica que em 100 g de solução tem-se 2,0 g de soluto.

– Concentração molar: relação entre o número de mols do soluto e o volume da solução em litros (L). A unidade usual da concentração molar é mol/L.

Exercícios

1 (UFRGS-RS) O soro fisiológico é uma solução aquosa que contém 0,9% em massa de NaCl. Para preparar 200 mL dessa solução, a quantidade necessária de NaCl é de aproximadamente:

a) 0,45 g.

b) 1,8 g.

c) 0,09 mol.

d) 0,18 mol.

e) 10,6 g.

2 (UFMG-MG) O rótulo de um produto usado como desinfetante apresenta, entre outras, a seguinte informação. Cada 100 mL de desinfetante contém 10 mL de solução de formaldeído 37% V/V (volume de formaldeído por volume de solução). A concentração de formaldeído no desinfetante, em porcentagem volume por volume, é:

a) 1,0%.

b) 3,7%.

c) 10%.

d) 37%.

3 (UFMG-MG) Ácido clorídrico de alta pureza pode ser obtido pela reação entre cloro e hidrogênio, seguida pela dissolução do cloreto de hidrogênio em água. Esses processos podem ser representados pelas equações:

$$Cl_2\ (g) + H_2\ (g) \rightarrow 2\ HCl\ (g)$$
$$HCl\ (g) + H_2O \rightarrow HCl\ (aq)$$

Considere a situação em que 1,0 mol de Cl_2 seja posto para reagir com 2,0 g de H_2 e o cloreto de hidrogênio obtido seja totalmente dissolvido em 1,0 L de água. Nessa situação, a afirmativa falsa é:

a) A concentração da solução de ácido obtida é 2,0 mol/L.

b) A massa de cloro que reage é 71 g.

c) A quantidade de HCl (g) produzida é 73 g.

d) O reagente em excesso é H_2 (g).

4 (UFMG-MG) Precipitados poderão ser formados quando, em solução aquosa, íons que formem compostos pouco solúveis forem colocados em contato. Brometo de prata é um composto pouco solúvel em água. O mesmo ocorre com o sulfato de bário. Por outro lado, todos os sais comuns dos metais alcalinos são solúveis em água. Considere o quadro seguinte, referente à formação ou não de precipitados pela mistura das soluções indicadas, todas na concentração de 0,1 mol/L. A formação de precipitado é indicada pelo sinal + e a não formação, pelo sinal −; um 3 indica que a experiência não foi realizada.

	KBr (aq)	Na_2SO_4 (aq)
$AgNO_3$ (aq)	1	3
$NaNO_3$ (aq)	1	3
KCl (aq)	3	2
$BaCl_2$ (aq)	3	2

O número total de erros contido na tabela é:

a) 0. b) 1. c) 2. d) 3.

5 (UFMG-MG) Na embalagem de um produto usado para desentupir pias e ralos, à base de soda cáustica (hidróxido de sódio – NaOH), são encontradas, entre outras, as instruções: Cuidado: em caso de contato, lavar imediatamente os olhos ou a pele com água em abundância durante quinze minutos. Se ingerido, não provocar vômito. Dar grande quantidade de água e também vinagre diluído em um copo de água. A seguir, dar uma colher de óleo comestível. Não reaproveitar a embalagem vazia. Lavar a colher utilizada como medida com bastante água corrente antes de reutilizá-la. Não adicionar água à embalagem do produto. O quadro seguinte relaciona algumas dessas instruções com as justificativas para o uso desses procedimentos, com base nas propriedades da soda cáustica e das outras espécies envolvidas. Indique a alternativa que contém uma justificativa incorreta para a instrução relacionada.

	Instrução	Justificativa
a)	Dar vinagre diluído em um copo de água.	O vinagre diluído neutraliza a soda cáustica por meio de reação ácido-base.
b)	Lavar a colher utilizada como medida com bastante água corrente antes de reutilizá-la.	A utilização de grande quantidade de água deve-se ao fato de a soda cáustica ser insolúvel na água.
c)	Não adicionar água à embalagem com o produto.	A adição de água à embalagem com produto provoca forte aquecimento.
d)	Não reaproveitar a embalagem vazia.	A embalagem pode estar contaminada com resíduos de soda cáustica.

6 (Unicamp-SP) "Os peixes estão morrendo porque a água do rio está sem oxigênio, mas nos trechos de maior corredeira a quantidade de oxigênio aumenta." Ao ouvir essa informação de um técnico do meio ambiente, um estudante que passava pela margem do rio ficou confuso e fez a seguinte reflexão: "Estou vendo a água no rio e sei que a água contém, em suas moléculas, oxigênio; então, como pode ter acabado o oxigênio do rio?".

a) Escreva a fórmula das substâncias mencionadas pelo técnico.
b) Qual é a confusão cometida pelo estudante em sua reflexão?

7 (Unicamp-SP) Conta-se que, durante a 2ª Guerra Mundial, espiões alemães mandavam mensagens com uma tinta invisível que era essencialmente uma solução de nitrato de chumbo, $Pb(NO_3)_2$. Descreva, justificando sua resposta, um procedimento para tornar a escrita com nitrato de chumbo visível, com base nas seguintes informações:

- O sulfato de chumbo é um sólido branco, pouco solúvel em água.
- O iodeto de chumbo é um sólido amarelo, pouco solúvel em água.
- O sulfeto de chumbo é um sólido preto, pouco solúvel em água.
- O cloreto de chumbo é um sólido branco, pouco solúvel em água.
- O nitrato de potássio é branco e solúvel em água.
- Todos os sais de sódio são solúveis em água.

8 (Uerj-RJ) Certos medicamentos são preparados por meio de uma série de diluições. Assim, utilizando-se uma quantidade de água muito grande, os medicamentos obtidos apresentam concentrações muito pequenas. A unidade mais adequada para medir tais concentrações é denominada ppm: 1 ppm corresponde a 1 parte de soluto em 1 milhão de partes de solução. Considere um medicamento preparado com a mistura de 1 g de um extrato vegetal e 100 kg de água pura. A concentração aproximada desse extrato vegetal no medicamento (em ppm) está indicada na alternativa:

a) 0,01.
b) 0,10.
c) 1,00.
d) 10,00.

9 (UFSCar-SP) Soro fisiológico contém 0,900 g de NaCl e a massa molar é igual a 58,5 g/mol, em 100 mL de solução aquosa. A concentração do soro fisiológico, expressa em mol/L, é igual a:

a) 0,009.
b) 0,015.
c) 0,100.
d) 0,154.
e) 0,900.

10 (UFMG-MG) O quadro a seguir apresenta as quantidades utilizadas na preparação de três soluções aquosas de permanganato de potássio ($KMnO_4$).

Solução	Massa de $KMnO_4$ (g)	Volume da solução (mL)
1	4	100
2	6	300
3	12	200

Analise o quadro quanto às concentrações das soluções e indique a alternativa correta.

a) A solução mais diluída é a que tem a maior massa de soluto.
b) A solução mais concentrada é a que tem o menor volume.
c) Se adicionarmos 100 mL de água à solução 1, a concentração final será a mesma da solução 3.
d) Se adicionarmos a solução 2 à solução 3, a concentração final será menor que a da solução 1.

11 (UFMG-MG) O rótulo de uma garrafa de vinagre indica que a concentração de ácido acético (CH_3COOH) é 42 g/L. A fim de verificar se a concentração da solução ácida corresponde à indicada no rótulo, 10,0 mL da mesma solução foram titulados com hidróxido de sódio 0,100 mol/L, gastando-se 25,0 mL da base para a neutralização. Quatro grupos de estudantes realizaram os cálculos de ambas as concentrações, a indicada no rótulo e a obtida por meio da titulação. Os resultados encontrados pelos quatro grupos estão apresentados no quadro a seguir:

Grupo	Concentração indicada no rótulo (mol/L)	Concentração calculada com a titulação (mol/L)
1	0,25	0,25
2	0,25	0,70
3	0,70	0,25
4	0,70	0,70

Ambas as concentrações foram calculadas corretamente pelo grupo:

a) 2.
b) 4.
c) 1.
d) 3.

12 (Cefet-AL) Em um experimento de laboratório, um estudante misturou 70 mL de uma solução aquosa, 0,2 mol/L de NaCl, com 30 mL de uma solução 0,1 mol/L do mesmo soluto e solvente. A solução resultante apresentou concentração de:

a) 1,7 mol/L.
b) 0,2 mol/L.
c) 1,1 g/L.
d) 0,15 g/L.
e) 0,17 mol/L.

13 (Enem-MEC) Um dos índices de qualidade do ar diz respeito à concentração de monóxido de carbono (CO), pois esse gás pode causar vários danos à saúde. O quadro a seguir mostra a relação entre a qualidade do ar e a concentração de CO.

Qualidade do ar	Concentração de CO – ppm* (média de 8 h)
inadequada	15 a 30
péssima	30 a 40
crítica	acima de 40

*ppm (parte por milhão) = 1 micrograma de CO por grama de ar 10^{-6}g.

Para analisar os efeitos do CO sobre os seres humanos, dispõe-se dos seguintes dados:

Concentração de CO (ppm)	Sintomas em seres humanos
10	nenhum
15	diminuição da capacidade visual
60	dores de cabeça
100	tonturas e fraqueza muscular
270	inconsciência
800	morte

Suponha que você tenha lido em um jornal que na cidade de São Paulo foi atingido um péssimo nível de qualidade do ar. Uma pessoa que estivesse nessa área poderia:

a) não apresentar nenhum sintoma.
b) ter sua capacidade visual alterada.
c) apresentar fraqueza muscular e tontura.
d) ficar inconsciente.
e) morrer.

14 (Unicamp-SP) Um dos grandes problemas das navegações do século XVI referia-se à limitação de água potável que era possível transportar numa embarcação. Imagine uma situação de emergência em que restaram apenas 300 L de água potável (considere-a completamente isenta de eletrólitos). A água do mar não é apropriada para o consumo devido à grande concentração de NaCl (25 g/L), porém o soro fisiológico (10 g NaCl/L) é. Se os navegantes tivessem conhecimento da composição do soro fisiológico, poderiam usar a água potável para diluir água do mar de modo a obter soro e assim teriam um volume maior de líquido para beber.

a) Que volume total de soro seria obtido com a diluição se todos os 300 L de água potável fossem usados para esse fim?
b) Considerando-se a presença de 50 pessoas na embarcação e admitindo-se uma distribuição equitativa do soro, quantos gramas de NaCl teriam sido ingeridos por cada pessoa?
c) Uma maneira que os navegadores usavam para obter água potável adicional era recolher água da chuva. Considerando-se que a água da chuva é originária, em grande parte, da água do mar, como se explica que ela possa ser usada como água potável?

15 (Unifesp-SP) Em intervenções cirúrgicas, é comum aplicar uma tintura de iodo na região do corpo onde será feita a incisão. A utilização desse produto deve-se à sua ação antisséptica e bactericida. Para 5 litros de etanol, densidade 0,8 g/mL, a massa de iodo sólido, em gramas, que deverá ser utilizada para obter uma solução que contém 0,50 mol de I_2 para cada quilograma de álcool, será de:

a) 635. b) 508. c) 381. d) 254. e) 127.

16 (Enem-MEC) O gráfico a seguir refere-se às variações das concentrações de poluentes na atmosfera, no decorrer de um dia útil, em um grande centro urbano.

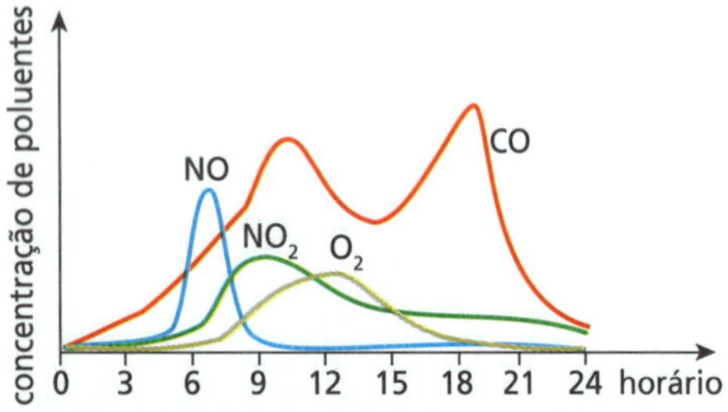

Adaptado de NOVAIS, Vera. *Ozônio:* aliado e inimigo. São Paulo: Scipione, 1998.

As seguintes explicações foram dadas para essas variações:

I. A concentração de NO diminui e a de NO_2 aumenta em razão da conversão de NO em NO_2.

II. A concentração de monóxido de carbono no ar está ligada à maior ou à menor intensidade de tráfego.

III. Os veículos emitem óxidos de nitrogênio apenas nos horários de pico de tráfego do período da manhã.

IV. Nos horários de maior insolação, parte do ozônio da estratosfera difunde-se para camadas mais baixas da atmosfera.

Dessas explicações, são plausíveis somente:

a) I e II. c) II e III. e) III e IV.
b) I e III. d) II e IV.

17 (Ufal-AL) O oxalato de cálcio, CaC_2O_4, é encontrado nas folhas do espinafre, nas sementes do tomate, e é um dos constituintes das pedras formadas nos rins (cálculo renal). Sabendo que 60 mL de uma solução contêm 0,1536 g de oxalato de cálcio, determine qual das alternativas a seguir indica a concentração desse sal em mol/L.

a) 2,0. b) 1,50. c) 0,68. d) 0,02. e) 0,04.

18 (Cefet-PB) Na prática, para preparar uma solução muito diluída, é aconselhável realizar uma série sucessiva de diluições de um reagente, ao invés de pesar uma massa muito pequena ou medir um volume muito pequeno da solução estoque; tal procedimento funciona como uma forma de minimizar os erros sistemáticos. Uma solução foi preparada transferindo-se 29,4 g de dicromato de potássio ($K_2Cr_2O_7$), em um balão volumétrico de 500,0 mL, e diluída com água destilada até a marca de aferição. Uma alíquota de 25,0 mL desta solução foi transferida para um balão volumétrico de 250,0 mL e diluída com água até a referida marca. Depois, 10,0 mL da solução diluída foram transferidos para um balão de 100,0 mL e diluídos com água até o traço de aferição. A concentração final da solução (em mol/L) é:

a) 0,002 mol/L. c) 0,2 mol/L. e) 20,0 mol/L.
b) 0,02 mol/L. d) 2,0 mol/L.

19 (Uece-CE) Suponha que 500 mL de solução de iodeto de potássio, com concentração em quantidade de matéria de 1,0 mol/L, reajam com nitrato de chumbo (II), conforme a reação:

$$2\ KI\ (aq) + Pb(NO_3)_2\ (aq) \rightarrow PbI_2\ (s) + 2\ KNO_3\ (aq)$$

O iodeto de chumbo (II) produzido tem massa, aproximadamente, igual a:

a) 57,63 g. b) 115,25 g. c) 166,00 g. d) 230,50 g.

20 (UPM-SP) Estudo realizado pela Faculdade de Odontologia da USP de Bauru encontrou em águas engarrafadas, comercializadas na cidade de São Paulo, níveis de flúor acima do permitido pela lei. Se consumido em grande quantidade, o flúor provoca desde manchas até buracos nos dentes. A concentração máxima de íons fluoreto na água para beber é de $4,2 \times 10^{-5}$ mol/L, quantidade essa que corresponde aproximadamente a:

a) $4,2 \cdot 10^{-2}$ mg/L.
b) $2,2 \cdot 10^{-2}$ mg/L.
c) $1,6 \cdot 10^{-1}$ mg/L.
d) $1,9 \cdot 10^{-4}$ mg/L.
e) $8,0 \cdot 10^{-1}$ mg/L.

Dado: massa molar do flúor: 19 g/mol.

21 (UEMG-MG) O quadro a seguir apresenta os efeitos do etanol (C_2H_6O) em um indivíduo, em função da concentração no sangue (em g/L).

Concentração do etanol no sangue (g/L)	Efeito
até 0,16	nenhum efeito aparente
0,20 a 0,30	falsa estimativa de distância e velocidade
0,30 a 0,50	começo de risco de acidente
0,50 a 0,80	euforia de condutor, risco de acidente multiplicado por quatro
1,50 a 3,00	visão dupla, condução perigosíssima
3,00 a 5,00	embriaguez profunda, condução impossível
mais de 5,00	coma, podendo levar à morte

Considerando a densidade do etanol igual a 0,8 g/mL e analisando os dados apresentados no quadro, indique a alternativa que traz uma afirmação incorreta:

a) Se um indivíduo apresenta, em média, 5 L de sangue, a massa de álcool que poderá causar a sua morte deverá ser superior a 25 g.
b) Com uma concentração de álcool igual a 0,1 mol/L de sangue, um indivíduo se encontra em estado de euforia.
c) Ao ingerir duas latas de cerveja de 350 mL com teor alcoólico igual a 5% em volume, um indivíduo que apresenta 5 L de sangue se encontra em risco de acidente.
d) A concentração, em g/L de álcool, para que não haja risco de acidente, deve ser inferior a 0,30.

22 (UEMS-MS) O ácido muriático vendido em casas de materiais de construção é uma solução aquosa de ácido clorídrico 12 mol/L. Logo, sua concentração em g/L é:

a) 0,33. b) 0,44. c) 3,3. d) 44. e) 438.

23 (UEPB-PB) Minamata é uma cidade japonesa que, na década de 1950, sofreu contaminação por mercúrio em sua baía. Aos efeitos provocados por esses compostos de mercúrio no organismo humano deu-se o nome de "doença de Minamata", em que ocorrem disfunções do sistema nervoso central, como dormência em braços e pernas, visão nebulosa, perda de audição e da coordenação muscular, letargia e irritabilidade. Em Minamata, os peixes foram os principais bioacumuladores do mercúrio, na forma de CH_3HgCl e CH_3HgOH, que possui como dose referencial de toxicidade, ingestão diária aceitável, 0,1 micrograma por quilograma de peso corporal por dia. Quantos gramas de peixe, no máximo, podem ser consumidos semanalmente por uma pessoa saudável que pesa 60 kg, se o nível médio do composto de mercúrio no peixe é de 0,30 ppm?

a) 0,1 kg.
b) 0,3 mg.
c) 42 g.
d) 1 kg.
e) 140 g.

24 (UEPB-PB) O *Vibrio cholerae* é uma bactéria, classificada como vibrião por aparentar-se com uma vírgula, e é encontrado em águas contaminadas por fezes humanas. A doença cólera é caracterizada por uma diarreia profusa e bastante líquida. Uma forma de combater o vibrião é adicionar um material popularmente conhecido por "cloro líquido", isto é, hipoclorito de sódio a 20% (m/V), mantendo o pH próximo de 7,0 e com uma concentração de 5000 ppm (m/V) de cloro na água que se quer tratar. Qual o volume, em mL, de "cloro líquido" que se deve adicionar, no mínimo, para obter 1 L de água não susceptível à presença do vibrião colérico?

a) 10,5 mL.
b) 52,5 mL.
c) 100 mL.
d) 20 mL.
e) 1000 mL.

25 (Cesgranrio-RJ) Leia o texto a seguir:

A contaminação ambiental tem sido uma fonte de problemas e doenças em diversas comunidades. Um relatório aponta a contaminação de pelo menos 150 pessoas em Paulínia, São Paulo. Dezoito delas apresentaram tumores no fígado e na tireoide. Todas teriam sido contaminadas por substâncias usadas na fabricação de pesticidas.

Dr. Anthony Wong, pediatra e diretor do Centro de Assistência de Toxicologia, do Hospital das Clínicas da Universidade de São Paulo, afirma que a intenção não é criar pânico na população, mas é necessário ter muita cautela, porque há substâncias, como o benzeno, clorobenzeno e metil-etil-cetona (butanona), perigosas para mulheres grávidas, crianças e idosos, que são os mais vulneráveis. Além disso, vapores tóxicos do clorobenzeno afetam o rim e o fígado. Fez, ainda, um outro alerta: as pessoas não sentem o cheiro porque a sua concentração na fase gasosa é pequena. Ambientalistas lutam para que o índice ideal de exposição ao benzeno seja 0,1 ppm.

A concentração de uma solução em ppm pode ser expressa na forma de miligramas de soluto em 1 litro de solução.

Numa atmosfera, para se chegar ao nível de concentração ideal de exposição ao benzeno, desejado pelos ambientalistas, a quantidade máxima desse composto cancerígeno, em g, que pode estar presente em um ambiente de 10 000 L é igual a:

a) 0,10.
b) 0,81.
c) 1,0.
d) 1,67.
e) 10.

26 (UFF-RJ) O ácido nítrico é um importante produto industrial. Um dos processos para a obtenção do ácido nítrico é fazer passar amônia e ar, sob pressão, por um catalisador acerca de 850 °C, ocorrendo a formação de monóxido de nitrogênio e água. O monóxido de nitrogênio, em presença do oxigênio do ar, se transforma no dióxido que reagindo com a água forma o ácido nítrico e monóxido de nitrogênio.

a) Escreva as equações balanceadas que representam as diferentes etapas de produção do ácido nítrico através do processo mencionado.
b) Uma solução de ácido nítrico concentrado, de densidade 1,40 g/cm^3, contém 63,0% em peso de ácido nítrico. Informe por meio de cálculos:
   1) a molaridade da solução;
   2) o volume dessa solução que é necessário para preparar 250 mL de solução 0,5 mol/L.

27 (Unimontes-MG) Uma solução foi preparada pela mistura de 0,0250 mol de KH_2PO_4 com 0,0300 mol de KOH e diluída a 1,00 L. A concentração total (em mol/L) dos íons K^+, em solução, é igual a:

a) 0,0250.
b) 0,0300.
c) 0,0800.
d) 0,0550.

28 (UFMG-MG) À temperatura de 25 °C e pressão de 1 atm, as substâncias amônia (NH_3), dióxido de carbono (CO_2) e hélio (He) são gases. Considerando-se as características de cada uma dessas substâncias, indique a alternativa em que a apresentação dos três gases, segundo a ordem crescente de sua solubilidade em água líquida, está correta.

a) CO_2 / He / NH_3
b) CO_2 / NH_3 / He
c) He / CO_2 / NH_3
d) He / NH_3 / CO_2

29 (UFMG-MG) Um frasco que contém 1 L de água oxigenada, H_2O_2 (aq), na concentração de 1 mol/L, foi armazenado durante um ano. Após esse período, verificou-se que 50% dessa água oxigenada se tinha decomposto, como mostrado nesta equação:

$$2\ H_2O_2\ (aq) \rightarrow 2\ H_2O\ (l)\ O_2\ (g)$$

Considerando-se essas informações, é correto afirmar que a massa de oxigênio produzida nesse processo é:

a) 8 g.
b) 16 g.
c) 17 g.
d) 32 g.

30 (Unesp-SP) O teor de vitamina C em uma determinada bebida de soja com sabor morango foi determinado como sendo de 30 mg em uma porção de 200 mL. Dada a massa molar da vitamina C, 176 g · mol^{-1}, qual a sua concentração nessa bebida, em mmol · L^{-1}?

a) 0,15.
b) 0,17.
c) 0,85.
d) 8,5.
e) 17.

31 (Unesp-SP) Estudos recentes indicam que as águas do Aquífero Guarani (um dos maiores reservatórios subterrâneos de água doce conhecidos no planeta) estão sendo contaminadas. O teor de nitrogênio já atinge, em determinados locais, valores acima do nível de tolerância do organismo humano. Em adultos, o nitrogênio, na forma de nitrito, atua na produção de nitrosaminas e nitrosamidas, com elevado poder cancerígeno. Considerando as equações químicas a seguir:

$$NO_2^- (aq) + H^+ (aq) \rightleftharpoons HNO_2 (aq)$$

(produção do ácido nitroso no estômago)

$$HNO_2 (aq) + (CH_3)_2NH (aq) \rightleftharpoons (CH_3)_2NNO(aq) + H_2O (l)$$

(produção da nitrosamina)

Determine a massa da nitrosamina que pode ser produzida a partir de 1 L de água cujo teor em nitrito seja igual a 9,2 mg. Dados: massas molares, em g mol^{-1}: NO_2^- = 46; $(CH_3)_2NNO$ = 74.

32 (Ufla-MG) Uma solução de hidróxido de alumínio (MM = = 78 g · mol^{-1}), utilizada no combate à acidez estomacal, apresenta uma concentração igual a 3,90 g · L^{-1}. A concentração, em mol · g · L^{-1}, dos íons (hidroxila, OH^-), presente nessa solução, é igual a:

a) $5{,}0 \times 10^{-1}$.
b) $1{,}5 \times 10^{-1}$.
c) $1{,}5 \times 10^{-2}$.
d) $5{,}0 \times 10^{-2}$.

33 (PUC-MG) O ácido fosfórico (H_3PO_4) é um dos componentes presentes em determinado refrigerante, formando uma solução de concentração igual a 0,49 g/L. A concentração mol/L dessa solução é igual a:

a) 1×10^{-2}.
b) 5×10^{-2}.
c) 1×10^{-3}.
d) 5×10^{-3}.

34 (Enem-MEC) O botulismo, intoxicação alimentar que pode levar à morte, é causado por toxinas produzidas por certas bactérias, cuja reprodução ocorre nas seguintes condições: é inibida por pH inferior a 4,5 (meio ácido), temperaturas próximas a 100 °C, concentrações de sal superiores a 10% e presença de nitritos e nitratos como aditivos. Levando-se em conta os fatores que favorecem a reprodução das bactérias responsáveis pelo botulismo, mencionadas anteriormente, conclui-se que as toxinas que o causam têm maior chance de ser encontradas:

a) em conservas com concentração de 2 g de sal em 100 g de água.
b) nas linguiças fabricadas com nitrito e nitrato de sódio.
c) nos alimentos logo após terem sido fervidos.
d) no suco de limão, cujo pH varia de 2,5 a 3,6.
e) no charque (carne salgada e seca ao sol).

35 (Enem-MEC) O ferro pode ser obtido a partir da hematita, minério rico em óxido de ferro, pela reação com carvão e oxigênio. O quadro a seguir apresenta dados da análise de minério de ferro (hematita) obtido de várias regiões da Serra de Carajás.

Minério da região	Teor de enxofre (S)/% em massa	Teor de ferro (Fe)/% em massa	Teor de sílica (SiO_2)/% em massa
1	0,019	63,5	0,97
2	0,020	68,1	0,47
3	0,003	67,6	0,61

ABREU, S. F. *Recursos minerais do Brasil*. São Paulo: Edusp, 1973. v. 2.

No processo de produção do ferro, dependendo do minério utilizado, forma-se mais ou menos SO_2, um gás que contribui para o aumento da acidez da chuva. Considerando esse impacto ambiental e a quantidade de ferro produzida, pode-se afirmar que seria mais conveniente o processamento do minério da(s) região(ões):

a) 1, apenas.
b) 2, apenas.
c) 3, apenas.
d) 1 e 3, apenas.
e) 2 e 3, apenas.

36 (Enem-MEC) Leia o texto a seguir:
No Brasil, mais de 66 milhões de pessoas beneficiam-se hoje do abastecimento de água fluoretada, medida que vem reduzindo, em cerca de 50%, a incidência de cáries. Ocorre, entretanto, que profissionais da saúde muitas vezes prescrevem flúor oral ou complexos vitamínicos com flúor para crianças ou gestantes, levando à ingestão exagerada da substância. O mesmo ocorre com o uso abusivo de algumas marcas de água mineral que contêm flúor. O excesso de flúor – fluorose – nos dentes pode ocasionar desde efeitos estéticos até defeitos estruturais graves. Foram registrados casos de fluorose tanto em cidades com água fluoretada pelos poderes públicos como em outras, abastecidas por lençóis freáticos que naturalmente contêm flúor.

Adaptado de *Revista da Associação Paulista de Cirurgiões Dentistas (APCD)*. v. 53, n. 1, jan./fev. 1999.

Com base nesse texto, são feitas as seguintes afirmações:

I. A fluoretação da água é importante para a manutenção do esmalte dentário, porém não pode ser excessiva.
II. Os lençóis freáticos citados contêm compostos de flúor, em concentrações superiores às existentes na água tratada.
III. As pessoas que adquiriram fluorose podem ter utilizado outras fontes de flúor além da água de abastecimento público, como, por exemplo, cremes dentais e vitaminas com flúor.

Pode-se afirmar que, apenas:

a) I é correta.
b) II é correta.
c) III é correta.
d) I e III são corretas.
e) II e III são corretas.

37 (Enem-MEC) Determinada estação trata cerca de 30 000 litros de água por segundo. Para evitar riscos de fluorose, a concentração máxima de fluoretos nessa água não deve exceder a cerca de 1,5 miligrama por litro de água. A quantidade máxima dessa espécie química que pode ser utilizada com segurança, no volume de água tratada em uma hora, nessa estação, é:

a) 1,5 kg. b) 4,5 kg. c) 96 kg. d) 124 kg. e) 162 kg.

TERMOQUÍMICA: ENERGIA NAS MUDANÇAS DE ESTADO FÍSICO E NAS TRANSFORMAÇÕES QUÍMICAS

Termodinâmica: estudo das mudanças do estado físico das substâncias puras ou das misturas a partir de alterações em sua temperatura, pressão e em seu estado de agregação, envolvendo energias (energia cinética e energia potencial).

Leis da Termodinâmica	
Lei Zero	Temperatura: diretamente proporcional à energia cinética, uma propriedade que informa a direção do fluxo de calor. Calor: processo de transferência de energia.
Primeira Lei	A energia é conservada nas transformações e pode ser convertida de uma forma para outra, mas não pode ser criada nem destruída. Assim, a energia do Universo é constante.
Segunda Lei	Define a entropia como a medida da desordem de um sistema, assim como de sua vizinhança. Um processo é espontâneo quando ele colabora para o aumento da e ntropia do Universo.
Terceira Lei	Há um limite inferior de temperatura, que é impossível levar a matéria a zero de temperatura (0 K, ou zero grau na escala Kelvin, que corresponde a aproximadamente −273 °C). A essa temperatura, toda vibração molecular cessaria.

Variáveis da Termodinâmica

Variável	Definição	Unidade
Caloria (c)	Quantidade de calor que eleva a temperatura de 1 grama de água em 1 °C.	Cal (cal) ou Joule (J) 1 J = 0,24 calorias 1 caloria = 4,1868 J
Quantidade de calor (Q)	é calculado por $Q = m \cdot c \cdot \Delta t$, onde *m* é massa; c é o calor específico, e Δt é a variação da temperatura sofrida.	cal
Calor específico (c)	Capacidade de uma substância mudar sua temperatura ao receber ou liberar calor. $c = \frac{C}{m}$, onde C é a capacidade térmica do material e m é a massa do material.	cal/(g °C) ou J/(kg · K) no S.I.
Capacidade térmica (C)	Calor necessário para produzir uma variação de temperatura. $C = \frac{Q}{\Delta T}$	J/K (S.I.) ou J/°C
Calor latente (L)	Quantidade de calor que determinada substância deve receber ou ceder para mudar de estado físico. $Q = m \cdot L$	J/kg (S.I.) ou cal/g

Entalpia: Variação de energia total envolvida numa transformação química. O valor de entalpia é dado em kJ/mol.

$\Delta H = H_{reagentes} - H_{produtos}$

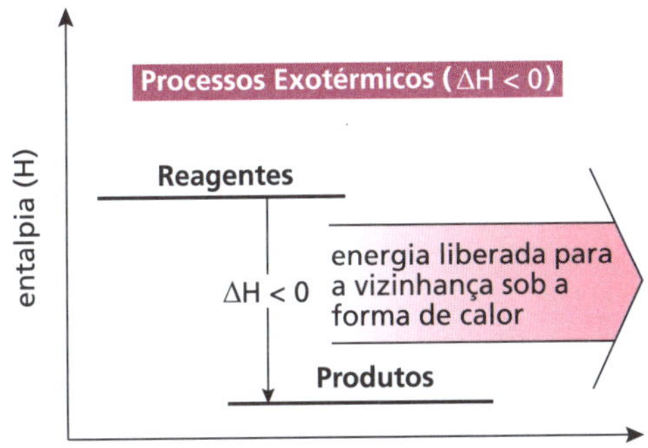

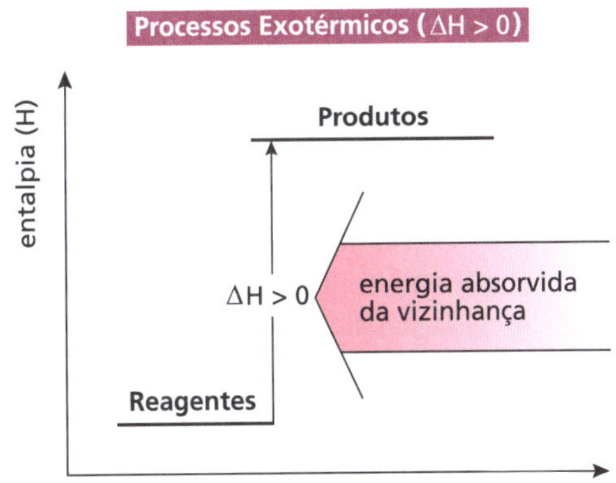

Entropia: Variação da energia que não pode ser transformada em trabalho; então, é dissipada na forma de calor. A unidade de entropia (S) é dada por: J mol^{-1} K^{-1}.

$S_{sólido} < S_{líquido} < S_{gás}$

Energia livre (G): Medição do trabalho máximo realizado em uma transformação química. Função que indica se uma reação é espontânea, ou não, num determinado sistema à temperatura e à pressão constantes.

$\Delta G = \Delta H - T \cdot \Delta S$

A unidade da energia livre é dada por joules/mol ou calorias/mol.

Espontaneidade de reação:

Caso	Resultado	Exemplo de processo
ΔH negativo e ΔS positivo ($\Delta H<0$, $\Delta S>0$)	Processo espontâneo em qualquer temperatura	Dissolução (exotérmica) de uma substância
ΔH negativo e ΔS negativo ($H<0$, $\Delta S<0$)	Processo espontâneo em baixas temperaturas, em que o fato de o processo ser exotérmico é dominante	Maioria das mudanças de estado líquido-sólido
ΔH positivo e ΔS positivo ($\Delta H>0$, $\Delta S>0$)	Processo espontâneo em altas temperaturas, em que o fato de o processo ser endotérmico é relativamente pouco importante	Maioria das mudanças de estado líquido-gás
ΔH positivo e ΔS negativo ($\Delta H<0$, $\Delta S>0$)	Processo não espontâneo em qualquer temperatura	Precipitação do soluto em uma solução não saturada

Exercícios

1 (Enem-MEC) Seguem a seguir alguns trechos de uma matéria da revista "Superinteressante", que descreve hábitos de um morador de Barcelona (Espanha), relacionando-os com o consumo de energia e efeitos sobre o ambiente.

I. "Apenas no banho matinal, por exemplo, um cidadão utiliza cerca de 50 L de água, que depois terá que ser tratada. Alem disso, a água é aquecida consumindo 1,5 quilowatt-hora (kWh) – cerca de 1,3 milhão de calorias –, e para gerar essa energia foi preciso perturbar o ambiente de alguma maneira..."

II. "Na hora de ir para o trabalho, o percurso médio dos moradores de Barcelona mostra que o carro libera 90 g do venenoso monóxido de carbono e 25 g de óxidos de nitrogênio... Ao mesmo tempo, o carro consome combustível equivalente a 8,9 kWh."

III. "Na hora de recolher o lixo doméstico... quase 1 kg por dia. Em cada kg há aproximadamente 240 g de papel, papelão e embalagens; 80 g de plástico; 55 g de metal; 40 g de material biodegradável; e 80 g de vidro."

Em relação ao trecho I, supondo a existência de um chuveiro elétrico, pode-se afirmar que:

a) A energia usada para aquecer o chuveiro é de origem química, transformando-se em energia elétrica.

b) A energia elétrica é transformada no chuveiro em energia mecânica e, posteriormente, em energia térmica.

c) O aquecimento da água deve-se à resistência do chuveiro, em que a energia elétrica é transformada em energia térmica.

d) A energia térmica consumida nesse banho é posteriormente transformada em energia elétrica.

e) Como a geração da energia perturba o ambiente, pode-se concluir que sua fonte é algum derivado do petróleo.

Em relação ao trecho II, pode-se afirmar que:

a) Um automóvel produz monóxido de carbono pelo fato de a queima dos combustíveis utilizados não ser completa.

b) Pode-se concluir que o automóvel em questão não utiliza o álcool como combustível.

c) A produção de óxido de nitrogênio contribui para a chuva ácida.

d) O texto está equivocado, pois os óxidos de nitrogênio lançados na atmosfera não têm qualquer relação com o automóvel.

e) Caso o automóvel fosse elétrico, não poluiria o ambiente com monóxido de carbono, mas lançaria no ar radiações eletromagnéticas prejudiciais à saúde.

2 (Enem-MEC) Leia o texto a seguir:

> *O alumínio se funde a 666 °C e é obtido à custa de energia elétrica, por eletrólise – transformação realizada a partir do óxido de alumínio a cerca de 1000 °C. A produção brasileira de alumínio, no ano de 1985, foi da ordem de 550000 toneladas (t), tendo sido*

consumidos cerca de 20 kWh de energia elétrica por quilograma do metal. Nesse mesmo ano, estimou-se a produção de resíduos sólidos urbanos brasileiros formados por metais ferrosos e não ferrosos em 3 700 t/dia, das quais 1,5% estima-se corresponder ao alumínio.

FIGUEIREDO, P. J. M. *A sociedade do lixo*: resíduos, a questão energética e a crise ambiental. Piracicaba: Unimep, 1994. Texto adaptado.

Suponha que uma residência tenha objetos de alumínio em uso cuja massa total seja de 10 kg (panelas, janelas, latas, etc.). O consumo de energia elétrica mensal dessa residência é de 100 kWh. Sendo assim, na produção desses objetos se utilizou uma quantidade de energia elétrica que poderia abastecer essa residência por um período de:

a) um mês.
b) dois meses.
c) três meses.
d) quatro meses.
e) cinco meses.

Instrução: utilize o diagrama abaixo para a realização das questões 3, 4 e 5.

O diagrama a seguir representa a energia solar que atinge a Terra e sua utilização na geração de eletricidade. A energia solar é responsável pela manutenção do ciclo da água, pela movimentação do ar e pelo ciclo do carbono que ocorre através da fotossíntese dos vegetais, da decomposição e da respiração dos seres vivos, além da formação de combustíveis fósseis.

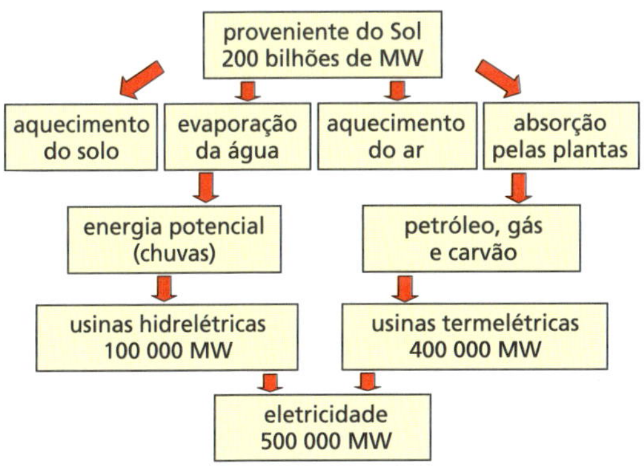

3 (Enem-MEC) De acordo com o diagrama acima, a humanidade aproveita, na forma de energia elétrica, uma fração da energia recebida como radiação solar correspondente a:

a) 4×10^{-9}.
b) $2,5 \times 10^{-6}$.
c) 4×10^{-4}.
d) $2,5 \times 10^{-3}$.
e) 4×10^{-2}.

4 (Enem-MEC) De acordo com o diagrama acima, uma das modalidades de produção de energia elétrica envolve combustíveis fósseis. A modalidade de produção, o combustível e a escala de tempo típica associada à formação desse combustível são, respectivamente:

a)	hidroelétricas	chuvas	um dia
b)	hidroelétricas	aquecimento do solo	um mês
c)	termoelétricas	petróleo	200 anos
d)	termoelétricas	aquecimento do solo	1 milhão de anos
e)	termoelétricas	petróleo	500 milhões de anos

5 (Enem-MEC) No diagrama da página anterior estão representadas as duas modalidades mais comuns de usinas elétricas, as hidroelétricas e as termoelétricas. No Brasil, a construção de usinas hidroelétricas deve ser incentivada porque elas:

I. utilizam fontes renováveis, o que não ocorre com as termoelétricas, que utilizam fontes que necessitam de bilhões de anos para serem reabastecidas.

II. apresentam impacto ambiental nulo, pelo represamento das águas no curso normal dos rios.

III. aumentam o índice pluviométrico da região de seca do Nordeste, pelo represamento de águas.

Das três afirmações, somente:

a) I está correta.

b) II está correta.

c) III está correta.

d) I e II estão corretas.

e) II e III estão corretas.

6 (Enem-MEC) O resultado da conversão direta de energia solar é uma das várias formas de energia alternativa de que se dispõe. O aquecimento solar é obtido por uma placa escura coberta por vidro, pela qual passa um tubo contendo água. A água circula, conforme mostra a figura a seguir:

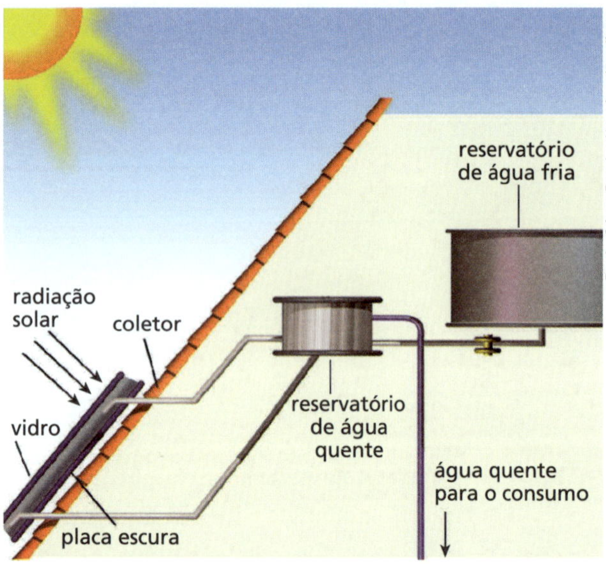

Paulo César Pereira/Arquivo da editora

São feitas as seguintes afirmações quanto aos materiais utilizados no aquecedor solar:

I. O reservatório de água quente deve ser metálico para conduzir melhor o calor.

II. A cobertura de vidro tem como função reter melhor o calor, de forma semelhante ao que ocorre em uma estufa.

III. A placa utilizada é escura para absorver melhor a energia radiante do Sol, aquecendo a água com maior eficiência.

Das afirmações pode-se dizer que apenas está(ão) correta(s):

a) I.

b) I e II.

c) II.

d) I e III.

e) II e III.

7 (Enem-MEC) A energia térmica liberada em processos de fissão nuclear pode ser utilizada na geração de vapor para produzir energia mecânica que, por sua vez, será convertida em energia elétrica. A seguir está representado um esquema básico de uma usina de energia nuclear.

Paulo César Pereira/Arquivo da editora

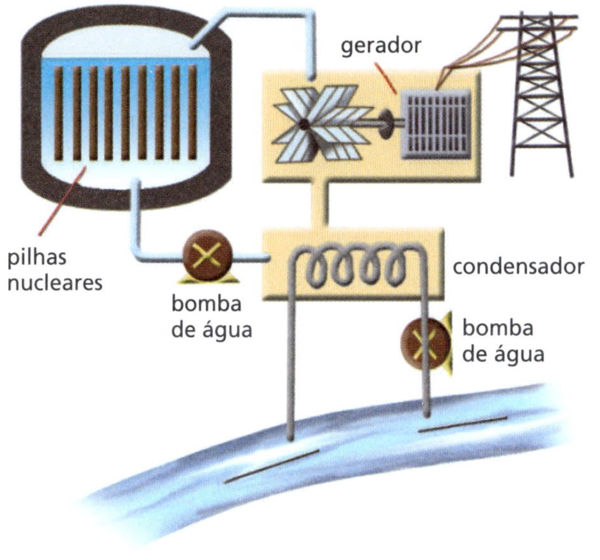

Com relação ao impacto ambiental causado pela poluição térmica no processo de refrigeração da usina nuclear, são feitas as seguintes afirmações:

I. O aumento na temperatura reduz, na água do rio, a quantidade de oxigênio nela dissolvido, que é essencial para a vida aquática e para a decomposição da matéria orgânica.

II. O aumento da temperatura da água modifica o metabolismo dos peixes.

III. O aumento na temperatura da água diminui o crescimento de bactérias e de algas, favorecendo o desenvolvimento da vegetação.

Das afirmativas somente está(ão) correta(s):

a) I.
b) II.
c) III.
d) I e II.
e) II e III.

8 (UFMG-MG) Combustíveis orgânicos liberam CO_2 em sua combustão. O aumento da concentração de CO_2 na atmosfera provoca um aumento do efeito estufa, que contribui para o aquecimento do planeta. O quadro a seguir informa o valor aproximado da energia liberada na queima de alguns combustíveis orgânicos, a 25 °C.

Combustível	Fórmula	Energia liberada (em kJ/mol)
etanol	C_2H_5OH	1400
metano	CH_4	900
metanol	CH_3OH	730
n octano	C_8H_{18}	5600

O combustível que apresenta o maior quociente "energia liberada/quantidade de CO_2 produzido" é o:

a) metano.
b) etanol.
c) n-octano.
d) metanol.

9 (Enem-MEC) Vários combustíveis alternativos estão sendo procurados para reduzir a demanda por combustíveis fósseis, cuja queima prejudica o meio ambiente devido à produção de dióxido de carbono (massa molar 44 g/mol). Três dos mais promissores combustíveis alternativos são o hidrogênio, o etanol e o metano. A queima de 1 mol de cada um desses combustíveis libera uma determinada quantidade de calor, que estão apresentadas na tabela a seguir.

Combustível	Massa molar (g/mol)	Calor liberado na queima (kJ/mol)
H_2	2	270
CH_4	16	900
C_2H_5OH	46	1350

Considere que foram queimadas massas, independentemente, desses três combustíveis, de forma tal que em cada queima foram liberados 5400 kJ. O combustível mais econômico, ou seja, o que teve menor massa consumida, e o combustível mais poluente, que é aquele que produziu a maior massa de dióxido de carbono foram, respectivamente.

a) O etanol, que teve apenas 46 g de massa consumida, e o metano, que produziu 900 g de CO_2.
b) O hidrogênio, que teve apenas 40 g de massa consumida, e o etanol, que produziu 352 g de CO_2.
c) O hidrogênio, que teve apenas 20 g de massa consumida, e o metano, que produziu 264 g de CO_2.
d) O etanol, que teve apenas 96 g de massa consumida, e o metano, que produziu 176 g de CO_2.
e) O hidrogênio, que teve apenas 2 g de massa consumida, e o etanol, que produziu 1350 g de CO_2.

10 (UFMG-MG) A evaporação da água líquida é um processo que pode ocorrer como consequência de diversas ações. Dentre elas podem ser citadas o contato com um outro sistema de temperatura mais alta, a incidência de radiação eletromagnética e o arraste por um fluxo de gás. Considere três situações em que ocorre a evaporação da água líquida:

I. Na chama de um fogão a gás;
II. Em um forno de micro-ondas em funcionamento;
III. Pela ação do vento.

Sobre essas situações, pode-se afirmar que a evaporação ocorre devido a um fluxo de calor em (justifique sua resposta):

a) I e II.
b) I.
c) I, II e III.
d) II e III.

11 (UFMG-MG) A queima de combustíveis fósseis nos veículos automotores e nas indústrias e as grandes queimadas nas regiões de florestas tropicais são duas das principais causas do aumento da concentração de dióxido de carbono na atmosfera. Esse aumento – cerca de 11% nos últimos trinta anos – contribui para a elevação da temperatura média do globo terrestre, através do efeito estufa.

Desse ponto de vista, o uso do álcool como combustível em automóveis é interessante, porque não contribui, de forma permanente, para o aumento da concentração atmosférica de dióxido de carbono. A alternativa que melhor explica essa vantagem do uso do álcool etílico é:

a) A queima do etanol é completa.

b) A queima do etanol não produz CO_2.

c) O catalisador usado nos carros a etanol impede a formação de CO_2.

d) O replantio de cana-de-açúcar consome CO_2.

12 (UFMG-MG) Um dos principais poluentes produzidos pelos automóveis é o monóxido de carbono que resulta da queima parcial do combustível. Uma proporção correta entre o combustível e o ar, injetados no motor, é fundamental no controle da emissão desse poluente. Em condições normais de uso do motor, a alternativa que apresenta, qualitativamente, a quantidade de CO produzida em função da proporção ar/combustível é:

a)

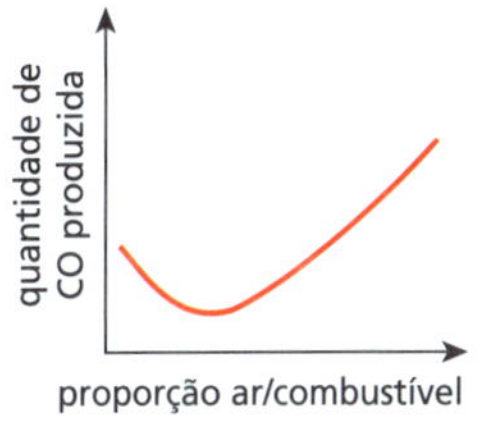

b)

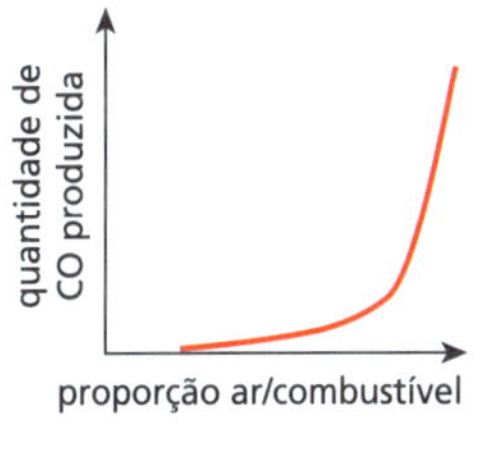

c)

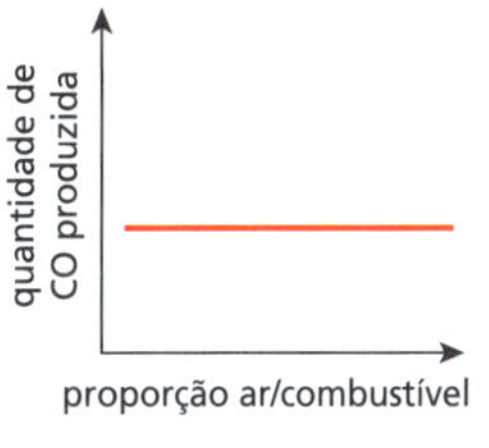

d)

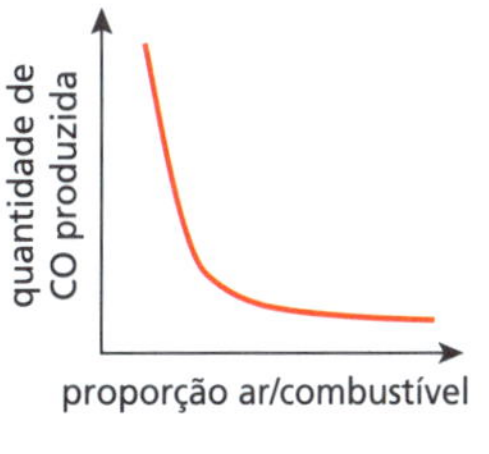

13 (UFMG-MG) Nos diagramas apresentados nas alternativas, as linhas horizontais correspondem a entalpias de substâncias ou de misturas de substâncias. O diagrama que, qualitativamente, indica as entalpias relativas de 1 mol de etanol líquido, 1 mol de etanol gasoso e dos produtos da combustão de 1 mol desse álcool, $2\ CO_2 + 3\ H_2O$, é:

a)

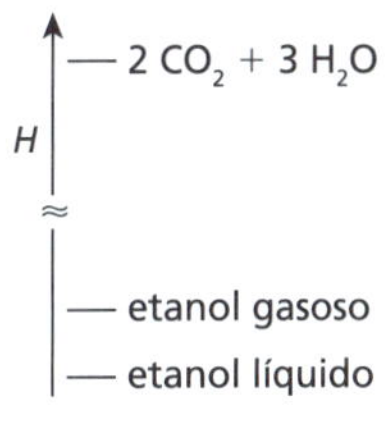

b)

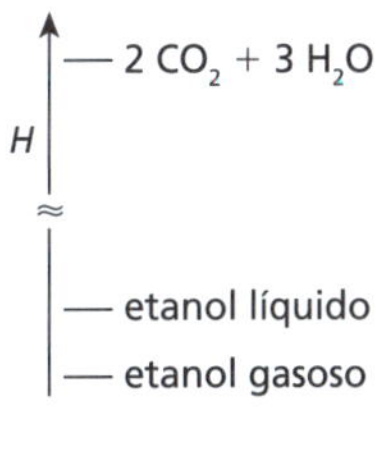

c)

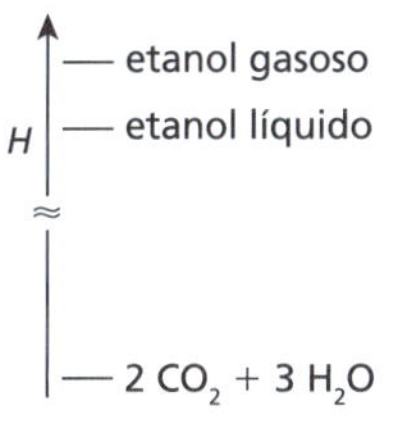

d)

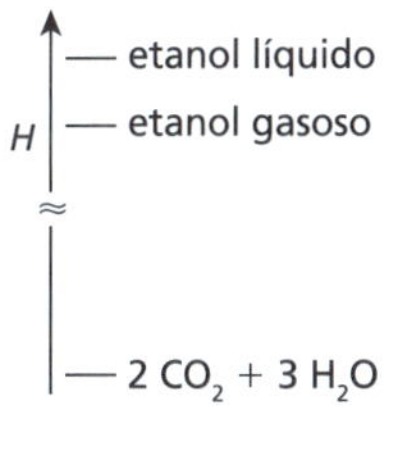

14 (UFMG-MG) Um palito de fósforo não se acende, espontaneamente, enquanto está guardado. Basta, porém, um ligeiro atrito com uma superfície áspera para que ele, imediatamente, entre em combustão, com emissão de luz e calor. Considerando-se essas observações, é correto afirmar que a reação:

a) é endotérmica e tem energia de ativação maior que a energia fornecida pelo atrito.
b) é endotérmica e tem energia de ativação menor que a energia fornecida pelo atrito.
c) é exotérmica e tem energia de ativação maior que a energia fornecida pelo atrito.
d) é exotérmica e tem energia de ativação menor que a energia fornecida pelo atrito.

15 (UFMG-MG) Considere o seguinte diagrama de entalpia, envolvendo o dióxido de carbono e as substâncias elementares diamante, grafita e oxigênio.

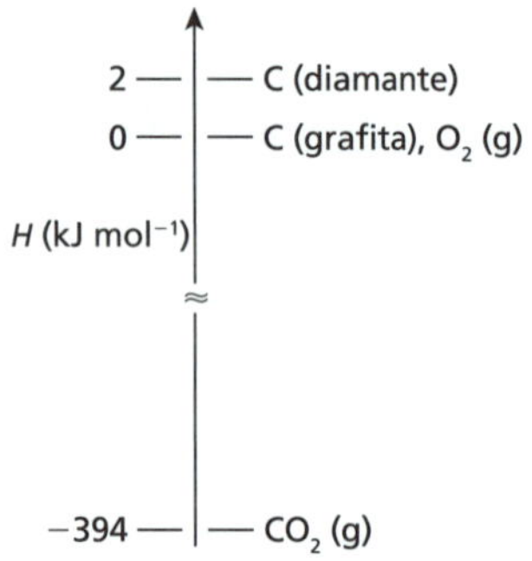

Considerando esse diagrama, indique a afirmativa falsa.

a) A transformação do diamante em grafita é exotérmica.
b) A variação de entalpia na combustão de 1 mol de diamante é igual a -392 kJ · mol^{-1}.
c) A variação de entalpia na obtenção de 1 mol de CO_2 (g), a partir da grafita, é igual a -394 kJ · mol^{-1}.
d) A variação de entalpia na obtenção de 1 mol de diamante, a partir da grafita, é igual a 2 kJ · mol^{-1}.

16 (UFMG-MG) O calor de combustão de uma substância orgânica é determinado fazendo-se essa substância reagir com oxigênio, no interior de um recipiente hermeticamente fechado. Esse recipiente está mergulhado numa quantidade conhecida de água, que é aquecida pelo calor liberado pela combustão. Num cálculo aproximado, pode-se considerar que todo o calor é absorvido apenas pela água. Em uma experiência realizada para se determinar o calor de combustão da sacarose, $C_{12}H_{22}O_{11}$, queimou-se uma amostra de 684 miligramas (mg) e observou-se que a temperatura do banho de água, de volume igual a 2,0 L, aumentou de 1,3 °C.

a) Escreva a equação balanceada que representa a reação de combustão completa da sacarose.
b) Calcule a quantidade de calor absorvida pelos 2,0 L de água do banho, supondo que a densidade da água líquida seja igual a 1,0 g/mL e que seu calor específico seja igual a 1,0 cal/(g · °C). (Deixe seus cálculos registrados, de modo a explicitar o seu raciocínio.)
c) Calcule o valor do calor de combustão da sacarose em cal/mol. (Deixe seus cálculos registrados, de modo a explicitar o seu raciocínio.)

17 (UFMG-MG) Um exemplo de uma reação para conversão do metano, principal constituinte do gás natural, em outros hidrocarbonetos, é a transformação desse composto em etano, que pode, em princípio, ser representada pela equação:

$$2\ CH_4\ (g) \rightarrow C_2H_6\ (g) + H_2\ (g)\ \text{(reação I)}$$

Na prática, essa é uma transformação catalítica, em que o metano reage com oxigênio, o que pode ser representado pela equação:

$$2\ CH_4\ (g) + 0{,}5\ O_2\ (g) \rightarrow C_2H_6\ (g) + H_2O\ (g)\ \text{(reação II)}$$

Considere o quadro de entalpias-padrão de formação (ΔH_f^0), a 25 °C, das substâncias indicadas.

Substâncias	(ΔH_f^0)/kJ . mol^{-1}
CH_4 (g)	−75,0
C_2H_6 (g)	−85,0
H_2O (g)	−242,0

a) Calcule a variação de entalpia-padrão a 25 °C das reações I e II apresentadas. Deixe indicadas todas as etapas dos cálculos, incluindo as unidades.

b) Suponha que os recipientes em que ocorrem as reações I e II sejam envolvidos por serpentinas em que circule água, inicialmente a 25 °C. Indique o que ocorre com a temperatura da água em cada uma das reações I e II e justifique a sua resposta.

18 (Enem-MEC) A Constelação Vulpécula (Raposa) encontra-se a 63 anos-luz da Terra, fora do Sistema Solar. Ali, o planeta gigante HD 189733b, 15% maior que Júpiter, concentra vapor de água na atmosfera. A temperatura do vapor atinge 900 °C. "A água sempre está lá, de alguma forma, mas às vezes é possível que seja escondida por outros tipos de nuvens", afirmaram os astrônomos do Spitzer Science Center (SSC), com sede em Pasadena, Califórnia, responsável pela descoberta. A água foi detectada pelo espectrógrafo infravermelho, um aparelho do telescópio espacial Spitzer. De acordo com o texto, o planeta concentra vapor de água em sua atmosfera a 900 °C. Sobre a vaporização infere-se que:

a) se há vapor de água no planeta, é certo que exista água no estado líquido também.

b) a temperatura de ebulição da água independe da pressão, em um local elevado ou ao nível do mar, ela ferve sempre a 100 °C.

c) o calor de vaporização da água é o calor necessário para fazer 1 kg de água líquida se transformar em 1 kg de vapor de água a 100 °C.

d) um líquido pode ser superaquecido acima de sua temperatura de ebulição normal, mas de forma nenhuma nesse líquido haverá formação de bolhas.

e) a água em uma panela pode atingir a temperatura de ebulição em alguns minutos, e é necessário muito menos tempo para fazer a água vaporizar completamente.

19 (UFPel-PR) Seja o quadro a seguir com as entalpias-padrão de combustão a 25 °C:

Substância	ΔH°_c (kJ/mol)
hidrogênio ou H_2 (g)	−286
metano ou CH_4 (g)	−891
propano ou C_3H_8 (g)	−2219
butano ou C_4H_{10} (g)	−2878
etanol ou C_2H_6O (l)	−1367

Dos combustíveis do quadro acima, o que libera maior quantidade de energia por grama é o:

a) etanol.
b) hidrogênio.
c) propano.
d) butano.
e) metano.

20 (Unicamp-SP) As variações de entalpia (ΔH) do oxigênio do estanho e dos seus óxidos, a 298 K e 1 bar, estão representadas no diagrama a seguir:

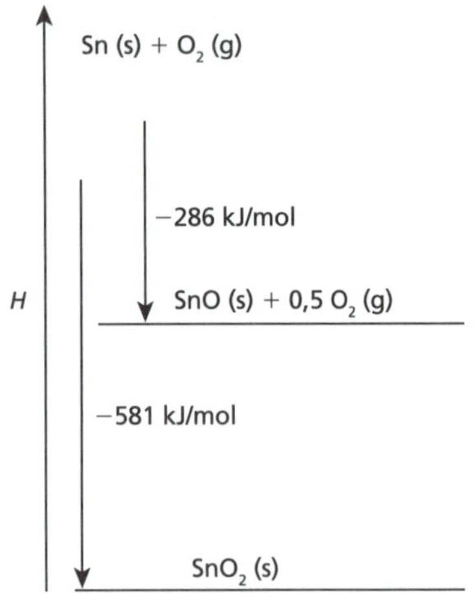

Assim, a formação do SnO (s), a partir dos elementos, corresponde a uma variação de entalpia de 286 kJ/mol.

a) Calcule a variação de entalpia (ΔH_1) correspondente à decomposição do SnO_2 (s) nos respectivos elementos, a 298 K e 1 bar.

b) Escreva a equação química e calcule a respectiva variação de entalpia (ΔH_2) da reação entre o óxido de estanho (II) e o oxigênio, produzindo o óxido de estanho (IV), a 298 K e 1 bar.

21 (Vunesp-SP) Dadas as equações termoquímicas:

I. Pb (s) + Cl_2 (g) → $PbCl_2$ (s) $\Delta H = -359,4$ kcal
II. Pb (s) + 2 Cl_2 (g) → $PbCl_4$ (l) $\Delta H = -329,3$ kcal

Para a reação: $PbCl_2$ (s) + Cl_2 (g) → $PbCl_4$ (l), a variação de entalpia $\Delta H°$ é:

a) 30,1 kJ.
b) −30,1 kJ.
c) +688,7 kJ.
d) −688,7 kJ.
e) −60,2 kJ.

22 (UFBA-BA) Considerem-se as equações termoquímicas:

I. $H_2(g) + \frac{1}{2} O_2(g) \rightarrow H_2O(l)$ $\Delta H_f^\circ = -286,0$ kJ

II. $N_2O_5(g) + H_2O(g) \rightarrow 2HNO_3(l)$ $\Delta H_f^\circ = -77,0$ kJ

III. $\frac{1}{2} N_2(g) + \frac{3}{2} O_2(g) + \frac{1}{2} H_2(g) \rightarrow HNO_3(l)$ $\Delta H_f^\circ =$
$= -174,0$ kJ

Com base nessas informações, determine:

a) a entalpia-padrão, ΔH°, para a reação: $2 N_2(g) + 5 O_2(g) \rightarrow 2 N_2O_5(g)$;

b) a entalpia-padrão de formação, ΔH_f°, do $N_2O_5(g)$.

c) Enuncie o princípio teórico que fundamenta a resposta do item a.

d) Defina entalpia-padrão de formação de uma substância.

23 (Enem-MEC) As pressões ambientais pela redução na emissão de gás estufa, somadas ao anseio pela diminuição da dependência do petróleo, fizeram os olhos do mundo se voltarem para os combustíveis renováveis, principalmente para o etanol. Líderes na produção e no consumo de etanol, Brasil e Estados Unidos da América (EUA) produziram, juntos, cerca de 35 bilhões de litros do produto em 2006. Os EUA utilizam o milho como matéria-prima para a produção desse álcool, ao passo que o Brasil utiliza a cana-de-açúcar. O quadro a seguir apresenta alguns índices relativos ao processo de obtenção de álcool nesses dois países.

	Cana	**Milho**
Produção de etanol	8 mil litros/ha	3 mil litros/ha
Gasto de energia fóssil para produzir 1 litro de álcool	1600 kcal	6600 kcal
Balanço energético	positivo: gasta-se 1 caloria de combustível fóssil para a produção de 3,24 calorias de etanol	negativo: gasta-se 1 caloria de combustível fóssil para a produção de 0,77 caloria de etanol
Custo de produção/litro	US$ 0,28	US$ 0,45
Preço de venda/litro	US$ 0,42	US$ 0,92

Se comparado com o uso do milho como matéria-prima na obtenção do etanol, o uso da cana-de-açúcar é:

a) mais eficiente, pois a produtividade do canavial é maior que a do milharal, superando-a em mais do dobro de litros de álcool produzido por hectare.

b) mais eficiente, pois gasta-se menos energia fóssil para se produzir 1 litro de álcool a partir do milho do que para produzi-lo a partir da cana.

c) igualmente eficiente, pois, nas duas situações, as diferenças entre o preço de venda do litro do álcool e o custo de sua produção se equiparam.

d) menos eficiente, pois o balanço energético para se produzir o etanol a partir da cana é menor que o balanço energético para produzi-lo a partir do milho.

e) menos eficiente, pois o custo de produção do litro de álcool a partir da cana é menor que o custo de produção a partir do milho.

24 (Unimontes-MG) A oxidação da glicose encontra-se representada pela seguinte equação:

$C_6H_{12}O_6$ (s) + 6 O_2 (g) → 6 CO_2 (g) + 6 H_2O (l) + 2820 kJ

Considerando-se que 40% da energia liberada se encontra disponível para atividade muscular, a quantidade de energia obtida pela oxidação de 360 g de glicose equivale a:

a) 5640 kJ.
b) 1128 kJ.
c) 2256 kJ.
d) 3800 kJ.

25 (Enem-MEC) Ao beber uma solução de glicose ($C_6H_{12}O_6$), um corta-cana ingere uma substância:

a) Que, ao ser degradada pelo organismo, produz energia que pode ser usada para movimentar o corpo.
b) Inflamável que, queimada pelo organismo, produz água para manter a hidratação das células.
c) Que eleva a taxa de açúcar no sangue e é armazenada na célula, o que restabelece o teor de oxigênio no organismo.
d) Insolúvel em água, o que aumenta a retenção de líquidos pelo organismo.
e) De sabor adocicado que, utilizada na respiração celular, fornece CO_2 para manter estável a taxa de carbono na atmosfera.

26 (Enem-MEC) No que tange à tecnologia de combustíveis alternativos, muitos especialistas em energia acreditam que os alcoóis vão crescer em importância em um futuro próximo. Realmente, alcoóis como metanol e etanol têm encontrado alguns nichos para uso doméstico como combustíveis há muitas décadas e, recentemente, vêm obtendo uma aceitação cada vez maior como aditivos, ou mesmo como substitutos para gasolina em veículos. Algumas das propriedades físicas desses combustíveis são mostradas no quadro seguinte.

Álcool	Densidade a 25 °C (g/mL)	Calor de combustão (kJ/mol)
Metanol (CH_3OH)	0,79	−726,0
Etanol (CH_3CH_2OH)	0,79	−1367,0

Dados: massas molares em g/mol C = 12 g/mol; O = 16 g/mol; H = 1 g/mol. Considere que, em pequenos volumes, o custo de produção de ambos os alcoóis seja o mesmo. Dessa forma, do ponto de vista econômico, é mais vantajoso utilizar:

a) Metanol, pois sua combustão completa fornece aproximadamente 22,7 kJ de energia por litro de combustível queimado.
b) Etanol, pois sua combustão completa fornece aproximadamente 29,7 kJ de energia por litro de combustível queimado.
c) Metanol, pois sua combustão completa fornece aproximadamente 17,9 MJ de energia por litro de combustível queimado.
d) Etanol, pois sua combustão completa fornece aproximadamente 23,5 MJ de energia por litro de combustível queimado.
e) Etanol, pois sua combustão completa fornece aproximadamente 33,7 MJ de energia por litro de combustível queimado.

27 (UnB-DF) O fósforo P_4, exposto ao ar, queima espontaneamente para dar P_4O_{10}, o ΔH para essa reação é −712 kcal/mol de P_4. A quantidade de calor produzida, quando 2,48 g de fósforo são queimados, é:

a) 71,20 kcal.
b) 10,40 kcal.
c) 14,24 kcal.
d) 17,65 kcal.
e) 20,24 kcal.

28 (Enem-MEC) Nos últimos anos, o gás natural (GNV: gás natural veicular) vem sendo utilizado pela frota de veículos nacional, por ser viável economicamente e menos agressivo do ponto de vista ambiental. O quadro a seguir compara algumas características do gás natural e da gasolina em condições ambiente.

	Densidade (em kg/m³)	Poder calorífico (em kJ/kg)
GNV	0,8	50200
gasolina	738	46900

Apesar das vantagens do uso de GNV, sua utilização implica algumas adaptações técnicas, pois, em condições ambiente o volume de combustível necessário, em relação ao de gasolina, para produzir a mesma energia, seria:

a) Muito maior, o que requer um motor muito mais potente.
b) Muito maior, o que requer que ele seja armazenado a alta pressão.
c) Igual, mas sua potência será muito menor.
d) Muito menor, o que torna o veículo menos eficiente.
e) Muito menor, o que facilita sua dispersão para a atmosfera.

29 (UEMS-MS) É correto afirmar que o ΔH^0 para a reação balanceada:

$2\ Ag_2S\ (s) + 2\ H_2O\ (l) \rightarrow 4\ Ag\ (s) + 2\ H_2S\ (g) + O_2\ (g)$,

considerando os respectivos ΔH_f°, em kJ/mol de $H_2S(g)$ = = −20,6 de Ag_2S (s) = −32,6 e de H_2O (l) = −285,8, será:

a) 485,6 kJ.
b) 495,6 kJ.
c) 585,6 kJ.
d) 595,6 kJ.
e) 600,0 kJ.

30 (Ufam-AM) Considere a reação de combustão completa de 11,60 g de butano, com todos seus componentes no estado gasoso, conforme a reação a seguir.

$$C_4H_{10} + \frac{13}{2}\,O_2 \rightarrow 4\ CO_2 + 5\ H_2O$$

A respeito da mesma são feitas quatro afirmações: (dados: C = 12 g/mol, H = 1 g/mol, O = 16 g/mol):

I. Há o consumo de 41,6 g de oxigênio. A reação é exotérmica.
II. Ocorre a formação de 17,92 L de gás carbônico nas CNTP.
III. É produzido um mol de água e a reaçao cede calor.
IV. É uma reação com absorção de calor.

Está(ão) correta(s) somente as afirmativas:

a) I, II e III.
b) I e II.
c) II e IV.
d) IV.
e) III.

31 (Unesp-SP) Em uma cozinha, estão ocorrendo os seguintes processos:

I. Gás queimando em uma das "bocas" do fogão.

II. Água fervendo em uma panela que se encontra sobre esta "boca" do fogão.

Com relação a esses processos, pode-se estimar que:

a) I e II são exotérmicos.

b) I é exotérmico e II é endotérmico.

c) I é endotérmico e II é exotérmico.

d) I é isotérmico e II é exotérmico.

e) I é endotérmico e II é isotérmico.

32 (Enem-MEC) A água apresenta propriedades físico-químicas que a coloca em posição de destaque como substância essencial à vida. Dentre essas, destacam-se as propriedades térmicas biologicamente muito importantes, por exemplo, o elevado valor latente de vaporização. Esse calor latente refere-se à quantidade de calor que deve ser adicionada a um líquido em seu ponto de ebulição, por unidade de massa, para convertê-lo em vapor na mesma temperatura, que no caso da água é igual a 540 calorias por grama.

A propriedade físico-química mencionada no texto confere à água a capacidade de:

a) Servir como doador de elétrons no processo de fotossíntese.

b) Funciona como regulador térmico para os organismos vivos.

c) Agir como solvente universal nos tecidos animais e vegetais.

d) Transportar íons ferro e magnésio nos tecidos vegetais.

e) Funcionar como mantenedora do metabolismo nos organismos vivos.

33 (Enem-MEC) Em nosso cotidiano, utilizamos as palavras "calor" e "temperatura" de forma diferente de como elas são usadas no meio científico. Na linguagem corrente, calor é identificado com "algo quente" e temperatura mede a "quantidade de calor de um corpo". Esses significados, no entanto, não conseguem explicar diversas situações que podem ser verificadas na prática. Do ponto de vista científico, que situação prática mostra a limitação dos conceitos corriqueiros de calor e temperatura?

a) A temperatura da água que pode ficar constante durante o tempo em que estiver fervendo.

b) Uma mãe coloca a mão na água da banheira do bebê para verificar a temperatura da água.

c) A chama de um fogão pode ser usada para aumentar a temperatura da água em uma panela.

d) A água quente que está em uma caneca é passada para outra caneca a fim de diminuir sua temperatura.

e) Um forno pode fornecer calor para uma vasilha de água que está em seu interior com menor temperatura do que a dele.

CINÉTICA QUÍMICA: CONTROLANDO A VELOCIDADE DAS REAÇÕES QUÍMICAS

Cinética química: é o estudo da velocidade das reações químicas, dos fatores que a influenciam e os mecanismos pelo qual ela ocorre.

Velocidade das reações químicas: é medida experimentalmente de várias maneiras, dentre elas pela variação da concentração (no caso de reagentes em soluções líquidas ou sólidas), pela variação da pressão (no caso de reagentes gasosos), pela variação da cor do sistema (no caso de um reagente colorido) etc.

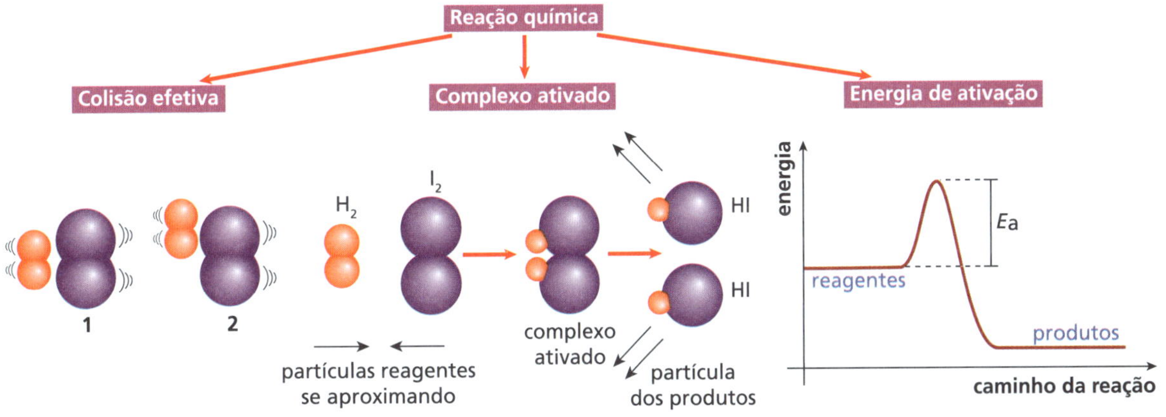

Fatores que afetam a velocidade de uma reação	
Estado físico	Um sólido é mais compacto que um líquido, que é mais compacto que um gás. A reação entre sólidos é mais lenta que entre líquidos, pois suas moléculas possuem energia cinética extremamente pequena, e a superfície de contato, para que ocorra o choque, também é pequena. Já a reação entre líquidos é mais lenta que entre gases, que apresentam grande energia cinética, e as moléculas se locomovem com muita facilidade, provocando um grande número de choques, facilitando a quebra de suas ligações.
Temperatura	Elevando-se a temperatura, aumenta a energia cinética média das moléculas, e com isso, o número de colisões e a velocidade da reação.
Concentração dos reagentes	Aumentando a concentração dos reagentes, aumenta o número de moléculas disponíveis, o número de colisões total e o número de colisões efetivas. Com essa relação, entre velocidade de uma reação química e concentração dos reagentes, temos equação da velocidade. Exemplo: para uma equação geral: Aa + bB → cC + dD, a equação de velocidade é dada por: Velocidade = k $[A]^a.[B]^b$ onde V = velocidade da reação; [ ] = concentração da substância em mol/L; k = constante da velocidade específica para cada temperatura; e o expoente (a e b) é a ordem de reação.
Catalisador	Substância que atua nas reações químicas proporcionando aumento na velocidade e diminuição nas energias de ativação. Apesar de participar da reação, não é consumido e pode ser obtido novamente ao final dela.
Superfície de contato	Aumentando a superfície de contato das substâncias, um maior número de partículas entra em contato com as demais e reagem entre si de forma mais efetiva.
Pressão	Aumentando a pressão, reduz o volume acelerando a reação química, devido à aproximação das moléculas e ao aumento das colisões entre elas.

Exercícios

1 (Cefet-PB) A reação de oxidação do brometo de hidrogênio:

$$4\ HBr\ (g) + O_2\ (g) \rightarrow 2\ Br_2\ (g) + 2\ H_2O\ (g)$$

Ocorre em 3 etapas distintas:

I. $HBr\ (g) + O_2\ (g) \rightarrow HOOBr\ (g)$ (etapa lenta)

II. $HBr\ (g) + HOOBr\ (g) \rightarrow 2\ HOBr\ (g)$ (etapa rápida)

III. $HOBr\ (g) + HBr\ (g) \rightarrow Br_2\ (g) + H_2O\ (g)$ (etapa rápida)

Sabendo-se que a reação se realiza com velocidade v, se, simultaneamente, a concentração de HBr for duplicada e a concentração de O_2 for reduzida à metade, então a reação, nessa nova condição, se realizará com velocidade igual a:

a) v.
b) 1/4 v.
c) 1/2 v.
d) 4 v.
e) 2 v.

2 (UEMG-MG) As transformações químicas podem ocorrer na presença e na ausência de um catalisador. O gráfico a seguir representa a variação de energia em uma transformação.

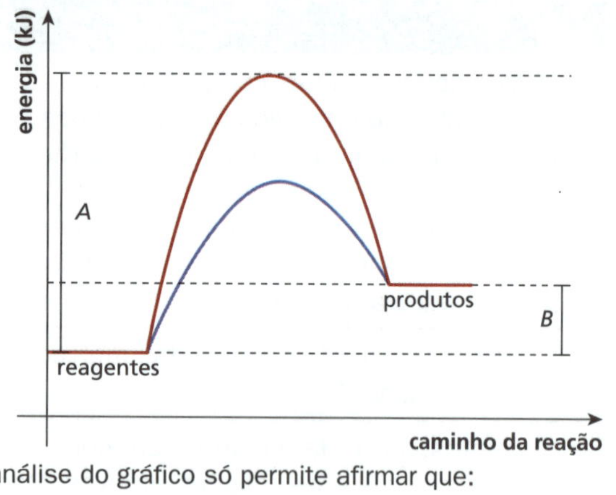

A análise do gráfico só permite afirmar que:

a) A reação é uma combustão.
b) O catalisador diminui a diferença entre *A* e *B*.
c) A reação ocorre em duas etapas.
d) O catalisador influencia nas propriedades dos produtos.

3 (UEMG-MG) Ácidos fortes, ao entrarem em contato com metais, como o ferro, produzem gás hidrogênio. O quadro a seguir apresenta os resultados de um experimento realizado com uma solução aquosa diluída de ácido clorídrico (HCl) e amostras de ferro.

Sistema	Solução de HCl diluído (em mL)	Objetos feitos de ferro	Temperatura (em °C)	Número de bolhas de H_2 em 30 segundos
1	20	prego (2 g)	20	4
2	20	prego (2 g)	40	12
3	20	esponja de aço (2 g)	40	40

Ao analisar os resultados, um estudante fez as seguintes observações:

I. A reação será mais lenta no sistema 2, pois a temperatura é maior.

II. A massa de ferro usada é um fator determinante para a variação da velocidade dessa reação.

III. A superfície de contato possibilita uma maior interação entre os reagentes, em 3.

IV. O número de bolhas produzido ao final da reação será o mesmo para os três sistemas.

Indique a alternativa que contém a(s) afirmação(ões) correta(s) formulada(s) pelo estudante:

a) Afirmação I.
b) Afirmações I e II.
c) Afirmações III e IV.
d) Afirmações II e IV.

4 (UEPB-PB) A respeito dos fatores que influenciam a cinética de reações químicas, dê como resposta a soma dos itens corretos.

(01) A energia de ativação de uma reação é independente da ação de um catalisador.

(02) A velocidade da reação aumenta com o aumento da superfície de contato entre os reagentes.

(04) A velocidade da reação aumenta com o aumento da temperatura, devido à maior frequência de colisões efetivas entre as moléculas dos reagentes.

(08) Toda colisão com orientação adequada produz uma reação química.

5 (Uerj-RJ) Em um experimento, em condições adequadas, foram medidas as velocidades de reação *V* de uma enzima, em função do aumento da concentração de seu substrato S. O gráfico a seguir indica variações de *V* em função de S.

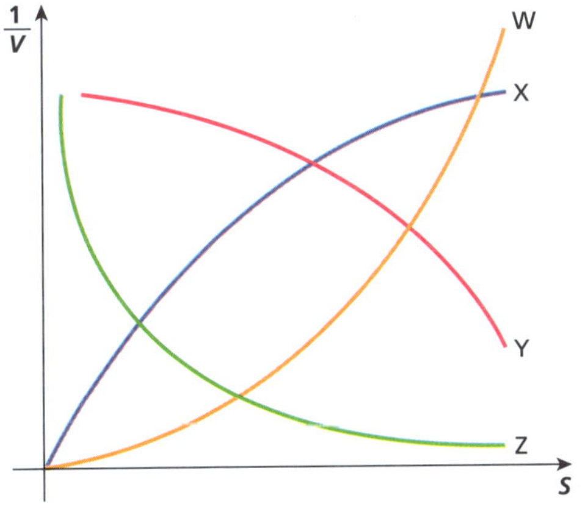

A curva que deve representar o resultado experimental é a identificada por:

a) W. b) X. c) Y. d) Z.

6 (UFG-GO) Em aquários, utilizam-se borbulhadores de ar para oxigenar a água. Para um mesmo volume de ar bombeado nesse processo, bolhas pequenas são mais eficientes, porque em bolhas pequenas:

a) A área superficial total é maior.
b) A densidade é menor.
c) A pressão é maior.
d) A velocidade de ascensão é menor.
e) O volume total é menor.

7 (Uece-CE) *Airbags* de automóveis protegem motoristas e passageiros durante choques, através de um determinado mecanismo de uma reação química. O gráfico a seguir representa um mecanismo de reação, cuja alternativa **correta** é:

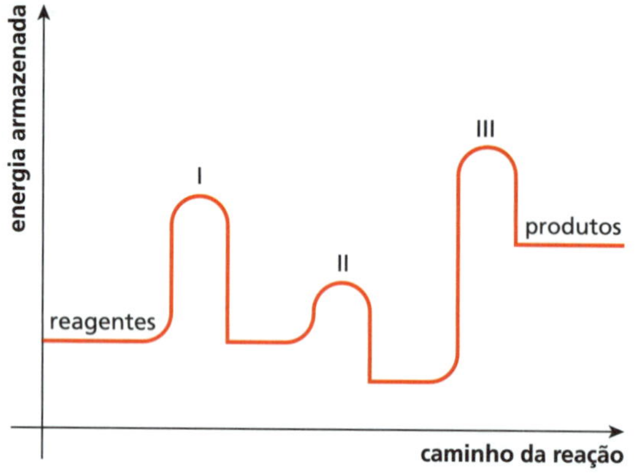

a) A etapa III é a mais lenta deste mecanismo.
b) A etapa I é mais rápida que a etapa II.
c) As etapas I e III são as mais rápidas deste mecanismo.
d) A etapa II é mais lenta que a etapa III.

8 (Enem-MEC) As características dos vinhos dependem do grau de maturação das uvas nas parreiras porque as concentrações de diversas substâncias da composição das uvas variam à medida que as uvas vão amadurecendo. O gráfico a seguir mostra a variação da concentração de três substâncias presentes em uvas, em função do tempo. O teor alcoólico do vinho deve-se à fermentação dos açúcares do suco da uva. Por sua vez, a acidez do vinho produzido é proporcional à concentração dos ácidos tartárico e málico.

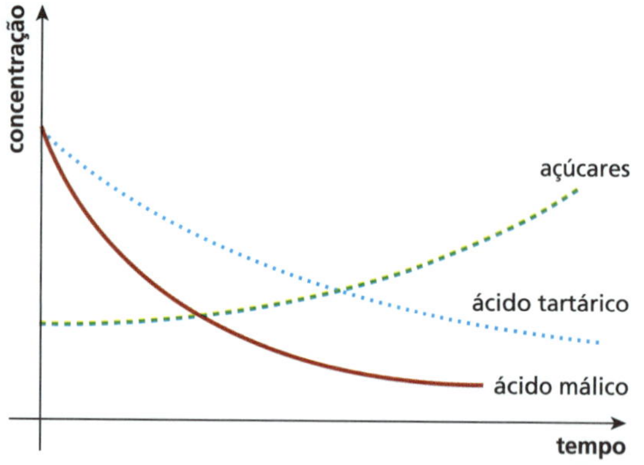

Considerando-se as diferentes características desejadas, as uvas podem ser colhidas:

a) Mais cedo, para a obtenção de vinhos menos ácidos e menos alcoólicos.
b) Mais cedo, para a obtenção de vinhos mais ácidos e mais alcoólicos.
c) Mais tarde, para a obtenção de vinhos mais alcoólicos e menos ácidos.
d) Mais cedo e ser fermentadas por mais tempo, para a obtenção de vinhos mais alcoólicos.
e) Mais tarde e ser fermentadas por menos tempo, para a obtenção de vinhos menos alcoólicos.

9 (UFJF-MG) Considere o diagrama de energia da reação de decomposição do H_2O_2 representado a seguir:

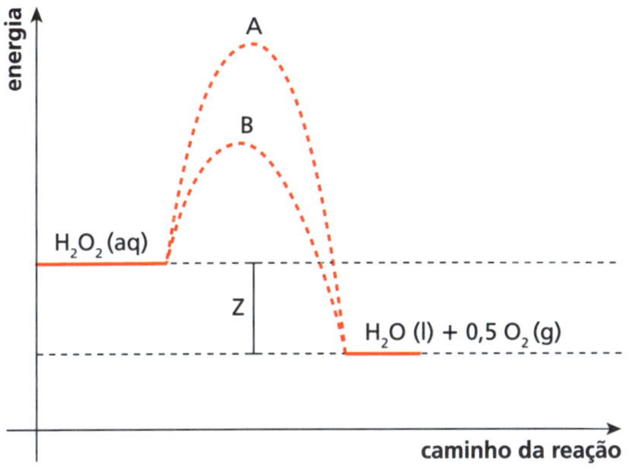

Indique a alternativa **incorreta**:

a) A reação de decomposição do H_2O_2 é exotérmica.
b) A curva A apresenta maior energia de ativação que a curva B.
c) A presença de um catalisador afeta o ΔH da reação.
d) A curva B representa a reação com a presença de um catalisador.
e) A letra Z representa o ΔH da reação de decomposição do H_2O_2.

10 (UFRGS-RS) No filme *O náufrago*, o personagem teve de iniciar uma fogueira a partir do aquecimento de cascas secas de coco através do calor gerado pelo atrito de pedaços de madeira. Quimicamente, o atrito desses pedaços de madeira serve como:

a) entalpia inicial;
b) catalisador;
c) calor de combustão;
d) inibidor;
e) energia de ativação.

11 (UFTO-TO) Observe o seguinte sistema químico:

$$N_2\,(g) + 3H_2\,(g) \rightarrow 2NH_3\,(g)$$

Se a velocidade de consumo de nitrogênio for de 3 mols/L, calcule a velocidade de consumo de hidrogênio no mesmo tempo.

12 (UPE-PE) Analise as afirmativas a seguir.

I. A energia de ativação de uma reação química aumenta com o aumento da temperatura do sistema reacional.
II. A velocidade de uma reação química é determinada pela etapa mais lenta.
III. A variação de entalpia de uma reação independe do uso de catalisadores.
IV. Todas as colisões entre as moléculas de um reagente são efetivas, excetuando-se quando os reagentes são líquidos e em temperaturas baixas.

Indique a alternativa que contempla as afirmativas corretas:

a) I, II e IV, apenas.
b) II, III e IV, apenas.
c) I, III e IV, apenas.
d) II e III, apenas.
e) I e III, apenas.

13 (UPM-SP) A combustão do butano é representada pela equação:

$$C_4H_{10} + 13/2\ O_2 \xrightarrow{\Delta} 4\ CO_2 + 5\ H_2O$$

Se houver um consumo de 4 mols de butano a cada 20 minutos de reação, qual o número de mols de dióxido de carbono produzido em uma hora?

14 (Unicamp-SP) Amostras de magnésio foram colocadas em soluções de ácido clorídrico a diversas concentrações e temperaturas havendo total "dissolução" do metal e desprendimento de gás hidrogênio. Observaram-se os seguintes resultados:

Amostra	Massa de magnésio "dissolvida"	Tempo para dissolver
I	2,0 g	10 min
II	0,40 g	2,0 min
III	0,40 g	1,0 min
IV	0,50 g	1,0 min

a) Em qual caso a velocidade média da reação foi maior?

b) Em qual caso desprendeu-se maior quantidade de hidrogênio?

15 (UFPE-PE) Considere a reação: $2N_2O \rightarrow 4NO_2 + O_2$. Admita que a formação de gás oxigênio tem uma velocidade média constante e igual a 0,05 mol/s. A massa de NO_2 formada em 1 min é:

a) 96 g b) 55,2 g c) 12 g d) 552 g e) 5,52 g

16 (PUC-MG) A poluição pelo NO_2 é uma das causas de destruição da camada de ozônio. Uma das reações que pode ocorrer no ar poluído é a reação do dióxido de nitrogênio com o ozônio: $2NO_2 + O_3 \leftrightarrow N_2O_5 + O_2$. Admita que a formação do O_2 tem uma velocidade média constante igual a $0{,}05\ mol \cdot L/s$. A massa de ozônio consumida em 1 min é, em gramas:

a) 2,40 b) 144 c) 1,60 d) 96 e) 48

17 (UFPE-PE) O gráfico a seguir representa a variação de concentração das espécies A, B e C com o tempo. Qual das alternativas a seguir contém a equação química que melhor descreve a reação representada pelo gráfico?

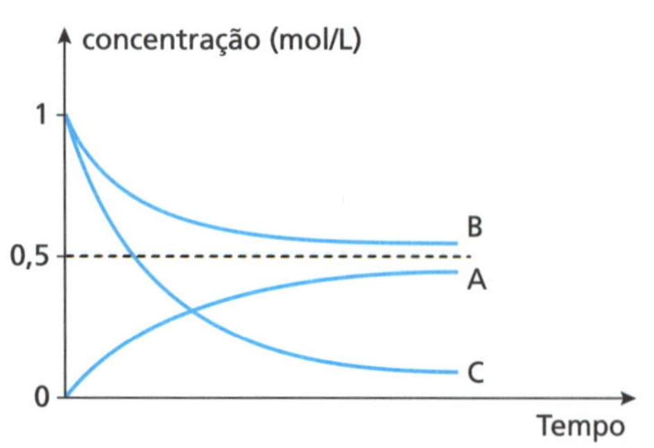

a) 2A + B à C

b) A à 2B + C

c) B + 2C à A

d) 2B + C à A

e) B + C à A

UMA INTRODUÇÃO AO ESTUDO DO EQUILÍBRIO QUÍMICO

As reações químicas podem ocorrer de forma irreversível ou reversível. Quando numa reação química tem-se o estado de equilíbrio (reação química é reversível) os reagentes se transformam em produtos, e ao mesmo tempo os produtos reagem entre si formando os reagentes.

Matematicamente, a constante de equilíbrio é uma razão entre o produto das concentrações dos produtos pelo produto das concentrações dos reagentes, e seu valor nos informa a extensão com que uma transformação ocorre. Dada a equação geral:

$$aA\,(g) + bB\,(g) \leftrightarrow cC\,(g) + dD\,(g)$$

A constante de equilíbrio é dada por:

$$K_c = \frac{[C]^c\ [D]^d}{[A]^a\ [B]^b}$$

$K_c < 1$	**A quantidade de reagentes é maior do que a quantidade de produtos, ou seja, a reação direta processa-se em menor extensão do que a reação inversa.**
$K_c > 1$	**A quantidade de produtos é maior do que a quantidade de reagentes, ou seja, a reação direta processa-se em maior extensão do que a reação inversa.**

Fatores que alteram o equilíbrio – Princípio de Le Chatelier

Concentração — Alterações nas concentrações de reagentes ou produtos afetarão no equilíbrio químico, que se deslocará no sentido de consumir o que foi adicionado ao sistema, assim:

$A + B \longleftrightarrow C + D$	
Concentração	**Sentido de deslocamento do equilíbrio**
Reagentes ↑	→
Reagentes ↓	←
Produtos ↑	←
Produtos ↓	→

Pressão — Aumentando a pressão sobre o sistema, favorece a reação que resulta na diminuição da pressão total do sistema.

Catalisador — Não desloca o equilíbrio, apenas diminui o tempo necessário para atingi-lo.

Temperatura — Reações Exotérmicas: O aumento da temperatura faz com que a reação se desloque para a esquerda, favorecendo a formação dos reagentes, que absorve calor e aumenta a temperatura. A diminuição da temperatura faz com que o sistema desloque o equilíbrio para a direita, no sentido dos produtos, resultando em liberação de calor.
Reações Endotérmicas: O aumento da temperatura faz com que a reação se desloque para a direita, favorecendo a formação dos produtos, pois a reação, ao consumir calor, aumenta a temperatura. A diminuição da temperatura faz com que o sistema desloque o equilíbrio para a esquerda no sentido dos reagentes, favorecendo a reação inversa, exotérmica, que libera.

Ácidos e Bases: Segundo Arrhenius, ácido é toda substância que em solução aquosa libera íons H^+, e base é aquela que em solução aquosa libera íons OH^-. A neutralização deles, seria, portanto, a reação entre essas duas espécies iônicas produzindo água:

$$H^+\,(aq) + OH^-\,(aq) \rightarrow H_2O$$

pH: Mede acidez e basicidade. De acordo com sua escala, as substâncias que apresentam pH < 7 são consideradas ácidas, pH > 7, básicas, e as de pH = 7 são neutras. Abaixo, a expressão que permite calcular o pH:

$$pH = -\log\,[H^+]$$

Exercícios

1 (Unicamp-SP) Alcalose e acidose são dois distúrbios fisiológicos caracterizados por alterações do pH no sangue: a alcalose corresponde a um aumento, enquanto a acidose corresponde a uma diminuição do pH. Essas alterações de pH afetam a eficiência do transporte de oxigênio pelo organismo humano. O gráfico a seguir mostra a percentagem de oxigênio transportado pela hemoglobina, em dois pH diferentes em função da pressão do O_2.

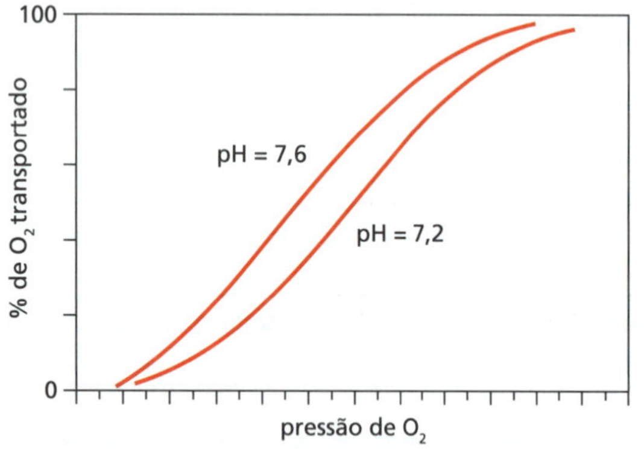

a) Em qual dos dois pH há uma maior eficiência no transporte de oxigênio pelo organismo? Justifique.

b) Em casos clínicos extremos, pode-se ministrar solução aquosa de NH_4Cl para controlar o pH do sangue. Em qual desses distúrbios (alcalose ou acidose) pode ser aplicado esse recurso? Explique.

2 (UFV-MG) Ao se misturar vapor de iodo (um gás violeta) com gás hidrogênio (incolor), ocorre uma reação química que resulta na formação do gás iodeto de hidrogênio (incolor).

$$I_2\,(g) + H_2\,(g) \leftrightarrow 2\,HI\,(g)$$

O gráfico a seguir mostra a variação das concentrações de reagentes e produtos durante um experimento em que foram utilizados 1,0 mol de I_2 e 1,0 mol de H_2, a 400 °C, em um frasco de 1,0 L.

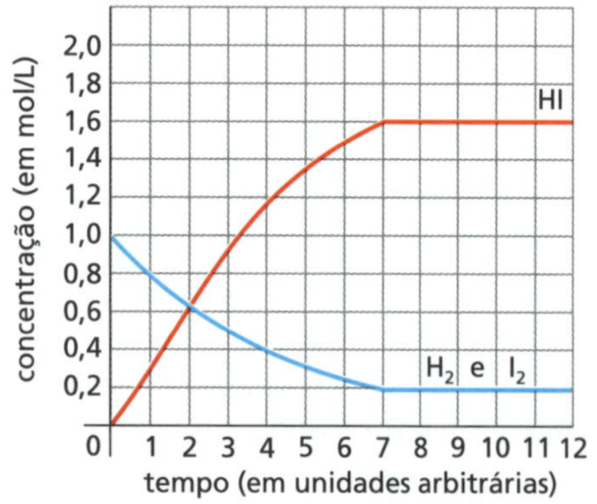

Em relação a esse experimento, indique a afirmativa correta:

a) Ao final do experimento, o sistema gasoso contido no recipiente se apresenta incolor.

b) A constante de equilíbrio dessa reação, a 400 °C, é 64.

c) Ao final do experimento, a concentração de HI é 2,0 mol/L.

d) Ao final do experimento, as concentrações de H_2 e I_2 são iguais a 0 (zero).

e) A reação atinge o estado de equilíbrio no tempo 2.

3 (Enem-MEC) A invenção da geladeira proporcionou uma revolução no aproveitamento dos alimentos, ao permitir que fossem armazenados e transportados por longos períodos. A figura apresentada ilustra o processo cíclico de funcionamento de uma geladeira, em que um gás no interior de uma tubulação é forçado a circular entre o congelador e a parte externa da geladeira. É por meio dos processos de compressão, que ocorre na parte externa, e de expansão, que ocorre na parte interna, que o gás proporciona a troca de calor entre o interior e o exterior da geladeira. Nos processos de transformação de energia envolvidos no funcionamento da geladeira:

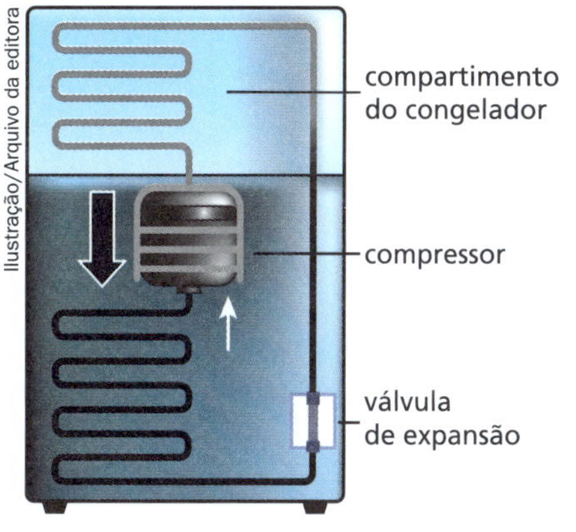

a) a expansão do gás é um processo que cede a energia necessária ao resfriamento da parte interna da geladeira.

b) o calor flui de forma não espontânea da parte mais fria, no interior, para a mais quente, no exterior da geladeira.

c) a quantidade de calor cedida ao meio externo é igual ao calor retirado da geladeira.

d) a eficiência é tanto maior quanto menos isolado termicamente do ambiente externo for o seu compartimento interno.

e) a energia retirada do interior pode ser devolvida à geladeira abrindo-se a sua porta, o que reduz seu consumo de energia.

4 (Enem-MEC) *Os refrigerantes têm-se tornado cada vez mais o alvo de políticas públicas de saúde. Os de cola apresentam ácido fosfórico, substância prejudicial à fixação de cálcio, o mineral que é o principal componente da matriz dos dentes. A cárie é um processo dinâmico de desequilíbrio do processo de desmineralização dentária, perda de minerais em razão da acidez. Sabe-se que o principal componente do esmalte do dente é um sal denominado hidroxiapatita. O refrigerante, pela presença da sacarose, faz decrescer o pH do biofilme (placa bacteriana), provocando a desmineralização do esmalte dentário. Os mecanismos de defesa salivar levam de 20 a 30 minutos para normalizar o nível do pH, remineralizando o dente. A equação química seguinte representa esse processo:*

$$\underset{\text{hidroxiapatita}}{Ca_5(PO_4)_3OH\ (s)} \underset{\text{mineralização}}{\overset{\text{desmineralização}}{\rightleftharpoons}} 5\ Ca^{2+}\ (aq) + 3PO_4^{3-}\ (aq) + OH^-\ (aq)$$

GROISMAN, S. *Impacto do refrigerante nos dentes é avaliado sem tirá-lo da dieta*. Disponível em: http://www.isaude.net. Acesso em: 1º maio 2010 (adaptado).

Considerando que uma pessoa consuma refrigerantes diariamente, poderá ocorrer um processo de desmineralização dentária, devido ao aumento da concentração de:

a) OH^-, que reage com os íons Ca^{2+}, deslocando o equilíbrio para a direita.

b) H^+, que reage com as hidroxilas OH^-, deslocando o equilíbrio para a direita.

c) OH^-, que reage com os íons Ca^{2+}, deslocando o equilíbrio para a esquerda.

d) H^+, que reage com as hidroxilas OH^-, deslocando o equilíbrio para a esquerda.

e) Ca^{2+}, que reage com as hidroxilas OH^-, deslocando o equilíbrio para a esquerda.

5 (UFSCar-SP) As equações apresentadas a seguir representam equilíbrios químicos estabelecidos separadamente no interior de cilindros dotados de êmbolos móveis. Considerando que cada cilindro terá seu volume reduzido à metade do valor inicial, mantida à temperatura constante, indique a alternativa que representa o equilíbrio afetado por essa alteração.

a) $C\ (s) + O_2\ (g) \rightleftharpoons CO_2\ (g)$.

b) $H_2\ (g) + Br_2\ (g) \rightleftharpoons 2\ HBr\ (g)$.

c) $CH_4\ (g) + 2\ O_2\ (g) \rightleftharpoons CO_2\ (g) + 2\ H_2O\ (g)$.

d) $CaCO_3\ (s) \rightleftharpoons CaO\ (s) + CO_2\ (g)$.

e) $FeO\ (s) + CO\ (g) \rightleftharpoons Fe\ (s) + CO_2\ (g)$.

6 (Enem-MEC) Suponha que um agricultor esteja interessado em fazer uma plantação de girassóis. Procurando informação, leu a seguinte reportagem:

Solo ácido não favorece plantio

Alguns cuidados devem ser tomados por quem decide iniciar o cultivo do girassol. A oleaginosa deve ser plantada em solos descompactados, com pH acima de 5,2 (que indica menor acidez da terra). Conforme as recomendações da Embrapa, o agricultor deve colocar, por hectare, 40 kg a 60 kg de nitrogênio, 40 kg a 80 kg de potássio e 40 kg a 80 kg de fósforo. O pH do solo, na região do agricultor, é de 4,8. Dessa forma, o agricultor deverá fazer a "calagem".

Folha de S.Paulo, 25 set. 1996.

Suponha que o agricultor vá fazer calagem (aumento do pH do solo por adição de cal virgem, CaO). De maneira simplificada, a diminuição da acidez se dá pela interação da cal (CaO) com a água presente no solo, gerando hidróxido de cálcio ($Ca(OH)_2$), que reage com os íons H^+ (dos ácidos), ocorrendo, então, a formação de água e deixando íons Ca^{2+} no solo. Considere as seguintes equações:

I. $CaO + 2\ H_2O \rightarrow Ca(OH)_3$

II. $CaO + H_2O \rightarrow Ca(OH)_2$

III. $Ca(OH)_2 + 2\ H^+ \rightarrow Ca^{2+} + 2\ H_2O$

IV. $Ca(OH)_2 + H^+ \rightarrow CaO + H_2O$

O processo de calagem descrito anteriormente pode ser representado pelas equações:

a) I e II.

b) I e IV.

c) II e III.

d) II e IV.

e) III e IV.

7 (UFJF-MG) O cloro é comumente utilizado como desinfetante nas estações de tratamento de água para torná-la apropriada para o consumo humano. A reação que ocorre entre o cloro e a água, na sua forma mais elementar, é:

$$Cl_2\ (g) + H_2O\ (l) \leftrightarrow HCl\ (aq) + HClO\ (aq)$$

Pergunta-se:

a) Qual é o número de oxidação do cloro no composto HClO?

b) Classificando os ácidos formados como ácido de Arrhenius, quais seriam as equações químicas?

c) Em que sentido se deslocaria o equilíbrio da reação química que ocorre entre o Cl_2 e a H_2O se considerarmos as seguintes situações: 1) o ácido hipocloroso é consumido na destruição de microrganismos; 2) uma base é adicionada para controlar o pH da água.

d) Sabendo que o ácido clorídrico é um ácido mais forte que o ácido hipocloroso, escreva a expressão da constante de ionização do ácido que apresenta maior Ka.

8 (UFJF-MG) O quadro a seguir fornece o pH de alguns produtos:

Produtos	água do mar	urina	suco de limão	vinagre
pH	8,2	5,6	2,2	3,0

Indique a alternativa incorreta:

a) O papel de tornassol em contato com a água do mar fica azul.

b) A concentração de OH^- na urina é de $10^{-8,4}$ mol/L.

c) O indicador fenolftaleína no suco de limão fica incolor.

d) No vinagre, $[H^+] < [OH^-]$, qualquer que seja a temperatura.

9 (UFSCar-SP) O volume do estômago de um adulto varia de 50 mL, quando vazio, a 1 L, quando cheio. Considerando-se que o volume do estômago é 450 mL e que seu conteúdo é uma solução aquosa com pH igual a 2, calcule:

a) quantos mols de H^+ estão contidos no estômago;

b) quantos gramas de hidrogenocarbonato de sódio serão necessários para neutralizar a acidez do estômago, supondo-se que todo H^+ é proveniente do ácido clorídrico, um ácido forte.

Dados: massas molares (em g/mol): Na = 23,0; H = 1,00; C = 12,0; O = 16, 0; Cl = 35,4.

10 (Acafe-SC) Nos oceanos, há uma quantidade imensa de seres marinhos que produzem carbonato de cálcio ($CaCO_3$), seja na forma de conchas, carapaças, esqueletos ou coralitos (estruturas que fixam os corais). A dissolução do carbonato de cálcio provoca a fragilização da base que os corais utilizam para se fixar, o que pode significar sua morte. O carbonato de cálcio, em contato com a água e com o gás carbônico dissolvido, estabelece o seguinte equilíbrio químico:

$$CaCO_3\ (s) + CO_2\ (g) + H_2O\ (l) \underset{\text{exotérmica}}{\overset{\text{endotérmica}}{\rightleftharpoons}} Ca^{2+}\ (aq) + 2\ HCO_3^-(aq)$$

Alguns fatores podem abalar seriamente o delicado equilíbrio desse ecossistema, fazendo com que haja dissolução do carbonato de cálcio. Indique a afirmativa verdadeira:

a) Uma diminuição de CO_2 dissolvido na água do mar provoca dissolução do $CaCO_3$ (s).

b) Uma diminuição de temperatura das águas dos oceanos provoca um deslocamento do equilíbrio para a direita.

c) O aquecimento global não interfere no equilíbrio acima.

d) Um aumento de temperatura das águas dos oceanos provoca dissolução do $CaCO_3$ (s).

e) A dissolução do carbonato de cálcio não interfere na vida marinha.

Instrução: utilize as informações a seguir para realizar as questões 11 e 12.

O suco extraído do repolho roxo pode ser utilizado como indicador do caráter ácido (pH entre 0 e 7) ou básico (pH entre 7 e 14) de diferentes soluções. Misturando-se um pouco de suco de repolho e da solução, a mistura passa a apresentar diferentes cores, segundo sua natureza ácida ou básica, de acordo com a escala a seguir.

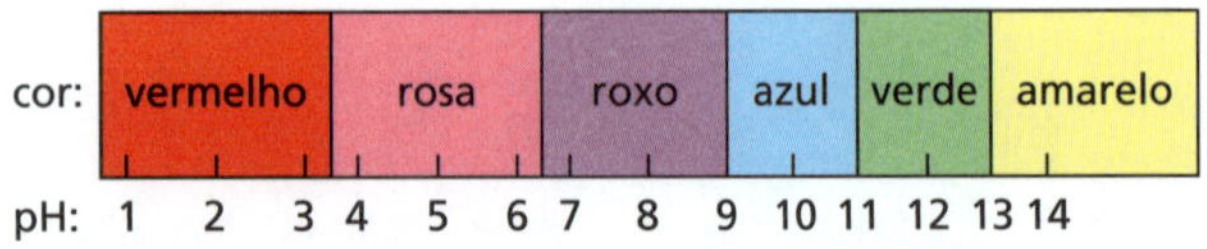

Algumas soluções foram testadas com esse indicador, produzindo os seguintes resultados:

Material	Cor
I. amoníaco	verde
II. leite de magnésia	azul
III. vinagre	vermelho
IV. leite de vaca	rosa

11 (Enem-MEC) De acordo com esses resultados, as soluções I, II, III e IV têm, respectivamente, caráter:

a) Ácido/básico/básico/ácido.

b) Ácido/básico/ácido/básico.

c) Básico/ácido/básico/ácido.

d) Ácido/ácido/básico/básico.

e) Básico/básico/ácido/ácido.

12 (Enem-MEC) Utilizando-se o indicador citado em sucos de abacaxi e de limão, pode-se esperar como resultado as cores:

a) Rosa ou amarelo.

b) Vermelho ou roxo.

c) Verde ou vermelho.

d) Rosa ou vermelho.

e) Roxo ou azul.

13 (Enem-MEC) O pH informa a acidez ou a basicidade de uma solução. A escala a seguir apresenta a natureza e o pH de algumas soluções e da água pura, a 25 °C.

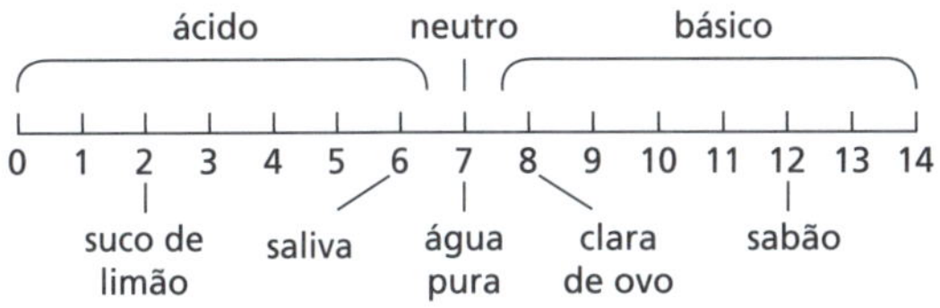

Uma solução desconhecida estava sendo testada no laboratório por um grupo de alunos. Esses alunos decidiram que deveriam medir o pH dessa solução como um dos parâmetros escolhidos na identificação da solução. Os resultados obtidos estão no quadro ao lado.

Aluno	Valor de pH
Carlos	4,5
Gustavo	5,5
Simone	5,0
Valéria	6,0
Paulo	4,5
Wagner	5,0
Renata	5,0
Rodrigo	5,5
Augusta	5,0
Eliane	5,5

Da solução testada pelos alunos, o professor retirou 100 mL e adicionou água até completar 200 mL de solução diluída. O próximo grupo de alunos a medir o pH deverá encontrar para o mesmo:

a) Valores inferiores a 1,0.
b) Os mesmos valores.
c) Valores entre 5 e 7.
d) Valores entre 5 e 3.
e) Sempre o valor 7.

14 (Enem-MEC) Sob pressão normal (ao nível do mar), a água entra em ebulição à temperatura de 100 °C. Tendo por base essa informação, um garoto residente em uma cidade litorânea fez a seguinte experiência:

- Colocou uma caneca metálica contendo água no fogareiro do fogão de sua casa.
- Quando a água começou a ferver, encostou cuidadosamente a extremidade mais estreita de uma seringa de injeção, desprovida de agulha, na superfície do líquido e, erguendo o êmbolo da seringa, aspirou certa quantidade de água para seu interior, tapando-a em seguida.
- Verificando após alguns segundos que a água da seringa havia parado de ferver, ele ergueu o êmbolo da seringa, constatando, intrigado, que a água voltou a ferver após um pequeno deslocamento do êmbolo.

Considerando o procedimento anterior, a água volta a ferver porque esse deslocamento:

a) Permite a entrada de calor do ambiente externo para o interior da seringa.
b) Provoca, por atrito, um aquecimento da água contida na seringa.
c) Produz um aumento de volume que aumenta o ponto de ebulição da água.
d) Proporciona uma queda de pressão no interior da seringa que diminui o ponto de ebulição da água.
e) Possibilita uma diminuição da densidade da água que facilita sua ebulição.

Reações eletroquímicas: são reações de oxidação e de redução que ocorrem simultaneamente, envolvendo trocas de elétrons. Isso pode acontecer espontaneamente ou não; quando sim, as espécies naturalmente mudam de estado de oxidação, gerando corrente elétrica.

Número de oxidação (nox): variação na carga de átomos ou íons que perdem ou ganham elétrons.

Agentes oxidantes: recebem elétrons, portanto o nox diminui, reduzindo-se.

Agentes redutores: perdem elétrons, portanto o nox aumenta, oxidando-se.

Pilha: constituída por dois eletrodos (ânodo e cátodo) e um eletrólito, produzindo energia elétrica, em que a reação de oxirredução é espontânea.

Ânodo (eletrodo negativo): ocorre oxidação, liberando elétrons.

Cátodo (eletrodo positivo): ocorre redução, a partir dos elétrons liberados no processo de oxidação.

Pilha de Daniell: pilhas constituídas por um eletrodo de zinco metálico (ânodo), imerso em uma solução aquosa de sulfato de zinco e outro eletrodo de cobre metálico (cátodo), imerso em uma solução de sulfato de cobre. Os dois eletrodos são unidos por fio metálico e as duas soluções de eletrólito são unidas por uma ponte salina constituída por uma solução de cloreto de potássio (KCl), de acordo com a representação abaixo:

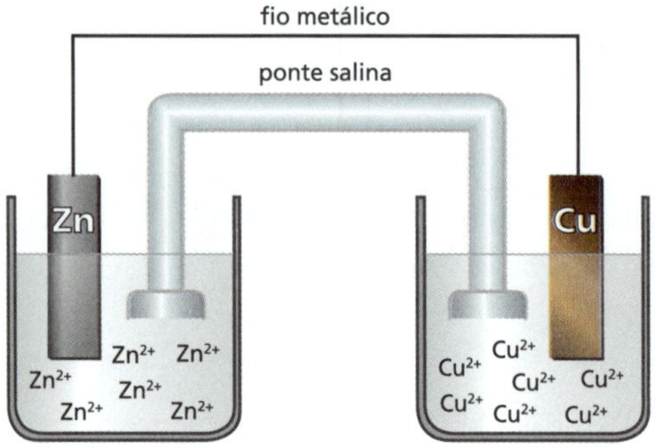

Ilustrações: Avits/Arquivo da editora

Bateria: duas ou mais pilhas conectadas.

Eletrólise: reação de oxirredução que se passa numa célula eletroquímica composta de dois eletrodos, onde vão ocorrer duas semirreações, uma de oxidação (ânodo) e outra de redução (cátodo), um eletrólito (que é o meio, geralmente uma solução, onde estão imersos os eletrodos e é responsável pela condução de corrente elétrica na forma de íons); para fechar o circuito, há uma ligação entre os eletrodos, por onde os elétrons migram do ânodo para o cátodo.

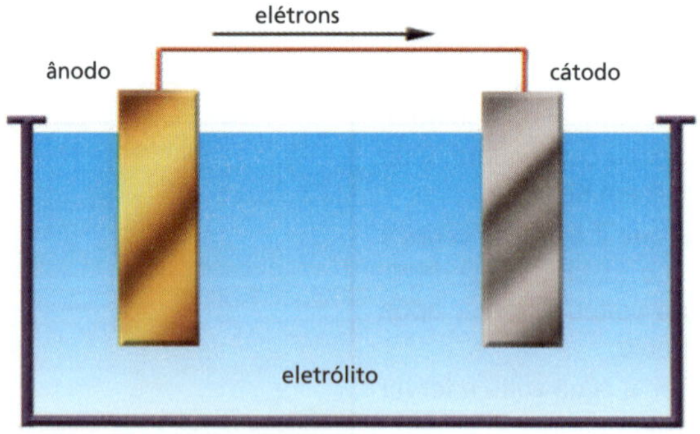

Balanceamento de equações envolvendo oxidação e redução

A essência desse procedimento consiste em igualar a variação total do nox da espécie que reduz com a variação total da espécie que oxida.

Passo 1 – Identificar os nox de todas as espécies participantes.

Passo 2 – Identificar a variação de nox (Δnox) das espécies que sofrem redução e oxidação.

Passo 3 – Multiplicar o valor de Δnox pelo índice do elemento envolvido.

Passo 4 – Igualar a variação do nox.

Passo 5 – Reescrever a equação com os novos coeficientes e acertar os outros coeficientes por tentativa.

Exercícios

1 (UFMG-MG) Um método industrial utilizado para preparar sódio metálico é a eletrólise de cloreto de sódio puro fundido. Com relação à preparação de sódio metálico, é incorreto afirmar que:

a) A formação de sódio metálico ocorre no eletrodo negativo.

b) A eletrólise é uma reação espontânea.

c) A quantidade, em mol, de cloro (Cl_2) formada é menor que a de sódio metálico.

d) A quantidade de sódio metálico obtido é proporcional à carga elétrica utilizada.

2 (UFV-MG) O manganês é um metal de transição que apresenta diversos números de oxidação, variando de zero (no manganês metálico) até +7 (no íon permanganato), passando por +2, +4 e +6. O permanganato de potássio é usado no tratamento de erupções na pele decorrentes de doenças, como a catapora.

Sobre o permanganato de potássio ($KMnO_4$) podemos afirmar que é:

a) Um sal e um agente oxidante.

b) Um sal e um agente redutor.

c) Um óxido e um agente oxidante.

d) Um óxido e um agente redutor.

e) Um peróxido e um agente redutor.

3 (UFV-MG) Sobre a reação esquematizada pela equação a seguir, que se apresenta não balanceada, indique a afirmativa correta:

$$K_2Cr_2O_7 + SnCl_2 + HCl \rightarrow KCl + CrCl_3 + SnCl_4 + H_2O$$

a) O coeficiente mínimo e inteiro do $SnCl_2$ é 2, na equação balanceada.

b) Cada átomo de crômio do $K_2Cr_2O_7$ perde 5 elétrons.

c) O coeficiente mínimo e inteiro do $CrCl_3$ é 6, na equação balanceada.

d) O crômio do $K_2Cr_2O_7$ se reduz, enquanto o estanho do $SnCl_2$ se oxida.

e) O $K_2Cr_2O_7$ e o $SnCl_2$ agem como redutor e oxidante, respectivamente.

4 (UEMS-MS) Dada a reação de transformação do alumínio em cloreto de alumínio pela ação do gás cloro:

$2\ Al\ (s) + 3\ Cl_2\ (g) \rightarrow 2\ AlCl_3\ (s)$

Pode-se verificar que a semirreação que representa o processo de oxidação é:

a) $Al + 3e^- \rightarrow Al^{3+}$.

b) $Al \rightarrow Al^{3+} + 3\ e^-$.

c) $Cl_2 + 2e^- \rightarrow 2\ Cl^-$.

d) $Cl_2 + 4e^- \rightarrow 2\ Cl^{2+} + 2\ e^-$.

5 (Fuvest-SP) Observe o quadro de reatividade a seguir:

Soluções (1 mol/L)	Eletrodo de Mg	Eletrodo de Cu	Eletrodo de Cr
$Mg(NO_3)_2$	———	não reage	não reage
$CuSO_4$	reage	———	reage
$Cr_2(SO_4)_3$	reage	não reage	———

Se forem montadas pilhas nas quais o magnésio seja sempre um dos eletrodos, é correto afirmar que:

a) O eletrodo de magnésio terá sua massa aumentada.
b) Os elétrons irão fluir do cobre ou do cromo para o magnésio.
c) Numa das pilhas a solução de sulfato de cromo (III) irá se concentrar.
d) O eletrodo de magnésio atuará como ânodo.
e) A solução de nitrato de magnésio irá diluir-se em qualquer uma das pilhas.

6 (Enem-MEC) Pilhas e baterias são dispositivos tão comuns em nossa sociedade que, sem percebermos, carregamos vários deles junto ao nosso corpo; elas estão presentes em aparelhos de MP3, relógios, rádios, celulares, etc. As semirreações descritas a seguir ilustram o que ocorre em uma pilha de óxido de prata.

$Zn\ (s) + OH^-\ (aq) \rightarrow ZnO\ (s) + H_2O\ (l) + e^-$

$Ag_2O\ (s) + H_2O\ (l) + e^- \rightarrow Ag\ (s) + OH^-\ (aq)$

Pode-se afirmar que esta pilha:

a) É uma pilha ácida.
b) Apresenta o óxido de prata como o ânodo.
c) Apresenta o zinco como agente oxidante.
d) Tem como reação de célula a seguinte reação: $Zn\ (s) + Ag_2O\ (s) \rightarrow ZnO\ (s) + 2\ Ag\ (s)$.
e) Apresenta fluxo de elétrons na pilha do eletrodo de Ag_2O para o Zn.

7 (Enem-MEC) O crescimento da produção de energia elétrica ao longo do tempo tem influenciado decisivamente o progresso da humanidade, mas também tem criado uma séria preocupação: o prejuízo ao meio ambiente. Nos próximos anos, uma nova tecnologia de geração de energia elétrica deverá ganhar espaço: as células a combustível hidrogênio/oxigênio.

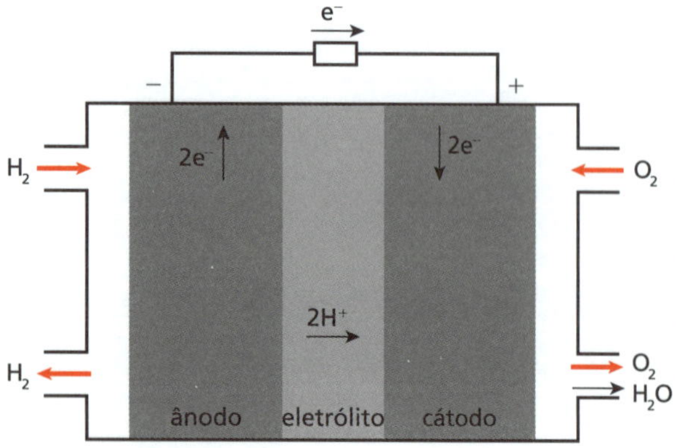

Ilustrações: Avits/Arquivo da editora

Com base no texto e na figura, a produção de energia elétrica por meio da célula a combustível hidrogênio/oxigênio diferencia-se dos processos convencionais porque:

a) Transforma energia química em energia elétrica, sem causar danos ao meio ambiente, porque o principal subproduto formado é a água.
b) Converte a energia química contida nas moléculas dos componentes em energia térmica, sem que ocorra a produção de gases poluentes nocivos ao meio ambiente.
c) Transforma energia química em energia elétrica, porém emite gases poluentes da mesma forma que a produção de energia a partir dos combustíveis fósseis.
d) Converte energia elétrica proveniente dos combustíveis fósseis em energia química, retendo os gases poluentes produzidos no processo sem alterar a qualidade do meio ambiente.
e) Converte a energia potencial acumulada nas moléculas de água contidas no sistema em energia química, sem que ocorra a produção de gases poluentes nocivos ao meio ambiente.

8 (Enem-MEC) A eletrólise é muito empregada na indústria com o objetivo de reaproveitar parte dos metais sucateados. O cobre, por exemplo, é um dos metais com maior rendimento no processo de eletrólise, com uma recuperação de aproximadamente 99,9%. Por ser um metal de alto valor comercial e de múltiplas aplicações, sua recuperação torna-se viável economicamente. Suponha que, em um processo de recuperação de cobre puro, tenha-se eletrolisado uma solução de sulfato de cobre (II) ($CuSO_4$) durante 3 h, empregando-se uma corrente elétrica de intensidade igual a 10 A. A massa de cobre puro recuperada é de aproximadamente:
Dados: Constante de Faraday = 96 500 C; Cu = 63,5 g/mol.

a) 0,02 g.
b) 0,04 g.
c) 2,40 g.
d) 35,5 g.
e) 71,0 g.

9 (Enem-MEC) Para que apresente condutividade elétrica adequada a muitas aplicações, o cobre bruto obtido por métodos térmicos é purificado eletroliticamente. Nesse processo, o cobre bruto impuro constitui o ânodo da célula, que está imerso em uma solução de $CuSO_4$. À medida que o cobre impuro é oxidado no ânodo, íons Cu^{2+} da solução são depositados na forma pura no cátodo. Quanto às impurezas metálicas, algumas são oxidadas, passando à solução, enquanto outras simplesmente se desprendem do ânodo e se sedimentam abaixo dele. As impurezas sedimentadas são posteriormente processadas, e sua comercialização gera receita que ajuda a cobrir os custos do processo. A série eletroquímica a seguir lista o cobre e alguns metais presentes como impurezas no cobre bruto de acordo com suas forças redutoras relativas.

Ouro
Platina
Prata
Cobre
Chumbo
Níquel
Zinco

↓ Força redutora

Entre as impurezas metálicas que constam na série apresentada, as que se sedimentam abaixo do ânodo de cobre são:

a) Au, Pt, Ag, Zn, Ni e Pb.
b) Au, Pt e Ag.
c) Zn, Ni e Pb.
d) Au e Zn.
e) Ag e Pb.

10 (Enem-MEC) Ferramentas de aço podem sofrer corrosão e enferrujar. As etapas químicas que correspondem a esses processos podem ser representadas pelas equações:

$$Fe + H_2O + \frac{1}{2} O_2 \rightarrow Fe(OH)_2$$

$$Fe(OH)_2 + \frac{1}{2} H_2O + \frac{1}{4} O_2Fe(OH)_3$$

$$Fe(OH)_3 + n\ H_2O \rightarrow Fe(OH)3 \cdot n\ H_2O \text{ (ferrugem)}$$

Uma forma de tornar mais lento esse processo de corrosão e formação de ferrugem é engraxar as ferramentas. Isso se justifica porque a graxa proporciona:

a) Lubrificação, evitando o contato entre as ferramentas.
b) Impermeabilização, diminuindo seu contato com o ar úmido.
c) Isolamento térmico, protegendo-as do calor ambiente.
d) Galvanização, criando superfícies metálicas imunes.
e) Polimento, evitando ranhuras nas superfícies.

11 (Fuvest-SP) Foi realizado o seguinte experimento, em quatro etapas:

I. Em um copo de vidro, contendo alguns pregos de ferro lixados, foi colocada uma solução de tintura de iodo (iodo em solução de água e álcool comum, de cor castanho-avermelhada), em quantidade suficiente para cobrir os pregos. Depois de algumas horas, observou-se descoloração da solução.
II. A solução descolorida foi despejada em um outro copo, separando-se dos pregos.
III. À solução descolorida, foram adicionadas algumas gotas de água sanitária (solução aquosa de hipoclorito de sódio, cujo pH é maior que 7). Observou-se o reaparecimento imediato da cor castanho-avermelhada e a formação de um precipitado.
IV. Adicionaram-se, à mistura heterogênea obtida em III, algumas gotas de ácido clorídrico concentrado. A solução continuou castanho-avermelhada, mas o precipitado foi dissolvido.

a) Escreva a equação química balanceada para a reação que ocorre na etapa I.
b) Quais os produtos das transformações que ocorreram na etapa III?
c) Escreva a equação química balanceada para a reação que ocorre na etapa IV.

Observações:

Hipoclorito (ClO^-) é um oxidante que se reduz a cloreto (Cl^-) em meio aquoso.

O precipitado da etapa III envolve o cátion formado na etapa I.

Na tintura de iodo, o álcool está presente apenas para aumentar a solubilidade do iodo.

12 (Unifesp-SP) Um estudante mergulhou uma lâmina de zinco de massa igual a 10,0 g em uma solução de $NiSO_4$ e observou a deposição espontânea de níquel sobre a placa de zinco, com a consequente formação de $ZnSO_4$. No final do experimento, ele verificou que a massa da lâmina foi alterada para 9,3 g. Sabendo que a massa molar do $Zn = 65,5\ g \cdot mol^{-1}$ e do $Ni = 58,5\ g \cdot mol^{-1}$, calcule, em número de mols, a quantidade de matéria depositada.

13 (UFF-RJ) A primeira pilha elétrica produzida pelo italiano Alessandro Volta em 1800 consistia em discos de Zn e Ag metálicos, separados por discos de papelão molhados com solução aquosa de cloreto de sódio. Desde então, vários outros modelos e combinações de elementos foram sendo propostos. Uma das pilhas mais simples é a de Daniell, a qual é obtida da montagem adequada das semicélulas $\frac{Cu^{2+}}{Cu^0}$ e $\frac{Zn^{2+}}{Zn^0}$.

Semirreação	E^0 (V)
$Zn^{2+} + 2e^- \rightarrow Zn^0$	−0,76 V
$Cu^{2+} + 2e^- \rightarrow Cu^0$	+0,34 V

Considerando as informações, assinale a alternativa correta.

a) O potencial-padrão da pilha é de −1,10 V.

b) O potencial-padrão da pilha é de 0,76 V.

c) O ânodo de cobre tem polaridade negativa.

d) O potencial $E^0\left(\frac{Cu}{Cu^{2+}}\right)$ é 0,34 V.

e) O ânodo é formado pela semicélula do zinco.

14 (Unimontes-MG) Os potenciais-padrão de redução das reações de semipilha do chumbo (Pb) e alumínio (Al) são dados a seguir:

$Pb^{2+} + 2e^- \leftrightarrow Pb$ $E^0 = -0,13$ V

$Al^{3+} + 3e^- \leftrightarrow Al$ $E^0 = -1,67$ V

Montando-se uma pilha eletroquímica com eletrodos de Pb e de Al, pode-se afirmar que:

a) A força eletromotriz da pilha é −1,54 V.

b) O fluxo de elétrons é no sentido Al → Pb.

c) O alumínio funciona como ponte salina.

d) O chumbo é mais facilmente oxidado.

15 (Unimontes-MG) Um determinado elemento químico, pertencente à família dos alcalino terrosos e ao terceiro período da tabela periódica, forma um composto binário com o fósforo (P). Sobre esse composto, pode-se dizer que:

a) O fósforo tem nox igual a −5.

b) Sua fórmula química é Mg_3P_2.

c) O cálcio é o metal constituinte.

d) O composto é o fosfato de cálcio.

16 (UFMG-MG) Num laboratório, foram feitos testes para avaliar a reatividade de três metais: cobre (Cu), magnésio (Mg) e zinco (Zn). Para tanto, cada um desses metais foi mergulhado em três soluções diferentes: uma de nitrato de cobre ($Cu(NO_3)_2$), uma de nitrato de magnésio ($Mg(NO_3)_2$) e uma de nitrato de zinco ($Zn(NO_3)_2$). No quadro a seguir, estão resumidas as observações feitas ao longo dos testes:

Soluções \ Metais	Cu	Mg	Zn
$Cu(NO_3)_2$	não reage	reage	reage
$Mg(NO_3)_2$	não reage	não reage	não reage
$Zn(NO_3)_2$	não reage	reage	não reage

Considerando-se essas informações, é correto afirmar que a disposição dos três metais testados, segundo a ordem crescente de reatividade de cada um deles, é:

a) Cu / Mg / Zn.

b) Cu / Zn / Mg.

c) Mg / Zn / Cu.

d) Zn / Cu / Mg.

17 (Unesp-SP) O nitrogênio pode existir na natureza em vários estados de oxidação. Em sistemas aquáticos, os compostos que predominam e que são importantes para a qualidade da água apresentam o nitrogênio com números de oxidação 23, 0, 13 ou 15. Indique a alternativa que apresenta as espécies contendo nitrogênio com os respectivos números de oxidação, na ordem descrita neste enunciado.

a) NH_3, N_2, NO_2^-, NO_3^-.
b) NO_2^-, NO_3^-, NH_3, N_2.
c) NO_3^-, NH_3, N_2, NO_2^-.
d) NO_2^-, NH_3, N_2, NO_3^-.
e) NH_3, N_2, NO_3^-, NO_2^-.

18 (PUC-MG) As estações de tratamento de esgotos conseguem reduzir a concentração de vários poluentes presentes nos despejos líquidos antes de lançá-los nos rios e lagos. Uma das reações que acontece é a transformação do gás sulfídrico (H_2S), que apresenta um cheiro muito desagradável, em SO_2. O processo pode ser representado pela equação:

$H_2S\ (g) + O_2\ (g) \rightarrow SO_2\ (g) + H_2O\ (g)$

Considerando-se essas informações e após o balanceamento dessa equação, é incorreto afirmar que:

a) O enxofre do gás sulfídrico é oxidado.
b) O gás oxigênio atua como agente redutor.
c) A soma dos coeficientes mínimos e inteiros das espécies envolvidas é igual a 9.
d) A variação do número de oxidação para cada átomo de enxofre é igual a 6.

19 (PUC-MG) Observe as semirreações a seguir.

$Cl_2\ (g) + 2e^- \rightleftharpoons 2\ Cl^-\ (aq) \qquad E^0 = +1{,}36\ V$

$Fe^{3+}\ (aq) + e^- \rightleftharpoons Fe2^+\ (aq) \qquad E^0 = +0{,}77\ V$

O potencial-padrão da reação a seguir será:

$2\ Fe^{2+}\ (aq) + Cl_2\ (g) \rightleftharpoons 2\ Fe^{3+}\ (aq) + 2\ Cl^-\ (aq)$

a) +0,08 V.
b) −0,08 V.
c) +0,59 V.
d) −0,59 V.

20 (PUC-MG) Uma bateria muito comum utilizada na Medicina é o marca-passo, que é colocado sob a pele de pessoas com problemas cardíacos, com a finalidade de regular as batidas do coração. A reação responsável pela produção de corrente elétrica pode ser representada pela equação:

$HgO\ (s) + Zn\ (s) + H_2O\ (l) \rightarrow Zn(OH)_2\ (aq) + Hg\ (l)$

A partir dessas informações, indique a afirmativa incorreta:

a) O mercúrio do HgO sofre uma redução.
b) O metal zinco atua como agente oxidante.
c) A variação do número de oxidação do mercúrio na reação é de 12 para 0.
d) O zinco aumenta o seu número de oxidação na reação.

21 (UFPI-PI) A eletrólise do cloreto de sódio fundido, a 808 °C é, atualmente, o método empregado para a obtenção de sódio metálico. Nesse processo, a reação que ocorre no ânodo é:

a) $Na^+\ (l) + e^- \rightarrow Na\ (l)$.
b) $Cl_2\ (g) + 2e^- \rightarrow 2\ Cl^-\ (l)$.
c) $2Cl^-\ (l) \rightarrow Cl_2\ (g) + 2e^-$.
d) $2\ Na\ (l) \rightarrow Na^+\ (l) + e^-$.
e) $2\ H_2O\ (l) \rightarrow O_2\ (g) + 4H^+\ (aq) + 4\ e^-$.

Pressão de vapor (Tonoscopia)	Pressão exercida por um vapor quando este está em equilíbrio dinâmico com o líquido que lhe deu origem, ou seja, a quantidade de líquido (solução) que evapora é a mesma que se condensa. Depende da temperatura, mas não do volume. Quanto maior for a pressão de vapor, mais volátil será o líquido e menor será sua temperatura de ebulição.
Temperatura de ebulição (Ebulioscopia)	A pressão de vapor do líquido iguala a pressão atmosférica. Quando a adição de um soluto não volátil diminui a pressão de vapor do solvente, é necessário fornecer mais energia ao sistema até que iguale as pressões, então a temperatura de ebulição é maior quando comparada à do solvente puro. Quando o solvente líquido puro passa para o estado gasoso, há um aumento de entropia (vapor tem maior entropia que o líquido). Essa diferença de entropia é diminuída quando se adiciona um soluto não volátil, pois a solução formada tem uma entropia maior do que o solvente líquido puro. A diminuição na diferença está correlacionada à diminuição da pressão de vapor do líquido, responsável pelo aumento da temperatura de ebulição.
Temperatura de congelamento (Crioscopia)	Há uma diminuição de entropia quando o solvente líquido (maior entropia) puro passa para o estado sólido (menor entropia), o que não favorece uma transformação. Essa diferença de entropia entre o líquido e o sólido é aumentada quando se adiciona um soluto não volátil ao solvente, já que a solução tem uma entropia maior do que o solvente puro. Isso faz com que fique mais difícil congelar a solução, o que implica a diminuição da temperatura de congelamento/fusão.
Osmose	Processo de transferência de solvente, de uma solução pouco concentrada para uma mais concentrada, através da membrana semipermeável, até que se estabeleça um equilíbrio. O fluxo ocorre, inicialmente, porque a solução mais concentrada se encontra em um estado de menor energia.

Exercícios

1 (Enem-MEC) Em certas regiões litorâneas, o sal é obtido da água do mar pelo processo de cristalização por evaporação. Para o desenvolvimento dessa atividade, é mais adequado um local:

a) Plano, com alta pluviosidade e pouco vento.
b) Plano, com baixa pluviosidade e muito vento.
c) Plano, com baixa pluviosidade e pouco vento.
d) Montanhoso, com alta pluviosidade e muito vento.
e) Montanhoso, com baixa pluviosidade e pouco vento.

2 (Enem-MEC) Se, por economia, abaixarmos o fogo sob uma panela de pressão logo que se inicia a saída de vapor pela válvula, de forma simplesmente a manter a fervura, o tempo de cozimento:

a) Será maior porque a panela "esfria".

b) Será menor, pois diminui a perda de água.

c) Será maior, pois a pressão diminui.

d) Será maior, pois a evaporação diminui.

e) Não será alterado, pois a temperatura não varia.

3 (Enem-MEC) A adaptação dos integrantes da seleção brasileira de futebol à altitude de La Paz foi muito comentada em 1995, por ocasião de um torneio, como pode ser lido no texto a seguir.

> *A seleção brasileira embarca hoje para La Paz, capital da Bolívia, situada a 3 700 metros de altitude, onde disputará o torneio Interamérica. A adaptação deverá ocorrer em um prazo de 10 dias, aproximadamente. O organismo humano, em altitudes elevadas, necessita desse tempo para se adaptar, evitando-se, assim, risco de um colapso circulatório.*
>
> Adaptado da revista *Placar*, fev. 1995.

A adaptação da equipe foi necessária principalmente porque a atmosfera de La Paz, quando comparada à das cidades brasileiras, apresenta:

a) Menor pressão e menor concentração de oxigênio.

b) Maior pressão e maior quantidade de oxigênio.

c) Maior pressão e maior concentração de gás carbônico.

d) Menor pressão e maior temperatura.

e) Maior pressão e menor temperatura.

4 (Enem-MEC) O quadro a seguir registra a pressão atmosférica em diferentes altitudes, e o gráfico relaciona a pressão de vapor da água em função da temperatura.

Altitude (km)	0	1	2	4	6	8	10
Pressão atmosférica (mmHg)	760	600	480	300	170	120	100

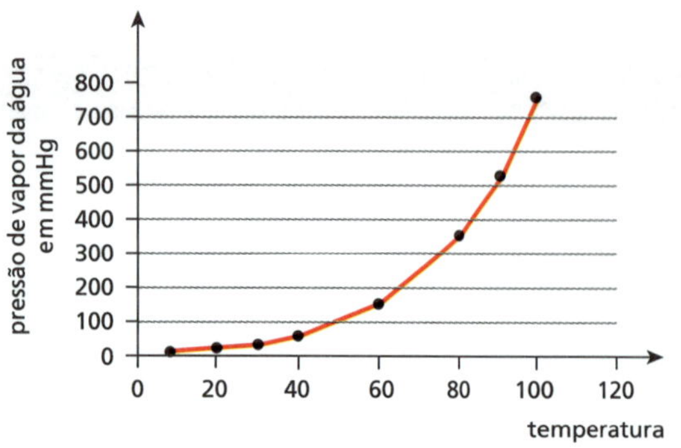

Um líquido, num frasco aberto, entra em ebulição a partir do momento em que a sua pressão de vapor se iguala à pressão atmosférica. Considerando as seguintes cidades:

Cidade	Altitude
Natal (RN)	0 m (nível do mar)
Campos do Jordão (SP)	1628 m
Pico da Neblina (RR)	3014 m

Considerando os quadros, o gráfico e os dados apresentados, a temperatura de ebulição:

a) Será maior em Campos do Jordão.

b) Será menor em Natal.

c) Será menor no Pico da Neblina.

d) Será igual em Campos do Jordão e Natal.

e) Não dependerá da altitude.

5 (Enem-MEC) A panela de pressão permite que os alimentos sejam cozidos em água muito mais rapidamente do que em panelas convencionais. Sua tampa possui uma borracha de vedação que não deixa o vapor escapar, a não ser através de um orifício central sobre o qual assenta um peso que controla a pressão. Quando em uso, desenvolve-se uma pressão elevada no seu interior. Para a sua operação segura, é necessário observar a limpeza do orifício central e a existência de uma válvula de segurança, normalmente situada na tampa. O esquema da panela de pressão e um diagrama de fase da água são apresentados a seguir.

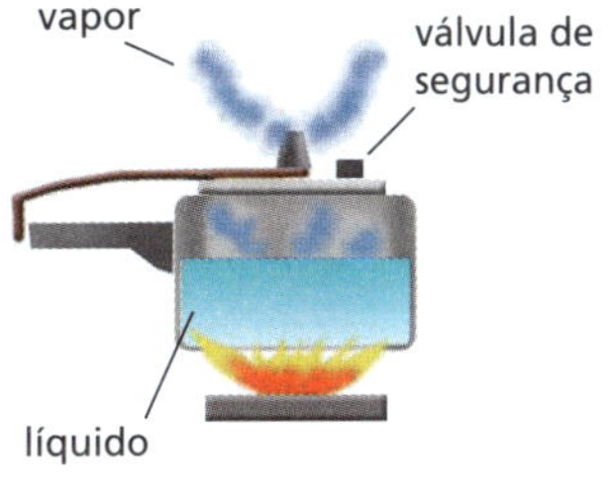

Paulo César Pereira/Arquivo da editora

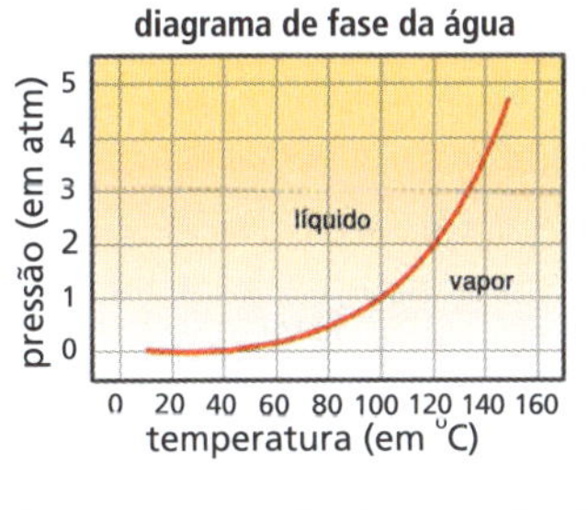

A vantagem do uso de panela de pressão é a rapidez para o cozimento de alimentos, e isso se deve:

a) À pressão no seu interior, que é igual à pressão externa.

b) À temperatura de seu interior, que está acima da temperatura de ebulição da água no local.

c) À quantidade de calor adicional que é transferida à panela.

d) À quantidade de vapor que está sendo liberada pela válvula.

e) À espessura da sua parede, que é maior que a das panelas comuns.

6 (Enem-MEC) A lavoura arrozeira na planície costeira da região sul do Brasil comumente sofre perdas elevadas devido à salinização da água de irrigação, que ocasiona prejuízos diretos, como a redução de produção da lavoura. Solos com processo de salinização avançado não são indicados, por exemplo, para o cultivo de arroz. As plantas retiram a água do solo quando as forças de embebição dos tecidos das raízes são superiores às forças com que a água é retida no solo. A presença de sais na solução do solo faz com que seja dificultada a absorção de água pelas plantas, o que provoca o fenômeno conhecido por seca fisiológica, caracterizado pelo(a):

a) Aumento da salinidade, em que a água do solo atinge uma concentração de sais maior que a das células das raízes das plantas, impedindo, assim, que a água seja absorvida.
b) Aumento da salinidade, em que o solo atinge um nível muito baixo de água, e as plantas não têm força de sucção para absorver a água.
c) Diminuição da salinidade, que atinge um nível em que as plantas não têm força de sucção, fazendo com que a água não seja absorvida.
d) Aumento da salinidade, que atinge um nível em que as plantas têm muita sudação, não tendo força de sucção para superá-la.
e) Diminuição da salinidade, que atinge um nível em que as plantas ficam túrgidas e não têm força de sudação para superá-la.

7 (ITA-SP) São preparadas duas misturas: uma de água e sabão e a outra de etanol e sabão. Um feixe de luz visível incidindo sobre essas duas misturas é visualizado somente através da mistura de água e sabão. Com base nestas informações, qual das duas misturas pode ser considerada uma solução? Por quê?

8 (UFMG-MG) Em dois recipientes idênticos, foram colocados volumes iguais de água pura (frasco A) e de uma solução 0,2 mol/L de sacarose em água (frasco B). Esses frascos foram colocados sob uma redoma de vidro completamente fechada e mantidos à temperatura constante.

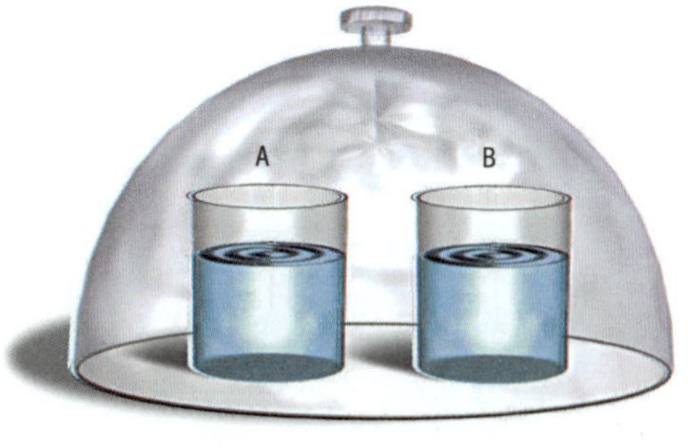

Paulo César Pereira/Arquivo da editora

a) Compare as temperaturas de ebulição dos líquidos colocados inicialmente nos frascos A e B. Justifique sua resposta.
b) Observa-se, com o transcorrer do tempo, que o volume do líquido no frasco A diminui e que, no frasco B, aumenta. Justifique essas observações considerando os processos de evaporação e de condensação que ocorrem em cada frasco.

9 (UFSCar-SP) Um líquido puro e a solução de um soluto não volátil neste líquido têm suas pressões de vapor em função da temperatura representadas pelas curvas contidas no gráfico a seguir.

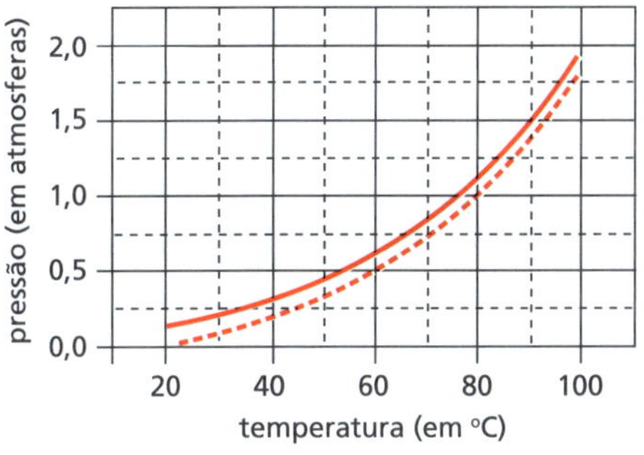

a) Associe as curvas do gráfico (linhas contínua ou tracejada) com o líquido puro e a solução. Justifique.

b) Determine o ponto de ebulição aproximado (±1 °C) do líquido puro ao nível do mar. Justifique.

10 (UFMS-MS) Determine quais sentenças a seguir são verdadeiras (V) e quais são falsas (F). A respeito do comportamento das soluções, é correto afirmar que:

a) O ponto de ebulição de uma solução é maior do que o do solvente puro correspondente, considerando que o soluto não é volátil.

b) O ponto de congelamento de uma solução é maior que o do solvente puro correspondente.

c) A diminuição do ponto de congelamento e o aumento do ponto de ebulição de uma solução dependem somente da natureza do soluto.

d) Um protozoário, animal unicelular constituído por um envoltório com as características de uma membrana semipermeável, que normalmente vive no oceano, ao ser transferido para um ambiente de água doce entra em colapso e explode.

e) 500 mL de uma solução aquosa 1 M de $CaCl_2$ entrarão em ebulição à mesma temperatura que 500 mL de solução aquosa 1 M de glicose, considerando-se as mesmas condições para as duas soluções.

11 (Uece-CE) Os nossos ancestrais descobriram que a carne, quando era tratada com cloreto de sódio, ficava preservada do ataque bacteriano. Esse processo primitivo de conservação é usado até hoje e a conservação é por:

a) Oxidorredução.

b) Anticatálise.

c) Ação bactericida.

d) Osmose.

12 (UFRGS-RS) Indique a alternativa que apresenta uma situação em que se faz uso de uma propriedade coligativa:

a) Adição de álcool anidro à gasolina.

b) Uso de sulfato de alumínio para tratamento de água.

c) Abaixamento da temperatura da água para adicionar CO_2.

d) Adição de suco de limão para talhar o leite.

e) Preparação de charque por adição de sal à carne.

A QUÍMICA DAS DROGAS E MEDICAMENTOS E AS FUNÇÕES ORGÂNICAS

Substâncias orgânicas: constituídas por moléculas que apresentam cadeias de átomos de carbono e hidrogênio, e na maioria das vezes ligadas a outros grupos que podem conter átomos de oxigênio e nitrogênio.

Hidrocarbonetos: substâncias constituídas por moléculas contendo apenas átomos de carbono e os correspondentes átomos de hidrogênio.

Hidrocarboneto	Características e propriedades
Alcanos	Apresentam ligações simples entre carbonos e sua geometria é tetraédrica, em que o ângulo entre as ligações é de 109,5°.
Alcenos (Alquenos)	Apresentam ligações duplas entre carbonos e sua geometria é trigonal plana, em que o ângulo entre as ligações é de 120°.
Alcinos (Alquinos)	Apresentam ligação tripla entre carbonos e sua geometria é linear, em que o ângulo é de 180°.
Aromáticos	Apresentam anéis de benzeno e todos os átomos de carbono participam de ligações duplas. A geometria de todos eles é trigonal plana e todos estão em um mesmo plano, com um ângulo entre eles de 120°.

Função orgânica	Grupo funcional	Nomenclatura: sufixo
Hidrocarboneto	$H_3C — CH_3$	Sufixo: ano (alcanos), eno (alcenos) e ino (alcinos).
Aldeído	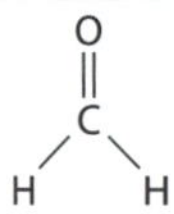	**Sufixo**: al
Cetona	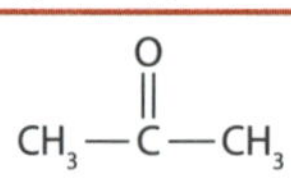	**Sufixo**: ona
Amina	$R — NH_2$	**Sufixo**: amina
Álcool	$R — OH$	**Sufixo**: ol
Fenol		**Sufixo**: hidróxi
Ácido carboxílico	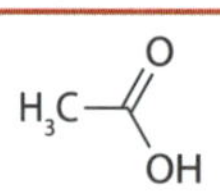	Ácido + **Sufixo**: oico
Éster	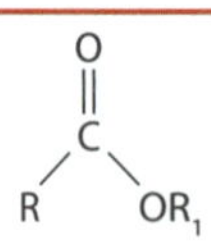	**Éster** + o grupo que vem do ácido com sufixo **ato**, e o grupo que vem do álcool com sufixo **ila**
Amida	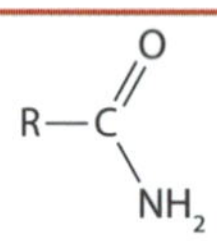	**Sufixo**: amida
Éter	$R_1 — O — R_2$	**Éter** + nome dos dois grupos ligados aos átomos de oxigênio, na ordem do menor para a maior grupo + sufixo **ílico** após o nome do último grupo.

Nomenclatura	
(Prefixo + Infixo + Sufixo)	
Prefixo: Indica o nº de carbonos.	
Infixo: Indica o tipo de ligação.	
Sufixo: Indica o grupo funcional.	
Prefixo	**1C** → Met **2C** → Et **3C** → Prop **4C** → But **5C** → Pent **6C** → Hex **7C** → Hept **8C** → Oct **9C** → Non **10C** → Dec **11C** → Undec
Infixo	**Simples:** AN **Dupla:** EN **Tripla:** IN **Duas duplas:** DIEN

Exercícios

1 (UFMG-MG) Considere as estruturas moleculares do naftaleno e da decalina, representadas pelas fórmulas a seguir:

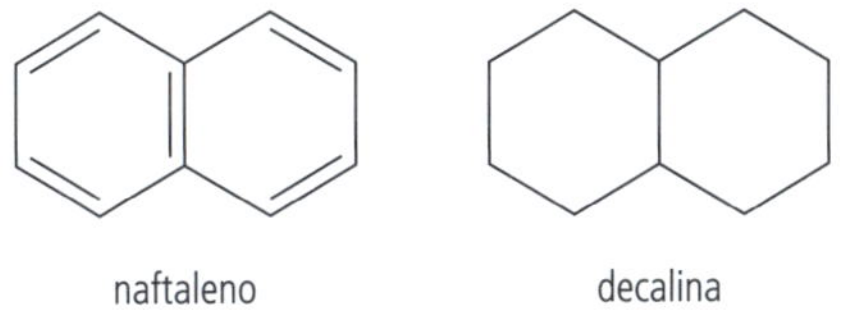

Substituindo, em ambas as moléculas, um átomo de hidrogênio por um grupo hidroxila (OH), obtêm-se dois compostos que pertencem, respectivamente, às funções:

a) Fenol e fenol.
b) Álcool e álcool.
c) Fenol e álcool.
d) Álcool e fenol.

2 (UFMG-MG) A estrutura do colesterol é representada pela fórmula a seguir:

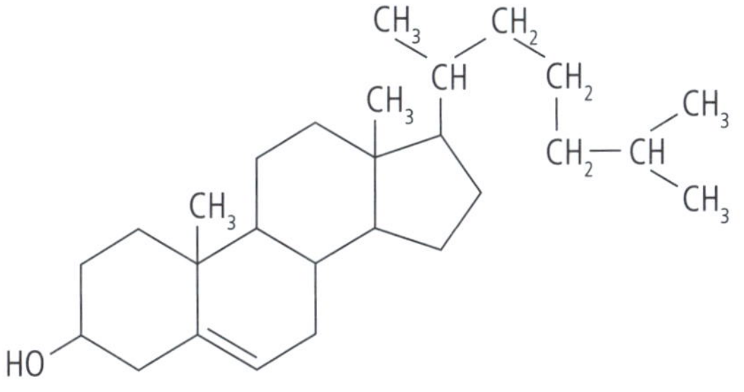

Em relação a essa substância, todas as afirmativas a seguir estão corretas, exceto:

a) Descora uma solução de bromo em tetracloreto de carbono.
b) Possui as funções álcool e alqueno.
c) Apresenta cadeias alifáticas e aromáticas.
d) Pode formar ligações de hidrogênio com a água.

3 (UFMG-MG) A ergonovina é um alcaloide natural encontrado em alguns fungos parasitas:

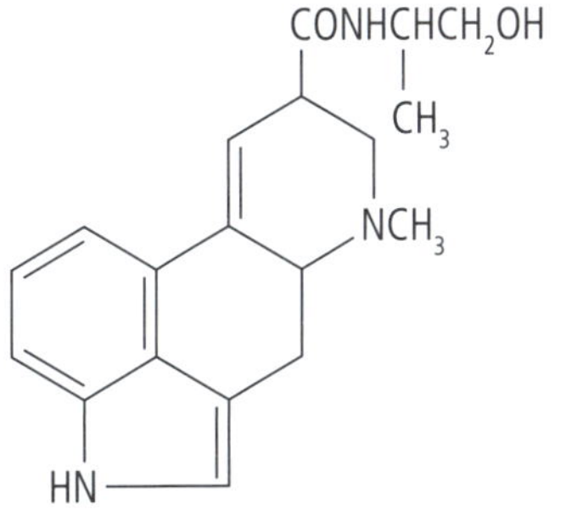

Considerando-se a estrutura desse produto, é incorreto afirmar que a ergonovina apresenta:

a) Um grupo carbonila.
b) Um grupo hidroxila.
c) Dois anéis benzênicos.
d) Dois grupos amino.

4 (UFMG-MG) A reação entre um mol de propino, $HC_5C - CH_3$, e dois mols de bromo, Br_2, na ausência de luz ou calor, produz:

a) $CHBr_2 - CBr_2 - CH_3$.
b) $CH_2Br - CBr_2 - CH_2Br$.
c) $CBr_2 = CH - CHBr_2$.
d) $CHBr = CBr - CHBr_2$.

5 (Enem-MEC) Qual das seguintes fontes de produção de energia é a mais recomendável para a diminuição dos gases causadores do aquecimento global?

a) Óleo *diesel*.
b) Gasolina.
c) Carvão mineral.
d) Gás natural.
e) Vento.

6 (Enem-MEC) A pele humana, quando está bem hidratada, adquire boa elasticidade e aspecto macio e suave. Em contrapartida, quando está ressecada, perde sua elasticidade e se apresenta opaca e áspera. Para evitar o ressecamento da pele é necessário, sempre que possível, utilizar hidratantes umectantes, feitos geralmente à base de glicerina e polietilenoglicol:

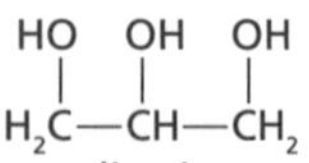

glicerina

$$HO-CH_2-CH_2-[O-CH_2-CH_2]_n-O-CH_2-CH_2-OH$$

polietilenoglicol

A retenção de água na superfície da pele promovida pelos hidratantes é consequência da interação dos grupos hidroxila dos agentes umectantes com a umidade contida no ambiente por meio de:

a) Ligações iônicas.
b) Forças de London.
c) Ligações covalentes.
d) Forças dipolo-dipolo.
e) Ligações de hidrogênio.

7 (Enem-MEC) A bile é produzida pelo fígado, armazenada na vesícula biliar e tem papel fundamental na digestão de lipídeos. Os sais biliares são esteroides sintetizados no fígado a partir do colesterol, e sua rota de síntese envolve várias etapas. Partindo do ácido cólico representado na figura, ocorre a formação dos ácidos glicocólico e taurocólico; o prefixo *glico-* significa a presença de um resíduo do aminoácido glicina e o prefixo *tauro-*, do aminoácido taurina.

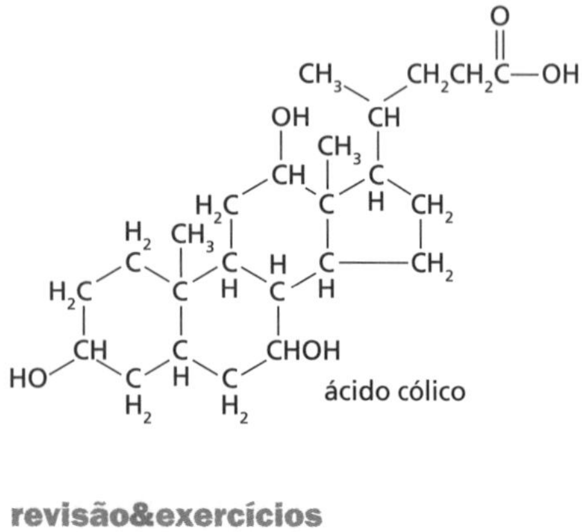

ácido cólico

A combinação entre o ácido cólico e a glicina ou taurina origina a função amida, formada pela reação entre o grupo amina desses aminoácidos e o grupo:

a) Carboxila do ácido cólico.

b) Aldeído do ácido cólico.

c) Hidroxila do ácido cólico.

d) Cetona do ácido cólico.

e) Éster do ácido cólico.

8 (Enem-MEC) Duas matérias-primas encontradas em grande quantidade no Rio Grande do Sul, a quitosana, um biopolímero preparado a partir da carapaça, e o poliol, obtido do óleo do grão de soja, são os principais componentes de um novo material para incorporação de partículas ou princípios ativos utilizados no preparo de vários produtos. Este material apresenta viscosidade semelhante às substâncias utilizadas atualmente em vários produtos farmacêuticos e cosméticos, e fabricadas a partir de polímeros petroquímicos, com a vantagem de ser biocompatível e biodegradável. A fórmula estrutural da quitosana está apresentada em seguida.

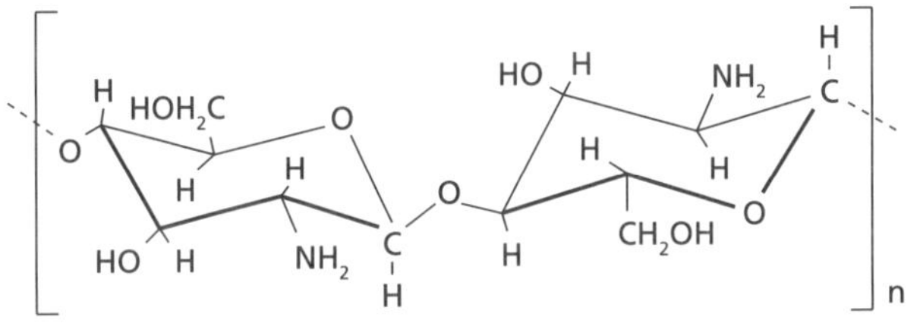

quitosana

Com relação às características do material descrito, pode-se afirmar que:

a) O uso da quitosana é vantajoso devido a suas propriedades, pois não existem mudanças em sua pureza e peso molecular, características dos polímeros, além de todos os seus benefícios ambientais.

b) A quitosana tem em sua constituição grupos amina, pouco reativos e não disponíveis para reações químicas, com vantagens ambientais comparadas com os produtos petroquímicos.

c) O polímero natural quitosana é de uso vantajoso, pois o produto constituído por grupos álcool e amina tem vantagem ambiental comparado com os polímeros provenientes de matérias petroquímicos.

d) A quitosana é constituída por grupos hidroxila em carbonos terciários e derivados com poliol, dificilmente produzidos, e traz vantagens ambientais comparadas com os polímeros de produtos petroquímicos.

e) A quitosana é um polímero de baixa massa molecular, e o produto constituído por grupos álcool e amida é vantajoso para aplicações ambientais em comparação com os polímeros petroquímicos.

9 (Enem-MEC) *A China comprometeu-se a indenizar a Rússia pelo derramamento de benzeno de uma indústria petroquímica chinesa no rio Songhua, um afluente do rio Amur, que faz parte da fronteira entre os dois países. O presidente da Agência Federal de Recursos de Água da Rússia garantiu que o benzeno não chegará aos dutos de água potável, mas pediu à população que fervesse a água corrente e evitasse a pesca no rio Amur e seus afluentes. As autoridades locais estão armazenando centenas de toneladas de carvão, já que o mineral é considerado eficaz absorvente de benzeno.*

Internet: <jbonline.terra.com.br> (com adaptações).

Levando-se em conta as medidas adotadas para a minimização dos danos ao ambiente e à população, é correto afirmar que:

a) O carvão mineral, ao ser colocado na água, reage com o benzeno, eliminando-o.
b) O benzeno é mais volátil que a água e, por isso, é necessário que esta seja fervida.
c) A orientação para se evitar a pesca deve-se à necessidade de preservação dos peixes.
d) O benzeno não contaminaria os dutos de água potável, porque seria decantado naturalmente no fundo do rio.
e) A poluição causada pelo derramamento de benzeno da indústria chinesa ficaria restrita ao rio Songhua.

10 (Enem-MEC) Sabões são sais de ácidos carboxílicos de cadeia longa utilizados com a finalidade de facilitar, durante processos de lavagem, a remoção de substâncias de baixa solubilidade em água, por exemplo, óleos e gorduras. A figura a seguir representa a estrutura de uma molécula de sabão.

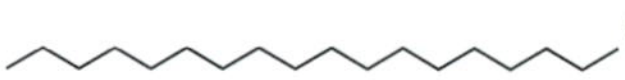 CO_2Na^+ Sal de ácido carboxílico

Em solução, os ânions do sabão podem hidrolisar a água e, desse modo, formar o ácido carboxílico correspondente. Por exemplo, para o estearato de sódio, é estabelecido o seguinte equilíbrio:

$$CH_3(CH_2)_{16}COO^- + H_2O \rightleftharpoons CH_3(CH_2)_{16}COOH + OH^-$$

Uma vez que o ácido carboxílico formado é pouco solúvel em água e menos eficiente na remoção de gorduras, o pH do meio deve ser controlado de maneira a evitar que o equilíbrio acima seja deslocado para a direita. Com base nas informações do texto, é correto concluir que os sabões atuam de maneira:

a) Mais eficiente em pH básico.
b) Mais eficiente em pH ácido.
c) Mais eficiente em pH neutro.
d) Eficiente em qualquer faixa de pH.
e) Mais eficiente em pH ácido ou neutro.

11 (Enem-MEC) O uso de protetores solares em situações de grande exposição aos raios solares como, por exemplo, nas praias, é de grande importância para a saúde. As moléculas ativas de um protetor apresentam, usualmente, anéis aromáticos conjugados com grupos carbonila, pois esses sistemas são capazes de absorver a radiação ultravioleta mais nociva aos seres humanos.

A conjugação é definida como a ocorrência de alternância entre ligações simples e duplas em uma molécula. Outra propriedade das moléculas em questão é apresentar, em uma de suas extremidades, uma parte apolar responsável por reduzir a solubilidade do composto em água, o que impede sua rápida remoção quando do contato com a água. De acordo com as considerações do texto, qual das moléculas apresentadas a seguir é a mais adequada para funcionar como molécula ativa de protetores solares?

a) 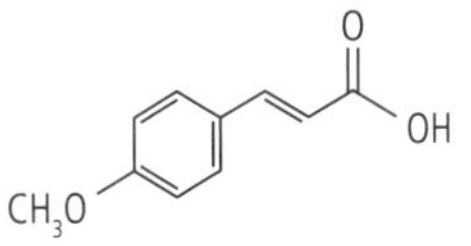

b) 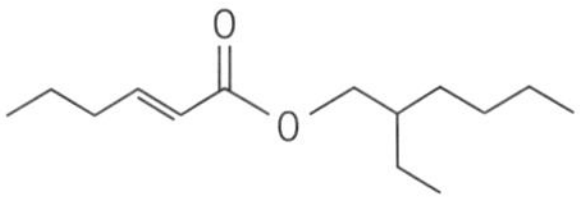

c) 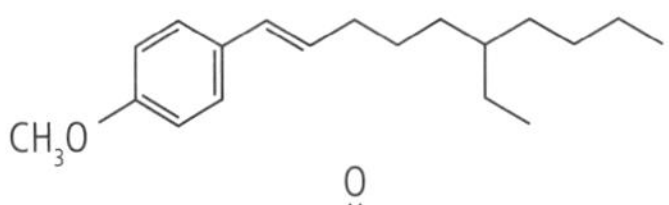

d) 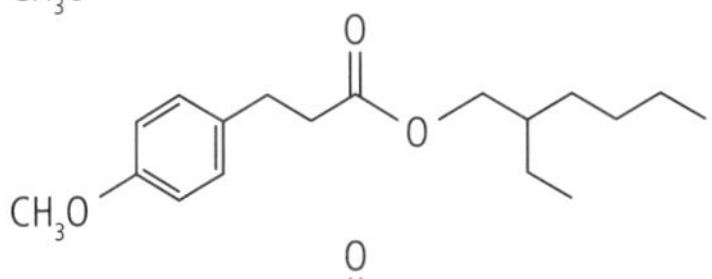

e) 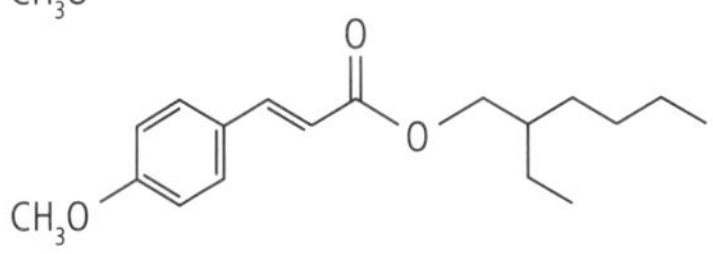

12 (Enem-MEC) Os pesticidas modernos são divididos em várias classes, entre as quais se destacam os organofosforados, materiais que apresentam efeito tóxico agudo para os seres humanos. Esses pesticidas contêm um átomo central de fósforo ao qual estão ligados outros átomos ou grupo de átomos como oxigênio, enxofre, grupos metoxi ou etoxi, ou um radical orgânico de cadeia longa. Os organofosforados são divididos em três subclasses: Tipo A, na qual o enxofre não se incorpora na molécula; Tipo B, na qual o oxigênio, que faz dupla ligação com fósforo, é substituído pelo enxofre; e Tipo C, no qual dois oxigênios são substituídos por enxofre. Um exemplo de pesticida organofosforado Tipo B, que apresenta grupo etoxi em sua fórmula estrutural, está representado em:

a) 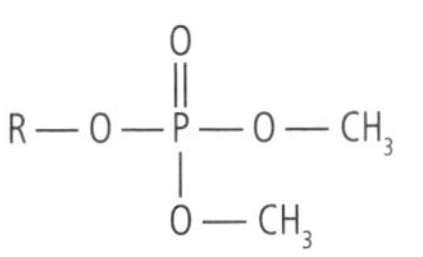

b) 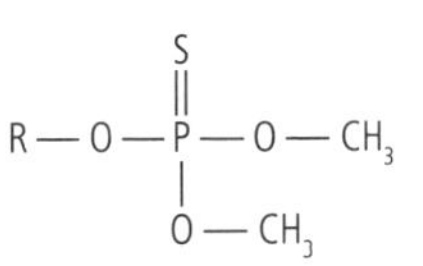

c) 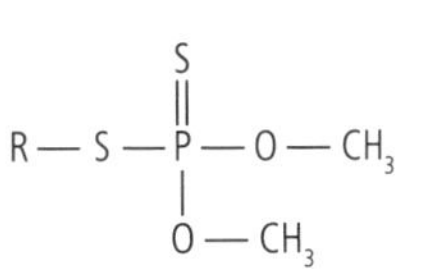

d) 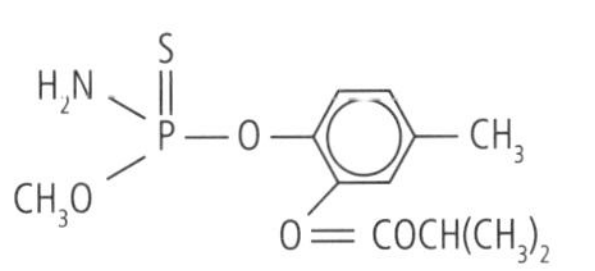

e) 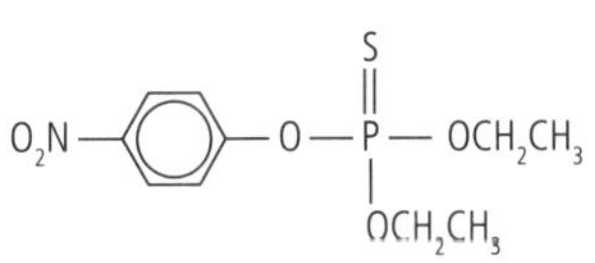

13 (PUC-MG) A combustão completa de um mol de um hidrocarboneto e um mol de um álcool consome, cada um, três mols de O_2. É correto afirmar que esses compostos são:

a) C_2H_4 e C_2H_6O.
b) C_3H_6 e C_3H_8O.
c) C_2H_6 e C_2H_6O.
d) C_3H_8 e C_3H_8O.
e) C_2H_4 e C_2H_4O.

14 (Fuvest-SP) Considere a reação representada a seguir:

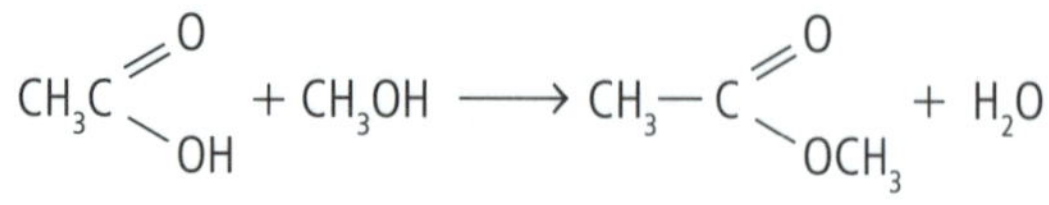

Se, em outra reação, semelhante à primeira, a mistura de ácido acético e metanol for substituída pelo ácido 4-hidroxibutanoico, os produtos da reação serão água e um:

a) Ácido carboxílico insaturado com 4 átomos de carbono por molécula.
b) Éster cíclico com 4 átomos de carbono por molécula.
c) Álcool com 4 átomos de carbono por molécula.
d) Éster cíclico com 5 átomos de carbono por molécula.
e) Álcool com 3 átomos de carbono por molécula.

15 (Fuvest-SP) Analisando a fórmula estrutural do mestranol:

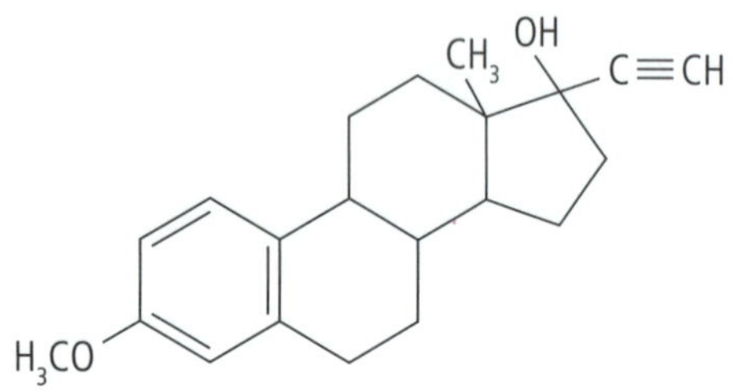

Foram feitas as seguintes previsões sobre seu comportamento:

I. Deve sofrer hidrogenação.
II. Pode ser esterificado, em reação com um ácido carboxílico.
III. Deve sofrer saponificação, em presença de soda cáustica.

Dessas previsões:

a) Apenas a I é correta.
b) Apenas a II é correta.
c) Apenas a I e a II são corretas.
d) Apenas a I e a III são corretas.
e) A I, a II e a III são corretas.

16 (Fuvest-SP) A heroína (*B*) pode ser obtida a partir da morfina (*A*) por reação de esterificação:

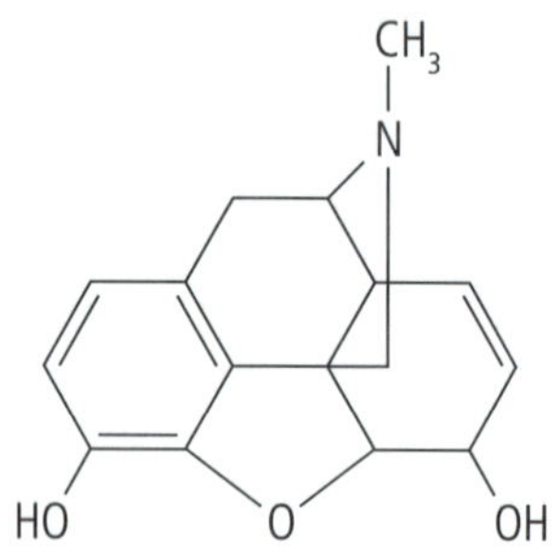

morfina (*A*)

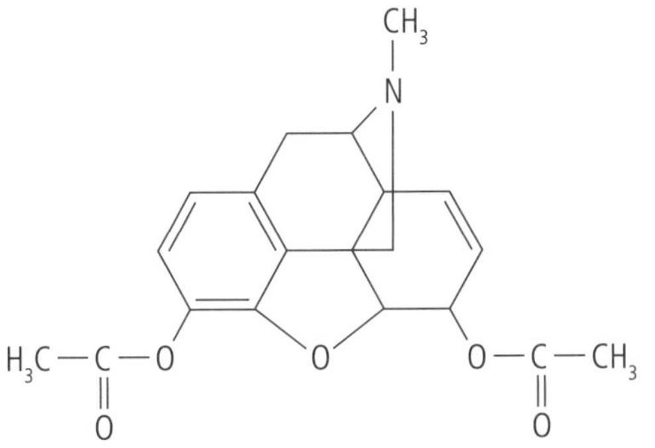

heroína (*B*) - (diacetilmorfina)

reação de esterificação:

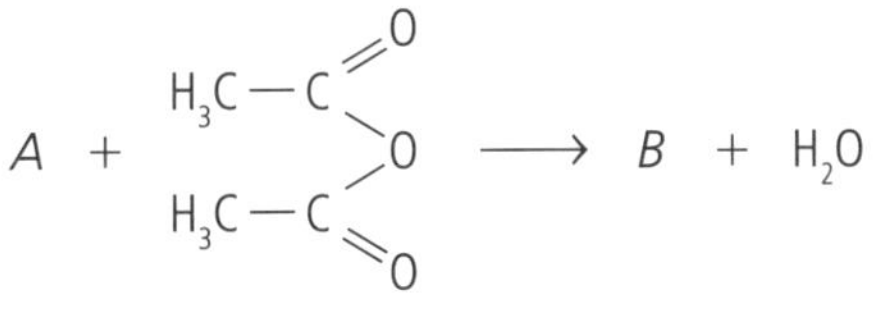

Com relação a essa reação, considere as seguintes afirmações:

I. É preservado o anel aromático.
II. É preservada a função amina.
III. Reagem tanto o grupo — OH alcoólico quanto o — OH fenólico.

a) Apenas a I é correta.
b) Apenas a II é correta.
c) Apenas a I e a II são corretas.
d) Apenas a I e a III são corretas.
e) A I, a II e a III são corretas.

17 (PUC-RJ) O brometo de ciclopentila pode ser obtido pela reação de:

a) Pentano + HBr.
b) Ciclopentano + Br_2.
c) Ciclopentano + HBr.
d) Brometo de ciclopropila + CH_3 CH_2Br.
e) Brometo de ciclobutila + CH_3Br.

18 (Unesp-SP) A queima dos combustíveis fósseis (carvão e petróleo), assim como dos combustíveis renováveis (etanol, por exemplo), produz CO_2, que é lançado na atmosfera, contribuindo para o efeito estufa e possível aquecimento global. Por qual motivo o uso do etanol é preferível ao da gasolina?

a) O etanol é solúvel em água.
b) O CO_2 produzido na queima dos combustíveis fósseis é mais tóxico do que aquele produzido pela queima do etanol.
c) O CO_2 produzido na queima da gasolina contém mais isótopos de carbono-14 do que aquele produzido pela queima do etanol.
d) O CO_2 produzido na queima do etanol foi absorvido recentemente da atmosfera.
e) O carbono do etanol é proveniente das águas subterrâneas.

19 (Acafe-SC) A Petrobras é a estatal brasileira responsável pela prospecção, refino e distribuição do petróleo no Brasil. Indique a afirmativa correta:

a) O gás de cozinha (propano e butano) é obtido por destilação fracionada do petróleo.

b) Gasolina, óleo *diesel*, querosene, *biodiesel* e álcool etílico são substâncias obtidas pela destilação do petróleo cru.

c) O éter do petróleo é uma mistura de álcool etílico, acetona e éter etílico.

d) O composto de fórmula molecular C_7H_{16}, um dos componentes da gasolina, é um alceno.

e) O petróleo é uma substância composta.

20 (Cefet-AL) Romário, um dos maiores jogadores de futebol dos últimos tempos, foi flagrado no exame antidoping em uma partida realizada no dia 28 de outubro de 2007 entre Vasco da Gama e Palmeiras pelo Campeonato Brasileiro de Futebol da Série A. Na urina do atleta, foi encontrada a substância finasterida, presente em xampus para combater calvície, mas que tem a propriedade de tornar difícil a detecção de anabólicos esteroides pelos laboratórios.

Sobre a estrutura da finasterida, mostrada a seguir, podemos afirmar corretamente que:

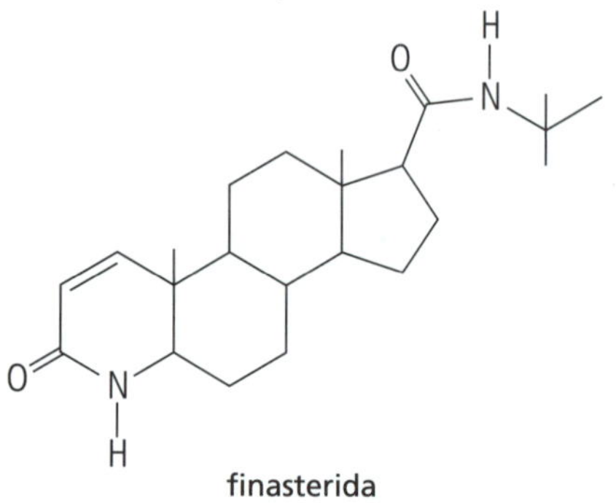

finasterida

a) Possui apenas um carbono quiral (*C).

b) É um hidrocarboneto de cadeia aberta.

c) Tem fórmula molecular $C_{20}H_{22}O_3N_3$.

d) Apresenta a função amida.

e) Apresenta apenas carbonos primários e secundários.

21 (Cefet-PB) O quadro a seguir relaciona o ponto de ebulição de alguns hidrocarbonetos:

Composto	Temperatura de ebulição
dimetilpropano	10 °C
metilbutano	28 °C
pentano	36 °C

A temperatura de ebulição de compostos covalentes é influenciada por diversos fatores: tipo de ligação intermolecular, massa molar e formato da cadeia carbônica. Qual das opções a seguir poderia explicar, de modo satisfatório, as diferenças existentes nas temperaturas de ebulição anteriores?

a) O composto dimetil-propano apresenta massa molar menor que os outros dois compostos.

b) O composto pentano apresenta ligações de hidrogênio, o que não acontece com os demais.

c) A presença de ramificações nos dois primeiros compostos dificulta um contato maior entre as moléculas e com isso diminui as atrações entre elas.

d) Todos os três compostos apresentam ligações de hidrogênio, porém o pentano possui uma maior quantidade dessas ligações.

e) O pentano apresenta mais átomos de carbono que os demais compostos.

22 (Uece-CE) Uma das substâncias contidas nas bebidas alcoólicas é o etanol. Quando o etanol é carregado pelo sangue e chega ao cérebro, ele estimula os neurônios a liberarem uma quantidade extra de serotonina, que deixa a pessoa desinibida e eufórica. De acordo com sua estrutura mostrada a seguir, a serotonina possui ligações sigma (δ) e pi (π), cujas quantidades são, respectivamente:

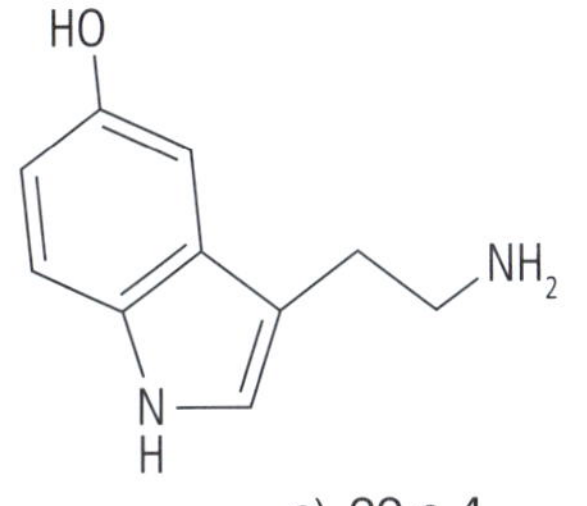

a) 26 e 4.

b) 18 e 8.

c) 22 e 4.

d) 18 e 4.

23 (Fuvest-SP) O glicerol é um subproduto do *biodiesel*, preparado pela transesterificação de óleos vegetais. Recentemente, foi desenvolvido um processo para aproveitar esse subproduto:

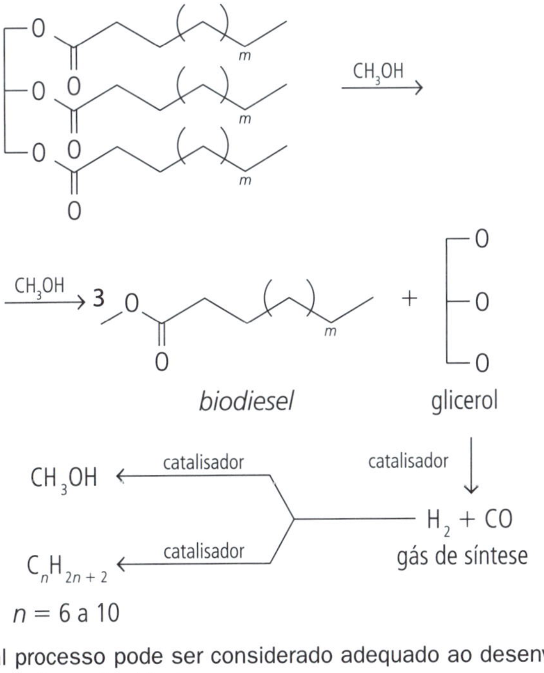

Tal processo pode ser considerado adequado ao desenvolvimento sustentável porque:

I. Permite gerar metanol, que pode ser reciclado na produção de *biodiesel*.

II. Pode gerar gasolina a partir de uma fonte renovável, em substituição ao petróleo, não renovável.

III. Tem impacto social, pois gera gás de síntese, não tóxico, que alimenta fogões domésticos.

É verdadeiro apenas o que se afirma em:

a) I.

b) II.

c) III.

d) I e II.

e) I e III.

24 (Fuvest-SP) O seguinte fragmento (adaptado) do livro *Estação Carandiru*, de Drauzio Varella, refere-se à produção clandestina de bebida no presídio: O líquido é transferido para uma lata grande com um furo na parte superior, no qual é introduzida uma mangueirinha conectada a uma serpentina de cobre. A lata vai para o fogareiro até levantar fervura. O vapor sobe pela mangueira e passa pela serpentina, que Ezequiel esfria constantemente com uma caneca de água fria. Na saída da serpentina, emborcada numa garrafa, gota a gota, pinga a "maria-louca" (aguardente). Cinco quilos de milho ou arroz e dez de açúcar permitem a obtenção de nove litros da bebida. Na produção da "maria--louca", o amido do milho ou do arroz é transformado em glicose. A sacarose do açúcar é transformada em glicose e frutose, que dão origem a dióxido de carbono e etanol. Dentre as equações químicas:

I. $(C_6H_{10}O_5)_n + nH_2O \rightarrow nC_6H_{12}O_6$,

II. $[-CH_2CH_2O-]_n + {}_nH_2O \rightarrow nCH_2-CH_2$ (com OH ligado a cada CH_2)

$$\begin{array}{ccc} nCH_2 & - & CH_2 \\ | & & | \\ OH & & OH \end{array}$$

III. $C_{12}H_{22}O_{11} + H_2O \rightarrow 2\ C_6H_{12}O_6$,

IV. $C_6H_{12}O_6 + H_2 \rightarrow C_6H_{14}O_6$,

V. $C_6H_{12}O_6 \rightarrow 2\ CH_3CH_2OH + 2CO_2$

As que representam as transformações químicas citadas são:

a) I, II e III.

b) II, III e IV.

c) I, III e V.

d) II, III e V.

e) III, IV e V.

Dado: $C_6H_{12}O_6$ 5 glicose ou frutose.

25 (UPM-SP) Leia a notícia a seguir:

> *O ator australiano Heath Ledger foi encontrado morto em um apartamento em Nova York na tarde desta terça-feira (22/01/2008). O ator, que estava com 28 anos, interpretou o vilão Coringa, em* Batman: The Dark Knight, *que deve chegar aos cinemas em julho deste ano. Em entrevista ao* The New York Times *de 4 de novembro de 2007, Ledger revelou que as filmagens do novo* Batman *o deixaram física e mentalmente exausto e que precisou tomar pílulas de um remédio chamado Ambien para conseguir dormir. Tal medicamento oferece riscos se ingerido em excesso ou misturado com álcool.*
>
> Disponível em: <www.globo.com>.

O referido medicamento é composto pela substância química haloperidol, cuja fórmula estrutural está representada a seguir:

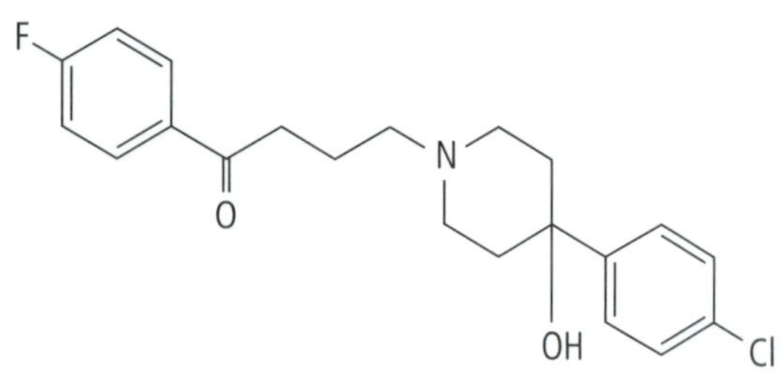

Dados: massas molares (em g/mol):

H = 1; C = 12; N = 14; O = 16; F = 19; Cl = 35,5.

A respeito do haloperidol, é correto afirmar que:

a) Sua fórmula molecular é $C_{21}H_{21}ClFNO_2$.
b) Possui 13 átomos de carbono com hibridização *sp*.
c) Possui os grupos funcionais cetona, amina, fenol e haleto aromático.
d) Possui sete ligações pi e massa molar igual a 375,5 g/mol.
e) Possui três carbonos assimétricos.

26 (UFMG-MG) A fórmula estrutural a seguir representa a molécula de nicotina, presente nos cigarros e responsável por muitos casos de câncer no pulmão:

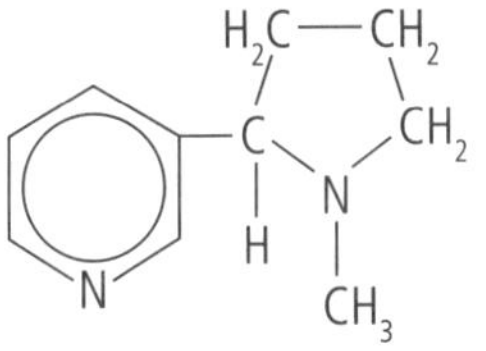

Sobre a molécula da nicotina, indique a alternativa que traz informação incorreta.

a) Apresenta fórmula molecular igual a $C_{10}H_{14}N_2$.
b) Apresenta cadeia cíclica e heterogênea.
c) Apresenta o grupo funcional amida.
d) Apresenta isômero óptico.

27 (UFMG-MG) A vitamina A, ou retinol, é importante na formação dos ossos e indispensável para uma boa visão, conforme fórmula estrutural a seguir representada:

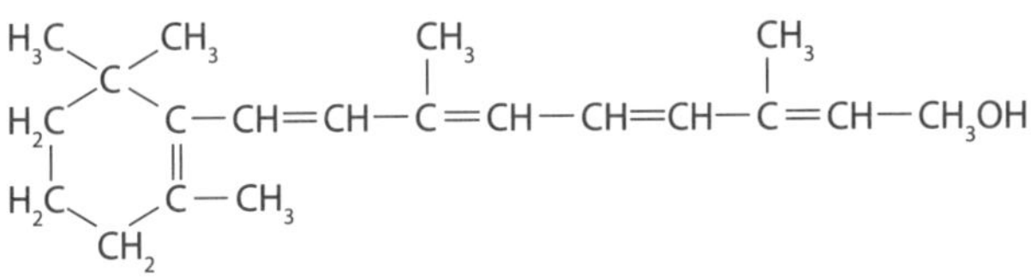

Sobre a composição dessa fórmula, está incorreto afirmar que:

a) Apresenta 5 carbonos primários.
b) É pouco solúvel em água.
c) Apresenta isomeria geométrica.
d) Interage bem com solventes apolares.

28 (Uerj-RJ) As fragrâncias características dos perfumes são obtidas a partir de óleos essenciais. Observe as estruturas químicas de três substâncias comumente empregadas na produção de perfumes:

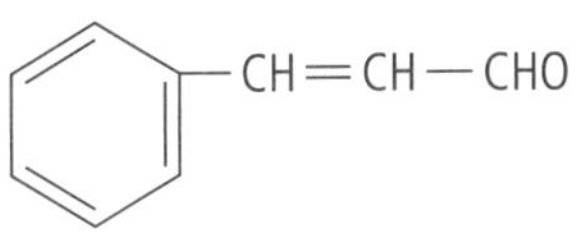

fragrância de canela

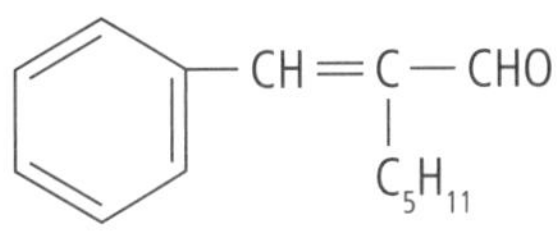

fragrância de jasmim

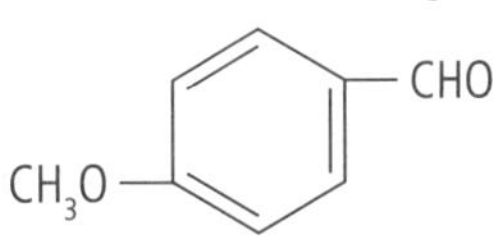

fragrância de espinheiro-branco

O grupo funcional comum às três substâncias corresponde à seguinte função orgânica:

a) Éter
b) Álcool
c) Cetona
d) Aldeído

Micronutrientes: vitaminas (compostos orgânicos) e alguns sais minerais (íons). Os alimentos contêm as moléculas das vitaminas na forma como serão utilizadas pelo organismo, ou contêm as **provitaminas** (moléculas que serão utilizadas pelo organismo para dar origem a uma vitamina).

Sais minerais: constituem 4% da parte sólida do nosso corpo, sendo 2,5% destes representados por Ca e P e na outra parcela por K, Na, Mn, Mg, Cl, S, Zn, F, Cu e outros. Funções intracelulares: atuam na rigidez do esqueleto e dos dentes; contratilidade muscular; sinapses nervosas; coagulação sanguínea; processos digestivos; equilíbrio ácido-básico; e transporte de oxigênio. Íons que atuam no espaço extracelular: Na^+, K^+, Ca^{2+}, Mg^{2+}, Cl^-, HCO_3^-, SO_4^{2-}, PO_4^{3-}, derivados de ácidos orgânicos (lactato, citrato) e proteínas.

Gorduras: pertencem à classe dos lipídios. Podem ser chamadas também de glicerídeos (ésteres carboxílicos derivados de um álcool, o glicerol, conhecido como glicerina). Uma molécula de gordura é um triglicerídeo (três ácidos carboxílicos, ácidos graxos, ligados a uma base, o glicerol).

Ácido graxo saturado: não possui insaturações.

Monoinsaturado: possui uma insaturação.

Ácido graxo poli-insaturado: possui duas ou mais insaturações.

Gorduras vegetais: ricas em gorduras insaturadas, tanto monoinsaturadas (azeite, óleo de amendoim, amêndoas e azeitonas) quanto poli-insaturadas (óleos vegetais, margarinas, cremes vegetais, sardinhas, salmão e atum) e são isentas de colesterol e de gordura trans.

Gorduras de origem animal: constituídas essencialmente por gorduras saturadas, colesterol e gorduras trans. São encontradas em manteiga, natas, leite integral, queijos gordos e carne de boi.

Colesterol: é um lipídio da classe dos esteroides, um componente essencial das membranas celulares (ajudando a resistir a mudanças de temperatura) e um precursor dos ácidos biliares e dos hormônios. Não solúvel em água, e consequentemente também não no sangue, depende da formação de partículas com superfícies hidrofílicas, as apoproteínas (possuem em sua estrutura uma parte lipofílica e outra parte hidrofílica que fazem com que as apoproteínas possam se ligar aos núcleos dos lipídios e ao sangue). Essas lipoproteínas apresentam uma propriedade importante, a densidade, que é determinada pela quantidade de proteínas e lipídios presentes nessas partículas. A densidade das lipoproteínas determina o que chamamos de colesterol VLDL, LDL e HDL, portanto, as pessoas podem ter:

Densidade da lipoproteína muito baixa: colesterol VLDL (transporta os triglicerídios, outro tipo de gordura, para os músculos e tecido adiposo e são convertidos em LDL).

Densidade da lipoproteína baixa: colesterol LDL (principal forma de transporte do colesterol no sangue. No seu trajeto pelo organismo, parte das moléculas de colesterol que constituem essa lipoproteína podem se desprender do conjunto. É assim que as moléculas de colesterol podem depositar-se nas paredes das artérias, por isso, o LDL é conhecido como "colesterol ruim").

Densidade da lipoproteína alta: colesterol HDL (recolhe as moléculas de colesterol que se desprenderam das lipoproteínas LDL e ficaram depositadas nas paredes das artérias, transportando-as para o fígado, onde são convertidas principalmente em ácidos biliares, por isso, o HDL é conhecido como "colesterol bom").

Fibras: carboidratos (polissacarídeos) que formam um conjunto de substâncias resistentes à ação das enzimas digestivas e, portanto, constituem uma classe de compostos não digeríveis. Podem ser classificadas em:

Fibras solúveis (FS): são fermentadas pelas bactérias e alteram a composição da flora intestinal e o metabolismo.

Fibras insolúveis (FI): não são fermentadas pelas bactérias e apresentam efeito mecânico no trânsito intestinal.

Exercícios

1 (UFRJ-RJ) A leitura de rótulos dos alimentos é um hábito recomendado aos consumidores com o objetivo de controlar a qualidade da alimentação. Um exemplo é o controle do teor de ácidos graxos saturados consumidos. A Associação Americana do Coração recomenda a dieta em que o teor de calorias correspondente aos ácidos graxos saturados não ultrapasse 10% das calorias totais consumidas. Os ácidos graxos saturados contribuem para o aumento do colesterol.

a) A margarina é um alimento que contém ácidos graxos saturados. Uma dieta recomendada para homens limita o consumo médio diário de todos os alimentos em 1 800 kcal. Quantos gramas de margarina podem ser ingeridos por dia nessa dieta, supondo que 80% do total de ácidos graxos saturados sejam de outras fontes e que a combustão metabólica de gorduras gera, em média, 9 kcal/g?

b) Na fabricação de margarinas, óleos vegetais líquidos (uma mistura de ésteres de ácidos graxos mono e poli-insaturados) são hidrogenados. Durante a hidrogenação são formados ácidos graxos trans como subprodutos, que, ao contrário dos isômeros cis de ocorrência natural, elevam os níveis de colesterol. Explique por que as gorduras insaturadas apresentam isomeria cis-trans e as gorduras saturadas, não. Dados:

Informações nutricionais de uma margarina (cada porção de 100 g)		
energia	360 kcal	—
material não metabolizado	60 g	—
lipídios	40 g	100%
poli-insaturados	—	50%
monoinsaturados	—	25%
saturados	—	25%
colesterol	0 g	—
proteínas	0 g	—
carboidratos	0 g	—

2 (Fuvest-SP) O aspartame, um adoçante artificial, pode ser utilizado para substituir o açúcar de cana. Bastam 42 miligramas de aspartame para produzir a mesma sensação de doçura que 6,8 gramas de açúcar de cana. Sendo assim, quantas vezes, aproximadamente, o número de moléculas de açúcar de cana deve ser maior do que o número de moléculas de aspartame para que se tenha o mesmo efeito sobre o paladar?

Dados: massas molares aproximadas (g/mol)

- açúcar de cana: 340
- adoçante artificial: 300

a) 30
b) 50
c) 100
d) 140
e) 200

3 (UPM-SP) São substâncias químicas constituídas por aminoácidos, unidas por sucessivas ligações peptídicas, e importante como nutrientes e com outras funções no nosso organismo. Referimo-nos aos(às):

a) Carboidratos.
b) Proteínas.
c) Lipídios.
d) Vitaminas.
e) Sais minerais.

4 (Fuvest-SP) Quais os elementos químicos que constituem o ácido acético do vinagre? Dê o seu nome oficial e sua fórmula molecular.

5 (UFPA-PA) Quando nos alimentamos com carboidratos (açúcar), ocorre a queima desse açúcar em nosso corpo (equação 1). Durante essa queima, 40% do conteúdo energético é gasto na produção de contrações musculares e nervosas. O restante da energia é gasta durante atividade física, que provoca elevação da temperatura corporal. Para manter a temperatura ideal e recuperar esse equilíbrio, nosso corpo transpira, ocorrendo perda de líquido na forma de suor com vaporização da água da superfície da pele (equação 2):

$$\underset{\text{açúcar}}{C_6H_{12}O_6}\,(s) + 6\,O_2\,(g) \rightarrow 6\,CO\,(g) + 6\,H_2O\,(l) + 2800\text{ kJ} \quad \text{(equação 1)}$$

$$H_2O\,(l) + 44{,}0\text{ kJ} \rightarrow H_2O\,(g) \quad \text{(equação 2)}$$

A partir do exposto anteriormente, pode-se afirmar que:

a) A reação de queima do açúcar com absorção de calor é um processo exotérmico.
b) Na queima do açúcar, a entalpia dos produtos é maior que a entalpia dos reagentes.
c) A vaporização da água (suor) para manter em equilíbrio a temperatura corporal é um processo exotérmico.
d) A vaporização da água (suor) para manter em equilíbrio a temperatura corporal é um processo endotérmico.
e) A queima do açúcar e vaporização da água (suor) da superfície da pele são processos endotérmicos.

6 (UFPI-PI) As vitaminas, nutrientes indispensáveis à dieta alimentar, são classificadas em duas categorias: lipossolúveis (solúveis em óleos e gorduras) e hidrossolúveis (solúveis em água). Se ingeridas em excesso, vitaminas hidrossolúveis são facilmente eliminadas na urina. As lipossolúveis, por outro lado, não se dissolvem bem na água e não são facilmente excretadas na urina. Observe as estruturas das vitaminas B_6 e D, a seguir:

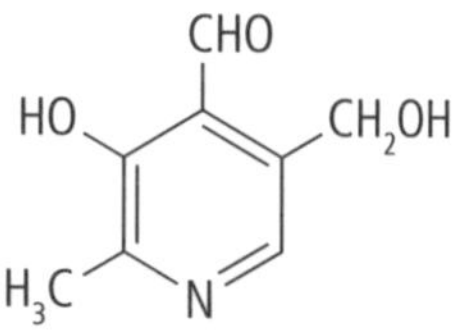

vitamina B_6

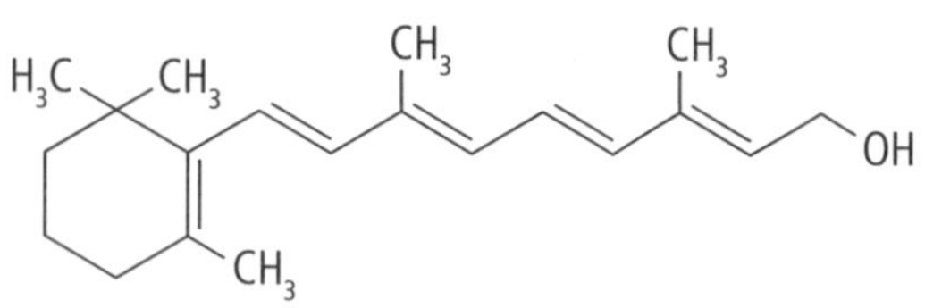

vitamina D

Classifique as frases a seguir como verdadeiras ou falsas:

a) A vitamina B_6 é mais solúvel em água que a vitamina D.

b) As vitaminas B_6 e D são igualmente excretadas na urina.

c) A vitamina B_6 é mais solúvel em gorduras que a vitamina D.

d) A vitamina D é menos facilmente excretada na urina que a vitamina B_6.

7 (UPM-SP) Para efeito de conservação ou adaptação ao consumo, alguns aditivos são comumente utilizados em alimentos, como, por exemplo, no quadro a seguir. Indique a alternativa em que, dentre as substâncias mencionadas (aditivos), todas as fórmulas estão corretas.

Alimento	Aditivo
suco de frutas	dióxido de enxofre
carnes	nitritos e nitratos de sódio
refrigerantes	ácido fosfórico
peixes	bissulfito de sódio

a) SO_2, Na_3N e H_3PO_4.

b) NaHS, $NaNO_2$ e SO_2.

c) H_3PO_4, $NaHSO_3$ e $NaNO_3$.

d) H_2S, SO_2 e PH_3.

e) $NaNO_2$, SO_3 e Na_2S.

8 (Acafe-SC) No preparo de pão caseiro, é comum deixar a massa "descansar" em algum lugar mais aquecido para que ela "cresça". Isso é feito com o objetivo de:

a) Evitar a rancificação das gorduras presentes na massa, que seria prejudicial à saúde.

b) Evitar a fermentação da massa, que lhe conferiria sabor azedo.

c) Favorecer a ação de fermentos, que aumentam a produção de gás carbônico.

d) Acelerar o processo de degradação das gorduras, favorecendo o crescimento da massa.

e) Deixar a massa mais homogênea.

9 (UFF-RJ) A carne de sol é produto de artesanato e, em alguns sítios nordestinos, é denominada carne de vento. A carne preciosa é destrinchada em mantas, que são salgadas com camadas de sal grosso e depois estendidas em varais. Sofrem a ação do sereno. Assim que amanhece, a carne é recolhida e, apesar de se chamar carne de sol, o grande artifício é o sereno. Quando não se faz a etapa de salgar a carne, esta entra em estado de putrefação e alguns dos aminoácidos provenientes das proteínas em decomposição se convertem, por ação enzimática e perda de CO_2, em aminas. Por decomposição da lisina obtém-se a cadaverina, de acordo com a reação:

$$\underset{\text{lisina}}{H_2N(CH_2)_4CH(NH_2)COOH} \rightarrow \underset{\text{cadaverina}}{H_2N(CH_2)_5NH_2} + CO_2$$

Com relação às substâncias lisina e cadaverina, pode-se afirmar que:

a) A lisina e a cadaverina são isômeros funcionais.

b) A cadaverina é uma amina secundária.

c) Existem dois átomos de carbono terciários na lisina.

d) A cadaverina apresenta atividade óptica.

e) A lisina apresenta atividade óptica.

10 (UPM-SP) As substâncias usadas pelos organismos vivos, como fonte de energia e como reserva energética, são, respectivamente:

a) Água e glicídios.
b) Água e sais minerais.
c) Lipídios e sais minerais.
d) Glicídios e sais minerais.
e) Glicídios e lipídios.

11 (UFSCar-SP) Sal de cozinha (cloreto de sódio) e açúcar (sacarose) são sólidos brancos solúveis em água. Suas soluções aquosas apresentam comportamentos completamente diferentes quanto à condução de corrente elétrica. É correto afirmar que:

a) O cloreto de sódio é um composto iônico e sua solução aquosa conduz corrente elétrica, devido à presença de moléculas de NaCl. A sacarose é um composto covalente e sua solução aquosa tem viscosidade muito alta, diminuindo a condutividade da água.
b) Uma substância como o cloreto de sódio, que em solução aquosa forma íons, é chamada de eletrólito. A solução de sacarose conduz corrente elétrica, devido à formação de ligações de hidrogênio entre as moléculas de sacarose e água.
c) O cloreto de sódio é um composto iônico e suas soluções aquosas conduzem corrente elétrica, devido à presença de íons livres. A sacarose é um composto constituído de moléculas e suas soluções aquosas não conduzem corrente elétrica, pois as moléculas neutras de sacarose não contribuem para o transporte de cargas.
d) A dissolução de sacarose em água leva à quebra das moléculas de sacarose em glicose e frutose e estas moléculas conduzem corrente elétrica. A solução de sal, por sua vez, apresenta condutividade menor que a da água destilada.
e) Soluções aquosas de sacarose ou de cloreto de sódio apresentam condutividade elétrica maior do que aquela apresentada pela água pura, pois há formação de soluções eletrolíticas. Os íons formados são os responsáveis pelo transporte de cargas em ambos os casos.

12 (FGV-RJ) Pesquisas recentes comprovam que um dos principais problemas do consumo de cafeína é o efeito que ela exerce sobre o sono, principalmente sobre o sono profundo. O tempo de meia-vida da cafeína no organismo é de aproximadamente 6 horas. Desse modo, se um indivíduo beber uma xícara de café coado (150 mg de cafeína) às 17 horas, ainda restarão cerca de 75 mg de cafeína no seu organismo às 23 horas, o que poderá impossibilitá-lo de gozar um sono profundo. A sensação de fadiga voltará a incomodá-lo no dia seguinte, levando-o a consumir mais cafeína e iniciando uma relação de dependência.

Dados:

Tipo de café	Dose média por xícara
coado	150 mg de cafeína
espresso	350 mg de cafeína
instantâneo	100 mg de cafeína

Fórmula estrutural da cafeína:

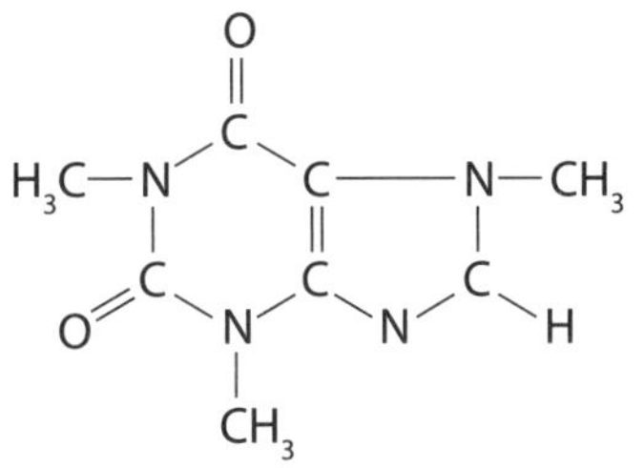

Considerando que um indivíduo bebeu uma xícara de café espresso às 22 horas, indique o número aproximado de moles de moléculas de cafeína, provenientes desse café, que ainda estarão em seu corpo às 4 horas da manhã do dia seguinte.

a) $5,4 \times 10^{20}$
b) $5,4 \times 10^{23}$
c) $1,8 \times 10^{-3}$
d) $9,0 \times 10^{-4}$
e) $9,0 \times 10^{-1}$

13 (UFMG-MG) O cloreto de sódio, NaCl, é um composto iônico, solúvel em água. Sua dissolução pode ser assim representada:

Dissolução do cristal: NaCl (s) $\rightarrow$ Na^+ (aq) + Cl^- (aq)

Esse processo também pode ser representado, formalmente, em duas etapas:

I. Dissociação do cristal: NaCl (s) $\rightarrow$ Na^+ (g) + Cl^- (g)

II. Solvatação: Na (g) + Cl (g) $\xrightarrow{H_2O}$ Na^+ (aq) + Cl^- (aq)

Considerando-se essas etapas da dissolução do cristal, é **correto** afirmar que:

a) na etapa da solvatação dos íons do cloreto de sódio, ocorre liberação de energia.
b) na água pura, as interações entre as moléculas são mais fortes que as interações entre os íons no cristal.
c) na solução de cloreto de sódio, as moléculas de água estabelecem ligações de hidrogênio com os íons sódio.
d) na etapa da dissociação do cloreto de sódio, a energia do retículo cristalino é liberada.

14 (Unicamp-SP) O nadador Michael Phelps surgiu na Olimpíada de Beijing como um verdadeiro fenômeno, tanto pelo seu desempenho quanto pelo seu consumo alimentar. Divulgou-se que ele ingere uma quantidade diária de alimentos capaz de lhe oferecer uma energia de 50 megajoule (MJ, equivalente a 106 joules). Quanto disto é assimilado, ou não, é uma incógnita. Só no almoço, ele ingere um pacote de macarrão de 500 gramas, além de acompanhamentos.

a) Suponha que o macarrão seja constituído essencialmente de glicose ($C_6H_{12}O_6$), e que, no metabolismo, toda essa glicose seja transformada em dióxido de carbono e água. Considerando-se apenas o metabolismo do macarrão diário, qual é a contribuição do nadador para o efeito estufa, em gramas de dióxido de carbono?
b) Qual é a quantidade de energia, em kJ, associada à combustão completa e total do macarrão (glicose) ingerido diariamente pelo nadador? Dados de entalpia de formação em $kJ \cdot mol^{-1}$: glicose = −1274; água = −242; dióxido de carbono = −394.

15 (Uerj-RJ) No metabolismo das proteínas dos mamíferos, a ureia, representada pela fórmula $(NH_2)_2CO$, é o principal produto nitrogenado excretado pela urina. O teor de ureia na urina pode ser determinado por um método baseado na hidrólise da ureia, que forma amônia e dióxido de carbono. A seguir são apresentadas as energias das ligações envolvidas nessa reação de hidrólise.

Ligação	Energia de ligação ($kJ \cdot mol^{-1}$)
N — H	390
N — C	305
C = O	800
O — H	460

A partir da fórmula estrutural da ureia, determine o número de oxidação do seu átomo de carbono e a variação de entalpia correspondente a sua hidrólise, em $kJ \times mol^{-1}$.

16 (Uniube-MG) A vitamina K é encontrada na couve-flor, espinafre e fígado e é uma substância essencial para os processos de coagulação sanguínea. De acordo com a sua estrutura, esquematizada a seguir, o seu peso molecular (em g/mol) e o número de átomos de carbono terciário são, respectivamente:

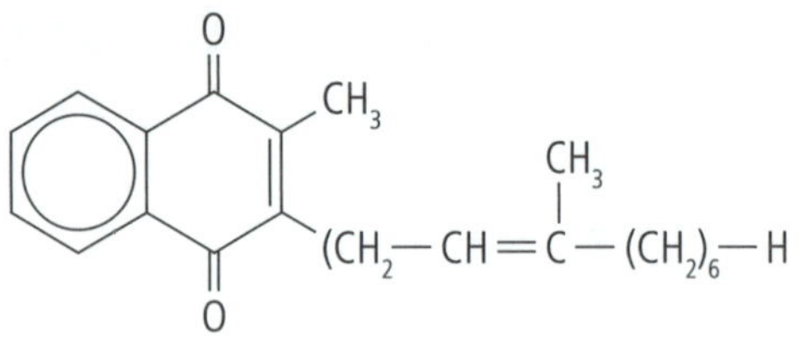

a) 556 e 10.
b) 580 e 8.
c) 556 e 8.
d) 580 e 10.

17 (UFSM-RS) Na saída da seção de frutas e verduras, Tomás lembrou a Gabi a tarefa de extrair uma substância que contivesse, em sua estrutura, os grupos fenol e aldeído. Qual das espécies a seguir Gabi deve escolher?

a) 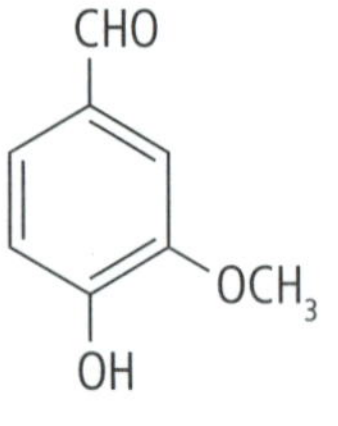

b) 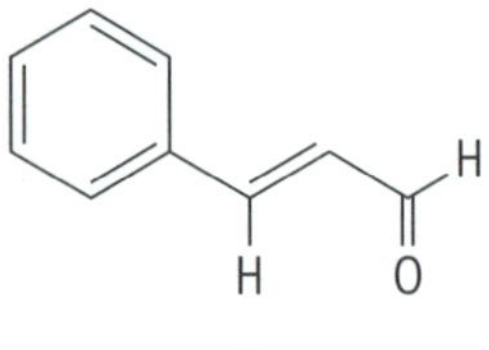

c) 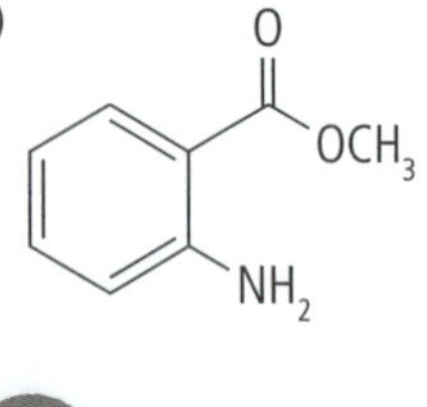

d) 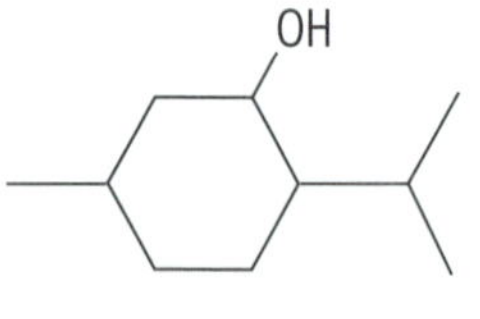

e) 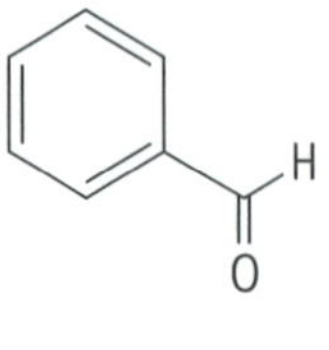

18 (Unifacs-BA) A estrutura a seguir representa essência de limão, largamente utilizada na indústria de alimentos:

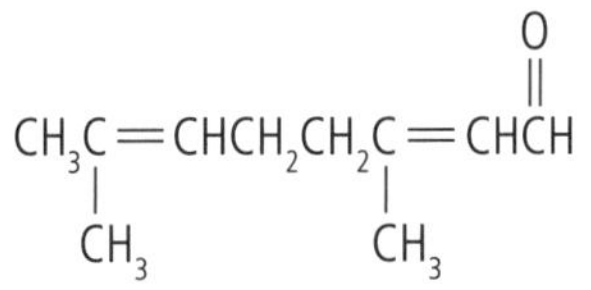

Em relação a essa estrutura, pode-se afirmar:

a) Apresenta grupamento carboxila.
b) Tem cadeia aberta e heterogênea.
c) Possui ligações iônicas e covalentes.
d) Não possui isômeros.
e) É um aldeído insaturado.

19 (Fuvest-SP) Alguns alimentos são enriquecidos pela adição de vitaminas, que podem ser solúveis em gordura ou em água. As vitaminas solúveis em gordura possuem uma estrutura molecular com poucos átomos de oxigênio, semelhante à de um hidrocarboneto de longa cadeia, predominando o caráter apolar. Já as vitaminas solúveis em água têm estrutura com alta proporção de átomos eletronegativos, como o oxigênio e o nitrogênio, que promovem forte interação com a água. A seguir estão representadas quatro vitaminas:

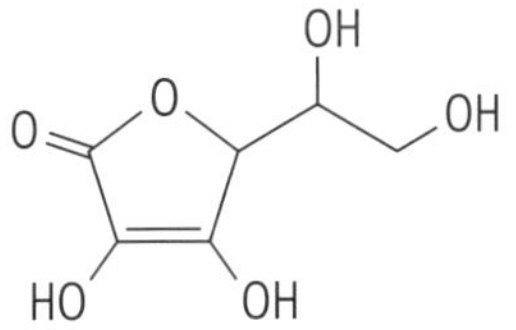

I

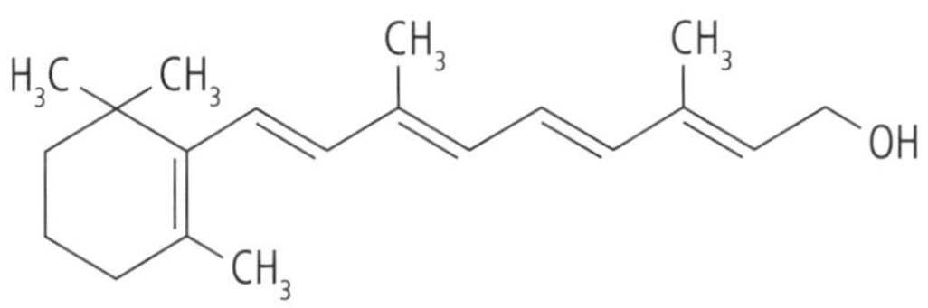

II

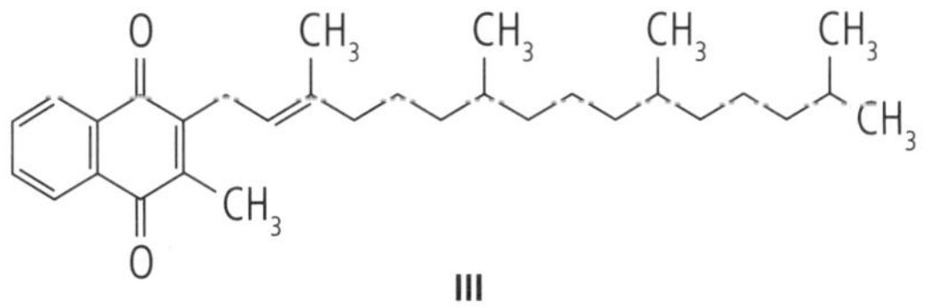

III

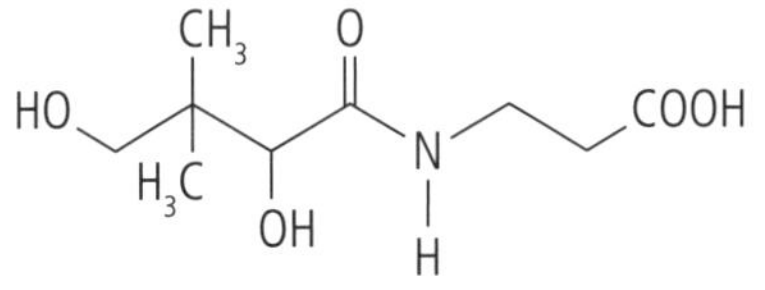

IV

Dentre elas, é adequado adicionar, respectivamente, a sucos de frutas puros e a margarinas, as seguintes:

a) I e IV.
b) I e III.
c) III e IV.
d) III e I.
e) IV e II.

Contaminação: é causada por elementos que, lançados na água, no ar, no solo etc., tornam nocivo, como um veneno ou um ser patogênico, o meio. Uma água, mesmo cristalina, pode estar contaminada.

Parâmetros físicos, químicos e biológicos que avaliam a qualidade da água	
Oxigênio dissolvido	A quantidade de oxigênio dissolvido na água depende da temperatura, da profundidade da água e da pressão atmosférica. Existem vários fatores que podem causar a diminuição da quantidade de oxigênio dissolvido na água; um dos principais, o lançamento de esgoto doméstico.
Turbidez	A água turva nem sempre está poluída. A turbidez da água pode ser causada de duas formas: • Turbidez de origem natural: causada por partículas de rochas ou argila, algas ou outros microrganismos. Apesar de essa turbidez não trazer problemas sanitários, é considerada desagradável na água potável, e os sólidos podem servir de abrigo para microrganismos patogênicos. • Turbidez causada pelo homem: se origina de esgotos domésticos ou industriais e erosão.
Condutividade elétrica	Está relacionada com a presença de íons dissolvidos na água; quanto maior a quantidade de íons dissolvidos, maior a condutividade elétrica da água. Em águas continentais, os íons diretamente responsáveis pelos valores da condutividade são, entre outros, cálcio, magnésio, potássio, sódio, carbonatos, carbonetos, sulfatos e cloretos. A condutividade depende da temperatura e é diretamente proporcional a ela.
pH	Parâmetro capaz de expressar as concentrações de H^+ e OH^-, ou seja, a acidez ou basicidade das soluções aquosas. A expressão matemática que representa o pH é: $pH = -\log [H^+]$ O valor de pH = 7 indica soluções neutras; pH > 7 representa soluções básicas e pH < 7 indica soluções ácidas. O pH pode ter grande influência sobre os valores de condutividade elétrica. Principalmente em águas pobres em sais solúveis e de baixos valores do pH, o íon H^+ torna-se o principal responsável pelos valores de condutividade elétrica. Em águas muito alcalinas e pobres em sais solúveis, o íon OH^- torna-se, por sua vez, o principal responsável pela condutividade elétrica.
Eutrofização	É caracterizada pelo crescimento excessivo de plantas aquáticas, que se deve ao aumento dos nutrientes disponíveis, principalmente nitrogênio (despejo de esgotos domésticos e industriais, fertilizantes e excrementos de animais) e fósforo. Além de problemas estéticos, algumas algas, como as cianobactérias ou algas azuis, produzem toxinas que contaminam a água.

Exercícios

1 (Enem-MEC) O artigo 1º da Lei Federal nº 9.433/1997 (Lei das Águas) estabelece, entre outros, os seguintes fundamentos:

I. A água é um bem de domínio público;

II. A água é um recurso natural limitado, dotado de valor econômico;

III. Em situações de escassez, os usos prioritários dos recursos hídricos são o consumo humano e a dessedentação de animais;

IV. A gestão dos recursos hídricos deve sempre proporcionar o uso múltiplo das águas.

Considere que um rio nasça em uma fazenda cuja única atividade produtiva seja a lavoura irrigada de milho e que a companhia de águas do município em que se encontra a fazenda colete água desse rio para abastecer a cidade. Considere, ainda, que, durante uma estiagem, o volume de água do rio tenha chegado ao nível crítico, tornando-se insuficiente para garantir o consumo humano e a atividade agrícola mencionada. Nessa situação, qual das medidas a seguir estaria de acordo com o artigo 1º da Lei das Águas?

a) Manter a irrigação da lavoura, pois a água do rio pertence ao dono da fazenda.

b) Interromper a irrigação da lavoura para se garantir o abastecimento de água para consumo humano.

c) Manter o fornecimento de água apenas para aqueles que pagam mais, já que a água é bem dotada de valor econômico.

d) Manter o fornecimento de água tanto para a lavoura quanto para o consumo humano, até o esgotamento do rio.

e) Interromper o fornecimento de água para a lavoura e para o consumo humano, a fim de que a água seja transferida para outros rios.

2 (Cefet-AL) A água da chuva não é totalmente pura, pois sempre carrega componentes da atmosfera; o próprio <u>gás carbônico</u> ao se dissolver na água da chuva a torna um pouco ácida, com um pH aproximadamente igual a 5,6. A chuva ácida é um fenômeno causado pela poluição da atmosfera. A presença de <u>anidrido sulfúrico</u> e <u>dióxido de nitrogênio</u> na atmosfera forma, em contato com a água, ácidos fortes, aumentando a acidez da chuva. A chuva ácida acelera o processo de destruição de estátuas, prédios e monumentos. Muitas estátuas feitas de mármore (<u>carbonato de cálcio</u>) encontram-se já muito degradadas e sua recuperação é muitas vezes impossível. Nesse processo de ataque, o carbonato de cálcio é transformado em <u>bicarbonato de cálcio</u>, que é solúvel na água. No texto anterior, encontramos sublinhados os nomes de 5 substâncias. Em qual das alternativas a seguir todas as fórmulas químicas representam, de forma correta e respectivamente, os nomes sublinhados?

a) CO, SO_2, NO_2, $CaCO_3$, $CaHCO_2$.

b) CO, SO_3, NO, $CaCO_3$, $Ca(HCO_2)_2$.

c) CO_2, SO_2, NO, $CaCO_2$, $CaHCO_3$.

d) CO_2, SO_3, NO_2, $CaCO_3$, $Ca(HCO_3)_2$.

e) CO_2, SO_2, NO_2, $CaCO_2$, $Ca(HCO_2)_2$.

3 (UFPI-PI) A chuva ácida resulta, principalmente, da poluição produzida pela queima de carvão e combustíveis fósseis que liberam óxidos para a atmosfera, os quais são transformados em ácidos. Esses ácidos, ao se dissolverem em gotas de chuva, diminuem o seu pH. É importante frisar, no entanto, que a água da chuva já é, naturalmente, levemente ácida, em face da presença, na atmosfera, de:

a) N_2.
b) O_2.
c) CO_2.
d) NO_2.
e) SO_2.

4 (Enem-MEC) Numa área de praia, a brisa marítima é uma consequência da diferença no tempo de aquecimento do solo e da água, apesar de ambos estarem submetidos às mesmas condições de irradiação solar. No local (solo) que se aquece mais rapidamente, o ar fica mais quente e sobe, deixando uma área de baixa pressão, provocando o deslocamento do ar da superfície que está mais fria (mar). À noite, ocorre um processo inverso ao que se verifica durante o dia. Como a água leva mais tempo para esquentar (de dia), mas também leva mais tempo para esfriar (à noite), o fenômeno noturno (brisa terrestre) pode ser explicado da seguinte maneira:

a) O ar que está sobre a água se aquece mais; ao subir, deixa uma área de baixa pressão, causando um deslocamento de ar do continente para o mar.
b) O ar mais quente desce e se desloca do continente para a água, a qual não conseguiu reter calor durante o dia.
c) O ar que está sobre o mar se esfria e dissolve-se na água; forma-se, assim, um centro de baixa pressão, que atrai o ar quente do continente.
d) O ar que está sobre a água se esfria, criando um centro de alta pressão que atrai massas de ar continental.
e) O ar sobre o solo, mais quente, é deslocado para o mar, equilibrando a baixa temperatura do ar que está sobre o mar.

5 (Enem-MEC) A falta de água doce no planeta será, possivelmente, um dos mais graves problemas deste século. Prevê-se que, nos próximos vinte anos, a quantidade de água doce disponível para cada habitante será drasticamente reduzida. Por meio de seus diferentes usos e consumos, as atividades humanas interferem no ciclo da água, alterando:

a) A quantidade total, mas não a qualidade da água disponível no planeta.
b) A qualidade da água e sua quantidade disponível para o consumo das populações.
c) A qualidade da água disponível, apenas no subsolo terrestre.
d) Apenas a disponibilidade de água superficial existente nos rios e lagos.
e) O regime de chuvas, mas não a quantidade de água disponível no planeta.

6 (Enem-MEC) A possível escassez de água é uma das maiores preocupações da atualidade, considerada por alguns especialistas como o desafio maior do novo século. No entanto, tão importante quanto aumentar a oferta é investir na preservação da qualidade e no reaproveitamento da água de que dispomos hoje. A ação humana tem provocado algumas alterações quantitativas e qualitativas da água:

I. Contaminação de lençóis freáticos;
II. Diminuição da umidade do solo;
III. Enchentes e inundações.

Pode-se afirmar que as principais ações humanas associadas às alterações I, II e III são, respectivamente:

a) Uso de fertilizantes e aterros sanitários / lançamento de gases poluentes / canalização de córregos e rios
b) Lançamento de gases poluentes / lançamento de lixo nas ruas / construção de aterros sanitários
c) Uso de fertilizantes e aterros sanitários / desmatamento / impermeabilização do solo urbano
d) Lançamento de lixo nas ruas / uso de fertilizantes / construção de aterros sanitários
e) Construção de barragens / uso de fertilizantes / construção de aterros sanitários.

7 (UFRN-RN) Num balão de vidro, com meio litro de capacidade, contendo 250 mL de água destilada (H_2O), nas condições ambientais, foi dissolvida (por borbulhamento) uma certa quantidade de gás amônia (NH_3). Sendo o pH da solução formada igual a 8 (oito), a concentração de íons hidrogênio [H^+], em relação à concentração de íons hidroxila [OH^-], deve ser:

a) Dez vezes maior.
b) Cem vezes menor.
c) Dez vezes menor.
d) Cem vezes maior.

8 (Enem-MEC) A chuva em locais não poluídos é levemente ácida. Em locais onde os níveis de poluição são altos, os valores do pH da chuva podem ficar abaixo de 5,5, recebendo, então, a denominação de "chuva ácida". Este tipo de chuva causa prejuízos nas mais diversas áreas: construção civil, agricultura, monumentos históricos, entre outras. A acidez da chuva está relacionada ao pH da seguinte forma: concentração de íons hidrogênio é igual a 10 elevado a 2pH, sendo que o pH pode assumir valores entre 0 e 14. Ao realizar o monitoramento do pH da chuva em Campinas (SP) nos meses de março, abril e maio de 1998, um centro de pesquisa coletou 21 amostras, das quais quatro têm seus valores mostrados no quadro a seguir:

Mês	Amostra	pH
março	6ª	4
abril	8ª	5
abril	14ª	6
maio	18ª	7

A análise da fórmula e do quadro permite afirmar que:

I. Da 6ª para a 14ª amostra ocorreu um aumento de 50% na acidez;
II. A 18ª amostra é a menos ácida dentre as expostas;
III. A 8ª amostra é dez vezes mais ácida que a 14ª;
IV. As únicas amostras de chuvas denominadas ácidas são a 6ª e a 8ª.

Estão corretas apenas as afirmativas:

a) I e II.
b) II e IV.
c) I, II e IV.
d) I, III e IV.
e) II, III e IV.

9 (UFRS-RS) Se a 10 mL de uma solução aquosa de pH = = 4,0 forem adicionados 90 mL de água, o pH da solução resultante será igual a:

a) 0,4.
b) 3,0.
c) 4,0.
d) 5,0.
e) 5,5.

10 (UEMS-MS) A qualidade da água destinada ao consumo humano é determinada por diversos parâmetros. A portaria 1469, de 29 de dezembro de 2000, do Ministério da Saúde, determina o valor máximo permitido para a concentração de íons NO_3^- como sendo de 10 mg · L^{-1} em água destinada a consumo humano. Se uma pessoa tomar 3,2 litros de água apresentando uma concentração de 7 mg · L^{-1} de nitrato por dia, ao fim de dois dias, a massa de nitrato em gramas que essa pessoa ingeriu é igual a:

a) 0,0448 g.
b) 0,0896 g.
c) 0,1344 g.
d) 0,1792 g.
e) 0,2240 g.

11 (UFMG-MG) O Ministério da Saúde estabelece os valores máximos permitidos para as concentrações de diversos íons na água destinada ao consumo humano. Os valores para os íons Cu^{2+} (aq) e F_2 (aq) estão apresentados no quadro a seguir:

Íon	Cu^{21} (aq)	F^{2} (aq)
Concentração máxima permitida (mol/L)	$3{,}0 \times 10^{25}$	$8{,}0 \times 10^{25}$

Um volume de 1000 L de água contém $3{,}5 \times 10^{-2}$ mol de CuF_2 (aq). Considerando-se a concentração desse sistema, é correto afirmar que:

a) Apenas a concentração de Cu^{2+} (aq) ultrapassa o valor máximo permitido.
b) Apenas a concentração de F^- (aq) ultrapassa o valor máximo permitido.
c) As concentrações de Cu^{2+}(aq) e F^- (aq) estão abaixo dos valores máximos permitidos.
d) As concentrações de Cu^{2+} (aq) e F^- (aq) ultrapassam os valores máximos permitidos.

12 (Enem-MEC) De acordo com a legislação brasileira, são tipos de água engarrafada que podem ser vendidos no comércio para o consumo humano:

- Água mineral: água que, proveniente de fontes naturais ou captada artificialmente, possui composição química ou propriedades físicas ou físico-químicas específicas, com características que lhe conferem ação medicamentosa;
- Água potável de mesa: água que, proveniente de fontes naturais ou captada artificialmente, possui características que a tornam adequada ao consumo humano;
- Água purificada adicionada de sais: água produzida artificialmente por meio da adição à água potável de sais de uso permitido, podendo ser gaseificada.

Com base nessas informações, conclui-se que:

a) Os três tipos de água descritos na legislação são potáveis.
b) Toda água engarrafada vendida no comércio é água mineral.
c) Água purificada adicionada de sais é um produto natural encontrado em algumas fontes específicas.

d) A água potável de mesa é adequada para o consumo humano porque apresenta extensa flora bacteriana.

e) A legislação brasileira reconhece que todos os tipos de água têm ação medicamentosa.

13 (Fuvest-SP) A água do mar, em relação à água comum da torneira, deve apresentar maior, menor ou igual condutibilidade elétrica? Justifique.

14 (Unesp-SP) Ao iniciar as atividades, um piscicultor mandou analisar a água dos criadouros e o resultado obtido para o teor de oxigênio dissolvido foi de 7 mg/L. Após algum tempo, num período de forte estiagem e muito calor, em um dos tanques ocorreu uma alta mortandade de peixes, onde ele constatou que a concentração do oxigênio dissolvido havia diminuído para 0,8 mg/L e que a água estava contaminada por resíduos provenientes da fossa de uma casa próxima, o que favoreceu uma proliferação de microrganismos. Para sanar o problema, o piscicultor instalou nos tanques bombas de aeração e um sistema de circulação constituído por tubulações que permitiam que a água fosse submetida à radiação de alta energia (ultravioleta, UV). Com isso, o piscicultor conseguiu equilibrar sua produção de peixes no tanque afetado e verificou que o teor de oxigênio dissolvido na água havia voltado a níveis próximos aos anteriores. Sobre o sucesso das medidas adotadas pode-se afirmar que:

a) A luz UV agiu sobre o N_2 do ar, levando à formação de N_2O, responsável pela destruição dos microrganismos.

b) A luz UV resfriou a água e favoreceu a solubilização do O_2 responsável pela destruição dos microrganismos.

c) Os microrganismos anaeróbicos, causadores da queda do teor de O_2 dissolvido, foram destruídos quando da aeração.

d) O processo de aeração provocou o crescimento exponencial dos microrganismos aeróbicos que auxiliaram na reposição do O_2 no tanque.

e) Houve um aumento do O_2 dissolvido na água devido ao processo de aeração e houve redução dos microrganismos aeróbicos por ação da luz UV.

15 (Unicamp-SP) O aquarismo é uma atividade que envolve a criação de espécies aquáticas em ambiente confinado. O bom funcionamento do aquário depende do controle de uma série de parâmetros, como temperatura, matéria orgânica dissolvida, oxigênio dissolvido, pH, entre outros. Para testar seus conhecimentos químicos, responda às seguintes questões:

a) Um dos principais produtos do metabolismo dos peixes é a amônia, que é excretada na água. Desconsiderando-se qualquer mecanismo de regulação externa e considerando-se apenas essa excreção de amônia, o valor do pH da água do aquário tende, com o passar do tempo, a aumentar, diminuir ou permanecer constante? Justifique.

b) Para peixes de água fria, a concentração ideal de gás oxigênio dissolvido na água é de 5 ppm. Considerando-se esse valor e um aquário contendo 250 kg de água, quantos mols de gás oxigênio estão dissolvidos nessa água? Dados: 1 ppm significa que há 1 grama de gás oxigênio dissolvido em 1 000 quilogramas de água; massa molar do gás oxigênio 5 32 g · mol^{-1}.

16 (Unesp-SP) Em nosso planeta, a maior parte da água encontra-se nos oceanos (água salgada) e é imprópria para consumo humano. Um processo para tornar a água do mar potável seria: "Promover a ????? por ????? ou osmose reversa e, em seguida, retificá-la, ????? sais ????? adequadas". Indique a alternativa que permite preencher, na sequência, o texto anterior de forma correta.

a) Purificação; destilação; removendo; em proporções
b) Dessalinização; destilação; adicionando; em proporções
c) Dessalinização; destilação; removendo; por técnicas
d) Desinfecção; cloração; adicionando; em proporções
e) Clarificação; decantação; adicionando; em proporções

17 (Unesp-SP) O nitrogênio pode existir na natureza em vários estados de oxidação. Em sistemas aquáticos, os compostos que predominam e que são importantes para a qualidade da água apresentam o nitrogênio com números de oxidação −3, 0, +3 ou +5. Indique a alternativa que apresenta as espécies contendo nitrogênio com os respectivos números de oxidação, na ordem descrita no texto.

a) NH_3, N_2, NO_2^-, NO_3^-.
b) NO_2^-, NO_3^-, NH_3, N_2.
c) NO_3^-, NH_3, N_2, NO_2^-.
d) NO_2^-, NH_3, N_2, NO_3^-.
e) NH_3, N_2, NO_3^-, NO_2^-.

18 (Unesp-SP) Alguns insetos andam com facilidade sobre a água. Em rios poluídos com esgoto doméstico isso é mais difícil de acontecer, principalmente devido à presença de grandes quantidades de sabão e detergente provenientes de atividades como lavar louças e roupas e tomar banho. A água poluída dessa forma impede que os insetos caminhem sobre sua superfície, devido:

a) Ao mau odor exalado pelas águas poluídas.
b) À redução da tensão superficial da água dos rios.
c) À fragilidade das moléculas de sabão e de detergente.
d) À mudança de pH observada na água poluída.
e) À baixa concentração de oxigênio dissolvido nessas águas.

19 (UFMG-MG) Considere certa quantidade de água e suco de limão, misturados, contida em um copo. Analise estas três afirmativas concernentes a esse sistema:

I. O sistema é ácido.
II. O pH do sistema é maior que 7.
III. No sistema, a concentração dos íons H^+ é maior que a dos OH^-.

A partir dessa análise, é correto afirmar que:

a) Apenas as afirmativas I e II estão certas.
b) Apenas as afirmativas I e III estão certas.
c) Apenas as afirmativas II e III estão certas.
d) As três afirmativas estão certas.

20 (UFMG-MG) A água da chuva em uma região poluída tem pH igual a 3,0. Considere estas duas misturas e seu respectivo pH:

- Suco de limão: pH = 2,2.
- Suco de tomate: pH = 4,3.

Com base nessas informações, é correto afirmar que:

a) A concentração de H^+ na chuva é igual a 0,001 mol/L.
b) A chuva é mais ácida que o suco de limão.
c) A chuva é menos ácida que o suco de tomate.
d) A concentração de OH^- nas duas misturas é igual a zero.

21 (Unicamp-SP) O processo de dissolução do oxigênio do ar na água é fundamental para a existência de vida no planeta. Ele pode ser representado pela seguinte equação química:

$$O_2\ (g) + H_2O\ (l) \rightarrow O_2\ (aq);\ \Delta H = -11{,}7\ kJ\ mol^{-1}$$

a) Considerando que a altitude seja a mesma, em que lago há mais oxigênio dissolvido: em um de águas a 10 °C ou em outro de águas a 25 °C? Justifique.

b) Considerando uma mesma temperatura, onde há mais oxigênio dissolvido, em um lago no alto da Cordilheira dos Andes ou em outro em sua base? Justifique.

22 (Enem-MEC) O despejo de dejetos de esgotos domésticos e industriais vem causando sérios problemas aos rios brasileiros. Esses poluentes são ricos em substâncias que contribuem para a eutrofização de ecossistemas, que é um enriquecimento da água por nutrientes, o que provoca um grande crescimento bacteriano e, por fim, pode promover escassez de oxigênio. Uma maneira de evitar a diminuição da concentração de oxigênio no ambiente é:

a) Aquecer as águas dos rios para aumentar a velocidade de decomposição dos dejetos.

b) Retirar do esgoto os materiais ricos em nutrientes para diminuir a sua concentração nos rios.

c) Adicionar bactérias anaeróbicas às águas dos rios para que elas sobrevivam mesmo sem o oxigênio.

d) Substituir produtos não degradáveis por biodegradáveis para que as bactérias possam utilizar os nutrientes.

e) Aumentar a solubilidade dos dejetos no esgoto para que os nutrientes fiquem mais acessíveis às bactérias.

23 (Unicamp-SP) A quantidade de gás oxigênio dissolvido na água pode ser monitorada através de um teste químico, em que, inicialmente, faz-se o seguinte: a uma amostra de 5 mL de água do aquário, adicionam-se 2 gotas de solução de Mn^{2+} e 2 gotas de uma solução de I^- (em meio básico), agitando-se a mistura. Na sequência, adiciona-se uma solução para tornar o meio ácido e agita-se a mistura resultante. Sabe-se que em meio básico, o íon Mn^{2+} se transforma em Mn^{4+} ao reagir com o oxigênio dissolvido na água. Em meio ácido, o Mn^{4+} da reação anterior reage com o I^-, produzindo I_2 e Mn^{2+}. Quando não há oxigênio dissolvido, as reações anteriormente descritas não ocorrem.

Dados:

Espécie química em solução	Mn^{21}	Mn^{41}	I^2	I_2
Cor	rosa-claro	preto	incolor	castanho--escuro

a) Correlacione a presença ou a ausência de oxigênio dissolvido com a coloração (clara/escura) do teste. Justifique sua resposta, indicando a espécie responsável pela coloração em cada caso.

b) Escreva a equação química balanceada para a reação do Mn^{4+} com o I^-, conforme se descreve no texto da questão.

24 (Enem-MEC) Um estudo caracterizou 5 ambientes aquáticos, nomeados de A a E, em uma região, medindo parâmetros físico-químicos de cada um deles, incluindo o pH nos ambientes. O gráfico I representa os valores de pH dos 5 ambientes. Utilizando o gráfico II, que representa a distribuição estatística de espécies em diferentes faixas de pH, pode-se esperar um maior número de espécies no ambiente:

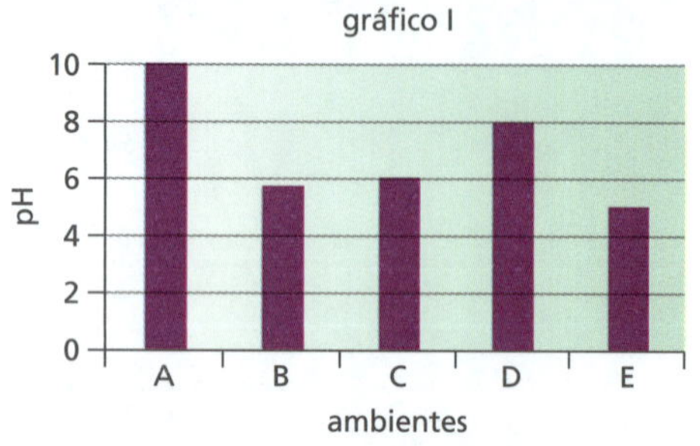

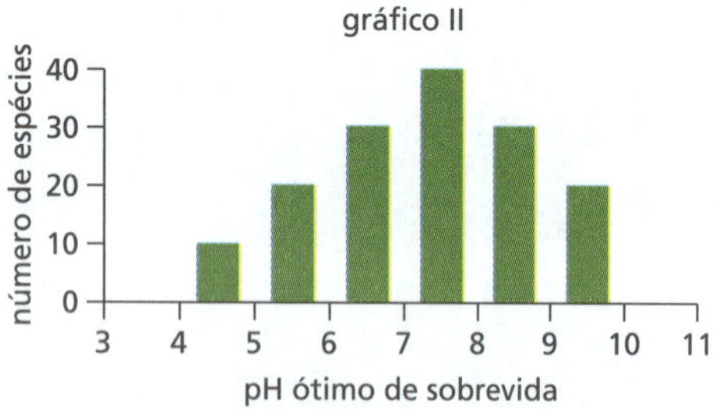

a) A.
b) B.
c) C.
d) D.
e) E.

25 (Enem-MEC) Muitos processos erosivos se concentram nas encostas, principalmente aqueles motivados pela água e pelo vento. No entanto, os reflexos são sentidos nas áreas de baixada, onde geralmente há ocupação urbana. Um exemplo desses reflexos na vida cotidiana de muitas cidades brasileiras é:

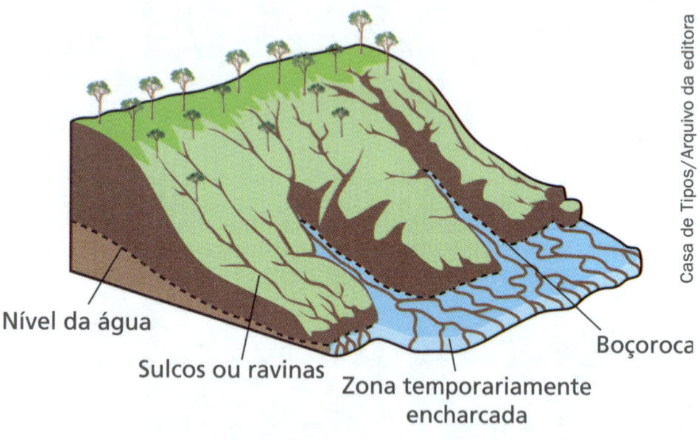

Casa de Tipos/Arquivo da editora

a) A maior ocorrência de enchentes, já que os rios assoreados comportam menos água em seus leitos.
b) A contaminação da população pelos sedimentos trazidos pelo rio e carregados de matéria orgânica.
c) O desgaste do solo nas áreas urbanas, causado pela redução do escoamento superficial pluvial na encosta.
d) A maior facilidade de captação de água potável para o abastecimento público, já que é maior o efeito do escoamento sobre a infiltração.
e) O aumento da incidência de doenças como a amebíase na população urbana, em decorrência do escoamento de água poluída do topo das encostas.

EFEITO ESTUFA E MUDANÇAS CLIMÁTICAS: QUÍMICA PARA CUIDAR DO PLANETA

Efeito estufa: a Terra recebe sempre uma mesma quantidade de energia do Sol, e parte dessa energia, que chega a nós por meio de radiação visível e ultravioleta, é refletida pela atmosfera e pela superfície do planeta. Cerca de 70% da energia total que incide sobre a Terra é absorvida e desencadeia inúmeros processos, como: a fotossíntese, os ciclos da água, as correntes atmosféricas e oceânicas e o aquecimento dos materiais. Como resultado, a Terra aquecida emite radiação infravermelha, entretanto, a atmosfera do nosso planeta não é transparente à radiação infravermelha e, com isso, essa radiação que não vai para o espaço causa o aumento da temperatura. Graças a esse efeito, a temperatura média do planeta é de cerca de 14 °C e não 18 °C, como seria caso a atmosfera fosse completamente transparente à radiação infravermelha.

Alguns gases envolvidos no efeito estufa	
Dióxido de carbono (CO_2)	Apontado como o grande vilão do aumento do efeito estufa. Sua presença na atmosfera decorre, em grande parte, de atividades humanas.
Metano (CH_4)	Geralmente tem origem em depósitos ou em processos de extração e utilização de combustíveis fósseis, ou na decomposição anaeróbica de substâncias orgânicas. A atividade pecuária também é responsável pelo aumento de gás metano, pois animais ruminantes produzem flatulência e eructação que contêm esse gás.
Óxido nitroso (N_2O)	Pode ter origem natural (descargas elétricas na atmosfera, reações fotoquímicas entre componentes de aerossóis etc.) ou antrópica (queima de carvão e de outros combustíveis fósseis em motores a explosão, uso de adubos nitrogenados etc.).
Clorofluorcarbonetos (CFCs)	São os principais responsáveis pela diminuição da camada de ozônio. Compostos formados por moléculas do tipo do metano ou do etano, em que os átomos de hidrogênio foram substituídos por átomos de cloro e flúor, os CFCs são produzidos principalmente para uso em compressores para refrigeração doméstica e para expansão de polímeros.
Hidroclorofluorcarbonetos (HCFCs)	A presença de átomos de hidrogênio nas moléculas de CFCs as torna mais instáveis, o que minimiza muito seu potencial de destruição da camada de ozônio. Os HCFCs, entretanto, também são potentes gases estufa.

O ciclo do carbono: O carbono e seus compostos são constituintes essenciais de toda matéria viva, fundamentais na respiração, fotossíntese e regulação do clima.

Principais gases constituintes do ciclo do carbono

Dióxido de carbono (CO_2)	Gás fundamental para a fotossíntese, para a regulagem da alcalinidade da água do mar, para a composição do exoesqueleto de animais marinhos etc. O grande aumento na sua concentração é atribuído à queima de combustível fóssil, ao desflorestamento e às queimadas.
Metano (CH_4)	As fontes de emissão de CH_4 para a atmosfera envolvem áreas alagadas e com deficiência em oxigênio (pântanos, lagos e regiões de cultivo alagado); resultado final da decomposição de matéria orgânica via mecanismos redutores. As atividades humanas responsáveis pela emissão de CH_4 são: decomposição de lixo em aterros sanitários; queima de biomassa; mineração de carvão; processamento de petróleo e extração de gás natural.
Hidrocarbonetos não metânicos (HCNM)	Inclui toda a classe de hidrocarbonetos, exceto o metano, em razão das maiores velocidades de reação na atmosfera, principalmente perante o radical OH•. Desses, a maior contribuição (cerca de 92%) vem de fontes naturais (emissões por plantas, oceanos e atividades microbianas); os 8% restantes provêm de atividades antrópicas (indústrias, produção de energia e emissão veicular).
Monóxido de carbono (CO)	É produzido na oxidação atmosférica do CH_4 e de HCNM, na emissão por plantas e microrganismos, na fotoxidação de matéria orgânica (dissolvida em oceanos) e também em diferentes tipos de atividade humana (queima e combustão incompleta de biomassa e combustíveis fósseis).

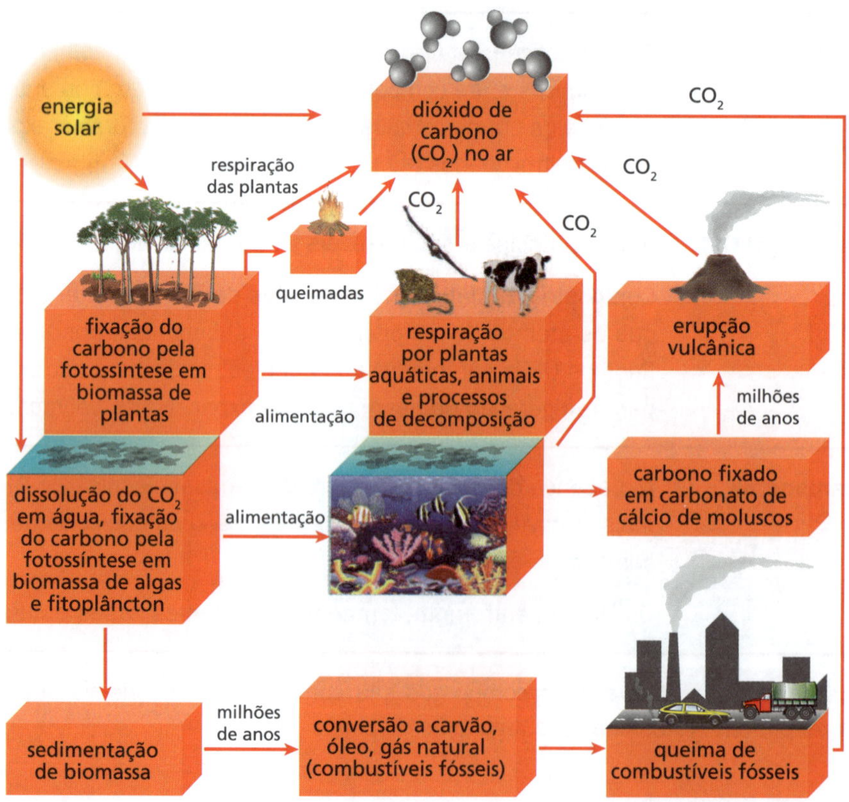

Ilustrações: Avits/Arquivo da editora

Exercícios

1 (UFMG-MG) A interação entre a radiação que se verifica na região do infravermelho e as moléculas de gases existentes na atmosfera da Terra é responsável pelo efeito estufa. A região do infravermelho corresponde à radiação eletromagnética de comprimento de onda entre 1 μm e 100 μm. Analise os três gráficos a seguir, em que se registra, simplificadamente, a absorção de radiação eletromagnética em função do comprimento de onda da radiação de alguns dos gases presentes na atmosfera terrestre:

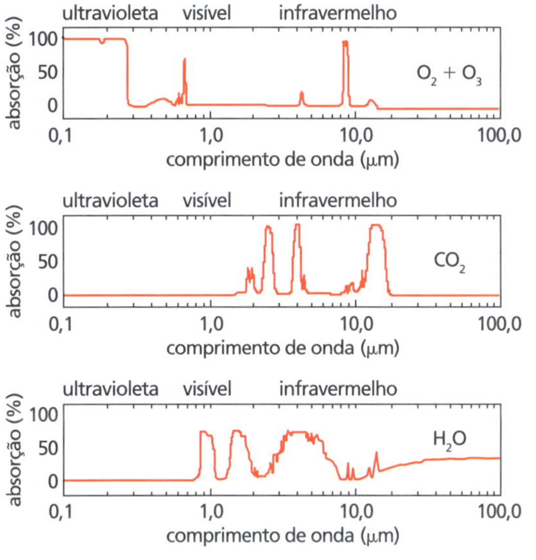

a) Considerando apenas as informações apresentadas nesta questão, indique qual desses gases possui maior potencial para contribuir para a intensificação do efeito estufa. Justifique sua resposta.

b) Analise a afirmativa: “Atualmente, a diminuição da camada de ozônio estratosférico é a maior responsável pela intensificação do efeito estufa”. Indique se a afirmativa é correta ou incorreta. Considerando as informações disponibilizadas nos gráficos apresentados, justifique sua resposta.

2 (Enem-MEC) A maior parte da energia usada hoje no planeta é proveniente da queima de combustíveis fósseis. O protocolo de Kyoto, acordo internacional que inclui a redução da emissão de CO_2 e de outros gases, demonstra a grande preocupação atual com o meio ambiente. O excesso de queima de combustíveis fósseis pode ter como consequências:

a) Maior produção de chuvas ácidas e aumento da camada de ozônio.

b) Aumento do efeito estufa e dos níveis dos oceanos.

c) Maior resfriamento global e aumento dos níveis dos oceanos.

d) Destruição da camada de ozônio e diminuição do efeito estufa.

e) Maior resfriamento global e aumento da incidência de câncer de pele.

3 (Cefet-AL) O dióxido de carbono (CO_2) e o metano (CH_4) são gases que atuam efetivamente no processo de aquecimento global da Terra, pois participam do efeito estufa.

Sobre essas moléculas é correto afirmar que:

a) A geometria do CO_2 é linear.
b) A geometria do CH_4 é piramidal.
c) A molécula do CO_2 é polar.
d) O CH_4 é alótropo do CO_2.
e) O CO_2 é um hidrocarboneto derivado do petróleo.

4 (Enem-MEC) As florestas tropicais ácidas contribuem muito para a manutenção da vida no planeta, por meio do chamado sequestro de carbono atmosférico. Resultados de observações sucessivas, nas últimas décadas, indicam que a Floresta Amazônica é capaz de absorver até 300 milhões de toneladas de carbono por ano. Conclui-se, portanto, que as florestas exercem importante papel no controle:

a) Das chuvas ácidas, que decorrem da liberação, na atmosfera, do dióxido de carbono resultante dos desmatamentos por queimadas.
b) Das inversões térmicas, causadas pelo acúmulo de dióxido de carbono resultante da não dispersão dos poluentes para as regiões mais altas da atmosfera.
c) Da destruição da camada de ozônio, causada pela liberação, na atmosfera, do dióxido de carbono contido nos gases do grupo dos clorofluorcarbonos.
d) Do efeito estufa provocado pelo acúmulo de carbono na atmosfera, resultante da queima de combustíveis fósseis, como carvão mineral e petróleo.
e) Da eutrofização das águas, decorrente da dissolução, nos rios, do excesso de dióxido de carbono presente na atmosfera.

5 (Enem-MEC) O debate em torno do uso da energia nuclear para a produção de eletricidade permanece atual. Em um encontro internacional para a discussão desse tema, foram colocados os seguintes argumentos:

I. Uma grande vantagem das usinas nucleares é o fato de não contribuírem para o aumento do efeito estufa, uma vez que o urânio, utilizado como "combustível", não é queimado, mas sofre fissão.
II. Ainda que sejam raros os acidentes com usinas nucleares, seus efeitos podem ser tão graves que essa alternativa de geração de eletricidade não nos permite ficar tranquilos.

A respeito desses argumentos, pode-se afirmar que:

a) O primeiro é válido e o segundo não é, já que nunca ocorreram acidentes com usinas nucleares.
b) O segundo é válido e o primeiro não é, pois de fato há queima de combustível na geração nuclear de eletricidade.
c) O segundo é válido e o primeiro é irrelevante, pois nenhuma forma de gerar eletricidade produz gases do efeito estufa.
d) Ambos são válidos para se compararem vantagens e riscos na opção por essa forma de geração de energia.
e) Ambos são irrelevantes, pois a opção pela energia nuclear está-se tornando uma necessidade inquestionável.

6 (Enem-MEC) Confirmada pelos cientistas e já sentida pela população mundial, a mudança climática global é hoje o principal desafio socioambiental a ser enfrentado pela humanidade. Mudança climática é o nome que se dá ao conjunto de alterações nas condições do clima da Terra pelo acúmulo de seis tipos de gases na atmosfera – sendo os principais o dióxido de carbono (CO_2) e o metano (CH_4) – emitidos em quantidade excessiva através da queima de combustíveis (petróleo e carvão) e do uso inadequado do solo.

Suponha que, ao invés de superaquecimento, o planeta sofresse uma queda de temperatura, resfriando-se como numa era glacial, nesse caso:

a) A camada de geleiras, bem como o nível do mar, diminuiriam.

b) As geleiras aumentariam, acarretando alterações no relevo do continente e no nível do mar.

c) O equilíbrio do clima do planeta seria reestabelecido, uma vez que ele está em processo de aquecimento.

d) A fauna e a flora das regiões próximas ao círculo polar ártico e antártico nada sofreriam com a glaciação.

e) Os centros urbanos permaneceriam os mesmos, sem prejuízo à população humana e ao seu desenvolvimento.

7 (Enem-MEC) *Segundo dados do Balanço Energético Nacional de 2008, do Ministério das Minas e Energia, a matriz energética brasileira e composta por hidrelétrica (80%), termelétrica (19,9%) e eólica (0,1%). Nas termelétricas, esse percentual é dividido conforme o combustível usado, sendo: gás natural (6,6%), biomassa (5,3%), derivados de petróleo (3,3%), energia nuclear (3,1%) e carvão mineral (1,6%). Com a geração de eletricidade da biomassa, pode-se considerar que ocorre uma compensação do carbono liberado na queima do material vegetal pela absorção desse elemento no crescimento das plantas. Entretanto, estudos indicam que as emissões de metano (CH_4) das hidrelétricas podem ser comparáveis às emissões de CO_2 das termelétricas.*

MORET, A. S.; FERREIRA, I. A. As hidrelétricas do Rio Madeira e os impactos socioambientais da eletrificação no Brasil. *Revista Ciência Hoje*. v. 45, nº 265, 2009 (adaptado).

No Brasil, em termos do impacto das fontes de energia no crescimento do efeito estufa, quanto à emissão de gases, as hidrelétricas seriam consideradas como uma fonte:

a) Limpa de energia, contribuindo para minimizar os efeitos deste fenômeno.

b) Eficaz de energia, tomando-se o percentual de oferta e os benefícios verificados.

c) Limpa de energia, não afetando ou alterando os níveis dos gases do efeito estufa.

d) Poluidora, colaborando com níveis altos de gases de efeito estufa em função de seu potencial de oferta.

e) Alternativa, tomando-se por referência a grande emissão de gases de efeito estufa das demais fontes geradoras.

8 (Enem-MEC) *Nos últimos 50 anos, as temperaturas de inverno na península Antártica subiram quase 6 °C. Ao contrário do esperado, o aquecimento tem aumentado a precipitação de neve. Isso ocorre porque o gelo marinho, que forma um manto impermeável sobre o oceano, está derretendo devido à elevação de temperatura, o que permite que mais umidade escape para a atmosfera. Essa umidade cai na forma de neve. Logo depois de chegar a essa região, certa espécie de pinguins precisa de solos nus para construir seus ninhos de pedregulhos. Se a neve não derrete a tempo, eles põem seus ovos sobre ela. Quando a neve finalmente derrete, os ovos se encharcam de água e goram.*

Scientific American Brasil, ano 2, nº 21, 2004, p. 80 (com adaptações).

A partir do texto acima, analise as seguintes afirmativas:

I. O aumento da temperatura global interfere no ciclo da água na península Antártica.

II. O aquecimento global pode interferir no ciclo de vida de espécies típicas de região de clima polar.

III. A existência de água em estado sólido constitui fator crucial para a manutenção da vida em alguns biomas.

É correto o que se afirma:

a) apenas em I.
b) apenas em II.
c) apenas em I e II.
d) apenas em II e III.
e) em I, II e III.

9 (Enem-MEC) Qual das seguintes fontes de produção de energia é a mais recomendável para a diminuição dos gases causadores do aquecimento global?

a) Óleo *diesel*.
b) Gasolina.
c) Carvão mineral.
d) Gás natural.
e) Vento

10 (Enem-MEC) O gráfico abaixo ilustra o resultado de um estudo sobre o aquecimento global. A curva mais escura e contínua representa o resultado de um cálculo em que se considerou a soma de cinco fatores que influenciaram a temperatura média global de 1900 a 1990, conforme mostrado na legenda do gráfico. A contribuição efetiva de cada um desses cinco fatores isoladamente é mostrada na parte inferior do gráfico.

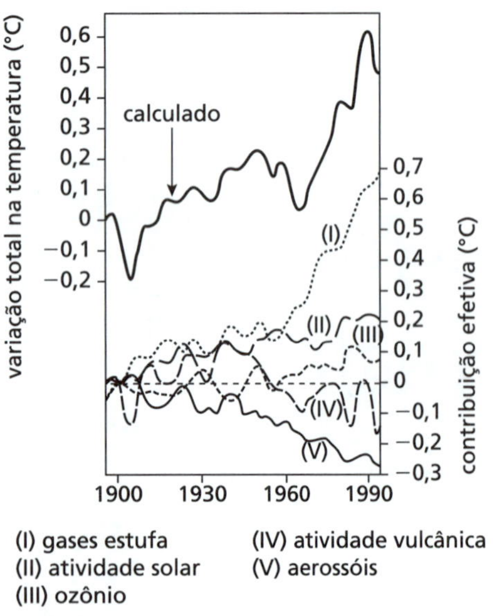

Os dados apresentados revelam que, de 1960 a 1990, contribuíram de forma efetiva e positiva para aumentar a temperatura atmosférica:

a) Aerossóis, atividade solar e atividade vulcânica.
b) Atividade vulcânica, ozônio e gases estufa.
c) Aerossóis, atividade solar e gases estufa.
d) Aerossóis, atividade vulcânica e ozônio.
e) Atividade solar, gases estufa e ozônio.

11 (Enem-MEC) O texto "O voo das folhas" traz uma visão dos índios Ticunas para um fenômeno usualmente observado na natureza:

O voo das folhas

Com o vento as folhas se movimentam.

E quando caem no chão ficam paradas em
silêncio.

Assim se forma o ngaura. O ngaura cobre o
chão da floresta,

enriquece a terra e alimenta as árvores.

As folhas velhas morrem para ajudar o
crescimento das folhas novas.

Dentro do ngaura vivem aranhas, formigas,
escorpiões,

centopeias, minhocas, cogumelos e vários
tipos de outros seres muito pequenos.

As folhas também caem nos lagos, nos
igarapés e igapós.

A natureza segundo os Ticunas/Livro das Árvores.
Organização Geral dos Professores Bilíngues Ticunas, 2000.

Na visão dos índios Ticunas, a descrição sobre o ngaura permite classificá-lo como um produto diretamente relacionado ao ciclo:

a) Da água.
b) Do oxigênio.
c) Do fósforo.
d) Do carbono.
e) Do nitrogênio.

12 (Enem-MEC) Com relação aos efeitos sobre o ecossistema, pode-se afirmar que:

I. As chuvas ácidas poderiam causar a diminuição do pH da água de um lago, o que acarretaria a morte de algumas espécies, rompendo a cadeia alimentar.
II. As chuvas ácidas poderiam provocar a acidificação do solo, o que prejudicaria o crescimento de certos vegetais.
III. As chuvas ácidas causam danos se apresentarem valor de pH maior que o da água destilada.

Dessas afirmativas, está(ão) correta(s):

a) I, apenas.
b) III, apenas.
c) I e II, apenas.
d) II e III, apenas.
e) I e III, apenas.

13 (PUC-RJ) Entre outros processos, o reflorestamento contribui para a diminuição do efeito estufa, ao promover o(a):

a) Aumento da fixação do carbono durante a fotossíntese.

b) Aumento da respiração durante o crescimento das plantas.

c) Aumento da liberação de gás carbônico para a atmosfera.

d) Utilização do metano atmosférico durante a fotossíntese.

e) Fixação de nitrogênio atmosférico por bactérias simbiontes nas raízes.

14 (Enem-MEC) O processo de industrialização tem gerado sérios problemas de ordem ambiental, econômica e social, entre os quais se pode citar a chuva ácida. Os ácidos usualmente presentes em maiores proporções na água da chuva são o H_2CO_3, formado pela reação do CO_2 atmosférico com a água, o HNO_3, o HNO_2, o H_2SO_4 e o H_2SO_3. Esses quatro últimos são formados principalmente a partir da reação da água com os óxidos de nitrogênio e de enxofre gerados pela queima de combustíveis fósseis. A formação de chuva mais ou menos ácida depende não só da concentração do ácido formado como também do tipo de ácido. Essa pode ser uma informação útil na elaboração de estratégias para minimizar esse problema ambiental. Se consideradas concentrações idênticas, quais dos ácidos citados no texto conferem maior acidez às águas das chuvas?

a) HNO_3 e HNO_2.

b) H_2SO_4 e H_2SO_3.

c) H_2SO_3 e HNO_2.

d) H_2SO_4 e HNO_3.

e) H_2CO_3 e H_2SO_3.

15 (Enem-MEC) Potencializado pela necessidade de reduzir as emissões de gases causadores do efeito estufa, o desenvolvimento de fontes de energia renováveis e limpas dificilmente resultará em um modelo hegemônico. A tendência é que cada país crie uma combinação própria de matrizes, escolhida entre várias categorias de biocombustíveis, a energia solar ou a eólica e, mais tarde, provavelmente o hidrogênio, capaz de lhe garantir eficiência energética e ajudar o mundo a atenuar os efeitos das mudanças climáticas. O hidrogênio, em primeiro momento, poderia ser obtido a partir de hidrocarbonetos ou de carboidratos. Considerando as fontes de hidrogênio citadas, a de menor impacto ambiental seria:

a) Aquela obtida de hidrocarbonetos, pois possuem maior proporção de hidrogênio por molécula.

b) Aquela de carboidratos, por serem estes termodinamicamente mais estáveis que os hidrocarbonetos.

c) Aquela de hidrocarbonetos, pois o carvão resultante pode ser utilizado também como fonte de energia.

d) Aquela de carboidratos, uma vez que o carbono resultante pode ser fixado pelos vegetais na próxima safra.

e) Aquela de hidrocarbonetos, por estarem ligados a carbonos tetraédricos, ou seja, que apresentam apenas ligações simples.

16 (Enem-MEC)

Estação da RMSP	Qualidade	Índice	Poluente
Parque D. Pedro II	BOA	6	MP_{10}
São Caetano do Sul	REGULAR	60	NO_2
Congonhas	BOA	15	MP_{10}
Osasco	INADEQUADA	175	CO
Pinheiros	MÁ	283	SO_2
MP_{10}	Partículas inaláveis: aquelas cujo diâmetro aerodinâmico é menor que 10 μm		
CO	Monóxido de carbono: gás incolor e inodoro que resulta da queima incompleta de combustíveis de origem orgânica (combustíveis fósseis, biomassa etc.). Emitido principalmente por veículos automotores.		
NO_2 SO_2	Dióxido de nitrogênio: formado principalmente nos processos de combustão de veículos automotores. Dependendo da concentração, o NO_2 pode causar prejuízos à saúde. Dióxido de enxofre: resulta principalmente da queima de combustíveis que contêm enxofre, como óleo *diesel*. Pode reagir com outras substâncias presentes no ar, formando partículas à base de sulfato, responsáveis pela redução da visibilidade na atmosfera.		

0 – 50	51 – 100	101 – 199	200 – 299	> 299
BOA	REGULAR	INADEQUADA	MÁ	PÉSSIMA

A Companhia de Tecnologia de Saneamento Ambiental do Estado de São Paulo (Cetesb) divulga continuamente dados referentes à qualidade do ar na região metropolitana de São Paulo. A tabela apresentada corresponde a dados hipotéticos que poderiam ter sido obtidos pela Cetesb em determinado dia. Se esses dados fossem verídicos, então, seria mais provável encontrar problemas de visibilidade:

a) No Parque D. Pedro II.

b) Em São Caetano do Sul.

c) Em Congonhas.

d) Em Osasco.

e) Em Pinheiros.

Materiais recicláveis: vidro, papel, plástico e metal.

Ecodesign: reduz o impacto ambiental durante seu ciclo de vida.

MATERIAIS RECICLÁVEIS: PROPRIEDADES E ECODESIGN

Polímeros sintéticos: possuem propriedades que estão relacionadas às interações intermoleculares. As moléculas desses compostos possuem ligações duplas e, por isso, podem ser transformadas em macromoléculas, as quais são sempre rígidas (vidro de polímero, como o acrílico) em baixas temperaturas e flexíveis (viscoelástico ou borracha) em altas temperaturas.

Exemplos de polímeros sintéticos:

Resinas fenólicas (baquelite)	Resistem muito bem a altas temperaturas e por isso são usadas em cabos de panelas ou em adesivos de *epóxi*.
Poliacrilamida	Polímeros superabsorventes, com grupos amida ligados à cadeia alifática.
Polímeros termorrígidos	Polímeros que apresentam ligações cruzadas e são formados pela reação de polimerização entre a ureia e o formaldeído. Esses apresentam as seguintes características em relação à estrutura: são amorfos e possuem ligações cruzadas.
	Já em relação às propriedades físicas: não amolecem quando aquecidos; são quebradiços; quando aquecidos, tornam-se infusíveis, ou seja, não se fundem.
Poliacrilato	Esse polímero tem a capacidade de absorver 800 vezes seu peso em água destilada, sendo, portanto, um constituinte do gel de fraldas descartáveis.
PET	É utilizado na fabricação de fibras têxteis, filmes (para adesivos, por exemplo) e embalagens.
	Apresenta propriedades como: alta resistência mecânica e química; funciona como barreira para gases e odores; possui peso menor que o das embalagens tradicionais.
	A reciclagem do PET pode ser feita de maneiras diferentes, sendo a mecânica a mais convencional, em que os produtos plásticos são moídos, lavados, submetidos à secagem e reprocessados.

Papel: formado por fibras celulósicas que são formadas pelas interações entre as moléculas de celulose, proporcionadas pelas ligações de hidrogênio (que garantem a resistência do papel) entre os grupos hidroxila dos monômeros de glicose. A reciclagem do papel usado é uma das formas de diminuir o consumo de árvores.

Vidro: material que funciona como barreira contra a umidade e o oxigênio, desde que acompanhado de sistemas de fechamento adequados, e que não interage com o conteúdo, mesmo em condições ambientais desfavoráveis.

Resiste a altas temperaturas, pode ser reutilizado e infinitamente reciclado, sem que haja nenhum comprometimento de suas características e propriedades.

Sua principal característica é ser moldável a determinada temperatura, sem nenhum tipo de degradação.

Existem alguns métodos utilizados para a reciclagem do vidro, sendo o mais comum derretê-lo novamente, possibilitando a produção de novos utensílios. Outros métodos em estudo pretendem utilizar a sucata de vidro moído e/ou em cacos.

Alumínio metálico: produzido por um processo que envolve a redução eletrolítica da alumina. O processo (Hall-Héroult) para produção de alumínio consiste basicamente na redução eletrolítica da alumina (Al_2O_3) dissolvida em um eletrólito formado por sais fundidos, a uma temperatura de aproximadamente 960 a 1 000 °C, por passagem de corrente elétrica.

Exercícios

1 (Fuvest-SP) Aqueles polímeros, cujas moléculas se ordenam paralelamente umas às outras, são cristalinos, fundindo em uma temperatura definida, sem decomposição. A temperatura de fusão de polímeros depende, dentre outros fatores, de interações moleculares, devidas a forças de dispersão, ligações de hidrogênio etc., geradas por dipolos induzidos ou dipolos permanentes. A seguir são dadas as estruturas moleculares de alguns polímeros.

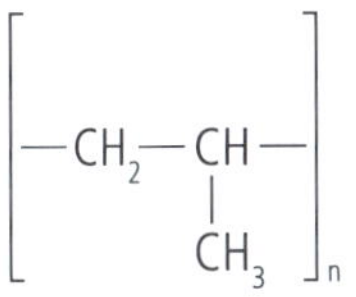

polipropileno

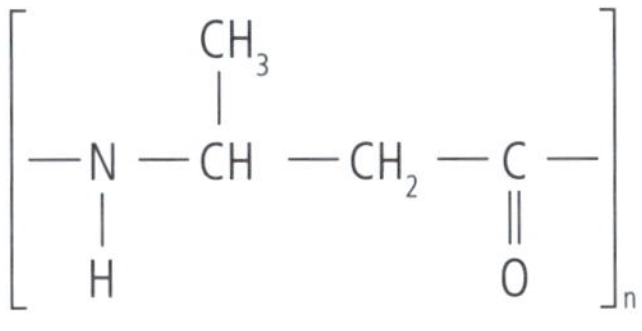

poli(ácido 3-aminobutanoico)

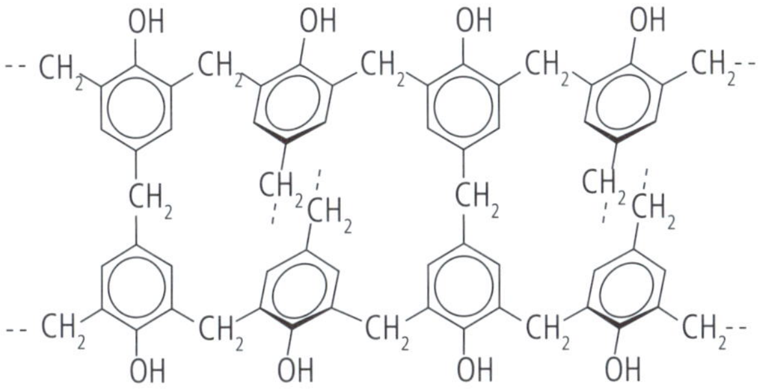

baquelita (fragmento da estrutura tridimensional)

Cada um desses polímeros foi submetido, separadamente, a aquecimento progressivo. Um deles fundiu-se a 160 °C, outro a 330 °C e o terceiro não se fundiu, mas se decompôs. Considerando as interações moleculares, dentre os três polímeros citados:

a) Qual deles se fundiu a 160 °C? Justifique.

b) Qual deles se fundiu a 330 °C? Justifique.

c) Qual deles não se fundiu? Justifique.

2 (Fuvest-SP) Kevlar é um polímero de alta resistência mecânica e térmica, sendo por isso usado em coletes à prova de balas e em vestimentas de bombeiros.

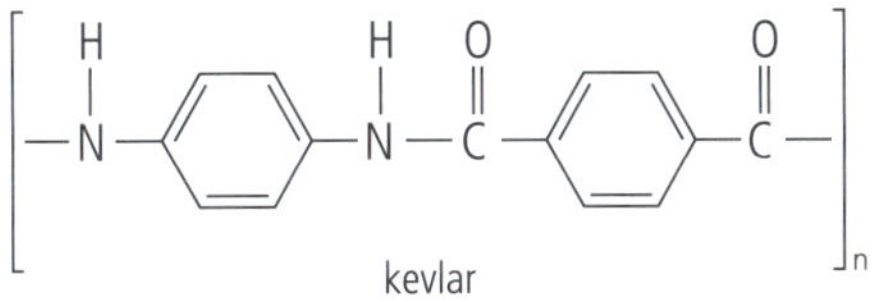

kevlar

a) Quais as fórmulas estruturais dos dois monômeros que dão origem ao kevlar por reação de condensação? Escreva-as.

b) Qual o monômero que, contendo dois grupos funcionais diferentes, origina o polímero kevlar com uma estrutura ligeiramente modificada? Escreva as fórmulas estruturais desse monômero e do polímero por ele formado.

c) Como é conhecido o polímero sintético, não aromático, correspondente ao kevlar?

3 (UEL-PR) Náilon e borracha sintética podem ser citados como exemplos de:

a) hidratos de carbono.
b) proteínas.
c) lipídios.
d) polímeros.
e) enzimas.

4 (ITA-SP) Considere as afirmações:

I. Proteínas são polímeros constituídos por aminoácidos unidos entre si através de pontes de hidrogênio.
II. Celuloses são polímeros formados a partir de unidades de glicose.
III. Borrachas vulcanizadas contêm enxofre na forma de ligações cruzadas entre cadeias poliméricas vizinhas.
IV. Polietileno é um polímero termofixo.
V. Baquelite é um polímero muito utilizado na confecção de cabos de panelas.

Estão CORRETAS apenas as afirmações:

a) I, II, III e IV.
b) I, II, III e V.
c) I, IV e V
d) II, III e V.
e) III e IV.

5 (UPM-SP) A fórmula do polietileno é representada na figura adiante.

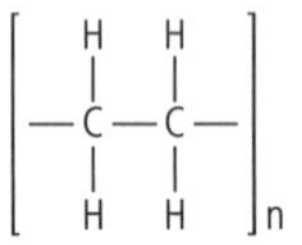

O monômero que origina esse polímero:

a) É o eteno.
b) É um alqueno (ou alceno) de cadeia carbônica ramificada.
c) É o metano.
d) É o etino.
e) Não pertence à função hidrocarboneto.

6 (PUC-SP) Hoje são conhecidos numerosos polímeros orgânicos com propriedades condutoras de eletricidade. O desenvolvimento tecnológico desse tipo de materiais é de grande interesse, pois podem vir a ser substitutos de metais nos fios condutores. Poliparafenileno é um exemplo. Tal polímero:

I. é formado por macromoléculas.
II. deve, sob tensão elétrica, apresentar movimentação dirigida de partículas eletricamente carregadas.
III. deve ser formado por íons positivos e negativos.

Dessas afirmações, SOMENTE:

a) I é correta.
b) II é correta.
c) III é correta.
d) I e II são corretas.
e) II e III são corretas.

7 (UFRJ-RJ) Um dos maiores problemas ambientais da atualidade é o do lixo urbano e, em especial, do lixo plástico. Dentre os plásticos encontrados no lixo podemos citar o polietileno (sacos e garrafas) e o politereftalato de etileno, conhecido como PET (garrafas de refrigerantes). A síntese do polietileno se dá pela reação de polimerização do eteno, segundo a equação mostrada na fig. I.

Figura I

$$n\ H_2C{=}CH_2 \xrightarrow[\text{catalisador}]{} [-CH_2-CH_2-]_n$$

(monômero) (polímero)

Já o PET é um poliéster formado por unidades condensadas de dois monômeros, um diálcool e um diácido, conforme a estrutura mostrada na fig. II.

Figura II

PET

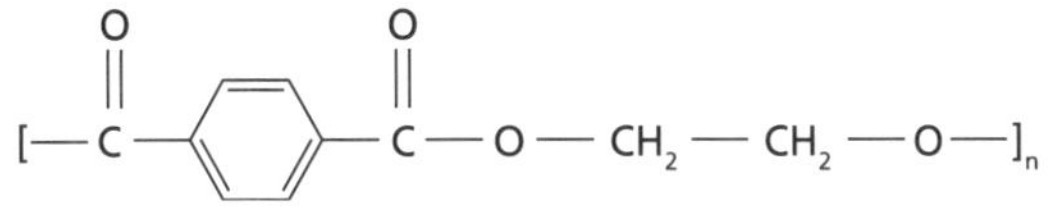

Um dos processos de reciclagem das garrafas de PET é a decomposição do polímero em seus monômeros por intermédio de uma reação de hidrólise. Com base na estrutura do PET, escreva as fórmulas estruturais dos seus monômeros.

8 (Unicamp-SP) Para se ter uma ideia do que significa a presença de polímeros sintéticos na nossa vida, não é preciso muito esforço. Imagine o interior de um automóvel sem polímeros, olhe para sua roupa, para seus sapatos, para o armário do banheiro. A demanda por polímeros é tão alta que, em países mais desenvolvidos, o seu consumo chega a 150 kg por ano por habitante. Em alguns polímeros sintéticos, uma propriedade bastante desejável é a sua resistência à tração. Essa resistência ocorre, principalmente, quando átomos de cadeias poliméricas distintas se atraem. O náilon, que é uma poliamida, e o polietileno, representados a seguir, são exemplos de polímeros.

$$[-NH-(CH_2)_6-NH-CO-(CH_2)_4-CO-]_n \text{ náilon}$$

$$[-CH_2-CH_2-]_n \text{ polietileno}$$

a) Admitindo-se que as cadeias desses polímeros são lineares, qual dos dois é mais resistente à tração? Justifique.
b) Desenhe os fragmentos de duas cadeias poliméricas do polímero que você escolheu no item a, identificando o principal tipo de interação existente entre elas que implica na alta resistência à tração.

9 (ITA-SP) Considere as seguintes afirmações:

I. A reação da borracha natural com enxofre é denominada de vulcanização.
II. Polímeros termoplásticos amolecem quando são aquecidos.
III. Polímeros termofixos apresentam alto ponto de fusão.
IV. Os homopolímeros polipropileno e politetrafluoretileno são sintetizados por meio de reações de adição.
V. Mesas de madeira, camisetas de algodão e folhas de papel contêm materiais poliméricos.

Das afirmações feitas, estão CORRETAS:

a) apenas I, II, IV e V.
b) apenas I, II e V.
c) apenas III, IV e V.
d) apenas IV e V.
e) todas.

10 (Fuvest-SP) A celulose é um polímero natural, constituído de alguns milhares de unidades de glicose. Um segmento desse polímero é representado a seguir:

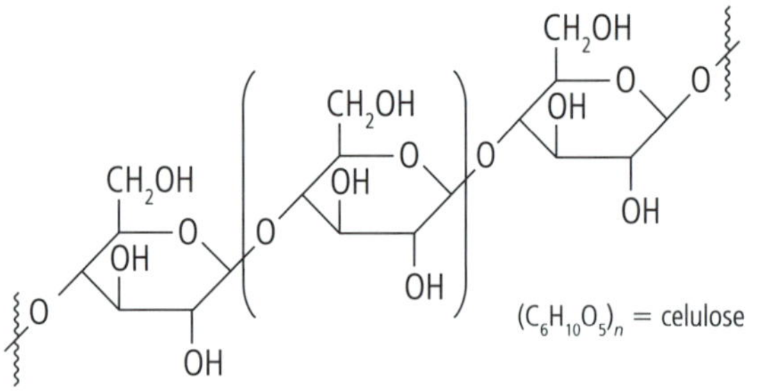

$(C_6H_{10}O_5)_n$ = celulose

unidade monomérica
$(C_6H_{10}O_5)$

Produz-se o acetato de celulose, usado na fabricação de fibras têxteis, fazendo-se reagir a celulose com anidrido acético. Um exemplo de reação de triacetilação é:

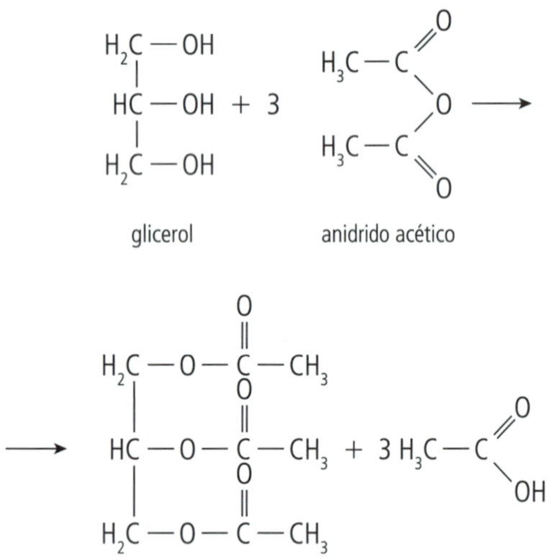

glicerol — anidrido acético

triacetato de glicerila — ácido acético

a) Escreva a unidade monomérica da celulose após ter sido triacetilada, isto é, após seus três grupos hidroxila terem reagido com anidrido acético. Represente explicitamente todos os átomos de hidrogênio que devem estar presentes nessa unidade monomérica triacetilada.
b) Calcule a massa de anidrido acético necessária para triacetilar 972 g de celulose.
c) Calcule o número de unidades monoméricas presentes na cadeia polimérica de certa amostra de celulose cuja massa molar média é $4{,}86 \times 10^5$ g · mol − 1.

11 (Fuvest-SP) O Brasil é campeão de reciclagem de latinhas de alumínio. Essencialmente, basta fundi-las, sendo, entretanto, necessário compactá-las previamente em pequenos fardos. Caso contrário, o alumínio queimaria no forno, onde tem contato com oxigênio do ar.

a) Escreva a equação química que representa a queima do alumínio.
b) Use argumentos de cinética química para explicar por que as latinhas de alumínio queimam, quando jogadas diretamente no forno, e por que isso não ocorre, quando antes são compactadas? Uma latinha de alumínio vazia pode ser quebrada em duas partes, executando-se o seguinte experimento:

- Com uma ponta metálica, risca-se a latinha em toda a volta, a cerca de 3 cm do fundo, para remover o revestimento e expor o metal.
- Prepara-se uma solução aquosa de $CuCl_2$, dissolvendo-se 2,69 g desse sal em 100 mL de água. Essa solução tem cor verde-azulada.
- A latinha riscada é colocada dentro de um copo de vidro, contendo toda a solução aquosa de $CuCl_2$, de tal forma a cobrir o risco. Mantém-se a latinha imersa, colocando-se um peso sobre ela.

Após algum tempo, observa-se total descoramento da solução e formação de um sólido floculoso avermelhado tanto sobre o risco quanto no fundo da latinha. Um pequeno esforço de torção sobre a latinha a quebra em duas partes.

c) Escreva a equação química que representa a transformação responsável pelo enfraquecimento da latinha de alumínio.

d) Calcule a massa total do sólido avermelhado que se formou no final do experimento, ou seja, quando houve total descoramento da solução. Dados:

	Massas molares (g/mol)
Cu	63,5
Cl	35,5

12 (UFMG-MG) O tipo de vidro mais comum é o que resulta da fusão de uma mistura de areia ou sílica, SiO_2, carbonato de sódio, Na_2CO_3, e carbonato de cálcio, $CaCO_3$. No forno de fusão, esses carbonatos convertem-se em óxidos, que, em seguida, transformam o óxido de silício em ânions silicato. Pode-se, portanto, considerar esse tipo de vidro como um silicato de sódio e cálcio.

a) O ânion silicato mais simples tem a fórmula SiO_4^{4-}. Represente, com um desenho, a fórmula estrutural de Lewis desse íon.

b) O óxido de silício, SiO_2, é a principal matéria-prima do vidro. Considerando o modelo de ligação química apropriado para o óxido de silício, indique se esse sólido é bom ou mau condutor de eletricidade. Justifique sua indicação.

c) O material obtido pela fusão de uma mistura de óxido de silício e carbonato de sódio já é um vidro. No entanto, esse vidro é solúvel em água. A introdução do carbonato de cálcio promove a formação de um novo vidro mais estável, insolúvel em água. Tendo em vista que o modelo da ligação iônica é útil para descrever tanto o silicato de sódio quanto o de cálcio, explique, em termos desse modelo, por que os cátions de cálcio estabilizam melhor a rede tridimensional de íons silicato. Considere que os raios iônicos dos íons de sódio e de cálcio são iguais.

13 (UFU-MG) Polímeros são macromoléculas orgânicas construídas a partir de muitas unidades pequenas que se repetem, chamadas monômeros. Assinale a alternativa que apresenta somente polímeros naturais.

a) Celulose, plástico, poliestireno.
b) Amido, proteína, celulose.
c) Amido, náilon, polietileno.
d) Plástico, PVC, teflon.

14 (Fuvest-SP) Constituindo fraldas descartáveis, há um polímero capaz de absorver grande quantidade de água por um fenômeno de osmose, em que a membrana semipermeável é o próprio polímero.

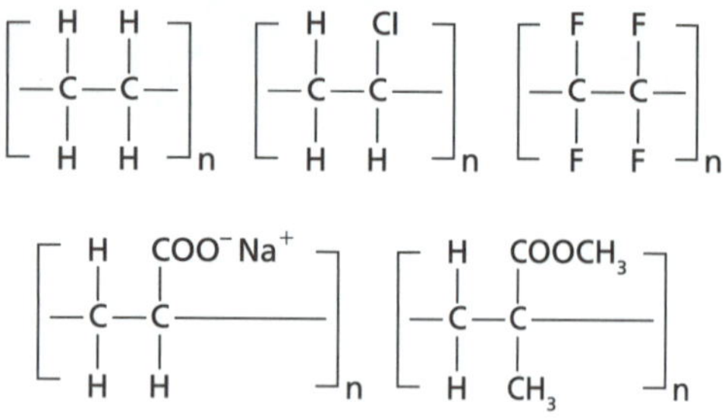

Dentre as estruturas, aquela que corresponde ao polímero adequado para essa finalidade é a do:

a) Polietileno.
b) Poli(acrilato de sódio).
c) Poli(metacrilato de metila).
d) Poli(cloreto de vinila).
e) Politetrafluoroetileno.

15 (UFRJ-RJ) Um brinquedo que se tornou popular no Rio de Janeiro é um balão preto confeccionado com um saco de polietileno bem fino. A brincadeira consiste em encher parcialmente o balão com ar atmosférico (massa molar igual a 28,8 g/mol), fechá-lo e deixá-lo ao Sol para que o ar em seu interior se aqueça. Dessa forma, o ar se expande, o balão infla e começa a voar quando sua densidade fica menor do que a do ar atmosférico.

A reação para obtenção de polietileno a partir da polimerização de eteno é representada a seguir.

$nC_2H_4 \rightarrow (C_2H_4)n$

Considere que, no polímero utilizado para a confecção desses balões, o número de unidades monoméricas repetidas seja igual a 2000 (n = 2000).

Sabendo que 14 g de polietileno são usados para confeccionar um balão de pequeno porte, determine o número de mols de eteno necessários para obter esta quantidade de polímero e o número de mols de polietileno utilizados na confecção do balão. (Dados: C = 12; H = 1)

16 (UEL-PR) O teflon [— CF_2 — CF_2 —]n é um polímero de alto peso molecular que possui aplicação tecnológica muito abrangente na sociedade moderna em função de suas propriedades de baixo coeficiente de atrito, baixa aderência, alta inércia química e por não apresentar baixo ponto de fusão (amolece acima de 350 °C). É aplicado em ceras, lubrificantes, tintas, frigideiras antiaderentes e como revestimento anticorrosivo, em diversas situações, na indústria. Estas propriedades podem ser explicadas pela análise do tipo de suas ligações químicas e pelas propriedades dos átomos envolvidos. Com base no texto e nos conhecimentos sobre o tema, é correto afirmar:

a) A propriedade antiaderente pode ser justificada pela presença de átomos de flúor por toda a cadeia polimérica, que são átomos relativamente pequenos e com o valor mais alto de eletronegatividade da tabela periódica.

b) Sendo o flúor um átomo relativamente pequeno, ele pode escorregar facilmente entre as engrenagens, diminuindo o coeficiente de atrito.

c) O teflon não funde, apenas amolece, devido à força da ligação iônica entre os átomos de flúor e carbono.

d) O teflon possui grande inércia química devido ao fato de as ligações químicas envolvidas em sua molécula serem muito fracas.

e) O teflon não apresenta interações tipo Van der Waals entre suas moléculas por não apresentar hidrogênio em sua molécula.

17 (PUC-PR) *As embalagens "longa vida" reúnem, em uma única embalagem, vários materiais: 75% de papel, 20% de plástico e 5% de alumínio. O papel garante estrutura à embalagem. O polietileno protege contra umidade externa, oferece aderência entre as camadas e impede o contato do alimento com o alumínio. O alumínio evita a entrada de ar e luz, perda do aroma e contaminações.*

Fonte: *Kit* Resíduos, Secretaria de Estado do Meio Ambiente e Recursos Hídricos – Sema, 2006.

Qual é a afirmação INCORRETA?

a) A reação de adição é a soma de moléculas pequenas (monômeros) todas iguais entre si.

b) O polietileno é usado para confecção de toalhas, cortinas, sacos plásticos, rolhas, baldes, canecas, garrafas, canos plásticos etc.

c) Esse polímero é vinílico, o seu monômero apresenta o grupo vinila ($CH_2 = CH —$).

d) O polietileno, o polipropileno, o poliestireno, o teflon, o poliéster e o náilon são polímeros de adição.

e) O polietileno é largamente utilizado como isolante elétrico.

18 (Enem-MEC) Desde os anos 1990, novas tecnologias para a produção de plásticos biodegradáveis foram pesquisadas em diversos países do mundo. No Brasil, foi desenvolvido um plástico empregando-se derivados da cana-de-açúcar e uma bactéria recém-identificada, capaz de transformar açúcar em plástico. "A bactéria se alimenta de açúcar, transformando o excedente do seu metabolismo em um plástico biodegradável chamada PHB (polihidroxibutirato). Sua vantagem é que, ao ser descartado, o bioplástico é degradado por microrganismos existentes no solo em no máximo um ano, ao contrário dos plásticos de origem petroquímica, que geram resíduos que demoram mais de 200 anos para se degradarem."

a) A diminuição da matéria orgânica nos aterros e do mau-cheiro nos lixões.

b) A ampliação do uso de recursos não renováveis, especialmente os plásticos.

c) A diminuição do metabolismo de bactérias decompositoras presentes nos solos.

d) A substituição de recursos não renováveis por renováveis para fabricar plásticos.

e) O lançamento no meio ambiente de produtos plásticos inertes em relação ao ciclo da matéria.

Introdução ao estudo das propriedades específicas dos materiais

1. B **2.** C **3.** C **4.** A

5. a) Fase superior: 39 mL; fase inferior: 61 mL.

b) Se o volume da fase aquosa for maior que 61 mL.

6. Falsa, pois o oxigênio que os peixes respiram é a substância oxigênio, que está dissolvida em água, e não os átomos de oxigênio constituintes da molécula de água.

7. Soma = 58 (02 + 08 + 16 + 32)

8. D **9.** C **10.** C **11.** B **12.** E

13. B **14.** E **15.** A **16.** C **17.** D

18. B **19.** A

20. Clorofórmio, etanol e fenol são líquidos a 50 °C; éter etílico e pentano são gasosos nessa temperatura.

21. B **22.** D **23.** D **24.** C **25.** D

26. C **27.** B **28.** C **29.** C **30.** B

31. C **32.** A **33.** B **34.** B **35.** D

Materiais: estudo de processos de separação e purificação

1. D **2.** A

3. a) H_2O; O_2.

b) O estudante está considerando que o oxigênio elementar (O), que constitui a molécula de água (H_2O), e o oxigênio (O_2), substância gasosa, possuem as mesmas propriedades.

4. B

5. a) Em t = 0, início do processo, em que há aproximadamente 80% de N_2 e 20% de O_2.

b) De t = 1,1 até t = 11,5, em que a concentração de O_2 é nula.

c) Os intervalos possíveis são: de 1,1 a 3,3, quando há liberação de H_2. De 2,5 a 12, quando há liberação de CH_4. O melhor intervalo é o que corresponde à maior concentração de CH_4 na mistura: de t = 6 a t = 10.

6. C **7.** E **8.** A **9.** A **10.** B

11. E **12.** B **13.** B **14.** C

15. A destilação fracionada é um método que separa os componentes da mistura pela diferença de temperaturas de ebulição (TE). Ao aquecer a mistura líquida, a substância que apresenta menor TE é a primeira a passar para o estado gasoso e se separar do sistema, e assim consecutivamente. No caso da mistura sugerida, o primeiro componente a se separar será o nitrogênio (substância com menor TE), seguido do argônio e, por fim, o oxigênio (substância com maior TE).

16. B

17. a) Toda substância pode ser representada por uma fórmula química. No entanto, o leite é uma mistura de substâncias, por isso não pode ser representado por uma fórmula química.

b) Não, o leite é uma mistura heterogênea, porque ao ser visto pelo microscópio apresenta mais de uma fase.

18. A **19.** E **20.** A **21.** E **22.** D

23. D **24.** D **25.** C **26.** B **27.** C

28. C **29.** B **30.** A **31.** B **32.** D

33. A **34.** E **35.** A **36.** D **37.** C

38. D **39.** D **40.** D **41.** B **42.** D

43. B **44.** E **45.** D **46.** B **47.** A

48. A **49.** D **50.** D **51.** A **52.** C

53. D **54.** C **55.** A **56.** D **57.** A

58. A **59.** B **60.** C **61.** A

62. E **63.** B **64.** A

Aprendendo sobre o lixo urbano

1. A **2.** D **3.** E **4.** D

5. a) Com base na análise do gráfico, pode-se concluir que a matéria orgânica existente nos esgotos domésticos, ao iniciar o processo de decomposição aeróbica, provoca a diminuição progressiva da concentração de oxigênio dissolvido na água, causando impacto ambiental sobre o ecossistema. Dessa forma, para minimizar esses impactos e implementar a revitalização do Rio São Francisco, é necessário tratar os esgotos domésticos antes de serem lançados no rio.

b) Incentivar o replantio de árvores nativas com o objetivo da geração de emprego e renda das populações ribeirinhas e, assim, promover a sustentabilidade de atividades diversificadas. Considerando a diferença entre as temperaturas de ebulição do ouro e do mercúrio, é possível separar o mercúrio do ouro por meio da destilação simples, e reutilizá-lo.

6. B **7.** A **8.** B **9.** C **10.** B

11. A **12.** B **13.** C **14.** E

Um modelo para os estados físicos dos materiais

1. a) As linhas do gráfico representam pontos de T e P nos quais fases diferentes coexistem em equilíbrio. Acima do ponto crítico (à direita da linha vertical pontilhada), o gás não pode coexistir com a fase líquida, mesmo em situações de alta pressão. Abaixo do ponto crítico (à esquerda da linha vertical pontilhada), as fases líquida e gasosa podem coexistir. Essa é a principal diferença entre os conceitos de gás e vapor.

b) Analisando o gráfico, pode-se afirmar que, acima da pressão citada, ocorre o fenômeno de fusão e, abaixo desse valor, ocorre a sublimação.

2. B **3.** A

4.

	Dispersão	Disperso	Dispergente
A	sol	sólido	líquido
B	gel	sólido	líquido
C	aerossol	líquido	gasoso
D	emulsão	líquido	líquido
E	espuma sólida	gás	sólido

5. E **6.** C **7.** A **8.** A

9. A **10.** B **11.** E **12.** B

Modelo para o átomo e uma introdução à tabela periódica

1. C **2.** A **3.** A

4. a) Esse conceito explica os grandes desvios sofridos pelas partículas alfa porque o núcleo concentra toda a carga positiva do átomo num espaço muito menor do que o volume do átomo. Assim, as partículas alfa que se aproximavam muito dos núcleos sofriam fortes repulsões eletrostáticas e grandes desvios.

b) Como os grandes desvios são função da carga nuclear, o uso de lâminas de alumínio, um metal de baixa carga nuclear (Z = 13, enquanto o ouro tem Z = 79), provocaria a diminuição da fração de partículas alfa fortemente desviadas.

5. D **6.** B **7.** B

8. A **9.** D

10. a) 35 e 37.

b) $AlCl_3$ - cloreto de alumínio.

11. a) O diagrama 2 não corresponde a nenhum elemento, pois as sucessivas energias de ionização dos elétrons do átomo de um elemento químico têm valores crescentes.

b) Sódio (Na). K = 2, L = 8, e M = 1. Como há um grande aumento no valor da energia de ionização do 1º para o 2º elétron, significa que há transição de nível de energia, sendo, portanto, um elemento com 1 elétron de valência. Como é do 3º período, tem três níveis de energia.

12. B **13.** E **14.** E

15. Soma = 25 (01 + 08 + 16).

16. A **17.** A **18.** E **19.** B **20.** B

21. A **22.** B **23.** A **24.** C **25.** D

26. A **27.** D **28.** E **29.** A **30.** D

31. D **32.** A **33.** D **34.** C **35.** D

36. D **37.** C **38.** A **39.** B **40.** D

41. D **42.** D **43.** E **44.** D **45.** E

46. B **47.** A **48.** E **49.** B **50.** B

51. B **52.** C **53.** A **54.** E **55.** B

56. C **57.** C **58.** B **59.** C **60.** C

61. C **62.** A **63.** E **64.** E **65.** D

66. E **67.** C **68.** E **69.** A **70.** C

71. C **72.** E **73.** A **74.** D

Introdução às transformações químicas

1. D **2.** B **3.** D **4.** B

5. C **6.** C **7.** C **8.** C

9. B **10.** A **11.** C **12.** D

13. B **14.** D **15.** B **16.** C

17. Soma = 39 (01 + 02+ 04 + 32).

18. C **19.** E **20.** E **21.** C

22. D **23.** B **24.** E

25. Quando o prego enferruja, sua massa é aumentada porque ele reage com o oxigênio e a água presentes no ar, produzindo o óxido de ferro que tem massa maior que o ferro. A queima do palito de fósforo produz gases que são liberados para o ambiente. Nas duas reações ocorre conservação da massa; no entanto, como há envolvimento de gases e os sistemas são abertos, as massas desses gases não são medidas, fazendo parecer que a massa total aumentou ou diminuiu.

26. D **27.** B **28.** C

29. C **30.** D **31.** D

32. Soma = 05 (01 + 04).

33. Soma = 09 (01 + 08).

34. A **35.** E **36.** D

37. D

38. Soma = 26 (02 + 08 + 16).

39. C **40.** A **41.** C

42. Soma = 18 (02 + 16).

Quantidades nas transformações químicas

1. C **2.** B **3.** B **4.** C

5. C **6.** E **7.** D

8. a) Amarelo, pois no experimento 1 houve excesso do ácido.

b) Amarelo + Azul = Verde.

9. a) A ocorrência de NaCl sólido indica que a solução sobrenadante deverá estar saturada, isto é, obedecendo à solubilidade (máxima) do sal, que é igual a 360 g/L.

b) 40 L

10. a) $SO_2\ (g) + Ba(OH)_2\ (aq) \rightarrow BaSO_3\ (s) + H_2O\ (l)$

b) $SO_3\ (g) + Ba(OH)_2\ (aq) \rightarrow BaSO_4\ (s) + H_2O\ (l)$

c) 21,7 g de $BaSO_3$ e 23,3 g de $BaSO_4$.

d) SO_2

11. a) $SO_2\ (g) + \frac{1}{2}\ O_2\ (g) + CaCO_3\ (s) \rightarrow CaSO_4\ (s) + CO_2\ (g)$

b) 1000t

12. a) 14g

b) $4{,}2 \cdot 10^{23}$ átomos

13. a) 20 g

b) x = 5

14. a) sulfito de alumínio.

b) 270 g

15. a) 33

b) 25,1 mg

16. a) $SO_2 + \frac{1}{2}O_2 \rightarrow SO_3$

$SO_3 + H_2O \rightarrow H_2SO_4$

b) 0,0032%

17. E

18. a) $CO_2\ (g) + 2\ LiOH\ (s) \rightarrow Li_2CO_3\ (s) + H_2O\ (l)$

b) 1 200g

19. B **20.** E **21.** B

22. B **23.** E **24.** B

25. A **26.** D **27.** C

28. C **29.** x = 3

30. A **31.** E **32.** A

33. C **34.** 400g

35. C **36.** D

37. a) $Ca_3(PO_4)_2 + 3H_2SO_4 \rightarrow 2H_3PO_4 + 3CaSO_4$

b) 930 g

38. B **39.** E **40.** E

41. B **42.** A

Ligações químicas, interações intermoleculares e propriedades dos materiais

1. C **2.** D **3.** C

4. D **5.** A **6.** C

7. A **8.** C

9. a) Uma molécula de água é formada por duas ligações O–H polares, já que o átomo de oxigênio é mais eletronegativo do que o átomo de hidrogênio. Assim, o átomo de oxigênio apresenta um caráter parcialmente negativo, e o átomo de hidrogênio, um caráter parcialmente positivo. Como o ângulo entre as duas ligações O-H é menor do que 104,5°, pode-se afirmar que a molécula de água é polar.

b) Modelo A. Em solução, os íons positivos e negativos que constituem o NaCl encontram-se separados e completamente solvatados pelas moléculas de água. Os átomos de oxigênio da molécula de água, parcialmente negativos, orientam-se em direção aos íons positivos, e os átomos de hidrogênio da molécula de água, parcialmente positivos, orientam-se em direção aos íons negativos, de modo que atrações eletrostáticas são responsáveis pelas interações que se formam em solução.

10. a) O cloreto de sódio. No estado sólido o cloreto de sódio não conduz corrente elétrica, pois suas cargas não estão móveis; já no estado líquido, seus íons tornam-se móveis.

b) O iodo, pois suas moléculas são apolares e as interações entre elas são do tipo Van der Waals.

11. a) X= Oxigênio; Y = Carbono; Z = Potássio.

b) CO

c) K_2CO_3

12. a) 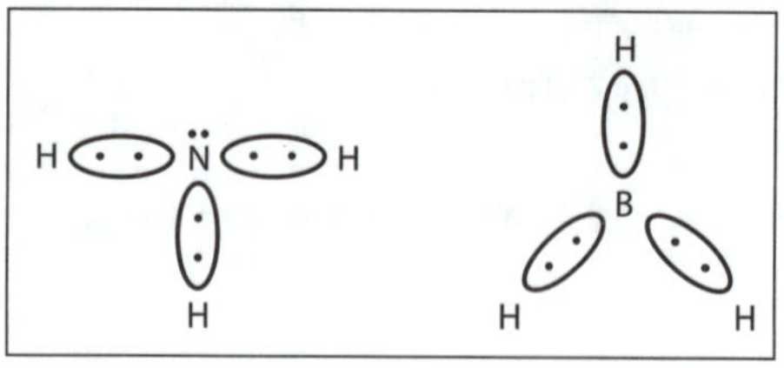

b) O nitrogênio é um átomo muito mais eletronegativo do que o hidrogênio e o boro. Assim, átomos de hidrogênio ligados a nitrogênio ficam deficientes de elétrons, podendo interagir fortemente com outros átomos de nitrogênio de moléculas vizinhas. Isso, entretanto, não é possível no caso do boro.

13. Entre moléculas da substância I podem se formar ligações de hidrogênio, já que a presença de átomos desse elemento ligados a átomos muito eletronegativos, como o nitrogênio, torna possível a formação de ligações entre o hidrogênio do grupo NH_2 e um dos átomos de oxigênio do grupo NO_2 ou com o nitrogênio do grupo NH_2 de outra molécula. Entretanto, na molécula II pode ocorrer a formação de ligações de hidrogênio intramoleculares entre esses grupos, dificultando a formação de ligações de hidrogênio intermoleculares. Por isso a temperatura de fusão da substância I é maior que a da substância II.

14. D **15.** A

16. Soma = 11 (01+02+08).

17. C **18.** B **19.** C

20. a estrutura do CO_2 é O=C=O. A dissolução do CO_2 em água pode ser representada pela equação:

$H_2O + CO_2 \rightarrow H_2CO_3$.

21. C **22.** A **23.** D **24.** C

25. D **26.** A **27.** D **28.** B

29. C **30.** C **31.** A **32.** D

33. C **34.** E **35.** A **36.** E

37. B **38.** C **39.** D **40.** E

41. C **42.** B **43.** E

44. a) A: $1s^2\ 2s^2\ 2p^6\ 3s^2\ 3p^6\ 4s^2$ grupo IIA

B: $1s^2\ 2s^2\ 2p^6\ 3s^2\ 3p^6\ 4s^2\ 3d^{10}\ 4p^5$ grupo VIIA

b) AB_2- ligação iônica, onde A = metal e B = ametal.

Soluções e solubilidade

1. B **2.** B **3.** D

4. C **5.** B

6. a) Água: H_2O; oxigênio: O_2.

b) O oxigênio que os peixes respiram é o gás oxigênio (O_2), que se encontra dissolvido na água do rio, e não o oxigênio da água.

7. As mensagens, escritas em papel com uma solução de $Pb(NO_3)_2$, poderiam ser lidas se as folhas fossem imersas em soluções de NaI ou Na_2S, ambos solúveis em água. Seriam formados, respectivamente, PbI_2, sólido amarelo, e PbS, sólido preto, tornando as mensagens visíveis.

8. D **9.** D **10.** D

11. D **12.** E **13.** B

14. a) 500 L

b) 100g

c) A água da chuva não contém sais dissolvidos como a água do mar. No processo de evaporação da água do mar, apenas as moléculas de água passam do estado líquido para o gasoso, enquanto os eletrólitos permanecem em solução. Então, quando chove, ocorre a condensação da água que está na atmosfera na forma de vapor.

15. B **16.** A **17.** D **18.** A

19. B **20.** E **21.** B **22.** E

23. E **24.** B **25.** C

26. a) $4\ NH_3 + 5\ O_2 \rightarrow 4\ NO + 6\ H_2O$

$2\ NO + O_2 \rightarrow 2\ NO_2$

$3\ NO_2 + H_2O \rightarrow 2\ HNO_3 + NO$

b) 1) C = 14 mol/L

2) V_i = 8,93 mL ~ 9 mL

27. D **28.** C **29.** A

30. C **31.** 14,8 mg.

32. B **33.** D **34.** A

35. C **36.** D **37.** E

Termoquímica: energia nas mudanças de estado físico e nas transformações químicas

1. I. C II. A

2. B **3.** B **4.** E **5.** A **6.** E

7. D **8.** A **9.** B **10.** B **11.** D

12. D **13.** C **14.** D **15.** B

16. a) $C_{12}H_{22}O_{11} + 12O_2 \rightarrow 12CO_2 + 11H_2O$

b) Q = 2 600 cal

c) Q combustão = 1 300 000 cal/mol

17. a) Reação I: $\Delta H = +65$ kJ

Reação II: $\Delta H = -277$ kJ

b) Reação I: A temperatura da água na reação I diminui (esfria), pois a reação absorveu 65,0 kJ de energia da vizinhança, para cada mol de C_2H_6 formado.

Reação II: A temperatura da água na reação II aumenta (aquece), pois a reação liberou 177,0 kJ de energia para a água, para cada mol de C_2H_6 formado.

18. C **19.** B

20. a) $SnO_2\ (s) \rightarrow Sn\ (s) + \frac{1}{2}\ O_2\ (g)\ \Delta H_1 = +581$ kJ/ mol

b) $SnO\ (s) + \frac{1}{2}\ O_2\ (g) \rightarrow SnO_2\ (s)\ \Delta H_2 = -295$ kJ/ mol

21. A

22. a) $2\ N_2\ (g) + 5\ O_2\ (g) \rightarrow 2\ N_2O_5\ (g)\ \Delta H^0 = +30{,}0$ kJ

b) +15 kJ/ mol

c) A entalpia padrão de formação de uma substância é determinada a partir de seus elementos constituintes na sua forma mais estável. Na prática, porém, nem todas as substâncias podem ser diretamente formadas numa única reação, a partir de seus elementos. Nesses casos, a entalpia de formação das substâncias pode ser calculada a partir do ΔHOf de outras reações usando-se a Lei de Hess, e não a partir de seus elementos.

d) A entalpia padrão de formação de uma substância é a variação de entalpia envolvida na formação de 1 mol do produto a partir de seus elementos constituintes, estando todos os reagentes e produtos em seus estados padrões (estado físico mais comum e estado alotrópico mais estável).

23. A **24.** C **25.** A **26.** D

27. C **28.** B **29.** D **30.** A

31. B **32.** B **33.** A

Cinética Química: Controlando a velocidade das reações químicas

1. A **2.** B **3.** C

4. Soma = 7 (1+2+4)

5. D **6.** A **7.** A

8. C **9.** C **10.** E

11. 9 mol/L

12. D **13.** 48 mol por hora

14. a) Amostra IV.

b) Amostra IV.

15. D **16.** B

17. C

Uma introdução ao estudo do equilíbrio químico

1. a) Em pH 7,6. Nesse pH, para uma dada pressão de oxigênio, verifica-se uma maior percentagem de oxigênio transportado pela hemoglobina.

b) Alcalose. No distúrbio da alcalose, a concentração dos íons OH^- é mais elevada. Quando é ministrada a solução de NH_4Cl, esse sal se encontra dissociado: $NH_4Cl\ (aq) \rightarrow NH_4^+\ (aq) + Cl^-\ (aq)$. Os íons OH^- podem reagir com os íons NH_4^+ formando H_2O e diminuindo o pH:

$NH_4^+\ (aq) + OH^-\ (aq) \rightleftharpoons H_2O\ (l) + NH_3\ (aq)$

2. B **3.** B **4.** B

5. D **6.** C

7. a) Cl: +1

b) $HCl\ (aq) \rightarrow H^+\ (aq) + Cl^-\ (aq)$

$HClO\ (aq) \rightleftharpoons H^+\ (aq) + ClO^-\ (aq)$

c) 1. No sentido da formação de mais ácido hipocloroso (direita). 2. A base consome os ácidos presentes e o equilíbrio desloca-se no sentido de produção de mais ácidos clorídrico e hipocloroso (direita).

d) $Ka = \dfrac{[H^+]\cdot[Cl]^-}{[HCl]}$

8. D

9. a) $4{,}5 \times 10^{-3}$ mol

b) 0,378 g

10. D **11.** E **12.** D

13. C **14.** D

Movimento de elétrons: uma introdução ao estudo da eletroquímica

1. B **2.** A **3.** D **4.** B **5.** D

6. D **7.** A **8.** D **9.** B **10.** B

11. a) $Fe\ (s) + I_2\ (aq) \rightarrow Fe^{2+}\ (aq) + 2I^-\ (aq)$

b) I_2 (aq), $Fe(OH)_2$ (s) e Cl^- (aq).

c) $Fe(OH)_2\ (s) + 2\ HCl_{conc.} \rightarrow FeCl_2\ (aq) + 2\ H_2O\ (l)$

12. $n = 1{,}07 \times 10^{-2}$ mol

13. E **14.** B **15.** B **16.** B **17.** A

18. B **19.** C **20.** B **21.** C

Propriedades coligativas

1. B **2.** E **3.** A

4. C **5.** B **6.** A

7. A mistura de etanol e sabão pode ser considerada uma solução, pois um feixe de luz visível não pode ser observado nela devido ao pequeno diâmetro médio das partículas dispersas.

8. a) A temperatura de ebulição da água pura (frasco A) é menor que a da solução aquosa de sacarose (frasco B). No frasco B, a presença de um soluto não volátil diminui a pressão de vapor do solvente. Assim, aumenta-se a temperatura de ebulição da solução, pois é necessário mais energia para que o líquido entre em ebulição.

b) O líquido no frasco A (água pura) tem maior pressão de vapor que o líquido do frasco B (solução) e, portanto, evapora-se mais rápido. No frasco B, contendo a solução, cuja pressão de vapor é menor, ocorre a condensação do vapor (da atmosfera) com maior velocidade que no frasco A. Assim, o volume de líquido no frasco A diminui e no frasco B aumenta. Como a pressão de vapor da solução nunca será igual à do solvente puro, a tendência é todo o líquido do frasco A evaporar, saturando a atmosfera e condensando no frasco B.

9. a) O líquido puro está representado pela linha contínua, e a solução, pela linha tracejada, pois adição de um soluto não volátil ao solvente puro diminui sua pressão de vapor.

b) 76 °C

10. (a) Verdadeira; (b) Falsa; (c) Falsa; (d) Verdadeira; (e) Falsa

11. D **12.** E

A Química das drogas e medicamentos e as funções orgânicas

1. C **2.** C **3.** C **4.** A **5.** E

6. E **7.** A **8.** C **9.** B **10.** A

11. E **12.** E **13.** A **14.** B **15.** C

16. E **17.** B **18.** D **19.** A **20.** D

21. C **22.** A **23.** D **24.** C **25.** D

26. C **27.** A **28.** D

Alimentos e nutrição: Química para cuidar da saúde

1. a) 40 g de margarina

b) As gorduras insaturadas contêm ligações duplas entre átomos de carbono, condição para a existência de isomeria cis-trans, já as gorduras saturadas, não.

2. D **3.** B

4. Carbono : C; hidrogênio: H; e oxigênio: O.

Ácido etanoico. $C_2H_4O_2$.

5. D

6. V; F; F; V.

7. C **8.** C **9.** E **10.** E

11. C **12.** D **13.** A

14. a) 733,9 g de CO_2

b) 7 066,8 kJ

15. $\Delta H = -50\ kJ/mol^{-1}$

16. D **17.** A **18.** E **19.** D

Água nos ambientes urbanos: química para cuidar do planeta

1. B **2.** D **3.** C

4. A **5.** B **6.** C

7. B **8.** E **9.** D

10. A **11.** A **12.** A

13. A água do mar deve apresentar maior condutibilidade elétrica do que a água comum de torneira, visto que apresenta maior quantidade de sais dissolvidos e, portanto, mais íons em solução, responsáveis pela condutibilidade elétrica.

14. E

15. a) O pH da água do aquário tende a aumentar, pois a amônia dissolve-se em água e, reagindo com ela (a água), aumenta a concentração de íons OH^-, segundo a equação: $NH_3\ (aq) + H_2O\ (l) \rightarrow NH^{4+}\ (aq) + OH^-\ (aq)$.

b) $3{,}9 \times 10^{-2}$ mol de O_2

16. B **17.** A **18.** B

19. B **20.** A

21. a) No lago a 10 °C há mais oxigênio dissolvido que no lago a 25 °C, pois como sua dissolução é exotérmica, o processo contrário, o escape do oxigênio é endotérmico, sendo favorecido pelo aumento da temperatura.

b) Na base há mais oxigênio dissolvido, pois como a pressão atmosférica é maior, a pressão parcial de oxigênio também será, aumentando sua solubilidade em água.

22. B

23. a) A cor clara indica que não há oxigênio dissolvido e a escura indica que há. A solução de Mn^{2+} é clara (rosa) e, portanto, não havendo oxigênio dissolvido, não há reação, e a cor permanece clara. Se, ao adicionar as duas soluções, o sistema ficar com coloração escura, significa que há oxigênio dissolvido, que oxida Mn^{2+} a Mn^{4+} em meio básico e o Mn^{4+}, por sua vez, reage com o I^- em meio ácido, transformando-o em iodo, I_2, de cor escura.

b) $Mn^{4+} + 2\ I^- \rightarrow Mn^{2+} + I_2$.

24. D **25.** A

Efeito estufa e mudanças climáticas: química para cuidar do planeta

1. a) A água. A área sob a curva, na região do infravermelho, é maior para a água, indicando a maior absorção da radiação.

b) Incorreta. O ozônio absorve pouca radiação infravermelha, não sendo, portanto, um gás estufa tão significativo.

2. B **3.** A **4.** D **5.** D **6.** B
7. D **8.** E **9.** E **10.** E **11.** D
12. C **13.** A **14.** D **15.** D **16.** E

Química dos materiais recicláveis

1. a) O polipropileno se funde a 160 °C. Como suas cadeias podem se ordenar paralelamente, unidas por interações intermoleculares, ele apresenta temperatura definida para a fusão. Por ser apolar, as interações existentes, os dipolos induzidos, são fracas e ele apresenta, dentre os três polímeros, a menor temperatura de fusão.

b) O poli(ácido 3-aminobutanóico) se funde a 330 °C. O comportamento é similar ao polipropileno, porém suas cadeias são polares, formando interações por ligações de hidrogênio e, portanto, sua temperatura de fusão é maior.

c) A baquelita não se funde, pois sua estrutura tridimensional é formada pela união das cadeias por ligações covalentes, com entrelaçamento entre elas. Assim, sob aquecimento, as ligações covalentes se rompem e o polímero se decompõe.

2. a)

p-diaminobenzeno

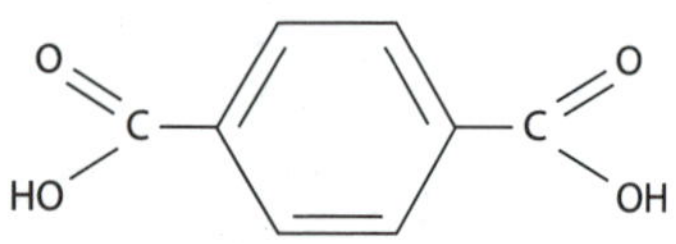

ácido p-benzenodioico

b) monômero:

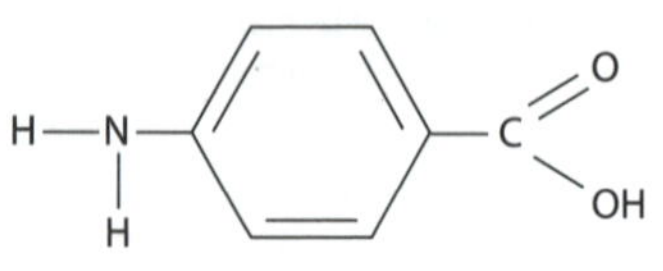

ácido para-aminobenzoico

polímero:

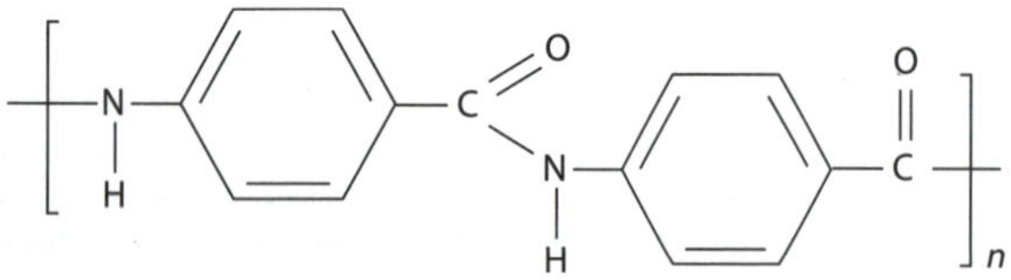

c) O kevlar é uma poliamida. As poliamidas não aromáticas e sintéticas mais comuns são do grupo denominado náilon.

3. D **4.** D **5.** A **6.** D

7.

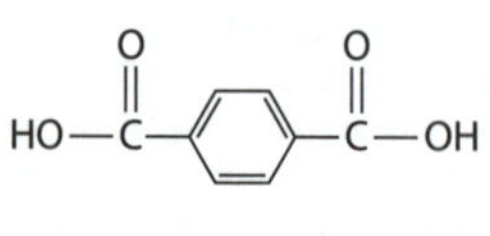

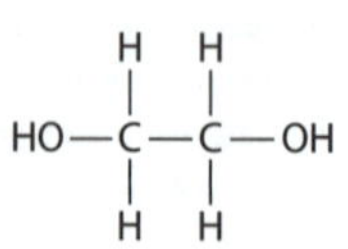

8. a) O polímero mais resistente à tração é o náilon, devido ao fato de as atrações intermoleculares entre as suas cadeias poliméricas (pontes de H) serem mais intensas que no polietileno (dipolo induzido).

b)

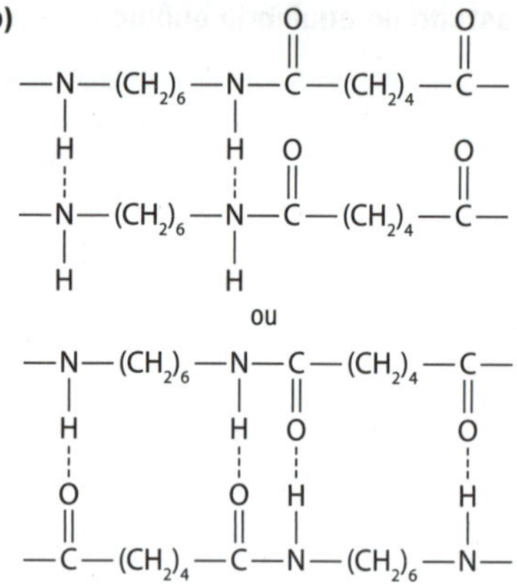

O principal tipo de interação entre essas cadeias poliméricas são as pontes de hidrogênio.

9. A

10. a)

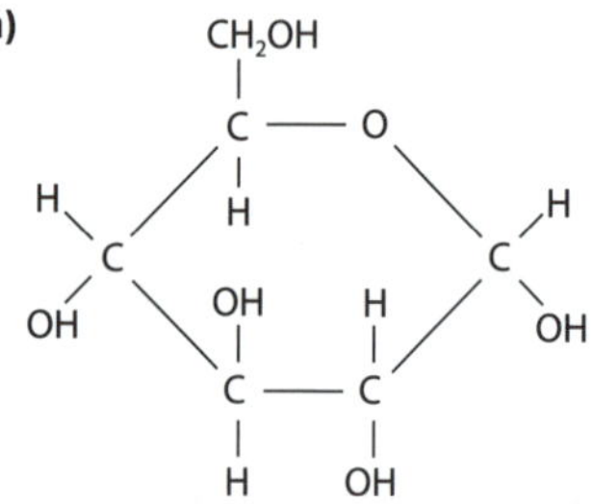

b) 1 836 g

c) 3 000 unidades monoméricas

11. a) $4\ Al\ (s) + 3\ O_2\ (g) \rightarrow 2\ Al_2O_3\ (s)$.

b) Se forem jogadas diretamente no forno, a superfície de contato entre o alumínio das latinhas e o oxigênio é alta, acelerando a reação de queima. Ao compactá-las, ocorre a diminuição dessa superfície de contato, dificultando a queima e possibilitando a fusão do alumínio.

c) $3\ CuCl_2\ (aq) + 2\ Al\ (s) \rightarrow 3\ Cu\ (s) + 2\ AlCl_3\ (aq)$ ou, na forma iônica, $3\ Cu^{2+}\ (aq) + 2\ Al\ (s) \rightarrow 3\ Cu\ (s) + 2\ Al^{3+}\ (aq)$.

d) 1,27 g.

12. a)

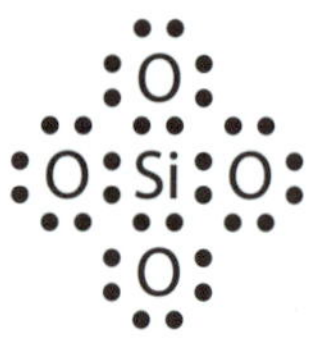

b) O SiO_2 é mau condutor de eletricidade, visto que faz ligações covalentes simples entre o silício e o oxigênio. Como não há elétrons livres, não há condutividade elétrica.

c) A energia absorvida para separar um mol de agregados iônicos é chamada de energia reticular. Essa grandeza expressa a intensidade das atrações entre cátions e ânions. A energia reticular (E) é diretamente proporcional ao produto da carga dos íons (q) e inversamente proporcional à distância (d) entre eles, entendida como a soma dos raios iônicos.

$$E = \frac{Kq^{+} \cdot q^{-}}{d}$$

Quanto maior for a energia reticular, mais forte é a ligação iônica. O silicato de cálcio tem carga 2+ do cátion e 4− do ânion, contra carga 1+ e 4− do silicato de sódio. Como os raios iônicos foram considerados similares, a energia reticular do silicato de cálcio é cerca de duas vezes maior do que a do silicato de sódio. Portanto, os íons cálcio estabilizam melhor a rede tridimensional de íons silicato.

13. B **14.** B

15. $0{,}25 \times 10^{-3}$ mol.

16. A **17.** D **18.** D